电力系统
继电保护题库

国网浙江省电力有限公司 编

中国电力出版社
CHINA ELECTRIC POWER PRESS

内容提要

为适应新型电力系统快速发展给电力系统继电保护专业所带来的新形势、新任务、新挑战和新要求，国网浙江省电力有限公司编写了本书。

本书共分四篇，第一篇为理论篇，主要侧重继电保护原理，包括基础知识、整定计算、线路保护、母线保护、变压器保护、发变组保护、安全自动装置、二次回路、规程规范及相关专业知识等；第二篇为新技术篇，主要包括智能变电站、特高压电网控制与保护、柔性直流输电、分布式 / 统一潮流控制器及新能源保护等；第三篇为技能篇，主要侧重案例分析，包括整定案例、保护调试、事故案例分析和应急处理；第四篇为实战篇。

本书理论知识丰富，同时具有很强的实践性，适合继电保护从业人员学习参考。

图书在版编目（CIP）数据

电力系统继电保护题库 / 国网浙江省电力有限公司编 . —北京：中国电力出版社，2023.6
ISBN 978-7-5198-7621-0

Ⅰ. ①电…　Ⅱ. ①国…　Ⅲ. ①电力系统 - 继电保护 - 习题集　Ⅳ. ① TM77-44

中国国家版本馆 CIP 数据核字（2023）第 058213 号

出版发行：中国电力出版社
地　　址：北京市东城区北京站西街 19 号（邮政编码 100005）
网　　址：http://www.cepp.sgcc.com.cn
责任编辑：刘　薇
责任校对：黄　蓓　朱丽芳　常燕昆　于　维
装帧设计：张俊霞
责任印制：石　雷

印　　刷：北京雁林吉兆印刷有限公司
版　　次：2023 年 6 月第一版
印　　次：2023 年 6 月北京第一次印刷
开　　本：787 毫米 ×1092 毫米　16 开本
印　　张：47
字　　数：1136 千字
印　　数：0001—2000 册
定　　价：138.00 元

本书编委会

主　　编　方愉冬　裘愉涛

副 主 编　方　磊　吴佳毅　潘武略

编写人员　张　静　沈　浩　陈伟华　陈骏杰　周利庆　俞晨阳　陈继拓　郑建梓　夏海亮　王磊明　徐　峰　曹　煜　周　晨　张　伟　徐国旺　王　一　吴家俊　戚宣威　朱圣群　龚凌云　霍　丹　周　行　邹蔚筱　许秀芳　杨运有　曹　亮　张博涵　陈俊尧　陈锡磊　严　昊　陈利华

前言

继电保护是电网安全运行的第一道防线，是电网的守护神。近年来，随着“碳达峰、碳中和”目标的提出，以新能源为主体的新型电力系统得到了迅速发展，新能源发电、特高压交直流输电、柔性交直流输配电、分布式发电与微电网等技术的推广应用，使得电网结构、运行特性和故障特征发生了很大变化；同时，经济和社会发展对供电可靠性的要求进一步提高，继电保护迎来了新的任务与挑战。另外，电力系统的数字化转型也给继电保护带来了新的发展机遇，数字化、网络化、信息化技术推动继电保护进一步向运维可视化、信息化、智能化方向发展，对继电保护从业人员提出了新的技术要求。

为适应电力系统快速发展所带来的新形势、新任务、新挑战和新要求，提高继电保护从业人员业务素质，更好地保障电网安全、可靠运行，参照 2013 版《继电保护培训题库》一书进行编写形成本书。本书共分四篇，第一篇为理论篇，主要侧重继电保护原理，包括基础知识、整定计算、线路保护、母线保护、变压器保护、发变组保护、安全自动装置、二次回路、规程规范及相关专业知识等；第二篇为新技术篇，主要包括智能变电站、特高压电网控制与保护、柔性直流输电、分布式/统一潮流控制器及新能源保护等；第三篇为技能篇，主要侧重案例分析，包括整定案例、保护调试、事故案例分析和应急处理；第四篇为实战篇。

本书由具有丰富现场经验的专业技术人员和具有丰富培训教学经验的专业培训师编写。在本书编写过程中得到了国家电网有限公司系统相关单位和人员的大力支持，公司系统专家对本书部分章节进行审阅并提出了宝贵意见，在此一并致以衷心的感谢！恳请读者对本书的错误和不当之处提出批评和指正。

编者

2023.3

目 录

前言

理 论 篇

第一章 基础知识 …… 3
一、选择题 …… 3
二、判断题 …… 19
三、简答题 …… 29
四、分析题 …… 39
第二章 整定计算 …… 53
一、选择题 …… 53
二、判断题 …… 58
三、简答题 …… 61
四、分析题 …… 68
第三章 线路保护 …… 82
一、选择题 …… 82
二、判断题 …… 105
三、简答题 …… 118
四、分析题 …… 129
第四章 母线保护 …… 143
一、选择题 …… 143
二、判断题 …… 155
三、简答题 …… 162
四、分析题 …… 166
第五章 变压器保护 …… 178
一、选择题 …… 178
二、判断题 …… 199
三、简答题 …… 209
四、分析题 …… 215

第六章　发变组保护 …… 230
一、选择题 …… 230
二、判断题 …… 243
三、简答题 …… 250
四、分析题 …… 255
第七章　安全自动装置 …… 273
一、选择题 …… 273
二、判断题 …… 285
三、简答题 …… 292
四、分析题 …… 296
第八章　二次回路 …… 310
一、选择题 …… 310
二、判断题 …… 322
三、简答题 …… 330
四、分析题 …… 335
第九章　规程规范 …… 341
一、选择题 …… 341
二、判断题 …… 366
三、简答题 …… 386
四、分析题 …… 400
第十章　相关专业知识 …… 412
一、选择题 …… 412
二、判断题 …… 419
三、简答题 …… 426
四、分析题 …… 431

第[illegible]篇　新技术篇

第十一章　智能变电站 …… 439
一、选择题 …… 439
二、判断题 …… 470
三、简答题 …… 489
四、分析题 …… 508
第十二章　特高压电网控制与保护 …… 514
一、选择题 …… 514
二、判断题 …… 537
三、简答题 …… 550
四、分析题 …… 561

第十三章　柔性直流输电 ······ 568
一、选择题 ······ 568
二、判断题 ······ 578
三、简答题 ······ 582
四、分析题 ······ 585
第十四章　分布式/统一潮流控制器 ······ 592
一、选择题 ······ 592
二、判断题 ······ 596
三、简答题 ······ 597
四、分析题 ······ 600
第十五章　新能源保护 ······ 607
一、选择题 ······ 607
二、判断题 ······ 611
三、简答题 ······ 612
四、分析题 ······ 614

技　能　篇

第十六章　整定案例 ······ 619
第十七章　保护调试 ······ 638
一、PCS-931 系列光纤差动线路保护 ······ 638
二、PCS-915 系列母线保护 ······ 639
三、PCS-978 系列主变压器保护 ······ 640
四、PST-1200 U 主变压器保护 ······ 640
五、CSC-103、PSL-603 等线路保护 ······ 642
六、BP-2C 系列母差保护 ······ 643
七、智能变电站保护调试基础 ······ 644
八、智能变电站改扩建工程相关调试内容 ······ 645
第十八章　事故案例分析 ······ 647
第十九章　应急处理 ······ 667

实　战　篇

卷一 ······ 677
卷二 ······ 696
卷三 ······ 717

第一篇　理论篇

第一章

基础知识

一、选择题

1. 已知正弦电压 $u=311\sin\left(314t-\frac{\pi}{6}\right)$，正弦电流 $i=7.07\sin\left(314t+\frac{\pi}{3}\right)$，它们之间的相位差为（　　）。 答案：A

A. 电压滞后电流 $\frac{\pi}{2}$　　B. 电压超前电流 $\frac{\pi}{2}$

C. 电压滞后电流 $\frac{\pi}{6}$　　D. 电压超前电流 $\frac{\pi}{6}$

2. 把 $L=100\text{mH}$ 的电感接到 $u=\sqrt{2}\times220\sin\left(314t-\frac{\pi}{6}\right)\text{V}$ 的交流电源上，电感的无功功率是（　　）。 答案：B

A. 770var　　B. 1540var　　C. 1333.7var　　D. 0

3. 将两只 47μF 、额定电压为 20V 的电容器并联后接到 1000Hz、10V 的交流电源上，电路的总电流是（　　）。 答案：D

A. 电容器因过压而损坏　　B. 2.96A

C. 1.48A　　D. 5.92A

4. 有 $R=30\Omega$ 、$L=127\text{mH}$ 的线圈与 $C=39.8\mu\text{F}$ 的电容串联，接到 50Hz、220V 的正弦交流电源上，电容器上的电压是（　　）。 答案：A

A. 352V　　B. 220V　　C. 117.3V　　D. 58.7V

5. 有 $L=\frac{1}{100\pi}\text{H}$ 的线圈与 $C=\frac{1}{100\pi}\text{F}$ 的电容并联，接到 50Hz、220V 的正弦交流电源上，电路稳定后电源支路电流为（　　）。 答案：B

A. 220A　　B. 0　　C. 440A　　D. 短路

6. 有一感性负载接在 220V 的工频交流电源上，吸收的有功功率为 10kW，功率因数为 0.7。现要求把功率因数提高到 0.9，需要并联电容器的电容量为（　　）。 答案：B

A. 176μF　　B. 352μF　　C. 407μF　　D. 704μF

7. 三相负载 $Z_A = Z_B = Z_C = 19 + j11\Omega$，接于线电压为 380V 的对称三相电源上。负载为 Y 连接时相电流为（　　）。 答案：A

A. 10A　B. 17.3A　C. 20A　D. 8.66A

8. 非正弦周期电流电路吸收的平均功率（　　）其直流分量和各次谐波分量吸收的平均功率之和。 答案：B

A. 小于　B. 等于　C. 大于　D. 不能确定

9. *RL* 串联电路的时间常数 τ（　　）。 答案：A

A. 与 *L* 成正比，与 *R* 成反比　B. 与 *R* 成正比，与 *L* 成反比

C. 与 *L*、*R* 成正比　D. 与 *L*、*R* 成反比

10. *RC* 串联电路的时间常数 τ（　　）。 答案：C

A. 与 *C* 成正比，与 *R* 成反比　B. 与 *R* 成正比，与 *C* 成反比

C. 与 *C*、*R* 成正比　D. 与 *C*、*R* 成反比

11. 暂态过程的大小和持续时间与系统的时间常数有关，一般 220kV 系统的时间常数不大于（　　）。 答案：B

A. 10ms　B. 60ms　C. 80～200ms　D. 200～300ms

12. 纯电感、电容并联回路发生谐振时，其并联回路的视在阻抗等于（　　）。 答案：A

A. 无穷大　B. 零

C. 电源阻抗　D. 谐振回路中的电抗

13. 分析和计算复杂电路的基本依据是（　　）。 答案：C

A. 欧姆定律

B. 克希荷夫（基尔霍夫）定律

C. 克希荷夫（基尔霍夫）定律和欧姆定律

D. 节点电压法

14. 图 1-1 所示门电路为（　　）电路。 答案：B

A. 延时动作、瞬时返回　B. 瞬时动作、延时返回

C. 延时动作、延时返回　D. 瞬时动作、瞬时返回

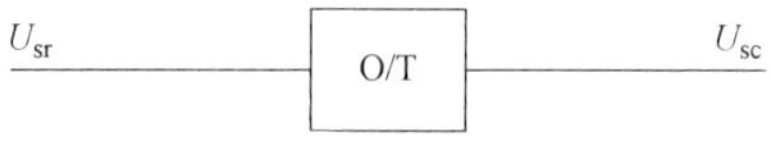

图 1-1

15. 输送相同的负荷，提高输送系统的电压等级会（　　）。 答案：B

A. 提高负荷功率因数　　B. 减少线损
C. 改善电能波形　　D. 以上都是

16. 通过调整有载调压变压器分接头调整电压，对系统来说，(　　)。 答案：C
A. 起不了多大作用　　B. 改变系统的频率
C. 改变无功分布　　D. 改变系统的谐波

17. 如果电网提供的无功功率小于负荷需要的无功功率，则电压(　　)。 答案：A
A. 降低　　B. 不变　　C. 升高　　D. 不确定

18. 当线路输送自然功率时，线路产生的无功功率(　　)线路吸收的无功功率。 答案：B
A. 大于　　B. 等于
C. 小于　　D. 视具体情况都可能

19. 输电线路空载时，其末端电压比首端电压(　　)。 答案：A
A. 高　　B. 低　　C. 相同　　D. 比一定

20. 当变比不同的两台升压变压器并列运行时，将在两台变压器内产生环流，使得两台变压器空载的输出电压(　　)。 答案：C
A. 上升　　B. 降低
C. 变比大的升，小的降　　D. 变比小的升，大的降

21. 两台阻抗电压不相等变压器并列运行时，在负荷分配上(　　)。 答案：A
A. 阻抗电压大的变压器负荷小　　B. 阻抗电压小的变压器负荷小
C. 负荷分配不受阻抗电压影响　　D. 一样大

22. 系统发生短路故障时，系统网络的总阻抗会(　　)。 答案：B
A. 突然增大　　B. 突然减小　　C. 忽大忽小变化　　D. 不变

23. 有一个双电源系统，已知M侧母线电压和N侧母线电压相位相同，M侧母线电压大于N侧母线电压，则有(　　)。 答案：C
A. 线路中有功功率从M侧输向N侧
B. 线路中有功功率从N侧输向M侧
C. 线路中无功功率（感性）从M侧输向N侧
D. 线路中无功功率（感性）从N侧输向M侧

24. 输电线路中某一侧的潮流是受有功功率、送无功功率，它的电压超前电流(　　)。
答案：B

A. 0°～90°　　B. 90°～180°　　C. 180°～270°　　D. 270°～360°

25. 如果线路送出有功功率与受进无功功率相等，则线路电流、电压相位关系为（　　）。

答案：B

A. 电压超前电流 45°　　B. 电流超前电压 45°
C. 电流超前电压 135°　　D. 电压超前电流 135°。

26. 某线路有功负荷由母线流向线路，下面关于角度范围（　　）是正确的。 答案：C

A. $\angle(U_a-I_a)$=97°，$\angle(U_a-U_b)$=122°　　B. $\angle(U_a-I_a)$=195°，$\angle(U_a-U_b)$=121°
C. $\angle(U_a-I_a)$ =13°，$\angle(U_a-U_b)$=119°　　D. 以上都不正确

27. 试验接线如图 1-2 所示，合上开关 K，电压表、电流表、功率表均有读数，打开 K 时电压表读数不变，但电流表和功率表的读数都增加了，由此可判断负载是（　　）。

答案：A

A. 感性的　　B. 容性的　　C. 阻性的　　D. 都有可能

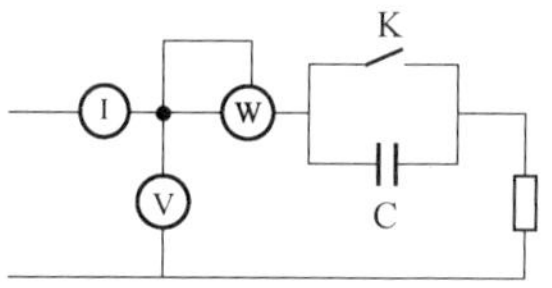

图 1-2

28. 一个三角形网络 LMN，其支路阻抗（Z_{LM}、Z_{MN}、Z_{LN}）均为 Z，变换为星形网络 LMN-O，其支路阻抗（Z_{LO}、Z_{MO}、Z_{NO}）均为（　　）。 答案：B

A. 3Z　　B. Z/3　　C. Z　　D. 以上都不是

29. 电阻连接如图 1-3 所示，AB 间的电阻为（　　）。 答案：B

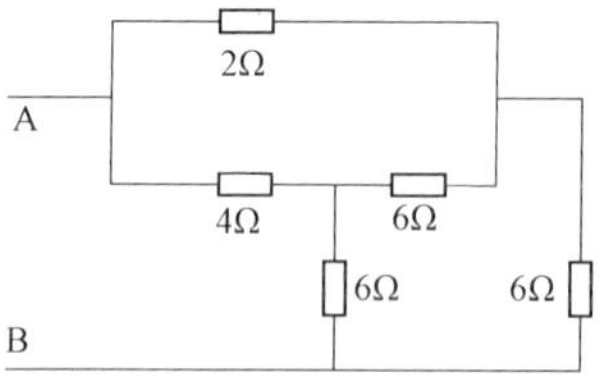

图 1-3

A. 3.8Ω　　B. 4.4Ω　　C. 5.2Ω　　D. 7Ω

30. 在三相对称故障时，计算电流互感器的二次负载，三角形接线是星形接线的（　　）。

答案：C

A. 2 倍　　B. $\sqrt{3}$ 倍　　C. 3 倍　　D. 1/3 倍

31. 采用（　　）不存在由发电机间相角确定的功率极限问题，不受系统稳定的限制。 答案：B

A. 串联补偿　B. 直流输电　C. 并联补偿　D. 特高压交流输电

32. 中性点经消弧线圈接地后，若单相接地故障的电流呈感性，此时的补偿方式为（　　）。 答案：B

A. 全补偿　B. 过补偿　C. 欠补偿　D. 零补偿

33. 中性点经消弧线圈接地，普遍采用（　　）。 答案：B

A. 全补偿　B. 过补偿　C. 欠补偿　D. 零补偿

34. 我国电力系统中性点接地方式主要有（　　）三种。 答案：B

A. 直接接地、经消弧线圈接地和经大电抗器接地

B. 直接接地、经消弧线圈接地和不接地

C. 直接接地、经消弧线圈接地和经大电抗器接地

D. 以上都是

35. 我国 220kV 及以上系统的中性点均采用（　　）。 答案：A

A. 直接接地方式　B. 经消弧圈接地方式

C. 经大电抗器接地方式　D. 不接地方式

36. 一组对称相量 A、B、C 彼此按顺时针方向排列并相差 120°，称为（　　）分量。 答案：A

A. 正序　B. 负序　C. 零序　D. 以上都是

37. 有一组负序对称相量，彼此间相位角是 120°，它按（　　）方向排列。 答案：B

A. 顺时针　B. 逆时针　C. 平行方向　D. 以上都是

38. 把三相不对称相量 A、B、C 分解为正序、负序及零序三组对称分量时，B 相正序分量为（　　），$a = e^{j120}$。 答案：A

A. $\frac{1}{3}(a^2A + B + aC)$　B. $\frac{1}{3}(A + aB + a^2C)$

C. $\frac{1}{3}(aA + B + a^2C)$　D. 以上都不是

39. 表达式 $\frac{1}{3}(\dot{U}_{BC} + e^{-j60^\circ}\dot{U}_{CA})$ 代表的是（　　）。 答案：B

A. A 相负序电压　B. B 相负序电压　C. C 相负序电压　D. 以上都不对

40. 电力设备的参数常用以（　　）为基准的标幺值表示。 答案：C

A. 100MVA，平均额定电压　　B. 1000MVA，平均额定电压

C. 三相额定容量，额定线电压　　D. 三相额定容量，平均线电压

41. 当标幺制基准容量选取为 100MVA 时，220kV 基准阻抗为（　　）。 答案：B

A. 484Ω　　B. 529Ω　　C. 251Ω　　D. 不定

42. 若取相电压基准值为额定相电压，则功率标幺值等于（　　）。 答案：C

A. 线电压标幺值　　B. 线电压标幺值的 $\sqrt{3}$ 倍

C. 电流标幺值　　D. 电流标幺值的 $\sqrt{3}$ 倍

43. 如果对短路点的正、负、零序综合电抗为 $X_{1\Sigma}$、$X_{2\Sigma}$、$X_{0\Sigma}$，且 $X_{1\Sigma}=X_{2\Sigma}$，则故障点的单相接地故障相电流比三相短路电流大的条件是（　　）。 答案：A

A. $X_{1\Sigma}>X_{0\Sigma}$　　B. $X_{1\Sigma}=X_{0\Sigma}$　　C. $X_{1\Sigma}<X_{0\Sigma}$　　D. 不确定

44. 两相接地故障的零序电流大于单相接地故障的零序电流的条件是（　　）。 答案：C

A. $Z_{k1}<Z_{k0}$　　B. $Z_{k1}=Z_{k0}$　　C. $Z_{k1}>Z_{k0}$　　D. 不确定

（Z_{k1} 为故障点正序综合阻抗；Z_{k0} 为故障点零序综合阻抗）

45. 若故障点综合零序阻抗小于正序阻抗，则（　　）故障的零序电流分量最大。 答案：B

A. 单相接地　　B. 两相接地　　C. 三相接地　　D. 不确定

46. 发生两相金属性短路故障时，两故障相电压和非故障相电压的相位关系为（　　）。 答案：B

A. 同相　　B. 反相　　C. 相互垂直　　D. 不定

47. 发生两相金属性短路故障时，故障点非故障相电压（　　）。 答案：C

A. 升高　　B. 降低　　C. 是故障相电压的两倍　　D. 不定

48. 中性点不接地系统发生金属性两相接地故障时，健全相的电压（　　）。 答案：C

A. 略微增大　　B. 不变

C. 增大为正常相电压的 1.5 倍　　D. 增大为正常相电压的 $\sqrt{3}$ 倍

49. 线路发生两相短路时，短路点处正序电压与负序电压的大小关系为（　　）。 答案：B

A. $U_{k1}>U_{k2}$　　B. $U_{k1}=U_{k2}$　　C. $U_{k1}<U_{k2}$　　D. 以上都可能

50. 在线路上同一点发生故障时，（　　）情况下母线正序电压下降最少。 答案：D

A. 三相短路　　B. 两相接地短路　　C. 两相短路　　D. 单相短路

51. 在大电流接地系统发生接地短路时，保护安装点的 $3U_0$ 和 $3I_0$ 之间的相位角取决于（　　）。 答案：C

A. 该点到故障点的线路零序阻抗角

B. 该点正方向到零序网络中性点之间的零序阻抗角

C. 该点背后到零序网络中性点之间的零序阻抗角

D. 以上都不是

52. 当架空输电线路发生三相短路故障时，该线路保护安装处的电流和电压的相位关系是（　　）。 答案：B

A. 功率因数角　　B. 线路阻抗角

C. 保护安装处的功角　　D. 0°

53. 输电线路 BC 两相金属性短路时，短路电流 I_{BC}（　　）。 答案：C

A. 滞后于 C 相电压，角度等于线路阻抗角

B. 滞后于 B 相电压，角度等于线路阻抗角

C. 滞后于 BC 相间电压，角度等于线路阻抗角

D. 滞后于 A 相电压，角度等于线路阻抗角

54. 大接地电流系统中，不论正向发生单相接地，还是发生两相接地短路时，都是 $3I_0$ 超前 $3U_0$ 约（　　）。 答案：D

A. 30°　　B. 45°　　C. 70°　　D. 110°

55. 大接地电流系统发生接地故障时，零序电压在（　　）。 答案：A

A. 接地短路点最高　　B. 变压器中性点最高

B. 各处相等　　D. 发电机中性点最高

56. 在小接地电流系统中某处发生单相接地时，母线电压互感器开口三角形的电压（　　）。 答案：C

A. 故障点距母线越近，电压越高　　B. 故障点距母线越近，电压越低

C. 与故障点的距离远近无关　　D. 不确定

57. 在中性点非直接接地系统中，故障线路的零序电流与非故障线路上的零序电流方向（　　）。 答案：A

A. 相反　　B. 超前　　C. 滞后　　D. 相同

58. 发生接地故障时，零序电流的大小（　　）。 答案：A

A. 与零序等值网络的状况和正负序等值网络的变化有关

B. 只与零序等值网络的状况有关，与正负序等值网络的变化无关

C. 只与正负序等值网络的变化有关，与零序等值网络的状况无关

D. 不确定

59. 只有发生（　　）时，零序电流才会出现。 答案：C

A. 相间故障　　B. 振荡

C. 不对称接地故障或非全相运行　　D. 以上都会

60. 某一条 110kV 线路发生两相接地故障，该线路保护所测的正序和零序功率的方向是（　　）。 答案：C

A. 均指向线路　　B. 零序指向线路，正序指向母线

C. 正序指向线路，零序指向母线　　D. 均指向母线

61. 在大电流接地系统，各种类型短路故障的电压分布规律是（　　）。 答案：C

A. 正序电压、负序电压、零序电压越靠近电源数值越高

B. 正序电压、负序电压越靠近电源数值越高，零序电压越靠近短路点数值越高

C. 正序电压越靠近电源数值越高，负序电压、零序电压越靠近短路点数值越高

D. 正序电压、零序电压越靠近电源数值越高，负序电压越靠近短路点数值越高

62. 一条 220kV 线路 M 侧为系统，N 侧无电源但主变压器（YNd 接线）中性点接地，当该线路发生 A 相接地故障时，如果不考虑负荷电流，则（　　）。 答案：C

A. N 侧 A 相有电流，B、C 相无电流

B. N 侧 A 相有电流，B、C 相有电流，但大小不同

C. N 侧 A 相有电流，与 B、C 相电流大小相等且相位相同

D. N 侧 A、B、C 相均无电流

63. 已知 500kV 三相自耦变压器联结组别为 YNa0d11，容量为 750MVA，电压变比为 515/230/36kV，变压器高压侧母线发生单相接地故障时，流过高压侧开关的 $3I_0$ 为 4547A，中压侧开关 $3I_0$ 为 6159A，则流过变压器中性点的 $3I_0$ 为（　　）。 答案：B

A. 4547A　　B. 1612A　　C. 1796A　　D. 4022A

64. 大电流接地系统（接线如图 1-4 所示）反方向发生接地故障（k 点）时，在 M 处流过该线路的 $3I_0$ 与 M 母线 $3U_0$ 的相位关系是（　　）。 答案：B

A. $3I_0$ 超前 M 母线 $3U_0$ 约 80°　　B. $3I_0$ 滞后 M 母线 $3U_0$ 约 80°

C. $3I_0$ 滞后 M 母线 $3U_0$ 约 100°　　D. $3I_0$ 超前 M 母线 $3U_0$ 约 100°

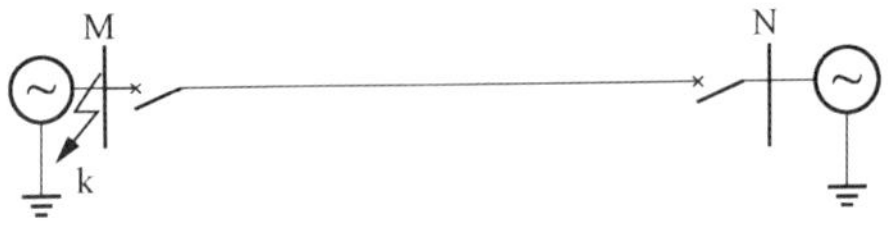

图 1-4

65. 如果对短路点的正、负、零序综合电抗为 $X_{1\Sigma}$、$X_{2\Sigma}$、$X_{0\Sigma}$，且 $X_{1\Sigma}=X_{2\Sigma}$，则两相接地短路时的复合序网图是在正序序网图中的短路点和中性点间串入附加阻抗（　　）。答案：C

A. $X_{2\Sigma}+X_0$　　B. X_2

C. $X_{2\Sigma}//X_{0\Sigma}$　　D. 以上都不正确

66. 线路上发生 B 相单相接地时，故障点正、负、零序电流分别通过线路 M 侧的正、负、零序分流系数 C_{1M}、C_{2M}、C_{0M} 被分到了线路 M 侧，形成了 M 侧各相全电流中的故障分量 ΔI_Φ（Φ =A、B、C）。若（　　）成立，则 $\Delta I_A=\Delta I_C\neq0$；若（　　）成立，则 $\Delta I_A\neq\Delta I_C\neq0$；若（　　）成立，则 $\Delta I_A=\Delta I_C=0$。　　答案：BCA

A. $C_{1M}=C_{2M}=C_{0M}$　　B. $C_{1M}=C_{2M}\neq C_{0M}$

C. $C_{1M}\neq C_{2M}\neq C_{0M}$　　D. $C_{1M}\neq C_{2M}=C_{0M}$

67. 系统发生两相短路，短路点距母线远近与母线上负序电压值的关系是（　　）。答案：C

A. 与故障点的位置无关　　B. 故障点越远负序电压越高

C. 故障点越近负序电压越高　　D. 不确定

68. 双侧电源的输电线路发生不对称故障时，短路电流中各序分量受两侧电动势相差影响的是（　　）　　答案：C

A. 零序分量　　B. 负序分量　　C. 正序分量　　D. 都有影响

69. 原理上不受电力系统振荡影响的保护有（　　）。　　答案：C

A. 电流保护　　B. 距离保护

C. 电流差动纵联保护和相差保护　　D. 电压保护

70. 电力系统发生振荡时，各点电压和电流（　　）。　　答案：A

A. 均做往复性摆动　　B. 均会发生突变

C. 在振荡的频率高时会发生突变　　D. 之间的相位角基本不变

71. 系统短路时电流、电压是突变的，而系统振荡时电流、电压的变化是（　　）。答案：C

A. 缓慢的　　B. 与三相短路一样快速变化

C. 缓慢的且与振荡周期有关　　D. 之间的相位角基本不变

72. 下列关于电力系统振荡和短路的描述，（　　）是不正确的。　　答案：C

A. 短路时电流、电压值是突变的，而系统振荡时系统各点电压和电流值均做往复性摆动

B. 振荡时系统任何一点电流和电压之间的相位角都随着功角 δ 的变化而变化

C. 系统振荡时，将对以测量电流为原理的保护形成影响，如电流速断保护、电流纵联差动保护等

D. 短路时电压与电流的相位角基本不变

73. 电力系统发生振荡时，振荡中心电压的波动情况是（　　）。 答案：A

A. 幅度最大　B. 幅度最小　C. 幅度不变　D. 不一定

74. 继电器常闭接点是指（　　）。 答案：C

A. 正常时接点闭合　B. 继电器线圈带电时接点闭合

C. 继电器线圈不带电时接点闭合　D. 短路时接点闭合

75.（　　）是为补充主保护和后备保护的性能或当主保护和后备保护退出运行时而增加的简单保护。 答案：B

A. 异常运行保护　B. 辅助保护　C. 失灵保护　D. 以上都是

76. 继电器按其结构型式分类主要有（　　）。 答案：C

A. 测量继电器和辅助继电器　B. 电流型和电压型继电器

C. 电磁型、感应型、整流型和静态型　D. 以上都是

77. 主保护或断路器拒动时，用来切除故障的保护是（　　）。 答案：C

A. 辅助保护　B. 异常运行保护

C. 后备保护　D. 安全自动装置

78. 下列保护中，属于后备保护的是（　　）。 答案：D

A. 变压器差动保护　B. 瓦斯保护

C. 高频闭锁零序保护　D. 断路器失灵保护

79. 电力系统不允许长期非全相运行，为了防止断路器一相断开后长时间非全相运行，应采取措施断开三相并保证选择性，其措施是装设（　　）。 答案：C

A. 断路器失灵保护　B. 零序电流保护

C. 断路器三相不一致保护　D. 距离保护

80. 在微机保护中，掉电会丢失数据的主存储器是（　　）。 答案：B

A. ROM　B. RAM　C. EPROM　D. EEPROM

81. 二进制 1010 1101 0111 0101 用十六进制表示为（　　）。 答案：C

A. 9C86　B. 9C75　C. AD75　D. AD86

82. 数字滤波器（　　）。 答案：C

A. 由运算放大器、电阻、电容组成　B. 存在阻抗匹配的问题

C. 是一种程序　D. 是一种硬件电路

83. 采样定理的基本内容是：若被采样信号中所含最高频率成分的频率为 f_{max}，则采样频率 f_s 必须大于 f_{max} 的（ ），否则会造成频率混叠。 答案：A

A. 2 倍 B. 3 倍 C. 4 倍 D. 6 倍

84. 在下述各种微机保护算法中，不需要求出电压、电流的幅值和相位，可以直接算出 R 和 X 值的是（ ）。 答案：D

A. 两点乘积法 B. 微分算法
C. 半周积分法 D. 解微分方程算法

85. 在下列微机保护的基本算法中，（ ）的精度与采样频率无关。 答案：A

A. 两点乘积法 B. 微分算法
C. 半周积分法 D. 解微分方程算法

86. 电压频率变换器（VFC）构成模数变换器时，其主要优点是（ ）。 答案：C

A. 精度高 B. 速度快
C. 易隔离和抗干扰能力强 D. 以上都是

87. 电压/频率变换式数据采集系统，在规定时间内计数器输出脉冲的个数与模拟输入电压量的（ ）。 答案：C

A. 积分成正比 B. 积分成反比
C. 瞬时值的绝对值成正比 D. 瞬时值的绝对值成反比

88. 在微机保护中经常用全周傅氏算法计算工频量的有效值和相角，使用该算法的优点包括（ ）。 答案：C

A. 对直流分量和衰减的直流分量都有很好的滤波作用
B. 对直流分量和所有的谐波分量都有很好的滤波作用
C. 对直流分量和整数倍的谐波分量都有很好的滤波作用
D. 对衰减的直流分量和整数倍的谐波分量都有很好的滤波作用

89. 采用 VFC 数据采集系统时，每隔 T_s 从计数器中读取一个数。保护算法运算时采用的是（ ）。 答案：C

A. 直接从计数器中读取得的数 B. T_s 期间的脉冲个数
C. $2T_s$ 或以上期间的脉冲个数 D. 以上都不正确

90. 微机保护要保证各通道同步采样，如果不能做到同步采样，除（ ）以外，对其他元件都将产生影响。 答案：B

A. 负序电流元件 B. 相电流元件
C. 零序方向元件 D. 差动保护元件

91. 检查微机型保护回路及整定值的正确性的方法是（　　）。 答案：C

A. 可采用打印定值和键盘传动相结合的方法

B. 可采用检查 VFC 模数变换系统和键盘传动相结合的方法

C. 只能用由电流电压端子通入与故障情况相符的模拟量，保护装置处于与投入运行完全相同状态的整组试验方法

D. 以上方法都可以

92. ΔI_{AB}、ΔI_{BC} 动作，ΔI_{CA} 未动作时，相电流差突变量选相元件认为是（　　）。 答案：B

A. A 相接地故障　B. B 相接地故障　C. C 相接地故障　D. 三相故障

93. 某 220kV 微机保护采用相电流差突变量选相元件，当选相元件 $\Delta I_{AB}=\Delta I_{BC}=10A$，$\Delta I_{CA}=20A$ 时，线路发生了（　　）。 答案：C

A. AB 相间故障　B. BC 相间故障　C. AC 相间故障　D. 三相故障

94. 根据 $\dot{I}_0$ 和 $\dot{I}_{A2}$ 之间的相位关系，稳态序分量选相元件还不能准确判出故障相，往往需要结合（　　）的动作行为综合判别。 答案：C

A. 相电流差突变量　B. 过电流元件　C. 阻抗元件　D. 低电压元件

95. 线路正方向区内故障时，其中一侧工频变化量电压和电流的夹角与（　　）有关。 答案：A

A. 保护安装处背后系统的等值正序阻抗角

B. 保护安装处到故障点的线路正序阻抗角

C. 线路阻抗与对侧系统阻抗之和

D. 故障点过渡电阻

96. 线路保护安装处和故障点电压之间的关系 $\dot{U}_{M\varphi}=\dot{U}_{k\varphi}+(\dot{I}_{\varphi}+K3\dot{I}_0)Z_1$ 是否成立与（　　）有关。 答案：C

A. 线路故障类型　B. 过渡电阻

C. 故障点和保护安装处是否有分支　D. 是否发生振荡

97. 复合电压闭锁过流保护的动作条件是（　　）。 答案：B

A. 复合电压元件不动，过流元件动作，保护启动出口继电器

B. 低电压或负序电压元件动作且电流元件动作，保护才启动出口继电器

C. 低电压和负序电压元件均动作且电流元件动作，保护才启动出口继电器

D. 当相间电压降低或出现负序电压时，电流元件才动作

98. 在电压回路最大负荷时，保护和自动装置的电压降不得超过其额定电压的（　　）。 答案：B

A. 2%　　B. 3%　　C. 5%　　D. 10%

99. 用实测法测定线路的零序参数，假设试验时无零序干扰电压，电流表读数为20A，电压表读数为20V，功率表读数为137W，零序阻抗的计算值为（　　）。 答案：B

A. 0.34+j0.94Ω　　B. 1.03+j2.82Ω　　C. 2.06+j5.64Ω　　D. 0.51+j1.41Ω

100. 在大接地电流系统中，当相邻平行线路停运检修并在两侧接地时，电网发生接地故障，此时停运线路（　　）零序电流。 答案：A

A. 流过　　B. 没有

C. 不一定有　　D. 视具体情况而定

101. 在大接地电流系统中的两个变电站之间架有同杆并架双回线，当其中的一条线路停运检修、另一条线路仍然运行时，电网中发生了接地故障，如果此时被检修线路两端均已接地，则在运行线路上的零序电流将（　　）。 答案：A

A. 大于被检修线路两端不接地的情况　　B. 与被检修线路两端不接地的情况相同

C. 小于被检修线路两端不接地的情况　　D. 不一定

102. 对于有零序互感的平行双回线路中的每个回路，其零序阻抗最小的情况是（　　）。 答案：B

A. 一条回路处于热备用状态　　B. 一条回路处于接地检修状态

C. 双回路运行状态　　D. 不确定

103. 负序电流整定往往用模拟单相接地短路的方法，因为单相接地短路时负序电流分量为短路电流的（　　）。 答案：C

A. 3倍　　B. 2倍　　C. 1/3倍　　D. $\sqrt{3}$倍

104. 超高压输电线单相跳闸熄弧较慢是由于（　　）。 答案：A

A. 潜供电流影响　　B. 单相跳闸慢　　C. 短路电流小　　D. 短路电流大

105. 微机保护一般都记忆故障前的电压，其主要目的是（　　）。 答案：B

A. 事故后分析故障前潮流　　B. 保证方向元件的方向性

C. 录波功能的需要　　D. 微机保护录波功能的需要

106. 大电流接地系统的TV变比为（　　）。 答案：B

A. $\frac{U_N}{\sqrt{3}}\Big/\frac{100}{\sqrt{3}}\Big/\frac{100}{3}$　　B. $\frac{U_N}{\sqrt{3}}\Big/\frac{100}{\sqrt{3}}\Big/100$

C. $\frac{U_N}{\sqrt{3}}\Big/100\Big/\frac{100}{3}$　　D. $\frac{U_N}{\sqrt{3}}\Big/100/100$

107. 三相五柱式电压互感器若用于中性点非直接接地电网中，其变比为（　　）。答案：A

A. $\frac{U_N}{\sqrt{3}}\Big/\frac{100}{\sqrt{3}}\Big/\frac{100}{3}$　　　B. $\frac{U_N}{\sqrt{3}}\Big/\frac{100}{\sqrt{3}}\Big/100$

C. $\frac{U_N}{\sqrt{3}}\Big/100\Big/\frac{100}{3}$　　　D. $\frac{U_N}{\sqrt{3}}\Big/100/100$

108. YNd11 接线的变压器 d 侧发生 B、C 两相短路时，Y 侧必有（　　）相电流为另外两相电流的 2 倍。答案：C

A. A　　B. B　　C. C　　D. 不定

109. 双侧电源线路上发生经过渡电阻接地，流过保护装置的电流与流过过渡电阻的电流的相位（　　）。答案：C

A. 同相　　B. 不同相　　C. 不确定　　D. 大小一样

110. 微机保护中，每周波采样 20 点，则（　　）。答案：A

A. 采样间隔为 1ms，采样率为 1000Hz　　B. 采样间隔为 5/3ms，采样率为 1000Hz

C. 采样间隔为 1ms，采样率为 1200Hz　　D. 采样间隔为 1ms，采样率为 2000Hz

111. 直馈输电线路，其零序网络与变压器的等值零序阻抗如图 1-5 所示（阻抗均换算至 220kV 电压），变压器 220kV 侧中性点接地，110kV 侧不接地，k 点的综合零序阻抗为（　　）。答案：B

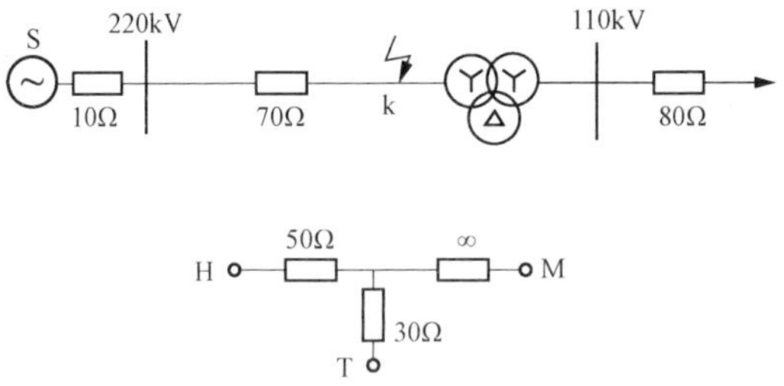

图 1-5

A. 80Ω　　B. 40Ω　　C. 30.7Ω　　D. 120Ω

112. 交流电压二次回路断线时不会误动的保护为（　　）。答案：B

A. 距离保护　　B. 电流差动保护

C. 零序电流方向保护　　D. 低电压保护

113. YNd11 变压器，三角形侧 ab 两相短路，星形侧装设两相三继电器过流保护，设 Z_L 和 Z_k 为二次电缆（包括 TA 二次漏阻抗）和过流继电器的阻抗，则电流互感器二次负载阻抗为（　　）。答案：C

A. Z_L+Z_k　　B. $2(Z_L+Z_k)$　　C. $3(Z_L+Z_k)$　　D. $\sqrt{3}(Z_L+Z_k)$

114. 如果三相输电线路的自感阻抗为 Z_L，互感阻抗为 Z_M，则正确的是（　　）。 答案：A

A. $Z_0=Z_L+2Z_M$　　B. $Z_1=Z_L+2Z_M$

C. $Z_0=Z_L-Z_M$　　D. $Z_1=2Z_L-Z_M$

115. 对电力系统的稳定性干扰最严重的一般是（　　）。 答案：B

A. 投切大型空载变压器　　B. 发生三相短路故障

C. 发生两相接地短路　　D. 发生单相接地

116. 突变量可以反映（　　）状况。 答案：A

A. 短路　　B. 过负荷　　C. 振荡　　D. 以上都可

117. 下列（　　）是提高继电保护装置可靠性的措施。 答案：A

A. 双重化　　B. 自动重合闸　　C. 重合闸后加速　　D. 备自投

118. 在电流保护中加装低电压闭锁组件的目的是（　　）。 答案：D

A. 提高保护的可靠性　　B. 提高保护的选择性

C. 提高保护的快速性　　D. 提高保护的灵敏性

119. 某 35kV 变电站发“35kV 母线接地”信号，测得三相电压为 A 相 22.5kV，B 相 23.5kV，C 相 0.6kV，则应判断为（　　）。 答案：B

A. 单相接地　　B. TV 断线　　C. 铁磁谐振　　D. 线路断线

120. 当系统的频率高于额定频率时，方向阻抗继电器最大灵敏角（　　）。 答案：A

A. 变大　　B. 变小　　C. 不变　　D. 不确定

121. 三段式电流保护中，灵敏度最高的是（　　）。 答案：A

A. Ⅲ段　　B. Ⅱ段　　C. Ⅰ段　　D. 都一样

122. 对接地距离继电器，如发生 A 相接地故障，为消除电压死区，应采用（　　）作极化电压效果最好。 答案：C

A. AC 相间电压　　B. AB 相间电压　　C. BC 相间电压　　D. 都可以

123. 微机线路保护每周波采样 12 点，现负荷潮流为有功功率 P=86.6MW、无功功率 Q=−50Mvar，微机保护打印出电压电流的采样值，在工作正确的前提下，下列各组中（　　）是正确的。 答案：C

A. U_a 比 I_a 由正到负过零点超前 1 个采样点

B. U_a 比 I_a 由正到负过零点滞后 2 个采样点

C. U_a 比 I_b 由正到负过零点超前 3 个采样点

D. U_a比I_b由正到负过零点超前4个采样点

124. 用于20kV小电阻接地系统的专用接地变压器阻抗呈现（　　）特性。 答案：A

A. 正序阻抗趋于∞，零序阻抗趋于0

B. 正序阻抗、零序阻抗趋于0

C. 正序阻抗、零序阻抗趋于∞

D. 正序阻抗趋于0，零序阻抗趋于∞

125. 线路断相运行时，两健全相电流之间的夹角与系统纵向阻抗$Z_{0\Sigma}/Z_{2\Sigma}$之比有关。若$Z_{0\Sigma}/Z_{2\Sigma}=1$，此时两电流间夹角（　　）。 答案：B

A. 大于120°　　B. 等于120°

C. 小于120°　　D. 变化范围较大

126. 系统频率降低时，可以通过（　　）的办法使频率上升。 答案：CD

A. 增加发电机的励磁，降低功率因数

B. 投入大电流联切装置

C. 增加发电机有功出力或减少用电负荷

D. 投入低频减载装置

127. 变压器并联运行的条件是所有并联运行变压器的（　　）。 答案：ABC

A. 变比相等　　B. 短路电压相等

C. 绕组联结组别相同　　D. 中性点绝缘水平相当

128. 对称分量法所用的运算因子α的正确表达式是（　　）。 答案：AC

A. e^{j120}　　B. e^{-j120}　　C. $-\frac{1}{2}+j\frac{\sqrt{3}}{2}$　　D. $-\frac{1}{2}-j\frac{\sqrt{3}}{2}$

129. 对称分量法中，$\frac{\dot{U}}{a}$表示（　　）。 答案：AD

A. 将$\dot{U}$顺时针旋转120°　　B. 将$\dot{U}$顺时针旋转240°

C. 将$\dot{U}$逆时针旋转120°　　D. 将$\dot{U}$逆时针旋转240°

130. 设A、B、C为一组相量，A_1、A_2、A_0为A相三序分量，则下列表达式正确的是(　　)。 答案：AD

A. $B=A_0+a^2A_1+aA_2$　　B. $B=A_0+aA_1+a^2A_2$

C. $C=A_0+a^2A_1+aA^2$　　D. $C=A_0+aA_1+a^2A_2$

131. 系统发生振荡时，（　　）可能发生误动。 答案：CD

A. 电流差动保护　　B. 零序电流保护
C. 电流速断保护　　D. 距离保护

132. 继电保护的四个基本性能要求中，(　　) 主要靠整定计算来保证。 答案：BD
A. 可靠性　B. 选择性　C. 快速性　D. 灵敏性

133. 继电保护的可靠性主要靠 (　　) 来保证。 答案：BC
A. 配置快速主保护　　B. 选用性能优良、质量稳定的产品
B. 正常的运行维护　　D. 整定计算

134. 微机保护中通常用来保存定值信息的存储器是 (　　)。 答案：AB
A. FLASH ROM　B. EPROM　C. E2PROM　D. SRAM

135. 微机保护对程序进行自检的方法有 (　　)。 答案：BC
A. 复位重启　B. 累加和校验　C. CRC 校验　D. 看门狗

136. 微机线路保护常用的启动元件有 (　　)。 答案：ABC
A. 零、负序电流　B. 相电流变化量　C. 低电压　D. 负序电压

137. 电磁环网对电网运行的弊端有 (　　)。 答案：ABCD
A. 造成系统热稳定破坏
B. 造成系统动态稳定破坏
C. 不利于电网经济运行
D. 可能需要安装切机切负荷等安全自动装置

二、判断题

1. 只要电源是正弦的，电路中的各个部分电流和电压也是正弦的。(　　)
答案：×

2. 当流过某负载的电流 i=1.4sin（314t+π/12）A 时，其端电压为 u=311sin（314t−π/12）V，那么这个负载一定是容性负载。(　　)
答案：√

3. 在线性电路中，如果电源电压是方波，则电路中各个部分的电流及电压也是方波。(　　)
答案：×

4. 一般情况下，三相正弦交流电路的视在功率不等于各相视在功率之和。(　　)
答案：√

5. 在非正弦周期电路中，只有同频率的谐波电压和电流才能构成平均功率。(　　)
答案：√

6. 电容元件的电流在换路瞬间不会发生跃变，电感元件的电压在换路瞬间不会发生跃变。（　　）

答案：×

7. 共模电压是指在某一给定地点所测得的同一网络中两导线间的电压。（　　）

答案：×

8. 电力变压器中性点直接接地或经消弧线圈接地的电力系统，称为大接地系统。（　　）

答案：×

9. 我国 35kV 及以下电压等级的电网中，中性点采用中性点不接地方式或经消弧线圈接地方式。这种系统被称为小接地电流系统。（　　）

答案：√

10. 中性点经消弧线圈接地系统普遍采用全补偿运行方式，即补偿后电感电流等于电容电流。（　　）

答案：×

11. 中性点经消弧线圈接地系统采用过补偿方式时，由于接地点的电流是感性的，熄弧后故障相电压恢复速度加快。（　　）

答案：×

12. 在超高压电网中，宜采用单相重合闸或综合重合闸。（　　）

答案：√

13. 大接地电流系统是指所有的变压器中性点均直接接地的系统。（　　）

答案：×

14. 输电线路采用串联电容补偿，可以增加输送功率，改善系统稳定及电压水平。（　　）

答案：√

15. 220kV 系统时间常数较小，500kV 系统时间常数较大，后者短路电流非周期分量的衰减较慢。（　　）

答案：√

16. 快速切除线路和母线的短路故障是提高电力系统静态稳定的重要手段。（　　）

答案：×

17. 无论线路末端开关是否合上，始端电压必定高于末端电压。（　　）

答案：×

18. 空载长线路充电时，末端电压会升高。这是由于对地电容电流在线路自感电抗上产生了电压降。（　　）

答案：√

19. （1±1.5%）×220/110kV 的有载调压变压器的调压抽头运行在+1.5%档处，当 110kV 侧系统电压过低时，应将变压器调压抽头调至−1.5%档处。（　　）

答案：√

20. 在电力系统中，负荷吸取的有功功率与系统频率的变化有关，系统频率升高时，负荷吸取的有功功率随之增高，频率下降时，负荷吸取的有功功率随之下降。（　　）

答案：√

21. 当电力系统发生严重的低频事故时，为使电网迅速恢复正常，低频减负荷装置在达到动作值后，可以不经时限立即动作，快速切除负荷。(　　)

答案：×

22. 电力系统有功功率不足时，不只影响系统的频率，对系统电压的影响更大。(　　)

答案：×

23. 由母线向线路送出有功功率 100MW，无功功率 100Mvar。电压超前电流的角度是 45°。(　　)

答案：√

24. 超高压线路电容电流对线路两侧电流大小和相位的影响可以忽略不计。(　　)

答案：×

25. 长距离输电线路为了补偿线路分布电容的影响，以防止过电压和发电机的自励磁，需装设并联电抗补偿装置。(　　)

答案：√

26. 串补电容通常加装在线路一端，主要是考虑运行维护方便和对保护的影响较小。(　　)

答案：×

27. 在中性点不接地系统中，如果忽略电容电流，发生单相接地时系统一定不会有零序电流。(　　)

答案：√

28. 在零序序网图中没有出现发电机的电抗是发电机的零序电抗为零。(　　)

答案：×

29. 中性点直接接地系统发生单相接地故障时，两个非故障相的故障电流一定为零。(　　)

答案：×

30. 在中性点直接接地系统中，如果各元件的阻抗角都是 80°，当正方向发生接地故障时，$3U_0$ 落后 $3I_0$ 100°；当反方向发生接地故障时，$3U_0$ 超前 $3I_0$ 80°。(　　)

答案：√

31. 零序电流和零序电压一定是 3 次谐波。(　　)

答案：×

32. 只要系统零序阻抗和零序网络不变，无论系统运行方式如何变化，零序电流的分配和零序电流的大小都不会发生变化。(　　)

答案：×

33. 大接地电流系统中，单相接地故障电流大于三相短路电流的条件是：故障点零序综合阻抗小于正序综合阻抗，假设正序阻抗等于负序阻抗。(　　)

答案：√

34. 在小接地电流系统中，某处发生单相接地时，母线 TV 开口三角电压幅值大小与故障点距离母线的远近无关。(　　)

答案：√

35. 大电流接地系统单相接地故障时，故障相接地点处的 U_0 与 U_2 相等。(　　)

答案：×

36. 小电流接地系统中，当 A 相经过渡电阻发生接地故障后，各相间电压发生变化。(　　)

答案：×

37. 线路发生两相短路时，短路点处正序电压与负序电压的关系为 $U_{k1}>U_{k2}$。(　　)

答案：×

38. 发生各种不同类型短路时，电压各序对称分量的变化规律是：三相短路时母线上正序电压下降得最厉害，单相短路时正序电压下降最少。(　　)

答案：√

39. B、C 相发生金属性短路时，故障点的边界条件为：$I_{kA}=0$；$U_{kB}=0$；$U_{kC}=0$。(　　)

答案：×

40. 大接地系统发生单相接地故障时，正序电压越靠近故障点数值越小，负序电压和零序电压越靠近故障点数值越大。(　　)

答案：√

41. 不旋转的电气设备的正序电抗 X_1 与负序电抗 X_2 是相等的。发电机由于其 d 轴与 q 轴气隙不均匀，所以严格的讲，其正序电抗 X_1 与负序电抗 X_2 是不相等的。(　　)

答案：√

42. 平行线路之间存在零序互感，当相邻平行线流过零序电流时，将在线路上产生感应零序电动势，有可能改变零序电流与零序电压的相量关系。(　　)

答案：√

43. 在大电流接地系统中，当相邻平行线停运检修并在两侧接地时，电网接地故障线路通过零序电流，将在该运行线路上产生零序感应电流，此时在运行线路中的零序电流将会减少。(　　)

答案：×

44. 由于互感的作用，平行双回线外部发生接地故障时，该双回线中流过的零序电流要比无互感时小。(　　)

答案：√

45. 保护安装点的零序电压，等于故障点的零序电压减去由故障点至保护安装点的零序电压降，因此，保护安装点距离故障点越近，零序电压越高。(　　)

答案：√

46. 电力系统的不对称故障有三种单相接地、三种两相短路接地、三种两相短路和断线、系统振荡。(　　)

答案：×

47. 在变压器中性点直接接地系统中，当发生单相接地故障时，将在变压器中性点产生很大的零序电压。(　　)

答案：×

48. 电力系统正常运行和三相短路时，三相是对称的，即各相电动势是对称的正序系统，发电机、变压器、线路及负载的每相阻抗都是相等的。(　　)

答案：√

49. 被保护线路上任一点发生 A、B 两相金属性短路时，母线电压 U_{ab} 将等于零。(　　)

答案：×

50. 在大电流接地系统中，三相短路对系统的危害不如两相接地短路大，在某些情况下，不如单相接地短路大，因为这时单相接地短路电流比三相短路电流还要大。(　　)

答案：×

51. 大电流接地系统中接地短路时，系统零序电流的分布与中性点接地点的多少有关，而与其位置无关。(　　)

答案：×

52. 在电力系统运行方式变化时，如果中性点接地的变压器数目不变，则系统零序阻抗和零序等效网络就是不变的。(　　)

答案：×

53. 接地故障时零序电流的分布与发电机的开停机有关。(　　)

答案：×

54. 系统零序阻抗和零序网络不变，接地故障时的零序电流大小就不变。(　　)

答案：×

55. 流过保护的零序电流的大小仅决定于零序序网参数，与电源的正负序阻抗无关。(　　)

答案：×

56. 在中性点大电流接地系统中，增加中性点接地变压器台数，在发生接地故障时零序电流将变小。(　　)

答案：×

57. 220kV 终端变电站主变压器的中性点，不论其接地与否不会对其电源进线的接地短路电流值有影响。(　　)

答案：×

58. 在大电流接地系统中，线路始端发生两相金属性短路接地时，零序方向电流保护中的方向元件将因零序电压为零而拒动。(　　)

答案：×

59. 在双侧电源系统中，如忽略分布电容，当线路非全相运行时一定会出现零序电流和负序电流。(　　)

答案：×

60. 大电流接地系统中，当线路出现不对称运行时，因为没有发生接地故障，所以线路中没有零序电流。(　　)

答案：×

61. 当输送功率为 10MW 的线路出现不对称断相时，因为线路没有发生接地故障，所以线路没有零序电流。(　　)

答案：×

62. 线路出现断相，当断相点纵向零序阻抗大于纵向正序阻抗时，单相断相零序电流小于负序电流。(　　)

答案：√

63. 在大电流接地系统中，线路的零序功率方向继电器接于母线电压互感器的开口三角电

压，当线路非全相运行时，该继电器可能会动作。(　　)

答案：√

64. 系统振荡时，线路发生断相，零序电流与两侧电动势角差的变化无关，与线路负荷电流的大小有关。(　　)

答案：×

65. 线路发生单相接地故障时，其保护安装处的负序、零序电流大小相等、方向相同。(　　)

答案：×

66. 中性点不接地系统中，单相接地故障时，故障线路上的容性无功功率的方向为由母线流向故障点。(　　)

答案：×

67. 5 次谐波电流的大小或方向，可以作为中性点非直接接地系统中查找故障线路的一个判据。(　　)

答案：√

68. 在小电流接地系统中发生单相接地故障时，其相间电压基本不变。(　　)

答案：√

69. 系统振荡时，变电站现场观察到表计每秒摆动两次，系统的振荡周期应该是 0.5s。(　　)

答案：√

70. 系统振荡时任意一点电流与电压的相角都随功角 δ 的变化而变化。(　　)

答案：√

71. 系统振荡时任意一点电流与电压之间的相位角都随功角的变化而变化，而短路时电流与电压的角度基本不变。(　　)

答案：√

72. 振荡时母线电压变化与母线离振荡中心距离有关，离振荡中心越远变化越小，到了大电源母线端则基本不变。(　　)

答案：√

73. 大电流接地系统单相接地时，故障点的正、负、零序电流一定相等，各支路中的正、负、零序电流可不相等。(　　)

答案：√

74. 全相振荡是没有零序电流的；非全相振荡是有零序电流的，但这一零序电流不可能大于此时再发生接地故障时故障分量中的零序电流。(　　)

答案：×

75. 在受电侧电源的助增作用下，线路正向发生经接地电阻单相短路，假如接地电阻为纯电阻性的，将会在送电侧相阻抗继电器的阻抗测量元件中产生引起容性的附加分量 Z_R。(　　)

答案：√

76. 高压线路上 F 点的 B、C 两相各经电弧电阻 R_B 与 R_C（$R_B \neq R_C$）短路后再金属性接地时，仍可按简单的两相接地故障一样，构建简单的复合序网图来计算故障电流。(　　)

答案：×

77. A 相接地短路时，由于 $I_{A1}=I_{A2}=I_0=1/3I_A$，所以用通入 A 相一相电流整定负序电流继电器时，应使 $1/3I_{OP.A}=I_{OP.2}$。(　　)

答案：√

78. 三相三柱式变压器的零序磁通由于只能通过油箱作回路，所以磁阻大，零序阻抗比正序阻抗小。(　　)

答案：√

79. YNd11 两侧电源变压器的 YN 绕组发生单相接地短路时，两侧电流相位相同。(　　)

答案：×

80. 12 点接线的变压器，其高压侧线电压和低压侧线电压同相；11 点接线的变压器，其高压侧线电压滞后低压侧线电压 30°。(　　)

答案：√

81. 电力变压器不管其接线方式如何，其正、负、零序阻抗均相等。(　　)

答案：×

82. 变压器励磁涌流含有大量的高次谐波分量，且以 2 次谐波为主。(　　)

答案：√

83. 由三个单相构成的变压器（YNd）的正序电抗与零序电抗相等。(　　)

答案：√

84. 变压器发生过励磁故障时，并非每次都造成设备的明显损坏，但多次反复过励磁将会降低变压器的使用寿命。(　　)

答案：√

85. YNd11 变压器在三角侧发生两相短路时，YN 侧三相电流中有两相电流为另一相电流的 2 倍。(　　)

答案：×

86. YNd11 升压变压器 YN 侧发生相间短路时，d 侧三相均有电流通过，两故障相中的超前相电流最大。(　　)

答案：√

87. YNd11 变压器 d 侧发生相间短路时，YN 侧三相均有电流通过，两故障相中的超前相电流最大。(　　)

答案：×

88. 在小电流接地系统线路发生单相接地时，非故障线路的零序电流超前零序电压 90°，故障线路的零序电流滞后零序电压 90°。(　　)

答案：√

89. 在大电流接地系统中，在故障线路上的零序功率由母线流向线路。(　　)

答案：×

90. 零序、负序功率元件不反应系统振荡和过负荷。(　　)

答案：√

91. 接地故障时，零序电流和零序电压的相位关系与变电站和有关支路的零序阻抗角、故障点有无过渡电阻有关。(　　)

答案：×

92. 在大电流接地系统中发生接地短路时，保护安装点的零序电压与零序电流之间的相位角决定于该点正方向到零序网络中性点之间的零序阻抗角。(　　)

答案：×

93. 当电网（$Z_{\Sigma1}=Z_{\Sigma2}$）发生两相金属性短路时，若某变电站母线的负序电压标幺值为 0.55，那么其正序电压标幺值为 0.45。(　　)

答案：×

94. 变电站发生接地故障时，故障零序电流与母线零序电压之间的相位差大小主要取决于变电站内中性点接地的变压器的零序阻抗角，与接地点弧光电阻的大小也有关。(　　)

答案：×

95. 在小电流接地系统中，线路上发生金属性单相接地时故障相电压为零，两非故障相电压升高 $\sqrt{3}$ 倍，中性点电压变为相电压。三个线电压的大小和相位与接地前相比都发生了变化。(　　)

答案：×

96. 发生不对称故障时，保护安装点距故障点越近，保护感受的负序电压越高。(　　)

答案：√

97. 过渡电阻产生的附加阻抗一般比过渡电阻本身大。(　　)

答案：√

98. 采用逐次逼近式原理的模数转换器（A/D）的数据采样系统中有专门的低通滤波器，滤除输入信号中的高次分量，以满足采样定律。用电压—频率控制器（VFC）的数据采样系统中，由于用某一段时间内的脉冲个数来进行采样，这种做法本身含有滤波功能，所以不必再加另外的滤波器。(　　)

答案：√

99. A/D 变换器的位数越多，分辨率越高。(　　)

答案：√

100. 微机中的“RAM”叫作随机存取存储器，一旦断开电源，存储内容会立即消失。(　　)

答案：√

101. 微机保护采用的低通滤波器一般滤除频率高于采样频率 1/3 的信号。(　　)

答案：×

102. 微机保护数据采集单元中通常采用变换器，变换器的一次与二次绕组间有屏蔽层，对高频干扰有一定的抑制作用。(　　)

答案：√

103. 微机线路保护应具有独立性、完整性、成套性，在一套装置内应含有能反应高压输电线路各种故障的保护功能。(　　)

答案：√

104. 微机保护装置应设有自复位电路，在因干扰而造成程序走死时应能通过自复位电路自动恢复正常工作。但在进行抗高频干扰试验时，不允许自复位电路工作。(　　)

答案：√

105. 一般微机保护的“信号复归”按钮和装置的“复位”键的作用是相同的。( )

答案：×

106. 继电保护装置的电磁兼容性是指它具有一定的耐受电磁干扰的能力，对周围电子设备产生较小的干扰。( )

答案：√

107. 微机保护每周波采样 12 点，则采样率为 600Hz。( )

答案：√

108. 数字滤波器无任何硬件附加于计算机中，而是通过计算机去执行一种计算程序或算法，从而去掉采样信号中无用的成分，以达到滤波的目的。( )

答案：√

109. 半周积分算法具有滤波功能，对高频分量有抑制作用，但不能抑制直流分量。( )

答案：√

110. CPU 在运算过程中可能因干扰的影响而导致运算出错，对此可以将整个运算进行两次，以核对运算是否有误。( )

答案：√

111. 过渡电阻不影响序电压和序电流之间的相位关系，也不影响突变量电压和突变量电流间的相位关系。( )

答案：×

112. 纯电阻电路中，各部分的电流与电压波形是相同的。( )

答案：√

113. 所有保护装置在系统振荡时均不允许误动作跳闸。( )

答案：×

114. 为保证选择性，对相邻设备和线路有配合要求的保护和同一保护内有配合要求的两个元件，其灵敏系数及动作时间在一般情况下应相互配合。( )

答案：√

115. 阻抗继电器的工作电压在系统振荡和区外故障时，继电器的工作电压总是对应于一次系统保护整定点的电压。( )

答案：√

116. 相间距离继电器能够正确测量三相短路故障、两相短路接地、两相短路、单相接地故障的距离。( )

答案：×

117. 由于助增电流的存在，使距离保护的测量阻抗增大，保护范围缩小。( )

答案：√

118. 正方向不对称故障时，对正序电压为极化量的相间阻抗继电器，稳态阻抗特性圆不包括原点，对称性故障恰好通过原点。( )

答案：×

119. 对方向阻抗继电器来讲，如果在反方向出口（或母线）经小过渡电阻短路且过渡阻抗呈阻感性时，容易发生误动。( )

答案：×

120. 在系统发生振荡情况下，同样的整定值，全阻抗继电器受振荡的影响最大，而椭圆继电器所受的影响最小。(　　)

答案：√

121. 方向元件改用正序电压作为极化电压后，比起90°接线的方向元件来，主要优点是电压死区消失。(　　)

答案：×

122. 过渡电阻对距离继电器工作的影响，视条件可能失去方向性，也可能使保护区缩短，还可能发生超越及拒动。(　　)

答案：√

123. 由于对侧母线上电源的助增作用，使得阻抗继电器感受阻抗变小，造成超越。(　　)

答案：×

124. 新投运带有方向性的保护只需要用负荷电流来校验电流互感器接线的正确性。(　　)

答案：×

125. 过电流保护在系统运行方式变小时，保护范围将变大。(　　)

答案：×

126. 阶段式电流保护是将电流速断、限时电流速断和过电流保护组合在一起。(　　)

答案：√

127. 电流速断保护接线简单、动作迅速，可保护线路全长，因此被广泛采用。(　　)

答案：×

128. 反时限电流保护，当故障电流大时，保护的动作时限短，故障电流小时，保护的动作时限长。(　　)

答案：√

129. 零序电流保护的优点：结构及原理简单，中间环节少，对于近处故障可以实现快速动作；在电网零序网络基本稳定的条件下，保护范围比较稳定；受故障过渡电阻的影响小；保护定值不受负荷电流的影响，也基本不受其他中性点不接地电网短路故障的影响，保护延时段灵敏度允许整定较高。(　　)

答案：√

130. 根据叠加原理，电力系统短路时的电气量可分为负荷分量和故障分量，工频变化量指的就是故障分量。(　　)

答案：√

131. 工频变化量保护只能用来构成快速保护，无法用它来构成带时限的保护。(　　)

答案：√

132. 工频变化量阻抗继电器不适合有串补电容的情况下使用。(　　)

答案：×

133. 工频变化量方向继电保护引入补偿阻抗，其目的是为了保证大电源长线路末端故障时正方向元件的灵敏度。(　　)

答案：√

134. 用工频变化量阻抗继电器计算出的工作电压的数值可用以构成选相元件。(　　)

答案：√

135. 以突变量构成的方向元件不存在电压死区。(　　)

答案：√

136. 相电流差突变量启动元件比相电流突变量启动元件对相间故障的灵敏度更高。(　　)

答案：√

137. 高压终端负荷线路弱电源侧线路保护只有利用低电压元件才能正确选相。(　　)

答案：×

138. 零序过流保护为保证线路经较大过渡电阻故障时能可靠动作切除故障，不经 $3U_0$ 突变量闭锁。在发生 TA 断线时，零序过流保护一定不会误动。(　　)

答案：×

139. 零序电流保护，能反应各种不对称短路，但不反应三相对称短路。(　　)

答案：×

140. 由电源算起，越靠近故障点的保护动作越灵敏、动作时间愈长，并在上下级之间留有适当的裕度。(　　)

答案：×

141. 抽水蓄能发电机组由于具有发电机和电动机两种状态，因此不需装设逆功率保护。(　　)

答案：×

142. 在线路主保护双重化配置功能完整的前提下，后备保护允许不完全配合。(　　)

答案：√

143. 为保护高阻接地故障，220kV 线路零序Ⅳ段或反时限零序启动电流任何情况下均不应大于 300A。(　　)

答案：×

144. 电流互感器 10%误差超过时，可用两种同变比的互感器并接以减小电流互感器的负担。(　　)

答案：×

145. 考虑线路故障，可将系统等值为两机一线系统。故障电流由 M、N 两侧供给，其故障正序电流分流系数定义 K_m、K_n。该系数仅与系统运行接线方式及故障点有关，而与短路故障的类型无关。(　　)

答案：√

三、简答题

1. 试述电力系统中线路、变压器、发电机的负序阻抗及线路、变压器的零序阻抗的特点。

答：（1）线路、变压器等静止元件的负序阻抗。系统中静止元件施以负序电压产生的负序电流与施以正序电压产生的正序电流相同（只是相序不同），即静止元件的正、负序阻抗相同。

（2）发电机负序阻抗。当对发电机施以负序电压时，电枢绕组的负序工频电流产生负序旋转磁场，在转子中产生 2 倍频电动势和电流，故发电机的负序阻抗与正序阻抗不同，一般为 0.16～0.24（标幺值），对汽轮机和具有阻尼绕组的凸极发电机可近似取 $X_2=X_d''$。

（3）线路的零序阻抗。线路的零序阻抗为对线路施以零序电压时呈现的阻抗。零序阻抗以大地构成回路，数值较大，一般为正序阻抗的 2.5～3.5 倍。

（4）变压器的零序阻抗。变压器的零序阻抗与绕组的连接方式及磁路结构有关。系统使用的变压器一般为 YNd 接线且 YN 侧中性点接地，从 d 侧施以零序电压，由于回路不通不产生任何电流，故从 d 侧看它的零序阻抗为∞。从 YN 侧施以零序电压，在 d 侧将形成零序环流，故对零序来讲，从 YN 侧看几乎相当于另一侧短路，呈现的是短路阻抗 U_k%，但由于三芯式三相变压器的零序磁通要经过空气隙，使励磁阻抗大为降低，一般使零序阻抗减少到 U_k%的 80%左右。

2. 中性点经消弧线圈接地系统为什么普遍采用过补偿方式？

答：中性点经消弧线圈接地系统采用全补偿时，无论不对称电压的大小如何，都将因发生串联谐振而使消弧线圈感受到很高的电压。因此，要避免全补偿运行方式的发生，而采用过补偿或欠补偿的方式。实际上一般都采用过补偿的运行方式，其主要原因如下。

（1）欠补偿电网发生故障时，容易出现数值很大的过电压。例如，当电网中因故障或其他原因而切除部分线路后，在欠补偿电网中就可能形成全补偿的运行方式而造成串联谐振，从而引起很高的中性点位移电压与过电压，在欠补偿电网中也会出现很大的中性点位移而危及绝缘。只要采用欠补偿的运行方式，这一缺点是无法避免的。

（2）欠补偿电网在正常运行时，如果三相不对称度较大，还有可能出现数值很大的铁磁谐振过电压。这种过电压是因欠补偿的消弧线圈（$\omega L>\dfrac{1}{3\omega C_0}$）和线路电容 $3C_0$ 发生铁磁谐振而引起。如采用过补偿的运行方式，就不会出现这种铁磁谐振现象。

（3）电力系统往往是不断发展和扩大的，电网的对地电容也将随之增大。如果采用过补偿，原装的消弧线圈仍可以继续使用一段时期，至多是由过补偿转为欠补偿运行；但如果原来就采用欠补偿运行，则系统一有发展就必须立即增加补偿容量。

（4）由于过补偿时流过接地点的是电感电流，熄弧后故障相电压恢复速度较慢，因而接地电弧不易重燃。

（5）采用过补偿时，系统频率的降低只是使过补偿度暂时增大，这在正常运行时是毫无问题的；反之，如果采用欠补偿，系统频率的降低将使之接近于全补偿，从而引起中性点位移电压的增大。

3. 小电流接地系统发生单相接地故障时其电流、电压有何特点？

答：（1）电压：在接地故障点，故障相对地电压为零；非故障相对地电压升高至线电压；零序电压大小等于相电压。

（2）电流：非故障线路 $3\dot{I}_0$ 等于本线路电容电流；故障线路 $3\dot{I}_0$ 等于所有非故障线路电容电流之和；接地故障点的 $3\dot{I}_0$ 等于全系统电容电流的总和。

（3）相位：接地故障点的 $3\dot{I}_0$ 超前于零序电压 90°。

4. 方向过流保护为什么必须采用“按相启动”的接线方式？

答：方向过流保护采取“按相启动”的接线方式，是为了躲开反方向发生两相短路时造成装置误动。例如，当反方向发生 B、C 相短路时，线路 A 相方向继电器将因负荷电流为正方向而动作，此时如果不按相起动，当 C 相电流元件动作时，将引起装置误动；采用了“按相启动”接线方式，尽管 A 相方向继电器动作，但 A 相的电流元件不动，而 C 相电流元件动作但 C 相方向继电器不动作，所以装置不会误动。

5. 什么叫定时限过电流保护？什么叫反时限过电流保护？

答：为了实现过电流保护的动作选择性，各保护的动作时间一般按阶梯原则进行整定。即相邻保护的动作时间，自负荷向电源方向逐级增大，且每套保护的动作时间是恒定不变的，与短路电流的大小无关。具有这种动作时限特性的过电流保护称为定时限过电流保护。反时限过电流保护是指动作时间随短路电流的增大而自动减小的保护。使用在输电线路上的反时限过电流保护，能更快地切除被保护线路首端的故障。

6. 消弧线圈的作用是什么？

答：消弧线圈的作用是：当中性点不接地系统发生单相接地故障时，通过消弧线圈产生的感性电流补偿接地点非故障相产生的电容电流，使流过接地点的电流变小或为零，从而消除接地处的间歇电弧以及由它所产生的谐振过电压。

7. 影响阻抗继电器正确测量的因素有哪些？

答：（1）故障点的过渡电阻；

（2）保护安装处与故障点之间的助增电流和汲出电流；

（3）测量互感器的误差；

（4）电力系统振荡；

（5）电压二次回路断线；

（6）被保护线路的串补电容。

8. 简述三相三柱式变压器与三相五柱式变压器零序阻抗的主要区别。

答：三相三柱式变压器零序磁通无法在铁芯内流通，将流经变压器外壳，因此零序励磁阻抗不能视为∞，可等效为第四绕组（d 接线），零序阻抗小于正序阻抗；三相五柱式变压器零序磁通始终在铁芯内流通，因此零序励磁阻抗可视为∞，零序阻抗等于正序阻抗。

9. 中性点接地系统非全相运行对电网、设备及人身将造成什么危害？

答：（1）对电网的危害：

1）零序电压形成的中性点位移使各相对地电压升高，容易造成绝缘击穿事故；

2）零序电流在电网内产生电磁干扰，威胁通信线路安全；

3）电网之间连接阻抗增大，造成异步运行；

4）负序和零序电流可能引起电网内零序、非全相等保护误动。

（2）对设备的危害：

1）引起发电机定、转子发热，机组振动增大，可能出现过电压；

2）在变压器内部产生附加损耗，引起局部过热，降低变压器的使用效率。

（3）对人身的危害：

1）零序电流长期通过大地，接地装置的电位升高，跨步电压与接触电压也升高，对运行人员的安全构成一定的威胁；

2）零序电流可能在沿输电线平行架设的通信线路中产生危险的对地电压，危及人员生命安全。

10. 直流输电的主要优缺点是什么？

答：主要优点：

（1）输电架空线路只需要正负两根导线，杆塔结构简单、线路造价低、损耗小；

（2）直流电缆线路输送容量大、造价低、损耗小、寿命长，输送距离不受限制；

（3）不存在交流输电的稳定问题，有利于远距离大容量输电；

（4）采用直流输电可实现电力系统之间的非同步联网，不增加被联电网的短路容量；

（5）输送潮流可控，可改善交流系统运行性能；

（6）运行方式灵活，提高了输电系统的运行可靠性；

（7）可方便地进行分期建设和增容扩建。

主要缺点：

（1）设备多、结构复杂、造价高、损耗大、运行费用高、可靠性差；

（2）对于交流侧来说，是一谐波源，必须装大量滤波装置；

（3）换流器需消耗大量无功，需装设无功补偿设备；

（4）单极运行时地中电流存在沿途金属腐蚀、变压器饱和等问题；

（5）直流断路器由于没有电流过零点可以利用，灭弧问题难以解决。

11. 超、特高压线路并联电抗器的主要用途是什么？

答：（1）补偿容性无功；

（2）降低线路上的工频过电压；

（3）中性点连接小电抗使单相接地时的潜供电流幅值降低而易于自灭，提高重合闸成功率；

（4）有利于消除同步电机带空载长线时可能出现的自励磁现象。

12. 什么是高速接地开关，配置在特高压交流线路两侧的主要作用是什么？

答：高速接地开关是接于线路两侧的与断路器协调动作的快速开关。发生单相故障时两侧断路器跳开后，先快速合上故障线路两侧的快速接地开关，将接地点的潜供电流转移到电阻很小的两侧闭合的接地开关上，加速接地潜供电流电弧的熄灭，然后打开快速接地开关，再通过断路器重合故障相线路，由于潜供电弧已熄灭，重合闸的成功率大大提高。

13. 对 YNd 接线的变压器，当 YN 侧区外发生接地故障时，YN 侧零序电流与中性点零序电流存在什么关系？当 YN 侧靠近中性点附近发生匝间故障时，YN 侧零序电流与中性点零序电流方向存在什么关系？

答：YN 侧区外发生接地故障时，YN 侧零序电流与中性点零序电流大小相等、方向相同，属于穿越变压器零序电流。发生匝间故障时，可以把短路绕组当作自耦变压器的公共绕组发生一相与中性点短路，此时 YN 侧零序电流与中性点接地电流也大小相等、方向相同。

14. 装设在变压器高压侧作为变压器后备保护的接地阻抗保护，若其保护范围为其正方向不超越中压母线，反方向对高压侧母线故障有灵敏度，该接地阻抗保护在计算接地阻抗时，如何考虑零序补偿系数？

答：装设在变压器高压侧作为变压器后备保护的接地阻抗保护，其正方向保护范围不超越中压母线，因此计算接地阻抗时，不需要考虑零序补偿系数；其反方向保护范围要考虑与线路接地阻抗保护配合，因此计算接地阻抗时，需要考虑零序补偿系数。

15. 电压互感器在运行电网中产生铁磁谐振的原因及危害是什么？

答：电磁式电压互感器的唯一缺陷是铁磁谐振问题。在电网的所有元件中，入端阻抗为容抗（X_C）的有输电线对地耦合电容、少油断路器断口的并联电容及电容式电压互感器。入端阻抗为电抗（感抗 X_L）的有电磁式电压互感器、变压器及电抗器。当电网正常操作（断路器投切）出现操作过电压或大气过电压时，电网会因容抗与感抗相等会在某些元件中产生铁磁谐振而烧毁。分析电网中呈现感抗的元件可见：变压器和电抗器在工作电压及过电压时处于铁芯饱和状态，其入端阻抗值在出现过电压的过程中是基本不变的，因此它不可能与电网中的容抗相等。而电磁式电压互感器的工作磁密在拐点以下，在电网出现过电压过程中，电磁式电压互感器的入端阻抗随之变化，可能会与电网的容抗值相等，因而发生铁磁谐振烧毁电磁式电压互感器。因此电磁式电压互感器必须解决或避免铁磁谐振问题，才能安全运行。

16. 保护应用于短线路时应特别注意哪些问题，为什么？

答：短线路的主要特点是线路阻抗小。在最小运行方式下，尤其是当经过长线向短线路供电时，在线路末端故障时，保护安装处的残压非常低，当此电压低于距离保护的最小的精确工作电压时，可能会造成距离保护的非选择性动作。因此，距离保护应用于短线路时应特别注意校核在最不利的情况下，在线路末端短路时距离保护能够精确测量阻抗，同时，还应注意其在小定值下的整定精度，保证距离保护运行时不会出现非选择性动作。

17. 发电厂和变电站常见的主接线方式有哪几种？

答：发电厂和变电站常见的主接线方式有以下六种：

（1）单母线和单母线分段；
（2）双母线；
（3）多角形接线；
（4）3/2 断路器接线；
（5）多分段接线；
（6）内桥、外桥接线。

18. 什么是计算电力系统故障的叠加原理？

答：在假定电力系统是线性网络的前提下，将电力系统故障状态分为故障前的负荷状态和故障引起的附加状态分别求解，然后将这两个状态叠加起来，就得到故障状态。

19. 根据国家标准规定，电力系统要监测的最高次数谐波为 19 次谐波。一台录波装置要达到上述要求，从采样角度出发，每周波（指工频 50Hz）至少需采样多少点？

答：至少需采样 38 点（谐波频率为 19×50=950Hz，根据采样定律，采样频率至少为 f_s=2×950=1900Hz，采样点为 1900×0.02=38 点）。

20. 微机保护装置中，为什么要在电压频率变换器（VFC）的输入回路中设置一个偏置电压？

答：因为 VFC 并不能反映输入电压的极性，加入偏置电压是为了将双极性的输入电压变为单极性。

21. 微机保护中，"看门狗"的作用是什么？

答：微机保护运行时，由于各种难以预测的原因导致 CPU 系统工作偏离正常程序设计的轨道，或者进入某个死循环。"看门狗"可以经一个事先设定的延时将 CPU 系统强行复位，重新拉入正常运行的轨道。

22. 简述微机型保护装置对运行环境的要求。

答：（1）微机继电保护装置室内最大湿度不应超过 75%；
（2）微机继电保护装置室内环境温度应在 5～30℃，若超过此范围应装设空调；
（3）应防止灰尘和不良气体侵入。

23. 试说明数字滤波器的优点。

答：（1）滤波精度高：通过增加数值字长可以很容易提高精度。
（2）可靠性高：滤波特性基本不受环境、温度的影响。
（3）滤波特性改变灵活方便：通过改变算法或系数即可改变滤波特性。
（4）可用于时分复用：通过时分复用，一套滤波算法即可完成所有交流通道的滤波任务。

24. 什么是采样与采样定理？并计算对于 50Hz 的周期信号，当每周期的采样点 N=12 时的

采样频率 f_s 和采样周期 T_s。

答：采样就是周期性地抽取连续信号，把连续的模拟信号 A 变为数字量 D，每隔ΔT时间采样一次，ΔT称为采样周期，$1/\Delta T$称为采样频率。为了根据采样信号完全重现原来的信号，采样频率 f_s 必须大于输入连续信号最高频率的 2 倍，即 $f_s>2f_{max}$，这就是采样定理。$T_s=0.02s\div12=1.66(ms)$，$f_s=50\times12=600(Hz)$。

25. 在中性点不接地系统中，各相对地的电容沿线路均匀分布，请问线路上的电容电流沿线路是如何分布的？

答：线路上的电容电流沿线路是不相等的，越靠近线路末端电容电流越小。

26. 微机保护硬件系统通常包括哪几个部分？

答：（1）数据处理单元及微机主系统；

（2）数据采集单元，即模拟量输入系统；

（3）数字量输入/输出接口，即开关量输入/输出系统；

（4）通信接口。

27. 简述继电保护双重化配置的主要原则。

答：（1）每套完整、独立的保护装置应能处理可能发生的所有类型的故障。两套保护之间不应有任何电气的联系，当一套保护退出时不应影响另一套保护的运行；

（2）两套保护装置的交流电压宜分别接入电压互感器的不同二次绕组；交流电流应分别取自电流互感器互相独立的绕组，其保护范围应交叉重叠，避免死区；

（3）两套保护装置的直流电源应取自不同蓄电池组供电的直流母线段；

（4）两套保护装置的跳闸回路应分别作用于断路器的两个跳闸线圈；

（5）两套保护装置与其他保护、设备配合的回路应遵循相互独立的原则等。

28. 电力系统振荡和短路的区别是什么？

答：电力系统振荡和短路的主要区别是：

（1）电力系统振荡时系统各点电压和电流均作往复性摆动，而短路时电流、电压值是突变的。此外，振荡时电流、电压值的变化较慢；而短路时电流、电压值突然变化量很大。

（2）振荡时系统任何一点电流与电压之间的相位角都随功角 δ 的变化而变化；而短路时，电流和电压之间的相位角基本不变。

29. 电力系统故障如何划分？故障种类有那些？

答：电力系统有一处故障时称为简单故障，有两处及以上同时故障时称为复杂故障。简单故障有七种，包括短路故障和断线故障。其中，短路故障有四种，即单相接地故障、两相短路故障、两相短路接地故障、三相短路故障，均称为横向故障；断线故障有三种，即断一相、断两相、全相振荡，均称为纵向故障。三相短路故障和全相振荡为对称故障，其他是不对称故障。

30. 在微机保护数据采集系统中，共用 A/D 转换器条件下采样/保持器的作用是什么?

答:（1）保证在 A/D 变换过程中输入模拟量保持不变;

（2）保证各通道同步采样，使各模拟量的相位关系经过采样后保持不变。

31. 如果全系统对短路点的综合正序、负序、零序阻抗分别为 $Z_{1\Sigma}$，$Z_{2\Sigma}$，$Z_{0\Sigma}$。则各种短路故障的复合序网图相当在正序序网图的短路点和中性点两点间串入了一个附加阻抗 ΔZ。试分别写出 K(3)，K(2)，K(1,1)和 K(1)四种故障类型的 ΔZ 表达式。

答:（1）K(3)，$\Delta Z=0$。

（2）K(2)，$\Delta Z=Z_{2\Sigma}$。

（3）K(1,1)，$\Delta Z=Z_{2\Sigma}//Z_{0\Sigma}$[或写成 $\Delta Z=Z_{2\Sigma}Z_{0\Sigma}/(Z_{2\Sigma}+Z_{0\Sigma})$]。

（4）K(1)，$\Delta Z=Z_{2\Sigma}+Z_{0\Sigma}$。

32. 试述小电流接地系统单相接地的特点。当发生单相接地时，为什么可以继续运行 1～2h?

答：小接地电流系统单相接地的特点如下：

（1）非故障线路 $3I_0$ 的大小等于本线路的接地电容电流；故障线路 $3I_0$ 的大小等于所有故障线路的 $3I_0$ 之和，也就是所有非故障线路的接地电容电流之和。

（2）非故障线路的零序电流超前零序电压 90°；故障线路的零序电流滞后零序电压 90°。故障线路的零序电流与非故障线路的零序电流相位相差 180°。

（3）接地故障处的电流大小等于所有线路（包括故障线路和非故障线路）的接地电容电流的总和，并超前零序电压 90°。

根据小电流接地系统单相接地时的特点，由于故障点电流很小，而且三相之间的线电压仍然对称，对负荷的供电没有影响，因此在一般情况下都允许再继续运行 1～2h，不必立即跳闸，这也是采用中性点非直接接地运行的主要优点。但在单相接地以后，其他两相对地电压升高 $\sqrt{3}$ 倍，为了防止故障进一步扩大成两点、多点接地短路，应及时发出信号，以便运行人员采取措施予以消除。

33. 用单相电源试验负序电压继电器的定值时，试验电压与负序电压定值是什么关系?

答：用单相电源电压模拟 AB、BC、CA 三种两相短路故障，试验负序继电器的定值时，所加试验电压是负序电压定值的 $\sqrt{3}$ 倍。

34. 监控系统的基本功能是什么?

答:（1）“四遥”功能的实现，即遥测、遥信、遥控、遥调;

（2）主变压器档位的采集;

（3）微机保护的通信联系;

（4）微机“五防”系统的通信联系;

（5）其他智能设备的通信联系;

（6）实现全网统一校时。

35. 为什么线路发生单相接地故障进行三相重合闸时，会比单相重合闸产生更大的操作过电压？

答：这是由于三相跳闸电流过零时断电，在非故障相上会保留相当于相电压峰值的残余电荷电压，而重合闸的断电时间较短，上述非故障相的电压变化不大，因而在重合时会产生较大的操作过电压。而当使用单相重合闸时，重合时的故障相电压一般只有 17%左右（由于线路本身电容分压产生），因而没有操作过电压问题。然而，从较长时间在 110kV 及 220kV 电网采用三相重合闸的运行情况来看，对一般中、短线路，操作过电压方面的问题并不突出。

36. 简述 35kV 母分备用电源自投的主要充电条件和动作过程。

答：充电条件：Ⅰ、Ⅱ段母线三相均有压，母分断路器在分位，工作电源断路器 1QF、2QF 在合位，经延时 10～15s 完成充电。

动作条件：Ⅰ（Ⅱ）段母线三相均无压，1 号（2 号）工作电源无流，经整定延时跳 1 号（2 号）工作电源断路器，确认断路器跳开后，经短延时或程序固化时间合上母分断路器 3QF。

37. 简述 110kV 进线备用电源自投的主要充电条件和动作过程。

答：充电条件：Ⅰ、Ⅱ段母线三相均有压，工作电源断路器运行，备用电源线路有压，桥断路器运行，备用电源断路器热备用。

动作条件：母线Ⅰ、Ⅱ段三相均无压，工作电源无流，备用电源线路有压，经整定延时后跳开工作电源断路器，确认断路器跳开后，经短延时或程序固化的时间合上备用电源断路器。

38. 电力系统中为什么采用低频低压解列装置？低频减载装置防误动的闭锁措施有哪些？

答：功率缺额的受端小电源系统中，当大电源切除后，发、供功率严重不平衡，将造成频率或电压的降低，如用低频减载不能满足发供电安全运行时，须在发供平衡的地点装设低频低压解列装置。

防误动的闭锁措施有时限闭锁、频率闭锁、滑差闭锁、电压闭锁（电流闭锁）。

39. 为什么说负荷调节效应对系统运行有积极作用？

答：系统中发生有功功率缺额而引起频率下降时，负荷调节效应的存在会使相应的负荷功率也跟着减小，从而对功率缺额起着自动补偿作用，系统才得以稳定在一个较低的频率上继续运行。否则，缺额得不到补偿，变成不再有新的有功功率平衡点，频率势必一直下降，系统必然瓦解。因此，负荷调节效应对系统起着积极作用。

40. 微机保护启动元件有什么作用？

答： 早期微机保护在启动元件动作后才进入故障计算模块，这样可以节约计算能力。同时采用启动元件后还可以提高保护的可靠性，只有当启动元件和保护测量元件都动作时，保护才能动作于出口。在微机保护装置中还可以利用启动元件来查找故障时标。

41. 微机保护有哪些常用的启动元件?

答： 相电流启动元件、相电流突变量及相电流差突变量启动元件、零序电流启动元件、负序电流启动元件、差电流启动元件、电压工频变化量启动元件等。

42. 微机保护有哪些常用的选相元件?

答： 相电流差突变量选相元件、阻抗选相元件、稳态序分量选相元件、工作电压突变量选相元件、低电压选相元件。

43. 简述稳态序分量选相元件（I_0和I_{A2}比相原理）的工作过程。

答： 首先根据I_0和I_{A2}之间的相位关系，确定三个选相区：$-60°<\arg(\dot{I}_0/\dot{I}_{A2})<60°$，选择 A 区；$60°<\arg(\dot{I}_0/\dot{I}_{A2})<180°$，选择 B 区；$180°<\arg(\dot{I}_0/\dot{I}_{A2})<300°$，选择 C 区。然后结合阻抗继电器的动作行为进行综合判别。以 A 区为例先检查Z_A，若不动作，则检查Z_{BC}，若Z_{BC}动作则判为 BC 相接地故障，若Z_{BC}不动作，则判为选相无效，由后备回路延时三跳；若Z_A动作，再判别Z_B，若Z_B动作，则为 AB 两相接地短路，否则为 A 相单相接地故障。

44. 微机保护一般如何判别 TV 断线?

答： 当$\dot{U}_a+\dot{U}_b+\dot{U}_c>8V$，且启动元件不启动，延时 1.25s 判 TV 断线（一相和两相断线）；当使用母线电压互感器时，满足$\dot{U}_a+\dot{U}_b+\dot{U}_c<8V$且正序电压低，启动元件不动作，延时 1.25s 判 TV 断线（三相断线）；当使用线路电压互感器时，除满足$\dot{U}_a+\dot{U}_b+\dot{U}_c<8V$且正序电压低、启动元件不动作几个条件外，再满足任意一相有电流或开关在合位的条件，延时 1.25s 判 TV 断线。

45. 微机线路保护有哪些常用的 TA 断线判别方法?

答：（1）有零序电流无零序电压，异常相无流，延时 10s 左右报“TA 断线”；

（2）对光纤差动保护，对侧不启动，本侧启动有差流且异常相无流，延时报“本侧 TA 断线”。

46. 两相经过渡电阻接地时，其测量附加阻抗有什么特点?

答： 两相经过渡电阻接地时，相间测量阻抗无附加测量阻抗，故障相测量阻抗存在附加测量阻抗。在空载情况下，其中的超前相附加测量阻抗呈阻容性，滞后相附加测量阻抗呈阻感性；当处于送电侧时，超前相的附加测量阻抗容性程度增加；当处于受电侧时，滞后相的附加测量阻抗感性程度增加。这种增加的程度随负荷电流的增大而增大。

47. 电流互感器的二次负载阻抗如果超过了其容许的二次负载阻抗，为什么准确度就会下降？

答：电流互感器二次负载阻抗的大小对互感器的准确度有很大影响。这是因为，如果电流互感器的二次负载阻抗增加得很多，超出了所容许的二次负载阻抗时，励磁电流的数值就会大大增加，而使铁芯进入饱和状态，在这种情况下，一次电流的很大一部分将用来提供励磁电流，从而使互感器的误差大为增加，其准确度就随之下降了。

四、分析题

1. 对大接地电流系统，如果 TV 开口三角中 B 相绕组的极性接反，正常运行时 TV 开口三角测得的电压为多少？请用相量图表示。

答：200V，如图 1-6 所示。

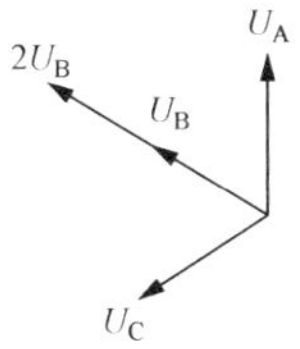

图 1-6

2. 电压互感器二次绕组及三次绕组接线如图 1-7 所示，试画出电压互感器二次绕组及三次绕组电压相量图，并求出 U_{Aa+}、U_{Bb+}、U_{Cc+}为多少伏（电压互感器的二次和三次电压为 $100/\sqrt{3}$ V 和 100V，"•" 表示极性端）？

答：电压互感器二次绕组及三次绕组接线电压相量图如图 1-8 所示。

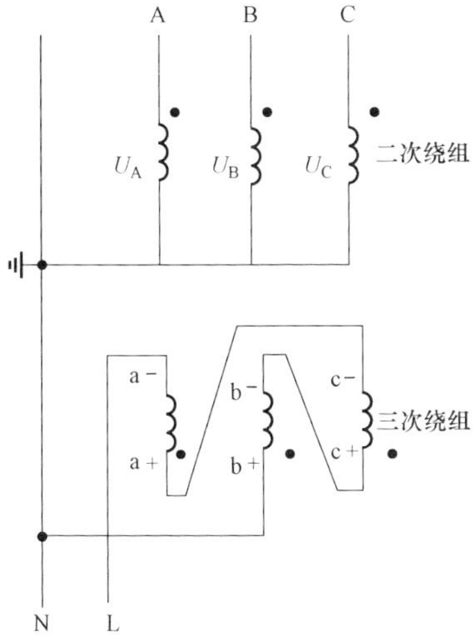

图 1-7

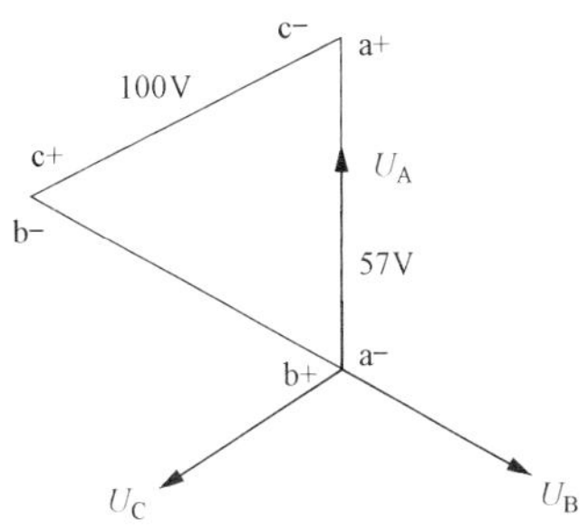

图 1-8

$$U_{Aa+} = 100 - 57 = 43(\text{V})$$

$$U_{Bb+} = 57\text{V}$$

$$U_{Cc+} = \sqrt{100^2 + 57^2 - 2\times 100\times 57\times \cos 60^\circ} = 86.8(\text{V})$$

3. 试画出中性点直接接地电网(假设 $Z_{0\Sigma}=Z_{1\Sigma}$)和中性点非直接接地电网发生 A 相接地故障时三相电压的相量，试述两种电网使用的电压互感器的变比及开口绕组的电压。

答:（1）电压相量图如图 1-9 所示。

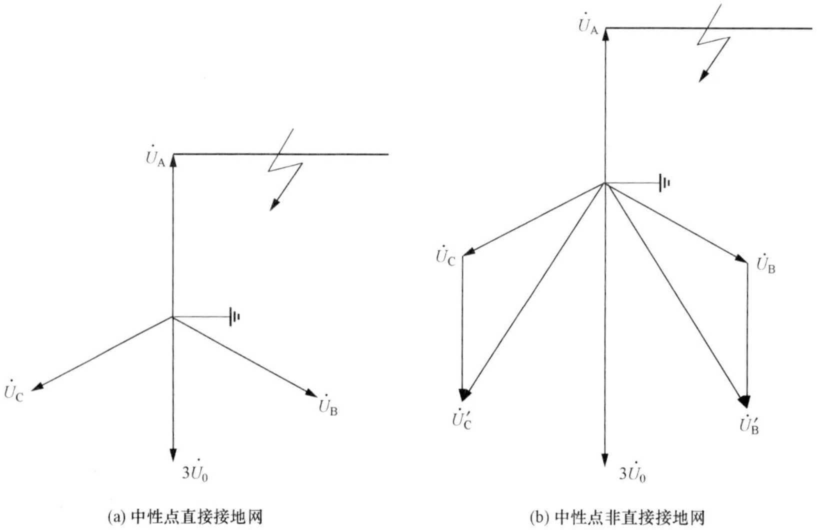

图 1-9

（2）分析。

1）对于中性点直接接地电网，故障相 $U_A=0$，U_B、U_C 电压与故障前相同，开口三角绕组两端的电压 $3U_0=U_A$，变比为$(U_N/1.732)/(100/1.732)/100$V，则 $3U_0=100$V。

2）对于中性点非直接接地电网，故障相 $U_A=0$，U_B、U_C 电压升高 1.732 倍，开口三角绕组两端的电压 $3U_0=3U_A$，变比为$(U_N/1.732)/(100/1.732)/(100/3)$V，则 $3U_0=100$V。

4. 已知变压器额定容量为 240/240/72MVA，额定电压为 220/117/37kV，零序阻抗试验数据为：高压加电、中压开路 54.3Ω；高压加电、中压短路 29.97Ω；中压加电、高压开路 4.94Ω；中压加电、高压短路 2.75Ω。请求出各侧零序阻抗标幺值（基准容量 100MVA，基准电压近似取变压器额定电压）。

答:

$$Z_{01}=\left(\sqrt{\frac{(54.3-29.97)\times 4.94}{484\times 136.89}}+\sqrt{\frac{(4.94-2.75)\times 54.3}{484\times 136.89}}\right)\Big/2 = 0.0425\text{（0.0424、0.0426也对）}$$

$$Z_{0h} = \frac{54.3}{484} - 0.0425 = 0.0697$$

$$Z_{0m}=\frac{4.94}{136.89}-0.0425=-0.0064$$

5. 某一 220kV 输电线路送有功功率 P=90MW，受无功功率 Q=50Mvar，电压互感器 TV 变比为 220kV/100V，电流互感器 TA 变比为 600/5。试计算出二次负荷电流。

答：

线路输送功率为

$$S=\sqrt{P^2+Q^2}=\sqrt{90^2+50^2}=103(\text{MVA})$$

线路一次负荷电流为

$$I_1=\frac{S}{\sqrt{3}U}=\frac{103000}{\sqrt{3}\times 220}=270.3(\text{A})$$

二次负荷电流为

$$I_2=\frac{I_1}{n_{\text{TA}}}=\frac{270.3}{600/5}=2.25(\text{A})$$

6. 某电力铁路工程的供电系统采用 220kV 两相供电方式，牵引站的变压器 T 为单相变压器，系统接线如图 1-10 所示。

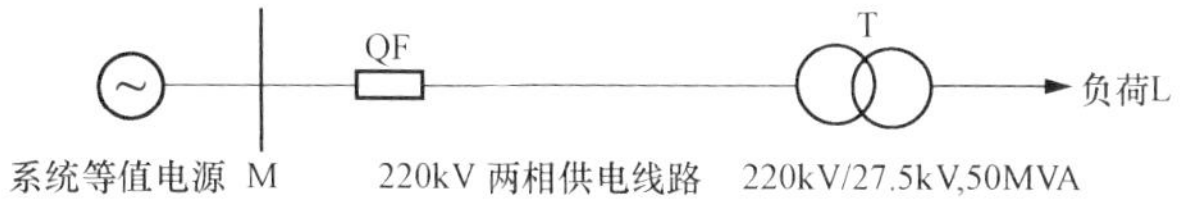

图 1-10　某电力铁路工程的供电系统接线

假设变压器 T 满负荷运行，母线 M 的运行电压和三相短路容量分别为 220kV 和 1000MVA，两相供电线路非常短，断路器 QF 保护设有负序电压和负序电流稳态启动元件，定值的一次值分别为 22kV 和 120A。

试问：

（1）忽略谐波因素，该供电系统对一、二次系统有何影响？

（2）负序电压和负序电流启动元件能否启动？

答：

（1）由于正常运行时有负序分量存在，所以负序电流对系统中的发电机有影响，负序电压和负序电流对采用负序分量的保护装置有影响。

（2）计算负序电流。

正常运行的负荷电流

$$I_b=\frac{S}{U}=\frac{50\times 1000}{220}=227(\text{A})$$

负序电流

$$I_2=\frac{I}{\sqrt{3}}\frac{227}{\sqrt{3}}=131(\text{A})$$

可知，正常运行的负序电流值大于负序电流稳态启动元件的定值 120A，所以负序电流启动元件能启动。

计算负序电压。

系统等值阻抗

$$Z=\frac{U_B^2}{S_B}=\frac{220^2}{1000}=48.4(\Omega)$$

负序电压

$$U_2=ZI_2=48.4\times131=6340(\text{V})=6.34\text{kV}$$

可知，正常运行的负序电压值小于负序电压启动元件的定值 22kV，所以负序电压启动元件不能启动。

7. 某一电流互感器的变比为 600/5，其一次侧通过最大三相短路电流 4800A，如测得该电流互感器某一点的伏安特性为I_e=3A 时，U_2=150V，计算二次接入 3Ω 负载阻抗（包括电流互感器二次漏抗及电缆电阻）时，其变比误差是否会超过 10%？

答：一次侧通过最大三相短路电流 4800A 时，二次电流为 4800 ÷ (600/5) = 40(A)。

电流互感器二次侧电压为 U_1=(40−3)×3=111(V)，因 111V < 150V，相应 I_e < 3A，若 I_e 按 3A 计算，则 I_2=40−3=37(A)，此时变比误差ΔI=(40−37)/40=7.5%，小于 10%，故变比误差不超过 10%。

8. 试计算如图 1−11 所示接线在 A、B 两相短路时 A 相电流互感器的视在负载。

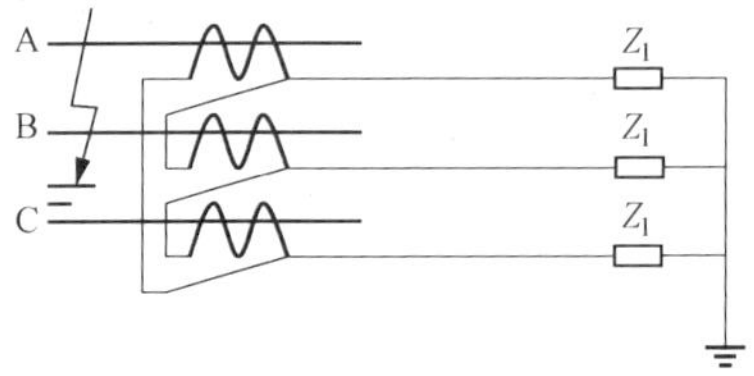

图 1−11

答：A、B 两相短路时，A 相电流互感器两端的电压为

$$\dot{U}_a=(\dot{I}_a+\dot{I}_b)Z_1+\dot{I}_aZ_1=3\dot{I}_aZ_1$$

（因为 $\dot{I}_a=\dot{I}_b$），故 A 相电流互感器的视在负载为 $Z_H=\frac{\dot{U}_a}{\dot{I}_a}=3Z_1$，即负载为 $3Z_1$。

9. 如图 1−12 所示电压互感器 TV 的二次额定线电压为 100V，当星形接线的二次绕组 C 相熔断器熔断时，进行下列计算。

（1）试计算负载处 C 相电压及相间电压 U_{bc}、U_{ca} 值（电压互感器二次电缆阻抗忽略不计）。

（2）某方向继电器接入 U_{ca} 电压和 I_b 电流，继电器的灵敏角为 90°，动作区为 0°～180°。如果当时送有功 100MW、送无功 100Mvar，发生上述 TV 断线时，该继电器能否动作？

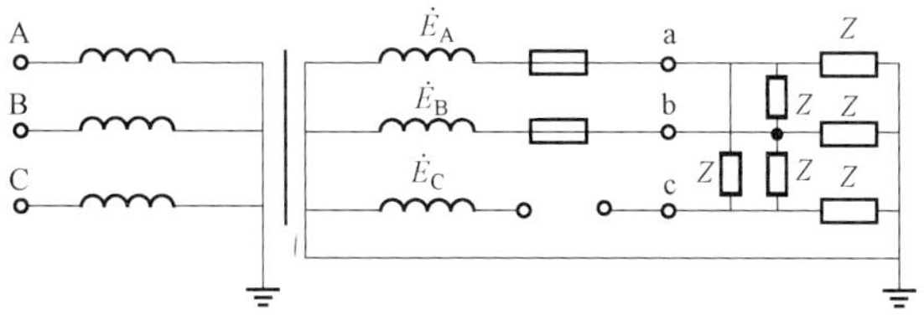

图 1-12

答：（1）计算负载处 C 相电压及相间电压 U_{bc}、U_{ca}，由图 1-12 可知

$$\frac{\dot{E}_a-\dot{U}_c}{Z}+\frac{\dot{E}_b-\dot{U}_c}{Z}=\frac{\dot{U}_c}{Z}$$

$$\dot{U}_c=\frac{\dot{E}_a+\dot{E}_b}{3}\ (\dot{U}_c\text{落后}\dot{E}_a 60^\circ)$$

$$U_c=19.2(\text{V})$$

$$\dot{U}_{bc}=\dot{U}_b-\dot{U}_c=0.88\dot{E}_{ae}^{-j139^\circ}\text{（余弦定理）}$$

$$U_{bc}=51(\text{V})$$

$$\dot{U}_{ca}=\dot{U}_c-\dot{U}_a=0.88\dot{E}_{ae}^{-j161^\circ}\text{（余弦定理）}$$

$$U_{ca}=51(\text{V})$$

（2）因为送有功 100MW、送无功 100Mvar，所以 $\dot{I}_b$ 滞后 $\dot{E}_b 45^\circ$，而 $\dot{U}_{ca}$ 滞后 $\dot{E}_b$ 的角度为 $161^\circ-120^\circ=41^\circ$，即 $\dot{U}_{ca}$ 超前 $\dot{I}_b$ 的角度为 4°。可见，$\dot{I}_b$ 落入继电器动作区（边缘），故继电器可能动作。

10. 如图 1-13 所示，某 110kV 系统的各序阻抗 $X_{\Sigma1}=X_{\Sigma2}=j5\Omega$，$X_{\Sigma0}=j3\Omega$，母线电压为 115kV；P 级电流互感器变比为 1200/5，星形连接，不计电流互感器二次绕组漏阻抗、铁芯有功损耗；不计二次电缆电抗和微机保护电流回路阻抗，若 $Z_L=4\Omega$，k 点三相短路时测得 TA 二次稳态电流为 54.8A，TA 不饱和时求：

（1）k 点单相接地时稳态下 TA 的变比误差 ε；

（2）k 点单相接地时稳态下 TA 的相角误差 δ。

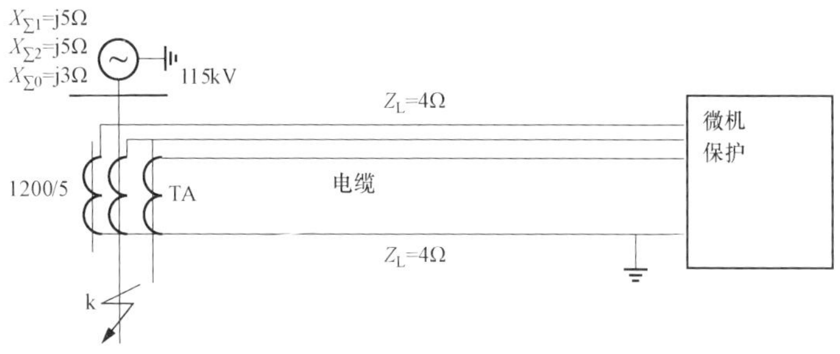

图 1-13

答：（1）k 点三相短路电流为

$$I_k^{(3)}=\frac{115}{\sqrt{3}\times5}\times10^3=13279(\text{A})$$

折算到二次侧，得到

$$I_k'^{(3)}=\frac{13279}{1200/5}=55.3(A)$$

k 点单相短路电流为

$$I_k^{(1)}=\frac{(115/\sqrt{3})\times 10^3}{5+5+3}\times 3=15322(A)$$

折算到二次侧

$$I_k'^{(1)}\frac{15322}{1200/5}=63.8(A)$$

求 TA 励磁阻抗 X_u

$$I_k'^{(3)}\left|\frac{jX_u}{Z_L+jX_u}\right|=54.8$$

代入 $I_k'^{(3)}$ 得

$$X_u=\frac{4}{\sqrt{\left(\frac{55.3}{54.8}\right)^2-1}}=29.5(\Omega)$$

（2）k 点单相接地时，TA 二次负载阻抗 $R=4\times2=8(\Omega)$，所以

$$I_2=63.8\times\frac{j29.5}{8+j29.5}=61.6\angle 15.2^\circ(A)$$

$$\varepsilon=\frac{61.6-63.8}{63.8}\times 100\%=-3.45\%$$

k 点单相接地时的相角误差为 $\delta=15.2^\circ$。

11. 对于同杆架设的具有互感的两回路，在双线运行和单线运行（另一回线两端接地）的不同运行方式下，试计算在线路末端故障时双线零序等值电抗。

设 $X_{0l}=3X_1$，$X_{0M}=0.6X_{0l}$（X_{0l} 为线路零序电抗，X_{0M} 线路互感电抗）。

答：（1）双线运行时的等值电路如图 1-14 所示。

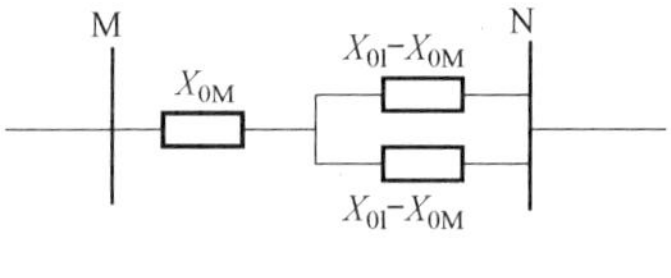

图 1-14

双线运行时的零序等值电抗为

$$X_0=X_{0M}+\frac{1}{2}(X_{0l}-X_{0M})=0.6X_{0l}+\frac{1}{2}\times 0.4X_{0l}$$
$$=0.8X_{0l}=2.4X_1$$

（2）单回线运行、另一回线两端接地时的等值电路如图 1-15 所示。

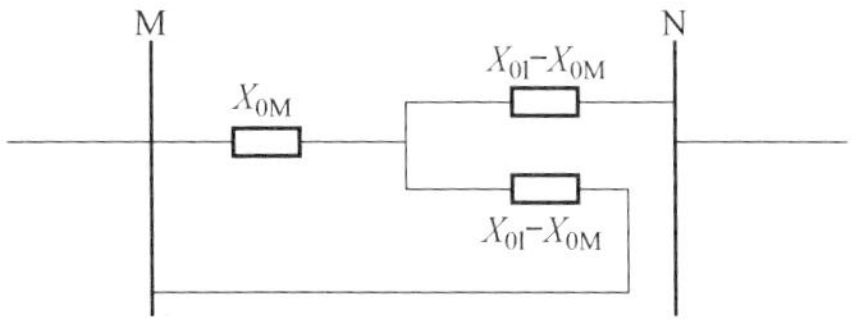

图 1-15

零序等值电抗为

$$X_0=\frac{X_{0M}(X_{01}-X_{0M})}{X_{0M}+(X_{01}+X_{0M})}+(X_{01}-X_{0M})=X_{01}-\frac{X_{0M}^2}{X_{01}}$$

$$=X_{01}-\frac{(0.6X_{01})^2}{X_{01}}=0.64X_{01}=1.92X_1$$

12. 如图 1-16 所示，在 F 点 A 相断开，系统参数如表 1-1 所示。求 A 相断开后，B、C 相流过的电流，并和断相前进行比较。

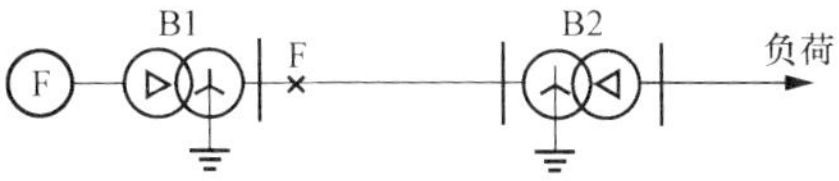

图 1-16

表 1-1

X_1	0.25	0.2	0.15	0.2	1.2
X_2	0.25	0.2	0.15	0.2	0.35
X_0		0.2	0.57	0.2	

假设各元件参数已归算到以 S_b=100MVA、U_b 为各级电网的平均额定电压为基准的标幺值表示。E_{a1}=j1.43。

答：（1）A 相断线序网图，如图 1-17 所示。

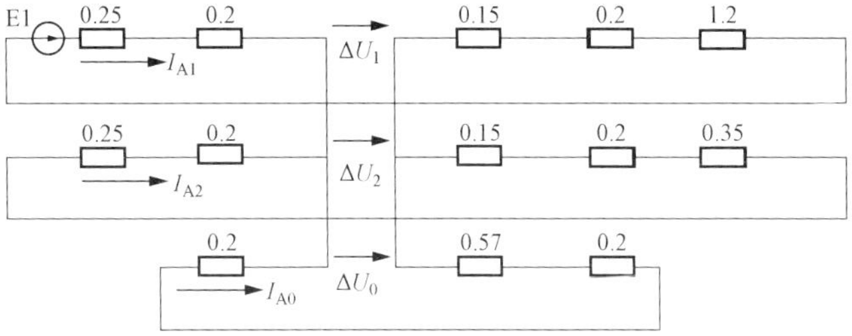

图 1-17

（2）系统各序阻抗为

$$X_{1\Sigma}=0.25+0.2+0.15+0.2+1.2=2$$

$$X_{2\Sigma}=0.25+0.2+0.15+0.2+0.35=1.15$$

$$X_{0\Sigma}=0.2+0.57+0.2=0.97$$

（3）断线相 A 相各序电流

$$I_{A1}=\frac{E_{a1}}{j(X_{1\Sigma}+X_{2\Sigma}//X_{0\Sigma})}=\frac{j1.43}{j(2+1.15//0.97)}=0.565$$

$$I_{A2}=-I_{A1}\frac{X_{0\Sigma}}{X_{2\Sigma}+X_{0\Sigma}}=-0.565\times\frac{0.97}{1.15+0.97}=-0.258$$

$$I_{A0}=-I_{A1}\frac{X_{2\Sigma}}{X_{2\Sigma}+X_{0\Sigma}}=-0.565\times\frac{1.15}{1.15+0.97}=-0.307$$

（4）非故障相电流

$$I_{B}=a^2I_{A2}+aI_{A2}+I_{A0}=0.85\angle 237^\circ$$

$$I_{C}=aI_{A2}+aI_{A2}+I_{A0}=0.85\angle 123^\circ$$

（5）故障前各相电流

$$I_{A}=I_{B}=I_{C}=\frac{E_{a1}}{X_{1\Sigma}}=\frac{j1.43}{j2}=0.715$$

13. 如图 1-18 所示，220kV 线路 k 点 A 相单相接地短路。电源、线路阻抗标幺值已注明在图中，设正、负序电抗相等，基准电压为 230kV，基准容量为 1000MVA。

（1）绘出 k 点 A 相接地短路时的复合序网图。

（2）计算出短路点的全电流（有名值）。

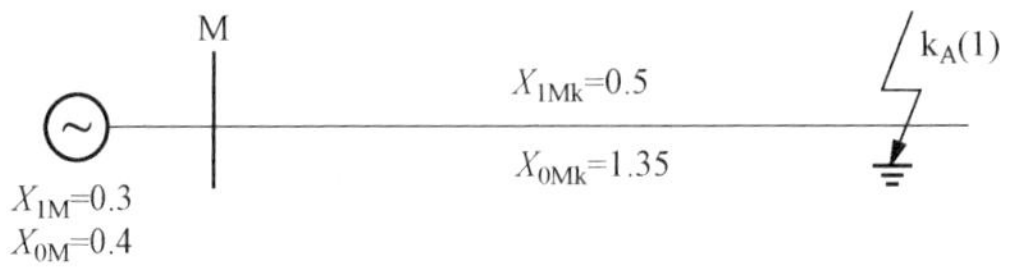

图 1-18

答：（1）复合序网图如图 1-19 所示。

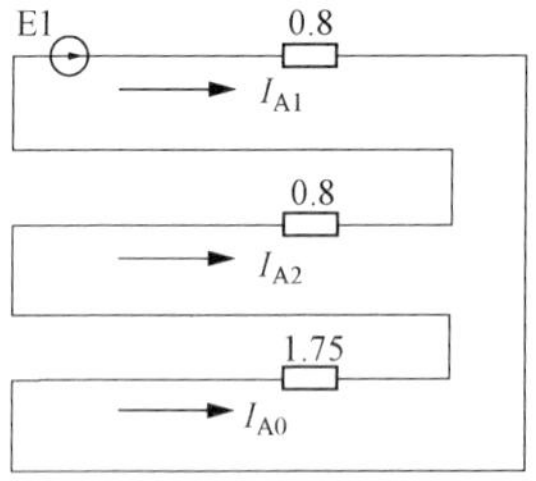

图 1-19

（2）

$$X_{1\Sigma}=X_{1M}+X_{1Mk}=0.3+0.5=0.8$$

$$X_{1\Sigma}=X_{2\Sigma}=0.8$$

$$X_{0\Sigma}=X_{0M}+X_{0Mk}=0.4+1.35=1.75$$

基准电流

$$I_B = \frac{S_B}{\sqrt{3}U_B} = \frac{1000}{\sqrt{3}\times 230} = 2.51(\text{kA})$$

短路点的全电流

$$I_A = I_{A1} + I_{A2} + I_{A0} = 3\times\frac{I_B}{2X_{1\Sigma} + X_{0\Sigma}} = 3\times\frac{2.51}{2\times 0.8 + 1.75} = 2.25(\text{kA})$$

14. 如图 1-20 所示系统，已知 X_{G1*}=0.14，X_{T1*}=0.094，X_{T0*}=0.08，线路 L 的 X_{L1*}=0.126（上述参数均已统一归算至 100MVA 为基准的标幺值），且线路的 $X_{L0*}=3X_{L1*}$。

（1）试求 k 点发生三相短路时线路 L 和发电机 G 的短路电流；

（2）试求 k 点发生单相短路时线路 L 的短路电流，并画出序网图。

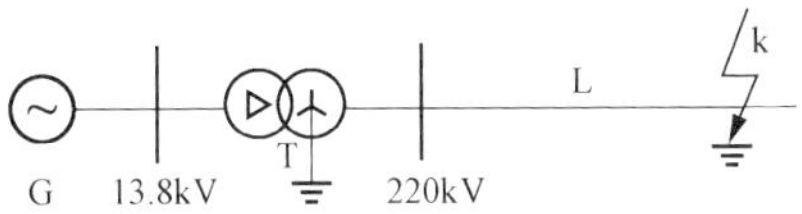

图 1-20

答：（1）k 点发生三相短路时，线路 L 和发电机 G 的短路电流为 $I_k^{(3)} = \frac{I_B}{X_\Sigma}$。

$$X_\Sigma = X_{G1*} + X_{T1*} + X_{L1*} = 0.14 + 0.094 + 0.126 = 0.36$$

220kV 基准电流

$$I_{B1} = \frac{S_B}{\sqrt{3}U_B} = \frac{100\times 1000}{\sqrt{3}\times 220} = 262.4(\text{A})$$

13.8kV 基准电流

$$I_{B2} = \frac{S_B}{\sqrt{3}U_B} = \frac{100\times 1000}{\sqrt{3}\times 13.8} = 4.18(\text{kA})$$

线路短路电流

$$I_L = \frac{I_{B1}}{X_\Sigma} = \frac{262.4}{0.36} = 729(\text{A})$$

发电机短路电流

$$I_G = \frac{I_{B2}}{X_\Sigma} = \frac{4.18}{0.36} = 11.61(\text{kA})$$

（2）k 点发生单相短路时，序网图如图 1-21 所示。

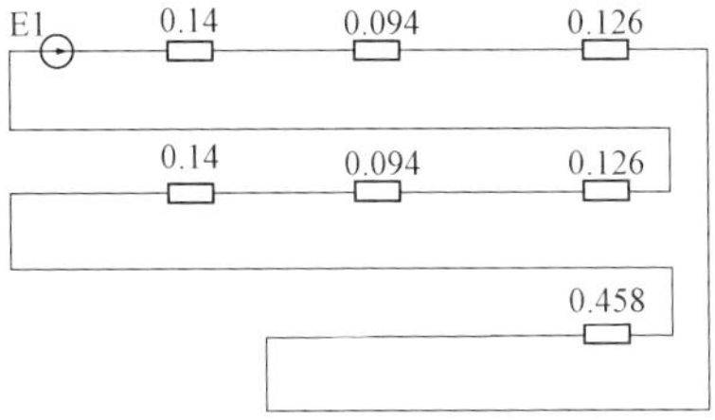

图 1-21

$$X_{1\Sigma}=X_{2\Sigma}=X_{G1*}+X_{T1*}+X_{L1*}=0.14+0.094+0.126=0.36$$

$$X_{0\Sigma}=X_{T0*}+X_{L0*}=0.08+3\times0.126=0.458$$

接地故障电流标幺值为

$$I_{k*}=3I_{0*}=\frac{3}{X_{\Sigma}}=\frac{3}{X_{1\Sigma}+X_{2\Sigma}+X_{0\Sigma}}=\frac{3}{0.36+0.36+0.458}=2.547$$

则线路短路电流为

$$I_{kA}=I_{k*}I_{B1}=2.547\times262.4=668.3(\text{A})$$

$$I_{kB}=I_{kC}=0(\text{A})$$

15. 系统接线如图 1-22 所示。

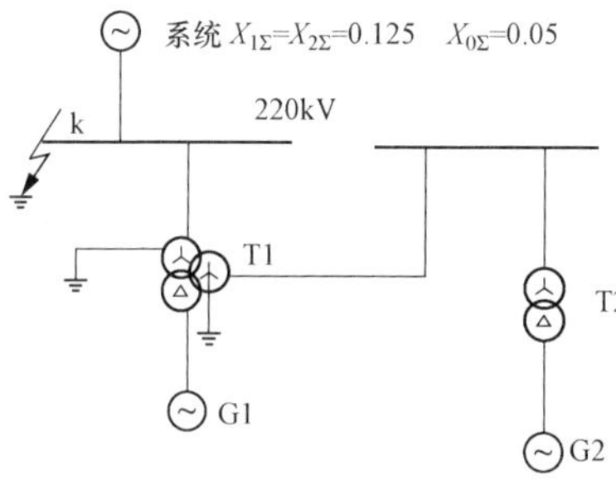

图 1-22

G1、G2：S_e=200MVA，U_e=10.5kV，$X''_d=0.2$。

T1：接线 YNynd11，S_e=200MVA，U_e=230/115/10.5kV，$U_{kⅠ}$%=15%，$U_{kⅡ}$%=5%，$U_{kⅢ}$%=10%（均为全容量下）。

T2：接线 Yd11，S_e=100MVA，U_e=115/10.5kV，U_k%=10%。

基准容量 S_B =100MVA，基准电压为 230、115、10.5kV。

假设：①发电机、变压器 X_1=X_2=X_0；②不计发电机、变压器电阻值。

问题：

（1）计算出图中各元件的标幺阻抗值；

（2）画出在 220kV 母线 k 点发生 A 相接地短路时两侧的复合序网图；

（3）计算出短路点的全电流（有名值）；

（4）计算出流经 G1 的负序电流（有名值）。

答：（1）计算各元件标幺阻抗。

G1、G2 的标幺值

$$X_{G*}=X''_d\frac{S_B}{S_e}=0.2\times\frac{100}{200}=0.1$$

T1 的标幺值

$$X_{Ⅰ*}=\frac{U_{kⅠ}\%}{100}\times\frac{100}{200}=\frac{1}{2}(0.15+0.05-0.1)\times\frac{1}{200}=0.025$$

$$X_{\text{II}*}=\frac{U_{\text{kII}}\%}{100}\times\frac{100}{200}=\frac{1}{2}(0.15+0.1-0.05)\times\frac{1}{200}=0.05$$

$$X_{\text{III}*}=\frac{U_{\text{kIII}}\%}{100}\times\frac{100}{200}=\frac{1}{2}(0.1+0.05-0.15)\times\frac{1}{200}=0$$

T2 的标幺值

$$X_{\text{T}*}=\frac{U_{\text{k}}\%}{100}\cdot\frac{S_{\text{B}}}{S_{\text{e}}}=\frac{10}{100}\times\frac{100}{100}=0.1$$

（2）220kV 母线 A 相接地短路包括两侧的复合序网图如图 1-23 所示。

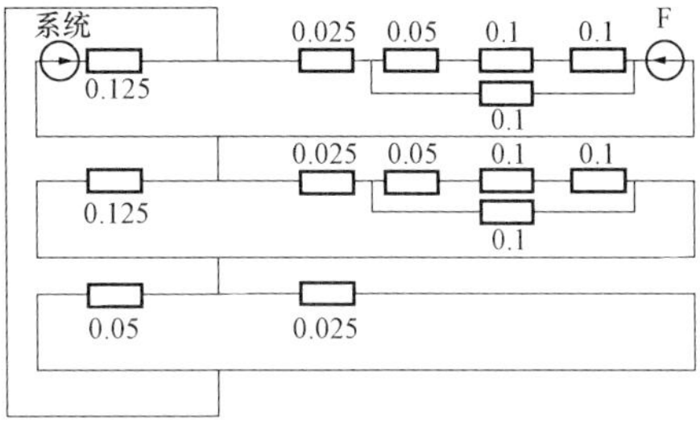

图 1-23

（3）220kV 母线 A 相接地故障时故障点的总故障电流

$$X_{1\Sigma*}=0.125//[0.1//(0.05+0.1+0.1)+0.025]=0.0544$$

$$X_{1\Sigma*}=X_{2\Sigma*}$$

$$X_{0\Sigma*}=0.05//0.025=0.0617$$

220kV 电流基准值

$$I_{\text{B1}}=\frac{S_{\text{B}}}{\sqrt{3}U_{\text{B}}}=\frac{100\times1000}{\sqrt{3}\times230}=251(\text{A})$$

10.5kV 电流基准值

$$I_{\text{B2}}=\frac{S_{\text{B}}}{\sqrt{3}U_{\text{B}}}=\frac{100\times1000}{\sqrt{3}\times10.5}=5499(\text{A})$$

故障点的总故障电流

$$I_{\text{k}}=\frac{3I_{\text{B1}}}{X_{\Sigma*}}=\frac{3\times251}{2\times0.0544+0.0617}=4416(\text{A})$$

（4）流过 G1 的负序电流。

故障点的负序电流为

$$I_{\text{k2}}=\frac{1}{3}I_{\text{k}}=\frac{4416}{3}=1472(\text{A})$$

折算到 10.5kV 侧的负序电流为

$$I_2=I_{\text{k2}}\frac{I_{\text{B2}}}{I_{\text{B1}}}=1472\times\frac{5499}{251}=32249(\text{A})$$

流过 G1 的负序电流为

$$I_{G1}=I_2\times\frac{0.125}{0.125+0.025+\dfrac{0.1\times(0.1+0.1+0.05)}{0.1+0.1+0.1+0.05}}\times\frac{0.1+0.1+0.05}{0.1+0.1+0.1+0.05}$$
$$=32249\times0.403=12996(\mathrm{A})$$

16. 系统经一条 220kV 线路供一终端变电站，该变电站有一台 150MVA，220/110/35kV，YNynd 三绕组变压器，变压器 220、110kV 侧中性点均直接接地，中、低压侧均无电源且负荷不大，系统接线如图 1-24 所示。系统、线路、变压器的正序、零序标幺阻抗分别为 X_{1S}/X_{0S}、X_{1L}/X_{0L}、X_{1T}/X_{0T}，当在变电站出口发生 220kV 线路 A 相接地故障时，请画出复合序网图，并说明变电站侧各相电流如何变化？有何特征？

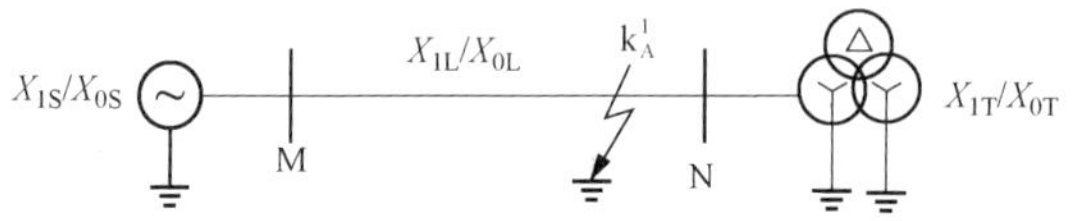

图 1-24

答：（1）复合序网如图 1-25 所示。

（2）变电站侧的各相电流及特征。

由 A 相接地短路的边界条件 $\dot{U}_A=0$ 、$\dot{I}_B=\dot{I}_C$ 得

$$I_1=I_2=I_0=\frac{\dot{E}}{\mathrm{j}(X_{1\Sigma}+X_{2\Sigma}+X_{0\Sigma})}$$
$$X_{1\Sigma}=X_{1S}+X_{1L}$$
$$X_{2\Sigma}=X_{2S}+X_{2L}=X_{1S}+X_{1L}$$
$$X_{0\Sigma}=(X_{0S}+X_{0L})//X_{0T}$$

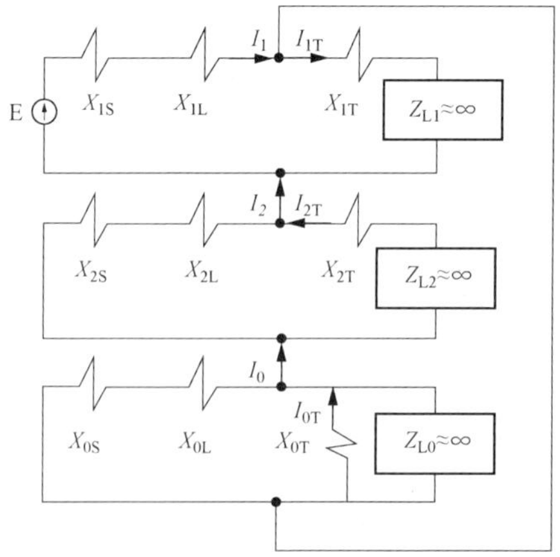

图 1-25

由于中低压侧无电源且负荷不大，可以近似认为负荷阻抗为无穷大，故可得变压器侧的各序电流

$$I_{1T}=I_{2T}=0,\ I_{0T}=I_0\cdot(X_{0S}+X_{0L})/(X_{0S}+X_{0L}+X_{0T})$$

若忽略 B、C 相的负荷电流，则各相电流可近似为 $I_A = I_B = I_C = I_{0T}$。

17. 在单侧电源线路上发生 A 相接地短路，假设系统接线如图 1-26 所示。变压器 T1 采用 YNy0 接线，YN 侧中性点接地。变压器 T2 采用 YNd11 接线，YN 侧中性点接地。变压器 T2 空载。

（1）请画出复合序网图。

（2）求出短路点的零序电流。

（3）求出母线 M 处的零序电压。

（4）分别求出流过 M、N 侧线路上的各相电流值。

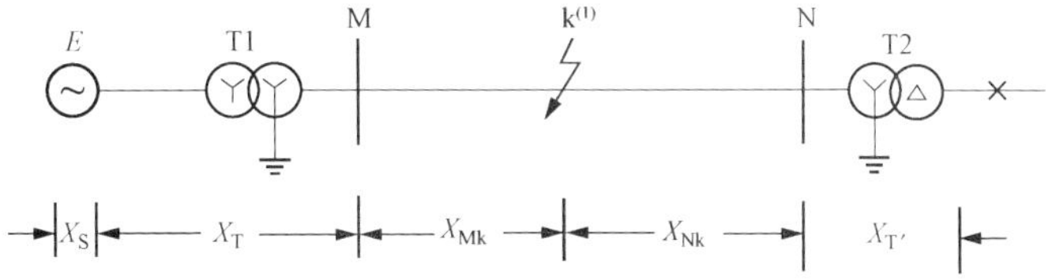

图 1-26

设电源电势 E=1，各元件电抗为 X_{S1}=j10，X_{T11}=j10，X_{Mk1}=j20，X_{Nk1}=j10，X_{T21}=X_{T20}=j10，输电线路 X_0=3X_1。

答：（1）复合序网图如图 1-27 所示。

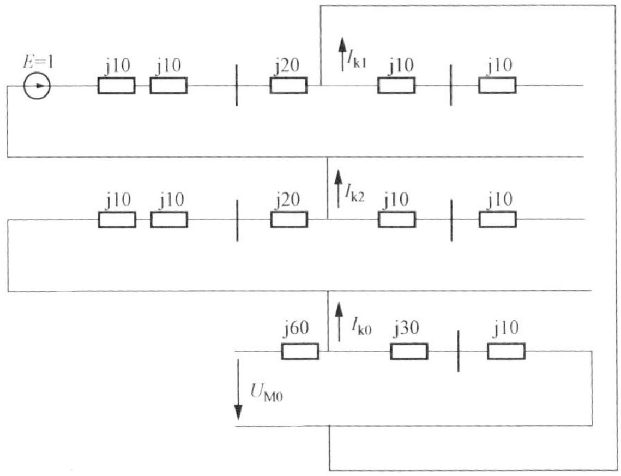

图 1-27

（2）短路点的零序电流。

综合正序阻抗 $X_{1\Sigma} = \mathrm{j}10 + \mathrm{j}10 + \mathrm{j}20 = \mathrm{j}40$

综合负序阻抗 $X_{2\Sigma} = \mathrm{j}10 + \mathrm{j}10 + \mathrm{j}20 = \mathrm{j}40$

综合零序阻抗 $X_{0\Sigma} = \mathrm{j}10 + \mathrm{j}30 = \mathrm{j}40$

短路点的零序电流为

$$I_{k1} = I_{k2} = I_{k0} = \frac{E}{X_{1\Sigma} + X_{2\Sigma} + X_{0\Sigma}} = \frac{1}{\mathrm{j}40 + \mathrm{j}40 + \mathrm{j}40} = \frac{1}{\mathrm{j}120} = -\mathrm{j}0.00833$$

（3）母线 M 处的零序电压。

因为流过 Mk 线路的零序电流为零，所以在 X_{Mk0} 上的零序电压降为零。所以 M 母线处的零序电压 U_{M0} 与短路点的零序电压相等。

所以 M 母线处的零序电压为

$$U_{M0}=U_{k0}=-I_{k0}X_{0\Sigma}=j0.00833\times j40=-0.332$$

（4）流过 M、N 侧线路上的各相电流值。

因为流过 M 侧线路电流只有正序、负序电流，所以

$$I_{MA}=I_{k1}+I_{k2}=2\times(-j0.00833)=-j0.0166$$

$$I_{MB}=a^2I_{k1}+aI_{k2}=j0.00833$$

$$I_{MC}=aI_{k1}+a^2I_{k2}=j0.00833$$

因为流过 N 侧线路中的电流只有零序电流，没有正负序电流，所以

$$I_{NA}=I_{NB}=I_{NC}=-j0.00833$$

第二章

整定计算

一、选择题

1. 继电保护后备保护逐级配合是指（　　）。 答案：B

A. 时间配合　　B. 时间和灵敏度均配合　　C. 灵敏度配合

2. 各级继电保护部门划分继电保护装置整定范围的原则是（　　）。 答案：B

A. 严格按电压等级划分，分级管理　　B. 整定范围一般与调度操作范围相适应

C. 由各级继电保护部门协商决定

3. 电网中相邻 A、B 两条线路，正序阻抗均为 60∠75°Ω，在 B 线中点三相短路时流过 A、B 线路同相的短路电流，如图 2-1 所示。则 A 线相间阻抗继电器的测量阻抗一次值为（　　）。 答案：B

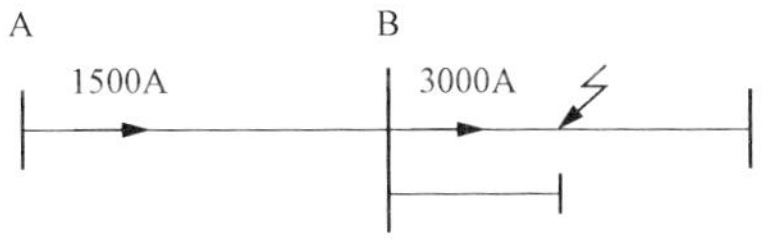

图 2-1

A. 75Ω　　B. 120Ω　　C. 90Ω　　D. 100Ω

4. 继电保护的不完全配合是指（　　）。 答案：A

A. 动作时间配合，保护范围不配合

B. 保护范围配合，动作时间不配合

C. 保护范围、动作时间均不配合，与主保护配合

5. 电网中相邻 M、N 两线路，正序阻抗分别为 40∠75°Ω 和 60∠75°Ω，在 N 线中点发生三相短路，流过 M、N 同相的短路电流，如图 2-2 所示，M 线相间阻抗继电器的测量阻抗一次值为（　　）。 答案：C

A. 70Ω　　B. 100Ω　　C. 90Ω　　D. 123Ω

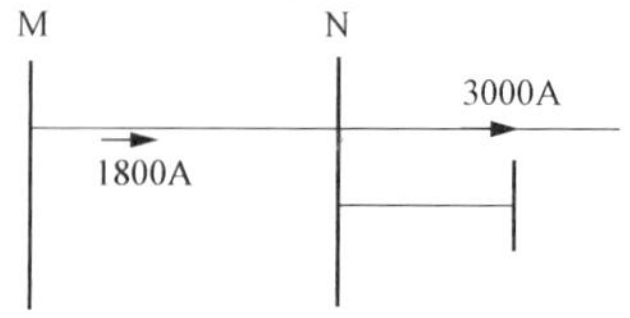

图 2-2

6. 继电保护是以常见运行方式为主来进行整定计算和灵敏度校核的。所谓常见运行方式是指（　　）。 答案：B

A. 正常运行方式下，任意一回线路检修

B. 正常运行方式下，与被保护设备相邻近的一回线路或一个元件检修

C. 正常运行方式下，与被保护设备相邻近的一回线路检修并有另一回线路故障被切除

7. 具体整定按频率降低自动减负荷装置时，各轮间的频率整定差一般为（　　）Hz。 答案：C

A. 0.5　　B. 0.6　　C. 0.2

8. Yd11 联结组别的变压器配备微机型差动保护，两侧 TA 回路均采用星形接线，Y、d 侧二次电流分别为 $\dot{I}_A$、$\dot{I}_B$、$\dot{I}_C$ 及 $\dot{I}_a$、$\dot{I}_b$、$\dot{I}_c$，软件中 A 相差动元件采用（　　）经接线系数、变比折算后计算差流。 答案：A

A. $\dot{I}_A-\dot{I}_B$ 与 $\dot{I}_a$　　B. $\dot{I}_a-\dot{I}_b$与$\dot{I}_A$　　C. $\dot{I}_A-\dot{I}_C$与$\dot{I}_a$

9. Yd1 联结组别的变压器配备微机型差动保护，两侧 TA 回路均采用星形接线，Y、d 侧二次电流分别为 I_A、I_B、I_C 及 I_a、I_b、I_c，软件中 A 相差动元件采用（　　）经接线系数、变比折算后计算差流。 答案：C

A. I_A-I_B 与 I_a　　B. I_a-I_b 与 I_A　　C. I_A-I_C 与 I_a

10. 220kV 电网按近后备原则整定的零序方向保护，其方向继电器的灵敏度应满足(　　)。 答案：A

A. 本线路末端接地短路时，零序功率灵敏度不小于 2

B. 相邻线路末端接地短路时，零序功率灵敏度不小于 2

C. 相邻线路末端接地短路时，零序功率灵敏度不小于 1.5

11. 220kV 变压器的中性点经间隙接地的零序过电压保护定值一般可整定为（　　）。 答案：B

A. 120V　　B. 180V　　C. 70V　　D. 220V

12. 相间距离Ⅰ段保护整定范围为被保护线路全长的（　　）。 答案：C

A. 60%　　B. 70%　　C. 80%～85%

13. 在所有圆特性的阻抗继电器中，当整定阻抗相同时，(　　) 躲过渡电阻能力最强。

答案：C

A. 全阻抗继电器　B. 方向阻抗继电器　C. 工频变化量阻抗继电器

14. 母线差动保护的电压闭锁元件中低电压一般可整定为母线正常运行电压的 (　　)。

答案：B

A. 50%～60%　　B. 60%～70%　　C. 70%～80%

15. 断路器失灵保护动作的必要条件是 (　　)。　答案：C

A. 失灵保护电压闭锁回路开放，本站有保护装置动作且超过失灵保护整定时间仍未返回

B. 失灵保护电压闭锁回路开放，故障元件的电流持续时间超过失灵保护整定时间仍未返回，且故障元件的保护装置曾动作

C. 失灵保护电压闭锁回路开放，本站有保护装置动作，且该保护装置和与之相对应的失灵电流判别元件持续动作时间超过失灵保护整定时间仍未返回

16. 具有 2 次谐波制动的差动保护，为了可靠躲过励磁涌流，可 (　　)。　答案：B

A. 增大“差动速断”动作电流的整定值

B. 适当减小差动保护的 2 次谐波制动比

C. 适当增大差动保护的 2 次谐波制动比

D. 增大差动保护启动电流定值

17. 对于国产微机型距离保护，如果定值整定为Ⅰ、Ⅱ段经振荡闭锁，Ⅲ段不经振荡闭锁，则当在Ⅰ段保护范围内发生单相故障，0.3s 之后发展成三相故障，此时将由距离保护 (　　) 切除故障。

答案：A

A. Ⅰ段　　B. Ⅱ段　　C. Ⅲ段

18. 220kV 采用单相重合闸的线路使用母线电压互感器。事故前负荷电流 700A，单相故障双侧选跳故障相后，按保证 100Ω 过渡电阻整定的方向零序Ⅳ段在此非全相过程中 (　　)。

答案：C

A. 虽零序方向继电器动作，但零序电流继电器不可能动作，Ⅳ段不出口

B. 零序方向继电器会动作，零序电流继电器也动作，Ⅳ段可出口

C. 零序方向继电器动作，零序电流继电器也可能动作，但Ⅳ段不会出口

19. 220kV 变压器的中性点经间隙接地的间隙过流保护定值一般可整定为 (　　)。

答案：A

A. 100A　　B. 180A　　C. 70A　　D. 120A

20. 比率制动差动继电器，整定动作电流为 2A，比率制动系数为 0.5，无制动区电流为 5A。本差动继电器的动作判据 $I_{op}=|I_1+I_2|$，制动量为 I_1、I_2 中取较大者。模拟穿越性故障，当 I_1=7A 时测得差电流 I_c=2.8A，此时该继电器（　　）。 答案：B

A. 动作　　B. 不动作　　C. 处于动作边界

21. 瞬时电流速断保护的动作电流应大于（　　）。 答案：A

A. 被保护线路末端短路时的最大短路电流

B. 线路的最大负载电流

C. 相邻下一线路末端短路时的最大短路电流

22. 双侧电源线路的 M 侧，若系统发生接地故障，M 母线上有相电压突变量 $\Delta\dot{U}_\phi$；另外，工作电压 $\dot{U}_{op\phi}=\dot{U}_\phi-(\dot{I}_\phi+K_3\dot{I}_0)Z_{set}$，其中 $\dot{U}_\phi$ 为 M 母线相电压；$\dot{I}_\phi+K3\dot{I}_0$ 为 M 母线流向被保护线路的电流，$K=\dfrac{Z_0-Z_1}{3Z_1}$；Z_{set} 为保护区范围确定的线路阻抗。如果有 $|\dot{U}_\phi|>|\dot{U}_{op\phi}|$，则接地点位置在（　　）。 答案：C

A. 保护方向保护范围内　　B. 保护方向保护范围外

C. 保护反方向上　　D. 不能确定

23. 某输电线路发生 B、C 两相短路时（不计负荷电流），故障处的边界条件是（　　）。 答案：B

A. $\dot{I}_A=0$，$\dot{U}_B=\dot{U}_C=0$　　B. $\dot{I}_A=0$，$\dot{I}_B=-\dot{I}_C$，$\dot{U}_B=\dot{U}_C$

C. $\dot{I}_A=0$，$\dot{I}_B=\dot{I}_C$　　D. $\dot{U}_A=0$，$\dot{I}_B=\dot{I}_C$

24. 在大电流接地系统中，零序电流分布主要取决于（　　）。 答案：A

A. 变压器中性点是否接地

B. 电源的数目

C. 电源的数目与变压器中性点

25. 谐波制动的变压器纵差保护中设置差动速断元件的主要原因是（　　）。 答案：B

A. 为了提高差动保护的动作速度

B. 为了防止在故障较高的短路水平时，由于电流互感器的饱和产生高次谐波量增加，导致差动保护拒动

C. 保护设置的双重化，互为备用

D. 为了提高差动保护的可靠性，防止差动范围内的死区

26. 一组二进制数为 1101000110100100，转换为的 16 进制数为（　　）。 答案：D

A. B328　　B. DA54　　C. E7A8　　D. D1A4

27. 两相短路电流 $I_k^{(2)}$ 与三相短路电流 $I_k^{(3)}$ 之比值为（　　）。 答案：B

A. $I_k^{(2)}=\sqrt{3}I_k^{(3)}$　　B. $I_k^{(2)}=\frac{\sqrt{3}}{2}I_k^{(3)}$　　C. $I_k^{(2)}=\frac{1}{2}I_k^{(3)}$　　D. $I_k^{(2)}=I_k^{(3)}$

28. 我国电力系统中 110kV 电网中性点接地方式为（　　）。 答案：A

A. 中性点直接接地方式
B. 中性点经消弧线圈接地方式
C. 主变压器中性点经放电间隙接地方式
D. 中性点不接地方式

29. 接地距离继电器在线路故障时感受到的是从保护安装处至故障点的（　　） 答案：A

A. 正序阻抗
B. 零序阻抗
C. 由零序阻抗按系数 *K* 补偿过的正序阻抗

30. 某接地距离继电器整定二次阻抗为 2Ω，其零序补偿系数为 *K*=0.67，从 A 相通入 5A 电流调整动作值，最高的动作电压为（　　）。 答案：C

A. 10V　　B. 20V　　C. 16.7V　　D. 12V

31. 在保证可靠动作的前提下，对于联系不强的 220kV 电网，重点应防止保护无选择性动作；对于联系紧密的 220kV 电网，重点应保证保护动作的（　　）。 答案：B

A. 选择性　　B. 快速性　　C. 灵敏性

32. 确保 220kV 及 500kV 线路单相接地时线路保护能可靠动作，允许的最大过渡电阻值分别是（　　）。 答案：C

A. 100Ω，100Ω　　B. 100Ω，200Ω　　C. 100Ω，300Ω　　D. 100Ω，150Ω

33. 某 220kV 线路甲侧 TA 变比为 1250/1A，乙侧 TA 变比为 1200/5A，两侧保护距离Ⅱ段一次侧定值均为 22Ω，则甲、乙两侧距离Ⅱ段二次侧定值分别为（　　）。 答案：D

A. 38.7Ω，201.7Ω　B. 12.5Ω，12.0Ω　C. 2.5Ω，2.4Ω　D. 12.5Ω，2.4Ω

34. 距离保护振荡闭锁中的相电流元件，其动作电流应满足如下条件（　　）。 答案：AB

A. 应躲过最大负荷电流
B. 本线末短路故障时应有足够的灵敏度
C. 应躲过振荡时通过的最大电流
D. 应躲过突变量元件最大的不平衡输出电流

35. 在超高压系统中，提高系统稳定水平的措施为（　　）。 答案：BCD

A. 电网结构已定，提高线路有功传输　　B. 尽可能快速切除故障

C. 采用快速重合闸或采用单相重合闸　　D. 串补电容

36. 继电保护短路电流计算可以忽略（　　）等阻抗参数中的电阻部分。 答案：ABCD

A. 发电机　　B. 变压器　　C. 架空线路　　D. 电缆

37. 以下运行方式中，允许保护适当牺牲部分选择性的有（　　）。 答案：ABCD

A. 终端供电变压器　　B. 预定的解列线路

C. 串联供电线路　　D. 一次操作过程中

38. 某同杆架设的超高压平行双回线路，其中一回线路的接地距离Ⅰ段阻抗元件按一回线路单独运行时整定，当另一回线处于不同运行情况时，该Ⅰ段阻抗元件在本线发生单相金属性接地时的保护区，下列正确的是（　　）。 答案：ABD

A. 另一回线路投入运行时保护区会缩短

B. 另一回线路停用两端接地线时保护区会伸长

C. 另一回线路停用一端接地线时保护区会伸长

D. 另一回线路非全相运行时保护区可能会伸长，也可能会缩短

39. 下列关于助增系数的说法错误的是（　　）。 答案：CD

A. 在辐射状电网中，助增系数的大小与短路点在相邻线路上的位置（Z_k）无关，短路点可选在相邻线路上的任意点

B. 在整定距离Ⅱ、Ⅲ段时要将助增系数的影响考虑进去，保护的定值可以适当整大一些，这样可以防止在有助增电流时的保护范围不会缩得太多

C. 在相邻线路发生短路只有助增电流时，其运行方式应考虑保护背后电源为最小运行方式

D. 在相邻线路发生短路既有助增电流又有汲出电流时，计算距离Ⅱ、Ⅲ定值时应取最大助增系数

二、判断题

1. 线路单相重合闸过程中，由于零序Ⅳ段的整定值较小，将会导致保护误动，应在重合闸期间闭锁该继电器。（　　）

答案：×

2. 接地距离保护的零序电流补偿系数按 $K=\dfrac{Z_0-Z_1}{3Z_1}$ 计算获得，线路的正序阻抗 Z_1、零序阻抗 Z_0 参数需进行实测，装置整定值应大于或接近计算值。（　　）

答案：×

3. 保护整定计算以常见的运行方式为依据。所谓常见的运行方式一般是指正常运行方式加上被保护设备相邻的一回线（同杆双回线仍作为两回线）或一个元件检修的正常检修方式。（ ）

答案：×

4. 继电保护短路电流计算可以忽略发电机、变压器、架空线路、电缆等阻抗参数的电阻部分。（ ）

答案：√

5. 高压线路上某点的 B、C 两相各经电弧电阻 R_B 与 R_C（$R_B \neq R_C$）短路后再金属性接地时，仍可按简单的两相接地故障一样，在构成简单的复合序网图后计算故障电流。（ ）

答案：×

6. 把三相不对称相量 A、B、C 分解为正序、负序及零序三组对称分量时，A 相正序分量 A_1 和负序分量 A_2 的计算式分别为：$A_1=\frac{1}{3}(A+aB+a^2C)$；$A_2=\frac{1}{3}(A+a^2B+aC)$。（ ）

答案：√

7. 把三相不对称相量 A、B、C 分解为正序、负序及零序三组对称分量时，A 相正序分量 A_1 和负序分量 A_2 的计算式分别为：$A_1=\frac{1}{3}(A+a^2B+aC)$，$A_2=\frac{1}{3}(A+aB+a^2C)$。（ ）

答案：×

8. 把三相不对称相量 A、B、C 分解为正序、负序及零序三组对称分量时，B 相正序分量 B_1 和负序分量 B_2 的计算式分别为：$B_1=\frac{1}{3}(a^2A+B+aC)$，$B_2=\frac{1}{3}(aA+B+a^2C)$。（ ）

答案：√

9. 计算表明，当大电流接地系统中发生经电阻的单相接地短路时，一般超前相电压升高不超过 1.3～1.4 倍。（ ）

答案：√

10. 变压器各侧电流互感器型号不同，变流器变比与计算值不同，变压器调压分接头不同，所以在变压器差动保护中会产生暂态不平衡电流。（ ）

答案：×

11. 零序电流I段定值计算的故障点一般在本侧母线上。（ ）

答案：×

12. 在系统发生故障而振荡时，只要距离保护的整定值大于保护安装点至振荡中心之间的阻抗值就不会误动。（ ）

答案：×

13. 对只有两回线和一台变压器的变电站，当该变压器退出运行时，可以不更改两侧线路的保护定值，此时，不要求两回线相互之间的整定配合有选择性。（ ）

答案：√

14. 相间距离保护的Ⅲ段定值，按可靠躲过本线路的最大事故过负荷电流对应的最大阻抗整定。（ ）

答案：×

15. 接入供电变压器的终端线路，无论是一台或多台变压器并列运行，都允许线路侧的速动段保护按躲开变压器其他侧母线故障整定。(　　)

答案：√

16. 由于变压器在 1.3 倍额定电流时还能运行 10s，因此变压器过流保护的过电流定值按不大于 1.3 倍额定电流值整定，时间按不大于 9s 整定。(　　)

答案：×

17. 对于距离保护后备段，为了防止距离保护超越，应取常见运行方式下最小的助增系数进行计算。(　　)

答案：√

18. 对于零序电流保护后备段，为了防止零序电流保护越级，应取常见运行方式下最大的分支系数进行计算。(　　)

答案：√

19. 计算最大短路电流时应考虑以下两个因素：最大运行方式和短路类型。(　　)

答案：√

20. 电气量的标幺值是有名值除以基准值，基准值通常可选为 100MVA 或 1000MVA。(　　)

答案：√

21. 整定计算完成定值计算后需校验灵敏度，灵敏度一般根据可能出现的最小运行方式和最不利的单一故障情形进行校验。(　　)

答案：√

22. 整定计算完成定值计算后需校验灵敏度，灵敏度一般根据可能出现的最小运行方式进行校验。(　　)

答案：×

23. 电流互感器的负载为其两端的电压与其绕组内流过的电流之比。(　　)

答案：√

24. 当阻抗继电器的动作阻抗等于 0.9 倍整定阻抗时，流入继电器的最小电流称之为最小精工电流，精工电流与整定阻抗的乘积称之为精工电压。(　　)

答案：√

25. 高压电网继电保护的运行整定以保证电网全局的安全稳定运行为根本目标。(　　)

答案：√

26. 根据 DL/T 559—2018《220kV～750kV 电网继电保护装置运行整定规程》的规定，对 50km 以下的线路，相间距离保护中应有对本线末端故障的灵敏度不小于 1.5 倍的延时段保护。(　　)

答案：√

27. 零序末端过流保护，对 220kV 线路应以适应故障点经 100Ω 接地电阻短路为整定条件，零序电流保护最末一段的电流动作值应不大于 300A。(　　)

答案：√

28. 某断路器距离保护Ⅰ段二次定值整定为 1Ω，由于断路器电流互感器变比由原来的 600/5 改为 750/5，其距离保护Ⅰ段二次定值应整定为 1.25Ω。(　　)

答案：√

29. 对 220kV 及以上电网不宜选用全星形普通变压器，以免恶化接地故障后备保护的运行整定。(　　)

答案：×

30. 有时零序电流保护要设置两个 I 段，即灵敏 I 段和不灵敏 I 段。灵敏 I 段按躲过非全相运行情况整定，不灵敏 I 段按躲过线路末端故障整定。(　　)

答案：×

31. 接地距离保护的零序电流补偿系数 K 应按线路实测的正序、零序阻抗 Z_1、Z_0，用式 $K=(Z_0-Z_1)/3Z_1$ 计算获得。装置整定值应小于计算值。(　　)

答案：√

32. 断路器失灵保护的相电流判别元件的整定值，应满足线路末端单相接地故障时有足够灵敏度，但必须躲过正常运行负荷电流。(　　)

答案：×

33. 某系统中的Ⅱ段阻抗继电器，因汲出电流与助增电流同时存在，且助增电流与汲出电流相等，所以整定阻抗没有考虑它们的影响。若运行中因故助增电流消失，则Ⅱ段阻抗继电器的保护区将缩短。(　　)

答案：×

34. 一台容量为 8000kVA、短路电压为 5.56%、变比为 20kV/0.8kV、接线为 Yy 的三相变压器，因需要接到额定电压为 6.3kV 的系统上运行，当基准容量取 100MVA 时，该变压器的阻抗标幺值应为 7。(　　)

答案：√

35. 某接地距离保护，零序电流补偿系数为 0.6，现错设为 0.85，则该接地距离保护区将缩短。(　　)

答案：×

36. 电网中出现短路故障时，由于过渡电阻的存在，对距离保护装置有一定的影响，而且当整定值越小时，它的影响越大，故障点离保护安装处越远时影响也越大。(　　)

答案：×

37. 电力系统发生振荡时，可能会导致阻抗元件误动，因此突变量阻抗元件动作出口时，同样需经振荡闭锁元件控制。(　　)

答案：×

38. 系统振荡时各点电流值均做往复性摆动，过电流保护有可能误动，由于一般情况下振荡周期较短，当保护装置的时限大于 1～1.5s 时，就能躲过振荡误动。(　　)

答案：×

三、简答题

1. 简述整定计算工作的目的。

答：不同的部门整定计算的目的有所不同。对于调度部门，整定计算工作主要是根据具体的参数和运行要求，通过计算分析给已配置好的保护装置所需的各项整定值；对于设计部门，则通过计算分析来选择和论证保护配置及选型的正确性。

2. 何谓系统的最大、最小运行方式?

答：在继电保护的整定计算中，一般都要考虑电力系统的最大与最小运行方式。最大运行方式是指在被保护对象末端短路时，系统的等值阻抗最小，通过保护装置的短路电流为最大的运行方式。最小运行方式是指在上述同样的短路情况下，系统等值阻抗最大，通过保护装置的短路电流为最小的运行方式。

3. 220～750kV 电网继电保护的运行整定，应以保证电网全局的安全稳定运行为根本目标。电网继电保护的整定不能兼顾速动性、选择性或灵敏性要求时，应按什么原则合理进行取舍?

答：（1）局部电网服从整个电网；

（2）下一级电网服从上一级电网；

（3）局部问题自行消化；

（4）尽量照顾局部电网和下级电网的需要。

4. 如何计算接地距离保护的零序电流补偿系数?

答：接地距离保护的零序电流补偿系数 K 应按线路实测的正序阻抗 Z_1 和零序阻抗 Z_0，用式 $K=(Z_0-Z_1)/3Z_1$ 计算获得。实用值宜小于或接近计算值。

5. 断路器失灵保护中的相电流判别元件的整定值按什么原则计算? 如果条件不能同时满足，那么以什么作为取值依据?

答：整定原则是：

（1）保证在本线路末端金属性短路或本变压器低压侧故障时灵敏系数大于 1.3；

（2）躲过正常运行负荷电流。

如果两个条件不能同时满足，则按原则（1）取值。

6. 用于整定计算的哪些一次设备参数必须采用实测值?

答：（1）三相三柱式变压器的零序阻抗；

（2）66kV 及以上架空线路和电缆线路的阻抗；

（3）平行线路之间的零序互感阻抗；

（4）其他对继电保护影响较大的有关参数。

7. 电力系统的运行方式是经常变化的，在整定计算上如何保证继电保护装置的选择性和灵敏度?

答：一般采用系统最大运行方式来整定选择性，用最小运行方式来校核灵敏度，以保证在各种系统运行方式下满足选择性和灵敏度的要求。

8. 在 220kV 系统和 10kV 系统中，有一相等的有名阻抗值，在短路电流计算中，将它们换算成同一基准值的标幺阻抗，它们是否仍然相等？为什么？

答：不等。$Z^{*}=Z/Z_B$，$Z_B=U_B^2/S_B$。式中：Z^{*}为阻抗标幺值；Z 为阻抗值；Z_B、U_B、S_B 为阻抗、电压、容量基准值。因此 10kV 的标幺阻抗要大。

9. 在系统稳定分析和短路电流计算中，通常将某一侧系统的等效母线处看成无穷大系统，那么无穷大系统的含义是什么？

答：无穷大系统等效母线电压恒定不变，母线背后系统的综合阻抗等于 0。

10. 什么是计算电力系统故障的叠加原理？

答：在假定网络是线性的前提下，将电力系统故障状态分为故障前的运行状态和故障引起的附加状态，分别求解，然后将这两个状态叠加起来，就得到故障状态。

11. 继电保护整定计算以什么运行方式作为依据？

答：合理地选择继电保护整定计算用运行方式是改善保护效果、充分发挥保护效能的关键之一。继电保护整定计算应以常见的运行方式为依据。所谓常见运行方式是指正常运行方式和被保护设备相邻近的一回线或一个元件检修的正常检修方式。对特殊运行方式，可以按专用的运行规程或者依据当时的实际情况临时处理，并考虑以下情况：

（1）对同杆并架的双回线，考虑双回线同时检修或双回线同时跳开的情况。

（2）发电厂有两台机组时，应考虑全部停运的方式，即一台机组检修、另一台机组故障跳闸；发电厂有三台及以上机组时，可考虑其中两台容量较大的机组同时停运的方式。

（3）电力系统运行方式应以调度运行方式专业提供的书面资料为依据。

12. 设正、负、零序网络在故障端口的综合阻抗分别是 X_1、X_2、X_0，简单故障时的正序电流计算公式 $I_1=\dfrac{E}{X_1+\Delta Z}$ 中，附加阻抗ΔZ 在各种故障情况下的值各为多少？

答：当三相短路时$\Delta Z=0$；当单相接地时$\Delta Z=X_2+X_0$；当两相短路时$\Delta Z=X_2$；两相短路接地$\Delta Z=X_2//X_0$。

13. 继电保护整定计算的“四性”要求是什么？

答：继电保护整定计算的“四性”要求是可靠性、速动性、灵敏性、选择性。

14. 什么是继电保护整定配合的选择性？如何实现选择性配合？

答：继电保护整定计算的选择性是指首先由故障设备或线路本身的保护切除故障，当故障设备或线路本身的保护或断路器拒动时，才允许由相邻设备、线路的保护或断路器失灵保护切除故障。要求灵敏度和动作时间都应相互配合，时限配合是指上一级保护动作时限比下一级保护动作时限要大，存在时限级差；灵敏度配合是指上一级保护的保护范围应比下一级相应段保护范围小。

15. 测量线路零序阻抗时，在配合侧三相短路接地，在测试侧短接三相线路加压，采用线路参数测试仪测出功率、线路相电压和三相的总电流。其试验接线如图 2-3 所示，电流表 A 读数为 I_0，电压表读数为 U_0，功率表读数为 W_0。请利用获得的实测数据写出零序电阻、零序电抗的求解公式。

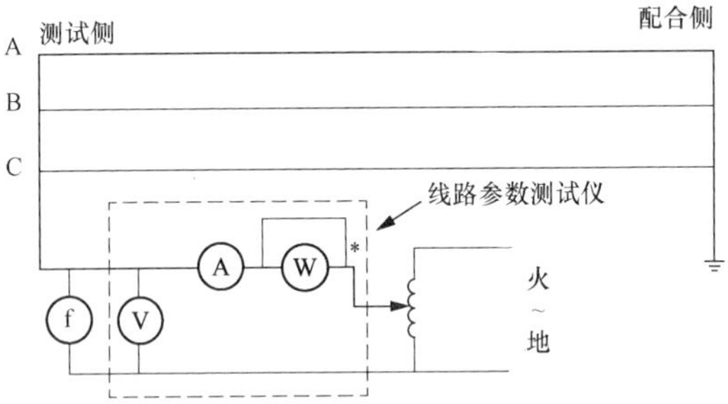

图 2-3

答：

$$Z_0=3U_0/I_0$$
$$\cos\varphi=W_0/(U_0I_0)$$
$$R_0=Z_0\cos\varphi$$
$$X_0=Z_0\sin\varphi$$

16. 计算星形接线电流互感器的二次负载。

答：星形接线三相过流及零序电流保护接线如图 2-4 所示。

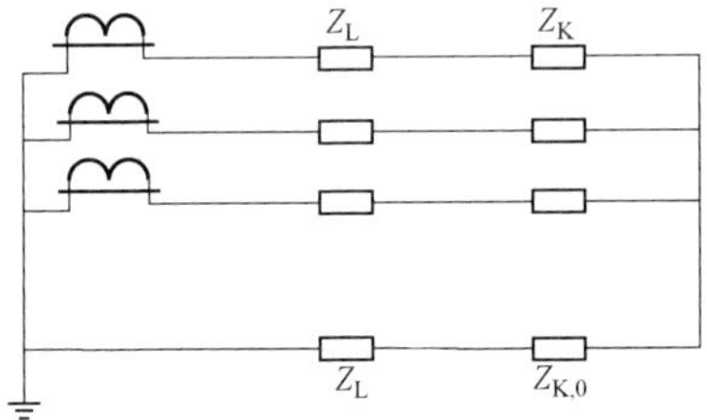

图 2-4 星形接线三相过流及零序电流保护接线图

Z_L—导线阻抗；Z_K—继电器线圈阻抗；$Z_{K,0}$—零序回路的继电器线圈阻抗

（1）三相短路（中性线内无电流）

$$\dot{U}_a=\dot{I}_a(Z_L+Z_K)$$
$$Z=\frac{\dot{I}_a(Z_L+Z_K)}{\dot{I}_a}=Z_L+Z_K$$

（2）两相短路（以 $K_{ab}^{(2)}$ 为例）

$$\dot{U}_a=\frac{1}{2}2\dot{I}_a(Z_L+Z_K)$$
$$Z=\frac{\dot{U}_a}{\dot{I}_a}=Z_L+Z_K$$

（3）单相接地（以 $K_a^{(1)}$ 为例）

$$\dot{U}_a = \dot{I}_a(Z_L + Z_K + Z_{K,0} + Z_L)$$

$$Z = \frac{\dot{U}_a}{\dot{I}_a} = 2Z_L + Z_K + Z_{K,0}$$

若二次负载采用 $2Z_L+Z_K+Z_{K,0}$，计算电流倍数应采用单相接地电流值；若采用 Z_L+Z_K，则应取相间短路电流值。哪种情况严重采用哪种组合方式。

17. Yd11 接线变压器，三角形接线侧 a、b 两相短路，流过星形接线侧 A 相电流为 $\frac{1}{\sqrt{3}}\dot{I}_K$，流过中性线电流为 $\frac{2}{\sqrt{3}}\dot{I}_K$，求 Y 侧电流互感器的二次负载。

答：

$$\dot{U}_a = \frac{1}{\sqrt{3}}\dot{I}_K(Z_L + Z_K) + \frac{2}{\sqrt{3}}\dot{I}_K(Z_L + Z_K)$$

$$= \frac{3}{\sqrt{3}}\dot{I}_K(Z_L + Z_K)$$

$$Z = \frac{\frac{3}{\sqrt{3}}\dot{I}_K(Z_L + Z_K)}{\frac{1}{\sqrt{3}}\dot{I}_K} = 3(Z_L + Z_K)$$

18. 容量为 2500kVA、变比为 20kV/0.9kV 的变压器，短路电压为 10%。将该变压器接于 6.3kV 的无穷大电网上，试用标幺值法求该变压器低压侧的两相短路电流（基准容量取 100MVA）。

答：

$$X_T = 10\% \times \frac{100}{2.5} \times \left(\frac{20}{6.3}\right)^2 = 40.3124$$

$$I_K^{(2)} = \frac{\sqrt{3}}{2} \times \frac{1}{40.3124} \times \frac{100 \times 10^3}{\sqrt{3} \times 6.3} \times \frac{20}{0.9} = 4375(\text{A})$$

19. 某输电线路光纤分相电流差动保护，一侧 TA 变比为 1200/5，另一侧 TA 变比为 600/1，因不慎误将 1200/5 的二次额定电流错设为 1A，试分析正常运行、发生故障时有何问题发生？

答：（1）正常运行时，因有差流存在，所以当线路负荷电流达到一定值时，差流会告警。

（2）外部短路故障时，此时线路两侧测量到的差动回路电流均增大，制动电流减小，故两侧保护均有可能误动。

（3）内部短路故障时，两侧测量到的差动回路电流均减小，制动电流减小，故灵敏度降低，严重时可能拒动。

20. 变压器差动保护稳态不平衡电流是怎么产生的？

答：（1）变压器正常运行时的励磁电流；

（2）由于变压器各侧电流互感器型号不同而引起的不平衡电流；

（3）由于实际的电流互感器变比和计算变比不同引起的不平衡电流；

（4）由于变压器改变调压分接头引起的不平衡电流。

21. 一台自耦变压器的高、中压侧额定电压及零序参数及110kV侧系统零序阻抗（皆为纯电抗）如图2-5所示。设变压器220kV侧发生单相接地故障，故障点总零序电流为300A，则流过变压器中性点的零序电流应为多少？

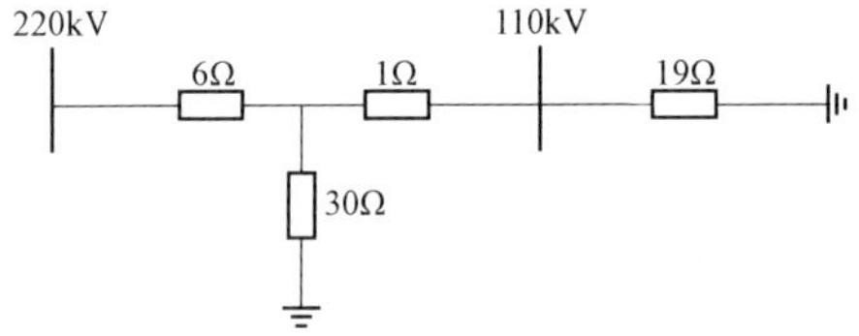

图2-5

注：图中阻抗为归算至220kV的阻抗。

答：110kV侧提供的零序电流为

$$300\times(30)/(1+19+30)=180(A)$$

折算至110kV下的电流值为

$$180\times 230/115=360(A)$$

中性点提供的零序电流为

$$300-360=-60(A)$$

22. 为保证灵敏度，接地故障保护的最末一段定值应如何整定？

答：零序电流保护最末一段的动作电流一般不应大于300A（一次值），对不满足精确工作电流要求的情况，可适当抬高定值。线路末端发生高阻接地故障时，接地故障保护最末一段（如零序电流末段），应以适应下述短路点接地电阻值的故障为整定条件：①220kV线路，100Ω；②330kV线路，150Ω；③500kV线路，300Ω；④750kV线路，400Ω。

23. 零序电流分支系数的选择要考虑哪些情况？

答：零序电流分支系数的选择，要对各种运行方式和线路对侧断路器跳闸前或跳闸后等各种情况进行比较，选取其最大值。在复杂的环网中，分支系数的大小与故障点的位置有关，在考虑与相邻线路零序电流保护配合时，按理应利用图解法，选用故障点在被配合段保护范围末端时的分支系数。但为了简化计算，可选用故障点在相邻线路末端时的可能偏高的分支系数，也可选用与故障点位置有关的最大分支系数。如被配合的相邻线路是与本线路有较大零序互感的平行线路，应考虑相邻线路故障在一侧断路器先断开时的保护配合关系。

24. 为什么距离保护的Ⅰ段保护范围通常选择为被保护线路全长的80%～85%？

答：（1）距离保护Ⅰ段的动作时限为保护装置本身的固有动作时间，为了和相邻的下一线路的距离保护Ⅰ段有选择性的配合，两者的保护范围不能有重叠的部分，否则，本线路Ⅰ段的保护范围会延伸到下一线路，造成无选择性动作。

（2）保护定值计算用的线路参数有误差，电压互感器和电流互感器的测量也有误差。考虑最不利的情况，若这些误差为正值相加，如果Ⅰ段的保护范围为被保护线路的全长，就不可避免地要延伸到下一线路。此时，若下一线路出口故障，则相邻的两条线路的Ⅰ段会同时动作，造成无选择性地切断故障。因此，距离保护的Ⅰ段通常取被保护线路全长的 80%～85%。

25. 如图 2-6 所示 110kV 电网，等值电源 1、2 均有大、小方式，变电站 A、B 之间为同杆并架双回线。

（1）计算 A 站线路保护接地距离Ⅰ段时应如何考虑检修方式？

（2）计算 A 站线路保护接地距离Ⅱ段灵敏度时应如何考虑检修方式？

（3）计算 A 站线路保护接地距离与 B-C 线路 B 站的配合关系时应如何考虑运行检修方式？

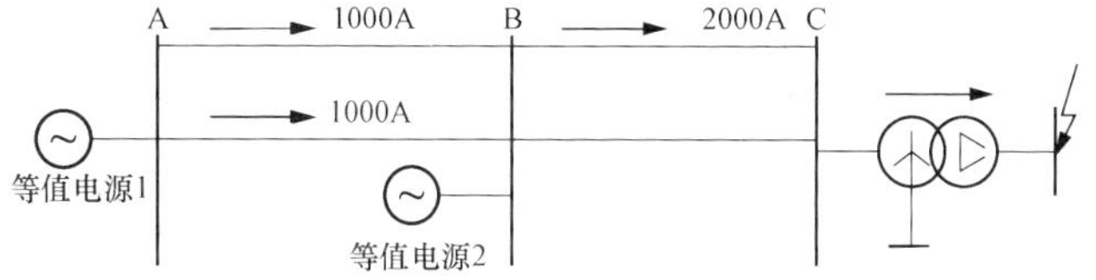

图 2-6

答：（1）计算 A 站线路保护距离Ⅰ段时应考虑双回线中一回线检修。

（2）计算 A 站线路保护接地距离Ⅱ段灵敏度时应考虑双回线并列运行。

（3）计算 A 站线路保护接地距离与 B-C 线路 B 站的配合关系时应考虑等值电源 1 采用大方式，等值电源 2 采用小方式，同杆并架双回线中一回线检修。

26. 请简述变压器复压过流保护增加复压闭锁的原因。

答：变压器具备短期急救负荷运行的能力，对于大型强油循环风冷和强油循环水冷的变压器，事故前 0.7 倍额定负荷时，允许事故后带 1.5 倍额定负荷运行 30min。当并列运行的两台变压器其中一台变压器停运时，负荷全部转移至另外一台变压器，必然造成运行变压器过负荷。作为变压器总后备的过流保护此时不应动作，所以增加复压闭锁，以防止事故过负荷时过流保护误动。

27. 某方向阻抗继电器整定阻抗的一次值为 40Ω/相，已知 TA 变比为 1200/5A，TV 变比为 $\frac{220\text{kV}}{\sqrt{3}}\Big/\frac{100\text{V}}{\sqrt{3}}\Big/100\text{V}$；最大灵敏角为 80°。当继电器的测量阻抗为 1.8∠20°Ω/相时，继电器是否动作？

答：折算到二次侧的整定阻抗 $Z_{set=}40\times\frac{1200/5}{220000/100}=4.36$ （Ω/相）；

3. 如图 2-9 所示，各线路均装有距离保护，试对保护 A 的距离Ⅱ段保护进行整定计算，并求出最大分支系数 K_{bmax}。已知 Z_1=0.4Ω/km，$K_{rel}^{I} = K_{rel}^{II} = 0.8$。

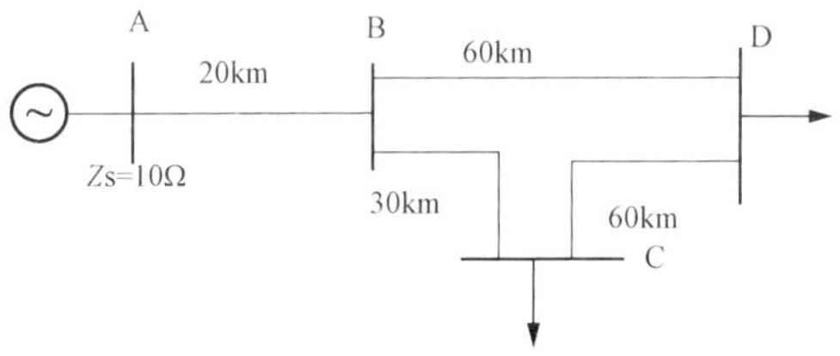

图 2-9

答:（1）线路阻抗

$$Z_{AB}=20\times0.4=8(\Omega)$$
$$Z_{BD}=60\times0.4=24(\Omega)$$
$$Z_{BC}=30\times0.4=12(\Omega)$$
$$Z_{CD}=60\times0.4=24(\Omega)$$

（2）BD 线 B 侧距离Ⅰ段

$$Z_{dz}=0.8\times24=19.2(\Omega)$$

距离Ⅱ段

$$Z_{dz}=1.5\times24=36(\Omega)$$

BC 线 B 侧距离Ⅰ段

$$Z_{dz}=0.8\times12=9.6(\Omega)$$

距离Ⅱ段

$$Z_{dz}=1.5\times12=18(\Omega)$$

（3）助增系数。

BD 线 D 侧故障

$$Z_{fz}=36/60=0.6$$

BC 线 C 侧故障

$$Z_{fz}=48/60=0.8$$

（4）最大分支系数

$$K_{bmax}=1/0.6=1.666$$

（5）A 侧保护。

1）与 BD 线配合。

距离Ⅱ段（与相邻线Ⅰ段配合）

$$Z_{dz}\leqslant0.8\times8+0.8\times0.6\times19.2=15.616(\Omega)$$

本线末故障，15.616/8=1.952，满足要求。

2）与 BC 线配合。

距离Ⅱ段（与相邻线Ⅱ段配合）

$$Z_{dz}\leqslant0.8\times8+0.8\times0.8\times9.6=12.5(\Omega)$$

本线末故障，12.5/8=1.5，满足要求。

综合取 12.5Ω。

4. 计算如下变压器微机型主变压器差动保护各侧额定电流及各侧平衡系数。变压器额定容量为 150/90/45MVA，联结组别为 YNYnd11，额定电压为 230/110/38.5kV，主变压器差动保护 TA 二次侧均采用星形接线。高压侧 TA 变比为 600/5；中压侧 TA 变比为 1200/5；低压侧 TA 变比为 4000/5。

答：（1）按 $I_e=\frac{S_e}{\sqrt{3}U_e}$ 计算变压器各侧额定电流一次值。

230kV 侧

$$I_{eH}=\frac{150000}{\sqrt{3}\times 230}=376(\text{A})$$

110kV 侧

$$I_{eM}=\frac{150000}{\sqrt{3}\times 110}=787(\text{A})$$

38.5kV 侧

$$I_{eL}=\frac{150000}{\sqrt{3}\times 38.5}=2249(\text{A})$$

（2）按 $I_2=\frac{I_e}{n_{TA}}$ 计算变压器各侧电流二次值。

230kV 侧

$$I_{2H}=\frac{376}{600/5}=3.13(\text{A})$$

110kV 侧

$$I_{2M}=\frac{787}{1200/5}=3.28(\text{A})$$

38.5kV 侧

$$I_{2L}=\frac{2249}{4000/5}=2.81(\text{A})$$

（3）高、中、低压侧平衡系数。

230kV 侧

$$K_{PH}=\frac{3.13}{3.13\sqrt{3}}=\frac{1}{\sqrt{3}}=0.58$$

110kV 侧

$$K_{PM}=\frac{3.13}{3.28\sqrt{3}}=\frac{0.95}{\sqrt{3}}=0.55$$

38.5kV 侧

$$K_{PL}=\frac{3.13}{2.81}=1.11$$

5. 某一主变压器额定容量为 750MVA，额定电压为 550/23kV，一次接线方式为 Yd11，550kV 侧 TA 变比为 3000/1，23kV 侧 TA 变比为 23000/1，高压侧 TA 二次侧接为角形，低压侧 TA 二次侧接为星形，试计算两侧电流的平衡系数。

答：高压侧二次额定电流为

$$I_{\rm BH}=\frac{S_{\rm B}}{\sqrt{3}U_{\rm B}n_{\rm TAH}}=\frac{750\times1000}{\sqrt{3}\times550\times3000}=0.262({\rm A})$$

高压侧 TA 二次侧接为角形，流入差动继电器的电流为

$$I_{\rm BH2}=\sqrt{3}I_{\rm BH}=\sqrt{3}\times0.262=0.454({\rm A})$$

低压侧二次额定电流为

$$I_{\rm BL}=\frac{S_{\rm B}}{\sqrt{3}U_{\rm B}n_{\rm TAL}}=\frac{750\times1000}{\sqrt{3}\times23\times23000}=0.818({\rm A})$$

低压侧 TA 二次侧接为星形，流入差动继电器的电流为 $I_{\rm BL2}=I_{\rm BL}$。

高压侧平衡系数为

$$K_{\rm PH}=1$$

低压侧平衡系数为

$$K_{\rm PL}=\frac{I_{\rm BH2}}{I_{\rm BL2}}=\frac{0.454}{0.818}=0.55$$

6. 某降压变压器容量 *S* 为 100MVA，额定电压为 230/38.5kV，高压侧 TA 变化为 1200/5A，低压侧 TA 变比为 2500/5A，接线为 YNd11，该变压器微机差动保护 TA 接线为星形，采用低压侧移相方式，请回答以下问题。

（1）以低压侧为基准，求高压侧电流平衡系数。

（2）额定运行情况下，高压侧保护区内发生单相接地故障，接地电流为 12.6kA，求 A、B、C 相差动回路电流（低压侧无电源）。

答：（1）额定电流

$$I_{\rm 1N}=\frac{100\times10^3}{\sqrt{3}\times230}=251.02({\rm A})$$

$$I_{\rm 2N}=\frac{100\times10^3}{\sqrt{3}\times38.5}=1499.61({\rm A})$$

进入差动回路电流

$$I_{\rm 1N2}=\frac{251.02}{240}=1.046({\rm A})$$

$$I_{\rm 2N2}=\frac{1499.61}{500}=2.999({\rm A})$$

平衡系数

$$K_{\rm b1}=\frac{2.999}{1.046}=2.867$$

$$K_{\rm b2}=1$$

如答 $K_{b1}=\dfrac{1}{1.046}=0.956$ 、 $K_{b2}=\dfrac{1}{2.999}=0.333$ ，同样得分。

（2）YN 侧保护区内单相接地时，有

$$I_{kA1}=I_{kA2}=I_{kA0}=\frac{1}{3}\times 12.6=4.2(\text{kA})$$

因低压侧无电流，所以低压侧进入差动回路的电流为 0，只有 YN 侧正、负序电流进入差动回路。画出 YN 侧进入差动回路的一次电流相量如图 2-10 所示。

进入差动回路的电流为

$$I_{kA}=2\times 4.2=8.4(\text{kA})$$

$$I_{kB}=-4.2(\text{kA})$$

$$I_{kC}=-4.2(\text{kA})$$

差动回路电流为

$$I_{dA}=\frac{8.4\times 10^3}{240}\times 2.867=100.3(\text{A})$$

$$I_{dB}=\frac{4.2\times 10^3}{240}\times 2.867=-50.2(\text{A})$$

$$I_{dC}=\frac{4.2\times 10^3}{240}\times 2.867=-50.2(\text{A})$$

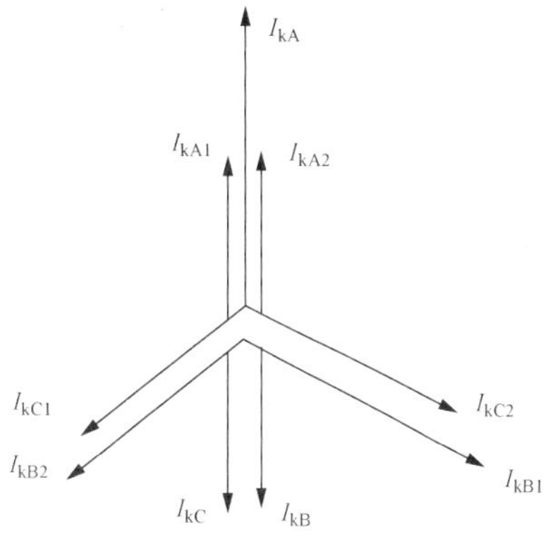

图 2-10

7. 某降压变压器额定容量 S_N 为 40MVA，YNd11 接线，额定电压为 115/6.3kV，YN 侧 TA 变比为 300/5，低压侧 TA 变比 3000/5，微机差动保护采用 d 侧移相方式，差动保护接线如图 2-11 所示，当在“×”处断开，将 A 相高、低压侧 TA 一次侧串联，通入 900A 正序交流电流，取 YN 侧为基本侧，求 A 相差动回路电流。

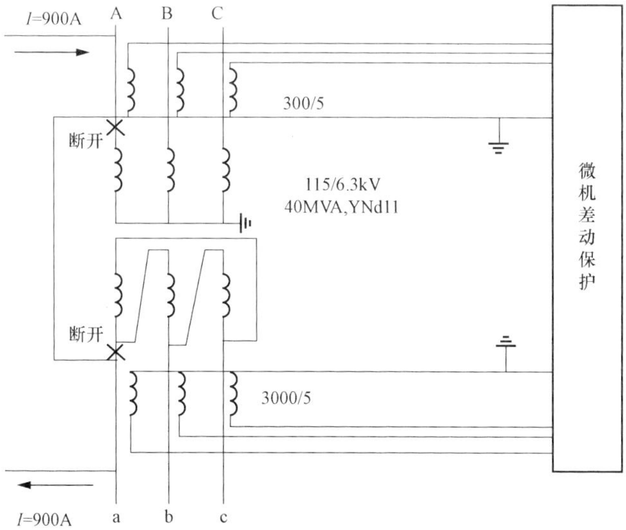

图 2-11

答：（1）计算电流平衡系数。

1）一次额定电流。

110kV 侧

$$I_{1N}=\frac{40\times10^3}{\sqrt{3}\times115}=200.8(\text{A})$$

6.3kV 侧

$$I_{2N}=\frac{40\times10^3}{\sqrt{3}\times6.3}=3665.7(\text{A})$$

2）进入差动回路的电流。

110kV 侧

$$I_{1N}=\frac{200.8}{300/5}=3.35(\text{A})$$

6.3kV 侧

$$I_{2N}=\frac{3665.7}{3000/5}=6.11(\text{A})$$

3）电流平衡系数。

110kV 侧

$$K_{b1}=1$$

6.3kV 侧

$$K_{b2}=\frac{3.35}{6.11}=0.55$$

（2）高压侧进入差动回路的电流

$$I_a=\frac{900}{300/5}-\frac{1}{3}\times\frac{900}{300/5}=10(\text{A})$$

（3）低压侧进入差动回路的电流

$$I_a'=\frac{1}{\sqrt{3}}\left(-\frac{900}{3000/5}-0\right)=-0.866(\text{A})$$

（4）差动回路电流

$$I_{dA}=I_a+K_{b2}I_a'=10-0.55\times0.866=9.52(\text{A})$$

8. 在如图 2–12 所示系统中Ⅰ、Ⅱ两台发变组容量、参数完全相同，但Ⅰ号变压器中性点接地，Ⅱ号变压器中性点不接地。M 母线对侧没有电源也没有中性点接地的变压器。各元件的各序阻抗角相同，短路前没有负荷电流。在 MN 线路上发生 A 相单相接地短路后分析 P、Q 处 TA 录得的电流波形图，请回答下述问题。

（1）P、Q 处有没有零序电流？为什么？

（2）P、Q 处 B、C 相上为什么有电流？该电流与 A 相电流什么相位关系？为什么？

（3）P 处 A 相电流大还是 Q 处 A 相电流大？为什么？

答：（1）P 处有零序电流，是因为变压器中性点接地。Q 处没有零序电流，是因为变压器中性点不接地。

（2）故障线路中 A 相的正序、负序、零序电流大小、相位都相同，故障线路中 B、

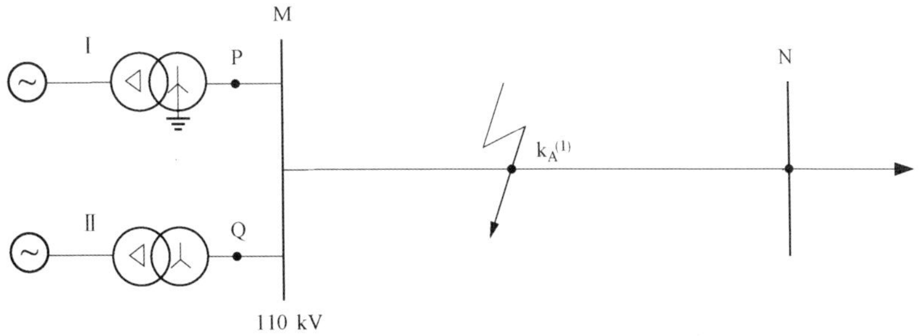

图 2-12

C 相电流为零。上述正序、负序电流在Ⅰ、Ⅱ机组中平均分配，但零序电流只流入Ⅰ号变压器，不流入Ⅱ号变压器。由于两台机组正序、负序、零序电流分配系数不相等，所以 P 处的 B、C 相电流不为零，但相位与 A 相电流相同。Q 处的 B、C 相电流也不为零，相位与 A 相电流相反。

（3）由于上述相同原因，P 处电流中有零序电流，所以 P 处的 A 相电流大于 Q 处的 A 相电流。

P、Q 处电流相量图如图 2-13 所示。

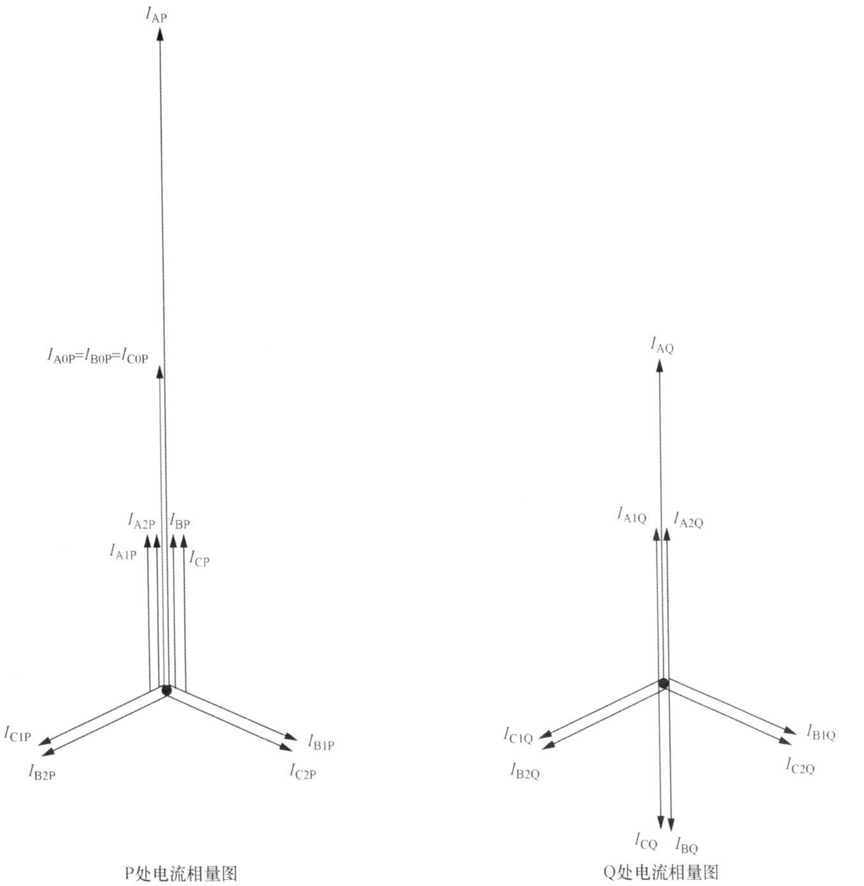

图 2-13

9. 在图 2-14 所示系统中，整定线路 MN 的 N 侧阻抗继电器Ⅱ定值时要计算分支系数（分支系数 K_{fz} 为流过故障线路的电流与流过保护的电流之比）。请说明计算该时的分支系数应取何处短路。请选择运行方式并计算分支系数。

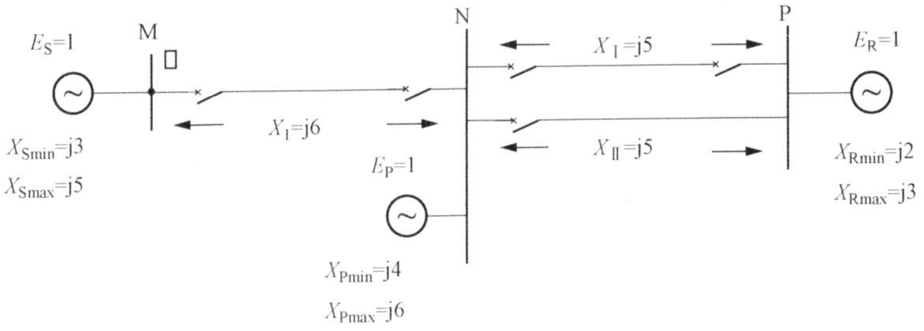

图 2-14

答：计算分支系数应取母线 P 短路。

运行方式：N-P 之间双回线运行、电源 E_S 大方式运行（X_{Smin}=j3）、电源 E_P 小方式运行（X_{Pmax}=j6）。

母线 P 处发生短路时，由 N-P 双回线提供的短路电流为

$$I_{NP}=\frac{1}{(X_Ⅰ//X_Ⅱ)+[(X_1+X_{Smin})//X_{Pmax}]}=\frac{1}{2.5+3.6}=0.1639$$

线路 NPⅠ 流过的短路电流为

$$I_{NPⅠ}=0.5I_{NP}=0.0820$$

保护所在的 MN 线流过的短路电流为

$$I_{MN}=\frac{6I_{NP}}{15}=0.0656$$

$$K_{fz}=\frac{I_{NPⅠ}}{I_{MN}}=1.25$$

10. 如图 2-15 所示，110kV 变电站甲由 220kV 变电站通过线路 L1 单线供电，变电站内无故障录波装置，主变压器联结组别为 Yd11，1、2 号主变压器运行，主变压器两侧 TA 均为 Y 接线，10kV 母分开关热备用，投入 10kV 母分开关备用电源自投装置、线路 L2 备用电源自投装置、线路 L3 备用电源自投装置，变电站甲中 10kV 母分开关热备用，线路 L2、线路 L3 开关热备用，其余开关在运行状态。有关保护定值如下：1 号和 2 号主变压器 10kV 后备保护时间定值 1.7s；电容器保护速断时间定值 0.2s，过流时间定值 0.8s，失压保护时间定值 0.5s；线路 L2、L3 备用电源自投装置跳闸时间定值 8s，合闸时间定值 1s；10kV 母分开关备用电源自投装置跳闸时间定值 6s，合闸时间定值 1s。

2011 年 5 月 6 日 10:00:00:000；110kV 变电站甲内 10kV Ⅰ段母线发生永久性故障，随即引起母分开关真空包爆炸，当地后台信息如下：

5 月 6 日 10:00:01:700，1 号主变压器 10kV 后备保护动作。

5 月 6 日 10:00:02:000，2 号主变压器 10kV 后备保护动作。

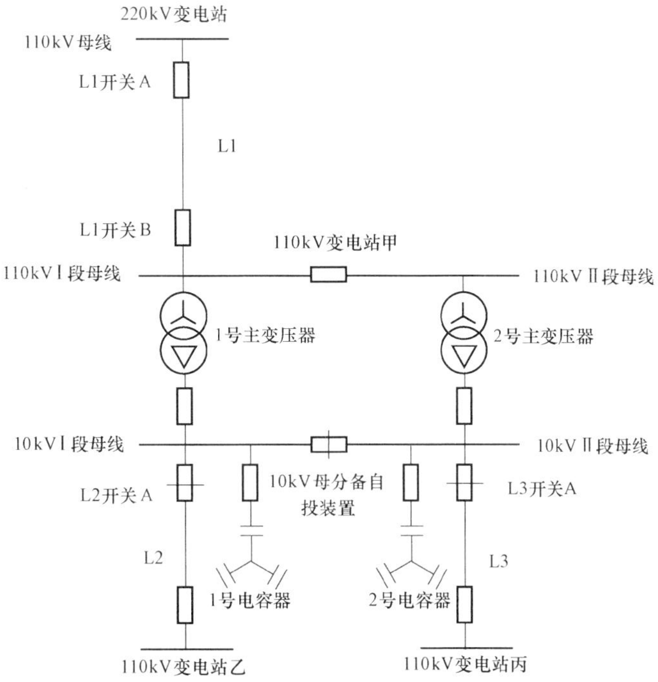

图 2-15

经检查确认保护装置动作正确。

220kV 变电站内的 **110kV** 故障录波器录波图如图 **2-16** 所示。

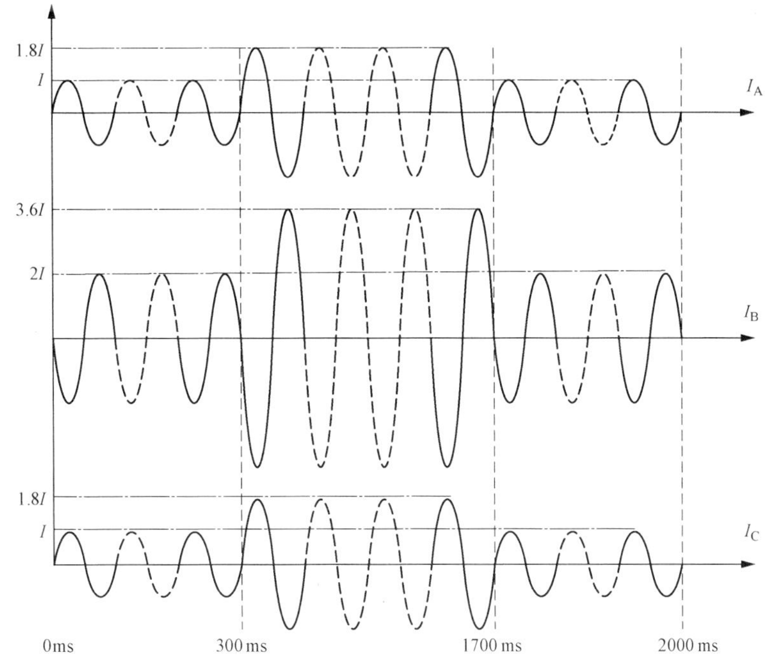

图 2-16

请回答:(1)根据图 2-16 故障电流波形和主变压器接线方式,请判断 110kV 变电站甲 10kV 侧发生的故障类型,详细写出推导分析过程。

(2)请按时间顺序描述 110kV 变电站甲内包括主变压器 10kV 后备保护、电容器保护、备自投装置等动作过程(忽略开关机构、保护装置固有动作时间;电流、电压保护定值均满足定值要求),并解释图 2-16 中 300～1700ms 故障电流增大的原因。

答:(1)从图 2-16 可知,110kV 侧电流在任何时刻三相电流存在如下关系

$$-\dot{I}_B = 2\dot{I}_A = 2\dot{I}_C$$

电流示意图如图 2-17 所示。

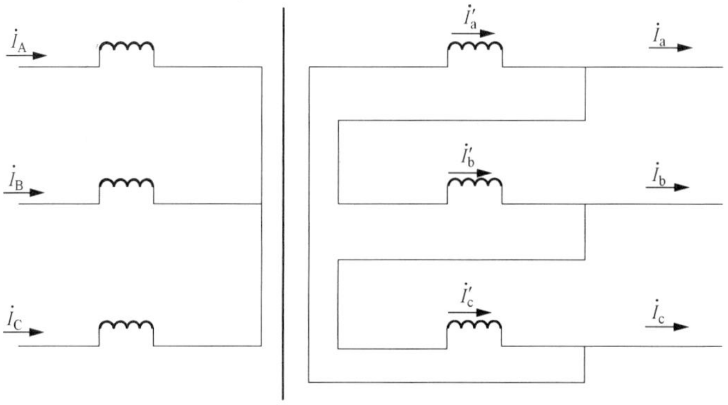

图 2-17

$$\dot{I}'_a = n\dot{I}_A$$
$$\dot{I}'_b = n\dot{I}_B$$
$$\dot{I}'_c = n\dot{I}_C$$
$$\dot{I}_a = \dot{I}'_a - \dot{I}'_b = n\dot{I}_A + 2n\dot{I}_A = 3n\dot{I}_A$$
$$\dot{I}_b = \dot{I}'_b - \dot{I}'_c = -2n\dot{I}_A - n\dot{I}_A = -3n\dot{I}_A$$
$$\dot{I}_c = \dot{I}'_c - \dot{I}'_a = n\dot{I}_A - n\dot{I}_A = 0$$

所以 110kV 变电站甲内 10kV 侧发生的故障为 AB 相故障。

(2)2011 年 5 月 6 日 10:00:00:000;110kV 变电站甲 10kVⅠ段母线发生 A、B 相故障;

10:00:00:300;110kV 变电站甲 10kV 母分开关真空包爆炸,10kVⅡ段母线发生故障;

10:00:01:700,1 号主变压器 10kV 后备保护动作跳开本变压器 10kV 开关;

10:00:02:000,2 号主变压器 10kV 后备保护动作跳开本变压器 10kV 开关;

10:00:02:200;110kV 变电站甲 1 号电容器失压保护动作跳开电容器开关;

10:00:02:500;110kV 变电站甲 2 号电容器失压保护动作跳开电容器开关;

10:00:09:700,线路 L2 备用电源自投装置动作发一次跳闸脉冲跳 1 号主变压器 10kV 开关;

10:00:10:000,线路 L3 备用电源自投装置动作发一次跳闸脉冲跳 2 号主变压器 10kV 开关;

10:00:10:700,线路 L2 备用电源自投装置动作合上线路 L2 开关;

10:00:11:000，线路 L3 备用电源自投装置动作合上线路 L3 开关，母分开关备自投装置不动作；

10:00:00:000～10:00:00:300（10kV 母分开关热备用），10kV Ⅰ段母线 A、B 相故障，通过 1 号主变压器本体提供短路电流 I；

10:00:00:300～10:00:01:700，10kV Ⅱ段母线 A、B 相故障，同时通过 1 号和 2 号主变压器本体提供短路电流 I，相当于主变压器高低压并列运行，系统总阻抗减少，短路电流增大，但是由于系统阻抗的存在，系统总阻抗增加不到 1 倍，因此在此期间短路电流未达到增加 1 倍，图 2-16 中注释为 3.6I；

10:00:01:700～10:00:02:000，1 号主变压器 10kV 开关跳开，通过 2 号主变压器本体提供短路电流 I。

第（1）小题答二：

$$-\dot{I}_{\mathrm{B}}=2\dot{I}_{\mathrm{A}}=2\dot{I}_{\mathrm{C}}$$

$\dot{I}_{\mathrm{a}}=-\dot{I}_{\mathrm{b}}$，$\dot{I}_{\mathrm{c}}$ 为负荷电流，忽略。

因为

$$\dot{I}_{\mathrm{a}}=\dot{I}'_{\mathrm{a}}-\dot{I}'_{\mathrm{b}}$$
$$\dot{I}_{\mathrm{b}}=\dot{I}'_{\mathrm{b}}-\dot{I}'_{\mathrm{c}}$$
$$\dot{I}_{\mathrm{c}}=\dot{I}'_{\mathrm{c}}-\dot{I}'_{\mathrm{a}}$$

所以

$$\dot{I}'_{\mathrm{a}}=\frac{1}{3}(\dot{I}_{\mathrm{a}}-\dot{I}_{\mathrm{c}})=\frac{1}{3}\dot{I}_{\mathrm{a}}$$
$$\dot{I}'_{\mathrm{b}}=\frac{1}{3}(\dot{I}_{\mathrm{b}}-\dot{I}_{\mathrm{a}})=\frac{1}{3}\dot{I}_{\mathrm{a}}$$
$$\dot{I}'_{\mathrm{c}}=\frac{1}{3}(\dot{I}_{\mathrm{c}}-\dot{I}_{\mathrm{b}})=\frac{1}{3}\dot{I}_{\mathrm{a}}$$

所以

$$\dot{I}_{\mathrm{A}}=n\dot{I}'_{\mathrm{a}}=\frac{n}{3}\dot{I}_{\mathrm{a}}$$
$$\dot{I}_{\mathrm{B}}=n\dot{I}'_{\mathrm{b}}=\frac{2n}{3}\dot{I}_{\mathrm{b}}$$
$$\dot{I}_{\mathrm{C}}=n\dot{I}'_{\mathrm{c}}=\frac{n}{3}\dot{I}_{\mathrm{b}}$$

与 220kV 变电站内的 110kV 故障录波器录波图符合，因此 110kV 变电站甲内 10kV 侧发生的故障为 A、B 相故障。

11. 如图 2-18 所示，计算 220kV 线路 L1 M 侧的相间距离Ⅰ、Ⅱ、Ⅲ段保护定值。L2 与 L3 为同杆并架双回线，参数一致。无单位值均为标幺值（最终计算结果以标幺值表示），可靠系数均取 0.8，相间距离Ⅱ段的灵敏度不小于 1.5。

已知条件：发电机以 100MVA 为基准容量，230kV 为基准电压，L1 的线路阻抗为 0.04，L2、L3 的线路阻抗为 0.03，线路 L2、L3 N 侧的相间距离Ⅱ段定值为 0.08，

t_2=0.5s；P 母线故障，线路 L1 的故障电流为 18A，线路 L2、L3 的故障电流均为 20A；L1 的最大负荷电流为 1200A（Ⅲ段仅按最大负荷电流整定即可，不要求整定时间）。

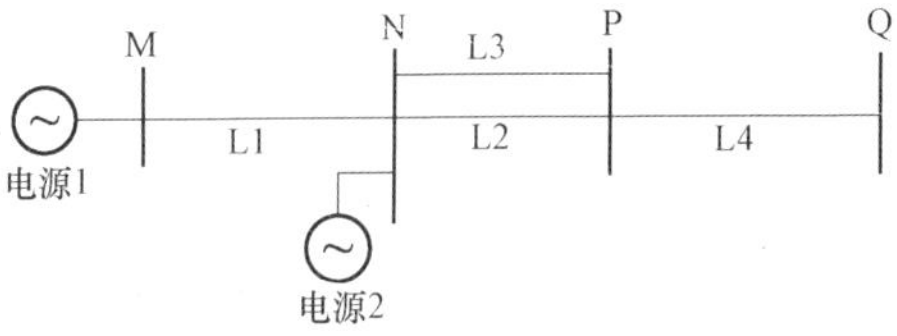

图 2-18

答：（1）L1 相间距离Ⅰ段保护定值 $Z_{1set\,\mathrm{I}}=0.8\times0.04=0.032$，动作时间 t=0s。

（2）L1 相间距离Ⅱ段保护定值。

计算Ⅱ段距离保护定值，考虑电源 2 停运，取得最小助增系数 $K_{fz}=\dfrac{9}{18}=0.5$。

1）与线路 L2 的Ⅰ段 $Z_{2set\,\mathrm{I}}$ 配合

$$Z_{2set\,\mathrm{I}}=0.8\times0.03=0.024$$

$$Z_{1set\,\mathrm{II}}=0.8\times0.04+0.8\times0.5Z_{2set\,\mathrm{I}}$$

$$=0.032+0.8\times0.5\times0.024=0.0416$$

校核灵敏度：1.5×0.04=0.06，0.0416 小于 0.06，灵敏度不符合要求。

2）与线路 L2 的距离Ⅱ段配合

$$Z_{1set\,\mathrm{II}}=0.8\times0.04+0.8\times0.5Z_{2set\,\mathrm{II}}$$

$$=0.032+0.8\times0.5\times0.08=0.064$$

动作时间 t=0.8～1.0s，灵敏度符合要求。

（3）L1 相间距离Ⅲ段保护定值，按最大负荷电流整定

$$Z_{fh.min}=\frac{0.9U_e}{\sqrt{3}I_{fh.max}}=\frac{0.9\times230}{\sqrt{3}\times1.2}=99.6(\Omega)$$

$$Z_{1set\mathrm{III}}=K_kZ_{fh.min}=0.8\times99.6=79.7(\Omega)$$

换算成标幺值

$$Z_{1'set\,\mathrm{III}}=Z_{1set\,\mathrm{III}}\frac{S_B}{U_B^2}=79.7\times\frac{100}{230^2}=0.151$$

12. 试计算图 2-19 所示系统方式下断路器 A 处的相间距离保护Ⅱ段定值，并校验本线末灵敏度。已知：线路参数（一次有名值）Z_{AB}=20Ω（实测值），Z_{CD}=30Ω（计算值）。变压器 Z_T=100Ω（归算到 110kV 有名值）。D 母线相间故障时，I_1=1000A，I_2=500A。可靠系数：线路取 K_k=0.8～0.85；变压器取 K_k=0.7，配合系数 K_{ph}=0.8。

答：（1）与相邻线距离Ⅰ段配合

$$Z_{CI}=K_kZ_{CD}=0.8\times30=24(\Omega)\text{，时限0s}$$

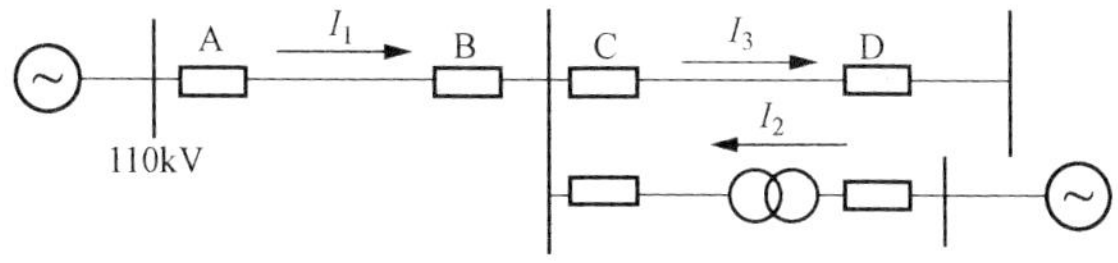

图 2-19

$$Z_{AII}=K_kZ_{AB}+K_{ph}K_{fz}Z_{CI}=0.85\times20+0.8\times\frac{1000+500}{1000}\times24=45.8(\Omega)，时限0.5s$$

（2）按躲变压器低压侧故障整定

$$Z_{AII}=K_kZ_{AB}+K_kZ_T=0.85\times20+0.7\times100=87\Omega，时限0.5s$$

（3）综合（1）、（2），取

$$Z_{AII}=45.8\Omega，时限0.5s$$

（4）灵敏度校验

$$K_{lm}=\frac{Z_{AII}}{Z_{AB}}=\frac{45.8}{20}=2.29，大于1.5$$

符合规程要求。

13. 一次风机电动机额定容量 P_N=1800kW，额定电压 U_N=6kV，额定功率因数为 0.8（η 取 1），电动机起动电流倍数 K_{st}=7，6kV 母线短路时电动机反馈 6 倍额定电流（K_{fb}=6），电流互感器 TA 变比为 300/5A。高压厂用变压器额定容量 S_N=28MVA，变比为 20±2×2.5%/6.3kV，短路电压为 10.5%，接线为 Dyn1，高压厂用变压器接无穷大系统。请计算电动机保护电流速断（有高、低值）整定值并校核灵敏度。

答：（1）一次风机电动机额定二次电流

$$I_{mn}=\frac{P_N}{\eta\cos\varphi\sqrt{3}U_NK_{TA}}=\frac{1800}{0.8\times\sqrt{3}\times6\times60}=3.6(A)$$

（2）电流速断高定值按躲过电动机启动电流计算

$I_{h.op}=K_{rel}K_{st}I_{mn}=1.5\times7\times3.6=37.8(A)$，动作时间取 0s。

（3）电流速断低定值按躲过电动机自启动和相邻设备三相短路时的反馈电流计算

$I_{l.op}=K_{rel}K_{fb}I_{mn}=1.3\times6\times3.6=28(A)$，动作时间取 0.05s。

（4）电动机出口三相短路电流二次值计算

$$I_k^{(3)}=\frac{28000}{\sqrt{3}\times6.3\times0.105\times60}=407(A)$$

（5）电动机出口两相短路灵敏度

$$K_{lm}^{(2)}=0.866\times\frac{407}{37.8}=9.4$$

第三章

线　路　保　护

一、选择题

1. 光纤分相差动保护远跳的主要作用是（　　）。 答案：A

A. 快速切除死区故障及防止开关失灵

B. 保护相继快速动作

C. 防止保护拒动及防止开关失灵

D. 防止保护拒动

2. 对于距离保护振荡闭锁回路（　　） 答案：A

A. 先故障而后振荡时保护不致无选择动作

B. 先故障而后振荡时保护可以无选择动作

C. 先振荡而后故障时保护可以不动作

D. 先振荡而后故障时保护可以无选择动作

3. 零序电压的特性是（　　）。 答案：A

A. 接地故障点最高　　B. 变压器中性点零序电压最高

C. 接地电阻大的地方零序电压高　　D. 接地故障点最低

4. 过流保护加装复合电压闭锁可以（　　）。 答案：C

A. 加快保护动作时间　　B. 增加保护可靠性

C. 提高保护的灵敏度　　D. 延长保护范围

5. 线路第Ⅰ段保护范围最稳定的是（　　）。 答案：A

A. 距离保护　　B. 零序电流保护　　C. 相电流保护　　D. 以上都不对

6.（　　）故障对电力系统稳定运行的影响最小。 答案：A

A. 单相接地　　B. 两相短路

C. 两相接地短路　　D. 三相短路

7. 当双侧电源线路两侧重合闸均投入检同期方式时，将造成（　　）。 答案：C

A. 两侧重合闸均动作

B. 非同期合闸
C. 两侧重合闸均不动作
D. 一侧重合闸动作、一侧重合闸不动作

8. 线路两侧的保护装置在发生短路时，其中的一侧保护装置先动作，等它动作跳闸后，另一侧保护装置才动作。这种情况称之为（　　）。 **答案：B**

A. 保护有死区
B. 保护相继动作
C. 保护不正确动作
D. 保护既存在相继动作又存在死区

9. 接地距离继电器在线路故障时感受到的是从保护安装处至故障点的（　　） **答案：A**

A. 正序阻抗　B. 零序阻抗　C. 由零序阻抗按系数 K 补偿过的正序阻抗

10. 电力系统振荡时，阻抗继电器的工作状态是（　　）。 **答案：D**

A. 继电器周期性地动作及返回
B. 继电器不会动作
C. 继电器一直处于动作状态
D. 继电器可能不动作，也可能周期性地动作及返回

11. PCS-931A 型微机保护零序方向元件所使用的电压是（　　）。 **答案：A**

A. 自产的　B. 外接的　C. 正常为自产，TV 断线后为外接

12. PCS-931A 型保护两侧装置采样同步的前提条件为通道单向最大传输时延小于（　　）ms。 **答案：C**

A. 20　B. 10　C. 15　D. 25

13. 发生 B、C 两相接地短路时下述说法（　　）最正确、全面。 **答案：C**

A. B、C 相的接地阻抗继电器可以保护这种故障
B. BC 相间阻抗继电器可以保护这种故障
C. B、C 相的接地阻抗继电器和 BC 相的相间阻抗继电器都可以保护这种故障
D. 以上都不正确

14. 在弱馈侧，最可靠的选相元件是（　　）。 **答案：C**

A. 相电流差突变量选相元件　B. I_0、I_2 选相元件
C. 低电压选相元件　D. 以上都不一定能正确选相

15. 如果以两侧电流的相量和作为动作电流，下述（　　）是输电线路电流纵差保护的动作

（差动）电流。 答案：A

A. 本线路的电容电流 B. 本线路的负荷电流
C. 全系统的电容电流 D. 其他线路的电容电流

16. 光纤保护接口装置用的通信电源为 48V，下列说法正确的是（ ）。 答案：B

A. 48V 直流电源与保护用直流电源一样，要求正负极对地绝缘
B. 48V 直流系统正极接地，负极对地绝缘
C. 48V 直流系统负极接地，正极对地绝缘
D. 以上说法都不正确

17. 某单回超高压输电线路 A 相瞬时故障，两侧保护动作跳 A 相开关，线路转入非全相运行，当两侧保护取用线路侧 TV 时，就两侧的零序方向元件来说，正确的是（ ）。 答案：C

A. 两侧的零序方向元件肯定不动作
B. 两侧的零序方向元件的动作情况，视传输功率方向、传输功率大小而定，可能一侧处于动作状态，另一侧处于不动作状态
C. 两侧的零序方向元件可能一侧处于动作状态，另一侧处于不动作状态或两侧均处于不动作状态，这与非全相运行时的系统综合零序阻抗、综合正序阻抗相对大小有关
D. 以上都不对

18. 工频变化量方向元件的原理是利用（ ）。 答案：C

A. 正向故障时$\Delta U/\Delta I=Z_L+Z_{SN}$，反向故障时$\Delta U/\Delta I=-Z_{SM}$
B. 正向故障时$\Delta U/\Delta I=Z_L+Z_{SN}$，反向故障时$\Delta U/\Delta I=-Z_{SN}$
C. 正向故障时$\Delta U/\Delta I=-Z_{SN}$，反向故障时$\Delta U/\Delta I=Z_L+Z_{SM}$
D. 正向故障时$\Delta U/\Delta I=-Z_{SM}$，反向故障时$\Delta U/\Delta I=Z_L+Z_{SM}$

19. 具有相同的整定值的全阻抗继电器、方向阻抗继电器、偏移圆阻抗继电器、四边形方向阻抗继电器，受系统振荡影响最大的是（ ）。 答案：A

A. 全阻抗继电器 B. 方向阻抗继电器
C. 偏移圆阻抗继电器 D. 四边形方向阻抗继电器

20. 零序电流保护在常见运行方式下，在 220kV 或 500kV 的 205km 线路末段金属性短路时的灵敏度应大于（ ）。 答案：C

A. 1.5 B. 1.4 C. 1.3 D. 2

21. 220kV 采用单相重合闸的线路使用母线电压互感器。事故前负荷电流为 700A，单相故障双侧选跳故障相后，按保证 100Ω 过渡电阻整定的方向零序Ⅳ段在此非全相过程中，（ ）。 答案：C

A. 零序方向继电器动作，零序电流继电器不动作，Ⅳ段不出口
B. 零序方向继电器和零序电流继电器都动作，Ⅳ段可出口
C. 零序方向继电器和零序电流继电器都动作，但Ⅳ段不会出口
D. 以上都不正确

22. 如果躲不开在一侧断路器合闸时三相不同步产生的零序电流，则两侧的零序后加速保护在整个重合闸周期中均应带（　　）s 延时。 答案：A

A. 0.1　　B. 0.2　　C. 0.5　　D. 0.3

23. 为保证接地后备最后一段保护可靠、有选择性地切除故障，500kV 线路接地电阻最大按（　　）Ω 考虑，220kV 线路接地电阻最大按 100Ω 考虑。 答案：C

A. 150　　B. 180　　C. 300　　D. 200

24. 对于线路高电阻性接地故障，由（　　）带较长时限切除。 答案：B

A. 距离保护　　B. 方向零序电流保护
C. 差动保护　　D．过流保护

25. PSL603 纵联差动保护采用（　　）完成测距计算，大大提高了测距结果的精度。 答案：A

A. 双端电气量　　B. 单端电气量　　C. 阻抗　　D. 波形比较法

26. PCS931 微机保护，当系统发生区外故障后又经 200ms 转为区内三相短路时，振荡闭锁由（　　）开放。 答案：B

A. 不对称故障元件　B. $U_1\cos\varphi$元件　　C. 启动元件动作

27. 距离保护（或零序方向电流保护）的第Ⅰ段按躲本线路末端短路整定是为了（　　）。 答案：B

A. 在本线路出口短路保证本保护瞬时动作跳闸
B. 在相邻线路出口短路防止本保护瞬时动作而误动
C. 在本线路末端短路只让本侧的纵联保护瞬时动作跳闸
D. 使得保护瞬时动作

28. 下列说法正确的是（　　）。 答案：B

A. 只有距离保护才受分支系数的影响
B. 距离保护、电流保护均受分支系数的影响
C. 电流保护不受分支系数的影响
D. 零序电流保护不受分支系数的影响

29. 小电流接地系统中，当发生 A 相接地时，下列说法正确的是（　　）。 答案：A

A. B、C 相对地电压都分别升高 1.73 倍

B. B、C 相对地电压不受影响

C. AB、CA 相间电压降为 57.8V

D. U_0 为 100V

30. 下面的说法中正确的是（　　）。 答案：C

A. 系统发生振荡时电流和电压值都往复摆动，并且三相严重不对称

B. 零序电流保护在电网发生振荡时容易误动

C. 有一电流保护其动作时限为 4.5s，在系统发生振荡时它不会误动

D. 距离保护在系统发生振荡时容易误动，所以系统发生振荡时应断开距离保护投退压板

31. 电力系统发生振荡时，振荡中心电压的波动情况是（　　）。 答案：A

A. 幅度最大　B. 幅度最小　C. 幅度不变　D. 不一定

32. 在大电流接地系统中的两个变电站之间，架有同杆并架双回线。当其中的一条线路停运检修、另一条线路仍然运行时，电网中发生了接地故障，如果此时被检修线路两端均已接地，则在运行线路上的零序电流将（　　）。 答案：A

A. 大于被检修线路两端不接地的情况

B. 与被检修线路两端不接地的情况相同

C. 小于被检修线路两端不接地的情况

D. 无法确定

33. 电力系统不允许长期非全相运行，为了防止断路器一相断开后长时间非全相运行，应采取措施断开三相，并保证选择性。其措施是装设（　　）。 答案：C

A. 断路器失灵保护　B. 零序电流保护

C. 断路器三相不一致保护　D. 接地距离保护

34. 当架空输电线路发生三相短路故障时，该线路保护安装处的电流和电压的相位关系是（　　）。 答案：B

A. 功率因数角　B. 线路阻抗角

C. 保护安装处的功角　D. 0°

35. 某一 500kV 线路发生两相接地故障，该线路保护所测的正序和零序功率的方向（　　）。 答案：C

A. 均指向线路　B. 零序指向线路，正序指向母线

C. 正序指向线路，零序指向母线　D. 均指向母线

36. 超高压输电线单相跳闸熄弧较慢是由于（ ）。 答案：A

A. 潜供电流影响　B. 单相跳闸慢　C. 短路电流小　D. 短路电流大

37. 在大电流接地系统中发生接地短路时，保护安装点的 $3U_0$ 和 $3I_0$ 之间的相位角取决于（ ）。 答案：C

A. 该点到故障点的线路零序阻抗角

B. 该点正方向到零序网络中性点之间的零序阻抗角

C. 该点背后到零序网络中性点之间的零序阻抗角

D. 以上都不对

38. 继电保护后备保护逐级配合是指（ ）。 答案：B

A. 时间配合　B. 时间和灵敏度均配合　C. 灵敏度配合

39. 在大电流接地系统中，正序电压、负序电压和零序电压的分布规律是（ ）。 答案：C

A. 正序电压、负序电压、零序电压越靠近电源数值越高

B. 正序电压、负序电压越靠近电源数值越高，零序电压越靠近短路点越高

C. 正序电压越靠近电源数值越高，负序电压、零序电压越靠近短路点越高

D. 正序电压、零序电压越靠近电源数值越高，负序电压越靠近短路点越高

40. 在大电流接地系统中，线路始端发生两相金属性接地短路，零序方向电流保护中的方向元件将（ ）。 答案：B

A. 因短路相电压为零而拒动　B. 因感受零序电压最大而灵敏动作

C. 因零序电压为零而拒动　D. 可能无法动作

41. 当大电流接地系统发生单相接地故障时，故障点距母线远近与母线上零序电压值的关系是（ ）。 答案：C

A. 与故障点位置无关　B. 故障点越远零序电压越高

C. 故障点越远零序电压越低　D. 无法确定

42. 当大电流接地系统发生单相金属性接地故障时，故障点零序电压（ ）。 答案：B

A. 与故障相正序电压同相位　B. 与故障相正序电压相位相差 180°

C. 超前故障相正序电压 90°　D. 超前故障相零序电压 90°

43. 微机保护要保证各通道同步采样，如果不能做到同步采样，除对（ ）以外，对其他元件都将产生影响。 答案：B

A. 负序电流元件　B. 相电流元件

C. 零序方向元件　D. 正序方向元件

44. 下列阻抗继电器，其测量阻抗受过渡电阻影响最大的是（　　）。 答案：A

A. 方向阻抗继电器　　B. 带偏移特性的阻抗继电器

C. 四边形阻抗继电器　　D. 苹果型阻抗继电器

45. 下列（　　）不是接地距离保护的优点。 答案：C

A. 接地距离保护的Ⅰ段范围固定

B. 接地距离保护比较容易获得有较短延时和足够灵敏度的Ⅱ段

C. 接地距离保护Ⅲ段受过渡电阻影响小，可作为经高阻接地故障的可靠的后备保护

D. 接地距离可反应各种接地故障

46. 下列（　　）不是零序电流保护的优点。 答案：B

A. 结构及工作原理简单，中间环节少，尤其是近处故障动作速度快

B. 不受运行方式影响，具备稳定的速动段保护范围

C. 保护反应零序电流的绝对值，受过渡电阻影响小,可作为经高阻接地故障的可靠的后备保护

D. 不受振荡的影响

47. 下列（　　）对线路距离保护振荡闭锁控制原则的描述是错误的。 答案：B

A. 单侧电源线路的距离保护不应经振荡闭锁

B. 双侧电源线路的距离保护必须经振荡闭锁

C. 35kV 及以下的线路距离保护不考虑系统振荡误动问题

D. 振荡闭锁针对的是距离Ⅰ、Ⅱ段

48. 配有重合闸后加速的线路，当重合到永久性故障时（　　）。 答案：A

A. 能瞬时切除故障

B. 不能瞬时切除故障

C. 具体情况具体分析，故障点在Ⅰ段保护范围内时可以瞬时切除故障；故障点在Ⅱ段保护范围内时需带延时切除

D. 以上都不对

49. 某超高压输电线零序电流保护中的零序方向元件，其零序电压取自线路侧 TV 二次，在两侧 A 相断开线路处非全相运行期间，测得该侧零序电流为 240A，下列说法正确的是（　　）。 答案：D

A. 零序方向元件是否动作取决于线路有功功率、无功功率的流向及其功率因数的大小

B. 零序功率方向元件肯定不动作

C. 零序功率方向元件肯定动作

D. 零序功率方向元件动作情况不明，可能动作，也可能不动作，与电网具体结构有关

50. 不论用何种方法构成的方向阻抗继电器，均要正确测量故障点到保护安装点的距离（阻抗）和故障点的方向，为此方向阻抗继电器中对极化的正序电压（或故障前电压）采取了“记忆”措施，其作用是（　　）。 答案：C

A. 正确测量三相短路故障时故障点到保护安装处的阻抗
B. 可保证正向出口两相短路故障可靠动作、反向出口两相短路可靠不动作
C. 可保证正向出口三相短路故障可靠动作、反向出口三相短路可靠不动作
D. 可保证正向出口相间短路故障可靠动作、反向出口相间短路可靠不动作

51. 在小电流接地系统中发生单相接地时，母线电压互感器开口三角电压为（　　）。 答案：C

A. 故障点距母线越近电压越高　　B. 故障点距母线越近电压越低
C. 不管距离远近，电压基本上一样高　　D. 以上都不对

52. 小电流接地系统中的电压互感器开口三角绕组的单相额定电压为（　　）。 答案：B

A. $100/\sqrt{3}$V　　B. 100/3V　　C. 100V　　D. 300V

53. 220kV 系统中，假设整个系统中各元件的零序阻抗角相等，在发生单相接地故障时，下列说法正确的是（　　）。 答案：A

A. 全线路零序电压相位相同　　B. 全线路零序电压幅值相同
C. 全线路零序电压相位、幅值都相同　　D. 以上均错误

54. 当零序功率方向继电器的最灵敏角为电流越前电压 100°时，（　　）。 答案：B

A. 其电流和电压回路应按反极性与相应的 TA、TV 回路连接
B. 该相位角与线路正向故障时零序电流与零序电压的相位关系一致
C. 该元件适用于中性点不接地系统零序方向保护

55. 基于零序方向原理的小电流接地选线继电器的方向特性，对于无消弧线圈和有消弧线圈过补偿的系统，如方向继电器按正极性接入电压、电流（流向线路为正），对于故障线路零序电压超前零序电流的角度（　　）。 答案：B

A. 均为+90°
B. 无消弧线圈为+90°，有消弧线圈为−90°
C. 无消弧线圈为−90°，有消弧线圈为+90°

56. 在大电流接地系统中的两个变电站之间架有同杆并架双回线，电网中发生了接地故障（非本双回线），则在（　　）情况下运行线路上的零序电流将最大。 答案：C

A. 两回线正常运行　　B. 一回路处于热备用状态
C. 一回线检修两端接地　　D. 一回线检修一端接地

57. 对双端电源的线路，过渡电阻对送电侧的距离继电器工作的影响是（　　）。 答案：C

A. 只会使保护区缩短

B. 只会使继电器超越

C. 视条件可能会失去方向性，也可能使保护区缩短，也可能超越或拒动

D. 没有影响

58. 线路光纤差动保护，在某一侧 TA 二次侧中性点虚接时，当发生区外单相接地故障时，故障相与非故障相的差动保护元件（　　）。 答案：B

A. 故障相不动作，非故障相动作　B. 故障相动作，非故障相动作

C. 故障相动作，非故障相不动作　D. 故障相不动作，非故障相不动作

59. 线路分相电流差动保护采用（　　）通道最优。 答案：B

A. 数字载波　B. 光纤　C. 数字微波　D. 高频

60. 对采用单相重合闸的线路，当发生永久性单相接地故障时，保护及重合闸的动作顺序为（　　）。 答案：B

A. 三相跳闸不重合

B. 单相跳闸，重合单相，后加速跳三相

C. 三相跳闸，重合三相，后加速跳三相

D. 选跳故障相，瞬时重合单相，后加速跳三相

61. 系统短路时电流、电压是突变的，而系统振荡时电流、电压的变化（　　）。 答案：C

A. 是缓慢的　B. 与三相短路一样快速变化

C. 是缓慢的且与振荡周期有关　D. 突变

62. 系统发生振荡时，（　　）保护可能发生误动。 答案：C

A. 电流差动　B. 零序电流　C. 电流速断　D. 暂态方向

63. 在大电流接地系统中，当相邻平行线路停运检修并在两侧接地时，电网发生接地故障，此时停运线路（　　）零序电流。 答案：A

A. 流过　B. 没有　C. 不一定有　D. 以上都不对

64. 双侧电源线路上发生经过渡电阻接地，流过保护装置的电流与流过过渡电阻的电流的相位（　　） 答案：C

A. 同相　B. 不同相　C. 不定

65. 电力系统继电保护的选择性，除了决定于继电保护装置本身的性能外，还要求满足：由电源算起，愈靠近故障点的继电保护的故障启动值（　　）。 答案：A

A. 相对愈小，动作时间愈短
B. 相对愈大，动作时间愈短
C. 相对愈大，动作时间愈长
D. 相对愈小，动作时间较长

66. 当线路上发生 A、B 两相接地短路时，从复合序网图中求出的各序分量的电流是(　　)的各序分量电流。

答案：A

A. C 相　　B. B 相　　C. A 相

67. 保护线路发生两相接地故障时，相间距离保护感受的阻抗(　　)接地距离保护感受的阻抗。

答案：B

A. 大于　　B. 等于　　C. 小于

68. 单侧电源线路的自动重合闸必须在故障切除后，经一定时间间隔才允许发出合闸脉冲，这是因为(　　)。

答案：C

A. 需与保护配合　　B. 防止多次重合　　C. 故障点去游离需一定时间

69. 在所有圆特性的阻抗继电器中，当整定阻抗相同时，(　　)躲过渡电阻能力最强。

答案：C

A. 全阻抗继电器
B. 方向阻抗继电器
C. 工频变化量阻抗继电器
D. 偏移特性阻抗继电器

70. 单相故障时，单跳故障相，故障相单相重合；相间故障时，三跳，不重合。这是(　　)。

答案：A

A. 单重方式　　B. 三重方式　　C. 综重方式　　D. 特殊重合

71. 加到阻抗继电器的电压、电流的比值是该继电器的(　　)。

答案：A

A. 测量阻抗　　B. 整定阻抗　　C. 动作阻抗　　D. 相阻抗

72. 在线路保护的定值单中，若零序补偿系数整定不合理，将对(　　)的正确动作产生影响。

答案：C

A. 零序电流保护
B. 相间距离保护
C. 接地距离保护
D. 零序功率方向继电器

73. 500kV 线路单相瞬时性故障的重合闸动作方式为(　　)。

答案：A

A. 先重合边开关，再重合中开关
B. 先重合中开关，再重合边开关
C. 两个开关同时重合

74. 断路器失灵保护的启动条件是(　　)。

答案：B

A. 故障线路保护动作跳闸
B. 线路故障保护动作跳闸以后，保护不返回且相电流元件继续动作
C. 线路长期有电流
D. 收到远方启动信号

75. 某距离保护的动作方程为 90°＜Arg[（Z_J−Z_{DZ}）/Z_J]＜270°，它在阻抗复数平面上的动作特性是以+Z_{ZD} 与坐标原点两点的连线为直径的圆。特性为以+Z_{ZD} 与坐标原点连线为长轴的透镜的动作方程（δ>0°）是（　　）。 答案：B

A. $90°+\delta<\arg[(Z_J-Z_{DZ})/Z_J]<270°+\delta$
B. $90°+\delta<\arg[(Z_J-Z_{DZ})/Z_J]<270°-\delta$
C. $90°-\delta<\arg[(Z_J-Z_{DZ})/Z_J]<270°+\delta$
D. $90°-\delta<\arg[(Z_J-Z_{DZ})/Z_J]<270°-\delta$

76. 距离保护正向区外故障时，测量电压与同名相母线电压之间的相位（　　）。 答案：A

A. 基本同相　B. 基本反相　C. 相差 90°　D. 相差 270°

77. 在振荡中，线路发生 B、C 两相金属性接地短路。如果从短路点 k 到保护安装处 M 的正序阻抗为 Z_k，零序电流补偿系数为 K，M 到 k 之间的 A、B、C 相电流及零序电流分别是 I_A、I_B、I_C 和 I_0，则保护安装处 B 相电压的表达式为（　　）。 答案：B

A. $(I_B+I_C+K3I_0)Z_k$　B. $(I_B+K3I_0)Z_k$　C. I_BZ_k　D. I_0Z_k

78. 一条双侧电源的 220kV 输电线路，输出功率为 150+j70MVA，运行中送电侧 A 相断路器突然跳开，出现一个断口的非全相运行，断口点两侧负序电压间的相位关系（系统无串补电容）是（　　）。 答案：B

A. 同相
B. 反相
C. 可能同相，也可能反相，视断口点两侧负序阻抗相对大小而定
D. 以上都不对

79. 单侧电源供电系统短路点的过渡电阻对距离保护的影响是（　　）。 答案：B

A. 使保护范围延长　B. 使保护范围缩短
C. 保护范围不变　D. 保护范围不定

80. 某 220kV 线路甲侧 TA 变比为 1250/1A，乙侧 TA 变比为 1200/5A，两侧保护距离Ⅱ段一次侧定值均为 22Ω，则甲、乙两侧距离Ⅱ段二次侧定值分别为（　　）。 答案：D

A. 38.7Ω，201.7Ω　B. 12.5Ω，12.0Ω
C. 2.5Ω，2.4Ω　D. 12.5Ω，2.4Ω

81. 一条线路 M 侧为中性点接地系统，N 侧无电源但主变压器（YNd11 接线）中性点接地，当该线路发生 A 相接地故障时，如果不考虑负荷电流，则（　　）。 答案：C

A. N 侧 A 相有电流，B、C 相无电流
B. N 侧 A 相有电流，B、C 相有电流但大小不同
C. N 侧 A 相有电流，且与 B、C 相电流大小相等、相位相同
D. N 侧 A 相有电流，且与 B、C 相电流大小相等但相位相差 120°

82. 距离保护“瞬时测量”装置是防止（ ）影响的一个有效措施。 答案：C
A. 振荡 B. 助增电流 C. 过渡电阻 D. 暂态超越

83. 终端变电站的变压器中性点直接接地，在向该变电站供电的线路上发生两相接地故障，若不计负荷电流，下列说法对的是（ ）。 答案：A
A. 线路供电侧有正、负序电流 B. 线路终端侧有正、负序电流
C. 线路终端侧三相均没有电流 D. 线路供电侧非故障相没有电流

84. 线路正向经过渡电阻 R_g 单相接地时，关于保护安装处的零序电压与零序电流间的相位关系，下列说法对的是（ ）。 答案：C
A. R_g 越大时，零序电压与零序电流间的夹角越小
B. 接地点越靠近保护安装处，零序电压与零序电流间的夹角越小
C. 零序电压与零序电流间的夹角与 R_g 无关
D. R_g 越大时，零序电压与零序电流间的夹角越大

85. 某线路发生短路故障，通常情况下故障线路中的电流含有非周期分量，该线路所在母线电压也含有非周期分量，关于非周期分量相对含量的大小，下列说法对的是（ ）。 答案：C
A. 电压中的非周期分量的含量相对较大
B. 电流、电压中的非周期分量相对含量相当
C. 电流中的非周期分量的含量相对较大
D. 无法断定哪个较大

86. 对大电流接地系统，在系统运行方式不变的前提下，假设某线路同一点分别发生两相短路及单相接地短路，且正序阻抗等于负序阻抗，关于故障点的负序电压的大小，下列说法对的是（ ）。 答案：B
A. 单相接地短路时的负序电压比两相短路时的大
B. 单相接地短路时的负序电压比两相短路时的小
C. 单相接地短路时的负序电压与两相短路时的相等
D. 孰大孰小不确定

87. 对相间阻抗继电器，当正方向发生两相短路经电阻接地时，超前相阻抗继电器（ ）。 答案：B

A. 保护范围缩短　B. 保护范围增加　C. 拒绝动作　D. 动作状态不确定

88. **关于阻抗继电器的补偿电压，以下说法对的是（　　）。** 答案：B

A. 补偿电压反映的是故障点的电压

B. 补偿电压反映的是该阻抗继电器保护范围末端的电压

C. 补偿电压反映的是保护安装处的电压

D. 补偿电压反映的是线路末端的电压

89. **目前，接地方向阻抗继电器中大多使用了零序电抗继电器进行组合，其作用是（　　）。** 答案：B

A. 保证正-反向出口接地故障时，不致因较大的过渡电阻而使继电器失去方向性

B. 保证保护区的稳定，使保护区不受过渡电阻的影响

C. 可提高保护区内接地故障时继电器反应过渡电阻的能力

D. 躲过系统振荡的影响

90. **突变量作为选相元件的最大优点是（　　）。** 答案：C

A. 可使装置简化　B. 灵敏度高

C. 可不反映负荷分量　D. 原理简单

91. **由于突变量作为选相元件的优越性，所以它是（　　）理想的选相元件。** 答案：B

A. 微机保护　B. 主保护　C. 后备保护　D. 远后备保护

92. **如果对短路点的正序、负序、零序综合电抗为 $X_{1\Sigma}$、$X_{2\Sigma}$、$X_{0\Sigma}$，而且 $X_{1\Sigma}=X_{2\Sigma}$，两相接地故障时，故障点非故障相电压升高的条件是（　　）。** 答案：C

A. $X_{1\Sigma}>X_{0\Sigma}$　B. $X_{1\Sigma}=X_{0\Sigma}$　C. $X_{1\Sigma}<X_{0\Sigma}$　D. 始终不会升高

93. **双侧电源系统线路（MN）发生单相接地故障，设系统各元件的正、负序阻抗相等，Z_{1N}、Z_{0N} 为 N 侧系统到故障点的综合正序、零序阻抗，C_{1M}、C_{0M} 为 M 侧的正序、零序电流分支系数，对侧（N 侧）故障相先单跳后，本侧（M 侧）零序电流增大的条件是（　　）。** 答案：A

A. $Z_{0N}<Z_{1N}$　B. $Z_{0N}>Z_{1N}$　C. $C_{1M}<C_{0M}$　D. $C_{1M}>C_{0M}$

94. **线路保护动作启动重合闸后，在重合闸计时但尚未合闸出口期间，若收到“闭锁重合闸”开入信号，保护重合闸（　　）；若收到“压力低闭锁重合闸”开入信号，则重合闸（　　）。** 答案：C

A. 不再重合，不再重合　B. 仍会继续重合，仍会继续重合

C. 不再重合，仍会继续重合　D. 仍会继续重合，不再重合

95. 对反应接地故障的工频变化量阻抗继电器来说，保护区内单相经过渡电阻接地时，当系统中各元件的序阻抗角相等时，则下列正确的是（ ）。 答案：C

A. 当继电器处于送电侧时，由过渡电阻引起的附加测量阻抗呈阻容性
B. 当继电器处于受电侧时，由过渡电阻引起的附加测量阻抗呈阻感性
C. 不论继电器处于送电侧还是受电侧，由过渡电阻引起的附加测量阻抗呈纯电阻性
D. 继电器反应的是工频变化量，过渡电阻不引起附加测量阻抗

96. 新“六统一”规范要求，远方跳闸保护应采用（ ）经就地判别方式。 答案：C

A. 二取一 B. 二取二 C. 一取一 D. 三取一

97. 新“六统一”规范要求，220kV 及以上线路保护电流互感器二次回路断线时，（ ）零序Ⅱ、Ⅲ段，（ ）距离Ⅱ、Ⅲ段。 答案：A

A. 闭锁，不闭锁 B. 不闭锁，闭锁 C. 闭锁，闭锁 D. 不闭锁，不闭锁

98. 某线路两侧均为强电源，重负荷下该线路 C 相母线和 A、B 相出口同时接地故障时，Arg(I_0/I_2)选相区为（ ）。 答案：C

A. A 区 B. B 区 C. C 区 D. 不确定

99. 线路过电流保护的启动电流是按（ ）整定的。 答案：C

A. 该线路的负荷电流 B. 最大的故障电流
C. 大于允许的过负荷电流 D. 最大短路电流

100. 使电流速断保护有最小保护范围的运行方式为系统的（ ）运行方式。 答案：B

A. 最大 B. 最小 C. 正常 D. 事故

101. 汲出电流的存在，对距离继电器的影响是（ ）。 答案：A

A. 使距离继电器的测量阻抗减小，保护范围增大
B. 使距离继电器的测量阻抗增大，保护范围减小
C. 使距离继电器的测量阻抗增大，保护范围增大
D. 使距离继电器的测量阻抗减小，保护范围减小

102. 当微机型光纤纵差保护采用 64k 速率的复用光纤通道时，两侧保护装置的时钟方式应采用（ ）方式。 答案：C

A. 主–主 B. 主–从 C. 从–从 D. 任意

103. 当 TV 接于母线上时，线路出现非全相运行，如果断线相又发生接地故障，两端负序方向元件（ ）。 答案：B

A. 不能正确动作 B. 能正确动作 C. 动作特性不确定

104. **反应相间故障的阻抗继电器，采用线电压和相电流的接线方式，其继电器的测量阻抗（　　）。** 答案：B

A. 在三相短路和两相短路时均为 Z_{1L}

B. 在三相短路时为 sqrt(3)Z_{1L}，在两相短路时为 2Z_{1L}

C. 在三相短路和两相短路时均为 sqrt(3)Z_{1L}

D. 在三相短路和两相短路时均为 2Z_{1L}

105. **单电源侧线路发生经过渡电阻单相接地故障时，送电侧感受的测量阻抗附加分量是（　　）。** 答案：A

A. 纯阻性的　　B. 感性的　　C. 容性的　　D. 无法确定

106. **距离保护反向故障时，补偿电压 $U_\phi'=U_\phi-(I_\phi+K\cdot 3I_0)Z_{ZD}$ 与同名相母线电压 U_ϕ 的之间的关系（　　）。** 答案：A

A. 基本同相位　　B. 基本反相位　　C. 相差 90°　　D. 无法确定

107. **对于 YNd11 接线变压器，若主变压器三角侧 bc 两相短路，则主变压器星形侧的三个相间阻抗继电器测量阻抗最大的是（　　）。** 答案：A

A. AB 相间阻抗继电器　　B. BC 相间阻抗继电器

C. CA 相间阻抗继电器　　D. 同样大小

108. **在中性点直接接地电网中，某断相处的正、负序纵向阻抗相等，即 $Z_1=Z_2$，当单相断线的零序电流大于两相断线的零序电流时，则满足条件（　　）。** 答案：B

A. 断相处纵向零序阻抗等于纵向正序阻抗

B. 断相处纵向零序阻抗小于纵向正序阻抗

C. 断相处纵向零序阻抗大于纵向正序阻抗

D. 无法确定

109. **对于平行双回线路，关于零序互感对纵联零序方向保护的影响，以下说法中错误的是（　　）** 答案：A

A. 两条没有任何电气联系的平行线路，只要存在零序互感，当一条线路发生故障时，另一回线的纵联零序方向保护若不采取其他措施将肯定误动

B. 只要两回线有一端是直接相连的，一回线接地故障时，另一回线的纵联零序方向保护不会误动

C. 平行双回线零序互感越大，非故障线路纵联零序方向保护越容易误动

D. 采用纵联负序方向保护代替纵联零序方向保护，能解决非故障线路的误动问题

110. **以下关于潜供电流的说法，错误的是（　　）。** 答案：D

A. 另外两相电压通过相间电容提供的潜供电流称作潜供电流的横向分量

B. 另外两相通过互感在故障相上产生感应电动势向短路点提供的潜供电流称作潜供电流的纵向分量

C. 潜供电流的纵向分量相对较小，与短路点位置有关

D. 可以采用中性点带小电抗的并联电抗器来补偿潜供电流中的纵向分量，缩短熄弧时间

111. 以下选相元件中，在转换性故障中能指出最终故障类型的是（　　） 答案：C

A. 两相电流差突变量选相元件

B. 工作电压突变量选相元件

C. 零序电流与 A 相负序电流相位比较结合阻抗元件动作行为的选相元件

D. 以上选相元件均不能

112. 单相接地故障时，过渡电阻（　　）序电压和序电流之间的相位关系，（　　）正序突变量电压和正序突变量电流之间的相位关系，（　　）突变量电压和突变量电流之间的相位关系，（　　）故障点电压和电流之间的相位关系。以上空格填写正确的是（　　）。

答案：D

A. 不影响，不影响，不影响，不影响

B. 影响，影响，影响，影响

C. 影响，不影响，不影响，影响

D. 不影响，不影响，不影响，影响

113. BC 两相经过渡电阻短路故障中，B 相电压与 C 相电压幅值关系为（　　）。 答案：A

A. B 相大于 C 相　　B. C 相大于 B 相

C. C 相等于 B 相　　D. 取决于故障前功率输送方向

114. 某长线路最小负荷阻抗为 100Ω∠30°，线路的正序灵敏角为 75°，按照图 3-1 原理躲负荷阻抗的继电器，当最小负荷阻抗位于直线 A 上时，R_{ZD} 为（　　）Ω。 答案：C

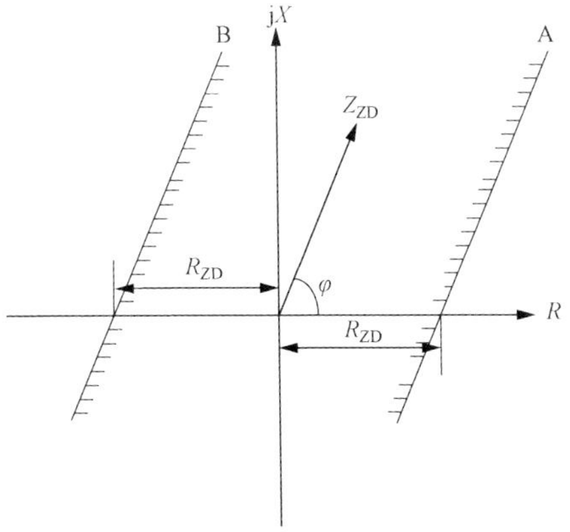

图 3-1

A. 69.8　　B. 71.2　　C. 73.2　　D. 70.8

115. 输电线路 BC 相短路经过渡电阻 R_g 接地，A 相正序电流 $\dot{I}_{A1}$、负序电流 $\dot{I}_{A2}$、零序电流 $\dot{I}_0$ 的相位关系，正确的是（　　）。 答案：B

A. $\arg\left(\frac{\dot{I}_{A1}}{\dot{I}_{A2}}\right)=180^\circ$、$\arg\left(\frac{\dot{I}_{A1}}{\dot{I}_{A0}}\right)=180^\circ$

B. $0^\circ<\arg\left(\frac{\dot{I}_{A1}}{\dot{I}_0}\right)<180^\circ$、$0^\circ<\arg\left(\frac{\dot{I}_0}{\dot{I}_{A2}}\right)<180^\circ$、$0^\circ<\arg\left(\frac{\dot{I}_{A2}}{\dot{I}_{A1}}\right)<180^\circ$

C. $0^\circ<\arg\left(\frac{\dot{I}_{A1}}{\dot{I}_{A2}}\right)<180^\circ$、$0^\circ<\arg\left(\frac{\dot{I}_{A2}}{\dot{I}_0}\right)<180^\circ$、$0^\circ<\arg\left(\frac{\dot{I}_0}{\dot{I}_{A1}}\right)<180^\circ$

D. 以上说法均不正确

116. 在超高压电网中的电压互感器可视为一个变压器，就零序电压来说，下列对的是（　　）。 答案：AD

A. 超高压电网中发生单相接地时，一次电网中有零序电压，所以电压互感器二次星形侧出现零序电压

B. 电压互感器二次星形侧发生单相接地时，该侧出现零序电压，因电压互感器相当于一个变压器，所以一次电网中也有零序电压

C. 电压互感器二次星形侧发生单相接地时，该侧无零序电压，所以一次电网中也无零序电压

D. 电压互感器二次星形侧发生单相接地时，该侧有零序电压，而一次电网中没有零序电压

117. 对于远距离超高压输电线路，一般在输电线路的两端或一端变电站内装设三相对地的并联电抗器，其作用是（　　）。 答案：AB

A. 吸收线路容性无功功率，限制系统的操作过电压

B. 提高单相重合闸的成功率

C. 限制线路故障时的短路电流

D. 消除长线路低频振荡，提高系统稳定性

118. 下列对于突变量继电器的描述，正确的是（　　）。 答案：ACD

A. 突变量保护与故障的初相角有关

B. 突变量继电器在短暂动作后仍需保持到故障切除

C. 突变量保护在故障切除时会再次动作

D. 继电器的启动值离散较大，动作时间也有离散

119. 3/2 断路器接线的断路器失灵启动回路由（　　）构成。 答案：AB

A. 相电流元件　　B. 保护动作接点　　C. 母线电压切换

120. 双侧电源的 110kV 线路保护，主系统侧重合闸检线路无压，弱电源侧重合闸可停用，也可（　　）。 答案：AB

A. 检同期　　B. 检线路有压、母线无压

C. 检线路无压、母线有压　　D. 不检定

121. 可能造成光纤通道收发路由不一致的光纤自愈环网方式为（　　）。 答案：ABC

A. 二纤单向通道倒换环　　B. 二纤双向通道倒换环

C. 二纤单向复用段倒换环　　D. 二纤双向复用段倒换环

122. 某 220kV 线路采用单相重合闸方式，在线路单相瞬时故障时，一侧单跳单重，另一侧直接三相跳闸。若排除断路器本身的问题，下面（　　）是可能造成直接三跳的原因。 答案：ABC

A. 选相元件问题　　B. 重合闸方式设置错误

C. 距离Ⅲ段或零序Ⅲ段出口动作　　D. 控制回路断线

123. 某超高压单相重合闸方式的线路，其接地保护第Ⅱ段动作时限应考虑（　　）。 答案：ABC

A. 与相邻线路接地Ⅰ段动作时限配合

B. 与相邻线路选相拒动三相跳闸时间配合

C. 与相邻线断路器失灵保护动作时限配合

D. 与单相重合闸周期配合

124. 220kV 线路采用“单重”方式，当微机保护装置启动后，以下（　　）开入量将闭锁重合闸。 答案：BC

A. 低气压闭锁重合闸　　B. 三跳位置

C. 重合闸停用　　D. 单跳位置

125. 光纤分相电流差动保护在主保护处于信号状态时，（　　）功能将退出。 答案：BD

A. 零序保护　　B. 差动保护　　C. 距离保护　　D. 远跳

126. 监控系统与继电保护信息交换的方式有（　　）。 答案：ABCD

A. 各种数字保护的保护跳闸信号应采用硬接点的方式接入 I/O 测控单元

B. 数字保护的装置重要故障信号应采用硬接点的方式接入 I/O 测控单元

C. 其他保护信号宜采用通信接口方式与监控系统的站控层网络或间隔层网络连接

D. 数字保护与 I/O 测控单元通信的数据传送宜采用 IEC 60870-5-103《远动设备及系统传输规约》

127. 光纤通信的主要优点有（　　）。 答案：ABCD

A. 传输频带宽、通信容量大　B. 损耗低

C. 不受电磁干扰　D. 线径细、质量轻

128. 高压线路自动重合闸应（　　）。 答案：AC

A. 手动跳、合闸应闭锁重合闸　B. 手动合闸故障只允许一次重合闸

C. 重合永久故障开放保护加速逻辑　D. 远方跳闸起动重合闸

129. 对 220kV 及以上选用单相重合闸的线路，无论配置一套或两套全线速动保护，（　　）动作后三相跳闸不重合。 答案：AB

A. 后备保护延时段　B. 相间保护

C. 距离保护Ⅰ段　D. 零序保护Ⅰ段

130. 电力系统发生全相振荡时，（　　）不会发生误动。 答案：BD

A. 阻抗元件　B. 分相电流差动元件

C. 电流速断元件　D. 零序电流速断元件

131. 光纤纵联保护中远方跳闸（DTT）的作用是（　　）。 答案了：AB

A. 当本侧断路器和电流互感器之间发生故障，母差保护正确动作跳开本侧断路器，但故障并未切除，此时依靠远方跳闸回路，使对侧断路器加速跳闸

B. 当母线故障，母差保护正确动作，但本侧断路器失灵拒动时，依靠远方跳闸回路使对侧断路器加速跳闸

C. 当线路故障，线路保护依靠远方跳闸回路，使对侧断路器加速跳闸

D. 当线路故障，线路保护拒动时依靠远方跳闸回路，使对侧断路器跳闸以切除故障

132. 某条 220kV 输电线路，保护安装处的零序方向元件，其零序电压由母线电压互感器二次电压的自产方式获取，对正向零序方向元件来说，当该线路保护安装处 A 相断线时，下列说法正确的是（　　）（说明：−j80 表示容性无功）。 答案：ABCD

A. 断线前送出 80−j80MVA 时，零序方向元件动作

B. 断线前送出 80+j80MVA 时，零序方向元件动作

C. 断线前送出−80−j80MVA 时，零序方向元件动作

D. 断线前送出−80−j80MVA 时，零序方向元件动作

133. 在中性点经消弧线圈接地的电网中，过补偿运行时消弧线圈的作用有（　　）。

答案：BCD

A. 改变接地电流相位　B. 减小接地电流

C. 消除铁磁谐振过电压　D. 减小单相故障接地时故障点恢复电压

134. 对 220kV 及以上选用单相重合闸的线路，无论配置一套或两套全线速动保护，(　　) 动作后三相跳闸不重合。 答案：ABD

A. 后备保护延时段　B. 相间保护
C. 速动保护　D. 选相失败

135. 远方跳闸保护是一种直接传输跳闸命令的保护，(　　) 动作后，通过发出远方跳闸信号直接将对侧断路器跳开。 答案：ABC

A. 高压电抗器保护　B. 过电压保护　C. 断路器失灵保护

136. 线路发生（　　）故障时，相间阻抗继电器感受到的阻抗和故障点的接地电阻大小无关。 答案：AB

A. 两相接地　B. 三相短路　C. 单相接地　D. 两相相间短路

137. 500kV 线路断路器因保护动作跳闸，下列（　　）的动作可启动远方跳闸。答案：BC

A. 线路主保护　B. 断路器失灵保护　C. 过电压保护　D. 母差保护

138. 纵联保护按通道类型可分为（　　）。 答案：ABCD

A. 电力线载波纵联保护　B. 微波纵联保护
C. 光纤纵联保护　D. 导引线纵联保护

139. 电流稳态量选相是以三相负序电流将全平面（360°）等分为三个区，当零序电流位于 A 区时，则可能存在以下（　　）故障类型。 答案：ABD

A. A 相接地　B. AB 两相接地　C. AC 两相接地　D. BC 两相接地

140. 以下会对线路保护选相元件造成干扰的是（　　）。 答案：AC

A. 正序分量　B. 负序分量　C. 零序分量　D. 以上都不会

141. 大电流接地系统中，发生 AC 相金属性短路直接接地时，故障点序分量电压间的关系是（　　）。 答案：ABC

A. B 相负序电压超前 C 相正序电压 120°
B. A 相正序电压与 C 相负序电压同相位
C. B 相零序电压超前 A 相负序电压 120°
D. B 相正序电压滞后 C 相零序电压 120°

142. 线路发生故障后，假设线路正负序阻抗相等，即 $Z_1=Z_2$，保护安装处的 A 相测量电压与测量电流关系式为 $\dot{U}_A=\dot{U}_{kA}+(\dot{I}_A+K3I_0)Z_1$，此计算式对于下列(　　)故障成立。 答案：ABCD

A. A 相接地　B. AB 相接地　C. BC 接地　D. BC 相间故障

143. 以下关于 220kV 线路纵联差动保护 TA 断线描述正确的有（　　）。 答案：AD

A. TA 断线后，发生区内故障差动保护动作，断线侧和非断线侧都将三相跳闸并闭锁重合闸

B. 若控制字[TA 断线闭锁差动]整定为“1”，且断线相差流大于[TA 断线后分相差动定值]，则仍然开放断线相电流差动保护

C. TA 断线瞬间，断线侧保护装置的启动元件和电流差动保护可能动作，同时对侧保护报“对侧 TA 断线”会闭锁差动保护，从而保证电流差动保护不误动

D. TA 断线时闭锁零序差动保护

144. 某 220kV 馈线，负荷侧接有 YNd11 变压器（变压器中性点接地），当该线 A 相接地时，负荷侧选相元件可正确选出故障相的是（　　）。 答案：BC

A. 相电流差突变量选相元件

B. 采用$\dot{U}_{OP.A0}$、$\dot{U}_{OP.A2}$构成的电压电流序分量选相元件，其中，$\dot{U}_{OP.A0}=\dot{U}_{A0}-(1+3K)\dot{I}_{A0}Z_{set}$；$\dot{U}_{OP.A2}=\dot{U}_{A2}-\dot{I}_{A2}Z_{set}$

C. 采用$\Delta\dot{U}_{OP.AB}$、$\Delta\dot{U}_{OP.BC}$、$\Delta\dot{U}_{OP.CA}$构成的复合突变量选相元件，其中，$\Delta\dot{U}_{OP.\phi\phi}=\Delta\dot{U}_{\phi\phi}-\Delta\dot{I}_{\phi\phi}Z_{set}\quad(\phi\phi=AB,BC,CA)$

D. 零序电流与 A 相负序电流相位比较结合阻抗元件动作行为的选相元件

145. 下列措施（　　）可以防止距离保护Ⅰ段在短线路时发生超越。 答案：AC

A. 适当减小零序补偿系数整定值

B. 采用向+R轴方向偏移 30°的偏移圆特性阻抗继电器

C. 增设零序电抗线

D. 增设负荷电阻限制线

146. 微机保护中，对选相元件的要求有（　　）。 答案：ABCD

A. 在发生单向接地短路时，选相元件既能正确选出故障相，也不能将非故障相误选作故障相

B. 在发生相间短路故障时，选相元件应正确选出两个故障相

C. 选相元件要比较灵敏

D. 在负荷电流比较大和过渡电阻比较大时也能正确选相

147. 纵联差动保护两端同步采样的方法有（　　）。 答案：ABC

A. 基于数据通道的同步方法　　B. 基于参考相量的同步方法

C. 基于 GPS 的同步方法　　D. 基于通信规约的同步方法

148. 线路保护振荡闭锁应满足的要求有（　　）。 答案：ABCD

A. 应将距离保护闭锁

B. 非全相运行系统发生振荡时，振荡闭锁应继续将距离保护闭锁
C. 正常运行下的第一次短路，振荡闭锁应开放保护，以允许距离保护切除区内故障
D. 区外故障后紧接着又发生区内故障，振荡闭锁应开放保护，以允许距离保护切除区内故障

149. 工频变化量阻抗继电器的动作性能有（　　）。 答案：ABD

A. 有很强的保护过渡电阻的能力
B. 区外短路不会超越
C. 反向出口短路时动作速度很快
D. 正方向出口短路没有死区，近处故障不会拒动

150. 下列（　　）是零序方向继电器的性能。 答案：ABCD

A. 继电器的动作行为与负荷电流无关，与过渡电阻大小无关
B. 系统振荡时不会误动
C. 动作边界十分清晰，具有良好的方向性
D. 只能保护接地故障，对两相不接地短路和三相短路无能为力

151. 影响流过保护的零序电流大小的因素有（　　）。 答案：ABCD

A. 接地故障的类型　　B. 零序阻抗
C. 正序阻抗　　D. 短路点远近

152. 下列对于纵联电流差动保护的技术原则，说法正确的是（　　）。 答案：CD

A. 纵联电流差动保护只要本侧启动元件和差动元件同时动作就允许差动保护出口
B. 线路两侧的纵联电流差动保护装置均应设置本侧独立的电流启动元件，差动电流可以作为装置的启动元件
C. 线路两侧纵联电流差动保护装置应互相传输可供用户整定的通道识别码，并对通道识别码进行校验，校验出错时告警并闭锁差动保护
D. 纵联电流差动保护装置应具有通道监视功能，如实时记录并累计丢帧、错误帧等通道状态数据，通道严重故障时告警

153. 采用正序电压的记忆值作为极化电压的阻抗继电器，与采用保护安装处的不带记忆的相电压或相间电压作为极化电压的方向阻抗继电器相比较，它的优点是（　　）。

答案：ACD

A. 可消除正方向出口两相短路的死区
B. 有利于避免区外短路时的超越
C. 可提高保护过渡电阻的能力
D. 反向出口处故障时可靠不动作

154. 距离保护振荡闭锁中的相电流元件，其动作电流应满足如下条件（　　）。答案：AB

A. 应躲过最大负荷电流

B. 本线末端短路故障时应有足够的灵敏度

C. 应躲过振荡时通过的最大电流

D. 应躲过突变量元件最大的不平衡输出电流

155. 继电保护装置中采用正序电压做极化电压有以下优点（　　）。答案：AB

A. 故障后各相正序电压的相位与故障前的相位基本不变，与故障类型无关，易取得稳定的动作特性

B. 除了出口三相短路以外，正序电压幅值不为零

C. 可提高保护动作时间

D. 可提高动作灵敏度

156. 不需要考虑振荡闭锁的继电器有（　　）。答案：BC

A. 极化量带记忆的阻抗继电器　　B. 工频变化量距离继电器

C. 多相补偿距离继电器　　D. 序分量距离继电器

157. 过渡电阻对接地阻抗继电器的影响有（　　）。答案：AB

A. 稳态超越　　B. 失去方向性　　C. 暂态超越　　D. 振荡时易发生误动

158. 关于检定同期、检定无压重合闸装置，下列的做法正确的是（　　）。答案：BD

A. 只能投入检定无压或检定同期继电器的一种

B. 两侧都要投入检定同期继电器

C. 两侧都要投入检定无压和检定同期的继电器

D. 只允许有一侧投入检定无压的继电器

159. 距离保护克服“死区”的方法有（　　）。答案：AB

A. 记忆回路　　B. 引入非故障相电压

C. 潜供电流　　D. 引入抗干扰能力强的阻抗继电器

160. 正序电压用作极化电压的好处有（　　）。答案：ABCD

A. 故障后各相正序电压的相位始终保持故障前的相位不变，与故障类型无关

B. 除了三相短路以外，幅值一律不会降到零，意味着无死区

C. 构成的元件性能好

D. 健全相的方向元件不会误动

161. 超高压输电线单相接地两侧保护动作单相跳闸后，故障点有潜供电流，潜供电流大小与（　　）等多种因素有关。答案：ABCD

A. 线路电压等级 B. 线路长度 C. 负荷电流大小 D. 故障点位置

162. 设系统中各元件序阻抗的阻抗角均为 80°，则下列正确的是（ ）。 答案：ACD

A. 并联高压电抗器 B 相发生匝间短路，该电抗器母线上的零序电压 $3\dot{U}_0$ 滞后于电抗器的零序电流 $3\dot{I}_0$，相角为 100°

B. 220kV 线路电流为 300A，该线路两侧开关 B 相跳闸，线路侧的零序电压 $3\dot{U}_0$ 总是超前该线路中的零序电流 $3\dot{I}_0$，相角为 80°

C. 220kV 线路出口 B 相经 100Ω 过渡电阻单相接地，母线上的零序电压 $3\dot{U}_0$ 滞后于该线路中的零序电流 $3\dot{I}_0$，相角为 100°

D. M、N 两系统间的 220kV 平行双回联络线，M 侧向 N 侧输送 150MW 功率，平行双回线路之一的 A 相发生接地故障，在两侧开关 A 相跳闸的非全相运行过程中，对另一回线路来说，M、N 侧的零序电压 $3\dot{U}_0$ 均超前本侧线路的零序电流 $3\dot{I}_0$，相角为 80°

163. 工频变化量阻抗继电器在整套保护中的优点有（ ）。 答案：ABCD

A. 躲过渡电阻能力强 B. 有严格的方向性

C. 出口故障时高速动作 D. 电压断线时不退出

164. 发生电压断线后，PCS931A 型保护保留有以下（ ）保护元件。 答案：BC

A. 距离保护 B. 差动保护 C. 工频变化量距离元件 D. 零序Ⅱ段

二、判断题

1. 距离保护配合时，助增系数的选择要通过各种运行方式的比较，选取最大值。（ ）

答案：×

2. 一般情况下 220kV 同杆并架双回线路发生同时性故障时，允许同时跳开双回线路且不重合。（ ）

答案：√

3. 整定计算单相重合闸的时间取固定值，应为最佳的单相重合闸时间，与线路送电负荷潮流的大小无关。（ ）

答案：×

4. 数据通信方式是指数据在信道上传输所采取的方式。通常有如下三种分类方法：单工、半双工和双工传输。（ ）

答案：×

5. 大电流接地系统中发生 C、A 两相经电阻接地短路时，C 相接地阻抗继电器的保护范围伸长，在区外短路时容易误动；A 相接地阻抗继电器的保护范围缩短，在区内短路时容易拒动。（ ）

答案：√

6. 在振荡中发生单相金属性短路时，接在故障相上的阻抗继电器的测量阻抗会随着两侧电动势夹角 δ 的变化而变化。(　　)

答案：×

7. 光纤纵差保护的时钟主从方式与选用的通道方式无关。(　　)

答案：×

8. 电力系统振荡时，线路两端电源频率不相等，两端保护测量的电流、电压的频率也不相等。(　　)

答案：×

9. 当电力系统发生振荡时，第一个和最后一个振荡周期比较长。(　　)

答案：√

10. 本线路的电容电流一定会成为输电线路纵联电流差动保护的动作电流。(　　)

答案：√

11. 输电线路的纵联电流差动保护本身有选相功能，因此不必再用选相元件选相。(　　)

答案：√

12. 反应输电线路一侧电气量的选相元件对同杆并架双回线上的跨线故障也能正确选相。(　　)

答案：×

13. 输电线路的纵联电流差动保护对同杆并架双回线上的跨线故障也能正确选相。(　　)

答案：√

14. 若液压机构的开关泄压，其压力闭锁接点接通的顺序为闭锁重合、闭锁合、闭锁分及总闭锁。(　　)

答案：√

15. 接地距离保护的零序电流补偿系数 K 应按线路实测的正序、零序阻抗 Z_1、Z_0，用式 $K=(Z_0-Z_1)/3Z_1$ 计算获得。装置整定值应大于或接近计算值。(　　)

答案：×

16. 零序电流保护虽然做不了所有类型故障的后备保护，却能保证在本线路末端经较大过渡电阻接地时仍有足够灵敏度。(　　)

答案：√

17. 短路初始时，一次短路电流中存在的直流分量与高频分量是造成距离保护暂态超越的因素之一。(　　)

答案：√

18. 某 35kV 线路发生两相接地短路，则其零序电流保护和距离保护都应动作。(　　)

答案：×

19. 不论是单侧电源线路，还是双侧电源的网络，发生短路故障时故障短路点的过渡电阻总是使距离保护的测量阻抗增大。(　　)

答案：×

20. 三相重合闸后加速和单相重合闸的后加速，应加速对线路末端故障有足够灵敏度的保护段。如果躲不开后合侧断路器合闸时三相不同期产生的零序电流，则两侧的后加速保护在整个重合闸周期中均应带 0.1s 延时。(　　)

答案：√

21. 平行线路之间存在零序互感，当相邻平行线流过零序电流时，将在线路上产生感应零序电动势，有可能改变零序电流与零序电压的相量关系。(　　)

答案：√

22. 在大电流接地系统中，如果正序阻抗与负序阻抗相等，则单相接地故障电流大于三相短路电流的条件是：故障点零序综合阻抗小于正序综合阻抗。(　　)

答案：√

23. 零序电流保护只在线路发生接地路障时动作，距离保护只反应系统的相间短路故障。(　　)

答案：×

24. 在光纤通道中断时，光纤纵联差动保护将闭锁差动保护并发出告警信号，光纤纵联距离保护装置本身没有任何反应。(　　)

答案：√

25. 光纤纵联保护的信号数字复用接口、保护 PCM 设备均应将告警信号接到主控室光字牌。(　　)

答案：√

26. 零序电流方向保护为相邻线路发生故障的后备保护，却能保证在本线路经较大过渡电阻接地时仍有足够灵敏度。(　　)

答案：√

27. 消弧线圈用于小接地电流系统，采用过补偿方式时，故障线的零序电流与非故障线路一样，也超前于零序电压。(　　)

答案：√

28. 对于传送大功率的输电线路保护，一般宜于强调可信赖性；而对于其他线路保护，往往宜于强调安全性。(　　)

答案：×

29. 全相振荡是没有零序电流的。非全相振荡是有零序电流的，但这一零序电流不可能大于此时再发生接地故障时故障分量中的零序电流。(　　)

答案：×

30. 系统振荡时，变电站现场观察到表计每秒摆动两次，系统的振荡周期应该是 0.5s。(　　)

答案：√

31. 与电流电压保护相比，距离保护的主要优点是完全不受运行方式影响。(　　)

答案：×

32. 500kV 线路重合闸只采用保护启动方式。(　　)

答案：√

33. 光纤分相电流差动保护在系统发生故障时不受系统振荡的影响。(　　)

答案：√

34. 故障分量的特点是仅在故障时出现,正常时为零,仅由施加于故障点的 1 个电动势产生。(　　)

答案:√

35. 对于微机距离保护,若 TV 断线失压不及时处理,遇区外故障或系统操作使其启动,则只要有一定的负荷电流保护就有可能误动。(　　)

答案:√

36. 在 500kV 系统中,断路器失灵保护、高抗保护、短线保护动作均应启动远方跳闸。(　　)

答案:×

37. 500kV 线路分相电流差动保护的定期巡视应检查其差流在规定的允许值以内。(　　)

答案:√

38. 分相电流差动保护可以与通信复用光纤通道。(　　)

答案:√

39. 接地距离保护的保护范围受系统运行方式变化的影响较大。(　　)

答案:×

40. 接地距离保护不仅能反应单相接地故障,也能反应两相接地故障。(　　)

答案:√

41. 500kV 远跳装置中的就地判别功能是根据低有功功率、低阻抗、有零序电流分量等实现的。(　　)

答案:√

42. 相间阻抗继电器不反应接地故障。(　　)

答案:×

43. 突变量构成的保护,不仅可构成快速主保护,也可构成阶段式后备保护。(　　)

答案:×

44. 单相经高电阻接地故障一般是导线对树枝放电。高阻接地故障一般不会破坏系统的稳定运行。因此,当主保护灵敏度不足时可以用简单的反时限零序电流保护来保护。(　　)

答案:√

45. 系统振荡时,两侧电动势角摆开最大(180°),此时振荡中心的电压最小,而此时振荡中心的电压变化率最小。(　　)

答案:√

46. 零序电流保护的灵敏度必须保证在对侧断路器三相跳闸前后,均能满足规定的灵敏系数要求。(　　)

答案:√

47. 零序电流Ⅰ段的保护范围随系统运行方式变化,距离保护Ⅰ段的保护范围不随系统运行方式变化。(　　)

答案:√

48. 当线路发生单相接地故障而进行三相重合闸时,将会比单相重合闸产生较小的操作过电压。(　　)

答案:×

49. 用单相重合闸时会出现非全相运行，除纵联保护需要考虑一些特殊问题外，对零序电流保护的整定和配合产生了很大影响，也使中、短线路的零序电流保护不能充分发挥作用。（　　）

答案：√

50. “合闸于故障保护”是基于以下认识而配备的附加简单保护，即合闸时发生的故障都是内部故障，不考虑合闸时刚好发生外部故障。（　　）

答案：√

51. 对较长线路空载充电时，由于断路器三相触头不同时合闸而出现短时非全相，产生的零序、负序电流不会启动保护装置。（　　）

答案：×

52. 在大电流接地系统中，当线路上故障点逐渐靠近保护安装处时，流经保护的零序电流变化陡度较相间故障时流经保护的相电流变化陡度大。（　　）

答案：√

53. 助增电流的存在，使距离保护的测量阻抗增大，保护范围缩短。（　　）

答案：√

54. 采用检无压、检同期重合闸的线路，投检无压的一侧，没有必要投检同期。（　　）

答案：×

55. 对于纵联保护，在被保护范围末端发生金属性故障时，应有足够的灵敏度。（　　）

答案：√

56. 距离保护中，故障点过渡电阻的存在，有时会使阻抗继电器的测量阻抗增大，也就是说保护范围会伸长。（　　）

答案：×

57. 电力系统振荡时，电流速断、零序电流速断保护有可能发生误动。（　　）

答案：×

58. 过电流保护在系统运行方式变小时，保护范围也将缩小。（　　）

答案：√

59. 零序电流保护Ⅳ段定值一般整定较小，线路重合过程非全相运行时，可能误动，因此在重合闸周期内应闭锁，暂时退出运行。（　　）

答案：×

60. 当系统最大振荡周期为1.5s时，动作时间不小于0.5s的距离Ⅰ段、不小于1s的距离保护Ⅱ段和不小于1.5s的距离保护Ⅲ段均可不经振荡闭锁控制。（　　）

答案：√

61. 零序电流保护逐级配合是指零序电流定值的灵敏度和时间要相互配合。（　　）

答案：√

62. 单侧电源线路所采用的三相重合闸时间，除应大于故障点熄弧时间及周围介质去游离时间外，还应大于断路器操动机构复归原状准备好再次动作的时间。（　　）

答案：√

63. 在大电流接地系统中，为了保证各零序电流保护有选择性动作和降低定值，有时要加装

方向继电器组成零序电流方向保护。(　　)

答案：√

64. 为了防止断路器在正常运行情况下由于某种原因（如误碰、保护误动等）而跳闸时，由于对侧并未动作，线路上有电压而不能重合，通常是在检无压的一侧同时投入检同期重合闸，两者的逻辑是与门关系（两者的触点串联工作），这样就可将误动跳闸的断路器重新投入。(　　)

答案：×

65. 距离保护的振荡闭锁是在系统发生故障后，不管系统有无振荡都闭锁距离保护。(　　)

答案：√

66. 电力系统发生振荡时，可能会导致阻抗元件误动，因此突变量阻抗元件动作出口时，同样需经振荡闭锁元件控制。(　　)

答案：×

67. 线路过电压保护的作用在于线路电压高于定值时，跳开本侧线路断路器。(　　)

答案：×

68. 零序电流保护不反应电网正常负荷、振荡和相间短路。(　　)

答案：√

69. 相间距离保护的Ⅲ段定值，按可靠躲过本线路的最大事故过负荷电流对应的最大阻抗整定。(　　)

答案：×

70. 输电线路光纤分相电流差动保护，线路中的负荷电流再大，一侧 TA 二次断线时保护不会误动。(　　)

答案：√

71. 某线路光纤分相电流差动保护、信号传送通过 PCM 设备采用数字复接方式（经 64kbit/s 接口），两侧保护装置的“专用光纤（内部时钟）”控制字都整定成“1”。(　　)

答案：×

72. 对于小电流接地系统来说，发生两相相间短路时的短路电流和发生两相接地短路的短路电流相等。(　　)

答案：√

73. 接地距离保护在受端母线经电阻三相短路时不会失去方向性。(　　)

答案：×

74. 分相差动保护在使用复用 PCM 时，保护设备的时钟同步方式当采用“主—主”方式。(　　)

答案：×

75. 国产光纤差动保护采用复用通道传输时，对通道要求单向传输时延小于 15ms，必须保证保护装置的收发路由时延一致。(　　)

答案：√

76. 在大电流接地系统中，在线路发生单相接地故障时，保护装置感受到的零序电流、负序电流值一定是相等的。(　　)

答案：×

77. 超高压线路单相跳闸，熄弧较慢是由于潜供电流的影响。（ ）

答案：√

78. 方向阻抗继电器中电压回路采用记忆回路的作用消除出口三相故障的方向死区。（ ）

答案：√

79. 小电流接地电网中，母线单相接地，线路末段接地，TV 开口三角形侧电压总在 100V 左右。（ ）

答案：√

80. 某线路保护在其相邻元件检修的方式下，通过计算得知，检修方式下线路的保护零序I段定值比原来减小，该保护定值应在方式变化后调整。（ ）

答案：√

81. 220kV 线路保护应按加强主保护、完善后备保护的基本原则配置和整定。（ ）

答案：×

82. 对 220～500kV 线路的全线速动保护，规程要求其整组动作时间为 20ms（近端故障）或 30ms（远端故障，包括通道传输时间）。（ ）

答案：×

83. 设 $\dot{I}U_2$ 与 $\dot{I}U_0$ 比相元件的动作方程式为 $-60° < \arg(\dot{I}U_2/\dot{I}U_0) < 60°$。某 500kV 线路在一定负荷电流下 A 相发生瞬时性接地，两侧保护正确动作将使 A 相跳闸线路处于非全相运行状态，此时比相元件处于动作状态。（ ）

答案：√

84. 阻抗继电器的整定范围超出本线路，由于对侧母线上电源的助增作用，使得感受阻抗变小，造成超越。（ ）

答案：×

85. 距离保护 I 段不受系统运行方式的影响。（ ）

答案：√

86. 采用“近后备”原则，只有一套纵联保护和一套后备保护的线路，纵联保护和后备保护的直流回路应分别由专用的直流熔断器供电。（ ）

答案：√

87. 断路器合闸后加速与重合闸后加速共用一个加速继电器。（ ）

答案：√

88. 查找直流接地时，所用仪表内阻不应低于 1000Ω/V。（ ）

答案：×

89. 当线路出现非全相运行时，由于没有发生接地故障，所以零序保护不会发生误动。（ ）

答案：×

90. 在微机保护装置中，距离保护 II 段必须经振荡闭锁控制。（ ）

答案：×

91. 距离保护原理上受振荡的影响，因此距离保护必须经振荡闭锁。（ ）

答案：×

92. 短引线保护是没有方向元件的过流保护，没有时间延时，在线路隔离开关断开后、断路器合环前投入，保护范围为所接 TA 至线路隔离开关内侧。(　　)

答案：√

93. 500kV 线路均配置两套全线速动保护，原则上要求任何时候至少有一套全线速动保护投运，以便快速切除故障。(　　)

答案：√

94. 目前 500kV 远方跳闸的通道有光纤专用芯、复用载波、复用数字微波和复用光纤的 PCM。(　　)

答案：√

95. 同一基准功率，电压等级越高，基准阻抗越小。(　　)

答案：×

96. 零序电流 I 段定值计算的故障点一般在本侧母线上。(　　)

答案：×

97. 线路自动重合闸的使用，不仅提高了供电的可靠性，减少了停电损失，而且还提高了电力系统的暂态稳定水平，增大了高压线路的送电容量。(　　)

答案：√

98. 当重合闸合于永久性故障时，主要有以下两个方面的不利影响：①使电力系统又一次受到故障的冲击；②使断路器的工作条件变得更严重，因为断路器要在短时间内连续两次切断电弧。(　　)

答案：√

99. 对采用单相重合闸的线路，当发生永久性单相接地故障时，保护及重合闸的动作顺序是：先跳故障相，重合单相，后加速跳单相。(　　)

答案：×

100. 零序电流保护能反应各种不对称短路，但不反应三相对称短路。(　　)

答案：×

101. 零序电流保护的逐级配合是指零序电流保护各段的时间要严格配合。(　　)

答案：×

102. 纵联保护不仅作为本线路的全线速动保护，还可作为相邻线路的后备保护。(　　)

答案：×

103. 虽然使用光纤通道传送保护信息，微机故障录波器仍可录取“继电保护信号数字复接接口”输出的收信信号。(　　)

答案：√

104. PCS-931A 型保护两侧装置采样同步的前提条件为通道单向最大传输时延小于 15ms。(　　)

答案：√

105. 应注意校核继电保护通信设备传输信号的可靠性和冗余度，防止因通信设备的问题而引起保护不正确动作。(　　)

答案：√

106. 故障录波器的电流接入应取自不饱和的仪表用的电流互感器的回路，否则取自后备保护的电流回路。(　　)

答案：√

107. 220kV 系统故障录波器应单独对录波器进行统计动作次数。(　　)

答案：√

108. 对于保护支路与配合支路构成的放射性网络，零序分支系数与是否相继动作无关系。(　　)

答案：√

109. 对于线路的相间继电保护的最后一段，它的动作灵敏性必须限制在可靠地躲开线路正常运行功率和实际可能最大事故后过负荷功率的范围内。(　　)

答案：√

110. 小接地电流系统单相接地故障时，故障线路的 $3I_0$ 是本线路的接地电容电流。(　　)

答案：×

111. 在后加速期间，即使相邻线路发生故障，也不允许本线路无选择性地三相跳闸。(　　)

答案：×

112. 对 330～500kV 电网和联系不强的 220kV 电网，在保证继电保护可靠动作的前提下，重点应防止继电保护装置的非选择性动作。(　　)

答案：√

113. 电网中出现短路故障时，由于过渡电阻的存在，对距离保护装置有一定的影响，而且当整定值越小时它的影响越大，故障点离保护安装处越远影响也越大。(　　)

答案：×

114. 系统振荡时各点电流值均作往复性摆动，过电流保护有可能误动，由于一般情况下振荡周期较短，当保护装置的时限大于 1s 时就能躲过振荡误动。(　　)

答案：×

115. 距离保护是保护本线路正方向故障和与本线路串联的下一条线路上故障的保护，它具有明显的方向性。因此，即使作为距离保护第III段的测量元件，也不能用具有偏移特性的阻抗继电器。(　　)

答案：×

116. 空载长线路充电时，末端电压会升高。这是由于对地电容电流在线路自感电抗上产生了电压降。(　　)

答案：√

117. 线路上发生单相接地故障时，短路电流中存在正、负、零序分量，其中只有正序分量才受线路两端电动势角差的影响。(　　)

答案：√

118. 长距离输电线路为了补偿线路分布电容的影响，以防止过电压和发电机的自励磁，需装设并联电抗补偿装置。(　　)

答案：√

119. 在单电源系统的线路上发生区内故障时，负荷侧的工频变化量阻抗继电器可能拒动。

( )

答案：×

120. 接地方向距离继电器在线路发生两相短路经过渡电阻接地时，超前相的继电器保护范围将缩短，滞后相的继电器保护范围将伸长。( )

答案：×

121. 某超高压线路一侧（甲侧）设置了串补电容且补偿度较大，当在该串联补偿电容背后线路侧发生单相金属性接地时，该线路甲侧的正向零序方向元件不会有拒动现象（零序电压取自母线 TV 二次）。( )

答案：√

122. 某系统中的Ⅱ段阻抗继电器，因汲出电流与助增电流同时存在，且助增电流与汲出电流相等，所以整定阻抗没有考虑它们的影响。若运行中因故助增电流消失，则Ⅱ段阻抗继电器的保护区将缩短。( )

答案：×

123. 单电源线路距离保护Ⅰ、Ⅱ段不经振荡闭锁。( )

答案：√

124. 大电流接地系统单相接地时，故障点的正、负、零序电流一定相等，各支路中的正、负、零序电流不一定相等。( )

答案：√

125. 在受电侧电源的助增作用下，线路正向发生经接地电阻单相短路，假如接地电阻为纯电阻性的，将会在送电侧相阻抗继电器的阻抗测量元件中引起容性的附加分量 Z_C。( )

答案：√

126. 某线路的正序阻抗为 0.2Ω/km，零序阻抗为 0.6Ω/km，它的接地距离保护的零序补偿系数为 0.6。( )

答案：×

127. 比相式阻抗继电器，不论是全阻抗、方向阻抗、偏移阻抗，抛球特性还是电抗特性，它们的工作电压都是 $U'=U-IZ_Y$，只是采用了不同的极化电压。( )

答案：√

128. 双侧电源供电的线路上受电侧的距离Ⅰ段在背后母线上发生三相短路会因故障处有小过渡电阻而失去方向性，送电侧不会。( )

答案：√

129. 平行双回线，当一回线路停电检修时，如果此时健全线路末端发生接地故障，则其接地距离保护中 K 值将增大。( )

答案：×

130. 高压线路纵联电流差动保护在“TA 断线闭锁差动”控制字投入后，若发生 TA 断线后则闭锁差动保护三相。( )

答案：×

131. 在最大运行方式下，距离保护的保护区大于最小运行方式下的保护区。( )

答案：×

132. 采用中性点不接地或经消弧线圈接地的系统，当某一相发生接地故障时，由于不能构成短路回路，接地故障电流往往比负荷电流小得多，所以这种系统称为小电流接地系统。(　　)

答案：√

133. 工频变化量阻抗继电器在区外发生过渡电阻短路时一定不会误动。(　　)

答案：√

134. 潜供电流的纵向分量相对较小，与短路点位置有关。(　　)

答案：√

135. 纵联电流差动保护两侧启动元件和本侧差动元件同时动作才允许差动保护出口。线路两侧的纵联电流差动保护装置均应设置本侧独立的电流启动元件，必要时可用交流电压量和跳闸位置触点等作为辅助启动元件，而且应考虑 TV 断线时对辅助启动元件的影响，差动电流不能作为装置的启动元件。(　　)

答案：√

136. 在某些情况下，大电流接地系统中同一点发生两相金属性短路时的短路电流可能小于发生单相金属性接地短路时的短路电流。(　　)

答案：×

137. 考虑线路故障时可将系统等值为两机一线系统。故障电流由 M、N 两侧供给，其故障正序电流分流系数定义为 K_m、K_n。该系数仅与系统运行接线方式及故障点有关，而与短路故障的类型无关。(　　)

答案：√

138. 系统振荡时，线路发生断相，零序电流与两侧电动势角差的变化无关，与线路负荷电流的大小有关。(　　)

答案：×

139. 纵联电流差动保护在两侧差动保护压板状态不一致时，保护装置应发告警信号。(　　)

答案：√

140. 系统在全相振荡过程中发生三相故障，故障线路的保护装置应可靠动作跳闸，并允许带短延时。(　　)

答案：√

141. 距离保护受系统振荡的影响与保护的安装地点有关，当振荡中心在保护范围外或位于保护的反方向时，距离保护就不会因系统振荡而误动。(　　)

答案：√

142. 流过保护的零序电流的大小只与零序阻抗有关，而与系统投入的发电机组的台数无关。(　　)

答案：×

143. 在中性点经消弧线圈接地的电网中，采用过补偿的优点之一是：可防止单相接地时的串联谐振过电压。(　　)

答案：×

144. 接地距离Ⅱ段时间上必须与失灵保护配合。一般失灵保护切除故障的动作范围小于接地距离Ⅱ段，特别是 3/2 断路器接线。相间距离Ⅱ段无此要求，不考虑两个及以上断路器失灵。（　　）

答案：√

145. 电力系统发生振荡时，任一点电流与电压的大小随着两侧电动势周期性的变化而变化。当变化周期小于该点距离保护某段的整定时间时，该段距离保护仍有可能误动。（　　）

答案：×

146. 在大电流接地系统中发生接地短路时，保护安装点的零序电压与零序电流之间的相位角随着过渡电阻 R_g 的变大而增大。（　　）

答案：×

147. 串补电容通常加装在线路一端，主要是考虑运行维护方便和对保护的影响较小。（　　）

答案：×

148. 线路远方跳闸保护的就地判据可采用零序、负序电流，零序、负序电压，低电流，低电压，分相低有功等实现。（　　）

答案：×

149. 对选用单相重合闸的线路，无论配置一套或两套全线速动保护，均允许后备保护延时段动作后三相跳闸不重合。（　　）

答案：√

150. 为满足本线路重合闸后加速保护的要求，在后加速期间，若相邻线路发生故障，允许本线路无选择性地三相跳闸。（　　）

答案：√

151. 禁止重合闸时，重合闸放电，闭锁本装置重合闸，但不沟通三跳。（　　）

答案：√

152. 闭锁重合闸时，重合闸放电，闭锁本装置重合闸，但不沟通三跳。（　　）

答案：×

153. 在中性点非直接接地系统接地电网中发生单相接地时，故障线路上的零序电流为全系统对地电容电流的总和。（　　）

答案：×

154. 单回路发生断线，只有断线处两侧都有中性点接地，才会出现零序电流。（　　）

答案：√

155. 220（330）kV 双通道线路保护所对应的四条通信通道应至少配置两条独立的通信路由，通道条件具备时，宜配置三条独立的通信路由。（　　）

答案：√

156. 由于互感的作用，平行双回线外部发生接地故障时，该双回线中流过的零序电流要比无互感时小。（　　）

答案：√

157. 大电流接地系统发生两相接地故障时，非故障相电压大小、相位不变。（　　）

答案：×

158. 非全相运行时（A 相断线），若电压互感器接于线路上。送端的负序和零序电流的相位超前于负序和零序电压 90°，受端的负序和零序电流的相位滞后于负序和零序电压 90°。(　　)

答案：×

159. 中性点不接地系统采用消弧线圈过补偿运行，发生单相接地时，故障线路的零序电流超前零序电压 90°。(　　)

答案：√

160. 突变量包含工频突变量和暂态突变量，为使突变量保护快速动作，常用其中的暂态突变分量，使其动作速度可以达到特高速（小于 10ms）。(　　)

答案：√

161. 大电流接地系统发生单相接地时，当 $Z_{0\Sigma}$ 由 0 变化到无穷大时，两非故障相电压间的夹角由 60°变化到 180°。(　　)

答案：×

162. 高压并联电抗器中性点配置小电抗的作用是平衡线路的充电功率而避免工频过电压。(　　)

答案：×

163. 综合重合闸中，低电压选相元件仅仅用在短路容量很小的一侧及单电流线路的弱电侧。(　　)

答案：√

164. 当电网（$Z_{\Sigma1}=Z_{\Sigma2}=Z_{\Sigma0}$）发生单相金属性短路时，若某变电站母线的正序电压标幺值为 0.6，那么其负序电压标幺值可能为−0.2。(　　)

答案：√

165. 中性点经消弧线圈接地系统采用过补偿时，系统频率的降低只是使过补偿度暂时减小，不会对正常运行时产生影响。(　　)

答案：×

166. 大电流接地系统经过渡电阻 R_g 三相短路时，当 R_g 由 0 变化到无穷大时，故障点电压 $U_{kA(3)}$端点轨迹是以 $U_{kA[0]}$为直径从 O 点顺时针方向变化到 $U_{kA[0]}$端点的半圆。(　　)

答案：×

167. 220kV 环网系统发生单相断线故障时，断线前负荷电流不为零，假设正、负序阻抗相等，当端口零序电抗大于正序电抗时，两健全相电流小于断线前负荷电流，$3I_0$ 小于断线前负荷电流。(　　)

答案：√

168. 超高压平行双回线（Ⅰ线、Ⅱ线），Ⅱ线一侧 A 相断开呈非全相运行状态，此时Ⅰ线两侧均有零序电流存在，Ⅰ线一侧零序方向元件处动作状态，另一侧处不动作状态。(　　)

答案：×

169. 电压互感器二次 A 相断线后，对于送电侧的相间阻抗继电器，AB 相间阻抗继电器容易发生误动。(　　)

答案：√

170. 大电流接地系统经过渡电阻发生相间故障时，随着过渡电阻阻值由 0 变化到无穷大时，超前相幅值先变大后变小，滞后相幅值先变小后变大。(　　)

答案：√

171. 超高压输电线路上安装了串补电容，一般补偿电容小于系统等值阻抗，串补电容安装在保护的正方向，正方向电容器后发生故障时，方向阻抗继电器可能要拒动。(　　)

答案：√

172. 超高压输电线路上安装了串补电容，一般补偿电容小于系统等值阻抗，串补电容安装在保护的正方向，正方向电容器后发生故障时，工频变化量阻抗继电器可能要拒动。(　　)

答案：×

173. 超高压输电线路一般距离较长，线路空充时会导致线路末端电压升高，即所谓“容升”现象，在系统大运行方式时这种现象尤为严重。(　　)

答案：×

174. 双侧电源线路的三相重合闸时间除了考虑单侧电源线路重合闸的因素外，还应考虑线路两侧保护装置以不同时间切除故障的可能性。(　　)

答案：√

175. 电网频率变化对方向阻抗继电器动作特性有影响，可能导致保护区变化以及在某些情况下正、反向出口短路故障时失去方向性。(　　)

答案：√

176. 对于距离保护后备段，为了防止距离保护超越，应取常见运行方式下最大的助增系数进行计算。(　　)

答案：×

177. 突变量的距离保护元件既没有由于过渡电阻引起的超越问题，也不会因为过渡电阻而使得保护范围减小。(　　)

答案：×

178. 自动重合闸技术原则中要求，单相重合闸、三相重合闸、禁止重合闸和停用重合闸有且只有一项置“1”，如不满足此要求，保护装置应报警并按禁止重合闸处理。(　　)

答案：×

179. 在中性点直接接地的系统中，双侧电源线路上发生单相金属性接地，不论系统处在何种状况、接地点在线路何处故障时，接地点总有故障电流存在。(　　)

答案：×

180. 220kV 及以上电压等级的联络线，在线路上发生单相高阻接地故障时，由于对系统影响较小，可以不要求选相跳闸，但要能延时三跳。(　　)

答案：×

三、简答题

1. 线路距离保护振荡闭锁的控制原则是什么？

答：线路距离保护振荡闭锁的控制原则一般如下：

（1）单侧电源线路和无振荡可能的双侧电源线路的距离保护不应经振荡闭锁。

（2）35kV 及以下线路距离保护不考虑系统振荡误动问题。

（3）预定作为解列点上的距离保护不应经振荡闭锁控制。

（4）躲过振荡中心的距离保护瞬时段不宜经振荡闭锁控制。

（5）动作时间大于振荡周期的距离保护段不应经振荡闭锁控制。

（6）当系统最大振荡周期为 1.5s 时，动作时间不小于 0.5s 的距离保护Ⅰ段、不小于 1.0s 的距离保护Ⅱ段和不小于 1.5s 的距离保护Ⅲ段不应经振荡闭锁控制。

2. 大电流接地系统中为什么要单独装设零序保护？

答：在大电流接地系统中发生接地故障后，就有零序电流、零序电压和零序功率出现，利用这些电量构成保护接地短路故障的继电保护装置统称为零序保护。三相星形接线的过电流保护虽然也能保护接地短路故障，但其灵敏度较低，保护时限较长。采用零序保护就可克服此不足。这是因为：

（1）系统正常运行和发生相间短路时，不会出现零序电流和零序电压，因此零序保护的动作电流可以整定得较小，这有利于提高其灵敏度；

（2）Yd 接线的降压变压器，三角形绕组侧以后的故障不会在星形绕组侧反映出零序电流，所以零序保护的动作时限可以不必与该种变压器以后的线路保护相配合而取较短的动作时限。

3. 如果 220kV 线路保护为常规配置，线路保护要求引入断路器的位置接点，保护根据触点闭合判断线路处于分闸状态，但实际接线时却将要求引入的常闭接点接成了常开接点（如为 3/2 断路器接线，两个断路器的位置接点也同时接错），调试时也没有及时得以纠正，而将该线路投入运行，保护装置也没有不正常指示，请问：

（1）保护这样投入运行，可能会影响线路保护中的哪些保护功能（判别）（至少说出 4 种影响）？

（2）在区外故障（包括正方向区外故障与反方向区外故障），该线路保护可能会怎样反应？简述理由。

答：（1）会影响线路保护中的 TA 断线检测、TV 断线检测、合于故障（或合闸加速）保护投入判别、非全相运行判别、弱馈回路判别（跳闸位置发信/停信）。

（2）在区外故障时，会使合于故障保护误动，因为在保护启动时，保护会通过辅助接点输入判断出断路器刚被跳开，而投入合于故障保护，而合于故障保护一般带偏移且保护范围远大于本线路全长（即能反应正方向的区外故障及反方向的故障），因而可能造成其误动出口。

4. 什么叫潜供电流？对重合闸时间有什么影响？

答：当故障相跳开后，两健全相通过电容耦合和磁感应耦合供给故障点的电流叫潜供电流。

潜供电流使故障点的消弧时间延长，因此重合闸的时间必须考虑这一消弧时间的延长。

5. 电力系统振荡和短路的区别是什么?

答：电力系统振荡和短路的主要区别是：

（1）电力系统振荡时系统各点电压和电流均作往复性摆动，而短路时电流、电压值是突变的。此外，振荡时电流、电压值的变化速度较慢，而短路时电流、电压值突然变化量很大。

（2）振荡时系统任何一点电流与电压之间的相位角都随功角 δ 的变化而变化；而短路时，电流和电压之间的相位角基本不变。

6. 反应输电线路一侧电气量变化的保护（如距离保护、零序保护）为什么不能瞬时切除本线路全长范围内的故障?

答：因为它不能区分本线路末端短路和相邻线路出口短路两种状态。本线路末端短路（K1）和相邻线路始端（K2）短路对 M 侧的电压、电流是一样的，因为 K1、K2 两点间电气距离很近，阻抗很小。为了保证 K2 点短路 M 侧保护不瞬时动作，那么 K1 点短路它也不能瞬时动作。因而它不能时切除本线路全长范围内的故障。

7. 在 110kV 出线保护回路中，TA 的中性线不通，试分析正常时和故障对保护装置有什么影响?

答：正常时因为没有零序电流，所以对保护装置没有影响。当发生相间故障时，零序电流也为零，保护装置能够正确动作；当发生接地故障时，特别是单相接地故障，由于中性线不通，相当于 TA 开路，这时保护装置不能动作，造成拒动。

8. 某 110kV 线路配置一套主后备一体化保护，某日该保护电源插件故障，需要将保护撤出运行进行处理。由于该线路上一级线路或变压器的后备保护对该线的全长有灵敏度，故线路继续运行，而将保护撤出进行处理。请问该做法是否正确，为什么?

答：不正确，设备不得无保护运行；必须至少有两保护、两断点。

9. 怎样理解 220kV 及以上保护装置要进行双重化配置?

答：（1）解决保护拒动问题；

（2）解决保护检修、校验导致主设备及线路陪停问题；

（3）双重合化配置后重点要防止保护误动的问题；

（4）双重化配置应强化主保护，简化后备保护，并将两套保护互为备用；

（5）两套保护必须是完整独立的；

（6）必须相互间无电气上的联系；

（7）相关设备都应双重化配置；

（8）宜使用主后备一体化的微机保护，最大程度的简化二次回路。

10. 请表述阻抗继电器的测量阻抗、动作阻抗、整定阻抗的含义。

答:（1）测量阻抗是指其测量（感受）到的阻抗，即为加入到阻抗继电器的电压、电流的比值；

（2）动作阻抗是指能使阻抗继电器动作的最大测量阻抗；

（3）整定阻抗是指编制整定方案时根据保护范围给出的阻抗（当角度等于线路阻抗角时，动作阻抗等于整定阻抗；发生短路时，当测量阻抗不大于整定阻抗时，阻抗继电器动作）。

11. 影响阻抗继电器正确测量的因素有哪些?

答:（1）故障点的过渡电阻；

（2）保护安装处与故障点之间的助增电流和汲出电流；

（3）测量互感器的误差；

（4）电力系统振荡；

（5）电压二次回路断线；

（6）被保护线路的串补电容。

12. 大电流接地系统的零序电流保护的时限特性和相间短路电流保护的时限特性有何异同?

答: 接地故障和相间故障电流保护的时限特性都按阶梯原则整定。不同之处在于接地故障零序电流保护的动作时限不需要从离电源最远处的保护逐级增大，而相间故障的电流保护的动作时限必须从离电源最远处的保护开始逐级增大。

13. 方向阻抗继电器采用电压记忆量作极化，除了消除死区外，对继电保护特性还带来了什么改善？如果采用正序电压极化又有什么优点?

答:（1）反向故障时，继电器暂态特性抛向第一象限，使动作区远离原点，避免因背后母线上经小过渡电阻短路时，受到受电侧电源的助增而失去方向性导致误动。

（2）正方向故障时，继电器暂态特性为包括电源阻抗的偏移特性，避免相邻线始端经电阻短路使继电器越级跳闸。

（3）在不对称故障时，$U_1 \neq 0$，不存在死区问题。

14. 我国的电力系统曾用过 -30° 接线的方向阻抗继电器用以保护相间短路，三个阻抗继电器的接线方式分别为 $\dfrac{U_{AB}}{-2I_B}$、$\dfrac{U_{BC}}{-2I_C}$、$\dfrac{U_{CA}}{-2I_A}$。请证明第一块继电器在三相和 AB 两相短路时（均为金属性短路）的保护范围相同（设保护范围末端到保护安装处的正序阻抗为 Z_{ZD}）。

答:（1）保护范围末端三相金属性短路时

$$U_{AB}=(I_A-I_B)Z_{ZD}=\sqrt{3}(-I_B)e^{-j30^\circ}Z_{ZD}$$

继电器的测量阻抗为

$$Z_J^{(3)} = \frac{U_{AB}}{-2I_B} = \frac{\sqrt{3}}{2} Z_{ZD} e^{-j30^\circ}$$

（2）保护范围末端 AB 两相金属性短路时

$$U_{AB} = (I_A - I_B) Z_{ZD} = -2 I_B Z_{ZD}$$

继电器的测量阻抗为

$$Z_J^{(2)} = \frac{U_{AB}}{-2I_B} = Z_{ZD}$$

（3）由方向阻抗继电器的动作特性看，$Z_J^{(3)}$ 与 $Z_J^{(2)}$ 都位于动作特性的圆周上，继电器都处在动作边界（如图 3-2 所示），故它们的保护范围相同。

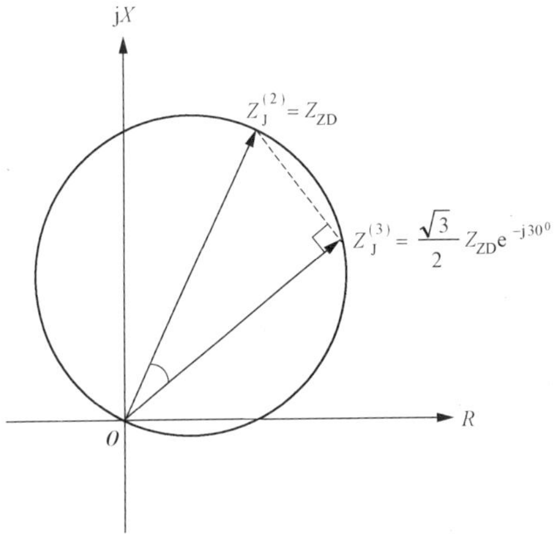

图 3-2

15. 简述负序、零序分量和工频变化量这两类故障分量的异同及在构成保护时应特别注意的地方。

答：零序和负序分量及工频变化量都是故障分量，正常时为零，仅在故障时出现，它们仅由施加于故障点的一个电动势产生；但它们是两种类型的故障分量。

零序、负序分量是稳定的故障分量，只要存在不对称故障，它们就存在，它们只能保护不对称故障。工频变化量是短暂的故障分量，只能短时存在，但在不对称、对称故障开始时都存在，可以保护各类故障，尤其是它不反应负荷和振荡，是其他反应对称故障量保护无法比拟的。由它们各自的特点决定，由零序、负序分量构成的保护既可以实现快速保护，也可以实现延时的后备保护；工频变化量保护一般只能作为瞬时动作的主保护，不能作为延时的保护。

16. 简述光纤差动保护目前需要解决的一些问题。

答：（1）通道稳定性问题、同步及延时问题，特别是复用通道在切换后怎样保证数据往返时间一致性的问题。

（2）两侧 TA 饱和特性一致性的问题。防止区外故障时，某侧 TA 饱和，保护误动问题；TA 断线时，防止区内故障拒动、区外故障误动问题。

（3）区内单相经高阻抗接地故障时，保护灵敏度问题。

（4）线路电容电流补偿问题。

（5）线路空充、合环时，防止保护拒动、误动问题。

（6）送终端变压器时弱馈功能选项问题。

17. 下述哪些情况下，保护需要进行远方跳闸（至少说出四种）。远跳保护的就地判据有哪些（至少说出六种）。

答:（1）需远方跳闸的情况：

1）3/2 断路器接线的断路器失灵保护动作。

2）高压侧无断路器的线路并联电抗器保护动作。

3）线路过电压保护动作。

4）线路变压器组的变压器保护动作。

5）线路串补保护动作且电容器旁路断路器拒动或电容器平台故障。

（2）远跳保护的就地判据有：低电流；过电流；零序电流；负序电流；低功率；负序电压；低电压；过电压。

18. 在有一侧为弱电源的线路内部故障时，防止纵联电流差动保护拒动的措施是什么？

答:在发生短路以后，弱电侧由于三相电流为零，又无电流的突变，故启动元件不启动。于是无法向对侧发“差动动作”的允许信号，因此造成电源侧的纵差保护因收不到允许信号而无法跳闸。为解决此问题，在纵联电流差动保护中除了有两相电流差突变量启动元件、零序电流启动元件和不对应启动元件以外，再增加一个低压差流启动元件。该启动元件的启动条件为：①差流元件动作；②差流元件的动作相或动作相间的电压小于 0.6 倍的额定电压；③收到对侧的“差动动作”的允许信号。同时满足上述三个条件，该启动元件启动。

19. 光纤差动保护通道连接情况如图 3-3 所示，M 侧母线接有大电源，N 侧母线无电源。当线路 I 的 N 侧区内出口短路故障时，分析线路Ⅰ和线路Ⅱ两侧差动保护的动作情况。

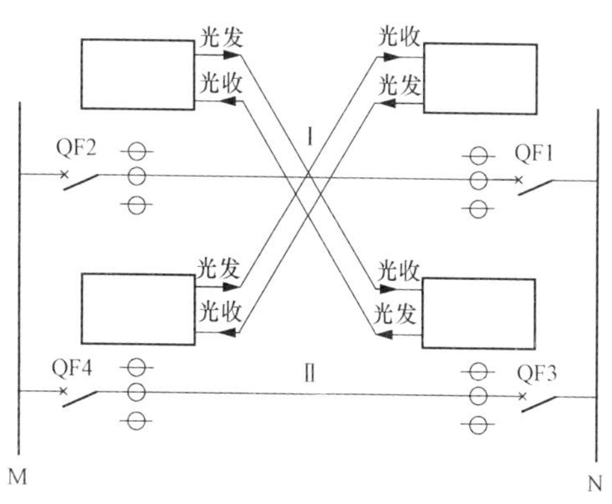

图 3-3

答：QF1 与 QF4 侧差动保护的差动电流近似等于 I 线短路电流的 2 倍，将首先动作，QF2 与 QF3 侧保护差动电流接近于零，不会动作，在断路器 QF1 或 QF4 跳开后，保护开始出现差流且保护已经启动，满足动作条件出口跳闸。

20. 3/2 接线方式下，为什么重合闸及断路器失灵保护须单独设置？

答：在重合线路时，由于两个断路器都要进行重合，且两个断路器的重合还有一个顺序问题，因此重合闸不应设置在线路保护装置内，而应按断路器单独设置。此外每个断路器的失灵保护跳闸对象也不一样，所以失灵保护也应按断路器单独设置。因此一般在 3/2 接线方式中，将重合闸和断路器失灵保护做在单独的一个装置内，每一个断路器配置一套该装置。

21. 500kV 装有重合闸的线路，当它们的断路器跳闸后，在哪些情况下不允许或不能重合闸（至少 6 点）？

答：（1）手动跳闸。

（2）断路器失灵保护动作跳闸。

（3）远方跳闸。

（4）断路器操作气压下降到允许值以下时跳闸。

（5）重合闸停用时跳闸。

（6）重合闸在投运单相重合闸位置，三相跳闸时。

（7）重合于永久性故障又跳闸。

（8）母线保护动作跳闸不允许使用母线重合闸时。

（9）变压器差动、气体保护动作跳闸时。

22. 复用光纤纵差保护通道故障如何判定，如何检测？

答：当保护装置通道出现故障时候，可以采用以下分步检查，来确定故障的部件：

（1）保护装置电自环，即保护内部通信板自环，用于检测通信板好坏。

（2）光端机光自环，即本侧保护装置上的光端机自环，用于检测光端机好坏。

（3）复用接口盒自环，即在复用接口盒出口处自环，用于检测复用接口盒的好坏。

（4）复用通道自环，用于检测复用通道的好坏。

（5）对端自环检测，用于检测对端各个部分的好坏。

23. 220kV 输电线路的分相差动保护装置中设置了不同的启动元件。请结合本线路不同故障类型（含手合于故障），列举至少 5 种启动元件及各自适用场合。

答：（1）差电流突变量启动元件，可反应不对称和对称故障，但线路一侧无电源，该侧变压器中性点接地时可能无法启动。

（2）零序电流启动元件，保证高阻接地时能够启动。

（3）低电压差流启动，启动方式为：收到对侧启动信号，同时本侧低电压（相电压或线电压）和差流，条件满足就启动。这可保证弱馈线路一侧无电源，本线故障时该侧能启动。

（4）手合故障线，只要一侧开关处于分位，同时收到合闸侧发来的启动信号，则处分位侧保护启动发允许信号，这可保证合闸侧保护快速切除故障。

（5）远方召唤启动，当终端线路发生高阻接地故障时，弱电源侧无电压和电流变化量时，强电侧满足差流和电压突变量启动条件时，允许强制弱电源侧启动。

（6）过压启动（过电压启动）。

（7）不一致启动（三相位置不一致启动）。

24. 零序电流差动保护为什么要带一定延时？

答：（1）零序电流差动保护本身没有选相功能，需要阻抗、电压等选相元件进行配合选跳故障相，需要一定的延时；

（2）躲过三相不同期合闸的影响。

25. 双重化配置的线路保护什么情况下需要互相闭锁重合闸？为什么？智能保护通过何种方式实现互相闭锁？

答：双重化配置的线路保护在都投入三相重合闸的情况下需要互相闭锁重合闸。采用三相重合闸方式时，当一套保护永跳，第二套保护未动作靠断路器位置启动重合闸，或第二套保护选相错误，误选为单相故障启动重合闸时，此时若无第一套保护输出闭锁重合闸触点至第二套保护闭重，第二套保护重合于永久性故障，对电网和设备都会造成影响。

对于智能保护，智能终端通过输出一副闭锁重合闸硬接点给另一套智能终端，以实现相互闭锁。

26. 正常情况下发生的第一次短路故障振荡闭锁都采用短时开放距离Ⅰ、Ⅱ段的方法。请说明为什么不采取长期开放保护？

答：如果采用长期开放保护，则有可能发生区外故障并引起振荡时距离保护误动。线路的距离保护在发生区外短路故障并导致两侧电源间的振荡时，如果振荡闭锁长期开放保护，则阻抗继电器只要在振荡中误动就会导致距离保护误动。实行短时开放的方法，当区外故障导致系统振荡时，在两侧的电动势角摆开到足以使阻抗继电器误动的角度之前，振荡闭锁开放已过，从而重新闭锁距离保护Ⅰ、Ⅱ段，避免误动。

27. 大电流接地系统为什么不利用三相相间电流保护兼作零序电流保护，而要单独采用零序电流保护？

答：三相式星形接线的相间电流保护，虽然也能反应接地短路，但用来保护接地短路时，在定值上要躲过最大负荷电流，在动作时间上要由用户到电源方向按阶梯原则逐级递增一个时间级差来配合。而专门反应接地短路的零序电流保护，则不需要按此原则来整定，故其灵敏度高、动作时限短，且因线路的零序阻抗比正序阻抗大得多，零序电流保护的保护范围长，上下级保护之间容易配合，故一般不用相间电流保护兼作零序电流保护。

28. 光纤差动保护弱馈功能如何试验?

答: 将保护使用的光纤通道连接可靠，无异常信号。

（1）投入两侧（M、N）装置“主保护投入”软压板和控制字。投入“主保护投入”硬压板。

（2）两侧（M、N）开关在合闸位置。

（3）N 侧加三相对称电压，大小为（30%～65%）U_n，装置没有“TV 断线”告警信号。

（4）在 M 侧模拟各种故障，故障电流大于差动保护定值，M、N 侧差动保护均动作跳闸。

29. 详述线路保护应按什么原则实现主保护的双重化?

答:（1）两套保护装置的交流电流应分别取自电流互感器互相独立的绕组；交流电压应分别取自电压互感器互相独立的绕组。

（2）两套保护装置的直流电源应取自不同蓄电池组连接的直流母线段。每套保护装置与其相关设备（电子式互感器、合并单元、智能终端、网络设备、操作箱、跳闸线圈等）的直流电源均应取自与同一蓄电池组相连的直流母线，避免因一组站用直流电源异常对两套保护功能同时产生影响而导致保护拒动。

（3）220kV 及以上电压等级断路器的压力闭锁继电器应双重化配置，防止其中一组操作电源失去时，另一套保护和操作箱或智能终端无法跳闸出口。

（4）两套保护装置与其他保护、设备配合的回路应遵循相互独立的原则，应保证每一套保护装置与其他相关装置（如通道、失灵保护）联络关系的正确性，防止因交叉停用导致保护功能缺失。

（5）220kV 及以上电压等级线路按双重化配置的两套保护装置的通道应遵循相互独立的原则，采用双通道方式的保护装置，其两个通道也应相互独立。保护装置及通信设备电源配置时应注意防止单组直流电源系统异常导致双重化快速保护同时失去作用。

（6）为防止装置家族性缺陷可能导致双重化配置的两套继电保护装置同时拒动，双重化配置的线路、变压器、母线、高压电抗器等保护装置应采用不同生产厂家的产品。

30. 当相邻平行线停运检修并在两侧（或全线）接地时，对线路零序阻抗和零序电流有什么影响?

答: 当相邻平行线停运检修并在两侧（或全线）接地时，电网接地故障线路通过零序电流将在该停运线路中产生零序感应电流，此电流反过来也将在运行线路中产生感应电动势，使线路零序电流因之增大，相当于线路零序阻抗减小。

31. 微机保护振荡闭锁原理中，在正常运行第一次故障的短时开放保护的判据中为什么要引入正序电流元件条件?

答: 引入正序电流元件后，当系统静稳破坏引起振荡时，两侧电动势的夹角稍一张开，正序电流元件 I_1 就可以动作。由于系统振荡时两相电流差突变量元件$\Delta I_{\Phi\Phi}$是不动作的，零序电流启动元件也是不动作的，所以正序电流元件 I_1 先于启动元件动作至少 10ms 以上。正序电流元件动作后记忆（展宽）3s（大于最长的振荡周期），这样只要系统处于振荡状态，本短时开放保护的判据就不再满足。所以，在振荡的第一个振荡周期两侧电动势夹角到达 180°之前，实际上短时开放保护的判据就已被闭锁了，这样在振荡期间再进行操作时，虽然可能造成$\Delta I_{\Phi\Phi}$、I_0 启动元件启动，本判据也不会再去开放保护，防止了“先振荡后操作”时距离保护的误动。

32. 《国家电网有限公司线路保护通信通道配置原则指导意见》中对 220kV 及以上电压等级线路保护通道的配置原则是什么？

答：（1）220kV 及以上线路保护应采用双重化配置，每套线路保护装置应具备双通道接入能力，原则上应采用光纤通道。

（2）500kV 及以上双通道线路保护所对应的四条通信通道应配置三条独立的通信路由（简称“双保护、三路由”），应采用“一二、一三”通信通道配置方式，即保护一双通道分别采用一、二通道路由，保护二双通道分别采用一、三通道路由，其中一通道应为光纤直达通道。

（3）220（330）kV 双通道线路保护所对应的四条通信通道应至少配置两条独立的通信路由，通道条件具备时宜配置三条独立的通信路由。

33. 对于采用单通道和双通道的线路保护，当通道异常时对保护的技术要求是什么？

答：对于单通道保护，通信通道异常时，线路纵联保护应瞬时退出，并延时告警。通信通道恢复正常时，线路纵联保护应自动投入，并自动复归告警信号；对于双通道保护，单通道故障时不得影响另一通道运行，通道故障应发告警信号，仅当两个通道均异常时，纵联保护功能才退出。

34. 为什么不考虑相间距离保护与对侧断路器失灵保护在时间上进行配合？

答：（1）在 220kV 电网中，用的是分相操作的断路器，只考虑断路器一相拒动。这样在 220kV 电网中，任何相间故障在断路器一相拒动时都转化为保留的单相故障。此时，需依靠零序电流保护启动断路器失灵保护，而用相间距离保护与对侧失灵保护配合并无实际意义。

（2）在 110kV 电网中，线路都采用三相操动机构，但 110kV 电网继电保护的配置原则是“远后备”，即依靠上一级保护装置的动作来断开下一级未能断开的故障，因而没有设置断路器失灵保护的必要。

35. 关于输电线路采用的光纤分相电流差动保护，回答下列问题：

（1）短路故障时，如另一侧启动元件不启动，有何现象发生？

（2）在各种运行方式下线路发生故障（含手合故障线），采用什么措施使两侧保护启动？

答：（1）设 A 侧启动元件动作，B 侧启动元件不动作。

1）内部故障时。B 侧不发差动元件动作信号，当然 A 侧收不到 B 侧的差动信号，虽 A 侧启动元件动作，但 A、B、C 三相差动不出口，于是内部故障时保护拒动。

2）外部故障时。A 侧差动元件动作，启动元件动作，向 B 侧发差动动作允许信号，只是 A 侧收不到对侧差动动作信号，A 侧保护不出口，故不发生误动，但 A 侧差动元件处于动作状态，是一种危险的状态。

（2）从原理看，要保证保护正确动作，不论是线路内部还是外部故障，也不论故障类型， 两侧启动元件必须启动。措施如下：

1）采用灵敏的带浮动门槛的相电流突变量启动元件（线路一侧无电源，该侧变压器中性点接地时将不能启动）。

2）零序电流启动元件，保证高阻接地时也能启动。

3）低电压启动，启动方式为：收到对侧启动信号，同时本侧低电压（相电压或线电压），两条件满足就启动。这可保证线路一侧无电源本线路故障时该侧启动。

手合故障线路，只要对侧三相断路器断开、同时收到合闸侧发来的启动信号，则断开侧保护启动。这可保证合闸保护快速切除故障。

36. 造成距离保护暂态超越的因素有哪些？

答：当距离继电器的动作过快时，容易因下述一些原因引起暂态超越：

（1）短路初始时，一次短路电流中存在直流分量与高频分量。

（2）外部短路转换时的过渡过程。

（3）电流互感器和电压互感器的二次过渡过程。

（4）继电器内部回路因输出量突然改变引起的过渡过程等。

37. 新“六统一”线路保护重合闸方式由控制字决定，写出 4 个重合闸方式控制字，并指出其含义。

答：（1）单相重合闸，投入后单相跳闸，单相重合，多相故障三跳不重合。

（2）三相重合闸，投入后任意故障三跳三重。

（3）禁止重合闸，投入后本保护仅放电，不沟通三跳，仍可选相跳闸。

（4）停用重合闸，投入后本保护放电，任何故障闭重三跳。

38. 请解释线路保护光纤差动两侧采样同步的必要性、基本原理及相应要求。

答：高压输电线路两端保护装置上电时刻不同和采样晶振偏差，再加上一端采样数据传送到另一端的时间延迟，因此，两端电流量的采样时刻通常不一致，不能直接进行差动计算。

为使进行计算的两端电流量的采样时刻一致，需设定一端的采样时刻为参考基准（主端），另一端参照基准调整自己的采样时刻（从端），这样将两侧保护采样时刻调整一致的过程称为同步调整。

本保护从端首先采用“梯形算法”，计算出两侧保护装置的采样偏差；再通过采样序号调整，对齐两端采样序号；从端完成同步调整后，通知主端进入同步状态，至此两侧完成同步调整过程。

因为通道延时的计算基于等腰梯形原理，因此要求光纤通道的收发路由延时一致，否则理论基础错误将导致两侧同步计算偏差，正常负荷电流会引起差流长期存在。

四、分析题

1. 在如图 3-4 所示的 35kV 系统中如果忽略电容电流的影响，请分别回答在 A 点发生两相接地短路和在 A、B 两点发生不同相别的接地短路，该系统中会不会出现零序电流？如会出现零序电流，零序电流在哪些范围内出现？

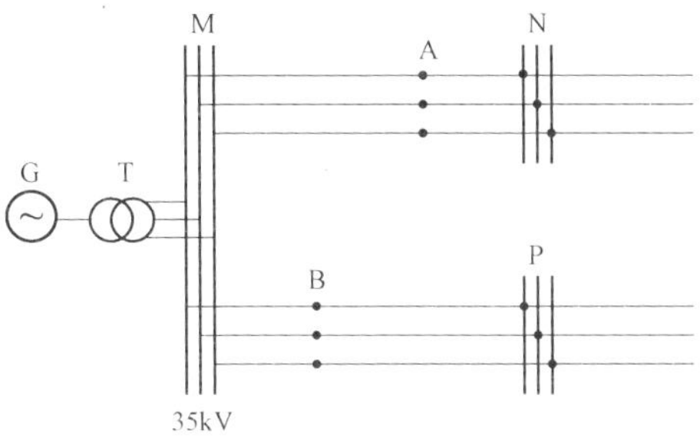

图 3-4

答：（1）在 A 点发生两相接地短路时不会出现零序电流。

（2）在 A、B 两点发生不同相别的接地短路时会出现零序电流，零序电流在 AMB 的范围内出现。所以在 MA、MB 这两段线路上将出现零序电流。

2. 简述具有方向特性的四边形阻抗继电器各边界的作用。

答：四边形阻抗继电器特性如图 3-5 所示。X 边界：测量距离；R 边界：躲负荷阻抗；左边及下边界：判断故障方向。

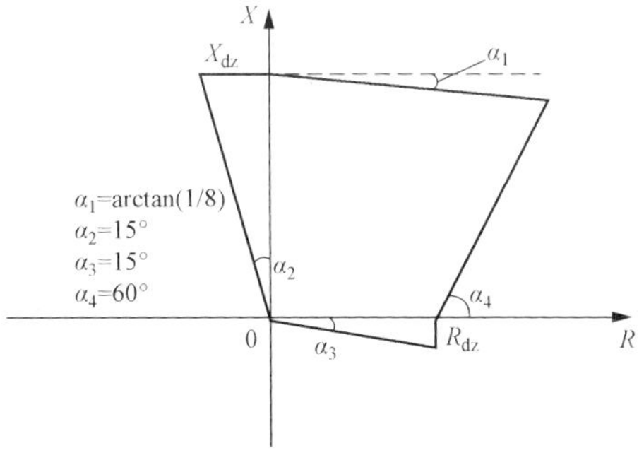

图 3-5

3. 已知系统最低运行电压 200kV、相间方向阻抗继电器一次整定值为 80∠75°Ω，线路功率因数在 0.866 以下，继电器会误动的线路最小单相送出功率为多少？

答：一次 Z_{III}=80×cos（75°−30°）=56.57，所以 I_{fhmin}=200/1.732/56.57=2.04（kA），P_{min}=（200/1.732）×2.04×0.866=204（MW）。

4. 对于同杆架设的具有互感的两回线路，在双回线路运行和单回线路运行（另一回线路两端接地）的不同运行方式下，试计算在线路末端故障零序等值电抗和零序补偿系数的计算值。

设 X_{01}=3X_1，X_{0M}=0.6X_{01}（X_{01} 为线路零序电抗，X_{0M} 线路互感电抗）。

答：（1）双回线路运行时一次系统示意图如图 3-6 所示。

等值电路如图 3-7 所示。

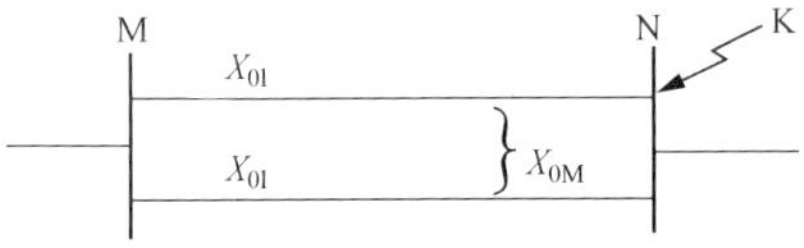

图 3-6

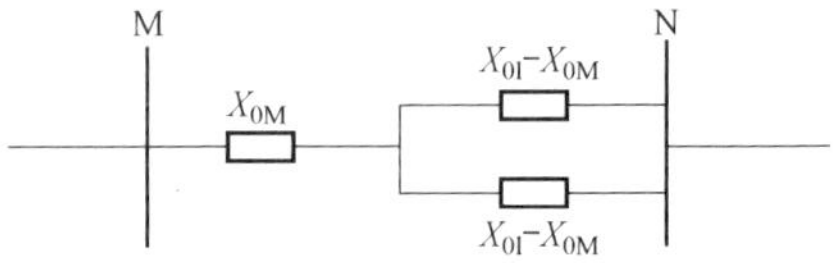

图 3-7

双回线路运行时的零序等值电抗为

$$X_0 = X_{0M} + \frac{1}{2}(X_{01} - X_{0M}) = 0.6X_{01} + \frac{1}{2} \times 0.4X_{01}$$
$$= 0.8X_{01} = 2.4X_1$$

单回线路的零序等值电抗为

$$X_0 = 4.8X_1$$

零序补偿系数为

$$K = \frac{X_0 - X_1}{3X_1} = 1.27$$

（2）单回线运行、另一回线两端接地时一次系统示意图如图 3-8 所示。

等值电路如图 3-9 所示。

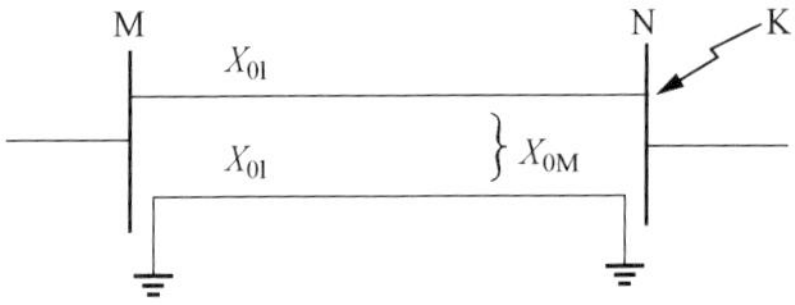

图 3-8

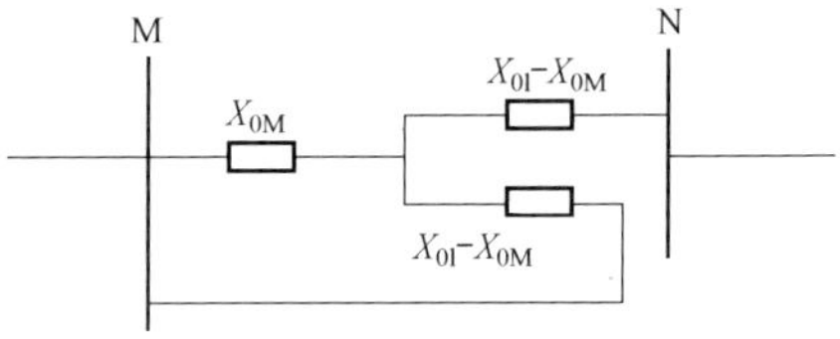

图 3-9

单回线运行、另一回线两端接地时的零序等值电抗为

$$X_0 = \frac{X_{0M}(X_{01} - X_{0M})}{X_{0M} + (X_{01} + X_{0M})} + (X_{01} - X_{0M}) = X_{01} - \frac{X_{0M}^2}{X_{01}}$$
$$= X_{01} - \frac{(0.6X_{01})^2}{X_{01}} = 0.64X_{01} = 1.92X_1$$

零序补偿系数为

$$K = \frac{X_0 - X_1}{3X_1} = 0.31$$

5. 某 110kV 系统接线如图 3−10 所示，甲线 B 变电站出口发生单相接地故障，零序一段动作，跳开本侧断路器，1.5s 重合闸动作，零序二段后加速动作，跳开本断路器。甲线 A 变电站侧零序二段、零序三段拒动，由零序四段经 4s 跳开本侧断路器。D 变电站 2 号主变压器零序过流保护 2.5s 动作。乙线 B 变电站侧零序三段经 3s 跳开本侧断路器。丁线两侧零序四段经 4s 跳开各自断路器。C 变电站 1 号主变压器零序过流保护 4s 动作跳两侧断路器。

试分析：（1）D 变电站 2 号主变压器零序过流保护动作是否正确?为什么?

（2）乙线路 B 变电站侧零序三段动作是否正确?为什么?

（3）丁线两侧零序四段动作是否正确?为什么?

（4）C 变电站 1 号主变压器零序过流保护动作是否正确?为什么?

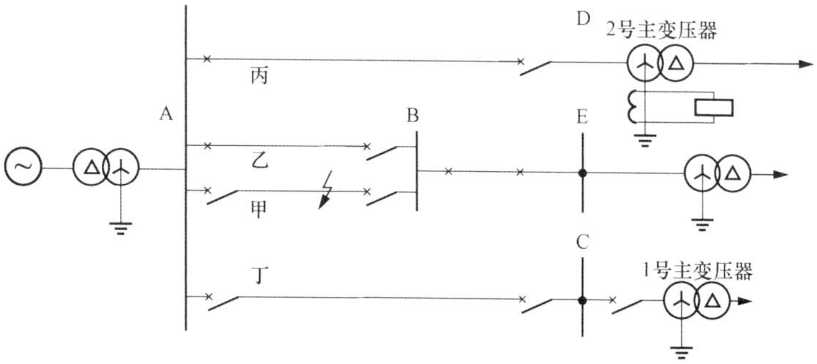

图 3−10

答：（1）正确。主变压器零序过流保护作为相邻线路的后备保护，可以保护到故障点，在甲线路 A 变电站侧零序二、三段拒动时，该保护动作是正确的。

（2）正确。零序三段作为相邻线路的后备保护，在甲线 A 变电站侧零序二、三段拒动时，该保护动作是正确的。

（3）正确。零序四段保护没有方向，因此丁线 A 变电站侧零序四段动作正确。

丁线 C 变电站侧动作正确，原因：若零序二段在线路对端母线接地故障时灵敏度不足，就由零序三段保护线路全长，原来的零序第三段就相应地变为零序四段。

（4）正确。主变压器零序过流保护作为相邻线路的后备保护，可以保护到故障点，在甲线路 A 变电站侧零序二、三段拒动时，该保护动作是正确的。

6. 如图 3−11 所示，已知 k1 点最大三相短路电流为 1300A（折合到 110kV 侧），k2 点的最大接地短路电流为 2600A，最小接地短路电流为 2000A，1 号断路器零序保护的一次整定值为Ⅰ段 1200A，0s；Ⅱ段 400A，0.5s；Ⅲ段 180A，1s。按三段式保护配置，计算 3 号断路器零序电流保护Ⅰ、Ⅱ、Ⅲ段的一次动作电流值及动作时间（取可靠系数 K_{rel}=1.3，配合系数 K_{co}=1.1）。

答：（1）2 号断路器零序Ⅰ段的整定，动作电流按躲 k1 点三相短路最大不平衡电流整定

$$I'_{op(2)} = K_{rel} I_{(3)kmax} \times 0.1 = 1.3 \times 1300 \times 0.1 = 169(A)$$

动作时间为 0s。

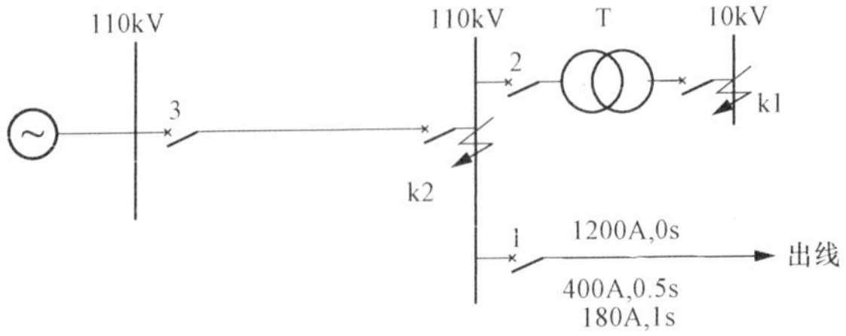

图 3-11

（2）3 号断路器零序保护的定值，零序Ⅰ段的定值按躲 k2 点最大接地短路电流

$$I'_{op(3)}=K_{rel}I_{kg}=1.3\times2600=3380(A)$$

零序Ⅰ段动作时间为 0s。

零序Ⅱ段的整定值与 1 号断路器零序Ⅰ段相配合

$$I''_{op(3)}=K_{co}I'_{op(1)}=1.1\times1200=1320(A)$$

零序Ⅱ段动作时间与 1、2 号断路器零序Ⅰ段相配合，即

$$t''_3=t'_2+\Delta t=0.5(s)。$$

（3）零序Ⅲ段的定值与 1 号断路器零序Ⅱ段相配合

$$I'''_{op(3)}=K_{co}I''_{op(1)}=1.1\times400=440(A)$$

动作时间与 1 号断路器零序Ⅱ段相配合，即

$$t''_3=t''_1+\Delta t=0.5+0.5=1.0(s)$$

7. 如图 3-12 所示电网，某线路发生高阻接地故障时 M 侧保护拒动，此时流过 M 侧保护的零序电流为 300A，M 侧零序方向过流保护段定值为 240A（一次值），M 侧保护装置及其二次回路正常，请分析保护拒动可能的原因。此时变压器什么保护可能动作？

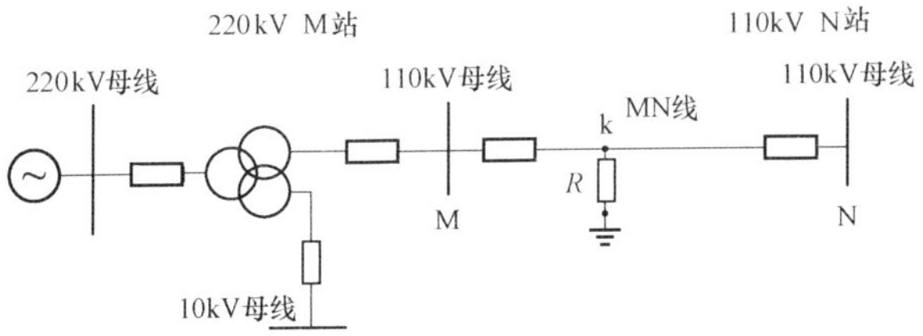

图 3-12

答：MN 线路保护由于零序电压小，达不到零序电压开放门槛，零序功率方向不开放。变压器（110kV 侧或 220kV 侧的）不带方向的过流或零序过流保护动作。

8. 某圆特性方向阻抗继电器整定阻抗的一次值为 40Ω，已知 TA 变比为 1200/5A，TV 变比为 $\frac{200kV}{\sqrt{3}}\Big/\frac{100V}{\sqrt{3}}\Big/100V$，最大灵敏角为 80°。当继电器的测量阻抗为 2.8∠50°Ω/相时，继电器是否动作？

答：折算到二次侧的整定阻抗 $Z_{set}=40\times\frac{1200/5}{220000/100}=4.36$ （Ω/相）；在测量阻抗角方向

上，动作阻抗 $Z_{op}=4.36\cos(80°-50°)=3.78$（Ω/相），而继电器的测量阻抗为 2.8∠50°Ω/相，小于 3.78Ω/相，故继电器动作。

9. 某条线路的零序电流保护Ⅲ段，其定值为 4.6A，3.0s，其电流互感器变比为 150/5、B 相极性接反，试问当负荷电流为 90A 时该保护会不会动作？并用相量分析。

答：相量图如图 3-13 所示。

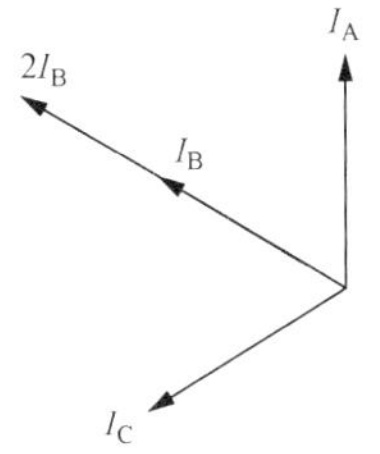

图 3-13

电流互感器变比为 150/5=30，负荷电流二次值为 90/30=3(A)，零序电流为 2 倍负荷电流，二次为 6A，保护动作。

10. 试画出工频变化量阻抗继电器在正向短路故障时的动作特性。并说明它保护过渡电阻的能力为什么有自适应功能（设保护反向阻抗为 Z_s，整定阻抗为 Z_{zd}）。

答：工频变化量阻抗继电器在正向短路故障时的计算示意图及等效电路图如图 3-14、图 3-15 所示。

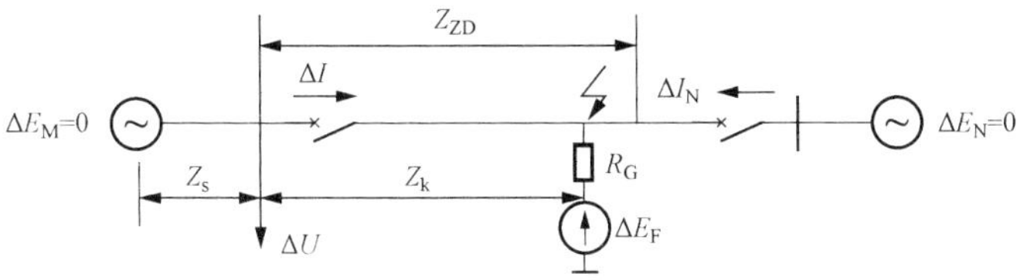

图 3-14

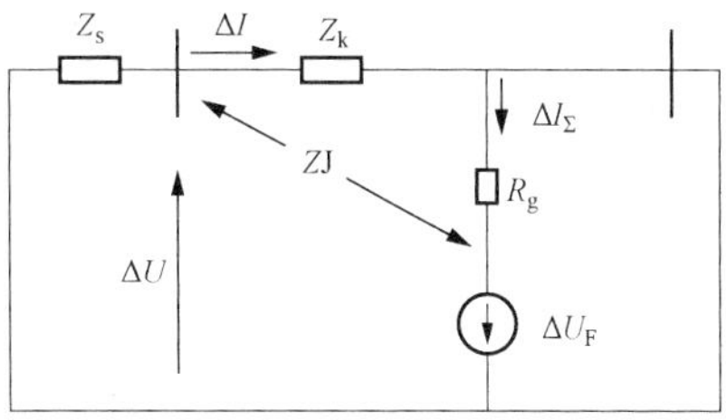

图 3-15

（1）工频变化量阻抗继电器的动作方程。

区内短路

$$Z_k<Z_{zd} 或 |\Delta U_{op}|>|\Delta U_F| \quad (3-1)$$

区外短路

$$Z_k>Z_{zd} 或 |\Delta U_{op}|<|\Delta U_F| \quad (3-2)$$

（2）阻抗继电器在正向短路故障时

$$\Delta U_{op}=\Delta U-\Delta IZ_{zd}=-\Delta I(Z_s+Z_{zd}) \quad (3-3)$$

$$\Delta U_F=\Delta I(Z_s+Z_J) \quad (3-4)$$

将式（3-3）、式（3-4）代入式（3-1）得

$$|Z_s+Z_{zd}|>|Z_s+Z_J| \quad (3-5)$$

经过变换后得

$$90° < \arg\frac{Z_J - Z_{zd}}{Z_J + 2Z_s + Z_{zd}} < 270° \tag{3-6}$$

由式（3-6）可画出此时的工频变化量阻抗继电器动作相量图，如图 3-16 所示。

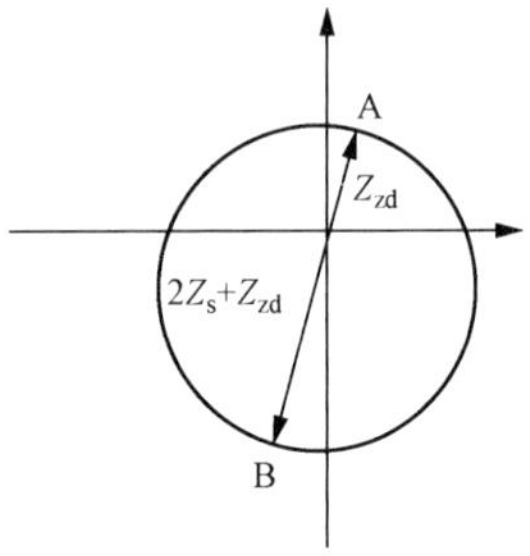

图 3-16

（3）考虑过渡电阻时

$$Z_J = Z_k + \frac{\Delta I_\Sigma}{\Delta I} R_g = Z_k + Z_a \tag{3-7}$$

从以上得分析可知，当保护背后电源运行方式最小（即 $Z_s = Z_{smax}$）时，$\Delta I_\Sigma/\Delta I$ 增大，过渡电阻的附加阻抗 Z_a 也随之增大，所以在背后运行方式最小时过渡电阻的影响最大，内部短路时更易拒动。但其动作特性圆由于 Z_s 的增大，使特性圆上的 B 点向第三象限移动（A 点不动），特性圆的直径增大，特性圆在 R 轴方向上的分量随之增大，保护过渡电阻的能力也随之提高，因此说保护过渡电阻的能力有自适应功能。

11. 请分析输电线路末端 B、C 相经过渡电阻接地时，过渡电阻对送电侧 B、C 相接地距离继电器[$\boldsymbol{Z_\varphi = U_\varphi/(I_\varphi + K3I_0)}$]的影响，请列出公式并用相量图加以说明。假设保护安装处的零序电流与故障支路电流同相位。

答： 如图 3-17 所示，设过渡电阻为 R_g，设保护安装处的零序电流为 $\dot{I}_0$，则保护安装处两故障相接地阻抗继电器的测量阻抗分别为

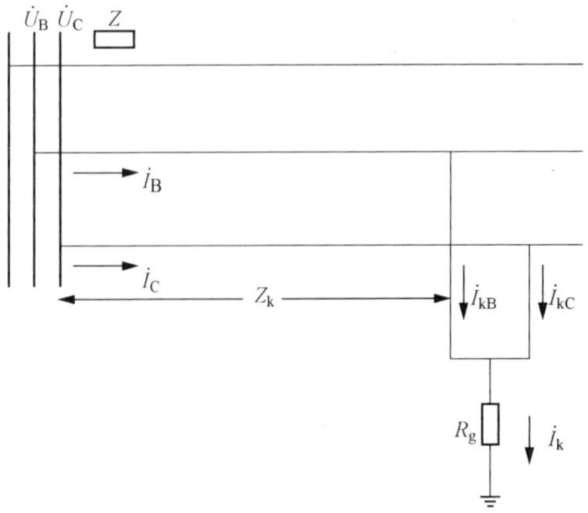

图 3-17

$$Z_B = \frac{\dot{U}_B}{\dot{I}_B + K \times 3\dot{I}_0} = \frac{(\dot{I}_B + K \times 3\dot{I}_0)Z_k + (\dot{I}_{kB} + \dot{I}_{kC})R_g}{(\dot{I}_B + K \times 3\dot{I}_0)} = Z_k + \frac{\dot{I}_k}{(\dot{I}_B + K \times 3\dot{I}_0)}R_g$$

$$Z_C = \frac{\dot{U}_C}{\dot{I}_C + K \times 3\dot{I}_0} = \frac{(\dot{I}_C + K \times 3\dot{I}_0)Z_k + (\dot{I}_{kB} + \dot{I}_{kC})R_g}{(\dot{I}_C + K \times 3\dot{I}_0)} = Z_k + \frac{\dot{I}_k}{(\dot{I}_C + K \times 3\dot{I}_0)}R_g$$

则

$$\begin{aligned} Z_B &= Z_k + \left|\frac{\dot{I}_k}{(\dot{I}_B + K \times 3\dot{I}_0)}\right| e^{j\delta} R_g = Z_k + e^{j\delta} R'_g \\ &= R_k + jX_k + R'_g(\cos\delta + j\sin\delta) \\ &= (R_k + R'_g\cos\delta) + j(X_k + R'_g\sin\delta) \end{aligned}$$

$$\begin{aligned} Z_C &= Z_k + \left|\frac{\dot{I}_f}{(\dot{I}_C + K \times 3\dot{I}_0)}\right| e^{j\delta} R_g = Z_k + e^{j\delta} R''_g \\ &= R_k + jX_k + R''_g(\cos\delta' + j\sin\delta') \\ &= (R_k + R''_g\cos\delta') + j(X_k + R''_g\sin\delta') \end{aligned}$$

可见影响测量阻抗的因素主要为故障支路电流所造成的附加阻抗，相量图如图 3-18 所示。

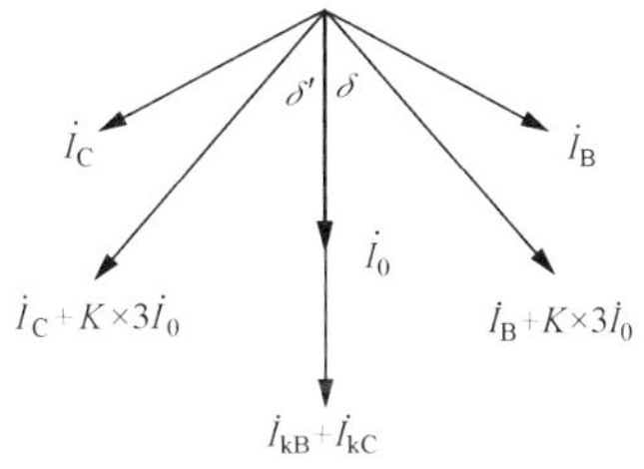

图 3-18

由相量图，B 相电抗计算式 $X_B = X_k + R'_g\sin\delta$ 中 $\delta<0$，故 $X_B<X_k$，附加阻抗为容性，C 相电抗计算式 $X_C = X_k + R''_g\sin\delta'$ 中 $\delta'>0$，故 $X_C>X_k$，附加阻抗为感性。

则 B 相附加阻抗导致测量阻抗变小，区外故障保护可能超越，C 相附加阻抗导致测量阻抗变大，不会出现超越现象，但可能造成保护范围缩小。

12. 如图 3-19 所示为中性点经消弧线圈接地系统，发电机的对地零序电容为 C_{0G}，线路Ⅰ、Ⅱ的对地电容分别为 $C_{0Ⅰ}$ 和 $C_{0Ⅱ}$，若消弧线圈过补偿，请分析线路Ⅱ发生单相接地故障时各电流互感器中零序电流的幅值、零序电流和零序电压的夹角。

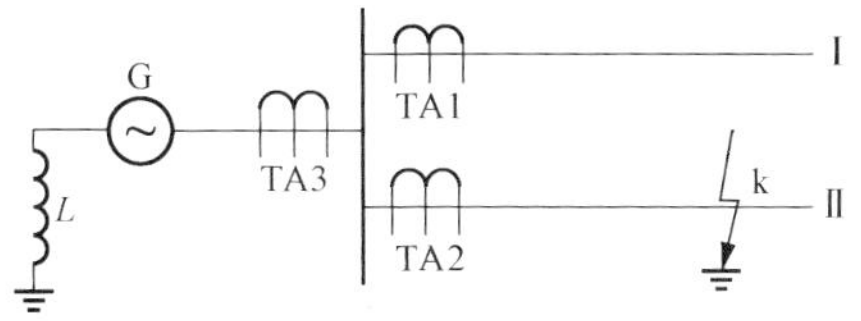

图 3-19

L—过补偿的消弧线圈；TA—各线路出口处安装的电流互感器

答： 流经故障线路 TA2 的零序电流幅值为 $3U_0/3\omega L-3U_0\omega(C_{0\mathrm{I}}+C_{0\mathrm{G}})$，TA2 处的电压、电流夹角为−90°。

流经健全线路 TA1 的零序电流为 $3U_0\omega C_{0\mathrm{I}}$，TA1 处的电压、电流夹角为−90°。

流过发电机所在线路 TA3 的零序电流为 $3U_0/3\omega L-3U_0\omega C_{0\mathrm{G}}$，TA1 处的电压电流夹角为 90°。

13. 如图 3−20 所示，A 变电站 AB 线路有一相断开，画出零序电压分布图，分析该线路高频闭锁零序方向保护装置 J 使用的电压互感器接在母线侧（A）和线路侧（A′）有何区别？A、B 两侧均为大接地电流系统。

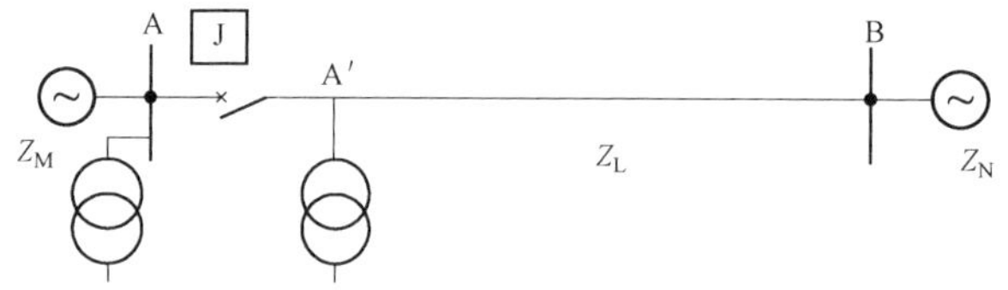

图 3−20

答： 零序网络图和零序电压分布图见图 3−21。

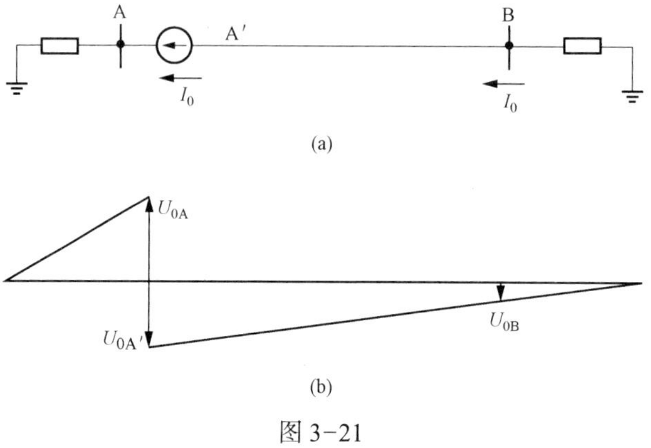

图 3−21

分析动作情况，见表 3−1。

表 3−1

位置	A	A′	B
U_0	+	−	−
I_0	−	−	+
动作情况	−	+	−

从表 3−1 中可以看出，线路 A、B 两端的零序功率方向元件的方向同时为负，这和内部故障情况一样，保护将误动。如选用线路侧（A′）电压互感器，则两端零序功率方向元件的方向为一正一负，和外部故障情况一样，故保护不会误动。

14. 双侧电源系统中，阻抗继电器装在 M 侧。设 $|\dot{E}_S|=|\dot{E}_R|=E$，保护背后电源阻抗为 Z_S，保护正方向的等值阻抗为 Z_R，两侧电动势间的总阻抗为 Z_Σ，各元件的阻抗角相同。

（1）请画出系统发生振荡时阻抗继电器测量阻抗相量端点的变化轨迹。

（2）如果阻抗继电器是方向阻抗继电器，其整定阻抗为 $Z_{ZD}=4\Omega$，请问在下述几种情况下系统振荡时阻抗继电器是否会误动：

1）$Z_S=2\Omega$，$Z_R=14\Omega$；

2）$Z_S=1\Omega$，$Z_R=7\Omega$；

3）$Z_S=8\Omega$，$Z_R=6\Omega$。

答：（1）系统发生振荡时，阻抗继电器测量阻抗相量（如图 3-22 所示）端点的变化轨迹是 SR 线的中垂线（垂直平分线）mn，SR 相量为 Z_Σ。

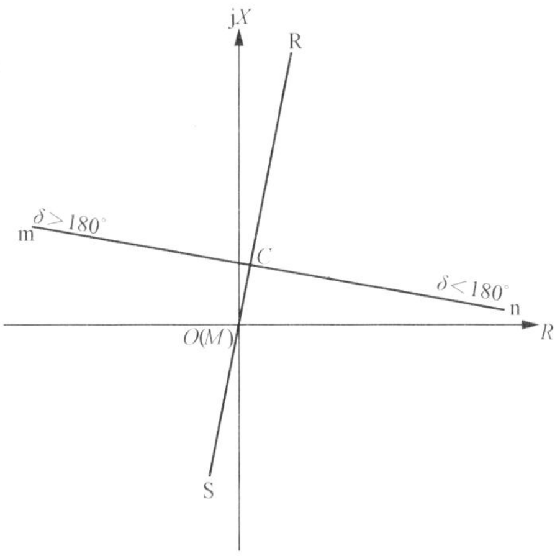

图 3-22

（2）判断继电器是否误动，方法是看振荡中心在不在动作特性内，如果在动作特性内，则测量阻抗相量端点变化的轨迹一定穿过动作特性，阻抗继电器在振荡时就会误动。

1）$Z_S=2\Omega$，$Z_R=14\Omega$ 时，振荡中心在$(Z_\Sigma/2)=[(2+14)/2]=8(\Omega)$处，也就是在继电器正方向的 6Ω 处，位于动作特性外，继电器在振荡时不会误动。

2）$Z_S=1\Omega$，$Z_R=7\Omega$ 时，振荡中心在$(Z_\Sigma/2)=[(1+7)/2]=4(\Omega)$处，也就是在继电器正方向 3Ω 处，位于动作特性内，继电器在振荡时会误动。

3）$Z_S=8\Omega$，$Z_R=6\Omega$ 时，振荡中心在$(Z_\Sigma/2)=[(8+6)/2]=7(\Omega)$处，也就是在继电器反方向 1Ω 处，位于动作特性外，继电器在振荡时不会误动。

15. 系统发生接地故障时，某一侧的 $3U_0$、$3I_0$ 采样值如表 3-2 所示，试判断故障在正方向上还是反方向上？说明原因（提示：每周波采样点数为 12）。

表 3-2

N	1	2	3	4	5	6	7	8
$3U_0$(V)	23.9	53.6	68.9	65.8	45	12.2	−23.9	−53.6

续表

N	1	2	3	4	5	6	7	8
$3I_0$(A)	−76.6	−34.2	17.4	64.3	94	98.5	76.6	34.2
N	9	10	11	12	13	14	15	16
$3U_0$(V)	−68.9	−65.8	−45	−12.2	23.9	53.6	68.9	65.8
$3I_0$(A)	−17.4	−64.3	−94	−98.5	−76.6	−34.2	17.4	64.3

答：从表 3−2 读出，一个工频周期采样点数 N=12，即相邻两点间的工频电角度为 $\frac{360^\circ}{12}=30^\circ$；$3I_0$ 滞后 $3U_0$ 的相角为 $60^\circ\sim70^\circ$。

结论：故障在反方向上。

16. 如图 3−23 所示单侧电源供电的大电流接地系统，保护安装处 P 接地距离Ⅱ段定值为 15Ω，正序和零序灵敏角为 70°，零序补偿系数为 0.6，接地距离偏移角为 0°，接地距离保护采用阻抗偏移圆特性。MN 线路全长 20km，每千米线路阻抗 0.5Ω。故障前线路空载，在距离 M 侧 12km 的地方发生 A 相经过渡电阻接地，此时保护记录的 A 相故障电流为 1∠60°。问：

（1）过渡电阻最大为多少时，仍然在接地距离Ⅱ段保护范围内？

（2）保护安装处记录的 A 相电压为多少？

图 3−23

答：（1）设过渡电阻大小为 r，保护感受到的过渡电阻大小为 $R=r/(1+k)$。

$$(R\sin70)^2=(R\cos70+6)(9-R\cos70)$$

求得 R_1=7.879(Ω)，R_2=−6.853(Ω)（舍去），r=12.6(Ω)

（2）$Z=6e^{j70}+7.879=11.42e^{j29.585}$

电流为 1∠60°，则电压量临界值为 $U=I(1+\text{k})Z=18.272\angle89.858^\circ$。

17. 设 Z_x 为固定阻抗值，阻抗角与整定阻抗 Z_{set} 的阻抗角相等，Z_m 为测量阻抗，按以下动作方程画出 Z_m 的动作特性，并以阴影线表示 Z_m 的动作区。

（1）$180^\circ < \arg\frac{Z_m-Z_{set}}{Z_m+Z_x} < 270^\circ$；

（2）$225^\circ < \arg Z_{set}-Z_m < 330^\circ$

答：（1）半圆，动作特性如图 3−24 所示。

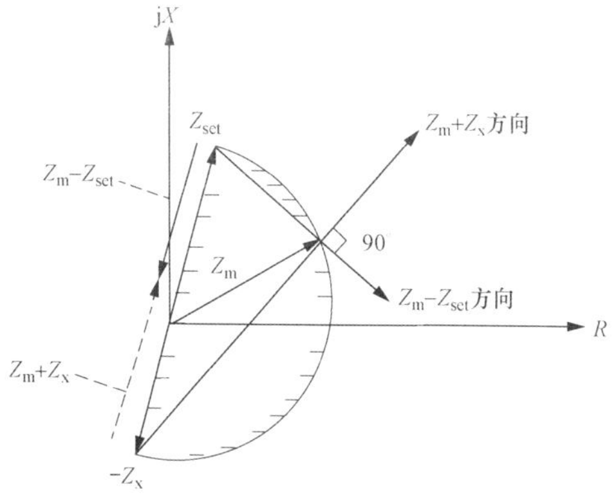

图 3-24

（2）动作特性如图 3-25 所示。

$$\arg(Z_{set}-Z_m)=\arg(Z_m-Z_{set})+180°$$

动作方程变为

$$45°<\arg(Z_m-Z_{set})<150°$$

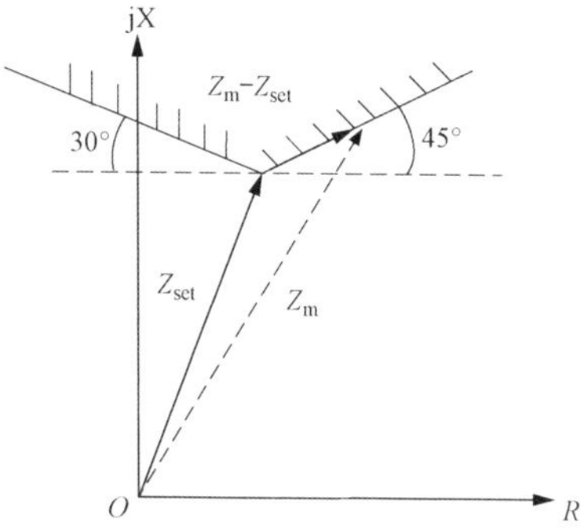

图 3-25

18. 线路光纤电流差动保护使用复用光纤通道，两侧保护装置采用基于通道收发延时相等的“等腰梯形”算法进行数据同步。但实际过程中因某线路光纤通道路由采用自愈环网，导致收发路由不一致，即发送路由延时 t_{d1} 和接收路由延时 t_{d2} 不相等，其中 t_{d1} 固定为 3ms，t_{d2} 数值不定。

线路差动保护的动作方程如下：

$$\begin{cases}|\dot{I}_M+\dot{I}_N|>K(|\dot{I}_M-\dot{I}_N|)\\|\dot{I}_M+\dot{I}_N|>600A\end{cases}$$ **，其中 K=0.51，I_M 和 I_N 分别为线路两侧电流。**

在负荷电流情况下（一次系统线路两侧电流一致），因收发延时不一致导致差动保护动作方程满足时，试求：①t_{d2} 的最小值；②t_{d2} 为最小值情况下的负荷电流幅值（tan27°≈0.51，sin27°≈0.45）？

答：保护装置确定的通道延时为（t_{d1}+t_{d2}）/2，由于收、发延时不等造成的同步调整时间误差 ΔT 为

$$\Delta T=\left|t_{d1}-\frac{t_{d1}+t_{d2}}{2}\right|=\left|t_{d2}-\frac{t_{d1}+t_{d2}}{2}\right|=|t_{d1}-t_{d2}|/2$$

50Hz 的交流量 1ms 对应角度为 18°，同步调整误差对应的角度为

$$\theta=18^{\circ}\times\Delta T=9\times|t_{d1}-t_{d2}|$$

差动电流为$|\dot{I}_M+\dot{I}_N|=2I\sin\frac{\theta}{2}$，制动电流为$|\dot{I}_M-\dot{I}_N|=2I\cos\frac{\theta}{2}$，当差动电流大于制动电流时，$2I\sin\frac{\theta}{2}>K\times 2I\cos\frac{\theta}{2}$，即$\theta>2\arctan K$。可得$\theta>54^{\circ}$，$t_{d2}$ 的最小值为 9ms。

$\theta>54^{\circ}$时，根据差动电流$|\dot{I}_M+\dot{I}_N|=2I\sin\frac{\theta}{2}>600\text{A}$，推出负荷电流约为 667A。

19. 在图 3-26 所示网络中，线路阻抗为 0.4Ω/km，全系统阻抗角均等于 70°，其他参数见图。1、2 分别为线路 AB 的出口和末端；3、4 分别为线路 BC 的出口和末端。假设系统电动势$|\dot{E}_m|=|\dot{E}_n|$，若系统发生振荡。

（1）试指出振荡中心位于何处，而保护 1（1 处所安装的保护）、保护 2、保护 3 和保护 4 的距离Ⅰ段和Ⅱ段中有哪些保护可能受振荡的影响（假设线路Ⅰ段定值取线路全长的 80%）。

（2）若振荡周期取 2s，对于保护 1 的距离Ⅱ段，若其定值为 60Ω，求可能使其测量元件误动的 δ 角的范围及误动时间；若该段保护延时为 0.5s，确认其能否误动。

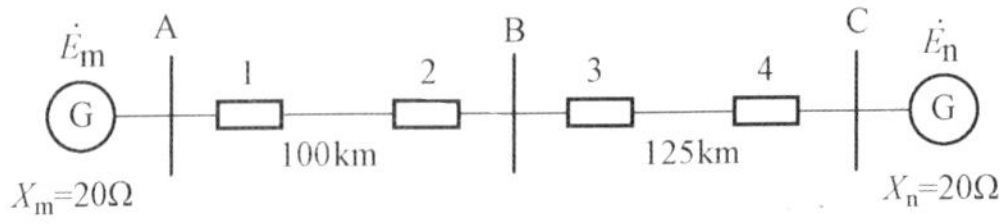

图 3-26

答：（1）$Z_Z=\frac{20+20+100\times0.4+125\times0.4}{2}=65(\Omega)$，$\frac{65-20}{0.4}=112.5(\text{km})$

所以振荡中心位于 BC 线距 C 端 112.5km 处，距 B 端 12.5km 处。

保护 1 距离Ⅱ段、保护 4 距离Ⅱ段和保护 3 距离Ⅰ段、Ⅱ段受振荡影响。

（2）由于保护Ⅰ的距离Ⅱ段阻抗定值为 60Ω，则可得振荡时的测量阻抗图如图 3-27 所示。

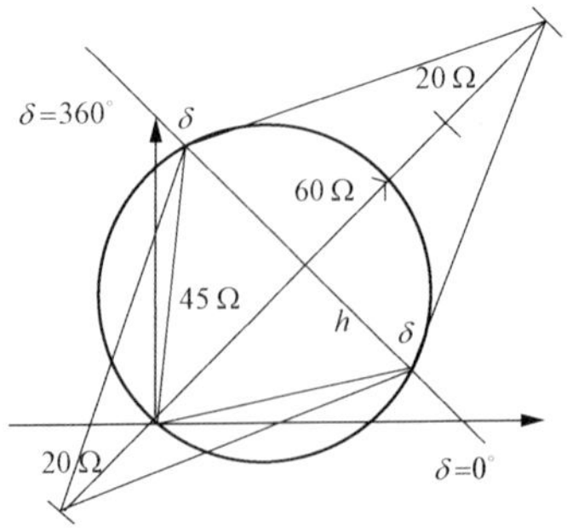

图 3-27

则

$$h=\sqrt{45\times(60-45)}=26$$

由图

$$\tan\frac{\delta}{2}=\frac{65}{26}=2.5$$

$$\therefore\frac{\delta}{2}=\arctan 2.5=68^{\circ}\ \therefore\delta=136^{\circ}$$

可能误动的时间为

$$t_{\delta}=2(180-136)\times\frac{2}{360}=0.488(\text{s})$$

若保护 1 距离Ⅱ段延时为 0.5s，由于其可能误动的时间为 0.488s，小于 0.5s，不会误动。

20. 在图 3-28 所示的 35kV 单侧电源系统中，k、f 点分别发生 B、C 相金属性接地故障。k 点到 N 母线的正序阻抗为 Z_{Nk}，f 点到 N 母线的正序阻抗为 Z_{Nf}。忽略电容电流和负荷电流并设各线路零序电流补偿系数为 K。

（1）流过保护 3、4 的 $3\dot{I}_0$ 电流各为多少？

（2）写出保护 3 的 B、C 相接地阻抗继电器的测量阻抗的表达式。

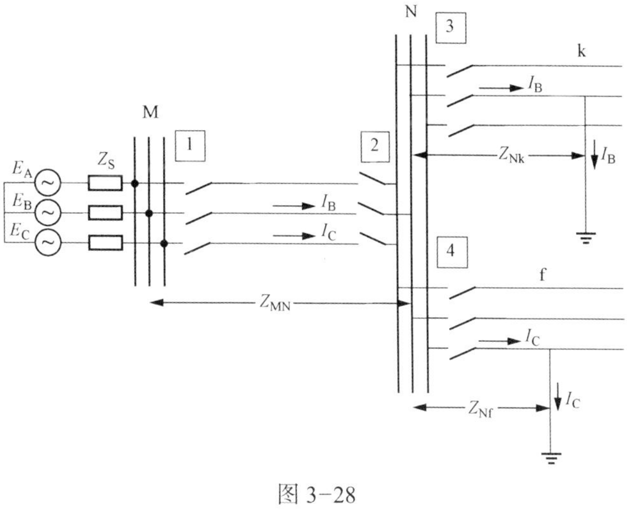

图 3-28

答：（1）流过保护 3 的 $3\dot{I}_0$ 电流为 $3\dot{I}_{0Nk}=\dot{I}_B$；流过保护 4 的 $3\dot{I}_0$ 电流为 $3\dot{I}_{0Nf}=\dot{I}_C$。

（2）N 母线的 B、C 相电压分别为

$$\dot{U}_{NB}=(\dot{I}_B+K3\dot{I}_{0Nk})Z_{Nk}=\dot{I}_B(1+K)Z_{Nk}$$

$$\dot{U}_{NC}=(\dot{I}_C+K3\dot{I}_{0Nf})Z_{Nf}=\dot{I}_C(1+K)Z_{Nf}$$

根据节点电流定律

$$\dot{I}_B=-\dot{I}_C$$

保护 3 的 B 相接地阻抗继电器的测量阻抗为

$$Z_{JB}^{3}=\frac{\dot{U}_{NB}}{\dot{I}_{B}+K3\dot{I}_{0Nk}}=Z_{Nk}$$

保护 3 的 C 相接地阻抗继电器的测量阻抗为

$$Z_{JC}^{3}=\frac{\dot{U}_{NC}}{K3\dot{I}_{0Nk}}=\frac{\dot{I}_{C}(1+K)Z_{Nf}}{-K\dot{I}_{C}}=-\frac{1+K}{K}Z_{Nf}$$

第四章

母 线 保 护

一、选择题

1. 以下措施（　　），不能保证母联断路器停运时母差保护的动作灵敏度。 答案：C

A. 解除大差元件　　B. 采用比例制动系数低值

C. 自动降低小差元件的比率制动系数　　D. 自动降低大差元件的比率制动系数

2. 母差保护分列运行方式的自动判别方式与手动判别方式相比优先级要（　　）。 答案：B

A. 高　　B. 低　　C. 一样　　D. 随机

3. 校核母差保护电流互感器的10%误差曲线时，计算电流倍数最大的情况是元件（　　）。 答案：A

A. 对侧无电源　　B. 对侧有电源

C. 都一样　　D. 与有无电源无关

4. 关于母线充电保护特点，不正确的是（　　）。 答案：B

A. 为可靠切除被充电母线上的故障，专门设立母线充电保护

B. 为确保母线充电保护的可靠动作，尽量采用阻抗保护作为相间故障的保护

C. 母线充电保护仅在母线充电时投入，其余情况下应退出

D. 母线充电保护可以由电流保护组成

5. 双母线的电流差动保护，当故障发生在母联断路器与母联TA之间时出现动作死区，此时应该（　　）。 答案：B

A. 启动远方跳闸　　B. 启动母联失灵（或死区）保护

C. 启动失灵保护及远方跳闸　　D. 母联过流保护动作

6. 母线差动保护的暂态不平衡电流比稳态不平衡电流（　　）。 答案：A

A. 大　　B. 相等　　C. 小　　D. 无法判定

7. 双母线运行倒闸过程中会出现两个隔离开关同时闭合的情况，如果此时Ⅰ母发生故障，母线保护应（　　）。 答案：A

A. 切除两条母线　　B. 切除Ⅰ母

C. 切除Ⅱ母　　D. 两条母线均不切除

8. 为了从时间上判别断路器失灵故障的存在，失灵保护动作时间的整定原则是（　　）。

答案：B

A. 大于故障元件的保护动作时间和断路器跳闸时间之和
B. 大于故障元件的断路器跳闸时间和保护返回时间之和
C. 大于故障元件的保护动作时间和返回时间之和
D. 大于故障元件的保护动作时间即可

9.《电力系统继电保护及安全自动装置反事故措施要点》规定装有小瓷套的电流互感器一次端子应放在（　　）。

答案：B

A. 线路侧　　B. 母线侧　　C. 线路或母线侧　　D. 不做规定

10. BP-2C 型母线保护装置双母线接线，当母联开关处于分位时，（　　）自动转用比率制动系数低值。

答案：B

A. Ⅰ母比率差动元件　　B. 大差比率差动元件
C. Ⅱ母比率差动元件　　D. 大差、Ⅰ母、Ⅱ母、比率差动元件

11. 断路器失灵保护断开母联断路器的动作延时应整定为（　　）。

答案：A

A. 0.15～0.25s　　B. 0.3～0.5s　　C. 0.5s　　D. ≥0.5s

12. 电力系统不允许长期非全相运行，为了防止断路器一相断开后，长时间非全相运行，应采取措施断开三相并保证选择性。其措施是装设（　　）。

答案：C

A. 断路器失灵保护　　B. 零序电流保护
C. 断路器三相不一致保护　　D. 失灵保护

13. 双母线接线的母线保护，Ⅰ母小差电流为（　　）。

答案：B

A. Ⅰ母所有电流的绝对值之和
B. Ⅰ母所有电流和的绝对值
C. Ⅰ母所有出线（不包括母联）和的绝对值
D. Ⅰ母所有流出电流之和

14. 失灵保护的线路断路器启动回路（　　）。

答案：A

A. 由保护动作出口接点和断路器失灵判别元件（电流元件）构成“与”回路所组成
B. 由保护动作出口接点和断路器失灵判别元件（电流元件）构成“或”回路所组成
C. 由母线差动保护（1 母或 2 母）出口继电器动作接点和断路器失灵判别元件（电流元件）构成“与”回路所组成

D. 由母线差动保护（1 母或 2 母）出口继电器动作接点和断路器失灵判别元件（电流元件）构成“或”回路所组成

15. 失灵保护的母联断路器启动回路（ ）。 答案：B

A. 由保护动作出口接点和母联断路器失灵判别元件（电流元件）构成“或”回路所组成

B. 由母线差动保护（1 母或 2 母）出口继电器动作接点和母联断路器失灵判别元件（电流元件）构成“与”回路所组成

C. 由母线差动保护（1 母或 2 母）出口继电器动作接点和断路器失灵判别元件（电流元件）构成“或”回路所组成

D. 由母线差动保护(1 母或 2 母)出口继电器动作接点和母联断路器位置接点构成“与”回路所组成

16. 断路器失灵保护是（ ）。 答案：C

A. 一种近后备保护，当故障元件的保护拒动时，可依靠该保护切除故障

B. 一种远后备保护，当故障元件的断路器拒动时，必须依靠故障元件本身保护的动作信号启动失灵保护以切除故障点

C. 一种近后备保护，当故障元件的断路器拒动时，可依靠该保护隔离故障点

D. 一种远后备保护，当故障元件的保护拒动时，可依靠该保护隔离故障点

17. 分相操作的断路器拒动考虑的原则是（ ）。 答案：A

A. 单相拒动 B. 两相拒动 C. 三相拒动 D. 都要考虑

18. 断路器失灵保护动作的必要条件是（ ）。 答案：C

A. 失灵保护电压闭锁回路开放，本站有保护装置动作且超过失灵保护整定时间仍未返回

B. 失灵保护电压闭锁回路开放，故障元件的电流持续时间超过失灵保护整定时间仍未返回，且故障元件的保护装置曾动作

C. 失灵保护电压闭锁回路开放，本站有保护装置动作，且该保护装置和与之相对应的失灵电流判别元件的持续动作时间超过失灵保护整定时间仍未返回

D. 本站有保护装置动作，且该保护装置和与之相对应的失灵电流判别元件的持续动作时间超过失灵保护整定时间仍未返回

19. 母线不完全差动保护只需将母线上的（ ）电流互感器接入差动回路。 答案：A

A. 有源元件 B. 全部元件 C. 无源元件 D. 变比相同

20. 母线完全差动保护需将母线上的（ ）电流互感器接入差动回路。 答案：B

A. 有源元件 B. 全部元件 C. 无源元件 D. 变比相同

21. 母线完全差动保护差动继电器动作电流整定，需要躲开（ ）。 答案：A

A. 最大负荷电流　　B. 最小短路电流
C. 最大短路电流　　D. 最小负荷电流

22. 母线充电保护是通过判别母联断路器的（　　）来实现的保护。 答案：B
A. 电压　　B. 电流　　C. 阻抗　　D. 位置

23. 当母线内部故障有电流流出时，应（　　）差动元件的比率制动系数，以确保内部故障时母线保护正确动作。 答案：A
A. 减小　　B. 增大　　C. 减小或增大　　D. 保持

24. 对于 220kV 及以上电力系统的母线，（　　）保护是其主保护。 答案：A
A. 母线差动　　B. 变压器保护　　C. 线路保护　　D. 距离保护

25. RCS-915 型差动保护制动特性试验，选两个单元，A 单元固定加 1A 电流，B 单元电流相位与 A 单元相反，当 B 单元电流增大到 4A 时，保护临界动作。根据该试验结果，计算其制动系数值为（　　）。 答案：D
A. 0.5　　B. 0.7　　C. 0.8　　D. 0.6

26. RCS-915 型微机母线保护装置的 TA 的调整系数整定为 0.5，加电流校验差动保护定值，当电流增大到 5A 时保护临界动作，此时的差动保护动作值为（　　）。 答案：B
A. 5A　　B. 2.5A　　C. 7.5A　　D. 0.5A

27. 双母线倒闸操作过程中，国电南自 WMZ-41 母线保护仅由（　　）构成，动作时将跳开两段母线上所有连接单元。 答案：C
A. 两个小差　　B. 大差、两个小差
C. 大差　　D. 母联过流保护

28. 当交流电流回路不正常或断线时，母线差动保护应（　　）。 答案：A
A. 闭锁　　B. 跳开　　C. 开放　　D. 毫无影响

29. 接入 RCS-915 型微机母线保护装置的 TA 极性规定：接在Ⅰ母线和Ⅱ母线上的间隔元件 TA 的极性以（　　）侧为星端接入装置的星端。 答案：B
A. 线路　　B. 母线　　C. 母线或线路　　D. 任意

30. 接入 RCS-915 型微机母线保护装置的 TA 极性规定：母联 TA 的极性以（　　）侧为星端接入装置的星端。 答案：A
A. Ⅰ母　　B. Ⅱ母　　C. 没有限制　　D. 由现场安装决定

31. 接入 BP-2B 型微机母线保护装置的 TA 极性规定：母联 TA 的极性以（　　）侧为星端接入装置的星端。 答案：B

A. Ⅰ母　　B. Ⅱ母　　C. 没有限制　　D. 由现场安装决定

32. 对于 BP-2B 型微机母线保护装置，若只考虑母线区内故障时流出母线的电流最多占总故障电流的 20%，复式比率系数 K_r 整定为（　　）最合适。 答案：B

A. 1　　B. 2　　C. 4　　D. 0.5

33. 固定连接式母线保护在倒排操作时，Ⅰ母发生故障，则母差保护跳（　　）。 答案：C

A. Ⅰ母　　B. Ⅱ母　　C. Ⅰ母和Ⅱ母　　D. 拒动

34. 母线电流差动保护采用电压闭锁元件主要是为了防止（　　）。 答案：C

A. 系统发生振荡时母线电流差动保护误动

B. 区外发生故障时母线电流差动保护误动

C. 由于误碰出口中间继电器而造成母线电流差动保护误动

D. TA 断线时母线差动保护误动

35. 母线充电保护是指（　　）。 答案：B

A. 母线故障的后备保护

B. 利用母联断路器给另一母线充电时的保护

C. 利用母线上任一断路器给母线充电时的保护

D. 利用母联断路器给母线上任一断路器充电时的保护

36. 对于双母线接线方式的变电站，当某一连接元件发生故障且断路器拒动时，失灵保护应首先（　　）。 答案：B

A. 拒动断路器所在母线上的所有断路器　　B. 跳开母联断路器

C. 跳开故障元件的其他断路器　　D. 跳开双母线上的所有断路器

37. 220kV 母线差动保护的电压闭锁元件中负序电压一般可整定为（　　）。 答案：D

A. ≤2V　　B. 4～8V　　C. 8～12V　　D. 2～6V

38. 220kV 母线差动保护的电压闭锁元件中零序电压一般可整定为（　　）。 答案：B

A. 4～6V　　B. 4～8V　　C. 4～12V　　D. ≤4V

39. 母线差动保护的电压闭锁元件中低电压一般可整定为母线正常运行电压的（　　）。 答案：B

A. 50%～60%　　B. 60%～70%　　C. 70%～80%　　D. ≤50%

40. 母线差动保护的电压闭锁元件的灵敏系数与相应的电流启动元件的灵敏系数相比应（　　）。 答案：C

A. 低　　B. 相等　　C. 高　　D. 任意

41. 母线差动保护电流回路断线闭锁元件，其电流定值一般可整定为电流互感器额定电流的（　　）。 答案：C

A. 15%～20%　　B. 10%～15%　　C. 5%～10%　　D. ≤5%

42. 在 220kV 及以上变压器保护中，（　　）保护的出口不宜启动断路器失灵保护。 答案：B

A. 差动　　B. 瓦斯

C. 220kV 零序过流　　D. 中性点零流

43. 对 220～500kV 3/2 断路器接线，每组母线应装设（　　）母线保护。 答案：B

A. 一套　　B. 两套　　C. 三套　　D. 四套

44. 区内 A 相故障，母线保护动作出口应实现（　　）跳闸。 答案：D

A. A 相　　B. B 相　　C. AB 相　　D. 三相

45. 微机母线保护在系统使用不同变比的电流互感器时，应（　　）。 答案：C

A. 修改程序　　B. 加装辅助电流互感器

C. 整定系数　　D. 改造电流互感器

46. 为了更好地解决母联断路器热备用时发生死区问题，当母联断路器的常开辅助接点断开时，小差判据中应（　　）母联电流。 答案：B

A. 计入　　B. 不计入　　C. 减去　　D. 加上

47. 差动保护判据中的差电流计算公式为（　　）。 答案：D

A. 所有电流的绝对值之和　　B. 所有流出电流之和

C. 所有流入电流之和　　D. 所有电流和的绝对值

48. 差动保护判据中的制动电流计算公式为（　　）。 答案：A

A. 所有电流的绝对值之和　　B. 所有电流和的绝对值

C. 所有流入电流之和　　D. 所有流出电流之和

49. BP-2B 型母线保护装置对双母线各元件的极性定义为（　　）。 答案：B

A. 母线上除母联外各元件的极性必须一致，母联极性与Ⅰ母线上元件的极性相同

B. 母线上除母联外各元件的极性必须一致，母联极性与Ⅱ母线上元件的极性相同

C. 母线上除母联外各元件的极性可以不一致，但母联正极性必须在Ⅱ母线侧
D. 母线上除母联外各元件的极性可以不一致，但母联正极性必须在Ⅰ母线侧

50. BP-2B 型母线保护装置的复式比率差动判据的动作表达式为（ ）。 答案：D
A. I_d 大于 I_{dset} 且 I_d 小于 $K_r(I_r-I_d)$
B. I_d 大于 I_{dset} 或 I_d 大于 $K_r(I_r-I_d)$
C. I_d 大于 I_{dset} 或 I_d 小于 $K_r(I_r-I_d)$
D. I_d 大于 I_{dset} 且 I_d 大于 $K_r(I_r-I_d)$

51. BP-2B 型母线保护装置必须整定的项目包括（ ）。 答案：A
A. 定值、保护控制字、TA 变比
B. 定值、保护控制字、间隔类型、TA 变比
C. 定值、保护控制字
D. 定值

52. BP-2B 型母线保护装置的母联失灵电流定值按（ ）变比整定。 答案：D
A. 母联间隔的
B. 装置中用得最多的
C. 装置中用得最少的
D. 装置的基准

53. 母线分列运行时，BP-2B 型微机母线保护装置小差比率系数为（ ）。 答案：C
A. 内部固化定值
B. 比率低值
C. 比率高值
D. 不判比率系数

54. 充电保护投入时刻为（ ）。 答案：D
A. 充电压板投入
B. 母联电流大于充电过流定值
C. 充电保护过流延时大于充电延时定值
D. 充电过程中，母联电流由无至有瞬间

55. BP-2B 型母差保护，母联开关动合及动断辅助开入接点都为合时，装置认为母联开关状态为（ ）。 答案：A
A. 合
B. 分
C. 不为合也不为分
D. 既为合也为分

56. 快速切除线路和母线的短路故障，是提高电力系统（ ）的最重要手段。 答案：C
A. 动态稳定
B. 静态稳定
C. 暂态稳定
D. 以上都不对

57. 当母线上连接元件较多时，电流差动母线保护在区外短路时不平衡电流较大的原因是（ ）。 答案：B
A. 电流互感器的变比不同
B. 电流互感器严重饱和
C. 励磁阻抗大
D. 合后位置

58. 3/2 断路器接线，每组母线宜装设两套母线保护，同时母线保护应（ ）电压闭锁环节。 答案：A

A. 不设置　B. 设置　C. 一套设置一套不设置　D. 可带可不带

59. **双母线差动保护的复合电压（U_0，U_1，U_2）闭锁元件还要求闭锁每一断路器的失灵保护，这一做法的原因是（　　）。** 答案：B

A. 断路器失灵保护选择性能不好
B. 防止断路器失灵保护误动
C. 断路器失灵保护原理不完善
D. 断路器失灵保护必须采用复合电压闭锁元件选择母线

60. **当双母线接线的两条母线分列运行时，母差保护（　　）元件的动作灵敏度将降低，因此需自动将制动系数降低。** 答案：B

A. 小差　B. 大差　C. 大差和小差　D. 制动

61. **在母差保护中，中间变流器的误差要求应比主电流互感器严格，一般要求误差电流不超过最大区外故障电流的（　　）。** 答案：C

A. 3%　B. 4%　C. 5%　D.10%

62. **BP-2B 型母差保护带负荷试验，一次运行方式如下安排：主变压器总开关运行在Ⅰ母线，通过母联开关向Ⅱ母线上的某线路供电，则选取不同的相位基准情况下，装置显示上述三个开关的电流相角，其中（　　）是正确的。** 答案：C

A. 主变压器开关相角 0°、母联开关相角 180°、线路开关相角 0°。
B. 主变压器开关相角 0°、母联开关相角 180°、线路开关相角 180°
C. 主变压器开关相角 180°、母联开关相角 180°、线路开关相角 0°
D. 主变压器开关相角 180°、母联开关相角 0°、线路开关相角 0°

63. **下列（　　）主接线基础型号代码为“C”。** 答案：A

A. 3/2 断路器接线　B. 双母线　C. 双母双分　D. 双母单分

64. **主变压器支路启动失灵开入应接入下列（　　）接点。** 答案：D

A. A 相失灵开入　B. B 相失灵开入
C. C 相失灵开入　D. 三跳失灵开入

65. **双母线保护判别充电逻辑有效时间为 SHJ 触点由“0”变为“1”后的（　　）内。** 答案：B

A. 100ms　B. 1s　C. 5s　D. 10d

66. **母联（分段）充电过流保护设计规范要求配置的保护段不包括（　　）。** 答案：D

A. 过流Ⅰ段　B. 过流Ⅱ段　C. 零序过流　D. 负序过流

67. 以下关于双母线接线的断路器失灵保护的描述，符合国家电网公司《变压器、高压并联电抗器和母线保护及辅助装置标准化设计规范》的是（　　）。 答案：AB

A. 线路支路采用相电流、零序电流（或负序电流）“与门”逻辑

B. 变压器支路采用相电流、零序电流、负序电流“或门”逻辑

C. 线路支路采用相电流、零序电流、负序电流“或门”逻辑

D. 变压器支路采用相电流、零序电流（或负序电流）“与门”逻辑

68. 主变压器失灵解闭锁误开入发（　　）告警信号。 答案：C

A. 开入变位　B. TV 断线　C. 开入异常　D. 失灵动作

69. 母差保护动作，对线路开关的重合闸（　　）。 答案：A

A. 闭锁　B. 不闭锁　C. 仅闭锁单相重合闸　D. 不一定

70. BP−2B 型保护装置，只有保护元件可以完成的项目是（　　）。 答案：A

A. 各间隔隔离开关位置开关量的采集

B. 各电压量的采集

C. 各段母线的闭锁逻辑并出口至 BJ

D. 人机交互、记录管理和后台通信

71. BP−2B 型保护装置，下列情况（　　）可能导致开入异常报警。 答案：C

A. 隔离开关辅助接点变位

B. 联络开关接点变位

C. 主变压器失灵解闭锁接点变位

D. 保护控制字中出口接点被设为退出状态

72. 关于 RCS−915 型母线保护装置隔离开关位置报警信号，以下说法（　　）是正确的。 答案：ABCD

A. 当有隔离开关位置变位时，需要运行人员检查无误后按隔离开关位置确认按钮复归

B. 隔离开关位置出现双跨时，此时不响应隔离开关位置确认按钮

C. 当某条支路有电流而无隔离开关位置时，装置能够记忆原来的隔离开关位置，并根据当前系统的电流分布情况校验该支路隔离开关位置的正确性，此时不响应隔离开关位置确认按钮

D. 由于隔离开关位置错误造成大差电流小于 TA 断线定值，而小差电流大于 TA 断线定值时延时 10s 发隔离开关位置报警信号

73. 关于 PCS−915 型母线保护装置交流电压断线，以下说法（　　）是正确的。 答案：ABCD

A. 母线负序电压 $3U_2$ 大于 12V，延时 1.25s 报该母线 TV 断线

B. 母线三相电压幅值之和（$|U_a|+|U_b|+|U_c|$）小于 U_n，且母联或任一出线的任一相有电流（$>0.04I_n$）或母线任一相电压大于 $0.3U_n$，延时 1.25s 延时报该母线 TV 断线

C. 三相电压恢复正常后，经 10s 延时后全部恢复正常运行

D. 当检测到系统有扰动时不进行 TV 断线的检测，以防止区外故障时误判

74. 关于 PCS-915 型母线保护装置交流电流断线，以下说法（　　）是正确的。

答案：ABCD

A. 当母线电压异常（母差电压闭锁开放）及 MU 异常时时不进行 TA 断线的检测

B. 差流大于 TA 断线整定值 I_{DX}，延时 5s 发 TA 断线报警信号

C. 大差电流小于 TA 断线整定值 I_{DX}，两个小差电流均大于 I_{DX} 时，延时 5s 报母联 TA 断线

D. 如果仅母联 TA 断线不闭锁母差保护，但此时发生母线区内故障后首先跳开断线母联，在母联开关跳开 100ms 后如果故障依然存在，则再跳开故障母线

75. 下列关于失灵保护的描述正确的有（　　）。 答案：BCD

A. 主变压器保护动作，主变压器 220kV 开关失灵，启动 220kV 母差保护

B. 主变压器电气量保护动作，主变压器 220kV 开关失灵，启动 220kV 母差保护

C. 220kV 母差保护动作，主变压器 220kV 开关失灵，延时跳主变压器三侧开关

D. 主变压器 35kV 开关无失灵保护

76. 微机母差保护的特点有（　　）。 答案：AB

A. TA 变比可以不一样

B. 母线运行方式变化可以自适应

C. 必须使用辅助变流器

D. 不需要电压闭锁

77. 下列关于开关失灵保护描述，正确的是（　　）。 答案：BD

A. 失灵保护动作将启动母差保护

B. 若线路保护拒动，失灵保护将无法启动

C. 失灵保护动作后，应检查母差保护范围以发现故障点

D. 失灵保护的整定时间应大于断路器灭弧时间

78. 比率差动构成的国产母线差动保护中，若大差电流不返回，其中有一个小差动电流动作不返回，母联电流越限，则可能的情况是（　　）。 答案：AB

A. 母联断路器失灵

B. 短路故障在死区范围内

C. 母联电流互感器二次回路断线

D. 其中的一条母线上发生了短路故障，有电源的一条出线断路器发生了拒动

79. 发生母线短路故障时，在暂态过程中，母差保护差动回路的特点有（　　）。

答案：ABC

A. 直流分量大
B. 暂态误差大
C. 不平衡电流最大值不在短路最初时刻出现
D. 不平衡电流最大值出现在短路最初时刻

80. 对分相断路器，母联（分段）死区保护所需的开关位置辅助接点应采用（　　）

答案：AD

A. 三相动合接点并联　　B. 三相动合接点串联
C. 三相动断接点并联　　D. 三相动断接点串联

81. BP-2B 型母线保护装置的复合电压闭锁元件包含（　　）。 答案：ACD

A. 低电压　　B. 电压突变　　C. 负序电压　　D. 零序电压

82. 母联开关位置接点接入母差保护，其作用是（　　）。 答案：BC

A. 解决母联开关合于母线故障问题　　B. 解决母差保护死区问题
C. 解决母线分列运行时的选择性问题　　D. 解决母线并联运行时的选择性问题

83. 3/2 断路器接线时，该母线保护不必装设（　　）。 答案：AC

A. 低电压闭锁元件　　B. TA 断线闭锁元件
C. 复合电压闭锁元件　　D. 辅助变流器

84. BP-2B 型母线保护装置可强制母线互联的方式有（　　）。 答案：AB

A. 保护控制字中整定母线互联　　B. 投互联压板
C. 通过隔离开关模拟屏　　D. 投分列压板

85. 双母线接线方式下，线路断路器失灵保护由（　　）组成。 答案：ABCD

A. 保护动作触点　　B. 电流判别元件　　C. 电压闭锁元件　　D. 时间元件

86. 发生母线短路故障时，关于电流互感器二次侧电流的特点，以下说法正确的是（　　）。

答案：ABC

A. 直流分量大　　B. 暂态误差大
C. 不平衡电流最大值不在短路最初时刻　　D. 与一次短路电流成线性关系

87. 如图 4-1 所示，在 3/2 接线方式下，（　　）保护可以启动 QF1 的失灵保护。

答案：ACD

A. Ⅰ母母线　　B. Ⅱ母母线
C. 线路 L1　　D. 线路 L1 远方跳闸

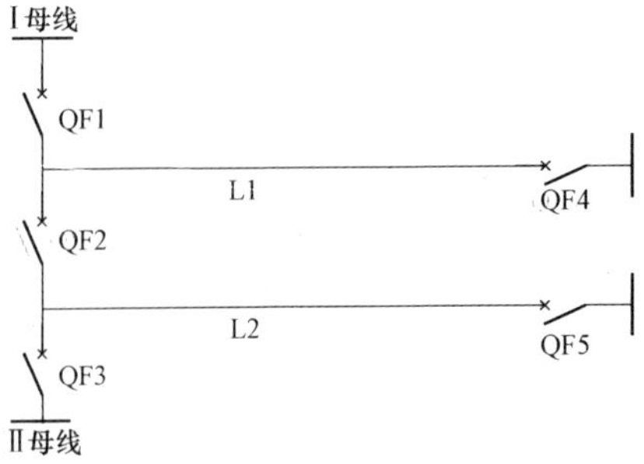

图 4-1

88. 如图 4-2 所示，在 3/2 接线方式下，QF2 失灵保护动作后应跳开断路器（　　）。

答案：ABCD

A. QF1　　B. QF3　　C. QF5　　D. QF4

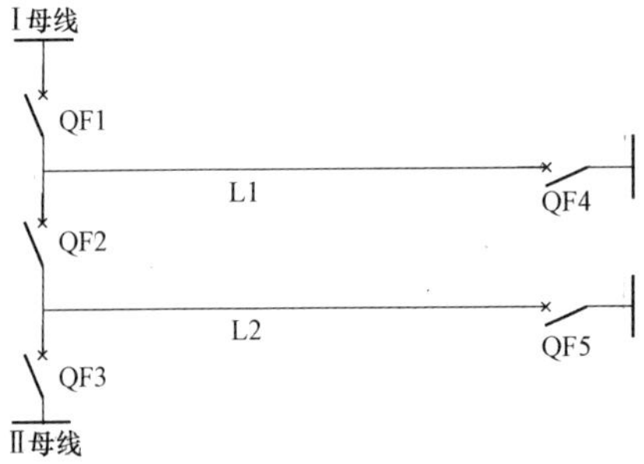

图 4-2

89. 满足下面条件（　　），断路器失灵保护方可启动。 答案：AB

A. 故障设备的保护能瞬时复归的出口继电器动作后不返回
B. 断路器未跳开的判别元件动作
C. 断路器动作跳闸
D. 电压元件不开放

90. 下列（　　）保护可以启动断路器失灵保护。 答案：AD

A. 光纤差动　　B. 变压器非电量
C. 变压器过负荷　　D. 线路距离三段

91. 失灵保护的线路断路器启动回路由（　　）组成。 答案：AB

A. 保护动作出口接点　　B. 断路器失灵判别元件（电流元件）
C. 断路器位置接点　　D. 线路电压元件

92. 双母线接线的母线保护设置复合电压闭锁元件的原因有（　　）。 答案：ABC

A. 防止由于人员误碰，造成母差或失灵保护误动出口，跳开多个元件
B. 防止母差或失灵保护由于元件损坏或受到外部干扰时误动出口

C. 双母线接线的线路由一个断路器供电，一旦母线误动，会导致线路停电，所以母线保护设置复合电压闭锁元件可以保证较高的供电可靠性
D. 当变压器开关失灵时，电压元件可能不开放

93. 关于 BP-2B 型母线保护装置，下列说法正确的是（　　）。 答案：AB
A. 母联断路器在合位时，大差制动系数自动转入高值
B. 母联断路器在分位时，母联电流不再计入小差
C. 母联间隔电流极性和Ⅰ母出线电流极性保持一致
D. 母联断路器在分位时，大差制动系数自动转入高值

94. 进行母线倒闸操作应注意（　　）。 答案：ABCD
A. 对母差保护的影响
B. 各段母线上电源与负荷分布是否合理
C. 主变压器中性点分布是否合理
D. 双母线 TV 在一次侧没有并列前二次侧不得并列运行，防止 TV 对停运母线反充电

95. BP-2B 母差保护装置在母线分列运行时，跳闸出口的条件是（　　）。 答案：AD
A. 闭锁开放元件动作
B. 仅满足大差差流达到动作值
C. 仅满足小差差流达到动作值
D. 大、小差差流均达到动作值

96. 单相重合闸的优点有（　　）。 答案：ABCD
A. 提高供电的可靠性
B. 提高系统并联运行的稳定性
C. 减少转换性故障发生
D. 没有操作过电压问题

97. 微机型母线差动保护装置包含母联（或旁路母联）开关的（　　）保护。 答案：AB
A. 母联充电
B. 母联过流
C. 母联开关距离
D. 母联开关零序

二、判断题

1. 当线路保护装置拒动时，一般情况只允许相邻上一级的线路保护越级动作，切除故障；当断路器拒动（只考虑一相断路器拒动）且断路器失灵保护动作时，应保留一组母线运行（双母线接线）或允许多失去一个元件（3/2 断路器接线）。（　　）

答案：√

2. 对 3/2 断路器接线方式，当任一母线上的母线差动保护全部退出运行时，可通过解列保护切除母线故障，母线不需陪停。（　　）

答案：×

3. 合理分配母差保护所接电流互感器二次绕组，对确无办法解决的保护动作死区，可采取后备保护加以解决。(　　)

答案：×

4. 220kV 及以上电压等级双母线接线的微机母差保护出口可不经复合电压元件闭锁。(　　)

答案：×

5. 断路器失灵保护的电流判别元件返回系数不宜低于 0.85。(　　)

答案：×

6. 220kV 及以上电压等级变压器的断路器失灵时，跳开失灵断路器相邻的全部断路器即可。(　　)

答案：×

7. 用于母差保护的断路器和隔离开关的辅助接点、切换回路、辅助变流器，以及与其他保护配合的相关回路也应遵循相互独立的原则，按双重化配置。(　　)

答案：√

8. 母差保护与失灵保护共用出口回路时，闭锁元件的灵敏系数应按失灵保护的要求整定。(　　)

答案：√

9. 母线充电保护只是在对母线充电时才投入使用，充电完毕后要退出。(　　)

答案：√

10. 某母线装设有完全差动保护，在外部故障时，各健全线路的电流方向是背离母线的，故障线路的电流方向是指向母线的，其大小等于各健全线路电流之和。(　　)

答案：×

11. 母线必须装设专用的保护。(　　)

答案：×

12. 微机母线差动保护的实质就是基尔霍夫第一定律，将母线当作一个节点。(　　)

答案：√

13. 母线保护在外部故障时，其差动回路电流等于各连接元件的电流之和(不考虑电流互感器的误差)；在内部故障时，其差动回路的电流等于零。(　　)

答案：×

14. 母线完全差动保护启动元件的整定值，应能避开外部故障时的最大短路电流。(　　)

答案：×

15. 对于超高压系统，当变电站母线发生故障，在母差保护动作切除故障的同时，变电站出线对端的线路保护也应可靠地跳开相应断路器。(　　)

答案：×

16. 正常运行时，不得投入母联充电保护的连接片。(　　)

答案：√

17. 双母线接线的母差保护采用电压闭锁元件是因为有二次回路切换问题；3/2 断路器接线

的母差保护不采用电压闭锁元件是因为没有二次回路切换问题。( )

答案：×

18. 母线差动保护采用电压闭锁元件，能够防止误碰出口继电器而造成保护误动。( )

答案：√

19. 母线电流差动保护（不包括 3/2 接线的母差保护）采用电压闭锁元件可防止由于误碰出口中间继电器或电流互感器二次开路而造成母差保护误动。( )

答案：√

20. 失灵保护的判别元件一般为相电流元件，当用于发电机变压器组保护启动断路器失灵保护时，判别元件应增加零序电流元件或负序电流元件。( )

答案：√

21. 断路器失灵保护动作所需延时，应为断路器跳闸时间与保护返回时间之和再加裕度时间。( )

答案：√

22. 3/2 断路器接线的母线应装设 2 套母差保护，并且装设电压闭锁元件。( )

答案：×

23. 变压器主保护动作后均要启动断路器失灵保护。( )

答案：×

24. 母线差动保护为防止误动作而采用的电压闭锁元件，正确的做法是闭锁总启动回路。( )

答案：×

25. 失灵保护是一种后备保护，当设备发生故障时，如断路器拒动时可依靠失灵保护隔离故障。( )

答案：√

26. 失灵保护的线路断路器启动回路由保护动作出口接点和断路器失灵判别元件（电流元件）构成“或”回路所组成。( )

答案：×

27. 失灵保护的母联断路器启动回路由母线差动保护（1 母或 2 母）出口继电器动作接点和母联断路器失灵判别元件（电流元件）构成“与”回路。( )

答案：√

28. 断路器失灵保护的延时必须与其他保护的时限配合。( )

答案：×

29. 断路器失灵保护的相电流判别元件的整定值，在为了满足线路末端单相接地故障时有足够的灵敏度，可以不躲过正常运行负荷电流。 ( )

答案：√

30. 当 3/2 断路器接线方式一串中的中间断路器拒动，启动失灵保护，并采用远方跳闸装置，使线路对端断路器跳闸并闭锁其重合闸。 ( )

答案：√

31. 双母线差动保护按要求在每一单元出口回路加装低电压闭锁。( )

答案：×

32. 固定连接方式的母差保护，当运行的双母线的固定连接方式被破坏时，此时发生任一母线故障，该母差保护有选择故障母线的能力，即只切除接于该母线的元件，另一母线可以继续运行。(　　)

答案：×

33. 母线差动保护为防止误动而采用的电压闭锁元件，正常的做法是闭锁总启动回路。(　　)

答案：×

34. 断路器失灵保护动作必须闭锁重合闸。(　　)

答案：√

35. 220kV 母线分列运行时，母联开关与母联 TA 之间发生故障，BP-2C 母差保护经 150ms 延时确认分列状态，母联电流不计入小差电流，由差动保护切除母联死区故障。(　　)

答案：×

36. 母联失灵出口延时定值应大于开关最大跳闸灭弧时间，一般整定为 0.2s。(　　)

答案：√

37. 当变电站 220kV 母线分列运行时，要求变电站中低压侧母线分列运行。(　　)

答案：√

38. 220kV 母线配置两套母差的变电站，正常运行时，两套母差保护全部投入，需要时两套母差保护可分别单独投退。(　　)

答案：√

39. 在 220kV 双母线运行方式下，当任一母线故障，该母线差动保护动作而母联断路器拒动时，这时需由母联失灵保护来切除故障。(　　)

答案：√

40. 接入 RCS-915 型微机母线保护装置的 TA 极性规定如下：接在Ⅰ母线和Ⅱ母线上的间隔元件 TA 的极性星端，均以母线侧为星接入装置的星端。母联的 TA 极性以Ⅱ母侧为星端接入装置的星端。(　　)

答案：×

41. 对数字式母线保护装置，允许在启动出口继电器的逻辑中设置电压闭锁回路，而不在跳闸出口接点回路上串接电压闭锁触点。(　　)

答案：√

42. 对于母线保护装置的备用间隔电流互感器，二次回路应在母线保护柜端子排外侧断开，端子排内侧不应短路。(　　)

答案：√

43. 对于 3/2 断路器接线母线保护，要求它的可信赖性比安全性更高。(　　)

答案：√

44. 母差保护中，母联电流互感器断线闭锁母差。(　　)

答案：×

45. 母线充电保护是指母线故障的后备保护。(　　)

答案：×

46. BP-2B 型保护和电流突变量判据，当任一相的和电流突变量大于突变量门槛时，该相启动元件动作。其中和电流突变量采用和电流有效值比前一周波的突变量。(　　)

答案：×

47. 母线保护、断路器失灵保护现场定检工作前，只要填写工作票，履行工作许可手续即可进行工作。(　　)

答案：×

48. 断路器失灵启动回路由相电流元件、保护动作接点、母线电压切换构成。(　　)

答案：√

49. 所有母差保护的电压闭锁元件由低电压元件、负序电压元件及零序电压元件经“或门”构成。(　　)

答案：×

50. 母线差动保护启动元件的整定值，应能避开外部故障的最大不平衡电流。(　　)

答案：√

51. 断路器失灵保护的延时均不需与其他保护的时限配合，因为它在其他保护动作后才开始计时。(　　)

答案：√

52. 一次设备倒排前，必须先将母差保护退出。(　　)

答案：×

53. 短路电流暂态过程中含有非周期分量，电流互感器的暂态误差比稳态误差大得多。因此，母线差动保护的暂态不平衡电流也比稳态不平衡电流大得多。(　　)

答案：√

54. 双母线系统中电压切换的作用是为了保证二次电压与一次电压对应。(　　)

答案：√

55. 向变电站的母线空充电操作时，有时出现误发接地信号，其原因是变电站内三相带电体对地电容量不等，造成中性点位移，产生较大的零序电压。(　　)

答案：√

56. 断路器失灵保护时间定值的基本要求：断路器失灵保护所需动作延时应为断路器跳闸时间和保护返回时间之和再加裕度时间。以较短时间动作于断开母联断路器或分段断路器，再经一时限动作于连接在同一母线上的所有有电源支路的断路器。(　　)

答案：√

57. 母差保护与失灵保护共用出口回路时，闭锁元件的灵敏系数应按失灵保护的要求整定。(　　)

答案：√

58. 为保证安全，母线差动保护装置中各元件的电流互感器二次侧应分别接地。(　　)

答案：×

59. 运用于双母线接线的比率制动式母差保护装置，在倒闸操作过程中，遇到任一母线故障，母差保护动作会切除两条母线上的所有开关。(　　)

答案：√

60. 直流电源消失必须立即停用母差，待故障处理后方能投入保护。(　　)

答案：√

61. 断路器非全相保护不启动断路器失灵保护。(　　)

答案：×

62. 不论何种母线接线方式，当某一出线断路器发生拒动时，失灵保护只需跳开该母线上的其他所有断路器。(　　)

答案：×

63. 双母线的母联断路器合闸运行，母线差动保护的死区在母联开关与母联 TA 之间。(　　)

答案：√

64. 对新建、扩建的技改工程，220kV 变电站的变压器高压断路器和母联、母线分段断路器应选用三相联动的断路器。(　　)

答案：√

65. 母联过流保护不经复合电压闭锁。(　　)

答案：√

66. 220kV 微机母差保护出口经相应母线复压元件闭锁（包括母联、母分也经电压闭锁），复压元件动作后应告警。(　　)

答案：×

67. 220kV 微机母差保护，当 TV 断线时，按照标准化设计规范，装置应发出告警信号但不闭锁保护。(　　)

答案：√

68. 母联失灵出口延时定值应大于开关最大跳闸灭弧时间，一般整定为 0.2s。(　　)

答案：√

69. 三相重合闸方式即任何类型故障，保护动作三相跳闸三相重合，重合不成跳开三相。(　　)

答案：√

70. 在超高压长距离输电线路上，较大的谐波电流会使潜供电弧熄灭延缓，导致单相重合闸失败，扩大事故。(　　)

答案：√

71. 3/2 接线方式的线路保护、短线保护的交流回路均采用和电流接线方式，失灵保护采用单独的开关电流输入。(　　)

答案：√

72. 重合闸优先回路就是 3/2 断路器接线中，要求中间侧断路器优先于母线侧断路器重合。(　　)

答案：×

73. 主变压器 500、220kV 侧距离保护可分别作为 500、220kV 母线的后备保护，当对应母线保护停用时，可不调整距离保护动作时间。(　　)

答案：×

74. 由于母差保护装置中采用了复合电压闭锁功能，所以当发生 TA 断线时，保护装置将延时发 TA 断线信号，不需要闭锁母差保护。(　　)

答案：×

75. 充电保护一般是通过判别母联电流是否越限，出口后将母联断路器跳开，因此在正常运行时不允许随意退出充电保护。(　　)

答案：×

76. 不得将故障电压互感器所在母线的母差保护停用。(　　)

答案：×

77. 大差取当前运行于双母线系统上所有连接单元的电流进行计算。(　　)

答案：×

78. 在双母线系统中，当母联单元只安装一组 TA，在母联断路器与母联 TA 之间发生的故障称为死区故障。(　　)

答案：√

79. 双母线并列、分列或互联时，母线保护大差的动作灵敏度一样。(　　)

答案：×

80. 3/2 断路器接线方式的一串中的中间断路器拒动，将该串两个边断路器跳开即可。(　　)

答案：×

81. 在隔离开关双跨时，开关保护具有内连运行回路，发生母线内部故障时保护能有选择跳开故障母线上的所有连接元件。(　　)

答案：×

82. 500kV 主变压器 35kV 过流保护一段可作为 35kV 母线相间短路故障的主保护。(　　)

答案：√

83. 对于母线保护来说，220kV 电网重点防止保护误动；对于 500kV 电网，重点防止保护拒动。(　　)

答案：√

84. 220kV 系统在进行倒母线操作时，母联及分段断路器不必改为非自动。(　　)

答案：×

85. 500kV 失灵保护还有一个重要的作用是与远方跳闸保护配合，消除开关与电流互感器之间的死区故障。(　　)

答案：√

86. 220kV 母差保护动作，500kV 变压器 220kV 侧开关拒动，此时 220kV 侧开关失灵保护应联跳主变压器各侧开关。(　　)

答案：√

87. 采用 3/2 主接线运行方式的变电站在正常接线方式下发生一条母线故障停运时，不会造成出线停电。(　　)

答案：√

88. 母线差动保护同其他设备的差动保护原理是相同的。在正常运行和外部故障时，流入、流出母线电流之和为零；母线内部故障时，差动回路电流为短路总电流。(　　)

答案：√

89. 500kV 断路器失灵保护采用保护跳闸触点闭合同时跳闸相电流不返回，按相接线作为动作判据。(　　)

答案：√

90. 对于单母线分段或双母线的母差保护，每相差动保护由两个小差元件及一个大差元件构成。大差元件用于检查母线故障，而小差元件选择出故障所在的哪段或哪条母线。(　　)

答案：√

91. 母线出线故障时 TA 可能饱和。某一出线元件的 TA 饱和，其二次电流大大减少（严重饱和时 TA 二次电流等于零）。(　　)

答案：√

92. 在母差保护中，当故障电流（即工频电流变化量）与差动元件中的差流同时出现时，认为是区内故障开放差动保护。(　　)

答案：√

93. 当低电压元件、零序过电压元件及负序电压元件中只要有一个或一个以上的元件动作，立即开放母差保护跳各路开关的回路。(　　)

答案：√

94. 母差保护为分相差动，TA 断线闭锁元件也应分相设置，即哪一相 TA 断线闭锁哪一相差动保护，以减少母线上又发生故障时差动保护拒动的几率。(　　)

答案：√

95. 国产的微机母线保护装置中设置有专用的死区保护，用于切除母联断路器与母联 TA 之间的故障。(　　)

答案：√

96. 母联过电流保护是临时性保护，当用母联代路时投入运行。(　　)

答案：√

97. 母联过流保护动作后经延时跳开母联开关。该保护不经复合电压闭锁元件闭锁。(　　)

答案：√

98. 对于双母线断路器失灵保护，应设置两套复合电压闭锁元件，分别接在各自母线 TV 二次，并分别作为各自母线失灵跳闸的闭锁元件。(　　)

答案：√

99. 当连接元件从某一母线切换到另一母线时，对大差的工作并没影响，但对小差的工作却会带来影响。(　　)

答案：√

三、简答题

1. 请解释规程中的规定：双母线接线的断路器失灵保护要以较短时限先切母联断路器，再以较长时限切故障母线上的所有断路器。

答：双母线接线方式的断路器失灵时，失灵保护动作后，先跳开母联断路器和分段断路器，以第二延时跳开失灵断路器所在母线的其他所有断路器。

先跳开母联断路器和分段断路器，主要是为了尽快将故障隔离，减少对系统的影响，避免非故障母线线路对侧零序速动段保护误动。

2. 在母线电流差动保护中，为什么要采用电压闭锁元件？怎样闭锁？

答：为了防止差动继电器误动或误碰出口中间继电器造成母线保护误动，故采用复合电压闭锁元件。它利用接在每组母线电压互感器二次侧上的低电压继电器和零序过电压继电器实现。三只低电压继电器反应各种相间短路故障，零序过电压继电器反应各种接地故障。利用电压元件对母线保护进行闭锁，接线简单。防止母线保护误动接线是将电压重动继电器的触点串接在各个跳闸回路中。这种方式如误碰出口中间继电器不会引起母线保护误动，因此被广泛采用。

3. 有哪些措施可以保证母联（分段）断路器停运时母差保护的工作灵敏度？微机型母差保护一般采用哪种措施？并以什么作为开入量？

答：措施有：①解除大差元件；②自动降低大差元件的比率制动系数。

现在的微机型母差保护一般采用自动降低大差元件的比率制动系数的方法，以母联（分段）开关的辅助接点作为开入量。

4. 500kV 母差保护（3/2 断路器接线），为什么不必考虑常规的电压闭锁？

答：（1）考虑电压闭锁需要有负序和零序电压，就需要三相式 TV，500kV 母线都是单相式 TV，构不成负序和零序；

（2）当一组母线 TV 检修时需切换电压回路，会增加回路的复杂性；

（3）母差保护误动不会带来严重的后果。

5. 简述母差保护停用时的影响及处理方法。

答：（1）对于 3/2 断路器接线方式，当任一母线的母差保护全部退出运行时，应将母线退出运行。

（2）双母线接线方式，母差因故停用，应尽量缩短母差停用的时间，不安排母线连接设备的检修，避免在母线上进行操作，减小母线故障的概率。

（3）根据当时的运行方式要求，临时将短时限的母联断路器或分段断路器的过电流保护投入运行以快速地隔离故障。

（4）如果仍无法满足母线故障的稳定要求，可将母线上出线对侧保护对本母线故障有灵敏的后备保护时间缩短，无法整定配合时，允许无选择性跳闸。

6. 双母线接线和 3/2 接线的母差保护动作跳相应断路器且断路器失灵时，两种接线方式如何切除故障，回路是如何实现的？

答：双母线接线的母差保护动作跳相应断路器且断路器失灵时，通过母差动作启动远跳（分相电流差动）将对侧断路器跳开切除故障。

3/2 接线的母差保护动作跳相应断路器且断路器失灵时，通过母差动作启动边断路器失灵，边断路器失灵出口跳相邻断路器（包括跳主变压器其他侧断路器或远跳线路对侧断路器）切除故障。

7. 什么条件下断路器失灵保护的跳闸回路可启动？

答：下列条件同时具备时失灵保护的跳闸回路可启动：

（1）故障设备的保护能瞬时复归的出口继电器动作后不返回；

（2）断路器未跳开的判别元件动作。

8. 什么叫断路器失灵保护？

答：断路器失灵保护，在故障元件的继电保护装置动作而其断路器拒绝动作时，它能以较短的时限切除与故障元件接于同一母线的其他断路器，以便尽快地将停电范围限制到最小。

9. BP-2B 型母线保护装置背板有 4 个独立模块电源：保护元件电源、闭锁元件电源、管理机电源和 24V 操作电源，其上电顺序是什么？若顺序出错，会有什么结果？

答：顺序为管理机电源、24V 操作电源、闭锁元件电源、保护元件电源。

顺序出错，“保护异常”灯亮，退出保护元件。

10. 目前微机母差屏上需要加装启动失灵压板，请问为什么应加装在负电源端？

答：在失灵保护试验时，有可能误碰将正电源引入失灵启动回路引起母线失灵保护误动，在负电源侧加装启动失灵压板后可以有效进行隔离。

11. 目前普遍使用的微机母差保护差动定值是否需要考虑 TA 饱和的因素？

答：不考虑，微机保护差动定值只要躲过分支的最大负荷电流，在区外发生故障时 TA 饱和，由微机保护内部算法识别，并闭锁差动保护。

12. 某 220kV 双母线配置单套母差保护，某间隔需要连通前，值班人员误将“互联”压板投成“分列”压板，请问这种状态对母差保护有什么影响？

答：这种情况下，把母联 TA 退出小差回路，将造成差流告警，闭锁母差保护，在操作过程中母线发生故障将无保护切除故障，造成严重后果。

13. 电流互感器二次回路一相开路，是否会造成母差保护误动？说明原因。

答：电压闭锁元件投入时，如系统无扰动，电压闭锁元件不动作，此时电流断线闭锁元件动作，经整定延时后闭锁母差保护，母差保护不会误动；如电流断线时，电压闭锁元件正好动作（在电流断线闭锁元件整定延时到达之前）或没有投入，则母差保护会误动。

14. 双母线完全电流差动保护在母线倒闸操作过程中应怎样操作？

答：在母线配出元件倒闸操作的过程中，配出元件的两组隔离开关双跨两组母线，配出元件和母联断路器的一部分电流将通过新合上的隔离开关流入（或流出）该隔离开关所在母线，破坏了母线差动保护选择元件差流回路的平衡，而流过新合上的隔离开关的这一部分电流，正是它们共同的差电流。此时，如果发生区外故障，两组选择元件都将失去选择性，全靠总差流启动元件来防止整套母线保护误动。

在母线倒闸操作过程中，为了保证发生母线故障时，母线差动保护能可靠发挥作用，需将保护切换成由启动元件直接切除双母线的方式。但对隔离开关为就地操作的变电站，为了确保人身安全，此时一般需将母联断路器的跳闸回路断开。

15. 简述停用母差保护的一般步骤。

答：（1）解除母差保护出口跳闸压板；

（2）解除母差保护启动失灵压板；

（3）解除复合电压闭锁压板；

（4）断开直流信号电源；

（5）断开直流控制电源。

16. 为什么设置母线充电保护?

答：母线差动保护应保证在一组母线或某一段母线合闸充电时，快速而有选择地断开有故障的母线。为了更可靠地切除被充电母线上的故障，在母联断路器或母线分段断路器上设置相电流或零序电流保护，作为母线充电保护。

母线充电保护接线简单，在定值上可保证高的灵敏度。在有条件的地方，该保护可以作为专用母线单独带新建线路充电的临时保护。

母线充电保护只在母线充电时投入，当充电良好后应及时停用。

17. 什么是汲出电流？当双母线内部故障且有电流汲出时对该母差保护的动作行为有何影响？在微机型母差保护中如何解决此问题?

答：母线内部故障时，流出母线的电流称为汲出电流。

双母线内部故障且母联断路器分列运行时存在汲出电流，汲出电流会导致大差保护灵敏度下降，但对小差保护无影响。

微机母差保护大差在母线分列运行且存在汲出电流的情况下，降低比率制动系数以提高母差保护的灵敏度。

18. 3/2 接线方式下，为什么重合闸及断路器失灵保护须单独设置?

答：在重合线路时，由于两个断路器都要进行重合，且两个断路器的重合还有一个顺序问题，因此重合闸不应设置在线路保护装置内，而应按断路器单独设置。此外，每个断路器的失灵保护跳闸对象也不一样，所以失灵保护也应按断路器单独设置。因此一般在 3/2 接线方式中，把重合闸和断路器失灵保护做在单独的一个装置内，每一个断路器配置一套该装置。

19. 说明双母线接线时的失灵保护其复合电压闭锁元件应有一定的延时返回时间的原因。

答：双母线接线的每条母线上均设置有一组 TV。正常运行时其失灵保护的两套复合电压闭锁元件分别接在各自母线上的 TV 二次侧。但当一条母线上的 TV 检修时，两套复合电压闭锁元件将由同一个 TV 供电。

设Ⅰ母上的 TV 检修，与Ⅰ母连接的系统内出现短路故障时，Ⅰ母所连的某一出线的断路器失灵。此时失灵保护动作，以短延时跳开母联。由于失灵保护的两套复合电压闭锁元件均由Ⅱ母 TV 供电，而在母联断路器跳开后Ⅱ母电压恢复正常，复合电压元件不会动作，失灵保护将无法将接在Ⅰ母上各元件的断路器跳开。

为了确保失灵保护能可靠切除故障，复合电压闭锁元件有 1s 的延时返回时间是必要的。

20. 重负荷下发生母线内经高电阻短路时，对比率制动特性的母差保护来说有什么影响？

答：对保护的灵敏度有影响。对所有稳态量的差动保护来说，负荷电流不会产生动作电流而只能产生制动电流。因此在重负荷下发生母线内经高电阻短路时，由于动作电流（短路电流）不大而制动电流较大将影响差动保护动作的灵敏度。可以采用工频变化量母线差动保护以提高在重负荷下母线内部发生轻微故障（经高电阻短路）的灵敏度。

21. 母线保护屏上配置的模拟盘有何作用？

答：当保护装置发出隔离开关位置报警信号后，如果运行人员检查并确认隔离开关位置与实际情况不符时，可利用模拟盘上的强制开关的接点代替隔离开关的辅助接点作为开入量输入保护装置，并按“隔离开关位置确认”按钮，让保护装置读取正确的隔离开关位置，这样在检修隔离开关的辅助接点期间不会影响母线保护的正确工作。

四、分析题

1. 试述双母线接线方式时断路器失灵保护的设计原则，断路器失灵保护时间定值如何整定？

答：（1）双母线接线方式时断路器失灵保护的设计原则是：

1）对带有母联断路器和分段断路器的母线，要求断路器失灵保护应首先动作于断开母联断路器或分段断路器，然后动作于与拒动断路器接于同一母线上的所有电源支路的断路器；

2）断路器失灵保护由故障元件的继电保护启动，手动跳开断路器时不可启动失灵保护；

3）在启动失灵保护的回路中，除故障元件保护的触点外，还应包括断路器失灵判别元件的触点，利用失灵分相判别元件来检测断路器失灵故障的存在；

4）为从时间上判别断路器失灵故障的存在，失灵保护的动作时间应大于故障元件断路器跳闸时间和继电保护返回时间之和；

5）为防止失灵保护误动，失灵保护回路中任一对接点闭合时，应使失灵保护不被误启动或引起误跳闸；

6）断路器失灵保护应有负序、零序和低电压闭锁元件。对于变压器、发电机变压器组采用分相操作的断路器，允许只考虑单相拒动，应用零序电流代替相电流判别元件和电压闭锁元件；

7）当变压器发生故障或不采用母线重合闸时，失灵保护动作应闭锁各连接元件的重合闸回路，以防止对故障元件进行重合；

8）当以旁路代某一连接元件的断路器时，失灵保护的启动回路可进行相应切换；

9）当某一连接元件退出运行时，它的启动失灵保护的回路应同时退出工作，以防止试验时引起失灵保护误动，失灵保护动作应有专用信号表示。

（2）断路器失灵保护时间定值的基本要求：断路器失灵保护所需动作延时，必须保证让故障线路或设备的保护装置先可靠动作跳闸，延时时间应为断路器跳闸时间和保护返回时间之和再加裕度时间。以较短时间动作于断开母联断路器或分段断路器，再经一时限动作于连接在同一母线上的所有电源支路的断路器。

2. 在 3/2 接线方式下（如图 4-3 所示），QF1 的失灵保护应由哪些保护启动？QF2 失灵保护动作后应跳开哪些断路器？并说明理由。

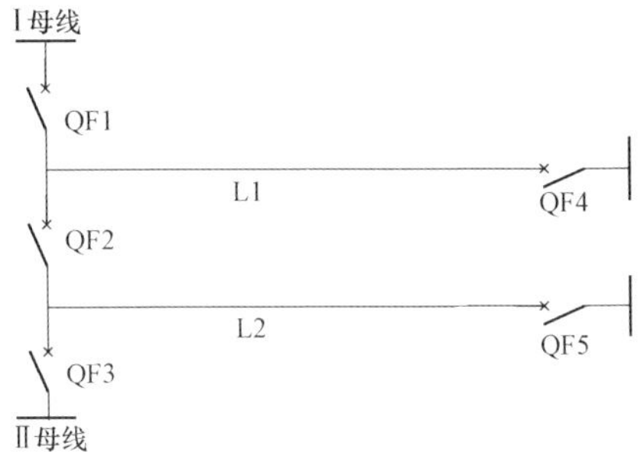

图 4-3

答：（1）QF1 的失灵保护由母线保护、线路 L1 保护启动；

（2）QF2 失灵保护动作后应跳开 QF1、QF3、QF5、QF4，才能隔离故障。

3. 某双母线接线形式的变电站，每一母线上配有一组电压互感器，母联断路器在合入状态，该站某出线出口发生接地故障后，查阅录波图发现无故障时两组 TV 对应相的二次电压相等，故障时两组 TV 对应相的二次电压不同。请问：

（1）造成此现象的原因可能是什么？

（2）如不解决此问题，会对保护装置的动作行为产生什么影响？

答：（1）造成此现象的原因可能有两个：①TV 二次侧存在两个接地点；②TV 三次回路被短接。

（2）如不解决此问题，采用自产 $3U_0$ 的保护或多相补偿的阻抗继电器有可能误动或拒动。

4. 失灵回路启动示意图如图 4-4 所示，分析这样接线会有什么后果？应该怎么改正？

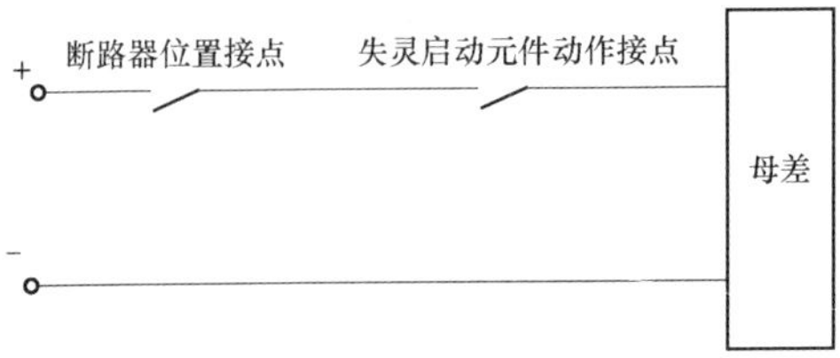

图 4-4

答：这种接线会造成运行时区外故障，失灵保护误启动；断路器跳开时，在断路器主触头击穿重燃的情况下，失灵保护反而不能启动。应将断路器位置接点改成相应元件保护的动作接点。

5. 断路器失灵保护的启动应符合哪些要求？

答：断路器失灵保护的启动必须同时具备以下条件：

（1）故障线路或电气设备能瞬时复归的出口继电器动作后不返回（故障切除后，启动失灵的保护出口返回时间应不大于 30ms）；

（2）断路器未断开的判别元件动作后不返回。若主设备保护出口继电器返回时间不符合要求时，判别元件应双重化。失灵保护的判别元件一般应为相电流元件；发电机变压器组或变压器断路器失灵保护的判别元件应采用零序电流元件或负序电流元件。判别元件的动作时间和返回时间均不应大于 20ms。

6. 画出双母线接线中母联 TA 的三种布置方式，试分析这三种布置方式下死区故障时母差保护的动作情况。

答：双母线接线中母联 TA 的三种布置方式如图 4-5 所示。

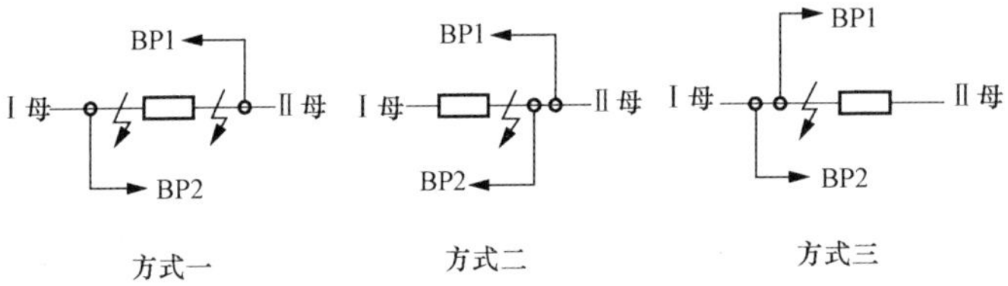

图 4-5

方式一：TA 布置在母联断路器的两侧，在断路器与 TA 之间发生故障时，两段母差均动作于跳闸，也就是不存在死区。

方式二：TA 布置在母联断路器的Ⅱ母一侧，Ⅰ母母差动作后，故障点仍然存在，靠死区保护动作切除Ⅱ母上所有断路器。

方式三：TA 布置在母联断路器的Ⅰ母一侧，Ⅱ母母差动作后，故障点仍然存在，靠死区保护动作切除Ⅰ母上所有断路器。

7. 双母线在两条母线上都装有分差动保护，母线按固定连接方式运行，如图 4-6 所示，线路 L2 进行倒闸操作，在操作过程中隔离开关 QS 已合上，将两条母线跨接，此时母线Ⅰ

发生故障，流入故障点的总短路电流为 I_f，假设有电流 I_x 经隔离开关 QS 流入母线Ⅰ。试问此时流入母线Ⅰ和母线Ⅱ的分差动保护的差动电流各为多少？

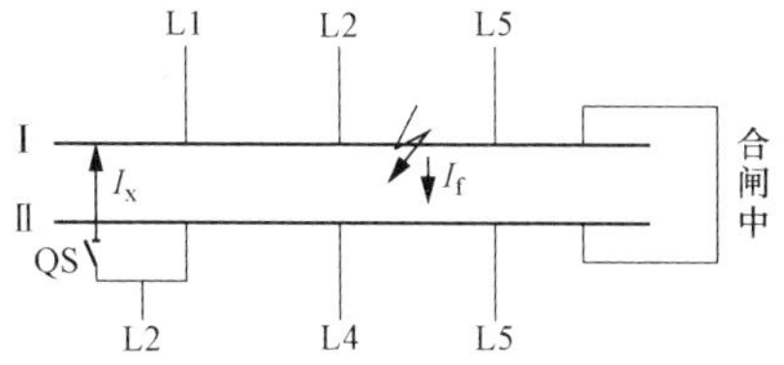

图 4-6

答：I_x 未流入两个分差动保护，所以故障母线Ⅰ的差动电流为 I_f-I_x，而健全母线Ⅱ的差动电流为 I_x。

8. 某变电站 220kV 为双母线接线，采用 BP-2B 型母差保护装置，定值整定为：差动动作值为 2A，比率高值 K_H 为 0.7，比率低值 K_L 为 0.5。某日两段母线并列运行时，站内Ⅰ母 k 点发生 A 相接地故障，故障电流（二次值）TA 变比如图 4-7 所示，试计算Ⅰ母小差差动电流值、大差差动电流值，并校验Ⅰ母差动是否能动作？

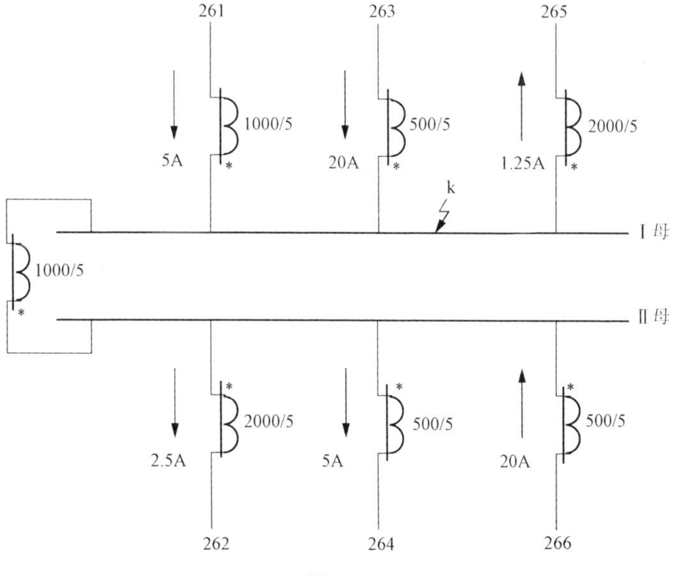

图 4-7

答：依题目可求得母联一次流过 500A 电流，方向由Ⅱ母流向Ⅰ母。

Ⅰ母小差差动电流为

$$I_{d1}=5/2+20/4+2.5/2-1.25=2.5+5+1.25-1.25=7.5(A)$$

I_{d1} 大于启动值(2A)。

Ⅰ母小差制动电流为

$$I_{r1}=5/2+20/4+2.5/2+1.25=2.5+5+1.25+1.25=10(A)$$

$$K_H(I_{r1}-I_{d1})=0.7\times(10-7.5)=1.75(A)$$

I_{d1} 大于 1.75A，Ⅰ母小差满足动作条件。

大差差动电流为

$$I_d=5/2+20/4+20/4-2.5-5/4-2.5/2=2.5+5+5-2.5-1.25-1.25=7.5(A)$$

大差制动电流为

$$I_r=5/2+20/4+20/4+1.25+5/4+2.5/2=2.5+5+5+2.5+1.25+1.25=17.5(A)$$

I_d 大于启动值(2A)。

$$K_H(I_r-I_d)=0.7\times(17.5-7.5)=7(A)$$

I_d 大于 7A，大差元件满足动作条件。

结论：Ⅰ母差动动作。

9. 试分析如图 4-8 所示 3/2 断路器接线方式发生故障时，保护如何动作。

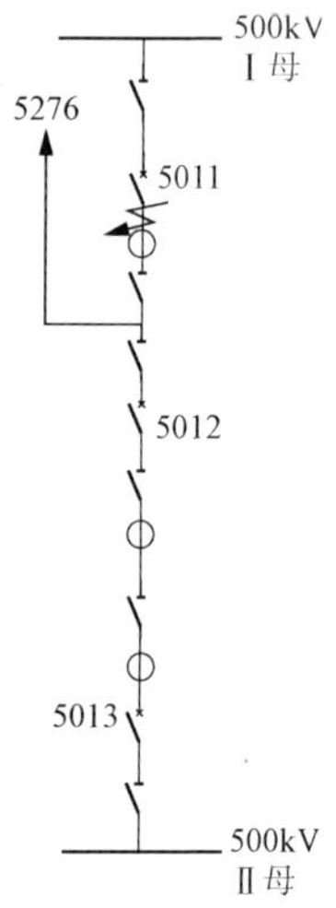

图 4-8

答：发生如图 4-8 所示故障时，Ⅰ母母差保护动作，跳开母线上断路器，此时 5011 断路器也跳开，但故障点依然有电流存在，5011 断路器的失灵保护动作，跳开 5012 断路器并发远跳命令，使 5276 线对侧断路器跳闸，从而故障被隔离。

10. BP-2B 型和 RCS-915 型保护装置的母联分列死区故障有何异同。

答：RCS-915 型保护装置在母联分列运行时投入的分列压板是和母联开关的跳位接点并联的，必须满足两母均有压、母联三相跳位且三相均无流时才封母联 TA，母联分列死区故障时直接跳故障母线。

BP-2B 型保护装置在母联分列运行时，当未投入分列压板时，与 RCS-915 型保护装置的动作逻辑一致；当投入分列压板时，可靠性更高，不管是否满足两母均有压都强制封母联 TA，母联分列死区故障时直接跳故障母线。

11. 简述 BP-2B 型和 RCS-915 型保护装置的主变压器失灵解除复压闭锁的试验步骤。

答：（1）投入失灵压板和控制字；

（2）该间隔整定为主变压器，投不经电压闭锁，投经负序、零序电流闭锁；

（3）该间隔隔离开关接至Ⅰ母或Ⅱ母；

（4）Ⅰ母或Ⅱ母加正常电压，该间隔通入电流并使相电流、负序电流、零序电流大于该间隔的相电流、负序电流、零序电流定值；

（5）同时短接主变压器失灵，解除复压闭锁开入和该间隔的失灵开入，经 t_1、t_2、t_3 延时分别跳本断路器，母联断路器和相应母线。

12. 根据图 4-9 所采用的母差保护，请画出在图中位置发生故障时，流过各电流互感器一、二次侧的电流示意图，并指出哪个差动继电器动作、跳哪些开关。

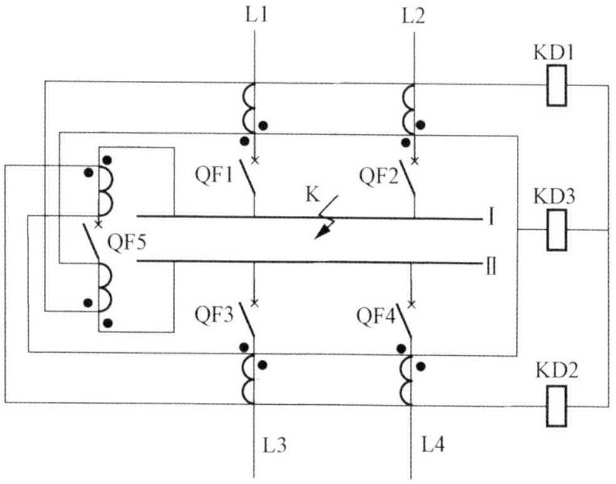

图 4-9

答：电流示意图见图 4-10，KD1、KD2 动作，跳开 QF1、QF2、QF5。

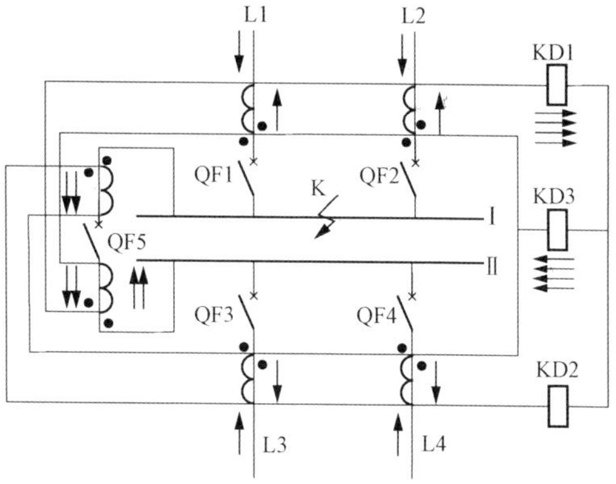

图 4-10

13. 以图 4-11 为例说明母联断路器状态对差动元件动作灵敏度的影响。

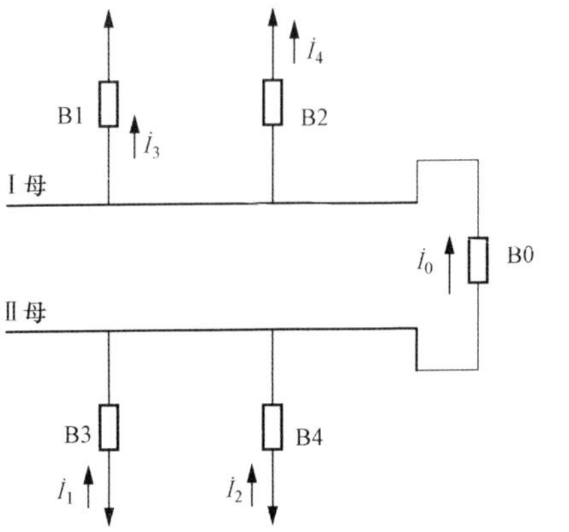

图 4-11

答：运行时，流入大差元件的电流为$\dot{I}_1 \sim \dot{I}_4$ 4 个电流；流入Ⅰ母小差元件的电流为$\dot{I}_3$、$\dot{I}_4$及$\dot{I}_0$ 3 个电流；流入Ⅱ母小差元件的电流为$\dot{I}_1$、$\dot{I}_2$、$\dot{I}_0$ 3 个电流。

当母联运行时Ⅰ母发生短路故障，Ⅰ母小差元件的差流为$|\dot{I}_3|+|\dot{I}_4|+|\dot{I}_0|=|\dot{I}_3|+|\dot{I}_4|+|\dot{I}_1|+|\dot{I}_2|$；Ⅰ母小差元件的制动电流也为$|\dot{I}_3|+|\dot{I}_4|+|\dot{I}_1|+|\dot{I}_2|$。两者之比为 1。大差元件的差流及制动电流与Ⅰ母小差相同，两者之比也为 1。

当母联断路器断开时Ⅰ母发生短路故障，Ⅰ母小差元件的差流为$|\dot{I}_3|+|\dot{I}_4|$，制动电流也为$|\dot{I}_3|+|\dot{I}_4|$，两者之比为 1。而大差元件的制动电流仍为$|\dot{I}_3|+|\dot{I}_4|+|\dot{I}_1|+|\dot{I}_2|$，但差流却只有$|\dot{I}_3|+|\dot{I}_4|$。显然，大差元件的动作灵敏度大大下降。

14. 某变电站母线发生故障，母线接线方式为双母线接线，L1 为母联间隔，L3 为电源间隔，L4 为负荷支路。各间隔 TA 变比相同，全部为 1200/1，TA 极性如图 4-12 所示。故障时母联开关处于合位，故障相别为 A 相，故障时差流满足差动门槛及比率条件，母线保护装置型号为 BP-2C。图 4-13 为故障时刻Ⅰ母 A 相电压、Ⅱ母 A 相电压及各间隔 A 相电流，请根据图 4-13 的电流波形分析母线保护装置的动作行为及母线故障点位置。

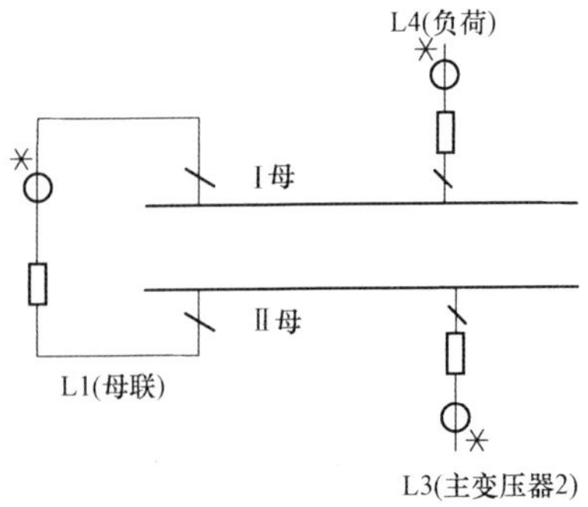

图 4-12　主接线图

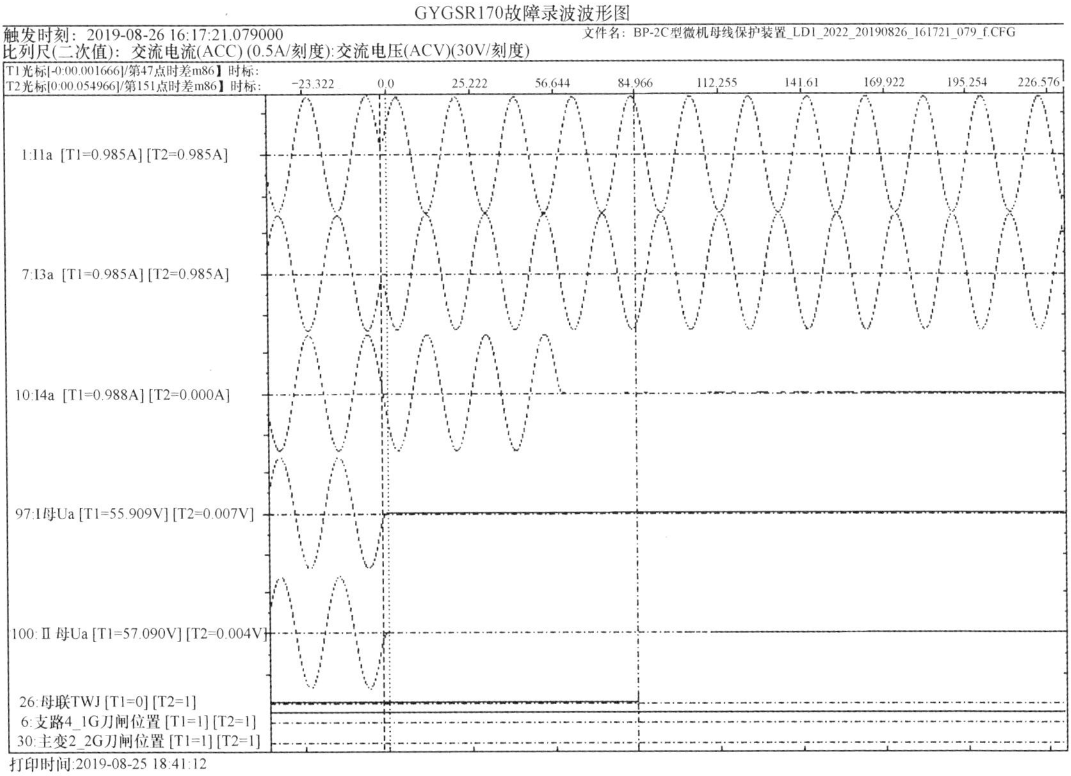

图 4-13

答：（1）根据图 4-12，母联间隔极性与Ⅱ母上支路相同，因此差流计算如下：

$$大差\ I_{da}=L_3+L_4$$

$$Ⅰ母小差\ I_{da1}=L_4-L_1$$

$$Ⅱ母\ A\ 相小差\ I_{da2}=L_3+L_1$$

（2）分析图 4-13 可知，故障后：支路 3 与支路 4 电流同向，根据上述计算式可知，大差有差流；母联与支路 3、4 电流方向相反，根据上述计算式可知，Ⅰ母有差流，2 母无差流，因此故障后Ⅰ母保护动作出口。

（3）分析图 4-13 可知，支路 4 切除后，母联及支路 3 电流仍反向，但故障未消失，说明故障仍存在；85ms 时刻 TWJ 开入，经 150ms 延时后封母联 TA，此时根据上述计算式可知，Ⅰ母有差流，Ⅰ母保护动作出口。

（4）根据波形分析及母联保护动作行为分析，故障为母联并列死区故障，故障点位于母联断路器和 TA 之间。

15. 某变电站发生故障，母线接线方式为双母线接线，L1 为母联间隔，L2 及 L3 为电源间隔，L4 及 L5 为负荷支路。各间隔 TA 变比相同，全部为 1200/5，间隔挂接及 TA 极性如图 4-14 所示。母联断路器处于合位。运行过程中线路 L4 间隔 B 相发生接地故障，并提供故障时刻母线上各间隔电压波形、母线大小差波形、相电流波形如图 4-15～图 4-18 所示。母线差动保护门槛为 5A，请根据故障时电流电压波形，分析母线保护装置

的动作行为及故障点位置。

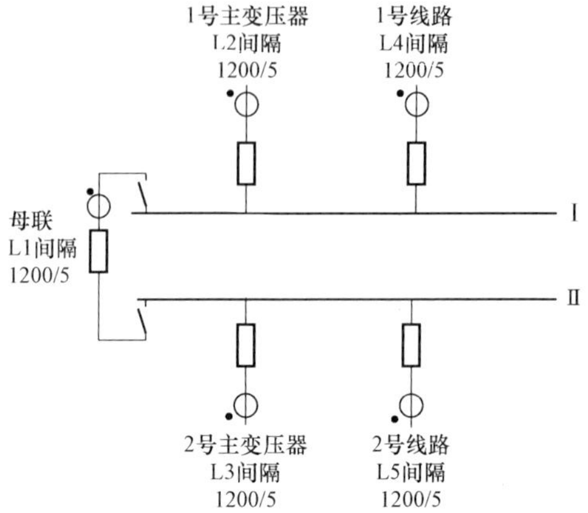

图 4-14

电压波形图如图 **4-15** 所示。

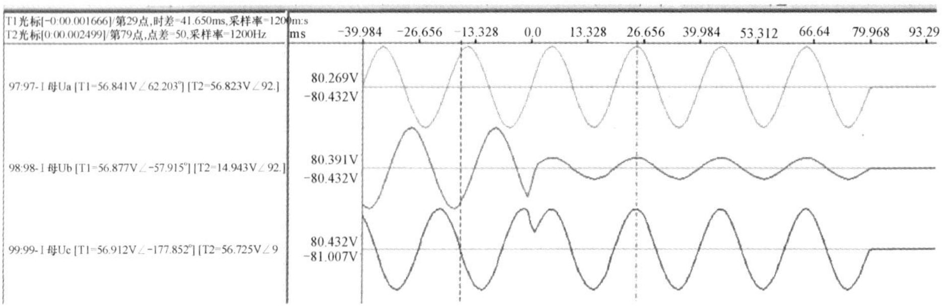

图 4-15

母线大小差波形如图 **4-16** 所示。

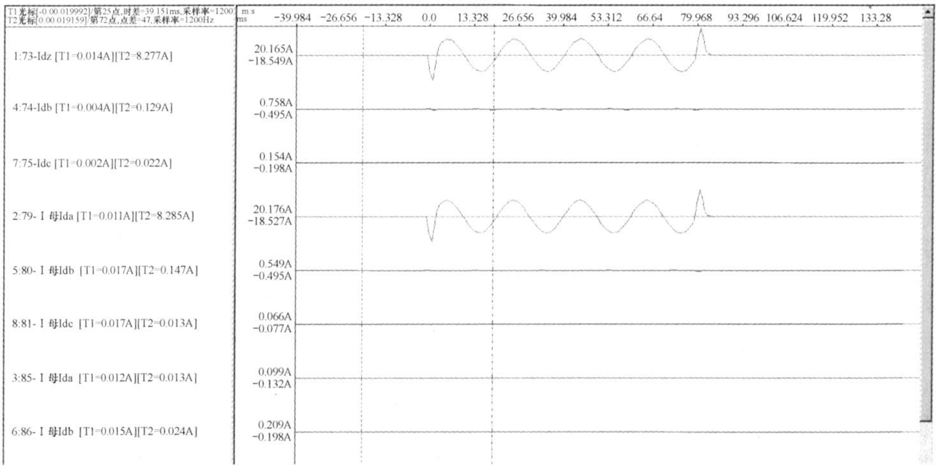

图 4-16

各间隔相电流波形如图 4-17、图 4-18 所示。

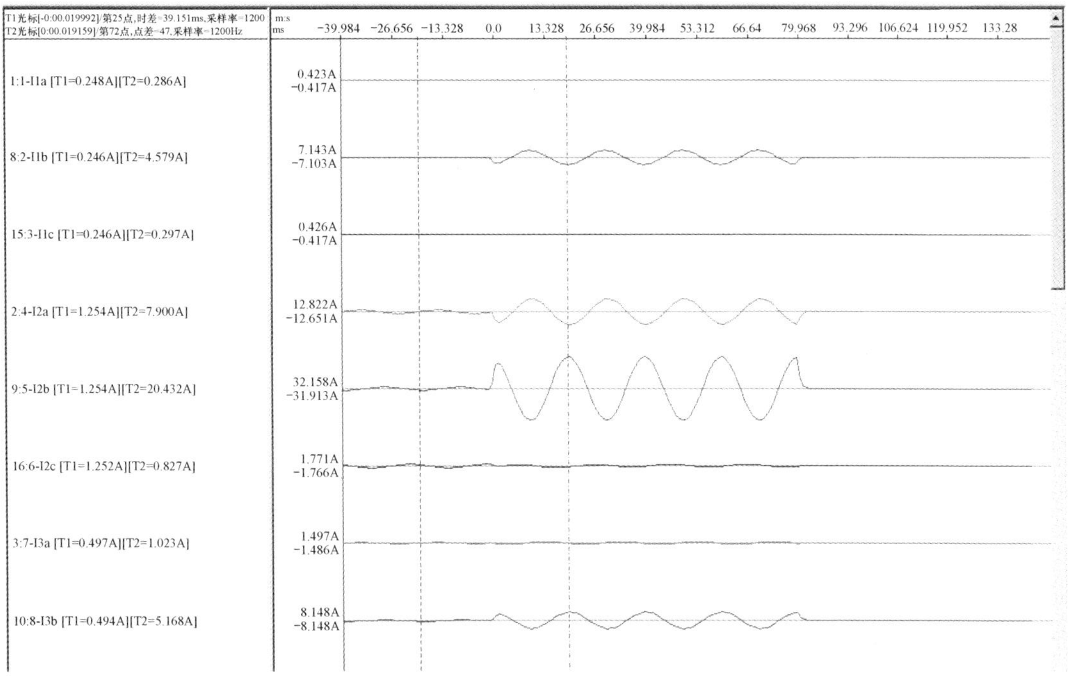

图 4-17

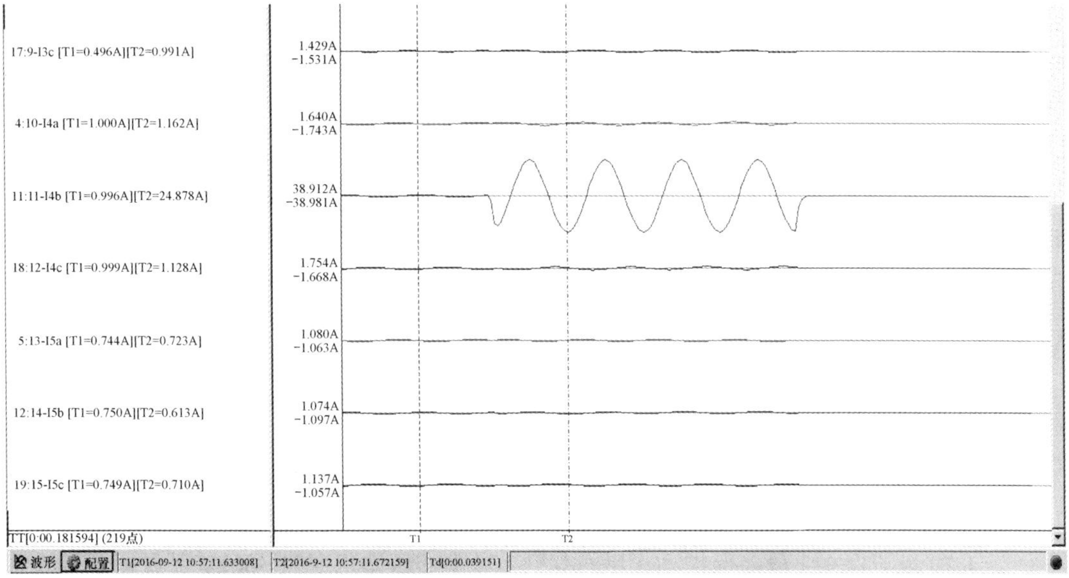

图 4-18

答：（1）动作行为分析如下：

1）根据波形分析，L4 间隔 B 相发生故障，母线 B 相无差流，说明 B 相为母线区外故障，母线保护 B 相差动不会动作。

2）从母线差流波形图（图 4-16）中看出，A 相大差和小差均出现较大差流，幅值约为 9A，与 L2 间隔 A 相电流接近，其他支路 A 相电流变化不大，均为负荷电流。该情况满足母线保护 A 相比率差动判据，即 L2 间隔所在母线Ⅰ母满足 A 相比率差动判据，同时保护电压开放，保护装置Ⅰ母 A 相差动动作出口。

（2）故障点位置分析如下：

1）根据波形分析，L4 间隔 B 相发生单相接地故障时，A、C 相电压均正常，故 A、C 相一次侧应无故障，A 相出现差流原因应为二次回路产生。

2）通过各支路电流大小可知，故障期间 L2 间隔 A 相电流发生突变，继而导致母线 A 相差流不平衡，故应为 L2 间隔二次回路出现异常。

3）分析 L2 间隔 A 相电流小于 B 相故障电流，同时与 B 相几乎反向。上述现象完全符合二次回路两点接地特征，故分析应为 L2 间隔 A 相 TA 二次回路两点接地。导致线路故障期间非故障支路的非故障相出现了较大的异常电流，使保护装置非故障相感受到差流，差动保护动作。

16. 某 500kV 主变压器 220kV 侧发生 B 相单相接地短路，B 相断路器的两个灭弧室爆炸，220kV 母差保护动作，跳开北母线上所连接的元件；220kV 失灵保护动作，跳开南母线上所连接的元件；1s 后 2 号主变压器 220kV 过流保护动作，跳开 2 号主变压器各侧断路器，如图 4-19 所示。当母联元件的相电流继电器 A 相粘连，分析各保护动作原因。

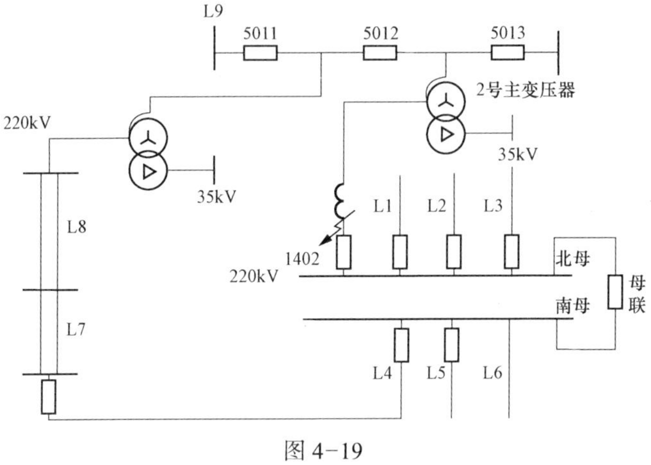

图 4-19

答：（1）母差保护：此次故障发生在主二次开关和 TA 之间，属变压器差动保护范围之外、母线差动保护区内，220kV 母差保护动作，跳开北母线上连接的元件。

（2）过流保护：母差保护动作后，由于 2 号主变压器仍通过 500kV 系统向故障点提供短路电流，2 号主变压器过流保护动作，跳开 2 号主变压器各侧断路器，故障消失，上述保护动作行为正确。

（3）失灵保护 A 相母联相电流判别继电器接点粘连，满足失灵保护动作的一个条件，当 220kV 北母母差保护动作后，2 号主变压器二次 TA 仍有故障电流流过，由于母差保护差电流回路中还有故障电流存在，造成母差保护北母差动选择继电器 2XZJ 仍处于动作状态，满足失灵保护动作的第二个条件。220kV 北母线切除后，南母线上的 L5 仍通过 L4、L7、L8、500kV L9 向故障点提供短路电流，产生零序电压，造成失灵保护复合电压闭锁继电器动作，满足失灵保护动作的第三个条件。由于上述原因，造成 220kV 失灵保护误动作。

第五章

变压器保护

一、选择题

1. 自耦变压器的零序方向保护中，零序电流（　　）从变压器中性点的电流互感器取得。

答案：B

A. 必须　　B. 不应　　C. 可以　　D. 不确定

2. 双绕组变压器空载合闸的励磁涌流的特点有（　　）。 答案：C

A. 变压器两侧电流相位一致　　B. 变压器两侧电流相位无直接联系
C. 仅在变压器一侧有电流　　D. 变压器两侧均有电流

3. 为防止由瓦斯保护启动的中间继电器在直流电源正极接地时误动，应（　　）。 答案：A

A. 采用动作功率较大的中间继电器，而不要求快速动作
B. 对中间继电器增加 0.5s 的延时
C. 在中间继电器启动线圈上并联电容
D. 采用动作功率较大的中间继电器，但要求快速动作

4. 变压器本体的气体、压力释放、压力突变、温度和冷却器全停等非电量保护宜采用就地跳闸方式，即通过安装在开关场的、启动功率不小于（　　）W 的中间继电器的两副接点，分别直接接入变压器各侧断路器的跳闸回路，并将动作信号接至控制室。 答案：B

A. 2　　B. 5　　C. 10　　D. 15

5. 变压器呼吸器所起的作用是（　　）。 答案：C

A. 清除变压器中油的水分和杂质
B. 吸收、净化变压器绕组匝间短路时产生的烟气
C. 清除所吸入空气中的水分和杂质
D. 以上任一答案均正确

6. 变压器供电的线路发生短路时，要使短路电流小些，下述措施（　　）是对的。

答案：D

A. 增加变压器电动势　　B. 加大变压器外电阻 R
C. 增加变压器内电阻 r　　D. 选用短路比大的变压器

7. Yd11 接线的变压器 d 侧发生两相短路时，Y 侧有一相电流比另外两相电流大，该相是（　　）。 答案：B

A. 同名故障相中的超前相　　B. 同名故障相中的滞后相

C. 同名的非故障相　　D. 以上答案均不正确

8. Yd11 接线的变压器低压侧发生 B、C 相两相短路，星形侧某相电流为其他两相短路电流的 2 倍，该相为（　　）。 答案：C

A. A 相　　B. B 相

C. C 相　　D. 以上答案均不正确

9. 220kV 变压器的中性点经间隙接地的零序过电压保护采用外接零序电压时，一般可整定为（　　）。 答案：B

A. 120V　　B. 180V　　C. 70V　　D. 220V

10. Yyn12 的升压变压器，在不计负荷电流的情况下，当 yn 侧外部 A 相接地时，关于 yn 侧的三相电流的说法正确的是（　　）。 答案：C

A. yn 侧 A 相有故障电流，B、C 两相无故障电流

B. yn 侧三相均有电流且大小各不相同，故障相电流最大，另两相也有故障电流

C. yn 侧三相均有流，A 相电流与另两相电流可能同相位

D. 以上说法均不正确

11. 下面有关 YNd11 接线变压器的纵差动保护说法正确的是（　　）。 答案：D

A. 只可以反应变压器三角形绕组的断线故障

B. 只可反应 YN 侧一相的断线故障

C. 既能反应变压器三角形绕组的断线故障，也能反应 YN 侧一相的断线故障

D. 既不能反应变压器三角形绕组的断线故障，也不能反应 YN 侧一相的断线故障

12. 主变压器纵差保护一般取（　　）谐波电流元件作为过励磁闭锁元件，谐波制动比越（　　），差动保护躲变压器过励磁的能力越强。 答案：C

A. 3 次，大　　B. 2 次，大　　C. 5 次，小　　D. 2 次，小

13. Yd11 接线变压器的三角形侧发生两相 AB 短路时，则星形侧 C 相短路电流为 B 相短路电流的（　　）倍。 答案：D

A. 2　　B. $2/\sqrt{3}$　　C. $1/\sqrt{3}$　　D. 1/2

14. 变压器励磁涌流中大量存在的是（　　）谐波。 答案：A

A. 2 次　　B. 3 次　　C. 4 次　　D. 5 次

15. 新安装或一、二次回路经过变动的变压器差动保护，当第一次充电时，应将差动保护（　　）。 答案：A

A. 投入　　B. 退出

C. 投入、退出均可　　D. 以上说法均正确

16. 在变压器铁芯中，产生铁损的原因是（　　）。 答案：D

A. 磁滞现象　　B. 涡流现象

C. 磁阻的存在　　D. 磁滞现象和涡流现象

17. 变压器的联结组别表示变压器高低压侧（　　）。 答案：A

A. 线电压间的相位关系　　B. 线电流间的相位关系

C. 相电压间的相位关系　　D. 相电流间的相位关系

18. Yd11 接线的变压器，是指（　　）。 答案：C

A. 一次侧相电压超前二次侧相电压 30°　　B. 一次侧线电压超前二次侧线电压 30°

C. 一次侧线电压滞后二次侧线电压 30°　　D. 一次侧线电压滞后二次侧相电压 30°

19. Yd11 接线变压器配备微机型差动保护，两侧 TA 回路均采用星形接线，Y、d 侧二次电流分别为 I_{ABC}、I_{abc}，软件对 Y 侧电流进行相位补偿。A 相差动元件采用（　　）经接线系数、变比折算后计算差流。 答案：A

A. I_A-I_B 与 I_a　　B. I_a-I_b 与 I_A　　C. I_A-I_C 与 I_a　　D. I_a-I_c 与 I_A

20. 运行中的变压器保护，当现场进行（　　），重瓦斯保护应由“跳闸”位置改为“信号”位置运行。 答案：A

A. 注油和滤油时　　B. 变压器中性点不接地运行时

C. 变压器轻瓦斯保护动作后　　D. 变压器重瓦斯保护动作后

21. 变压器励磁涌流与变压器充电合闸初相有关，当初相角为（　　）时励磁涌流最大。 答案：A

A. 0°　　B. 60°　　C. 90°　　D. 120°

22. 当主变压器复合电压闭锁过流保护失去交流电压时，（　　）。 答案：C

A. 整套保护不起作用　　B. 仅失去低压闭锁功能

C. 失去复合电压闭锁功能　　D. 保护不受影响

23. 为防止变压器后备阻抗保护在电压断线时误动，必须（　　）。 答案：C

A. 装设电压断线闭锁装置

B. 装设电流增量启动元件

C. 同时装设电压断线闭锁装置和电流增量启动元件
D. 以上说法均不正确

24. 变压器差动保护防止穿越性故障情况下误动的主要措施是（ ）。 答案：C
A. 间断角闭锁 B. 2 次谐波制动
C. 比率制动 D. 以上说法均不正确

25. 为躲过励磁涌流，变压器差动保护采用 2 次谐波制动，（ ）。 答案：B
A. 2 次谐波制动比越大，躲过励磁涌流的能力越强
B. 2 次谐波制动比越大，躲过励磁涌流的能力越弱
C. 2 次谐波制动比越大，躲空投时不平衡电流的能力越强
D. 2 次谐波制动比越大，躲空投时不平衡电流的能力越弱

26. 对自耦变压器的零序方向电流保护，其零序方向元件的零序电流取自（ ）。 答案：B
A. 变压器中性点接地的电流互感器 B. 变压器出口的三相电流互感器
C. 均可 D. 均不可

27. 分级绝缘的 220kV 变压器高压侧中性点绝缘应采用（ ）作为在高压侧失去接地中性点时发生接地故障的主保护。 答案：C
A. 带延时的间隙零序电流保护 B. 带延时的零序过电压保护
C. 放电间隙 D. 以上说法均不正确

28. 变压器比率制动的差动继电器，设置比率制动的主要原因是（ ）。 答案：C
A. 为了躲励磁涌流
B. 为了提高内部故障时保护动作的可靠性
C. 当区外故障不平衡电流增加，为了使继电器动作电流随不平衡电流增加而提高动作值
D. 为了提高内部故障时保护动作的快速性

29. 变压器差动保护投入前，带负荷测相位和差电压（或差电流）的目的是检查（ ）。 答案：A
A. 电流回路接线的正确性 B. 差动保护的整定值
C. 电压回路接线的正确性 D. 以上说法均不正确

30. 自耦变压器中性点必须接地，这是为了避免当高压侧电网内发生单相接地故障时，（ ）。 答案：A
A. 中压侧出现过电压 B. 高压侧出现过电压
C. 高压侧、中压侧都出现过电压 D. 高压侧、中压侧均无过电压

31. **变压器过励磁与系统频率的关系是（　　）** **答案：A**

A. 与系统频率成反比　　B. 与系统频率无关

C. 与系统频率成正比　　D. 以上说法均不正确

32. **某 YNyn0 接线的变压器高压侧电压为 220kV 且中性点接地，低压侧为 6kV 的小电流接地系统（无电源），变压器差动保护采用内部未进行 Y/Δ变换的静态型变压器保护，如两侧 TA 二次均接成星形接线，则（　　）。** **答案：C**

A. 此种接线无问题

B. 低压侧区外发生故障时差动保护可能误动

C. 高压侧区外发生故障时差动保护可能误动

D. 高、低压侧区外发生故障时差动保护均可能误动

33. **有一台接线为 Yd11 变压器，在该变压器高、低压侧分别配置 A、C 两相式过电流保护，假设低压侧母线三相短路故障电流为 I_d，高压侧过电流保护定值为 I_{gdz}，低压侧过电流保护定值为 I_{ddz}。高压侧过电流保护灵敏度、高压侧过电流保护对低压侧过电流保护的配合系数、接线系数分别为（　　）。** **答案：B**

A. I_d/I_{gdz}，0.85，0.58　　B. $I_d/2I_{gdz}$，1.15，1.732

C. $2I_d/I_{gdz}$，1.15，1.16　　D. $I_d/2I_{gdz}$，1.15，1.16

34. **谐波制动的变压器纵差保护装置中设置差动速断元件的主要原因是（　　）。** **答案：B**

A. 提高保护动作速度

B. 防止在区内故障较高的短路水平时，由于电流互感器的饱和产生谐波量增加，导致谐波制动的比率差动元件拒动

C. 保护设置的双重化，互为备用

D. 提高整套保护灵敏度

35. **Yd11 接线的变压器装有微机差动保护，其 Y 侧电流互感器的二次电流相位补偿是通过微机软件（Y 侧转角）实现的。现整定 Y 侧二次基准电流 I_B 为 5A，差动动作电流 $I_C=0.4I_B$，从这一侧模拟 AB 相短路，其动作电流应为（　　）左右。** **答案：C**

A. $\sqrt{3}/2$A　　B. $\sqrt{3}$A　　C. 2A　　D. $1/\sqrt{3}$A

36. **对两个具有两段折线式差动保护的动作灵敏度的比较，正确的说法是（　　）。** **答案：C**

A. 初始动作电流小的差动保护动作灵敏度高

B. 初始动作电流较大，但比率制动系数较小的差动保护动作灵敏度高

C. 当拐点电流及比率制动系数分别相等时，初始动作电流小者动作灵敏度高

D. 当拐点电流及比率制动系数分别相等时，初始动作电流大者动作灵敏度高

37. **具有 2 次谐波制动的差动保护，为了可靠躲过励磁涌流，可（　　）。** **答案：B**

A. 增大“差动速断”动作电流的整定值
B. 适当减小差动保护的 2 次谐波制动比
C. 适当增大差动保护的 2 次谐波制动比
D. 减小“差动速断”动作电流的整定值

38. 发电机变压器的非电量保护，应该（　　）。 答案：C
A. 设置独立的电源回路（包括直流空气小开关及直流电源监视回路），出口回路与电气量保护公用
B. 设置独立的电源回路及出口跳闸回路，可与电气量保护安装在同一机箱内
C. 设置独立的电源回路和出口跳闸回路，且在保护柜上的安装位置也应相对独立
D. 以上说法均不正确

39. 容量为 180MVA，各侧电压分别为 220、110kV 和 10.5kV 的三绕组自耦变压器，其高压侧、中压侧和低压侧的额定容量应分别是（　　）。 答案：B
A. 180、180MVA 和 180MVA　　B. 180、180MVA 和 90MVA
C. 180、90MVA 和 90MVA　　D. 180、90MVA 和 180MVA

40. 变压器励磁涌流的衰减时间为（　　）。 答案：B
A. 1.5～2s　　B. 0.5～1s　　C. 3～4s　　D. 4.5～5s

41. 主变压器重瓦斯动作是由于（　　）造成的。 答案：C
A. 主变压器两侧断路器跳闸
B. 220kV 套管两相闪络
C. 主变压器内部高压侧绕组严重匝间短路
D. 主变压器大盖着火

42. 在 220kV 及以上变压器保护中，（　　）保护的出口不应启动断路器失灵保护。 答案：B
A. 差动　　B. 瓦斯　　C. 220kV 零序过流　　D. 中性点零流

43. 主变压器重瓦斯保护和轻瓦斯保护的正电源，正确接法是（　　）。 答案：B
A. 使用同一保护正电源
B. 重瓦斯保护接保护电源，轻瓦斯保护接信号电源
C. 使用同一信号正电源
D. 重瓦斯保护接信号电源，轻瓦斯保护接保护电源

44. 自耦变压器公共绕组装设过负荷保护是为了防止（　　）供电时，公共绕组过负荷而设置的。 答案：C

A. 高压侧向中、低压侧　　B. 低压侧向高、中压侧
C. 中压侧向高、低压侧　　D. 高压侧向中压侧

45. 220/110/35kV 自耦变压器，高、中、低压侧容量比为 100/100/50，在运行中公共绕组首先发出过负荷信号，此时的功率传输应该是（　　）。 答案：C

A. 低压侧同时向高、中压侧送电　　B. 高压侧同时向低、中压侧送电
C. 中压侧同时向高、低压侧送电　　D. 以上说法均不正确

46. 变压器差动保护的灵敏度和（　　）有关。 答案：D

A. 比率制动系数
B. 拐点电流
C. 初始动作电流
D. 比率制动系数、拐点电流及初始动作电流

47. 变压器中性点间隙接地保护包括（　　）。 答案：D

A. 间隙过电流保护
B. 间隙过电压保护
C. 间隙过电流保护与间隙过电压保护，且其接点串联出口
D. 间隙过电流保护与间隙过电压保护，且其接点并联出口

48. 变压器的过电流保护加装复合电压闭锁元件是为了（　　） 答案：C

A. 提高过电流保护的可靠性　　B. 提高过电流保护的选择性
C. 提高过电流保护的灵敏度　　D. 提高过电流保护的快速性

49. 与励磁涌流（一次值）特征无关的是（　　） 答案：C

A. 系统电压　　B. 合闸初相角　　C. TA 传变特性　　D. 变压器容量

50. 变压器差动速断的动作条件是（　　）。 答案：C

A. 必须经比率制动
B. 必须经 2 次谐波制动
C. 不经任何制动，只要差流达到整定值即能动作
D. 必须经 5 次谐波制动

51. 自耦变压器加装零序差动保护是为了（　　）。 答案：A

A. 提高自耦变压器内部接地短路的灵敏度
B. 提高自耦变压器内部相间短路的可靠性
C. 自耦变压器内部短路双重化
D. 提高自耦变压器内部接地短路故障的快速性

52. 变电站切除一台中性点直接接地的负荷变压器，在该变电站母线出线上发生单相接地故障时，该出线的零序电流（　　）。 答案：B

A. 变大　B. 变小　C. 不变　D. 不定

53. 变电站切除一台中性点直接接地的负荷变压器，在该变电站母线出线上发生两相故障时，该出线的正序电流（　　）。 答案：C

A. 变大　B. 变小　C. 不变　D. 不定

54. 变电站增加一台中性点直接接地的负荷变压器，在该变电站某出线对侧母线上发生单相接地故障时，该出线的零序电流（　　）。 答案：A

A. 变大　B. 变小　C. 不变　D. 不定

55. 发变组后备保护中电流元件用电流互感器，应设置在一次侧的（　　）。 答案：C

A. 发变组高压侧　B. 发电机出口

C. 发电机中性点　D. 发变组中压侧

56. 谐波制动的变压器保护设置差动电流速断保护元件的主要原因是（　　）。 答案：C

A. 为了提高差动保护的动作速度

B. 保护装置的双重化

C. 为了防止较高的短路水平时，由于电流互感器的饱和产生高次谐波，导致差动元件拒动

D. 为了防止较高的短路水平时，由于电流互感器的饱和产生高次谐波，导致差动元件误动

57. 自耦变压器带方向的零序电流保护中的零序电流不应该从变压器的中性点的电流互感器上取，以保证在（　　）发生外部接地故障时不会误动。 答案：A

A. 高压侧　B. 中压侧　C. 高、中压侧　D. 不确定

58. 对于220kV的三绕组自耦降压变压器，其高压侧阻抗通常比低压侧（　　）。 答案：B

A. 大　B. 小　C. 相等　D. 不确定

59. 在同样情况下，YNyn接线的变压器一次侧看进去的零序电抗比YNd接线的变压器的零序电抗（　　）。 答案：A

A. 大　B. 小　C. 相等　D. 不确定

60. 对于220kV及以上的变压器相间短路后备保护的配置原则，下面说法正确的是（　　）。 答案：D

A. 除主电源外，其他各侧保护作为变压器本身和相邻元件的后备保护

B. 作为相邻线路的远后备保护，对任何故障具有足够的灵敏度
C. 对稀有故障，如电网的三相短路，允许无选择性动作
D. 送电侧后备保护对各侧母线应有足够灵敏度

61. 主变压器失灵解闭锁误开入发告警信号（　　）。 答案：C
A．开入变位　　B．TV 断线　　C．开入异常　　D．失灵动作

62. 变压器各侧的过电流保护均按躲过变压器（　　）负荷整定，但不作为短路保护的一级参与选择性配合，其动作时间应（　　）所有出线保护的最长时间。 答案：C
A. 最大，小于　　B. 额定，小于　　C. 额定，大于　　D. 最大，大于

63. 为了将变压器的分接头进行调整，而将变压器的负荷切断，这种调压方式称为（　　）。 答案：B
A. 停电调压　　B．无载调压　　C．静电调压　　D．有载调压

64. 大电流接地系统中的分级绝缘变压器，若中性点未安装间隙，应选择接地后备保护方案（　　）。 答案：C
A. 先跳中性点直接接地的变压器，后跳中性点不接地的变压器
B. 在中性点直接接地时用零序过流保护，在中性点不直接接地时用零序过压保护
C. 先跳中性点不接地的变压器，后跳中性点直接接地的变压器
D. 以上说法都不对

65. 某 220kV 终端变电站 35kV 侧接有电源，其两台主变压器一台 220kV 中性点直接接地，另一台主变压器经放电间隙接地，当其 220kV 进线单相接地时，该线路系统侧断路器跳开后，一般（　　）。 答案：A
A. 先切除中性点直接接地的变压器，再根据故障情况切除跳中性点不接地的变压器
B. 先切除中性点不接地的变压器，再根据故障情况切除跳中性点接地的变压器
C. 两台变压器同时切除
D. 两台变压器跳闸的顺序不定

66. 变压器差动保护中的“差动电流速断”元件，由于反应的是差流（　　），故其动作电流不受电流波形畸变的影响。 答案：C
A．最大值　　B．瞬时值　　C．有效值　　D．最小值

67. 为防止过励磁时变压器差动保护误动，通常引入（　　）谐波进行制动。 答案：C
A．2 次　　B．3 次　　C．5 次　　D．7 次

68. 能完全排除故障前穿越性负荷电流的影响，并对内部故障有较高灵敏度的变压器差动保

护是（　　）。答案：A

A. 故障分量比率制动式差动保护

B. 比率制动式差动保护

C. 防止励磁涌流误动的三相 2 次谐波电流平方和的差动保护

D. 标识制动式差动保护

69. 三绕组自耦变压器高、中压侧绕组额定容量相等，公共绕组及低压绕组容量仅为高、中压侧绕组额定容量的（　　）倍，其中 K_{12} 为高、中压侧变比。 答案：B

A. $1/K_{12}$　　B. $1-1/K_{12}$　　C. $1/K_{12}-1$　　D. K_{12}

70. 500kV 系统联络变压器为切除外部相间短路故障，其高、中压侧应装设（　　）保护，保护可带两段时限，以较短的时限用于缩小故障影响范围，较长的时限用于断开变压器各侧断路器。 答案：A

A．阻抗　　B．过励磁　　C．非全相　　D．过负荷

71. 对自耦变压器和高、中侧中性点都直接接地的三绕组变压器，当有选择性要求时，应增设（　　）。 答案：B

A．时间继电器　　B．方向继电器

C．电压闭锁　　D．零序过流保护

72. 110～220kV 中性点直接接地电网中，对中性点不装设放电间隙的分段绝缘变压器，其零序电流电压保护在故障时首先切除（　　）。 答案：C

A. 母联断路器　　B. 中性点接地变压器

C. 中性点不接地变压器　　D.分段断路器

73. 110～220kV 中性点直接接地的变压器零序电流保护可由两段组成，每段可各带两个时限，并均以较长时限动作于断开变压器（　　）。 答案：C

A. 本侧断路器　　B. 缩小故障影响范围

C. 各侧断路器　　D. 电源侧断路器

74. 220kV 及以上双母线运行的变电站有三台及以上变压器时，应按照（　　）台变压器中性点直接接地方式运行，并把它们分别接于不同的母线上。 答案：B

A．1　　B．2　　C．3　　D. 不确定

75. 变压器纵差、重瓦斯保护按（　　）归类统计，各电压侧后备保护装置按各侧统计。

答案：A

A．高压侧　　B．中压侧　　C．低压侧

76. 电力变压器电压的（　　）可导致磁密的增大，使铁芯饱和，造成过励磁。 答案：A

A. 升高　　B. 降低　　C. 变化　　D. 不确定

77. 变压器过励磁保护是按磁密 *B* 正比于（　　）原理实现的。 答案：B

A. 电压 *U* 与频率 *f* 的乘积　　B. 电压 *U* 与频率 *f* 的比值

C. 电压 *U* 与绕组线圈匝数 *N* 的比值　　D. 电压 *U* 与绕组线圈匝数 *N* 的乘积

78.（　　）跳母联（分段）时不应启动失灵保护。 答案：A

A. 变压器后备保护　　B. 变压器差动保护

C. 母线差动保护　　D. 以上说法均不正确

79. 标准化变压器保护装置为提高切除自耦变压器内部单相接地短路故障的可靠性，可配置由高、中压和公共绕组 TA 构成的分侧差动保护，如在分侧差动保护范围内发生匝间短路故障，分侧差动保护的动作行为是（　　）。 答案：B

A. 短路匝数较多时，差动保护会动作　　B. 差动保护不会动作

C. 差动保护会动作　　D. 短路匝数较少时，差动保护会动作

80. 变压器内部单相接地故障与相间故障相比，纵差保护的灵敏度相对（　　）。 答案：C

A. 较高　　B. 不变　　C. 较低　　D. 不确定

81. 220kV 主变断路器的失灵保护，其启动条件是（　　）。 答案：C

A. 主变压器保护动作，相电流元件不返回，开关位置不对应

B. 主变压器电气量保护动作，相电流元件动作，开关位置不对应

C. 主变压器瓦斯保护动作，相电流元件动作，开关位置不对应

D. 母差保护动作，相电流元件动作，开关位置不对应

82. 为从时间上判别断路器失灵故障的存在，失灵保护的动作时间应（　　）故障元件断路器跳闸时间和继电保护返回时间之和。 答案：A

A. 大于　　B. 等于　　C. 小于　　D. 不确定

83. 500kV 三相自耦变压器组中性点加装小电抗对限制高、中压侧单相接地故障电流效果，（　　）。 答案：B

A. 高压侧大于中压侧　　B. 中压侧大于高压侧

C. 高压侧等于中压侧　　D. 不确定

84. 变压器气体继电器的安装，要求导管沿储油柜方向与水平方向具有（　　）升高坡度。 答案：B

A. 0.5%～1.5%　　B. 2%～4%　　C. 4.5%～6%　　D.6.5%～8%

85. 电抗变压器在空载情况下，二次电压与一次电流的相位关系是（　　）。 答案：A

A. 二次电压超前一次电流近 90° B. 二次电压与一次电流接近 0°

C. 二次电压滞后一次电流近 90° D. 不能确定

86. 当过电压作用于变压器时，为了使绕组上的起始电压和最终电压分布一致，且不发生振荡，通常（　　）。 答案：C

A. 采用避雷器保护 B. 采用增加阻尼措施

C. 加强绕组绝缘强度和改善电容分布 D. 以上说法均不正确

87. 变压器差动保护在外部短路故障切除后随即误动，原因可能是（　　）。 答案：C

A. 整定错误 B. TA 二次接线错误

C. 两侧 TA 二次回路时间常数相差太大 D. 以上说法均不正确

88. 双微机保护配置的主变压器保护，下列说法正确的是（　　）。 答案：A

A. 其重瓦斯跳闸回路不进入微机保护装置，直接作用于跳闸，同时用触点向微机保护装置输入动作信息

B. 其重瓦斯跳闸回路以开关量的方式接入微机保护装置，一方面进行事件记录，另一方面启动微机保护装置内部的出口继电器跳闸

C. 上述两种方法都可以

89. 一台 Yd11 接线的变压器，低压侧无电源，当其高压侧内部发生故障电流大小相同的三相短路故障和两相短路故障时，其差动保护的灵敏度（　　）。 答案：D

A. 相同

B. 三相短路的灵敏度大于两相短路的灵敏度

C. 不定

D. 两相短路的灵敏度大于三相短路的灵敏度

90. 当变压器的一次绕组接入直流电源时，其二次绕组的（　　）。 答案：B

A. 电动势与匝数成正比 B. 电动势为 0

C. 感应电动势近似于一次绕组的电动势 D. 电动势与匝数成反比

91. 变压器励磁涌流的大小与变压器的额定电流幅值的倍数有关，变压器容量（　　），励磁涌流对额定电流幅值的倍数（　　）。 答案：A

A. 越大，越小 B. 越大，越大 C. 越小，越小

92. 励磁涌流衰减时间常数与变压器至（　　）的阻抗大小、变压器的容量和铁芯的材料等因素有关。 答案：B

A. 系统 B. 电源之间

C. 接地点　　D. 以上说法均不正确

93. 某变电站装设两台自耦变压器，其中性点接地方式为（　　）。 答案：B

A. 一台变压器接地，当接地变压器退出运行时，另一台变压器接地

B. 两台变压器都接地

C. 两台变压器都不接地

D. 以上说法均不正确

94. 按间断角原理构成的变压器差动保护，闭锁角一般整定为60°～65°。为提高其躲励磁涌流的能力，可适当（　　）。 答案：A

A. 减小闭锁角　　B. 增大闭锁角

C. 增大最小动作电流及比率制动系数　　D. 减小最小动作电流及比率制动系数

95. 变压器的接线方式为YNy12，则差动保护用的TA二次接线为（不考虑保护转角）（　　）。 答案：A

A. Dd　　B. Yy　　C. Yd　　D. A、B任一种均可

96. 变压器复合电压闭锁元件中不包括（　　）。 答案：C

A. 低压元件　　B. 负序元件　　C. 零序元件　　D. 正序元件

97. 220kV以上变压器各侧的中性点电流、间隙电流应（　　）。 答案：B

A. 各侧配置单独的合并单元进行采集　　B. 于相应侧的合并单元进行采集

C. 统一配置独立的合并单元进行采集　　D. 其他方式

98. 220kV及以上电压等级变压器各侧及公共绕组的合并单元按（　　）配置。 答案：C

A. 变压器各侧双套，公共绕组单套

B. 变压器各侧与公共绕组共用2套合并单元

C. 双重化

D. 单套

99. 三相自耦变压器组发生接地故障时，以下情况不可能出现的是（　　）。 答案：C

A. 高压侧单相接地，高压侧I_0=1000A，中压侧I_0=800A，公共绕组I_0=200A

B. 高压侧单相接地，高压侧I_0=800A，中压侧I_0=1000A，公共绕组I_0=200A

C. 中压侧单相接地，高压侧I_0=1000A，中压侧I_0=800A，公共绕组I_0=200A

D. 中压侧单相接地，高压侧I_0=800A，中压侧I_0=1000A，公共绕组I_0=200A

100. YNd11接线的变压器，三角形侧ab两相短路，星形侧装设两相（AC相）三继电器过流保护，设Z_L和Z_K为二次电缆（包括TA二次漏阻抗）和过流继电器的阻抗，则电

流互感器二次负载阻抗为（　　）。 答案：C

A. Z_L+Z_K　　B. $2(Z_L+Z_K)$　　C. $3(Z_L+Z_K)$　　D. $1.732(Z_L+Z_K)$

101. 500kV 变压器差动保护用的 TA 要求的准确级是（　　）。 答案：D

A. 0.5 级　　B. P 级　　C. 0.1 级　　D. TPY 级

102. 调整电力变压器分接头，会在其差动回路中引起不平衡电流的增大，解决方法为（　　）。 答案：B

A. 增大短路线圈的匝数　　B. 提高差动保护的整定值

C. 减少短路绕组的匝数　　D. 不需要对差动保护进行调整

103. 采用 IEC 61850-9-2 点对点模式的智能变电站，若合并单元失步将对主变压器保护产生的影响有（　　）（假定主变压器为双绕组变压器，保护主变压器保护仅与高低侧合并单元通信）。 答案：C

A. 差动保护闭锁，后备保护开放　　B. 所有保护闭锁

C. 所有保护开放　　D. 差动保护开放，后备保护闭锁

104. 主变压器高压侧电流数据无效时，以下（　　）保护可以保留。 答案：D

A. 高压侧过流　　B. 纵差保护　　C. 高压侧自产零序电流　　D. 过励磁

105. 智能变电站主变压器保护的电压切换在（　　）完成。 答案：A

A. 主变压器各侧 MU　　B. 各侧母线 MU

C. 主变压器各侧测控　　D. 主变压器保护

106. 通过 110kV 及以上电压等级送出线路与电网连接的风电场，主升压变压器间隙保护零序电压取 TV 开口三角电压时，其 $3U_0$ 定值（$3U_0$ 为 300V）可整定为（　　）和 0.5s；当取自产电压时，其 $3U_0$ 定值（$3U_0$ 额定值为 173V）可整定为（　　）和 0.5s。 答案：B

A. 120V，180V　　B. 180V，120V　　C. 180V，180V　　D. 120V，120V

107. 某 110kV 变电站，变压器为 YNd11 接线，用 110kV 侧 TV 与 10kV 侧 TV 进行核相，接线正确的是（　　）。 答案：A

A. 高压侧 A 相与低压侧 A 相之间电压约为 30V

B. 高压侧 A 相与低压侧 C 相之间电压约为 82V

C. 高压侧 A 相与低压侧 B 相之间电压约为 100V

D. 高压侧 A 相与低压侧 B 相之间电压约为 115V

108. 在带有规定负荷的 YNd11 接线的变压器微机纵差保护中，下列说法正确的是（　　）。

答案：D

A. YN 侧保护区外接地时，差动回路中有零序电流
B. YN 侧保护区内接地时，差动回路中有零序电流
C. YN 侧一相绕组断线时，差动回路中有零序电流
D. YN 侧 A 相 TA 断线时，差动回路中有零序电流

109. 额定电压为 500/220/35kV 的自耦变压器，X_{T1}=0.2，X_{T2}=0.05，X_{T3}=0.1，当高压侧发生接地故障时，中性点电流为 0，请问中压侧系统零序阻抗 X_{20} 为（　　）。 答案：C

A. 0.204　　B.0.154　　C. 0.077　　D. 0.057

110. 对于 Yd11 接线的三相变压器，它的变比为 *n*，Y 侧绕组电流为 I_A，d 侧绕组电流为 I_a，一、二次电流之间的大小关系为（　　）。 答案：C

A. $I_a = nI_A$　　B. $I_a = \sqrt{3}nI_A$　　C. $I_a = \frac{n}{\sqrt{3}}I_A$　　D. $I_a = \frac{1}{n}I_A$

111. YNd11 接线的变压器，在三角形侧发生 A、B 两相短路时，星形侧阻抗继电器能正确反应保护安装处至故障点的测量阻抗是（　　）。 答案：B

A. A 相接地阻抗继电器　　B. B 相接地阻抗继电器
C. C 相接地阻抗继电器　　D. AB 相间阻抗继电器

112. 对于主变压器保护，（　　）GOOSE 输入量在 GOOSE 断链时必须置 0。 答案：A

A. 失灵联跳开入　B. 高压侧开关位置　C. 中压侧开关位置　D. 跳高压侧

113. 主变压器中压侧电流数据无效时，以下（　　）保护可以保留。 答案：D

A. 中压侧自产零序电流　　B. 中压侧阻抗
C. 中压侧过流　　D. 中压侧间隙过流

114. 500kV 主变压器低压侧开关电流数据无效时，以下（　　）保护可以保留。 答案：B

A. 纵差　　B. 分侧差动　　C. 小差　　D. 低压侧过流

115. 500kV 主变压器低压侧套管电流数据无效时，以下（　　）保护必须闭锁。 答案：A

A. 分相差动　　B. 分侧差动　　C. 低压侧开关　　D. 纵差

116. 以下（　　）保护出口一般使用组网实现。 答案：D

A. 跳高压侧开关　　B. 跳中压侧开关
C. 跳低压侧开关　　D. 闭锁低压备自投

117. 三绕组自耦变压器高、中压侧电压的电压变比为 2；高/中/低压侧的容量为 100/100/

50MVA，下列说法正确的是（　　）。 答案：BC

A. 高压侧同时向中、低压侧送电时，公共绕组容易过负荷

B. 中压侧同时向高、低压侧送电时，公共绕组容易过负荷

C. 低压侧同时向高、中压侧送电时，低压绕组容易过负荷

118. 220/110/35kV 自耦变压器中性点直接接地运行，下列说法正确的是（　　）。

答案：AC

A. 中压侧母线单相接地时，中压侧的零序电流一定比高压侧的零序电流大

B. 高压侧母线单相接地时，高压侧的零序电流一定比中压侧的零序电流大

C. 高压侧母线单相接地时，可能中压侧零序电流比高压侧零序电流大，这取决于中压侧零序阻抗的大小

D. 中压侧母线单相接地时，可能高压侧零序电流比中压侧零序电流大，这取决于高压侧零序阻抗的大小

119. 某超高压降压变压器装设了过励磁保护，引起变压器过励磁的可能原因是（　　）。

答案：CDE

A. 变压器低压侧外部短路故障切除时间过长

B. 变压器低压侧发生单相接地故障非故障相电压升高

C. 超高压电网电压升高

D. 超高压电网有功功率不足引起电网频率降低

E. 超高压电网电压升高引起频率降低

120. 变压器空载合闸时有励磁涌流出现，其励磁涌流的特点为（　　）。 答案：ABCE

A. 含有明显的非周期分量电流

B. 波形出现间断、不连续，间断角一般在 65°以上

C. 含有明显的 2 次及偶次谐波

D. 变压器容量愈大，励磁涌流相对额定电流倍数也愈大

E. 变压器容量愈大，衰减愈慢

121. 变压器空载合闸或外部短路故障切除时会产生励磁涌流，下列关于励磁涌流的说法正确的是（　　）。 答案：BDE

A. 励磁涌流总会在三相电流中出现

B. 励磁涌流在三相电流中至少在两相中出现

C. 励磁涌流在三相电流中可在一相电流中出现，也可在两相电流中出现，也可在三相电流中出现

D. 励磁涌流与变压器铁芯结构有关，不同铁芯结构的励磁涌流是不同的

E. 励磁涌流与变压器接线方式有关

122. 220/110/35kV 自耦变压器接线为 YNynd，高压侧与中压侧的零序电流可以流通，就零序电流来说，下列说法正确的是（　　）。

答案：BCD

A. 中压侧发生单相接地时，自耦变压器接地中性点的电流可能为 0
B. 中压侧发生单相接地时，中压侧的零序电流比高压侧的零序电流大
C. 高压侧发生单相接地时，自耦变压器接地中性点的电流可能为 0
D. 高压侧发生单相接地时，中压侧的零序电流可能比高压侧的零序电流大

123. 变压器并联运行的条件是所有并联运行变压器的（　　）。 答案：ABC

A. 变比相等　　B. 短路电压相等
C. 绕组联结组别相同　　D. 中性点绝缘水平相当

124. 变压器差动保护防止励磁涌流的措施有（　　）。 答案：ABD

A. 采用 2 次谐波制动　　B. 采用间断角判别
C. 采用 5 次谐波制动　　D. 采用波形对称原理

125. 变压器在（　　）时会造成工作磁通密度的增加，导致变压器的铁芯饱和。

答案：AC

A. 电压升高　　B. 过负荷　　C. 频率下降　　D.频率上升

126. 变压器励磁涌流具有（　　）的特点。 答案：ABC

A. 有很大的非周期分量　　B. 含有大量的高次谐波
C. 励磁涌流的大小与合闸角关系很大　　D. 5 次谐波的值最大

127. 在情况（　　）下需要将运行中的变压器差动保护停用。 答案：ABCD

A. 差动二次回路及电流互感器回路有变动或进行校验时
B. 继保人员测定差动保护相量图及压差时
C. 差动电流互感器一相断线或回路开路时
D. 差动误动跳闸后或回路出现明显异常时

128. 对于 220kV 及以上的变压器相间短路后备保护的配置原则，下面说法不正确的是（　　）。

答案：ABC

A. 除主电源外，其他各侧保护作为变压器本身和相邻元件的后备保护
B. 作为相邻线路的远后备保护，对任何故障具有足够的灵敏度
C. 对稀有故障，如电网的三相短路，允许无选择性动作
D. 送电侧后备保护对各侧母线应有足够灵敏度

129. 根据自耦变压器的结构特点，对超高压自耦变压器通常另配置分侧差动保护，以下

(　　)是分侧差动保护的特点。 答案：ABCD

A. 高、中压侧及中性点之间是电的联系，各侧电流综合后，励磁涌流达到平衡，差动回路不受励磁涌流影响

B. 在变压器过励磁时，也不需考虑过励磁电流引起差动保护误动问题

C. 当变压器调压而引起各侧之间变比时，不会有不平衡电流流过，可以不考虑变压器调压的影响

D. 分侧差动保护不反应绕组中不接地的匝间短路故障

130. 500kV 变压器后备保护主要有(　　)。 答案：ABCD

A. 相间故障的后备保护　　B. 接地故障的后备保护

C. 过负荷保护　　D. 过励磁保护

131. 常用的变压器比率差动保护需整定的定值项有(　　)。 答案：ABCDE

A. 差动启动电流值　　B. 比率制动系数

C. 差动速断电流值　　D. 涌流制动方式

E. 过励磁闭锁元件

132. 变压器差动保护需要特殊考虑相位平衡，相位平衡主要有两种方式，即以△侧为基准和以 Y0 侧为基准，以下关于选择不同的相位平衡基准说法正确时是(　　)。

答案：ABC

A. 不同的相位平衡基准，对三相短路故障的灵敏度相同

B. 在相间短路时，Y0→△转换方式比△→Y0 转换方式的灵敏度高

C. 在单相接地时，△→Y0 转换方式比 Y0→△转换方式的灵敏度高

D. 在相间短路时，△→Y0 转换方式比 Y0→△转换方式的灵敏度高

133. 非电气量保护抗干扰的措施主要有(　　)。 答案：ABCDEF

A. 非电气量保护启动回路动作功率应大于 5W

B. 动作电压为 55%U_N～70%U_N

C. 适当增加延时

D. 输入采用重动继电器隔离

E. 继电器线圈两端并联电阻

F. 屏蔽电缆两端接地

134. 500kV 变压器保护标准化设计方案中高压侧后备保护应配置(　　)。 答案：ABCDEF

A. 带偏移特性的相间和接地阻抗保护

B. 复压闭锁过电流保护

C. 零序电流保护

D. 过励磁保护

E. 高压侧失灵保护经变压器保护跳闸
F. 过负荷保护

135. 220kV 变压器保护标准化设计方案中高压侧后备保护应配置（　　）。 答案：ABCD
A. 复压闭锁过电流（方向）保护　B. 零序过电流（方向）保护
C. 间隙电流保护和零序电压保护　D. 高压侧失灵保护经变压器保护跳闸

136. 能保护主变压器内部各侧故障的保护有（　　）。 答案：AC
A. 差动保护　B. 高阻抗差动保护
C. 重瓦斯保护　D. 220kV 侧距离保护

137. 对于三绕组自耦变压器来说，以下运行方式（　　）均有可能出现公共绕组过载。 答案：AC
A. 当高、低压侧同时向中压侧送有功功率和滞后无功功率时
B. 当高压侧同时向中压侧送有功功率和滞后无功功率时
C. 当中压侧同时向高压侧和低压侧送有功功率和滞后无功功率时
D. 当中、低压侧同时向高压侧送有功功率和滞后无功功率时

138. 对于变压器保护，以下说法正确的是（　　）。 答案：ABCD
A. 变压器电气量保护与非电量保护的出口回路分开
B. 电气量保护动作后启失灵，并可解除失灵保护电压闭锁，非电量保护不启动失灵保护
C. 电气量保护和非电量保护的电源回路独立
D. 双套电气量保护的跳闸回路分别作用于断路器的两个跳闸线圈，而一套非电量保护同时作用于断路器的双线圈

139. 在 YNd11 变压器差动保护中，变压器带额定负荷运行，在 TA 断线闭锁退出的情况下，下列说法正确的是（　　）。 答案：ACD
A. YN 侧绕组断线，差动保护不会动作
B. d 侧绕组一相断线，差动保护要动作
C. YN 侧 TA 二次一相断线，差动保护要动作
D. d 侧 TA 二次一相断线，差动保护要动作

140. 关于智能终端配置描述正确的有（　　）。 答案：AB
A. 220kV 及以上变压器各侧的智能终端均按双重化配置
B. 110kV 变压器各侧智能终端宜按双套配置
C. 110kV 变压器各侧智能终端宜按单套配置
D. 220kV 及以上变压器各侧的智能终端均按单套配置

141. 变压器过励磁保护的技术原则是（　　）。 答案：BC

A. 采用相电压“或门”关系

B. 定时限告警功能

C. 反时限特性应能整定，与变压器过励磁特性相匹配

D. 可通过软压板选择是否跳闸

142. 在超高压电网中的电压互感器可视为一个变压器，就零序电压来说，下列对的是（　　）。 答案：AD

A. 超高压电网中发生单相接地时，一次电网中有零序电压，所以电压互感器二次星形侧出现零序电压

B. 电压互感器二次星形侧发生单相接地时，该侧出现零序电压，因电压互感器相当于一个变压器，所以一次电网中也有零序电压

C. 电压互感器二次星形侧发生单相接地时，该侧无零序电压，所以一次电网中也无零序电压

D. 电压互感器二次星形侧发生单相接地时，该侧有零序电压，而一次电网中没有零序电压

143. 对于直采直跳 500kV 智能变电站的 500kV 第一套主变压器保护进行缺陷处理时，二次安全措施包括（　　） 答案：ABC

A. 退出该 500kV 第一套主变压器保护 GOOSE 启失灵，出口软压板，投入装置检修压板

B. 退出 220kV 第一套母线保护该间隔 GOOSE 失灵接收软压板

C. 如有需要可断开该 500kV 第一套主变压器保护背板光纤

D. 退出该 500kV 第一套主变压器保护各侧 SV 接收软压板

144. 对新安装的变压器保护在变压器启动时的试验有（　　）。 答案：ABC

A. 带负荷校验　　B. 测量差动保护不平衡电流

C. 变压器充电合闸试验　　D. 测量差动保护的制动特性

145. 一座发电厂升压站 110kV 母线有 6 回出线，2 台升压变压器，1 台接地运行，另 1 台不接地，当满载运行（100MVA）的接地升压变压器高压侧引线单相断线后，接地运行的主变压器保护可能有（　　）信号。 答案：CD

A. 差动保护动作　B. 过流保护动作　C. 零序后备保护动作　D. 过负荷告警

146. 下列关于 500/220/35kV 自耦变压器的说法正确的是（　　）。 答案：BCD

A. 高压侧同时向中、低压侧传输功率，公共绕组最先出现过负荷

B. 第三绕组一般采用 d 接线，有利于提高电压质量

C. 第三绕组容量不可能大于变压器的标准容量

D. 公共绕组容量与串联绕组容量相同

147. 关于继电保护装置检测到谐波电压或谐波电流的情况，下列说法正确的是（　　）。

答案：BC

A. 变压器过电压时会出现 3、5 次谐波电流，并且过电压越高的时候 5 次谐波的含量也越高

B. 变压器低频运行，会出现 3、5 次谐波电流

C. 电流互感器饱和时，二次电流中会出现 2、3 次谐波电流

D. 变压器空载合闸时，励磁涌流中主要含有 2 次谐波分量，同时也有一定量的 3 次谐波电流分量

148. 以下（　　）属于变压器本体智能终端的跳闸方式。 答案：BC

A. 遥控跳闸　　B. 非电量重动跳闸

C. 非电量延时跳闸　　D. 手控跳闸

149. 在高压侧合并单元加三相正序 5A 电流，变压器保护装置却显示 2.5A，可能的原因是（　　）。 答案：ABCD

A. 合并单元中变比参数设置错误　　B. 主变压器保护装置参数设置错误

C. 合并单元故障　　D. 主变压器保护装置故障

150. 主变压器本体智能终端接收主变压器档位信息可以采用（　　）。 答案：AB

A. 档位直接开入方式　　B. 档位 BCD 编码开入方式

C. 报文方式　　D. 图像识别方式

151. 220kV 变电站 220、110kV 均双母线配置，有两台变压器 220kV 侧及 110kV 侧分别挂不同的母线并列运行，当 220kV 其中一条母线故障时变压器高压侧开关失灵，若未配置变压器高压侧开关失灵联跳各侧回路，可能出现的保护动作行为是（　　）。

答案：AC

A. 变压器高压侧后备保护动作

B. 变压器差动保护动作

C. 变压器中压侧后备保护动作

D. 非故障母线 220kV 母线的母差保护动作

152. 以下保护（　　）不会受到励磁涌流的影响。 答案：ACD

A. 变压器分侧差动保护　　B. 变压器比率差动保护

C. 变压器零序差动保护　　D. 变压器过励磁保护

153. 下列关于三绕组自耦变压器分侧差动保护描述正确的有（　　）。 答案：BD

A. 将变压器的各侧绕组分别作为被保护对象

B. 多用于超高压大型变压器的高压侧和中压侧

C. 保护范围与常规差动保护范围相当

D. 不受变压器励磁电流、励磁涌流、带负荷调压及过励磁的影响

二、判断题

1. 瓦斯保护能反应变压器油箱内的任何故障，如铁芯过热烧伤、油面降低、匝间故障等，但差动保护对此无反应。(　　)

答案：×

2. 谐波制动的变压器差动保护为防止在较高的短路水平时，由于电流互感器饱和时高次谐波量增加，产生极大的制动力矩而使差动元件拒动，因此设置差动速断元件，当短路电流达到4～10倍额定电流时，速断元件快速动作出口。(　　)

答案：√

3. 变压器瓦斯保护是防御变压器油箱内各种短路故障和油面降低的保护。(　　)

答案：√

4. 变压器励磁涌流含有大量的高次谐波分量，并以5次谐波为主。(　　)

答案：×

5. 装设电流增量启动元件，就能有效防止变压器后备阻抗保护在电压断线时误动。(　　)

答案：×

6. 用于220～500kV的大型电力变压器保护的电流互感器应选用P级或TPY级。P级是一般保护用电流互感器，其误差是稳态条件下的误差；TPY级电流互感器可用于暂态条件下工作，是满足暂态要求的保护用电流互感器。(　　)

答案：√

7. 变压器铁芯的总磁密由周期磁密、非周期磁密和剩磁磁密三项共同组成。总磁密超过饱和磁密后，使二次电流不再正确反映一次电流，造成差动保护内部故障时轻则延迟动作、重则拒动的后果，也可能造成外部短路时误动后果。(　　)

答案：√

8. 三绕组自耦变压器一般三侧绕组应装设过负荷保护，至少要在公共绕组装设过负荷保护。(　　)

答案：√

9. 新安装的变压器差动保护在投运前必须进行带负荷测相量试验，在变压器带负荷前必须将变压器差动保护停用，否则可能误动。(　　)

答案：√

10. 运行中的变压器加油后及新安装的变压器经冲击运行后，应将重瓦斯保护投信号，经过2～3天的连续运行，到停止发散气体为止。(　　)

答案：√

11. 变压器在运行中必须加油、放油或在滤油回路上工作，为避重免瓦斯保护误动，应将重瓦斯保护切换至信号状态运行。(　　)

答案：√

12. 变压器的励磁涌流的幅值与变压器空载投入时的电压初相角有关。但在任何情况下空载投入变压器，至少在两相中要出现程度不同的励磁涌流。(　　)

答案：√

13. 变压器的励磁涌流的大小与变压器的额定电流幅值的倍数有关，变压器容量越大，励磁涌流对额定电流幅值的倍数越小。(　　)

答案：√

14. 励磁涌流衰减时间常数与变压器至电源之间的阻抗大小、变压器的容量和铁芯的材料等因素有关。(　　)

答案：√

15. 谐波制动的变压器纵差保护中设置差动速断元件的主要原因是为了防止在区内故障较高的短路水平时，由于电流互感器的饱和产生高次谐波量增加。(　　)

答案：√

16. 变压器比率制动的差动继电器，设置比率制动的主要原因是当区外故障不平衡电流增加，为了使继电器动作电流随不平衡电流增加而提高动作值。(　　)

答案：√

17. 为了检查差动保护躲励磁涌流的性能，在对变压器进行 5 次冲击合闸试验时，必须投入差动保护。(　　)

答案：√

18. 变压器保护的瓦斯保护范围在差动保护范围内，这两种保护均为瞬动保护，所以可用差动保护代替瓦斯保护。(　　)

答案：×

19. 220kV 终端变压器的中性点，不论其接地与否不会对其电源进线的接地短路电流值有影响。(　　)

答案：×

20. 变压器差动保护的暂态不平衡电流是由于电流互感器变比不同引起。(　　)

答案：×

21. 改变变压器调压分接头会引起变压器差动保护的稳态不平衡电流。(　　)

答案：√

22. 变压器差动保护的稳态不平衡电流是由于短路电流的非周期分量，主要为电流互感器的励磁电流使其铁芯励磁误差增大而引起。(　　)

答案：×

23. 变压器励磁涌流包含有大量的高次谐波分量，并以二次谐波为主。(　　)

答案：√

24. “12 点接线”的变压器，其高压侧线电压和低压侧线电压同相；“11 点接线”的变压器，其高压侧线电压滞后低压侧线电压 30°。(　　)

答案：√

25. 主变压器保护中除差动保护动作外，其他保护动作均应闭锁备自投装置。(　　)

答案：×

26. 变压器的过电流保护加装复合电压闭锁元件是为了提高过电流保护的灵敏度。(　　)

答案：√

27. 谐波制动的变压器差动保护中，设置差动速断元件的主要原因是为了提高差动保护的动作速度。(　　)

答案：×

28. 自耦变压器中性点必须接地，这是为了避免当高压侧电网内发生单相接地时中压侧出现过电压。(　　)

答案：√

29. 在变压器中性点直接接地系统中，当发生单相接地故障时，将在变压器中性点产生很大的零序电压。(　　)

答案：×

30. 在变压器差动保护范围以外改变一次电路的相序时，变压器差动保护用的电流互感器的二次接线也应随着做相应的变动。(　　)

答案：×

31. 对 Yd11 接线的变压器，当变压器 d 侧绕组出口故障，Y 侧绕组低电压接相间电压，不能正确反应故障相间电压。(　　)

答案：√

32. 变压器的后备方向过电流保护的动作方向应指向变压器。(　　)

答案：×

33. 对于全星形接线的三相三柱式变压器，由于各侧电流同相位差动电流互感器无需相位补偿；对于集成或晶体管型差动保护，各侧电流互感器可接成星形或三角形。(　　)

答案：×

34. 超高压电网中，某中性点接地变压器空载合闸产生了励磁涌流，流过中性点的励磁涌流之和为零。(　　)

答案：×

35. 超高压变压器过励磁时，差动保护的差流回路中出现 5 次谐波电流，过励磁越严重，5 次谐波电流与基波电流之比也越大。(　　)

答案：×

36. 变压器接线为 YNd11 接线，微机差动保护采用 d 侧移相方式，该变压器在额定运行时，YN 侧一相 TA 二次回路断线，三个差动继电器只有一个处于动作状态，其余两个因差动回路无电流仍处于制动状态。(　　)

答案：×

37. 对自耦变压器，为增加切除单相接地短路的可靠性，可在变压器中性点回路增设零序过电流保护。(　　)

答案：√

38. 双绕组变压器差动保护的正确接线，应该是正常及外部故障时，高、低压侧二次电流相位相同，流入差动继电器差动线圈的电流为变压器高、低压侧二次电流之相量和。(　　)

答案：×

39. 变压器各侧电流互感器型号不同，变流器变比与计算值不同，变压器调压分接头不同，所以在变压器差动保护中会产生暂态不平衡电流。(　　)

答案：×

40. 为使变压器差动保护在变压器过励磁时不误动，在确定保护的整定值时，应增大差动保护的 5 次谐波制动比。(　　)

答案：×

41. 当变压器铁芯过热烧伤，差动保护无反应。(　　)

答案：√

42. 在变压器高压侧绕组单相接地故障时，短路电流将导致变压器油热膨胀，从而使瓦斯保护动作跳闸。(　　)

答案：√

43. 变压器的复合电压方向过流保护中，三侧的复合电压接点并联是为了提高该保护的动作可靠性。(　　)

答案：×

44. 变压器纵差保护经星—角相位补偿后，滤去了故障电流中的零序电流，因此不能反应变压器 YN 侧内部单相接地故障。(　　)

答案：×

45. 当变压器绕组发生少数线匝的匝间短路时，差动保护仍能正确反应。(　　)

答案：×

46. 变压器的两套完整、独立的电气量保护和一套非电量保护应使用各自独立的电源回路(包括直流空气小开关及其直流电源监视回路)，在保护柜上的安装位置应相对独立。(　　)

答案：√

47. 变压器的零序阻抗不仅与接线方式有关，也与铁芯结构有关。(　　)

答案：√

48. 对新建、扩建的技改工程，220kV 变电站的变压器高压断路器和母联、母线分段断路器应选用三相联动的断路器。(　　)

答案：√

49. 当变压器发生少数绕组匝间短路时，匝间短路电流很大，因而变压器瓦斯保护和纵差保护均动作跳闸。(　　)

答案：×

50. 对三绕组变压器的差动保护各侧电流互感器的选择，应按各侧的实际容量来选择电流互感器的变比。(　　)

答案：×

51. 为防御变压器过励磁应装设负序过电流保护。(　　)

答案：×

52. 220kV 及以上电压等级变压器配置两套独立完整的保护(含非电量保护)，以满足双重化原则。(　　)

答案：×

53. 电力变压器不管其接线方式如何，其正、负、零序阻抗均相等。(　　)

答案：×

54. 气体继电器的流速一般整定为 1.1～1.4m/s。(　　)

答案：×

55. 如果变压器中性点不接地并忽略分布电容，在线路上发生接地短路，连于该侧的三相电流中不会出现零序电流。(　　)

答案：√

56. YNd11 接线的变压器低压侧发生 b、c 两相短路时，高压侧 B 相电流是其他两相电流的 2 倍。(　　)

答案：×

57. 在自耦变压器高压侧接地短路时，中性点零序电流的大小和相位将随着中压侧系统零序阻抗的变化而改变。因此，自耦变压器的零序电流方向保护不能装于中性点，而应分别装在高、中压侧。(　　)

答案：√

58. 调节变压器分接头会在差动回路中引起不平衡电流，目前的解决办法只能靠提高整定值躲过。(　　)

答案：√

59. 如果一台三绕组自耦变压器的高、中绕组变比为 n_{r12}=2.5，S_n 为额定容量，则低压绕组的最大容量为 0.6S_n。(　　)

答案：√

60. 自耦变压器零序保护的零序电流取自中性线上的电流互感器。(　　)

答案：×

61. 所谓微机变压器保护双重化指的是双套差动保护和一套后备保护。(　　)

答案：×

62. 自耦变压器中性点必须直接接地运行。(　　)

答案：√

63. 当变压器中性点采用经过间隙接地的运行方式时，变压器接地保护应采用零序电流保护与零序电压保护并联的方式。(　　)

答案：√

64. 装于 Yd 接线变压器高压侧的过电流保护，对于变压器低电压侧发生的两相短路，采用三相三继电器的接线方式比两相两继电器的接线方式灵敏度高。(　　)

答案：√

65. 变压器投产时，进行五次冲击合闸前应投入瓦斯保护，停用差动保护。(　　)

答案：×

66. 对 Yd11 接线的变压器，当变压器 d 侧出口发生两相短路故障时，Y 侧保护的低电压元件接相间电压，该元件不能正确反应故障相间电压。(　　)

答案：√

67. 变压器瓦斯保护的保护范围不如差动保护大，对电气故障的反应也比差动保护慢，所以差动保护可以取代瓦斯保护。（　　）

答案：×

68. 变压器采用比率制动式差动继电器主要是为了躲励磁涌流和提高灵敏度。（　　）

答案：×

69. 变压器投产时，进行五次冲击合闸前要投入瓦斯保护，先停用差动保护做过负荷试验，验明正确后再将它投入运行。（　　）

答案：×

70. 变压器差动保护（包括无制动的电流速断部分）的定值应能躲过励磁涌流和外部故障的不平衡电流。（　　）

答案：×

71. 新投或改动了二次回路的变压器，在由第一次投入充电时必须退出差动保护，以免保护误动。（　　）

答案：×

72. 220kV 变压器保护动作后均应启动断路器失灵保护。（　　）

答案：×

73. 新安装变压器，在进行 5 次冲击合闸试验时，必须投入差动保护。（　　）

答案：√

74. 变压器的瓦斯与纵差保护范围相同，二者互为备用。（　　）

答案：×

75. 为防止保护误动作，变压器差动保护在进行相量检查之前不得投入运行。（　　）

答案：×

76. 新安装的变压器在第一次充电时，为防止变压器差动相量接反造成误动，比率差动保护应退出，但需投入差动速断保护和重瓦斯保护。（　　）

答案：×

77. 变压器的复合电压方向过流保护中，三侧的复合电压接点并联是为了提高该保护的灵敏度。（　　）

答案：√

78. 变压器油箱内部常见短路故障的主保护是差动保护。（　　）

答案：×

79. 设置变压器差动速断元件的主要原因是防止区内故障 TA 饱和产生高次谐波，致使差动保护拒动或延缓动作。（　　）

答案：√

80. 变压器差动保护对绕组匝间短路没有保护作用。（　　）

答案：×

81. 运行中的变压器，为防止过励磁造成差动保护误动，采用 2 次谐波电流制动元件。其中制动比越大，差动保护躲变压器过励磁的能力越强。（　　）

答案：×

82. YNd11 两侧电源变压器的 YN 绕组发生单相接地短路，两侧电流相位相同。(　　)

答案：×

83. 变压器气体继电器的安装，要求变压器顶盖沿气体继电器方向与水平面具有 1%～1.5% 的升高坡度。(　　)

答案：√

84. Yyn 接线变压器的零序阻抗比 YNd 接线的大得多。(　　)

答案：√

85. 一般情况下，变压器容量越大，涌流值与额定电流的比值也越大。(　　)

答案：×

86. 因为变压器从开始过励磁，到产生的过热程度危及变压器安全的时间与过励磁倍数的平方成反比，所以变压器过励磁保护按反时限整定。(　　)

答案：√

87. 为与变压器保护双重化相适应，变压器各侧断路器必须选用具备双跳闸线圈的断路器。(　　)

答案：×

88. 在 Yd11 接线的变压器低压侧发生 A、B 两相短路时，短路电流为 I_k，则高压侧的电流值 I_C 为 $2/3I_k$。(　　)

答案：×

89. 自耦变压器高压侧接地故障，接地中性线中零序电流方向不固定，因而接地中性点电流可能为零。(　　)

答案：√

90. 自耦变压器零序比率差动保护中，与自耦变压器的纵差动保护一样，要考虑励磁涌流的影响。(　　)

答案：×

91. 自耦变压器的零序比率差动保护中，取用的零序电流是高压侧、中压侧、接地中性点的零序电流。(　　)

答案：×

92. 在间断角原理微机型变压器纵差动保护中，数据采取系统中的采样频率与比率制动式差动保护中的相当。(　　)

答案：×

93. 在变压器差动保护接线中，内部接地故障电流中的零序电流分量不能流入差动回路中。(　　)

答案：√

94. 某降压变压器在投入运行合闸时产生励磁涌流，当电源阻抗越小时，励磁涌流越大。(　　)

答案：√

95. 某大型变压器发生故障，应跳断路器，若高压断路器失灵，则应启动断路器失灵保护，因此瓦斯保护、差动保护等均可构成失灵保护的启动条件。(　　)

答案：×

96. 双绕组变压器的励磁涌流分布在变压器两侧，大小为变比关系。(　　)

答案：×

97. YNd11 接线变压器差动保护，YN 侧保护区内单相接地时，接地电流中必有零序分量电流，根据内部短路故障时差动回路电流等于内部故障电流，所以差动电流中也必有零序分量电流。(　　)

答案：×

98. 变压器的后备保护，主要是作为相邻元件及变压器内部故障的后备保护。(　　)

答案：√

99. 大型变压器设有过励磁保护，能反应系统电压升高或频率下降，以及频率下降同时电压升高的异常运行状态。(　　)

答案：√

100. 二次电压回路断线闭锁是防止变压器阻抗保护因电压互感器二次失压误动作的最有效措施。(　　)

答案：×

101. 当发变组保护启动失灵保护时，为提高可靠性，断路器未断开的判别元件宜采用双重化构成“与”回路的方式。(　　)

答案：√

102. YNd11 接线变压器的纵差动保护可以反应变压器三角形绕组的断线故障。(　　)

答案：×

103. YNd11 接线变压器的纵差动保护可反应 YN 侧一相的断线故障。(　　)

答案：×

104. 自耦变压器外部接地故障，其公共绕组的电流方向不变。(　　)

答案：×

105. YNd11 变压器 d 侧两相短路，YN 侧三相均出现故障电流。(　　)

答案：√

106. 变压器中性点零序电流始终等于同侧三相电流之和。(　　)

答案：×

107. YNynd11 接线的自耦变压器高压侧发生接地故障时，低压侧绕组中有环流电流。(　　)

答案：√

108. 大容量变压器的励磁涌流大于小容量变压器的励磁涌流。(　　)

答案：×

109. 变压器励磁涌流含有大量的高次谐波分量，并以 2 次谐波为主。(　　)

答案：√

110. 主接线为内桥或 3/2 接线的变电站，为简化二次回路，可将高压侧两断路器 TA 二次并联后接入静态型变压器比率差动保护。(　　)

答案：×

111. 自耦变压器的零序差动保护，能反应变压器内部各侧绕组的接地故障。(　　)

答案：×

112. 终端变电站的变压器中性点直接接地，在其供电线路上发生单相接地故障时，终端变压器侧有负序电流。(　　)

答案：×

113. 在变压器差动保护接线中，内部接地故障电流中的零序电流分量不能流入差动回路中。(　　)

答案：√

114. 对于 220kV 的三侧三绕组降压变压器，其高压侧阻抗通常比低压侧大。(　　)

答案：√

115. YNynd 接线的三绕组变压器在中压侧出线故障时，中压侧直接接地中性点的零序电流和中压侧套管零序电流相等。(　　)

答案：√

116. YNynd 接线的三绕组变压器中压侧发生接地故障时，低压侧绕组中无环流电流。(　　)

答案：×

117. 对于中性点直接接地的三绕组自耦变压器，中压侧母线发生单相接地故障时，接地中性线的电流大小随高压侧系统零序阻抗大小而发生变化。(　　)

答案：×

118. 变压器保护不应通过 GOOSE 网络接收失灵保护跳闸命令。(　　)

答案：×

119. 变压器保护可通过 GOOSE 网络接收失灵保护跳闸命令，并实现失灵跳变压器各侧断路器。(　　)

答案：√

120. 智能站变压器保护与各侧（分支）合并单元之间应采用点对点通信方式，与各侧（分支）智能终端之间应采用点对点通信方式。(　　)

答案：√

121. 变压器保护跳母联、分段断路器及闭锁备自投、启动失灵等不可采用 GOOSE 网络传输。(　　)

答案：×

122. 电抗变压器是把输入电流转换成输出电压的中间转换装置，同时也起隔离作用，它要求输入电流和输出电压成线性关系。(　　)

答案：√

123. 变压器空载投入时各相励磁涌流相同。(　　)

答案：×

124. 变压器的分侧差动保护不需要经励磁涌流判据的闭锁。(　　)

答案：√

125. 为防止由瓦斯保护启动的中间继电器在直流电源正极接地时误动，应采用动作功率较小的中间继电器，而不要求快速动作。(　　)

答案：×

126. 220kV 及以上电压等级变压器各侧的智能终端均按双重化配置，110kV 变压器各侧智能终端宜按双套配置。(　　)

答案：√

127. 220kV 变电站主变压器各侧电子式电流互感器宜带两路独立采样系统，中性点（或公共绕组）电子式电流互感器宜带一路独立采样系统。(　　)

答案：×

128. 某变电站主变压器保护的各侧大电流端子位于各侧 TA 所在的就地端子箱，各就地端子箱距离较远，主变压器正常三侧运行时，电流回路接地点位于主控室内的主变压器保护处，如果需将该主变压器保护的某侧电流回路脱离差动保护，运行人员的操作顺序应为先短接大电流端子保护侧端子，再断开连接端子（假设大电流端子处接地端子靠保护侧）。(　　)

答案：×

129. 对于 YNynd11 变压器，yn 侧发生金属性短路时，接在两个故障相上的相间阻抗元件和接在接地相上的接地阻抗元件分别可以准确测量相间短路点和接地短路点到保护安装处的正序阻抗。(　　)

答案：×

130. 220kV 变压器低压侧引线配置接地变压器时，采用角转星方式的差动保护装置，低压侧不必消零。(　　)

答案：√

131. 某 220kV 变压器在进行冲击试验时，其单回送电线路发生单相接地故障，因为低压侧断路器在断开状态，所以供电端的正、负、零序电流与故障点的正、负、零序电流相等。(　　)

答案：×

132. 变压器空投时，在同一时刻三相励磁涌流之和近似等于零。(　　)

答案：√

133. 当 YNd11 变压器高压侧 B、C 两相发生接地短路时，低压侧 b 相电压等于零。(　　)

答案：√

134. 当变压器空载合闸或外部故障切除电源恢复时，磁通突变后会产生暂态磁通，再加上剩磁和稳态磁通，经过一个较短时间后会达到峰值，导致铁芯饱和，励磁阻抗急剧增加。(　　)

答案：×

135. 接线为 YNd11 的变压器，两侧 TA 接成星形，微机差动保护采用 d 侧移相方式，额定运行下 YN 侧保护区内发生单相接地，差动回路最小相电流与最大相电流之比等于 0.5。(　　)

答案：√

136. 变压器如果是带负载合闸，由于二次电流的去磁作用，铁芯不会饱和，因而不会产生很大的励磁涌流。(　　)

答案：√

137. 自耦变压器高压侧发生接地故障时，接地中性点有零序电流流过。(　　)

答案：×

三、简答题

1. 试述自耦变压器有什么优缺点?

答:（1）优点:

1）节省材料，造价低。

2）损耗少（包括铜损及铁损）。

3）质量轻，便于运输安装，能扩大变压器的极限制造容量。

（2）缺点:

1）自耦变压器由于一次侧与二次侧之间除磁耦合外还有电气直接耦合，增加了保护配置的复杂性。

2）中性点绝缘水平低，故中性点必须直接接地，增加了系统单相短路容量。

3）使不同电压的零序网络相连通，给零序保护的配合带来困难。

2. 接地电流系统中的变压器中性点是否接地取决于什么因素?

答：变压器中性点是否接地一般考虑如下因素:

（1）保证零序保护有足够的灵敏度和很好的选择性，保证接地短路电流的稳定性。

（2）为防止过电压损坏设备，应保证在各种操作和自动跳闸使系统解列时，不致造成部分系统变为中性点不接地系统。

（3）变压器绝缘水平及结构决定的接地点（如自耦变压器一般为“死接地”）。

3. 自耦变压器的接线形式为 YNynd，其过负荷保护如何配置，为什么?

答：自耦变压器的自耦两侧和 d 侧及公共绕组均应装设过负荷保护。

原因是自耦变压器一般应用于超高压网络，作为联络变压器，各侧都有过负荷的可能。另外，带自耦的高、中压侧可能没有过负荷，而公共绕组由于额定容量 $S=(1-1/N)S_e$，可能过负荷。因此，公共绕组及自耦变压器各侧均应装设过负荷。

4. 为什么发电机纵差保护对匝间短路没有作用，而变压器差动保护对变压器各侧绕组匝间短路有保护作用?

答：发电机同一相发生匝间短路，虽然短路电流可以很大，但差动继电器中无差流；而变压器各侧绕组的匝间短路，通过变压器铁芯磁路的耦合，改变了各侧电流的大小和相位，使变压器差动保护对匝间短路有作用。

5. 新安装的变压器差动保护在投入运行前应做哪些试验?

答：对其应做如下试验:

（1）必须进行带负荷测相位和差电压（或差电流），以检查电流回路接线的正确性。

（2）在变压器充电时，将差动保护投入。
（3）带负荷前将差动保护停用，测量各侧各相电流的有效值和相位。
（4）测各相差电压（或差电流）。
（5）变压器充电合闸 5 次，以检查差动保护躲励磁涌流的性能。

6. 请简要介绍变压器励磁涌流的特点，主变压器差动保护该采取哪些措施才能避免励磁涌流造成误动？

答：（1）励磁涌流有以下特点：
1）包含很大成分的非周期分量，往往使涌流偏于时间轴的一侧。
2）包含有大量的高次谐波分量，并以 2 次谐波为主。
3）励磁涌流波形出现间断。
（2）防止励磁涌流影响的方法有：
1）采用具有速饱和铁芯的差动继电器。
2）鉴别短路电流和励磁涌流波形的区别，要求间断角为 60°～65°。
3）利用二次谐波制动，制动比为 15%～20%。
4）利用波形对称原理的差动继电器。

7. 变压器差动保护在外部短路暂态过程中产生不平衡电流（两侧二次电流的幅值和相位已完全补偿）的主要原因是哪些（要求答出 5 种原因）？

答：在两侧二次电流的幅值和相位已完全补偿好的条件下，产生不平衡电流的主要原因是：
（1）外部短路电流倍数太大，两侧 TA 饱和程度不一致。
（2）外部短路非周期分量电流造成两侧 TA 饱和程度不同。
（3）二次电缆截面选择不当，使两侧差动回路不对称。
（4）TA 设计选型不当，应用 TP 型于 500kV，但中、低压侧用 5P 或 10P。
（5）各侧均用 TP 型 TA，但 TA 的短路电流最大倍数和容量不够大。
（6）各侧 TA 二次回路的时间常数相差太大。

8. 大电流接地系统中对变压器接地后备保护的基本要求是什么？

答：（1）与线路保护配合，在切除接地故障中做系统保护的可靠后备。
（2）保证任何一台变压器中性点不遭受过电压。
（3）尽可能有选择地切除故障，避免全站停电。
（4）尽可能采用独立保护方式，不要公用保护方式，以免因“三误”造成多台变压器同时跳闸。

9. 主变压器接地后备保护中零序过流与间隙过流的 TA 是否应该共用一组，为什么？

答：不应该共用一组。该两种保护 TA 独立设置后，不须人为进行投、退操作，自动实现中性点接地时投入零序过流（退出间隙过流）、中性点不接地时投入间隙过流（退出零序过流）的要求，安全可靠。

反之，两者共用一组 TA 有如下弊端：

（1）当中性点接地运行时，一旦忘记退出间隙过流保护，又遇有系统内接地故障，往往造成间隙过流误动将本变压器切除；

（2）间隙过流元件定值很小，但每次接地故障都受到大电流冲击，易造成损坏。

10. 变压器差动保护用的电流互感器，在最大穿越性短路电流时其误差超过 10%，此时应采取哪些措施来防止差动保护误动？

答：此时应采取下列措施：

（1）适当地增加电流互感器的变比。

（2）将两组电流互感器按相串联使用。

（3）减小电流互感器二次回路负载。

（4）在满足灵敏度要求的前提下，适当地提高保护动作电流。

11. 简述三相变压器空载合闸时励磁涌流的大小及波形特征与哪些因素有关？

答：三相变压器空载合闸的励磁涌流大小和波形与下列因素有关：

（1）系统电压大小和合闸初相角。

（2）系统等值电抗大小。

（3）铁芯剩磁、铁芯结构。

（4）铁芯材质（饱和特性、磁滞环）。

（5）合闸在高压或低压侧。

12. 简述变压器过励磁后对差动保护有哪些影响，如何克服？

答：变压器过励磁后，励磁电流急剧增加，使差电流相应加大，差动保护可能误动。可采取 5 次谐波制动方案，也可提高差动保护定值，躲过过励磁产生的不平衡电流。

13. YNd 接线变压器的差动保护为什么对 YN 侧绕组单相短路不灵敏？如何解决？

答：（1）不灵敏的原因：

1）通常做相间短路用的差动保护，一次为 YN 接线，二次为 d 接线，而单相短路的零序电流经二次 d 接线时被滤掉，所以对单相短路不灵敏。

2）YN 绕组单相短路，YNd 变压器两侧电流的相位可能具有外部短路特征，所以差动保护不灵敏。

（2）解决方法：在 YN 绕组侧装设零序差动保护。

14. 220/110/35kV 变压器为 YNynd11 接线，35kV 侧既无负荷，也无引线，变压器实际当作双绕组变压器用，采用的保护为微机双侧差动。问这台变压器差动的二次电流需不需要转角（内部转角或外部转角），为什么？

答：对高、中压侧二次电流必须进行转角。一次变压器内部有一个内三角绕组，在电气特性上相当于把三次谐波和零序电流接地，使之不能传变。二次接线电气特性必须和一次特性一致，所以必须进行转角，无论是采用内部软件转角方式还是外部回路转角方式。若不转角，当外部发生不对称接地故障时，差动保护会误动。

15. 运行中的变压器瓦斯保护，当现场进行什么工作时，重瓦斯保护应由“跳闸”位置改为“信号”位置运行？

答：进行注油和滤油时；进行呼吸器畅通工作或更换硅胶时；除采油样和气体继电器上部放气阀放气外，在其他所有地方打开放气、放油和进油阀门时；开、闭气体继电器连接管上的阀门时；在瓦斯保护及其二次回路上进行工作时；对于充氮变压器，当储油柜抽真空或补充氮气时。

变压器注油、滤油、充氮（抽真空）、更换硅胶及处理器，在上述工作完毕后，经 1h 试运行后，方可将重瓦斯保护投入跳闸。

16. 怎样理解变压器非电气量保护和电气量保护的出口继电器要分开设置。

答：（1）反措要求完善断路器失灵保护。

（2）反措同时要求慢速返回的非电气量保护不能启动失灵保护。

（3）变压器的差动保护等电气量保护和瓦斯保护合用出口，会造成瓦斯保护动作后启动失灵保护的问题，由于瓦斯保护的延时返回可能会造成失灵保护误动作，因此变压器非电气量保护和电气量保护的出口继电器要分开设置。

17. 变零序后备保护中零序过流与放电间隙过流是否同时工作？各在什么条件下起作用？

答：（1）两者不同时工作。

（2）当变压器中性点接地运行时零序过流保护起作用，间隙过流应退出；当变压器中性点不接地时，放电间隙过流起作用，零序过流保护应退出。

18. 已知变压器额定容量为 240/240/72MVA，额定电压为 220/117/37kV，零序阻抗试验数据为：高压加电、中压开路阻抗为 54.3Ω；高压加电、中压短路阻抗为 29.97Ω；中压加电、高压开路阻抗为 4.94Ω；中压加电、高压短路阻抗为 2.75Ω。请求出各侧零序阻抗标幺值（基准容量为 100MVA，基准电压近似取变压器额定电压）。

答：$Z_{0l}=\left(\sqrt{\dfrac{(54.3-29.97)\times 4.94}{484\times 136.89}}+\sqrt{\dfrac{(4.94-2.75)\times 54.3}{484\times 136.89}}\right)\Big/2=0.0425$（0.0424、0.0426 也对）

$$Z_{0h}=\frac{54.3}{484}-0.0425=0.0697$$

$$Z_{0m}=\frac{4.94}{136.89}-0.0425=-0.0064$$

19. 220kV 变压器高压侧间隙零序电流保护动作时间从 0.3～0.5s 调整至 1.5s，请简述原因。

答：中性点装设放电间隙的 220kV 分级绝缘变压器配置了间隙零序电流保护。该保护仅在间隙击穿时动作，延时根据相关整定导则一般整定为 0.3～0.5s。但在实际电网运行中发现，220kV 终端变电站进线遭雷击发生单相接地故障时，主变压器高压侧间隙可能因暂态过电压击穿，在线路非全相运行期间（重合之前），由于零序不平衡电压存在导致间隙续流，间隙零序电流保护动作切除主变压器。由于上述原因，220kV 变压器高压侧间隙零序电流保护动作时间按躲过 220kV 线路单相重合闸时间整定，一般可取 1.5s。

20. Q/GDW 441—2010《智能变电站继电保护技术规范》对变压器保护的采样和跳闸方式有什么要求？

答：变压器保护直接采样，直接跳各侧断路器；变压器保护跳母联、分段断路器及闭锁备自投、启动失灵等可采用 GOOSE 网络传输。变压器保护可通过 GOOSE 网络接收失灵保护跳闸命令，并实现失灵跳变压器各侧断路器；变压器非电量保护采用就地直接电缆跳闸，信息通过本体智能终端上送过程层 GOOSE 网。

21. 某 220kV 变压器在进行冲击试验时，其单回送电线路发生单相接地故障，请问供电端的正、负、零序电流与故障点的正、负、零序电流是否相等？为什么？

答：供电端的正、负序电流与故障点的正、负序电流相等，供电端的零序电流与故障点的零序电流不等。因为变压器在进行冲击试验时，低压侧断路器在断开状态，无正、负序网络，故供电端的正、负序电流与故障点的正、负序电流相等。因为变压器在进行冲击试验时，中性点接地开关在合闸状态，有零序网络，供电端的零序电流与故障点的零序电流不等。

22. 当电网中空投一台变压器时，在相邻的并联或级联的变压器中产生和应涌流，和应涌流的特点是什么？

答：（1）和应涌流在合闸变压器励磁涌流持续一段时间后才产生，两台变压器的涌流交替出现、方向相反，且不会重叠。

（2）和应涌流的幅值随时间增大到最大值，随后又不断衰减。

（3）和应涌流衰减过程比单个变压器合闸时慢得多。

（4）当空合变压器的励磁涌流处于峰值附近时，母线电压的瞬时值较低，此时不产生和应涌流；当励磁涌流处于间断期间时，母线电压的瞬时值较高，运行变压器在母线电压的直流分量和高电压的共同作用下产生和应涌流。

23. 常规变电站和智能变电站解决变压器断路器失灵保护电压闭锁元件灵敏度不足的问题有什么区别？

答：对于常规变电站，变压器支路应具备独立于失灵启动的解除电压闭锁的开入回路，“解除电压闭锁”开入长期存在时应告警，宜采用变压器保护“跳闸触点”解除失灵保护的电压闭锁，不采用变压器保护“各侧复合电压动作”触点解除失灵保护电压闭锁，启动失灵和解除失灵电压闭锁应采用变压器保护不同继电器的跳闸触点。对于智能变电站，母线保护收到变压器支路变压器保护“启动失灵”的 GOOSE 命令同时启动失灵和解除电压闭锁。

24. 变压器瓦斯保护的保护范围是什么?

答:（1）变压器内部的多相短路。

（2）匝间短路，绕组与铁芯或与外壳间的短路。

（3）铁芯故障。

（4）油面下降或漏油。

（5）分接开关接触不良或导线焊接不良。

25. 变压器的零序等值电路与哪些因素有关？并简述各因素对变压器零序等值电路的影响方式。

答: 变压器的零序等值电路与变压器绕组接线方式、中性点接地与否及铁芯结构有关。

（1）与绕组接线方式、中性点接地与否有关是指：三角形接线、中性点不接地的星形绕组接线，在该侧施加零序电压时零序电流不能流通，相当于开路；只有中性点接地的星形绕组，在该侧施加零序电压，零序电流才能流通，因此才有零序等值电路。

（2）与铁芯结构有关是指：零序磁通磁路磁阻较小时，零序励磁阻抗有很大的数值。由于零序励磁阻抗反应在零序等值电路中，因此零序等值电路与铁芯结构有关。

26. 论述电力变压器并列运行的三个条件，以及相应条件不满足时分别有什么后果。

答: 变压器并列运行的条件：①变比相等；②短路阻抗百分数相等；③绕组的联结组别相同。

若变比不相等，会在绕组内产生一个环流，降低变压器的输出容量，增大变压器损耗，甚至烧毁绕组；短路阻抗百分数不相等时，不能按变压器容量成比例地分配负荷，会造成短路阻抗百分数小的过负荷，短路阻抗百分数大的不能满负荷；绕组联结组别不相同时，将在绕组间产生很大的环流，使得变压器严重发热以致烧毁。

27. 为什么自耦变压器的零序电流保护不取中性点的电流互感器，而要取自高、中压侧电流互感器?

答: 在系统发生单相接地故障时，该中性点的电流既不等于高压侧电流，也不等于中压侧电流，中性点电流取决于二次绕组所在电网的零序综合阻抗 $Z_{0\Sigma}$，当 $Z_{0\Sigma}$ 为某一值时，一、二次绕组电流将在公共绕组中完全抵消，使公共绕组电流为零。当 $Z_{0\Sigma}$ 大于此值时，中性点零序电流将与高压侧电流同相。当 $Z_{0\Sigma}$ 小于此值时，中性点零序电流将于高压侧电流反相。所以自耦变压器零序电流保护要取自高中压测电流互感器。

28. 简述当接地变压器在角接的低压侧引线时，接地变压器对星转角方式的变压器纵差保护计算差流的影响。

答: 如果变压器差动保护采用星转角方式时，当接地变压器在角接的低压侧引线时，低压侧区外故障会有故障电流流过低压侧开关 TA，变压器纵差保护低压侧电流如果不进行滤零处理，变压器差动保护会产生差流，差动保护可能误动。因此当接地变压器在角接的低压侧引线时，变压器差动低压侧电流需要滤除零序电流后计算差流。

29. 变压器复压闭锁方向过流保护的复压闭锁元件的作用是什么？TV 断线时，变压器各侧复压闭锁方向过流的处理有何不同？

答：（1）复压闭锁的主要作用是防止变压器在可以承受的事故过负荷或电机负荷自启动等短时大电流情况下误动，采用三侧电压“或门”方式的作用是提高复压闭锁的灵敏度。

（2）高（中）压侧 TV 断线后，一般情况下，其他侧的复压闭锁元件有足够的灵敏度，复压闭锁方向过流保护变为复压过流保护（退出本侧电压），当各侧电压均 TV 断线或电压退出后，高（中）压侧复压过流（方向）保护变为纯过流。

（3）低压侧 TV 断线后，由于高、中压侧的复压闭锁可能灵敏度不足，所以，低压侧只取本侧电压。TV 断线后，复压元件自动满足，变为纯过流保护。

四、分析题

1. 有一台 Yd11 接线的变压器，在其整流型差动保护带负荷检查时，测得其 Y 侧电流互感器电流相位关系为 i_b 超前 i_a150°，i_a 超前 i_c60°，i_c 超前 i_b150°，i_b 为 8.65A，$i_a=i_c=5A$，试分析变压器 Y 侧电流互感器是否有接线错误，并改正之（用相量图分析）。

答：由正常带负荷测得变压器差动保护 Y 侧三相电流不对称，因此可以断定变压器 Y 侧电流互感器接线有误，图 5-1 为测得的三相电流的相量图。

由于变压器差动保护 Y 侧电流互感器通常接成三角形，以消除 Y 侧零序电流对差动保护的影响。在接线的过程中最易出线的问题是电流互感器的极性接反，因此可从极性接反的角度进行考虑。

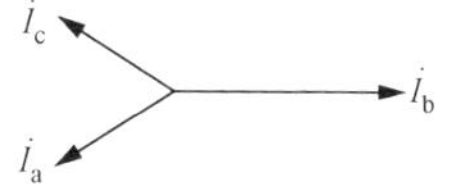

图 5-1

正常接线时三角形接法的电流为

$$\dot{I}_a=\dot{I}_A-\dot{I}_B$$
$$\dot{I}_b=\dot{I}_B-\dot{I}_C$$
$$\dot{I}_c=\dot{I}_C-\dot{I}_A$$

由于只有一相电流的极性与另两相不同，所以仅考虑某一相的极性接反的情况。从电流的幅值分析，$\dot{I}_b$ 的幅值为 $\dot{I}_a$、$\dot{I}_c$ 的 $\sqrt{3}$ 倍，而 $\dot{I}_b$ 是由 $\dot{I}_B$ 与 $\dot{I}_C$ 产生的，因此可初步判断 B、C 两相的极性相同，而 A 相的极性可能相反。

从图 5-2 的相量图分析可知，A 相极性接反时电流的相位关系和大小与测量情况相吻合，因此可以断定 A 相 TA 的极性接反，应将 A 相 TA 两端的引出线对换。

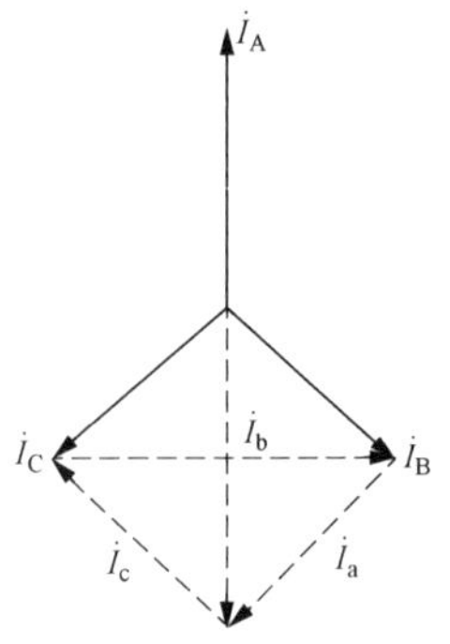

图 5-2

2. 某变电站的联络变压器采用了三个单相式的自耦变压器，其高压侧、中压侧及公共绕组均装有 TA，工作人员在做 TA 的“点极性”试验时，为节约时间，欲将中压侧 TA 以外的接地开关合上，以便当由变压器的高压侧对地之间通入或断开直流电压时，可同时检查高压侧、中压侧及公共绕组的 TA 极性。请问此种方法是否可行？如认为可行，请说明试验的方法及如何判断 TA 极性；如认为不行，请说明理由（不考虑点极性所用电池的容量问题）。

答：（1）方法可行，但必须注意如果中压侧接地，当从自耦变压器的高压侧对地加正向直流电压时，公共绕组中的电流不是由绕组流向大地，而是由大地流向绕组；在断开直流电源瞬间，公共绕组中的电流由绕组流向大地。

（2）极性应注意：如果 TA 接线极性试验正确，公共绕组 TA 的极性与高压侧相同，与中压侧 TA 的极性相反。

此方法为非传统做法，分析较复杂，容易给试验人员的判断造成混乱，并且要求点极性时使用的电池容量较大、电压较高，不利于安全，因此不宜推广使用。

3. 有一台 110±2×2.5%/10kV 的 31.5MVA 降压变压器，试计算其复合电压闭锁过电流保护的整定值（电流互感器的变比为 300/5，星形接线；可靠系数 K_{rel}，过电流元件取 1.2，低电压元件取 1.15；继电器返回系数 K_r，低电压继电器取 1.2，电磁型过电流继电器取 0.85）。

答：变压器高压侧的额定电流

$$I_e=\frac{31.5\times10^6}{\sqrt{3}\times110\times10^3}=165(\text{A})$$

电流元件按变压器额定电流整定，即

$$I_{op}=\frac{K_{rel}K_cI_e}{K_rn_{TA}}=\frac{1.2\times1\times165}{0.85\times60}=3.88(\text{A})，取3.9\text{A}$$

电压元件取 10kV 母线电压互感器的电压，即

（1）正序电压

$$U_{op}=\frac{U_{min}}{K_{rel}K_r n_{TV}}=\frac{0.9\times10000}{1.15\times1.2\times100}=65.2(\text{V})，取65\text{V}$$

式中 U_{min}——系统最低运行电压。

（2）负序电压按避开系统正常运行不平衡电压整定，即

$$U_{op.2}=(5\sim7)\text{V}，取6\text{V}$$

所以复合电压闭锁过电流保护定值为：动作电流为 3.9A，接于线电压的低电压继电器动作电压为 65V，负序电压继电器的动作电压为 6V。

4. 微机变压器保护的比例制动特性如图 5-3 所示。动作值 I_{cd}=2A（单相），制动拐点 I_G=5A（单相），比例制动系数 K=0.5，差动电流 $I_{cd}=K_{BL1}I_1+K_{BL2}I_2+K_{BL3}I_3$，制动电流 $I_{zd}=\max(K_{BL1}I_1,K_{BL2}I_2,K_{BL3}I_3)$，$K_{BL1}=K_{BL2}=K_{BL3}=1$。计算当在高、中压侧 A 相分别通入反相电流作制动特性时，I_1=10A，I_2 通入多大电流正好是保护动作边缘（I_1 为高压侧电流，I_2 为中压侧电流，I_3 为低压侧电流，K_{BL} 为平衡系数）。

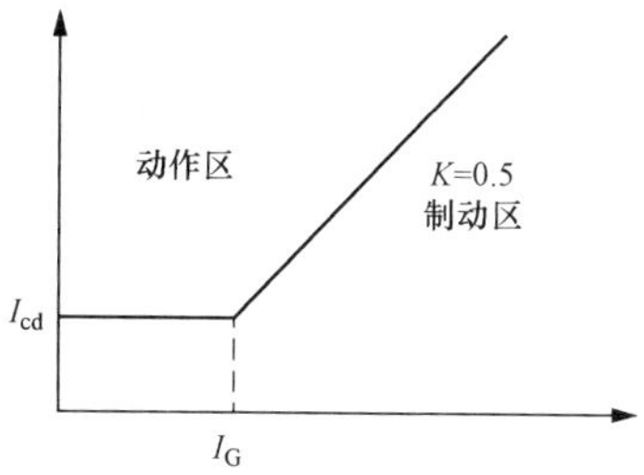

图 5-3 微机变压器保护的比例制动特性

答：根据比例制动特性，设高压侧电流 I_1 大于中压侧电流 I_2 。即 I_1 作为制动电流

$$K=\frac{I_1-I_2-I_{cd}}{I_1-I_G}=0.5$$

$$\frac{10-I_2-2}{10-5}=0.5$$

可求出

$$I_2=5.5\text{A}$$

设高压侧电流 I_1 小于中压侧电流 I_2 ，即 I_2 作为制动电流

$$K=\frac{I_2-I_1-I_{cd}}{I_2-I_G}=0.5$$

所以

$$\frac{I_2-10-2}{I_2-5}=0.5$$

可求出

$$I_2=19\text{A}$$

5. 一台自耦变压器的高、中压侧额定电压、零序参数及 110kV 侧系统零序阻抗（皆为纯电抗）如图 5-4 所示。设变压器 220kV 侧发生单相接地故障，故障点总零序电流为 300A，则流过变压器中性点的零序电流应为多少？

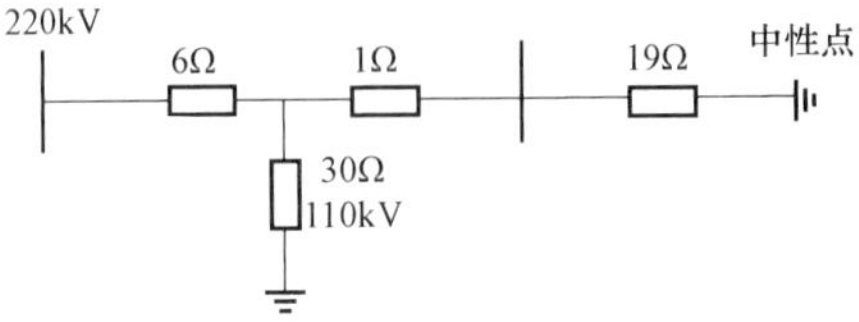

图 5-4

注：图中阻抗为归算至 220kV 的阻抗。

答：110kV 侧提供的零序电流为

$$300 \times (1+19)/(1+19+30)=120(\text{A})$$

折算至 110kV 下的电流值为

$$120 \times 230/115=240(\text{A})$$

中性点提供的零序电流为

$$300-240=60(\text{A})$$

6. 如图 5-5 所示，有一台自耦调压器接入一负载，当二次电压调到 11V 时，负载电流为 20A，试计算 I_1 及 I_2 的大小。

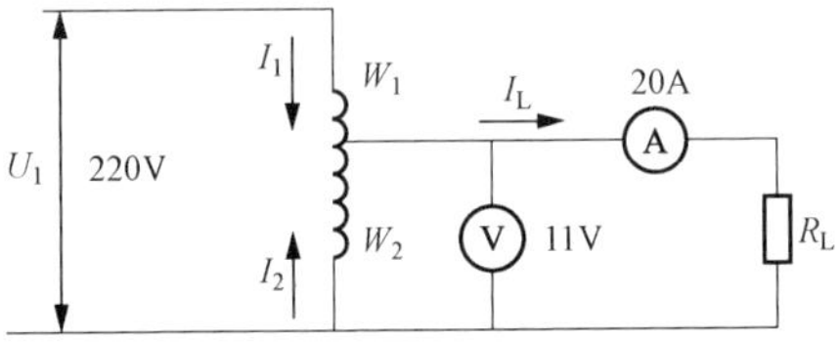

图 5-5

答：忽略调压器的损耗，根据功率平衡的原理有：

$$P_1 = P_L$$

而

$$P_1 = U_1 I_1$$
$$P_L = U_L I_L$$

所以

$$P_1 = U_1 I_1 = U_L I_L = 11 \times 20 = 220(\text{W})$$

所以

$$I_1 = P_1/U_1 = 220/220 = 1(\text{A})$$
$$I_2 = I_L - I_1 = 20 - 1 = 19(\text{A})$$

7. **如图 5-6 所示，发电机经 YNd11 变压器及断路器 QF1 接入高压母线，在准备通过断路器 QF2 并网前，高压母线发生 A 相接地短路，短路电流为 I_{Ak}。变压器配置有其两侧 TA 接线为星—角的分相差动保护，并设变压器零序阻抗小于正序阻抗。**

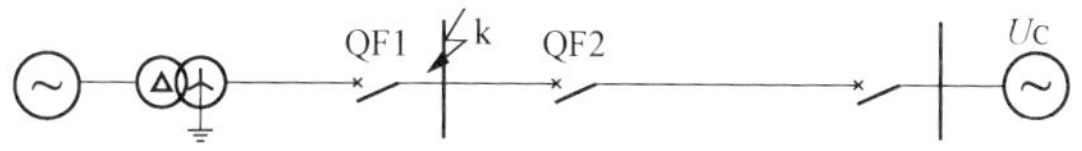

图 5-6

（1）画出差动保护两侧 TA 二次原理接线图（标出相对极性及差动继电器差流线圈）。

（2）画出故障时变压器两侧的电流、电压相量图及序分量图。

（3）计算差动保护各侧每相的电流及差流（折算到一次）。

（4）写出故障时各序功率的流向。

答：（1）差动保护 TA 二次原理图如图 5-7 所示。

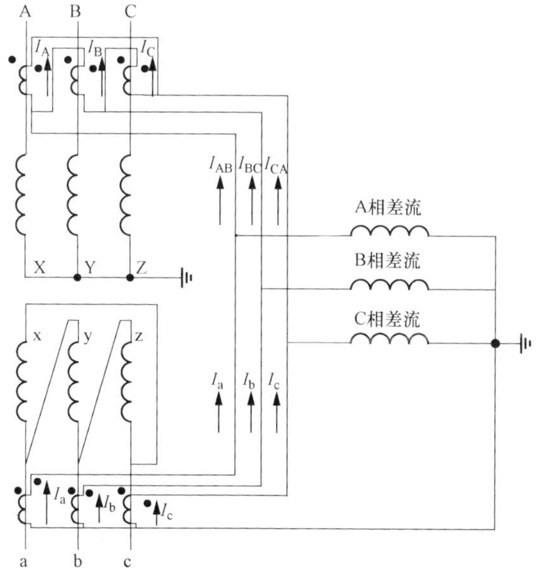

图 5-7

（2）变压器高压侧发生接地故障时，A 相短路电流为 I_{Ak}，变压器高压侧电流、电压及序量相量图如图 5-8 所示。

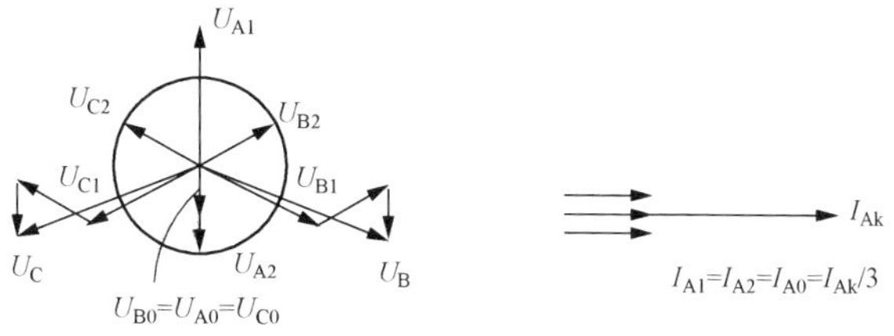

图 5-8

变压器低压侧电流、电压相量图如图 5-9 所示。

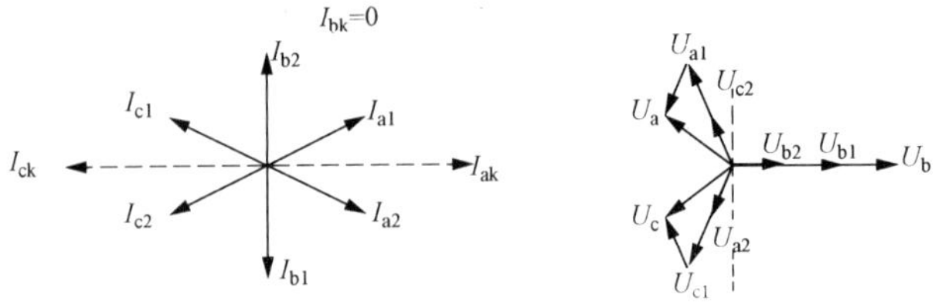

图 5-9

（3）变压器低压侧各相短路电流

$$\dot{I}_{ak}=2\frac{\dot{I}_{ak}}{3}\cos30^{\circ}=2\frac{\dot{I}_{ak}}{3}\times\frac{\sqrt{3}}{2}=\frac{\dot{I}_{ak}}{\sqrt{3}}$$

$$\dot{I}_{ak}=-\dot{I}_{ck}=\frac{\dot{I}_{Ak}}{\sqrt{3}},\ \dot{I}_{bk}=0$$

由变压器高压侧流入各相差动继电器的电流

A 相

$$\frac{\dot{I}_{Ak}-\dot{I}_{Bk}}{\sqrt{3}}=\frac{\dot{I}_{Ak}}{\sqrt{3}}$$

B 相

$$\left(\dot{I}_{Bk}-\dot{I}_{Ck}\right)/\sqrt{3}=0$$

C 相

$$\frac{\dot{I}_{Ck}-\dot{I}_{Ak}}{\sqrt{3}}=-\frac{\dot{I}_{Ak}}{\sqrt{3}}$$

A 相差动保护差流

$$I_{Ad}=\frac{\dot{I}_{Ak}}{\sqrt{3}}-\frac{\dot{I}_{Ak}}{\sqrt{3}}=0$$

B 相差动保护差流

$$I_{Bd}=0$$

C 相差动保护差流

$$I_{Cd}=-\frac{\dot{I}_{Ak}}{\sqrt{3}}+\frac{\dot{I}_{Ak}}{\sqrt{3}}=0$$

（4）零序功率及负序功率由故障点流向变压器，而正序功率则由变压器流向故障点。

8. 变压器容量为 180/180/90MVA，电压为 220±8×1.25%/121/10.5kV，短路阻抗 U_{k1-2}=13.5%，U_{k1-3}=23.6%，U_{k2-3}=7.7%，YNynd11 接线，高压加压、中压开路阻抗值为 64.8Ω，高压开路、中压加压阻抗值为 6.5Ω，高压加压、中压短路阻抗值为 36.7Ω，高压短路、中压加压阻抗值为 3.5Ω。计算短路计算用主变压器正序、零序阻抗参数（标幺值）。基准容量 S_j 为 1000MVA，基准电压为 230/121/10.5kV。

答：（1）主变压器正序阻抗参数。

高压侧

$$U_{K1}\%=\frac{1}{2}\left(U_{K1-2}\%+U_{K1-3}\%-U_{K2-3}\%\right)=\frac{1}{2}\left(0.135+0.236-0.077\right)=14.7\%$$

中压侧

$$U_{K2}\%=\frac{1}{2}\left(U_{K1-2}\%+U_{K2-3}\%-U_{K1-3}\%\right)=\frac{1}{2}\left(0.135+0.077-0.236\right)=-1.2\%$$

低压侧

$$U_{K3}\%=\frac{1}{2}\left(U_{K1-3}\%+U_{K2-3}\%-U_{K1-2}\%\right)=\frac{1}{2}\left(0.236+0.077-0.135\right)=8.9\%$$

高压侧正序阻抗

$$X_{I*}=\frac{U_{K1}\%}{100}\times\frac{S_j}{S_e}\times\frac{{U_e}^2}{{U_j}^2}=0.147\times\frac{1000}{180}=0.817$$

中压侧正序阻抗

$$X_{II*}=\frac{U_{K2}\%}{100}\times\frac{S_j}{S_e}\times\frac{{U_e}^2}{{U_j}^2}=-0.012\times\frac{1000}{180}=-0.067$$

低压侧正序阻抗

$$X_{III*}=\frac{U_{K3}\%}{100}\times\frac{S_j}{S_e}\times\frac{{U_e}^2}{{U_j}^2}=0.089\times\frac{1000}{180}=0.494$$

高压加压中压开路阻抗

$$Z_a=64.8\Omega$$

$$Z_a\%=\frac{Z_a}{Z_j}\times100\%=\frac{64.8}{230^2/180}\times100\%=22\%$$

高压加压中压短路阻抗

$$Z_d=36.7\Omega$$

$$Z_d\%=\frac{Z_d}{Z_j}\times100\%=\frac{36.7}{230^2/180}\times100\%=12.5\%$$

中压加压高压开路阻抗

$$Z_b=6.5\Omega$$

$$Z_b\%=\frac{Z_b}{Z_j}\times100\%=\frac{6.5}{121^2/180}\times100\%=8\%$$

中压加压高压短路阻抗

$$Z_c=3.5\Omega$$

$$Z_c\%=\frac{Z_d}{Z_j}\times100\%=\frac{3.5}{121^2/180}\times100\%=4.3\%$$

（2）主变压器零序阻抗参数。

低压侧零序阻抗百分比

$$Z_D=\sqrt{Z_b\left(Z_a-Z_d\right)}=8.71\%$$

高压侧零序阻抗百分比

$$Z_G = Z_a - Z_D = 13.3\%$$

中压侧零序阻抗百分比

$$Z_Z = Z_b - Z_D = -0.71\%$$

高压侧零序阻抗

$$X_{I0*} = \frac{Z_G}{100} \times \frac{S_j}{S_e} \times \frac{U_e^2}{U_j^2} = 0.133 \times \frac{1000}{180} = 0.739$$

中压侧零序阻抗

$$X_{II0*} = \frac{Z_Z}{100} \times \frac{S_j}{S_e} \times \frac{U_e^2}{U_j^2} = -0.0071 \times \frac{1000}{180} = -0.039$$

低压侧零序阻抗

$$X_{III0*} = \frac{Z_D}{100} \times \frac{S_j}{S_e} \times \frac{U_e^2}{U_j^2} = 0.0871 \times \frac{1000}{180} = 0.484$$

9. 对发电厂 Yd11 升压变压器，Y 侧区外 B、C 两相短路时，请分别画出高、低压侧电流相量图。

答：变压器高压侧（即 Y 侧）B、C 两相短路电流相量如图 5-10 所示。

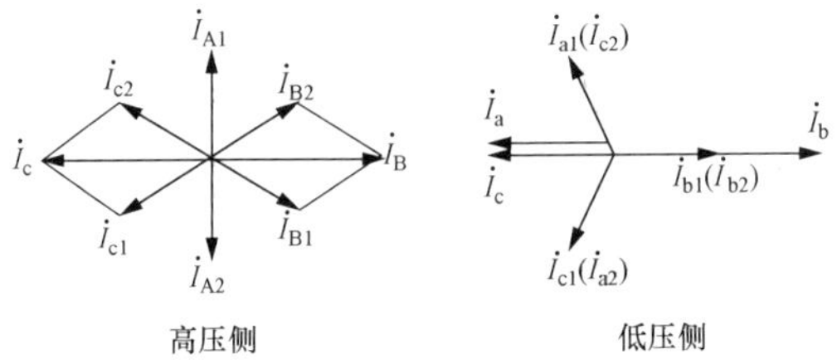

图 5-10

对于 Yd11 接线，正序电流应向导前方向转 30°，负序电流应向滞后方向转 30° 即可得到低压侧（即 d 侧）电流相量如图 5-10 所示。

两侧电流关系可由图 5-10 求得：设变比 n=1，高压侧正序电流标幺值为 1，则有：

高压侧：$\dot I_B = \dot I_C = \sqrt{3}$，$\dot I_A = 0$；低压侧：$\dot I_a = \dot I_c = 1$，$\dot I_b = 2$。

10. 试根据波形图（图 5-11）分析变压器发生的故障类型及差动保护的动作行为（注：IH 为 220kV 主变压器高压侧的 ABC 三相电流，IM 为 110kV 中压侧的 ABC 三相电流，变压器绕组的接线方式为 YNyn，220kV 直接接地，110kV 经中阻接地，TA 的接线方式为 Yy）。

答：（1）从图 5-11 可以看出，高压侧 A 相有很大的故障电流，而中压侧 A 相无很大的故障电流，可以判断出并非区外故障，而是 A 相区内故障，并且 110kV 侧无电源。

（2）分析图 5-11，220kV 与 110kV 的 C 相电流同时增大并且相位相反，可以判断 110kV 侧区外 C 相接地。

（3）变压器差动保护为分相差动原理，A 相差动保护能够正确动作。

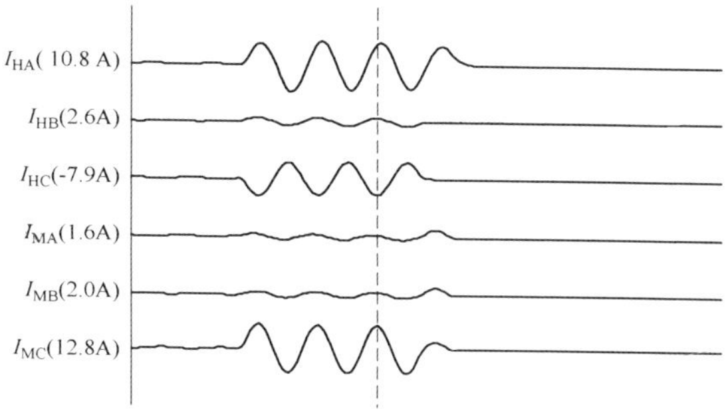

图 5-11

11. 某 220kV 变电站两台主变压器并联运行，1 号变压器 220kV 及 110kV 中性点接地，110kV 某线路发生了故障，线路保护正确动作，开关跳闸，当开关重合时，线路保护又动作，同时 1 号主变压器差动速动保护动作，试分析原因？如何采取防范措施。

答：（1）差动速动的原因为主变压器用的电流互感器在两次故障情况下，由于铁芯具有剩磁的影响过度饱和，造成主变压器差流过大，达到差流速断定值，造成保护动作。

（2）采取措施：提高主变压器电流互感器的差动组级别，采用暂态型电流互感器，延长重合闸的时间，提高主变压器差动速断的定值，保护装置软件改进，增强保护抗 TA 饱和能力。

12. 330kV 及以上变压器主保护的配置基本要求是什么？

答：330kV 及以上变压器主保护的配置基本要求是：

（1）配置纵差保护或分相差动保护；若仅配置分相差动保护，在低压侧有外附 TA 时，需配置不需整定的低压侧小区差动保护。

（2）为提高切除自耦变压器内部单相接地短路故障的可靠性，可配置由高中压和公共绕组 TA 构成的分侧差动保护。

（3）可配置不需整定的零序分量、负序分量或变化量等反应轻微故障的故障分量差动保护。

13. 330kV 及以上变压器中压侧的阻抗后备保护的要求是什么，为什么要设四段时限？

答：带偏移特性的阻抗保护。指向变压器的阻抗不伸出高压侧母线，作为变压器部分绕组故障的后备保护，指向母线的阻抗作为本侧母线故障的后备保护。设置一段四时限，第一时限跳开分段，第二时限跳开母联，第三时限跳开本侧断路器，第四时限跳开变压器各侧断路器。

主要是考虑对于变压器中压侧的双母双分段接线方式，母联断路器和分段断路器不能同时跳闸，如果母联断路器和分段断路器同时跳闸，则将双母双分段接线分为 4 段，其中，只有负荷而无电源的母线段会损失负荷。

14. 一台三相变压器，其额定容量 S_N 为 40.5MVA，变比为 10.5/121kV，高压侧为星形接线，低压侧为三角形连接。为了判别该变压器的联结组别，将三角形侧三相短路并接入电流

表，在高压侧 **AB** 相接入单相电源，使高压侧电流达到额定值，如图 5-12 所示。

（1）如何根据电流表的读数 I_a、I_b、I_c 来判断该变压器的联结组别是 YNd11 还是 YNd1？

（2）电流表的读数 I_a、I_b、I_c 应该是多少？

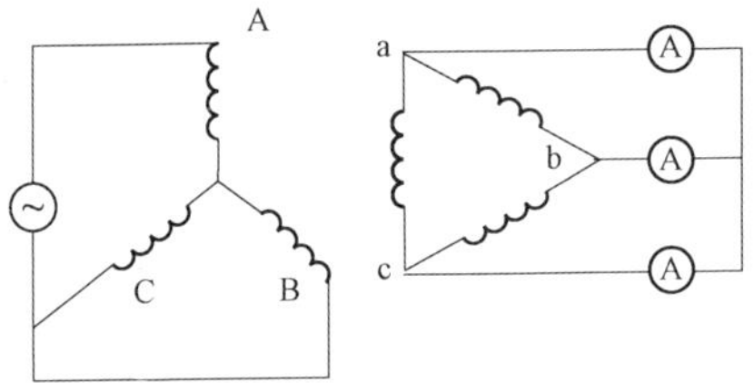

图 5-12

答：（1）若电流表读数 $I_b=I_c=\frac{1}{2}I_a$，则为 YNd11 接线，若电流表读数 $I_a=I_c=\frac{1}{2}I_b$，则为 YNd1 接线。

（2）YNd11 接线，$I_b=I_c=1.286kA$，$I_a=2.572kA$；YNd1 接线，$I_a=I_c=1.286kA$，$I_b=2.572kA$。

15. 和应涌流对变压器差动保护有什么影响？

答：（1）当串联和应涌流发生时，其电源侧波形完全对称，无二次谐波，无法由一次侧电流来识别涌流。变压器二次侧电流有明显的涌流特征，但有较大的非周期分量，易导致 TA 饱和，该侧 TA 饱和对差流起助增作用，易引起差动保护误动。

（2）和应涌流是逐渐增大后衰减的，而合闸涌流在第一周波就达到最大。在和应涌流逐渐增大的过程中，二次谐波比率是增大的，变化过程中存在一个阶段和应涌流较小、二次谐波比率更小的情况，导致一相中的 2 次谐波不能对该相的差动电流进行有效的闭锁而导致误动。

（3）和应涌流出现后，涌流衰减时间变长，如果此时发生匝间短路，导致谐波闭锁的保护延时动作。

16. 三相自耦变压器接线为 YNynd，如图 5-13 所示。变压器容量为 750MVA，各侧电压为 515/230/36kV，短路阻抗 $U_{12}\%=12.97$；$U_{13}\%=42.37$；$U_{23}\%=25.74$。中性点加装小电抗 13Ω。基于 100MVA 的系统阻抗标幺值，高压侧：正、负序为 0.0026，零序为 0.0038；中压侧：正、负序为 0.0118，零序为 0.01。请问高压侧母线单相金属性接地故障时，主变压器高中压侧零序电流为多少（有名值）？主变压器中性点电流、电压多少（S_B=100MVA，电压基准 U_B 为 525、230kV）？

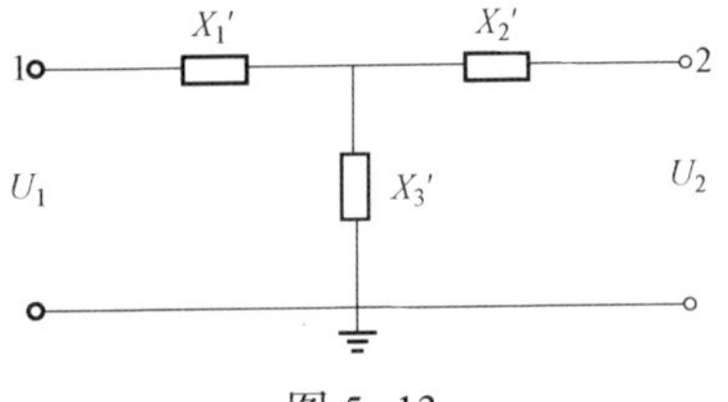

图 5-13

答： 由

$$X'_{10}=X_1+3X_n(1-k)$$
$$X'_{20}=X_2-3X_nk(1-k)$$
$$X'_{30}=X_3+3X_nk$$

求出主变压器高中压侧正序阻抗为 0.0197、−0.0024、0.0368。

将中性点阻抗折算为标幺值：13/2756.25=0.00472。

则零序阻抗为

$$X_{10}=0.0197+3\times0.00472\times(1-515/230)=0.0022$$
$$X_{20}=-0.0024-3\times0.00472\times515/230\times(1-515/230)=0.0369$$
$$X_{30}=0.0368+3\times0.00472\times515/230=0.0685$$

主变压器侧综合阻抗：

正序为 （−0.0024+0.0118+0.0197）=0.0291

零序为 （0.0369+0.01）//0.0685+0.0022 = 0.03

500kV 母线故障综合阻抗：

正序为 0.0291//0.0026=0.00239

零序为 0.03//0.0038=0.00337

零序电流为

$$3I_0=3\times1/(0.00239\times2+0.00337)=368(\text{A})$$

高压侧零序电流为

$$368\times0.00337/0.03\times110=4547(\text{A})$$

中压侧零序电流为

$$368\times0.00337/0.03\times[(0.0369+0.01)//0.0685]/(0.0369+0.01)\times251=6159(\text{A})$$

中性点电流为

$$6159\text{A}-4547=1612(\text{A})$$

中性点电压为

$$1612\times13=21(\text{kV})$$

17. 试分析 YNd11 变压器（接线如图 5−14 所示）YN 侧断路器一相断开时两侧线电流的相量关系，并绘图。

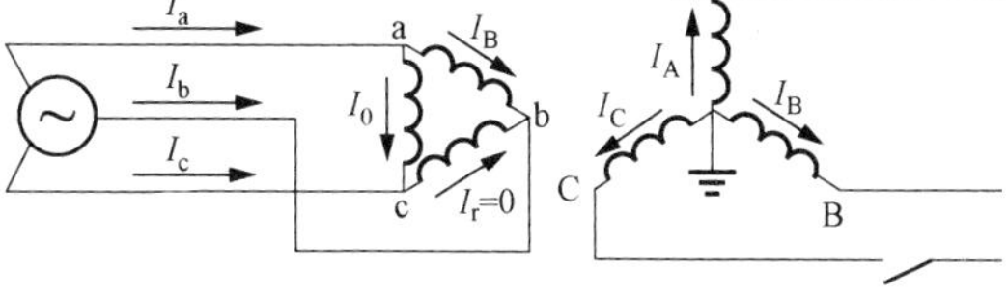

图 5−14

答： 当 YN 侧 A、B 两相未断开做两相运行时，则变压器 YN 侧有 $\dot I_{C1}+\dot I_{C2}+\dot I_{C0}=0$ 且 $\dot I_{C2}$、$\dot I_{C0}$ 对 $\dot I_{C1}$ 的相位为 180°，YN 侧各序电流如图 5−15 所示。

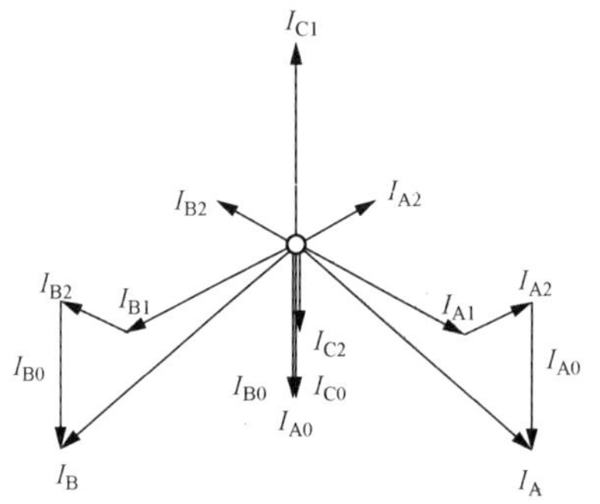

图 5-15

有 d 侧电流与 YN 侧电流之间的关系为：$\dot{I}_a = \dot{I}_\alpha - \dot{I}_\beta = (\dot{I}_A - \dot{I}_B)/\sqrt{3}$，对于序分量，易得以下关系：$\dot{I}_{a1} = \dot{I}_{A1}\angle 30^\circ$，$\dot{I}_{a2} = \dot{I}_{A2}\angle -30^\circ$。可得 d 侧相量关系如图 5-16 所示。

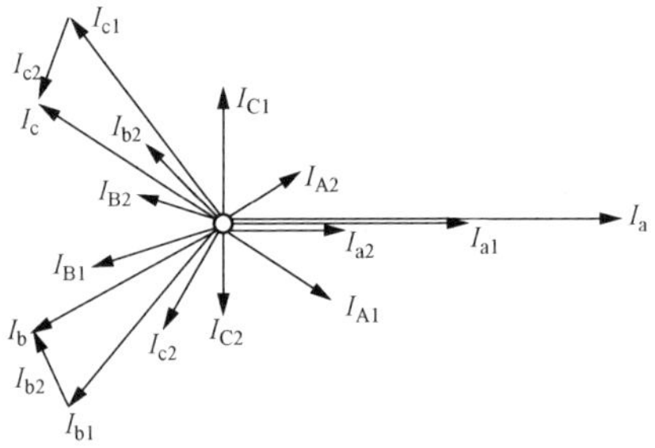

图 5-16

18. 某 220kV 变压器 110kV Ⅰ段母线由运行转检修操作，110kV Ⅰ段母线处于空载状态，当运行人员断开 1 号主变压器 110kV 侧断路器，此时 1 号主变压器 RCS978 中压侧零序过压第一时限保护动作，1 号主变压器三侧断路器跳闸。试分析该变压器跳闸原因和防范措施（其中该 110kV 侧断路器为 LW6A-110IIW 型 SF_6 断路器，其断口带均压电容；110kV Ⅰ段母线 TV 为 JCC6-110 型电磁式电压互感器）。

答：（1）跳闸原因分析。经查，在 110kV 母线处于空载状态时，断开 110kV 断路器，断路器断口电容和电磁式母线电压互感器非线性电感构成串联谐振而引发谐振过电压（母线 TV 开口三角电压 $3U_0$ 有效值达 223.88V，时间达 617ms），故引起 1 号主变压器间隙过压动作，1 号主变压器三侧断路器跳闸。

（2）采取的防范措施。对采用带有均压电容器的断路器开断连接电磁式电压互感器的空载母线进行验算，对有可能产生铁磁谐振过电压的，统一将电磁式电压互感器更换为带容性电磁式电压互感器或电容电压互感器，整改实施前，在互感器的辅助二次回路上安装多功能消谐装置，以消除谐振。制定带有均压电容器的断路器开断连接电磁式电压互感器的空载母线倒闸操作防范措施，明确停电时先停母线 TV 后停母线，送电先送母线后送母线 TV 的办法，以回避谐振条件。

19. 如图 5-17 所示，YNd11 接线的主变压器空载，d 侧 bc 相间短路故障时，写出主变压器高压侧阻抗继电器的测量阻抗表达式 Z_{Ja}、Z_{Jb} 和 Z_{Jc}。

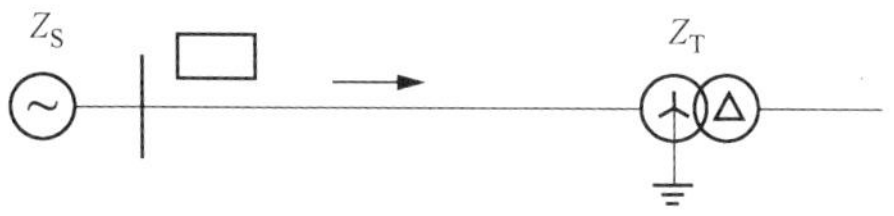

图 5-17

答：d 侧相间故障，Y 侧 I_0=0，则

$$Z_{Ja}=\frac{U_A}{I_A}=\frac{E_A-I_AZ_S}{I_A}=\frac{E_A}{I_A}-Z_S=\frac{E_{ac}/\sqrt{3}}{I_{ac}/\sqrt{3}}-Z_S=\frac{E_{ac}}{I_{ac}}-Z_S=\frac{E_{bc}e^{j60^\circ}}{\frac{1}{2}I_{bc}}-Z_S$$

$$=2(Z_S+Z_T)e^{j60^\circ}-Z_S=Z_T+j\sqrt{3}(Z_S+Z_T)$$

同理可得

$$Z_{Jb}=\frac{E_{ba}}{I_{ba}}-Z_S=\frac{E_{bc}e^{-j60^\circ}}{\frac{1}{2}I_{bc}}-Z_S=2(Z_S+Z_T)e^{-j60^\circ}-Z_S=Z_T-j\sqrt{3}(Z_S+Z_T)$$

$$Z_{Jc}=\frac{E_{cb}}{I_{cb}}-Z_S=(Z_S+Z_T)-Z_S=Z_T$$

20. 如图 5-18 所示，已知 Yd11 双绕组变压器，容量为 60MVA，高压侧额定电压为 110kV，低压侧额定电压为 10.5kV，短路电压 X=20%，低压侧经接地变压器直接接地，接地变压器接于低压侧母线，接地变压器零序阻抗为 1.1Ω，变压器高压侧接无穷大系统，低压侧不带负荷，低压侧区内发生 A 相接地故障时，各侧电流指向变压器为正，计算故障点故障电流、高压侧三相电流、低压侧三相电流、低压侧三相电压和三相纵差差流的相量值（计算结果可使用标幺值或有名值，纵差转角方式采用 Y 转 d）。

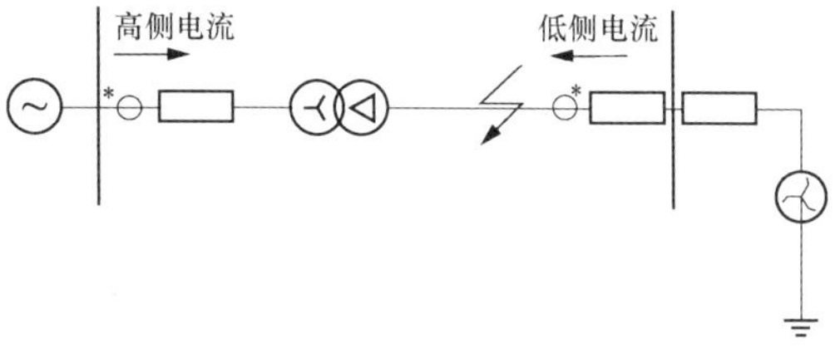

图 5-18

答：取 S_B=60MVA，U_B=110kV，$I_B=S_B/\sqrt{3}U_B$，$Z_B=\sqrt{3}U_B/I_B$

以下取标幺值：

正序阻抗 $Z_1=X_T=0.2$；负序阻抗 $Z_2=Z_1=0.2$；零序阻抗 $Z_0=Z_{J0}=1.1\times(110/10.5)^2/Z_B=0.6$。

A 相接地故障特征

$$I_{fb}=I_{fc}=0,\ U_{fA}=0$$

序分量特征

$$I_{f1}=I_{f2}=I_{f0}$$

相量形式

取

$$\dot{E}=E\angle 0^{\circ}=1\angle 0^{\circ}$$

$$\dot{I}_{f1}=\dot{I}_{f2}=\dot{I}_{f0}=\frac{\dot{E}}{j\left(Z_1+Z_2+Z_0\right)}=\frac{1\angle 0^{\circ}}{j\left(0.2+0.2+0.6\right)}=1\angle -90^{\circ}$$

$$\dot{U}_{f1}=j\left(Z_2+Z_0\right)\dot{I}_{f1}=0.8\angle 0^{\circ}$$

$$\dot{U}_{f2}=-jZ_2\dot{I}_{f1}=0.2\angle 180^{\circ}$$

$$\dot{U}_{f0}=-jZ_0\dot{I}_{f1}=0.6\angle 180^{\circ}$$

$$\dot{U}_{A}=\dot{U}_{f1}+\dot{U}_{f2}+\dot{U}_{f0}=0$$

$$\dot{U}_{B}=a^2\dot{U}_{f1}+a\dot{U}_{f2}+\dot{U}_{f0}=0.8\angle -120^{\circ}+0.2\angle -60^{\circ}+0.6\angle 180^{\circ}=1.249\angle 224^{\circ}$$

$$\dot{U}_{C}=a\dot{U}_{f1}+a^2\dot{U}_{f2}+\dot{U}_{f0}=0.8\angle 120^{\circ}+0.2\angle 60^{\circ}+0.6\angle 180^{\circ}=1.249\angle 134^{\circ}$$

$$a=e^{j120^{\circ}}$$

由于接地变压器只流过零序电流，且接线形式为 Yd11，因此低压侧 TA 只流过零序电流，高压侧只流过正负序电流，所以

$$\dot{I}_{LA}=\dot{I}_{LB}=\dot{I}_{LC}=\dot{I}_{f0}=1\angle -90^{\circ}$$

$$\dot{I}_{H1}=\dot{I}_{f1}e^{j-30^{\circ}}=1\angle -120^{\circ}$$

$$\dot{I}_{H2}=\dot{I}_{f2}e^{j30^{\circ}}=1\angle -60^{\circ}$$

$$\dot{I}_{H0}=0$$

$$\dot{I}_{HA}=\dot{I}_{H1}+\dot{I}_{H2}+\dot{I}_{H0}=\sqrt{3}\angle -90^{\circ}$$

$$\dot{I}_{HB}=a^2\dot{I}_{H1}+a\dot{I}_{H2}+\dot{I}_{H0}=\sqrt{3}\angle 90^{\circ}$$

$$\dot{I}_{HC}=a\dot{I}_{H1}+a^2\dot{I}_{H2}+\dot{I}_{H0}=0$$

$$\dot{I}_{dA}=(\dot{I}_{HA}-\dot{I}_{HB})/\sqrt{3}+\dot{I}_{LA}=3\angle -90^{\circ}$$

$$\dot{I}_{dB}=(\dot{I}_{HB}-\dot{I}_{HA})/\sqrt{3}+\dot{I}_{LB}=0$$

$$\dot{I}_{dC}=(\dot{I}_{HC}-\dot{I}_{HA})/\sqrt{3}+\dot{I}_{LC}=0$$

以下取有名值

$$\dot{I}_{LA}=\dot{I}_{f0}=60/1.732/10.5\angle -90^{\circ}=3.3\angle -90^{\circ}(\text{kA})$$

$$\dot{I}_{LB}=\dot{I}_{f0}=3.3\angle -90^{\circ}(\text{kA})$$

$$\dot{I}_{LC}=\dot{I}_{f0}=3.3\angle -90^{\circ}(\text{kA})$$

$$\dot{I}_{HA}=\dot{I}_{Hf1}+\dot{I}_{Hf2}+\dot{I}_{Hf0}=\sqrt{3}\times 60/\sqrt{3}/110\angle -90^{\circ}=0.55\angle -90^{\circ}(\text{kA})$$

$$\dot{I}_{HB}=\alpha^2\dot{I}_{Hf1}+\alpha\dot{I}_{Hf2}+\dot{I}_{Hf0}=\sqrt{3}\times 60/\sqrt{3}/110\angle 90^{\circ}=0.55\angle 90^{\circ}(\text{kA})$$

$$\dot{I}_{HC}=a\dot{I}_{Hf1}+a^2\dot{I}_{Hf2}+\dot{I}_{Hf0}==0$$

$$\dot{I}_{\mathrm{dA}}=\left(\dot{I}_{\mathrm{HA}}-\dot{I}_{\mathrm{HB}}\right)\big/\sqrt{3}+k\dot{I}_{\mathrm{LA}}=1.1\angle-90^{\circ}/\sqrt{3}+10.5/110\times3.3\angle-90^{\circ}=0.95\angle-90^{\circ}(\mathrm{kA})$$

$$\dot{I}_{\mathrm{dB}}=\left(\dot{I}_{\mathrm{HB}}-\dot{I}_{\mathrm{HC}}\right)\big/\sqrt{3}+k\dot{I}_{\mathrm{LB}}=0$$

$$\dot{I}_{\mathrm{dC}}=\left(\dot{I}_{\mathrm{HC}}-\dot{I}_{\mathrm{HA}}\right)\big/\sqrt{3}+k\dot{I}_{\mathrm{LC}}=0$$

$$k=U_{\mathrm{L}}/U_{\mathrm{H}}$$

第六章

发变组保护

一、选择题

1. 与电力系统并列运行的 1MW 及以下容量发电机，如灵敏系数符合要求，应该在发电机（　　）保护。 答案：A

A. 机端装设电流速断　　B. 中性点装设电流速断

C. 装设纵联差动　　D. 装设匝间

2. 发电机解列的含义是（　　）。 答案：B

A. 断开发电机断路器、灭磁、甩负荷　　B. 断开发电机断路器、甩负荷

C. 断开发电机断路器、灭磁　　D. 断开发电机断路器

3. 汽轮发电机解列灭磁的含义是（　　）。 答案：A

A. 断开发电机断路器、灭磁、甩负荷　　B. 断开发电机断路器、甩负荷

C. 断开发电机断路器、灭磁　　D. 断开发电机断路器

4. 发电机自同期并列的最大特点是（　　）。 答案：C

A. 不会给系统带来大的冲击　　B. 不会给发电机带来大的冲击

C. 操作简单、过程短　　D. 对系统及发电机均无冲击

5. 发电机出口发生三相短路时的输出功率为（　　）。 答案：C

A. 额定功率　　B. 功率极限

C. 零　　D. 取决于负荷大小

6. 大机组造价昂贵、结构复杂，故障造成的损失巨大。大机组在系统中很重要，因此考虑保护总体配置时，要求（　　）。 答案：A

A. 内部故障缩小保护死区，最大限度缩小故障破坏范围

B. 故障发生应尽可能地快速停机处理

C. 对所有的异常运行工况不能采用自动处理的方式

D. 所有故障及异常运行时均停机

7. 正常运行的发电机，在调整有功负荷时，对发电机无功负荷（　　）。 答案：B

A. 没有影响　　B. 有一定影响　　C.影响很大

8. 运行中汽轮机突然关闭主汽门，发电机将变成（　　）运行。 答案：A

A. 同步电动机　　B. 异步电动机　　C. 异步发电机　　D. 不确定

9. 运行中汽轮机突然失去励磁，发电机将变成（　　）运行。 答案：C

A. 同步电动机　　B. 异步电动机　　C. 异步发电机　　D. 不确定

10. 运行中的发电机失磁时，定子电流（　　）。 答案：A

A. 升高　　B. 不变　　C. 降低　　D. 降至零

11. 关于发电机中性点不同接地方式产生的影响，下列描述不正确的是（　　）。 答案：D

A. 中性点经消弧线圈接地，可以补偿接地故障电容电流
B. 中性点经高电阻接地（配电变压器）使接地电流比自然电容电流大
C. 中性点经高电阻接地（配电变压器）有利于降低电力系统的操作过电压
D. 中性点不接地发电机在发生单相接地时不会产生故障电流

12. 发电机变为同步电动机运行时，最主要是对（　　）造成危害。 答案：C

A. 发电机本身　　B. 电力系统
C. 汽轮机尾部的叶片　　D. 发电机定子绕组

13. 励磁调节器自动运行方式和手动运行方式进行切换操作时，发电机无功（　　）。
答案：C

A. 无扰动　　B.扰动大　　C. 扰动不大　　D. 不一定扰动

14. 发电机开机试验过程中主变压器高压侧短路试验，如果发电机机端 TV 投入，则此时发电机无功功率（　　）。 答案：C

A. 为负　　B. 为零　　C. 为正　　D. 正负都有可能

15. 下列关于发电机内部故障保护的描述，正确的是（　　）。 答案：A

A. 发电机纵差可保护发电机内部全部相间故障
B. 发电机裂相横差、不完全差动可保护发电机内部全部相间、匝间故障
C. 发电机单元件横差可保护发电机内部全部相间、匝间故障
D. 以上均正确

16. 发电机装设纵联差动保护，作为（　　）保护。 答案：C

A. 定子绕组的匝间短路　　B. 定子绕组的相间短路
C. 定子绕组及其引出线的相间短路　　D. 定子绕组单相接地

17. 发电机比率制动的差动继电器，设置比率制动的原因是（　　）。 答案：B

A. 提高内部故障时保护动作的可靠性

B. 使继电器动作电流随外部不平衡电流增加而提高

C. 使继电器动作电流不随外部不平衡电流增加而提高

D. 提高保护动作速度

18. 发电机比率制动差动保护动作定值、制动系数合理取值范围分别为（　　）。 答案：A

A.（0.15～0.25）I_N，0.25～0.35　　B.（0.25～0.35）I_N，0.35～0.45

C.（0.25～0.35）I_N，0.25～0.35　　D.（0.35～0.5）I_N，0.25～0.35

19. 发电机定子绕组相间短路、匝间短路、分支开焊等不对称故障时，故障分量负序功率方向是（　　）。 答案：B

A. 从系统流入发电机　　B. 从发电机流出

C. 不定，视故障严重程度而定　　D. 无负序功率产生

20. 单元件横差保护是利用装在双 Y 型定子绕组的两个中性点连线的一个电流互感器向一个横差电流继电器供电而构成，其作用是（　　）。 答案：B

A. 定子绕组引出线上发生两相短路时动作

B. 当定子绕组分支开断和匝间发生短路时动作

C. 在机端出口发生三相短路时动作

D. 定子绕组单相接地时动作

21. 对于定子绕组采用双星形接线的发电机，如能测量到双星形中性点之间的电流，便可采用单元件横差保护，该保护（　　）。 答案：C

A. 既能反应发电机定子绕组的相间短路，又能反应定子绕组的匝间短路

B. 既能反应发电机定子绕组的匝间短路，又能反应定子绕组的开焊故障

C. 上述几种故障均能反应

D. 以上故障均不能反应

22. 利用纵向零序电压构成的发电机匝间保护，为了提高其动作的可靠性，应在保护的交流输入回路上加装（　　）谐波滤过器。 答案：C

A. 2 次　　B. 5 次　　C. 3 次　　D. 高次

23. 零序电压的发电机匝间保护，要加装方向元件是为保护在发生（　　）故障时保护不误动。 答案：C

A. 定子绕组接地　　B. 定子绕组相间　　C. 外部不对称　　D. 外部对称

24. 发电机匝间接入零序电压的两根线，（　　）利用两端接地线来代替其中一根线。

答案：D

A. 应　B. 可　C. 宜　D. 不能

25. 发电机纵向零序电压式匝间保护用 TV，其一次中性点应（　　）。 答案：C

A. 可靠接地
B. 通过控制电缆与发电机中性点连接起来
C. 不接地，并通过高压电缆与发电机中性点连接起来
D. 经大电阻接地

26. 用纵向零序构成的发电机匝间保护，为了提高其动作的可靠性，要求在保护的交流输入回路上（　　）。 答案：C

A. 加装 2 次谐波滤过器，基波对 2 次谐波的滤过比大于 50
B. 加装 5 次谐波滤过器，基波对 5 次谐波的滤过比大于 10
C. 加装 3 次谐波滤过器，基波对 3 次谐波的滤过比大于 50
D. 加装 3 次谐波滤过器，基波对 3 次谐波的滤过比小于 50

27. 机端电压为 20kV 的 600MW 汽轮发电机的允许接地电流最大为（　　）。 答案：A

A. 1A　B. 2A　C. 3A　D. 4A

28. 定子绕组中性点不接地的发电机，当发电机出口侧 A 相接地时，发电机中性点的电压为（　　）。 答案：A

A. 相电压　B. $\sqrt{3}$相电压　C. $\frac{1}{3}$相电压　D. 零

29. 定子绕组中性点不接地的发电机，当靠近中性点侧 A 相接地时，发电机中性点的电压为（　　）。 答案：C

A. $\sqrt{3}$相电压　B. 相电压　C. 小于相电压　D. 零

30. 发电机机端电压互感器 TV 的变比为 $\frac{10.5}{\sqrt{3}}\Big/\frac{0.1}{\sqrt{3}}\Big/\frac{0.1}{3}$，在距中性点 10%的地方发生定子单相接地，其机端的 TV 开口三角形零序电压为（　　）。 答案：C

A. 90V　B. 10/3V　C. 10V　D. 5V

31. 发电机正常运行时，在 TV 变比相差不是太大的情况下，其（　　）。 答案：B

A. 机端三次谐波电压大于中性点三次谐波电压
B. 机端三次谐波电压小于中性点三次谐波电压
C. 机端三次谐波电压与中性点三次谐波电压相同
D. 以上说法均不正确

32. 由反应基波零序电压和利用三次谐波电压构成的100%定子接地保护，其基波零序电压元件的保护范围是（　　）。 答案：B

A. 由中性点向机端定子绕组的85%～90%

B. 由机端向中性点定子绕组的85%～90%

C. 100%的定子绕组

D. 由中性点向机端定子绕组的50%线匝

33. 利用基波零序电压的发电机定子单相接地保护（　　）。 答案：C

A. 不灵敏　B. 无死区　C. 有死区　D. 灵敏

34. 当在距离发电机中性点70%处发生定子单相接地时，发电机端电压互感器开口三角形侧的零序电压为（　　）。 答案：B

A. 100V　B. 70V　C. 30V

35. 发电机定子绕组过电流保护的作用是（　　）。 答案：C

A. 反应发电机内部故障

B. 反应发电机外部故障

C. 反应发电机外部故障，并作为发电机纵差保护的后备

D. 反应发电机内部故障及外部故障，并作为发电机的主保护

36. 低频率保护主要用于保护（　　）。 答案：C

A. 发电机铁芯　B. 发电机大轴　C. 汽轮机末级叶片　D. 电力系统

37. 当发电机转速还未达到3000转时，误给发电机加上励磁，下列（　　）保护会动作。 答案：B

A. 低频　B. 发电机过励磁　C. 励磁回路过负荷　D. 发电机定子过电压

38. 形成发电机过励磁的原因可能是（　　）。 答案：C

A. 发电机出口短路，强行励磁动作，励磁电流增加

B. 汽轮发电机在启动低速预热过程中，由于转速过低产生过励磁

C. 发电机甩负荷，但因自动励磁调节器退出或失灵时误加励磁等

D. 以上说法均不正确

39. 发电机过励磁保护主要是（　　） 答案：B

A. 防止发电机定子绕组不致过热

B. 防止发电机变压器铁芯磁密过大，铁损严重增加而过热

C. 防止发电机转子绕组不致过热

D. 防止汽轮机叶片过热

40. 发电机复合电压启动的过电流保护在（　　）低电压启动过电流保护。 答案：B

A. 反应对称短路及不对称短路时灵敏度均高于
B. 反应对称短路灵敏度相同，但反应不对称短路时灵敏度高于
C. 反应对称短路及不对称短路时灵敏度相同，只是接线简单于
D. 反应不对称短路灵敏度相同，但反应对称短路时灵敏度高于

41. 某发电机一变压器组装有经负序增量元件开放的阻抗后备保护，在交流电压回路发生一相断线，且伴随系统操作时误动，其主要原因是（　　）。 答案：C

A. 动作阻抗整定不正确，没有躲过负荷电流
B. 负序增量元件整定过于灵敏，未能躲过操作时的不平衡电流
C. 没有设置电压回路断线闭锁或断线闭锁不正确
D. 动作时间整定不正确

42. 发变组后备保护中电流元件用电流互感器，设置在一次侧（　　），位置符合要求。 答案：C

A. 发变组高压侧　　B. 发电机出口
C. 发电机中性点　　D. 发电机出口断路器处

43. 发电机及变压器采用“复合电压启动的过电流保护”作为后备保护是为了（　　）。 答案：C

A. 防止电流或电压互感器二次回路断开
B. 防止系统振荡时保护误动
C. 提高电流电压元件的灵敏度
D. 提高保护动作快速性

44. 发电机复合电压闭锁过电流保护的输入电流，应为（　　） 答案：A

A. 发电机中性点 TA 二次三相电流　　B. 机端 TA 二次三相电流
C. 以上两者均可　　D. 主变压器高压侧电流

45. 发电机、变压器的阻抗保护，（　　）有电压回路断线闭锁。 答案：A

A. 应　　B. 可　　C. 宜　　D. 不能

46. 发电机在电力系统发生不对称短路时，在转子中就会感应出（　　）电流。 答案：B

A. 50Hz　　B. 100Hz　　C. 150Hz　　D. 200Hz

47. 发电机反时限负序电流保护的动作时限是（　　）。 答案：C

A. 无论负序电流大或小，以较长的时限跳闸
B. 无论负序电流大或小，以较短的时限跳闸

C. 当负序电流大时以较短的时限跳闸；当负序电流小时以较长的时限跳闸
D. 以上说法均不正确

48. 发电机的负序过流保护主要是为了防止（　　）。 **答案：B**

A. 损坏发电机的定子绕组　　B. 损坏发电机的转子
C. 损坏发电机的励磁系统　　D. 以上说法均不正确

49. 定子绕组中出现负序电流对发电机的主要危害是（　　）。 **答案：A**

A. 由负序电流产生的负序磁场以 2 倍的同步转速切割转子，在转子上感应出流经转子本体、槽楔和阻尼条的 100Hz 电流，使转子端部、护环内表面等部位过热而烧伤
B. 由负序电流产生的负序磁场以 2 倍的同步转速切割定子铁芯，产生涡流烧坏定子铁芯
C. 负序电流的存在使定子绕组过电流，长期作用烧坏定子线棒
D. 以上说法均不正确

50. 发电机定时限励磁回路过负荷保护，作用于（　　）。 **答案：B**

A. 全停　　B. 发信号　　C. 解列灭磁　　D. 解列

51. 发电机转子绕组两点接地对发电机的主要危害之一是（　　）。 **答案：A**

A. 破坏发电机气隙磁场的对称性，将引起发电机剧烈振动，同时无功功率降低
B. 无功功率增加
C. 转子电流被地分流，使流过转子绕组的电流减少
D. 转子电流增加，致使转子绕组过电流

52.汽轮发电机励磁回路一点接地保护动作后，作用于（　　）。 **答案：C**

A. 全停　　B. 解列、灭磁
C. 发信号　　D. 程序跳闸

53. 发电机励磁回路两点接地时，下列现象正确的是（　　） **答案：A**

A. 励磁电流指示为零或增大，励磁电压降低，无功指示降低
B. 励磁电流指示为零，励磁电压降低，无功指示升高
C. 励磁电流指示增大，励磁电压升高，无功指示降低
D. 励磁电流指示为零或增大，励磁电压降低，无功指示升高

54. 发电机励磁回路发生一点接地后，如不及时安排检修，允许短时运行，若投入两点接地保护装置，此时应把横差保护（　　）。 **答案：A**

A. 投入延时　　B. 投入瞬时　　C. 退出　　D. 投入运行

55. 按直流电桥原理构成的励磁绕组两点接地保护，当（ ）接地后投入跳闸。

答案：B

A. 转子滑环附近　　B. 励磁绕组一点
C. 励磁机正极或负极　　D. 定子绕组单相

56. 按直流电桥原理构成的励磁绕组两点接地保护构成简单，其主要缺点是（ ）。

答案：C

A. 在转子一点突然接地时容易误动切机
B. 励磁绕组中高次谐波电流容易使其拒动
C. 有死区，特别是当第一接地点出现在转子滑环附近或出现在直流励磁机的励磁回路上时，该保护无法投入使用
D. 以上说法均不正确

57. 发电机运行中测得发电机转子正负极间电压 U=320V，正对地电压 U_+=100V，负对地电压 U_-=220V，则说明（ ）。 答案：D

A. 绝缘良好　　B. 发电机励磁正接地
C. 发电机励磁负接地　　D. 转子不完全接地

58. 发电机失磁会对电力系统产生下列影响（ ）。 答案：A

A. 造成系统电压下降，可能造成系统中其他发电机过电流
B. 在系统中产生很大的负序电流
C. 可能造成系统振荡
D. 以上说法均不正确

59. 无论是低励失磁还是完全失磁，发电机机端测量阻抗最终都会落入（ ）内。

答案：B

A. 临界失步阻抗圆　　B. 异步运行阻抗圆
C. 临界电压阻抗圆　　D. 等有功阻抗圆

60. 汽轮发电机完全失磁后，将出现（ ）。 答案：A

A. 发电机有功功率基本不变，吸收无功功率，定子电流增大
B. 发电机无功功率基本不变，有功功率减少，定子电流减小
C. 发电机有功功率基本不变，定子电压升高，但定子电流减小
D. 发电机有功功率减少，吸收无功功率，定子电流增大

61. 有关发电机失磁过程的特点，下列说法中不正确的是（ ）。 答案：B

A. 发电机失磁后将从系统吸取大量的无功功率，使机端电压下降
B. 由于电压降低以致发电机电流降低

C. 随着失磁的发展，机端测量阻抗的端点落在静稳极限阻抗圆内，转入异步运行状态
D. 引起电力系统电压下降

62. 发电机失磁后，需从系统中吸取（　　）功率，将造成系统电压下降。 答案：C
A. 有功和无功　B. 有功　C. 无功　D. 视在

63. 为防止失磁保护误动，应在外部短路、系统振荡、电压回路断线等情况下闭锁。闭锁元件采用（　　）。 答案：C
A. 定子电压　B. 定子电流　C. 转子电压　D. 转子电流

64. 失磁保护装置中，转子电压闭锁元件一般整定为空载励磁电压的（　　）。 答案：B
A. 75%　B.80%　C. 85%　D. 90%

65. 失磁保护中采用的 U_e—P（励磁电压—有功功率）元件，其（　　）。 答案：B
A. 励磁低电压元件与有功功率元件同时动作后才允许保护出口
B. 励磁电压元件的动作电压 U_e 与发电机的有功功率 P 有关，有功功率越大，其励磁电压元件动作值提高越多
C. 励磁低电压元件闭锁有功功率元件，只有低电压元件动作后，才允许有功元件动作
D. 以上说法均不正确

66. 汽轮发电机完全失磁之后，在失步以前将出现（　　）的情况。 答案：A
A. 发电机有功功率基本不变，从系统吸收无功功率，使机端电压下降，定子电流增大。失磁前送有功功率越多，失磁后电流增大越多
B. 发电机无功功率维持不变，有功减少，定子电流降低
C. 发电机有功功率基本不变，定子电压升高，定子电流降低
D. 以上说法均不正确

67. 发电机振荡或失步时，一般采取增加发电机励磁的措施，其目的是（　　）。 答案：C
A. 提高发电机电压　B. 多向系统输出无功
C. 增加定转子磁极间的拉力　D. 以上说法均不正确

68. 大型汽轮发电机要配置逆功率保护，目的是防止主汽门关闭后（　　）。 答案：B
A. 汽轮机反转
B. 电动机长期运行造成汽轮机尾部叶片过热
C. 发电机失步
D. 发电机转子过热

69. 发电机逆功率保护的主要作用是（　　）。 答案：C

A. 防止发电机在逆功率状态下损坏
B. 防止系统发电机在逆功率状态下产生振荡
C. 防止汽轮机在逆功率状态下损坏
D. 防止汽轮机及发电机在逆功率状态下损坏

70. 发电机逆功率运行是由于（　　）造成。 答案：B

A. 发电机与系统开关断开　　B. 发电机主汽门关闭
C. 发电机失去励磁　　D. 发电机解列

71. 一般规定发电机逆功率运行的时间不得大于（　　）。 答案：A

A. 3min　　B. 5min　　C. 10min　　D. 15min

72. 大型发变组非全相保护，主要由（　　）构成。 答案：A

A. 灵敏负序或零序电流元件与非全相判别回路
B. 灵敏负序或零序电压元件与非全相判别回路
C. 灵敏相电流元件与非全相判别回路
D. 灵敏相电压元件与非全相判别回路

73. 发电机变压器的非电量保护，应该（　　）。 答案：C

A. 设置独立的电源回路（包括直流空气小开关及直流电源监视回路），出口回路与电气量保护公用
B. 设置独立的电源回路及出口跳闸回路，可与电气量保护安装在同一机箱内
C. 设置独立的电源回路和出口跳闸回路，且在保护柜上的安装位置也应相对独立
D. 与电气量保护共用电源回路和出口跳闸回路，在保护柜上的安装位置相对独立

74. 下列非电量保护中，不启动失灵的保护是（　　）。 答案：D

A. 发电机断水　　B. 励磁系统故障
C. 热工　　D. 主变压器冷却器故障

75. 发—变组高压侧母线发生接地故障时，（　　）。 答案：B

A. 机端不会有零序电压
B. 会通过磁场感应出零序电压
C. 会通过电场感应一定的零序电压
D. 是否有零序电压与发电机中性点接地方式有关

76. 发电机失磁与失步的关系（　　）。 答案：B

A. 机端阻抗都是周期性变化的　　B. 失磁要导致失步
C. 失步运行失磁保护要动作　　D. 失步一定伴随着失磁

77. 发—变组高压开关发生非全相运行时，发电机下列（　　）保护可能动作。 答案：C

A. 失步　　B. 对称过负荷
C. 不对称过负荷　　D. 复合电压闭锁过流

78. 水轮发电机过电压保护的整定值一般为（　　）。 答案：A

A. 动作电压为 1.5 倍额定电压，动作延时取 0.5s
B. 动作电压为 1.8 倍额定电压，动作延时取 3s
C. 动作电压为 1.8 倍额定电压，动作延时取 0.3s
D. 动作电压为 1.3 倍额定电压，动作延时取 0.5s

79. 100MW 以下的（　　）应装设过电压保护。 答案：A

A. 水轮机组　　B. 汽轮机组　　C. 燃气轮机组　　D. 所有机组

80. 100MW 及以上容量的发—变组保护应按双重化配置（非电气量保护除外），下列描述错误的是（　　）。 答案：C

A. 每套保护均含完整的差动和后备保护，能反应被保护设备的各种故障及异常状态
B. 非电量保护设置独立的电源回路和出口跳闸回路
C. 两套完整的电气量保护和非电量保护的跳闸回路应分别作用于断路器的一个跳闸线圈
D. 双重化配置的电气量保护可以共用电源回路

81. 汽轮发电机解列灭磁的含义是（　　）。 答案：ABC

A. 断开发电机断路器　　B. 灭磁
C. 汽轮机甩负荷　　D. 汽轮机停机

82. 发电机的励磁方式有（　　）。 答案：ABCD

A. 直流励磁机的励磁系统
B. 交流励磁机静止整流励磁系统
C. 交流励磁机旋转整流器励磁系统（无刷励磁）
D. 机端自并励静止励磁系统

83. 运行中发电机频率的允许变化范围 ±0.2Hz，频率过低的危害是（　　）。 答案：ACD

A. 使转子两端的鼓风量减少，温度升高
B. 使发电机易发生振动失步
C. 可能引起汽轮机叶片共振而断叶片
D. 厂用电动机转速降低，电能质量受到影响

84. 下列保护能有效保护发电机内部故障的是（　　）。 答案：ABCD

A. 发电机纵联差动保护　　B. 发电机裂相横差、不完全差动保护

C. 发电机单元件横差保护　　D. 纵向零序电压匝间保护

85. 下列能作为发电机定子接地保护的方案是（　　）。 答案：ABC

A. 基波零序电压判据　　B. 三次谐波电压判据

C. 外加直流法　　D. 外加低频法

86. 发电机纵差保护与变压器纵差保护的主要技术差别是（　　）。 答案：BCD

A. 变压器差动保护电流互感器同型，而发电机差动保护电流互感器不同型

B. 变压器差动保护有由分接头改变引起的不平衡电流，而发电机差动保护没有

C. 变压器差动保护最小动作电流和制动系数比发电机差动保护的大

D. 变压器差动保护能反应变压器绕组匝间短路，而发电机差动保护不能

87. 下列关于发电机完全纵差和不完全纵差的描述正确的是（　　）。 答案：ABCD

A. 两者所用的电流互感器安装位置不同

B. 完全纵差电流互感器变比相等，在正常运行或外部短路时不平衡电流很小

C. 两者的保护范围不同

D. 完全纵差对匝间和分支开焊故障不能动作

88. 大型汽轮发电机要配置逆功率保护，目的是（　　）。 答案：BD

A. 防止系统在发电机逆功率状态下产生振荡

B. 防止主汽门关闭后，长期电动机运行造成汽轮机尾部叶片过热

C. 防止主汽门关闭后，发电机失步

D. 防止汽轮机在逆功率状态下损坏

89. 能实现发电机定子匝间保护的是（　　）保护。 答案：BC

A. 发电机纵联差动　　B. 裂相横差和单元件横差

C. 纵向零序电压　　D. 定子过负荷

90. 下列情况（　　）会造出发电机误上电。 答案：ABC

A. 发电机盘车过程中未加励磁，出口断路器误合

B. 发电机启动、停机过程中，已加励磁，频率低于定值，出口断路器误合

C. 发电机启动、停机过程中，已加励磁，频率接近额定，出口断路器误合

D. 转子达到额定转速且已合励磁开关时发生非同期合闸

91. 异常运行保护是反应各种可能给机组造成危害的异常工况，这些工况不会很快造成机组的直接破坏，下列（　　）保护属于异常运行保护。 答案：ACD

A. 定子过负荷　　B. 定子接地　　C. 过电压　　D. 低频

92. 发变组保护整定时应注意（　　）。 答案：ABC

A. 过频、低频、过压、欠压应分别根据发电机运行工况和发电机特性曲线整定

B. 过励磁保护应全面考虑发电机、变压器的过励磁能力

C. 定子接地保护须根据发电机在不同负荷的运行工况下实测零序基波电压和零序三次谐波电压的有效数据整定

D. 200MW 及以上的发电机定子接地保护应投入跳闸，三次谐波段投跳闸，基波零序电压投信号

93. 下列关于发电机负序电流的描述正确的是（　　）。 答案：ABCD

A. 电力系统发生不对称短路或者三相不对称运行时，发电机定子绕组中有负序电流

B. 负序电流在发电机气隙中产生反向旋转磁场，相对于转子为两倍同步转速

C. 负序电流使得转子上电流密度很大的某些部位局部灼伤

D. 会引起转子大轴频率为 100Hz 的振动

94. 关于发电机失磁过程的特点，下列说法中不正确是（　　）。 答案：BC

A. 失磁后将从系统吸取大量的无功功率，使机端电压下降

B. 由于电压降低以致发电机电流将降低

C. 发电机有功功率大小不变，继续向系统送有功功率

D. 随着失磁的发展，发电机转入异步运行状态

95. 除了失磁以外，下列运行情况下（　　）转子低电压元件可能动作。 答案：ABCD

A. 甩无功负荷时，机端电压升高，励磁调节器反相输出

B. 励磁升压变压器分接头位置不当

C. 在短路故障前，励磁电压较低，故障切除引起振荡

D. 自并励发电机，发变组近端三相故障，短路持续期间转子电压接近零

96. 发电机失磁对系统和发电机自身都会产生很大的影响，下列属于失磁保护判据特征的是（　　）。 答案：BCD

A. 有功功率方向改变　　B. 无功功率方向改变

C. 超越静稳边界　　D. 进入异步边界

97. 大型发电机定子接地保护应满足以下基本要求（　　）。 答案：ABD

A. 故障点电流不应超过安全电流

B. 有 100%的保护区

C. 能有效地防止由一点接地发展为两点接地

D. 保护区内任一点发生接地故障时，保护应有足够高的灵敏度

98. 关于发电机装设定子单相接地保护的原因，下列描述正确的是（　　）。 答案：ABCD

A. 定子绕组发生单相接地后接地电流可能会烧伤定子铁芯
B. 定子绕组发生单相接地后，另外两个健全相对地电压上升
C. 故障点将产生间歇性弧光过电压
D. 单相接地故障扩展为相间或匝间短路

99. 发电机中性点接地方式主要有（　　）。 答案：ABD
A. 中性点经消弧线圈接地方式　　B. 中性点经电阻接地方式
C. 中性点直接接地方式　　D. 中性点绝缘方式

100. 水轮发电保护种类大多与汽轮发电机保护相同，不同的是（　　）。 答案：ABCD
A. 不装设转子两点接地保护
B. 一般应装设过电压保护
C. 一般不考虑水轮发电机失磁后的异步运行，而直接作用于跳闸
D. 不装设逆功率保护

二、判断题

1. 发电机定子绕组的故障主要是指定子绕组的相间短路、匝间短路和接地短路。（　　）
答案：√

2. 发电机常见故障有定子绕组相间短路、定子绕组单相匝间短路、定子绕组单相接地、励磁回路一点接地或两点接地。（　　）
答案：√

3. 外部短路或系统振荡引起的发电机定子绕组过电流为发电机内部故障。（　　）
答案：×

4. 根据 GB/T 14285—2006《继电保护和安全自动装置技术规程》，电压在 6kV 及以上、容量在 600MW 级及以下的发电机应装设相应的保护装置。（　　）
答案：×

5. 停机为断开发电机断路器，灭磁，关闭汽轮机主汽门或水轮机导水翼。（　　）
答案：√

6. 解列灭磁为断开发电机断路器，灭磁。（　　）
答案：×

7. 程序跳闸对汽轮发电机来说，应首先关闭主汽门再跳发电机断路器并灭磁。（　　）
答案：×

8. 发电机完全差动保护能保护发电机定子单相绕组的匝间短路。（　　）
答案：×

9. 发电机装设纵联差动保护，是作为定子绕组及其引出线的相间短路保护。（　　）
答案：√

10. 发变组纵差保护中的差动电流速断保护，动作电流一般可取 6～8 倍额定电流，目的是

避越空载合闸时误动。(　　)

答案：×

11. 纵差保护对机端两相短路的灵敏系数 $K_{sen}\geqslant 2$，表示纵差保护在定子绕组相间短路时一定能动作。(　　)

答案：×

12. 纵差保护只能对发电机定子绕组和变压器绕组的相间短路起作用，不反应匝间短路。(　　)

答案：×

13. 发电机不完全差动保护只对定子绕组相间短路有保护作用，而对绕组匝间短路不起作用。(　　)

答案：×

14. 零序电流型横差保护能反应定子绕组的相间、匝间短路。(　　)

答案：√

15. 由于发电机的中性点一般为不接地或经大阻抗接地，单相接地时的短路电流很小，纵差保护不能动作，故必须设置独立的定子单相接地保护。(　　)

答案：√

16. 在穿越性短路、穿越性励磁涌流及自同步或非同步合闸过程中，纵联差动保护应采取措施，减轻电流互感器饱和及剩磁的影响，提高保护动作可靠性。(　　)

答案：√

17. 纵联差动保护应装设电流回路断线监视装置，断线后动作于信号。电流回路断线后不允许差动保护跳闸。(　　)

答案：×

18. 10MW 以上的发电机应装设纵联差动保护。(　　)

答案：×

19. 对 125MW 及以上的发变组，应装设双重主保护，每一套主保护宜具有发电机纵联差动保护和变压器纵联差动保护功能。(　　)

答案：×

20. 对 100MW 以下的发变组，即使发电机与变压器之间有断路器，发电机与变压器也不宜分别装设单独的纵联差动保护。(　　)

答案：×

21. 定子绕组匝间绝缘强度高于对地绝缘的强度，因此绝缘破坏引起的故障首先应该是定子单相接地，随后再发展为匝间或相间短路，现在已有无死区的定子接地保护，因此可以不装匝间短路保护。(　　)

答案：×

22. 大型机组的定子，同槽上下层线棒同属一相的很少，因此即使上下层绝缘破坏也主要是相间短路，因此可不再装设匝间短路。(　　)

答案：×

23. 在发电机定子绕组一相匝间短路时，在短路电流中有正序、负序和零序分量，且各序电

流相等，同时短路初瞬也出现非周期分量。(　　)

答案：√

24. 一相匝间短路时负序功率的方向与发电机其他内部及外部不对称相间短路时的负序功率方向相同。(　　)

答案：×

25. 发电机匝间保护接入零序电压应用两根线，不得利用两端接地的方法代替其中一根线，以免两接地点之间存在电位差，致使零序电压继电器误动。(　　)

答案：√

26. 反应发电机定子匝间短路的零序电压保护装置，其零序电压可从机端电压互感器一次侧中性点与发电机中性点直接连接 TV 的二次侧开口三角形绕组获得。(　　)

答案：√

27. 在构成零序电压匝间短路保护时，为了提高灵敏度须设置二次谐波滤过器。(　　)

答案：×

28. 零序电压匝间短路保护专用的电压互感器必须是全绝缘的，且不能被利用来测量相对地的电压。(　　)

答案：√

29. 在正常工况下，发电机中性点无电压。因此，为防止强磁场通过大地对保护的干扰，可取消发电机中性点电压互感器二次（或消弧线圈、配电变压器二次）的接地点。(　　)

答案：×

30. 横差保护不能反应定子绕组上可能出现的分子开焊事故。(　　)

答案：×

31. 100MW 及以上发电机定子绕组单相接地后，只要接地电流不超过 5A，可以继续运行。(　　)

答案：×

32. 发电机中性点处发生单相接地时，机端零序电压为 E_{ϕ}（相电动势）；机端发生单相接地时，零序电压为零。(　　)

答案：×

33. 由于发电机运行时中性点对地电压接近为零，故发电机中性点附近不可能发生绝缘击穿。(　　)

答案：×

34. 发电机中性点处发生单相接地时，机端的零序电压为 0V。(　　)

答案：√

35. 发电机内部或外部发生单相接地故障时，一次系统出现对地零序电压 $3\dot{U}_0$，此时发电机中性点电位也会升高至 $\dot{U}_0$。(　　)

答案：√

36. 发电机定子接地保护中的基波零序电压取自机端电压互感器，使该保护区不能分辨接地点（含绝缘降低）到底是在发电机内部还是外部；但它能区分接地点是在发电机电压网络还是非发电机电压网络。(　　)

答案：×

37. 基波零序电压定子单相接地保护的动作值整定为 5V（二次值）时，经过渡电阻发生单相接地，将有 5%的保护死区。(　　)

答案：×

38. 发电机定子单相绕组在中性点附近接地时，机端 3 次谐波电压大于中性点的 3 次谐波电压。(　　)

答案：√

39. 发电机正常运行时，其机端 3 次谐波电压大于中性点的 3 次谐波电压。(　　)

答案：×

40. 对于由基波零序电压元件及 3 次谐波电压元件共同构成的 100%定子接地保护，为防止机端电压互感器断线引起基波零序电压元件误动，或中性点电压互感器二次开路引起三次谐波电压元件误动，应将零序基波电压元件与三次谐波电压元件组成“与门”去启动信号或出口继电器。(　　)

答案：×

41. 发电机过电流保护的电流继电器，应接在发电机中性点侧三相星形连接的电流互感器上。(　　)

答案：√

42. 在现有的定子单相接地保护中，发电机直接接在发电机电压母线上时，通常采用零序电流保护；发电机和变压器组成单元接线时，往往采用零序电压保护。(　　)

答案：√

43. 对 100MW 及以下的发电机，应装设保护区不小于 90%的定子接地保护；对 100MW 以上的发电机，应装设保护区为 100%的定子接地保护。(　　)

答案：×

44. 发电机低压过流保护的低电压元件是区别故障电流和正常过负荷电流、提高整套保护灵敏度的措施。(　　)

答案：√

45. 发电机低压过流保护与复压过流保护的动作电流整定原则相同。(　　)

答案：√

46. 发电机定时限负序电流保护的作用是为了提高不对称短路时电流元件的灵敏度。(　　)

答案：√

47. 发电机反时限负序电流保护用于防止定子中的负序电流过大造成定子过热被灼伤。(　　)

答案：×

48. 转子表层过负荷反时限电流保护动作特性按发电机承受短时负序电流的能力确定，应能反应电流变化时发电机转子的热积累过程，并考虑在灵敏系数和时限方面与其他相间短路保护相配合。(　　)

答案：×

49. 转子表层过负荷定时限电流保护动作电流按发电机长期允许的负序电流值和躲过最大

负荷下负序电流滤过器的不平衡电流值整定，带时限动作于跳闸。（ ）

答案：×

50. 定子绕组非直接冷却的发电机应装设定时限过负荷保护，保护接一相电流，带时限动作于信号。（ ）

答案：√

51. 定子绕组为直接冷却且过负荷能力较低（如低于 1.5 倍、60s），过负荷保护由定时限和反时限两部分组成。（ ）

答案：√

52. 定子绕组过负荷定时限部分的动作电流按在发电机长期允许的负荷电流下能可靠返回的条件整定，带时限动作于信号。（ ）

答案：√

53. 定子绕组过负荷反时限部分的动作特性按发电机定子绕组的过负荷能力确定，动作于停机。保护反应电流变化时定子绕组的热积累过程，需考虑在灵敏系数和时限方面与其他相间短路保护相配合。（ ）

答案：×

54. 对水轮发电机，应装设过电压保护，其整定值根据定子绕组绝缘状况决定。过电压保护宜动作于解列灭磁。（ ）

答案：√

55. 对于 100MW 及以上的汽轮发电机，应装设过电压保护，其整定值根据定子绕组绝缘状况决定。（ ）

答案：×

56. 对于 100MW 及以上的汽轮发电机，过电压保护宜动作于解列灭磁或程序跳闸。（ ）

答案：√

57. 对励磁系统故障或强励时间过长的励磁绕组过负荷，125MW 及以上采用半导体励磁的发电机，应装设励磁绕组过负荷保护。（ ）

答案：×

58. 300MW 以下采用半导体励磁的发电机，可装设定时限励磁绕组过负荷保护。（ ）

答案：√

59. 300MW 及以上的发电机，其励磁绕组过负荷保护可由定时限和反时限两部分组成。（ ）

答案：√

60. 发电机励磁回路一点接地保护动作后，一般作用于全停。（ ）

答案：×

61. 发电机励磁回路发生一点接地故障时，将会使发电机转子磁通产生较大的偏移，从而烧毁发电机转子。（ ）

答案：×

62. 叠加直流电压式保护没有死区，能监视停止运行的发电机励磁回路的绝缘情况。（ ）

答案：√

63. 按导纳原理构成的励磁回路一点接地保护，可以反应励磁回路中任何一点接地的故障，且动作阻抗整定值可远大于 10kΩ。(　　)

答案：×

64. 1MW 及以上的发电机应装设专用的转子一点接地保护装置，延时动作于信号，宜减负荷平稳停机，有条件时可动作于程序跳闸。(　　)

答案：√

65. 600MW 及以上的发电机，应装设过励磁保护。(　　)

答案：×

66. 过励磁反时限的保护特性曲线应与发电机的允许过励磁能力相互配合。(　　)

答案：√

67. 汽轮发电机装设了过励磁保护可不再装设过电压保护。(　　)

答案：√

68. 300MW 及以上的发电机，可装设由低定值和高定值两部分组成的定时限过励磁保护或反时限过励磁保护，有条件时应优先装设反时限过励磁保护。(　　)

答案：√

69. 在失磁后的一段时间里（几秒到几十秒），电磁功率基本上不变化，而定子电流则随着功角 δ 的增大而增大。(　　)

答案：√

70. 失磁后，发电机无功功率将随着功角 δ 的增大而缓慢减小。(　　)

答案：√

71. 低励或失磁的发电机，从电力系统中吸取无功功率，引起电力系统的电压下降。(　　)

答案：√

72. 低励或失磁运行时，转子端部励磁漏磁增强，将使端部的部件和边段铁芯过热。(　　)

答案：×

73. 发电机额定容量越大，在低励或失磁时引起的无功功率缺额越大。(　　)

答案：×

74. 失磁之后到失步之前，电流缓慢增加，电压也有所下降，但对机组和系统并不造成危害，在失步之后对机组和系统的危害才显示出来。(　　)

答案：√

75. 发电机失磁后将从系统吸收大量无功，机端电压下降，有功功率和电流基本保持不变。(　　)

答案：×

76. 高压侧三相同时低电压是发电机低励失磁保护中的主判据，异步边界阻抗判据是其辅助判据。(　　)

答案：×

77. 异步边界阻抗判据是发电机低励失磁保护中的主判据，高压侧三相同时低电压是其辅助判据。(　　)

答案：×

78. 高压侧三相同时低电压是发电机低励失磁保护中系统侧的主判据，而异步边界阻抗判据是其发电机侧的主判据。(　　)

答案：√

79. 发生失磁故障时，三相定子回路仍然是对称的，不会出现负序分量。因此可用负序分量作为辅助判据，以鉴别失磁故障与短路或伴随短路的振荡过程。(　　)

答案：√

80. 300MW 及以上发电机宜装设失步保护。在短路故障、系统同步振荡、电压回路断线等情况下，保护不应误动。(　　)

答案：√

81. 当振荡中心在发电机变压器组外部，失步运行时间超过整定值或电流振荡数超过规定值时，保护应动作于解列。(　　)

答案：×

82. 失步保护动作于解列时应保证断路器断开时的电流不超过断路器允许开断电流。(　　)

答案：√

83. 对于大型机组和超高压电力系统，失步时的振荡中心通常不会落在发电机机端或升压变压器的范围内。(　　)

答案：×

84. 利用两个阻抗元件可以检测出非稳定振荡过程，用以鉴别非稳定振荡、短路故障和稳定振荡。(　　)

答案：√

85. 发电机失步保护动作后一般作用于全停。(　　)

答案：×

86. 对 300MW 及以上的汽轮发电机，发电机励磁回路一点接地、发电机运行频率异常、励磁电流异常下降或消失等异常运行方式，保护动作于停机，宜采用程序跳闸方式。(　　)

答案：√

87. 发电机启动和停机保护，在正常工频运行时应退出。(　　)

答案：√

88. 对发电机变压器组，热工保护可以启动也可以不启动失灵保护。(　　)

答案：×

89. 对发电机变电动机运行的异常运行方式，300MW 及以上的汽轮发电机宜装设逆功率保护。(　　)

答案：×

90. 燃气轮发电机不需要装设逆功率保护。(　　)

答案：×

91. 水轮发电机需要装设逆功率保护。(　　)

答案：×

92. 发电机低频保护主要用于保护汽轮机，防止汽轮机叶片断裂事故。(　　)

答案：√

93. 一般来说，水轮发电机组没有低频或过频的限制问题。（　　）

答案：√

94. 对低于额定频率带负载运行的300MW及以上的汽轮发电机，应装设低频率保护并动作于解列。(　　)

答案：×

95. 对高于额定频率带负载运行的100MW及以上的汽轮发电机或水轮发电机，应装设高频率保护。保护动作于解列灭磁或程序跳闸。(　　)

答案：√

96. 300MW及以上的机组宜装设突然加电压保护。(　　)

答案：√

97. 调相机在不同的运行方式下，既能发出无功功率，也能吸收无功功率。(　　)

答案：√

98. 对于100MW及以上容量的发电机变压器组，装设数字式保护时，除非电量保护外，应双重化配置。当断路器具有两组跳闸线圈时，两套保护宜分别动作于断路器的一组跳闸线圈。(　　)

答案：√

三、简答题

1. 解释“停机”的含义。

答：断开发电机断路器、灭磁，关闭汽轮发电机主汽门或水轮发电机导水翼。

2. 解释“程序跳闸”的含义。

答：对汽轮发电机，首先关闭主汽门，待逆功率继电器动作后，再跳发电机断路器并灭磁；对水轮发电机，首先将导水翼关到空载位置，再跳开发电机断路器并灭磁。

3. 发电机常见的内部故障有哪几种？

答：（1）定子绕组相间短路；

（2）定子绕组一相匝间短路；

（3）定子绕组单相接地；

（4）励磁回路一点接地或两点接地。

4. 为什么发电机纵差保护不能反应匝间短路？

答：发电机纵差保护在原理上只反映绕组中性点与机端电流之差，而匝间短路主要发生在发电机的同一相绕组上，从该相绕组中性点与机端电流互感器上测得的电流幅值相等，相位相差180°，故纵差保护不反应匝间短路。

5. 什么是发电机的不完全纵差保护？它有哪些保护功能？

答：利用发电机中性点侧的电流互感器仅接在每相的部分分支中与发电机机端每相电流互感器构成的纵差保护称为不完全纵差保护。

不完全纵差保护对定子绕组相间短路和匝间短路有保护作用，并能兼管分支开焊故障。

6. 大机组与小机组比较，有哪些差别？

答：（1）大机组单位造价和发电成本低。

（2）大机组短路比减小，电抗增大，短路水平低，对保护不利；平均异步转矩降低，失磁后滑差增大，从系统中吸取更多的无功，对系统不利。

（3）大机组时间常数增大，非周期分量电流衰减慢。断路器断开条件恶化，持续的非周期分量电流易使 TA 饱和。

（4）大机组惯性时间常数降低，机组易发生振荡。

（5）大机组热容量降低。600MW 机组 A 值为 4，中小机组为 30。

7. 水轮发电机与汽轮发电机相比，保护方案有何区别？

答：（1）水轮发电机只配转子一点接地保护，无两点接地保护。

（2）失磁保护。水轮发电机动作于解列灭磁；汽轮发电机可先减出力，后动作于解列灭磁；

（3）水轮发电机组一般不装设转子两点接地保护、低频保护、反时限负序电流保护。

（4）水轮发电机 3 次谐波电动势分布不同于汽轮发电机，3 次谐波电压定子接地保护灵敏度较低。

8. 目前对发电机相间短路和匝间短路有哪几种保护？

答：（1）发电机纵差：可保护发电机内部全部相间故障；

（2）发电机裂相横差、不完全差动：可保护发电机内部大部分相间、匝间故障；

（3）发电机单元件横差：可保护发电机内部大部分相间、匝间故障；

（4）纵向零序电压匝间保护：可保护发电机内部匝间故障、部分相间故障。

9. 发电机的负序电流会在转子中感应出多少频率的交流电流？此电流对转子有何危害？

答：在转子中会感应出 100Hz 左右的交流，即所谓的倍频电流，该电流可能会造成转子端部、转子护环表面等部位因过热形成灼伤。

10. 简述定子匝间短路的特点。

答：（1）发电机定子绕组一相匝间短路时，在短路电流中有正序、负序和零序分量且各序电流相等，同时短路瞬间也出现非周期分量。

（2）发电机定子绕组匝间短路时，破坏了发电机 A、B、C 三相对中性点之间的平衡电动势，将产生零序电压。

（3）一相匝间短路时，负序功率的方向与发电机其他内部及外部不对称相间短路时的负序功率方向相反。

（4）发生匝间短路时，定子和转子回路中将产生一系列的谐波分量。

11. 发电机匝间保护若采用测量机端 $3\dot{U}_0$，为什么要选择机端侧电压互感器中性点接于发电机中性点的专用电压互感器？

答：当发电机内部或外部发生单相接地故障时，一次系统出现零序电压 $3\dot{U}_0$，发电机中性点电位升高 $3\dot{U}_0$，因专用电压互感器一次侧中性点是接在发电机中性点上的，则其二次侧开口三角输出电压为零，保护才不会误动；而发电机定子绕组发生匝间短路时，其三相绕组的对称性遭到破坏，机端三相对发电机中性点出现基波零序电压 $3\dot{U}_0$，保护能正确动作。

12. 发电机定子接地保护和匝间短路保护所用电压互感器有什么不同？当机端发生 A 相金属性接地故障时，定子接地保护和匝间短路保护感受到的电压分别为多少？这两种保护动作情况如何？

答：发电机定子接地保护所用电压互感器的一次绕组的中性点直接接地。发电机匝间保护所用电压互感器的一次绕组的中性点接变压器中性点。

机端 A 相接地时，定子接地保护感受到的电压为 100V，保护动作。匝间保护感受到的电压为 0V，保护不动作。

13. 怎样利用基波零序电压和 3 次谐波电压构成发电机 100%定子接地保护？

答：（1）第一部分是基波零序电压元件，其保护范围不少于定子绕组的 85%（从发电机端开始）；

（2）第二部分是利用 3 次谐波电压构成定子接地保护，用以消除基波零序电压元件保护不到的死区，其保护范围不小于定子绕组的 20%（从发电机中性点开始）。

14. 简述横差保护的特点。

答：横差保护接线简单，能快速切除任一并联分支上的匝间短路，对于定子绕组上可能出现的分支开焊事故也能反应。但其对匝间短路的灵敏度较低，死区大；且只能在每相有并联分支的定子绕组上才能应用。

15. 中性点定子接地如何发生，中性点不同接地方式有何影响？

答：（1）中性点附近水渗漏引起绝缘老化，虽未击穿，如其他靠近机端处一点接地，将导致中性点电压升高，绝缘击穿，造成两点接地故障；

（2）定子绕组的机械振动也会导致绝缘的逐步损坏；

（3）中性点经消弧线圈接地，能补偿电容电流；中性点经高电阻接地，有利于改善暂态过电压。

16. 转子发生两点接地，对发电机有哪些危害？

答：（1）故障点流过电流，烧伤转子本体；

（2）励磁绕组过流，导致过热而烧伤；

（3）气隙磁通失去平衡，引起振动；

（4）两点接地，使轴系和汽机磁化。

17. 失步保护为何需要选择跳闸时刻？

答：当失步保护动作于跳闸时，若在电动势角 δ 为 180° 时使断路器断开，则将在最大电压下切断最大电流，对断路器的工作条件最为不利，有可能超过断路器的遮断容量。因此，失步保护应避免在这一时刻动作于跳闸。

18. 发电机复压过流保护中的复压元件的作用是什么？

答：发电机过电流保护整定动作电流时，要考虑电动机自启动的影响，使过流元件整定值提高，降低了灵敏性。采用复合电压元件，躲开电动机自启动方式下的最低电压，用以区分区外故障电流、正常过负荷电流和区内故障电流，这样整定时就不用再考虑电动机自启动的影响，而是按发电机额定电流整定，提高了保护灵敏性。

19. 解释发电机实现并列的方法。

答：（1）准同期并列：发电机在并列合闸前已经投入励磁，当发电机电压的频率、相位、大小分别和并列点处系统侧电压的频率、相位、大小接近相同时，将发电机断路器合闸完成并列操作。大中型发电机均采用准同期并列方法。

（2）自同期并列：先将未励磁、接近同步转速的发电机投入系统，然后在发电机加上励磁，利用原动机转矩、同步转矩把发电机拖入同步。一般在小容量发电机及同步电抗较大的水轮发电机上采用自同期并列方法。

20. 解释发电机非同期合闸及其危害性。

答：采用准同期并列方式的发电机，由于同期装置工作不正常、二次回路接线错误等原因，导致发电机在并列点两侧的幅值、相位、大小未满足要求时即进行并列操作的情况称为发电机非同期合闸。发电机非同期合闸可能会引起系统的功率振荡，对电厂的设备及保护影响较大；同时可能产生很大的冲击电流，对发电机大轴产生影响；较大的冲击电流也可能使 TA 饱和、保护误动。

21. 采用乒乓原理的转子一点接地保护为何双套配置、单套运行？

答：转子一点接地保护采用切换采样原理（乒乓式）反应转子一点接地情况，为了测量转子对地的绝缘情况，保护测量回路有一个内阻（电阻网络），因此如投入两套转子一点接地保护，因相互测量出对方的内阻导致误动。

22. 发电机频率异常有何危害？

答：（1）低频或高频将使汽轮机叶片发生谐振，使材料疲劳，造成汽轮机叶片即其拉金的断裂事故；

（2）低频，威胁厂用电的安全。

23. 过励磁保护在启停机时是否应退出运行？

答：过励磁保护在并网前后均应该投入，对于机组保护，启机时由于低频误加励磁、励磁调节输出过高等情况，过励磁可能性更高，而此时过励磁仍会对发电机、变压器造成损坏，因此，机组保护过励磁保护在并网前不能退出。

24. 简述发电机断口闪络保护的判据及投退方式。

答：断口闪络保护采用负序电流判据与断路器位置跳位接点（三相位置串接）构成，整定小延时（0.1～0.2s）躲过断路器操作的暂态过程，断路器合上，保护自动退出，由于保护设有投退压板，也可经压板人工投退。

25. 发电机在何种情况下会发生逆功率运行，其危害是什么？

答：原动机能量供给停止，发电机变为电动机运行，从系统吸收能量。造成的危害是：

（1）对汽轮机，主汽门关闭，逆功率运行易使汽轮机叶片过热受损；

（2）对水轮机，低水流量使转子叶片表面产生疲劳；

（3）对燃气轮机，逆功率运行可能有齿轮损坏的问题。

26. 为什么要在水轮发电机上装设过电压保护？

答：由于水轮发电机的调速系统惯性大，动作缓慢，因此在突然甩负荷时，转速将超过额定值，这时机端电压有可能达到额定值的 1.8～2 倍。为了防止水轮发电机定子绕组绝缘遭受破坏，在水轮发电机上应装设过电压保护。

27. 为何主变压器差动 TA 饱和最短允许 5ms，发电机差动 TA 饱和最短允许 10ms？

答：（1）主变压器差动（发电机变压器组差动）各侧 TA 选型不一致，主变压器高压侧 TA 电缆很长（有时选用 1A 的 TA），区外故障时 TA 传变差别很大，TA 饱和现象严重，因此装置允许 TA 饱和最短时间为 5ms。

（2）发电机差动两侧电流完全一样，TA 型号相同，区外故障时，最大短路电流为 3～5 倍额定电流，考虑最严重非周期分量的影响，TA 饱和时间不会小于 10ms，因此装置允许 TA 饱和最短时间为 10ms。

28. 发电机的同步电抗 X_d，暂态电抗 X_d' 和次暂态电抗 X_d'' 有哪些区别和用途？

答：（1）同步电抗 X_d 为发电机稳态运行时的电抗、电绕组的漏抗和电枢反应之和，一般用来计算系统潮流和静态稳定条件。

（2）暂态电抗 X_d' 是发电机对突然发生的短路电流所形成的电抗，因电枢中的磁通量不能突变，故由短路电流产生的电枢反应最初不存在，故 X_d' 小于 X_d，一般用来计算短路电流和暂态稳定。

（3）次暂态电抗 X_d'' 是对有阻尼绕组或有阻尼效应的发电机的暂态电抗，其值比

X_d'' 更小，用途与暂态电抗 X_d' 相同。

29. 何谓同步发电机的励磁系统？其作用是什么？

答：供给同步发电机励磁电流的电源及其附属设备，称为同步发电机的励磁系统。发电机励磁系统的作用是：

（1）当发电机正常运行时，供给发电机维持一定电压及一定无功输出所需的励磁电流。

（2）当电力系统突然短路或负荷突然增、减时，对发电机进行强行励磁或强行减磁，以提高电力系统运行的稳定性和可靠性。

（3）发电机内部出现短路时，对发电机进行灭磁，避免事故扩大。

30. 100MW 及以上且 *A* 值小于 10 的发电机，应装设由定时限和反时限两部分组成的转子表层过负荷保护，请简述其整定原则。

答：转子表层过负荷保护由定时限和反时限两部分组成。

定时限定值要考虑动作电流躲过发电机长期允许的负序电流值，并躲过最大负荷电流下负序电流滤过器的不平衡电流。上述两者中取较大者，带时限动作于信号。

反时限动作特性应按发电机承受负序电流的能力确定。反时限部分应能反应电流变化时发电机转子的热积累过程，动作于解列或程序跳闸，不考虑在灵敏系数和时限方面与其他相间短路保护相配合。

四、分析题

1. 发电机保护双重化配置的原则有哪些？

答：（1）两套主保护的电流回路应分别取自电流互感器互相独立的绕组，并合理分配电流互感器二次绕组，避免可能出现的保护死区。

（2）两套主保护的电压回路宜分别接入电压互感器的不同二次绕组。

（3）两套完整、独立的电气量保护和一套非电量保护应使用各自独立的电源回路（包括直流空气小开关及其直流电源监视回路），在保护柜上的安装位置应相对独立。

（4）两套电气量保护的跳闸回路应与断路器的两个跳闸线圈分别一一对应。

（5）非电量保护应同时作用于断路器的两个跳闸线圈。

2. 请列举发电机纵差保护与变压器纵差保护的主要技术差别。

答：（1）发电机差动保护电流互感器同型且同变比；而变压器差动保护电流互感器同型，但是变比和额定值不同。

（2）变压器差动保护有由分接头改变引起的不平衡电流，模拟式变压器差动保护还有电流互感器变比不匹配引起的不平衡电流；而发电机差动保护没有。

（3）变压器差动保护范围包含各独立电路和联系它们的磁路，因而要防止空载合闸或过励磁时的误动。

（4）变压器差动保护有各侧电流互感器不同型的问题，不平衡电流大。

（5）变压器差动保护最小动作电流和制动系数比发电机差动保护的大。

（6）对于比例制动的差动保护，变压器差动保护宜用三段式制动特性；发电机差动保护只需两段。

（7）变压器差动保护能反应变压器绕组匝间短路；而发电机差动保护不能保护定子绕组匝间短路。

3. 发电机差动保护的最小动作电流 $I_{act.min}$ 整定范围为 $(0.1\sim0.3)I_{GN}/n_{TA}$，通常整定为 $(0.1\sim0.2)I_{GN}/n_{TA}$，而其制动特性的拐点 B 的横坐标一般整定为 $I_{brk.0}=(0.8\sim0.1)I_{GN}/n_{TA}$（$n_{TA}$ 为电流互感器变比，I_{GN} 为发电机额定电流），有人认为为防止误动应将 $I_{act.min}$ 提高或将 $I_{brk.0}$ 减小，你认为是否合理，为什么?

答：不合理。

（1）$I_{act.min}$ 整定在 $(0.1\sim0.2)I_{GN}/n_{TA}$，此动作值在 $I_{brk}=0\sim(0.8\sim0.1)I_{GN}/n_{TA}$ 的范围内。此时电流互感器流过的电流不大于发电机的额定电流，此电流下电流互感器不会饱和，不平衡电流很小，整定为 $(0.1\sim0.2)I_{GN}/n_{TA}$ 已考虑了正常运行时足够的可靠性，不能认为再整定得大一些更安全可靠。因为发生区外故障时，此时防止误动是依靠制动作用，而不是 $I_{act.min}$。

（2）如果将 $I_{brk.0}$ 减小，如整定为 $(0.5\sim0.6)I_{GN}/n_{TA}$。即将差动保护整定值开始有制动的点提前了，这无必要；因为在额定电流附近，$I_{act.min}$ 已大于不平衡电流了，不会误动；如此整定使得短路电流在 I_{GN}/n_{TA} 附近时定值变大了。

（3）当发电机内部发生短路时，特别是靠近中性点附近发生经过渡电阻短路时，机端和中性点侧的三相电流都可能不大，而以上改变整定值都使灵敏度降低了，扩大了保护的死区。

综合以上观点，将 $I_{act.min}$ 提高或将 $I_{brk.0}$ 减小都不合理。

4. 试分析发电机纵差保护和横差保护的性能，两者的保护范围如何？能否相互代替?

答：发电机纵差保护是相间短路的主保护，它反应发电机中性点至出口同一相电流的差值，保护范围即中性点电流互感器与出口电流互感器之间部分。因为反应同一相电流差值，故不能反应同相绕组匝间短路，所以不能替代匝间保护。

发电机横差保护是定子绕组匝间短路的主保护，兼作定子绕组开焊保护。它反应定子双星形绕组中性点连线电流的大小。当某一绕组发生匝间短路时，在同一相并联支路中产生环流使保护动作。对于相间短路故障，横差保护虽可能动作，但死区可达绕组的15%～20%，且不能切除引出线上的相间短路，所以它不能代替纵差保护。

5. 反应定子匝间短路故障的判据有哪些?

答：（1）故障分量负序方向保护。发电机内部不对称故障时必有负序功率输出，而外部故障时负序功率由外部系统流入发电机，所以用负序功率的流向作为判据。

（2）不完全纵差保护，由机端电流与中性点部分分支电流构成差动保护。装设电流互感器的发电机分支发生匝间短路时会产生差流，不完全纵差可动作；而未装设电流互感器的发电机分支发生匝间短路时，可通过互感磁通使装设电流互感器的非故障分支绕组感受到故障的发生。

（3）横差保护，将定子绕组分为几个部分，比较不同部分绕组的电流，所以横差保护可以反应匝间短路。应用较多的是单元件横差保护。

（4）纵向零序过电压保护。电压取自专用电压互感器的开口三角，专用电压互感器一次中性点与发电机中性点直接相连。在发电机发生匝间短路时，三相对中性点电压不平衡，会出现纵向零序电压。由于外部不对称故障也会产生纵向零序电压，该保护需负序功率方向闭锁及电压互感器断线闭锁。

（5）转子 2 次谐波电流保护。利用发电机内部故障时产生的负序电流，气隙中有反向旋转磁场，会在转子中感应出 2 次谐波电流。该保护需负序功率方向闭锁。

6. 定子绕组匝间绝缘强度高于对地绝缘强度，因此绝缘破坏引起的故障首先应该是定子单相接地，随后再发展成匝间或相间短路，已装设无 100%定子接地保护的发电机为何还要装设匝间短路保护？

答：定子线棒变形或受振动而发生机械磨损，以及污染腐蚀、长期的受热和电老化都会使匝间绝缘逐步劣化，这是匝间短路的内因，因此没有理由说匝间绝缘的劣化一定晚于对地绝缘。更重要的是，外来冲击电压的袭击给定子匝间绝缘造成极大威胁，因为冲击电压波沿着定子绕组的分布是不均匀的，波头越陡，分布越不均匀，因此由机端进入的冲击波，完全可能首先在定子绕组的始端发生匝间短路。有鉴于此，大型机组往往在机端装设三相对地的镇定电容器和磁吹避雷器，即使如此，也不能认为再也没有发生匝间短路的可能和完全不必再装设匝间短路保护。

7. 分析发电机失磁后对电力系统的影响。

答：（1）低励或失磁后的发电机，从电力系统中吸取无功功率，导致电力系统的电压下降，如果系统中无功功率储备不足，将会使电力系统因电压崩溃而瓦解。

（2）一台发电机低励或失磁后，由于电压下降，电力系统中的其他发电机在自动调整励磁装置的作用下，将增加无功输出，从而使某些发电机、变压器或线路过流，其后备保护可能因过电流而动作，使故障的波及范围扩大。

（3）一台发电机低励或失磁后，由于该发电机有功功率的摆动及系统电压的下降，将可能导致相邻的正常运行发电机与系统之间或电力系统各部分之间发生失步，使系统产生振荡，甩掉大量负荷。

8. 分析发电机失磁后对发电机本身的影响。

答：（1）由于出现转差而在发电机转子回路中出现差频电流，差频电流在转子回路中产生损耗，如果超出允许值，将使转子过热。

（2）低励或失磁的发电机在进入异步运行之后，发电机的等效电抗降低，从电力系统中吸收的无功功率增加。低励或失磁前带的有功功率越大，转差就越大，等效电抗就越小，所吸收的有功功率就越大。在重负荷失磁后，由于过电流将使发电机定子过热。

（3）对于直接冷却高利用率的大型汽轮发电机，其平均异步转矩的最大值较小，惯性常数也相对降低，转子在纵轴和横轴方面也呈现明显的不对称，因此在重负荷下失磁后，发电机的转矩、有功功率将发生剧烈的周期性摆动。对于水轮发电机，由于平均异步转矩最大值小及转子在纵轴和横轴方面不对称，在重负荷下失磁运行时，也将出现类似情况。在这种情况下，将有很大甚至超过额定值的电池转矩周期性地作用到发电机的轴系上，并通过定子传递到机座上。此时，转差也做周期性变化，发电机周期性的严重超速。这些情况都将直接威胁机组的安全。

（4）低励或失磁运行时，定子端部漏磁增强，将使端部的部件和边段铁芯过热。

9. 试述装设失步保护的必要性。

答：（1）发电机与系统发生失步时，将出现发电机的机械量和电气量与系统之间的振荡，这种持续的振荡将对发电机组和电力系统产生有破坏力的影响。

（2）单元接线的大型发电机变压器组较大，而系统规模的增大使系统等有效电抗减小，因此振荡中心往往落在发电机端或升压变压器范围内，使振荡过程对机组的影响大为加重。由于机端电压周期性的严重下降，使厂用辅机工作稳定性遭到破坏，甚至导致全厂停机、停炉、停电的重大事故。

（3）失步运行时，当发电机电动势与系统等效电动势的相位差为 180° 的瞬间，振荡电流的幅值接近机端三相短路时流经发电机的电流。对于三相短路故障有快速保护切除，而振荡电路则要在较长时间内反复出现，若无相应保护会使定子绕组遭受热损伤或端部遭受机械损伤。

（4）振荡过程中产生对轴系的周期性扭力，可能造成大轴严重机械损伤。

（5）振荡过程中，由于周期性转差变化在转子绕组中引起感应电流，引起转子绕组发热。

（6）大型机组与系统失步，还可能导致电力系统解列甚至崩溃事故。

因此，大型发电机组须装设失步保护，以保障机组和电力系统的安全。

10. 试述双遮挡器失步保护的原理。

答：阻抗平面如图 6-1 所示。

透镜 1：把阻抗平面分为 A、B 两部分，即内外两部分，用来区分振荡的动作电动势角。

阻挡器 2：把阻抗平面分为 L、R 两部分，这实际上是发电机电动势与系统等值电动势相差 180° 的线，当 δ=180° 时，则系统已发生失步。

电抗线 3：把阻抗平面分为 U、D 两部分，即上下两部分。将分界线用来判别机端离振荡中心的位置，以此线作为选取允许滑极次数的分界线。当机端测量阻抗位于 U 区时，振荡中心位于发电机变压器组系统以外，在预定的滑极次数之后才允许跳闸；而机端测量阻抗位于 D 区时，振荡中心位于发电机变压器组系统内，一般要求一次滑极后即将机组跳闸解列。

当发电机的测量阻抗自右往左穿过透镜，并且整个穿越过程的时间大于 50ms，则认为是一次滑极（失步），否则不判为滑极。

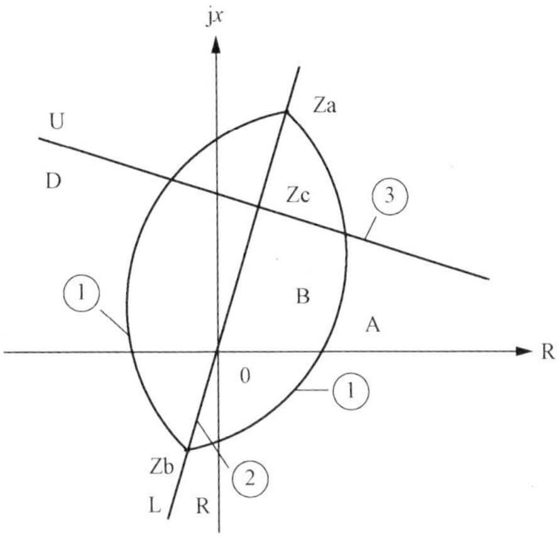

图 6-1

11. 分析中性点不接地的发电机定子绕组发生单相接地时的零序电压和零序电流。

答：对于中性点不接地运行的发电机，在定子绕组内α处（由接地点到中性点的绕组匝数占全部定子绕组匝数的百分数）A 相接地时，如图 6-2 所示，各相对地电压分别为

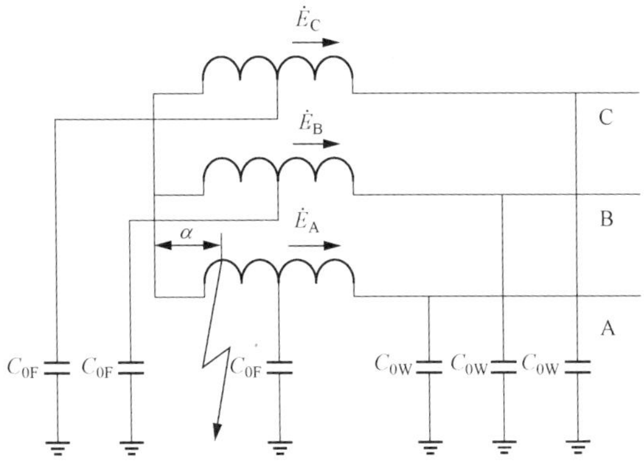

图 6-2

$$\dot{U}_{dA}=(1-\alpha)\dot{E}_A$$
$$\dot{U}_{dB}=\dot{E}_B-\alpha\dot{E}_A$$
$$\dot{U}_{dC}=\dot{E}_C-\alpha\dot{E}_A$$

接地点零序电压为

$$\dot{U}_{d0}=\frac{1}{3}(\dot{U}_{dA}+\dot{U}_{dB}+\dot{U}_{dC})=-\alpha\dot{E}_A$$

上式表明，$\dot{U}_{d0}$随α不同而改变，当α=1 时，$\dot{U}_{d0}=-\dot{E}_A$，当α=0 时，$\dot{U}_{d0}=0$。

故障点接地电容电流 $3\dot{I}_{d0}$ 通过发电机每相对地电容 C_{0F} 及发电机电压系统中除发电机之外的其他电气元件每相对地电容 C_{0W} 形成回路，其计算式为

$$3\dot{I}_{d0}=-j3\alpha\dot{E}_{A}\omega(C_{0F}+C_{0W})$$

由上式可见，接地点电容电流 $3\dot{I}_{d0}$ 与 α 及 C_{0W} 成比例。当 $\alpha=1$ 时，接地电流最大；C_{0W} 越大，接地电流就越大。当接地电流大于允许值时，应采用消弧线圈进行补偿。

12. 试述发电机复压过流保护的整定方法。

答：（1）电流元件的动作电流 I_{op1} 按发电机额定负荷下可靠返回的条件整定

$$I_{op1}=K_{rel}I_{gn}/K_{r}n_{a}$$

式中，K_{rel} 为可靠系数，取 1.3～1.5；K_{r} 为返回系数，取 0.85～0.95；I_{gn} 为发电机额定电流；n_{a} 为电流互感器变比。

灵敏系数按主变压器高压侧母线两相短路的条件校验

$$K_{sen}=I_{kmin}^{(2)}\Big/n_{a}I_{op}$$

式中，$I_{kmin}^{(2)}$ 为主变压器高压侧母线金属性两相短路时流过保护的最小短路电流。要求 $K_{sen}\geqslant 1.2$。

（2）低电压元件的动作电压 U_{op} 整定公式。

对于汽轮发电机

$$U_{op}=0.6U_{gn}/n_{v}$$

对于水轮发电机

$$U_{op}=0.7U_{gn}/n_{v}$$

式中：U_{gn} 为发电机额定电压；n_{v} 为电压互感器变比。

（3）负序过电压元件的动作电压按躲过正常运行时的不平衡电压整定，一般取

$$U_{op2}=(0.06\sim0.08)U_{gn}/n_{v}$$

（4）复合过电流保护的动作时限，按大于升压变压器后备保护的动作时限整定，动作于解列或停机。

13. 何谓同步发电机的运行特性。

答：同步发电机的运行特性是指发电机的空载特性、短路特性、负载特性、外特性和调整特性五种。从运行角度看，外特性和调整特性是主要的运行特性，根据这些特性可以判断发电机的运行状态是否正常，以便及时调整，保证高质量安全发电。空载特性、短路特性和负载特性则是检验发电机基本性能的特性，用于测量、计算发电机的各项基本参数。

空载特性曲线是发电机空载时端电压与励磁电流的关系曲线，用它可求发电机的电压变化率、未饱和的同步电抗等参数。

短路特性是定子三相绕组短路时，定子稳态短路电流与励磁电流的关系曲线。

负载特性是当转速、定子电流为额定值，功率因数为常数时，发电机电压与励磁电

流的关系曲线，从不同的功率因数得到不同负荷的负载特性曲线。

外特性是当励磁电流、转速、功率因数为常数的条件下，变更负荷（定子电流）时端电压的变化曲线。外特性可以分析发电机运行中的电压波动情况，提出自动励磁装置调节范围的要求。

调整特性是当电压、转速、功率因数为常数的条件下，变更负荷时励磁电流的变化曲线。利用调整特性曲线，可使电力系统无功功率分配更为合理。

14. 简述利用三次谐波100%定子接地保护的工作原理。

答：（1）当发电机中性点绝缘时，发电机在正常运行情况下，机端S和中性点N处三次谐波电压之比小于1。

（2）当发电机中性点经消弧线圈接地时，若基波电容电流被完全补偿，发电机在正常运行情况下，机端S和中性点N处三次谐波电压之比小于1。

（3）不论发电机中性点是否接有消弧线圈，当在距发电机中性点 a 处（中性点到故障点的匝数占每相一个分支总匝数的百分比）发生定子绕组金属性单相接地时，中性点N和机端S处的三次谐波电压分别恒为

$$U_{N3} = aE_3$$

$$U_{S3} = (1-a)E_3$$

当发电机中性点接地时，$a=0$，$U_{N3}=0$，$U_{S3}=E_3$；当机端接地时，$a=1$，$U_{N3}=E_3$，$U_{s3}=0$；当 $a<0.5$ 时，恒有 $U_{s3}>U_{N3}$；当 $a>0.5$ 时，恒有 $U_{N3}>U_{s3}$。

综上所述，用 U_{s3} 作为动作量、U_{N3} 作为制动量构成发电机定子绕组单相接地保护，且当 U_{s3} 大于 U_{N3} 时保护动作，则在发电机正常运行时保护不会误动，而在中性点附近发生接地时，保护具有很高的灵敏度。用这种原理构成的发电机定子绕组单相接地保护，可以保护定子绕组中性点及其附近范围内的接地故障，对其余范围则可用反应基波零序电压的保护，从而构成了100%发电机定子绕组接地保护。

15. 针对发电机不同的接地方式，分析定子接地保护的构成及差异。

答：发电机中性点接地方式主要有三种：

（1）中性点经消弧线圈接地方式。可由基波零序电压型（$3U_0$）与三次谐波电压型（3ω）构成100%定子接地保护。$3U_0$ 保护可从中性点消弧线圈二次取得电压，无需TV断线闭锁。3ω 保护对这种接地方式的灵敏度较高。另外，可由外加交流电源（20Hz）构成定子接地保护。外加直流电源型定子接地保护用于这种接地方式，需要在发电机中性点及机端TV一次中性点对地之间加装电容。

（2）中性点经电阻接地方式，可分为直接电阻接地和经配电变压器接地。

1）直接电阻接地方式的定子接地保护可由 $3U_0$ 保护构成，由于电压只能从机端TV开口三角取得，故需TV断线闭锁。$3U_0$ 保护存在死区，可由外加交流电源构成定子接地保护，实现无死区定子接地保护。

2）经配电变压器接地方式定子接地保护可由 $3U_0+3\omega$ 构成100%定子接地保护。$3U_0$ 保护可从配电变压器二次绕组取得电压，无需TV断线闭锁。由于正常运行时中性

点相当于经过电阻接地，故 3ω 保护对这种接地方式的灵敏度不高。

（3）中性点绝缘方式，包括中性点不接地和中性点经单相电压互感器接地。

1）中性点不接地的定子接地保护可由 $3U_0$ 保护构成，由于电压只能从机端 TV 开口三角取得，故需 TV 断线闭锁。

2）中性点经单相电压互感器接地的定子接地保护可由 $3U_0$+3ω 构成 100%定子接地保护。$3U_0$ 保护可从单相 TV 二次取得电压，无需 TV 断线闭锁。3ω 保护对这种接地方式的灵敏度较高。

这两种方式均可由外加交流电源构成定子接地保护。

16. 分析等有功阻抗圆。

答：系统接线如图 6-3 所示。

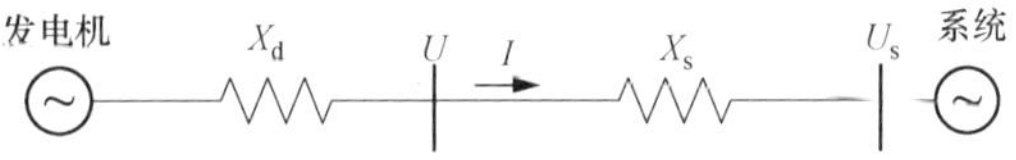

图 6-3

由于失磁发电机在失步前的一段时间里有功功率基本不变，系统电压的变化也不明显，在讨论阻抗变化轨迹时，可以假设它们恒定不变。发电机机端测量阻抗为

$$Z_m = \dot{U} / \dot{I} = \frac{\dot{U} + j\dot{I}X_s}{\dot{I}} = \frac{\dot{U}_s}{\dot{I}} + jX_s = \frac{U_s^2}{P - jQ} + jX_s$$

$$= \frac{U_s^2}{2P} \times \frac{2P}{P - jQ} + jX_s$$

$$= \frac{U_s^2}{2P} \times \left(\frac{P + jQ}{P - jQ} + \frac{P - jQ}{P - jQ} \right) + jX_s$$

$$= \frac{U_s^2}{2P} + jX_s + \frac{U_s^2}{2P} e^{j\varphi}$$

其中

$$\varphi = 2\arctan \frac{Q}{P}$$

式中：P 为失磁机组送至系统的有功功率；Q 为失磁机组送至系统的无功功率（感性），失磁时其值由正变负；U_s、X_s、P 为常数，φ 为变量，故它是一个圆的方程，其圆心为 $\left(\frac{U_s^2}{2P}, X_s\right)$，半径为 $\frac{U_s^2}{2P}$，如图 6-4 所示。因为此圆是 P 为常数时的机端阻抗的变化轨迹，故称为等有功阻抗圆。

分析上式，可得出以下结论：

（1）机端阻抗的轨迹与送至系统的有功功率有密切关系，有功功率 P 与等有功阻抗圆的直径成反比。

（2）发电机正常向系统送有功功率和无功功率时，φ 为正，测量阻抗在第一象限；发电机失磁后，无功功率由正变负，φ 逐渐向负值变化，测量阻抗也逐渐向第四象限过渡，失磁前发电机送出的有功功率越大，进入第四象限的时间越短。

（3）等有功阻抗圆的圆心坐标与联系阻抗 X_s 有关，在同一功率下，X_s 越大，测量阻抗进入第四象限越慢。

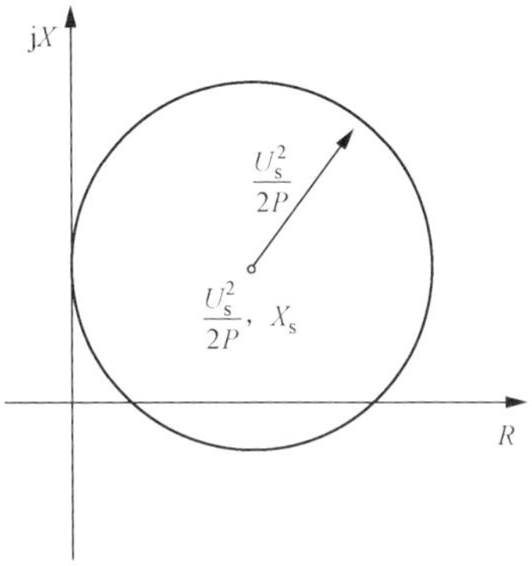

图 6-4

17. 怎样利用工作电压通过假同期的方法检查发电机同期回路接线的正确性?

答：假同期，顾名思义就是手动或自动准同期装置发出的合闸脉冲，将待并发电机断路器合闸，这台发电机并非真的并入了系统，而是用模拟的方法进行的一种假的并列操作。为此，试验时应将发电机母线隔离开关断开，人为地将其辅助接点放在其合闸后的状态（隔离开关的常开辅助接点导通、常闭辅助接点断开），这时，系统电压就通过这对辅助接点进入同期回路。另外，待并发电机的电压也进入同期回路中。这两个电压经过同期并列条件的比较，若采用手动准同期并列方式，运行人员可通过对发电机电压、频率的调整，待满足同期并列的条件时，手动将待并发电机出口断路器合上，完成假同期并列操作。若采用自动准同期并列方式，则自动准同期装置自动地对发电机进行调速、调压，待满足同期并列的条件后，自动发出合闸脉冲，将其出口断路器合上。若同期回路的接线有错误，其表计将指示异常，无论手动准同期或者是自动准同期，都无法捕捉到同期点，而不能将待并发电机出口断路器合上。

18. 为什么大型发电机变压器组保护应装设非全相运行保护，而且该保护须启动断路器失灵保护?

答：发电机变压器组高压侧的断路器多为分相操作的断路器，常由于误操作或机械方面的原因使三相不能同时合闸或跳闸，或在正常运行中突然一相跳闸。在这种异常工况下，将在发电机中流过负序电流，如果单靠反应负序电流的反时限保护动作（对于联络变压器，要靠反应短路故障的后备保护动作），则会由于动作时间较长，而导致相邻线路对侧的保护动作，使故障范围扩大，甚至造成系统瓦解事故。因此，对于大型发电机变压器组，在 220kV 及以上电压侧为分相操作的断路器时，要求装设非全相运行保护。

非全相运行保护一般由灵敏的负序电流元件或零序电流元件和非全相判别回路组成，保护动作后跳开健全相。但如果由于操动机构故障或其他原因仍不能跳开断路器，则对侧线路可能误动，同时负序电流对发电机也产生危害，因此，应启动断路器失灵保护，切断与本间隔相关的母线上其他间隔。

19. 汽轮机逆功率保护如何进行整定计算?

答: 200MW 及以上发电机逆功率运行时，在 $P-Q$ 平面上，如图 6-5 所示，设反向有功功率的最小值为 $P_{min}=OA$。逆功率继电器的动作特性用一条平行于横轴的直线 1 表示。其动作判据为

$$P \leqslant -P_{op}$$

式中: P 为发电机有功功率，输出有功功率为正，输入有功功率为负; P_{op} 为逆功率继电器的动作功率。

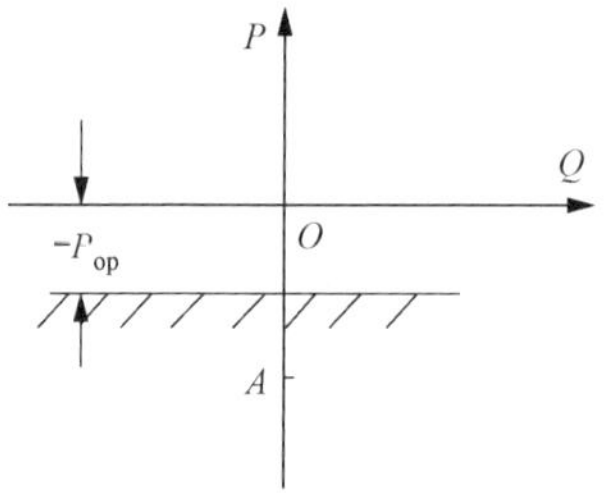

图 6-5

（1）动作功率 P_{op} 的计算式为

$$P_{op}=K_{rel}(P_1+P_2)$$
$$P_2 \approx (1-\eta)P_{gn}$$

式中 K_{rel}——可靠系数，取 0.5～0.8;

P_1——汽轮机在逆功率运行时的最小损耗，一般取额定功率的 2%～4%;

P_2——发电机在逆功率运行时的最小损耗;

η——发电机效率，一般取 98.6%、98.7%（分别对应于 300MW 及 600MW 发电机）;

P_{gn}——发电机额定功率。

（2）动作时限。经主汽门触点时，延时 1.0～1.5s 动作于解列；不经主汽门触点时，延时 15s 动作于信号。根据汽轮机允许的逆功率运行时间，可动作于解列，一般取 1～3min。

在过负荷、过励磁、失磁等异常运行方式下，用于程序跳闸的逆功率继电器作为闭锁元件，其定值一般整定为 $1\%P_{gn}\sim3\%P_{gn}$。

20. 某发电机装有纵联差动保护、纵向基波零序电压（来自专用 TV）匝间短路保护、基波零序电压和三次谐波电压定子一点接地等保护。运行中首先三次谐波电压定子一点接地保护发出动作信号，在发电机继续运行排查事故中又发生了发电机纵联差动保护和纵向基波零序电压匝间短路保护动作跳闸。后检查发现 A 相绕组有单相接地短路，分析事故和保护动作的原因。

答: 由于发电机是小电流接地系统，所以单纯的定子绕组一点接地不会造成纵差保护和

纵向基波零序电压保护动作。造成这两种保护动作的原因可能有两个：

（1）定子绕组不同相出现了两点接地故障。

（2）专用 TV 与发电机中性点连线接地，同时又有定子绕组一点接地故障。

运行中首先三次谐波电压定子一点接地保护发出信号，说明发电机中性点附近可能出现了接地故障，这实际上是专用 TV 中性点与发电机中性点连线出现了接地，这样发电机就变成了大电流接地系统。所以再出现定子绕组一点接地故障时，纵差保护和纵向基波零序电压保护都会动作。

21. 一次风机电动机额定容量 P_N=1800kW，额定电压 U_N=6kV，额定功率因数为 0.8，电动机启动电流倍数 K_{st}=7，6kV 母线短路时电动机反馈 6 倍额定电流（K_{fb}=6），电流互感器 TA 变比为 300/5A。高压厂用变压器额定容量 S_N=28MVA，变比为 20±2×2.5%/6.3kV，短路电压为 10.5%，接线方式为 Dyn1，高压厂用变压器接无穷大系统，试计算电动机综合保护电流速断（有高低值）整定值并核算灵敏度。

答：（1）一次风机电动机额定二次电流为

$$I_{m.n}=\frac{P_N}{\cos\varphi\sqrt{3}U_N K_{TA}}=\frac{1800}{0.8\times\sqrt{3}\times6\times60}=3.6(A)$$

（2）电流速断高定值按躲过电动机启动电流计算

$$I_{h.op}=K_{rel}K_{st}I_{m.n}=1.5\times7\times3.6=37.8(A)$$

（3）电流速断低定值按躲过电动机自启动和相邻设备三相短路时的反馈电流计算

$$I_{l.op}=K_{rel}K_{fb}I_{m.n}=1.3\times6\times3.6=28(A)$$

（4）动作时间取 t_{op}=0s。

（5）电动机出口三相短路电流二次值为

$$I_k^{(3)}=\frac{28000}{\sqrt{3}\times6.3\times0.105\times60}=407(A)$$

（6）电动机出口两相短路灵敏度为

$$K_{lm}^{(2)}=0.866\times\frac{407}{37.8}=9.3$$

22. 发电机额定容量 P_N=300MW，功率因数 $\cos\varphi$=0.85，额定电压 U_N=20kV，X''_d（饱和值）=16%；主变压器 S_N=360MVA，联结组别为 YNd11，短路电压 u_k=15%，变比为 236±2×2.5%/20kV。发电机组装设单元件横差动保护，横差电流互感器 TA0 变比为 1000/5A，发电机变压器组变压器高压侧三相短路试验时在发电机额定电流时测得横差不平衡电流基波值为 0.52A，已知单元件横差动保护三次谐波滤过比大于 80，试计算发电机高灵敏单元件横差动保护整定值。

答：（1）主变压器高压侧三相短路时发电机电流计算。以发电机额定容量为基准时，变压器的阻抗 X_t=0.15×353/360=0.147，则主变压器高压侧三相短路时发电机的电流为

$$I_k^{(3)}=\frac{I_{G.N}}{X''_d+X_t}=\frac{I_{G.N}}{0.16+0.147}=3.36I_{G.N}$$

（2）由线性外推法计算主变压器高压侧三相短路时最大横差不平衡电流基波值为

$$\Delta I_{max}=3.36\times0.52=1.75(A)$$

（3）高灵敏单元件横差保护整定值按躲过主变压器高压侧三相短路时最大横差不平衡电流基波值计算，$I_{dop}=K_{rel}\Delta I_{max}=2\times1.75=3.5(A)$。

（4）动作时间整定值取 0～0.2s，一般取 0s。

23. 发电机额定容量 P_N=600MW，功率因数 cosφ=0.9，额定电压 U_N=20kV，X_d=215.5%，X'_d（饱和值）=26.5%，发电机 TA 变比为 25000/5A，TV 变比为 $\frac{20}{\sqrt{3}}\Big/\frac{0.1}{\sqrt{3}}\Big/\frac{0.1}{3}$。试计算发电机以机端低电压与异步边界阻抗圆为判据的失磁保护整定值。

答：（1）额定参数计算。发电机额定一次电流为

$$I_{G.N}=\frac{P_N}{\sqrt{3}\cos\varphi_n U_N}=\frac{600\times10^3}{\sqrt{3}\times0.9\times20}=19245(A)$$

发电机额定二次电流为

$$I_{g.n}=\frac{19246}{5000}=3.85(A)$$

发电机额定二次电压为

$$U_{g.n}=100V$$

发电机基准额定二次阻抗为

$$Z_{g.n}=\frac{U_{g.n}}{\sqrt{3}I_{g.n}}=\frac{100}{\sqrt{3}\times3.85}=15(\Omega)$$

（2）机端低电压动作电压 U_{op}=（0.85～0.9）$U_{g.n}$=85～90(V)，一般取 85V。

（3）异步边界阻抗圆计算原则 1

$$X_A=-0.5X'_d=0.5\times0.265\times15=-2(\Omega)$$

$$X_B=-（0.5X'_d+X_d）=-2-2.155\times15=-34.325(\Omega)$$

$\frac{X_A+X_B}{2}=0.5\left(X'_d+X_d\right)=-18.16(\Omega)$，圆心坐标为（0,−j18.16Ω）。

异步边界阻抗圆半径 $R=0.5X_d=0.5\times2.155\times15=16.16(\Omega)$

（4）异步边界阻抗圆计算原则 2

$$X_A=-0.5X'_d=-0.5\times0.265\times15=-2(\Omega)$$

$$X_B=-X_d=-2.155\times15=-32.3(\Omega)$$

$\frac{X_A+X_B}{2}=0.5(X'_d+X_d)=-17.15(\Omega)$，圆心坐标为(0,−j17.15Ω)。

24. 发电机额定容量 P_N=600MW，功率因数 cosφ=0.9，额定电压 U_N=20kV，X''_d（饱和值）=20.5%，发电机 TA 变比为 25000/5A，制造厂给定发电机过负荷能力为当定子电流过载 16%时允许时间为 120s，主变压器 S_N=720MVA，联结组别为 YNd11，短路电压 u_k=17.96%，变比为 525±2×2.5%/20kV，试计算发电机定子电流反时限过负荷保护的全部整定值。

答：（1）额定参数计算。发电机额定一次电流为

$$I_{G.N}=\frac{P_N}{\sqrt{3}\cos\varphi_n U_N}=\frac{600\times10^3}{\sqrt{3}\times0.9\times20}=19245(A)$$

发电机额定二次电流为

$$I_{g.n}=\frac{19246}{5000}=3.85(A)$$

（2）反时限报警整定值计算，动作电流整定值

$$I_{op}=\frac{K_{rel}}{K_{re}}I_{g.n}=\frac{1.05}{0.95}\times3.85=4.25(A)$$

动作时间取 5s，动作于信号。

（3）反时限下限动作电流（反时限启动电流）整定值计算

$$I_{op.dow}=K_{rel}I_{op}=1.05\times4.25=4.46(A)$$

因为发电机过负荷能力为当定子电流过载 16%时允许时间为 120s，则定子发热时间常数整定值

$$K_2=K_{rel}(I^{*2}-1)t_{al}=(0.9\sim1)\times(1.162-1)\times120=(0.9\sim1)\times41.5=37.5\sim41.5(s)$$

一般取 K_2=37.5s，定子散热时间常数整定值 K_1=1，动作方程

$$(I^{*2}-1)t_{op}=K_2$$

（4）反时限下限动作时间

$$t_{op.dow}=\frac{37.5}{(4.46/3.85)^2-1}=109(s)$$

（5）反时限上限动作电流整定值计算

阻抗归算 X''_d=0.205×1000/667=0.307，X_t=0.1796×1000/720=0.25。

主变压器高压侧三相短路电流计算

$$I_k^{(3)}=\frac{1000\times10^3}{\sqrt{3}\times20\times(0.307+0.25)}=51828(A)$$

$$I_k^{(3)}=\frac{51828}{5000}=10.37(A)$$

反时限上限动作电流按躲过主变压器高压侧三相短路电流计算

$$I_{op.up}=1.3\times10.37=13.5(A)$$

（6）反时限上限动作时间，按和出线快速保护配合计算 $t_{op.up}$=0.3～0.5s，取 $t_{op.up}$=0.4s。

异步边界阻抗圆半径

$$R=0.5\left|\frac{X_B-X_A}{2}\right|=0.5\times30.3=15.15(\Omega)$$

（7）动作时间整定值 t_{op}=0.5s。

25. 工作低压厂用变压器额定容量 S_N=1600kVA，额定电压变比为 6.3±2×2.5%/0.4kV，u_k=6%；电流互感器 TA 变比为 300/5A，高压厂用变压器额定容量 S_N=28MVA，变比为 20±2×2.5%/6.3kV，短路电压 u_k=10.5%，接线为 Dyn1，高压厂用变压器接无穷大系统，

试计算低压厂用变压器综合保护电流速断整定值并核算灵敏度。

答：（1）工作低压厂用变压器低压母线三相短路电流计算。高压厂用变压器归算阻抗 X_T=0.105×100/28=0.375，低压厂用变压器归算阻抗 X_t=0.06×100/1.6=3.75。

基准电流

$$I_{bs}=\frac{100\,000}{\sqrt{3}\times 6.3}=9160(A)$$

低压母线三相短路电流二次值为

$$I_k^{(3)}=\frac{9160}{(0.375+3.75)\times 60}=37(A)$$

（2）电流速断整定值按躲过低压母线三相短路电流 $I_{op}=1.3\times 37=48(A)$。

（3）动作时间取 t_{op}=0s。

（4）工作低压厂用变压器高压出口三相短路电流

$$I_k^{(3)}=\frac{28000}{\sqrt{3}\times 6.3\times 0.105\times 60}=407(A)$$

（5）工作低压厂用变压器高压出口两相短路灵敏度

$$K_{lm}^{(2)}=0.866\times\frac{407}{48}=7.3$$

26. 发电机额定容量 P_N=600MW，功率因数 cosφ=0.9，额定电压 U_N=20kV，X_d=215.5%，X'_d（饱和值）=26.5%，X''_d（饱和值）=20.5%，发电机 TA 变比为 25000/5A，制造厂给定发电机长期允许的负序电流为 8%，负序电流发热时间常数 A=8s。主变压器 S_N=720MVA，联结组别为 YNd11，短路电压 u_k=17.96%，变比为 525±2×2.5%/20kV。试计算发电机转子表层负序电流反时限保护的全部整定值。

答：（1）额定参数计算，发电机额定一次电流 $I_{G.N}$=19246A，发电机额定二次电流 $I_{g.n}$=3.85A。

（2）反时限报警，定时限动作电流 $I_{2.op}=\frac{1.05}{0.95}\times 0.08\times 3.85=0.34(A)$，动作时间取 5s，动作于信号。

（3）反时限下限动作电流（反时限启动电流）$I_{2.op.dow}$=1.05×0.34=0.36(A)，负序电流发热时间常数 A=8s，负序电流发热时间常数整定值 A=8s。

（4）反时限下限动作时间，动作方程为

$$(I_2^{*2}-0.08^2)t_{2.op}=A=8$$

$$t_{2.op.dow}=\frac{8}{(0.36/3.85)^2-0.0064}=3410(s)$$

或动作方程为

$$I_2^{*2}t_{2.op}=A=8$$

$$t_{2.op.dow}=\frac{8}{(0.36/3.85)^2}=915s$$，一般取 $t_{2.op.dow}$=1000s。

（5）反时限上限动作电流，主变压器高压侧两相短路负序电流计算。

阻抗归算 X''_d=0.205×1000/667=0.307，X_t=0.1796×1000/720=0.25

$$I_k^{(2)}=\frac{\sqrt{3}}{2}\times\frac{1000\times10^3}{\sqrt{3}\times20\times(0.307+0.25)}=44883(\text{A})$$

$$I_{k2}^{(2)}=\frac{44883}{\sqrt{3}\times5000}=5.18(\text{A})$$

反时限上限动作电流按躲过主变压器高压侧两相短路负序电流计算

$$I_{2.op.up}=1.3\times5.18=6.73(\text{A})$$

（6）反时限上限动作时间，按和出线快速保护配合计算，$t_{2.op.up}$=0.3～0.5s，取 $t_{2.op.up}$=0.4s。

27. 发电机额定容量 P_N=600MW，功率因数 cosφ=0.9，额定电压 U_N=20kV，X_d=215.5%，X'_d（饱和值）=26.5%，X''_d（饱和值）=20.5%，系统阻抗标幺值 X_S=0.05（以 1000MVA 为基准），发电机 TA 变比为 25000/5A，TV 变比为 $\frac{20}{\sqrt{3}}\Big/\frac{0.1}{\sqrt{3}}\Big/\frac{0.1}{3}$。主变压器 S_N=720MVA，联结组别为 YNd11，短路电压 u_k=17.96%，变比为 525±2×2.5%/20kV。试计算发电机三元件失步保护的全部整定值。

答：（1）额定参数计算。发电机额定一次电流 $I_{G.N}$=19246A，发电机额定二次电流 $I_{g.n}$=3.85A。

（2）阻抗归算

$$X''_d=0.205\times1000/667=0.307$$

$$X'_d=0.265\times1000/667=0.397$$

$$X_t=0.1796\times1000/720=0.25$$

$$X_S=0.05\times667/1000=0.0335$$

$$I_{bs}=\frac{1000\times10^3}{\sqrt{3}\times20\times5000}=5.7736(\text{A})$$

$$Z_{bs}=\frac{100}{\sqrt{3}\times5.7737}=10(\Omega)$$

（3）透镜圆第Ⅰ象限最远点计算

$$X_A=X_S+X_t=\text{j}(0.05+0.25)\times10=\text{j}3(\Omega)$$

或

$$X_A=X_S+X_t=\text{j}(0.0335+0.16638)\times15=\text{j}3\Omega$$

（4）透镜圆第Ⅲ象限最远点计算，$X_B=X'_d=-\text{j}0.265\times15=-\text{j}4(\Omega)$。

（5）取遮挡线 Z_2 的倾斜角 $\varphi=\varphi_S=900°$。

（6）阻抗线动作阻抗整定值

$$Z_C=0.9X_t=0.9\times\text{j}0.25\times10=\text{j}2.25(\Omega)$$

（7）透镜内角整定值

$$\delta_{set}=180°-2\arctan\frac{2Z_r}{X_A-X_B}=180°-2\arctan\frac{1.54R_{L.min}}{X_s+X_t+X'_d}$$

$$\delta_{set}=180°-2\arctan\frac{1.54\times0.9}{0.0335+0.16638+0.265}=180°-2\times71.46°=37°$$

取 δ_{set}=900，所以失步保护透镜实际是圆心在 jX 轴上的圆。

（8）最小负荷阻抗有名值

$$R_{L.min}=\cos\varphi Z_{g.n}=0.9\times15=13.5(\Omega)$$

（9）透镜圆和 R 轴的交点电阻值为

$$R_0=\left|\frac{X_A-X_B}{2}\right|=\left|\frac{3-(-4)}{2}\right|=3.5(\Omega)$$

由于 $R_{L.min}>>R_0$，所以发电机正常运行时远离透镜圆。

（10）跳闸允许电流计算。按 500kV 断路器允许遮断电流 I_{brk}=50kA 计算，并尽可能考虑有足够的余度，$I_{off.al}=0.5\times50000\times\dfrac{500}{20\times5000}=125(A)$ 或按主变压器高压侧三相短路电流值整定，$I_k^{(3)}=\dfrac{5.77}{0.397+0.25}=8.9(A)$，取 $I_{off.al}$=8A，失步保护自动选择振荡电流变小时作用于跳闸。

（11）滑极次数 N_0 的整定计算，取 N_0 为 2 次。

28. 低压厂用变压器额定容量 S_N=1600kVA，额定电压变比为 6.3±2×2.5%/0.4kV，短路电压 u_k=6%，TA 变比为 300/5A，高压厂用变压器额定容量 S_N=28MVA，变比为 20±2×2.5%/6.3kV，短路电压 u_k=10.5%，接线为 Dyn1，高压厂用变压器接无穷大系统，可能参与自启动的低压电动机的总容量为 1250kW。试计算低压厂用变压器综合保护定时限过电流整定值并核算灵敏度。

答：（1）以高压厂用变压器高压侧为基准，其基准电流为

$$I_b=\frac{28000}{\sqrt{3}\times20}=808(A)$$

低压电机自启动电流倍数按 4 倍考虑，电机自启动电流为

$$I_{st}=\frac{808}{0.105+0.06\times\dfrac{28}{1.6}+\dfrac{28}{4\times1.25}}=120(A)$$

（2）定时限过电流动作电流按躲过电动机自启动电流计算

$$I_{op}=\frac{1.15\times120}{60}=2.3(A)$$

（3）与低压厂用变压器的低压出线定时限过流保护最长动作时间相配合，设最长动作时间为 0.7s，则本保护动作时间为 $t_{op}=0.7+0.3=1.0(s)$。

（4）低压厂用变压器低压母线三相短路电流

$$I_{st}=\frac{808}{0.105+0.06\times\dfrac{28}{1.6}}=700(A)$$

低压厂用变压器低压母线短路时的灵敏度

$$K_{lm}^{(3)}=\frac{I_K^{(3)}}{I_{op}}=\frac{700}{2.3\times60}=5.1$$

29. 大型发电机失磁保护，在什么情况下采用异步边界阻抗圆？又在什么情况下采用静稳极限阻抗圆？说明理由。

答：对于按异步边界整定的阻抗继电器，当失磁前发电机有功功率较大时，等有功阻抗圆有可能不与异步边界圆相交。只有在发电机进入异步运行，机端测量阻抗离开等有功阻抗圆后才表现为异步阻抗，异步边界阻抗继电器才会动作，因此保护动作较晚。有可能对侧系统的后备保护因失磁引起过电流而先期误动作，造成系统的混乱。联系电抗与失磁前的有关负荷越大，等有功阻抗圆不与异步边界圆相交的可能性越大。由于异步边界圆呈容性，离第一、第二象限较远，因此对非失磁的异常工况误动可能性较小，使失磁保护比较简单，常常被用于位于负荷中心的、容量不大的电厂。

对于静稳极限圆，发电机失磁后总是先抵达静稳极限然后转入异步运行，所以静稳极限圆的动作区总是大于异步边界圆，静稳极限继电器总是先于异步边界继电器动作，但同时带来在非失磁情况下容易发生误动的弊病，为克服这一缺点去增加防误动的各种判据，增加了保护的复杂性。当远离负荷中心并且单机容量较大时，一般采用静稳极限阻抗圆。

30. 高压厂用变压器额定容量 S_N=28MVA，变比为 20±2×2.5%/6.3kV，短路电压 u_k=10.5%，接线为 Dyn1，高压厂用变压器系统阻抗标幺值 X_S=0.005（以 100MW 为基准），6.3kV 母线接有可能参与自启动的高压电动机的总容量为 20MVA，参与自启动的低压电动机的总容量为 2500kVA。6.3kV 母线出线 FC 回路高压熔断器最大额定电流为 200A，出线 0s 动作的快速保护最大动作电流为 4000A。试计算高压厂用变压器 6.3kV 分支低电压闭锁过电流保护整定值并核算灵敏度。

答：（1）高低压电动机启动电流和电压计算，高压厂用变压器标幺阻抗

$$X_T=0.105\times100/28=0.375$$

高压电动机启动电流倍数平均按 5 倍计算，低压电动机启动电流倍数考虑低压厂用变压器阻抗后平均按 3.5 倍计算，高低压电动机启动电流为

$$I_{st\Sigma}=\frac{9160}{0.005+0.375+\left(\frac{1}{5}\times\frac{100}{20}//\frac{1}{3.5}\times\frac{100}{2.5}\right)}=\frac{9160}{0.38+(1//11.43)}=\frac{9160}{0.38+0.92}=7046(\text{A})$$

高低压电动机启动母线残压为

$$U_{rem}=\frac{0.92}{0.38+0.92}=0.708$$

（2）6.3kV 分支低电压闭锁过电流保护低电压元件按躲过电动机启动母线残压计算

$$U_{op}^*=\frac{0.708}{1.15}=0.615\text{，}U_{op}=0.615\times105=64.3(\text{V})\text{，取 63V}$$

（3）过电流元件按和 0s 保护配合计算，I_{op}=1.15×4000=4300(A)。

（4）过电流元件按和母线出线 FC 回路高压熔断器最大额定电流 200A、瞬时熔断电流 4000A、熔断时间约 0.06s 配合计算，I_{op}=1.15×4000=4300(A)。

（5）按电压元件末端故障有足够灵敏度计算，电压元件保护范围计算

$$X_{K.u} = \frac{U_{op}^*(X_S + X_T)}{1 - U_{op}^*} = \frac{0.6(0.005 + 0.375)}{1 - 0.6} = 0.57$$

电压元件末端故障电流计算

$$I_K^{(3)} = \frac{9160}{0.38 + 0.57} = 9642(A)$$

动作电流

I_{op}=0.866×9640/1.5=5560(A)，取 6000A

（6）电流元件动作电流和下级快速保护配合时，动作时间和下级快速时间配合计算，动作时间 t_{op}=0.4s。

第七章

安全自动装置

一、选择题

1. 一变电站备用电源自投装置（BZT）在工作母线有电压且断路器未跳开的情况下将备用电源合上了，检查 BZT 装置一切正常，则外部设备和回路的主要问题是（　　）。

答案：A

A. 工作母线电压回路故障和判断工作断路器位置的回路不正确

B. 备用电源系统失去电压

C. 工作母联断路器瞬时低电压

D. 失去直流电源

2. 下列（　　）不是自动投入装置应符合的要求。

答案：B

A. 在工作电源或设备断开后，才投入备用电源或设备

B. 自动投入装置必须采用母线残压闭锁的切换方式

C. 工作电源或设备上的电压，不论因什么原因消失，自投装置均应启动

D. 自动投入装置应保证只动作一次

3. 系统频率突然深度下降，标志着严重的系统事故即将来临，（　　）是对付频率崩溃的最有效手段。

答案：B

A. 负荷调节效应　　B. 按频率减负荷

C. 发电机组快速增加出力　　D. 短时投入电气制动

4. 备自投装置在两段母线同时失压的情况下，放电时间不小于（　　）。

答案：C

A. 3s　　B. 5s　　C. 15s　　D. 10s

5. 低频减载装置定检应做（　　）试验。

答案：A

A. 低压闭锁回路检查　　B. 负荷特性检查

C. 功角特性检查　　D. 以上说法均不正确

6. 停用低频减载装置时应先停（　　）。

答案：B

A. 电压回路　　B. 直流回路　　C. 信号回路　　D. 保护回路

7. 电网低频率运行的原因是用电负荷大于发电能力。此时只能用（ ）的方法才能恢复原来的频率。
答案：A
A. 拉闸限电 B. 系统停电 C. 继续供电 D. 线路检修

8. 对系统低频率事故处理的方法中，不正确的是（ ）。
答案：D
A. 调出旋转备用 B. 迅速启动备用机组
C. 联网系统的事故支援 D. 投入部分电容器或电抗器

9. 并列运行的发电机之间，在小干扰下发生的频率在（ ）Hz 范围内的持续振荡现象叫低频振荡。
答案：A
A. 0.2～2.5 B. 2.5～5 C. 0.2～0.5 D. 1.5～2.5

10. 远距离、弱联系、重负荷线路易发生（ ）现象。
答案：C
A. 自励磁 B. 次同步振荡 C. 低频振荡 D. 工频过电压

11. 自动低频减负荷的顺序，应按（ ）进行安排。
答案：B
A. 负荷的大小 B. 负荷的重要性
C. 变电站各路负荷平均 D. 负荷的性质

12. 切机、切负荷、振荡解列、低频低压解列等安全自动装置非计划停用时间超过（ ）构成一般电网事故。
答案：A
A. 240h B. 48h C. 480h D. 24h

13. 当系统有 n 台发电机时，有（ ）个低频振荡模式。
答案：C
A. n B. $n+1$ C. $n-1$ D. $n+2$

14. “分层、分区、就地平衡”原则，是（ ）的原则。
答案：B
A. 电网有功平衡 B. 电网无功补偿 C. 低频减载配置 D. 低压减载配置

15. 电力设备和电网的保护装置，除了预先规定的外，都不允许因（ ）引起误动作。
答案：B
A. 低电压 B. 系统振荡 C. 低频率 D. 备自投装置

16. 在系统频率恢复至（ ）以上时，可经上级调度同意恢复对拉闸和自动低频减负荷装置动作跳闸线路的送电。
答案：D
A. 48.8Hz B. 49.0Hz C. 49.1Hz D. 49.8Hz

17. 在自动低频减负荷装置切除负荷后，（ ）使用备用电源自动投入装置将所切除的负

荷送出。 答案：A

A. 不允许　B. 允许　C. 可以分开　D. 不必分开

18. 自动低频减负荷装置动作后，应使运行系统稳态频率恢复到不低于（　　）Hz。 答案：D

A. 48　B. 48.5　C. 49.0　D. 49.5

19. 为了解决与系统联系薄弱地区的正常受电问题，在主要变电站安装（　　），当小地区故障与主系统失去联系时，该装置动作切除部分负荷，以保证区域发供电的平衡，也可以保证当一回联络线跳闸时，其他联络线不过负荷。 答案：A

A. 切负荷装置　B. 大小电流联切装置

C. 自动低频减负荷装置　D. 切机装置

20. 电力系统的自动低频减负荷方案，应由（　　）负责制定并监督其执行。 答案：A

A. 系统调度部门　B. 生产管理部门　C. 检修部门　D. 运行部门

21. 正常运行情况下，低频解列点应是平衡点或基本平衡点，以保证在解列后小电源侧的（　　）能够基本平衡。 答案：A

A. 有功功率　B. 无功功率　C. 有功功率和无功功率　D. 电流

22. 220kV 线路过载联切装置的电流回路宜从（　　）后级接入，与线路保护共用一组 TA 绕组次级。 答案：A

A. 线路保护　B. 母差保护　C. 故障录波器　D. 测控装置

23. 根据 GB/T 14285—2006《继电保护和安全自动装置技术规程》，下列情况（　　）不需要装设备用电源自动投入装置。 答案：D

A. 装有备用电源的发电厂厂用电源和变电站站用电源

B. 降压变电站内有备用变压器或有互为备用的母线段

C. 有双电源供电，其中一个电源经常断开作为备用电源的变电站

D. 以环网方式运行的配电网

24. 下列对备自投基本要求的描述，（　　）是不正确的。 答案：D

A. 应保证在工作电源和设备断开后，才投入备用电源或备用设备

B. 工作母线和设备上的电压不论何种原因消失时，备自投装置均应启动

C. 备自投应保证只动作一次

D. 若工作电源和备用电源同时消失备自投要动作

25. 备自投动作时间应大于供电线路后备保护最长动作时间与重合闸时间及后加速时间之

和，并适当考虑裕度，时间一般（　　）。 答案：A

A. ＞4s　B. ＜3s　C. ≥4s　D. ＜2s

26. 下列对自动按频率减负荷的描述，不正确的是（　　）。 答案：C

A. 电力系统发生低频振荡时，不应误动

B. 电力系统受谐波干扰时，不应误动

C. 切除负荷应尽量少，以达到超调和悬停

D. 切除负荷应依据系统合理选择

27. 某系统的负荷总功率 $P_L = 5000MW$，系统最大功率缺额为 $\Delta P_{max} = 1200MW$，负荷调节效应系数为 $K_{L*} = 2$，自动低频减载装置动作后，希望系统恢复频率为 $f_h = 48Hz$，低频减载装置的功率总数 ΔP_{Lmax} 为（　　）。 答案：A

A. 870MW　B. 1200MW　C. 1000MW　D. 800MW

28. 低频减载第一级启动频率一般为（　　）。 答案：A

A. 48.5～49Hz　B. 49～49.5Hz　C. 48Hz　D. 45Hz

29. 低频减载末级启动频率一般（　　）。 答案：A

A. 宜在 46～46.5Hz 之间　B. 低于 45Hz

C. 不低于 47Hz　D. 不低于 48Hz

30. 数字式频率继电器系统中，低频减载频率级差一般为（　　）。 答案：A

A. 0.3～0.2Hz　B. 0.1～0.2Hz　C. 0.5Hz 左右　D. 0.1Hz 左右

31. 以下描述中，（　　）是不正确的。 答案：B

A. 当一个备用电源作为几个工作电源备用时，如备用电源已代替一个工作电源后，另一个工作电源又断开，备自投装置应动作

B. 在有条件时，可采用带有检定同步的快速切换方式，不能采用带有母线残压闭锁的慢速切换方式及长延时切换方式

C. 当备用电源自动投入装置动作时，如备用电源或设备投于永久故障，应使其保护加速动作

32. 故障解列装置与（　　）故障类型配合使用。 答案：B

A. 相间　B. 瞬时性　C. 永久性　D. 接地

33. 故障动态过程记录的特点是（　　）。 答案：B

A. 采样速度高，一般采样频率不小于 5kHz，全程记录时间短

B. 采样速度允许较低，记录时间长

C. 采样速度低（数秒一次），全过程时间长
D. 采样速度高，全程记录时间长

34. 失压解列装置与（　　）故障类型配合使用。 答案：C
A. 相间　B. 瞬时性　C. 永久性　D. 接地

35. 110kV 完整内桥变电站高、低压侧均装设备用电源自投装置，装设 10kV 母分备自投装置的目的是为了（　　）。 答案：B
A. 110kV 进线电源侧保护后加速动作
B. 主变压器内部故障时差动保护或非电量保护动作
C. 110kV 进线电源侧保护距离Ⅱ段保护动作
D. 主变压器低压侧后备保护动作

36. 110kV 完整内桥变电站高、低压侧均装设备用电源自投装置，装设高压侧备自投装置的目的是为了（　　）。 答案：A
A. 110kV 进线电源侧保护后加速动作或重合不成功
B. 110kV 进线电源侧保护距离Ⅲ段保护动作
C. 110kV 进线电源侧保护距离Ⅱ段保护动作
D. 110kV 进线电源侧保护零序过流保护动作

37. 某 110kV 终端变电站的低压侧接入比较多的小电源，总容量达到 23MVA，此时必须在该终端变电站的高压母线上安装（　　）装置。 答案：B
A. 低频减载　B. 故障解列　C. 过载解列　D. 高频解列

38. 备用电源自投装置延时放电的条件是（　　）。 答案：B
A. 运行母线三相无压　B. 主供电源与备用电源同时失压
C. 运行开关合闸位置　D. 热备用开关 TWJ 变 0

39. 有两个以上的电源供电，工作方式为一个主供电源，一个备用电源，此种备用方式称为（　　）。 答案：A
A. 明备用　B. 暗备用　C. 进线备用　D. 母线备用

40. 有两个以上的电源供电，两个电源各自带部分负荷，互为备用，此种备用方式称为（　　）。 答案：B
A. 明备用　B. 暗备用　C. 进线备用　D. 母线备用

41. 下列方法（　　）可以实现工作电源和设备断开后，才投入备用电源或备用设备。 答案：A

A. 备用电源和设备的断路器合闸部分应由供电元件受电侧断路器的常闭辅助触点启动
B. 备自投装置应有独立的低电压启动部分
C. 控制备用电源或设备断路器的合闸脉冲，使之只动作一次
D. 备自投装置设有备用母线电压监视继电器

42. 下列方法（　　）可以实现工作母线和设备上的电压不论何种原因消失时备自投装置均应启动。 答案：B

A. 备用电源和设备的断路器合闸部分应由供电元件受电侧断路器的常闭辅助触点启动
B. 备自投装置应有独立的低电压启动部分
C. 控制备用电源或设备断路器的合闸脉冲，使之只动作一次
D. 备自投装置设有备用母线电压监视继电器

43. 下列方法（　　）可以实现备自投装置只会动作一次。 答案：C

A. 备用电源和设备的断路器合闸部分应由供电元件受电侧断路器的常闭辅助触点启动
B. 备自投装置应有独立的低电压启动部分
C. 控制备用电源或设备断路器的合闸脉冲，使之只动作一次
D. 备自投装置设有备用母线电压监视继电器

44. 下列方法（　　）可以实现电力系统内部故障使工作电源和备用电源同时消失时，备自投装置不应动作。 答案：D

A. 备用电源和设备的断路器合闸部分应由供电元件受电侧断路器的常闭辅助触点启动
B. 备自投装置应有独立的低电压启动部分
C. 控制备用电源或设备断路器的合闸脉冲，使之只动作一次
D. 备自投装置设有备用母线电压监视继电器

45. 下列表述（　　）是对备自投装置的动作时间以使负荷的停电时间尽可能短为原则的不正确理解。 答案：A

A. 备自投不应延时动作
B. 在有高压大电动机的情况下，备自投动作时间以1～1.5s为宜
C. 低压场合备自投动作时间可以为0.5s
D. 备自投动作应有一定延时

46. 下列条件（　　）满足典型桥断路器备自投充电逻辑。 答案：B

A. 逻辑“或”：线路一进线断路器合位，线路二进线断路器合位，桥断路器分位，Ⅰ母有压，Ⅱ母有压
B. 逻辑“与”：线路一进线断路器合位，线路二进线断路器合位，桥断路器分位，Ⅰ母有压，Ⅱ母有压
C. 逻辑“与”：线路一进线断路器合位，线路二进线断路器分位，桥断路器合位，Ⅰ母

有压，Ⅱ母有压

D. 逻辑“或”：线路一进线断路器合位，线路二进线断路器分位，桥断路器合位，Ⅰ母有压，Ⅱ母有压

47. 下列条件（ ）满足典型进线断路器备自投充电逻辑（“线路检有压”退出）。

答案：C

A. 逻辑“或”：线路一进线断路器合位，线路二进线断路器合位，桥断路器分位，Ⅰ母有压，Ⅱ母有压

B. 逻辑“与”：线路一进线断路器合位，线路二进线断路器合位，桥断路器分位，Ⅰ母有压，Ⅱ母有压

C. 逻辑“与”：线路一进线断路器合位，线路二进线断路器分位，桥断路器合位，Ⅰ母有压，Ⅱ母有压

D. 逻辑“或”：线路一进线断路器合位，线路二进线断路器分位，桥断路器合位，Ⅰ母有压，Ⅱ母有压

48. 下列表述正确的是（ ）。 答案：A

A. 进线备自投是明备用方式　　B. 进线备自投是暗备用方式

C. 桥备自投是明备用方式　　D. 以上均不正确

49. 下列措施（ ）可以在系统有功功率严重不平衡时限制频率下降。 答案：C

A. 动用系统中的旋转备用容量　　B. 迅速启动备用机组

C. 按频率自动减负荷　　D. 以上均不正确

50. 图 7-1 属于（ ）备自投。 答案：B

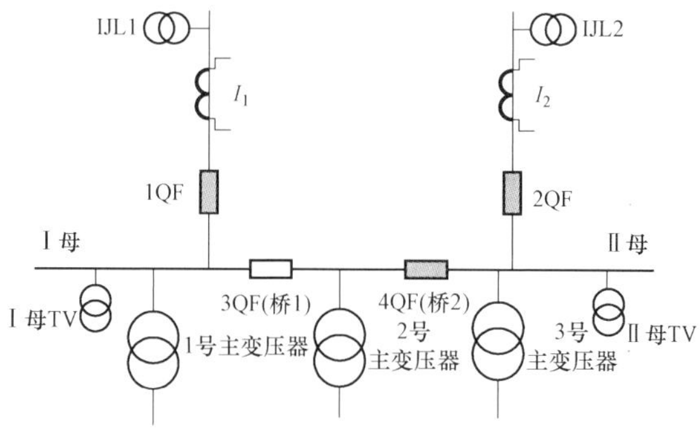

图 7-1

A. 扩大内桥进线　B. 扩大内桥桥开关　C. 内桥　D. 分段

51. 利用电源断开后电压迅速下降来闭锁自动按频率减负荷装置称为（ ）。 答案：B

A. 时限闭锁方式　　B. 低电压带时限闭锁方式

C. 低电流闭锁方式　　D. 滑差闭锁方式

52. 电力系统已被解列成若干个局部系统，其中有些系统已经不能保证正常地向用户供电，但其他部分可以维持正常状态称为（　　）。 答案：C

A. 安全状态　B. 警戒状态　C. 恢复状态　D. 稳定状态

53. 电力系统整体仍处于安全的范围内，但个别元件或地区的运行参数已临近安全范围的边缘，此时再有新的扰动将使系统进入紧急状态称为（　　）。 答案：B

A. 安全状态　B. 警戒状态　C. 恢复状态　D. 稳定状态

54. 系统解列、再同步、频率和电压的紧急控制是电力系统安全稳定运行的（　　）。 答案：C

A. 第一道防线　B. 第二道防线　C. 第三道防线　D. 第四道防线

55. 图 7-2 中（　　）变压器故障需要闭锁备自投。 答案：C

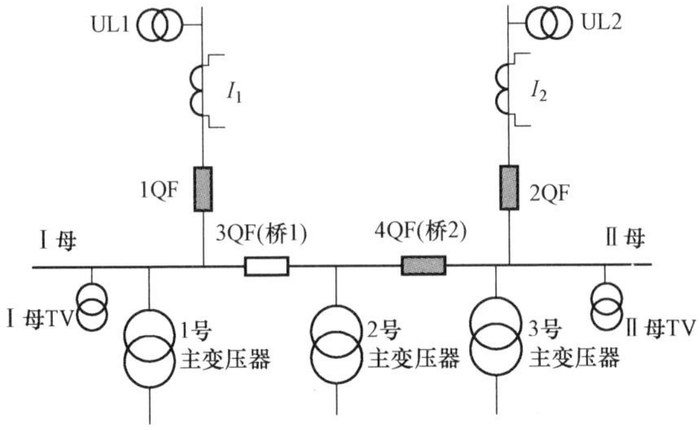

图 7-2

A. 1 号　B. 2 号　C. 3 号　D. 任意一台

56. 备自投逻辑适用于单母线、单母线分段、内桥和扩大内桥接线的（　　）备自投。 答案：D

A. 进线　　B. 主变压器
C. 分段（内桥）　　D. 进线备自投、主变备自投、分段（内桥）

57. 当系统在实际可能的各种运行情况下，因故发生突然的有功功率和无功功率缺额后，必须按计划切除相应容量的部分负荷，使保留运行的系统频率能迅速恢复至（　　）Hz 以上。 答案：A

A. 49.3　B. 49.4　C. 49.5　D. 49.6

58. 频率继电器的最小整定级差应不大于 0.01Hz；出口动作延时应可在 0.1～30s 范围内进

行整定，时间级差应能整定到（ ）。 答案：D

A. 0.01s B. 0.02s C. 0.5s D. 0.05s

59. 特殊轮启动频率不宜低于基本轮的最高动作频率，最小动作时间可为 10～20s，级差不宜小于（ ）。 答案：D

A. 1s B. 3s C. 4s D. 5s

60. 110kV 变电站故障解列装置动作时间应躲过相邻线路保护灵敏段时间，并与上级线路重合闸时间配合，一般（ ）。 答案：A

A. 不大于 1.5s B. 小于 1s C. 不大于 2.5s D. 大于 1s

61. 变压器的备用方式可分为冷备用和热备用，冷备用方式下备自投装置投入备用变压器时要合（ ），热备用方式下投入备用变压器时仅需合变压器（ ），是否跳高压侧断路器根据现场实际应用通过二次接线或投退出口压板实现。 答案：C

A. 高低压侧断路器，高压侧断路器
B. 低压侧断路器，低压侧断路器
C. 高低压侧断路器，低压侧断路器
D. 高压侧断路器，低压侧断路器

62. 低频减负荷装置定检应做（ ）试验。 答案：AB

A. 低压闭锁回路检查 B. 滑差闭锁
C. 负荷特性检查 D. 功角特性检查

63. 电力系统低频运行的危害有（ ）。 答案：ABC

A. 使系统内的发电机产生振动 B. 影响对用户的供电质量
C. 影响系统的经济运行 D. 增大线路上的损耗

64. 关于低频减载装置的叙述，正确的是（ ）。 答案：ABC

A. 低频减载装置是防止系统频率崩溃的重要措施
B. 110kV 及以下电网低频减载装置属地调管辖，省调许可
C. 低频减载装置正常应投入，未经省调许可，不得擅自将装置停用
D. 低频减载装置所切负荷，应征得所辖调度同意方可恢复送电

65. 电力系统容易发生低频振荡的情况是（ ）。 答案：AC

A. 弱联系、远距离、重负荷的输电线路上
B. 强联系、近距离的输电线路上
C. 在采用快速、高放大倍数的励磁系统上
D. 在采用慢速、低放大倍数的励磁系统上

66. 电力系统的动态稳定主要有（　　）。 答案：ABD

A. 电力系统的低频振荡
B. 机电耦合的次同步振荡
C. 电力系统的频率调整
D. 同步电机的自激

67. 电网自动低频、低压减负荷方案中应指出（　　）。 答案：ABC

A. 切负荷轮数
B. 每轮动作频率（或电压）
C. 每轮各地区所切负荷数
D. 切除后的负荷总量

68. 低频、低压解列装置一般装设在系统中的地点有（　　）。 答案：ABCD

A. 系统间的联络线
B. 地区系统中从主系统受电的终端变电站母线联络断路器
C. 地区电厂的高压侧母线联络断路器
D. 专门划作系统事故紧急启动电源、专带厂用电的发电机组母线联络断路器

69. 电网安全自动装置包括（　　）。 答案：AB

A. 低频、低压解列装置
B. 振荡（失步）解列装置
C. 故障录波器
D. 线路纵差保护装置

70. 防止频率崩溃的措施有（　　）。 答案：ABC

A. 保证足够的旋转备用
B. 水电机组低频自启动
C. 采用低频率自动减负荷装置
D. 采用低压解列装置

71. 防止因恶性连锁反应或失去电源容量过多而引起受端系统崩溃的措施有（　　）。 答案：BC

A. 受端系统无需备用电源容量
B. 每一回送电线路的最大输送功率所占受端系统总负荷的比例不宜过大
C. 送到不同方向的几回送电线路如在送端连在一起，必须具备事故时快速解列或切机等措施
D. 受端系统不安装低频减负荷装置

72. 任何时候保持系统发供用电平衡是防止低频率事故的主要措施，因此处理低频率事故的主要方法有（　　）。 答案：CD

A. 电容器就地进行无功补偿
B. 投入电抗器运行
C. 联网系统的事故支援
D. 必要时切除负荷（按事先制定的事故拉电序位表执行）

73. 下列装置中属于安全自动装置的有（　　）。 答案：CD

A. 失灵保护装置　　B. 非全相保护装置
C. 重合闸装置　　D. 低频减载装置

74. 线路过负荷联切装置主要用于并联运行的两回或多回线路中，其中一回或两回因事故跳闸引起其他运行线路过载，需要及时切除部分，常见的过载切负荷启动原理有(　　)。

答案：AC

A. 功率突变量启动　B. 过负荷启动　C. 过功率启动　D. 电流突变量

75. 安全自动装置的配置主要取决于（　　）。

答案：ABC

A. 电力系统的电网结构　　B. 设备承受能力
C. 运行方式　　D. 末端保护定值

76. 下列关于低频减负荷装置说法错误的是（　　）。

答案：CD

A. 低频减负荷装置应设置短延时的基本轮和长延时的特殊轮
B. 基本轮用于快速抑制频率的下降，特殊轮用于防止系统频率长时间悬浮于某一较低值
C. 基本轮频率级差宜选用 0.2Hz、动作延时 0.2～0.3s（不宜超过 0.3s），推荐按频率设置不大于 10 轮
D. 降低最高轮的动作频率值，有利于抑制频率下降幅度，一般不宜低于 49.2Hz

77. 与传统录波器相比，微机故障录波器的优点有（　　）。

答案：BCD

A. 完成时间、相角、瞬时值、有效值等测量　　B. 谐波分析
C. 阻抗计算　　D. 序分量计算

78. 备自投装置的充电条件有（　　）。

答案：ABCD

A. 运行母线三相有压　　B. 备用母线或线路有压
C. 运行开关合闸位置　　D. 热备用开关 TWJ 接点闭合

79. 备自投装置的瞬时放电条件有（　　）。

答案：CD

A. 运行母线三相有压　　B. 备用母线或线路有压
C. 运行开关手分开入　　D. 外部闭锁有开入

80. 备自投装置发合闸脉冲的动作条件有（　　）。

答案：ABC

A. 运行母线三相无压　　B. 主供电源线路或主变压器无流
C. 备用电源有压　　D. 主供电源开关 TWJ 为 0

81. 故障解列装置的工作原理有（　　）

答案：BC

A. 自产零序过电压解列　　B. 外加零序过电压解列
C. 母线相间电压低电压“或门”解列　　D. 母线相间电压低电压“与”门解列

82. 下列有关故障解列装置的描述正确的有（　　）。 答案：ABC

A. 线路发生 A 相瞬时性接地故障时动作

B. 线路发生 B、C 相瞬时性相间故障时动作

C. 与线路电源侧开关的重合闸配合

D. 与备用电源自投入装置配合

83. 故障解列装置接入外加零序电压的目的是（　　） 答案：ABD

A. 零序过电压解列功能需要　　B. 鉴别母线单相 TV 断线需要

C. 鉴别母线三相 TV 断线闭锁需要　　D. 与自产零序电压进行比对

84. 防止因恶性连锁反应或失去电源容量过多而引起受端系统崩溃的措施有（　　）。 答案：ABCD

A. 受端系统应有一定的备用电源容量

B. 每一回送电线路的最大输送功率所占受端系统总负荷的比例不宜过大

C. 送到不同方向的几回送电线路如在送端连在一起，必须具备事故时快速解列或切机等措施

D. 受端系统应有足够的低频减负荷数量和联切负荷数量

85. 变压器低压侧后备保护动作需要闭锁备自投的有（　　）。 答案：AB

A. 变压器冷（热）备自投方式　　B. 变压器分段备自投方式

C. 进线备自投　　D. 分段（内桥）备自投

86. 故障解列应配置（　　）。 答案：ABCD

A. 低频解列装置　　B. 低压解列装置

C. 零序过压解列装置　　D. 母线过压解列、过频解列装置

87. 故障解列装置接入（　　）。 答案：AB

A. 母线三相电压　　B. 开口三角电压

C. 母线单相电压　　D. 线路三相电压

88. 低频减载装置定检应做（　　）试验。 答案：AB

A. 低压闭锁回路检查　　B. 滑差闭锁

C. 负荷特性检查　　D. 功角特性检查

89. 关于自动重合闸技术原则，以下正确的是（　　）。 答案：AC

A. 当重合闸不使用同期电压时，同期电压 TV 断线不应报警

B. 检同期重合闸采用的线路电压应是自适应的，用户可选择任意相电压，一般不采用相间电压

C. 不设置“重合闸方式转换开关”，自动重合闸仅设置“停用重合闸”功能压板，重合闸方式通过控制字实现

D. 单相重合闸、三相重合闸、禁止重合闸和停用重合闸有且只能有一项置“1”，如不满足此要求，保护装置应报警并按禁止重合闸处理

90. 在电力系统中广泛采用按频率降低自动减负荷装置（AFL），下列对AFL的描述正确的是（　　）。

答案：AB

A. 在同样功率缺额情况下，负荷的频率调节效应系数愈大，减轻系统频率下降的效果也愈显著

B. 在同样功率缺额系数情况下，大系统的频率变化时间比小系统慢

C. 在AFL中采用$\left|\frac{\mathrm{d}f}{\mathrm{d}t}\right|$闭锁，大系统中$\left|\frac{\mathrm{d}f}{\mathrm{d}t}\right|$取值比小系统的大

D. 在AFL中的附加级（或附加轮），带有较长时限，其作用是作前几级的后备，当前几级失效时附加级可发挥作用

91. 安全稳定控制装置总功能压板退出后，以下描述正确的是（　　）。 答案：ABC

A. 不进行策略判别

B. 不传输或转发测量信息、状态信息或判断结果

C. 和策略有关的告警不报

D. 相当于通道物理断开

92. 下列属于安稳装置使用的典型元件跳闸判据的是（　　）。 答案：ABD

A. 纯电气量判跳闸判据

B. 电气量结合断路器位置判跳闸判据

C. 纯断路器位置跳闸判据

D. 故障跳闸判据

二、判断题

1. 为了使用户停电时间尽可能短，备自投可以不带时限。（　　）

答案：×

2. 当备自投动作时，如备用电源或设备投于故障，应有保护加速跳闸。（　　）

答案：√

3. 备自投装置应保证只动作一次。（　　）

答案：√

4. 备自投切除工作电源断路器必须经延时。（　　）

答案：√

5. 当系统发生事故时，电压急剧下降期间低频减载装置可以动作。（　　）

答案：×

6. 内桥接线母分热备用方式时，主变压器差动、非电量、高压侧后备（对应跳桥断路器时限）

保护动作应闭锁桥备自投。(　　)

答案：√

7. 对于线路（桥）开关，备自投动作时间应小于母分备自投动作时间。(　　)

答案：√

8. 对于单独备自投时间的整定要求：低压元件动作后延时跳开工作电源，其动作时间宜大于本级线路负荷侧后备保护动作时间与线路重合闸时间之和。(　　)

答案：×

9. 主变压器保护中除差动保护动作外，其他保护动作均应闭锁备自投。(　　)

答案：×

10. 对于具有小水电的终端变电站或自备发电机的线路，当主供电源线路故障时，为保证主供电源能重合成功，应将其解列。(　　)

答案：×

11. 解列点上的距离保护不应经振荡闭锁控制。(　　)

答案：√

12. 工频变化量阻抗继电器不反应系统振荡，但却可能在其他解列点在系统振荡解列时误动。(　　)

答案：×

13. 当电力系统发生严重的低频事故时，为迅速使电网恢复正常，低频减负荷装置在达到动作值后，可以不经时限立即动作，快速切除负荷。(　　)

答案：×

14. 自动低频减载装置动作反应的是所接母线的频率瞬时值。(　　)

答案：×

15. 自动低频减负荷装置的数量需随系统电源投产容量的增加而相应地增加。(　　)

答案：√

16. 按频率自动减负荷装置中电流闭锁元件的作用是防止电流反馈造成低频率误动。(　　)

答案：√

17. 自动低频减载装置切除的负荷总数量应小于系统中实际可能发生的最大功率缺额。(　　)

答案：√

18. 低频减载装置正常应投入运行，未经省调批准不得擅自将低频减载装置停用或变更所控开关。(　　)

答案：√

19. 低频减载装置是一种当系统出现有功功率缺额引起频率下降时，根据频率下降程度，自动断开一部分不重要的用户，阻止频率下降的装置。(　　)

答案：√

20. 自动低频减负荷装置动作所切除的负荷可以被自动重合闸再次投入。(　　)

答案：×

21. 涉及电网安全自动装置（低频减载、负荷联切等）定值视同继电保护定值管理。(　　)

答案：√

22. 根据自动低频减负荷装置的整定原则，自动低频减负荷装置所切除的负荷不应被自动重合闸再次投入，并应与其他安全自动装置合理配合使用。(　　)

答案：√

23. 在自动低频减负荷装置切除负荷后，不允许使用备用电源自动投入装置将所切除的负荷送出。(　　)

答案：√

24. 并列运行的发电机间在小干扰下发生的频率为 0.2～2.5Hz 范围内的持续振荡现象叫低频振荡。(　　)

答案：√

25. 低频、低压减负荷装置出口动作后，应当启动重合闸回路，使线路重合。(　　)

答案：×

26. 自动低频减负荷装置动作，不应导致系统其他设备过载和联络线超过稳定极限。(　　)

答案：√

27. 自动低频减负荷的先后顺序，应按负荷的重要性进行安排。(　　)

答案：√

28. 事故手动低频减负荷是自动减负荷的必要补充，当电源容量恢复后，应逐步地手动或自动地恢复被切负荷。(　　)

答案：√

29. 按照《电力系统安全稳定导则》的要求，电力系统必须合理安排自动低频减负荷的顺序及所切负荷的数量。(　　)

答案：√

30. 电网内大机组配置的高频率、低频率、过压、欠压保护及振荡解列装置的定值必须经电网调度机构审定。(　　)

答案：√

31. 自动低频率减负荷装置可以根据需要安装在电力用户内部，且用户应积极配合，不得拒绝。(　　)

答案：√

32. 在新建、扩建变电工程及更改工程的设计中，必须设计安装自动低频减负荷装置。(　　)

答案：×

33. 不论是电力系统内部还是电力用户，未经电力调度部门（或供电公司）的同意，不得擅自停掉自动低频减负荷装置、转移其控制负荷或改变装置的定值。(　　)

答案：√

34. 自动低频率减负荷装置是为了防止电力系统发生频率崩溃而采用的系统保护。(　　)

答案：√

35. 运行中或准备投入运行的自动低频减负荷装置，应由继电保护人员按有关规程和规定进行检验。(　　)

答案：√

36. 《电力系统自动低频减负荷技术规定》推荐采用反应装设母线电压频率绝对值的继电器作为自动低频减负荷装置的启动元件。(　　)

答案：√

37. 当电力系统发生突然的有功功率缺额后，主要应当依靠自动低频减负荷装置的动作，使保留运行的负荷容量能与运行中的发电容量相适应。(　　)

答案：√

38. 预设低频减负荷装置的切负荷总量应较多地大于实际切负荷总量。(　　)

答案：√

39. 地区系统中由主系统受电的终端变电站母线联络断路器可考虑设置低频解列装置。(　　)

答案：√

40. 弱联系、长线路、重负荷和具有快速励磁调节的系统更容易发生低频振荡。(　　)

答案：√

41. 在交、直流并联输电的情况下，利用交流有功功率调制，可以有效抑制与其并列的交流线路的功率振荡，包括区域性低频振荡，明显提高交流的暂态、动态稳定性能。(　　)

答案：×

42. 备自投时间元件的整定应使之大于本级线路电源侧后备保护动作时间与线路重合闸时间之和。(　　)

答案：√

43. 备自投动作投于永久性故障设备上，应加速跳闸并只动作一次，以防备用电源多次投入到故障元件上，扩大事故，对系统造成二次冲击。(　　)

答案：√

44. 系统发生振荡时，低频减载装置不能误动。(　　)

答案：√

45. 单侧电源送电线路重合闸方式的选择原则是：①在一般情况下，采用三相一次重合闸；②当断路器遮断容量允许时，由无经常值班人员变电站引出的、无遥控的单回线路，或供电给重要负荷且无备用电源的单回线路，可采用二次重合闸。(　　)

答案：√

46. 当断路器断流容量允许时，给重要用户供电而无备用电源的单回线路可采用两次重合闸方式。(　　)

答案：√

47. 当备用电源无压时，备自投不应动作。(　　)

答案：√

48. 通常情况下，自动重合闸装置只能动作一次，而备自投无此限制。(　　)

答案：×

49. 低频装置整定时间从故障开始计算。(　　)

答案：×

50. 为了保持电力系统正常运行的稳定性和频率、电压的正常水平，系统应有足够的静态稳

定储备和有功、无功备用容量，并有必要的调节手段。(　　)

答案：√

51. 电力系统正常运行状态可以分为安全状态和警戒状态。(　　)

答案：√

52. 电力系统安全状态是指系统的频率、各节点电压、各元件的负荷均处于规定的允许值范围内，并且一般的小扰动不致使运行状态脱离正常运行状态。(　　)

答案：√

53. 在某些条件下必须加速切除短路时，可使保护无选择性动作，但必须采取补救措施，如重合闸和备自投来补救。(　　)

答案：√

54. 常规备自投都有实现手动跳闸闭锁及保护闭锁的功能。(　　)

答案：√

55. 备自投的低电压元件，为了在所接母线失压后能可靠工作，其低电压定值整定得较低，一般为 0.15～0.3 倍的额定电压。(　　)

答案：√

56. 电力系统紧急控制装置在电力系统发生短路等事故时，首先动作并切除和隔离故障。(　　)

答案：×

57. 除了预定解列点外，不允许保护装置在系统振荡时误动作跳闸。如果没有本电网的具体数据，除大区系统间的弱联系联络线外，系统最长振荡周期按 1.5s 考虑。(　　)

答案：√

58. 除了预定解列点外，不允许保护装置在系统振荡时误动跳闸。任何情况下系统最长振荡周期按 1.5s 考虑。(　　)

答案：×

59. 高压长距离输电线常常装设串联电容补偿和并联电抗补偿装置，其短路过程中低频分量是由于电容上的电压不能突变而产生，高频分量是由于线路电感不允许电流突变而产生。(　　)

答案：×

60. 电网自动低频、低压减负荷装置动作后不允许使用备自投将切除的负荷送电。(　　)

答案：√

61. 电网自动低压减负荷装置动作后允许使用备自投将切除的负荷送电。(　　)

答案：×

62. 防止系统稳定被破坏，应完善保证系统稳定运行的安全自动装置的配置，保证低频减载装置能在事故时有效地切除负荷。(　　)

答案：√

63. 要加强电网的安全稳定性，就要从电网结构上完善振荡、低频、低压解列等装置的配置。(　　)

答案：√

64. 备自投动作时间应大于供电线路后备保护最长动作时间、重合闸时间及后加速时间之和，并适当考虑裕度。(　　)

答案：√

65. 系统正常运行和发生振荡时不动作（不录波），在系统故障时启动录波。(　　)

答案：×

66. 内桥接线的 110kV 变电站中的 10kV 母分开关备自投在全站失压时，可瞬时放电。(　　)

答案：×

67. 故障录波器在全过程记录中都必须采用相同的采样频率。(　　)

答案：×

68. 开关重合闸的整定时间考虑的是发生瞬时性故障，备自投的整定时间是考虑发生永久性故障的情况。(　　)

答案：√

69. 失步解列作为保证电力系统安全运行的重要措施，是保证整个电网不致完全崩溃的最后防线之一。(　　)

答案：√

70. 发生 TV 断线时，故障解列装置不需闭锁，只需经延时时间发信告知运行人员。(　　)

答案：×

71. 安全自动装置的配置主要取决于电力系统的电网结构、设备承受能力、运行方式。(　　)

答案：√

72. 安全自动装置和继电保护发挥作用的时间是有顺序要求的，需要密切配合。(　　)

答案：√

73. 线路过载联切装置和主变压器过载联切装置，是提高线路、主变供电能力的自动装置。(　　)

答案：√

74. 根据我国《电力工业技术管理法规》规定，正常运行时电力系统的频率应保持在 50Hz±0.2Hz 的范围内。(　　)

答案：√

75. 故障解列装置必须具有 TV 断线判别及闭锁功能。(　　)

答案：√

76. 故障解列装置的低电压解列逻辑可以选择三个线电压“与门”逻辑和“或门”逻辑两种方案，发生相间故障时“与门”逻辑比“或门”逻辑动作出口跳闸更快。(　　)

答案：×

77. 发生相间故障时，故障解列装置的低电压解列逻辑中三个线电压“或门”逻辑比“与门”逻辑动作出口跳闸更快。(　　)

答案：√

78. 应保证在工作电源和设备断开后，才能投入备用电源或备用设备。(　　)

答案：√

79. 工作电源和备用电源同时消失时，备自投不应动作。(　　)

答案：√

80. 当一个备用电源作为几个工作电源的备用时，如备用电源已代替一个工作电源后又一个工作电源断开，备自投应动作。( )

答案：√

81. 应校验备用电源和备用设备自动投入时的过负荷情况，以及电动机自启动的情况，如过负荷超过允许限度或不能保证自启动时，应有自动投入装置动作于自动减负荷。( )

答案：√

82. 进线备自投采用保护跳闸方式设计中必须考虑闭锁重合闸问题。( )

答案：√

83. 系统中存在多级备自投，高电压等级备自投后动作。( )

答案：×

84. 负荷的静态平率特性一般为频率下降时，系统的总有功负荷消耗的有功功率随之减少。( )

答案：√

85. 接于自动低频减载装置的总功率是按最严重事故的情况来考虑的。( )

答案：√

86. 220kV 线路过载联切装置的电流回路宜从线路保护后级接入，与线路保护共用一组 TA 二次绕组。( )

答案：√

87. 备自投逻辑适用于单母线、单母线分段、内桥和扩大内桥接线的进线备自投、主变压器备自投、分段（内桥）备自投。( )

答案：√

88. 录波及网络报文记录分析装置采样值传输应采用点对点方式。( )

答案：×

89. 网络报文记录分析仪通过对站控层网络交换机的端口镜像实现 MMS 报文的监测。( )

答案：√

90. 网络报文记录分析系统因站控层发生故障而停运时，不能影响间隔层及过程层信号的正常记录。( )

答案：√

91. 根据 Q/GDW 715—2012《110kV～750kV 智能变电站网络报文记录分析装置通用技术规范》，网络报文分析装置在系统配置规模扩大时，可以修改程序和重组软件。( )

答案：×

92. 根据 Q/GDW 715—2012《110kV～750kV 智能变电站网络报文记录分析装置通用技术规范》，网络报文分析装置记录数据的分辨率应小于 1μs，记录数据的完整率大于 99%。( )

答案：×

93. 录波子站是位于变电站内，用于对本站所有动态记录装置进行监视、控制、管理及分析

的模块。(　　)

答案：√

94. 录波主站是位于调控中心，用于对厂站内的动态记录装置进行远程监视、控制、管理及分析的一套具有独立硬、软件的系统或者某个大系统中的一个子模块。(　　)

答案：√

95. 录波主站是位于变电站内，用于对厂站内的动态记录装置进行远程监视、控制、管理及分析的一套具有独立硬件、软件的系统或者某个大系统中的一个子模块。(　　)

答案：×

96. 低频低压装置一般接入两段母线电压，当只有一段母线电压正常时，装置闭锁低压功能。(　　)

答案：×

97. 具备高频功能判断的安稳装置，若设有“高频功能压板”，只有投入“高频功能”压板，装置才会开放高频功能判断。(　　)

答案：√

三、简答题

1. 备自投的主要工作条件有哪些?

答：（1）工作母线电压低于定值并大于预定时间；

（2）备用电源的电压应运行于正常范围，或备用设备处于正常准备状态；

（3）断开原工作断路器后方允许自投，以避免可能非同期并列。

2. 电力系统中为什么采用低频低压解列装置?

答：功率缺额的受端小电源系统中，当大电源切除后，发、供功率严重不平衡，将造成频率或电压降低，如用低频减载不能满足发供电安全运行时，须在发供平衡的地点装设低频低压解列装置。

3. 低频减载装置中，滑差闭锁功能的作用是什么?

答：防止系统内大机组启动或短路故障引起的电压反馈而误动作。

4. 低频减载装置防误动的闭锁措施有哪些?

答：有4种（或5种）闭锁措施，即时限闭锁、频率闭锁、滑差闭锁、电压闭锁（和电流闭锁）。

5. 低频减载的作用是什么?

答：当电力系统有功不足时，低频减载装置自动按频减载，切除次要负荷，以保证系统稳定运行。

6. 对系统低频率事故，有哪些处理方法？

答：任何时候保持系统发、供、用电平衡是防止低频率事故的主要措施，因此在处理低频率事故时的方法主要有：①调出旋转备用；②迅速启动备用机组；③联网系统的事故支援；④必要时切除负荷（按事先制定的事故拉电序位表执行）。

7. 自动低频减负荷装置整定计算时的计算依据有哪些？

答：①考虑有功功率缺额；②系统电压保持不变；③系统平均频率的变化。

8. 备自投充电的基本条件是什么？

答：（1）工作电源和备用电源工作正常，均符合有压条件；

（2）工作断路器和备用断路器位置正常，即工作断路器合位，备用断路器跳位；

（3）无放电条件。

9. 何谓备自投？

答：备自投全称是备用电源自动投入装置，就是当工作电源因故障失电后，能自动而且迅速地将备用电源投入工作或将用户供电自动地切换到备用电源上去，使用户不至于因工作电源故障而停电，从而提高供电可靠性。

10. 备自投有哪几种常用接线方式？

答：备自投的一次接线方式按备用电源正常是否工作来分类，可分为暗备用接线方式和明备用接线方式两类。

11. 什么是低频振荡？产生的原因有哪些？

答：低频振荡就是并列运行的发电机间在小扰动下发生的频率在 0.2～2.5Hz 范围内持续振荡的现象。

低频振荡是由于电力系统的阻尼效应，常出现在弱联系、远距离、重负荷的输电线路上，在采用快速、高放大倍数励磁系统的条件下更容易发生。

12. 什么是低频低压减载装置？

答：低频低压减载装置就是在低频减载装置的基础上，增加低电压减负荷功能。当电网电压下降时，根据电压下降的不同程度，分别切除不同的不重要负荷，从而阻止电网电压继续下降，使电网尽快恢复到正常的允许电压值运行。

13. 备自投的投入方式有几种？

答：备自投投入的常用方式有变压器自动投入、线路自动投入、线路和变压器综合自动投入和母联断路器自动投入四种。

14. 失步解列装置的判别原理有哪两种？

答： 有基于阻抗循序判别原理和 $u\cos\varphi$ 判别原理两种。

15. 故障解列装置有哪两种基本的工作原理？

答： 故障解列装置通过系统电压判别故障情况，一般配置相间低电压、零序电压解列功能。零序电压解列保护反应系统不对称故障类型，当外接 $3U_0$ 和自产 $3U_0$ 电压同时大于整定值，经整定延时出口跳闸并闭锁重合闸；低压解列保护反应三相对称短路或相间短路故障类型，三个线电压中任何一个线电压低于低电压定值时，经整定延时出口跳闸并闭锁重合闸。

16. 故障解列装置通过什么原理判别 TV 断线？

答： 故障解列装置通过比较外接 $3U_0$ 和自产 $3U_0$ 电压的大小关系，以及 $3U_0$、自产 $3U_0$ 电压的幅值来判断单相或两相 TV 断线；通过引入线路电压，母线三相电压都失去，但线路电压仍存在，判断为三相 TV 断线。

17. 电网中常用的安全自动装置包括哪些？

答： 电网中常用的安全自动装置包括备自投、低频切负荷、低压切负荷、过负荷联切、振荡解列、故障解列等装置。

18. 主变压器过载联切装置的作用是什么？

答： 在 $N-1$ 的情况下要防止主变压器过载，每台主变压器的运行负载必须限制在主变压器最大允许负载的一半以下。为充分挖掘主变压器的负载能力，同时要防止 $N-1$ 的情况下主变压器过载，需要装设主变压器过负载联切装置。正常运行时，两台主变压器都可以运行至最大允许负载，当一台主变压器故障跳闸后，过载联切装置切除部分负载，使另外一台继续运行的主变压器负载在最大允许范围内以内，是提高主变压器供电能力的一种重要手段。

19. 电力系统中有哪些必须同时满足的稳定性要求？

答： 在电力系统中，有三种必须同时满足的稳定性要求，即同步运行稳定性、频率稳定性和电压稳定性。

20. 故障信息管理系统的定义是什么？

答： 故障信息管理系统是由保护设备、故障录波器设备、子站主站、通信网络及接口设备和主站设备组成的一个综合系统。系统发生故障后，为调度员快速了解事故性质和制定保护动作行为的辅助决策工具；同时在保护动作不正确时，为继电保护人员分析保护动作行为提供技术手段。

21. 主变压器过载联切负荷装置的基本工作原理是什么？

答：（1）装置针对 2 台主变压器分别设计了 2 套独立的启动元件，每台主变压器的启动元件均有功率突变量和过电流启动两种方式，同时满足条件装置启动；

（2）装置启动后判断运行主变压器过载（大于设定的过负荷功率定值），另一台主变压器的功率低于低功率定值，经整定延时按设定的轮次依次切除负荷开关并闭锁重合闸。

22. 备自投需接入哪些量？

答：备自投需接入母线三相电压、进线电压、进线电流、相关开关 TWJ、KKJ 接点、外部闭锁量。

23. 什么是低频减负荷装置？

答：低频减负荷装置是在电力系统发生事故出现功率缺额引起频率急剧大幅度下降时，自动切除部分用电负荷使频率迅速恢复到允许范围内，以避免频率崩溃的自动装置。

24. 什么是低压减负荷装置？

答：低压减负荷装置是为防止系统无功缺额，引发电压崩溃事故，自动切除部分负荷使运行电压恢复到允许范围内的自动装置。

25. 低频低压减负荷装置的基本要求是什么？

答：电网低频低压减负荷装置的基本要求是：当系统在实际可能的各种运行情况下，因故发生突然的有功功率和无功功率缺额后，必须按计划切除相应容量的部分负荷，使保留运行的系统频率能迅速恢复至 49.5Hz 以上，不发生频率崩溃，也不使事故后的系统频率长期悬浮在低于 49.2Hz 的水平，当因过切负荷引起恢复时的系统频率过调时，其最大值不应超过 51.0Hz；电压能迅速恢复到 85%U_n 以上，不发生电压崩溃。

26. 低频减负荷装置整定时为什么需统一电网内低频减负荷装置的轮次和定值？

答：为防止电网出现低频事故时，各网低频减负荷装置动作不一致（如某局部电网低频减负荷装置动作，另一局部电网低频减负荷装置不动作），造成网间联络线交换功率突变，威胁电网的安全稳定运行，因此各级电网应统一本电网内低频减负荷装置的轮次和定值。

27. 低频减负荷装置设置短延时的基本轮和长延时的特殊轮的作用是什么？一般如何取值？

答：低频减负荷装置应设置短延时的基本轮和长延时的特殊轮，基本轮用于快速抑制频率的下降，特殊轮用于防止系统频率长时间悬浮于某一较低值（如 49.2Hz 以下），使频率恢复到长期允许范围内（49.5Hz 以上）。

基本轮频率级差宜选用 0.2Hz、动作延时 0.2～0.3s（不宜超过 0.3s），推荐按频率设置不大于 6 轮。装置的频率整定值应根据系统的具体条件、大型火电机组的安全运行要求及装置本身的特性等因素决定。提高最高轮的动作频率值，有利于抑制频率下降幅度，一般不宜超过 49.2Hz。考虑大电网、大机组对电网频率的要求较为严格，最低轮的动作频率值不宜低于 48.0Hz。

延时较长的特殊轮，一般宜选用一个频率定值，按延时长短划分若干个轮次，一般不大于 3 轮，特殊轮启动频率不宜低于基本轮的最高动作频率，最小动作时间可为 10～20s，级差不宜小于 5s。

28. 频率紧急协调控制系统的主要功能是什么？

答：监测各回直流、所有抽水蓄能机组及大量可控负荷的实时运行状态，当直流故障闭锁或功率紧急速降而导致电网出现大功率缺额时，按事先制定的控制策略，优先进行多直流功率紧急提升控制，控制容量不足时再采取抽水蓄能切泵控制，最后采取快速切除可中断负荷的控制措施，尽可能避免第三道防线的低频减载动作，减少社会影响。

四、分析题

1. 备自投装置的整定原则是什么？

答：（1）备自投装置的电压鉴定元件按下述规定整定：

1）低电压元件应能在所接母线失压后可靠动作，在电网故障切除后可靠返回，为缩小低电压元件动作范围，低电压定值宜整定得较低，一般整定为（0.15～0.3）U_N（U_N 为额定电压）；

2）有压检测元件应能在所接母线（或线路）电压正常时可靠动作，而在母线电压低到不允许备自投装置动作时可靠返回，电压定值一般整定为（0.6～0.7）U_N；

3）电压鉴定元件动作后延时跳开工作电源，其动作时间宜大于本级线路电源侧后备保护动作时间与线路重合闸时间之和。

（2）备用电源投入时间一般不带延时，如跳开工作电源时需联切部分负荷，则投入时间可整定为 0.1～0.5s。

（3）后加速过电流保护：

1）安装在变压器电源侧的备自投装置，若投入到故障设备上，则后加速保护应快速切除故障，本级线路电源侧速动段保护的非选择性动作由重合闸来补救，电流定值应对故障设备有足够的灵敏系数，同时还应可靠躲过包括自启动电流在内的最大负荷电流；

2）安装在变压器负荷侧的备自投装置，若投入在故障设备上，则为提高投入成功率，后加速保护宜带 0.2～0.3s 的延时，电流整定值应对故障设备有足够的灵敏系数，同时还应可靠躲过包括自启动电流在内的最大负荷电流。

2. 低频率运行会给电力系统带来哪些危害？

答：频率的轻度下降将会给电力系统运行带来不良影响；当频率严重下降时，可造成更严重的后果：

（1）致使汽轮机叶片断裂。系统长期在 49.5Hz 以下运行时，不仅使系统内各行各业生产率下降，且对某些汽轮机的叶片易造成损伤；当频率低于 45Hz 时，汽轮机的一些叶片可能因共振而引起断裂。

（2）产生“频率崩溃”。当频率为 47～48Hz 时，由于火电厂厂用机械出力明显减小，风机、水泵及球磨机等的生产率显著下降。几分钟之内使发电厂出力减少，功率缺额更为严重，致使频率再下降，这一恶性循环将引起“频率崩溃”现象。

（3）产生“电压崩溃”。频率的下降会使发电机电压下降。经验表明，当频率为 45～46Hz 时，全系统发电机转子及励磁机的转速显著下降，使发电机电动势下降，系统电压水平受严重影响，运行稳定性受破坏而出现电压崩溃，导致系统瓦解。这对电力系统将是灾难性的。

因此，即使系统发生事故，也不允许系统频率长期停留在 47Hz 以下，瞬时值绝对不能低于 45Hz。

3. 备自投装置应满足哪几项基本要求？

答：（1）当工作母线上的电压低于预定数值并且持续时间大于预定时间时，备自投装置方可动作投入备用电源。

（2）备用电源的电压应运行于正常允许范围，或备用设备应处于正常的准备状态下，备自投装置方可动作投入备用电源。

（3）备用电源必须尽快投入，即要求装置动作时间尽量缩短。

（4）备用电源必须在断开工作电源断路器之后才能投入，否则有可能将备用电源投入到故障网络而引起故障扩大。

（5）备用电源断路器上需装设相应的继电保护装置，并应与上、下相邻的断路器保护相配合。

（6）如备自投装置动作投于永久性故障设备上，应加速跳闸并只动作一次，以防备用电源多次投入到故障元件上，扩大事故，对系统造成再次冲击。

（7）当电压互感器二次侧断线时，应闭锁备自投装置不使它动作。

（8）正常操作使工作母线停电时，应闭锁备自投装置不使它动作。

（9）备用电源容量不足时，在投入备用电源前应先切除预先规定的负荷容量，使备用电源不至于过负荷。如果母线有较大容量的并联电容时，在工作电源的断路器断开的同时也应同时断开所对应的电力电容器。

（10）根据需要备自投装置可以做成双方向互为备用方式。

4. 简述桥接线变电站的 110kV 进线备自投的主要充电条件和动作过程。

答：充电条件：Ⅰ、Ⅱ段母线三相均有压，工作电源断路器运行，备用电源线路有压，桥断路器运行，备用电源断路器热备用，经延时 10～15s 完成充电。

动作条件：母线Ⅰ、Ⅱ段三相均无压，工作电源无流，备用电源线路有压，经整定延时后跳开工作电源断路器，确认断路器跳开后，经短延时或程序固化时间合上备用电源断路器。

5. 简述 35kV 母分备自投的主要充电条件和动作过程。

答：充电条件：Ⅰ、Ⅱ段母线三相均有压，母分断路器在分位，工作电源断路器 QF1、

QF2 在合位，经延时 10～15s 完成充电。

动作条件：Ⅰ（Ⅱ）段母线三相均无压，1 号（2 号）工作电源无流，经整定延时跳 1 号（2 号）工作电源断路器，确认断路器跳开后，经短延时或程序固化时间合上母分断路器 QF3。

6. 在系统中什么地点可考虑设置低频解列装置？

答：在系统中的如下地点，可考虑设置低频解列装置。

（1）系统间联络线上的适当地点；

（2）地区系统中由主系统受电的终端变电站母线联络断路器；

（3）地区电厂的高压侧母线联络断路器；

（4）专门划作系统事故紧急启动电源专带厂用电的发电机组母线联络断路器。

7. 当不采用滑差闭锁时，低频减载躲负荷反馈的时限怎么考虑？

答：由于负荷反馈电压衰减的时间常数与负荷的构成有关，最严重的情况是从额定电压下降到 0.5 倍额定电压的时间长达 1s 以上。在 1s 左右反馈电压的频率往往低于电磁式低频继电器的动作频率，为了防止误动作，其出口延时必须大于反馈电压从额定电压下降到 0.15 倍额定电压的时间，一般取 1.5s 才能防止最严重情况下的误动，采用数字低频继电器因其有 50～60V 的电压闭锁，该时间可以降到 0.5s。

8. 为什么能用带滑差闭锁的低频减载装置区别因系统功率缺额引起频率变化和由负荷反馈电压引起的频率变化？

答：通常系统功率缺额时，系统频率按系统动态特性下降，其下降速率（俗称滑差）一般较小；而接有大容量电动机负荷的母线一旦失去电源，由于其转子的惯性作用，电枢尚有电动势发生，使母线尚存电压反馈，但由于它是由转子动能发电的，故其频率下降速率很大，据统计下降速率大于 3Hz/s。所以，根据这种频率下降速率的不同，以整定下降速率的方法来区别之，防止由负荷反馈电压引起的低频减载装置误动。

9. 自动低频减负荷装置的整定原则是什么？

答：（1）自动低频减负荷装置动作，应确保全网及解列后的局部电网频率恢复到规定范围内。

（2）在各种运行方式下自动低频减负荷装置动作，不应导致系统其他设备过载和联络线超过稳定极限。

（3）自动低频减负荷装置动作，应使系统功率缺额造成频率下降，不应使大机组低频保护动作。

（4）自动低频减负荷顺序应先切除次要负荷，后切除较重要的负荷。

（5）自动低频减负荷装置所切除的负荷不应被自动重合闸再次投入，并应与其他安全自动装置合理配合使用。

（6）全网自动低频减负荷装置整定的切除负荷数量应按年预测最大平均负荷计算，

并对可能发生的电源事故进行校对。

10. 为什么说负荷调节效应对系统运行有积极作用?

答：系统中发生有功功率缺额而引起频率下降时，负荷调节效应的存在会使相应的负荷功率也跟着减小，从而对功率缺额起着自动补偿作用，系统才得以稳定在一个较低的频率上继续运行。否则，缺额得不到补偿，变成不再有新的有功功率平衡点，频率势必一直下降，系统必然瓦解。故负荷调节效应对系统起着积极作用。

11. 何谓备用电源的暗备用接线方式?

答：所谓暗备用接线方式就是在供电网络中，各变压器（或电源进线）均为工作变压器（或工作电源进线），它们之间通过母线分段断路器（或母联断路器）相互备用。正常运行时电源进线或变压器均为工作状态，Ⅰ、Ⅱ段母线通过分段断路器互为备用。当任一电源因故障退出运行时，备自投装置立即动作，使分段断路器投入运行，失电母线由正常电源供电。暗备用接线平时每回路都投入运行，可以减少投资和设备损耗，而且设备始终处于工作状态，电气元件也较容易发现隐患，因而从电网到用户均得到广泛的应用。

12. 请列举对备自投装置的基本要求。

答：（1）只有当工作电源断开以后，备用电源才能投入。

（2）备自投装置只允许将备用电源投入一次。

（3）备自投装置切除工作电源断路器必须经延时。

（4）手动拉开工作电源，备自投装置不应动作。

（5）备用电源不满足有压条件，备自投装置不应动作。

（6）应具有闭锁备自投装置的功能。

（7）工作母线失压时还必须检查工作电源，确认无流才能启动备自投装置。

13. 低频（低压）减载装置的运行注意事项有哪些?

答：（1）启用低频（低压）减载装置时，应先投入交流电源，后投入直流电源；停用时顺序与此相反。

（2）切换电压互感器时，应先停用低频（低压）减载装置，切换完毕再投入；

（3）低频（低压）减载装置在投入或退出某断路器跳闸连接片（压板）时，应同时投入或退出重合闸闭锁连接片（压板），也就是重合闸放电连接片（压板）；

（4）巡视检查时应检查二次电压回路是否完好，工作指示灯是否正常，应投入的连接片（压板）是否已投入。

14. 故障录波器应具备的基本功能有哪些?

答：故障录波器应具备高速故障记录、故障动态过程记录、长过程动态记录三个基本功能。

按照以上要求，故障录波器每次启动后的记录应包含 A、B、C、D、E 五个时段。

（1）A 时段：系统大扰动开始前的状态数据，输出原始记录波形及有效值，记录时间应不少于 0.04s；

（2）B 时段：系统大扰动后初期的状态数据，应直接输出原始记录数据，应观察到 5 次谐波，同时也应输出每一周波工频有效值及直流分量值，记录时间不少于 0.1s；

（3）C 时段：系统大扰动后的中期状态数据，输出连续的工频有效值，记录时间不少于 20s；

（4）D 时段：系统动态过程数据，每 0.1s 输出一个工频有效值，记录时间不少于 20s；

（5）E 时段：系统长过程的动态数据，每 1s 输出一个工频有效值，记录时间不少于 10min。

15. 如图 7-3、图 7-4 所示的桥接线变电站，110kV 母线上安装桥接线备自投装置，图 7-3 为母分断路器热备用方式、图 7-4 为进线热备用方式，请问主变压器主保护或高后备保护动作应闭锁什么备自投方式，为什么？

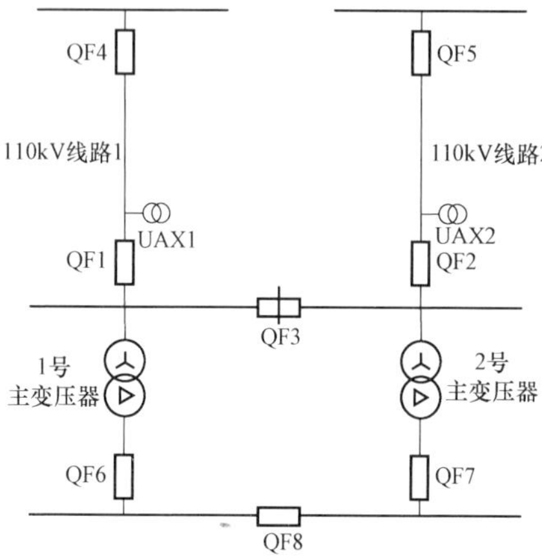

图 7-3　母分断路器热备用方式

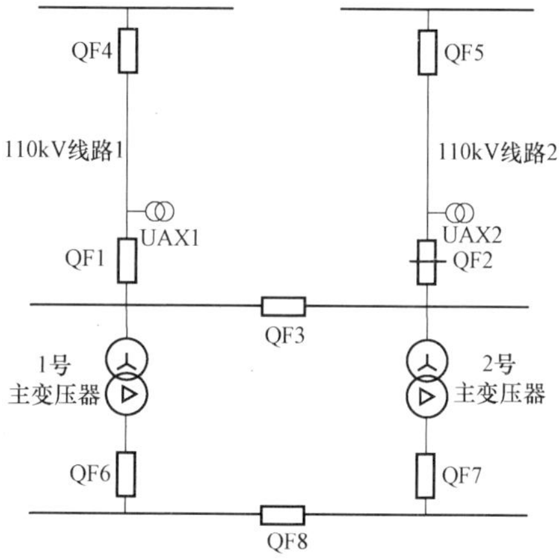

图 7-4　进线断路器热备用方式

答：主变压器主保护或高后备保护动作应闭锁桥备自投的分段自投方式，不闭锁进线自投方式。

如图 7-3 所示的母分断路器热备用方式，1 号主变压器内部故障引起差动保护、非电量保护或高后备保护动作，跳开 1 号主变压器两侧断路器（断路器 QF1、断路器 QF6），引起 110kV Ⅰ段母线失压，线路 1 无流，备自投装置动作跳断路器 QF1，确认断路器跳开后，合上 110kV 母分断路器 QF3。变压器为变电站内的静止设备，一旦发生故障，永久性故障的概率很高，为避免故障变压器本体不被短路电流二次冲击，浙江电网中的主变压器保护动作跳闸后都不重合。110kV 母分断路器合闸后，将线路 2 合闸于故障点，对 1 号主变压器造成又一次冲击；2 号主变压器故障时情况相同。

如图 7-4 所示进线 2 断路器热备用时，在线路 1 作为主供电源（QF1 合位），断路器 QF2 热备用时，如 1 号主变压器内部故障跳 1 号主变压器两侧三断路器（断路器 QF1、QF3、QF6），造成 110kV 母线失压、线路 1 无流，备自投动作合上断路器 QF2，可对 2 号主变压器继续供电。如 2 号主变压器故障跳开主变压器两侧断路器（断路器 QF3、QF7）时，造成 110kVⅡ段母线失压，备自投装置瞬时放电不动作，线路 1 带 1 号主变压器继续运行。

因此，主变压器主保护或高后备保护动作应闭锁桥备自投的分段自投方式，不闭锁进线自投方式。

16. 如图 7-5 所示的桥接线变电站，110kV 母线上安装桥接线备自投装置，图 7-5 为母分断路器热备用方式，当主、备用电源同时失去，装置瞬时放电为什么要改成延时放电？注：电源侧线路保护时间定值保护灵敏段时间定值为 0.3s、重合闸时间整定为 1.5s、后加速时间定值为 0.2s（忽略保护、断路器固有跳闸时间）。

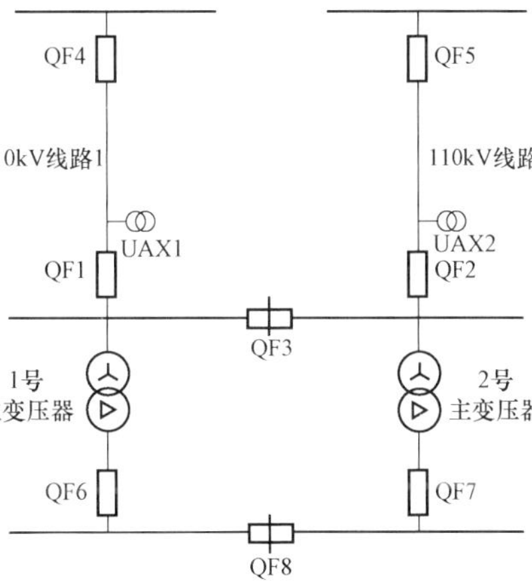

图 7-5 母分断路器热备用方式

答：如图 7-5 所示的母分断路器热备用方式，110kV 线路 1、线路 2 为同电源双回线路，从同一个 220kV 变电站出线（或者线路 1、线路 2 两个电源点的电气距离很近），110kV 终端变电站主接线为内桥接线，线路 1 发生三相永久性故障。主、备用电源电压如图 7-6 所示。

0～0.3s，由于故障点未被隔离，220kV 变电站 110kV 母线电压、110kV 变电站Ⅱ段母线电压同时下降到 U_{cy}，110kV 变电站Ⅰ段母线电压为零。

0.3～1.8s，断路器 QF4 跳开，故障点被隔离，220kV 变电站 110kV 母线恢复为额定电压，110kV 变电站的Ⅱ段母线电压恢复为正常额定电压，Ⅰ段母线电压为零，此状态一直持续到 1.8s。

1.8～2.0s，重合闸动作合上断路器 QF4，又将系统拖入了故障点，220kV 变电站 110kV 母线电压、110kV 变电站Ⅱ段母线电压同时下降到 U_{cy}，110kV 变电站Ⅰ段母线电压为零。

2.0s 之后，断路器 QF4 后加速保护动作，断路器 QF4 跳开，220kV 变电站 110kV

母线恢复为额定电压，110kV 变电站的Ⅱ段母线电压恢复为正常额定电压，Ⅰ段母线电压为零。

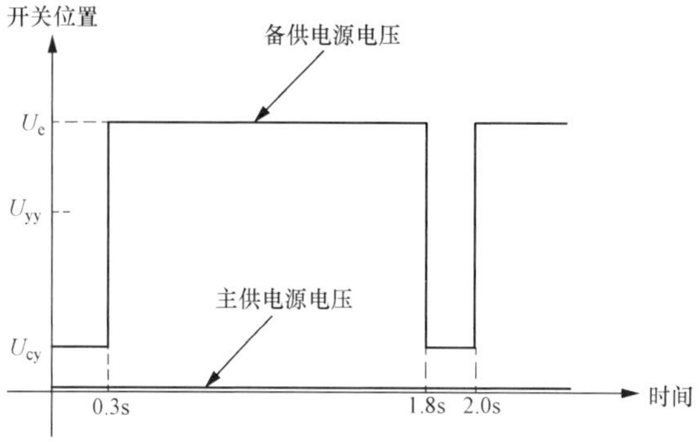

图 7-6

17. 部分桥接线变电站，采用进线断路器热备用方式，如图 7-7 所示。正常方式作为终端变电站运行，投入备自投装置实现互为保供；变化方式下会作为两个变电站之间潮流交换的通道，为减小故障情况下的停电范围，往往会在一侧或两侧 110kV 进线断路器上安装保护装置。因为配置了线路保护装置，在作为终端变电站运行时也投入其保护及重合闸功能。这种内桥接线变电站的 110kV 备自投动作跳开断路器后应闭锁其重合闸，为什么？并画出断路器 QF1、QF2、QF3 位置变化的时序图，重合闸整定时间为 1.5s，备自投装置跳闸时间为 5s、合闸时间为 0.5s。请结合图 7-7 说明。

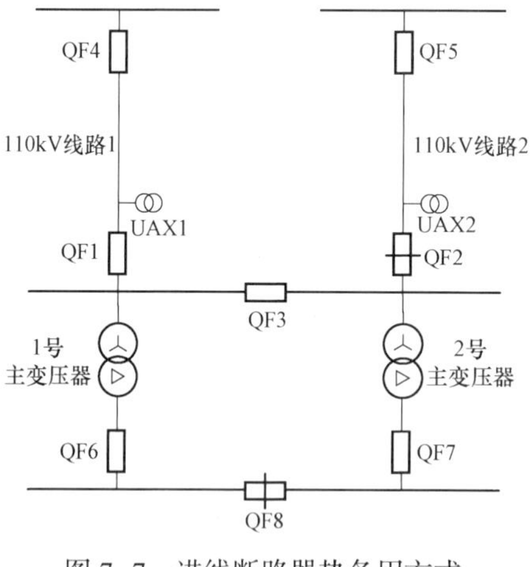

图 7-7　进线断路器热备用方式

答：如图 7-7 所示，线路 1 运行送全站负荷，线路 2 热备用。当线路 1 发生故障时，本侧备自投装置动作跳开线路 1 断路器，必须接入断路器 QF1 操作箱的保护跳回路（如接入手跳回路装置瞬时放电），此时会启动断路器 1 的位置，不对应启动重合闸功能，经装置的重合闸延时时间合上断路器 QF1。备自投装置确认断路器 QF1 在分位后，经整定合闸延时合上备用断路器 QF2，母分断路器仍在合闸状态。这样，线路 2 通过断路器 QF1、QF2、QF3 向线路 1 的故障点重新提供短路电流，引起再一次跳闸，导致事故范围扩大。因此，备自投装置动作应闭锁断路器重合闸。

其位置变化时序图如图 7-8 所示。

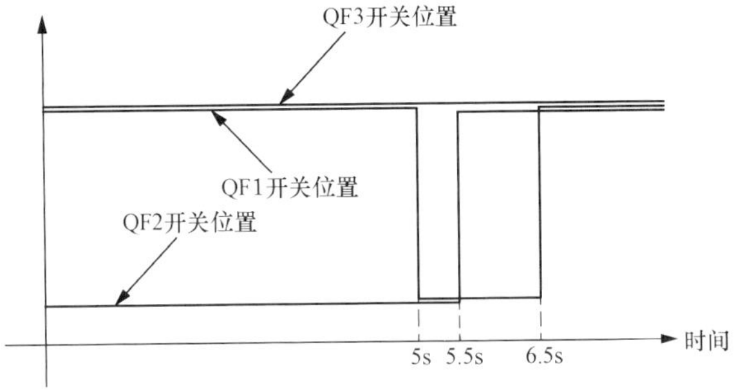

图 7-8 断路器变位时序图

18. 存在合后、分后双位置 KKJ 继电器的开关操作箱，备自投动作跳合闸应该如何接入？

答：备自投动作跳闸应接入保护跳回路，合闸接入手合回路。

19. 如图 7-9 所示的变电站为什么要装设故障解列装置？

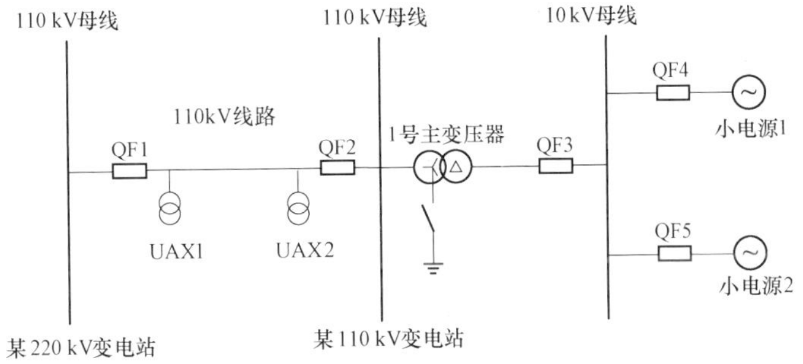

图 7-9

答：（1）避免变压器中性点绝缘损坏。当 110kV 线路发生瞬时性单相接地故障时，QF1 灵敏段保护动作跳开本断路器，系统与小电源 1、2 解列运行，110kV 变电站由中性点不接地系统转化为中性点接地系统，接地点为 110kV 线路上的故障点，中性点电压发生偏移。目前系统中采用的多为分级绝缘的变压器，中性点绝缘水平较低，当中性点电压升高后，往往容易将变压器中性点绝缘损坏，因此系统发生接地故障后必须尽快切除小电源 1、2。

（2）提高断路器 QF1 重合闸的可靠性。

当 110kV 线路 B 或 C 相发生瞬时性单相接地故障，断路器 QF1 跳开后，110kV 变电站中性点电压发生偏移，A、C 相电压升高，使 220kV 变电站的 110kV 线路的 A 相线路电压抬高，若此电压高于断路器 QF1 重合闸的检无压定值时，将使断路器的 QF1 检无压重合失败。

当 110kV 线路发生 B、C 相故障，断路器 QF1 跳开后，小电源 1、2 将在 110kV 变电站的 110kV 母线 A 相上产生一个比较高的残压，接近于健全电压，往往会高于断路器 QF1 重合闸的检无压定值，将使断路器 QF1 的检无压重合失败。

为了防止上述情况的发生，非常有必要在 110kV 变电站的 110kV 母线上装设故障解列装置，当 110kV 线路发生瞬时性相间或单相接地故障时，故障解列装置动作跳开小电源断路器 QF4、QF5 并闭锁重合闸，使 220kV 变电站断路器 QF1 检无压重合能可靠动作。

20. 110kV 主变压器 10kV 后备保护动作要闭锁 10kV 母分备自投装置吗？为什么？

答：主变压器 10kV 后备保护动作应闭锁 10kV 母分备自投装置。

原因是 110kV 变电站没有配置 10kV 母线保护，主变压器 10kV 后备保护作为 10kV 母线的远后备保护。110kV 变电站的 10kV 母线一般都是分列运行，如 10kV Ⅰ段母线故障，1 号主变压器的 10kV 后备保护动作跳开本变压器的 10kV 断路器，满足了 10kV 母分备自投装置的动作条件，Ⅰ段母线无压、1 号主变压器 10kV 无流，Ⅱ段母线有压，装置动作再跳一次 1 号主变压器 10kV 断路器，确认断路器跳开后合上 10kV 母分断路器。

由于 10kV 母线为开关室内部设备，发生故障是往往是永久性故障，为避免运行的 2 号主变压器对Ⅰ段母线的故障点再一次进行冲击，造成事故范围扩大。因此，要求主变压器 10kV 后备保护动作应闭锁 10kV 母分备自投装置。

21. 故障解列装置的 TV 二次负载为星形接线时，如图 7-10 所示，装置电压回路的三相负载平衡、阻抗相等。当其保护屏顶的一相空气开关跳开时，试分析各相电压及各线电压的大小，请问是否满足低压解列动作的条件？为什么？

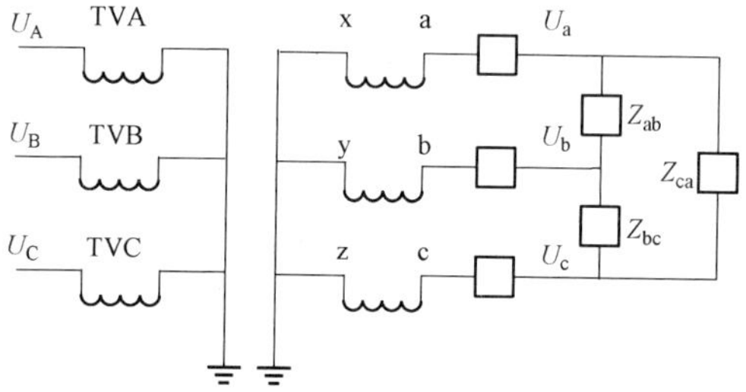

图 7-10

答：如图 7-10 所示，当其保护屏顶的一相空气开关跳开时

$$U_a = 100/\sqrt{3}\,\text{V}；\ U_b = 100/\sqrt{3}\,\text{V}；$$

$$U_{ab} = 100\text{V}；\ U_{bc} = Z_{bc}/(Z_{ac} + Z_{bc})\times U_{ab} = \frac{1}{2}\times 100 = 50(\text{V})；$$

$$U_{ca} = Z_{ac}/(Z_{ac} + Z_{bc})\times U_{ab} = \frac{1}{2}\times 100 = 50(\text{V})；$$

如图 7-11 所示，U_c 点位于 U_{ab} 的中点，所以可求出 U_c 点的电压值

$$U_c=\sqrt{57.2^2 - 50^2} = 28.8(\text{V})$$

按照整定计算规程要求，故障解列装置低电压定值整定为 $65\%U_e$～$70\%U_e$，即任一个线电压低于 65～70V 或相电压低于 37～40V 时开放低电压解列。所以保护屏顶一相空气开关跳开时，满足故障解列装置的低压解列动作条件，但不会出口，因为装置会判断 TV 断线，从而闭锁出口。

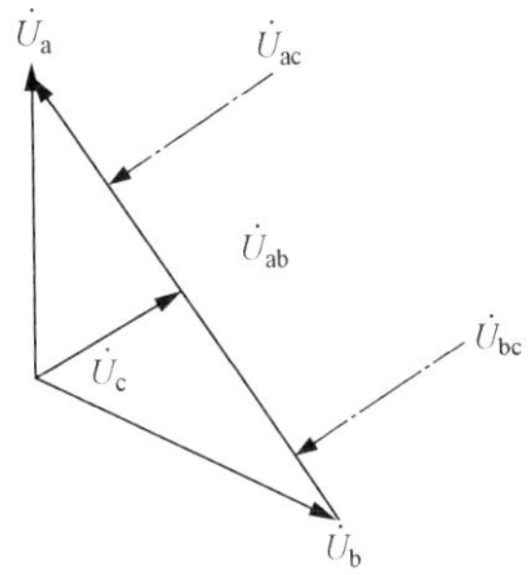

图 7-11

22. 如图 7-12 所示的区域电网，两回线路供一个变电站负荷，两变电站之间通过一回线路联络，联络线一侧断路器热备用，另一侧断路器运行，如何实现两变电站之间的相互备用，请谈谈设想。

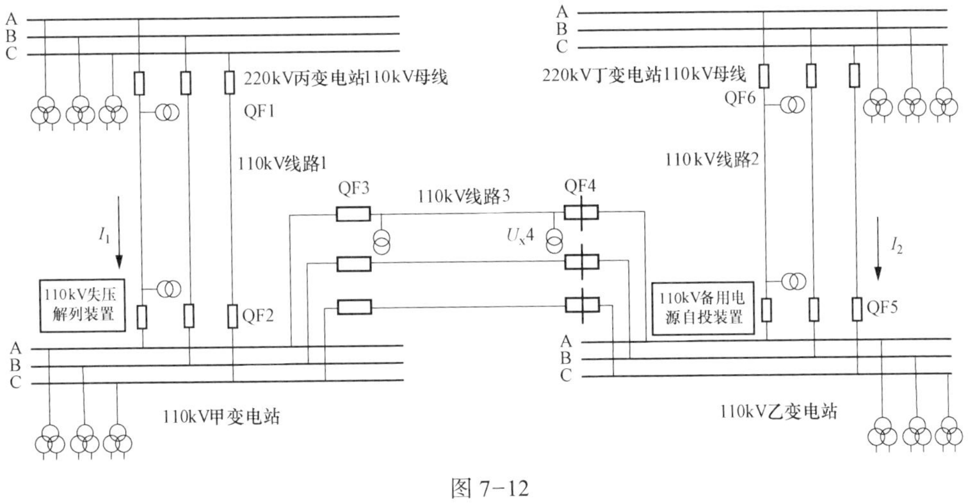

图 7-12

答： 在联络线断路器运行一侧变电站安装失压解列装置，在断路器热备用一侧变电站安装备自投装置。两侧变电站的自动装置通过光缆利用专用通道或复用通道连接，传送两侧变电站的母线电压、线路电流及开关量信息。

断路器热备用侧投入母线自投方式、线路自投方式，断路器运行侧投入失压解列方式。

方式一：母线备投

充电条件：断路器 QF2、QF5 合位，断路器 QF4 热备用，甲变电站 110kV 母线三相有压、乙变电站 110kV 母线三相有压，装置经 15s 完成充电。

动作过程：乙变电站 110kV 母线三相无压，线路 2 电流 I_2 无流，装置启动经 T_1 延时跳断路器 QF5，确认断路器跳开，经 T_3 延时合断路器 QF4。

放电条件：QF4 合上；手跳 QF2 或 QF5（KKJ2 或 KKJ5=0）；其他外部闭锁信号；QF2、QF4 或 QF5 的 TWJ 异常；甲乙变电站 110kV 母线均三相无压，延时 15s 放电。

方式二：线路自投

充电条件：断路器 QF2、QF5 合位，断路器 QF4 热备用，甲变电站 110kV 母线三相有压、乙变电站 110kV 母线三相有压，装置经 15s 完成充电。

动作过程：甲变电站 110kV 母线三相无压，线路 1 电流 I_1 无流，装置启动经 T_2 延时跳 QF2 断路器，确认断路器跳开，经 T_3 延时合 QF4 断路器。

放电条件：QF4 合上；手跳 QF2 或 QF5（KKJ2 或 KKJ5=0）；其他外部闭锁信号；QF2、QF4 或 QF5 的 TWJ 异常；甲、乙变电站 110kV 母线均三相无压，延时 15s 放电。

方式三：失压解列方式

充电条件：断路器 QF2、QF3 合位，甲变电站 110kV 母线三相有压，装置经过 15s 完成充电。

动作过程：甲变电站 110kV 母线三相有压，线路无流，装置经过整定延时动作跳开断路器 QF2。

放电条件：手分断路器 QF2、QF3，或断路器 QF3 分位。

23. 故障解列装置的动作时间应如何整定？

答：故障解列装置的动作时间应能躲过主供电源相连线路发生故障时不误动。

如图 7-13 所示，当 110kV 线路 2 或 3 发生故障时，在故障切除前会引起 220kV 变电站的 110kV 母线电压、110kV 变电站的母线电压同步降低，此时 110kV 变电站的故障解列装置不应动作出口，但由于已经满足故障解列装置的动作条件，只能通过延长动作时间来躲过相连线路的故障。因此，故障解列装置的动作出口时间应比线路保护灵敏度时间多一个级差，并可适当考虑裕度。

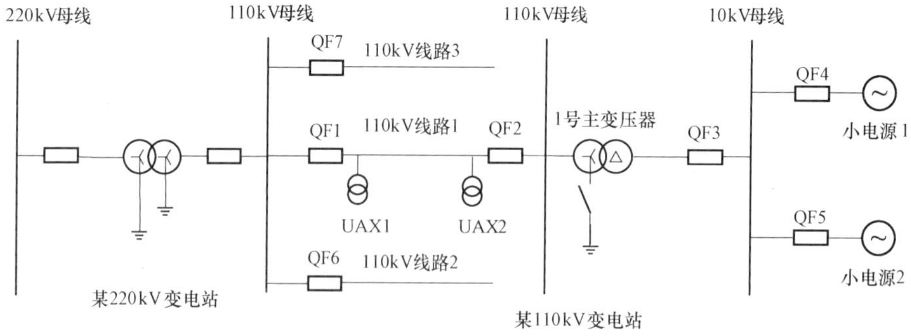

图 7-13

24. 如图 7-14 所示系统，110kV 变电站 A 由 220kV 变电站甲供电，110kV 变电站 B、C 由 220kV 变电站乙供电，110kV 变电站 C 连接有小水电。110kV 变电站 A、B 之间有联络线路 AB，C 相接有单相线路电压互感器，线路 AB 在变电站 A 侧 QF2 热备用投入备自

投装置，B 侧 QF3 运行，投入失压解列装置。

备自投装置具有两种自投方式，分别为母线自投方式、线路自投方式。其中线路自投方式仅判断线路 AB 单相线路电压消失，即合上热备用 QF2；失压解列装置判断本 B 变电站母线三相无压，且线路 BC 在变电站 B 侧的 T 接线无流，动作跳开 QF4，两个功能配合使用。备自投装置线路自投方式的合闸整定延时时间为 6s；失压解列装置动作跳闸整定时间为 5s。

变电站 C 发生 110kV 母线电压互感器至避雷器 C 相引线线夹断裂并接地，变电站 A 备自投装置动作合闸，却导致变电站 B 全站失压，请分析动作过程并解释失压原因。

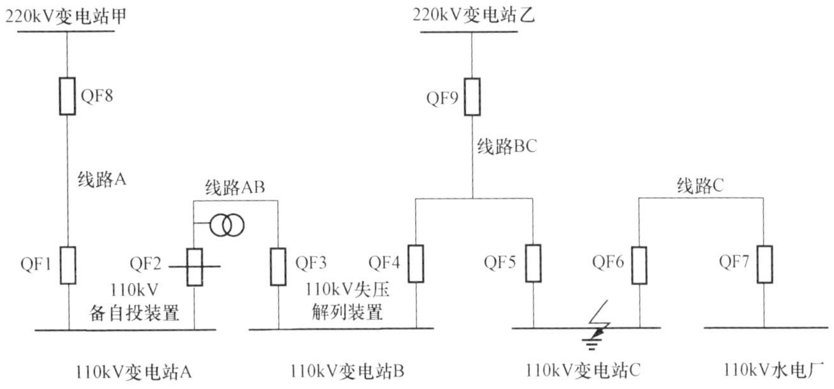

图 7-14

答：变电站 C 发生 110kV 母线电压互感器至避雷器 C 相引线线夹断裂并接地，220kV 变电站乙线路 BC 保护动作跳闸、重合并后加速，QF9 分位；110kV 小水电线路 C 保护动作跳闸、重合闸、后加速保护动作跳闸。

由于变电站 C 的故障位于 QF9、QF7 保护的Ⅱ段保护范围内，从故障发生到后加速跳闸至少需耗时 0.3+1.5+0.2=2.0(s)。随后变电站 B 的 110kV 失压解列装置判断母线三相失压、进线无流，装置启动开始计时，等待 6s 延时出口跳 QF4。由于从故障发生到失压解列装置动作至少需要 2+5=7(s)时间。

由于线路 AB 的 C 相电压互感器失压，变电站 A 的 110kV 备用电源自投装置判断线路失压，装置启动开始计时，经过 6s 合上 QF2。

因此，失压解列装置未动作跳开 QF4，备用电源自投装置已经动作合上 QF2，导致 QF2 合闸于永久性故障，启动 QF2 的合闸加速保护跳开 QF2，引起变电站 B 全站失压。

25. 某变电站接线如图 7-15 所示，35kV 母分断路器热备用，投入母分断路器备自投装置，Ⅰ段接线路 3687、线路 3697（对侧开口热备用）、1 号站用变压器，Ⅱ段接线路 3690、线路 3686、2 号电容器。线路 3687 的负荷为 1.5MVA，折算至二次电流值为 1500/(1.732×35×200)=0.12(A)，该备自投装置的无流整定为 0.13A。

运行过程中发生 35kV Ⅰ段母线高压熔丝三相熔断，35kV 备用电源自投装置动作合上 35kV 母分断路器，请分析动作原因。

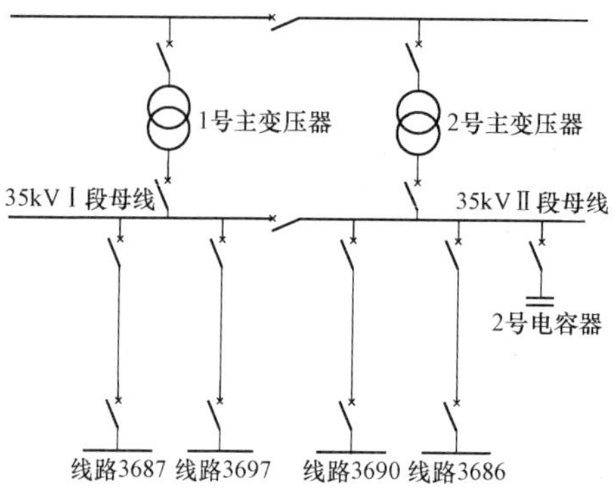

图 7-15

答：35kV 母分备用电源自投装置Ⅰ、Ⅱ母互为热备用。Ⅰ母三相失压、1 号主变压器 35kV 侧无流，Ⅱ母三相有压，装置动作经整定的延时时间跳开 1 号主变压器 35kV 断路器，确认断路器在分位后，经整定延时时间合上 35kV 母分断路器。

由于发生 35kVⅠ段母线高压熔丝三相熔断时，1 号主变压器仅供线路 3687 运行，其负荷较轻，正好在装置的无流门槛值附近，满足了装置的动作条件，即动作合上 35kV 母分断路器。

26. 110kV 内桥接线，采用“九统一”标准化设计备自投装置，进线备自投方式 1 如图 7-16 所示，回答该种备自投方式的两种动作逻辑。

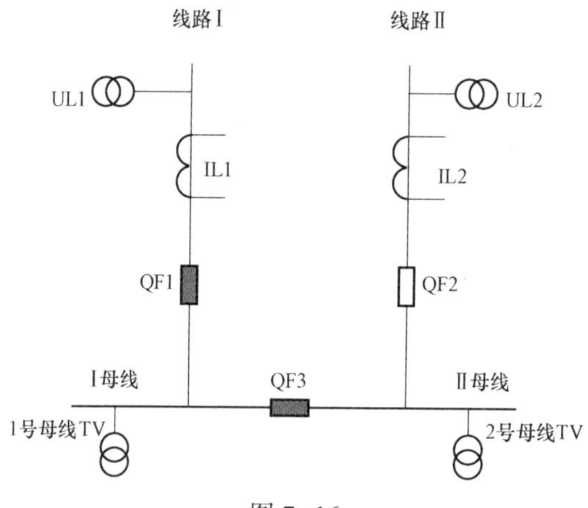

图 7-16

答：动作逻辑 1：两段母线电压均低于无压定值，线路 1 无流，线路 2 有压，延时跳线路 1 断路器（QF1），确认线路 1 断路器（QF1）跳开后，延时合线路 2 断路器（QF2）；动作逻辑 2：分段（内桥）断路器（QF3）偷跳，经跳闸延时补跳分段断路器（QF3），确认分段（内桥）断路器（QF3）跳开后，延时合线路 2 断路器（QF2）。

27. 规范中的条文“备自投装置在母线失压启动跳闸计时后，在延时未到动作定值时，不再满足跳闸的启动条件，则程序的跳闸计时清零。当再次满足备自投启动条件后程序重新

开始计时"，主要针对的是何种情形？

答：电源线路发生永久性故障，线路保护跳闸，备自投装置启动失压跳工作电源的计时，线路重合闸动作后，母线有压，备自投装置跳闸计时清零。线路重合后加速动作跳开工作电源断路器，母线再次失压，备自投装置重新开始计时。

28. 110kV 内桥接线变电站，进线一带两台主变压器并列运行，进线二备用，备自投充电，当 1 号主变压器内部故障时，请根据 Q/GDW 10766—2015《10kV～110（66）kV 线路保护及辅助装置标准化设计规范》按时序试述保护及备自投动作行为，并说明备自投采取此种动作策略的原因，以及由此引起的备自投闭锁回路需要注意的问题。

答：1 号变压器差动保护（本体重瓦斯保护）动作跳开 1 号主变压器各侧断路器；110kV 备自投启动，经跳闸延时补跳桥断路器；确认桥断路器跳开后，延时合进线二断路器。

备自投采取此种动作策略的原因：当 1 号主变压器内部故障时，跳桥断路器才能真正隔离故障，避免备自投动作后合于故障。

主变压器保护动作闭锁备自投回路应独立于其他闭锁开入。

$$Z_{BC-I} = K_{rel}^{I} Z_{BC} = 0.8 \times 20 = 16(\Omega)$$

$$Z_{BD-I} = K_{rel}^{I} Z_{BD} = 0.8 \times 15 = 12(\Omega)$$

$$Z_{AB-II} = K_{rel}^{II}(Z_{AB} + Z_{BC-I}) = 0.8 \times (10 + 16) = 20.8(\Omega)$$

$$Z_{AB-II} = K_{rel}^{II}(Z_{AB} + Z_{BD-I}) = 0.8 \times (10 + 12) = 17.6(\Omega)$$

第八章

二 次 回 路

一、选择题

1. 继电保护要求所用的电流互感器的（　　）变比误差不应大于 10%。　答案：A

A. 稳态　B. 暂态　C. 正常负荷下　D. 最大负荷下

2. 校核母差保护电流互感器的 10%误差曲线时，计算电流倍数最大的情况是元件（　　）。

答案：A

A. 对侧无电源　B. 对侧有电源　C. 都一样　D. 都不对

3. 电流互感器的不完全星形接线，在运行中（　　）。　答案：A

A. 不能反应所有的接地

B. 对相间故障反应不灵敏

C. 对反应单相接地故障灵敏

D. 能够反应所有的故障

4. 某变电站电压互感器的开口三角形侧 B 相接反，则正常运行时，如一次侧运行电压为 110kV，开口三角形的输出为（　　）。　答案：C

A. 0V　B. 100V　C. 200V　D. 220V

5. 如 10kV 电压互感器的开口三角形侧 B 相接反，正常运行时开口三角电压为（　　）。

答案：D

A. 100V　B. 33.3V　C. 200V　D. 66.6V

6. 二次电缆相阻抗为 Z_L，继电器阻抗忽略，为减小电流互感器二次负载，它的二次绕组应接成星形。因为在发生相间故障时，TA 二次绕组接成三角形是接成星形负载的（　　）倍。

答案：C

A. 2　B. 1/2　C. 3　D. $\sqrt{3}$

7. YNynd 接线的三相五柱式电压互感器用于中性点非直接接地电网中，其变比为（　　）。

答案：A

A. $\frac{U_N}{\sqrt{3}}\Big/\frac{100}{\sqrt{3}}\Big/\frac{100}{3}$V

B. $\frac{U_N}{\sqrt{3}}\Big/\frac{100}{\sqrt{3}}\Big/100$V

C. $\frac{U_N}{\sqrt{3}}\Big/100\Big/\frac{100}{3}$V　　D. $\frac{U_N}{\sqrt{3}}\Big/100\Big/100$V

8. 在一台 Yd1 接线的变压器低压侧发生 AB 相两相短路，星形侧某相电流为其他两相短路电流的两倍，该相为（　　）。 答案：A

A. A 相　　B. B 相　　C. C 相

9. 电流互感器本身造成的测量误差是由于有励磁电流存在，其角度误差是励磁支路呈现为（　　）使电流有不同相位，造成角度误差。 答案：C

A. 电阻性　　B. 电容性　　C. 电感性　　D. 以上都可能

10. 下列对 DKB（电抗变换器）和 TA（电流互感器）的表述，（　　）是正确的。 答案：B

A. DKB 励磁电流大，二次负载大，为开路状态；TA 励磁电流大，二次负载大，为开路状态

B. DKB 励磁电流大，二次负载大，为开路状态；TA 励磁电流小，二次负载小，为短路状态

C. DKB 励磁电流小，二次负载小，为短路状态；TA 励磁电流大，二次负载大，为开路状态

D. DKB 励磁电流小，二次负载小，为短路状态；TA 励磁电流大，二次负载大，为短路状态

11. 装于同一相且变比相同、容量相同的电流互感器，在二次绕组串联使用时（　　）。 答案：C

A. 容量和变比都增加一倍　　B. 变比增加一倍容量不变

C. 变比不变容量增加一倍　　D. 容量增加一倍变比不变

12. 按躲负荷电流整定的线路过流保护，在正常负荷电流下，由于电流互感器的极性接反可能误动的接线方式为（　　）。 答案：C

A. 三相三继电器式完全星形接线　　B. 两相两继电器式不完全星形接线

C. 两相三继电器式不完全星形接线　　D. 以上均可能

13. 以下说法正确的是（　　）。 答案：B

A. 电流互感器和电压互感器二次均可以开路

B. 电流互感器二次可以短路但不得开路，电压互感器二次可以开路但不得短路

C. 电流互感器和电压互感器二次均不可以短路

D. 电流互感器和电压互感器二次均可以短路

14. 电抗变压器是（　　）。 答案：C

A. 把输入电流转换成输出电流的中间转换装置
B. 把输入电压转换成输出电压的中间转换装置
C. 把输入电流转换成输出电压的中间转换装置
D. 把输入电压转换成输出电流的中间转换装置

15. 暂态型电流互感器分为（　　）。 答案：C
A. A、B、C、D　B. 0.5、1.0、1.5、2.0
C. TPS、TPX、TPY、TPZ　D. 以上均不对

16. 电流互感器二次回路接地点的正确设置方式是（　　）。 答案：D
A. 每只电流互感器二次回路必须有一个单独的接地点
B. 所有电流互感器二次回路接地点均设置在电流互感器端子箱内
C. 每只电流互感器二次回路可以有多个接地点
D. 电流互感器或电压互感器的二次回路，均必须有且只能有一个接地点。当两个及以上电流（电压）互感器二次回路间有直接电气联系时，其二次回路接地点设置应符合以下要求：①便于运行中的检修维护；②互感器或保护设备的故障、异常、停运、检修、更换等均不得造成运行中的互感器二次回路失去接地

17. 如果将 TV 的 $3U_0$ 回路短接，则在系统发生单相接地故障时，（　　）。 答案：A
A. 会对 TV 二次的三个相电压都产生影响，其中故障相电压将高于实际的故障相电压
B. 不会对 TV 二次的相电压产生影响
C. 只会对 TV 二次的故障相电压产生影响，使其高于实际的故障相电压
D. 只会对 TV 二次的故障相电压产生影响，使其低于实际的故障相电压
E. 无任何影响

18. 电流互感器装有小瓷套的一次端子应放在（　　）侧。 答案：A
A. 母线　B. 线路　C. 任意　D. 变压器

19. 当电流互感器二次绕组采用同相两只同型号的电流互感器并联接线时，所允许的二次负载与采用一只电流互感器相比（　　）。 答案：B
A. 增大一倍　B. 减小 50%　C. 无变化　D. 以上均不对

20. 在中性点不接地系统中，电压互感器的变比为 $10.5\text{kV}/\sqrt{3}/100\text{V}/\sqrt{3}/100\text{V}/3$，互感器一次端子发生单相金属性接地故障时，第三绕组（开口三角）的电压为（　　）。 答案：A
A. 100V　B. $100\text{V}/\sqrt{3}$　C. 300V　D. $100\sqrt{3}$ V

21. 为使相量分析简便，电流互感器一、二次电流相量的正向定义应取（　　）标注。 答案：B
A. 加极性　B. 减极性　C. 均可　D. 均不可

22. 在继电保护中，通常用电抗变压器或中间小 TA 将电流转换成与之成正比的电压信号。两者的特点是（ ）。 答案：A

A. 电抗变压器具有隔直（即滤去直流）作用，对高次谐波有放大作用，小 TA 则不然
B. 小 TA 具有隔直作用，对高次谐波有放大作用，电抗变压器则不然
C. 小 TA 没有隔直作用，对高次谐波有放大作用，电抗变压器则不然
D. 以上均不对

23. 电流互感器是（ ）。 答案：A

A. 电流源，等效至二次侧内阻视为无穷大
B. 电压源，等效至二次侧内阻视为零
C. 电流源，等效至二次侧内阻视为零
D. 电压源，等效至二次侧内阻视为无穷大

24. 二次回路绝缘电阻测定，一般情况下用（ ）绝缘电阻表进行。 答案：B

A. 500V　B. 1000V　C. 2000V　D. 2500V

25. 在电压回路负荷最大时，保护和自动装置的电压降不得超过其额定电压的（ ）。 答案：B

A. 2%　B. 3%　C. 5%　D. 10%

26. 双母线系统的两组电压互感器二次回路采用自动切换的接线，切换继电器的接点（ ）。 答案：C

A. 应采用同步接通与断开的接点　B. 应采用先断开、后接通的接点
C. 应采用先接通、后断开的接点　D. 对接点的断开顺序不做要求

27. 在保护和测量仪表中，电流回路的导线截面积不应小于（ ）。 答案：C

A. $1.0mm^2$　B. $1.5mm^2$　C. $2.5mm^2$　D. $4.0mm^2$

28. 承受工频耐压试验 1000V 的回路有（ ）。 答案：C

A. 交流电压回路对地　B. 110V 或 220V 直流回路对地
C. 110V 或 220V 直流回路各对触点对地　D. 交流电流回路对地

29. 高压开关控制回路中防跳继电器的动作电流应小于开关跳闸电流的（ ），绕组压降应小于 10%额定电压。 答案：A

A. 1/2　B. 1/3　C. 1/5　D. 1/10

30. 断路器在跳合闸时，跳合闸线圈要有足够的电压才能够保证可靠跳合闸，因此，跳合闸线圈的电压降均不小于电源电压的（ ）才为合格。 答案：C

A. 70%　　B. 80%　　C. 90%　　D. 95%

31. 监视 220V 直流回路绝缘状态所用直流电压表计的内阻不小于（　　）。　答案：C

A. 10kΩ　　B. 15kΩ　　C. 20kΩ　　D. 30kΩ

32. 在操作箱中，关于断路器位置继电器线圈，正确的接法是（　　）。　答案：B

A. TWJ 在跳闸回路中，HWJ 在合闸回路中

B. TWJ 在合闸回路中，HWJ 在跳闸回路中

C. TWJ、HWJ 均在跳闸回路中

D. TWJ、HWJ 均在合闸回路中

33. 二次回路铜芯控制电缆按机械强度要求，连接强电端子的芯线最小截面积为（　　）。

答案：A

A. $1.5mm^2$　　B. $2.5mm^2$　　C. $0.5mm^2$　　D. $4mm^2$

34. 发电厂和变电站应采用铜芯控制电缆和导线，弱电控制回路的截面积不应小于（　　）。

答案：C

A. $1.5mm^2$　　B. $2.5mm^2$　　C. $0.5mm^2$　　D. $4mm^2$

35. 电流启动的防跳继电器，其电流线圈额定电流的选择应与断路器跳闸线圈的额定电流相配合，并保证动作的灵敏系数不小于（　　）。　答案：C

A. 1.5　　B. 1.8　　C. 2.0　　D. 3.0

36. 为防止外部回路短路造成电压互感器损坏，（　　）应装有熔断器或自动开关。答案：B

A. 电压互感器开口三角的 L 端　　B. 电压互感器开口三角的试验线引出端

C. 电压互感器开口三角的 N 端　　D. 以上均不对

37. 芯线截面积为 $4mm^2$ 的控制电缆，其电缆芯数不宜超过（　　）芯。　答案：A

A. 10　　B. 14　　C. 6　　D. 4

38. 在运行的 TA 二次回路工作时，为了人身安全，应（　　）。　答案：C

A. 使用绝缘工具，戴手套

B. 使用绝缘工具，并站在绝缘垫上

C. 使用绝缘工具，站在绝缘垫上，必须有专人监护

D. 随意站立

39. 某 110kV 系统最大短路电流为 20kA，线路最大负荷为 800A，为保证保护正确动作的最佳 TA 为（　　）。　答案：B

A. 600/5，10P20　　B. 1000/5，10P20　　C.500/1，10P40　　D.1000/1，10P10

40. 由三只电流互感器组成的零序电流接线，在负荷电流对称的情况下，有一组互感器二次侧断线，流过零序电流继电器的电流是负荷电流的（　　）倍。　　答案：C

A. 3　　B. $\sqrt{3}$　　C. 1　　D. $1/\sqrt{3}$

41. TA 回路接入保护时，N 线断线，发生单相接地故障时，保护电流采样（　　）。答案：B

A. 自产零序、外接零序采样均正常，无影响

B. 自产零序、外接零序采样均无零序电流

C. 自产零序正常，外接零序无采样

D. 自产零序无采样，外接零序采样正常

42. 当直流母线电压为 85%额定电压时，加于跳、合闸位置继电器的电压不应小于其额定电压的（　　）。　　答案：C

A. 0.5　　B. 0.6　　C. 0.7　　D. 0.8

43. 保护用电抗变压器要求二次负载阻抗（　　）。　　答案：A

A. 大　　B. 小　　C. 无所谓　　D. 以上均不对

44. 对负序电压元件进行试验时，采用单相电压做试验电源，短接 BC 相电压输入端子，在 A 相与 BC 相电压端子间通入 12V 电压，相当于对该元件通入（　　）的负序电压。

答案：A

A. 4V/相　　B. $4\sqrt{3}$ V/相　　C. $2\sqrt{3}$ V/相　　D. $\sqrt{3}$ V/相

45. 如果运行中的电流互感器二次开路，互感器就成为一个带铁芯的电抗器。一次绕组中的电压降等于铁芯磁通在该绕组中引起的电动势，铁芯磁通由一次电流所决定，因而一次压降会增大。根据铁芯上绕组各匝感应电动势相等的原理，二次绕组（　　）。答案：B

A. 产生很高的工频高压　　B. 产生很高的尖顶波高压

C. 不会产生工频高压　　D. 不会产生尖顶波高压

46. 直流电源监视继电器应装设在该回路配线的（　　）。　　答案：C

A. 前端（靠近熔丝）　　B. 中间

C. 尾端　　D. 任意位置

47. 二次回路的工作电压不应超过（　　）。　　答案：C

A. 220V　　B. 380V　　C. 500V　　D. 1000V

48. 保护装置绝缘测试过程中，任一被试回路施加试验电压时，（　　）等电位互连接地。

答案：C

A. 被试回路　B. 直流回路　C. 其余回路　D. 交流回路

49. 一般规定在电容式电压互感器安装处发生短路故障一次电压降为零时，二次电压要求（　　）内下降到10%以下。 答案：B

A. 10ms　B. 20ms　C. 30ms　D. 50ms

50. 电流互感器及电压互感器的一、二次绕组都设置了屏蔽以降低绕组间的（　　）。 答案：C

A. 杂散耦合　B. 传导耦合　C. 电容耦合　D. 间接耦合

51. 电流互感器在铁芯中引入大气隙后，可以（　　）电流互感器到达饱和的时间。 答案：C

A. 瞬时到达　B. 缩短　C. 延长　D. 不影响

52. 关于电压互感器和电流互感器二次接地，正确的说法是（　　）。 答案：D

A. 电压互感器二次接地属保护接地，电流互感器属工作接地

B. 电压互感器二次接地属工作接地，电流互感器属保护接地

C. 均属工作接地

D. 均属保护接地

说明：保护接地是防止一、二次绝缘损坏击穿，高电压窜到二次侧，对人身和设备造成危害。工作接地是指互感器工作原理的需要，保证正确传变。

53. 微机保护的整组试验是指（　　）。 答案：B

A. 用专用的模拟试验装置进行试验

B. 由端子排通入与故障情况相符的电流、电压模拟量进行试验

C. 用卡接点和通入电流、电压模拟量进行试验

D. 以上均不对

54. 整组试验允许用（　　）的方法进行。 答案：C

A. 保护试验按钮、试验插件或启动微机保护

B. 短接接点、手按继电器等

C. 从端子排上通入电流、电压模拟各种故障，保护处于投入运行完全相同的状态

D. 以上均不对

55. 在电流互感器二次回路进行短路接线时，应用短路片或导线连接，运行中的电流互感器短路后，仍应有可靠的接地点，对短路后失去接地点的接线应有临时接地线，（　　）。 答案：A

A. 但在一个回路中禁止有两个接地点　B. 且可以有两个接地点

C. 可以没有接地点　D. 以上均不对

56. 按《继电保护及电网安全自动装置检验条例》，对于超高压的电网保护，直接作用于断路器跳闸的中间继电器，其动作时间应小于（ ）。 答案：A

A. 10ms B. 15ms C. 5ms D. 20ms

57. 继电保护设备、控制屏端子排上所接导线的截面积不宜超过（ ）。 答案：C

A. $4mm^2$ B. $8mm^2$ C. $6mm^2$ D. $1.5mm^2$

58. 来自电压互感器二次侧的四根开关场引入线（U_A、U_B、U_C、U_N）和电压互感器三次侧的两根开关场引入线（开口三角侧的 U_L、U_N）中的两个零相电缆线 U_N 应按方式（ ）接至保护屏。 答案：B

A. 在开关场并接在一起，合成一根后引至控制室，并在控制室接地后

B. 必须分别引至控制室，并在控制室一点接地后

C. 三次侧的 U_N 在开关场就地接地，仅将二次侧的 U_N 引至控制室，并在控制室接地后

D. 以上均不对

59. 经控制室 N600 连通的几组电压互感器二次回路，应在控制室将 N600 接地，其中用于取得同期电压的线路电压抽取装置的二次（ ）在开关场另行接地。 答案：C

A. 应 B. 宜 C. 不得 D. 可以

60. 在直流回路中，为了降低中间继电器在线圈断电时对直流回路产生过电压的影响，可在中间继电器线圈两端（ ）。 答案：B

A. 并联一只反向二极管 B. 并联一只反向二极管串电阻

C. 并联一只容量适当的电容器 D. 以上均不对

61. 为防止启动中间继电器的触点返回（断开）时，中间继电器线圈所产生的反电动势，中间继电器线圈两端并联“二极管串电阻”。当直流电源电压为 110～220V 时，其中电阻值应选取为（ ）。 答案：C

A. 10～30Ω B. 1000～2000Ω C. 250～300Ω D. 150～200Ω

62. 保护动作至发出跳闸脉冲 40ms，断路器跳开时间 60ms，重合闸时间继电器整定 0.8s，开关合闸时间 100ms，从事故发生至故障相恢复电压的时间为（ ）。 答案：B

A. 0.94s B. 1.0s C. 0.96s D. 1.06s

63. 电压互感器二次侧一相电压为零，另两相不变，线电压两个降低，另一个不变，说明（ ）。 答案：B

A. 二次侧两相熔断器断 B. 二次侧一相熔断器断

C. 一次侧一相熔断器断 D. 一次侧两相熔断器断

64. 电流保护采用不完全星形接线方式，当遇有 Yd11 接线变压器时，可在保护 TA 的公共线上再接一个继电器，其作用是为了提高保护的（　　）。 答案：C

A. 选择性　B. 速动性　C. 灵敏性　D. 可靠性

65. 在同一小接地电流系统中，所有出线均装设两相不完全星形接线的电流保护，但电流互感器不装在同名两相上，这样在发生不同线路两点接地短路时，两回线路保护均不动作的几率为（　　）。 答案：B

A. 1/3　B. 1/6　C. 1/2　D. 1/4

66. 在 20kV 中性点经小电阻接地的系统中，母线电压互感器变比为（　　）。 答案：A

A. $\frac{U_N}{\sqrt{3}}\Big/\frac{100}{\sqrt{3}}\Big/100\text{V}$　B. $\frac{U_N}{\sqrt{3}}\Big/\frac{100}{\sqrt{3}}\Big/\frac{100}{\sqrt{3}}\text{V}$

C. $\frac{U_N}{\sqrt{3}}\Big/\frac{100}{\sqrt{3}}\Big/\frac{100}{3}\text{V}$　D. $\frac{U_N}{100}\Big/\frac{100}{3}\text{V}$

67. 电力系统的中性点直接接到接地装置上，这种接地叫作（　　）。 答案：D

A. 保护接地　B. 安全接地　C. 防雷接地　D. 工作接地

68. 电力系统运行时的电流互感器，同样大小电阻负载采用（　　）接线方式时 TA 的负载较大。 答案：B

A. 三角形　B. 星形　C. 一样　D. 不确定

69. 电力系统运行时的电压互感器，同样大小电阻负载采用（　　）接线方式时 TV 的负载较大。 答案：A

A. 三角形　B. 星形　C. 一样　D. 不确定

70. 电压互感器的负载电阻越大，则电压互感器的负载（　　）。 答案：B

A. 越大　B. 越小　C. 不变　D. 不定

71. 容量为 30VA 的 10P20 电流互感器，二次额定电流为 5A，当二次负载小于 1.2Ω 时，允许的最大短路电流倍数为（　　）。 答案：D

A. 小于 10 倍　B. 小于 20 倍　C. 等于 20 倍　D. 大于 20 倍

72. 一台二次额定电流为 5A 的电流互感器，其额定容量是 30VA，二次负载阻抗不超过（　　）才能保证准确等级。 答案：A

A. 1.2Ω　B. 1.5Ω　C.2Ω　D. 6Ω

73. YNd11 变压器，三角形侧 ab 两相短路，星形侧装设两相（AC 相）三继电器过流保护，

设 $\boldsymbol{Z}_L$ 和 $\boldsymbol{Z}_k$ 为二次电缆（包括 TA 二次漏阻抗）和过流继电器的阻抗，则电流互感器二次负载阻抗为（　　）。 答案：C

A. Z_L+Z_k　　B. $2(Z_L+Z_k)$　　C. $3(Z_L+Z_k)$　　D. $3/2(Z_L+Z_k)$

74. 加入三相对称正序电流检查某一负序电流保护的动作电流时，分别用断开一相电流、两相电流、交换两相电流的输入端子方法进行校验，得到的动作值之比是（　　）。答案：A

A. 1：1：1/3　　B. 1：1/2：1/3　　C. 1/3：1/2：1　　D. 1：1：3

75. 一次主接线方式为（　　）时，母线电流差动保护无需电压闭锁元件。 答案：C

A. 双母单分段接线　　B. 单母线分段接线

C. 3/2 接线　　D. 双母双分段接线

76. 需要加电压闭锁的母差保护，所加电压闭锁环节应加在（　　）。 答案：A

A. 母差各出口回路　　B. 母联出口

C. 母差总出口　　D. 启动回路

77. 失灵保护的线路断路器启动回路由（　　）组成。 答案：A

A. 保护动作出口接点和断路器失灵判别元件（电流元件）构成“与”回路

B. 保护动作出口接点和断路器失灵判别元件（电流元件）构成“或”回路

C. 母线差动保护（1 母或 2 母）出口继电器动作接点和断路器失灵判别元件（电流元件）构成“与”回路

D. 母线差动保护（1 母或 2 母）出口继电器动作接点和断路器失灵判别元件（电流元件）构成“或”回路

78. 以下（　　）三跳启母线失灵，不采用操作箱内 TJR 接点。 答案：D

A. 独立的母联充电过流装置　　B. 3/2 接线

C. 线路支路有高抗等　　D. 双母线接线变压器

79. 如果保护设备与通信设备间采用电缆连接，应使用层间相互绝缘的双屏蔽电缆，正确的做法是（　　）。 答案：A

A. 电缆的外屏蔽层在两端分别连接于继电保护安全接地网，内屏蔽层应单端接于继电保护安全接地网

B. 电缆的内屏蔽层在两端分别连接于继电保护安全接地网，外屏蔽层应单端接于继电保护安全接地网

C. 电缆的内屏蔽层在两端分别连接于继电保护安全接地网，外屏蔽层两端悬浮

D. 电缆的外屏蔽层在两端分别连接于继电保护安全接地网，内屏蔽层两端悬浮

80. 保护屏上的专用接地铜排的截面积不得小于（　　）mm^2。 答案：A

A. 100　B. 70　C. 25　D. 50

81. 双母线接线系统中，采用隔离开关辅助接点启动继电器实现电压自动切换的作用是（　　）。 答案：D

A. 避免两组母线 TV 二次侧误并列

B. 防止 TV 二次侧向一次系统反充电

C. 避免电压二次回路短时停电

D. 减少运行人员手动切换电压的工作量，并使保护装置的二次电压回路随主接线一起进行切换，避免电压回路一、二次不对应造成保护误动或拒动

82. 电力系统短路故障，由于一次电流过大，电流互感器发生饱和，从故障发生到出现电流互感器饱和，称 TA 饱和时间 t_{sat}，下列说法正确的是（　　）。 答案：B

A. 减少 TA 二次负载阻抗使 t_{sat} 减小　B. 减少 TA 二次负载阻抗使 t_{sat} 增大

C. t_{sat} 与短路故障前的电压相角无关　D. t_{sat} 与 TA 二次负载阻抗无关

83. 电流互感器的完全星形接线，在运行中（　　）。 答案：D

A. 不能反应所有的接地　B. 对相间故障反应不灵敏

C. 对反应单相接地故障灵敏　D. 能够反应所有的故障

84. 对于反映电流值动作的串联信号继电器，其压降不得超过工作电压的（　　）。 答案：B

A. 5%　B. 10%　C. 15%　D. 20%

85. 在电流互感器二次回路的接地线上（　　）安装有开断可能的设备。 答案：A

A. 不应　B. 应　C. 必要时可以　D. 以上均不对

86. 所谓继电器常开接点是指（　　）。 答案：C

A. 正常时接点断开　B. 继电器线圈带电时接点断开

C. 继电器线圈不带电时接点断开　D. 短路时接点断开

87. 检查微机型保护回路及整定值的正确性，（　　）。 答案：C

A. 可采用打印定值和键盘传动相结合的方法

B. 可采用检查 VFC 模数变换系统和键盘传动相结合的方法

C. 只能用由电流电压端子通入与故障情况相符的模拟量，保护装置处于与投入运行完全相同状态的整组试验方法

D. 以上均不对

88. 在正常负荷电流下，关于流入电流保护测量元件的电流，以下描述正确的是（　　）。 答案：B

A. 电流互感器接成星形时为 $\sqrt{3}I_{\phi}$　　B. 电流互感器接成三角形接线时为 $\sqrt{3}I_{\phi}$

C. 电流互感器接成两相差接时为 0　　D. 电流互感器接成星形时为 0

89. 在保护检验工作完毕后、投入出口压板之前，通常用万用表测量跳闸压板电位，当开关在合闸位置时，正确的状态应该是（　　）（直流系统为 220V）。 答案：C

A. 压板下口对地为+110V 左右，上口对地为−110V 左右

B. 压板下口对地为+110V 左右，上口对地为 0V 左右

C. 压板下口对地为 0V，上口对地为−110V 左右

D. 压板下口对地为+220V 左右，上口对地为 0V

90. 某 220kV 线路断路器处于冷备用状态，运行人员对部分相关保护装置的跳闸压板进行检查，如果站内直流系统及保护装置均正常，则（　　）（直流系统为 220V）。 答案：A

A. 母差保护对应该线路的跳闸压板上口对地为−110V 左右

B. 母差保护对应该线路的跳闸压板上口对地为 0V 左右

C. 母差保护对应该线路的跳闸压板上口对地为+110V 左右

D. 母差保护对应该线路的跳闸压板下口对地为−110V 左右

91. 以下说法不正确的是（　　）。 答案：ACD

A. 电流互感器和电压互感器二次均可以开路

B. 电流互感器二次可以短路但不得开路，电压互感器二次可以开路但不得短路

C. 电流互感器和电压互感器二次均不可以短路

D. 电流互感器二次可以开路但不得短路，电压互感器二次可以短路但不得开路

92. 以下（　　）为 RCS−931 型保护装置交流二次电流断线的判据。 答案：ABC

A. 自产零序电流小于 0.75 倍的外接零序电流，延时 200ms 发 TA 断线异常信号

B. 外接零序电流小于 0.75 倍的自产零序电流，延时 200ms 发 TA 断线异常信号

C. 有自产零序电流而无零序电压，则延时 10s 发 TA 断线异常信号

D. 有自产零序电流而有零序电压，则延时 10s 发 TA 断线异常信号

93. 以下（　　）不属于微机保护装置判断控制回路断线的判据。 答案：ABD

A. TWJ 不动作，经 500ms 延时报控制回路断线

B. HWJ 不动作，经 500ms 延时报控制回路断线

C. TWJ 和 HWJ 均不动作，经 500ms 延时报控制回路断线

D. TWJ 和 HWJ 均动作，经 500ms 延时报控制回路断线

94. 发生直流两点接地时，以下可能的后果是（　　）。 答案：ABCD

A. 可能造成断路器误跳闸　　B. 可能造成熔丝熔断

C. 可能造成断路器拒动　　D. 可能造成保护装置拒动

95. 以下属于直流系统接地危害的是（　　）。 答案：ABCD

A. 直流系统两点接地有可能造成保护装置及二次回路误动

B. 直流系统两点接地有可能使得保护装置及二次回路在系统发生故障时拒动

C. 直流系统正、负极间短路有可能使得直流熔断器熔断

D. 直流系统一点接地时，如交流系统也发生接地故障，则可能对保护装置形成干扰，严重时会导致保护装置误动

96. 某双母线接线形式的变电站，每一母线上配有一组电压互感器，母联断路器在合入状态，该站某出线出口发生接地故障后，查阅录波图发现无故障时两组 TV 对应相的二次电压相等，故障时两组 TV 对应相的二次电压很大不同，以下可能的原因是（　　）。

答案：AB

A. TV 二次存在两个接地点　　B. TV 三次回路被短接

C. TV 损坏　　D. TV 二、三次中性线未分开接地

二、判断题

1. 断路器的"跳跃"现象一般是在跳闸、合闸回路同时接通时才发生，"防跳"回路设置是将断路器闭锁到跳闸位置。（　　）

答案：√

2. 国产操作箱中跳跃闭锁继电器 TBJ 的电流启动线圈的额定电流，应根据合闸线圈的动作电流来选择，并要求其灵敏度高于合闸线圈的灵敏度。（　　）

答案：×

3. 开关液压机构在压力下降过程中，依次发压力降低闭锁重合闸、压力降低闭锁合闸、压力降低闭锁跳闸信号。（　　）

答案：√

4. 电压互感器二次输出回路 A、B、C 相和 N 线均应装设熔断器或自动小开关。（　　）

答案：×

5. 安装在电缆上的零序电流互感器，电缆的屏蔽引线应穿过零序电流互感器接地。（　　）

答案：√

6. 在电压互感器二次回路中，均应装设熔断器或自动开关。（　　）

答案：×

7. 接线系数是继电保护整定计算中的重要参数，对各种电流保护测量元件动作值的计算都要考虑接线系数，它是通过继电器的电流与电流互感器的二次电流之比。（　　）

答案：√

8. 二次回路标号一般采用数字或数字和文字的组合，表明了回路的性质和用途。（　　）

答案：√

9. 二次回路标号的基本原则是：凡是各设备间要用控制电缆经端子排进行联系的，都要按回路原则进行标号。（　　）

答案：√

10. 开关防跳回路如果出现问题，有可能会引起系统稳定破坏事故。(　　)

答案：√

11. 继电保护装置的跳闸出口接点，必须在开关确实跳开后才能返回，否则该接点会由于断弧而烧毁。(　　)

答案：×

12. 断路器防跳回路的作用是防止断路器在无故障的情况下误跳闸。(　　)

答案：×

13. 当保护装置出现异常，经调度允许将该保护装置退出运行时，必须将该保护装置的跳闸压板和启动失灵压板同时退出。(　　)

答案：√

14. 操作箱面板的跳闸信号灯应在保护动作跳闸时点亮，在手动跳闸时不亮。(　　)

答案：√

15. 对于含有重合闸功能的线路保护，当发生相间故障或永久性故障时，可只发三个分相跳闸命令，三相跳闸回路不宜引接。(　　)

答案：√

16. 定期检查时可用绝缘电阻表检验金属氧化物避雷器的工作状态是否正常。一般当用1000V绝缘电阻表时，金属氧化物避雷器不应击穿；而用2500V绝缘电阻表时，则应可靠击穿。(　　)

答案：√

17. 二次回路中电缆芯线和导线截面的选择原则是：只需满足电气性能的要求；在电压和操作回路中，应按允许的压降选择电缆芯线或电缆芯线的截面。(　　)

答案：×

18. 在电压互感器二次回路通电试验时，为防止由二次侧向一次侧反充电，将二次回路断开即可。(　　)

答案：×

19. 双母线系统中电压切换的作用是为了保证二次电压与一次电压的对应。(　　)

答案：√

20. 为满足保护装置灵敏性要求，必须同时满足灵敏度和动作时限相互配合的要求，即要满足双配合。(　　)

答案：×

21. 对于在接线图中不经过端子而在屏内直接连接的回路，可不进行二次回路标号。(　　)

答案：√

22. 为防止寄生回路，电源回路在屏内配线应首尾成环。(　　)

答案：√

23. 防跳继电器的保持接点应串在正电源与电流线圈之间。(　　)

答案：√

24. 电流互感器二次接成三角形比接成完全星形的负载能力强。(　　)

答案：×

25. 电流互感器一次侧串联时变比比一次侧并联时大一倍（二次分接头相同）。（　　）

答案：×

26. 电流互感器变比越小，其励磁阻抗越大，运行的二次负载越小。（　　）

答案：×

27. 电流互感器二次绕组采用不完全星形接线时接线系数为 1。（　　）

答案：√

28. 在高压端与地短路的情况下，电容式电压互感器二次电压峰值应在额定频率的 2 个周波内衰减到低于短路前电压峰值的 10%，称之为电容式电压互感器的“暂态响应”。（　　）

答案：×

29. 电流互感器饱和后线性变差，在一次故障电流波形过零点时，饱和电流互感器不能线性传递一次电流。（　　）

答案：×

30. 电磁型电流互感器电气性能的主要缺点是大电流时容易饱和、暂态特性差。（　　）

答案：√

31. 电容式电压互感器稳态工作特性与电磁式电压互感器基本相同，但暂态特性差，有铁磁谐振问题。（　　）

答案：×

32. 电抗互感器二次电压滞后一次电流 90°，其大小与一次电流成正比。（　　）

答案：×

33. 断路器位置不对应时应发出事故报警信号。（　　）

答案：√

34. 同型号、同变比的电流互感器，二次绕组接成三角形比接成星形所允许的二次负荷要小。（　　）

答案：√

35. 设 K 为电流互感器的变化，无论电流互感器是否饱和，其一次电流 I_1 与二次电流 I_2 始终保持 $I_2=I_1/K$ 的关系。（　　）

答案：×

36. 电流互感器因二次负载大，误差超过 10%时，可将两组同级别、同型号、同变比的电流互感器二次串联，以降低电流互感器的负载。（　　）

答案：√

37. P 级电流互感器的暂态特性欠佳，在外部短路时会产生较大的差流。为此，特性呈分段式的比率制动式差动继电器抬高了制动系数的取值。同理，继电器的最小动作电流定值也该相应抬高。（　　）

答案：×

38. 电流互感器的一次电流与二次侧负载无关，而变压器的一次电流随着二次侧的负载变化而变化。（　　）

答案：√

39. 电流互感器容量大表示其二次负载阻抗允许值大。( )

答案：√

40. P 级电流互感器 10%误差是指额定负载情况下的最大允许误差。( )

答案：×

41. 在电压互感器开口三角绕组输出端不应装熔断器，而应装设自动开关，以便开关跳开时发信号。( )

答案：×

42. 电流互感器内阻很大，为电流源，严禁其二次开路。( )

答案：√

43. 10kV 保护做传动试验时，有时出现烧毁继电器触点的现象，这是由于继电器触点断弧容量小造成的。( )

答案：×

44. 微机保护电压互感器二次回路开关场至保护小室的接地相电缆芯应分开。( )

答案：√

45. 继电保护要求所用的电流互感器的暂态变比误差不应大于 10%。( )

答案：×

46. 断路器的跳闸时间、合闸时间大于规定值而又无法调整时，应及时通知继电保护整定计算部门。( )

答案：√

47. 减少电压互感器的负荷电流能减少电压互感器的误差。( )

答案：√

48. 为保证安全，母线差动保护装置中各元件的电流互感器二次侧应分别接地。( )

答案：×

49. 电流互感器二次侧标有的 5P10，表示在 5 倍额定电流下二次误差在 10%之内。( )

答案：×

50. 对设有可靠稳压装置的厂站直流系统，经确认稳压性能可靠后，进行整组试验时，应按额定电压进行。( )

答案：√

51. 母差保护在电流互感器二次回路不正常或断线时可跳闸。( )

答案：×

52. 对于母线保护装置的备用间隔电流互感器二次回路，应在母线保护柜端子排外侧断开，端子排内侧不应短路。( )

答案：√

53. 对于配置了两套全线速动保护的 220kV 密集型电网的线路，带延时的线路后备保护第二段，如果需要，可与相邻线路全线速动保护相配合，按可靠躲过相邻线路出口短路故障整定。( )

答案：×

54. 解列点上的距离保护不应经振荡闭锁控制。( )

答案：√

55. 线路保护的双重化主要是指两套保护的交流电流、电压和直流电源彼此独立；有独立的选相功能；有两套独立的保护专（复）用通道；断路器有两个跳闸线圈时，每套主保护分别启动一组。（　　）

答案：√

56. 在保护和测量仪表中，电流回路的导线截面积不应小于 $4mm^2$。（　　）

答案：×

57. 继电保护专业的“三误”是指误碰、误整定、误接线。（　　）

答案：√

58. 对分相操作断路器，应逐相传动防止断路器跳跃回路。（　　）

答案：√

59. 当需将保护的电流输入回路从电流互感器二次侧断开时，必须有专人监护，使用绝缘工具，并站在绝缘垫上，断开电流互感器二次侧后，便用短路线妥善可靠地短接电流互感器二次绕组。（　　）

答案：×

60. 在现场进行继电保护装置或继电器试验，所需直流可以从保护屏上的端子上取得。（　　）

答案：×

61. 两组电压互感器的并联，必须先是一次侧先并联，然后才允许二次侧并联。（　　）

答案：√

62. 任何电力设备和线路在运行中，必须在任何时候由两套完全独立的继电保护装置分别控制两台完全独立的断路器实现保护。（　　）

答案：√

63. 熔断器的熔丝必须保证在二次电压回路内发生短路时，其熔断的时间小于保护装置的动作时间。（　　）

答案：√

64. 电力设备由一种运行方式转为另一种运行方式的操作过程中，被操作的有关设备应在保护范围内，且所有保护装置不允许失去选择性。（　　）

答案：×

65. 运行中的电流互感器二次短接后，也不得去掉接地点。（　　）

答案：√

66. 为保证设备及人身安全，减少一次设备故障时 TA 二次回路的环流，所有电流互感器的中性线必须在开关场就地接地。（　　）

答案：×

67. 电流互感器的二次侧只允许有一个接地点，对于多组电流互感器相互有联系的二次回路接地点应设在开关场。（　　）

答案：×

68. 允许用卡继电器触点、短路触点或类似的人为手段做保护装置的整组试验。（　　）

答案：×

69. 变比相同、型号相同的电流互感器，其二次接成星形比接成三角形允许的二次负荷要大。（　　）

答案：√

70. 在电流互感器二次绕组接线方式不同的情况下，假定接入电流互感器二次导线电阻的阻抗均相同，而此计算负载以两相电流差接线最大。（　　）

答案：√

71. 三相并联电抗器可以装设纵差保护，且能保护电抗器内部的所有故障。（　　）

答案：×

72. 63kV 及以下的并联电抗器不装设纵差保护，一般只装设电流速断保护。（　　）

答案：√

73. 电抗器的匝间短路是比较常见的内部故障形式，装设纵差保护不能反应匝间短路故障。（　　）

答案：√

74. 并联电抗器的匝间短路（无补偿）时 U_0 领先 I_0，纯电抗系统为 90°。（　　）

答案：√

75. 并联电抗器的内部单相接地（无补偿）时 U_0 领先 I_0。（　　）

答案：×

76. 三相并联电抗器发生一相一匝短路时，故障阻抗变化不大于 10%，因此要求匝间短路保护要有较高的灵敏度。（　　）

答案：√

77. 并联电抗器在 1.05 倍额定电压时即应退出运行。（　　）

答案：×

78. 500kV 线路并联电抗器无专用断路器时，其动作于跳闸的保护应采取使对侧断路器跳闸的措施。（　　）

答案：√

79. 电容器装置应装设母线失压保护，当母线失压时带时限动作于跳闸。（　　）

答案：√

80. 电容器过电压保护的动作电压可取为 U_{op}=120V（二次值），延时可较长。（　　）

答案：√

81. 当电流互感器饱和时，测量电流比实际电流小，有可能引起差动保护拒动，但不会引起差动保护误动。（　　）

答案：×

82. 断路器失灵保护，是近后备保护中防止断路器拒动的一项有效措施，只有当远后备保护不满足灵敏度要求时，才考虑装设断路器失灵保护。（　　）

答案：√

83. 电压互感器的误差表现在幅值误差和角度误差两个方面。电压互感器二次负载和功率因数的大小均对误差没有影响。（　　）

答案：×

84. 两个同型号、同变比的 TA 串联使用时，会使 TA 的励磁电流减小。(　　)

答案：√

85. 电流互感器本身造成的测量误差是由于有励磁电流的存在。(　　)

答案：√

86. 传导型电磁干扰是指干扰信号沿导体和电源进入保护设备。(　　)

答案：√

87. 防跳继电器的动作时间，不应大于跳闸脉冲发出至断路器辅助触点切断跳闸回路的时间。(　　)

答案：√

88. 由 $3U_0$ 构成的保护，不能以检查 $3U_0$ 回路是否有不平衡电压的方法来确认 $3U_0$ 回路是否良好，但可以单独依靠六角图测试方法来确证 $3U_0$ 构成方向保护的极性关系是否正确。(　　)

答案：×

89. 微机母线保护装置不宜用辅助变流器。(　　)

答案：√

90. 在一次干扰源上降低干扰水平可能采取的措施中，最重要的是一次设备的接地问题。(　　)

答案：√

91. 电流互感器及电压互感器二次回路必须一点接地，其原因是为了人身和二次设备的安全。如果互感器的二次回路有了接地点，则二次回路对地电容将为零，从而达到了保证安全的目的。(　　)

答案：√

92. 我国相应规程规定，110kV 及以上电压变电站的地网接地电阻值不得大于 0.5Ω，当故障电流通过地网注入大地时，在变电站地网与真实大地（远方大地）间将产生电位差，一般称为地电位升，其值为入地的故障电流部分与地网电阻的乘积。(　　)

答案：√

93. 采用逆变稳压电源可以使保护装置和外部电源隔离起来，大大提高保护装置的抗干扰能力。(　　)

答案：√

94. 在向继电保护通入交流工频试验电源前，必须首先将继电保护装置交流回路中的接地点断开，除试验电源本身允许有一个接地点之外，在整个试验回路中不允许有第二个接地点。(　　)

答案：√

95. 电流互感器在铁芯中引入大气隙后，可以显著延长电流互感器到达饱和的时间，但对稳态电流的传变精度影响较大。(　　)

答案：√

96. 电流互感器的铁芯中引入小气隙，可基本消除电流互感器中的剩磁。(　　)

答案：√

97. 按照国网标准化设计，失灵保护的分相失灵启动回路采用线路保护单相跳闸出口触点启动，由断路器保护完成电流判别，电流元件由相电流和零（负）序电流“或门”构成。（ ）

答案：×

98. 按照国网标准化设计，失灵保护的三相失灵启动回路采用保护三相跳闸出口触点启动，由断路器保护完成电流判别，电流元件由相电流和零（负）序电流“与门”构成。（ ）

答案：×

99. 当在 TA 一次绕组和二次绕组的极性端分别通入同相位的电流时，铁芯中产生的磁通相位相反。（ ）

答案：×

100. 励磁电流是造成电流互感器误差的根本原因。（ ）

答案：√

101. 按规定的变比误差计算方法，电流互感器的变比误差应是正值。（ ）

答案：×

102. 对数字式母线保护装置，可在启动出口继电器的逻辑中设置电压闭锁回路，而不在跳闸出口触点回路上串接电压闭锁触点。（ ）

答案：√

103. 发电机、变压器及高压电抗器断路器的失灵保护，为防止闭锁元件灵敏度不足应采取相应措施或不设闭锁回路。（ ）

答案：√

104. 短引线保护应为互相独立的双重化配置。（ ）

答案：√

105. 电流互感器二次电流采用 5A 时，接入同样阻抗的电缆及二次设备时，二次负载将是 1A 额定电流时的 5 倍。（ ）

答案：×

106. 运行中某 P 级电流互感器二次开路未被发现，当线路发生短路故障该电流互感器一侧流过很大的正弦波形短路电流时，则二次绕组上将有很高的正弦波形电压。（ ）

答案：×

107. 接线系数是继电保护整定计算中的重要参数，对各种电流保护测量元件动作值的计算都要考虑接线系数，它是通过继电器的电流与电流互感器的二次电流之比。（ ）

答案：√

108. 电流互感器变比越大，二次开路电压越高。（ ）

答案：√

109. 要求断路器失灵保护的相电流判别元件动作时间和返回时间均不应大于 10ms。（ ）

答案：×

110. 对双重化配置的直流电源、双套跳闸绕组的控制回路，不得有任何电的联系，但可合用一根多芯电缆。（ ）

答案：×

111. 母差保护与失灵保护共用出口回路时，闭锁元件的灵敏系数应按母线故障灵敏度整定。（　　）

答案：×

112. 对动作功率大于 5W 的跳闸出口继电器，其启动电压可以小于直流额定电压的 50%。（　　）

答案：×

113. 对于 TA 二次侧为三角形接线的情况（如主变压器差动保护），因为没有 N 线，所以二次侧无法接地。（　　）

答案：×

三、简答题

1. 保护装置应承受 2000、1500、1000、500V 工频试验电压的回路分别有哪些？

答：（1）2000V：

1）装置的交流电压互感器一次对地回路；

2）装置的交流电流互感器一次对地回路；

3）装置（或屏）的背板线对地回路。

（2）1500V：110V 或 220V 直流回路对地。

（3）1000V：

1）工作在 110V 或 220V 直流回路的各对触点对地回路；

2）各对触点相互之间；

3）触电的动、静两端之间。

（4）500V：

1）直流逻辑回路对地回路；

2）直流逻辑回路对高压回路；

3）额定电压为 18～24V 对地回路。

2. 在拆动二次线时，应采取哪些措施？

答：拆动二次线时，必须做好记录；恢复时，应在记录本上注销。二次线改动较多时，应在每个线头拴牌。拆动或敷设二次电缆时，还应在电缆的首末端及其沿线的转弯处和交叉处拴牌。

3. 简述站用直流系统接地的危害。

答：（1）直流系统两点接地有可能造成保护装置及二次回路误动；

（2）直流系统两点接地有可能使得保护装置及二次回路在系统发生故障时拒动；

（3）直流系统正、负极间短路有可能使得直流熔丝熔断；

（4）直流系统一点接地时，如交流系统也发生接地故障，则可能对保护装置形成干扰，严重时导致保护装置误动；

（5）对于某些动作电压较低的断路器，当其跳（合）闸线圈前一点接地时，有可能造成断路器误跳（合）闸。

4. 请问发生直流两点接地可能会对断路器和熔丝造成什么后果?

答：①可能造成断路器误跳闸或拒动；②可能造成熔丝熔断。

5. 在双母线系统中，电压切换的作用是什么?

答：对于双母线系统上所连接的电气元件，在两组母线分开运行时（如母联断路器断开），为了保证其一次系统和二次系统的电压保持对应，以免发生保护或自动装置误动、拒动，要求保护及自动装置的二次电压回路随同主接线一起进行切换。用隔离开关两个辅助触点并联后启动电压切换中间继电器，利用其触点实现电压回路的自动切换。

6. 互感器的作用是什么?

答：（1）把高电压和大电流按比例地变换成低电压和小电流，以便提供测量和继电保护所需的参数；

（2）把电网处于高压的部分与处于低压的测量仪表和继电保护装置部分分隔开，以保证人员和设备安全。

7. 电流互感器饱和时其二次电流有什么特征?

答：（1）在故障发生瞬间，由于铁芯中的磁通不能跃变，TA 不能立即进入饱和区，而是存在一个时域为 3～5ms 的线性传递区。在线性传递区内，TA 二次电流与一次成正比；

（2）TA 饱和之后，在每个周期内一次电流过零点附近存在不饱和时段，在此时段内，TA 二次电流也与一次电流成正比；

（3）TA 饱和后，其励磁阻抗大大减小，使其内阻大大降低，严重情况下内阻等于零；

（4）TA 饱和后，其二次电流偏于时间轴一侧，致使电流的正、负半波不对称，电流中含有很大的 2 次和 3 次谐波电流分量。

8. 电压互感器的零序电压回路是否装设熔断器，为什么?

答：不装设。因为正常运行时，电压互感器的零序电压回路无电压，不能监视熔断器是否断开，一旦熔丝熔断了，而系统发生接地故障，则保护拒动。

9. 电流互感器的二次负载的定义是什么?

答：电流互感器的二次负载等于电流互感二次绕组两端的电压除以该绕组内流过的电流。

10. 电流互感器二次额定电流为 1A 和 5A 有何区别?

答：采用 1A 的电流互感器比 5A 的匝数大 5 倍，二次绕组匝数大 5 倍，开路电压高，内阻大，励磁电流小。但采用 1A 的电流互感器可大幅度降低电缆中的有功损耗，在相同条件下，可增加电流回路电缆的长度。在相同的电缆长度和截面时，功耗减小 25 倍，因此电缆截面可以减小。

11. 为什么有些保护用的电流互感器的铁芯在磁回路中留有小气隙？

答：为了使在重合闸过程中，铁芯中的剩磁很快消失，以免重合于永久性故障时，有可能造成铁芯磁饱和。

12. 电流互感器伏安特性试验的目的是什么？

答：（1）了解电流互感器本身的磁化特性，判断是否符合要求；

（2）是目前可以发现线匝层间短路唯一可靠的方法，特别是二次绕组短路圈数很少时。

13. 造成电流互感器测量误差的原因是什么？

答：测量误差就是电流互感器的二次输出量 $\dot{I}_2$ 与其归算到二次侧的一次输入量 $\dot{I}_1$ 的大小不等、幅角不相同所造成的差值。因此测量误差分为数值（变比）误差和相位（角度）误差两种。

产生测量误差的原因一是由电流互感器本身造成的；二是由运行和使用条件造成的。

电流互感器本身造成的测量误差是由于电流互感器有励磁电流 $\dot{I}_e$ 存在，而 $\dot{I}_e$ 是输入电流的一部分，它不传变到二次侧，故形成了变比误差。$\dot{I}_e$ 除在铁芯中产生磁通外，尚产生铁芯损耗，包括涡流损失和磁滞损失。$\dot{I}_e$ 所流经的励磁支路是一个呈电感性的支路，$\dot{I}_e$ 与 $\dot{I}_2$ 不同相位，这是造成角度误差的主要原因。

运行和使用中造成的测量误差过大是电流互感器铁芯饱和、二次负载过大所致。

14. 电压互感器在运行中为什么要严防二次侧短路？

答：电压互感器是一个内阻极小的电压源，正常运行时负载阻抗很大，相当于开路状态，二次侧仅有很小的负载电流。当二次短路时，负载阻抗为零，将产生很大的短路电流，将电压互感器烧坏。

15. 在带电的电压互感器二次回路上工作时应采取哪些安全措施？

答：在带电的电压互感器二次回路上工作时应采取下列安全措施：

（1）严格防止电压互感器二次侧短路或接地。工作时应使用绝缘工具，戴绝缘手套，必要时在工作前停用有关保护装置。

（2）在二次侧接临时负载，必须装有专门的隔离开关和熔断器。

16. 电流互感器的二次负载阻抗如果超过了其允许的二次负载阻抗，为什么准确度就会下降？

答：电流互感器二次负载阻抗的大小对互感器的准确度有很大的影响。这是因为，如果电流互感器二次负载阻抗增加得很多，超出了所容许的二次负载阻抗时，励磁电流的数值就会大大增加，而使铁芯进入饱和状态。在这种情况下，一次电流的很大一部分将用来提供励磁电流，从而使互感器的误差大为增加，其准确度就随之下降了。

17. 简述电压互感器和电流互感器在作用原理上的区别。

答：主要区别是正常运行时工作状态很不相同，表现为：

（1）电流互感器二次可以短路，但不得开路；电压互感器二次可以开路，但不得短路。

（2）相对于二次侧的负载来说，电压互感器的一次内阻抗较小以至可以忽略，可以认为其是一个电压源；而电流互感器的一次内阻很大，以至可以认为其是一个内阻无穷大的电流源。

（3）电压互感器正常工作时的磁通密度接近饱和值，故障时磁通密度下降；电流互感器正常工作时磁通密度很低，而短路时由于一次侧短路电流变得很大，使磁通密度大大增加，有时甚至远远超过饱和值。

18. 某变电站两套相互独立的直流系统，同时出现了直流接地告警信号，其中，第一组直流电源为正极接地，第二组直流电源为负极接地。现场利用拉、合直流熔断器的方法检查直流接地情况时发现：当断开某断路器（该断路器具有两组跳闸线圈）的任一控制电源时，两套直流电源系统的直流接地信号同时消失。请问如何判断故障的大致位置，为什么？

答：（1）因为任意断开一组直流电源接地现象消失，所以直流系统可能没有接地；

（2）第一组直流系统的正极与第二组直流系统的负极短接或相反；

（3）两组直流短接后形成一个端电压为 440V 的电池组，中点对地电压为零；

（4）每一组直流系统的绝缘监察装置均有一个接地点，短接后直流系统中存在两个接地点。

故一组直流系统的绝缘监察装置判断为正极接地，另一组直流系统的绝缘监察装置判断为负极接地。

19. 直流正、负极接地对运行有哪些危害？

答：直流正极接地有造成保护误动的可能。因为一般跳闸线圈（如出口中间继电器线圈和跳合闸线圈等）均接负极电源，若回路中再发生接地或绝缘不良就会引起保护误动。直流负极接地与正极接地同一道理，如回路中再有一点接地就可能造成保护拒动（越级扩大事故）。因为两点接地将跳闸或合闸回路短路，这时还可能烧坏继电器触点。

20. 为什么交直流回路不可以共用一条电缆？

答：（1）交直流回路都是独立系统。直流回路是绝缘系统而交流回路是接地系统。若共用一条电缆，两者之间一旦发生短路就会造成直流接地，同时影响交、直流两个系统。

（2）平常也容易互相干扰，还有可能降低对直流回路的绝缘电阻。

21. 变电站二次回路干扰的种类，可以分为几种？

答：①50Hz 干扰；②高频干扰；③雷电引起的干扰；④控制回路产生的干扰；⑤高能辐射设备引起的干扰。

22. 为提高抗干扰能力，是否允许用电缆芯线两端接地的方式替代电缆屏蔽层的两端接地？为什么？

答：不允许。电缆屏蔽层在开关场及控制室两端接地可以抵御空间电磁干扰的机理是：当电缆为干扰源电流产生的磁通所包围时，如屏蔽层两端接地，则可在电缆的屏蔽层中感应出电流，屏蔽层中感应电流所产生的磁通与干扰源电流产生的磁通方向相反，从而可以抵消干扰源磁通对电缆芯线的影响。

由于发生接地故障时开关场各处地电位不等，则两端接地的备用电缆芯会流过电流，对对称排列的工作电缆芯会感应出不同的电动势，从而对保护装置形成干扰。

23. 保护操作箱一般由哪些继电器组成？

答：保护操作箱由下列继电器组成：

（1）监视断路器合闸回路的跳闸位置继电器及监视断路器跳闸回路的合闸位置继电器。

（2）防止断路器跳跃继电器。

（3）手动合闸继电器。

（4）压力监察或闭锁继电器。

（5）手动跳闸继电器及保护三相跳闸继电器。

（6）一次重合闸脉冲回路（重合闸继电器）。

（7）辅助中间继电器。

（8）跳闸信号继电器及备用信号继电器。

24. 如果在进行试验时将单相调压器的一个输入端接在交流 220V 电源的相线上，另一端（N端）误接到变电站直流系统的负极上，请问会对哪些类型的保护装置造成影响？请说明如何造成影响。

答：（1）如果在进行试验时将单相调压器的一个输入端接在交流 220V 电源的相线上，另一端（N 端）误接到变电站直流系统的负极上，因交流 220V 是一个接地的电源系统，于是便会通过直流系统的对地电容以及电缆与直流负极之间的元件构成回路，相当于交流信号中窜入了直流系统。

（2）对线圈正端接有较大容量电容（或接入电缆较长、电缆分布电容较大）的继电器，如动作时间较快、动作功率较低，则当交流信号窜入时有可能误动。

在此情况下容易误动的继电器有变压器、电抗器的瓦斯保护、油温过高保护等继电器至跳闸出口继电器距离较长的保护，以及远方跳闸保护的收信继电器等。继电器的动作频率为 50Hz 或 100Hz。

四、分析题

1. 电压互感器二次绕组和辅助绕组接线及电流回路二次接线如图 8-1 所示。

（1）试分析电压互感器二次绕组和辅助绕组接线有何错误，为什么？

（2）试分析电流回路二次接线有何错误，为什么？

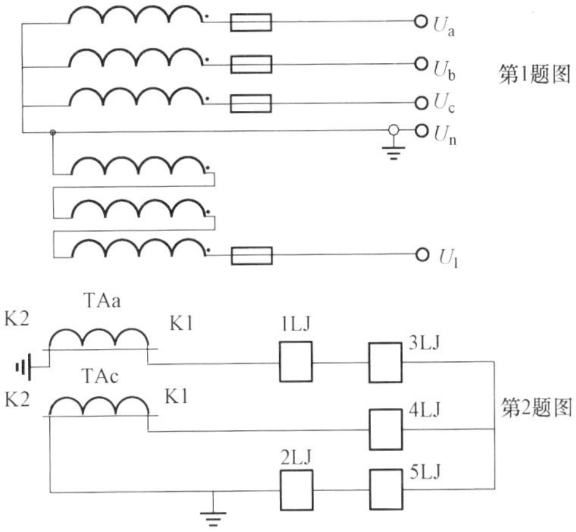

图 8-1

答：（1）图中接线错误有两处，二次绕组中性线和辅助绕组中性线应分别独立从开关场引线至控制室后，在控制室将两根中性线接在一块并可靠一点接地。

对于图中接线，在一次系统发生接地故障时，开口三角电压 $3U_0$ 有部分压降落在中性线电阻上，致使微机保护的自产 $3U_0$ 因含有该部分压降而存在误差，零序方向保护可能发生误动或拒动；开口三角引出线不应装设熔断器，因为即便装了，在正常情况下，由于开口三角无压，两根引出线间发生短路也不会熔断起保护作用，相反若熔断器损坏而又不能及时发现，在发生接地故障时，$3U_0$ 又不能送到控制室供保护和测量使用。

（2）图中有接线错误，应将两个互感器的 K2 在本体处短接后用一跟导线引至保护盘经一点接地。图中接线对 TAa 来说是通过两个接地点和接地网构成回路，若出现某一点接地不良，就会出现 TA 开路现象。同时也增加了 TAa 的二次负载阻抗。

2. 出口继电器作用于断路器跳（合）闸线圈时，其触点回路中串入的电流自保持线圈应满足哪些条件？

答：断路器跳（合）闸线圈的出口触点控制回路，必须设有串联自保持的继电器回路，应满足以下条件：①跳（合）闸出口继电器的触点不断弧；②断路器可靠跳、合。

只有单出口继电器的，可以在出口继电器跳（合）闸触点回路中串入电流自保持线圈，并满足如下条件：

（1）自保持电流不大于额定跳（合）闸电流的一半，线圈压降小于 5%额定值。

（2）出口继电器的电压启动线圈与电流自保持线圈的相互极性关系正确。

（3）电流与电压线圈间的耐压水平不低于交流 1000V、1min 的试验标准（出厂试验应为交流 2000V、1min）。

（4）电流自保持线圈接在出口触点与断路器控制回路之间。

当有多个出口继电器可能同时跳闸时，宜由防止跳跃继电器实现上述任务。防跳继电器应为快速动作的继电器，其动作电流小于跳闸电流的一半，线圈压降小于 10%额定值，并满上述（2）～（4）项的相应要求。

3. 在如图 8-2 所示系统图中，T2 变压器的接线方式为 YNd11，变压器的变比设为 1。M 侧线路上的电流保护采用两相三继电器接线，两个电流互感器的变比相同。在 d 侧发生 BC 两相短路，$I_B^{\Delta}=-I_C^{\Delta}=I_K$。请写出 Y 侧三相的电流值（无需推导）。设 TA 二次电缆的阻抗为 Z_L，电流继电器的阻抗为 Z_K，请写出 A、C 相电流互感器的二次负载阻抗值各是多少？并写出计算过程。

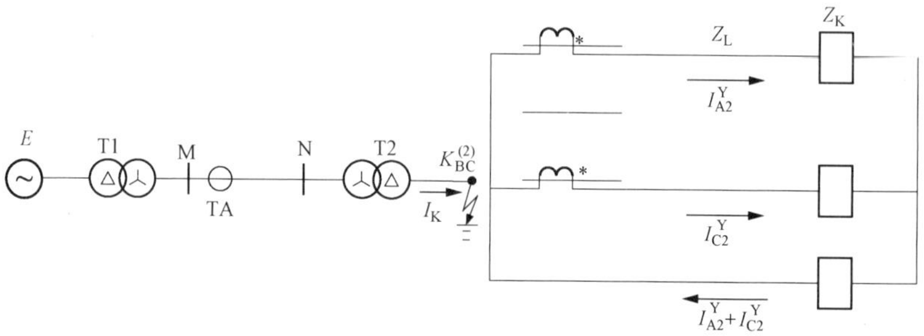

图 8-2

答：（1）$I_C^Y=-2I_K/\sqrt{3}\quad I_A^Y=I_B^Y=I_K/\sqrt{3}$

（2）A 相继电器的二次负载

$$Z_A=\frac{I_{A2}^Y(Z_L+Z_K)+(I_{A2}^Y+I_{C2}^Y)(Z_L+Z_K)}{I_{A2}^Y}=\frac{I_{A2}^Y(Z_L+Z_K)-I_{A2}^Y(Z_L+Z_K)}{I_{A2}^Y}=0$$

（3）C 相继电器的二次负载

$$Z_C=\frac{I_{C2}^Y(Z_L+Z_K)+(I_{A2}^Y+I_{C2}^Y)(Z_L+Z_K)}{I_{C2}^Y}=\frac{I_{C2}^Y(Z_L+Z_K)+0.5I_{C2}^Y(Z_L+Z_K)}{I_{C2}^Y}=1.5(Z_L+Z_K)$$

4. 简述直流电源双重化的意义，新建变电站直流系统初次上电的步骤及注意事项。

答：反措需要，保证在特殊情况下，当失去一组直流时，保证一套保护和一个跳闸回路有工作电源。所以，两套直流系统之间不能有任何电的联系；两套保护和两个跳闸回路使用的电源要一一对应；两套直流系统相互之间不是互为备用的关系。所有直流失电切换回路应尽可能取消，包括 GPS 对时系统、通信系统（如果使用站内直流）。

上电步骤及注意事项：保证回路绝缘正常的情况下，按顺序先进行第一组直流分屏上电，测量电源极性、极间电压、单极对地电压，同时检查第二组直流回路，确认没有直流分量；然后是各支路上电，进行同样的工作；然后拉开第一组直流，进行第二组直流上电，进行同样的工作，主要是要保证两组直流之间没有任何电的联系。

5. CVT 二次电压异常的原因是什么？

答：（1）二次输出为零，可能是中压回路开路或短路，电容单元内部连接断开或二次接线短路。

（2）二次输出电压高，可能是电容器 C_1 有元件损坏或电容单元低压端未接地（$U_1/U_2=1+C_2/C_1$）。

（3）二次输出电压低。可能是电容器 C_2 有元件损坏，二次过负荷或连接接触不良或电磁单元故障。

（4）三相电压不平衡，开口三角有较高电压，设备有异常响声并发热，可能是阻尼回路不良引起自身谐振现象，应立即停止运行。

（5）二次电压波动，可能是二次连接松动，或分压器低压端子未接地或未接载波回路，如果是速饱和电抗型阻尼器，有可能是参数配合不当。

（6）N600 两点接地、熔断器击穿、开口三角短路等。

6. 双母线接线的断路器失灵保护的复合电压闭锁元件为什么要有一定的延时返回时间？

答：双母线接线的每条母线上均有一组 TV，正常运行时其失灵保护的两套复合电压闭锁元件均由各自的母线 TV 供电。但当一条母线上的 TV 检修时，两套复合电压闭锁元件将由同一个 TV 供电。

如Ⅰ母线上的 TV 检修，与Ⅰ母线连接的系统内出现短路故障，Ⅰ母线所连的某一出线的断路器失灵，此时失灵保护动作，以短延时跳开母联断路器。由于失灵保护的两套复合电压闭锁元件均由Ⅱ母线 TV 供电，而在母联断路器跳开后Ⅱ母线电压恢复正常，复合电压元件不会动作，失灵保护将无法将连在Ⅰ母线上各元件的断路器跳开。

为了确保失灵保护能可靠切除故障，复合电压闭锁元件需要有一定的延时返回时间（如 1s）。

7. 保护范围与 TV、TA 的安装位置直接相关，线路保护区别正、反向短路及正、反向断线是由 TV 的安装位置还是由 TA 的安装位置确定？

答：线路保护区别正、反向短路是由 TA 的安装位置确定；线路保护区别正、反向断线是由 TV 的安装位置确定。

8. 区外短路 TA 饱和会造成差动保护误动，利用差动电流和制动电流突变量出现的“时间差”判别 TA 饱和。请说明其道理。

答：TA 饱和必然需要历经一个过程，通常认为不小于 5ms。区外短路 5ms 前 TA 未饱和，不产生差动电流，但产生制动电流突变量，5ms 后再产生差动电流判 TA 饱和；区内短路 5ms 前，差动电流和制动电流突变量同时产生。

9. 有关二次电流回路如图 8–3 所示。回答下列问题：

（1）如何用负荷电流检查二次电流回路中性线 MQ 之间是否完好？

（2）分析该方法理论上的正确性。

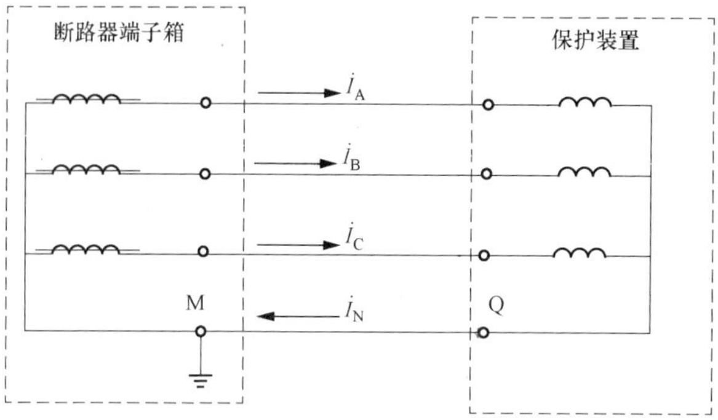

图 8-3

答:（1）在断路器端子箱处将任意一相电流线与中性线短接，测量并记录端子箱至保护装置的中性线上电流的大小，该电流应大于 1/2 的相电流。如图 8-4 所示。

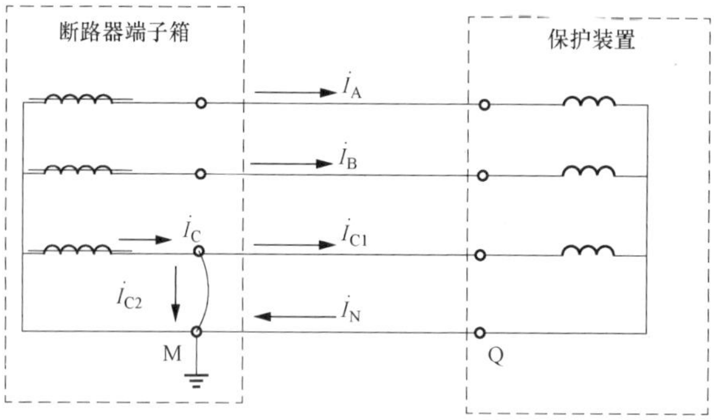

图 8-4

（2）分析如下：因为 $\dot{I}_C=\dot{I}_{C1}+\dot{I}_{C2}$，$\dot{I}_{C1}$ 流经保护电流线圈，电阻较大，$\dot{I}_{C2}$ 流经短路线，电阻较小，所以 $\dot{I}_{C1}<\dot{I}_{C2}$ 即 $\dot{I}_{C1}<\dfrac{\dot{I}_C}{2}$。

因为 $\dot{I}_N=\dot{I}_A+\dot{I}_B+\dot{I}_{C1}$，$|\dot{I}_N|=|\dot{I}_A+\dot{I}_B+\dot{I}_{C1}|=|-\dot{I}_C+\dot{I}_{C1}|$，而 $\dot{I}_{C1}<\dfrac{\dot{I}_C}{2}$，所以 $|\dot{I}_N|>\left|-\dfrac{\dot{I}_C}{2}\right|$。即端子箱至保护装置的中性线上电流的大小应大于 1/2 的相电流（负荷电流）。

10. 如图 8-5 所示，变压器 Y 侧为大电流接地系统，d 侧为小电流接地系统。若变压器中性点不接地，当变压器 Y 侧母线发生单相接地短路时，Y 侧母线零序电压 $3U_0=220/\sqrt{3}$ kV。

（1）请分析说明变压器中性点 N 的电压；

（2）若变压器 Y 侧中性点经间隙接地，Y 侧母线发生单相接地，母差保护拒动，接入该母线的线路及接地变压器由后备保护跳闸，Y 侧母线零序电压升至 $3U_0=220\sqrt{3}$kV，接入 Y 侧母线的 TV 变比为 $\dfrac{220}{\sqrt{3}}\Big/\dfrac{0.1}{\sqrt{3}}\Big/0.1$，试问间隙未击穿前，开口三角形电压为多少？TV 二次侧自产 $3U_0$ 为多少？

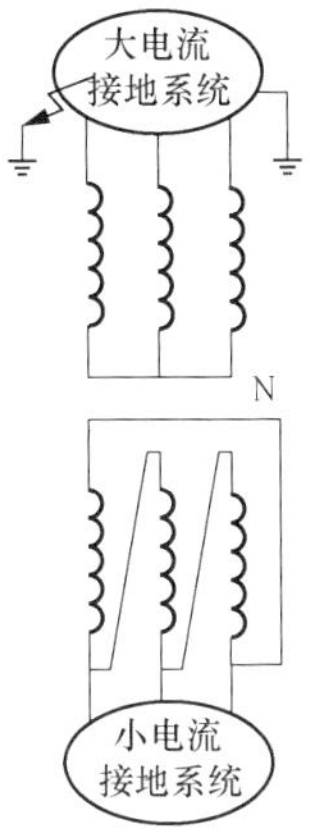

图 8-5

答：（1）由于变压器中性点不接地，所以变压器中无零序电流→无零序磁通→无零序电压降，因此变压器 N 点的零序电压等于 Y 侧母线的零序电压。又因为 N 点的正、负序电压为 0，因此 N 点的电压就是 Y 侧母线的零序电压：$U_N=U_0=220/(3\sqrt{3})$kV。

（2）开口三角形电压为 300V，TV 二次侧自产

$$3U_0=3\times\frac{100}{\sqrt{3}}=100\sqrt{3}(\text{V})$$

11. 何谓双母线接线断路器失灵保护？失灵保护的动作时间应如何考虑？

答：当系统发生故障时，故障元件的保护动作，因其断路器拒动，通过故障元件的保护，作用于同一变电站相邻元件的断路器使之跳闸的保护方式，就称为断路器失灵保护。

为从时间上判别断路器失灵故障的存在，失灵保护的动作时间应大于故障元件断路器跳闸时间和继电保护返回时间之和并考虑适当时间裕度。

12. 某一电流互感器的变比为 600/5，其一次侧通过的最大三相短路电流为 6600A，如测得该电流互感器某一点的伏安特性为 I_1=3A，U_2=150V，当该电流互感器二次接入 R=4Ω（包括二次绕组电阻）时，在不计铁芯损失、二次绕组漏抗以及铁芯饱和的情况下，计算该电流互感器的变比误差和相角误差。

答：故障电流折算到二次侧，有

$$I_1'=\frac{6600}{120}=55(\text{A})$$

励磁电抗 jx_μ 由题意得

$$jx_\mu=j\frac{150}{3}=j50(\Omega)$$

按题意得角误差

$$\delta=\arctan\frac{R}{x_\mu}=\arctan\frac{4}{50}=4.6(^\circ)$$

二次电流

$$I_2 = I_1'\left|\frac{jx_\mu}{R + jx_\mu}\right| = 55 \times \left|\frac{j50}{4 + j50}\right| = 54.82(A)$$

所以变比误差

$$\varepsilon = \frac{54.82 - 55}{55} \times 100\% = -0.3\%$$

13. 试画出运行中电流互感器二次侧开路时，其一次电流、铁芯磁通和二次电压的波形。

答：如图 8-6 所示。

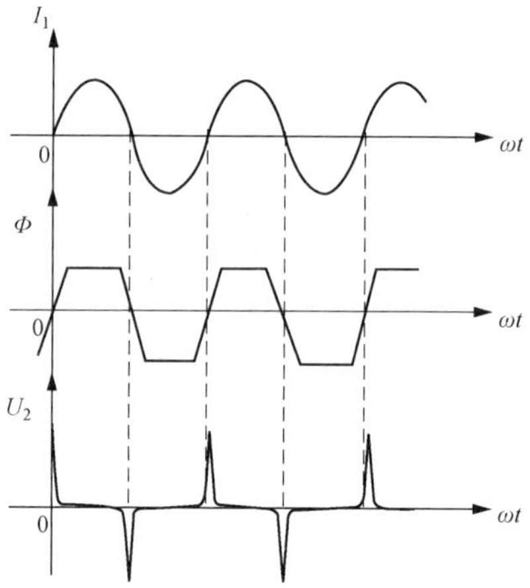

图 8-6

第九章

规程规范

一、选择题

1. 现场工作过程中遇到异常情况或断路器跳闸时，(　　)。 答案：C

A. 只要不是本身工作的设备异常或跳闸，就可以继续工作，由运行值班人员处理

B. 可继续工作，由运行值班人员处理异常或事故

C. 应立即停止工作，保持现状，待找出原因或确定与本工作无关后，方可继续工作

D. 可将人员分成两组，一组继续工作，一组协助运行值班人员查找原因

2. 安装保护装置在投入运行一年以内，未打开铅封和变动二次回路以前，保护装置出现由于调试和安装质量不良而引起的不正确动作，其责任归属为(　　)。 答案：C

A. 设计单位　　B. 运行单位　　C. 基建单位

3. 继电保护装置检验分为三种，分别是(　　)。 答案：C

A. 验收检验、全部检验、传动检验

B. 部分检验、补充检验、定期检验

C. 验收检验、定期检验、补充检验

4. 干簧继电器（触点直接接于 110、220V 直流电压回路）应以(　　)绝缘电阻表测量触点（继电器未动作的动合触点及动作后的动断触点）间的绝缘电阻。 答案：A

A. 1000V　　B. 500V　　C. 2500V

5. 220kV 变压器的中性点经间隙接地的零序过电压保护定值一般可整定为(　　)。 答案：B

A. 120V　　B. 180V　　C. 70V　　D. 220V

6. 220kV 电网按近后备原则整定的零序方向保护，其方向继电器的灵敏度应满足(　　)。 答案：A

A. 本线路末端接地短路时，零序功率灵敏度不小于 2

B. 相邻线路末端接地短路时，零序功率灵敏度不小于 2

C. 相邻线路末端接地短路时，零序功率灵敏度不小于 1.5

7. 在 220kV 电力系统中，校验变压器零序差动保护灵敏系数所采用的系统运行方式应为

（ ）。 答案：B

A. 最大运行方式 B. 正常运行方式 C. 最小运行方式

8. 检查二次回路绝缘电阻应使用（ ）绝缘电阻表。 答案：C

A. 500V B. 2500V C. 1000V

9. 微机继电保护装置校验，在使用交流电源的电子仪器时，仪器外壳与保护屏（ ）。 答案：A

A. 同一点接地 B. 分别接地 C. 不相连且不接地

10. 发电厂、变电站蓄电池直流母线电压允许波动范围为额定电压的（ ）。 答案：C

A. ±3% B. ±5% C. ±10%

11. 微机保护的整组试验是指（ ）。 答案：B

A. 用专用的模拟试验装置进行试验

B. 由端子排通入与故障情况相符的电流、电压模拟量进行试验

C. 用卡接点和通入电流、电压模拟量进行试验

12. 整组试验允许用（ ）的方法进行。 答案：C

A. 保护试验按钮、试验插件或启动微机保护

B. 短接接点、手按继电器等

C. 从端子排上通入电流、电压模拟各种故障，保护处于投入运行完全相同的状态

13. 断路器跳闸线圈最低动作电压应不低于额定电压的 30%，且不高于（ ）。 答案：C

A. 30% B. 50% C 65%

14. 保护装置整组试验实测动作时间与整定时间误差最大值不得超过整定时间级差的（ ）。 答案：B

A. 5% B. 10% C. 15%

15. 按《继电保护及电网安全自动装置检验条例》，对辅助变流器定期检验时，可以只做（ ）的变比试验。 答案：B

A. 实际负载下 B. 额定电流下 C. 最大计算负载下

16. 按《继电保护及电网安全自动装置检验条例》，对于超高压的电网保护，直接作用于断路器跳闸的中间继电器，其动作时间应小于（ ）。 答案：A

A. 10ms B. 15ms C. 5ms

17. 微机保护投运前不要做带负荷试验项目的是（　　）。 答案：A

A. 联动试验　B. 相序　C. 功率角度　D. $3I_0$极性

18. 测量交流电流回路的绝缘电阻使用（　　）绝缘电阻表。 答案：B

A. 500V　B. 1000V　C. 2000V

19. 各级继电保护部门划分继电保护装置整定范围的原则是（　　）。 答案：B

A. 按电压等级划分，分级管理

B. 整定范围一般与调度操作范围相适应

C. 由各级继电保护部门协商解决

20. 110kV 及以上的线路零序电流保护最末一段，为保证在高阻接地时，对接地故障有足够灵敏度，因此其定值不应大于（　　）。 答案：B

A. 200A　B. 300A　C. 360A

21. 新安装装置的第一次定期检验应由（　　）完成。 答案：B

A. 基建部门　B. 运行部门　C. 基建与运行部门联合

22. 在没有实际测量值的情况下，除大区间的弱联系联络线外，系统最长振荡周期一般可按（　　）考虑。 答案：C

A. 1.0s　B. 1.3s　C. 1.5s

23. 微机保护应承受 1000V 工频试验电压的回路有（　　）。 答案：C

A. 110V 或 220V 直流回路对地

B. 直流逻辑回路对高压回路

C. 触点的动静两端之间

24. 为保证接地后备最后一段保护可靠地有选择性地切除故障，500kV 线路接地电阻最大按 300Ω，220kV 线路接地电阻最大按（　　）考虑。 答案：C

A. 150Ω　B. 180Ω　C. 100Ω

25. 跳闸出口继电器的启动电压不宜低于直流额定电压的 50%，也不应高于直流额定电压的（　　）。 答案：A

A. 70%　B. 65%　C. 80%

26. 继电保护事故后校验属于（　　）。 答案：C

A. 部分校验　B. 运行中发现异常的校验　C. 补充校验

27. 利用保护装置进行断路器跳合闸试验，一般（　　）。 答案：C

A. 每年不少于两次　　B. 每两年进行一次

C. 每年不宜少于一次

28. 新安装保护装置投入运行后的第一次全部校验工作应安排在（　　）。 答案：B

A. 一年之后进行　　B. 一年之内进行

C. 运行 3 年之后进行

29. 继电保护装置的定期检验分为全部检验、部分检验和（　　）。 答案：C

A. 验收检验　　B. 事故后检验　　C. 用装置进行断路器跳合闸试验

30. 继电保护装置在进行整组试验时，其直流电源电压应为（　　）。 答案：C

A. 额定直流电源电压的 85%　　B. 额定直流电源电压

C. 额定直流电源电压的 80%

31. 断路器控制回路断线时，应通过（　　）通知值班人员进行处理。 答案：B

A. 音响信号　　B. 音响信号和光字牌信号

C. 光字牌信号

32. 220kV 系统故障录波器应按以下原则统计动作次数：（　　）。 答案：C

A. 计入 220kV 系统保护动作的总次数中

B. 计入全部保护动作的总次数中

C. 应单独对录波器进行统计

33. 在进行电流继电器冲击试验时，冲击电流值应为（　　）。 答案：A

A. 保护安装处的最大短路电流

B. 保护安装处的最小短路电流

C. 线路的最大负荷电流

D. 反方向故障时的最大短路电流

34. 《继电保护和电网安全自动装置现场工作保安规定》要求，对一些主要设备，特别是复杂保护装置或有联跳回路的保护装置的现场校验工作，应编制和执行《安全措施票》，如（　　）。 答案：A

A. 母线保护、断路器失灵保护和主变压器联跳回路等

B. 母线保护、断路器失灵保护、主变压器联跳回路和用钳形伏安相位表测量等

C. 母线保护、断路器失灵保护、主变压器联跳回路和用拉路法寻找直流接地等

35. 继电保护试验用仪器的精度及测量二次回路绝缘表计的电压等级应分别为（　　）。

答案：B

A. 1 级，1000V　　B. 0.5 级，1000V　　C. 3 级，500V

36. 在保护柜端子排上（外回路断开），用 **1000V** 绝缘电阻表测量保护各回路对地的绝缘电阻值应（　　）。

答案：A

A. 大于 10MΩ　　B. 大于 5MΩ　　C. 大于 0.5MΩ

37. 微机继电保护装置的使用年限一般为（　　）。

答案：A

A. 10～12 年　　B. 8～10 年　　C. 6～8 年

38. 继电保护和电网安全自动装置现场工作应遵守（　　）的相关要求。

答案：C

A. 状态检修　　B. 风险辨识

C. 标准化作业和风险辨识　　D. 标准化作业

39. 执行和恢复安全措施时，需要两人工作。一人负责操作，（　　）担任监护人，并逐项记录执行和恢复内容。

答案：C

A. 有经验的职工　　B. 工作班成员　　C. 工作负责人

40. 更换继电保护和电网安全自动装置屏或拆除旧屏前，应在相关回路（　　）做好安全措施。

答案：A

A. 对侧屏上　　B. 本屏上　　C. 两侧都可以

41. 凡是现场接触到运行的继电保护、电网安全自动装置及其（　　）的人员，均应遵守《继电保护和电网安全自动装置现场工作保安规定》，还应遵守《国家电网公司电力安全工作规程（变电站和发电厂电气部分）》。

答案：C

A. 高压设备　　B. 监控设备　　C. 二次回路

42. 运行中的继电保护和电网安全自动装置需要检验时，应先断开相关（　　），再断开装置的工作电源。

答案：B

A. 保护压板　　B. 跳闸和合闸压板　　C. 交流电压

43. 整组传动试验前，应告知运行值班人员和相关人员本次试验的内容，以及可能涉及的一、二地设备，试验时，继电保护人员和运行值班人员应共同监视（　　）动作行为。

答案：C

A. 保护装置　　B. 监控信号　　C. 断路器

44. 计算非全相运行最大零序电流时，应选择与被保护线路相并联的联络线为最（　　）的运行方式。

答案：A

A. 少，系统联系最薄弱　　B. 多，系统联系最强
C. 多，系统联系较薄弱　　D. 少，系统联系最强

45. 某 220kV 终端变电站 35kV 侧接有电源，其两台主变压器一台 220kV 中性点直接接地，另一台经放电间隙接地。当其 220kV 进线单相接地，该线路系统侧开关跳开后，一般（　　）。 答案：A

A. 先切除中性点接地的变压器，根据故障情况再切除中性点不接地的变压器
B. 先切除中性点不接地的变压器，根据故障情况再切除中性点接地的变压器
C. 两台变压器同时切除
D. 两台变压器跳闸的顺序不定

46. 电流启动的防跳继电器，其电流线圈额定电流的选择应与断路器跳闸线圈的额定电流相配合，并保证动作的灵敏系数不小于（　　）。 答案：A

A. 1.5　　B. 1.8　　C. 2.0

47. 下列（　　）不是自动投入装置应符合的要求。 答案：B

A. 在工作电源或设备断开后，才投入备用电源或设备
B. 自动投入装置必须采用母线残压闭锁的切换方式
C. 工作电源或设备上的电压，不论因什么原因消失，自投装置均应动作
D. 自动投入装置应保证只动作一次

48. 保护装置双重化配置应充分考虑（　　）的安全性。 答案：B

A. 检修和设备　　B. 运行和检修　　C. 人员和设备　　D. 系统稳定

49. 禁止将电流互感器二次侧开路，（　　）除外。 答案：C

A. 计量用电流互感器　　B. 测量用电流互感器
C. 光电流互感器　　D. 二次电流为 1A 的电流互感器

50. 远方更改微机继电保护装置定值或操作继电保护装置时，应根据现场有关运行管理规定，并有保密和监控手段，以防止（　　）。 答案：A

A. 误整定和误操作　　B 误整定和误校验
C. 误碰和误校验　　D. 误整定和误碰

51. 集成电路型、微机型保护装置的电流、电压引入线应采用屏蔽电缆，同时（　　）。 答案：C

A. 电缆的屏蔽层应在开关场可靠接地
B. 电缆的屏蔽层应在控制室可靠接地
C. 电缆的屏蔽层应在开关场和控制室两端可靠接地

52. 如果直流电源为 220V，而中间继电器的额定电压为 110V，则回路的连接可以采用中间继电器串联电阻的方式，串联电阻的一端应接于（　　）。 答案：B

A. 正电源　　B. 负电源　　C. 远离正、负电源（不能直接接于电源端）

53. 装于同一面屏上、由不同端子对供电的两套保护装置的直流逻辑回路之间（　　）。 答案：B

A. 为防止相互干扰，绝对不允许有任何电磁联系
B. 不允许有任何电的联系，如有需要，必须经空接点输出
C. 一般不允许有电磁联系，如有需要，应采取加装抗干扰电容等措施

54. 经控制室 N600 连通的几组电压互感器二次回路，应在控制室将 N600 接地，其中用于取得同期电压的线路电压抽取装置的二次（　　）在开关场另行接地。 答案：C

A. 应　　B. 宜　　C. 不得

55. 在控制室经零相公共小母线 N600 连接的 220～500kV 的母线电压互感器二次回路，其接地点应（　　）。 答案：B

A. 各自在 220～500kV 保护室外一点接地
B. 只在室内接地
C. 各电压互感器分别接地

56. 对于能否在正常运行时确认 $3U_0$ 回路是否完好，有下述三种意见，其中（　　）是正确的。 答案：C

A. 可以用电压表检测 $3U_0$ 回路是否有不平衡电压的方法判断 $3U_0$ 回路是否完好
B. 可以用电压表检测 $3U_0$ 回路是否有不平衡电压的方法判断 $3U_0$ 回路是否完好，但必须使用高内阻的数字万用表，使用指针式万用表不能进行正确地判断
C. 不能以检测 $3U_0$ 回路是否有不平衡电压的方法判断 $3U_0$ 回路是否完好

57. 对于集成电路型、微机型保护，为增强其抗干扰能力应采取的方法是（　　）。 答案：C

A. 交流电源来线必须经抗干扰处理，直流电源来线可不经抗干扰处理
B. 直流电源来线必须经抗干扰处理，交流电源来线可不经抗干扰处理
C. 交流及直流电源来线均必须经抗干扰处理

58. 与微机保护装置出口继电器触点连接的中间继电器线圈两端应（　　）以消除过压回路。 答案：A

A. 并联电容且还需串联一个电阻
B. 串联电容且还需串联一个电阻
C. 串联电容且还需并联一个电阻

59. 一套独立保护装置在不同的保护屏上，其直流电源必须（　　）。 答案：A

A. 由同一专用端子对取得正、负直流电源

B. 由出口继电器屏上的专用端子对取得正、负直流电源

C. 由各自的安装保护屏上的专用端子对取得正、负直流电源

60. 在以下三种关于微机保护二次回路抗干扰措施的定义，（　　）是错误的。 答案：B

A. 强电和弱电回路不得合用同一根电缆

B. 尽量要求使用屏蔽电缆，如使用普通铠装电缆，则应使用电缆备用芯，在开关场及主控室同时接地的方法，作为抗干扰措施

C. 保护用电缆与电力电缆不应同层敷设

61. 在直流总输出回路及各直流分路输出回路装设直流熔断器或小空气开关时，上下级配合（　　）。 答案：B

A. 无选择性要求　B. 有选择性要求　C. 视具体情况而定

62. 中间继电器的电流保持线圈在实际回路中可能出现的最大压降应小于回路额定电压的（　　）。 答案：A

A. 5%　B. 10%　C. 15%

63. 对于集成电路型保护及微机型保护而言，（　　）。 答案：A

A. 弱信号线不得和强干扰（如中间继电器线圈回路）的导线相邻近

B. 因保护中已采取了抗干扰措施，弱信号线可以和强干扰（如中间继电器线圈回路）的导线相邻近

C. 在弱信号线回路并接抗干扰电容后，弱信号线可以和强干扰（如中间继电器线圈回路）的导线相邻近

64. （　　）的绝缘胶布只能作为执行继电保护安全措施票的标识。 答案：B

A. 黄色　B 红色　C. 黄绿红都可以

65. 装置校验前应做好安全措施，在工作屏正面和后面设置（　　）标志。 答案：B

A. 红布幔　B. 在此工作　C. 检修设备

66. 电力系统继电保护的选择性，除了决定于继电保护装置本身的性能外，还要求满足由电源算起，越靠近故障点的继电保护的故障启动值（　　）。 答案：A

A. 相对越小，动作时间越短

B. 相对越大，动作时间越短

C. 相对越大，动作时间越长

67. 下列对线路距离保护振荡闭锁控制原则的描述，（ ）是错误的。 答案：B

A. 单侧电源线路的距离保护不应经振荡闭锁

B. 双侧电源线路的距离保护必须经振荡闭锁

C. 35kV 及以下的线路距离保护不考虑系统振荡误动问题

68. Q/GDW 1425—2018《省、地、县电网继电保护一体化整定计算技术规范》中提出了保护不完全配合的概念，不完全配合指的是（ ）。 答案：A

A. 动作时间配合，保护范围不配合

B. 保护范围配合，动作时间不配合

C. 保护动作时间配合，保护范围不配合

D. 保护范围不配合或动作时间不配合

69. （ ），保护装置与断路器操作回路可仅由一组直流熔断器或自动开关供电。 答案：B

A. 保护装置与断路器跳闸线圈均双重化配置时

B. 采用远后备原则配置保护时

C. 任何情况下都不允许

70. 数字保护装置失去直流电源时，其硬件时钟（ ）。 答案：B

A. 不能正常工作　　B. 还能正常工作

C. 直流电源恢复后又能正常工作

71. 发电厂（站）、变电站的直流母线电压最高不应超过额定电压的 115%，在最大负荷情况下保护动作时不应低于额定电压的（ ）。 答案：B

A. 85%　　B. 80%　　C. 90%　　D. 100%

72. 国网标准化设计中，（ ）跳母联（分段）时不应启动失灵保护。 答案：A

A. 变压器后备保护　　B.变压器差动保护　　C. 母线差动保护

73. 国网标准化设计的双母线接线断路器失灵保护，宜采用（ ）中的失灵电流判别功能。 答案：C

A. 变压器保护　　B. 线路保护　　C. 母线保护

74. 用于串补线路及其相邻线路的距离保护应有防止（ ）拒动和误动的措施。 答案：A

A. 距离保护Ⅰ段　　B. 距离保护Ⅱ段　　C. 距离保护各段

75. 国网标准化设计中，220kV 及以上保护装置的采样回路应使用（ ）（公用一个电压或电流源）。 答案：B

A. 双 A/D 结构　　B. A/D 冗余结构　　C. VFC 结构

76. 国网标准化设计的双母线接线的母线保护，通过隔离开关辅助接点自动识别母线运行方式时，应对隔离开关辅助接点进行自检。当与实际位置不符时，发“隔离开关位置异常”告警信号，应能通过保护模拟盘校正隔离开关位置。当仅有一个支路隔离开关辅助接点异常且该支路有电流时，保护装置仍应具有（　　）的功能。 答案：A

A. 选择故障母线　　B. 选择区内区外故障　　C. 正常运行不误动

77. 国网标准化设计的双母双分段接线，母差保护应提供启动（　　）失灵保护的出口接点。 答案：A

A. 分段　　B. 母联　　C. 分段和母联

78. 国网标准化设计的母线保护应能自动识别母联（分段）的充电状态，合闸于死区故障时，为不误切除运行母线，应（　　）。 答案：C

A. 瞬时跳母联（分段）和运行母线

B. 只瞬时跳母联（分段）

C. 瞬时跳母联（分段）和延时 300ms 跳运行母线

79. 国网标准化设计的双母线接线的母线保护，在母线并列运行，发生死区故障时，会（　　）。 答案：B

A. 先跳母联，再跳故障母线

B. 不能保证选择性，两段母线都跳闸

C. 有选择性地切除故障母线

80. 国网标准化设计的母线保护设置了母联、分段分列运行压板，在母联、分段分列运行时，投入了分列运行压板，在进行母联或分段断路器由断开到合上的操作时，应在（　　）退出分列运行压板。 答案：A

A. 操作前　　B. 操作后　　C. 操作前或操作后

81. 电抗器配置过电流保护作为后备保护，应采用（　　）电流，反应电抗器内部相间故障。 答案：A

A. 首端　　B. 尾端　　C. 首端或尾端

82. 大电流接地系统的输电线路发生接地故障时，对相邻线路零序互感影响的大小与（　　）无关。 答案：A

A. 电压等级　　B. 零序电流的大小　　C. 相邻线路的地理位置

83. 国网标准化设计的变压器保护装置，为提高切除自耦变压器内部单相接地短路故障的可靠性，可配置由高中压和公共绕组 **TA** 构成的分侧差动保护，如在分侧差动保护范围内发生匝间短路故障，分侧差动保护的动作行为是（　　）。 答案：B

A. 短路匝数较多时，差动保护会动作
B. 差动保护不会动作
C. 差动保护会动作

84. 在“强磁弱电”的条件下，在有互感影响的线路发生接地故障，非故障线路有可能误动，但在这种情况下（ ），所以可以采用电流电压有一定的负序分量来开放零序方向纵联保护的方式，防止非故障线路零序方向保护误动。 答案：A
A. 负序电压、电流与零序电压、电流的比值均很小
B. 无负序电压和负序电流
C. 负序电流不一定小于零序电流

85. 国网标准化设计的3/2接线的断路器保护中设有分相和三相瞬时跟跳逻辑，可以通过控制字“跟跳本断路器”来控制，如控制字“跟跳本断路器”置“0”，则（ ）。 答案：B
A. 断路器的“失灵重跳本断路器时间”段退出
B. 分相和三相瞬时跟跳逻辑退出
C. 断路器的“失灵重跳本断路器时间”段和瞬时跟跳逻辑均退出

86. 确保220kV及500kV线路单相接地时线路保护能可靠动作，允许的最大过渡电阻值分别是（ ）。 答案：A
A. 100Ω，300Ω B. 100Ω，150Ω C. 150Ω，300Ω D. 300Ω，100Ω

87. 《电力系统故障动态记录技术准则》规定电力故障动态过程记录设备的最低要求的采样速率为每个工频周波采样点不少于（ ）。 答案：A
A. 20点 B. 18点 C. 16点

88. 针对500kV 3/2接线，开关三相不一致保护时间整定的要求是（ ）。 答案：A
A. 母线侧2s，中间（远离线路）侧3.5s
B. 母线侧3.5s，中间（远离线路）侧2s
C. 母线侧2s，中间（远离线路）侧2s

89. 控制电缆的绝缘水平可采用500V级，500kV级用的控制电缆的绝缘水平宜采用（ ）。 答案：D
A. 500V B. 1000V C. 1500V D. 2000V

90. 负序电流分量启动元件在本线路末端发生金属性两相短路时，灵敏系数大于（ ）。 答案：C
A. 2 B. 3 C. 4

91. 微机保护装置正常工作时的直流电源功耗不大于（　　）。 答案：A

A. 50W　　B. 60W　　C. 70W

92. 微机保护装置直流电源纹波系数应不大于（　　） 答案：B

A. ±1%　　B. ±5%　　C. ±3%

93. 保护装置应承受工频试验电压 1500V 的回路有（　　）。 答案：A

A. 110V 或 220V 直流回路对地
B. 110V 或 220V 交流回路对地
C. 110V 或 220V 直流回路的各触点对地回路

94. 继电器电压回路连续承受电压允许的倍数：交流电压回路为（　　）额定电压，直流电压回路为（　　）额定电压。 答案：A

A. 1.2 倍，1.1 倍　　B. 1.1 倍，1.2 倍　　C. 1.1 倍，1.15 倍

95. 记录设备的内存容量，应满足在（　　）时能不中断地存入全部故障数据的要求。
答案：C

A. 规定时间内的故障
B. 规定时间内连续发生的故障
C. 规定时间内连续发生规定次数的故障

96. 直流继电器的动作电压不应超过额定电压的（　　）。 答案：C

A. 65%　　B. 50%　　C. 70%　　D. 90%

97. 在统计周期中保护装置新投产不足（　　）的按照 0.5 台计算。 答案：C

A. 一个月　　B. 三个月　　C. 六个月

98. 63kV 及以下并联电抗器，一般只装设电流速断保护，其动作电流灵敏度按电抗器引出端两相内部短路最小电流校验，要求其灵敏系数不小于（　　）。 答案：C

A. 1.5　　B. 1.8　　C. 2.0

99. 发电厂有三台及以上变压器接于 110kV 及以上双母线上，则应有（　　）。 答案：B

A. 一台变压器中性点直接接地
B. 每条母线有一台变压器中性点直接接地
C. 三台及以上变压器均直接接地

100. 在新保护投入时，（　　）。 答案：A

A. 不能单独以“六角图”测试方法确证 $3U_0$ 构成的零序方向保护的极性关系正确

B. 利用“六角图”测试方法便可确证 $3U_0$ 构成的零序方向保护的极性关系正确
C. 利用“六角图”测试与功率因数角测试相结合的方法可确证 $3U_0$ 构成的零序方向保护的极性关系正确

101. 交流来线经抗干扰微机保护装置增强抗干扰能力应采取的方法是（ ）。 答案：C
A. 交流来线经抗干扰处理，直流不经抗干扰处理
B. 交流来线可不经抗干扰处理，直流经抗干扰处理
C. 交流、直流电源来线必须经抗干扰处理

102. 按照双重化原则配置的两套线路保护均有重合闸，当其中一套重合闸停用时（ ）。 答案：A
A. 对应保护装置的沟通三跳功能不应投入
B. 对应保护装置的沟通三跳功能需投入
C. 上述两种状态均可

103. 发电厂和变电站应采用铜芯控制电缆和导线，弱电控制回路的截面积不应小于（ ）。 答案：C
A. 1.5mm² B. 2.5mm² C. 0.5mm²

104. 继电保护是以常见运行方式为主来进行整定计算和灵敏度校核的。所谓常见运行方式是指（ ）。 答案：B
A. 正常运行方式下，任意一回线路检修
B. 正常运行方式下，与被保护设备相邻近的一回线路或一个元件检修
C. 正常运行方式下，与被保护设备相邻近的一回线路检修并有另一回线路故障被切除

105. 直流系统保护在不能兼顾防止保护误动和拒动时，保护配置应以防（ ）为主。 答案：B
A. 误动 B. 拒动 C. 均衡考虑

106. 独立的继电保护信息管理系统应工作在安全（ ）区。 答案：B
A. Ⅰ B. Ⅱ C. Ⅲ

107. 《国家电网公司十八项电网重大反事故措施》（2018 年修订版）规定，装设静态型、微机型继电保护装置和收发信机的厂、站接地电阻应按规定不大于（ ）。 答案：C
A. 0.1Ω B. 0.2Ω C. 0.5Ω D. 1Ω

108. 新的“六统一”原则为（ ）。 答案：A
A. 功能配置统一的原则、端子排布置统一的原则、屏柜压板统一的原则、回路设计统

一的原则、接口标准统一的原则、保护定值和报告格式统一的原则

B. 功能配置统一的原则、端子排布置统一的原则、屏柜压板统一的原则、回路设计统一的原则、开关量逻辑统一的原则、保护定值和报告格式统一的原则

C. 技术标准统一的原则、功能配置统一的原则、端子排布置统一的原则、屏柜压板统一的原则、回路设计统一的原则、接口标准统一的原则

D. 原理统一的原则、技术标准统一的原则、功能配置统一的原则、端子排布置统一的原则、屏柜压板统一的原则、回路设计统一的原则

109. **在主控室、保护室柜屏下层的电缆室内，按柜屏布置的方向敷设（　　）mm^2的专用铜排（缆），将该专用铜排（缆）首末端连接，形成保护室内的等电位接地网。保护室内的等电位接地网必须用至少（　　）根以上、截面积不小于（　　）mm^2的铜排（缆）与厂、站的主接地网在电缆竖井处可靠连接。屏柜上装置的接地端子应用截面积不小于（　　）mm^2的多股铜线和接地铜排相连。** 答案：ABCB

A. 100　　B. 4　　C. 50　　D. 10

110. **变电站直流系统处于正常状态，某 220kV 线路断路器处于断开位置，控制回路正常带电，利用万用表直流电压档测量该线路纵联方向保护跳闸出口压板下端口的对地电位，正确的状态应该是（　　）。** 答案：B

A. 压板下口对地电压为+110V 左右

B. 压板下口对地电压为 0V 左右

C. 压板下口对地电压为−110V 左右

111. **110kV 及以上电压线路的保护装置，应具有测量故障点距离的功能，对金属性短路故障测距，误差不大于线路全长的（　　）。** 答案：A

A. ±3%　　B. ±5%　　C. ±10%

112. **断路器失灵保护判别元件的动作时间和返回时间均不应大于（　　）。** 答案：A

A. 20ms　　B. 25ms　　C. 30ms

113. **试验部件、连接片、切换片，安装中心线离地面不宜低于（　　）。** 答案：C

A. 400mm　　B. 350mm　　C.300mm

114. **进行新安装装置验收试验时，从保护屏柜的端子排处将所有外部引入的回路及电缆全部断开，分别将电流、电压、直流控制、信号回路的所有端子各自连接在一起，用 1000V 绝缘电阻表测量绝缘电阻，其阻值均应大于（　　）。** 答案：A

A. 10MΩ　　B. 5MΩ　　C. 1MΩ

115. **对于操作箱中的出口继电器，应进行动作电压范围的检验，其值应在（　　）额定电**

压之间。 答案：C

A. 30%～65% B. 50%～70% C. 55%～70%

116. 在确定继电保护和安全自动装置的配置方案时，应优先选用（ ）的数字式装置。 答案：B

A. 智能 B. 具有成熟运行经验
C. 具有通信功能 D. 完善

117. 如果保护设备与通信设备间采用电缆连接，当使用双绞一双屏蔽电缆时，正确的做法是（ ）。 答案：A

A. 每对双绞线的屏蔽层，内层发端接地，收端悬浮；外屏蔽层两端接地
B. 每对双绞线的屏蔽层，内层收端接地，发端悬浮；外屏蔽层两端接地
C. 整个电缆的外屏蔽层，发端接地，收端悬浮；内屏蔽层两端接地
D. 每对双绞线的屏蔽层及整个电缆的外屏蔽层在两端接地

118. 直流继电器的动作电压不应超过额定电压的（ ）。 答案：C

A. 65% B. 50% C. 70% D. 90%

119. 在进行线路保护试验时，除试验仪器容量外，试验电流及电压的谐波分量不宜超过基波分量的（ ）。 答案：C

A. 2.5% B. 10% C. 5% D. 2%

120. 保护屏必须有接地端子，并用截面积不少于（ ）mm^2 的多股铜线和接地网直接连通。 答案：B

A. 2.5 B. 4 C. 5 D. 6

121. 非电量保护接入跳闸回路的继电器，其动作电压应不小于（ ）的额定电压，动作时间不宜小于（ ），并有较大的启动功率。 答案：A

A. 55%，10ms B. 50%，15ms C. 55%，20ms

122. 光纤保护接口装置用的通信电源为 48V，下列说法正确的是（ ）。 答案：B

A. 48V 直流电源与保护用直流电源一样，要求正负极对地绝缘
B. 48V 直流系统正极接地，负极对地绝缘
C. 48V 直流系统负极接地，正极对地绝缘

123. 下列不属于补充检验内容的是（ ）。 答案：C

A. 检修或更换一次设备后的检验
B. 事故后检验

C. 利用装置进行断路器跳、合闸试验

124. 在微机装置的检验过程中，如必须使用电烙铁，应使用专用电烙铁，并将电烙铁与保护屏（柜）(　　)。 答案：A

A. 在同一点接地　B. 分别接地　C. 只需保护屏（柜）接地

125. 设备停电时，应先停一次设备，后停保护；送电时，应在（　　）投入保护。 答案：A

A. 合隔离开关前　B. 合断路器前　C. 合断路器后　D. 无所谓

126. 继电保护的“三误”是（　　）。 答案：C

A. 误整定，误试验，误碰　B. 误整定，误接线，误试验

C. 误接线，误碰，误整定

127. 双母线系统的两组电压互感器二次回路采用自动切换的接线，切换继电器的触点（　　）。 答案：C

A. 应采用同步接通与断开的触点　B. 应采用先断开、后接通的触点

C. 应采用先接通、后断开的触点

128. 查找 220V 直流系统接地使用表计的内阻不小于（　　）。 答案：A

A. 2000Ω　B. 5000Ω　C. 2000Ω

129. 发电机或变压器过励磁保护的启动元件、定时限元件和反时限元件应能分别整定，并要求其返回系数不低于（　　）。 答案：C

A. 0.85　B. 0.90　C. 0.96

130. 在保证可靠动作的前提下，对于联系不强的 **220kV** 电网，重点应防止保护无选择性动作；对于联系紧密的 **220kV** 电网，重点应保证保护动作的（　　）。 答案：B

A. 选择性　B. 可靠性　C. 灵敏性

131. 微机保护定检周期和时间原则规定如下：新安装的保护 **1** 年内进行一次全部检验，以后每 **6** 年进行一次全部检验，每（　　）进行一次部分检验。 答案：B

A. 1 年　B. 1～2 年　C. 3 年

132. **110V** 直流回路绝缘监测表计内阻应大于（　　）。 答案：B

A. 20kΩ　B. 10kΩ　C. 5kΩ

133. **50km** 以下的 **220～500kV** 线路，相间距离保护应有对本线路末端故障灵敏度不小于（　　）的延时段。 答案：C

A. 1.5　　B. 1.4　　C. 1.3

134. **在用拉路法查找直流接地时，要求断开各专用直流回路的时间（　　）。** 答案：B

A. 不得超过 3min　　B. 不得超过 3s

C. 根据被查回路中是否有接地点而定

135. **220～500kV 线路分相操作断路器使用单相重合闸，要求断路器三相合闸不同期时间不大于（　　）。** 答案：B

A. 1ms　　B. 5ms　　C. 10ms

136. **110kV 变电站故障解列装置动作时间应躲过相邻线路保护灵敏段时间，并与上级线路重合闸时间配合，一般（　　）。** 答案：A

A. ≤1.5s　　B. <1s　　C. ≤2.5s　　D. >1s

137. **20kV 小电阻接地系统接地变压器零序电流保护应采用（　　）。** 答案：B

A. 电源侧三相电流互感器自产零序电流

B. 变压器中性点回路零序电流互感器电流

C. 都可以

138. **每台新建变压器设备在投产前应提供正序和零序阻抗，各侧故障的动、热稳定时限曲线和变压器（　　）作为继电保护整定计算的依据。** 答案：B

A. 过负荷能力　　B. 过励磁曲线　　C. 过负荷曲线

139. **进入 SF_6 配电装置低位区或电缆沟进行工作应先检测含氧量和 SF_6 气体含量是否合格，含氧量不低于（　　）。** 答案：A

A. 18%　　B. 15%　　C. 12%

140. **电力系统继电保护和安全自动装置的功能应在合理的（　　）前提下，保证电力系统和电力设备的安全运行。** 答案：B

A. 配置　　B. 电网结构　　C. 设计

141. **传输线路纵联保护信息的数字式通道传输时间应不大于（　　），点对点的数字式通道传输时间应不大于（　　）。** 答案：C

A. 15ms，8ms　　B. 12ms，8ms　　C. 12ms，5ms　　D. 8ms，3ms

142. **线路断路器失灵保护相电流判别元件的定值整定原则是（　　）。** 答案：B

A. 躲开线路最大负荷电流　　B. 保证本线路末端故障有灵敏度

C. 躲开本线路末端最大短路电流

143. 零序电流保护逐级配合是指（　　）。　答案：C

A. 零序定值要配合，不出现交错点

B. 时间必须首先配合，不出现交错点

C. 电流定值灵敏度和时间都要相互配合

144. 微机型保护装置全部检验周期是（　　）。　答案：A

A. 6 年　B. 5 年　C. 4 年　D. 3 年

145. 微机型保护装置部分检验周期是（　　）。　答案：C

A. 4～6 年　B. 3～5 年　C. 2～4 年　D. 1～3 年

146. 已投运的保护装置停电（　　）年及以上，再次投入运行时需要进行补充检验。答案：B

A. 0.5 年　B. 1 年　C. 1.5 年　D. 2 年

147. 保护装置检验所使用的仪器、仪表应检验合格，并应满足相关规定，定值检验所使用的仪器、仪表的准确级应不低于（　　）。　答案：C

A. 0.1 级　B. 0.2 级　C. 0.5 级　D. 1.0 级

148. 保护装置检验所使用的仪器、仪表应采用 0.5 级，其允许误差为（　　）。　答案：C

A. ＜0.5%　B. 0.5%～1.5%　C. 1.5%～5%　D. ≥5%

149. 测量相位用仪表的准确度不应低于（　　）。　答案：D

A. 0.1 级　B. 0.2 级　C. 0.5 级　D. 1.0 级

150. 新安装保护装置的验收试验，从保护屏柜的端子排处将所有外部引入的回路及电缆全部断开，分别将电流、电压、直流控制、信号回路的所有端子各自连接在一起，用（　　）绝缘电阻表测量各回路对地和各回路相互间绝缘电阻，其阻值均应大于（　　）。

答案：A

A. 1000V，10MΩ　B. 500V，10MΩ

C. 500V，1MΩ　D.1000V，1MΩ

151. 定期校验时，在保护屏柜的端子排处将所有电流、电压、直流控制回路的端子的外部接线拆开，并将电压、电流回路的接地点拆开，用（　　）绝缘电阻表测量各回路对地和各回路相互间绝缘电阻，其阻值均应大于（　　）。　答案：D

A. 1000V，10MΩ　B. 500V，10MΩ

C. 500V，1MΩ　D. 1000V，1MΩ

152. 对使用触点输出的信号回路，用（　　）绝缘电阻表测量电缆每芯对地及其他各芯对

地及对其他各芯间的绝缘电阻，其绝缘电阻应不小于（ ）。定期检验只测量芯线对地的绝缘电阻。 答案：D

A. 1000V，10MΩ B. 500V，10MΩ
C. 500V，1MΩ D. 1000V，1MΩ

153. 定期检查时可用绝缘电阻表检验金属氧化物避雷器的工作状态是否正常。一般当用（ ）绝缘电阻表时，金属氧化物避雷器不应击穿；而用（ ）绝缘电阻表时，则应可靠击穿。 答案：D

A. 500V，1000V B. 1000V，2000V
C. 1000V，1500V D. 1000V，2500V

154. 对于纵联保护通道的光纤，应呈现自然弯曲状态，弯曲半径大于（ ）。 答案：C

A. 1cm B. 2cm C. 3cm D. 4cm

155. 在使用操作箱的防止断路器跳跃回路时，应检验串联接入跳合闸回路的自保持线圈，其动作电流不应大于额定跳合闸电流的（ ），线圈压降小于额定值的（ ）。 答案：A

A. 50%，5% B. 55%，5% C. 50%，10% D. 55%，3%

156. 操作箱内跳闸保持继电器、合闸保持继电器额定电流可采用动作电流自适应方式或在一定范围内按级差整定方式，保持继电器的实际动作电流不应大于断路器跳合闸线圈额定电流的（ ），按级差整定时，保持继电器的实际动作电流宜不小于断路器跳合闸线圈额定电流的（ ）；操作箱跳合闸保持回路上的压降不应高于额定直流电压的（ ）。 答案：A

A. 50%，20%，5% B. 55%，20%，5%
C. 50%，15%，1% D. 50%，10%，3%

157. 操作箱中手跳继电器、手合继电器、重合闸继电器、三相跳闸继电器的启动电压范围为额定直流电压的（ ），启动功率不低于5W。 答案：A

A. 55%～70% B. 55%～75% C. 50%～80% D. 55%～80%

158. 操作箱内部重动继电器的启动电压范围为额定直流电压的（ ）。 答案：C

A. 55%～70% B. 20%～75% C. 30%～80% D. 35%～80%

159. SV报文发送间隔离散度检查时，测出的间隔抖动应在（ ）之内。 答案：B

A. ±5μs B. ±10μs C. ±15μs D. ±20μs

160. 断路器应有足够数量的、动作逻辑正确、接触可靠的辅助触点供保护装置使用。辅助

触点与主触头的动作时间差不大于（　　）。 答案：B

A. 5ms　B. 10ms　C. 15ms　D. 20ms

161. 合并单元守时误差应小于（　　）。 答案：A

A. 4μs/10min　B. 5μs/10min　C. 4μs/15min　D. 5μs/20min

162. 合并单元的额定延迟，当 **MU** 不级联时，不大于（　　）；当 **MU** 级联时，额定延迟不大于（　　）。 答案：A

A.1ms，2ms　B.2ms，2ms　C.1ms，3ms　D.3ms，2ms

163. 智能终端收到保护跳闸命令后到开出硬接点的时间应小于（　　）。 答案：A

A. 5ms　B. 6ms　C. 7ms　D. 8ms

164. 每台交换机的光纤接入数量不宜超过（　　）对，并配备适量的备用端口。 答案：B

A. 15　B. 16　C. 17　D. 18

165. 任意两台 IED 设备之间的数据传输路由不应超过（　　）个交换机。 答案：B

A. 3　B. 4　C. 5　D. 6

166. 间隔合并单元级联母线合并单元后，其电压、电流通道的相位差不应大于（　　）。 答案：A

A. 10’（10μs）　B. 15’（15μs）　C. 20’（20μs）　D. 25’（25μs）

167. 从各间隔合并单元均通入额定电流时，相应纵联差动保护、母线差动保护、变压器差动保护的差流值不应大于（　　）。 答案：D

A. $0.01I_n$　B. $0.02I_n$　C. $0.03I_n$　D. $0.04I_n$

168. 当保护采用双重化配置时，其电压切换箱（回路）隔离开关辅助触点应采用（　　）输入方式。单套配置保护的电压切换箱（回路）隔离开关辅助触点应采用（　　）输入方式。 答案：A

A. 单位置，双位置　B. 双位置，单位置

B. 双位置，双位置　D. 单位置，单位置

169. 互感器的二次绕组必须一端接地，其目的是（　　）。 答案：D

A. 提高测量精度　B. 确定测量范围

C. 防止二次过负荷　D. 保证人身安全

170. 继电保护基建验收必须进行所有保护整组检查，模拟故障检查保护（　　）的唯一对

应关系，避免有任何寄生回路存在。 答案：D

A. 开出　B. 开入　C. 软压板　D. 连接片

171. 保护屏柜上交流电压回路的空气开关应与电压回路总路开关（　　）。 答案：A

A. 在跳闸时限上有明确的配合关系
B. 在动作值上有配合关系，与跳闸时限无关
C. 在跳闸时限上无明确的配合关系
D. 空气开关总是动作快于电压回路总路开关

172. 电压互感器及其回路的检验应满足（　　）。 答案：C

A. 二次回路接线及接地检查应满足 TV 二次中性点在开关场接地点应闭合，如有必要可加装放电器接地
B. 检查放电器的安装时击穿峰值电压应大于 $50I_{max}$（单位为 V）
C. 测量二次压降小于 $3\%U_e$
D. 用 1000V 绝缘电阻表检查 TV 二次绕组对外壳及绕组间、全部二次回路对地及同一电缆内的各芯间的绝缘电阻大于 2MΩ

173. 由不同熔断器或自动开关供电的两套保护装置的（　　）间不允许有任何电的联系。 答案：D

A. 信号逻辑回路　B. 交流逻辑回路
C. 电流电压回路　D. 直流逻辑回路

174. 双母线系统的两组电压互感器二次回路采用自动切换的接线，切换继电器的接点（　　）。 答案：C

A. 采用同步接通与断开的接点　B. 应采用先断开后接通的接点
C. 应采用先接通后断开的接点　D. 对接点的断开顺序不做要求

175. SV 传输数据检验应在全部本体试验合格后进行，将互感器本体和合并单元连接并按 SCD 文件相关 IED 配置合并单元，检验合并单元输出 SV 数据通道正确性，检查相关通信参数符合 SCD 文件配置。如用（　　），SV 数据输出还应检验是否满足相关间隔输出及带延时参数的要求。 答案：A

A. 直采方式　B. 网采方式　C. 直联方式　D. 环网方式

176. 失灵保护的判别元件的动作时间和返回时间要求（　　）。 答案：A

A. 动作时间不应大于 20ms，返回时间不应大于 20ms
B. 动作时间不应大于 20ms，返回时间不应大于 30ms
C. 动作时间不应大于 30ms，返回时间不应大于 20ms
D. 动作时间不应大于 30ms，返回时间不应大于 30ms

177. 当 SMV 采用组网或与 GOOSE 共网的方式传输时，用于母线差动保护或主变压器差动保护的过程层交换机宜支持在任意 100M 网口出现持续(　　)突发流量时不丢包，在任意 1000M 网口出现持续 0.25ms 的 2000M 突发流量时不丢包。 答案：C

A. 1ms 的 100M　B. 0.5ms 的 100M　C. 0.25ms 的 1000M　D. 2ms 的 100M

178. 关于 VLAN 的陈述，错误的是（　　）。 答案：C

A. 把用户逻辑分组为明确的 VLAN 的最常用的方法是帧过滤和帧标识

B. VLAN 的优点包括通过建立安全用户组而得到更加严密的网络安全性

C. 网桥构成了 VLAN 通信中的一个核心组件

D. VLAN 有助于分发流量负载

179. 纵联电流差动保护装置的功能代码是（　　）。 答案：C

A. T　B. D　C. A　D. M

180. 变压器后备保护整定时间不应超过变压器短路承受能力试验承载短路电流的持续时间（　　）。 答案：C

A. 1.0s　B. 1.5s　C. 2.0s　D. 2.5s

181. 线路各侧或主设备差动保护各侧的电流互感器的（　　）宜一致，避免在遇到较大短路电流时因各侧电流互感器的暂态特性不一致导致保护不正确动作。 答案：C

A. 容量　B. 变比　C. 特性　D. 以上都是

182. 变压器的（　　）宜设置长延时的后备保护。在保护不失配的前提下，尽量（　　）变压器后备保护的整定时间。 答案：A

A. 高压侧，缩短　B. 高压侧，延长

C. 低压侧，缩短　D. 低压侧，延长

183. 对于新投设备，应按相关规程要求，检验（　　）内所有保护之间的相互配合关系；线路纵联保护还应与对侧线路保护进行一一对应的联动试验。 答案：A

A. 同一间隔　B. 相邻间隔　C. 相关间隔　D. 以上所有

184. 继电保护专业和（　　）应密切配合。注意校核继电保护通信设备（光纤、微波、载波）传输信号的可靠性和冗余度及通道传输时间。 答案：A

A. 通信专业　B. 运行专业　C. 检修专业　D. 调度专业

185. 中、低压侧为（　　）及以下电压等级且中、低压侧并列运行的变压器，中、低压侧后备保护应第一时限跳开母联或分段断路器，缩小故障范围。 答案：B

A. 220kV　B. 110kV　C. 35kV　D. 10kV

186. 发电厂应根据调控机构下发的等值参数、定值限额及配合要求等至少（ ）对所辖设备的整定值进行全面复算和校核。 答案：C

A. 每月 B. 每半年 C. 每年 D. 每两年

187. 由一次设备（如变压器、断路器、隔离开关和电流、电压互感器等）直接引出的二次电缆的屏蔽层应使用截面积不小于 **4mm²** 多股铜质软导线（ ）。 答案：B

A. 在就地端子箱处和一次设备的接线盒（箱）处接地

B. 仅在就地端子箱处一点接地，在一次设备的接线盒（箱）处不接地

C. 仅在一次设备的接线盒（箱）处一点接地，在就地端子箱处不接地

188. 由一次设备直接引出的二次电缆经金属管从一次设备的接线盒（箱）引至电缆沟，并将金属管的上端与一次设备的底座或金属外壳良好焊接，金属管另一端应在距一次设备（ ）之外与主接地网焊接。 答案：B

A. 1～3m B. 3～5m C. 5～7m

189. 应沿线路纵联保护光电转换设备至光通信设备光电转换接口装置之间的 **2M** 同轴电缆敷设截面积不小于（ ）**mm²** 铜电缆。 答案：C

A. 50 B. 80 C. 100 D. 200

190. （ ）的电压互感器二次回路，宜在电压互感器端子箱处将每组二次回路中性点分别经放电间隙或氧化锌阀片接地。 答案：B

A. 已在开关场接地 B. 未在开关场接地

C. 已在保护装置接地 D. 未在保护装置接地

191. 智能变电站验收时要确保 **SCD** 文件的正确性及其与( )文件的一致性，防止因 **SCD** 文件错误导致保护失效或误动。 答案：A

A. 设备配置 B. 二次回路

C. 装置关联 D. 一、二次系统

192. （ ）及以上和涉及系统稳定的（ ）新建、扩建或改造的智能变电站采用常规互感器时，应通过二次电缆直接接入保护装置。已投运的智能变电站应按上述原则，分轻重缓急实施改造。 答案：C

A. 500kV，220kV B. 20kV，110kV

C. 330kV，220kV D. 500kV，330kV

193. 对经长电缆跳闸的回路，应采取防止长电缆（ ）影响和防止出口继电器（ ）的措施。 答案：A

A. 分布电容，误动 B. 线路阻抗，误动

C. 分布电容，拒动　　D. 线路阻抗，拒动

194. 独立的、与其他互感器二次回路没有电气联系的电流互感器二次回路可在开关场一点接地，但应考虑（　　）对二次回路绝缘的影响。　答案：A
A. 开关场不同地电位引至同一保护柜时
B. 保护装置处不同地电位引至同一保护柜时
C. 输电线路阻抗
D. 接地点的可靠性

195. 光电转换接口柜和光通信设备的接地铜排应（　　）与主地网相连。　答案：B
A. 分别　　B. 同点　　C. 两点

196. 保护室与通信室之间信号优先采用（　　）传输。　答案：A
A. 光缆　　B. 屏蔽电缆　　C. 同轴电缆

197. 保护室与通信室之间信号若使用电缆，应采用（　　）。　答案：B
A. 屏蔽电缆　　B. 双绞双屏蔽电缆　C. 同轴电缆

198. 断路器失灵保护中用于判断断路器主触头状态的电流判别元件应保证其动作和返回的快速性，动作和返回时间均不宜大于（　　），其返回系数也不宜低于（　　）。　答案：B
A. 20ms，0.8　　B. 20ms，0.9　　C. 15ms，0.8　　D. 15ms，0.9

199. 在进行下列工作（　　），应该停用整套微机继电保护装置。　答案：ABC
A. 微机继电保护装置使用的交流电压、交流电流、开关量输入（输出）回路作业
B. 装置内部作业
C. 继电保护人员输入定值

200. 微机保护做全检的项目有（　　）。　答案：ABCD
A. 绝缘检验　　B. 告警回路检验　　C. 整组试验　　D. 打印机检验

201. 在使用工作票时，下列填用工作票正确的是（　　）。　答案：AD
A. 线路双微机保护轮流退出其中一套微机保护改定值，填用第二种工作票
B. 线路保护装置异常，倒旁路检查本开关保护，填用第二种工作票
C. 更换端子箱保护需带开关做传动试验，填用第二种工作票
D. 停主变压器检查主变压器保护，填用第一种工作票

202. 按照《电力系统继电保护技术监督规定》，属于监督范围的阶段是（　　）。答案：ABCD
A. 工程设计　　B. 运行维护　　C. 安装调试　　D. 规划阶段

203. 根据 DL/T 478—2013《继电保护及安全自动装置通用技术条件》的规定，静态型保护装置的绝缘试验项目有（　　）。 答案：ACD

A. 工频耐压试验　　B. 绝缘老化试验
C. 绝缘电阻试验　　D. 冲击电压试验

204. 根据安全工作规程的规定，以下（　　）属于工作负责人的安全责任。 答案：BC

A. 工作的必要性　　B. 正确安全地组织工作
C. 结合实际进行安全教育　　D. 布置工作现场的安全措施

205. 在（　　）情况下需要将运行中的变压器差动保护停用。 答案：ABCD

A. 差动二次回路及电流互感器回路有变动或进行校验时
B. 继保人员测定差动保护相量图及差压时
C. 差动电流互感器一相断线或回路开路时
D. 差动误动跳闸后或回路出现明显异常时

206. 保护装置调试定值时，必须根据最新定值通知单的规定，（　　）。 答案：ABC

A. 先核对通知单和实际设备是否相符（含互感器接线、变比）
B. 检查有无审核人签字
C. 对所有交流继电器最后定值试验在保护屏的端子排上通电进行

207. 由开关场至控制室的二次电缆采用屏蔽电缆而且要求屏蔽层两端接地是为了降低（　　）。 答案：ABC

A. 开关场的空间电磁场在电缆芯上产生感应，对静态型保护装置造成干扰
B. 相邻电缆中信号产生的电磁场在电缆芯线上产生感应，对静态型保护装置产生干扰
C. 本电缆中信号产生的电磁场在相邻电缆芯线上产生感应，对静态型保护装置产生干扰
D. 由于开关场与控制室的地点位不同，在电缆中产生干扰

208. 为增强继电保护的可靠性，重要变电站宜配置两套直流系统，同时要求（　　）。 答案：BD

A. 任何时刻两套直流系统均不得有电的联系
B. 两套直流系统同时运行互为备用
C. 两套直流系统正常时并列运行
D. 两套直流系统正常时分列运行

209. 220kV 标准化设计保护软、硬压板一般采用“与门”关系，但以下（　　）为“或门”关系。 答案：AC

A. 线路“停用重合闸”压板　　B. 线路“主保护”压板

C. 母线“互联”压板　　D. 主变压器“高后备保护”压板

210. 双侧电源的 110kV 线路保护，主系统侧重合闸检线路无压，弱电源侧重合闸可停用，也可（　　）。 答案：AB

A. 检同期　　B. 检线路有压、母线无压

C. 检线路无压、母线有压　　D. 不检定

211. 闭锁 35kV 母分备自投的保护有（　　）。 答案：BC

A. 主变压器差动保护　　B. 主变压器低压侧后备保护

C. 35kV 母差保护　　D. 母分过流保护

二、判断题

1. 220V 直流回路对地应承受工频试验电压 2000V。（　　）

答案：×

2. 不重要的电力设备可以在短时间内无保护状态下运行。（　　）

答案：×

3. 继电保护自动装置盘及其电气设备的背面接线应由继电人员清扫。（　　）

答案：√

4. 电网继电保护的整定应满足速动性、选择性和灵敏性要求。（　　）

答案：√

5. 对于配置了两套全线速动保护的 220kV 密集型电网的线路，带延时的线路后备保护第二段，如果需要，可与相邻线路全线速动保护相配合，按可靠躲过相邻线路出口短路故障整定。

答案：×

6. 解列点上的距离保护不应经振荡闭锁控制。（　　）

答案：√

7. 线路保护的双重化主要是指两套保护的交流电流、电压和直流电源彼此独立；有独立的选相功能；有两套独立的保护专（复）用通道；断路器有两个跳闸线圈时，每套主保护分别启动一组。（　　）

答案：√

8. 继电保护装置是保证电力元件安全运行的基本装备，任何电力元件不得在无保护的状态下运行。（　　）

答案：√

9. 如果差动保护做六角图测相量正确，则无需测量各中性线的不平衡电流。（　　）

答案：×

10. 继电保护装置检验分为验收检验、定期检验和事故检验三种。（　　）

答案：×

11. 电力系统继电保护有四项基本性能要求，分别是可靠性、选择性、速动性、灵敏性。(　　)

答案：√

12. 继电保护装置试验所用仪表的精确度应为 0.5 级。(　　)

答案：√

13. 在一次设备运行而停用部分保护进行工作时，应特别注意断开不经连接片的跳合闸线圈及与运行设备安全有关的连线。(　　)

答案：√

14. 500kV 系统主保护的双重化是指两套主保护的交流电流、电压和直流电源均彼此独立；同时要求具有两套独立的保护专（复）用通道，断路器有两个跳闸线圈，断路器控制电源可分别接自两套主保护的直流电源。(　　)

答案：×

15. 带电的电压互感器和电流互感器回路均不允许开路。(　　)

答案：×

16. 在保护和测量仪表中，电流回路的导线截面积不应小于 $4mm^2$。(　　)

答案：×

17. 需要变更工作成员时，必须经过工作票签发人同意。(　　)

答案：×

18. 保护装置的二次接线变动时或改动时，应严防寄生回路的存在。没用的线必须拆除。变动直流二次回路后，应进行相应传动试验，还必须模拟各种故障进行整组试验。(　　)

答案：×

19. 专责监护人不得兼做其他工作。(　　)

答案：√

20. 对于双重化保护的电流回路、电压回路、直流电源回路、双套跳闸线圈的控制回路等，不宜合用同一根多芯电缆。(　　)

答案：√

21. 所谓选择性是指应该由故障设备的保护动作切除故障。(　　)

答案：×

22. 220～500kV 系统主保护的双重化主要是指交流电流、电压和直流电源彼此独立；有独立的选相功能，断路器有两个跳闸线圈；有两套独立的保护专（复）用通道。(　　)

答案：√

23. 工作票签发人可以兼任该项工作的工作负责人。(　　)

答案：×

24. 变动交流电压、电流二次回路后，要用负荷电流、工作电压检查变动后回路的正确性。(　　)

答案：√

25. 对保护装置或继电器的直流和交流回路，必须用 1000V 绝缘电阻表进行绝缘电阻测量。(　　)

答案：×

26. 电力系统对继电保护的基本性能要求为可信赖性、安全性、选择性和快速性。(　　)

答案：×

27. 为了使用户停电时间尽可能短，备自投装置可以不带时限。(　　)

答案：×

28. 在全部停电或部分停电的电气设备上工作，经值班员执行停电和验电后，可以不再装设接地线、悬挂标示牌和装设遮栏。(　　)

答案：×

29. 当需将保护的电流输入回路从电流互感器二次侧断开时，必须有专人监护，使用绝缘工具，并站在绝缘垫上，断开电流互感器二次侧后，妥善可靠地短接电流互感器二次绕组。(　　)

答案：×

30. 在现场进行继电保护装置或继电器试验，所需直流可以从保护屏上的端子上取得。(　　)

答案：×

31. 对于传送大功率的输电线路保护，一般宜强调可信赖性；而对于其他线路保护，则往往宜强调安全性。(　　)

答案：×

32. 凡接触现场运行的继电保护装置、安全自动装置及二次回路的所有人员，不论其所属专业，都必须遵守《继电保护和电网安全自动装置现场工作保安规定》。(　　)

答案：√

33. 为防止电流互感器二次绕组开路，在带电的电流互感器二次回路上工作前，用导线将其二次缠绕短路后方可工作。(　　)

答案：×

34. 接到厂家通知及软件芯片后，各单位即可进行保护装置软件更换。(　　)

答案：×

35. 近后备保护是当主保护或断路器拒动时，由相邻电力设备或线路的保护来实现的后备保护。(　　)

答案：×

36. 新安装的继电保护装置经过运行单位第一次定检后，发生由于安装调试不良造成的不正确动作，但是投入运行尚在一年以内，根据规程规定，责任属基建单位。(　　)

答案：×

37. 对只有两回线和一台变压器的变电站，当该变压器退出运行时，可以不更改两侧线路保护定值，此时，不要求两回线相互之间的整定配合有选择性。(　　)

答案：√

38. 对于终端变电站具有小水电或自备发电机的线路，当主供电源线路故障时，为保证主供电源能重合成功，应将其解列。(　　)

答案：√

39. 任何电力设备和线路在运行中，必须在任何时候由两套完全独立的继电保护装置分别控制两台完全独立的断路器实现保护。(　　)

答案：√

40. 一般来说，高低压电磁环网运行可以给变电站提供多路电源，提高对用户供电的可靠性，因此应尽可能采用这种运行方式。（　　）

答案：×

41. 电压互感器和电流互感器二次回路只能且必须是一点接地。（　　）

答案：√

42. 熔断器的熔丝必须保证在二次电压回路内发生短路时，其熔断的时间小于保护装置的动作时间。（　　）

答案：√

43. 不履行现场继电保护工作安全措施票，是现场继电保护工作的习惯性违章的表现。（　　）

答案：√

44. 为保证设备及人身安全，减少一次设备故障时对继电保护及安全自动装置的干扰，所有电压互感器的中性线必须在开关场就地接地。（　　）

答案：×

45. 继电保护动作速度越快越好，灵敏度越高越好。（　　）

答案：×

46. 220kV 线路保护宜采用远后备方式，110kV 线路保护宜采用近后备方式。（　　）

答案：×

47. 动作时间大于振荡周期的距离保护也应经振荡闭锁控制。（　　）

答案：×

48. 测量继电器的绝缘电阻，额定电压为 100V 及以上者用 1000V 绝缘电阻表，额定电压在 100V 以下者用 500V 绝缘电阻表。（　　）

答案：×

49. 运行中的电流互感器二次短接后，也不得去掉接地点。（　　）

答案：√

50. 带负荷调压的油浸式变压器的调压装置也应装设瓦斯保护。（　　）

答案：√

51. 保护整定计算以常见的运行方式为依据。所谓常见的运行方式一般是指正常运行方式加上被保护设备相邻的一回线（同杆双回线仍作为二回线）或一个元件检修的正常检修方式。（　　）

答案：×

52. 从保护原理上就依赖相继动作的保护，允许其对不利故障类型和不利故障点的灵敏系数在对侧开关跳开后才满足规定的要求。（　　）

答案：√

53. 出口继电器电流保持线圈的自保持电流应不大于断路器跳闸线圈的额定电流，该线圈上的压降应小于 5%的额定电压。（　　）

答案：×

54. 对工作前的准备，现场工作的安全、质量、进度和工作结束后的交接负全部责任者是工作票负责人。(　　)

答案：√

55. 监视 220V 直流回路绝缘状态所用直流电压表计的内阻不小于 10kΩ。(　　)

答案：×

56. 所有电流互感器和电压互感器的二次绕组应有永久性的、可靠的保护接地。(　　)

答案：√

57. 电流互感器的二次侧只允许有一个接地点，对于多组电流互感器相互有联系的二次回路接地点应设在开关场。(　　)

答案：×

58. 试验用直流电源应由专用熔断器供电，也可以从运行设备上直接取得试验电源。(　　)

答案：×

59. 20～35kV 电压等级的电气设备不停电的安全距离为 1m。(　　)

答案：√

60. 如果一套独立保护的继电器及回路分装在不同的保护屏上，那么在不同保护屏上的回路可以由不同的专用端子对取得直流正、负电源。(　　)

答案：×

61. 可以用电缆备用芯两端接地的方法作为抗干扰措施。(　　)

答案：×

62. 采用单相重合闸的线路，宜增设由断路器位置继电器触点两两串联解除重合闸的附加回路。(　　)

答案：√

63. 直流系统接地时，采用拉路寻找、分段处理办法；先拉信号，后拉操作，先拉室外、后拉室内的原则。在切断各专用直流回路时，切断时间不得超过 3s，一旦拉路寻找到就不再合上，立即处理。(　　)

答案：×

64. 允许用卡继电器触点、短路触点或类似的人为手段做保护装置的整组试验。(　　)

答案：×

65. 保证 220kV 及以上电网微机保护不因干扰引起不正确动作，主要是选用抗干扰能力强的微机保护装置，现场不必采取相应的抗干扰措施。(　　)

答案：×

66. 图 9-1 所示压板的接线示意图是合理的。(　　)

答案：×

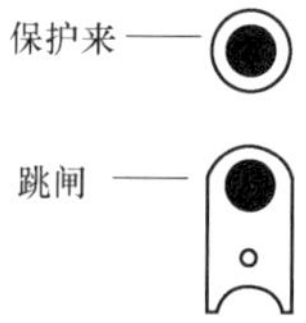

图 9-1

67. 直流回路是绝缘系统而交流回路是接地系统，因此二者不能共用一条电缆。(　　)

答案：√

68. 为提高抗干扰能力，微机型保护的电流引入线应采用屏蔽电缆，屏蔽层和备用芯应在开关场和控制室同时接地。(　　)

答案：×

69. 塑胶无屏蔽层的电缆，允许将备用芯两端接地来减小外界电磁场的干扰。(　　)

答案：×

70. 整组试验时，如果由电流或电压端子通入模拟故障量有困难时可采用卡继电器触点、短路触点等方法来代替。(　　)

答案：×

71. 交直流回路可共用一条电缆，因为交直流回路都是独立系统。(　　)

答案：×

72. 三相三柱式变压器的零序电抗必须使用实测值。(　　)

答案：√

73. 查找直流接地若无专用仪表，可用灯泡寻找的方法。(　　)

答案：×

74. 远方直接跳闸必须有相应的就地判据控制。(　　)

答案：√

75. 不能以检查 $3U_0$ 回路是否有不平衡电压的方法来确认 $3U_0$ 回路是否良好。(　　)

答案：√

76. 保护屏必须有接地端子，并用截面积不小于 $5mm^2$ 的多股铜线和接地网直接连通，装设静态保护的保护屏间应用截面积不小于 $90mm^2$ 的专用接地铜排直接连通。(　　)

答案：×

77. 保护跳闸连接片的安装方法是：连接片的开口端应该装在上方，保护装置的出口跳闸接点回路应接至连接片的下方。(　　)

答案：√

78. 在开关场至控制室的电缆主沟内敷设 1～2 根 $100mm^2$ 的铜电缆，除了可以降低在开关场至控制室之间的地电位差，减少电缆屏蔽层所流过的电流之外，还可以对开关场内空间电磁场产生的干扰起到一定的屏蔽作用。(　　)

答案：√

79. 在电压互感器开口三角绕组输出端不应装熔断器，而应装设自动开关，以便开关跳开时发信号。(　　)

答案：×

80. 直流熔断器的配置原则要求信号回路由专用熔断器供电，不得与其他回路混用。(　　)

答案：√

81. 电力系统中，各电力设备和线路的原有继电保护和安全自动装置，凡能满足可靠性、选择性、灵敏性和速动性要求的，均应予以保留。凡是不能满足要求的，应逐步进行改造。(　　)

答案：√

82. 电流互感器二次回路中可以装设熔断器。(　　)

答案：×

83. 直流电压在 110V 以上的中间继电器，消弧回路应采用反向二极管并接在继电器接点上。(　　)

答案：×

84. 控制屏、保护屏上的端子排，正、负电源之间及电源与跳（合）闸引出端子之间应适当隔开。(　　)

答案：√

85. 用于集成电路型、微机型保护的电流、电压和信号接点的引入线应采用屏蔽电缆，同时电缆的屏蔽层应在控制室可靠接地。(　　)

答案：×

86. 采用“近后备”原则，只有一套纵联保护和一套后备保护的线路，纵联保护和后备保护的直流回路应分别由专用的直流熔断器供电。(　　)

答案：√

87. 电力系统故障动态过程记录功能的采样速率允许较低，一般不超过 1.0kHz，但记录时间长。(　　)

答案：×

88. 按照 DL/T 553—2013《电力系统动态记录装置通用技术条件》的规定，故障录波器每次启动后的 B 时段记录时间可整定，且装置可整定范围不小于 3s。(　　)

答案：√

89. 微机故障录波器启动后，为避免对运行人员造成干扰，不宜给出声光启动信号。(　　)

答案：√

90. 相间距离保护的Ⅲ段定值，按可靠躲过本线路的最大事故过负荷电流对应的最大阻抗整定。(　　)

答案：×

91. 单相重合闸时间的整定，主要是以保证第Ⅱ段保护能可靠动作来考虑的。(　　)

答案：×

92. 母差保护与失灵保护共用出口回路时，闭锁元件的灵敏系数应按失灵保护的要求整定。(　　)

答案：√

93. 中性点经放电间隙接地的半绝缘 110kV 变压器的间隙零序电压保护，$3U_0$ 定值一般整定为 150～180V。(　　)

答案：√

94. 零序电流分支系数的选择，要通过各种运行方式和线路对侧断路器跳闸前或跳闸后等各种情况进行比较，选取最小值。(　　)

答案：×

95. 录波器的完好标准：故障录波记录时间与故障时间吻合，数据准确，波形清晰完整，标

记正确，开关量清楚，与故障过程相符，上报及时，可作为故障分析的依据。（ ）

答案：√

96. 对新安装或设备回路经较大变动的装置，在投入运行前，必须用一次电流和工作电压加以检验。（ ）

答案：√

97. 保护装置抗干扰试验项目分为抗高频干扰试验和抗辐射电磁干扰试验。（ ）

答案：√

98. 在一次电流继电器有特殊装置时，可以在运行中改变定值的应填用第一种工作票。（ ）

答案：×

99. 零序电流保护逐级配合是指时间必须首先配合，不出现交叉点。（ ）

答案：×

100. 在 220kV 电力系统中，校验变压器零序差动保护灵敏系数所采用系统运行方式应为正常运行方式。（ ）

答案：√

101. 在进行冲击电流试验时，冲击电流值应为线路的最大负荷电流。（ ）

答案：×

102. 芯线截面积为 $4mm^2$ 的控制电缆，其电缆芯数不宜超过 10 芯。（ ）

答案：√

103. 没有带电的电气设备就不是运行设备。（ ）

答案：×

104. 专职监护人在设备全部停电时也可以参加工作班工作。（ ）

答案：×

105. 继电保护属于二次工种，它的所有工作填写第二种工作票即可。（ ）

答案：×

106. 对于微机保护装置，当失去 TV 电压时，只要装置不启动，不进入故障处理程序就不会误动。若失压不及时处理，遇有区外故障或系统操作使其启动，则只要有一定的负荷电流，保护有可能误动。（ ）

答案：√

107. 微机保护装置在运行中需要改变已固化好的成套定值时，有现场运行人员按规定的方法改变定值，此时不必停用微机保护装置，但应打印出新定值清单，并与主管调度核对定值。（ ）

答案：√

108. 在微机型保护装置上进行工作时，要有防止静电感应的措施，以免损坏设备。（ ）

答案：√

109. 运行中的设备，如断路器、隔离开关的操作，音响、光字牌的复归，均应由运行值班员进行操作，但“跳闸连片”（即投退保护装置）应由继电保护人员负责操作，运行值班员监护。（ ）

答案：×

110. 在变动直流二次回路后，应进行相应的传动试验，必要时还应模拟各种故障进行整组试验。(　　)

答案：√

111. 自动低频减负荷装置的数量需随系统电源投产容量的增加而相应地增加。(　　)

答案：√

112. 任何运行中的星形接线设备的中性点应视为带电设备。(　　)

答案：√

113. 电流互感器二次回路采用多点接地，易造成保护拒动。(　　)

答案：√

114. 断路器最低跳闸电压及最低合闸电压，其值分别为不低于 30%U_e 和不大于 70%U_e。(　　)

答案：×

115. 继电保护人员输入定值应停用整套微机保护装置。(　　)

答案：√

116. 在微机保护装置使用的交流电压、交流电流、开关量输入、开关量输出回路作业时，应停整套微机继电保护装置。(　　)

答案：√

117. 新安装的微机保护装置 1 年内进行一次全部检验，以后每 6 年进行 1 次全部检验，每 1～2 年进行 1 次部分检验。(　　)

答案：√

118. 微机保护装置应设有硬件闭锁回路，只有在电力系统发生故障保护装置启动时，才允许开放跳闸回路。(　　)

答案：√

119. 微机保护装置应具有在线自动检测功能。装置中出口元件损坏时，不应造成保护误动作，且能发出装置异常信号。(　　)

答案：×

120. 微机保护装置的实时时钟信号及其他主要动作信号在失去直流电源的情况下不能丢失，在电源恢复正常后应能重新正确显示并输出。(　　)

答案：√

121. 为了防护，装在 10kV 开关柜上的微机保护装置应当具有不小于 60dB 的屏蔽能力。(　　)

答案：√

122. 为了提高微机保护装置的抗干扰措施，辅助变换器一般采用屏蔽层接地的变压器隔离，其作用是消除电流互感器、电压互感器可能携带的浪涌干扰。(　　)

答案：√

123. 现场工作过程中遇到异常情况或断路器跳闸时可将人员分成两组，一组继续工作，一组协助运行值班人员查找原因。(　　)

答案：×

124. 除保护安装侧外，对侧无变压器中性点接地，则零序电流保护不需要经方向元件控制。（ ）

答案：√

125. 校验保护灵敏度应选择可能出现的最不利运行方式，增量型保护取最小运行方式，欠量型保护取最大运行方式。（ ）

答案：√

126. 整定计算工作中，在一些特殊点上的保护配合上，为了能可靠切除故障，同时动作时间又要求较短（否则导致保护系统整体性能下降甚至无法配合），此时允许失去选择性。（ ）

答案：√

127. 即使在系统振荡过程中发生短路故障，也不得降低对继电保护装置速动性的要求。（ ）

答案：×

128. 按频率降低自动减负荷装置的具体整定时，其最高一轮的低频整定值一般选为 49.1～49.2Hz。（ ）

答案：√

129. 按频率降低自动减负荷装置的具体整定时，其最高一轮的低频整定值一般选为 49.5Hz。（ ）

答案：×

130. 按频率降低自动减负荷装置的具体整定时，考虑因上一轮未跳开负荷前，系统频率仍在下降中，故下一轮除频率启动值应较低外，还必须带 0.2～0.3s 延时，以保证选择性。（ ）

答案：√

131. 按频率降低自动减负荷装置的具体整定时，考虑因上一轮未跳开负荷前，系统频率仍在下降中，故下一轮除频率起动值应较低外，还必须带 0.5s 延时，以保证选择性。（ ）

答案：×

132. 保护装置与外部联系的出口跳闸回路、信号回路必须经过中间继电器或光电耦合器转换。（ ）

答案：√

133. 保护装置的零点漂移检验，应在保护装置上电后立即进行，不允许通电时间过长后才进行。（ ）

答案：×

134. 当有多个出口继电器可能同时跳闸时，宜由防止跳跃继电器实现断路器跳（合）闸自保持任务。（ ）

答案：√

135. 当两种不同动作原理保护配合整定或有互感影响时，应选取较大的可靠系数。（ ）

答案：√

136. 正常运行时，线路纵联保护（如光纤电流差动保护、光纤距离保护等）一般应两侧状态对应，同时投跳或停用。(　　)

答案：√

137. 220kV 线路或变压器保护按双重化配置后，保护可逐套停用进行定值更改工作；对微机保护无特殊要求时可不做交流通流试验定值校核，但必须打印出装置定值清单进行核对确认。(　　)

答案：√

138. 母联失灵出口延时定值应大于开关最大跳闸灭弧时间，一般整定为 0.2s。(　　)

答案：√

139. 110kV 及以下电力设备的保护一般采用远后备保护。(　　)

答案：√

140. 由电源算起，越靠近故障点的继电保护动作越灵敏，动作时间越长，并在上下级之间留有适当的裕度。(　　)

答案：×

141. 3～35kV 电网的中性点接地方式一般采用中性点直接接地方式和中性点经消弧线圈接地方式。(　　)

答案：×

142. 3/2 断路器主接线方式的变电站中的重合闸应按线路配置。(　　)

答案：×

143. 查找直流接地时，所用仪表内阻不应低于 2000Ω/V。(　　)

答案：√

144. 对动作功率小于 5W 的跳闸出口继电器，其启动电压应大于直流额定电压的 50%。(　　)

答案：√

145. 为保护高阻接地故障，220kV 线路零序Ⅳ段或反时限零序启动电流任何情况下均不应大于 300A。(　　)

答案：×

146. 对使用触点输出的信号回路，用 1000V 绝缘电阻表测量电缆每芯对地及对其他各芯间的绝缘电阻，其绝缘电阻应不小于 1MΩ。定期检验只测量芯线对地的绝缘电阻。(　　)

答案：√

147. 检验中尽量不使用烙铁，如元件损坏等必须在现场进行焊接时，必须要用内热式带接地线烙铁焊接。所替换的元件必须使用制造厂确认的合格产品。(　　)

答案：×

148. 断路器操作回路检验时，可三相同时传动“防跳”回路。(　　)

答案：×

149. 对设有可靠稳压装置的厂站直流系统，经确认稳压性能可靠后，进行整组试验时应按额定电压进行。(　　)

答案：√

150. 母差保护在电流互感器二次回路不正常或断线时可跳闸。(　　)

答案：×

151. 为提高远方跳闸的安全性，防止误动，对采用非数字通道的，执行端应设置故障判别元件。对采用数字通道的，执行端可不设置故障判别元件。(　　)

答案：√

152. 对数字式母线保护装置，允许在启动出口继电器的逻辑中设置电压闭锁回路，而不在跳闸出口接点回路上串接电压闭锁触点。(　　)

答案：√

153. 红色绝缘胶布只作为执行继电保护安全措施票安全措施的标识，未征得工作负责人同意前不得拆除。(　　)

答案：√

154. 在带电的电流互感器二次回路上工作时应使用带绝缘把手的工具，并站在绝缘垫上，以保证人身安全。(　　)

答案：√

155. 用继电保护和电网安全自动装置传动断路器前，应告知运行值班人员和相关人员本次试验的内容，以及可能涉及的一、二次设备。派专人到相应地点确认一、二次设备正常后，方可开始试验。试验时，由继电保护试验人员监视断路器动作行为。(　　)

答案：×

156. 一般操作回路按正常最大负荷下至各设备的电压降不得超过 20%的条件校验控制电缆截面。(　　)

答案：×

157. 当屏、柜搬迁使原有电缆长度不够时，可用焊接法连接电缆（通过大电流的应紧固连接，在连接处应设连接盒）。(　　)

答案：√

158. 根据反措要求，防止直接远方跳闸回路因通道干扰引起误动，在收到对侧远方直接跳闸信号时，本侧在经就地判别是否动作后再跳闸，以提高安全性。(　　)

答案：√

159. 在确定继电保护和安全自动装置的配置方案时，应优先选用具有成熟运行经验的数字式装置。(　　)

答案：√

160. 远后备是当主保护拒动时由该电力设备或线路的另一套保护实现后备的保护；当断路器拒动时，由断路器失灵保护来实现的后备保护。(　　)

答案：×

161. 技术上无特殊要求且无特殊情况时，保护装置中的零序电流方向元件应采用电压互感器的开口三角电压。(　　)

答案：×

162. 保护装置在电流互感器二次回路不正常或断线时应发告警信号，除主变压器保护外，允许跳闸。(　　)

答案：×

163. 对仅配置一套数字式主保护的 110kV 及以上设备，应采用主保护与后备保护相互独立的装置。（　　）

答案：√

164. 数字式保护装置应具有在线自动检测功能，包括保护硬件损坏、功能失效异常运行状态的自动检测，但不包括二次回路的自动检测。（　　）

答案：×

165. 数字式保护装置内的任一元件损坏时，装置不应误动作跳闸，自动检测回路应能发出告警或装置异常信号。（　　）

答案：×

166. 保护装置必须具有故障记录功能，以记录保护的动作过程，为分析保护动作行为提供详细、全面的数据信息，可以代替专用的故障录波器。（　　）

答案：×

167. 保护装置应设硬件时钟电路，装置失去直流电源时，硬件时钟应能正常工作。（　　）

答案：√

168. 保护装置的软件应设有安全防护措施，防止程序出现不符合要求的更改。（　　）

答案：√

169. 保护装置不应要求其交、直流输入回路外接抗干扰元件来满足有关电磁兼容标准的要求。（　　）

答案：√

170. 继电器和保护装置的直流工作电压，应保证在外部电源为 80%～110%额定电压条件下可靠工作。（　　）

答案：×

171. 对于 300MW 级及以上发电机组，应装设双重化的电气量保护。（　　）

答案：×

172. 电压为 220kV 及以上的变压器装设数字式保护时，除非电量保护外，应采用双重化保护配置。当断路器具有两组跳闸线圈时，两套保护宜分别动作于断路器的一组跳闸线圈。（　　）

答案：√

173. 对自耦变压器，为增加切除单相接地短路的可靠性，可在变压器中性点回路增设零序过电流保护。（　　）

答案：√

174. 220kV 线路保护应按加强主保护、完善后备保护的基本原则配置和整定。（　　）

答案：×

175. 具有全线速动保护的 220kV 线路，其主保护的整组动作时间应为：对近端故障不大于 20ms；对远端故障不大于 35ms（不包括通道时间）。（　　）

答案：×

176. 对 3/2 断路器接线，每组母线应装设两套母线保护。（　　）

答案：√

177. 与母差保护共用跳闸出口回路的断路器失灵保护不装设独立的闭锁元件，应共用母差保护的闭锁元件，闭锁元件的灵敏度应按失灵保护的要求整定。（ ）

答案：√

178. 当电容器组中的故障电容器被切除到一定数量后，引起剩余电容器端电压超过115%额定电压时，保护应将整组电容器断开。（ ）

答案：×

179. 330～500kV线路并联电抗器的保护在无专用断路器时，其动作除断开线路的本侧断路器外，还应启动远方跳闸装置，断开线路对侧断路器。（ ）

答案：√

180. 直流保护的设计应使单极停运率减至最小。（ ）

答案：×

181. 直流保护系统宜配置相对独立的数字通道至对站，两极之间的保护应共用一个通信通道。（ ）

答案：×

182. 电力系统安全自动装置，是指在电力网中发生故障时，为确保电网安全与稳定运行，起控制作用的自动装置。（ ）

答案：×

183. 单机容量为200MW及以上的发电机或发电机变压器组应装设专用故障记录装置。（ ）

答案：√

184. 故障记录装置应能接收外部同步时钟信号进行同步的功能，全网故障录波系统的时钟误差应不大于1ms，装置内部时钟24小时误差应不大于±1s。（ ）

答案：×

185. 二次回路的工作电压不宜超过250V，最高不应超过380V。（ ）

答案：×

186. 按机械强度要求，控制电缆或绝缘导线的芯线最小截面积，强电控制回路，不应小于1.5mm^2，屏、柜内导线的芯线截面积应不小于1.0mm^2；弱电控制回路，不应小于0.5mm^2。（ ）

答案：√

187. 在电压互感器二次回路中，除开口三角绕组外，应装设自动开关或熔断器。（ ）

答案：×

188. 继电保护和安全自动装置的直流电源，电压纹波系数应不大于2%，最低电压不低于额定电压的85%，最高电压不高于额定电压的110%。（ ）

答案：√

189. 采用远后备原则配置保护时，其所有保护装置及断路器操作回路等，可仅由一组直流熔断器或自动开关供电。（ ）

答案：√

190. 由不同熔断器或自动开关供电的两套保护装置的直流逻辑回路间不允许有任何电的联系。(　　)

答案：√

191. 传送数字信号的保护与通信设备间的距离大于 100m 时，应采用光缆。(　　)

答案：×

192. 断路器辅助触点与主触头的动作时间差不大于 10ms。(　　)

答案：√

193. 继电保护和电网安全自动装置现场工作应遵循现场标准化作业和风险辨识相关要求。(　　)

答案：√

194. 更换继电保护和电网安全自动装置柜（屏）或拆除旧柜（屏）前，应在有关回路对侧柜（屏）做好安全措施。(　　)

答案：√

195. 带方向性的保护和差动保护新投入运行时，一次设备或交流二次回路改变后，应用负荷电流和工作电压检验其电流、电压回路接线的正确性。(　　)

答案：√

196. 对于母线保护装置的备用间隔电流互感器二次回路应在母线保护柜（屏）端子排外侧断开，端子排内侧应该短路。(　　)

答案：×

197. 110kV 电压等级的微机型保护装置宜每 2～4 年进行一次部分检验，每 5 年进行一次全部检验。(　　)

答案：×

198. 继电保护检验现场可以从运行设备上接取试验电源。(　　)

答案：×

199. 测量电压回路自互感器引出端子到配电屏电压母线在额定容量下的压降，其值不应超过额定电压的 3%。(　　)

答案：√

200. 对设有可靠稳压装置的厂站直流系统，经确认稳压性能可靠后，进行整组试验时，应按额定电压的 80%进行。(　　)

答案：×

201. 对变压器差动保护，需要用在全电压下投入变压器的方法检验保护能否躲开励磁涌流的影响。(　　)

答案：√

202. 规定有接地端的测试仪表，在现场进行校验时，不允许直接接到电源回路中，以防止发生直流电源接地的现象。(　　)

答案：√

203. 继保室内保护和通信设备的室内所有金属结构及设备外壳均应连接于等电位地网。(　　)

答案：√

204. 测量电压回路自互感器引出端子到配电屏电压母线的每相直流电阻，并计算电压互感器的额定容量下的压降，其值不应超过额定电压的 3%。(　　)

答案：√

205. 在带负荷试验过程中，宜使用钳形电流表检查流过保护二次电缆屏蔽层的电流，以确定 $100mm^2$ 铜排是否有效起到抗干扰的作用。当检测不到电流时，应检查屏蔽层是否良好接地。(　　)

答案：√

206. 二次电流回路中性线电流的幅值、二次电压回路中性线对地电压的幅值、屏蔽电缆屏蔽层接地线的电流幅值应在正常范围内。(　　)

答案：√

207. 保护装置的绝缘电阻值应符合 DL/T 995—2016《继电保护和电网安全自动装置检验规程》的有关规定，用 500V 绝缘电阻表测量装置的绝缘电阻值，阻值均应大于 10MΩ。(　　)

答案：×

208. 保护装置的绝缘测试，用 500V 绝缘电阻表，绝缘阻值要求大于 20MΩ，在验收检验和定期检验时都要进行该测试。(　　)

答案：×

209. 分相电流差动保护可以采用不同路由收发，只要往返延时一致即可。(　　)

答案：×

210. 工程投运前，不需要提供线路实测参数报告。(　　)

答案：×

211. 继电保护及二次回路验收前应完成系统调试，并应在投运后 3 个月内提交调试报告。调试报告的数据应真实、可靠。(　　)

答案：×

212. 工程竣工后 1 个月内，施工单位或设计单位应向运行维护单位提供合同规定的工程竣工图纸及其电子版，设计、施工和验收单位应共同确认竣工图纸正确，其接线应与现场实际情况一致。(　　)

答案：×

213. 对双重化配置的保护和电流回路、电压回路、直流电源回路、双跳闸线圈的控制回路等，两套系统不应合用一根多芯电缆。(　　)

答案：√

214. 当现场电流芯线不够时，可以将每组电流线或电压线的 ABC 三相与其中性线置于不同电缆内。(　　)

答案：×

215. 保护用电缆和电力电缆不应同层敷设。(　　)

答案：√

216. 电缆在电缆夹层和电缆沟中应留有一定的裕度，排列整齐，编号清晰，没有交叉。(　　)

答案：√

217. 室外电缆的电缆头，包括端子箱、断路器机构箱、气体继电器、互感器等，应将电缆头封装处置于箱体或接线盒内。(　　)

答案：√

218. 电流回路的电缆芯线，其截面积不应小于 $2.5mm^2$，并满足电流互感器对负载的要求。(　　)

答案：√

219. 交流电压回路，当接入全部负荷时，电压互感器到继电保护和安全自动装置的电压降不应超过额定电压的 3%。应按工程最大规模考虑电压互感器的负荷增值最大的情况。(　　)

答案：√

220. 操作回路的电缆芯线，应满足正常最大负荷情况下电源引出端至各被操作设备端的电压降不超过电源电压的 10%。(　　)

答案：√

221. 交流电压回路宜采用从电压并列屏敷设电缆至保护屏的方式。若采用屏顶小母线方式，铜棒直径不应小于 6mm。(　　)

答案：√

222. 屏柜、箱体内导线连接时，连接导线的中间可以有接头。(　　)

答案：×

223. 保护屏柜端子排设置要求一个端子的每一端只能接一根导线。(　　)

答案：√

224. 打印机的电源线不应与继电保护和自动化设备的信号线布置在同一电缆束中。(　　)

答案：√

225. 正、负电源之间，以及经常带电的正电源与合闸或跳闸回路之间，应以空端子隔开。(　　)

答案：√

226. 接入交流电源 220V 或 380V 的端子应与其他回路端子采取有效隔离措施，并有明显标识。(　　)

答案：√

227. 采用屏顶小母线方式时，屏柜小母线两侧及每面屏柜处应有标明其代号或名称的绝缘标识牌。(　　)

答案：√

228. 电缆标签应包括电缆编号、规格型号、长度和起止位置。(　　)

答案：√

229. 屏柜或箱体的内部配线应标明所在端子位置和对端端子位置。(　　)

答案：√

230. 保护屏至继电保护接口设备的备用纤芯应做好防尘和标识。(　　)

答案：√

231. 继电保护屏内的交流供电电源的中性线（零线）不应接入等电位接地网。(　　)

答案：√

232. 在二次回路中，交、直流空气开关不应混用。宜使用具有切断直流负载能力、不带热保护的自动空气开关取代直流熔断器。(　　)

答案：√

233. 在二次回路中，工作电压不宜超过 250V，最高不应超过 500V。(　　)

答案：√

234. 继电保护的直流系统，最低电压不应低于额定电压的 85%，最高电压不应高于额定电压 110%。(　　)

答案：√

235. 电流互感器二次绕组选择时，保护级次应靠近 L1（P1）侧，测量（计量）级次应靠近 L2（P2）侧，保护级次从母线侧按先间隔保护后母差保护排列。(　　)

答案：√

236. 接入母线保护和主变压器差动保护的二次绕组，可以在后面串接接入其他负载。(　　)

答案：×

237. 电压互感器端子箱处应配置分相自动空气开关。(　　)

答案：√

238. 防止断路器跳跃回路采用串联自保持时，接入跳合闸回路的自保持线圈自保持电流不应大于额定跳合闸电流的 50%，线圈压降应小于额定电压的 5%。(　　)

答案：√

239. 继电保护故障信息系统子站的一、二次设备建模及图形建模应与现场情况相符。(　　)

答案：√

240. 接入国家电网系统的发电企业或者用户变电站不需要按照 Q/GDW 1914—2013《继电保护及安全自动装置验收规范》进行验收。(　　)

答案：×

241. 保护装置的整组传动试验，应在 80%额定直流电压条件下进行，试验允许使用运行中的直流电源。(　　)

答案：×

242. 保护装置投入运行前，应用不低于电流互感器额定电流 10%的负荷电流及工作电压进行检验。(　　)

答案：√

243. 保护装置 24V 开入电源可以出保护室。(　　)

答案：×

244. 当断路器只有一组跳闸线圈时，失灵保护装置的工作电源和相对应的断路器操作电源应取自相同的直流电源系统。(　　)

答案：×

245. 继电保护及安全自动装置的电源模块，其电源输出的正极、负极对地电压分别为 0V。(　　)

答案：√

246. 现场检查除纵联通道外的保护用光缆，应为多模光缆，检查进入保护室或控制室的保护用光缆，应为阻燃防水防鼠咬非金属光缆，且每根光缆备用纤芯不少于 20%且不少于 2 芯。(　　)

答案：√

247. 330kV 及以上和所有 220kV 智能变电站采用常规互感器时，应通过二次电缆直接接入保护装置。(　　)

答案：×

248. 保护装置不需要投入检修压板即可下装配置文件。(　　)

答案：×

249. 保护装置下装配置文件时，不会闭锁本装置。(　　)

答案：×

250. 智能终端在 GOOSE 跳合闸、遥控命令动作后，装置面板响应指示灯应点亮，控制命令结束后面板指示灯不需要通过手动或者遥控复归，可以自动复归。(　　)

答案：√

251. 带负荷极性检查时，负荷电流不应低于电子式互感器或者合并单元最小精确工作电流。(　　)

答案：√

252. 电压切换直流电源与对应保护装置直流电源取自统一直流母线且分别使用独立直流空气开关。(　　)

答案：×

253. 母线差动保护各支路电流互感器变比差不宜大于 4 倍。(　　)

答案：√

254. 变电站内的故障录波器应能对站用直流系统的各母线段（控制、保护）对地电压进行录波。(　　)

答案：√

255. 3/2 断路器接线，每套母线保护应具有边断路器失灵经母线保护跳闸功能。(　　)

答案：√

256. 3/2 断路器接线的母线保护需要采集开关位置状态信息。(　　)

答案：×

257. 3/2 断路器接线的母线保护应设置灵敏的、不需整定的电流元件并带 50ms 的固定延时，以提高边断路器失灵保护动作后经母线保护跳闸的可靠性。(　　)

答案：√

258. 母线保护不允许使用不同变比的 TA。(　　)

答案：×

259. 母线断路器失灵保护与母差保护共用出口。(　　)

答案：√

260. 双母线接线的差动保护应设有大差元件和小差元件，大差用于故障母线的选择。(　　)

答案：×

261. 双母线接线的母线 TV 断线时，允许母线保护解除该段母线电压闭锁。(　　)

答案：√

262. 母线保护主变压器支路 TA 断线时，不闭锁差动保护。(　　)

答案：×

263. 双母线接线母线保护可选配母联充电过流保护功能。(　　)

答案：√

264. 常规采样 GOOSE 跳闸，主变压器失灵开入同时解除该支路失灵电压闭锁。(　　)

答案：√

265. 就地化保护装置应满足 Q/GDW 396—2009《IEC 61850 工程继电保护应用模型》的建模与配置要求。(　　)

答案：√

266. 应对两回及以上并联线路两侧系统短路容量进行校核，如果因两侧系统短路容量相差较大，存在重合于永久故障时由于直流分量较大而导致断路器无法灭弧，需靠失灵保护动作延时切除故障的问题时，线路重合闸应选用一侧先重合、另一侧待对侧重合成功后再重合的方式。新建工程在设计阶段应考虑为实现这种方式所需要的重合闸检线路三相有压的条件。对于已投运厂站未配置线路三相电压互感器的，改造前可利用线路保护闭锁后合侧重合闸的方式作为临时解决方案。(　　)

答案：√

267. 对于动态无功不足的特高压直流受端系统、短路容量不足的直流弱送端系统，以及高比例受电地区，应通过技术经济比较配置电容器等静态无功补偿装置。(　　)

答案：×

268. “六统一”规定，双母线接线的母线保护，当仅有一个支路隔离开关辅助触点异常，保护装置仍应具有选择故障母线的功能。(　　)

答案：×

269. 智能变电站时间同步系统主时钟应按照基准信号优先级从高到低进行选择，排序依次应为 BDS 信号、GPS 信号、热备用判断信号、地面有线时间基准信号。(　　)

答案：×

270. 合并单元在进行母线电压并列或切换时，不应出现通信中断、丢包、品质输出异常改变等异常现象，采样值不应误输出，采样序号可不连续。(　　)

答案：×

271. 单个保护装置的 IED 可以有多个 LD 和 SGCB，每个 LD 应可有多个 SGCB 实例。(　　)

答案：×

272. 当取代的数据配置在数据集中，subEna 置为 True 时，取代的状态值和实际状态值不同，应上送报告，上送的数据值为取代后的数值，原因码应置数据变化位。(　　)

答案：×

273. 涉及多个时限，动作定值相同且有独立的保护动作信号的保护功能，应按照面向对象

的概念划分成多个相同类型的逻辑节点，动作定值只在第一个时限的实例中映射。（　　）

答案：√

274. 对于有多路（MU）SV 输入的保护和安全自动装置检验，应模拟被检装置的两路及以上 SV 输入，检查装置的采样同步性能。（　　）

答案：√

275. 直流电源系统绝缘监测装置的平衡桥和检测桥的接地端应接入保护专用的等电位接地网。（　　）

答案：×

276. 微机型继电保护装置屏柜内的交流供电电源（照明、打印机和调制解调器）的中性线（零线）应接入保护专用的等电位接地网。（　　）

答案：×

277. 二次电缆经金属管从一次设备的接线盒（箱）引至电缆沟，并将金属管的上端与一次设备的底座或金属外壳良好焊接，金属管另一端应在距一次设备 3～5m 之外与主接地网焊接。（　　）

答案：√

278. 继电保护及安全自动装置应采取有效措施防止单一元件损坏可能引起的不正确动作。断路器失灵启动母线保护、变压器断路器失灵启动等重要回路，应采用装设大功率重动继电器，或者采取软件防误等措施。（　　）

答案：√

279. 继电保护使用直流系统在运行中的最低电压不高于额定电压的 85%，最高电压不高于额定电压的 110%。（　　）

答案：×

三、简答题

1. 现场工作结束后，全部设备及回路应恢复到工作前的状态。清理完现场后，工作负责人应做哪些工作？

答：工作负责人应向运行人员详细进行现场交代，并将其记入继电保护工作记录簿，主要内容有整定值变更情况，二次接线更改情况，已经解决及未解决的问题和缺陷，运行注意事项和设备能否投运等，经运行人员检查无误后，双方应在继电保护工作记录簿上签字。

2. 《“防止电力生产重大事故的二十五项重点要求”继电保护实施细则》的制定原则是什么？

答：进一步加强电网继电保护运行管理工作，合理安排电网运行方式，充分发挥继电保护效能，提高电网安全稳定运行水平，防止由于保护拒动、误动引起系统稳定破坏和电网瓦解、大面积停电事故的发生。

3. 确定继电保护和安全自动装置的配置和构成方案时，应综合考虑哪几个方面?

答:（1）电力设备和电力网的结构特点和运行特点;

（2）故障出现的频率和可能造成的后果;

（3）电力系统的近期发展情况;

（4）经济上的合理性;

（5）国内和国外的经验。

4. 对于被检验保护装置与其他保护装置共用电流互感器绕组的特殊情况，应采取何种措施防止保护装置误动?

答:（1）核实电流互感器二次回路的使用情况和连接顺序。

（2）若在被检验装置电流回路后串接有其他运行的保护装置，原则上应停用其他保护装置。如确无法停运，在短接被检验保护装置电流回路前后，应监测运行的保护装置电流，与实际相符。若在被检验保护电流前串接其他运行保护装置，短接被检验保护装置电流后，监测到被检验保护装置电流接近于零时，方可断开被检验保护装置电流回路。

5. 现场在进行试验接线前应注意什么?

答: 在进行试验接线前，应了解试验电源的容量和接线方式；配备适当的熔断器，特别要防止总电源熔断器越级熔断；试验用隔离开关必须带罩，禁止从运行设备上直接取得试验电源。在试验工作完毕后，必须经第二人检查，方可通电。

6. 什么是继电保护状态检修?

答: 基于继电保护设备状态监测技术和设备自诊断技术，结合继电保护装置及其二次回路的运行和检修历史资料，通过继电保护设备状态评价、风险评估、检修决策，达到设备运行安全可靠、检修成本合理的一种检修策略。

7. 什么是家族性缺陷及其检修原则?

答: 家族性缺陷是指经确认由设计、（和/或）材质、（和/或）工艺共性因素导致的设备缺陷。

具有家族性缺陷的设备的检修原则：①发现某一类设备有家族性缺陷时，该家族其他设备应安排普查或者进行诊断性试验；②对于未消除家族性缺陷的设备，应根据其评价结果重新修正检修周期。

8. 对保护二次电压切换有什么反措要求?

答:（1）用隔离开关辅助接点控制的电压切换继电器，应有一副电压切换继电器触点作监视用；不得在运行中维修隔离开关辅助接点。

（2）检查并保证在切换过程中不会产生电压互感器二次反充电。

（3）手动进行电压切换的，应有专用的运行规程，并由运行人员执行。

（4）用隔离开关辅助接点控制的切换继电器，应同时控制可能误动的保护的正电源，有处理切换继电器同时动作与同时不动作等异常情况的专用运行规程。

9. 在对微机继电保护装置进行哪些工作时应停用整套保护?

答:(1)在微机继电保护装置使用的交流电流、电压,开关量输入、输出回路上工作。

(2)微机继电保护装置内部作业。

(3)输入保护定值。

10. 依据《继电保护和电网安全自动装置现场工作保安规定》,在运行的电压互感器二次回路上工作时,应采取哪些安全措施?

答:(1)不应将电压互感器二次回路短路、接地和断线。必要时,工作前申请停用有关继电保护或电网安全自动装置。

(2)接临时负载,应装有专用的隔离开关(刀闸)和熔断器。

(3)不应将回路的永久接地点断开。

11. 光纤差动保护为什么要设置"专用光纤"或"发送时钟"控制字?

答:"专用光纤"或"发送时钟"这两个控制字是描述保护装置光纤通信口的发送码流所用的时钟是保护装置内部时钟还是从接收码提取的时钟(或者:解决保护装置采用外时钟还是采用内时钟的问题,控制字"专用光纤"或"发生时钟"置1,装置自动采用内时钟方式;反之,自动采用外时钟方式)。

12. 在标准化规范中,软压板、硬压板使用的方式有几种?每一种方式举一例子。

答:软压板、硬压板使用的方式有4种:

(1)软压板、硬压板之间为"与门"关系,例如,线路纵联距离(方向)保护中软压板"纵联保护"置1,与屏上"投纵联保护"硬压板为"与门"关系。

(2)软压板、硬压板之间为"或门"关系,例如,线路纵联距离(方向)保护中软压板"退出重合闸"置1,与屏上"退出重合闸"硬压板为"或门"关系。

(3)只有软压板,无硬压板对应,如"允许远方修改定值"软压板无硬压板对应。

(4)只有硬压板,无软压板对应,如变压器保护装置高压侧电压投/退的硬压板、母线保护的"互联"硬压板无软压板对应。

13. 新建工程需利用操作箱对断路器进行哪些传动试验(至少6点)?

答:(1)断路器就地分闸、合闸传动。

(2)断路器远方分闸、合闸传动。

(3)防止断路器跳跃回路传动。

(4)断路器三相不一致回路传动。

(5)断路器操作闭锁功能检查。

(6)断路器操作油压或空气压力继电器、SF_6密度继电器及弹簧压力等触点的检查。检查各级压力继电器触点输出是否正确。检查压力低闭锁合闸、闭锁重合闸、闭锁跳闸等功能是否正确。

（7）断路器辅助触点检查，远方、就地方式功能检查。

（8）在使用操作箱的防止断路器跳跃回路时，应检验串联接入跳合闸回路的自保持线圈，其动作电流不应大于额定跳合闸电流的50%，线圈压降小于额定值的5%。

（9）所有断路器信号检查。

14. 电缆及导线的布线应符合哪些要求？

答：（1）交流和直流回路不应合用同一根电缆。

（2）强电和弱电回路不应合用一根电缆。

（3）保护用电缆与电力电缆不应同层敷设。

（4）交流电流和交流电压不应合用同一根电缆。双重化配置的保护设备不应合用同一根电缆。

（5）保护用电缆敷设路径，尽可能避开高压母线及高频暂态电流的人地点，如避雷器和避雷针的接地点、并联电容器、电容式电压互感器、结合电容及电容式套管等设备。

（6）与保护连接的同一回路应在同一根电缆中走线。

15. 电力系统的运行方式是经常变化的，在整定计算上如何保证继电保护装置的选择性和灵敏度？

答：一般采用系统最大运行方式来整定选择性，用最小运行方式来校核灵敏度，以保证在各种系统运行方式下满足选择性和灵敏度的要求。

16. 为保证电网保护的选择性，上、下级电网保护之间逐级配合应满足什么要求？

答：上、下级（包括同级和上一级及下一级电网）继电保护之间的整定，应遵循逐级配合的原则，满足选择性的要求，即当下一级线路或元件故障时，故障线路或元件的继电保护整定值必须在灵敏度和时间上均与上一级线路或元件的继电保护整定值相互配合，以保证电网发生故障时有选择性地切除故障。

17. 在110～220kV中性点直接接地电网中，后备保护的装设应遵循哪些原则？

答：后备保护应按下列原则配置：

（1）110kV线路保护宜采用远后备方式。

（2）220kV线路保护宜采用近后备方式，但某些线路如能实现远后备，则宜采用远后备方式，或同时采用远、近结合的后备方式。

18. 保护装置调试的定值依据是什么？要注意些什么？

答：保护装置调试的定值，必须依据最新整定值通知单的规定。

调试保护装置定值时，先核对通知单与实际设备是否相符（包括互感器的接线、变比）及有无审核人签字。根据电话通知整定时，应在正式的运行记录簿上做电话记录并在收到定值通知单后，将试验报告与通知单逐条核对。

所有交流继电器的最后定值试验，必须在保护屏的端子排上通电进行。开始试验时应先做好原定值试验，如发现与上次试验结果相差较大或与预期结果不符等任何细小问题时应慎重对待，查找原因。在未得出结论前，不得草率处理。

19. 微机线路保护装置对直流电源的基本要求是什么？

答：（1）额定电压 220V 或 110V；

（2）允许偏差-20%～+10%；

（3）波纹系数不大于 5%。

20. 清扫运行中的设备和二次回路时应遵守哪些规定？

答：清扫运行中的设备和二次回路时，应认真仔细，并使用绝缘工具（毛刷、吹风设备等），特别注意防止振动，防止误碰。

21. 现场工作过程中遇到异常情况或断路器跳闸时，应如何处理？

答：在现场工作过程中，凡遇到异常（如直流系统接地）或断路器跳闸时，不论与本身工作是否有关，应立即停止工作，保持现状，待找出原因或确定与本工作无关后方可继续工作。上述异常若为从事现场继电保护工作的人员造成，应立即通知运行人员，以便有效处理。

22. 电力设备由一种运行方式转为另一种运行方式的操作过程中，对保护有什么要求？

答：电力设备由一种运行方式转为另一种运行方式的操作过程中，被操作的有关设备均应在保护范围内，部分保护装置可短时失去选择性。

23. 在带电的电流互感器二次回路上工作时应采取哪些安全措施？

答：（1）严禁将电流互感器二次侧开路。

（2）短路电流互感器二次绕组，必须使用短路片或短路线，短路应妥善可靠，严禁用导线缠绕。

（3）严禁在电流互感器与短路端子之间的回路上和导线上进行任何工作。

（4）工作必须认真谨慎，不得将回路的永久接地点断开。

（5）工作时，必须有专人监护，使用绝缘工具，并站在绝缘垫上。

24. 运行中继电保护装置的补充检验分哪几种？

答：分四种：①装置改造后的检验；②检修或更换一次设备后的检验；③运行中发现异常情况后的检验；④事故后检验。

25. 什么是主保护、后备保护、辅助保护和异常运行保护？

答：（1）主保护是满足系统稳定和设备安全要求，能以最快速度有选择地切除被保护设备和线路故障的保护。

（2）后备保护是主保护或断路器拒动时，用来切除故障的保护。后备保护可分为远后备保护和近后备保护两种。

1）远后备保护是当主保护或断路器拒动时，由相邻电力设备或线路的保护来实现的后备保护。

2）近后备保护是当主保护拒动时，由本电力设备或线路的另一套保护来实现后备的保护；当断路器拒动时，由断路器失灵保护来实现后备保护。

（3）辅助保护是为补充主保护和后备保护的性能或当主保护和后备保护退出运行而增设的简单保护。

（4）异常运行保护是反应被保护电力设备或线路异常运行状态的保护。

26. 保护装置应具有哪些抗干扰措施？

答：保护装置应具有的抗干扰措施有：

（1）交流输入回路与电子回路的隔离应采用带有屏蔽层的输入变压器（或变流器、电抗变压器等变换器），屏蔽层要直接接地。

（2）跳闸、信号等外引电路要经过触点过渡或光电耦合器隔离。

（3）发电厂、变电站的直流电源不宜直接与电子回路相连（如经过逆变换器）。

（4）消除电子回路内部干扰源，如在小型辅助继电器的线圈两端并联二极管或电阻、电容，以消除线圈断电时所产生的反电动势。

（5）保护装置强弱电平回路的配线要隔离。

（6）装置与外部设备相连，应具有一定的屏蔽措施。

27. 试验工作结束前应做哪些工作？

答：现场试验工作结束前应做下述工作：

（1）工作负责人应会同工作人员检查试验记录有无漏试项目，整定值是否与定值通知单相符，试验结论、数据是否完整正确。经检查无误后，才能拆除试验接线。

（2）复查临时接线是否全部拆除，拆下的线头是否全部接好，图纸是否与实际接线相符，标志是否正确完备等。

28. 国家电网公司的标准化设计规范简称“六统一”设计，“六统一”设计是指哪“六统一”？

答：“六统一”是指微机保护的功能配置、回路设计、端子排布置、接口规范、报告输出、定值格式六个方面。

29. 按照《国家电网公司十八项电网重大反事故措施》（2018年修订版）中继电保护专业重点实施要求，强调应重视继电保护二次回路的接地问题，并定期检查这些接地点的可靠性和有效性。继电保护二次回路接地应满足几点要求？

答：（1）公用TV的二次回路只允许在控制室内有一点接地，为保证接地可靠，各电压互感器的中性线不得接有可断开的开关或熔断器等。

（2）公用TA二次绕组二次回路只允许，在且必须在相关保护屏内一点接地。独立的、与其他电流互感器的二次绕组没有电气联系的二次回路应在开关场一点接地。

（3）微机型继电保护装置屏内的交流供电电源（照明、打印）的中性线（零线）不应接入等电位接地网。

30. 使用于 220～500kV 电网的线路保护，其振荡闭锁应满足什么要求?

答:（1）系统发生全相或非全相振荡，保护装置不应误动作跳闸；

（2）系统在全相或非全相振荡过程中，被保护线路如发生各种类型的不对称故障，保护装置应有选择性地动作跳闸，纵联保护仍应快速动作；

（3）系统在全相振荡过程中发生三相故障，故障线路的保护装置应可靠动作跳闸，并允许带短延时。

31. 对适用于 220kV 及以上电压线路的保护装置，应满足哪些基本要求?

答:（1）除具有全线速动的纵联保护功能外，至少还应具有三段式相间、接地距离保护，反时限和/或定时限零序方向电流保护的后备保护功能。

（2）对有监视的保护通道，在系统正常情况下，通道发生故障或出现异常情况时，应发出告警信号。

（3）适用于弱电源情况。

（4）在交流失压情况下，应具有在失压情况下自动投入的后备保护功能，并允许不保证选择性。

32.《继电保护和安全自动装置技术规程》要求 220kV 线路保护应加强主保护，所谓加强主保护是指什么?

答:（1）全线速动保护的双重化配置。

（2）每套主保护功能完善，线路内发生的各种类型故障均能快速切除。

（3）对要求实现单相重合闸的线路，应具有选相功能。

（4）当线路正常运行时，发生不大于 100Ω 电阻的单相接地故障，应有尽可能强的选相能力，并能正确跳闸。

33. 保护双重化配置的根本目的是什么?

答: 继电保护双重化配置是防止因保护装置拒动而导致系统事故的有效措施，同时又可大大减少由于保护装置异常、检修等原因造成的一次设备停运现象。

34. 标准规定继电器的电压回路能连续承受多少倍的额定电压?

答: 交流电压回路为 1.2 倍额定电压；直流电压回路为 1.1 倍额定电压。

35. 保护装置应从接收码流中提取通信接收时钟。发送时钟应采用什么方式?

答:（1）专用光纤方式，保护装置应采用自己的时钟（主时钟）作为发送时钟。

（2）复用 2M 通道方式，至少有一侧保护装置应采用自己的时钟（主时钟）作为发送时钟；2M 通道应关闭输出重定时功能。

（3）复用 64K 通道方式，两侧保护装置均采用 PCM 提供的时钟（从时钟）作为发送时钟，两侧 PCM 复用设备应采用主从时钟方式，连接两侧 PCM 设备的 2M 通道应关闭输出重定时功能。

36. 保护整组传动试验时，对电流、电压加量有何要求？

答：整组试验时，应从保护屏后的端子排处通入试验电流、电压。同一设备的所有保护应接入同一试验电流、电压，各套保护相互间的动作关系应正确；当同一设备的保护分别接于不同的电流回路时，应临时将各套保护的电流回路串联后进行整组试验。线路纵联保护还应与对侧线路保护进行一一对应的联动试验。

37. 保护装置验收有哪些项目？

答：根据验收内容的不同，保护装置验收项目可以分为以下 8 类：

（1）资料验收，包括保护装置和相关一次设备的技术资料、调试报告等；

（2）备品、备件验收；

（3）安装、施工工艺验收；

（4）装置硬件、元器件指标验收；

（5）保护装置配置验收；

（6）电流、电压互感器验收；

（7）二次回路验收；

（8）单体功能（含技术性能）验收和系统功能验收。

38. 哪些设备需要出厂验收？

答：非标准的继电保护及安全自动装置、分布式稳定控制装置应进行出厂验收；220kV 及以上继电保护及安全自动装置宜进行出厂验收；110kV 及以下电压等级的继电保护及安全自动装置根据具体情况确定。

39. 端子排上哪些回路之间需要隔开至少一个空端子？

答：正、负电源之间，跳、合闸回路与正、负电源端子之间，直流和交流之间，应至少隔开一个空端子。

40. 断路器应具备哪些和继电保护专业相关试验项目的调试报告？

答：双跳闸线圈极性检查，断路器机构防跳检查，三相不一致回路中间继电器、时间继电器试验，断路器分合闸时间、合闸不同期时间、辅助触点的切换时间、跳合闸线圈电阻值、断路器最低跳合闸电压试验等。

41. 请说明主控室、就地布置、站控层设备分别采用什么方式对时？

答：主控室内保护装置宜采用直流 IRIG-B 码对时；就地布置的保护装置、合并单元和智能终端宜采用光纤 IRIG-B 码对时；站控层设备宜采用 SNTP 网络对时。采用光纤 IRIG-B 码对时方式时，宜采用 LC 接口；采用直流 IRIG-B 码对时方式时，通信介质应为屏蔽双绞线。

42. 智能终端闭锁重合闸逻辑有哪些？

答：为遥合（手合）、遥跳（手跳）、TJR、TJF、闭重开入、本智能终端上电的“或”逻辑。双重化配置智能终端时，应具有输出至另一套智能终端的闭重触点，逻辑为遥合（手合）、遥跳（手跳）、保护闭锁重合闸、TJR、TJF 的“或”逻辑。

43. 交换机测试应满足哪些要求？

答：（1）在满负荷下交换机可以正确转发数据信息，转发速率应等于端口线速；

（2）交换机平均时延应小于 10μs，用于采样值传输交换机最大延时与最小延时之差应小于 10μs；

（3）交换机时延抖动应小于 1μs；

（4）交换机在端口线速转发时，丢帧率应为 0；

（5）不堵塞端口帧丢失应为 0。

44. 通过整组试验测试，保护各回路的整组动作时间需要满足什么要求？

答：在输入 2 倍整定值测试保护整组动作时间时，对于采用“常规互感器+合并单元”模式的情况，线路纵联保护（不带通道延时）不应大于 39ms，母线保护不应大于 29ms，变压器差动速断保护不应大于 29ms，变压器比率差动保护不应大于 39ms。对于采用常规互感器不带合并单元的情况，应在上述时间的基础上减少 2ms。

45. 国网标准化设计规范对于 220kV 及以上保护电流互感器二次回路断线的总体处理原则是什么？

答：总体原则：保护判别 TA 二次回路断线只考虑单一性故障，不考虑以下情况：

（1）主保护不考虑 TA、TV 二次回路断线同时出现；

（2）不考虑一次元件无流时 TA 二次回路断线；

（3）不考虑一次设备三相电流对称情况下 TA 二次回路中性线断线；

（4）不考虑两相、三相 TA 二次回路断线；

（5）不考虑多个元件同时发生 TA 二次回路断线；

（6）不考虑 TA 二次回路断线和一次故障同时出现；

（7）仅 TA 至 MU 之间发生断线时报 TA 断线告警。

46. 简述国网标准化设计规范关于 220kV 及以上线路保护电流互感器二次回路断线的处理方式。

答：处理方式见表 9-1。

表 9-1

保护元件		处理方式
零序保护	零序反时限	闭锁零序反时限
	零序Ⅱ段	闭锁零序Ⅱ段
	零序Ⅲ段	闭锁零序Ⅲ段
后备距离	距离Ⅱ段	不闭锁距离Ⅱ段
	距离Ⅲ段	不闭锁距离Ⅲ段
三相不一致零负序电流元件		闭锁零负序电流元件
就地判据	零负序电流门槛	闭锁
	低功率因数	不做统一处理
	低电流	不处理
	低有功	不做统一处理
纵联差动保护	控制字投入	闭锁分相差、零差
	控制字退出	闭锁零差，分相差抬高断线相定值且延时 150ms 动作
	跳闸	两侧延时 150ms 三跳，闭重
非断线侧告警		长期有差流、对侧 TA 断线
纵联距离保护	纵联零序	闭锁纵联零序保护、纵联距离（即断线侧强制判为反方向），由另一套保护完成选相跳闸
	纵联距离	
	跳闸	
差流越限告警后		TA 断线导致的差流越限，处理同 TA 断线。其他情况不作要求
TA 断线逻辑		自动复归
TA 断线后分相差定值		固定定值（非自定义定值）
快速距离及距离Ⅰ段保护		闭锁快速距离/工频变化量距离、距离Ⅰ段

47. 国网标准化设计规范中变压器保护电流互感器二次回路断线的处理方式。

答：（1）TA 断线时，零序电流保护不处理。

（2）差流大于 $1.2I_e$ 的处理方式见表 9-2。

表 9-2

保护元件		处理方式
零序电流保护		不处理
差流大于 $1.2I_e$	纵差	开放
	分相差	开放
	变化量差	开放
	零差	不统一
	分侧差	不统一，若开放则大于 1.2 倍中压侧额定电流时开放

续表

保护元件		处理方式
差流大于 $1.2I_e$	小区差	不统一，若开放则大于 1.2 倍 max（低压侧额定电流，套管内额定电流）时开放
负荷电流超过 $1.1I_e$		不统一，若过负荷时不判 TA 断线，则负荷电流门槛值为 $1.1I_e$
TA 断线逻辑		自动复归
3/2 接线方式下，高压侧两分支分流不均是否会影响 TA 断线的判别		3/2 接线方式下，高压侧两分支分流不均不应影响 TA 断线的判别

规范中控制字“TA 断线闭锁差动保护”置“1”时，表示“有条件闭锁”，即 $1.2I_e$≥差动电流≥差动启动电流定值时，差动保护不动作；差动电流不小于 $1.2I_e$ 时，差动保护动作。控制字“TA 断线闭锁差动保护”置“0”时，表示“不闭锁”，即只要差动电流不小于差动启动电流定值，差动保护就动作。

48. 国网标准化设计规范中母线保护电流互感器二次回路断线的处理方式。

答：处理方式如表 9-3 所示。

表 9-3

保护元件		处理方式
支路（分段）	TA 断线	闭锁断线相大差及所在母线小差
	SV 通信中断	闭锁大差及所在母线小差
	SV 检修不一致	
	SV 报文配置异常	
TA 断线逻辑		自动复归
母联及支路 TA 未发生断线时误报 TA 断线告警		有流支路隔离开关位置异常（不含位置接反）、SV 检修不一致、SV 通信中断、SV 报文配置异常、SV 品质位异常时均应有相应告警报文，不应报 TA 断线
母联	TA 断线	母联 TA 断线后发生断线相故障，先跳开母联，延时 100ms 后选择故障母线
	SV 通信中断	母联 SV 通信中断、SV 检修不一致、报文配置异常、SV 品质位异常后发生母线区内故障，先跳开母联，延时 100ms 后选择故障母线
	SV 检修不一致	
	SV 报文配置异常	

（1）母联及双母单分段的分段 TA 断线后，大差差动电流平衡，保护不会误动。因此，母联及双母单分段的分段 TA 断线后，仅告警不闭锁差动保护。

（2）双母双分段接线的分段 TA 断线后可能导致差动保护误动，应按普通支路处理，即应闭锁差动保护。

49. 《国家电网公司十八项电网重大反事故措施》（2018 年修订版）对新投设备做整组试验时有哪些要求？

答：对于新投设备做整组试验时，应按规程要求把被保护设备的各套保护装置串接在一起进行；应按相关规程要求，检验同一间隔内所有保护之间的相互配合关系；线路纵联保护还应与对侧线路保护进行一一对应的联动试验。

50. 所有保护用电流回路在投入运行前，应进行哪些检查？

答：所有保护用电流回路在投入运行前，除应在负荷电流满足电流互感器精度和测量表计精度的条件下测定变比、极性，以及电流和电压回路相位关系正确外，还必须测量各中性线的不平衡电流（或电压），以保证保护装置和二次回路接线的正确性。

51. 《国家电网公司十八项电网重大反事故措施》（2018 年修订版）对继电保护二次回路接地有哪些要求？

答：继电保护二次回路接地应满足以下要求：

（1）电流互感器或电压互感器的二次回路，均必须有且只能有一个接地点。当两个及以上电流（电压）互感器二次回路间有直接电气联系时，其二次回路接地点设置应符合以下要求：①便于运行中的检修维护；②互感器或保护设备的故障、异常、停运、检修、更换等均不得造成运行中的互感器二次回路失去接地。

（2）未在开关场接地的电压互感器二次回路，宜在电压互感器端子箱处将每组二次回路中性点分别经放电间隙或氧化锌阀片接地，其击穿电压峰值应大于 $30I_{max}$（单位为 V；I_{max} 为电网接地故障时通过变电站的可能最大接地电流有效值，单位为 kA）。应定期检查放电间隙或氧化锌阀片，防止造成电压二次回路出现多点接地。为保证接地可靠，各电压互感器的中性线不得接有可能断开的开关或熔断器等。

（3）独立的、与其他互感器二次回路没有电气联系的电流互感器二次回路可在开关场一点接地，但应考虑将开关场不同点地电位引至同一保护柜时对二次回路绝缘的影响。

（4）严禁在保护装置电流回路中并联接入过电压保护器，防止过电压保护器不可靠动作引起差动保护误动。

52. 智能变电站的保护设计应遵循哪四个原则？

答：应遵循“直接采样”“直接跳闸”“独立分散”“就地化布置”原则。

53. 有扩建需要的智能变电站，在初期设计、施工、验收工作中，需要在哪些设备中为扩建设备预留相关接口及通道？

答：有扩建需要的智能变电站，在初期设计、施工、验收工作中，交换机、网络报文分析仪、故障录波器、母线保护、公用测控装置、电压合并单元等公用设备需要为扩建设备预留相关接口及通道，避免扩建时公用设备改造增加运行设备风险。

54. 新“六统一”主变压器保护装置信号灯如何配置？

答：新“六统一”主变压器保护装置信号灯依次配置为：①运行—绿色—非自保持；②异常—红色—非自保持；③检修—红色—非自保持；④差动保护闭锁—红色—非自保持；⑤保护跳闸—红色—自保持。

55. 请简述新“六统一”标准下，母线保护在发生 SV 通信中断（SV 检修不一致，SV 报文配置异常）时处理原则。

答：对于支路及双母双分段母线的分段支路，发生 SV 通信中断（SV 检修不一致，SV 报文配置异常）时，闭锁大差及所在母线小差。

除双母双分段母线分段支路以外的母联和分段支路，发生 SV 通信中断（SV 检修不一致，SV 报文配置异常）时，若发生母线区内故障，先瞬时跳开母联，延时 100ms 后选择故障母线。

56. 按照 DL/T 995—2016《继电保护和电网安全自动装置检验规程》，电流、电压互感器安装竣工后，继电保护检验人员应进行哪些方面的检查？

答：（1）电流、电压互感器的变比、容量、准确级必须符合设计要求。

（2）测试互感器各绕组间的极性关系，核对铭牌上的极性标识是否正确。检查互感器各次绕组的连接方式及其极性关系是否与设计符合，相别标识是否正确。

（3）有条件时，自电流互感器的一次分相通入电流，检查工作抽头的变比及回路是否正确（发电机变压器组保护所使用的外附互感器、变压器套管互感器的极性与变比检验可在发电机做短路试验时进行）。

（4）自电流互感器的二次端子箱处向负载端通入交流电流，测定回路的压降，计算电流回路每相与中性线及相间的阻抗（二次回路负担）。将所测得的阻抗值按保护的具体工作条件和制造厂家提供的出厂资料来验算是否符合互感器 10%误差的要求。

57. 国家电网公司《线路保护及辅助装置标准化设计规范》规定，由于失灵保护误动作后果比较严重，且 3/2 断路器主接线形式的失灵保护无电压闭锁，根据具体情况，对于线路保护分相跳闸开入和发电机变压器组（线路）三相跳闸开入，应采取措施防止由于开关量输入异常导致失灵保护误启动，失灵保护应采用的启动方式有哪些？

答：任一分相跳闸接点开入后经电流突变量或零序电流启动并展宽后启动失灵；三相跳闸接点开入后不经电流突变量或零序电流启动失灵；失灵保护动作经母差保护出口时，应在母差保护装置中设置灵敏的、不需整定的电流元件并带 50ms 的固定延时。

58. 智能变电站，采样值需要注意哪些方面的同步？

答：①同一间隔内电流电压量的同步；②关联多间隔保护的同步；③变电站间的同步，如线路纵差保护；④广域同步。

59. 智能变电站中，继电保护基于 DL/T 860.92—2016《电力自动化通信网络和系统 第 9-

2 部分：特定通信服务映射（SCSM）-基于 ISO/IEC 8802-3 的采样值》的插值重采样实现数据同步，必须具备哪几个基本条件？

答：（1）电子式互感器或合并单元从采集电气量到采样值报文开始发送的时间稳定并可知；

（2）合并单元发送采样值报文的时间等间隔，发送报文时间间隔抖动应不大于 10μs；

（3）合并单元与继电保护装置之间采用点对点连接，保证采样值报文传输延时固定且可忽略；

（4）继电保护装置能精确记录采样值报文的接收时间；

（5）采样值报文中包含采样额定延时数据值，且额定延时固定不变；

（6）继电保护装置具有精确地插值算法，插值重采样的误差在可控范围内。

60.《国家电网公司十八项电网重大反事故措施》（2018 年修订版）要求保护电压切换箱隔离开关辅助触点应采用什么输入方式？请解释原因。

答：（1）当保护采用双重化配置时，其电压切换箱（回路）隔离开关辅助触点应采用单位置输入方式。原因是双重化配置的保护配置独立的操作箱，一套电压切换故障不影响另一套保护运行，且可防止正负母线隔离开关辅助接点同时闭合时可能出现的二次反充电。

（2）单套配置保护的电压切换箱（回路）隔离开关辅助触点应采用双位置输入方式。单套配置用双位置考虑电压切换的可靠性，防止辅助接点接触不良导致交流电压失去后保护退出影响设备运行。

61. 国家电网公司《10kV～110（66）kV 线路保护及辅助装置标准化设计规范》中，对于 110kV 内桥接线备自投的进线备自投方式动作策略进行了两项优化，请简单说明。

答：母分偷跳启动备自投：在线备用模式下，如检测到母分断路器分位，同时备用进线侧母线失压，备自投启动跳母分断路器，合备用进线断路器。

在线备用模式下，如主供进线侧主变压器保护动作跳开主变压器各侧断路器，则备自投启动后跳母分断路器，确认母分断路器分开后合上备用进线断路器。防止主变压器保护未跳开母分断路器引起备自投合于故障。

62. “九统一”双母双分段母线保护出口跳母联、分段是否经复合电压闭锁，为什么？

答：（1）双母双分段主接线需要由两套母线保护分别完成左右两条母线的保护功能，如果双母双分段的分段 TA 的两侧发生断线又接地的故障，可能出现母线差动保护动作和电压闭锁不对应，导致两侧母线的差动保护都不能动作的情况。所以，双母双分段跳分段不经电压闭锁。

（2）母联两侧的两段母线电压可由单套母线保护采集，故出现上述问题的情况下，跳母联时采用相关的两段母线电压“或门”闭锁，可以保证保护不误动，并可以防止 TA 断线导致误跳母联。

四、分析题

1. 继电保护设备改造现场施工，在拆除二次回路旧电缆工作中有哪些作业危险点？结合不同类别回路的特点应采取哪些防范措施？

答：（1）危险点：

1）误拆线；

2）交直流短路或接地；

3）误跳运行开关；

4）在运行屏拆除电缆造成误动运行设备；

5）振动造成运行设备不正确的动作。

（2）防范措施：

1）拆除电缆时，按图纸核对实际电缆编号、走向及回路编号，进行确认；

2）拆除时应从两端验明确无电压后方可拆除；

3）跳闸、TV 等回路带电电缆应先拆带电侧，防止误跳运行开关或造成 TV 二次回路短路或接地。TA 回路核对电缆编号和回路编号以及端子排位置，用钳形相位表测无电流后，两端同时拆线并核对电缆芯。

4）防止误动运行设备，在运行屏工作应用措施布将运行部分与施工部分完全隔离。

5）在运行设备周围工作时要减轻振动，必要时停运相关保护。

2. 继电保护系统的配置应满足哪两点最基本的要求？220kV 及以上系统继电保护配置如何实现两套快速保护的完全独立？

答：（1）保护配置的两点基本要求是：

1）任何电力设备和线路，不得在任何时候处于无继电保护的状态下运行。

2）任何电力设备和线路在运行中，必须在任何时候由两套完全独立的继电保护装置分别控制两台完全独立的断路器实现保护。

（2）完全独立的实现方法是

1）交流回路完全独立；

2）直流回路完全独立；

3）两套主保护分别使用独立的远方信号和传输设备；

4）断路器具有两个跳闸线圈；

5）每套主保护应有独立的选相功能，实现分相跳闸和三相跳闸功能。

3. 继电保护设备的试验可分为回路试验和装置调试两部分，请简述回路试验部分的特点和要求（请至少列出 5 点要求）。

答：（1）检查 TV 二次、三次中性线分别引入保护室，并在保护室 N600 小母线处一点接地；

（2）检查 TA 二次中性线一点接地；

（3）控制电缆屏蔽层两端在保护室和升压站接地；

（4）模拟通入 80%U_N 直流电压进行直流回路整组联动试验，包括保护装置及断路器跳合闸；

（5）检查两套主保护直流回路相互独立，没有直接电的联系，直流电源分别来自不同的直流电源分路；

（6）断路器操作电源同短路其失灵保护装置的电源相互独立；

（7）必须在保护屏端子排通入交流电压、电流模拟故障量进行整组联动试验，不得采用手动人工短触点方式进行试验。

4. 综合自动化站中的微机型继电保护装置，通常不是安装在控制室内，而是安装在开关场的保护小室内。保护屏除设有跳闸、合闸、启动失灵等出口压板外，装置的保护功能投入压板（如“主保护投入”等）可利用保护装置的数据通信接口通过监控网络由值班员在远方直接进行投入或退出，称之为“软压板”。除此之外，保护屏通常还保留保护功能投入的“硬压板”。你认为“软压板”和“硬压板”应该采用何种逻辑关系？请说明理由。

答：（1）“软压板”和“硬压板”应采用“与”的逻辑。保护需要退出部分功能但监控系统又不能操作“软压板”时，值班员能到保护屏前退“硬压板”。

（2）当保护需要投入但“软压板”投不上时，可请专业人员处理后再投入，不宜带故障投入保护。

5. 什么是保证电网稳定运行的“三道防线”？

答：“三道防线”是在电力系统受到不同扰动时对电网保证稳定可靠供电方面提出的要求。

（1）当电网发生常见的、概率高的单一故障时，电力系统应当保持稳定运行，同时保持对用户的正常供电。

（2）当电网发生了性质较严重但概率较低的单一故障时要求电力系统保持稳定运行，但允许损失部分负荷（或直接切除某些负荷，或因系统频率下降，负荷自然降低）。

（3）当电网发生了罕见的多重故障（包括单一故障时继电保护动作不正确等），电力系统可能不能保持稳定运行，但必须有约定的措施以尽可能缩小故障影响范围和缩短影响时间。

6. 为什么屏蔽电缆的屏蔽层使用导电性能好的铜网？

答：图 9-2 表示电磁干扰的原理。

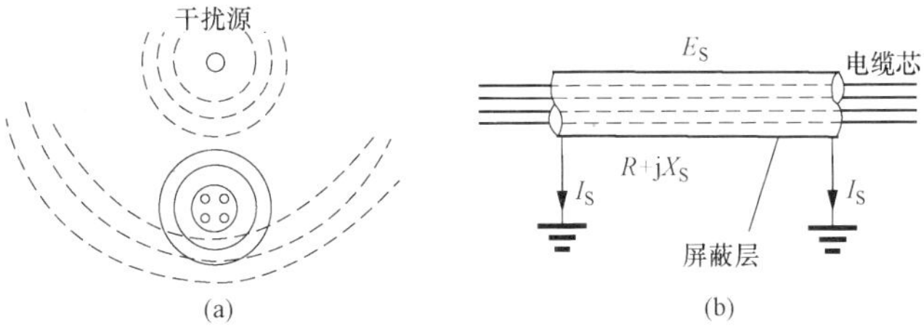

图 9-2

在图（a）中，干扰源导线中电流产生的磁通以虚线同心圆表示，这些磁通的一部分包围控制电缆芯和其屏蔽层（可近似认为包围这两者的磁通相等），称为干扰磁通。它在电缆芯和屏蔽层中产生一电动势 E_S，产生屏蔽层电流 I_S。如图（b）所示。电动势 E_S 为

$$E_S=-L(dI/dt)=I_SR_S+jI_SX_S$$

屏蔽层电流所产生的磁通包围着屏蔽层，也全部包围着电缆芯，这些磁通和外导线产生的干扰磁通方向相反，故称为反向磁通，在图中以实线同心圆表示。设屏蔽层对电缆芯的互感抗为 X_M，则

$$E=-jI_SX_M$$

因屏蔽层将电缆芯完全包围在内，故 $X_M=X_S$。这样从上两式可看出，如果屏蔽层电阻 $R_S=0$，则 $E_S=-E$，但是屏蔽层不可能没有电阻，故干扰磁通在电缆中感应的电动势不能被“抵销”的部分等于 $E_S+E=I_SR_S$，它与屏蔽层的电阻成正比。因此，要有效地消除电磁耦合的干扰，必须采用电阻系数小的材料，如铜、铝等，做成屏蔽层。

7. 对于 220kV 及以上的电力系统，为保证继电保护系统的可靠性，要求“所有运行设备都必须由两套交、直流输入和输出回路相互独立，并分别控制不同断路器的继电保护装置进行保护”。请解释在实际系统中是如何实现的?

答: 如此要求的目的在于当任意一套继电保护装置或任意一组断路器拒动时，能由另一套继电保护装置操作另一组断路器切除故障。在所有情况下，要求这两套继电保护装置和断路器所取的直流电源都由不同的熔断器供电。

对于 220kV 及以上电力系统的线路保护，一般采用近后备方式，即当故障元件的一套继电保护装置拒动时，由相互独立的另一套继电保护装置动作切除故障；而当断路器拒动时，启动断路器失灵保护，断开与故障元件母线相连的所有其他连接电源的断路器。有条件时可采用远后备保护方式，即故障元件所对应的继电保护装置断路器拒绝动作时，由电源侧最邻近故障元件的上一级继电保护装置动作切除故障。

对配置两套全线速动保护的线路，在线路保护装置检修、校验或旁路开关代路等情况下，至少应保证有一套全线速动保护运行。

对于 220kV 及以上电力系统的母线，母差保护是主保护，线路及变压器的保护是其后备保护。如没有母差保护，必须由对母线故障有灵敏度的线路或/及变压器的后备保护充任母线的主保护或后备保护。

8. 怎样理解在 220kV 及以上电压等级变电站中，所有用于连接由开关场引入控制室继电保护设备的电流、电压和直流跳闸等可能由开关场引入干扰电压到基于微电子器件的继电保护设备的二次回路，都应当采用带屏蔽层的控制电缆，且屏蔽层在开关场和控制室两端同时接地。

答:（1）当控制电缆为母线暂态电流产生的磁通所包围时，在电缆的屏蔽层中将感应出屏蔽电流，由屏蔽电流产生的磁通，将抵销母线暂态电流产生的磁通对电缆芯线的影响，因此控制电缆要进行屏蔽。

（2）为保证设备和人身的安全，避免一次电压的串入，同时减少干扰在二次电缆上

的电压降，屏蔽层必须保证有接地点。

（3）屏蔽层两端接地，可以降低由于地电位升产生的暂态感应电压。

当雷电经避雷器注入地网，使变电站地网中的冲击电流增大时，将产生暂态的电位波动，同时地网的视在接地电阻也将暂时升高。

当控制电缆在上述地电位升的附近敷设时，电缆电位将随地电位的波动。当屏蔽层只有一点接地时，在非接地端的导线对地将可能出现很高的暂态电压。实验证明，采用两端接地的屏蔽电缆，可以将暂态感应电压抑制到原值的 10%以下，是降低干扰电压的一种有效措施。

9. 某双母线接线形式的变电站，每一母线上配有一组电压互感器，同时出线上装有线路电压抽取设备。请问电压抽取设备的二次回路接地点应根据什么原则设置？

答：如果电压抽取设备的二次回路与其他电压互感器二次回路，经控制室零相小母线（N600）连接，只应在控制室将 N600 一点接地。可以在开关场将二次绕组中性点经放电间隙或氧化锌阀片接地，其击穿电压峰值应大于 $30I_{max}$（单位为 V），I_{max} 为电网接地故障时通过变电站的可能最大接地电流有效值，单位为 kA。如果电压抽取设备的二次回路与其他互感器二次回路没有电的联系，可以在控制室内也可以在开关场实现一点接地。

10. 什么情况下直流一点接地就可能造成保护误动或开关跳闸？交流 220V 串入直流 220V 回路可能会带来什么危害？

答：直流系统所接电缆正、负极存在对地电容，直流系统所供静态保护装置的直流电源存在抗干扰电容，两者之和构成了直流系统两极对地的综合电容。对于大型变电站、发电厂直流系统，该电容量是不可忽视的。在直流系统某些部位发生一点接地，保护出口中间继电器线圈、断路器跳闸线圈与上述电容通过大地可形成回路，如果保护出口中间继电器的动作电压低于“反措”所要求的 65%U_e，或电容放电电流大于断路器跳闸电流，就会造成保护误动或断路器跳闸。

交流 220V 系统是接地系统，直流 220V 是不接地系统。一旦交流系统串入直流系统，一方面将造成直流系统接地，可导致上述的保护误动或断路器误跳闸；另一方面，交流系统的电源还将通过长电缆的分布电容启动相应的中间继电器，该继电器即使动作电压满足“反措”所规定的不低于 65%U_e 的要求，仍会以 50Hz 或 100Hz 的频率抖动，误出口跳闸。其中第二种现象常见于主变压器非电气量保护、发电厂热工系统保护等经长电缆引入、启动中间继电器的情况。如果该中间继电器的动作时间长于 10ms，则可有效地防止在交流侵入直流系统时的误动。

11. 为提高抗干扰能力，是否允许用电缆芯线两端接地的方式替代电缆屏蔽层的两端接地？为什么？

答：不允许。

电缆屏蔽层在开关场及控制室两端接地可以抵御空间电磁干扰的机理是：当电缆为干扰源电流产生的磁通所包围时，如屏蔽层两端接地，则可在电缆的屏蔽层中感应出电流，屏蔽层中感应电流所产生的磁通与干扰源电流产生的磁通方向相反，从而可以抵消干扰源磁通对电缆芯线的影响。

由于发生接地故障时开关场各处地电位不等，则两端接地的备用电缆芯会流过电流，对对称排列的工作电缆芯会感应出不同的电动势，从而对保护装置形成干扰。

12. 出口继电器作用于断路器跳（合）闸线圈时，其触点回路中串入的电流自保持线圈应满足哪些条件?

答：断路器跳（合）闸线圈的出口触点控制回路，必须设有串联自保持的继电器回路，应满足以下条件：①跳（合）闸出口继电器的触点不断弧；②断路器可靠跳、合。

只有单出口继电器的，可以在出口继电器跳（合）闸触点回路中串入电流自保持线圈，并满足如下条件：

（1）自保持电流不大于额定跳（合）闸电流的一半，线圈压降小于5%额定值；

（2）出口继电器的电压启动线圈与电流自保持线圈的相互极性关系正确；

（3）电流与电压线圈间的耐压水平不低于交流1000V、1min的试验标准（出厂试验为交流2000V、1min）；

（4）电流自保持线圈接在出口触点与断路器控制回路之间。

当有多个出口继电器可能同时跳闸时，宜由防止跳跃继电器实现上述任务。防止跳跃继电器应为快速动作的继电器，其动作电流小于跳闸电流的一半，线圈压降小于10%额定值，并满足上述（2）～（4）项的相应要求。

13. 简述集成电路型保护或微机型保护的交流及直流电源来线的抗干扰措施。

答：集成电路型保护或微机型保护的交流及直流电源来线，应先经过抗干扰电容（最好接在保护装置箱体的接线端子上），然后才进入保护屏内，此时：

（1）引入的回路导线应直接焊在抗干扰电容的一端；抗干扰电容的另一端并接后接到屏的接地端子上。

（2）经抗干扰电容后，引入装置的走线应远离直流操作回路的导线及高频输入（出）回路的导线，更不得与这些导线捆绑在一起。

（3）引入保护装置逆变电源的直流电源应经抗干扰处理。

（4）弱信号线不得和有强干扰（如中间继电器线圈回路）的导线相邻近。

14. 对集成电路型及微机型保护的现场测试应注意些什么?

答：（1）不得在现场试验过程中进行检修。

（2）在现场试验过程中不允许拔出插板测试，只允许用厂家提供的测试孔或测试板进行测试工作。

（3）插拔插件必须有专门措施，防止因人身静电损坏集成芯片，厂家应随装置提供相应的物件。

（4）必须在室内有可能使用对讲机的场所，用无线电对讲机发出的无线电信号对保护做干扰试验。如果保护屏是带有铁门封闭的，试验应分别在铁门关闭与打开的情况下进行，试验过程中保护不允许出现任何异常现象。

15. 为什么要测量跳合闸回路电压降，怎样测量及其合格标准是什么？

答：测量跳合闸回路电压降是为了使断路器在跳合闸时跳、合闸线圈有足够的电压，保证可靠跳、合闸。

跳合闸回路电压降测量方法如下：

（1）测量前先将合闸熔断器取下。断路器在合闸位置时测量合闸线圈电压降，先将合闸回路接通（如有重合闸时应先将重合闸继电器中间元件按住），用高内阻直流电压表与合闸线圈两端并接，然后短接断路器的合闸辅助触点，合闸继电器动作，即可读出合闸辅助线圈的动作电压降。

（2）断路器在跳闸位置时测量跳闸线圈电压降，将保护跳闸回路接通，用高内阻直流电压表（万能表即可）并接在跳闸线圈两端，短接断路器的跳闸辅助触点使跳闸线圈动作，即可读出跳闸线圈电压降。

跳闸、合闸线圈的电压降均不小于电源电压的90%才算合格。

16. 论述电压互感器二次回路中熔断器的配置原则。

答：（1）在电压互感器二次回路的出口应装设总熔断器或自动开关，用于切除二次回路的短路故障。自动调节励磁装置及强行励磁用的电压互感器的二次侧不得装设熔断器，因为熔断器熔断会使它们拒动或误动。

（2）若电压互感器二次回路发生故障，延迟切断二次回路故障时间可能使保护装置和自动装置发生误动或拒动，因此应装设监视电压回路的装置。此时宜采用自动开关作为短路保护，并利用其辅助触点发出信号。

（3）在正常运行时，电压互感器一次开口三角辅助绕组两端无电压，不能监视熔断器是否断开；且熔丝熔断时，若系统发生接地，保护会拒动，因此开口三角绕组输出不应装设熔断器。

（4）接至仪表及变送器的电压互感器二次电压分支回路应装设熔断器。

（5）电压互感器中性点引出线上一般不装设熔断器或自动动开关。采用B相接地时熔断器或自动开关应装设在电压互感器B相。

17. 线路距离保护振荡闭锁的控制原则是什么？

答：线路距离保护振荡闭锁的控制原则一般如下：

（1）单侧电源线路和无振荡可能的双侧电源线路的距离保护不应经振荡闭锁。

（2）35kV及以下线路距离保护不考虑系统振荡误动问题。

（3）预定作为解列点上的距离保护不应经振荡闭锁控制。

（4）躲过振荡中心的距离保护瞬时段不宜经振荡闭锁控制。

（5）动作时间大于振荡周期的距离保护段不应经振荡闭锁控制。

（6）当系统最大振荡周期为1.5s时，动作时间不小于0.5s的距离保护Ⅰ段、不小于1.0s的距离保护Ⅱ段和不小于1.5s的距离保护Ⅲ段不应经振荡闭锁控制。

18. 断路器和隔离开关经新安装装置检验及检修后，继电保护试验人员需要了解哪些调整试验结果？

答：（1）与保护回路有关的辅助触点的开、闭情况或这些触点的切换时间。

（2）与保护回路相连接的回路绝缘电阻。

（3）断路器跳闸及辅助合闸线圈的电阻值及在额定电压下的跳、合闸电流。

（4）断路器最低跳闸电压及最低合闸电压不小于 30%额定电压，且不大于 65%额定电压。

（5）断路器的跳闸时间、合闸时间及合闸时三相触头不同时闭合的最大时间差，如大于规定值且又无法调整时，应及时通知继电保护整定计算部门。

（6）35kV 及以下的断路器，如没有装设自动重合闸或不做同期并列用时，则可不了解有关合闸数据。

19. 在装设接地铜排时是否必须将保护屏对地绝缘？

答：没有必要将保护屏对地绝缘。虽然保护屏骑在槽钢上，槽钢上又置有连通的铜网，但铜网与槽钢等的接触只不过是点接触。即使接触的地网两点间有由外部传来的地电位差，但因这个电位差只能通过两个接触电源和两点间的铜排才能形成回路，因铜排电源值远小于接触电源值，因而在铜排两点间不可能产生有影响的电位差。

20. 应怎样设置继电保护装置试验回路的接地点？

答：在向装置通入交流工频试验电源前，必须首先将装置交流回路的接地点断开，除试验电源本身允许有一个接地点之外，在整个试验回路中不允许有第二个接地点，当测试仪表的测试端子必须有接地点时，这些接地点应接于同一接地点上。规定有接地端的测试仪表，在现场进行检验时，不允许直接接到直流电源回路中，以防止直流电源接地的现象。

21. 瓦斯保护的反事故措施要求是什么？

答：（1）将气体继电器的下浮筒改为挡板式，触点改为立式，以提高重气体继电器的可靠性。

（2）为防止气体继电器因漏水短路，应在其端子和电缆引线端子箱上采用防雨措施。

（3）气体继电器引出线应采用防油线。

（4）气体继电器的引出线和电缆线应分别连接在电缆引线端子箱内的端子上。

22. 用于保护交流电压自动切换的中间继电器应满足哪些要求？

答：（1）在断电时应保证继电器可靠失磁复归，触点容量应保证在电压回路故障通过短路电流时不粘连。

（2）分别控制两组母线电压的切换继电器同时动作，应发出信号。

（3）应保证控制正电源的触点较控制交流电压回路的触点迟闭合、早断开，并保证有足够压力。

（4）在不停相应保护的情况下，不得对运行中的隔离开关辅助触点进行维修工作。

（5）电压回路中性线应接地，且不应通过切换继电器触点切换。

23. 用拉路方法查找直流接地，有时找不到接地点在哪个系统，请论述可能有哪些原因？

答：当直流接地发生在充电设备、蓄电池本身和直流母线上时，或当直流采取环路供电方式时，用拉路方法是找不到接地点的。除上述情况外，还有直流串电（寄生回路），同极两点接地，以及直流系统绝缘不良导致多处出现虚接地点形成很高的接地电压，在表计上会出现接地指示。所以在拉路查找时，往往不能一下全部拉掉接地点，因而仍然有接地现象的存在。

24. 某变电站有两套相互独立的直流系统，当第一组直流系统的正极与第二组直流系统的负极之间发生短路时，站内的直流接地监视系统会出现什么现象？

答：两组直流系统会同时发出接地告警信号。断开任意一组直流电源接地，现象就会消失。第一组直流系统的正极与第二组直流系统的负极短接后，两组直流系统短接后形成一个端电压为440V的电池组，中点对地电压为零；每一组直流系统的绝缘监察装置均有一个接地点，短接后直流系统中存在两个接地点；故一组直流系统的绝缘监察装置判断为正极接地；另一组直流系统的绝缘监察装置判断为负极接地。

25. 现场工作中，具备了什么条件才能确认保护装置已经停用？

答：有明显的断开点（打开了连接片或接线端子片等才能确认），也只能确认在断开点以前的保护停用了。

如果连接片只控制本保护出口跳闸继电器的线圈回路，则必须断开跳闸触点回路才能确认该保护确已停用。

对于采用单相重合闸、由连接片控制正电源的三相分相跳闸回路，停用时除断开连接片外，尚需断开各分相跳闸回路的输出端子，才能认为该保护已停用。

26. 简述用于集成电路型、微机型保护的电流、电压和信号触点引入线，应采用屏蔽电缆且屏蔽层两端接地的原因及机理。

答：（1）采用屏蔽电缆且屏蔽层两端接地的目的在于抑制外界电磁干扰。

（2）变电站电缆处在强电磁场干扰的环境。

（3）电磁干扰源为外部的带电导线。

（4）带电导线所产生的磁通包围着电缆芯线及屏蔽层，并在其上产生感应电动势。

（5）如果屏蔽层两端接地，则将在屏蔽层产生感应电流。

（6）电流的大小与屏蔽层的阻抗及感应电动势有关。

（7）该电流产生的磁通包围着电缆芯线。

（8）该电流产生的磁通与外部磁通的方向相反。

因此能抵消一部分外部磁通，从而起到了抗干扰的作用。

27. 简述 330 ~ 500kV 线路对继电保护的配置有哪些影响（只需答五条）。

答：（1）线路输送功率大，稳定问题严重，要求保护动作快、可靠性高及选择性好；

（2）线路采用大截面分裂导线、不完全换位及紧凑型线路所带来的影响；

（3）长线路、重负荷，电流互感器变比大，二次电流小对保护装置的影响；

（4）同杆并架双回线路发生跨线故障对两回线跳闸和重合闸的不同要求；

（5）采用大容量发电机、变压器所带来的影响；

（6）线路分布电容电流明显增大所带来的影响；

（7）系统装设串联电容补偿和并联电抗器等设备所带来的影响；

（8）交直流混合电网所带来的影响；

（9）采用带气隙的电流互感器和电容式电压互感器，对电流、电压传变过程所带来的影响。

28. 对于双屏蔽层的二次电缆，从抗干扰角度考虑，内、外屏蔽层应如何接地？为什么？

答：（1）对于双屏蔽层的二次电缆，由于外屏蔽层本身为导体，外界干扰一般在该层感应，应两端接地，可为感应电流形成电流回路，从而产生反向磁通，抵消外界磁干扰的影响。

（2）对于内屏蔽层，经外屏蔽层屏蔽后，可能因为地电位的不平衡产生差模干扰，为产生电的屏蔽效果，宜在户内端一点接地。

29. 请画出继保小室等电位网和主接地网、开关就地端子箱和主接地网、继保小室和继保小室之间等电位网的连接示意图。

答：连接示意图如图 9-3 所示。

30. 当继电保护的灵敏性与选择性难以兼顾时，应首先考虑什么？试分析其理由，并简述《国家电网公司十八项电网重大反事故措施》（2018 年修订版）涉及的相关要求。

答：当灵敏性与选择性难以兼顾时，应首先考虑以保灵敏度为主，防止保护拒动，并备案报主管领导批准。因为灵敏性是衡量继电保护在发生故障和不正常工作状态时能否动作的一个重要指标，当灵敏度满足要求时，可以减少故障对系统的影响和波及范围。选择性是系统发生故障时，离故障点最近的继电保护应动作，如该保护拒动时，由相邻

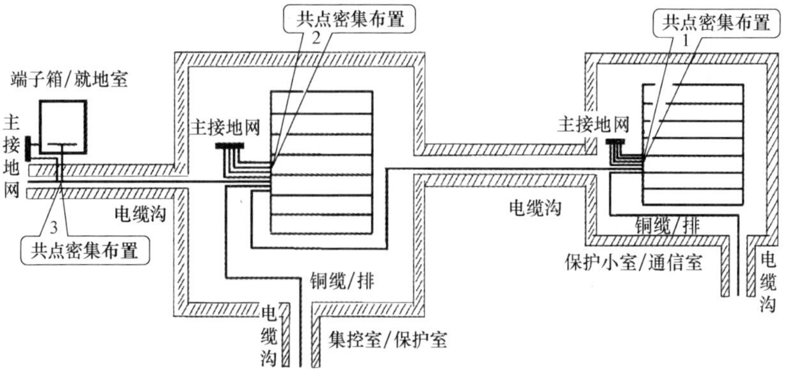

图 9-3

保护装置切除故障。某些情况下需加速切除故障，可使保护无选择性动作，但应采用自动重合闸或备用电源自动投入装置补救。

按《国家电网公司十八项电网重大反事故措施》（2018 年修订版）要求：

（1）当电网结构或运行方式发生较大变化时，应对运行保护装置的定值进行核查计算，不满足要求的保护定值应限期进行调整。

（2）在遇到电网结构变化复杂、整定计算不能满足系统运行要求的情况下，应按整定规程进行取舍，侧重防止保护拒动，备案注明并报主管领导批准。

（3）安排运行方式时，应分析系统运行方式变化对继电保护带来的不利影响，尽量避免继电保护定值所不适应的临时性编号。

31. 某地区 B 站至 K 站的 220kV 双回路中的 BKⅠ线因故障停电检修，当运行人员拉开 BKⅠ线 K 站侧断路器时，BK 双回线的线路纵联差动保护均动作，K 站侧 BKⅡ线断路器、B 站侧 BKⅠ线断路器、BKⅡ线断路器均跳开，造成 BK 双回线停电，系统接线见图 9-4。经检查发现，BK 双回线纵差保护的通道在 K 站侧被误交叉使用。试分析跳闸原因，违反了《国家电网公司十八项电网重大反事故措施》（2018 年修订版）的哪些相关规定并提出整改措施?

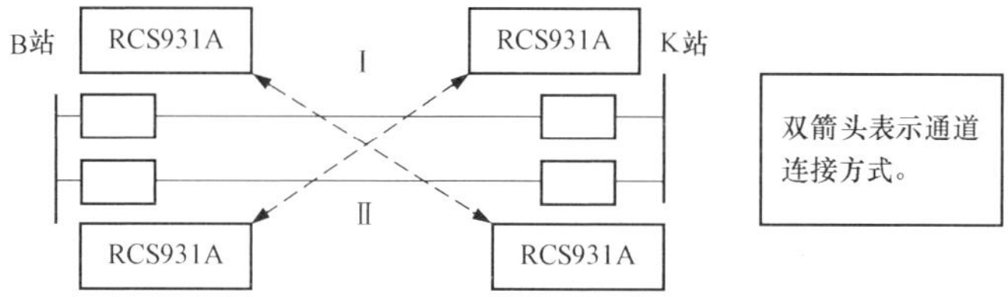

图 9-4

答：由于 BK 双回线纵差保护的通道在 K 站侧被误交叉使用，当 BKⅠ线站侧断路器拉开时，双回线的纵差保护均只感受到线路一侧有电流，故动作跳闸。

《国家电网公司十八项电网重大反事故措施》（2018 年修订版）规定：15.1.6 纵联保护应优先采用光纤通道。分相电流差动保护收发通道应采用同一路由，确保往返延时一致。在回路设计和调试过程中应采取有效措施防止双重化配置的线路保护或双回线的线路保护通道交叉使用。

整改措施：因为这种通道交叉在正常运行或带负荷试验时不能被发现，可以增加纵联识别码功能。正常运行时，本侧识别码和对侧识别码不同，且与其他的保护装置纵联识别码不同，通过保护装置对识别码的校验，来保证通道的正确性，当校验不正确时发出“通道异常”告警。

32. 某 35kV 干式电抗器电流互感器交流电流通过屏蔽电缆穿 PVC 保护管引接至就地开关端子箱，某日巡视时发现开关端子箱内该电缆屏蔽层烧断，请分析原因并说明违反了哪些反措要求。

答：（1）干式电抗器场地空间磁场非常强，电缆屏蔽层烧断的原因为该电缆屏蔽层两端接地，在空间磁场作用下感应出很大的屏蔽层电流，长期流过大电流造成电缆屏蔽层烧断。

（2）以下几点不满足反措要求：

1）电流互感器至开关场就地端子箱之间的二次电缆应经金属管引接，而不能用 PVC 管；

2）由电流互感器引下的金属管的上端应与电流互感器的底座和金属外壳良好焊接，下端就近与主接地网良好焊接，由于采用 PVC 管，无法实现此抗干扰措施；

3）从电流互感器引下的二次电缆屏蔽层应在就地端子箱处单端可靠连接至等电位接地网的铜牌上，而不应两端均接地。

33. 某 220kV 变电站系统接线如图 9-5 所示，某日该变电站 220kV Ⅰ、Ⅲ母分段断路器间隔电流互感器爆炸，母差正确动作切除Ⅰ、Ⅲ母线；接着 220kV 二线、三线路保护距离Ⅲ段动作，造成全站失压。事后检查发现运行在Ⅰ母的一线电压切换箱Ⅱ母隔离开关分位开入电阻开路，且二次回路存在一处设计错误。

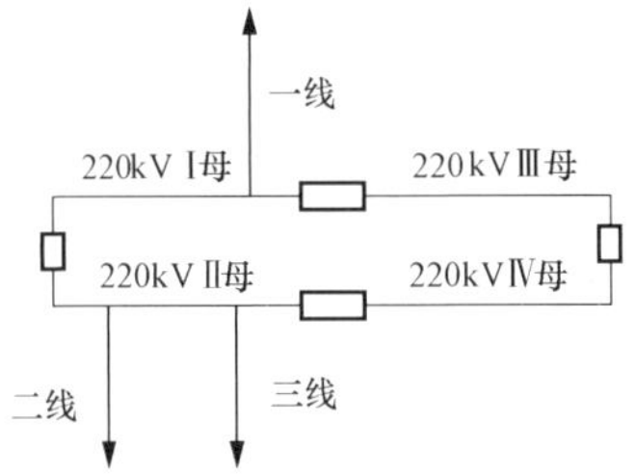

图 9-5

（1）请分析二线、三线线路保护距离Ⅲ段动作原因；

（2）请提出解决措施。

答： Ⅰ、Ⅲ母分段断路器间隔电流互感器爆炸，母差正确动作切除Ⅰ、Ⅲ母线；因运行在Ⅰ母的一线电压切换箱Ⅱ母隔离开关分位开入电阻开路且电压切换回路采用双位置继电器，相应电压切换继电器未能复归，使得Ⅰ、Ⅱ母电压切换回路二次误并列，造成Ⅱ母电压互感器对Ⅰ母电压互感器二次反充电，Ⅱ母电压互感器总空气开关跳闸，使得已进入故障处理程序的 220kV 二线、三线路保护距离Ⅲ段动作，造成全站失压。

存在问题：电压切换回路设计不合理。电压切换回路采用双位置继电器，二次电压并列告警信号采用单位置继电器，两者不一致造成二次电压并列告警信号不能真实反映二次电压切换状态，导致运行中无法及时发现二次电压异常并列的情况。

违反反措条文：15.1.5 当保护采用双重化配置时，其电压切换箱（回路）隔离开关辅助触点应采用单位置输入方式。单套配置保护的电压切换箱（回路）隔离开关辅助触点应采用双位置输入方式。

34. 为什么操作箱不设置两组操作电源切换回路？

答：（1）防止压力公共回路故障，同时失去两组直流电源。从操作箱到断路器机构箱的电缆较长，当发生故障时，由于切换回路的存在将导致同时失去两组直流电源。

（2）压力闭锁回路与第一组控制电源共用。①当第一组电源消失时，“压力低闭锁重合闸信号”将开入保护装置，同时合闸回路失电，单相故障时保护三跳不重；②采用两路电源切换方式，当第一组电源消失后，合闸回路失电（压力闭锁回路采用第二组电源），单相故障时保护单跳重合不成功，由三相不一致跳闸。

35. 断路器防跳回路的作用是什么?对于在运断路器，防跳有何规定?

答：防止手合断路器于故障线路且发生手合开关接点粘连的情况下，由于“线路保护动作跳闸”与“手合开关接点粘连”同时发生造成断路器在“合闸”与“跳闸”之间发生“跳跃”的情况。对在运断路器，其机构防跳功能完善的应采用机构防跳，机构防跳功能尚不完善的可采用保护防跳。防跳继电器动断、动合动作时间小于开关辅助接点动作时间。

第十章

相关专业知识

一、选择题

1. 变压器净油器中硅胶质量是变压器油质量的（　　）。 答案：A

A. 1%　　B. 0.5%　　C. 10%　　D. 5%

2. 断路器之所以具有灭弧能力，主要是因为它具有（　　）。 答案：A

A. 灭弧室　　B. 绝缘油　　C. 快速机构　　D. 并联电容器

3. 电磁式操动机构主合闸熔断器的熔丝规格应为合闸线圈额定电流值的（　　）倍。答案：A

A. 1/3～1/4　　B. 1/2　　C. 1/5　　D. 1.5

4. 电缆线路相当于一个电容器，停电后的线路上还存在有剩余电荷，对地仍有（　　），因此必须经过充分放电后，才可以用手接触。 答案：A

A. 电位差　　B. 等电位　　C. 很小电位　　D. 电流

5. 隔离开关因没有专门的（　　）装置，故不能用来接通负荷电流和切断短路电流。答案：B

A. 快速机构　　B. 灭弧　　C. 封闭　　D. 绝缘

6. 对 SF_6 断路器、组合电器进行充气时，其容器及管道必须干燥，工作人员必须（　　）。 答案：C

A. 戴手套和口罩　　B. 戴手套　　C. 戴防毒面具和手套　　D. 什么都不用

7. 真空断路器的触头常常采用（　　）触头。 答案：C

A. 桥式　　B. 指形　　C. 对接式　　D. 插入

8. 操作断路器时，控制母线电压的变动范围不允许超过其额定电压的 5%，独立主合闸母线电压应保持为额定电压的（　　）。 答案：A

A. 105%～110%　　B. 110%以上　　C. 100%　　D. 120%以内

9. 绝缘油做气体分析试验的目的是检查其是否出现（　　）现象。 答案：A

A. 过热、放电　　B. 酸价增高　　C. 绝缘受潮　　D. 机械损坏

10. 熔断器熔体应具有（　　）的特点。 答案：D

A. 熔点低，导电性能不良　B. 导电性能好，熔点高
C. 易氧化，熔点低　D. 熔点低，导电性能好，不易氧化

11. 避雷器的作用在于它能防止（　　）对设备的侵害。 答案：B

A. 直击雷　B. 进行波　C. 感应雷　D. 三次谐波

12. 变压器经真空注油后，其补油应（　　）。 答案：B

A. 从变压器下部阀门注入　B. 经储油柜注入
C. 通过真空滤油机从变压器下部注入　D. 随时注入

13. 在变压器中性点装入消弧线圈的目的是（　　）。 答案：D

A. 提高电网电压水平　B. 限制变压器故障电流
C. 提高变压器绝缘水平　D. 补偿接地及故障时的电容电流

14. 当温度升高时，变压器的直流电阻（　　）。 答案：A

A. 随着增大　B. 随着减少　C. 不变　D. 不一定

15. 由于被保护设备上感受到的雷电入侵电压要比母线避雷器的残压高，因此要校检避雷器至主变压器等设备的（　　）距离是否符合规程要求。 答案：B

A. 几何平均　B. 最大电气
C. 直线　D. 算术平均距离

16. 一台 SF_6 断路器需解体大修时，回收完 SF_6 气体后应（　　）。 答案：B

A. 进行分解工作
B. 用高纯度 N_2 气体冲洗内部两遍并抽真空后方可分解
C. 抽真空后分解
D. 用 N_2 气体冲洗不抽真空

17. 工频耐压试验能考核变压器（　　）缺陷。 答案：D

A. 绕组匝间绝缘损伤
B. 外绕组相间绝缘距离过小
C. 高压绕组与高压分接引线之间绝缘薄弱
D. 高压绕组与低压绕组引线之间的绝缘薄弱

18. 断路器的同期不合格，非全相分、合闸操作可能使中性点不接地的变压器中性点上产生（　　）。 答案：A

A. 过电压　B. 电流　C. 电压降低　D. 零电位

19. 高压断路器的额定开断电流是指在规定条件下开断（　　）。答案：C
A. 最大短路电流最大值　B. 最大冲击短路电流
C. 最大短路电流有效值　D. 最大负荷电流的 2 倍

20. 变压器并列运行的基本条件是（　　）。答案：D
A. 联结组标号相同　B. 电压变比相等
C. 短路阻抗相等　D. A、B、C 所列均正确

21. 电流互感器一次安匝数（　　）二次安匝数。答案：D
A. 大于　B. 等于　C. 小于　D. 约等于

22. 变电站计算机监控系统的结构模式主要有集中式、（　　）两种类型。答案：C
A. 主控式　B. 被拉式　C. 分层分布式　D. 集控式

23. 变电站计算机监控系统以一个变电站的（　　）作为其监控对象。答案：D
A. 电流、电压、有功量、无功量　B. 主变压器
C. 控制室内运行设备　D. 全部运行设备

24. 将配电线路的保护测控装置分散安装在开关柜内，而高压线路和主变压器的保护及测控装置等采用集中组屏安装在控制室内的系统结构，称为（　　）的结构。答案：C
A. 集中组屏　B. 分层组屏　C. 分散与集中相结合　D. 全分散

25. 变电站计算机监控系统具有手动控制和自动控制两种控制方式，手动控制包括调度通信中心控制、站内主控室控制、就地手动控制，控制级别由高到低顺序为（　　），三种控制级别间应相互闭锁，同一时刻只允许一级控制。答案：C
A. 远程调度中心、站内主控室、就地
B. 就地、远程调度中心、站内主控室
C. 就地、站内主控室、远程调度中心
D. 站内主控室、就地、远程调度中心

26. 交流采样与直流采样的主要区别是（　　）。答案：C
A. 不用互感器　B. 不用变压器　C. 不用变送器　D. 都不用

27. 根据采样原理，采样频率必须不小于（　　）倍的被采样信号中所含的最高频率。答案：B
A. 1　B. 2　C. 3　D. 4

28. 实现 **A/D** 转换的方式有计数器式、积分式、逐步逼近式和并行比较式、电压—频率式这几种，其中（　　）常用于计算机监控系统测控装置。答案：C

A. 计数器式　　B. 积分式　　C. 逐步逼近式　　D. 并行比较式

29. A/D 转换芯片质量的优劣，影响（　　）数据的准确性或精度。　答案：C

A. 遥控　　B. 遥信　　C. 遥测　　D. 遥调

30. 双位置遥信采用双触点输入方式，通过逻辑判断分辨开关的状态，如某断路器双位置遥信值“11”表示（　　）信号。　答案：D

A. 合位　　B. 分位　　C. 合令　　D. 无效

31. 变电站监控系统使整个系统性能指标的最优化具体表现在简化变电站二次设备的硬件配置，简化变电站各二次设备之间的连线，（　　）相对独立，网络及监测系统的故障不应影响保护功能的正常工作，减少安装施工和维护的工作量，提高运行的可靠性和经济性等。　答案：B

A. 通信连接　　B. 保护模块　　C. 开关操作　　D. 测量模块

32. 110kV 变电站无功电压监控系统的控制目标是（　　）。　答案：C

A. 控制开关分合

B. 控制主变压器分接头挡位升降

C. 控制变电站主变压器供电侧母线电压在合格范围

D. 控制电容器组投切

33. 倒闸操作可以通过（　　）方式完成。　答案：B

A. 就地操作和遥控操作　　B. 就地操作、遥控操作和程序操作

C. 就地操作和程序操作　　D. 遥控操作和程序操作

34. 断路器遥控分合操作时，按先后顺序分为（　　）几个步骤完成。　答案：A

A. 遥控选择、返校和执行　　B. 遥控返校、选择和执行

C. 遥控执行、返校和选择　　D. 遥控选择和执行

35. SOE 事件顺序记录的时间以（　　）的 GPS 标准时间为基准。　答案：B

A. 主站端　　B. 厂站端　　C. 集控站　　D. 以上均可以

36. 遥信输入回路最常用的隔离有（　　）。　答案：C

A. 变送器隔离　　B. 继电器隔离

C. 光电耦合隔离　　D. 变送器隔离结合光电耦合隔离

37. 某变电站 RTU 主通道中断，该变电站有主备两个通道，主站值班人员应首先（　　）。
答案：C

A. 通知通信人员检查
B. 通知远动检修人员检查 RTU
C. 切换到备用通道检查，进行分析后通知有关专业人员
D. 通知调度人员

38. 变电站计算机监控系统的同期功能只能由（ ）来实现。 答案：C
A. 远方调度 B. 站控层 C. 间隔层 D. 过程层

39. 变电站自动化系统主要由电子设备构成，但同时又引入各类交直流信号源，因此它具有信号接地、功率接地、（ ）、防静电接地几种接地方式。 答案：A
A. 保护接地 B. 中性点接地 C. 消弧接地 D. 工作接地

40. 调度中心发出调整变压器分接头位置操作命令属于（ ）。 答案：D
A. 遥测信息 B. 遥信信息 C. 遥控信息 D. 遥调信息

41. 变电站控制室及保护小室应独立敷设与主接地网（ ）的二次等电位接地网，二次等电位接地点应有明显标志。 答案：A
A. 单点连接 B. 多点连接 C. 单边连接 D. 多边连接

42. 对 66～220kV 电压等级变压器，在新安装时应抽样进行（ ）和负载损耗试验。答案：A
A. 空载损耗试验 B. 耐压试验
C. 绕组变形测试 D. 局部放电试验

43. 变压器本体保护宜采用（ ）跳闸方式。 答案：A
A. 就地 B. 远传 C. 自动控制 D. 站端

44. 电容器组接线宜采用（ ）的接线方式。 答案：C
A. 并联 B. 串联 C. 先串后并 D. 先并后串

45. 铁磁材料在反复磁化过程中，磁感应强度的变化始终落后于磁场强度的变化，这种现象称为（ ）。 答案：B
A. 磁化 B. 磁滞 C. 剩磁 D.减磁

46. 当线圈中磁通减小时，感应电流的磁通方向（ ） 答案：B
A. 与原磁通方向相反 B. 与原磁通方向相同
C. 与原磁通方向无关 D. 与线圈尺寸大小有关

47. 将一根导线均匀拉长为原长的 2 倍，则它的阻值为原阻值的（ ）倍。 答案：D
A. 2 B. 1 C. 0.5 D. 4

48. 在变压器中性点装入消弧线圈的目的是（　　）。 答案：D
A. 提高电网电压水平　B. 限制变压器故障电流
C. 提高变压器绝缘水平　D. 补偿接地及故障时的电流

49. 互感器的二次绕组必须一端接地，其目的是（　　）。 答案：D
A. 提高测量精度　B. 确定测量范围
C. 防止二次过负荷　D. 保证人身安全

50. 防跳继电器动作时间应与（　　）配合。 答案：A
A. 断路器动作时间　B. 零序、负序保护动作时间
C. 失灵保护动作时间　D. 重合闸时间

51. 下列各项中对变压器绕组直流电阻的测得值有影响的是（　　）。 答案：A
A. 变压器上层油温及绕组温度　B. 变压器油质状况
C. 变压器绕组绝缘受潮　D. 环境空气湿度

52. 超高压断路器断口并联电阻是为了（　　）。 答案：D
A. 提高功率因数　B. 均压
C. 分流　D. 降低操作过电压

53. 高压断路器断口并联电容器的作用是（　　） 答案：B
A. 提高功率因数　B. 均压
C. 分流　D. 降低雷电侵入波陡度

54. 绝缘油在电弧作用下产生的气体大部分是（　　）。 答案：B
A. 甲烷、乙烯　B. 氢、乙炔　C. 一氧化碳　D. 二氧化碳

55. 测量绝缘电阻及直流泄漏电流通常不能发现的设备绝缘缺陷是（　　）。 答案：D
A. 贯穿性缺陷　B. 整体受潮
C. 贯穿性受潮或脏污　D. 整体老化及局部缺陷

56. 测量介质损耗因数，通常不能发现的设备绝缘缺陷是（　　）。 答案：D
A. 整体受潮　B. 整体劣化
C. 小体积试品的局部缺陷　D. 大体积试品的局部缺陷

57. 超高压输电线路及变电站，采用分裂导线与采用相同截面积的单根导线相比较，下列项目中（　　）项是错的。 答案：B
A. 分裂导线通流容量大些

B. 分裂导线较易发生电晕，电晕损耗大些
C. 分裂导线对地电容大些
D. 分裂导线结构复杂些

58. 新投的220kV母联（分段）、主变压器、高压电抗器断路器应选用（　　）设备。答案：D
A. 弹簧机构　　B. 液压机构
C. 分相弹簧机构　　D. 三相机械联动

59. 充气设备现场安装应先进行（　　）处理再注入绝缘气体。　答案：A
A. 抽真空　　B. 干燥　　C. 清洁　　D. 充氮气

60. 架空进线的GIS线路间隔的（　　）和线路电压互感器宜采用外置结构。　答案：D
A. 电流互感器　　B. 隔离开关　　C. 断路器　　D. 避雷器

61. 合闸操作时应确保合闸到位，（　　）隔离开关应检查驱动拐臂过“死点”。　答案：A
A. 伸缩式　　B. 旋转式　　C. 翻转式　　D. 水平式

62. 开关柜及安装的各种元件均应进行（　　），开关柜整机应进行污秽试验。　答案：C
A. 耐压试验　　B. 局放试验　　C. 凝露试验　　D. 动作试验

63. 开关柜间连通部位应采取有效的（　　）措施。　答案：B
A. 压力释放　　B. 封堵隔离　　C. 检测报警　　D. 灭火隔热

64. 对于装设手动消弧线圈的6～66kV非有效接地系统，应根据电网发展每3～5年进行一次调谐试验，使手动消弧线圈运行在（　　）状态。　答案：D
A. 刚好补偿　　B. 额定运行　　C. 欠补偿　　D. 过补偿

65. 独立避雷针接地装置与主接地网之间导通电阻应大于（　　）。　答案：A
A. 500mΩ　　B. 500μΩ　　C. 1000mΩ　　D. 1000μΩ

66. 220kV及以上电压等级油浸式变压器和位置特别重要或存在绝缘缺陷的110（66）kV油浸式变压器，应配置（　　）在线监测装置。　答案：A
A. 多组分油中溶解气体　　B. 特高频
C 局放　　D.过电压

67. 采用AVC等自动投切系统控制的多组电容器投切策略应保持各组投切次数均衡，避免反复投切同一组，而其他组长时间闲置。电容器组半年内未投切或近1个年度内投切次数达到（　　）次时，自动投切系统应闭锁投切。　答案：B

A. 500 B. 1000 C. 1500 D. 2000

68. 并联电容器用串联电抗器用于抑制谐波时，（ ）应根据并联电容器装置接入电网处的背景谐波含量的测量值选择，避免同谐波发生谐振或谐波过度放大。 答案：B

A. 额定电流 B. 电抗率 C. 额定电压 D. 容量

69. 断路器液压机构应具有防止失压后（ ）的机械装置。 答案：D

A. 慢分 B. 慢合 C. 脱扣 D. 慢分慢合

70. 变压器铁芯应在（ ）的情况下运行。 答案：B

A. 不接地 B. 一点接地 C. 两点接地 D. 多点接地

二、判断题

1. 母线的相序排列一般规定为：上下布置的母线应该由下向上，水平布置的母线应由外向里。（ ）

答案：×

2. 为了限制电力系统的高次谐波对电力电容器的影响，常在电力电容器前串联一定比例的电抗器。（ ）

答案：√

3. SF_6 气体湿度是 SF_6 设备的主要测试项目。（ ）

答案：√

4. 在电气设备绝缘子上喷涂 RTV 防污涂料，能有效地防止污闪事故的发生。（ ）

答案：√

5. 软母线与电气设备端子连接时，不应使电气设备的端子受到超过允许的外加机械应力。（ ）

答案：√

6. 串级式电压互感器与电容式电压互感器的电气原理是一样的，都是把高电压转换为低电压。（ ）

答案：×

7. 断路器的控制回路主要由控制开关、操动机构、控制电缆三部分组成。（ ）

答案：√

8. 单相变压器连接成三相变压器组时，其接线组应取决于一、二次侧绕组的绕向和首尾的标记。（ ）

答案：√

9. 在不影响设备正常运行的条件下，对设备状态连续或定时自动地进行监测，称为在线监测。（ ）

答案：√

10. 断路器操动机构的储压器是液压机构的能源，属于充气活塞式结构。(　　)

答案：√

11. 呼吸器油盅里装油是为了防止空气直接进入设备内部。(　　)

答案：√

12. 检修断路器的停电操作，可以不取下断路器的主合闸熔断管和控制熔断管。(　　)

答案：×

13. 压力式滤油机是利用滤油纸的毛细管吸收和黏附油中的水分和杂质，从而使油得到干燥和净化。(　　)

答案：√

14. 断路器导电杆的铜钨合金触头烧伤面积达 1/3 以上，静触头接触面有 1/2 以上烧损或烧伤深度达 2mm 时，应更换。(　　)

答案：√

15. 接地装置的接地电阻值越小越好。(　　)

答案：√

16. 液压机构中的预充压力决定了机构的实际工作能力。(　　)

答案：√

17. 单元式无功补偿电容器的熔断器装置，安装时必须保证正确的角度和紧度，且户内、户外可以通用。(　　)

答案：×

18. 采用超声波探伤是发现隔离开关支柱绝缘子裂纹的一种有效手段。(　　)

答案：√

19. 并接在电路中的熔断器，可以防止过载电流和短路电流的危害。(　　)

答案：×

20. SF_6气体的缺点是电气性能受电场均匀程度及水分、杂质影响特别大。(　　)

答案：√

21. 母线用的金属元件要求尺寸符合标准，不能有伤痕、砂眼和裂纹等缺陷。(　　)

答案：√

22. 金属氧化物避雷器具有保护特性优良、通流容量大、使用寿命长、可靠性高、结构简单的优点。(　　)

答案：√

23. 为了防止雷电反击事故，除独立设置的避雷针外，应将变电站内全部室内外的接地装置连成一个整体，做成环状接地网，不出现开口，使接地装置充分发挥作用。(　　)

答案：√

24. 开关柜带电消缺维护时，如果机械“五防”装置影响工作，可以临时采取办法解决其闭锁。(　　)

答案：×

25. 断路器的液压操动机构液压管路检修前，必须先对液压回路释压至零压力，才可开始其他作业。(　　)

答案：√

26. 用红外设备检查电力设备过热是一种科学有效的手段，能准确发现外部电接触过热缺陷，但不能发现设备内部过热缺陷。(　　)

答案：×

27. 充氮运输的变压器，将氮气排尽后，才能进入检查以防窒息。(　　)

答案：√

28. 双绕组变压器工作时，电压较高的绕组通过的电流较小，而电压较低的绕组通过的电流较大。(　　)

答案：√

29. SF_6气体具有优良的灭弧性能和导电性能。(　　)

答案：×

30. 断路器的触头组装不良会引起运动速度失常和损坏部件，对接触电阻无影响。(　　)

答案：×

31. 接触器是用来实现低压电路的接通和断开的，并能迅速切除短路电流。(　　)

答案：×

32. 干粉灭火器综合了四氯化碳、二氧化碳和泡沫灭火器的长处，适用于扑救电气火灾，灭火速度快。(　　)

答案：√

33. 空气断路器是以压缩空气作为灭弧、绝缘和传动介质的断路器。(　　)

答案：√

34. 运行变压器轻瓦斯保护动作，收集到黄色不易燃的气体，可判断此变压器有木质故障。(　　)

答案：√

35. 低温对断路器的操动机构有一定影响，会使断路器的机械特性发生变化，还会使瓷套和金属法兰的粘接部分产生应力。(　　)

答案：√

36. 母线常见故障有接头接触不良，母线对地绝缘电阻降低和大的故障电流通过时母线会弯曲折断或烧伤等。(　　)

答案：√

37. 对SF_6断路器补气，可用SF_6气瓶及管道对断路器直接补入气体。(　　)

答案：×

38. 只重视断路器的灭弧及绝缘等电气性能是不够的，在运行中断路器的机械性能也很重要。(　　)

答案：√

39. 变压器吊芯检查时，测量湿度的目的是为了控制芯部暴露在空气中的时间及判断能否进行吊芯检查。(　　)

答案：√

40. 变压器负载运行时，铁芯中的主磁通大小取决于外加电压的大小。(　　)

答案：√

41. 与其他电机一样，同步电机也是可逆的，既可作为发电机运行，也可作为电动机运行。（　　）

答案：√

42. 电流铁芯磁化曲线表示的是电流越大磁通越大，二者成正比。（　　）

答案：×

43. 变压器 Yd11 接线表示一次侧线电压超前二次侧线电压 30°。（　　）

答案：×

44. 异步电机是一种交流电机，其负载时的转速与所接电网的频率之比不是恒定关系。（　　）

答案：√

45. 采样保持电路可使模拟信号在 A/D 转换期间输入 A/D 芯片电压不变。（　　）

答案：√

46. 监控系统是以变电站的一次设备作为其监控对象的。（　　）

答案：×

47. 半双工通信与全双工通信方式下，系统中的每个通信设备都由一个发送器和一个接收器组成，数据可以同时在两个方向上传送。（　　）

答案：×

48. 为考虑精度，A/D 结果不能表征被测量实际值，为此对不同遥测量乘以一个各自适当的系数，这个乘系数的过程是标度变换。（　　）

答案：√

49. 根据 IEC TC57 提出的变电站控制系统的基本结构，一个现代的分层分布式变电站控制系统是一个 3 层结构，即站控层（2 层）、间隔层（1 层）和过程层（0 层）。变电站计算机监控系统主要位于 0 层和 1 层。（　　）

答案：×

50. 线路保护设备或间隔单元控制设备属于站控层（2 层）。（　　）

答案：×

51. 一个远动通信设备只能与一个相关调度通信中心进行数据通信。（　　）

答案：×

52. 远动通信设备应直接从间隔层测控装置获取调度所需的数据，实现远动信息的直采直送。（　　）

答案：√

53. 主变压器分接头位置信号属于遥测信号。（　　）

答案：×

54. 当测控装置设置成就地工作方式时，远方的控制应被闭锁；当测控装置设置成远方工作方式时，就地的控制应被闭锁。（　　）

答案：√

55. 目前在变电站中采用的分层分布式计算机监控系统，有集中组屏结构、分散与集中相结合（局部分散）结构及全分散结构三种布置类型。（　　）

答案：√

56. 当断路器上的“就地/远方”转换开关处于“就地”状态时，监控系统无法完成该断路器的遥控操作。(　　)

答案：√

57. 适当调节消弧线圈的电感值，可使接地处的电流变得很小或等于零，在实践中一般采取欠补偿的方式。(　　)

答案：×

58. 测控单元同期功能，同期电压输入分别来自断路器两侧 TV 的电压，当两侧有压且满足同期条件时，允许合闸。(　　)

答案：√

59. 遥控选择命令包括两个部分：①选择对象，用对象码指定对哪一个对象进行操作；②遥控操作的性质，用操作性质码指示是否合闸还是分闸。(　　)

答案：√

60. 通过在遥测输入端加一标准电压的方式，检查遥测回路是否有问题。(　　)

答案：√

61. 在遥控回路编号中，1、3 表示对断路器跳闸操作。(　　)

答案：×

62. 调度中心发往变电站远动终端的命令有三种，即遥控选择命令、遥控执行命令和遥控撤销命令。(　　)

答案：√

63. 同期合闸的充分条件是满足电压差、频率差在一定范围内。(　　)

答案：×

64. 交流采样是相对直流采样而言，指对交流电流和交流电压采集时，输入至 A/D 转换器的是与电力系统的一次电流和一次电压同频率、大小成比例的交流电流信号。(　　)

答案：×

65. 为了防止干扰进入远动装置，遥信采集回路一般采取光电耦合隔离措施。(　　)

答案：√

66. 除检同期合闸和准同期合闸功能外，监控系统测控装置还设置了无压合闸和强制合闸功能。(　　)

答案：√

67. 遥信信号主要有断路器、隔离开关的位置信号，继电保护信号等。遥测数据主要有电流、电压、有功功率、无功功率、频率、温度等。(　　)

答案：√

68. 如果遥控返校正确，调度端发出遥控执行命令后还可以再撤销这个命令。(　　)

答案：×

69. 串行通信是应用得最为广泛的一种通信方式，它将数据一位一位顺序地传送，即每个时钟脉冲只发送一个比特。(　　)

答案：√

70. 预告信号是在变电站的电气一次设备或电力系统发生事故时发出的音响信号和灯光信号。( )

答案：×

71. 电力系统中实时采集的开关量信息主要包括状态信号、隔离开关信号、保护信号及事故总信号。( )

答案：√

72. 变电站所有的断路器、隔离开关、变压器、交直流站用电、站内辅助设备、继电保护系统和各相关装置状态信号都属于计算机监控系统的监视和控制范围。( )

答案：√

73. 变电站计算机监控系统允许与变电站常规的监控手段，如模拟屏、控制台、光字牌系统、远动系统、事件顺序记录仪等并存。( )

答案：×

74. 监控系统运行正常的情况下，无论设备处在站控层还是间隔层操作控制，设备的运行状态和选择切换开关的状态都应处于计算机监控系统的监视中。( )

答案：√

75. 远动功能应独立于站控层的其他设备；即站控层的其他设备退出运行不影响远动功能的正常运行。( )

答案：√

76. 远动设备故障不能影响站控层对变电站的正常监控。( )

答案：√

77. 对不满足联闭锁条件的操作，监控系统应闭锁操作，给出报警提示。( )

答案：√

78. 小电流接地系统中的并联电容器可采用中性点不接地的星形接线。( )

答案：√

79. 装设电抗器的目的是限制短路电流，提高母线残余电压。( )

答案：√

80. SF_6断路器和组合电器里的SF_6气体中的水分将对设备起腐蚀和破坏的作用。( )

答案：√

81. 额定电压为1kV以上的电气设备，在各种情况下均采用保护接地；1kV以下的设备，中性点直接接地时应采用保护接零，中性点不接地时采用保护接地。( )

答案：√

82. 为了限制电力系统的高次谐波对电力电容器的影响，常在电力电容器前串联一定比例的电抗器。( )

答案：√

83. SF_6气体具有优良的灭弧性能和导电性能。( )

答案：×

84. 串级式电压互感器与电容式电压互感器的电气原理是一样的，都是将高电压转换为低电压。( )

答案：×

85. 变压器空载试验的目的是测量短路损耗和阻抗电压，以检查铁芯结构质量。（　　）

答案：×

86. 电力变压器绕组的主绝缘是指低压绕组与铁芯柱之间的绝缘、高压绕组和低压绕组之间的绝缘、相邻两高压绕组之间的绝缘和绕组两端与铁轭之间的绝缘。（　　）

答案：√

87. 电力设备的局部放电，是指设备绝缘系统中被部分击穿的电气放电，这种放电可能发生在导体（电极）附近，也可发生在其他位置。（　　）

答案：√

88. 电压互感器的负载误差是由负载电流在一、二次绕组的内阻抗产生的电压降所引起的，它与二次负荷导纳的大小成正比，且与电压的大小有关。（　　）

答案：×

89. 当变比不同的两台变压器并列运行时，会产生环流，并在两台变压器内产生压降，使得两台变压器的输出端电压变比小的升，大的降。（　　）

答案：×

90. 线路末端开路，则反射波电压大于入射波电压，末端电压升高一倍，电流为零。（　　）

答案：×

91. 高处作业时，较大的工具应用绳拴在牢固的构件上，工件、边角余料应放置在牢靠的地方或用铁丝扣牢并有防止坠落的措施，不准随便乱放，以防止发生高空坠落事故。（　　）

答案：√

92. SF_6气体断路器的 SF_6气体在常压下绝缘强度比空气大 3 倍。（　　）

答案：×

93. GIS 组合电器是由断路器、隔离开关、电流互感器、电压互感器、避雷器和套管等组成的新型电气设备。（　　）

答案：√

94. 绝缘材料在电场作用下尚未发生绝缘结构的击穿时，其表面或与电极接触的空气中发生的放电现象，称为绝缘闪络。（　　）

答案：√

95. 断路器导电杆的铜钨合金触头烧伤面积达 1/3 以上，静触头接触面有 1/2 以上烧损或烧伤深度达 3mm 时，应更换。（　　）

答案：×

96. 金属氧化物避雷器具有保护特性优良、通流容量大、使用寿命长、可靠性高、结构简单的优点。（　　）

答案：√

97. 磁吹式避雷器是利用磁场对电弧的电动力使电弧运动，来提高间隙的灭弧能力。（　　）

答案：√

98. 接地装置对地电压与通过接地体流入地中的电流的比值称为接地电阻。（　　）

答案：√

99. 一般室内矩形硬母线采用水平安装，是因其动稳定性比竖装的好。(　　)

答案：√

100. 并列变压器承担负荷的大小与阻抗电压成正比。(　　)

答案：×

101. 自耦变压器的几何尺寸不是通过容量决定的。(　　)

答案：×

102. 变压器油箱测漏的方法有气压法、静压法和油压法等。(　　)

答案：×

103. 断路器操动机构的储压器是液压机构的能源，属于充气活塞式结构。(　　)

答案：√

104. 断路器合分闸速度的测量应在额定操作电压下进行，测量时应取产品技术条件所规定的区段的平均速度、最大速度及刚分、刚合速度。(　　)

答案：√

105. 变压器的无励磁调压和有载调压都是通过改变绕组匝数达到改变电压的目的。(　　)

答案：√

106. 变压器有载分接开关的结构由切换开关、选择开关、范围开关、快速机构、操动机构 5 个部分组成。(　　)

答案：√

107. 事件顺序记录（SOE）站间分辨率的含义是在不同厂站两个相继发生事件其先后相差时间不小于分辨率时，调度端记录的两个事件前后顺序不应颠倒。(　　)

答案：√

三、简答题

1. 断路器的辅助接点有哪些用途？

答：断路器靠本身所带动合、动断接点的变换开合位置，来接通断路器机构合、跳闸控制回路和音响信号回路，达到断开断路器或闭合电路的目的，并能正确发出音响信号，启动自动装置和保护闭锁回路等。当断路器的辅助接点用在合、跳闸回路时均应带延时。

2. 有载调压操动机构必须具备哪些基本功能？

答：（1）能有 $1 \to n$ 和 $n \to 1$ 的往复操作功能。

（2）有终点限位功能。

（3）有一次调整一个挡位功能。

（4）有手动和电动两种操作功能。

（5）有位置信号指示功能。

3. 引起隔离开关触头发热的原因是什么？

答：（1）隔离开关过载或者接触面不严密使电流通路的截面减小，接触电阻增加。

（2）运行中接触面产生氧化使接触电阻增加。因此，当电流通过时触头温度就会超过允许值,甚至有烧红熔化以至熔接的可能。在正常情况下触头的最高允许温度为 75℃，因此应调整接触电阻使其值不大于规定值。

4. 对操动机构的自由脱扣功能有何技术要求?

答: 当断路器在合闸过程中机构又接到分闸命令时,不管合闸过程是否终了应立即分闸，保证及时切断故障。

5. 绝缘子发生闪络放电现象的原因是什么?如何处理?

答:（1）原因:

1）绝缘子表面和瓷裙内落有污秽，受潮以后耐压强度降低，绝缘子表面形成放电回路，使泄漏电流增大，当达到一定值时造成表面击穿放电。

2）绝缘子表面落有污秽虽然很少，但由于电力系统中发生某种过电压，在过电压的作用下使绝缘子表面闪络放电。

（2）处理方法：绝缘子发生闪络放电后，绝缘子表面绝缘性能下降很大，应立即更换，并对未闪络放电绝缘子进行防污处理。

6. 硬母线常见故障有哪些?

答:（1）接头因接触不良电阻增大，造成发热严重使接头烧红。

（2）支持绝缘子绝缘不良，使母线对地的绝缘电阻降低。

（3）当大的故障电流通过母线时，在电动力和弧光作用下，使母线发生弯曲、折断或烧伤。

7. 引起隔离开关触指发生弯曲的原因是什么?

答: 引起隔离开关触指发生弯曲的原因是由于触指间的电动力方向交替变化或调整部位发生松动，触指偏离原来位置而强行合闸使触指变形。处理时，检查接触面中心线应在同一直线上，调整刀片或瓷柱位置，并紧固松动的部件。

8. 给运行中的变压器补充油时应注意什么?

答:（1）注入的油应是合格油，防止混油。

（2）补充油之前把重瓦斯保护改至信号位置，防止误动跳闸。

（3）补充油之后检查气体继电器，并及时放气，然后恢复。

9. 在什么情况下用心肺复苏法及其三项基本措施是什么?

答: 使用心肺复苏法的情况：触电伤员呼吸和心跳均停止时，应立即按心肺复苏法支持生命的三项基本措施实施就地抢救。

心肺复苏法的三项基本措施是：通畅气道；口对口人工呼吸；胸外按压。

10. 简述变电站计算机监控系统的系统功能。

答： 变电站计算机监控系统的系统功能主要有数据采集与处理、控制操作、报警及处理、事件顺序记录及事故追忆、远动功能、时钟同步、人机联系与运行管理、与其他设备接口。

11. 简述计算机监控系统联闭锁的特点及应注意的几个方面。

答： 计算机监控系统联闭锁除判别本电气回路的联闭锁条件外，还必须对其他相关回路的隔离开关位置、线路电压及逻辑量等进行判别。逻辑联闭锁包括站控层的逻辑联闭锁和间隔层的逻辑联闭锁。应注意以下几个方面：

（1）联闭锁功能应能在间隔层设备选择投入或退出。

（2）对不满足联闭锁条件的操作，监控系统应闭锁操作，并给出报警提示。

（3）应考虑虚拟检修挂牌操作时的联闭锁，并将虚拟检修挂牌作为相关隔离开关操作的联闭锁条件。

12. 如何提高跳闸出口中间继电器抗干扰的能力?

答：（1）提高继电器的动作电压，超过 50%U_N。

（2）增加继电器并联电阻，提高动作功率。

（3）继电器动作加适当的延时。

13. 简述断路器遥控的操作过程。

答： 调度端先向执行端发出遥控对象和遥控性质的命令，执行端收到以后，经 CPU 处理后向调度端发出校核信号。调度端收到执行端发来的校核信号后，与下发的命令进行比较，在校核无误的条件下，再发出执行命令，执行端收到命令后，完成遥控操作，经过一定的延时之后自动发出清除命令，为接收下一个遥控命令做好准备。

14. 简述目前综合自动化变电站中的通信方式，并写出 IEC 60870-5-101、IEC 60870-5-103、IEC 60870-5-104 规约的适用范围。

答： 综合自动化变电站中的系统数据通信包括两方面内容：①综合自动化系统内部各子系统或各种功能模块间的信息交换，通过通信接口的串并行通信方式、计算机局域网方式和现场总线方式；②变电站与控制中心的通信，有载波通信方式、网络通信线路方式、音频电缆方式等。

IEC 60870-5-101 是符合调度端要求的基本远动通信规约；IEC60870-5-104 是用网络方式传输的远动规约，它们都属于与控制中心的通信。IEC60870-5-103 是继电保护和间隔层（IED）设备与站控层设备间的数据通信传输的规约，属于站内通信。

15. 直流系统母线电压的允许范围是多少?母线电压过高或过低有何危害?

答： 直流母线电压的允许范围是 90%～120%。当母线电压过高时，对于长期充电的继电器线圈、指示灯等易造成过热烧毁；母线电压过低时则很难保证断路器、继电保护可靠动作。因此，一旦直流母线电压出现过高或过低的现象，电压监视装置将发出预告信号，运行人员应及时调整母线电压。

16. 蓄电池定期充放电的意义是什么?

答：蓄电池定期充放电也叫核对性放电。以全浮充方式运行的蓄电池应每三个月进行一次核对性放电，一方面检查电池容量和健康水平，做到发现问题及时检修；另一方面，能够活化极板上的有效物质，保证蓄电池的正常运行。对已运行两年以上的蓄电池可适当延长核对性放电周期。

17. 直流系统发生正极接地和负极接地时对运行有何危害?

答：直流系统发生正极接地时，有可能造成保护误动，因为电磁机构的跳闸线圈通常都接于负极电源，倘若这些回路再发生接地或绝缘不良就会引起保护误动。直流系统负极接地时，如果回路中再有一点接地时，就可能使跳闸或合闸回路短路，造成保护装置和断路器拒动，烧毁继电器，或使熔断器熔断。

18. 变压器铁芯多点接地的表现特征是什么?

答：（1）铁芯局部过热，使铁芯损耗增加，甚至烧坏；

（2）过热造成的温升使变压器油分解，产生的气体溶解于油中，引起变压器油性能下降，油中总烃大大超标；

（3）油中气体不断增加并析出，可能导致气体继电器动作发信号，甚至使变压器跳闸。

19. 对电气触头的基本要求有哪些?

答：（1）结构可靠；

（2）具有良好的导电性能和接触性能；

（3）通过额定电流时，发热不超过允许温升；

（4）通过短路电流时，具有足够的动稳定性和热稳定性。

20. 瓦斯保护是怎样对变压器起保护作用的?

答：变压器内部发生故障时，电弧热量使绝缘油体积膨胀，并大量气化，使大量的油、气体冲向储油柜，流动的油流和气流通过气体继电器，气体继电器动作，跳开断路器，实现对变压器的保护。

21. 保护间隙的工作原理是什么?

答：保护间隙是由一个带电极和一个接地极构成，两极之间相隔一定距离构成间隙。它平时并联在被保护设备旁，在过电压侵入时，间隙先行击穿，将雷电流引入大地，从而保护设备。

22. GIS出线方式主要有哪几种？

答：（1）架空线引出方式。在母线筒出线端装设充气（SF_6）套管。

（2）电缆引出方式。母线筒出线端直接与电缆头组合。

（3）母线筒出线端直接与主变压器对接。此时连接套管的一侧充有 SF_6 气体，另一侧有变压器油。

23. 对操动机构的防跳跃功能有何技术要求？

答：对防跳跃装置的功能要求是当断路器在合闸过程中，如遇故障能自行分闸，即使合闸命令未解除，断路器也不能再度合闸，以避免多次分、合故障电流。

24. 在哪些情况下不宜测量 SF_6 气体湿度？

答：（1）不宜在充气后立即进行，应经24h后进行。

（2）不宜在温度低的情况下进行。

（3）不宜在雨天或雨后进行。

（4）不宜在早晨化露前进行。

25. 一般影响断路器（电磁机构）分闸时间的因素有哪些？

答：（1）分闸铁芯的行程；

（2）分闸机构的各部分连板情况；

（3）分闸锁扣扣入的深度；

（4）分闸弹簧的情况；

（5）传动机构、主轴、中间静触头机构等处情况。

26. 高压断路器常见故障有哪些？

答：（1）密封件失效故障；

（2）动作失灵故障；

（3）绝缘损坏或不良；

（4）灭弧件触头的故障。

27. SF_6 断路器中吸附剂应满足哪些要求？

答：（1）具有良好的机械强度；

（2）具有足够的平衡吸附量；

（3）具有对水分和多种杂质等都要有足够的吸附能力；

（4）在吸附剂的组成成分中，不含导电性和介电常数低的物质，以防其粉尘影响 SF_6 气体的绝缘性能；

（5）具有耐受高温和电弧冲击的能力。

四、分析题

1. 简述高压断路器检修前的准备工作。

答：（1）根据运行、试验发现的缺陷及上次检修后的情况，确定重点检修项目，编制检修计划。

（2）讨论检修项目、进度、需消除缺陷的内容，以及有关安全注意事项。

（3）制订技术措施，准备有关检修资料及记录表格和检修报告等。

（4）准备检修时必需的工具、材料、测试仪器和备品备件及施工电源。

（5）按部颁《电业安全工作规程》规定，办理工作票许可手续，做好现场检修安全措施，完成检修开工手续。

2. 引起隔离开关接触部分发热的原因有哪些?如何处理?

答：（1）引起隔离开关接触部分发热的原因有：

1）压紧弹簧或螺丝松劲。

2）接触面氧化，使接触电阻增大。

3）刀片与静触头接触面积太小，或过负荷运行。

4）在拉合过程中，电弧烧伤触头或用力不当，使接触位置不正，引起压力降低。

（2）处理方法有：

1）检查、调整弹簧压力或更换弹簧。

2）用 0 号砂纸清除触头表面氧化层，打磨接触面，增大接触面，并涂上中性凡士林。

3）降负荷使用，或更换容量较大的隔离开关。

4）操作时，用力适当，操作后应仔细检查触头接触情况。

3. 真空断路器常见故障有哪些?如何处理?

答：常见故障及处理方法：

（1）分闸不可靠。此时应调整扣板和半轴的扣接深度。

（2）无法合闸且出现跳跃。可能是支架存在卡滞现象或滚轮和支架之间的间隙不符合（2±0.5）mm 的要求，这时应卸下底座，取出铁芯，调整铁芯拉杆长度；另外，也可能是辅助开关动作时间调整不当，应调整辅助开关拉杆长度，使其在断路器动静触头闭合后再断开。

（3）真空灭弧室漏气。使用中应定期检查真空灭弧室的真空度。

4. SF_6 断路器本体严重漏气处理前应做哪些工作?

答：（1）应立即断开该断路器的操作电源，在手动操作把手上挂“禁止操作”的标示牌。

（2）汇报调度，根据命令采取措施将故障断路器隔离。

（3）在接近设备时要谨慎，尽量选择从“上风”接近设备，必要时要戴防毒面具、穿防护服。

（4）室内 SF_6 气体断路器泄漏时，除应采取紧急措施处理，还应开启风机通风 15min

后方可进入室内。

5. 断路器在没有开断故障电流的情况下，为什么要定期进行小修和大修？

答： 断路器要定期进行小修和大修，以保证断路器的主要电气性能及机械性能符合规定值的要求。原因如下：

（1）断路器在正常的运行中存在着断路器机构轴销的磨损；

（2）润滑条件变坏；

（3）密封部位及承压部件劣化；

（4）导电部件损耗；

（5）灭弧室脏污；

（6）瓷绝缘污秽等情况。

6. 电气设备中常用的绝缘油有哪些特点？

答：（1）绝缘油具有较空气大得多的绝缘强度。

（2）绝缘油有良好的冷却特性。

（3）绝缘油是良好的灭弧介质。

（4）绝缘油对绝缘材料起保养、防腐作用。

7. 安装手车式高压断路器柜时应注意哪些问题？

答：（1）地面高低合适，便于手车顺利地由地面过渡到柜体。

（2）每个手车的动触头应调整一致，动静触头应在同一中心线上，触头插入后接触紧密，插入深度符合要求。

（3）二次线连接正确可靠，接触良好。

（4）电气或机械闭锁装置应调整到正确可靠。

（5）门上的继电器应有防振圈。

（6）柜内的控制电缆应固定牢固，并不妨碍手车的进出。

（7）手车接地触头应接触良好，电压互感器、手车底部接地点必须接地可靠。

8. 影响载流体接头接触电阻的主要因素是什么？

答： 影响接触电阻的主要因素有以下几个方面：

（1）施工时接头的结构是否合理。

（2）使用材料的导电性能是否良好；接触性能是否良好（严格按工艺制作）。

（3）所用材料与接触压力、接触面的氧化程度等，都是影响接触电阻的因素。为防止接头发热，在设计和施工中应尽量减少以上几方面的影响。

9. 变电站计算机监控系统中测控装置的断路器自动同期检测应具备哪些功能？

答：（1）能检测和比较断路器两侧 TV 二次电压的幅值、相角和频率，自动捕捉同期点，发出合闸命令。

（2）能对同期检测装置同期电压的幅值差、相角差和频差的设定值进行修改。

（3）同期检测装置应能对断路器合闸回路本身具有的时滞进行补偿。

（4）同期检测装置应具有解除/投入同期的功能。

（5）运行中的同期检测装置故障应闭锁该断路器的控制操作。

10. 简述模拟量输入通道的五个基本组成部分及各部分功能。

答：（1）电压形成回路。电量变换，将一次设备 TA、TV 的二次回路与微机 A/D 转换系统隔离，提高抗干扰能力。

（2）模拟低通滤波。阻止高频进入 A/D 转换系统，防止信号混跌。

（3）采样保持器。在 A/D 进行采样期间，在一个极短时间内测量模拟信号在该时刻的瞬时值，并在 A/D 转换器转换为数字量的过程内保持不变，以保证转换精度。

（4）多路转换开关。使多个模拟信号共用一个采样保持器和 A/D 转换器进行采样和转换。

（5）A/D 转换器。将模拟输入量转换成数字量。

11. 简述计算机监控系统与其他系统和设备的接口。

答：（1）与继电保护设备的接口。继电保护的信息同时以两种方式接入计算机监控系统：①硬接点输入方式，各种保护的跳闸信号、保护的重要告警信息及保护装置的主要故障信号以硬接点的方式输入相关电气单元测控装置；②通信接口输入方式，各微机保护通过 RS-232C 接口串行通信直接与计算机监控系统提供的公用信息工作站接入站控层网络。

（2）与其他子系统的接口。计算机监控系统的公用信息工作站可经 RS-485 接口与直流系统、直流绝缘检测装置、直流电池巡检装置、电能量采集装置、微机消谐装置、小电流接地选线装置及消弧线圈自动调谐装置等通信；电能表经电能量采集装置（ERTU）后接入计算机监控系统的公用信息工作站。

12. 简述监控系统提高抗干扰措施的几个方面。

答：（1）外部抗干扰措施。

1）电源抗干扰措施。在机箱电源线入口处安装滤波器或 UPS。

2）隔离措施。交流量均经小型中间电压、电流互感器隔离；模拟量、开关量的输入采用光电隔离。

3）机体屏蔽。各设备机壳用铁质材料，必要时采用双层屏蔽。

4）通道干扰处理。采用抗干扰能力强的传输通道及介质，合理分配和布置插件。

（2）内部抗干扰措施。

1）对输入采样值抗干扰纠错。

2）对软件运算过程上量的核对。

3）软件程序出轨的自恢复功能。

13. 简述遥信采集中的开关信号误采集的主要原因及防误采集的主要措施。

答：（1）原因：①电磁干扰；②装置本身的影响；③继电器的接点抖动；④装置工作电源不稳定；⑤传输通道的影响；⑥接地效果不好；⑦装置软件有问题。

（2）措施：

1）硬件上采用平滑滤波措施，或在软件上采用延时消抖措施，在软件上采取的措施既能有效地消除抖动，又可准确地记录下事件发生的确切时间。

2）用光耦作为隔离手段。

3）适当提高遥信电源稳定性、引入电缆屏蔽、调整信号防抖时间。

4）对遥信对象的辅助接点进行清洁处理。

14. 请分析交流采样的特点，并比较监控系统中以保护和监控为目的的交流采样算法。

答：（1）交流采样是直接对所测交流电流和电压的波形进行采样，然后通过一定算法计算出其有效值。其特点是：

1）实时性好。它能避免直流采样中整流、滤波环节时间常数大的影响，特别是在微机保护中必须采用。

2）能反映原来电流、电压的实际波形，便于对所测量的结果进行波形分析。在需要谐波分析或故障录波场合必须采用交流采样。

3）有功、无功功率是通过采样得到的 u、i 计算出来的，因此可以省去有无功变送器，节约投资并减少量测设备占地。

4）对 A/D 转换器的转换速率和采样保持器要求较高。为了保证测量的精度，一个周期须有足够的采样点数。

5）测量准确性不仅取决于模拟量输入通道的硬件，而且还取决于软件算法，因此采样和计算程序相对复杂。

（2）比较：以监测为目的的交流采样是为了获得高精度的有效值和有功无功功率等，一般采用均方根算法；以保护为目的的交流采样是为了获得与基波有关的信息，对灵敏度要求高而精度要求不高，一般采用全波或半波傅氏算法。

15. 简述计算机监控系统的优越性。

答：体现在以下几个方面：

（1）提高供电质量，提高电压合格率。

（2）提高变电站的安全、可靠运行水平。由于采用综合自动化，使站内一、二次设备的可靠性大大提高。

（3）提高电力系统的运行、管理水平。由于采用综合自动化，使站内各运行管理智能化、微机化。

（4）缩小变电站占地面积，降低造价，减少总投资。

（5）减少维护工作量，减少值班员劳动量，实现减人增效。

（6）提升新技术新工艺在变电站中的应用。

16. 电气设备中的铜铝接头，为什么不直接连接?

答：如把铜和铝用简单的机械方法连接在一起，特别是在潮湿并含盐分的环境中（空气中总含有一定水分和少量的可溶性无机盐类），铜、铝这对接头就相当于浸泡在电解液内的一对电极，便会形成电位差（相当于 1.68V 原电池）。在原电池作用下，铝会很快地丧失电子而被腐蚀掉，从而使电气接头慢慢松弛，造成接触电阻增大。当流过电流时，接头发热，温度升高还会引起铝本身的塑性变形，更使接头部分的接触电阻增大。如此恶性循环，直到接头烧毁为止。因此，电气设备的铜、铝接头应采用经闪光焊接在一起的"铜铝过渡接头"再分别连接。

17. 为什么在断路器控制回路中加装防跳跃闭锁继电器？

答：在断路器合闸后，由于控制开关的把手未松开或接点卡住，使 kk 或 ZJ 的接点仍处于接通状态，此时发生短路故障继电保护动作跳闸后，断路器将会再次重合。如果短路继续存在，保护又使断路器跳闸，那么就会出现断路器的反复跳、合闸现象，此现象称为断路器跳跃。断路器多次跳跃，会使断路器损坏，甚至造成断路器爆炸的严重事故。为此，必须采取措施防止跳跃发生，通常是在控制回路里加装防跳跃继电器，即防跳跃闭锁继电器。

18. 发现 SF_6 气体有明显泄漏时，应如何处理？

答：（1）当压力表或密度继电器发信，则反映断路器有明显的泄漏，首先应查明泄漏点。

（2）一般来说，泄漏点多发生在充气管路接头外，因此应对机构箱内和控制箱内进行检漏。

（3）如确认管接头渗漏时断路器不需退出运行，可先补充 SF_6 气体至额定压力，然后关闭拐臂侧 SF_6 气体的阀门，将管路内 SF_6 气体放至大气，并处理漏气部位。最后进行抽真空检漏。抽真空度至 133Pa 以上，保持若干小时，确认无变化时，再打开全部阀门进行补气。

（4）若充气管道有裂缝，则需更换新管子。

（5）如确认断路器本体发生明显漏气，则应将断路器退出运行并进行检漏。

（6）如密封面泄漏，可检查紧固螺丝，如焊缝或瓷套法兰浇铸部位等泄漏，则必须进行大修。

19. 为什么要求远方、就地操作均需具有电气闭锁功能？

答：远方操作是指在变电站（或发电厂）控制室监控系统后台机上的操作。就地操作是指在变电站（或升压变电站）一次开关设备的操动机构控制柜上进行操作。在采用常规"一对一"控制方式时，隔离开关及接地开关的远方及就地操作，其电气操作回路均具有闭锁功能，这样从电气操作回路本身就避免了带负荷拉（合）隔离开关、带电合接地开关的可能性。因此，要求当变电站（或发电厂）采用计算机监控系统替代常规的"一对一"控制方式时，隔离开关及接地开关的远方及就地操作，其电气操作回路也应该具有闭锁功能。

20. 《国家电网公司十八项电网重大反事故措施》(2018 年修订版)对于变压器气体继电器有何规定?

答:(1)油灭弧有载分接开关应选用油流速动继电器,不应采用具有气体报警(轻瓦斯)功能的气体继电器;真空灭弧有载分接开关应选用具有油流速动、气体报警(轻瓦斯)功能的气体继电器。新安装的真空灭弧有载分接开关,宜选用具有集气盒的气体继电器。

(2)220kV 及以上变压器本体应采用双浮球并带挡板结构的气体继电器。

(3)变压器本体保护宜采用就地跳闸方式,即将变压器本体保护通过两个较大启动功率中间继电器的两副触点分别直接接入断路器的两个跳闸回路。

(4)气体继电器和压力释放阀在交接和变压器大修时应进行校验。

第二篇 新技术篇

第十一章

智能变电站

一、选择题

1. 我国智能变电站采用的电力行业标准是（　　）。 答案：D

A. IEC 60870　B. IEC 61850　C. IEC 61970　D. DL/T 860

2. 智能变电站自动化系统可以划分为（　　）三层。 答案：A

A. 站控层、间隔层、过程层　B. 控制层、隔离层、保护层
C. 控制层、间隔层、过程层　D. 站控层、隔离层、保护层

3. 智能变电站必须有（　　）网络。 答案：A

A. 站控层　B. 过程层　C. 间隔层　D. 以上均不是

4. 智能变电站中的 IED 指（　　）。 答案：D

A. 计算机监控系统　B. 保护装置　C. 测控单元　D. 智能电子设备

5. 站控层设备包含有（　　）。 答案：D

A. 自动化站级监视控制系统　B. 站域控制、通信系统
C. 对时系统　D. 以上都是

6. 不属于间隔层设备的是（　　）。 答案：B

A. 继电保护装置　B. 通信系统　C. 测控装置　D. 自动装置

7. 保护装置在智能变电站中属于（　　）。 答案：B

A. 站控层　B. 间隔层　C. 链路层　D. 过程层

8. 安全自动装置在智能变电站中属于（　　）。 答案：B

A. 站控层　B. 间隔层　C. 链路层　D. 过程层

9. 光电式电子互感器在智能变电站中属于（　　）。 答案：D

A. 站控层　B. 间隔层　C. 链路层　D. 过程层

10. 智能终端在智能变电站中属于（　　）。 答案：D

A. 站控层　B. 间隔层　C. 链路层　D. 过程层

11. 合并单元在智能变电站中属于（　　）。 答案：D

A. 站控层　B. 间隔层　C. 链路层　D. 过程层

12. 保护信息子站在智能变电站中属于（　　）。 答案：A

A. 站控层　B. 间隔层　C. 链路层　D. 过程层

13. 故障录波子站在智能变电站中属于（　　）。 答案：A

A. 站控层　B. 间隔层　C. 链路层　D. 过程层

14. 过程层典型设备不包括（　　）。 答案：B

A. 电子式互感器　B. 测控装置　C. 智能传感器　D. 智能执行器

15. 合并单元是（　　）设备。 答案：C

A. 站控层　B. 间隔层　C. 过程层　D. 以上都不对

16. 智能变电站的站控层典型设备包括（　　）。 答案：C

A. 智能传感器　B. 智能执行器　C. 远动装置　D. 电子式互感器

17. 有源电子式电流互感器采用（　　）技术。 答案：A

A. 空心线圈、低功率线圈（LPCT）、分流器

B. 电容分压、电感分压、电阻分压

C. Faraday 磁光效应

D. Pockels 电光效应

18. 有源电子式电压互感器采用（　　）技术。 答案：B

A. 空心线圈、低功率线圈（LPCT）、分流器

B. 电容分压、电感分压、电阻分压

C. Faraday 磁光效应

D. Pockels 电光效应

19. 无源电子式电流互感器采用（　　）技术。 答案：C

A. 空心线圈、低功率线圈（LPCT）、分流器

B. 电容分压、电感分压、电阻分压

C. Faraday 磁光效应

D. Pockels 电光效应

20. 无源电子式电压互感器采用（ ）技术。 答案：D

A. 空心线圈、低功率线圈（LPCT）、分流器
B. 电容分压、电感分压、电阻分压
C. Faraday 磁光效应
D. Pockels 电光效应

21. GOOSE 是一种面向（ ）对象的变电站事件。 答案：A

A. 通用 B. 特定 C. 智能 D. 单一

22. 电子式互感器是由（ ）构成。 答案：C

A. 一次部分和二次部分 B. 二次部分和传输系统
C. 一次部分、二次部分和传输系统 D. 铁芯、绕组、二次部分和传输系统

23. LD 指的是（ ）。 答案：A

A. 逻辑设备 B. 逻辑节点 C. 数据对象 D. 数据属性

24. LN 指的是（ ）。 答案：B

A. 逻辑设备 B. 逻辑节点 C. 数据对象 D. 数据属性

25. DO 指的是（ ）。 答案 C

A. 逻辑设备 B. 逻辑节点 C. 数据对象 D. 数据属性

26. DA 指的是（ ）。 答案：D

A. 逻辑设备 B. 逻辑节点 C. 数据对象 D. 数据属性

27. GOOSE 报文采用（ ）方式传输。 答案：C

A. 单播 B. 广播 C. 组播 D. 应答

28. GOOSE 报文的重发传输采用方式（ ）。 答案：B

A. 连续传输 GOOSE 报文，StNum+1
B. 连续传输 GOOSE 报文，StNum 保持不变，SqNum+1
C. 连续传输 GOOSE 报文，StNum+1 和 SqNum+1
D. 连续传输 GOOSE 报文，StNum 和 SqNum 保持不变

29. IEC 61850 规定 GOOSE 初始化传输采用方式（ ）。 答案：B

A. 连续传输 GOOSE 报文，StNum=1，SqNum=0
B. 连续传输 GOOSE 报文，StNum=1，SqNum=1
C. 连续传输 GOOSE 报文，StNum=0，SqNum=0
D. 连续传输 GOOSE 报文，StNum=0，SqNum=1

30. GOOSE 报文可用于传输（　　）。 答案：D
A. 单位置信号　B. 双位置信号　C. 模拟量浮点信息　D. 以上均可以

31. 智能变电站的站控层网络里用于“四遥”传输的是（　　）报文。 答案：A
A. MMS　B. GOOSE　C. SV　D. 以上都是

32. 智能变电站的过程层网络里传输的是（　　）报文。 答案：C
A. GOOSE　B. MMS+SV　C. GOOSE+SV　D. MMS+GOOSE

33. 智能变电站中应用的数据服务可按 3 个层次建模，其中第 1 层采用（　　）。 答案：B
A. 兼容逻辑节点和数据类　B. 抽象通信服务接口
C. 公用数据类　D. 以上都不正确

34. 智能变电站中应用的数据服务可按 3 个层次建模，其中第 2 层采用（　　）。 答案：C
A. 兼容逻辑节点和数据类　B. 抽象通信服务接口
C. 公用数据类　D. 以上都不正确

35. 智能变电站中应用的数据服务可按 3 个层次建模，其中第 3 层采用（　　）。 答案：A
A. 兼容逻辑节点和数据类　B. 抽象通信服务接口
C. 公用数据类　D. 以上都不正确

36. 智能变电站中保护跳闸信号通常采用（　　）传输。 答案：A
A. GOOSE　B. MMS　C. SV　D. SNTP

37. 智能变电站中保护装置与监控系统的通信采用（　　）传输。 答案：B
A. GOOSE　B. MMS　C. SV　D. SNTP

38. 智能变电站中测控装置之间的联闭锁信息采用（　　）报文。 答案：A
A. GOOSE　B. MMS　C. SV　D. SNTP

39. 智能变电站中保护装置的采样值输入接收的是（　　）报文。 答案：C
A. GOOSE　B. MMS　C. SV　D. SNTP

40. 在我国的数字化、智能化变电站中已不采用（　　）报文。 答案：C
A. GOOSE　B. SV　C. GSSE　D. MMS

41. 以下（　　）报文可以传输模拟量值。 答案：D
A. GOOSE　B. SV　C. MMS　D. 以上都是

42. 智能变电站中变电站配置描述文件的简称是（　　）。 答案：C
A. ICD　B. CID　C. SCD　D. SSD

43. 智能变电站中 IED 能力描述文件的简称是（　　）。 答案：A
A. ICD　B. CID　C. SCD　D. SSD

44. 智能变电站中系统规范文件的简称是（　　）。 答案：D
A. ICD　B. CID　C. SCD　D. SSD

45. 智能变电站中 **IED** 实例配置文件的简称是（　　）。 答案：B
A. ICD　B. CID　C. SCD　D. SSD

46. 以下（　　）文件应随保护出厂提供给用户。 答案：A
A. ICD　B. CID　C. SCD　D. SSD

47. 以下（　　）文件必须由 **SCD** 导出生成。 答案：B
A. ICD　B. CID　C. SSD　D. CONFIG

48. **GOCB** 表示（　　）。 答案：D
A. 带缓存的报告控制块　B. 不带缓存的报告控制块
C. GSSE 控制块　D. GOOSE 控制块

49. **BRCB** 表示（　　）。 答案：A
A. 带缓存的报告控制块　B. 不带缓存的报告控制块
C. GSSE 控制块　D. GOOSE 控制块

50. 下列属于 **DL/T 860** 规定类型 **1** 的通信协议是（　　）。 答案：A
A. GOOSE　B. MMS　C. SV　D. SNTP

51. 在 **IEC 61850** 标准中逻辑节点 **XCBR** 的含义是（　　）。 答案：C
A. 闸刀　B. 压板　C. 断路器　D. 接地开关

52. 在 IEC 61850 标准中逻辑节点 PDIS 的含义是（　　）。答案：B
A. 过电流保护　B. 距离保护　C. 差动保护　D. 零序电流保护

53. IEC 61850 标准在定义逻辑节点中，以 P 开头的逻辑节点的含义是（　　）。答案：C
A. 测量计量　B. 保护相关　C. 保护功能　D. 通用功能

54. IEC 61850 标准在定义逻辑节点中，以 R 开头的逻辑节点的含义是（　　）。答案：B
A. 测量计量　B. 保护相关　C. 保护功能　D. 通用功能

55. IEC 61850 标准在定义逻辑节点中，以 G 开头的逻辑节点的含义是（　　）。答案：D
A. 测量计量　B. 保护相关　C. 保护功能　D. 通用功能

56. IEC 61850 标准在定义逻辑节点中，以 M 开头的逻辑节点的含义是（　　）。答案：A
A. 测量计量　B. 保护相关　C. 保护功能　D. 通用功能

57. IEEE 802.1Q 允许带有优先级的实现，GOOSE 的优先级缺省值为（　　）。答案：C
A. 1　B. 3　C. 4　D. 6

58. IEEE 802.1Q 允许带有优先级的实现，SV 的优先级缺省值为（　　）。答案：C
A. 1　B. 3　C. 4　D. 6

59. GOOSE 通信的通信协议栈不包括（　　）。答案：D
A. 应用层　B. 表示层　C. 数据链路层　D. 网络层

60. IEC 61850 标准中对 GOOSE 报文多播 MAC 地址的建议分配区段为（　　）。
答案：A
A. 01-0C-CD-01-00-00 至 01-0C-CD-01-01-FF
B. 01-0C-CD-02-00-00 至 01-0C-CD-02-01-FF
C. 01-0C-CD-03-00-00 至 01-0C-CD-03-01-FF
D. 01-0C-CD-04-00-00 至 01-0C-CD-04-01-FF

61. IEC 61850 标准中对 SV 报文多播 MAC 地址的建议分配区段为（　　）。答案：D
A. 01-0C-CD-01-00-00 至 01-0C-CD-01-01-FF
B. 01-0C-CD-02-00-00 至 01-0C-CD-02-01-FF
C. 01-0C-CD-03-00-00 至 01-0C-CD-03-01-FF
D. 01-0C-CD-04-00-00 至 01-0C-CD-04-01-FF

62. GOOSE 报文属于 IEC 61850-5 中定义的类型（　　）报文。答案：C

A. 1　B. 1A　C. 以上都是　D. 以上都不是

63. SV 报文属于 IEC 61850-5 中定义的类型（　　）报文。 答案：D

A. 1　B. 2　C. 3　D. 4

64. MMS 报文属于 IEC 61850-5 中定义的类型（　　）报文。 答案：D

A. 2　B. 3　C. 5　D. 以上都是

65. 隔离开关、接地开关的控制类型通常选择为（　　）。 答案：D

A. 常规安全的直接控制
B. 常规安全的操作前选择（SBO）控制
C. 增强安全的直接控制
D. 增强安全的操作前选择（SBO）控制

66. 下列（　　）没有包含在 DL/T 860 标准内容中。 答案：B

A. 一致性测试要求　B. 通信冗余配置要求
C. 变电站配置描述语言　D. 面向对象的建模要求

67. （　　）及以上电压等级的继电保护及与之相关的设备、网络等应按照双重化原则进行配置。 答案：B

A. 110kV　B. 220kV　C. 330kV　D. 500kV

68. 站控层设备通常采用（　　）对时方式。 答案：A

A. SNTP　B. IRIG-B（DC）　C. 1PPS　D. IEEE 1588

69. （　　）是指发出整批指令，由系统根据设备状态信息变化情况判断每步操作是否到位，确认到位后自动执行下一指令，直至执行完所有指令。 答案：D

A. 自动控制　B. 智能控制　C. 站域控制　D. 顺序控制

70. 当交换机用于传输 SV 或 GOOSE 等可靠性要求较高的信息时，应采用（　　）接口。 答案：B

A. 电　B. 光　C. 无线通信　D. 以上均可

71. 220kV 及以上电压等级的继电保护及与之相关的设备、网络等应按照双重化原则进行配置，双重化配置的继电保护的跳闸回路应与两个（　　）分别一一对应。 答案：D

A. 合并单元　B. 网络设备
C. 电子式互感器　D. 智能终端

72. 智能组件是由若干智能电子设备集合组成，安装于宿主设备旁，承担与宿主设备相关的（　　）等基本功能。 答案：D

A. 测量　B. 控制　C. 监测　D. 以上都是

73. 下述（　　）不属于 GOOSE 报警功能。 答案：D

A. GOOSE 配置不一致报警　B. 断链报警

C. 网络风暴报警　D. 采样值中断

74. ICD 文件中描述了装置的数据模型和能力，但是不包括（　　）。 答案：C

A. 装置包含哪些逻辑装置、逻辑节点　B. 逻辑节点类型、数据类型的定义

C. GOOSE 连接关系　D. 装置通信能力和参数的描述

75. SCL 句法元素不包含（　　）。 答案：C

A. 信息头、通信系统、数据类型模板

B. 变电站描述（电压等级、间隔层、电力设备、节点等）

C. 导引码

D. 智能电子设备描述（访问点、服务器、逻辑设备、逻辑节点、实例化数据 DOI 等）

76. GOOSE 报文帧中应用标识符（APPID）的标准范围是（　　）。 答案：A

A. 0000~3FFF　B. 4000~7FFF　C. 8000~BFFF　D. C000~FFFF

77. SV 报文帧中应用标识符（APPID）的标准范围是（　　）。 答案：B

A. 0000~3FFF　B. 4000~7FFF　C. 8000~BFFF　D. C000~FFFF

78. GOOSE 报文帧中以太网类型（Ethertype）值是（　　）。 答案：B

A. 88B7　B. 88B8　C. 88B9　D. 88BA

79. SV 报文帧中以太网类型（Ethertype）值是（　　）。 答案：D

A. 88B7　B. 88B8　C. 88B9　D. 88BA

80. 根据 Q/GDW 1396—2012《IEC 61850 工程继电保护应用模型》规定，GOOSE 数据集成员应按（　　）配置。 答案：A

A. DA　B. DO　C. LN　D. LD

81. 根据 Q/GDW 1396—2012《IEC 61850 工程继电保护应用模型》规定，SV 数据集成员应按（　　）配置。 答案：B

A. DA　B. DO　C. LN　D. LD

82. **根据 Q/GDW 1396—2012《IEC 61850 工程继电保护应用模型》规定，GOOSE 输入定义采用虚端子的概念，在以（　　）为前缀的 GGIO 逻辑节点实例中定义 DO 信号。** 答案：C

A. SVIN　　B. MMSIN　　C. GOIN　　D. GSIN

83. **根据 Q/GDW 1396—2012《IEC 61850 工程继电保护应用模型》规定，电压采样值最小分辨率是（　　），电流采样值最小分辨率是（　　）。** 答案：C

A. 10mV，10mA　　B. 1mV，10mA　　C. 10mV，1mA　　D. 1mV，1mA

84. **当发送方 GOOSE 报文中 test 置位时发生 GOOSE 中断，接收装置应报具体的 GOOSE 中断告警，并且（　　）。** 答案：C

A. 应报“装置告警”信号，应点“装置告警”灯

B. 应报“装置告警”信号，不应点“装置告警”灯

C. 不应报“装置告警”信号，不应点“装置告警”灯

85. **保护装置、合并单元的保护采样回路应使用 A/D 冗余结构（公用一个电压或电流源），保护装置采样频率不应低于（　　）Hz，合并单元采样频率为（　　）Hz。** 答案：D

A. 1000，2000　　B. 1200，2000　　C. 1200，4000　　D. 1000，4000

86. **多模光缆光纤线径宜采用 62.5/125μm，芯数不宜超过（　　）芯。** 答案：C

A. 8　　B. 16　　C. 24　　D. 48

87. **MMS 编码/解码中使用 BER 基本编码规则，其采用的编码结构由标记（Tag）、（　　）及内容（Value）三部分构成。** 答案：D

A. 量程（Range）　　B. 域（Domain）

C. 数据集（Dataset）　　D. 长度（Length）

88. **使能一个 BRCB，总召唤时生成的报告（　　），报告顺序（　　）。** 答案：B

A. 不缓存，增加　　B. 不缓存，不增加

C. 缓存，增加　　D. 缓存，不增加

89. **双重化 MMS 通信网络中来自冗余连接组的连接应使用（　　）报告实例号、（　　）缓冲区映像进行数据传输。** 答案：D

A. 不同，不同　　B. 不同，同一个

C. 同一个，不同　　D. 同一个，同一个

90. **户内安装的合并单元对环境温度的要求是（　　）。** 答案：C

A. −10～+55℃　　B. −15～+45℃

C. −5～+45℃　　D. −10～+45℃

91. 户外安装的合并单元对环境温度的要求是（　　）。 答案：B

A. −10～＋55℃　　B. −25～＋55℃

C. −40～＋55℃　　D. −10～＋45℃

92. 智能终端跳、合闸出口应采用（　　）。 答案：B

A. 软压板　　B. 硬压板

C. 软、硬压板与门　　D. 不设压板

93. 下面（　　）不是智能终端应具备的功能。 答案：D

A. 接收保护跳、合闸命令

B. 接收测控的手合、手分断路器命令

C. 输入断路器位置、隔离开关及接地开关位置、断路器本体信号

D. 配置液晶显示屏和指示灯位置显示、告警

94. 当接收智能终端 GOOSE 断链后，线路保护采集智能终端的位置开入应（　　）。 答案：B

A. 清零　　B. 保持前值　　C. 置 1　　D. 取反

95. 合并单元和智能终端功能采用（　　），板卡发生故障时彼此之间互不影响，相应的 ICD 文件也宜（　　）。 答案：C

A. 共用的板卡，一同下装　　B. 独立的板卡，一同下装

C. 独立的板卡，分别下装　　D. 共用的板卡，分别下装

96. 装置应是模块化、标准化、插件式结构，大部分板卡应容易维护更换。除（　　）外，任何一个模块故障或检修时，应不影响其他模块的正常工作。 答案：B

A. CPU　　B. 公共模块　　C. 开入开出　　D. 人机接口

97. （　　）文件应完整包含装置配置的 GOOSE、SV 发布/订阅信息，装置其他配置文件的改变不应影响装置过程层 GOOSE、SV 发布/订阅的配置，装置的 GOOSE、SV 配置信息以 CCD 文件为准。 答案：A

A. CCD　　B. SCD　　C. ICD　　D. SSD

98. 单一数据集成员数目不应超过（　　）。 答案：D

A. 128　　B. 64　　C. 32　　D. 256

99. SV、GOOSE 接收软压板在母线保护装置的（　　）逻辑设备中定义，定义时应列出压板的描述 desc。 答案：D

A. PTRC　　B. RREC　　C. PSCH　　D. PROT

100. **SCD 模型文件应能够描述（　　），应明确 LNode 配置到 Substation 分支下各个标签的详细规则。** 答案：C

A. 一次设备模型　　B. 二次设备模型

C. 一、二次设备的关联关系　　D. 以上都是

101. **（　　）元素是 CCD 文件的根节点，根节点下依次包含 GOOSEPUB（GOOSE 发布）元素、GOOSESUB（GOOSE 订阅）元素、SVPUB（SV 发布）元素、SVSUB（SV 订阅）元素、CRC（校验码）元素。** 答案：B

A. CID　　B. IED　　C. LD　　D. LN

102. **装置上电后应计算（　　）文件 CRC 校验码，计算的 CRC 校验码与（　　）文件中的 CRC 校验码不一致时，应闭锁装置。** 答案：D

A. CID　　B. ICD　　C. SCD　　D. CCD

103. **访问点中所配置的全部 GOOSE、SV 控制块从此访问点所关联的物理端口中发送；板卡号使用从 1 起始的（　　），端口号使用 A～Z 的大写英文字母，物理端口的功能由厂家自定。** 答案：A

A. 十进制数字　　B. 二进制数字　　C. 十六进制数字　　D. 以上均可

104. **配置工具导出有关配置前应自动提示保存（　　）文件。** 答案：D

A. ICD　　B. CID　　C. CCD　　D. SCD

105. **智能变电站 110kV 及以上的测控装置采用（　　）。** 答案：D

A. 直采直跳　　B. 直采网跳　　C. 网采直跳　　D. 网采网跳

106. **保护装置定值清单的排列顺序是（　　）。** 答案：A

A. 设备参数定值，装置数值型定值部分，装置控制字定值部分

B. 装置数值型定值部分，设备参数定值，装置控制字定值部分

C. 装置控制字定值部分，装置数值型定值部分，设备参数定值

D. 设备参数定值，装置控制字定值部分，装置数值型定值部分

107. **下列智能变电站中线路保护装置告警信息中通过触点上送的是（　　）。** 答案：A

A. 装置故障　　B. 保护 CPU 插件异常

C. 同期电压异常　　D. GOOSE 数据异常

108. **智能变电站 SV 点对点连接方式且合并单元不接外同步的情况下，多间隔合并单元采样值采用（　　）实现同步。** 答案：B

A. 采样计数器同步　　B. 插值同步

C. 外接同步信号同步　　D. 不需要同步

109. 间隔层设备和过程层设备宜采用（　　），条件具备优先采用 IEEE 1588 网络对时方式。　答案：B

A. SNTP　B. IRIG-B　C. PPS　D. PPM

110. 智能变电站的常用对时方式 IRIG-B 码对时的精度为（　　）。　答案：D

A. 1ms　B. 10μs　C. 10ms　D. 1μs

111. 在 IEC 61850 中规定的时间同步协议是 SNTP，在多数情况下其精度可以保持在（　　）内。　答案：A

A. 1ms　B. 10μs　C. 10ms　D. 1μs

112. 变电站时间同步装置应具备对时偏差监测告警门限设置及调整功能，默认告警门限值为（　　）。　答案：B

A. 5ms　B. 10ms　C. 15ms　D. 20ms

113. 网络风暴实际抑制值不宜超过设定抑制值的（　　）。　答案：A

A. 10%　B. 20%　C. 30%　D. 90%

114. 通常把传输层、网络层、数据链路层、物理层的数据依次称为（　　）。　答案：B

A. 帧（frame）、数据包（packet）、段（segment）、比特流（bit）
B. 段（segment）、数据包（packet）、帧（frame）、比特流（bit）
C. 比特流（bit）、帧（frame）、数据包（packet）、段（segment）
D. 数据包（packet）、段（segment）、帧（frame）、比特流（bit）

115. 在任何网络运行工况流量冲击下，装置均不应死机或重启，不发出错误报文，响应正确报文的延时不应大于（　　）。　答案：A

A. 1ms　B. 2ms　C. 10ms　D. 1s

116. 下列关于 VLAN 的陈述错误的是（　　）。　答案：C

A. 把用户逻辑分组为明确的 VLAN 的最常用的方法是帧过滤和帧标识
B. VLAN 的优点包括通过建立安全用户组而得到更加严密的网络安全性
C. 网桥构成了 VLAN 通信中的一个核心组件
D. VLAN 有助于分发流量负载

117. 交换机存储转发交换工作通过（　　）进行数据帧的差错控制。　答案：A

A. 循环冗余校验　B. 奇偶校验码　C. 交叉校验码　D. 横向校验码

118. GOOSE 报文的目的地址是（ ）。 答案：B

A. 单播 MAC 地址　　B. 多播 MAC 地址

C. 广播 MAC 地址　　D. 以上均可

119. 交换机优先级映射的作用为（ ）。 答案：B

A. 定义业务数据的默认优先级

B. 不同优先级的数据被放入不同的输出队列中等待处理

C. 业务优先级高的数据先输出

D. 业务优先级低的后输出

120. 在以太网中，是根据（ ）地址来区分不同的设备。 答案：C

A. IP　　B. IPX　　C. MAC　　D. LLC

121. 智能变电站交换机地址表存放（ ）。 答案：C

A. IP 地址与端口的对应关系　　B. IP 地址与 MAC 地址的对应关系

C. MAC 地址与端口的对应关系　　D. IP 地址与 VLAN 的对应关系

122. 根据间隔数量合理配置过程层交换机，3/2 接线方式，交换机宜按（ ）设置。每台交换机的光纤接入数量不宜超过（ ），并配备适量的备用端口。 答案：A

A. 串，16 对　　B. 间隔，16 对　　C. 串，8 对　　D. 间隔，8 对

123. Q/GDW 441—2010《智能变电站继电保护技术规范》规定每台过程层交换机的光纤接入数量不宜超过（ ）对。 答案：C

A. 8　　B. 12　　C. 16　　D. 24

124. 交换机 VLAN 的设置对于 SMV 的应用主要是为了（ ）。 答案：A

A. 数据流量隔离　　B. 数据相互共享

C. 数据安全隔离　　D. 其他应用

125. 智能变电站站控层网络普遍采用 RJ45 端口通过五类双绞线（网线）进行组网，采用该方式组网理论上要求网线长度不应超过（ ）。 答案：B

A. 50m　　B. 100m　　C. 80m　　D. 200m

126. SV 报文丢帧率测试：检验 SV 报文的丢帧率，应满足（ ）min 内不丢帧。

答案：B

A. 5　　B. 10　　C. 15　　D. 20

127. SV 报文完整性测试：检验 SV 报文中序号的连续性，SV 报文的序号应从报文的序号

0 连续增加到（　　）（*N* 为每周波采样点数），再恢复到 0，任意相邻两帧 SV 报文的序号应连续。　答案：B

A. 50*N*　B. 50*N*−1　C. 60*N*　D. 60*N*−1

128. 光纤回路外观检查时，光纤尾纤应呈现自然弯曲［弯曲半径大于（　　）cm］，不应存在弯折、窝折的现象，不应承受任何外重，尾纤表皮应完好无损。　答案：B

A. 1　B. 3　C. 5　D. 10

129. 交换机数据转发延时检验时，其传输各种帧长数据时交换机交换时延应小于（　　）μs。　答案：B

A. 5　B. 10　C. 15　D. 20

130. 智能变电站标准化调试流程为（　　）。　答案：A

A. 组态配置、系统测试、系统动模、现场调试、投产试验
B. 组态配置、系统测试、现场调试、系统动模、投产试验
C. 组态配置、系统动模、系统测试、现场调试、投产试验
D. 系统测试、组态配置、系统动模、现场调试、投产试验

131. 智能变电站现场调试保护遥控功能试验时应按（　　）逐一检验各软压板控制功能及图元描述正确性。　答案：B

A. 保护类型　B. 每台保护装置　C. 电压等级　D. 间隔

132. 智能变电站现场调试防误操作功能，应根据闭锁逻辑表分别在（　　）对每个遥控对象在各种状态下的防误闭锁功能进行验证（包括正逻辑、反逻辑、中间态及装置故障态）。　答案：A

A. 站控层和间隔层　B. 站控层和过程层
C. 间隔层和过程层　D. 站控层、间隔层和过程层

133. 智能变电站继电保护运行时，下列说法错误的是（　　）。　答案：B

A. 正常运行时保护装置检修压板应退出
B. 保护测控一体化装置正常运行时控制逻辑压板应退出，解锁压板应退出，不得随意解锁操作
C. 装置异常时，投入检修压板，重启一次，重启成功后退出检修压板；重启不成功，汇报调度
D. 保护 SV 接收软压板不上送信息一体化平台，保护检修后应确认该压板已投入

134. 线路保护动作后，（　　）不是对应的智能终端未出口原因。　答案：D

A. 线路保护和智能终端 GOOSE 断链了

B. 线路保护和智能终端检修压板不一致
C. 线路保护的GOOSE出口压板没有投
D. 线路保护和合并单元检修压板不一致

135. 下列说法错误的是（ ）。 答案：D
A. 保护装置应处理合并单元上送的数据品质位，及时准确提供告警信息
B. 在异常状态下，利用合并单元的信息合理地进行保护功能的退出和保留，瞬间闭锁可能误动的保护，延时告警
C. 在数据恢复正常之后，应尽快恢复被闭锁的保护功能，不闭锁与该异常采样数据无关的保护功能
D. 接入两个及以上合并单元的保护装置，应按合并单元设置“SV接收”硬压板

136. 智能变电站监控后台对保护装置不可操作的行为是（ ）。 答案：A
A. 修改定值 B. 投退GOOSE软压板
C. 投退SV接收软压板 D. 投退功能压板

137. 智能变电站监控后台切换保护定值区的正确操作顺序为（ ）。 答案：A
A. 保护改“信号”状态→切换定值区→核对定值→保护改“跳闸”状态
B. 保护改“信号”状态→核对定值→切换定值区→保护改“跳闸”状态
C. 保护改“信号”状态→切换定值区→保护改“跳闸”状态
D. 核对定值→保护改“信号”状态→切换定值区→保护改“跳闸”状态

138. 智能变电站保护装置中可在后台操作的软压板为（ ）。 答案：C
A. 远方修改定值 B. 远方切换定值区
C. 功能软压板 D. 远方投退压板

139. 智能变电站保护装置上远方操作硬压板与远方修改定值软压板的逻辑关系为（ ）。 答案：C
A. 异或 B. 或 C. 与 D. 非

140. 用手持式调试仪器对SV输出进行配置时，需要检查采样值报文的APPID、MAC地址、通道数目、数据集描述、数据集地址、SVID、（ ）、优先级、配置版本号等信息是否配置正确。 答案：A
A. VLAN_ID B. goID C. gocbRef D. 以上三个均不对

141. 智能变电站网络测试仪支持超长帧、超短帧、CRC错误、丢失比特错误（Dribble Bit Error）、字节对齐（Alignment Error）测试，这些测试指的是智能变电站网络测试仪的（ ）功能。 答案：A

A. 错误帧过滤测试　　B. 时延测试
C. 网络风暴抑制测试　　D. 优先级测试

142. 镜像包括单端口镜像及多端口镜像。单端口镜像指口只复制一个端口数据至镜像端口，多端口镜像指（　　）复制几个端口数据至镜像端口。 答案：B
A. 轮流　　B. 同时　　C. 分别

143. （　　）是指在一稳定的流量下，由于设备的资源缺乏等原因，导致不能被转发的流量所占的百分数，表现设备在超负荷情况下的转发能力。在小于吞吐量时，短期丢包率为 0，大于吞吐量时，短期丢包率不应超过实际流量与吞吐量之差。 答案：C
A. 流 stream　　B. 吞吐量　　C. 丢包率　　D. 时延

144. 虚拟局域网是指通过将局域网内的（　　）划分成多个网段（子集）从而实现虚拟工作组的技术。 答案：A
A. 设备逻辑地址　　B. 设备网络地址　　C. 设备物理地址　　D 设备链路地址

145. （　　）主要用于测试合并单元在完成采样并输出报文时是否存在正好延迟整数个周波的现象。 答案：A
A. 首周波检测功能　　B. 采样同步功能
C. 对时功能　　D. 守时功能

146. 关于光数字继电保护测试仪，下列说法错误的是（　　）。 答案：B
A. 光数字继电保护测试仪可以输出电流电压，也可以输出硬节点
B. 光数字继电保护测试仪可以直接作为大功率的模拟量输出源
C. 光数字继电保护测试仪具有开入开出硬节点，可以模拟断路器位置等
D. 光数字继电保护测试仪为小信号输出，可以用于调试接收电子式互感器信号的保护，也可以通过扩展功率源变为常规调试仪

147. 在智能变电站调试过程中，保护装置上出现“XX 电流通道延时异常”的信号，下列说法正确的是（　　）。 答案：D
A. 闭锁所有保护　　B. 没有影响
C. 开放所有保护　　D. 闭锁主保护（差动保护）

148. 利用手持式调试仪进行调试时，保护装置上出现“XX 通道延时异常”的信号，正确的处理方法是（　　）。 答案：A
A. 先翻看保护装置内通道延时时限，根据装置延时来设定调试仪的通道延时，保持一致后则将光纤插入校验仪，下装完成；完成以上全部配置后，重新启动下保护装置，使其完成自我匹配

B. 先翻看保护装置内通道延时时限，根据装置延时来设定调试仪的通道延时，保持一致后则将光纤插入校验仪，下装完成；完成以上全部配置即可
C. 不需要更改通道延时，重新启动下保护装置，使其完成自我匹配
D. 先翻看保护装置内通道延时时限，根据装置延时来设定调试仪的通道延时，然后重新启动下保护装置，使其完成自我匹配

149. 使用光功率计测量保护装置的光口，下列说法（　　）是正确的。 答案：A
A. 保护装置 GOOSE 和 SV 光口类型为多模，波长为 1310nm，发送功率为−15dBm 到−20dBm 之间
B. 保护装置 GOOSE 和 SV 光口类型为多模，波长为 1310nm，最小接收功率小于−20dBm
C. 保护装置 GOOSE 和 SV 光口类型为多模，波长为 1310nm，发送功率为−10dBm 到−20dBm 之间
D. 同步对时光口类型为多模，接收波长为 850nm，最小接收功率小于−15dBm

150. 在光数字继电保护测试仪中将 SV 输出置检修位，此时 SV 通道品质状态显示数值为（　　）。 答案：B
A. 0x0000　　B. 0x0800　　C. 0x900　　D. 0x1000

151. 智能变电站验收工作组应会同（　　）提前做好安装工艺标准审核。 答案：A
A. 建设单位　　B. 施工单位　　C. 运维单位　　D. 设计单位

152. 检查二次系统可视化功能，应能（　　）显示二次虚回路连接状态和装置检修状态，其 IED 装置命名应采用调度正式命名。 答案：D
A. 实例化　　B. 具体化　　C. 生动化　　D. 图形化

153. 采用光纤 IRIG−B 码对时方式时，宜采用（　　）接口。 答案：B
A. ST　　B. LC　　C. SC　　D. FC

154. 进入保护室或控制室的保护用光缆，每根光缆备用纤芯不少于 20%且不少于（　　）芯。 答案：B
A. 1　　B. 2　　C. 3　　D. 4

155. 模拟量输入式合并单元稳态精度校验：现场用测试仪加量检查，电压幅值误差不超过（　　），电流幅值误差不超过（　　），相位角度误差不超过（　　）。 答案：C
A. ±2.5%或 0.01U_n，±1.5%或 0.02I_n，1°
B. ±2.5%或 0.02U_n，±1.5%或 0.01I_n，1°
C. ±2.5%或 0.01U_n，±2.5%或 0.02I_n，1°

D. ±2.5%或 $0.02U_n$，±2.5%或 $0.01I_n$，1°

156. 检验断路器分相位置、隔离开关位置应采用（　　）信息。 答案：B

A. GOOSE 直传单点　　B. GOOSE 直传双点

C. GOOSE 网传单点　　D. GOOSE 网传双点

157. 通过整组试验测试保护各回路整组动作时间，应满足以下要求：在输入 2 倍整定值测试保护整组动作时间时，对于采用常规互感器不带合并单元的情况，相较于采用“常规互感器+合并单元”模式的情况，保护动作的时间应减少（　　）ms。 答案：D

A. 0.5　　B. 1.0　　C. 1.5　　D. 2.0

158. 报文中采样值通道排列顺序应与 SCD 文件中配置相同，宜采用（　　）顺序排列。 答案：C

A. ABCABC　　B. ABC　　C. AABBCC　　D. 以上均不正确

159. IEC 61850 规约参考了规范（　　）。 答案：ABCD

A. IEC 60870-5-101　　B. IEC 60870-5-103

C. UCA2.0　　D. ISO/IEC 9506 制造商信息规范 MMS

160. 智能变电站的层次有（　　）。 答案：ABD

A. 站控层　　B. 间隔层　　C. 网络层　　D. 过程层

161. 智能变电站中，站控层设备包括（　　）。 答案：CD

A. 母线保护　　B. 故障录波器　　C. 保护信息子站　　D. 远动装置

162. 智能变电站中，间隔层设备包括（　　）。 答案：BC

A. 故障录波子站　　B. 自动装置　　C. 测控装置　　D. 合并单元

163. 智能变电站中，过程层设备包括（　　）。 答案：ABCD

A. 合并单元　　B. 智能终端　　C. 智能开关　　D. 光 TA/TV

164. 智能变电站中，GOOSE 技术的应用解决了传统变电站中（　　）的问题。 答案：AD

A. 电缆二次接线复杂、抗干扰能力差　　B. 采样值精度不准确

C. 保护拒动、误动　　D. 二次回路无法在线监测

165. 有源式电子互感器的特点有（　　）。 答案：ABD

A. 利用电磁感应等原理感应被测信号　　B. 传感头部分具有需用电源的电子电路

C. 传感头部分不需电子电路及其电源　D. 利用光纤传输数字信号

166. 无源式电子互感器的特点有（　　）。 答案：ACD

A. 利用光学原理感应被测信号　B. 传感头部分具有需用电源的电子电路

C. 传感头部分不需电子电路及其电源　D. 利用光纤传输数字信号

167. MMS 协议可以完成下述（　　）功能。 答案：BCD

A. 保护跳闸　B. 定值管理　C. 控制　D. 故障报告上送

168. CID 文件中也有和 ICD 文件不同的特有信息，包含 SCD 文件中针对该装置的配置信息，配置信息包括（　　）等。 答案：ABC

A. MMS 和 GOOSE 通信地址　B. IED 名称

C. GOOSE 输入　D. 数据结构和类型

169. ICD 文件里描述装置的数据模型和能力，包含（　　）。 答案：ABCD

A. 装置包含哪些逻辑装置、逻辑节点　B. 逻辑节点类型、数据类型的定义

C. 数据集定义、控制块定义　D. 装置通信能力和参数的描述

170. SSD 文件包含的信息包括（　　）。 答案：ABC

A. 包含一次系统的单线图　B. 一次设备的节点

C. 节点的类型定义　D. 二次设备的节点

171. SCD 文件信息包含（　　）。 答案：BCD

A. 与调度通信参数

B. 二次设备配置（包含信号描述配置、GOOSE 信号连接配置）

C. 通信网络及参数的配置

D. 变电站一次系统配置（含一二次关联信息配置）

172. 按被测参量类型分，电子式互感器分为（　　）。 答案：AB

A. 电子式电流互感器（ECT）　B. 电子式电压互感器（EVT）

C. 无源式电子式互感器　D. 有源式电子式互感器

173. 按照高压侧是否需要供能，电子式互感器分为（　　）。 答案：CD

A. 电子式电流互感器（ECT）　B. 电子式电压互感器（EVT）

C. 无源式电子式互感器　D. 有源式电子式互感器

174. 在智能变电站的网络系统中，站控层网络可采用（　　）网络结构。 答案：ABCD

A. 总线形　B. 星形　C. 环形　D. 双星形

175. 智能变电站的网络通信结构设计需要充分考虑网络的（　　）。 答案：ABCD

A. 实时性　B. 可靠性　C. 经济性　D. 可扩展性

176. 下列（　　）文件属于 SCL 语言文件。 答案：ABCD

A. .ICD　B. .SSD　C. .SCD　D. .CID

177. GOOSE 报文可以传输（　　）数据。 答案：ACD

A. 跳、合闸信号　B. 电流、电压采样值

C. 一次设备位置状态　D. 户外设备温、湿度

178. "直采直跳"指的是（　　）信息通过点对点光纤进行传输。 答案：AD

A. 跳、合闸信号　B. 启动失灵保护信号

C. 保护远跳信号　D. 电流、电压数据

179. 以下（　　）MAC 地址为属于 GOOSE 报文。 答案：AB

A. 01-0C-CD-01-00-01　B. 01-0C-CD-01-FF-01

C. 01-0C-CD-02-00-01　D. 01-CD-0C-01-00-01

180. 以下（　　）MAC 地址为属于 SV 报文。 答案：AC

A. 01-0C-CD-04-00-01　B. 01-0C-CD-01-04-01

C. 01-0C-CD-04-10-01　D. 01-CD-0C-04-04-01

181. 逻辑节点 LLN0 里可包含（　　）。 答案：ABCD

A. 数据集（Data Set）　B. 报告控制块（Report Control）

C. GOOSE 控制块（GSE Control）　D. SMV 控制块（SMV Control）

182. IEC 61850 定义的变电站配置语言（SCL）用以描述（　　）等内容。 答案：ABCD

A. 一次接线图　B. 通信关系

C. IED 能力　D. 将 IED 与一次设备联系起来

183. GOOSE 报文的传输需要经过 OSI 中的（　　）等四层。 答案：AD

A. 应用层　B. 会话层　C. 网络层　D. 物理层

184. 一个完整的 LN 路径描述应包含对应的（　　）。 答案：ABC

A. lnClass　B. prefix　C. lnInst　D. desc

185. 以下（　　）LN 是 LD 中必须包含的。 答案：CD

A. GGIO　B. PTRC　C. LLN0　D. LPHD

186. 下列对于智能变电站双重化配置要求论述正确的是（ ）。 答案：ABC

A. 每套完整、独立的保护装置应能处理可能发生的所有类型的故障，且两套保护之间不应有任何电气联系，当一套保护异常或退出时不应影响另一套保护的运行

B. 两套保护的电压（电流）采样值应分别取自相互独立的合并单元

C. 双重化配置保护使用的 GOOSE（SV）网络应遵循相互独立的原则，当一个网络异常或退出时不应影响另一个网络的运行

D. 双重化的两套保护应使用主、后一体化且保护、测控一体化的装置

187. 智能变电站保护装置包括的硬压板有（ ）。 答案：AD

A. 远方操作压板　　B. 光纤通道投入压板

C. 失灵接收压板　　D. 检修压板

188. 智能变电站继电保护整组动作时间包括（ ）。 答案：ABCD

A. MU 到保护传输时间　　B. 保护装置动作时间

C. 保护到智能终端传输时间　　D. 智能终端动作时间

189. SCD 文件信息包含（ ）。 答案：ABD

A. 通信网络及参数的配置

B. 二次设备配置（包含信号描述配置、GOOSE 信号连接配置）

C. 实例化配置文件

D. 变电站一次系统配置（含一、二次关联信息配置）

190. （ ）信息通过 GOOSE 传输。 答案：ACD

A. 间隔层与过程层之间的跳闸　　B. 间隔层与过程层之间的采样

C. 间隔层之间的联闭锁　　D. 间隔层之间的失灵

191. SendGOOSEMessage 服务的主要特点包括（ ）。 答案：ACD

A. 基于发布者/订阅者结构的组播传输方式

B. 等间隔的循环传送机制

C. GOOSE 报文携带优先级/VLAN 标志

D. 基于数据集传输

192. 关于 MMS 报文检修处理机制正确的是（ ）。 答案：AD

A. 装置应将检修压板状态上送客户端

B. 当装置检修压板投入时，本装置上送的所有报文中信号的品质 q 的 Test 位应置 0

C. 当装置检修压板退出时，经本装置转发的信号不能反映 GOOSE 信号的原始检修状态

D. 客户端根据上送报文中的品质 q 的 Test 位判断报文是否为检修报文并作出相应处理

193. 下列映射关系正确的是（　　）。 答案：ACD

A. 服务器映射到虚拟制造设备（VMD）

B. 逻辑节点映射到域（Domain）

C. 逻辑节点映射到有名变量（NamedVariable）

D. 逻辑设备映射到域（Domain）

194. 从交换机导出的配置描述文件，包括（　　），用于更换设备时快速恢复到原设置。 答案：BCD

A. 交换机型号、参数　　B. VLAN 划分

C. 镜像设置等端口配置信息　　D. 其他私有设置数据

195. 合并单元智能终端集成装置应是（　　）结构，任何一个模块故障或检修时，应不影响其他模块的正常工作。 答案：ACD

A. 模块化　　B. 智能化　　C. 标准化　　D. 插件式

196. 下列合并单元智能终端集成装置硬件要求错误的有（　　）。 答案：AD

A. 装置的合并单元模块和智能终端模块分别使用独立电源和人机接口

B. 装置的合并单元模块和智能终端模块应共用 GOOSE 端口

C. 应支持 SV、GOOSE 共端口传输

D. 应配置各自独立的检修压板

197. 智能终端的自检项目主要包括（　　）。 答案：ACDEF

A. 出口继电器线圈自检　　B. 绝缘自检

C. 控制回路断线自检　　D. 断路器位置不对应自检

E. 定值自检　　F. 程序 CRC 自检

198. 智能终端应具备的功能有（　　）。 答案：ACDEF

A. 智能终端应具备三跳硬接点输入接口，可灵活配置的保护点对点接口（最大考虑 10 个）和 GOOSE 网络接口

B. 至少提供两组分相跳闸接点和一组合闸接点，跳、合闸命令不需可靠校验

C. 具备对时功能、事件报文记录功能

D. 智能终端具备跳/合闸命令输出的监测功能，当智能终端接收到跳闸命令后，应通过 GOOSE 网发出收到跳令的报文

E. 接收保护跳合闸命令、测控的手合/手分断路器命令及隔离开关、接地开关等 GOOSE 命令

F. 输入断路器位置、隔离开关及接地开关位置、断路器本体信号（含压力低闭锁重合闸等）

199. 关于智能终端配置描述正确的有（ ）。 答案：AB

A. 220kV 及以上变压器各侧的智能终端均按双重化配置

B. 110kV 变压器各侧智能终端宜按双套配置

C. 110kV 变压器各侧智能终端宜按单套配置

D. 220kV 及以上变压器各侧的智能终端均按单套配置

200. 合并单元应支持（ ）方式完成电压并列和切换功能。 答案：CD

A. MMS　　B. SV　　C. GOOSE　　D. 硬接点

201. 采用 DL/T 860.92 采集交流电气量时具备 3/2 接线方式和电流及和功率计算功能，下列说法正确的是（ ）。 答案：AC

A. 装置正常运行状态下，处于检修状态的电压或电流采样值不参与和电流与和功率计算，和电流、和功率与非检修合并单元的品质保持一致

B. 装置正常运行状态下，处于检修状态的电压或电流采样值不参与和电流与和功率计算，和电流、和功率与检修合并单元的品质保持一致

C. 装置检修状态下，和电流及和功率正常计算，不考虑电压与电流采样值检修状态，电压、电流、功率等电气量置检修品质

D. 装置检修状态下，和电流及和功率正常计算，考虑电压与电流采样值检修状态，电压、电流、功率等电气量置检修品质

202. 下列关于保护装置软件版本构成方案叙述正确的是（ ）。 答案：ACD

A. 基础软件由“基础型号功能”和“选配功能”组成

B. 基础软件版本不含所有选配功能，随“选配功能”不同而改变

C. 基础软件版本含有所有选配功能，不随“选配功能”不同而改变

D. 基础软件版本描述由基础软件版本号、基础软件生成日期、程序校验码（位数由厂家自定义）组成

203. 在智能变电站中需要通过点对点通信的是（ ）。 答案：BCD

A. 变压器保护跳母联、分段断路器及闭锁备自投、启动失灵等信号

B. 单间隔保护装置与本间隔智能终端、合并单元之间

C. 母线保护与各间隔智能终端、合并单元之间

D. 变压器保护与各侧（分支）合并智能终端、合并单元之间

204. 以下智能变电站工程文件中包含虚端子连接关系信息的有（ ）。 答案：CD

A. ICD　　B. SSD　　C. SCD　　D. CCD

205. 以下关于 IED 能力描述文件 ICD 的描述正确的有（ ）。 答案：AC

A. 包含逻辑节点类型、数据类型定义

B. 包含虚端子连接关系
C. 标准 ICD 文件名应包含装置型号、ICD 文件版本号、ICD 文件校验码
D. 包含变电站一、二次关联信息配置

206. 回路实例配置文件 CCD 中包含以下元素（　　）。 答案：ABCDE

A. GOOSEPUB 元素　　B. GOOSESUB 元素
C. SVSUB 元素　　D. SVPUB 元素　　E. CRC 元素

207. 当下装的 CID 文件和 CCD 文件存在（　　）错误时，装置重启后应闭锁并告警。 答案：ABCD

A. CCD 文件中 CRC 校验码错误
B. CCD 文件中配置参数错误
C. CID 文件模型实例与模版不匹配
D. CCD 文件中配置参数缺失

208. 根据 Q/GDW 1396—2012《IEC 61850 工程继电保护应用模型》的规定，GOOSE 出口软压板应在以下 LN 中扩充（　　）。 答案：ACD

A. PTRC　　B. LLN0　　C. RREC　　D. PSCH

209. 根据 Q/GDW 1396—2012《IEC 61850 工程继电保护应用模型》的规定，宜在 LLN0 中扩充的软压板有（　　）。 答案：ABC

A. 停用重合闸软压板　　B. 距离保护软压板
C. 远方切换定值区软压板　　D. GOOSE 接收软压板

210. 根据 Q/GDW 1396—2012《IEC 61850 工程继电保护应用模型》的规定，使用 GGIO 下定义的数据对象建模的有（　　）。 答案：ABCD

A. GOOSE 输入虚端子　　B. SV 接收软压板
C. 非电量信号　　D. SV 输入虚端子

211. 根据 Q/GDW 1396—2012《IEC 61850 工程继电保护应用模型》的规定，以下对于报告服务描述正确的有（　　）。 答案：ABD

A. BRCB 和 URCB 均采用多个实例可视方式
B. 报告实例数应不小于 12
C. 保护遥测类信号使用缓存报告服务上送
D. 装置故障信号使用缓存报告服务上送

212. 根据 Q/GDW 1396—2012《IEC 61850 工程继电保护应用模型》的规定，对于保护装置应支持以下（　　）控制模式。 答案：AD

A. direct-with-normal-security B. sbo-with-normal-security
C. direct-with-enhanced-security D. sbo-with-enhanced-security

213. 根据 Q/GDW 1396—2012《IEC 61850 工程继电保护应用模型》的规定，以下对于取代服务描述正确的有（ ）。 答案：CD

A. 装置重启后，信号取代状态应保持
B. 过程层 GOOSE 访问点应支持取代
C. 站控层访问点 GOOSE（联锁）应支持取代
D. 数据取代使能后，相应数据品质中的 source 位应置 1

214. 若要远方操作装置软压板，需满足以下条件（ ）。 答案：AD

A. 远方操作硬压板投入 B. 远方修改定值软压板投入
C. 远方切换定值区软压板投入 D. 远方投退压板软压板投入

215. 根据 Q/GDW 1396—2012《IEC 61850 工程继电保护应用模型》的规定，保护装置应严格检查所接收 SV 报文的（ ）参数否匹配。 答案：ABD

A. AppID B. SMVID C. VlanID D. ConfRev

216. 根据继电保护信息规范，中间节点信息后缀格式为（ ）。 答案：AC

A. mid B. cfg C. des D. Cid

217. 智能变电站配置文件管理应包含智能变电站系统配置文件 SCD、装置内部参数文件、（ ）等的管理。 答案：ABCD

A. 智能装置能力描述文件（ICD） B. 智能装置实例化配置文件（CID）
C. 继电保护回路工程文件 D. 交换机配置文件

218. 系统配置工具应支持 GOOSE 控制块、（ ）及相关参数配置。 答案：ABC

A. 采样值控制块 B. 报告控制块 C. 日志控制块 D. 定值控制块

219. CCD 文件是 IED 二次回路实例配置文件，用于描述 IED 的 GOOSE、SV 发布/订阅信息，包括完整的（ ）和虚端子连接关系等信息。 答案：ACD

A. 发布/订阅的控制块配置 B. 通信参数
C. 物理端口描述 D. 内部变量映射

220. 装置应具备的一定容错性，当下装的 CID 文件和 CCD 文件存在以下错误时，装置重启后应闭锁并告警（ ）。 答案：ACDE

A. CID 文件模型实例与模版不匹配 B. CCD 文件数据集成员不存在
C. CCD 文件中配置参数缺失 D. CCD 文件中配置参数错误

E. CCD 文件中 CRC 校验码错误

221. 系统配置工具应能自动生成（　　），应提示配置人员填写修改人（who）、修改什么（what）、修改原因（why）。 答案：ABC

A. SCD 文件版本（version）　B. SCD 文件修订版本（revision）

C. 生成时间（when）　D. 配置工具（tool）

222. IED configVersion="V1.01"desc="某线线路保护 A"manufacturer="南瑞继保"name="PL2201A" type="PCS-931GMM-D-HD"，在 CRC 校验码计算时应剔除（　　）。 答案：ABCE

A. configVersion="V1.01"　B. desc="某线线路保护 A"

C. manufacturer="南瑞继保"　D. name="PL2201A"

E. type="PCS-931GMM-D-HD"

223. 关于装置技术要求正确的是（　　）。 答案：BCD

A. 装置在任何状态都开放 FTP 服务

B. 装置通过装置以太网调试端口（RJ45）上传下装

C. 装置统一上传下装 IP 地址为"100.100.100.100"，子网掩码为"255.255.255.0"

D. 装置针对"sgcc"用户名应限制其访问除"/configuration"或"\configuration"以外的其他路径

224. 属于继电保护工程文件的是（　　）。 答案：AC

A. SSD　B. CFG　C. CCD　D. HDR

225. ICD 文件中装置型号应依据 Q/GDW 1161—2013《线路保护及辅助装置标准化设计规范》中 4.1.16 的规定编写，包含（　　）、保护选配功能代码等。 答案：ABCD

A. 保护装置软件版本的硬件平台代码　B. 保护系列代码

C. 保护基础型号代码　D. 保护应用方式

226. 以下（　　）软压板应与断路器一一对应。 答案：ABC

A. 过压保护远跳　B. 重合闸

C. 失灵联跳　D. 主保护投入

227. 以下属于系统配置工具 SCD 文件错误校验内容的是（　　）。 答案：ABD

A. Schema 语法校验

B. 虚端子关联部分内外端子合法性校验

C. 虚端子连线完整性校验

D. IED 名称、IP 地址、MAC 地址、APPID、appID、smvID 的唯一性、正确性和缺失校验

228. 时间同步系统的组成方式有（ ）。 答案：ACD

A. 基本式 B. 主主式 C. 主从式

D. 主备式 E. 从备式

229. 关于 B 码对时的描述正确的是（ ）。 答案：ABC

A. B 码对时精度能达到 1μs，满足合并单元要求

B. 智能变电站过程层一般采用光 B 码对时

C. 电 B 码有直流 B 码和交流 B 码

D. B 码不需要独立的对时网

230. 智能变电站的常用对时方式有（ ）。 答案：ABD

A. SNTP 网络对时，精度为 10ms

B. 串口+脉冲对时，精度为 1ms

C. IRIG−B 码对时，精度为 1ms

D. IEEE1588 对时，精度为 1μs

231. SNTP 具有的工作模式有（ ）。 答案：AD

A. 服务器/客户端模式 B. 发布/订阅模式

C. 组播模式 D. 广播模式

232. 关于 IRIG−B 与 1588 对时，下述说法正确的是（ ）。 答案：ABD

A. IRIG−B 需要专门的对时网络 B. 1588 不需要专门的对时网络

C. 1588 对交换机没有特殊的要求 D. 1588 对交换机有特殊的要求

233. 智能变电站中，站控层远动系统支持的对时方式有（ ）。 答案：AC

A. B 码 B. 秒脉冲 C. SNTP D. 1588

234. 以下描述（ ）符合智能变电站过程层网络主要使用的光纤接口参数要求。 答案：AC

A. 采用多模光纤通信 B. 采用单模光纤通信

C. 工作波长为 1310nm D. 工作波长为 1550nm

235. 我国智能变电站中使用较为广泛的对时系统有（ ）。 答案：BC

A. 伽利略 B. GPS C. 北斗 D. 格洛纳斯

236. 以下同步方式中，（ ）可以满足合并单元要求。 答案：AD

A. 光纤 IRIG−B B. 分脉冲 C. SNTP D. IEC 61588

237. IEEE 1588 标准关于网络对时的优点是（ ）。 答案：AD

A. 精度高
B. 不依赖 GPS/北斗等统一时钟源
C. 同步装置、交换机及 IED 等二次设备的硬件实现简单
D. 不必铺设专门的对时网络，可复用过程层通信网络

238. 智能变电站过程层交换机要与继电保护同等对待，（ ）等方面均宜列为定值管理。
答案：ABC

A. 交换机的 VLAN 及所属端口　　B. 多播地址端口列表
C. 优先级描述等配置　　D. 交换机的组网方式

239. GOOSE 报文传输的可靠性主要由（ ）方面保证。 答案：ABCD

A. 快速重发机制
B. 报文中应携带“报文存活时间 TAL”
C. 报文中应携带数据品质等参数
D. 具备较高的优先级

240. IEC 61850-9-2 基于发布/订阅的数据模型，接收方应严格检查（ ）是否匹配。
答案：ABCD

A. MAC　　B. AppID　　C. Svid　　D. 通道个数

241. 智能变电站中若完全采用点对点采样，下述说法正确的有（ ）。 答案：ABCD

A. 全站不需要同步对时源
B. 点对点同步使用已知的延迟时间来推算采样样本
C. 通常可通过插值法实现同步
D. 录波器只有通过插值方式完成录波，失去第三方记录原始数据的有效性

242. VLAN 是一个在物理网络上根据用途、工作组、应用等逻辑划分的局域网络，下述说法正确的有（ ）。 答案：ABC

A. 同一个 VLAN 中的所有成员共同拥有一个 VLAN ID
B. 同一个 VLAN 中的成员均能收到同一个 VLAN 中其他成员发来的广播包
C. 同一个 VLAN 中的成员收不到其他 VLAN 中成员发来的广播包
D. 不同 VLAN 成员之间不通过路由也可实现通信

243. 智能变电站对网络交换机的必备要求有（ ）。 答案：ABC

A. 采用直流工作电源
B. 支持端口速率限制和广播风暴限制
C. 提供完善的异常告警功能
D. 支持 IEEE 1588 对时

244. 智能变电站过程层网络组网——共享双网方式的优点有（ ）。 答案：AC

A. 数据冗余好　B. 数据相互隔离

C. 信息相互之间共享　D. 经济效益好

245. 智能变电站应用的以太网交换机需要具备端口镜像功能，假设交换机具有 1～6 共 6 个端口，下列描述正确的是（ ）。 答案：ACD

A. 端口 6 可以作为镜像端口镜像 1～5 端口的输入报文

B. 端口 6 不可以作为镜像端口镜像 1～5 端口的输出报文

C. 端口 6 被设置为镜像端口后不可以作为普通端口使用

D. 端口 6 作为镜像端口镜像 1～5 端口的输入/输出报文时，如果被镜像报文流量超过端口 6 的速率时，端口 6 上可能出现报文丢失

246. 间隔层侧二次设备室网络交换机按照（ ）原则配置。 答案：BC

A. 设备数量　B. 电压等级　C. 设备室　D. 最大化

247. 智能变电站过程层组网使用 VLAN 划分的目的是（ ）。 答案：BC

A. 把同一物理网段内的不同装置逻辑地划分成不同的广播域

B. 减少装置网络流量和降低装置网络负载

C. 实现信息的安全隔离

D. 便于管理

248. 过程层网络实现（ ）的数据通信。 答案：ABC

A. 间隔层与过程层　B. 间隔层设备之间

C. 过程层设备之间　D. 间隔层和站控层

249. 在过程层组网中，可以通过（ ）方法保证装置只接收到本装置需要的组播报文。 答案：BD

A. 使用 IP 组播　B. 使用 GMRP　C. 使用 RTP　D. 划分 VLAN

250. 智能变电站使用的交换机（ ）。 答案：ABD

A. 需要支持划分 VLAN 功能　B. 交换时延要小于 10μs

C. 需要采用商用及以上等级产品　D. 需要支持广播风暴抑制功能

251. 虚端子是用以标识（ ）及其之间联系的二次回路信号，等同于传统变电站的（ ）。 答案：ABD

A. 过程层　B. 间隔层　C. 站控层　D. 屏端子

252. 继电保护系统由继电保护装置、（ ）、二次回路等构成，实现继电保护功能的系统。

答案：ABCD

A. 合并单元　B. 智能终端　C. 交换机　D. 通道

253. 继电保护设备主动上送的信息应包括（　　）。 答案：ABC

A. 开关量变位信息　B. 异常告警信息
C. 保护动作事件信息　D. 定值信息

254. 智能变电站投产试验包括（　　）。 答案：ABC

A. 一次设备启动试验　B. 核相
C. 带负荷试验　D. 定值整定

255. 智能变电站装置应提供（　　），反映本身健康状态。 答案：ABC

A. 该装置订阅的所有 GOOSE 报文通信情况，包括链路是否正常（如果是多个接口接收 GOOSE 报文的是否存在网络风暴），接收到的 GOOSE 报文配置及内容是否有误等
B. 该装置订阅的所有 SV 报文通信情况，包括链路是否正常，接收到的 SV 报文配置及内容是否有误等
C. 该装置自身软、硬件运行情况是否正常
D. 该装置的保护动作报告

256. 智能终端的运行状态有（　　）。 答案：AC

A. 跳闸　B. 信号　C. 停用　D. 检修

257. 智能变电站一体化监控系统应能实现三种电网数据的采集，包括（　　）。 答案：ABC

A. 稳态数据　B. 静态数据　C. 动态数据　D. 暂态数据

258. 合并单元的运行异常信息需通过（　　）途径反映。 答案：ABCD

A. 装置存储历史事件记录　B. GOOSE 告警状态
C. 装置闭锁接点输出　D. LED 指示灯

259. 智能变电站网络测试仪可以测试网络交换设备（　　）等指标，支持标准帧长或自定义帧长方式测试，时延测试可选择存储转发或直通交换两种模式。 答案：ABCD

A. 吞吐量　B. 丢包率　C. 时延　D. 背靠背

260. 智能变电站中以太网报文、SV 及 GOOSE 报文优先级的设置有（　　）两种模式可选。 答案：AB

A. 绝对优先级　B. 加权优先级　C. 相对优先级　D. 平均优先级

261. 继电保护测试仪具有故障回放功能，可以通过导入支持 COMTRADE 格式的暂态信号，

COMTRADE 格式一般包含（　　）文件。 答案：ABC

A. CFG　B. DAT　C. HDR　D. XML

262. 利用手持式光数字测试仪对保护装置进行校验过程中，保护装置幅值显示正确，加故障量时保护不动作，需要检查（　　）。 答案：AB

A. 数字测试仪和保护装置的检修是否不一致

B. 是否存在通道延时异常

C. 装置是否未投入 SV 接收软压板

D. 测试仪 SV 配置光口是否映射错误

263. 网络交换设备基本性能的时延测试可选择（　　）两种模式。 答案：AD

A. 存储转发　B. 存储交换　C. 直通转发　D. 直通交换

264. 隐蔽工程包括（　　）。 答案：ABCD

A. 二次电缆埋管敷设、光缆及网线敷设

B. 变压器和电抗器等设备套管接线盒接线

C. 电缆终端头制作

D. 等电位接地网安装

265. 装置的（　　）等软件信息应与国家电网公司正式发布的合格产品公告中对应装置的备案发布信息完全一致。 答案：BC

A. 型号　B. 软件版本号　C. 校验码　D. 生产日期

266. 屏（柜）内宜就近打印张贴本屏（柜）的（　　）。 答案：ACD

A. IED 设备光口分配表　B. 装置信息流

C. 交换机光口分配表　D. 配线架配线信息表（含备用纤芯）

267. 现场验收方式主要有（　　）等。 答案：ACD

A. 查阅资料　B. 现场提问　C. 现场检验　D. 现场核对

268. 整组传动时应检查各保护装置之间的配合、直采直跳唯一性、各保护装置动作行为、断路器动作行为是否正确，还应查看（　　）信号是否正确，是否满足相应规程规范要求。 答案：ABCD

A. 故障录波器　B. 网络报文记录及分析装置

C. 自动化监控系统　D. 继电保护设备在线监视与分析应用模块

269. 对智能变电站装置通信异常技术要求描述正确的是（　　）。 答案：ABCD

A. 电流合并单元与装置之间通信中断后，装置应告警并闭锁保护，在通信恢复后装置

功能恢复正常；因电流合并单元断电造成的通信中断，在装置上电时保护不应误动

B. 电压合并单元与装置之间通信中断后，装置应告警，电流差动保护逻辑保留，母线区内故障应正确动作；在通信恢复后装置功能恢复正常；因电压合并单元断电造成的通信中断，在装置上电保护不应误动

C. 装置与智能终端之间通信中断后，装置应告警 GOOSE 断链，保护动作不受影响；在通信恢复后装置告警返回；因智能终端断电造成的通信中断，在装置上电保护不应误动

D. 装置与站控层网络之间的通信异常不应影响装置的性能

二、判断题

1. IEC 61850 系列标准是由国际电工委员会第 57 技术委员会（IEC TC57）组织制定的。(　　)

答案：√

2. 我国智能变电站标准采用的电力行业标准是 IEC 61850 系列标准。(　　)

答案：×

3. DL/T 860《变电站通信网络和系统》是新一代的变电站网络通信体系，适用于智能变电站自动化系统的分层结构。(　　)

答案：√

4. IEC 61850 标准没有对电子式互感器进行规范。(　　)

答案：√

5. IEC 61850 标准制定的目标是互操作性、自由配置、长期稳定性。(　　)

答案：√

6. 配置描述语言 SCL 基于可扩展标记语言 XML 定义。(　　)

答案：√

7. 220kV 及以上电压等级的智能变电站中，继电保护及与之相关的设备、网络等应按照双重化原则进行配置，双重化配置的继电保护之间不应有任何电气联系，当一套保护异常或退出时不应影响另一套保护的运行。(　　)

答案：√

8. 220kV 及以上电压等级的智能变电站中，继电保护及与之相关的设备、网络等应按照双重化原则进行配置，双重化配置的继电保护之间可以有电气联系。(　　)

答案：×

9. MMS 报文在以太网中通过 TCP/IP 协议进行传输。(　　)

答案：√

10. GOOSE 报文在以太网中通过 TCP/IP 协议进行传输。(　　)

答案：×

11. 智能变电站的自动化设备可安装在不同功能层（站控层、间隔层、过程层）。(　　)

答案：√

12. 站控层包含自动化站级监视控制系统、站域控制、远动系统等子系统。( )

答案：√

13. 间隔层设备一般指继电保护装置、系统测控装置的主智能电子设备(IED)等二次设备。( )

答案：√

14. 过程层包括变压器、断路器、隔离开关、电流/电压互感器等一次设备及其所属的智能组件及独立的智能电子设备。( )

答案：√

15. 过程层包含自动化站级监视控制系统、站域控制、通信系统、对时系统等子系统。( )

答案：×

16. 站控层设备一般指继电保护装置、系统测控装置、监测功能组的主智能电子设备(IED)等二次设备。( )

答案：×

17. 间隔层包括变压器、断路器、隔离开关、电流/电压互感器等一次设备及其所属的智能组件及独立的智能电子设备。( )

答案：×

18. 电子式互感器由一次部分、二次部分和传输系统构成。( )

答案：√

19. 与传统电磁感应式互感器相比，电子式互感器不含铁芯，消除了磁饱和及铁磁谐振等问题。( )

答案：√

20. 与传统电磁感应式互感器相比，电子式互感器动态范围大、频率范围宽。( )

答案：√

21. 传统电磁感应式互感器比电子式互感器抗电磁干扰性能好。( )

答案：×

22. 与传统电磁感应式互感器相比，电子式互感器体积小、质量轻。( )

答案：√

23. 电子式互感器是一种装置，由连接到传输系统和二次转换器的一个或多个电流(或电压)传感器组成，用于传输正比于被测量的量，以供给测量仪器、仪表和继电保护或控制装置。( )

答案：√

24. 当交换机用于传输 SV 或 GOOSE 等可靠性要求较高的信息时应采用光接口。( )

答案：√

25. 直接采样是指智能电子设备（IED）间不经过以太网交换机而以点对点连接方式直接进行采样值传输。( )

答案：√

26. 直接跳闸是指智能电子设备（IED）间不经过以太网交换机而以点对点连接方式直接进行跳合闸信号的传输。( )

答案：√

27. 直接采样是指智能电子设备（IED）间经过以太网交换机，以点对点连接方式直接进行采样值传输。（　　）

答案：×

28. 直接跳闸是指 IED 间经过以太网交换机、以点对点连接方式直接进行跳合闸信号的传输。（　　）

答案：×

29. 故障录波在 IEC 61850 里对应的逻辑节点首字母为 R。（　　）

答案：√

30. 首字母为 L 的逻辑节点为系统逻辑节点，它包括 LLN0 公用逻辑节点和 LPHD 装置物理信息两种。（　　）

答案：√

31. 首字母为 P 的逻辑节点用来描述保护相关功能。（　　）

答案：×

32. 首字母为 R 的逻辑节点用来描述保护相关功能。（　　）

答案：√

33. 失灵保护的逻辑节点首字母为 P。（　　）

答案：×

34. 逻辑节点 XCBR 可用以描述开关控制功能。（　　）

答案：×

35. 逻辑节点 CSWI 可用以描述开关控制功能。（　　）

答案：√

36. IEC 61850-7-3 中将数据对象按功能分为信号类、控制类、测量类、定值类和参数类共五类。（　　）

答案：×

37. 数据对象类型为 SPC 的数据功能是单位置遥信。（　　）

答案：×

38. 数据对象类型为 DPS 的数据功能是双位置遥信。（　　）

答案：√

39. 功能约束（FC）为 ST 的数据属性（DA）表示该数据属性为状态值描述。（　　）

答案：√

40. 功能约束（FC）为 CO 的数据属性（DA）表示该数据属性为控制功能描述。（　　）

答案：√

41. URCB 表示有缓冲报告控制块。（　　）

答案：×

42. GOCB 表示 GOOSE 控制块。（　　）

答案：√

43. 智能变电站中，每一个 IED 只能作为服务器或是客户端。（　　）

答案：×

44. 智能变电站中，每一个 IED 可同时作为服务器或是客户端。(　　)

答案：√

45. IEC 61850 系列标准的全称是《变电站通信网络》。(　　)

答案：×

46. 报告服务主要用于传输遥信和遥测量。(　　)

答案：√

47. 站控层的后台需要接收 GOOSE 报文。(　　)

答案：×

48. GOOSE 报文采用的是发布/订阅的传输机制。(　　)

答案：√

49. MMS 报文采用的是发布/订阅的传输机制。(　　)

答案：×

50. GOOSE 报文采用 IP 地址识别传输的接收方。(　　)

答案：×

51. GOOSE 报文中可以同时传输单位置遥信、双位置遥信及测量值等信息。(　　)

答案：√

52. GOOSE 报文只用于传输开关跳闸、开关位置等单位置遥信或双位置遥信。(　　)

答案：×

53. GOOSE 报文可传输模拟量。(　　)

答案：√

54. 为提升多播信息接收的总体性能，较好的办法是由媒体访问控制器（MAC）硬件实现过滤。(　　)

答案：√

55. IEEE 为 IEC 61850 报文分配的组播地址前三位为 01-CD-0C。(　　)

答案：×

56. MMS 报文需在 SCD 中定义其组播 MAC 地址。(　　)

答案：×

57. GOOSE 报文需在 SCD 中定义其组播 MAC 地址。(　　)

答案：√

58. GOOSE 报文需在 SCD 中定义其发送设备的 IP 地址。(　　)

答案：×

59. SV 报文需在 SCD 中定义其组播 MAC 地址。(　　)

答案：√

60. IEC 61850 规约中 GOOSE 报文的推荐组播 MAC 地址区段为 01-0C-CD-01-00-00 至 01-0C-CD-01-FF-FF。(　　)

答案：×

61. IEC 61850 规约中 SV 报文的推荐组播 MAC 地址区段为 01-0C-CD-04-00-00 至 01-

0C-CD-04-01-FF。(　　)

答案：√

62. 某组播 MAC 地址为 01-0C-CD-01-01-0C 的报文是一帧 GOOSE 报文。(　　)

答案：√

63. 某组播 MAC 地址为 01-CD-01-01-01-0C 的报文是一帧 GOOSE 报文。(　　)

答案：×

64. 某组播 MAC 地址为 01-0C-CD-01-10-11 的报文不可能为 GOOSE 报文。(　　)

答案：×

65. 某组播 MAC 地址为 01-0C-CD-04-01-CF 的报文是一帧 SV 报文。(　　)

答案：√

66. 某组播 MAC 地址为 01-0C-CD-01-04-CF 的报文是一帧 SV 报文。(　　)

答案：×

67. ACSI 定义的服务、对象和参数通过特殊通信服务映射（SCSM）映射到下层应用程序。(　　)

答案：√

68. 智能变电站标准中定义的发送 GOOSE 报文服务不允许客户以未经请求和未确认方式发送变量信息。(　　)

答案：×

69. IEC 61850 规范中采样值传输只规定了通过串行单方向多点共线点对点链路传输模式。(　　)

答案：×

70. 智能变电站中，一个服务器可以拥有一个或者多个逻辑设备。(　　)

答案：√

71. 智能变电站中，一个逻辑设备可以拥有一个或者多个数据对象。(　　)

答案：√

72. 在 IEC 61850 中使用的抽象服务接口 ACSI 被表述为：“一种虚拟接口，它为智能电子设备提供了抽象通信服务，如连接、变量访问、非请求数据传输报告、设备控制及文件传输服务，和所采用的实际通信栈和协议集独立”。(　　)

答案：√

73. GOOSE 通信的重传序列中，每个报文都带有允许生存时间常数，用于通知接收方等待下一次重传的最大时间。如果在该时间间隔中没有收到新报文，接收方将认为关联丢失。(　　)

答案：√

74. 在 IEC 61850 中互操作性被表述为：“一个制造厂或不同制造厂提供的两个或多个 IED 交换信息和使用这些信息正确执行特定功能的能力”。(　　)

答案：√

75. 当 GOOSE 服务器产生一个发送 GOOSE 报文请求时，当前的数据集所有值会被编码进 GOOSE 报文中并被发送。(　　)

答案：√

76. 引起服务器触发一个发送 MMS 报文服务的事件在被发送时，该事件所在的数据集其他事件信息将不会被发送。(　　)

答案：√

77. 在 IEC 61850 中使用数据自描述被表述为：“设备包含它的配置方面的信息。这些信息的表述必须标准化，并且（在这个标准系列范围内）通过信息可以访问”。(　　)

答案：√

78. GOOSE 通信是通过重发相同数据来获得额外的可靠性。(　　)

答案：√

79. 在 IEC 61850-9-2 规范中定义了 SV 采样值的网络传输方式。(　　)

答案：√

80. GOOSE 通信属于 DL/T 860 规定的类型 1（快速报文）、类型 1A（跳闸）。(　　)

答案：√

81. 保护动作等信号通过 GOOSE 报文上传给自动化监控系统。(　　)

答案：×

82. 保护动作等信号通过 GOOSE 报文上传给保护信息子站。(　　)

答案：×

83. 保护动作等信号通过 GOOSE 报文上传给故障录波器。(　　)

答案：√

84. 同一 DATA 或 DataAttribute 可以被多个 DATASET 引用。(　　)

答案：√

85. 多路广播应用关联类是单向无确认服务，用于 GOOSE 报文和传输采样值。(　　)

答案：√

86. 双边应用关联类传送服务用于客户和服务器之间的请求和响应（确认和无确认）服务。(　　)

答案：√

87. 保护装置 GOOSE 中断后，保护装置将闭锁不动作。(　　)

答案：×

88. 智能变电站能够完成比常规变电站范围更宽、层次更深、结构更复杂的信息采集和信息处理，变电站内、站与调度、站与站之间、站与大用户和分布式能源的互动能力更强，信息的交换和融合更方便快捷，控制手段更灵活可靠。(　　)

答案：√

89. 智能变电站设备具有信息数字化、功能集成化、结构紧凑化、状态可视化等主要技术特征，符合易扩展、易升级、易改造、易维护的工业化应用要求。(　　)

答案：√

90. 变电站内配置一套全站公用的时间同步系统，高精度时钟源按双重化配置，优先采用 GPS 系统标准授时信号进行时钟校正。(　　)

答案：×

91. 站控层设备宜采用 SNTP 对时方式。间隔层、过程层设备采用 IRIG-B、1PPS 对时方式，条件具备时也可以采用 IEC 61588 网络对时。(　　)

答案：√

92. 智能化高压设备是一次设备和智能组件的有机结合体。(　　)

答案：√

93. 智能化高压设备是二次设备和智能组件的有机结合体。(　　)

答案：×

94. 在智能变电站的设计中，还应对网络内的信息流量进行计算和控制，设立最大节点数和最大信息流量，并必须保持系统冗余。(　　)

答案：√

95. IEEE 为 IEC 61850 报文分配的组播地址前三位为 01-0C-CD。(　　)

答案：√

96. BRCB 表示有缓冲报告控制块。(　　)

答案：√

97. MMS 服务的种类多达 93 种。(　　)

答案：√

98. IEC 61850 规约第 6 章提供了变电站 IED 形式配置描述以及和其他 IED、电力过程关系的描述（单线图），即如何配置。(　　)

答案：√

99. IEC 61850 规约第 7-2 章提供了为各种不同功能进行交换信息的服务（如控制、报告、读、写等），即如何交换信息。(　　)

答案：√

100. IEC 61850 规约第 7-3 章提供了公共采用的信息表（如双点控制、三相测量值等），即公共基本信息是什么。(　　)

答案：√

101. IEC 61850 规约第 7-4 章提供变电站自动功能（如带断路器位置状态的断路器、保护功能定值等）的特定信息模型，即建模和交换什么。(　　)

答案：√

102. IEC 61850 规约第 8-1 章定义在 IED 之间传送信息的具体方法（如应用层、编码等），即在交换时如何串行发送信息。(　　)

答案：√

103. IEC 61850-9-2 采样值传输采用映射到 MMS 的特殊通信服务映射。(　　)

答案：×

104. 在与 MMS 的映射中，一个 VMD 代表了网络上一个 IEC 61850-7-2 定义的服务器所提供的能力。(　　)

答案：√

105. 一个物理设备应有一个域代表 MMS 虚拟制造设备（MMS VMD）的物理资源。这个域应至少包含 2 个 LLN0 和 LPHD 逻辑节点。(　　)

答案：×

106. IEC 61850-7-2 逻辑设备类的实例映射到 MMS 域对象，在向 MMS 的映射中，域代表构成一个逻辑设备对象和服务的集合。除了域名（即逻辑设备名）在服务器范围内要求唯一外，域的命名是任意的。(　　)

答案：√

107. 智能变电站中，保护装置可依赖于外部对时系统实现其保护功能。(　　)

答案：×

108. DL/T 860 中给出了网络拓扑结构的建议。(　　)

答案：×

109. 为保证准确度和工作效率，建议智能变电站的模型由工具自动生成和手动配置。(　　)

答案：√

110. GOOSE 报文的传输要经过 OSI 中的全部 7 层。(　　)

答案：×

111. GOOSE 报文的传输要经过 OSI 中的网络层。(　　)

答案：×

112. GOOSE 报文的传输要经过 OSI 中的表示层。(　　)

答案：√

113. MMS 报文的传输要经过 OSI 中的全部 7 层。(　　)

答案：√

114. 智能变电站中，不同厂家不同原理的设备，建模的规范也不尽相同。(　　)

答案：×

115. 开入量虚端子建模一般采用的 LN 类型为 GGIO。(　　)

答案：√

116. 任何不可控制的信号点其 ctlModel 值都为 0。(　　)

答案：√

117. 在 GOOSE 报文正在正常发送的过程中又有新事件产生，则上一个内容的 GOOSE 传输终止。(　　)

答案：√

118. 智能变电站中，保护与监控系统通过 MMS 报文进行通信。(　　)

答案：√

119. 智能变电站中，录波文件通过 GOOSE 报文上送后台。(　　)

答案：×

120. ICD 模型文件分为 Header、Communication、IED 和 DataTypeTemplates 四个部分。(　　)

答案：√

121. 依照 IEC 61850 的建模要求，每个 IED 模型中至少包含一个 LD，每个 LD 中至少包含三个 LN。(　　)

答案：√

122. IEC 61850 规范中，GOOSE 报文的 APPID 范围应为 0000~3FFF。(　　)

答案：√

123. IEC 61850 规范中，SV 报文的 APPID 范围应为 4000~7FFF。(　　)

答案：√

124. Q/GDW 396—2009《IEC 61850 工程继电保护应用模型》规定，GOOSE 数据集成员应按 DA 配置。(　　)

答案：√

125. Q/GDW 396—2009《IEC 61850 工程继电保护应用模型》规定，SV 数据集成员应按 DA 配置。(　　)

答案：×

126. Q/GDW 396—2009《IEC 61850 工程继电保护应用模型》规定，GOOSE 数据集成员应按 DO 配置。(　　)

答案：×

127. Q/GDW 396—2009《IEC 61850 工程继电保护应用模型》规定，SV 数据集成员应按 DO 配置。(　　)

答案：√

128. 当外部同步信号失去时，采样值报文中的同步标识位“SmpSynch”应为 FALSE。(　　)

答案：×

129. 合并单元失去同步时，采样值报文中的样本计数可超过采样率范围。(　　)

答案：×

130. 根据 IEC 61850 标准，激活定值区从 0 开始。(　　)

答案：×

131. 根据 Q/GDW 396—2009《IEC 61850 工程继电保护应用模型》规定，每个保护装置应支持同时与不少于 12 个客户端建立连接。(　　)

答案：√

132. 根据 Q/GDW 396—2009《IEC 61850 工程继电保护应用模型》规定，保护装置应具备“远方修改定值”“远方切换定值区”“远方投退压板”三块软压板，且只能在装置本地修改。(　　)

答案：√

133. 根据 Q/GDW 396—2009《IEC 61850 工程继电保护应用模型》规定，保护装置报告服务应支持客户端在线设置 OptFlds 和 Trgopt。(　　)

答案：√

134. 通用面向对象的变电站事件报告和通用变电站状态事件，用于在智能电子设备之间快速传递输入输出数据值。(　　)

答案：√

135. 通用变电站状态事件所包含数据仅为双点命令状态值数据（比特对），如“分”“合”“转换中”“无效状态”等。(　　)

答案：√

136. 智能变电站光纤类型为多模光纤。(　　)

答案：×

137. 智能变电站继电保护设备主动上送的信息应包括开关量变位信息、异常告警信息和保护动作事件信息等。(　　)

答案：√

138. 装置之间的 SV 传输通信不需要先握手建立连接。(　　)

答案：√

139. 保护对应一台 IED 设备可接收多个 GOOSE 发送数据集，这些数据集包含了保护所需的所有信息。(　　)

答案：×

140. 站控层使用 SetSGValues（设置定值组值）服务，下发的定值条目的 Reference 到 DO 层次。(　　)

答案：×

141. 保护装置与合并单元通信宜采用 DL/T 860.91。(　　)

答案：×

142. GOOSE 跳闸必须采用点对点直接跳闸方式。(　　)

答案：×

143. 智能变电站继电保护装置除检修采用硬压板外其余均采用软压板。(　　)

答案：×

144. 保护装置仅在检修压板投入时才可下装配置文件，下装时应闭锁本装置。(　　)

答案：√

145. MU 双 A/D 采样分别供两套保护的电压（电流）采样值使用。(　　)

答案：×

146. 保护整组动作时间包括了采样延时、MU 到保护传输时间、保护装置动作时间、保护到智能终端传输时间、智能终端动作时间。(　　)

答案：√

147. IEC 61850 系列标准的推出，很好地解决了原来各厂家产品通信规约不一致、互操作性差的问题。(　　)

答案：√

148. IEC 61850 引入命名空间是为了解决命名冲突问题，防止出现相同名称却又代表不同含义的两个数据在一起使用发生命名冲突，同时也规范各制造商对标准的扩展原则。(　　)

答案：√

149. 智能变电站保护测控投上检修压板后，就不再向主站上送变位报文。(　　)

答案：×

150. GOOSE 变位时为实现可靠传输，采用连续多次传送的方式。(　　)

答案：√

151. 智能变电站必须采用合并单元。(　　)

答案：×

152. 采用双重化通信网络的情况下，两个网络发送的 GOOSE 报文的多播地址、APPID 必须不同，以体现冗余要求。(　　)

答案：×

153. IEC 61850-9-2 采样值都是以一次值传输的，因此合并单元和保护中并不需要设置互感器变比。(　　)

答案：×

154. 当合并单元的检修压板投入时，其发出的 SV 报文中的“Test”位应置“0”；当检修压板退出时，SV 报文中的“Test”位应置“1”。(　　)

答案：×

155. 国家电网公司企业标准规定，合并单元和智能终端必须配置液晶显示。(　　)

答案：×

156. 智能变电站保护装置重采样过程中，应正确处理采样值溢出情况。(　　)

答案：√

157. 智能终端动作时间指智能终端收到 GOOSE 跳闸命令时刻至断路器跳闸时间。(　　)

答案：×

158. 智能变电站顺序控制应具备保护定值区切换及软压板投退，但不考虑保护的定值修改。(　　)

答案：√

159. 智能变电站时间同步系统主时钟应按照基准信号优先级从高到低进行选择，排序依次应为 BDS 信号、GPS 信号、热备用判断信号、地面有线时间基准信号。(　　)

答案：×

160. 时间同步输出脉冲信号应采用上升沿作为准时沿。(　　)

答案：√

161. 合并单元应支持 GOOSE 或硬接点方式完成电压并列和切换功能。(　　)

答案：√

162. 合并单元在进行母线电压并列或切换时，不应出现通信中断、丢包、品质输出异常改变等异常现象，采样值不应误输出，采样序号可不连续。(　　)

答案：×

163. 合并单元测量交流电流回路在 1.2 倍额定电流下能长期连续工作。(　　)

答案：√

164. 合并单元处于失步状态时，连续接收到 5 个有效时钟授时同步信号（时间均匀性误差小于 10μs）时，进入跟随状态，置同步标示。(　　)

答案：×

165. 在合并单元处于守时状态时，若接收到授时信号与合并单元自身时钟时间差小于 10μs 时，则进入跟随状态。(　　)

答案：√

166. 在合并单元处于守时状态时，连续接收到 10 个与合并单元时间差大于 10μs 有效时钟授时信号时进入失步状态，清除同步标志。(　　)

答案：×

167. 在合并单元处于守时状态时，若持续 10min 未接收到有效时钟进入失步状态，清除同步标志。(　　)

答案：√

168. 浪涌抗扰度试验是测试合并单元电磁兼容性能的试验方法之一。(　　)

答案：√

169. 母线合并单元异常时，投入装置检修状态硬压板，关闭电源并等待 15min，然后再上电重启。(　　)

答案：×

170. 间隔合并单元异常时，若保护单套配置，则相关保护不改信号，直接投入合并单元检修状态硬压板，重启装置一次。(　　)

答案：√

171. 合并单元户内安装时，环境温度要求为−10～+55℃。(　　)

答案：√

172. 合并单元的交流电压回路在额定电压时，每相功耗不大于 0.5VA。(　　)

答案：√

173. 本体智能终端的信息交互功能应包含非电量动作报文、调档及测温等，并可提供用于闭锁调压、启动风冷、启动充氮灭火等出口接点。(　　)

答案：√

174. 智能终端采用就地安装方式，放置在智能控制柜中。(　　)

答案：√

175. 智能终端的动作时间应不大于 10ms。(　　)

答案：×

176. 智能终端将输入直流工作电源的正负极性颠倒，装置无损坏，但不能正常工作。(　　)

答案：×

177. 智能终端不设置防跳功能，防跳功能由断路器本体实现。(　　)

答案：√

178. 智能终端 GOOSE 直传双点位置包括断路器三相位置（三相断路器）/分相位置（分相断路器），单点位置包括遥合（手合）、隔离开关位置、低气压闭锁重合、控制回路断线、TWJ、HWJ、合后位置等其他遥信信息。(　　)

答案：×

179. 智能终端需要对时。采用光纤 IRIG-B 码对时方式时，宜采用 ST 接口；采用电 IRIG-B 码对时方式时，宜采用交流 B 码，通信介质为屏蔽双绞线。(　　)

答案：×

180. 合并单元智能终端集成装置应是模块化、标准化、插件式结构。任何一个模块故障或检修时，可能会影响其他模块的正常工作。(　　)

答案：×

181. 在任何网络运行工况流量冲击下，合并单元智能终端集成装置均不应死机或重启，不

发出错误报文，响应正确报文的延时不应大于 1ms。(　　)

答案：√

182. 合并单元智能终端集成装置只应支持点对点直接采样、直接跳闸的应用需求。(　　)

答案：×

183. 在合并单元智能终端集成装置模块独立性的检验方法中，模拟智能终端模块异常，检测装置能够正确发送 SV 报文。(　　)

答案：√

184. 当正常工作时，合并单元智能终端集成装置功率消耗不大于 30W。(　　)

答案：×

185. 基于 DL/T 860 的同期模型，采用 CSWI 中 Check（检测参数）的 sync（同期标志）位区分同期合与强制合。(　　)

答案：×

186. 智能变电站通用技术条件中，对光波长 1310nm 光纤的光纤发送功率和接收灵敏度要求是：光纤发送功率为−20～−14dBm；光接收灵敏度为−31～−14dBm。(　　)

答案：√

187. 报文中采样值通道排列顺序应与 SCD 文件中配置相同，宜采用 ABCABC 顺序排列。(　　)

答案：×

188. 将合并单元在点对点输出模式下接入网络报文记录及分析装置，检查采样值发送间隔离散值，不应大于 1μs。(　　)

答案：×

189. 装置正常运行状态下，转发 GOOSE 报文中的检修品质；装置检修状态下，上送状态量置检修品质，装置自身的检修信号及转发智能终端或合并单元的检修信号不置检修品质。(　　)

答案：√

190. 智能变电站测控装置应具备高可靠性，所有芯片选用微功率、宽温芯片，装置 GOOSE 信息处理时延应小于 1ms，MTBF 时间大于 50000 小时，使用寿命宜大于 12 年。(　　)

答案：√

191. 退保护 SV 接收压板时，装置需给出明确的提示确认信息，但无需确认即可退出压板。(　　)

答案：×

192. 保护装置、合并单元的保护采样回路应使用 A/D 冗余结构（公用一个电压或电流源）。(　　)

答案：√

193. 保护装置和合并单元的采样频率均为 1000Hz。(　　)

答案：×

194. 保护装置软压板与保护定值相对独立，软压板的投退不影响定值。(　　)

答案：√

195. 装置模型 ICD 文件中 IED 名应为“TEMPLATE”。(　　)

答案：√

196. ICD 文件 CRC-32 校验码的计算序列使用 ICD 文件的全文内容。(　　)

答案：√

197. ICD 文件应完整包含装置配置的 GOOSE、SV 发布/订阅信息。(　　)

答案：×

198. CCD 文件应完整包含装置配置的 GOOSE、SV 发布/订阅信息，装置其他配置文件的改变不应影响装置过程层 GOOSE、SV 发布/订阅的配置，装置的 GOOSE、SV 配置信息以 CCD 文件为准。(　　)

答案：√

199. CCD 文件中包含发布/订阅的控制块配置、内部变量映射和虚端子连接关系等信息，不包含物理端口描述信息。(　　)

答案：×

200. 计算 CCD 文件 CRC 校验码时，应保留 CCD 文件中 desc 属性。(　　)

答案：×

201. 应按 IED 命名降序合成所有 IED 的 CCD 文件 CRC 校验码，再根据计算规则生成全站 CCD 文件 CRC 校验码。(　　)

答案：×

202. 装置上电后应计算 CCD 文件 CRC 校验码，计算的 CRC 校验码与 CCD 文件中的 CRC 校验码不一致时，应闭锁装置并显示告警信息。(　　)

答案：√

203. IED 配置工具在上传、下装 CID 文件和 CCD 文件时，采用统一的上传和下装方式，上传下装 IP 地址为“100.100.100.100”，子网掩码为“255.255.0.0”。(　　)

答案：×

204. 系统配置工具应在保存文件时自动生成全站虚端子配置 CRC 版本和 IED 虚端子配置 CRC 版本。(　　)

答案：√

205. 一个物理设备应建模为一个 IED 对象。该对象是一个容器，包含 server 对象，server 对象中至少包含一个 LD 对象。(　　)

答案：√

206. 访问点体现通信服务，与具体物理网络有关。一个访问点不可以支持多个物理网口。(　　)

答案：×

207. 一个 SGCB 控制的数据对象可以分散在不同的 LD 中。(　　)

答案：×

208. 线路保护中距离保护Ⅰ段与距离保护Ⅱ段应建模在同一个 PDIS 实例中。(　　)

答案：×

209. 保护模型中对应要跳闸的每个断路器应各使用一个 PTRC 实例，对于 3/2 接线线路保

护则应建 2 个 PTRC 实例。(　　)

答案：√

210. 根据 Q/GDW 1396—2012《IEC 61850 工程继电保护应用模型》的规定，GOOSE、SV 接收软压板采用 GGIO.SPCSO 建模。(　　)

答案：√

211. 根据 Q/GDW 1396—2012《IEC 61850 工程继电保护应用模型》的规定，GOOSE 出口软压板应按跳闸、启动失灵、闭锁重合、合闸、远传等重要信号在 LLN0 中统一加 Strp 后缀扩充出口软压板，从逻辑上隔离相应的信号输出。(　　)

答案：×

212. 涉及多个时限、动作定值相同且有独立的保护动作信号的保护功能，应按照面向对象的概念划分成多个相同类型的逻辑节点，动作定值在各实例中分别映射。(　　)

答案：×

213. 根据 Q/GDW 1396—2012《IEC 61850 工程继电保护应用模型》的规定，保护定值单采用装置 ICD 文件中固定名称的定值数据集的方式，装置参数数据集名称为 dsParameter，装置定值数据集名称为 dsSetting，均通过 SGCB 控制。(　　)

答案：×

214. 保护当前定值区号按标准从 1 开始，保护编辑定值区号按标准从 0 开始，0 区表示当前不允许修改定值。(　　)

答案：√

215. 故障录波应使用逻辑节点 RDRE 进行建模。保护装置只包含一个 RDRE 实例。(　　)

答案：√

216. 保护装置录波文件存储于\COMTRADE 文件目录中，客户端可通过报告服务召唤录波文件。(　　)

答案：×

217. 根据 Q/GDW 1396—2012《IEC 61850 工程继电保护应用模型》的规定，保护装置应支持同时与不少于 16 个客户端建立 MMS 服务连接。(　　)

答案：√

218. 根据 Q/GDW 1396—2012《IEC 61850 工程继电保护应用模型》的规定，保护装置中 BRCB 和 URCB 均采用多个实例可视方式，报告实例数应不小于 12。(　　)

答案：√

219. 保护装置保护事件信息使用有缓冲报告服务上送，报告控制块名称以 brcb 开头。(　　)

答案：√

220. 根据 Q/GDW 1396—2012《IEC 61850 工程继电保护应用模型》的规定，GOOSE 出口软压板使用 SPC 类型建模，其控制采用“sbo-with-enhanced security”方式。(　　)

答案：√

221. 取代服务使现场调试工作时的人工置数变得极为简便，为了防止数据丢失，装置意外重启后，取代状态应仍能保持。(　　)

答案：×

222. 根据 Q/GDW 1396—2012《IEC 61850 工程继电保护应用模型》的规定，进行取代置数时，当 subEna 置为 True 时，不能直接设置 subVal、subQ 值，需将 subEna 置为 Flase 后再进行设置。(　　)

答案：×

223. Q/GDW 1396—2012《IEC 61850 工程继电保护应用模型》的规定，若保护装置支持日志服务，在装置上电启动时，日志控制块中 LogEna 属性应自动设置为 True。(　　)

答案：√

224. 根据 Q/GDW 1396—2012《IEC 61850 工程继电保护应用模型》的规定，MMS 双网冗余机制中，来自冗余连接组的连接应使用同一个报告实例号、同一个缓冲区映像进行数据传输。(　　)

答案：√

225. 用于标识 GOOSE 控制块的 GOID、APPID 参数必须全站唯一。(　　)

答案：√

226. 根据 Q/GDW 1396—2012《IEC 61850 工程继电保护应用模型》的规定，GOOSE 输入采用虚端子模型。GOOSE 输入虚端子模型为包含“GOIN”关键字前缀的 GGIO 逻辑节点实例中定义的 4 类数据对象。(　　)

答案：√

227. 根据 Q/GDW 1396—2012《IEC 61850 工程继电保护应用模型》的规定，保护装置应严格检查接收 GOOSE 的 AppID、GOID、GOCBRef、DataSet、ConfRev 等参数信息是否匹配。(　　)

答案：√

228. 根据 Q/GDW 1396—2012《IEC 61850 工程继电保护应用模型》的规定，GOOSE 报文接收时应考虑通信中断或者发布者装置故障的情况，当 GOOSE 通信中断或配置版本不一致时，GOOSE 接收信息均应保持中断前状态。(　　)

答案：×

229. 根据 Q/GDW 1396—2012《IEC 61850 工程继电保护应用模型》的规定，合并单元装置应在 ICD 文件中预先配置正极性及负极性输出的采样值数据集，以适应保护装置正、负极性输入采样值的需求。(　　)

答案：×

230. 根据 Q/GDW 1396—2012《IEC 61850 工程继电保护应用模型》的规定，对于多路 SV 输入的保护装置，一个 SV 接收软压板退出时应退出该路采样值，该 SV 中断或检修均不影响本装置运行。(　　)

答案：√

231. 除 CCD 文件格式中规定的 IED 描述、FCDA 描述、intAddr 描述外，SCD 文件中其余描述性属性 desc、dU 元素不提取到 CCD 文件中。(　　)

答案：√

232. 装置运行后宜通过 GOOSE 方式上送 CCD 文件的 CRC 校验码和文件生成时间。(　　)

答案：×

233. 用于计算 CRC 校验码的序列中不应有中文字符，剔除 CCD 文件中 desc 属性、GOOSE 和 SV 订阅中 FCDA 元素除 bType 外的属性、元素值及属性值中的空格、换行符、回车符、列表符。(　　)

答案：×

234. 智能终端将采集到的跳闸和合闸硬压板状态通过 dsGoose 送出，具体位置由相应数据 desc 字段描述中加入尾缀“硬压板”来进行标识。(　　)

答案：×

235. 为每个 IED 的 CCD 文件计算 CRC 校验码，用于单装置 CCD 文件管理；按 IED 命名升序合成所有 IED 的 CCD 文件 CRC 校验码，再应用此计算规则生成全站 CCD 文件 CRC 校验码，用于全站 CCD 文件管理。(　　)

答案：√

236. SVPUB 元素是从 SCD 文件中提取的装置过程层 SV 输入配置信息，SVPUB 元素下包含按 SCD 文件顺序配置的 SV 控制块。(　　)

答案：×

237. 上传是指配置工具将 CID 文件或 CCD 文件传送至装置的行为。(　　)

答案：×

238. 系统配置工具应完整无误地导入 ICD 文件中的模型信息和赋值，包括含私有命名空间的元素。(　　)

答案：√

239. ICD 文件版本号描述该 ICD 文件的历史变更情况，应具备唯一性，依据“Ver 1.00”的格式编写，并由制造商顺序编号、管理。(　　)

答案：×

240. 数据集的成员数目过多时应合理拆分数据集，单一数据集成员数目不应超过 128。(　　)

答案：×

241. CCD 文件 CRC 校验码初始化值 int：00000000。(　　)

答案：×

242. IED 元素是 CCD 文件的根节点，根节点下依次包含 GOOSEPUB（GOOSE 发布）元素、GOOSESUB（GOOSE 订阅）元素、SVPUB（SV 发布）元素、SVSUB（SV 订阅）元素、CRC（校验码）元素。(　　)

答案：√

243. CCD 文件配置，板卡号使用从 0 起始的十进制数字，端口号使用 A ~ Z 的大写英文字母，物理端口的功能由厂家自定。(　　)

答案：×

244. IED 节点属性应包含制造商（manufacturer）、型号（type）和配置版本（configversion）等信息。(　　)

答案：√

245. 时间同步装置应具备守时功能，守时精度在 10h 内应优于 1μs/h。(　　)

答案：×

246. 时间同步装置在同步状态下应至少预热 1h 以上，以保证守时精度。( )

答案：×

247. 主时钟外部独立时间源信号优先级应可设，默认优先级为 BDS>GPS>地面有线。( )

答案：√

248. 每个过程层装置都有唯一的 MAC 地址和 APPID 地址。( )

答案：×

249. 端口 1 作为镜像端口用来镜像端口 2、3 的数据，端口 1 就不能作为普通端口与其他装置通信了。( )

答案：√

250. GOOSE 报文心跳间隔由 GOOSE 网信通信参数中的 MaxTime（即 T0）设置。( )

答案：√

251. SendMSVmessage 服务应用了 ISO/OSI 中的物理层、数据链路层、网络层、表示层及应用层。( )

答案：×

252. 根据 Q/GDW 396—2009《IEC 61850 工程继电保护应用模型》的规定，GOOSE 双网冗余机制中两个网络发送的 GOOSE 报文的多播地址、APPID 不应一致。( )

答案：×

253. 交换机的转发方式有存储转发、直通式转发等，存储转发方式对数据帧进行校验，任何错误帧都被丢弃，直通式转发不对数据帧进行校验，因而转发速度快于存储转发。( )

答案：√

254. 交换机的一个端口不可以同时属于多个 VLAN。( )

答案：×

255. 支持过程层的间隔层设备，对上与站控层设备通信，对下与过程层设备通信，可采用 1 个访问点分别与站控层、过程层 GOOSE、过程层 SV 进行通信。( )

答案：×

256. 根据 IEC 61850 的分层模型与 MMS 对象之间的映射关系，逻辑设备映射到 MMS 中的域，逻辑节点实例映射到 MMS 中的有名变量。( )

答案：√

257. VLAN 表示虚拟局域网，用来构造装置与交换机之间的虚拟网络，实现报文在特定 VLAN 里传播。( )

答案：√

258. 采用双重化 MMS 通信网络的情况下，双重化网络的 IP 地址可以属于同一个网段。( )

答案：×

259. 传输各种帧长数据时，交换机固有时延应小于 20μs。( )

答案：×

260. 若某 MAC 地址在设定时间内不再出现，交换机将自动把该 MAC 地址从地址表中清除。当下一次该 MAC 地址重新出现时，将会被当做新地址处理。(　　)

答案：√

261. 继电保护装置采用双重化配置时，对应的过程层网络也应双重化配置，第一套保护接入 A 网，第二套保护接入 B 网。(　　)

答案：√

262. 继电保护之间的联闭锁信息、失灵启动等信息宜采用 GOOSE 网络传输方式。(　　)

答案：√

263. 录波及网络报文记录分析装置采样值传输应采用点对点方式。(　　)

答案：×

264. 合并单元调试时，应检验 SV 报文中序号的连续性，SV 报文的序号从 0 连续增加到 $50N-1$（N 为每周波采样点数），再恢复到 0，任意相邻两帧 SV 报文的序号应连续。(　　)

答案：√

265. 合并单元调试时，应检验 SV 报文发送间隔的离散度，测出的间隔抖动应在 $\pm 10\mu s$ 之内。(　　)

答案：√

266. 智能终端的 SOE 分辨率应不大于 1ms。(　　)

答案：√

267. 智能变电站中不破坏网络结构的二次回路隔离措施是拔下相关回路光纤。(　　)

答案：×

268. 智能保护装置信号状态是指保护交直流回路正常，主保护、后备保护及相关测控功能软压板投入，跳闸、启动失灵等 GOOSE 软压板退出，保护检修状态硬压板投入。(　　)

答案：×

269. 某间隔断路器改检修时，为避免合并单元送出无效数据影响运行设备的保护功能，断路器拉开后应首先投入该间隔合并单元“检修状态压板”。(　　)

答案：×

270. 智能变电站继电保护有跳闸、检修、停用三种运行状态。(　　)

答案：×

271. 新安装保护、合并单元、智能终端装置验收时应检验其检修状态及组合行为。(　　)

答案：√

272. 当 MMS 报文为检修报文时，报文内容应不显示在简报窗中，但应发出音响告警。(　　)

答案：×

273. 当发送方 GOOSE 报文中 test 置位时发生 GOOSE 中断，接收装置应报具体的 GOOSE 中断告警，但应报“装置告警（异常）”信号，不应点“装置告警（异常）”灯。(　　)

答案：×

274. 一次设备运行，仅部分装置停役时，可取下停役装置的“检修压板”。(　　)

答案：×

275. 间隔检修时，应退出本间隔所有与运行设备二次回路联络的压板（失灵启动、间隔投入、SV 软压板等）。（ ）

答案：√

276. 若主变压器保护检修压板与某侧 MU 检修压板不一致，则差动保护继续运行，但差流中不计入该侧电流。（ ）

答案：×

277. 当与接收智能终端 GOOSE 检修不一致时，线路保护采集智能终端的位置开入应清零。（ ）

答案：×

278. 母联间隔采样数据失步的情况下，母联过流保护功能不受影响。（ ）

答案：√

279. 当与接收线路保护检修不一致时，母差保护采集线路保护失灵开入应清零。（ ）

答案：√

280. 以太网帧包含前导码（7 字节）、帧开始符（1 字节）、目的 MAC 地址（6 字节）、源 MAC 地址（6 字节）、帧长度/类型（2 字节）、帧数据与填充（46~1500 字节）、帧校验码（4 字节）。（ ）

答案：√

三、简答题

1. 请列举 IEC 61850 标准主要参考的其他标准和规约。

答：（1）IEC 60870-5-101 远动通信协议标准；

（2）IEC 60870-5-103 继电保护信息接口标准；

（3）UCA2.0（Utility Communication Architecture 2.0，由美国电科院制定的变电站和馈线设备通信协议体系）；

（4）ISO/IEC 9506 制造商信息规范 MMS（Manufacturing Message Specification）。

2. 请列出智能变电站建模的层次关系。

答：服务器包含逻辑设备，逻辑设备包含逻辑节点，逻辑节点包含数据对象，数据对象包含数据属性。

3. IEC 61850 定义的变电站配置语言（SCL）用以描述哪些内容？

答：①一次接线图；②通信关系；③IED 能力；④将 IED 与一次设备联系起来。

4. IEC 61850-7-4 兼容逻辑节点类和数据类中，将逻辑节点按首字母分为 13 大类，请列举至少 6 类并说出它们的首字母。

答：IEC 61850-7-4 兼容逻辑节点类和数据类分类见表 11-1。

表 11-1

名称	描述
Axxx	自动控制
Cxxx	监控
Gxxx	通用功能
Ixxx	接口/归档
Lxxx	系统逻辑节点
Mxxx	计量/测量
Pxxx	保护功能
Rxxx	保护相关
Sxxx	传感器、监视
Txxx	互感器
Xxxx	开关设备
Yxxx	电力变压器
Zxxx	其他设备

5. 逻辑节点 LLN0 里可以包含哪些内容？列举至少四种。

答：数据集（Data Set）；报告控制块（Report Control）；GOOSE 控制块（GSE Control）；SMV 控制块（SMV Control）；定值控制块（Setting Control）。

6. IEC 61850-7-3 公用数据类规范中将数据对象按照其应用分为哪几大类，分别包括什么？

答：数据类按照其应用分为以下几大类：

（1）状态信息类，包括单点状态信息（SPS）、双点状态信息（DPS）、整数状态信息（INS）、保护激活信息（ACT）、方向保护激活信息（ACD）、安全违例计数信息（SEC）、二进制计数器读数信息（BCR）。

（2）测量值信息类，包括测量值（MV）、复数测量值（CMV）、采样值（SAV）、三相系统中相对地相关测量值（WYE）、三相系统中相对相相关测量值（DEL）、序分量（SEQ）、谐波值（HMV）、WYE 谐波值（HWYE）、DEL 谐波值（HDEL）。

（3）可控状态信息类，包括可控单点（SPC）、可控双点（DPC）、可控整数（INC）、二进制受控步位置信息（BSC）、整数受控步位置信息（ISC）。

（4）可控模拟信息类，包括可控模拟设点信息（APC）。

（5）状态定值类，包括单点定值（SPG）、整数状态定值（ING）。

（6）模拟定值类，包括模拟定值（ASG）、定值曲线（CURVE）。

（7）描述信息类，包括设备铭牌（DPL）、逻辑节点铭牌（LPL）、曲线形状描述（CSD）。

7. IEC 61850-7-3 公用数据类规范中信号类数据对象包括什么，其数据对象（DO）类型主要有哪些？

答：包括遥信、保护开入、硬压板、保护动作、保护自检、装置告警、通信状态、故障录波，其 DO 类型主要为 SPS、DPS、ACT、ACD 四类。

8. IEC 61850-7-3 公用数据类规范中测量类数据对象包括什么，其数据对象（DO）类型主要有哪些？

答：包括遥测和保护测量，其 DO 类型主要为 MV、CMV、WYE。

9. IEC 61850-7-3 公用数据类规范中定值和参数类数据对象包括什么，其数据对象（DO）类型主要有哪些？

答：包括定值和参数，其 DO 类型主要为 SPG、ING、ASG。

10. IEC 61850-7-3 公用数据类规范中控制类数据对象包括什么，其数据对象类型主要有哪些？

答：包括遥控、遥调、软压板、直控，其 DO 类型主要为 APC、SPC、DPC。

11. IEC 61850-7-2 定义了哪 9 大类抽象通信服务接口（ACSI）？

答：①关联服务；②信息模型服务；③定值组服务；④主动上送的报告服务；⑤日志服务；⑥快速报文服务；⑦采样值服务；⑧对时；⑨文件服务。

12. GOOSE 和 SV 报文 MAC 地址范围建议如何分配？优先级默认值分别为多少？以太网类型及 APPID 分别是什么？

答：（1）GOOSE 和 SV 报文前 3 个字节由 IEEE 分配为 01-0C-CD；第 4 个字节 GOOSE 为 01，SV 为 04；最后 2 个字节用作与设备有关的地址，建议的地址分配如下：

1）GOOSE 报文：01-0C-CD-01-00-00 ~ 01-0C-CD-01-01-FF；

2）SV 报文：01-0C-CD-04-00-00 ~ 01-0C-CD-04-01-FF。

（2）优先级默认值均为 4。

（3）以太网类型：①GOOSE 报文：88B8；②SV 报文：88BA；

（4）APPID：①GOOSE 报文：00；②SV 报文：01。

13. 按照 IEC 61850 标准，变电站的功能有哪几层？各层包括哪些设备（每层设备至少列出一种）？

答：变电站的功能分成过程层、间隔层、站控层 3 层。

（1）过程层设备典型的为远方 I/O、智能传感器和执行器；

（2）间隔层设备由每个间隔的控制、保护或监视单元组成；

（3）站控层设备由带数据库的计算机、操作员工作台、远动装置等组成。

14. 分别写出 GOOSE 和 SV 报文属于 IEC 61850-5 中定义的什么类型的报文，并写出该类型报文的含义。

答：GOOSE 报文：类型 1（快速报文）和类型 1A（“跳闸”）。

SV 报文：类型 4（原始数据报文）。

15. IEC 61850 标准第六部分中，变电站配置描述语言（SCL）定义了四种配置文档类型，请分别简述这四种文档的后缀名和含义。

答：ICD 文件，IED 能力描述文件，描述智能电子设备的能力。

SSD 文件，系统规范文件，描述变电站电气主接线和所要求的逻辑节点。

SCD 文件，变电站配置描述文件，描述全部实例化智能电子设备、通信配置和变电站信息。

CID 文件，IED 实例配置文件，描述项目（工程）中一个实例化的智能电子设备。

16. 简述 IEC 61850 标准中互操作性的定义。

答：一个制造厂或不同制造厂提供的两个或多个 IED 交换信息和使用这些信息正确执行特定功能的能力。

17. 数字化、智能化变电站中各装置要实现互操作需满足哪些要求？

答：获得互操作性的途径：①统一的数据模型；②统一的服务模型；③统一的通信协议；④统一的物理网络；⑤统一的工程数据交换格式；⑥统一的一致性测试标准。

18. 数字化、智能化变电站中的"三层两网"指的是什么？

答：三层：站控层、间隔层、过程层；两网：站控层网络、过程层网络。

19. 按照 GB/T 32890—2016《继电保护 IEC 61850 工程应用模型》对逻辑设备（LD）的建模的规范要求，逻辑设备宜按功能划分为哪些类型？并写出对应的 inst（实例）名称。

答：逻辑设备依据功能进行划分，可以分为以下几种类型：

（1）公用 LD，inst 名为"LD0"。

（2）测量 LD，inst 名为"MEAS"。

（3）保护 LD，inst 名为"PROT"。

（4）控制 LD，inst 名为"CTRL"。

（5）录波 LD，inst 名为"RCD"。

（6）GOOSE 过程层访问点 LD，inst 名为"PIGO"。

（7）SV 过程层访问点 LD，inst 名为"PISV"。

（8）智能终端 LD，inst 名为"RPIT"。

（9）合并单元 GOOSE 访问点 LD，inst 名为"MUGO"。

（10）合并单元 SV 访问点 LD，inst 名为"MUSV"。

若装置中同一类型的 LD 超过一个，则可通过添加两位数字尾缀加以区别，如 PIGO01、PIGO02。

20. 请说明 IEC 61850 标准的建模思想。

答：建模的标准方法是将应用功能分解为可与之交换信息的最小实体，将这些实体合理地分配到专用智能设备（IED），这些实体称为逻辑节点 LN（如断路器类的虚拟表示，标准化名为 XCBR），几个逻辑节点可以构建为逻辑设备（LD，如间隔单元），一个逻辑设备一般在一台 IED 中实现（不是多个 IED 来实现一个 LD，一个 IED 可以包含多个 LD），因此逻辑设备是非分布式的，即一个逻辑设备不会分布于多个不同的 IED。

21. 请论述 IEC 61850 MMS 站控层的遥控类型。

答：遥控的类型主要有加强型控制和普通控制两大类，其中加强型控制需要对控制的结果进行校验，以判断执行过程是否成功；普通控制不需要校验执行结果，控制过程随着执行的结束而结束。

加强型控制又分为带预置和不带预置两种类型，即加强型选择控制和加强型直控。

普通控制也分为带预置和不带预置两种类型，即选择型控制和直控。

四种控制方式中以加强型选择控制用得最多，多用于对执行过程要求较高的场合，如断路器及隔离开关遥控、保护软压板遥控等；另外在一些要求快速执行、不要求进行任何校验的场合会选用直控，直接对控制对象进行控制，一步执行完毕即控制结束，如保护装置及智能终端的远程复归遥控、挡位升降、急停遥控等。

22. GOOSE 报文在智能变电站中主要用以传输哪些实时数据？

答：（1）保护装置的跳、合闸命令；

（2）测控装置的遥控命令；

（3）保护装置间信息（启动失灵、闭锁重合闸、远跳等）；

（4）一次设备的遥信信号（断路器、隔离开关位置，压力等）；

（5）间隔层的联锁信息。

23. 什么是 ICD 模型文件？

答：智能变电站自动化系统中存在着功能各异、数量不一的智能设备，为了能较好地了解各智能设备的行为、互操作性，工程实施采用了面向对象的方法，创建一个可全面描述 IED 功能的文件，这个文件称为智能设备的配置描述（IED Configuration Description），简称 ICD。

ICD 文件仅经过 IED 配置工具的配置，未经过变电站系统配置工具的配置，只是对现实智能设备功能的一个描述。

24. 什么是 CID 模型文件？

答：一个置于变电站通信网中的智能设备，除了本身可独立运行外，还需要与其他智能设备进行数据交换，以完成自身的某些功能，或者输出数据供其他智能设备使用。通过变电站配置描述语言工具对装置 ICD 模型文件予以配置，告知智能设备需要与外界交换哪些信息（主要包括 GOOSE、SV 部分），那么这个经过 SCL 工具配置过的文件称为经过配置的智能设备描述（Configured IED Description）文件，简称CID文件，它是对ICD文件的一个扩充，不仅包含IED的功能描述，同时还包含数据交换信息、报文控制信息。

25. 请论述MMS中的各类触发条件。

答：MMS中的各类触发条件见表11-2。

表11-2

Attribute name（属性名称）	TriggerOption for use in DataAttributes（用在数据属性中的触发条件）	Explanation（解释）
Reserve（保留）		预留
data-change（数据变化）	dchg	数据属性值变化引起的报告上送
quality-change（品质变化）	qchg	品质属性值变化引起的报告上送
data-update（数据刷新）	dupd	数据属性值刷新引起的报告上送
Integrity（完整性）		数据完整性周期上送标识
general-interrogation（总召唤）		总召唤标识

26. 请论述IEC 61850基本状态类信息模板。

答：基本状态类信息模板包括IEC 61850-7-3 7.3中定义的如下几种：

（1）单点状态信息（SPS），主要用于单点遥信信息建模，如普通开入；

（2）双点状态信息（DPS），主要用于双点遥信信息建模，如断路器、隔离开关位置；

（3）整数状态信息（INS），主要用于整数状态信息建模，如挡位；

（4）保护激活信息（ACT），主要用于不带方向的保护信息建模，如零序保护；

（5）带方向的保护激活信息（ACD），主要用于带方向的保护信息建模，如距离保护；

（6）安全违例计数信息（SEC）；

（7）二进制计数器信息（BCR），主要用于电能量建模。

27. 请论述IEC 61850基本可控状态类信息模板。

答：基本可控状态类信息模板包括IEC 61850-7-3 7.5中定义的如下几种：

（1）可控单点（SPC），主要用于可控单点信息建模，如保护复归；

（2）可控双点（DPC），主要用于可控双点信息建模，如断路器、隔离开关；

（3）可控整数（INC），主要用于可控整数建模；

（4）可控二进制步位置（BSC），主要用于可控的二进制步位置建模，如挡位；

（5）可控整数步位置（ISC），主要用于可控整数步位置建模。

28. 智能变电站电磁干扰的主要特点有哪些？

答：与传统变电站相似，智能变电站中电磁干扰的来源有高压断路器和隔离开关操作产生的高频率、前沿陡峭的瞬变电磁脉冲；雷电产生的雷击暂态过电压；变电站中线路和母线产生的工频磁场；系统短路时在二次回路产生的共模干扰电压；各种工业发射源产生的辐射干扰源；静电放电；谐波对二次设备的干扰。

由于智能变电站大量采用光纤代替电缆，从很大程度上削弱了智能电子设备（尤其是保护装置）受到传导干扰的影响，而使得智能变电站二次装置的电磁兼容问题主要集中在电子式互感器、合并单元、智能终端上，降低了保护及测控等二次装置对电磁兼容能力的要求。

29. 合并单元电压切换应满足哪些技术要求？

答：对于接入了两段母线电压的按间隔配置的合并单元，根据采集的双位置隔离开关信息进行电压切换。合并单元应支持 GOOSE 或硬接点方式完成电压并列和切换功能。切换逻辑应满足：

（1）当Ⅰ母隔离开关合位、Ⅱ母隔离开关分位时，母线电压取自Ⅰ母。

（2）当Ⅰ母隔离开关分位、Ⅱ母隔离开关合位时，母线电压取自Ⅱ母。

（3）当Ⅰ母隔离开关合位、Ⅱ母隔离开关合位时，理论上母线电压取Ⅰ母电压或Ⅱ母电压都可以；工程应用中一般取Ⅰ母电压，并在 GOOSE 报文中报同时动作信号。

（4）当Ⅰ母隔离开关分位、Ⅱ母隔离开关分位时，母线电压数值为 0，并在 GOOSE 报文中报失压告警信号，同时返回信号。

（5）采集隔离开关位置异常状态时报警。

（6）合并单元在进行母线电压并列或切换时，不应出现通信中断、丢包、品质输出异常改变等异常现象，采样值不应误输出，采样序号应连续。

30. 为什么智能终端发送的外部采集开关量需要带时标？

答：无论是在组网还是直采 GOOSE 信息模式下，间隔层 IED 订阅的 GOOSE 开入量都带延时，该接收到的 GOOSE 变位时刻并不能真实反映外部开关量的精确变位时刻。为此，智能终端通过在发布 GOOSE 信息时携带自身时标，该时标真实反映了外部开关量的变位时刻，为故障分析提供精确的 SOE 参考。

31. 什么是合智装置？有哪些一般要求？

答：合智装置就是合并单元和智能终端按间隔进行集成的装置，合并单元模块与智能终端模块共用电源和人机接口，但两个模块之间相互独立，装置应就地化布置。

（1）110（66）kV 电压等级合并单元和智能终端可按间隔进行集成，集成后的装置中合并单元模块和智能终端模块应为分别独立的板卡；相应的 ICD 文件也宜分开下装；合智装置应就地化布置。

（2）装置应是模块化、标准化、插件式结构；任何一个模块故障或检修时，应不影响其他模块的正常工作。

（3）装置的所有插件应接触可靠，并且具有可更换性，以便检修时能迅速更换。

（4）装置应具备高可靠性，所有芯片选用微功率、宽温芯片，装置平均无故障时间大于 50000h。

（5）装置及板卡内 CPU 芯片和电源功率芯片应采用自然散热；装置应采用全密封、高阻抗、小功率的继电器，尽可能减少装置的功耗和发热，以提高可靠性。

（6）在任何网络运行工况流量冲击下，装置均不应死机或重启，不发出错误报文，响应正确报文的延时不应大于 1ms。

（7）装置应具有自检告警功能。

（8）装置应支持点对点直接采样、直接跳闸和网络跳闸的不同应用需求。

（9）合智装置就地下放屏柜应配置相应的恒温、恒湿、除凝露装置，应能够防止雨水、风沙的进入，满足装置运行的环境要求。

32. SendGOOSEMessage 服务的主要特点是什么？

答：SendGOOSEMessage 服务的主要特点如下：

（1）基于发布者/订阅者结构的组播传输方式。

（2）逐渐加长间隔时间的重传机制。

（3）GOOSE 报文携带优先级/VLAN 标志。

（4）应用层经表示层后，直接映射到数据链路层。

（5）基于数据集传输。

33. SendMSVMessage 服务的主要特点是什么？

答：SendMSVMessage 服务的主要特点如下：

（1）基于发布者/订阅者结构的组播传输方式。

（2）同步数据采样，SV 报文数据严格按时钟同步采样，并保持采样频率、次数和顺序恒定。

（3）应用服务数据单元可合并，为减少采样值传输的数据流量，提高网络传输效率，可将多个应用服务数据合并到一个应用协议数据单元发送。

（4）SV 报文携带优先级/VLAN 标志。

（5）应用层经表示层后直接映射到数据链路层。

（6）基于数据集传输。

34. 基于 IEC 61850-9-2 的插值再采样同步必须具备哪几个基本条件？

答：IEC 61850-9-2 的插值再采样同步必须具备以下的基本条件：

（1）一次被测值发生到采样值报文开始传输的延时稳定。

（2）报文的发送、传输和接受处理的抖动延时小于 10μs。

（3）间隔层设备能精确记录采样值接收时间。

（4）通信规约符合 IEC 61850-9-2，满足互操作性要求。

（5）报文数据集中增加互感器采样延时数据。

（6）一级级联传输延时不大于 1ms，二级级联传输延时不大于 2ms。

35. 请阐述智能化保护装置硬、软压板设置方式。

答：（1）保护装置只设“远方操作”和“保护检修状态”硬压板，保护功能投退不设硬压板。

（2）“远方操作”只设硬压板。“远方投退压板”“远方切换定值区”和“远方修改定值”只设软压板，只能在装置本地操作，三者功能相互独立，分别与“远方操作”硬压板采用“与门”逻辑。当“远方操作”硬压板投入后，上述三个软压板远方功能才有效。

（3）“保护检修状态”只设硬压板，当该压板投入时，保护装置报文上送带品质位信息。“保护检修状态”硬压板遥信不置检修标志。

（4）保护功能投退不设硬压板。

36. 根据继电保护信息规范，继电保护应输出的信息包含哪些内容？

答：继电保护应输出的信息包括信号触点、报文、人机界面、日志记录：

（1）信号触点是指“装置故障”“运行异常”的触点；

（2）报文是指保护动作信息、告警信息、在线监测信息、状态变位信息、中间节点信息等；

（3）人机界面是指保护装置的菜单和面板显示灯；

（4）日志记录是指日志数据集中的信息，包含保护动作信息、告警信息、状态变位信息等。

37. 继电保护装置输出的告警信息报文中包含哪些信号？这些信号与 Q/GDW 1396—2012《IEC 61850 工程继电保护应用模型》规定的保护装置 ICD 文件数据集如何对应？

答：告警信息包含故障信号、告警信号、通信工况、保护功能闭锁。与 Q/GDW 1396—2012 规定的保护装置 ICD 文件对应的数据集分别是故障信号（dsAlarm）、告警信号（dsWarning）、通信工况（dsCommState）、保护功能闭锁（dsRelayBlk）。

38. 智能变电站交换机的性能要求有哪些？

答：（1）MAC 地址缓存能力应不低于 4096 个，MAC 地址老化时间可以配置，默认设置为 300s；

（2）MAC 地址学习速率应大于 1000 个/s；

（3）存储转发延时：平均延时应小于 10μs，用于采样值传输的最大延时与最小延时之差应小于 10μs；

（4）时延抖动应小于 1μs；

（5）帧丢失率应为 0。

39. VLAN 有几种实现方法？智能变电站通常采用哪种方法实现 VLAN 划分？

答：VLAN 的实现方法有以下四种：①根据交换机端口划分；②根据 MAC 地址划分；③根据网络层地址划分；④根据 IP 组播划分。

由于变电站过程层网络上的 GOOSE 报文和 9-2 采样值报文只在数据链路层传输，

没有第三层（IP 层）的封装结构，所以上述第③④种 VLAN 划分方法不适用于变电站过程层网络，目前智能变电站通常采用基于端口划分 VLAN 的方法，也是相对适合、可靠的方式。

40. GOOSE、SV、MMS 分别涉及 OSI 哪几层？

答：GOOSE、SV 涉及 OSI 模型的应用层、表示层、数据链路层及物理层；MMS 涉及 OSI 模型的应用层、会话层、表示层、传输层、网络层、数据链路层及物理层。

41. 保护及故障信息管理子站从保护装置及录波器装置采集并上送给主站系统的信息有哪些？

答：保护及故障信息管理子站从保护装置及录波器装置采集并上送给主站系统的信息包括：故障录波简报、继电保护装置有关动作信息、继电保护装置有关告警信息、继电保护装置故障参数信息、继电保护装置和故障录波器的运行状态、通信状态、正常运行参数（当前定值、定值区号、压板状态、开关量状态、模拟量采样值等）、符合 ANSI/IEEE C37.111−1991/1999 COMTRADE 标准的故障录波文件，并支持修改定值、切换定值区、遥控等下行命令处理，上述功能依据需求选择是否开放。

42. 智能变电站故障录波器录波文件记录有何要求？

答：文件名应由 COMTRADE 路径和录波文件名构成，长度不超过 255 字节，所有英文字母必须用大写。录波文件名称应采用：装置名_LD 名称_FltNum 故障号_故障时间。故障号为 32 位递增整数。故障时间格式应为：年（四位）月（两位）日（两位）时（两位）分（两位）秒（两位）毫秒（三位）。COMTRADE 文件应包含在根目录下的 COMTRADE 文件目录内。COMTRADE 文件可使用不同的后缀，如 hdr、cfg、dat、dmf。装置名和 LD 名称的字节长度不得超过 11。

43. 网络报文记录分析仪的主要功能要求有哪些？

答：网络报文记录分析仪的主要功能要求有：

（1）实现对全站各种网络报文的实时监视、捕捉、存储、分析和统计功能；宜具备变电站网络通信状态的在线监视和状态评估功能。

（2）对报文的捕捉应安全、透明，不得对原有的网络通信产生任何影响。应能监视、捕捉过程层 SV 网络报文、过程层 GOOSE 网络报文、站控层 MMS 网络报文的传输。

（3）按照 DL/T 860 标准建模，具备完善的自描述功能，应具有 MMS 接口，装置相关信息经 MMS 接口直接上送站控层。

（4）各套装置的采样报文或网络异常，出口电路、主要电路、装置异常及交直流消失等应有经常监视及自诊断功能，以便在启动后启动告警信号、远动信号、事件记录等。

44. 智能变电站继电保护有哪几种运行状态？分别如何定义？

答：装置运行状态分“跳闸”“信号”和“停用”三种，定义如下：

（1）跳闸：保护装置电源投入，功能软压板、GOOSE 出口软压板及 SV 接收等软压板投入，保护装置检修压板退出；

（2）信号：保护装置电源投入，功能软压板、SV 接收软压板投入，GOOSE 出口软压板、保护装置检修压板退出；

（3）停用：功能软压板、GOOSE 出口软压板退出，保护装置检修压板投入，保护装置电源关闭。

45. 智能变电站继电保护压板操作有哪些规定？

答：正常情况下，智能变电站继电保护装置软压板遥控操作在监控后台实现。在保护装置与监控后台通信中断时，若急需对保护软压板进行操作，可允许就地操作，就地操作时应防止误入间隔，并仔细核对装置和压板命名。

保护装置检修压板（硬）、远方操作压板（硬）、远方修改定值压板、远方投退压板、远方切换定值区压板只能实现就地操作，操作检修压板后应检查保护装置开入变位报文及相关指示灯，防止无效操作。

46. 智能变电站 220kV 母差保护发“隔离开关位置报警”时，应如何处理？

答：现场运行人员应立即检查相应隔离开关实际位置，确认隔离开关位置异常的支路，并通过软压板强制使能该支路隔离开关位置正确，检修结束后将软压板强制使能取消。

47. 简述智能变电站继电保护 GOOSE 断链告警初步判断与处理方法。

答：监控后台发 GOOSE 断链告警信号时，现场根据 GOOSE 二维表做出判断，同时结合网络分析仪进行辅助分析确定故障点，判断 GOOSE 断链告警是否误报，若无误报，确定 GOOSE 断链是由于发送方故障引起或接收方、网络设备等引起。进行现场检查，并按现场运行规程进行处理。

48. 简述智能变电站继电保护 GOOSE 二次回路安全措施实施原则。

答：（1）投入待检修设备的检修压板，并退出待检修设备相关 GOOSE 出口软压板；

（2）退出与待检修设备相关联的运行设备的 GOOSE 接收软压板；

（3）通过对待检修设备装置信息、与待检修设备相关联的运行设备装置信息、后台信息三信息源进行比对，以确认安全措施是否执行到位。

49. 简述 MMS 报文检修处理机制。

答：装置应将检修压板状态上送客户端；当装置检修压板投入时，本装置上送的所有报文中信号的品质 q 的 Test 位应置位；当装置检修压板退出时，经本装置转发的信号应能反映 GOOSE 信号的原始检修状态；客户端根据上送报文中的品质 q 的 Test 位判断报文是否为检修报文并做出相应处理。当报文为检修报文，报文内容应不显示在简报窗中，不发出音响告警，但应该刷新画面，保证画面的状态与实际相符。检修报文应存储，并可通过单独的窗口进行查询。

50. 智能变电站装置检修压板作用与常规变电站有何变化?

答：装置的检修状态均由检修硬压板开入实现。在常规变电站中检修压板投入后，保护装置只会将其上送的 103 事件报文屏蔽。而在智能变电站中当此压板投入时，有以下作用：

（1）站控层，发送的 MMS 报文置检修状态标志，监控、远动、子站做相应的处理。

（2）过程层，发送的 GOOSE、SV 报文置检修状态标志。

（3）应用时，仅当继电保护装置接收到的 GOOSE、SV 报文与自身检修状态为同一状态时才处理收到的报文。

51. 智能变电站中以太网报文、SV 及 GOOSE 报文经过交换机转发时如何确定转发先后关系?

答：智能变电站中以太网报文、SV 及 GOOSE 报文都可以通过报文中相应字段设置报文优先级，优先级分为 1~7 级。优先级的设置有绝对优先级和加权优先级两种模式可选。1~7 级的优先级又可划分为 4 个队列，分别为低队列、正常队列、中等队列与高队列，不同优先级设置但属于同一队列的数据流，实际上拥有相同的优先权。根据交换机队列设置不同，流量超过吞吐量后报文丢帧的机制也不同，一般队列高的数据流后丢帧或少丢帧，队列低的数据流先丢帧或多丢帧。

52. 智能变电站二次系统常用测试仪器有哪些?

答：智能变电站二次系统常用测试仪器有：

（1）光数字继电保护测试仪；

（2）手持式调试终端（手持式光数字测试仪/光万用表）；

（3）合并单元测试仪；

（4）时间同步 SOE 测试仪；

（5）智能变电站网络测试仪；

（6）光功率计；

（7）电子式互感器校验仪。

53. 请举例说明继电保护装置之间的哪些联闭锁信息、失灵启动等信息宜采用 GOOSE 网络传输方式（不少于三点）。

答：（1）变压器保护跳母联；

（2）变压器保护跳分段断路器、变压器保护闭锁备自投；

（3）失灵启动等可采用 GOOSE 网络传输；

（4）变压器保护可通过 GOOSE 网络接收失灵保护跳闸命令，并实现失灵跳变压器各侧断路器。

54. 请简述 Q/GDW 1396—2012《IEC61850 工程继电保护应用模型》规定的 SV 接收机制。

答：SV 接收机制分为以下四点：

（1）接收方应严格检查 AppID、SMVID、ConfRev 等参数是否匹配；

（2）SV 采样值报文接收方应根据收到的报文和采样值接收控制块的配置信息，判断报文配置是否一致，是否有丢帧、编码错误等异常出错情况，并给出相应报警信号；

（3）SV 采样值报文接收方应根据采样值数据对应的品质中的 validity、test 位，来判断采样数据是否有效，以及是否为检修状态下的采样数据；

（4）SV 中断后，该通道采样数据清零。

55. Q/GDW 1396—2012《IEC 61850 工程继电保护应用模型》规定保护定值的建模原则是什么？

答：保护定值的建模原则有以下三个：

（1）保护定值应按面向 LN 对象分散放置，一些多个 LN 公用的启动定值和功能软压板放在 LLN0 下。

（2）定值单采用装置 ICD 文件中定义固定名称的定值数据集的方式。装置参数数据集名称为 dsParameter，装置参数不受 SGCB 控制；装置定值数据集名称为 dsSetting。客户端根据这两个数据集获得装置定值单进行显示和整定。参数数据集 dsParameter 和定值数据集 dsSetting 由制造厂商根据定值单顺序自行在 ICD 文件中给出。定值数据集必须是 FC=SG 的定值集合；参数数据集必须是 FC=SP 的定值集合。

（3）保护当前定值区号按标准从 1 开始，保护编辑定值区号按标准从 0 开始，0 区表示当前不允许修改定值。

56. 请简述 Q/GDW 1396—2012《IEC 61850 工程继电保护应用模型》规定的保护功能软压板及 GOOSE 出口软压板的扩充规则？

答：保护功能软压板宜在 LLN0 中统一加 Ena 后缀扩充。GOOSE 出口软压板应按跳闸、启动失灵、闭锁重合、合闸、远传等重要信号在 PTRC、RREC、PSCH 中统一加 Strp 后缀扩充。

57. 服务器（Server）的建模原则是什么？

答：服务器描述了一个设备外部可见（可访问）的行为，每个服务器至少应有一个访问点（AccessPoint）。访问点体现通信服务，与具体物理网络无关。一个访问点可以支持多个物理网口。无论物理网口是否合一，过程层 GOOSE 服务与 SV 服务应分访问点建模，站控层 MMS 服务与 GOOSE 服务（联闭锁）应统一访问点建模。

支持过程层的间隔层设备，对上与站控层设备通信，对下与过程层设备通信，应采用 3 个不同访问点分别与站控层、过程层 GOOSE、过程层 SV 进行通信。所有访问点应在同一个 ICD 文件中体现。

58. 请简述单播、广播、组播的工作原理。

答：（1）单播：主机之间“一对一”的通信模式，网络中的交换机和路由器对数据只进行转发不进行复制。

（2）广播：主机之间“一对所有”的通信模式，网络对其中每一台主机发出的信号都进行无条件复制并转发，所有主机都可以接收到所有信息。

（3）组播（多播）：主机之间“一对一组”的通信模式，也就是加入了同一个组的主机可以接收到此组内的所有数据，网络中的交换机和路由器只向有需求者复制并转发其所需数据。

59. Q/GDW 1429—2012《智能变电站网络交换机技术规范》对交换机抑制网络风暴提出了哪些要求？

答：交换机应支持广播风暴抑制、组播风暴抑制和未知单播风暴抑制功能，默认设置为广播风暴抑制功能开启。

网络风暴实际抑制值不宜超过设定抑制值的10%。

60. 智能变电站中，网络传输方式下GOOSE报文网络传输时延包括哪几个环节？

答：①交换机存储转发时间；②交换机帧排队时间；③交换机固有延时；④光缆传输时间。

61. 请简述系统配置工具有哪些导出功能。

答：（1）应支持虚端子关联导出功能；

（2）应支持虚端子CRC校验码列表导出功能；

（3）应支持导出全站“四遥”信息点表功能；

（4）可支持导出CAD图形文件。

62. 简述对CCD文件的技术要求。

答：（1）CCD文件应完整包含装置配置的GOOSE、SV发布/订阅信息，装置其他配置文件的改变不应影响装置过程层GOOSE、SV发布/订阅的配置，装置的GOOSE、SV配置信息以CCD文件为准。

（2）CCD文件应仅从SCD文件中导出。CCD文件采用UTF-8编码的XML文件格式，扩展名采用ccd。

63. 智能终端发送的GOOSE数据集分为两类GOOSE数据集，分别包含什么？

答：智能终端发送的GOOSE数据集分为两个GOOSE数据集，其中一个包含断路器位置、隔离开关位置等供保护用的GOOSE信号；另一个数据集包含各种位置和告警信息，供测控装置使用。

64. 智能变电站装置应提供哪些反映本身健康状态的信息？

答：智能变电站装置应提供以下反映本身健康状态的信息：

（1）该装置订阅的所有GOOSE报文通信情况，包括链路是否正常（如果是多个接口接收GOOSE报文的是否存在网络风暴），接收到的GOOSE报文配置及内容是否有误等。

（2）该装置订阅的所有 SV 报文通信情况，包括链路是否正常，接收到的 SV 报文配置及内容是否有误等。

（3）该装置自身软、硬件运行情况是否正常。

65. 简述智能变电站现场调试时，GOOSE 断链信息二维表检查方法。

答：依照 GOOSE 二维表内容对表中监视回路逐个进行验证。

验证方法：模拟 GOOSE 断链（拨出发布方装置对应光口光缆），等待订阅方装置告警发出，后台观察 GOOSE 二维表中对应告警灯应由绿色变为红色。等待时间应接近 4 倍 T0。

66. SCD 配置文件验收重点检查哪些内容?

答：（1）检查 SCD 配置文件是否与装置实际运行数据、装置 ICD 模型文件版本号、校验码、数字签名一致。

（2）检查 SCD 配置文件 IP 地址、MAC 地址、APPID 等通信参数设置是否正确。

（3）宜采用可视化工具检查 SCD 配置文件虚端子连线是否符合设计要求，描述信息与实际功能是否一致。

（4）检查 SCD 配置文件命名是否符合国家电网公司统一的标准文件命名规则，文件名中应包含文件校验码等标识信息。

（5）SCD 配置文件中保护装置的配置信息应使用调度规范命名。

（6）验收合格的 SCD 配置文件所生成的 CID、CCD 配置文件 CRC 校验码应与各 IED 装置内导出的 CID、CCD 配置文件 CRC 校验码一致。

67. GOOSE 开入软压板的设置原则是什么?

答：根据 GB/T 32901—2016《智能变电站继电保护通用技术条件》，GOOSE 开入软压板除双母线和单母线接线启动失灵、失灵联跳开入软压板设在接收端外，其余皆应设在发送端。

68. GB/T 32901—2016《智能变电站继电保护通用技术条件》对光纤发送功率和接收灵敏度的要求是什么?

答：对光纤发送功率和接收灵敏度的要求：

（1）光波长 1310nm 光纤：光纤发送功率为 -20～-14dBm；光接收灵敏度为 -31～-14dBm；

（2）光波长 850nm 光纤：光纤发送功率为 -19～-10dBm（百兆口）或 3～9.5dBm（千兆口）；光接收灵敏度为 -24～-10dBm（百兆口）或 17dBm～3dBm（千兆口）。

69. 请简述 Q/GDW 11485—2016《智能变电站继电保护配置工具技术规范》规定的继电保护配置工具的类型及定义。

答：Q/GDW 11485—2016 规定的继电保护配置工具包括系统配置工具和 IED 配置工具。系统配置工具指处理系统中 IED 间通信、多个 IED 通用属性配置、IED 功能块与受监控的过程层之间逻辑关联的工具。IED 配置工具指针对特定类型的 IED，处理其配置数据的特定配置和下装的工具。

70. 逻辑节点名称中 P 代表什么含义？常用的差动保护、距离保护、断路器失灵保护、重合闸、保护跳闸逻辑节点名是什么？

答：P 代表保护功能逻辑节点。差动保护逻辑节点名是 PDIF；距离保护逻辑节点名是 PDIS；断路器失灵保护逻辑节点名是 RBRF；重合闸逻辑节点名是 RREC；保护跳闸条件逻辑节点名是 PTRC。

71. 遥测、遥信和告警类报告控制块应分别使用何种类型的报告控制块？

答：遥测类报告控制块使用无缓冲报告控制块类型，报告控制块名称以 urcb 开头；遥信、告警类报告控制块为有缓冲报告控制块类型，报告控制块名称以 brcb 开头。

72. 已知某保护 A 相跳闸出口的 GOOSE 信号路径名称如下“PIGO/GOPTRC1STTr$phsA”，请写出 GOOSE 信号的 LD inst、lnClass、DO name 及 DA name。

答：LD inst=PIGO；lnClass=PTRC；DO name=Tr；DA name=phsA。

73. 请简述 Q/GDW 1396—2012《IEC 61850 工程继电保护应用模型》规定的单网 GOOSE 接收机制。

答：单网 GOOSE 接收机制为：当装置的 GOOSE 接收缓冲区接收到新的 GOOSE 报文，在接收方严格检查 GOOSE 报文的相关参数后，先比较新接收帧和上一帧 GOOSE 报文中的 StNum（状态号）参数是否相等。若两帧 GOOSE 报文的 StNum 相等，继续比较两帧 GOOSE 报文的 SqNum（顺序号）的大小关系，若新接收 GOOSE 帧的 SqNum 大于上一帧的 SqNum，则丢弃此 GOOSE 报文，否则更新接收方的数据。若两帧 GOOSE 报文的 StNum 不相等，更新接收方的数据。

74. 请简述 Q/GDW 1396—2012《IEC 61850 工程继电保护应用模型》规定的保护装置 SV 告警机制。

答：SV 告警机制包括以下三点：

（1）保护装置接收采样值异常应送出告警信号，设置对应合并单元的采样值无效和采样值报文丢帧告警；

（2）SV 通信时对接收报文的配置不一致信息应送出告警信号，判断条件为配置版本号、ASDU 数目及采样值数目不匹配；

（3）ICD 文件中应配置有逻辑接点 SVAlmGGIO，其中配置足够多的 Alm 用于 SV 告警，SV 告警模型应按 inputs 输入顺序自动排列，系统组态配置 SCD 时添加与 SV 配置相关的 Alm 的 desc 描述和 dU 赋值。

75. 请简述 Q/GDW 1396—2012《IEC 61850 工程继电保护应用模型》规定的 SV 报文检修处理机制。

答：SV 报文检修处理机制如下：

（1）当合并单元装置检修压板投入时，发送采样值报文中采样值数据品质 q 的 Test 位应置 True；

（2）SV 接收端装置应将接收的 SV 报文中的 test 位与装置自身的检修压板状态进行比较，只有两者一致时才将该信号用于保护逻辑，否则应按相关通道采样异常进行处理；

（3）对于多路 SV 输入的保护装置，一个 SV 接收软压板退出时应退出该路采样值，该 SV 中断或检修均不影响本装置运行。

76. ICD 文件命名要求。

答：ICD 文件采用“文件名.icd”的格式。文件名应包含装置型号（含保护“选配功能”代码）、ICD 文件版本号和 ICD 文件校验码三部分，以半角字符中横杠（‘–’）连接，ICD 文件版本号和 CRC 校验码的信息要包含在 CID 文件中。

77. 请简述系统配置工具应具备哪些 SCD 文件错误校验功能。

答：（1）Schema 语法校验；

（2）模型实例与模板一致性校验；

（3）控制块引用数据集有效性校验；

（4）数据集成员有效性校验；

（5）虚端子关联部分内外端子合法性校验；

（6）IED 名称、IP 地址、MAC 地址、APPID、appID、smvID 的唯一性、正确性和缺失校验；

（7）访问点通信配置重复校验。

78. 请简述配置工具上传、下装文件的要求。

答：IED 配置工具应支持上传、下装 CID 文件和 CCD 文件的功能，统一上传、下装方式如下：

（1）工具采用 FTP 协议上传、下装，下载模式采用二进制模式，用户名“sgcc”，密码“sgcc”；

（2）工具上传、下装 IP 地址为“100.100.100.100”，子网掩码为“255.255.255.0”；

（3）工具上传、下装路径为“/configuration”或“\configuration”；

（4）工具应自动适应文件路径分隔符为“/”或“\”；

（5）工具在下装时应自动转换文件名为“configured.cid”和“configured.ccd”下装装置；

（6）工具应按绝对路径上传、下装文件。

IED 配置工具下装时应自动先上传装置内部配置文件，与待下装配置文件对比并显示区别，提示是否继续下装，对于厂家、型号、ICD 配置版本不同的要单独告警提示是否确认下装。

79. 智能化保护装置的定值清单应按什么顺序排列?

答:（1）设备参数定值部分;

（2）保护装置数值型定值部分;

（3）保护装置控制字定值部分。

80. 请论述智能变电站线路保护装置中 GOOSE、SV 软压板的设置原则。

答:（1）简化保护装置之间、保护装置和智能终端之间的 GOOSE 软压板;

（2）保护装置应在发送端设置 GOOSE 输出软压板;

（3）线路保护及辅助装置不设 GOOSE 接收软压板;

（4）保护装置应按 MU 设置“SV 接收”软压板。

81. 请写出装置检修机制的验证方法。

答:（1）模拟 SV 检修。包括所有 MU 都不检修，保护不检修；所有 MU 都检修，保护不检修；所有 MU 都检修，保护检修；任意一个 MU 检修，保护检修；任意一个 MU 不检修，保护检修五种情况，并分别模拟保护区内、外故障。

（2）模拟 GOOSE 检修。包括保护不检修，所有智能终端不检修，保护动作；保护检修，所有智能终端检修，保护动作；保护不检修，任意一个智能终端检修，保护动作；保护检修，任意一个智能终端不检修，保护动作四种情况，并分别模拟保护区内、外故障。

（3）模拟保护装置带检修压板重启保护装置。

82. 电子式互感器及其合并单元需要做哪些单体调试?

答:（1）常规检验;

（2）SV 传输数据检验;

（3）准确度检验;

（4）合并单元电压并列及切换试验;

（5）极性检查。

83. 继电保护装置和安全自动装置的 GOOSE 输入需要检验哪些项目?

答:（1）按 SCD 文件配置，依次模拟被检装置的所有 GOOSE 输入，观察被检装置显示的正确性;

（2）检查 GOOSE 输入量，设置有相关联的压板功能;

（3）改变装置和测试仪的检修状态，检查装置在正常和检修状态下接收 GOOSE 报文的行为;

（4）检查装置各输入量在 GOOSE 中断情况下的行为。

84. 继电保护装置和安全自动装置的 GOOSE 输出需要检验哪些项目？

答：（1）按配置文件配置，依次检查 GOOSE 输出量的行为；

（2）检查 GOOSE 输出量设置有关联的压板功能；

（3）改变装置的检修状态，检查 GOOSE 输出的检修位。

85. 继电保护装置和安全自动装置的 SV 输入需要检验哪些项目？

答：（1）按 SCD 文件配置，模拟被检装置的所有 SV 输入，观察被检装置显示的正确性；

（2）对于有多路（MU）SV 输入的装置，模拟被检装置的两路及以上 SV 输入，检查装置的采样同步性能；

（3）检查 SV 输入量，设置有相关联的压板功能；

（4）改变装置和测试仪的检修状态，检查装置在正常和检修状态下接收 SV 报文的行为；

（5）改变测试仪的同步标志，检查装置的行为。

86. 智能终端有哪几种运行状态？分别如何定义？

答：智能终端运行状态分“跳闸”“停用”两种，定义如下：

（1）跳闸：装置电源投入，跳合闸出口硬压板投入，检修压板退出；

（2）停用：跳合闸出口硬压板退出，检修压板投入，装置电源关闭。

87. 合并单元有哪几种运行状态？分别如何定义？

答：合并单元运行状态分“跳闸”“停用”两种，定义如下：

（1）跳闸：装置电源投入，检修压板退出；

（2）停用：检修压板投入，装置电源关闭。

88. 什么是交换机的时延测试？

答：时延测试测量交换机在有负载条件下转发数据包所需的时间，分为存储转发（Store-and-forward，LIFO）及直通交换（cut-through，FIFO）两种模式，数据流可为单向或双向。对于存储转发模式下测得的任意一对端口的时延应小于 10μs，一般以平均值作为评定标准，建议时延的测试时间为 30s。

89. 简述智能变电站继电保护 SV 回路安全措施实施原则。

答：（1）停用一次设备时，退出相关运行保护装置的 SV 接收软压板；

（2）不停用一次设备时，退出相关运行保护装置功能。

90. 简述“三信息”比对。

答：执行安全措施进行压板操作后，在检修装置、相关联装置及后台监控系统核对相应装置检修压板、软压板状态，用以确认安全措施是否执行到位。

91. 智能变电站内各装置的对时如何实现?

答：主控室内保护装置宜采用直流 IRIG-B 码对时；就地布置的保护装置、合并单元和智能终端宜采用光纤 IRIG-B 码对时；站控层设备宜采用 SNTP 网络对时；采用光纤 IRIG-B 码对时方式时，宜采用 LC 接口；采用直流 IRIG-B 码对时方式时，通信介质应为屏蔽双绞线。

92. 如何验收保护重合闸闭锁逻辑?

答：验证本套重合闸闭锁逻辑为遥合（手合）、遥跳（手跳）、TJR、TJF、闭重开入、本智能终端上电的“或”逻辑。双重化配置智能终端时，应具有输出至另一套智能终端的闭重触点，逻辑为遥合（手合）、遥跳（手跳）、保护闭锁重合闸、TJR、TJF 的“或”逻辑。

93. 简述智能变电站调试过程中出现“XX 通道延时异常”的解决方法。

答：先翻看保护装置内通道延时时限，根据装置延时来设定调试仪的通道延时，保持一致后则将光纤插入校验仪，下装完成；完成以上全部配置后，重新启动保护装置，使其完成自我匹配；此时保护装置应无自检异常信号。

四、分析题

1. 图 11-1 是用 Altova XMLSpy 工具打开的某设备 CID 文件，请写出数据集 dsGOOSE0 引用的两个数据的路径名称。

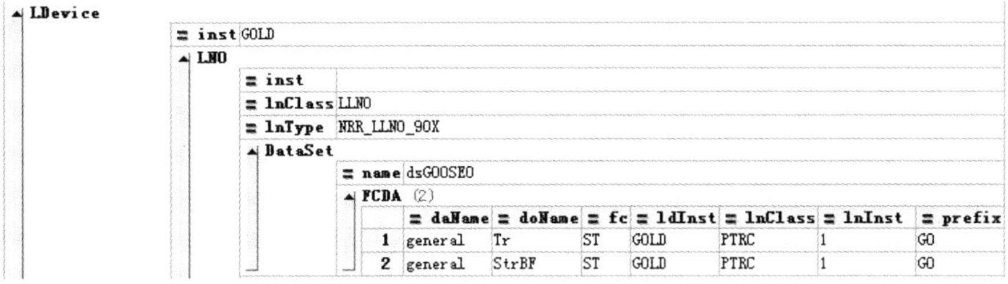

图 11-1

答：（1）GOLD/GOPTRC1STTr$general；

（2）GOLD/GOPTRC1STStrBF$general。

2. 已知某保护 A 相保护跳闸出口的 GOOSE 信号路径名称如下“GOLD/GOPTRC1STTr$phsA”，请写出此 GOOSE 信号的 LD inst、lnClass、DOI name 及 DA name。

答：LD inst=GOLD； lnClass=PTRC； DOI name=Tr； DA name=phsA。

3. 请分析图 11-2 所示 dsGOOSE0 数据集中的两个数据分别是什么含义。

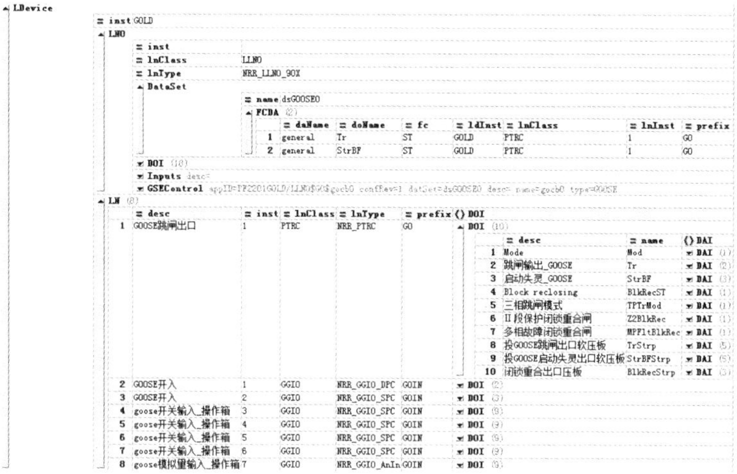

图 11-2

答：第一个表示该装置跳闸输出，第二个表示该装置启动失灵输出。

4. 某线路保护（含重合闸功能）在故障后保护瞬时出口动作，1.5s 后重合闸动作，动作前一帧 GOOSE 报文 StNum 为 1、SqNum 为 10，试列出保护动作后 7s 内该装置发出 GOOSE 报文的 StNum 和 SqNum 及其对应的时间，并说明该报文内容为保护动作、重合闸动作还是整组复归（时间以保护动作为零点，该保护 T0=5s，T1=2ms，动作后突发报文五帧后进入“心跳报文”时间，整组复归时间为 20ms）。

答：报文内容如表 11-3 所示。

表 11-3

T	StNum	SqNum	报文内容
T=0ms	StNum=2	SqNum=0	保护动作
T=2ms	StNum=2	SqNum=1	保护动作
T=4ms	StNum=2	SqNum=2	保护动作
T=8ms	StNum=2	SqNum=3	保护动作
T=16ms	StNum=2	SqNum=4	保护动作
T=20ms	StNum=3	SqNum=0	整组复归
T=22ms	StNum=3	SqNum=1	整组复归
T=24ms	StNum=3	SqNum=2	整组复归
T=28ms	StNum=3	SqNum=3	整组复归
T=36ms	StNum=3	SqNum=4	整组复归
T=1500ms	StNum=4	SqNum=0	重合闸动作
T=1502ms	StNum=4	SqNum=1	重合闸动作
T=1504ms	StNum=4	SqNum=2	重合闸动作
T=1508ms	StNum=4	SqNum=3	重合闸动作
T=1516ms	StNum=4	SqNum=4	重合闸动作

续表

T	StNum	SqNum	报文内容
T=1520ms	StNum=5	SqNum=0	整组复归
T=1522ms	StNum=5	SqNum=1	整组复归
T=1524ms	StNum=5	SqNum=2	整组复归
T=1528ms	StNum=5	SqNum=3	整组复归
T=1536ms	StNum=5	SqNum=4	整组复归
T=6536ms	StNum=5	SqNum=5	整组复归

5. 图 11-3 是某数字化保护的一帧 GOOSE“心跳报文”，请说出该装置 GOOSE 报文的组播 MAC 地址、GOOSE 数据集路径，并说出正常情况下的稳定重传周期 T0 为多少，下一帧报文的 StNum 及 SqNum 值是多少？

```
⊞ Frame 23 (165 bytes on wire, 165 bytes captured)
⊞ Ethernet II, Src: 00:10:00:00:04:21 (00:10:00:00:04:21), Dst: 01:0c:cd:01:04:21 (01:0c:cd:01:04:21)
⊟ IEC 61850 GOOSE
    AppID*: 1057
    PDU Length*: 151
    Reserved1*: 0x0000
    Reserved2*: 0x0000
  ⊟ PDU
      IEC GOOSE
      {
        Control Block Reference*:   PL2208BGOLD/LLN0$GO$gocb0
        Time Allowed to Live (msec):  10000
        DataSetReference*:   PL2208BGOLD/LLN0$dsGOOSE0
        GOOSEID*:   PL2208BGOLD/LLN0$GO$gocb0
        Event Timestamp:  2009-02-10 13:53.8.043999  Timequality: 0a
        StateNumber*:    23
        SequenceNumber*:   Sequence Number:  21072
        Test*:     FALSE
        Config Revision*:     1
        Needs Commissioning*:     FALSE
        Number Dataset Entries:  8
        Data
        {
          BOOLEAN:  FALSE
          BOOLEAN:  FALSE
          BOOLEAN:  FALSE
          BOOLEAN:  FALSE
          BOOLEAN:  FALSE
          BOOLEAN:  FALSE
          BOOLEAN:  FALSE
          BOOLEAN:  FALSE
        }
      }
```

图 11-3

答：MAC=01:0c:cd:01:04:21；

GOOSE 数据集路径=PL2208BGOLD/LLN0$dsGOOSE0；

T0=5s；

下一帧报文 StNum=23，SqNum=21073。

6. 图 11-4 为某 220kV 线路保护装置的一帧 GOOSE 报文，其 GOOSE 数据集发送的数据内容如图 11-5 所示。在下一帧心跳报文到来之前，将装置的检修压板投入后做 C 相瞬时性故障试验，请写出保护动作后的第一帧报文的内容（从 StateNumber 行开始）。

```
⊟ PDU
    IEC GOOSE
    {
      Control Block Reference*:   PL2204BGOLD/LLN0$GO$gocb0
      Time Allowed to Live (msec):  10000
      DataSetReference*:   PL2204BGOLD/LLN0$dsGOOSE0
      GOOSEID*:   PL2204BGOLD/LLN0$GO$gocb0
      Event Timestamp:  2009-10-30 14:13.16.027000  Timequality: 0a
      StateNumber*:    47
      SequenceNumber*:   Sequence Number:  60
      Test*:    FALSE
      Config Revision*:    1
      Needs Commissioning*:    FALSE
      Number Dataset Entries:  8
      Data
      {
        BOOLEAN:  FALSE
        BOOLEAN:  FALSE
        BOOLEAN:  FALSE
        BOOLEAN:  FALSE
        BOOLEAN:  FALSE
        BOOLEAN:  FALSE
        BOOLEAN:  FALSE
        BOOLEAN:  FALSE
      }
    }
```

图 11-4

No.	Data Reference	DA Name	FC	DOI Description	dU Attribute
1	GOLD/GOPTRC1.Tr	phsA	ST	跳闸输出_GOOSE	跳闸输出_GOOSE
2	GOLD/GOPTRC1.Tr	phsB	ST	跳闸输出_GOOSE	跳闸输出_GOOSE
3	GOLD/GOPTRC1.Tr	phsC	ST	跳闸输出_GOOSE	跳闸输出_GOOSE
4	GOLD/GOPTRC1.StrBF	phsA	ST	启动失灵_GOOSE	启动失灵_GOOSE
5	GOLD/GOPTRC1.StrBF	phsB	ST	启动失灵_GOOSE	启动失灵_GOOSE
6	GOLD/GOPTRC1.StrBF	phsC	ST	启动失灵_GOOSE	启动失灵_GOOSE
7	GOLD/GOPTRC1.BlkRecST	stVal	ST	闭锁重合闸_GOOSE	闭锁重合闸_GOOSE
8	GOLD/GORREC1.Op	general	ST	重合闸_GOOSE	重合闸_GOOSE

图 11-5

答：

```
StateNumber*:      48
Sequence Number:   0
Test*:      TRUE
Config Revision*:      1
Needs Commissioning*:      FALSE
Number Dataset Entries:    8
Data
{
    BOOLEAN:   FALSE
    BOOLEAN:   FALSE
    BOOLEAN:   TRUE
    BOOLEAN:   FALSE
    BOOLEAN:   FALSE
```

```
        BOOLEAN:   TRUE
        BOOLEAN:   FALSE
        BOOLEAN:   FALSE
    }
```

7. 请简述 GOOSE 的心跳报文及报警机制。

答：为了保证 GOOSE 服务的实时性和可靠性，GOOSE 报文采用与基本编码规则（BER）相关的 ASN.1 语法编码后，不经过 TCP/IP 协议，直接在以太网链路层上传输，并采用特殊的收发机制。

GOOSE 报文发送采用心跳报文和变位报文快速重发相结合的机制。在 GOOSE 数据集中的数据没有变化的情况下，发送时间间隔为 T0 的心跳报文，报文中的状态号（stnum）不变，顺序号（sqnum）递增。在 GOOSE 数据集中的数据发生变化的情况下，发送一帧变位报文后，以时间间隔 T1、T1、T2、T3 进行变位报文快速重发。数据变位后的报文中状态号（stnum）增加，顺序号（sqnum）从零开始。

GOOSE 接收可以根据 GOOSE 报文中的允许生存时间（Time Allow to Live）来检测链路中断。GOOSE 数据接收机制可以分为单帧接收和双帧接收两种。智能操作箱使用双帧接收机制，收到两帧 GOOSE 数据相同的报文后更新数据。其他保护和测控装置使用单帧接收机制，接收到变位报文（stnum 变化）后立刻更新数据。在接收报文中状态号（stnum）不变的情况下，使用双帧报文确认来更新数据。

8. 请简述 GOOSE 检修功能。

答：当装置检修压板投入时，装置发送的 GOOSE 报文中的 test 应置位“True”；GOOSE 接收端装置应将接收的 GOOSE 报文中的 test 位与装置自身的检修压板状态进行比较，只有两者一致时才将信号作为有效信号进行处理或动作，不一致时宜保持一致前状态；当发送方 GOOSE 报文中 test 置位时发生 GOOSE 中断，接收装置应报具体的 GOOSE 中断告警，但不应报“装置告警（异常）”信号，不应点“装置告警（异常）”灯。

9. 请论述 GOOSE 报文的传输机制。

答：IEC61850-7-2 定义的 GOOSE 服务模型使系统范围内快速、可靠地传输输入、输出数据值成为可能。在稳态情况下，GOOSE 服务器将稳定地以 T_0 时间间隔循环发送 GOOSE 报文，当有事件变化时，GOOSE 服务器将立即发送事件变化报文，此时 T_0 时间间隔将被缩短；在变化事件发送完成一次后，GOOSE 服务器将以最短时间间隔 T_1 快速重传两次变化报文；在三次快速传输完成后，GOOSE 服务器将以 T_2、T_3 时间间隔各传输一次变位报文；最后 GOOSE 服务器又将进入稳态传输过程，以 T_0 时间间隔循环发送 GOOSE 报文（如图 11-6 所示）。

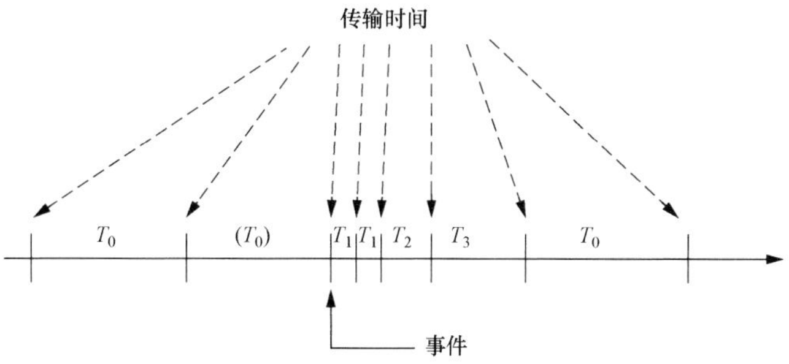

图 11-6

T_0—稳定条件（长时间无事件）下重传；（T_0）—稳定条件下的重传可能被事件缩短；T_1—事件发生后，最短的传输时间；T_2，T_3—直到获得稳定条件的重传时间

第十二章

特高压电网控制与保护

一、选择题

1. 直流输电系统中的整流桥臂在反向电压下发生反向导通时，故障阀的电流波形在一个周期内有（　　）个下降沿。　答案：B

A. 1　B. 2　C. 3　D. 4

2. 直流输电系统中的逆变器最常见的故障是（　　）。　答案：C

A. 桥臂短路　B. 过电压　C. 换相失败　D. 误导通

3. 逆变器发生一次换相失败后，流经逆变器的直流电流将（　　）。　答案：B

A. 减小　B. 增加　C. 不变　D. 有时增加有时减小

4. 换流器发生误导通时，误导通故障发生在预定的阀（　　）电压阻断期间。　答案：A

A. 正向　B. 反向　C. 双向　D. 以上都不对

5. 功率反向保护的目的是（　　）。　答案：D

A. 检测直流线路上的接地故障

B. 防止造成换流设备，特别是晶闸管阀过电流损坏

C. 检测直流滤波器范围内的接地故障

D. 检测控制系统故障所造成的功率反向

6. 在直流控制保护系统的设计中应该遵循（　　）原则。　答案：D

A. 冗余　B. 分层　C. 分区和独立　D. 以上都是

7. 直流谐波保护的目的是（　　）。　答案：B

A. 检测直流线路上的接地故障

B. 检测交直流线路碰线、阀故障、交流系统故障和控制设备缺陷等

C. 检测直流线路上的行波和微分欠压保护不能检测到的高阻接地故障

D. 检测直流滤波器范围内的接地故障

8. 直流滤波器差动保护的目的是（　　）。 答案：D

A. 检测直流线路上的接地故障

B. 检测交直流线路碰线、阀故障、交流系统故障和控制设备缺陷等

C. 检测直流线路上的行波和微分欠压保护不能检测到的高阻接地故障

D. 检测直流滤波器范围内的接地故障

9. 直流中性母线故障主要指接在（　　）的直流场设备发生的对地短路。 答案：C

A. 交流母线上　B. 直流线路上　C. 中性线上　D. 整流侧

10. 下列（　　）保护不属于换流器电流差动保护组。 答案：D

A. 阀短路　B. 换相失败　C. 换流器差动　D. 阀触发异常

11. 换流器的故障可分成主回路故障和（　　）两种类型。 答案：C

A. 线路故障　B. 接地故障　C. 控制系统故障　D. 冗余系统故障

12. （　　）是在交流线路发生单相对地闪络故障时所采取的清除故障、恢复线路运行的措施。 答案：D

A. 潮流翻转　B. 封脉冲停机　C. 移相停机　D. 单相重合闸

13. 下列选项（　　）不是直流保护动作策略。 答案：D

A. 紧急移相　B. 投旁通对　C. 闭锁触发脉冲　D. 闭锁线路保护

14. 直流过电流保护的目的是（　　）。 答案：B

A. 检测直流线路上的接地故障

B. 防止造成换流设备，特别是晶闸管阀过电流损坏

C. 检测直流滤波器范围内的接地故障

D. 检测控制系统故障所造成的功率反向

15. 换流器差动保护的目的是（　　）。 答案：A

A. 检测换流器保护范围内的接地故障，并将故障换流器退出运行

B. 防止造成换流设备，特别是晶闸管阀过电流损坏

C. 检测交直流线路碰线、阀故障、交流系统故障和控制设备缺陷等

D. 检测控制系统故障所造成的功率反向

16. 直流过电压保护的目的是（　　）。 答案：D

A. 检测直流线路上的接地故障

B. 检测交直流线路碰线、阀故障、交流系统故障和控制设备缺陷等
C. 检测直流滤波器范围内的接地故障
D. 防止所有由于分接开关不正常运行或不正常的换流器开路运行

17. 直流线路行波保护的目的是（　　）。 答案：A
A. 检测直流线路上的接地故障
B. 检测交直流线路碰线、阀故障、交流系统故障和控制设备缺陷等
C. 检测直流滤波器范围内的接地故障
D. 防止所有由于分接开关不正常运行或不正常的换流器开路运行

18. 直流线路纵差保护的目的是（　　）。 答案：C
A. 检测直流线路上的接地故障
B. 检测交直流线路碰线、阀故障、交流系统故障和控制设备缺陷等
C. 检测直流线路上的行波和微分欠压保护不能检测到的高阻接地故障
D. 检测直流滤波器范围内的接地故障

19. 线路开路试验监测的保护目的是（　　）。 答案：D
A. 检测直流线路上的接地故障
B. 防止造成换流设备，特别是晶闸管阀过电流损坏
C. 检测直流滤波器范围内的接地故障
D. 检测在线路开路试验期间本站直流场和直流线路的接地故障

20. 直流输电工程的系统可分为两端直流输电系统和（　　）两大类。 答案：C
A. 三端直流输电系统　　B. 五端直流输电系统
C. 多端直流输电系统　　D. 背靠背直流输电系统

21. 目前世界上已运行的直流输电工程大多为（　　）直流输电系统。 答案：A
A. 两端直流输电系统　　B. 三端直流输电系统
C. 多端直流输电系统　　D. 背靠背直流输电系统

22. 目前工程上所采用的基本换流单元有 6 脉动换流单元和（　　）脉动换流单元两种。
答案：B
A. 3　　B. 12　　C. 16　　D. 8

23. 12 脉动换流器由两个交流侧电压相位差（　　）的 6 脉动换流器所组成。 答案：A
A. 30°　　B. 60°　　C. 90°　　D. 120°

24. 50Hz 直流谐波保护电流采集带宽应在（　　）Hz 范围内，100Hz 直流谐波保护电流采集带宽应在（　　）Hz 范围内，防止谐波电流采集带宽过大造成谐波保护误动。

答案：A

A. 40~60，80~120　　B. 40~60，90~110
C. 45~55，80~120　　D. 45~55，90~110

25. 整流器 α 角的正常工作范围是（　　）。 答案：A

A. $5° < \alpha < 90°$　　B. $5° < \alpha < 120°$
C. $90° < \alpha < 120°$　　D. $90° < \alpha < 150°$

26. 整流器 α 角的最小值为（　　）。 答案：C

A. 0°　　B. 1°　　C. 5°　　D. 12°

27. 现代直流输电控制系统的六个等级是（　　）、单独控制级、换流器控制级、极控制级、双极控制级和系统控制级。 答案：B

A. 触发角控制级　　B. 换流阀控制级　　C. 定电流控制级　　D. 定电压控制级

28. 6 脉动换流器触发脉冲之间的间隔为（　　）。 答案：B

A. 30°　　B. 60°　　C. 90°　　D. 120°

29. 12 脉动换流器触发脉冲之间的间隔为（　　）。 答案：A

A. 30°　　B. 60°　　C. 90°　　D. 120°

30. 直流输电系统的控制调节，主要通过改变线路两端换流器的（　　）来实现。 答案：D

A. 相位　　B. 结构　　C. 容量　　D. 触发角

31. 绝大多数高压直流工程所采用的电流裕度是（　　）。 答案：A

A. 0.1p.u.　　B. 0.3p.u.　　C. 0.5p.u.　　D. 1p.u.

32. 绝大多数直流工程的关断角定值在（　　）的范围内。 答案：B

A. 5°～15°　　B. 15°～18°　　C. 30°～60°　　D. 0°～90°

33. 定电流模式下，需要保持（　　）为整定值。 答案：C

A. 输送功率　　B. 直流电压　　C. 直流极线电流　　D. 换流器触发角

34. 在额定负荷运行时，换流器消耗的无功功率可以达到额定输送功率的（　　）。 答案：C

A. 0～15%　B. 15%～30%　C. 40%～60%　D. 50%～100%

35. 当整流器使用直流电流控制时，通过调整换流变压器分接头位置，把换流器（　）维持在指定的范围内。 答案：D

A. 相位　B. 结构　C. 容量　D. 触发角

36. 换相失败是（　）常见的故障。 答案：B

A. 整流器　B. 逆变器　C. 换流变压器　D. 直流线路

37. 为了防止晶闸管元件因结温高而损坏，换流器需要（　）。 答案：A

A. 冷却系统　B. 经常检修　C. 增大电流　D. 加装接地

38. 交直流线路碰线，在直流线路电流中会出现（　）。 答案：D

A. 直流分量　B. 高频交流分量　C. 低频交流分量　D. 工频交流分量

39. 不管换流站处于整流运行状态还是逆变运行状态，直流系统都需要从交流系统(　)。 答案：A

A. 吸收容性无功　B. 吸收感性无功　C. 提供容性无功　D. 不一定

40. 额定直流功率是指在所规定的系统条件和环境条件的范围内，在不投入备用设备的情况下，直流输电工程（　）的有功功率。 答案：C

A. 最大可输送　B. 最小可输送　C. 连续输送　D. 间接输送

41. 通常规定额定直流功率的测量点在整流站的（　）。 答案：A

A. 直流母线处　B. 交流母线处

C. 换流变压器低压套管处　D. 换流变压器高压套管处

42. 6 脉动换流器的直流电压在一个工频周期内有 6 段正弦波电压，每段（　）。 答案：D

A. 10°　B. 20°　C. 30°　D. 60°

43. 通常直流输电工程的最小直流电流选择为其额定电流的（　）。 答案：B

A. 0%～5%　B. 5%～10%　C. 10%～15%　D. 15%～20%

44. 直流系统降压运行方式的直流电压通常为额定电压的（　）。 答案：D

A. 40%～50%　B. 50%～60%　C. 60%～70%　D. 70%～80%

45. 在直流电压一定的情况下，潮流反转的时间主要取决于直流线路的（　　），即线路电容上的放电时间和充电时间。 答案：C

A. 直流电流　B. 直流电压　C. 等值电容　D. 等值电感

46. 单极金属回线运行时，线路损耗约为双极运行时一个极损耗的（　　）。 答案：A

A. 2 倍　B. 3 倍　C. 4 倍　D. 5 倍

47. 通常换流站的损耗约为换流站额定功率的（　　）。 答案：B

A. 0%～0.5%　B. 0.5%～1%　C. 1%～1.5%　D. 1.5%～2%

48. 旁通对是三相换流器中连接到同一交流相的一对换流阀，投旁通对的操作是（　　）触发（　　）的一对换流阀。 答案：A

A. 同时，同相　B. 不同时，同相　C. 同时，不同相　D. 不同时，不同相

49. 紧急移相是迅速将整流器触发角移相到（　　），使直流线路两端换流器都处于逆变状态，将直流系统内所储存的能量迅速送回到两端交流系统。 答案：D

A. 0°～15°　B. 0°～90°　C. 60°～90°　D. 120°～150°

50. 正常启动时，直流输电系统在触发角 α 不小于（　　）时，先解锁逆变侧，再解锁整流测。 答案：C

A. 45°　B. 60°　C. 90°　D. 180°

51. 对于整流器运行，通常希望运行在（　　）的触发角状态，以提高功率因数。答案：C

A. 固定　B. 较大　C. 较小　D. 变化

52. 为了防止关断角太小引起换相失败，逆变器最大触发角应限制在（　　）。 答案：B

A. 120°～150°　B. 150°～160°　C. 150°～170°　D. 150°～180°

53. 在双极全压大地回线运行时，自动再启动经过（　　）次全压（　　）次降压再启动。 答案：C

A. 1，1　B. 1，2　C. 2，1　D. 2，2

54. 交流输电电压一般分为（　　）。 答案：A

A. 高压、超高压和特高压　B. 低压、中压和高压

C. 中压、高压和超高压　D. 低压、中压和特高压

55. 国际上，交流特高压（UHV）定义为（　　）及以上电压。　答案：A

A. 1000kV　B. 800kV　C. 500kV　D. 330kV

56. 在估算线路的送电能力时，可以认为电压升高一倍，功率输送能力提高（　　）。　答案：C

A. 2 倍　B. 3 倍　C. 4 倍　D. 8 倍

57. 当线路输送自然功率时，单位长度线路串联电抗消耗的无功与并联电容发出无功相同，沿线电压（　　）U_n。　答案：B

A. 大于　B. 恒等于　C. 小于　D. 不一定

58. 电力缺乏可以通过就地建设电厂解决，建设特高压远距离、大容量特高压输电工程的原因是（　　）。　答案：A

A. 这是由我国能源资源和负荷分布特点决定的

B. 这是由国家宏观调控决定的

C. 这是根据区域经济发展程度决定的

D. 这是由电力技术发展决定的

59. 发展特高压电网的主要目标是（　　）。　答案：D

A. 大容量、远距离从发电中心向负荷中心输送电能

B. 超高压电网之间的强互联，形成坚强的互联电网，目的是更有效地利用整个电网内各种可以利用的发电资源，提高互联的各个电网的可靠性和稳定性

C. 在已有的、强大的超高压电网之上覆盖一个特高压输电网，目的是把送端和受端之间大容量输电的主要任务从原来超高压输电转到特高压输电上来，以减少超高压输电的网损，提高电网的安全性，使整个电力系统能继续扩大覆盖范围并更经济、更可靠运行

D. 以上都是

60. 在总结国内外研究成果的基础上，国家电网公司总经理刘振亚担任主编，组织编写了国际上第一本关于特高压电网的技术专著（　　）。　答案：A

A. 《特高压电网》　B. 《特高压技术》

C. 《特高压研究》　D. 《特高压输电》

61. 选择晋东南一南阳一荆门作为特高压交流试验示范工程的原因是（　　）。　答案：D

A. 该工程满足全面考核系统和设备的要求，该工程系统条件合理

B. 该工程抗风险能力强，有利于推动设备国产化

C. 该工程符合远距离大容量输电的发展目标

D. 以上都是

62. 金沙江一期水电工程的发电容量为 1860 万 kW，送电距离为 1200～2300km。在输电方式的选择上，首先确定采用（　　）输电方式。 答案：B

A. 特高压交流　B. 特高压直流　C. 常规直流　D. 柔性直流

63. 交流特高压试验基地将在（　　）等方面开展研究工作。 答案：D

A. 外绝缘特性、环境和生态影响　B. 设备研制

C. 工程建设和运行维护　D. 以上都是

64. 直流特高压试验基地将面向±800kV 级直流输电技术和运行技术开展（　　）。 答案：D

A. 电磁环境研究　B. 外绝缘特性研究

C. 换流阀及设备国产化研究　D. 以上都是

65. 1000kV 交流线路的电压是 500kV 线路的一倍，波阻抗一般也较低，因此输电能力大幅度提高，自然功率约为 500kV 线路的 5 倍，接近（　　）kW。 答案：A

A. 500 万　B. 600 万　C. 400 万　D. 300 万

66. 对于 1000kV 交流特高压输电，考虑电磁环境影响后，典型的同塔双回和猫头塔单回线路的走廊缓冲区宽度分别为 75m 和 81m，单位走廊输送能力分别为 13.3 万 kW/m 和 6.2 万 kW/m，约为同类型 500kV 线路的（　　）。 答案：B

A. 5 倍　B. 3 倍　C. 2 倍　C. 1 倍

67. 对于 100km 的特高压线路，在额定电压为 1000kV 以及最高运行电压为 1100kV 的条件下，发出的无功功率可以达到（　　）Mvar，约为超高压线路的 5 倍。 答案：B

A. 200～300　B. 400～500　C. 500～600　D. 600～800

68. 为了保持输电线路的无功平衡，特别是为了限制轻载时的电压升高和线路开断时的工频过电压，通常需要在线路送端和受端装设固定（　　）来进行无功补偿。 答案：C

A. 高压并联电容器　B. 高压串联电容器

C. 高压并联电抗器　C. 高压串联电抗器

69. 限制工频过电压应采取的措施是（　　）。 答案：D

A. 使用高压并联电抗器补偿特高压线路充电电容，考虑使用可调节或可控高抗，使用良导体地线

B. 使用线路两端联动跳闸或过电压继电保护，使用金属氧化物避雷器限制短时高幅值

工频过电压
C. 选择合理的系统结构和运行方式，以降低工频过电压
D. 以上都是

70. 交流特高压系统限制潜供电流主要采取以下措施（　　）。 答案：A
A. 在高压并联电抗器中性点加装小电抗，对相间电容和相对地电容进行补偿，减小潜供电流和恢复电压
B. 更换大截面导线
C. 使用快速接地开关
D. 加装串补电容

71. 在变电站设备上产生的雷电过电压主要分为（　　）。 答案：C
A. 雷电反击过电压、雷电绕击过电压
B. 雷电感应过电压、雷电绕击过电压
C. 雷电侵入波过电压、直击雷过电压
D. 雷电反击过电压、直击雷过电压

72. 降低交流特高压线路绕击跳闸率的主要措施是（　　）。 答案：B
A. 减小避雷线的间距，加大避雷线的保护角
B. 加大避雷线的间距，减小避雷线的保护角
C. 加大避雷线的间距，加大避雷线的保护角
D. 减小避雷线的间距，减小避雷线的保护角

73. 为减少外部环境条件的影响，提高可靠性，缩小设备尺寸与占地面积，母线、断路器、隔离开关、电流电压测量器件、避雷器等设备也可全部或部分放在用 SF_6 气体绝缘的金属筒内，通过套管与输电线路和变压器连接，称为气体绝缘金属封闭组合电器，简称（　　）。 答案：A
A. GIS　　B. HGIS　　C. AIS　　D. 以上都不是

74. 在选择架空输电线路杆塔塔型时需要考虑（　　）。 答案：D
A. 杆塔的受力因素，保证杆塔能承受正常运行时的各种受力工况
B. 环境和谐、经济合理
C. 加工和安装的方便胜
D. 以上都是

75. 采用 4000A 晶闸管换流阀，±800kV 特高压直流输电能力可达到 640 万 kW，是±500kV、300 万 kW 高压直流输电方案的（　　）倍，是±620kV、380 万 kW 高压直流方案的（　　）

倍，能够充分发挥规模输电优势。 答案：A

A. 2.1，1.7 B. 2，1.5 C. 2.5，1.5 C. 5，3

76. 在导线总截面积、输送容量均相同的情况下，±800kV 直流线路的电阻损耗是±500kV 直流线路的（ ），是±600kV 级直流线路的（ ），提高了输电效率，节省了运行费用。 答案：C

A. 30%，70% B. 50%，75% C. 39%，60% D. 45%，75%

77. 特高压直流输电每个极采用（400+400）kV 双 12 脉动换流器串联的接线方案，运行方式灵活，系统可靠性大大提高。任何一个换流器发生故障，系统仍能够保证（ ）额定功率的送出。 答案：B

A. 50% B. 75% C. 60% D. 80%

78. 从输电能力和稳定性能看，采用±800kV 特高压直流输电，输电稳定性取决于（ ）。 答案：A

A. 受端电网有效短路比（ESCR）和有效惯性常数（Hdc）及送端电网结构

B. 线路各支撑点的短路容量

C. 输电线路距离（相邻两个变电站落点之间的距离）

D. 以上都是

79. 当采用 12 脉动换流器时，交流侧和直流侧分别含有（ ）次的特征谐波。谐波次数越高，其有效值越小。 答案：B

A. $3k\pm1$ 和 $3k$ B. $12k\pm1$ 和 $12k$ C. $13k\pm1$ 和 $13k$ D. $6k\pm1$ 和 $6k$

80. 特高压直流输电最终选择了（ ）的主接线方案。 答案：C

A. 每极单换流器 B. 每极两个换流器并联

C. 每极两个换流器串联 D. 以上都不是

81. 特高压直流工程整流站和逆变站都采用（400+400）kV 的换流器接线方案，其主要优点有（ ）。 答案：D

A. 运行灵活，供电可靠性高

B. 有利于采用模块化设计

C. 换流变压器阀侧绕组、换流阀、旁路断路器等对地电压均衡合理，有利于设备制造和绝缘配合，设备造价低

D. 以上都是

82. 提高特高压直流可靠性的方法有（　　）。 答案：D

A. 降低元部件故障率，采取合理的结构设计，如模块化、开放式等

B. 广泛采用冗余的概念，如控制保护系统、水冷系统的并行冗余和晶闸管的串行冗余等

C. 加强设备状态监视和设备自检功能等

D. 以上都是

83. 对于交流输电线路，雨天时的电晕放电强度比晴天时的（　　）得多，无线电干扰、可听噪声和电晕损失也（　　）得多。直流输电线路在雨天时的电晕放电强度及由此产生的无线电干扰和可听噪声反而比晴天时（　　）。 答案：B

A. 小，小，大　　B. 大，大，小　　C. 大，大，大　　D. 小，大，大

84. 在设计特高压线路时，适当（　　）导线分裂数和子导线截面可以（　　）导线表面电场强度，降低线路的电晕损失。 答案：B

A. 减少，增大　　B. 增大，减小　　C. 减少，减小　　D. 增大，增大

85. 目前500kV输电线路工频磁场限值为(　　)mT，实际水平则远低于此标准；1000kV输电线路工频磁场计算值约（　　）mT，也大大低于500kV输电线路工频磁场限值标准。 答案：B

A. 0.01，0.003　　B. 0.1，0.03　　C. 0.2，0.03　　D. 0.5，0.3

86. 合成场强的大小主要取决于导线电晕放电的严重程度，以风力强度为代表的气象条件影响空间电荷分布，也对合成场产生影响，最大合成电场约为标称电场的（　　）倍。 答案：B

A. 2～2.5　　B. 3～3.5　　C. 4～4.5　　D. 5～5.5

87. 研究和开发（　　）英寸晶闸管对±800kV、600万kW等级的直流输电的技术经济性能影响重大。 答案：A

A. 6　　B. 8　　C. 5　　D. 3

88. 特高压线路保护后备距离保护Ⅰ段的暂态超越应小于（　　）。 答案：A

A. 5%　　B. 8%　　C. 10%　　D. 15%

89. 特高压线路中用于消除潜供电流的设备为（　　）。 答案：C

A. 110kV母线侧电抗器　　B. 线路并联电抗器

C. 线路并联电抗器中性点电抗器　　D. 串联补偿电容器

90. 特高压线路保护要求经（　　）过渡电阻接地时，零序电流保护能可靠动作。答案：C

A. 100Ω　　B. 300Ω　　C. 600Ω　　D. 800Ω

91. 特高压线路保护增设保护直跳的目的是为了抑制（　　）。　答案：A

A. 工频过电压　　B. 操作过电压　　C. 谐振过电压　　D. 雷击过电压

92. 1000kV 晋东南—南阳—荆门特高压交流试验示范工程线路采用（　　）分裂导线。

答案：C

A. 4　　B. 6　　C. 8　　D. 10

93. 1000kV 晋东南—南阳—荆门特高压交流试验示范工程于（　　）正式投入商业运行。

答案：C

A. 2007 年 1 月　　B. 2008 年 1 月　　C. 2009 年 1 月　　D. 2010 年 1 月

94. 特高压线路光纤差动保护需要特别注意（　　）的补偿问题。　答案：B

A. 稳态电容电流　　B. 暂态电容电流　　C. 潜供电流　　D. 暂态电压

95. 1000kV 晋东南—南阳—荆门特高压交流试验示范工程的主变压器的分接头共有(　　)挡。

答案：C

A. 6　　B. 8　　C. 9　　D. 10

96. 防止特高压变压器空充时差动保护误动的有效措施是（　　）。　答案：C

A. 提高差动启动门槛　　B. 降低二次谐波制动系数

C. 直阻测试后消磁　　D. 以上都不是

97. 直流输电换相失败的恢复策略是（　　）。　答案：A

A. 降低直流电流　　B. 降低直流电压

C. 闭锁触发脉冲　　D. 降低交流电压

98. 高压直流换流器可能出现（　　）故障。　答案：D

A. 主回路　　B. 控制系统　　C. 辅助设备　　D. 以上全部

99. 高压直流换流阀采用的主要元件是（　　）。　答案：A

A. 晶闸管　　B. IGBT　　C. GTO　　D. IGCT

100. 发展多端直流主要受制于（　　）。　答案：A

A. 直流断路器　B. 晶闸管阀　C. 换流变压器　D. 电抗器

101. 两站站间通信故障将闭锁（　　）保护。 答案：C
A. 极母线差动　B. 中性母线差动　C. 纵差保护　D. 电压突变量

102. 在换流站中根据换流器的无功功率特性装设合适的（　　）装置，是保证高压直流系统安全稳定运行的重要条件之一。 答案：D
A. 有功补偿　B. 电阻　C. 电感　D. 无功补偿

103. 直流输电的运行控制，从根本上讲是通过对晶闸管阀触发脉冲的（　　）来改变换流器的直流电压实现的。 答案：A
A. 相位控制　B. 电压控制　C. 电流控制　D. 功率控制

104. 高压直流输电系统的整体启动一般采用软启动方式。先将全部换流器的旁通接通启动信号，形成电流通路，然后将 α、β 调整到大约（　　）时，按一般触发顺序加入启动信号，直流电压大约为 0，系统开始运行。 答案：B
A. 0°　B. 90°　C. 45°　D. 120°

105. 直流输电系统整体停止时，先慢慢将逆变器的 β 增大到（　　），同时直流电流设定值到最小值后，全部换流器的旁通接通触发信号，通过一段时延，停止所有触发信号。 答案：C
A. 0°　B. 45°　C. 90　D. 120°

106. 对电流波形进行傅立叶级数分析可以确定交流线电流的基频分量，交流线电流的基频峰值为（　　）。 答案：A
A. $1.11I_d$　B. $0.45I_d$　C. $0.9I_d$　D. $1.35I_d$

107. 高通滤波器在一个（　　）的频带范围内是一个很低的阻抗。 答案：D
A. 很窄　B. 低频　C. 某一点　D. 高于某一频率

108. 滤波器品质因数 q 值越大，则谐振频率阻抗越小，滤波效果（　　）。 答案：B
A. 不好　B. 越好　C. 不稳定　D. 超前

109. 直流输电中交流滤波器电容器的额定参数是根据总的（　　）来确定。 答案：D
A. 额定功率　B. 视在功率　C. 有功功率　D. 无功功率

110. **在直流电压一定的情况下，潮流反转的时间主要取决于直流线路的（　　）。答案：B**
A. 等值电感　B. 等值电容　C. 等值电阻　D. 等值阻抗

111. **特高压交流变电站 GIS 中（　　）的操作是产生 VFTO（特快速暂态过电压）的主要原因。答案：B**
A. 断路器　B. 隔离开关　C. 接地开关　D. 投切无功补偿设备

112. **1000kV GIS 和 HGIS 隔离开关分合操作时可产生 VFTO，VFTO 的特点是波前时间很短（<0.1μs）；波前之后的振荡频率很高，幅值最大值可达（　　）。答案：C**
A. 2.1~2.5p.u.　B. 2.2~3.0p.u.　C. 2.5~3.0p.u.　D. 3.0~3.5p.u.

113. **1000kV 变电站相对地统计操作过电压最大值不宜大于（　　）额定电压。答案：B**
A. 1.5 倍　B. 1.6 倍　C. 1.7 倍　D. 1.8 倍

114. **特高压系统主要考虑的操作过电压不包括（　　）。答案：C**
A. 合闸过电压　B. 分闸过电压　C. 谐振过电压　D. 接地短路过电压

115. **为消除特高压输电线路的容升效应和线路故障时的潜供电流，在线路上安装并联电抗器及中性点小电抗，安装并联电抗器和中性点小电抗采用的补偿方式分别为（　　）。答案：C**
A. 全补偿和过补偿　B. 过补偿和全补偿
C. 欠补偿和全补偿　D. 过补偿和欠补偿

116. **在 1000kV 变电站 110kV 系统发生单相接地时，监控后台机有接地告警信号发出，该信号是（　　）发出的。答案：A**
A. 主变压器保护　B. 公用监控柜
C. 后台监控自产 $3U_0$ 判断　D. 保护信息子站

117. **目前特高压变压器非电量保护重瓦斯投（　　），轻瓦斯投（　　）。答案：C**
A. 跳闸，信号　B. 信号，信号
C. 跳闸，跳闸　D. 信号，跳闸

118. **特高压变电站 220V 直流系统两极对地电压绝对值差超过（　　）V 或绝缘降低到（　　）kΩ 以下，应视为直流系统接地。答案：B**
A. 30，15　B. 40，25　C. 30，25　D. 40，15

119. 特高压交流主变压器 110kV 汇流母线故障，以下（　　）保护动作。 答案：D

A. 110kV 母差　B. 低压绕组过流　C. 分支过流　D. 主变压器差动

120. 1000kV 特高压线路、主变压器、母线、高抗的主保护应采用（　　）型电流互感器，电流互感器的布置应满足保护无死区。 答案：C

A. TPX　B. P　C. TPY　D. TPZ

121. 特高压变压器调压补偿变压器配置的保护有（　　）。 答案：B

A. 过流保护　B. 比率差动保护　C. 差动速断保护　D. 零序过流保护

122. 1000kV 系统变压器主体变压器（　　）应配置后备保护和过负荷功能。 答案：D

A. 高中压侧　B. 高低压侧　C. 高压侧　D. 高中低各侧

123. 1000kV 断路器三相不一致保护与线路相关的断路器，三相不一致保护动作时间为（　　）s。 答案：C

A. 1.5　B. 2　C. 2.5　D. 3

124. 1000kV 主体变压器差动保护，TA 断线闭锁差动保护整定为 1，当差电流大于（　　）时，差动保护自动解锁开放跳闸出口。 答案：A

A. $1.2I_e$　B. $1.25I_e$　C. $1.3I_e$　D. $1.5I_e$

125. 特高压变压器的调压分接开关装置装在变压器的（　　）侧。 答案：D

A. 高压　B. 中压　C. 低压　D. 中性点

126. 特高压变压器调压变压器共有 9 个调压档位，当运行在 6 档和 4 档时，补偿变压器额定电流（　　）。 答案：D

A. 6 档的额定电流大　B. 4 档的额定电流大

C. 两者差不多大　D. 所有档位额定电流都一样

127. 特高压站主变压器补偿变压器补偿的是（　　）。 答案：C

A. 调压过程中引起的高压侧电压增减

B. 调压过程中引起的中压侧电压增减

C. 调压过程中引起的低压侧电压增减

D. 调压过程中引起的中性点电压增减

128. 特高压变压器主体变压器分侧差动保护的保护范围为（　　）。 答案：B

A. 变压器内部绕组所有故障和高中压侧引线故障
B. 高中压侧绕组和引线的接地和相间故障
C. 变压器各侧的各类故障
D. 变压器内部绕组匝间故障和高中压侧引线故障

129. 1000kV 线路并联电抗器在无专用断路器时，重瓦斯动作的动作过程是（　　）。答案：C
A. 断开线路的本侧断路器
B. 启动远方跳闸装置，断开线路对侧断路器
C. 断开线路本侧断路器，启动远方跳闸装置，断开线路对侧断路器
D. 保护启动失灵

130. 1000kV 主变压器运行中，油色谱在线监测发现油中气体总烃超标或 CO、CO_2 过高时应进行（　　）试验。答案：B
A. 油耐压　　B. 油中糠醛含量
C. 油酸性　　D. 油中含氧量

131. 1000kV 线路电压互感器二次失压后会影响高抗的（　　）保护。答案：D
A. 零序差动　　B. 过流　　C. 距离　　D. 匝间

132. 1000kV 线路过电压保护的动作条件是（　　）。答案：D
A. 本侧开关运行，且单相过电压
B. 本侧开关运行，且三相过电压
C. 本侧开关三相断开，且单相过电压
D. 本侧开关三相断开，且三相过电压

133. 1000kV GIS 断路器合闸电阻提前（　　）投入。答案：C
A. 5~6ms　　B. 7~11ms　　C. 8~11ms　　D. 8~13ms

134. 1000kV 母线最高运行电压不得超过系统标称电压的（　　），最低运行电压不应影响电力系统功角稳定、电压稳定及下一级电压的调节。答案：A
A. 1.1 倍　　B. 1.2 倍　　C. 1.3 倍　　D. 1.4 倍

135. 1000kV 变压器第一次冲击合闸后的带电运行时间不应小于（　　），而后每次合闸后的带电运行时间可逐次缩短，但不应少于 5min。答案：C
A. 10min　　B. 20min　　C. 30min　　D. 60min

136. 特高压交流每回线路各侧远方跳闸就地判别装置按双重化（　　）的跳闸逻辑配置。

答案：A

A. “一取一”　B. “二取一”　C. “二取二”　D. “一取二”

137. 特高压直流输电系统中换流装置的桥臂短路故障是指（　　）的故障。　答案：ABC

A. 换流器桥臂内部　B. 换流器桥臂外部
C. 换流器桥臂短接　D. 以上都不对

138. 直流输电系统中换流装置的桥臂短路故障可能发生在桥臂的（　　）电压阻断期间。

答案：AB

A. 正向　B. 反向　C. 单相　D. 以上都不对

139. 造成换相失败故障的原因有（　　）。　答案：ABD

A. 交流电压下降　B. 直流电流增大
C. 触发角过小　D. 整定的越前关断角过小

140. 直流保护闭锁有（　　）。　答案：ABC

A. X 闭锁　B. Y 闭锁　C. Z 闭锁　D. A 闭锁

141. 桥阀发生故障时主要的保护是（　　）。　答案：AD

A. 差动保护　B. 过流保护　C. 过压保护　D. 逻辑保护

142. 两端直流输电系统的构成主要有（　　）三部分。　答案：ABC

A. 整流站　B. 逆变站　C. 直流输电线路　D. 接地极

143. 两端直流输电系统可分为（　　）三种类型。　答案：ABD

A. 单极系统　B. 双极系统
C. 多端直流输电系统　D. 背靠背直流输电系统

144. 双极系统的接线方式可分为（　　）三种类型。　答案：BCD

A. 双极不平衡接线方式　B. 双极两端中性点接地接线方式
C. 双极金属中线接线方式　D. 双极一端中性点接地接线方式

145. 6 脉动换流器在交流侧和直流侧分别产生（　　）次和（　　）次特征谐波。

答案：AC

A. $6k$　B. $12k$　C. $6k\pm1$　D. $12k\pm1$

146. 12脉动换流器在交流侧和直流侧分别产生（　　）次和（　　）次特征谐波。

答案：BD

A. $6k$　　B. $12k$　　C. $6k\pm1$　　D. $12k\pm1$

147. 下列说法（　　）是正确的。

答案：ABC

A. $\alpha<90°$时，直流输出电压为正值，换流器工作在整流工况

B. $\alpha=90°$时，直流输出电压为零，称为零功率工况

C. $\alpha>90°$时，直流输出电压为负值，换流器则工作在逆变工况

D. $\alpha>90°$时，直流输出电压为正值，换流器工作在整流工况

148. 换流器触发相位控制有（　　）两种控制方式。

答案：AB

A. 等相位间隔控制　　B. 等触发角控制

C. 定电流控制　　D. 定电压控制

149. 直流输电系统的启停包括（　　）等。

答案：ABCD

A. 正常起启动　　B. 正常停运　　C. 故障紧急停运　　D. 自动再启动

150. 换流变压器分接头控制的控制策略需要与换流器控制方式相配合，通常可分为（　　）两大类。

答案：CD

A. 等相位间隔控制　　B. 等触发角控制

C. 角度控制　　D. 电压控制

151. 以下情况（　　）会引起换相失败。

答案：ABC

A. 逆变器换流阀短路　　B. 逆变器丢失触发脉冲

C. 逆变侧交流系统故障　　D. 冷却系统故障

152. 触发脉冲不正常主要有（　　）两种。

答案：AB

A. 误导通故障　　B. 不导通故障　　C. 换相失败故障　　D. 过电压故障

153. 直流线路断线将造成（　　）。

答案：ABC

A. 直流系统开路　　B. 直流电流下降到零

C. 整流器电压上升到最大限值　　D. 逆变器电流上升到最大限值

154. 采用微处理器技术的直流保护具有以下特点（　　）。

答案：ABCD

A. 集成度高　　B. 判断准确　　C. 便于修改　　D. 经济性好

155. 由于直流系统的控制是通过改变换流器的触发角来实现的，直流保护动作的主要措施也是通过（　　）来完成的。 答案：AC

A. 触发角变化　B. 调整换流变压器分接头位置

C. 闭锁触发脉冲　D. 断开直流断路器

156. 换流器在交流侧产生的谐波有（　　）。 答案：ABD

A. 特征谐波　B. 非特征谐波

C. 间谐波　D. 通过穿透作用产生的谐波

157. 换流阀的损耗有 85%～95%产生在（　　）上。 答案：BC

A. 接头端子　B. 晶闸管　C. 阻尼电阻　D. 击穿二极管 BOD

158. 换流站的主要设备一般被分别布置在（　　）这几个区域。 答案：ABCD

A. 交流开关场　B. 换流变压器　C. 阀厅控制楼　D. 直流开关场

159. 换流变压器的结构型式有（　　）。 答案：ABCD

A. 三相三绕组式　B. 三相双绕组式

C. 单相双绕组式　D. 单相三绕组式

160. 整流站的基本控制方式有（　　）和直流功率控制。 答案：ABCD

A. 最小触发角控制　B. 定电流控制

C. 定电压控制　D. 低压限流控制

161. 特高压线路高压并联电抗器的保护有（　　）。 答案：ABCD

A. 瓦斯保护　B. 差动保护　C. 过流保护　D. 零序电流过流保护

162. 下列情况（　　）特高压线路需要启动远方跳闸。 答案：ABCD

A. 线路高压并联电抗器故障　B. 线路过电压

C. 3/2 接线方式下中间开关失灵　D. 线路串补装置故障

163. 特高压线路就地故障判别装置的判据有（　　）。 答案：ABCD

A. 电压　B. 电流　C. 零序电流　D. 功率

164. 高压线路采用分裂导线的目的是（　　）。 答案：ABD

A. 抑制电晕　B. 降低线路电抗　C. 增加线路电容　D. 提高输送能力

165. 特高压线路保护向对侧发直跳命令的逻辑是（　　）。 答案：BC

A. 保护发单跳令，单相开关跳开　　B. 保护发单跳令，两相以上开关跳开

C. 保护发三跳令　　D. 以上都不是

166. 为解决特高压线路的过电压问题，设置了（　　）等多道防线。 答案：ABC

A. 线路保护直跳　　B. 过电压保护及远跳

C. 稳态过电压控制系统　　D. 以上都不是

167. 特高压变压器空充时励磁涌流的特征是（　　）。 答案：ABC

A. 幅值大　　B. 衰减慢

C. 二次谐波含量高　　D. 二次谐波含量少

168. 高压直流输电的主要用途是（　　）。 答案：ABCD

A. 远距离大功率输电　　B. 海底电缆送电

C. 交流系统间的非同步互联　　D. 高用电密度的城市供电

169. 直流输电有功功率的控制方式主要有（　　）。 答案：ABCD

A. 定功率控制　　B. 定电流控制　　C. 定电压控制　　D. 定熄弧角控制

170. 逆变站的控制功能有（　　）。 答案：ABCD

A. 定关断角控制　　B. 定直流电流控制

C. 定直流电压控制　　D. 低压限流控制

171. 晶闸管元器件损耗主要有（　　）。 答案：ABC

A. 通态损耗　　B. 断态损耗　　C. 开关损耗　　D. 电晕损耗

172. 背靠背直流工程的主要用途是（　　）。 答案：ABC

A. 系统增容时限制短路电流容量，从而不致更换大量的电气设备

B. 适用于不同额定频率的交流系统之间的互联

C. 相同额定频率的两个电网的非同步运行联网

D. 新能源并网工程

173. 柔性直流输电采用的 VSC 电压源换流器的技术特点是（　　）。 答案：ABCD

A. 快速控制有功功率和无功功率　　B. 提高电能质量

C. 对环境的影响最小　　D. 可与弱交流网络甚至无源网络连接

174. 直流输电控制系统的主要层级结构有（　　）。 答案：ABCD

A. 换流阀控制级、单独控制级　B. 换流器控制级

C. 极控制级、双极控制级　D. 系统控制级

175. 换流站交流侧非特征谐波产生的主要原因有（　　）。 答案：ABCD

A. 直流电流中存在纹波　B. 交流基波电压不对称

C. 换流变压器阻抗相间差异　D. 触发脉冲不等距

176. 换流站直流侧非特征谐波产生的主要原因有（　　）。 答案：ABCD

A. 交流电压中存在谐波　B. 换流变压器阻抗相间差异

C. Yd 和 Yy 换流变压器的阻抗差异　D. 双极的换流器运行参数不相等

177. 为了降低特高压断路器关合和开断时的操作过电压，往往需要采用分闸和合闸电阻，以下（　　）是合闸、分闸电阻的动作特性。 答案：BC

A. 分合闸时刻，分合闸电阻与主触头同时动作

B. 合闸时，与合闸电阻串联的辅助触头先关合，经过 10ms 左右断路器的主触头才关合

C. 分闸时，断路器的主触头先打开，分闸电阻接在回路中，经过 30ms 左右与分闸电阻串联的辅助触头再扫开

D. 以上都不是

178. 现有可控电抗器的技术主要有（　　）。 答案：AB

A. 直流偏磁连续控制方式　B. 交流有级控制方式

C. 脉宽调制方式　D. 以上都不是

179. 目前在选择绝缘子片数时的主要方法有（　　）。 答案：AB

A. 按照绝缘子人工污秽试验，采用绝缘子污耐受法，测量不同盐密下绝缘子的污闪电压，从而确定绝缘子的片数

B. 按照运行经验采用爬电比距法，一般地区直流线路的爬电比距为交流线路的两倍

C. 根据线路输送电压自动确定绝缘子的片数

D. 以上都不是

180. 中国发展特高压电网的必要性有（　　）。 答案：ABD

A. 我国经济社会发展决定了我国区域电能分布需求分布极不均衡

B. 煤炭运输紧张及环境容量限制决定了我国能源传输需要开辟新途径

C. 我国发展电力研究新课题、新领域的需要

D. 特高压是我国能源传输的合理的新途径

181. 特高压电网的基本功能是（ ）。 答案：ABCD

A. 特高压电网网架可为实现大区、跨流域水火互济、全国范围内能源优化配置提供充分支持，满足我国国民经济发展的需求

B. 特高压电网适应大容量、远距离、高效率、低损耗实现“西电东送、南北互供”的要求

C. 特高压电网满足我国电力市场交易灵活的要求，促进电力市场的发展

D. 特高压电网具有坚强的网络功能，具有电网的可扩展性，可灵活地适应远景能源流的变化

182. 直接接入1000kV系统的发电厂，1000kV母线和1000kV变电站的500kV母线正常运行方式下，电压允许偏差为系统额定电压的（ ）；事故运行方式下，电压允许偏差为系统额定电压的（ ）。 答案：BC

A. −3%～＋7% B. 0～＋10% C. −5%～＋10% D. −10%～＋10%

183. 特高压交流输电系统工频过电压主要由（ ）引起。 答案：ABC

A. 线路空载 B. 甩负荷

C. 接地故障 D. 线路处于非全相运行

184. 特高压输电系统的（ ）是选择和设计绝缘系统的决定性因素。 答案：AB

A. 操作过电压 B. 工频过电压 C. 雷电过电压 D. 谐振过电压

185. 特高压变压器采用中性点变磁通调压方式，当只有调压变压器而没有补偿变压器、档位由低档位往高档位调整时，下列说法正确的是（ ）。 答案：A

A. 主体变压器磁通增加，低压侧电压升高

B. 主体变压器磁通增加，低压侧电压降低

C. 主体变压器磁通降低，低压侧电压升高

D. 主体变压器磁通降低，低压侧电压降低

186. 1000kV线路保护远传功能均退出后影响（ ）。 答案：ABC

A. 线路高抗保护 B. 断路器失灵保护

C. 过电压保护 D. 母差保护

187. 关于1000kV母线CVT的作用，描述正确的有（ ）。 答案：BC

A. 母差保护用 B. 电气闭锁用 C. 同期用 D. 失灵保护用

188. 1000kV线路电抗器主保护包括（ ）。 答案：ABC

A. 差动保护　　B. 零序差动保护　　C. 匝间保护　　D. 距离保护

189. 1000kV 变压器保护标准化设计方案中，高压侧后备保护应配置（　　）。 答案：ABCD
A. 带偏移特性的相间和接地阻抗保护
B. 高压侧失灵保护经变压器保护跳闸
C. 零序电流保护
D. 过励磁保护

190. 1000kV 线路并联高抗中性点小电抗的主要作用是（　　）。 答案：AB
A. 消除潜供电流　　B. 提高重合闸成功率
C. 补偿线路容性无功　　D. 抑制线路过电压

191. 1000kV 变压器分侧差动保护取主变压器（　　）的 TA 电流。 答案：ABD
A. 高压侧开关　　B. 中压侧开关　　C. 低压分支开关　　D. 公共绕组套管

192. 1000kV 气体绝缘封闭式组合电器局部放电试验常用（　　）。 答案：AC
A. 超高频法（UHF）　　B. 地电波法
C. 超声波法　　D. 光波法

193. 根据 GB/T 24846—2018《1000kV 交流电气设备预防性试验规程》，特高压变压器调压补偿变压器油中溶解气体检测建议周期为（　　）。 答案：BCD
A. 运行中每季度　　B. 运行中每月
C. 必要时　　D. 新装、大修后的 1、2、3、4、7、10、30 天

194. 根据 GB/T 24846—2018《1000kV 交流电气设备预防性试验规程》，特高压 GIS 组合电器 SF_6 电气设备的湿度检测建议周期为（　　）。 答案：ABC
A. 3 年　　B. 大修后
C. 必要时　　D. 交接验收耐压试验前后

195. 特高压长线路继电保护装置采用 TPY 型电流互感器是因为（　　）。 答案：ACD
A. 短路过渡过程中非周期分量大，衰减时间常数大
B. 运行电压高
C. 保护要求快速动作
D. 短路电流幅值大

196. 下列关于高、低压并联电抗器容量的配置要求，正确的有（　　）。 答案：BD

A. 应考虑 1000kV 系统的线路断路器的变电站侧工频过电压不超过 1.1 倍系统最高运行电压
B. 应考虑 1000kV 系统的线路断路器的变电站侧工频过电压不超过 1.3 倍系统最高运行电压
C. 线路侧短时（0.5s）不超过 1.3 倍系统最高运行电压
D. 线路侧短时（0.5s）不超过 1.4 倍系统最高运行电压

197. 下列（ ）属于阀短路保护动作的后果。 答案：ABCD

A. 换流器 X 类闭锁
B. 跳换流变压器交流侧断路器
C. 启动断路器失灵保护
D. 闭锁换流变压器交流侧断路器

二、判断题

1. 直流输电系统中换流装置的桥臂短路故障只可能发生在桥臂的反向电压阻断期间。( )

答案：×

2. 直流输电系统中的整流桥臂在反向电压下发生反向导通时，故障阀的电流波形在一个周期内有 2 个下降沿。( )

答案：√

3. 换流桥直流端母线短路是指换流桥出线至直流线路电抗器之间发生的短路故障。( )

答案：√

4. 逆变器发生换相失败时直流电流等于零，交流电流不等于零。( )

答案：×

5. 就我国而言，交流特高压电网指的是 1000kV 电网；特高压直流指的是±800kV 直流系统。( )

答案：√

6. 理论上，输电线路的输电能力与线路电压的平方成反比，与输电线路的波阻抗成正比。( )

答案：×

7. 建设特高压电网，可以大幅度提高电网自身的安全性、可靠性、灵活性和经济性，并具有显著的社会综合效益。( )

答案：√

8. 试验观测结果表明，如果特高压线路采用合理的导线结构和布置方式，不会对人类生活及其所依赖的生态环境造成危害，各项环境影响的控制指标甚至可能低于已运行的 500、750kV 超高压线路。( )

答案：√

9. 通过大量研究比对和科学论证，确定了晋东南—南阳—荆门输电线路为交流特高压试验示范工程的优选方案。( )

答案：√

10. ±800kV 直流输电方案的单位输送容量投资约为±500kV 直流输电方案的 72%。(　　)

答案：√

11. 特高压输变电工程的建设一般要经过特高压输电技术试验研究、特高压输变电设备研制、特高压输变电设备运行考核等几个阶段。(　　)

答案：√

12. 在输送相同功率的情况下，1000kV 线路的最远送电距离可以达到 500kV 线路的 2 倍。(　　)

答案：×

13. 建设坚强的特高压交流同步电网，不仅能够解决西北大煤电和部分西南水电的送出问题，还能够形成坚强的特高压受端电网，为西南水电的大规模送入和东部大核电基地的开发提供坚强的电网支撑。(　　)

答案：√

14. 特高压输电线路的无功补偿仅依靠固定高压并联电抗器加低压无功补偿设备的模式不够灵活方便，如果用串联电容器补偿代替固定电抗补偿，则能兼顾限制工频过电压和调节无功的需求。(　　)

答案：×

15. 电力系统内部过电压是指由于电力系统故障或者开关操作而引起电网中电磁能量的转化，从而造成瞬时或持续时间较长的高于电网额定工作电压并对电气装置造成威胁的电压升高。内部过电压是电力系统中的一种电磁暂态现象。(　　)

答案：√

16. 操作过电压具有幅值高、存在高频振荡、阻尼较强及持续时间长等特点。操作过电压对电气设备绝缘和保护装置的影响主要取决于其幅值、波形和持续时间。(　　)

答案：×

17. 我国超高压输电线路一般采用三相重合闸，以提高系统运行的稳定水平。为了提高三相重合闸的成功率，应注意重合闸过程的潜供电流和恢复电压问题。(　　)

答案：×

18. 谐振过电压是决定特高压输电系统绝缘水平的最重要依据。(　　)

答案：×

19. 特高压输电线路杆塔较高、绝缘水平高，能引起线路跳闸的雷电过电压主要是雷电感应过电压。(　　)

答案：×

20. 对特高压变电站合理设置避雷器(包括数量、位置)是最重要的防雷保护手段。(　　)

答案：√

21. 特高压输电线路的高电压导体需要用绝缘子与不同电位的导体、杆塔、构架、大地等隔离开来，绝缘子的型式主要有电瓷、玻璃和有机绝缘三种。(　　)

答案：√

22. 交流特高压输电线路设计需要考虑以下几方面的关键技术：导线选型及分裂形式、电磁环境影响、绝缘配合、大跨越设计技术、绝缘子金具防电晕、杆塔方案及荷载、导线对

地距离及交叉跨越等。(　　)

答案：√

23. 由于电压等级的提高，特高压输电线路金具除了具有超高压金具的基本特征外，还要满足在保护绝缘子、屏蔽电晕和无线电干扰方面的更高要求。在选择特高压金具时，首先应注意机械及电气两方面的安全可靠性，其次要注意选用高强度材料金具，以缩小结构尺寸。(　　)

答案：√

24. 根据设计部门的计算，对于超长距离、超大容量输电，±800kV 直流输电方案的单位输送容量综合造价约为±500kV 直流输电方案的 75%，节省工程投资效益显著。(　　)

答案：√

25. ±800kV、640 万 kW 特高压直流输电方案的线路走廊为 76m，单位走廊宽度输送容量为 8.4 万 kW/m，由于单回线路输送容量大，显著节省山谷、江河跨越点的有限资源。(　　)

答案：√

26. 特高压直流输电具备点对点、超远距离、超大容量送电能力，主要定位于我国西南大水电基地和西北大煤电基地的超远距离、超大容量外送。(　　)

答案：√

27. 由于特高压直流输电系统采用对称双极结构，每站每极采用了（500+500）kV 的换流器串联接线方案，这种多方面对称式的设计使特高压直流系统有更多接线方式，运行方便灵活，可靠性高。(　　)

答案：×

28. 换流站内的换流器在正常的运行状态下，需要对电压和电流在某些相对固定的位置进行截断和导通控制，因此，换流器交、直流两侧的电流和电压状态量中，除主要的工频交流和直流分量外，还有众多的频率为工频奇数倍的谐波分量。(　　)

答案：×

29. 在直流输电系统中，通常用在换流器两侧设置滤波器的方法来消除换流器运行中产生的各次谐波。滤波器通常调谐在换流器的特征谐波频率处，就近构成特征谐波回路，避免谐波电流进入交、直流线路对通信及其他设施产生影响。(　　)

答案：√

30. 对于特高压直流输电线路的建设，尤其需要重视电晕效应、绝缘配合、电磁环境影响方面的研究。(　　)

答案：√

31. 在直流电压下，空气中的带电微粒会受到旋转电场力的作用被吸附到绝缘子表面，这就是直流的静电吸尘效应。(　　)

答案：×

32. 直流输电线路的绝缘配合设计就是要解决线路杆塔和档距中央各种可能的间隙放电，包括导线对杆塔、导线对避雷线、导线对地，以及不同极导线之间的绝缘选择和相互配合。(　　)

答案：√

33. 绝缘配合的基本原则就是研究分析可能作用于设备的各种电压（包括正常工作电压和过电压），采用就地限制过电压的方式，在保证设备足够安全的基础上尽可能简化避雷器配置。（　　）

答案：√

34. 与平原地区相比，高海拔地区的输变电设备的外绝缘要选择较低的绝缘配置。（　　）

答案：×

35. 特高压直流换流站包括交流开关场、换流变压器场、换流阀厅、直流开关场、主控楼及辅助建筑六个部分。（　　）

答案：√

36. 交流输电线路电磁环境影响主要考虑工频电场、工频磁场、无线电干扰和可听噪声四个指标。直流输电线路的电磁环境指标主要考虑直流电场、离子流、直流磁场、可听噪声和无线电干扰。（　　）

答案：√

37. 新投运线路的可听噪声和无线电干扰比运行一段时间后的线路的小。（　　）

答案：×

38. 架空输电线路发生电晕放电时，会向空中辐射电磁波，可能对线路附近的无线电和电视接收产生干扰。从频谱特性看，输电线路的无线电干扰水平在低频段较低。（　　）

答案：×

39. 直流输电线路下的空间电场由两部分合成：①由导线所带电荷产生，这种场与导线排列的几何位置有关，与导线的电压成正比，通常称之为静电场或标称电场；②由空间电荷产生。这两部分电场的向量叠加，称为合成电场。（　　）

答案：√

40. 采用增加分裂导线数目和增大子导线截面等措施可以限制输电线路的无线电干扰和可听噪声。（　　）

答案：√

41. 铁路运输具有安全、快捷、稳定等固有优势，现有的运输条件完全可以满足特高压变压器的运输要求。（　　）

答案：×

42. 特高压配电装置主要可分为空气绝缘敞开式配电装置（AIS）和 SF_6 气体绝缘金属封闭配电装置（GIS）两种型式。（　　）

答案：√

43. 我国开发特高压可控电抗器的总体思路是首先开发 1000kV 固定高抗和 500kV 可控高抗，在此基础上开发特高压可控电抗。（　　）

答案：√

44. 直流工程中，送端进行整流变换的变电站叫整流站，而受端进行逆变变换的变电站叫逆变站。（　　）

答案：√

45. 背靠背直流系统是输电线路长度为零的两端直流输电系统。（　　）

答案：√

46. 单极系统的接线方式只有单极金属回线方式一种。(　　)

答案：×

47. 直流输电不存在交流输电的稳定性问题，有利于远距离大容量送电。(　　)

答案：√

48. 为了得到换流变压器阀侧绕组的电压相位差 30°，其阀侧绕组的接线方式必须是一个为星形接线，另一个为三角形接线。(　　)

答案：√

49. 可能发生谐波不稳定是等触发角控制方式的主要缺点。(　　)

答案：√

50. 如果交流系统三相电压对称，在等相位间隔控制作用下，各阀的触发角是不相等的。(　　)

答案：×

51. 在高压直流输电控制系统中，换流器控制是基础，它主要通过对换流器触发脉冲的控制和对触发角的控制，完成对直流传输功率的控制。(　　)

答案：×

52. 高压直流输电工程的基本控制原则是电流裕度法。(　　)

答案：√

53. 正常运行时，通常以逆变侧定直流电流运行，整流侧定关断角或直流电压运行。(　　)

答案：×

54. 设置低压限流特性的目的是改善故障后直流系统的恢复特性。(　　)

答案：√

55. 整流侧直流电压控制的主要目的是控制功率。(　　)

答案：×

56. 直流输电启停控制主要包括直流输电系统从停运状态转变到运行状态，以及输送功率从零增加到给定值或从运行状态转变到停运状态的控制功能。(　　)

答案：√

57. 直流输电系统在运行中发生故障，保护装置动作后的停运称为保护停运。(　　)

答案：×

58. 自动再启动是在直流输电架空线路瞬时故障后迅速恢复送电的措施。(　　)

答案：√

59. 高压直流输电系统一般有定功率和定电压两种基本的输电控制模式。(　　)

答案：×

60. 功率控制有手动控制和自动控制两种运行控制方式。(　　)

答案：√

61. 换流变压器分接头控制是直流输电控制系统中用于自动调整换流变压器相位的一个环节，其目的是为了维持整流器的触发角（或逆变器的关断角）在指定范围内或者维持直流电压或换流变压器阀侧绕组空载电压在指定的范围内。(　　)

答案：×

62. 直流输电运行人员控制是为运行人员进行直流输电运行而设的控制、操作及监视功能。(　　)

答案：√

63. 控制保护系统通常由蓄电池系统直接供电，蓄电池通过站用交流电源浮充电运行。(　　)

答案：×

64. 为了保证系统的可靠性，蓄电池及充电系统都应只有一套。(　　)

答案：×

65. 换相失败是换流阀内部或外部绝缘损坏或被短接造成的故障，这是换流器最为严重的一种故障。(　　)

答案：×

66. 直流侧出口短路是指换流器直流端子之间发生的短路故障。(　　)

答案：√

67. 整流器直流侧出口短路与阀短路的最大不同是换流器的阀仍可保持双向导通的特性。(　　)

答案：×

68. 直流输电换流器由控制系统的触发脉冲控制，保证直流系统的正常运行。(　　)

答案：√

69. 换流器控制系统的故障体现在触发脉冲不正常，从而使换流器工作不正常。(　　)

答案：√

70. 直流极母线故障主要指接在母线上的无功补偿设备发生对地闪络故障。(　　)

答案：×

71. 直流极母线故障在整流站像是换流器直流出口对地短路，在逆变站像是直流线路末端对地短路。(　　)

答案：√

72. 直流滤波器一般接在直流极母线和中性母线之间。(　　)

答案：√

73. 交流系统故障对直流系统的影响是通过加在换流器上的直流电流的变化而起作用的。(　　)

答案：×

74. 直流线路故障，一般以遭受雷击、污秽或树枝等环境因素所造成线路绝缘水平下降而产生的对地闪络为主。(　　)

答案：√

75. 换流器的过电流保护是主保护，电流差动保护是其后备保护。(　　)

答案：×

76. 直流线路故障的主保护是直流线路行波保护。(　　)

答案：√

77. 特征谐波是指在理想的条件下单纯由于换流产生的谐波。（ ）

答案：√

78. 最常用的直流滤波器为双调谐滤波器。（ ）

答案：√

79. 直流输电工程的最小输送功率主要取决于工程的最小直流电流，而最小直流电流则是由最小触发角决定的。（ ）

答案：×

80. 直流系统降压运行时换流器的触发角比额定电压运行时要小。（ ）

答案：×

81. 直流输电的潮流反转有正常潮流反转和非正常潮流反转。（ ）

答案：×

82. 直流输电的潮流反转有手动潮流反转和自动潮流反转。（ ）

答案：√

83. 换流变压器的损耗和电力变压器一样，也有空载损耗和负荷损耗。（ ）

答案：√

84. 在直流输电系统中为实现换流所需的三相桥式换流器的桥臂，称为换流阀。（ ）

答案：√

85. 换流变压器与换流阀一起实现交流电与直流电之间的相互转换。（ ）

答案：√

86. 交流滤波器与直流滤波器一起构成换流站直流侧的直流谐波滤波回路。（ ）

答案：×

87. 换流器消耗的无功功率与直流输电的直流电压成正比。（ ）

答案：×

88. 晶闸管需要在阳极和阴极之间加正向电压，并且控制极上有足够强度的触发脉冲才能导通。（ ）

答案：√

89. 紧急移相是将触发角迅速增加到90°以上，将换流器从逆变状态变到整流状态，以减小故障电流，加快直流系统能量释放，便于换流器闭锁。（ ）

答案：×

90. 电压应力保护的目的是通过连锁换流变压器分接开关，避免交流电压对所有换流设备产生过高的电气应力，避免阀避雷器过应力及换流变压器过励磁。（ ）

答案：√

91. 直流保护配置的原则是可靠性、灵敏性、选择性、快速性、可控性、安全性、可修性。（ ）

答案：√

92. 直流保护的特点是微机化、与直流控制系统关系密切、多重冗余配置。（ ）

答案：√

93. 直流输电系统的直流侧设备中流过谐波电流只会对直流系统本身造成危害。（ ）

答案：×

94. 直流输电控制系统由换流阀控制级、单独控制级、换流器控制级、极控制级、双极控制级和系统控制级组成。(　　)

答案：√

95. 直流输电系统的优点包括输电线路造价低；可实现两端交流系统的非同步联网，并可隔离两端交流系统干扰的相互影响；交直流并联可用于提高交流系统的稳定性；输送功率的快速调节、控制能力强。(　　)

答案：√

96. 两端直流输电系统由整流站和逆变站组成。(　　)

答案：×

97. 两端直流输电系统可分为单极系统、双极系统和背靠背直流输电系统三种类型。(　　)

答案：√

98. 6 脉动换流器在交流侧和直流侧分别产生 $12k \pm 1$ 次和 $12k$ 次特征谐波，12 脉动换流器在交流侧和直流侧分别产生 $6k \pm 1$ 次和 $6k$ 次特征谐波。(　　)

答案：×

99. 换流器触发相位控制有等触发角控制和等相位间隔控制两种控制方式。(　　)

答案：√

100. 换流站装设的无功功率补偿设备通常有交流滤波器、并联电容器、并联电抗器等。(　　)

答案：√

101. 换流器故障可分为主回路故障和控制系统故障两种类型。(　　)

答案：√

102. 直流线路断线将造成直流系统开路，直流电流下降到零，整流器电压上升到最大限值。(　　)

答案：√

103. 直流输电系统潮流翻转可分为手动潮流翻转和自动潮流翻转，以及正常潮流翻转和紧急潮流翻转。(　　)

答案：√

104. 直流输电工程由于绝缘问题或在检修状态下需要降低直流电压运行。(　　)

答案：×

105. 直流输电工程不能运行在双极电压和电流均不对称方式。(　　)

答案：×

106. γ -kick 功能，即 γ 角跃变功能，在交流滤波器或并联电容器切除时，瞬时增加 γ 角整定值，以提高换流器无功功率的消耗，进而限制交流电压阶跃，此功能在整流侧和逆变侧都可以使用。(　　)

答案：×

107. 根据电流裕度控制原则，逆变器也需装设电流调节器，不过逆变器定电流调节器的整定值比整流器小，因而在正常工况下逆变器定电流调节器不参与工作。(　　)

答案：√

108. "误导通"的特征是：整流侧发生误导通时，因直流电压稍有上升，使直流电流也稍有上扬；逆变侧发生误导通时直流电压下降或发生换相失败，使直流电流增加。(　　)

答案：√

109. 金属回线转换断路器（MRTB）保护的目的是当电流从大地回线向金属回线转移失败时，保护金属回线转换断路器。其工作原理是测量两条接地极引线的直流电流，当断路器断开并且直流电流在一定时间后仍不为零，保护动作。(　　)

答案：√

110. 当特高压线路上发生故障，导致一侧保护动作跳开三相时，保护装置向对侧发远方三相跳闸信号，对侧收到远跳信号后直接跳三相。(　　)

答案：√

111. 1000kV 晋东南—南阳—荆门特高压交流试验示范工程的变压器由本体变压器和调压补偿变压器两部分组成。(　　)

答案：√

112. 特高压线路光纤差动保护必须考虑暂态电容电流的影响。(　　)

答案：√

113. 特高压输电线路输送潮流只和自然功率有关。(　　)

答案：×

114. 特高压输电线路加装串补电容的目的是提高线路输送能力。(　　)

答案：√

115. 交直流混联电网的换流器与交流同步电网中的发电机不同，整流侧换流器不能提供短路电流，逆变侧换流器由于换相失败、控制系统的调节作用等，其故障时不具备交流发电机的故障特征。(　　)

答案：√

116. 交直流混联电网交流系统故障时，对交流被保护元件而言，其背侧系统的正负序阻抗幅值和相角相等。(　　)

答案：×

117. 特高压线路串补电容的引入缩短了距离保护的保护范围。(　　)

答案：×

118. 直流输电采用单极大地回线运行方式时，容易引起电网中变压器的直流偏磁现象。(　　)

答案：√

119. 直流滤波器的主要作用是防止换流器换流所产生的谐波电流对通信系统的干扰，而背靠背换流站可以不装设直流滤波器。(　　)

答案：√

120. 整流器和逆变器均需要吸收无功功率。(　　)

答案：√

121. 换流阀阀塔安装结构主要有悬挂式和支撑式两种。(　　)

答案：√

122. 直流输电保护应不依赖于两换流站之间的通信系统。(　　)

答案：√

123. 直流输电控制系统故障有误触发、不触发两种。(　　)

答案：√

124. 接地极的作用是钳制中性点电位和为直流电流提供返回通路。(　　)

答案：√

125. 忽略换流器的损耗，交流功率等于直流功率。(　　)

答案：√

126. 单调谐滤波器是由电阻 R、电感 L 和电容 C 等元件串联组成的滤波电路，它在某一低次谐波（或接近低次谐波）频率的阻抗最小，它是一种并联滤波器。可同时抑制两种谐波。(　　)

答案：×

127. 双调谐滤波器对两种低次谐波同时具有很低的阻抗，可同时抑制两种特征谐波。(　　)

答案：√

128. 双桥逆变器当熄弧角过小时，双桥逆变器会发生换相失败，导致逆变器直流侧短时间的短路，直流电流偏低。(　　)

答案：×

129. 双桥逆变器如果发生连续换相失败，则直流电流增加过多，直流控制与保护系统将动作，采取故障紧急移相的控制措施，使高压直流输电系统单极或双极停止运行。(　　)

答案：√

130. 采用普通晶闸管换流阀进行换流的高压直流换流站，一般采用电网电源换相控制技术，其特点是换流器在运行中要从交流系统吸取大量的无功功率。(　　)

答案：√

131. 直流电流是恒定的（平波电抗器 L_d 阻止了 I_d 的变化），由于每个阀导通 120°，交流线电流变成幅值为 I_d、宽度为 120°的方波，则交流线电流的波形与 α 无关，只有相位移随 α 变化。(　　)

答案：√

132. 自然功率是在输电线路首端连接幅值为标称电压（U_n）的电源、末端连接幅值与线路波阻抗相等的电阻负荷时所输送的功率。(　　)

答案：√

133. 特高压系统主要考虑合闸（包括单相重合闸）、分闸和接地短路过电压三种类型的操作过电压。(　　)

答案：√

134. 1000kV 主变压器采取了中性点变磁通调压的调压方式。(　　)

答案：√

135. 采用特高压实现联网，坚强的特高压交流同步电网中线路两端的功角差一般可控制在 20° 及以下。因此交流同步电网越坚强，同步能力越大，电网的功角稳定性越好。(　　)

答案：√

136. 1000kV 线路保护一般采用 TPY 暂态型电流互感器，其原因之一是因为 500kV 系统的时间常数较小，导致短路电流非周期分量的衰减时间加长，短路电流的暂态持续时间加长。(　　)

答案：×

137. 1000kV 变压器主体变压器 1000kV 和 500kV 零序过流保护（带方向）作为变压器及出线的总后备，时间与线路的反时限方向零序电流配合。(　　)

答案：×

138. 1000kV 边断路器失灵联跳本母线其他断路器应与母线保护共用出口。(　　)

答案：√

139. 特高压高抗设备乙炔一般在 800~1200℃温度下产生。(　　)

答案：√

140. 特高压变压器调压变压器和补偿变压器既配置有差动保护，又配置有后备保护。(　　)

答案：×

141. 特高压调压补偿变压器故障时，主体变压器的差动保护灵敏度不够，所以配置调压补偿变压器差动保护作为调压补偿变压器的主保护。(　　)

答案：√

142. 特高压主体变压器过励磁保护一般安装在变压器的非调压侧，取 1000kV 侧电压，包括定时限和反时限功能。(　　)

答案：√

143. 特高压线路单位电感与单位电阻的比值明显增大，导致时间常数增大，若特高压系统发生短路故障，短路电流中非周期分量的衰减相比常规电压等级系统会变慢。(　　)

答案：√

144. 1000kV 主变压器停役或充电前，现场运维人员应确认该 1000kV 主变压器 110kV 侧无功补偿装置未投入，且母线电压满足相关要求。(　　)

答案：√

145. 1000kV 母线保护应设置灵敏的、不需整定的失灵开放电流元件并带一定裕度的固定延时，防止由于失灵开入异常等原因造成失灵联跳误动。(　　)

答案：√

146. 1000kV 变压器保护包含主体变压器保护和调压补偿变压器保护。主体变压器保护和调压补偿变压器保护应分布于不同保护装置内，并单独组屏。(　　)

答案：√

147. 交流特高压继电保护整定应本着强化主保护、简化后备保护的原则，合理配置线路及元件的主、后备保护，保护整定可以适当进行简化。在两套主保护拒动时，后备保护应能可靠动作切除故障，不允许失去选择性。(　　)

答案：×

148. 特高压主变压器、高抗的非电量保护，110kV 及以下继电保护由设备所在运维单位整定，并报上级调度部门备案。(　　)

答案：√

149. 1000kV 主变压器主体变压器的阻抗保护利用正向偏移阻抗作为母线的后备保护（110kV 除外）。（　　）

答案：×

150. 特高压主变压器 1000kV 侧和 500kV 侧后备阻抗保护方向均指向变压器，并带一定的反向偏移。当两套母差保护同停时，应调整相应主变压器阻抗保护时间（从 1.0s 调整至 0.4s）。（　　）

答案：×

151. 1000kV 高抗主保护为差动保护，后备保护为匝间保护。（　　）

答案：×

152. 1000kV 线路电流差动保护应有专门的措施，以消除特高压系统产生的谐波和直流分量的影响，并对电容电流尤其是稳态电容电流进行补偿。（　　）

答案：×

153. 1000kV 并联电抗器应装设匝间短路保护，保护应带时限动作于跳闸。（　　）

答案：×

154. 特高压变压器的重瓦斯保护作用于跳闸，轻瓦斯保护作用于信号。（　　）

答案：×

155. 在我国特高压电网指的是 1000kV 交流电力系统和±1100kV 直流电力系统。（　　）

答案：×

156. 对于特高压变压器，由于中压为 500kV，若采用 500kV 线端调压，绝缘水平相对较高，线端入波时调压开关和调压绕组受到较高电场的作用，不仅绝缘结构复杂，而且目前尚无可用的调压开关。因此，现阶段特高压变压器采用中性点变磁通调压方式。（　　）

答案：√

157. 加快特高压电网潜供电流熄灭主要采取两种措施：①加装高压并联电抗器中性点电抗；②使用快速的接地开关（HSGS）。（　　）

答案：√

158. 对于主变压器加调压变压器、补偿变压器的变压器连接方式，必须为调压变压器和补偿变压器单独配置差动保护，以提高其区内故障匝间故障时的灵敏度。（　　）

答案：√

159. 特高压主变压器允许无调压补偿变压器运行。若两套调压补偿变压器差动保护均异常退出运行时，该调压补偿变压器应退出运行。（　　）

答案：√

160. 主变压器 1000kV 侧和 500kV 侧阻抗保护能作为主变压器低压侧的后备保护。（　　）

答案：×

161. 特高压主变压器调压变压器保护运行的定值应与 1000kV 变压器分接头档位一致。（　　）

答案：√

162. 1000kV 系统采用有效接地方式，允许 1000kV 变压器中性点不接地运行。（　　）

答案：×

163. 1000kV 线路并联电抗器回路宜采用不装设断路器和隔离开关的接线。(　　)

答案：√

164. 1000kV 主变压器宜采用主体变压器和调压补偿变压器分离的设计方案，运行中调压补偿变压器故障退出时主体变压器不可独立运行。(　　)

答案：×

165. 根据 GB/T 24847—2021《1000kV 交流系统电压和无功电力技术导则》，1000kV 降压变压器高压侧额定电压宜选 1~1.05 倍系统标称电压，中压侧的额定电压宜选 1.05~1.10 倍系统标称电压，低压侧的额定电压宜选系统标称电压。(　　)

答案：√

166. 充油电力设备在注油后应有足够的静置时间才可进行耐压试验，若制造厂无规定静置时间，1000kV 设备静置时间不小于 168h。(　　)

答案：√

167. 阀短路保护的判据是换流器交流侧电流大于直流侧电流。(　　)

答案：√

168. 接地极线过流保护属于双极保护。(　　)

答案：√

169. 控制保护系统状态管理以套为单位，包括主机、I/O 板卡、二次回路及附属设备、服务器和通信 5 个部分。(　　)

答案：√

170. 直流线路再启动逻辑降压重启设定为 1 次，则再启动逻辑执行闭锁前一定会执行降压重启 1 次。(　　)

答案：×

171. 双极功率控制模式的极在它的电流容量允许的情况下，尽可能地补偿了另一极以维持稳态功率整定值恒定。(　　)

答案：√

172. 直流输电换流变压器的短路阻抗在阀臂短路时起着限制故障电流的作用，一般取 12%~18%。(　　)

答案：√

173. 根据交流系统电压的跌落和频率高于或低于标称值，调制直流功率以帮助互联交流系统的故障恢复属于直流输电工程的典型调制控制功能。(　　)

答案：√

174. 双极区接地、金属回线接地、接地极引线接地等低压区接地故障，可以采用移相重启处理策略，但不宜使用线路再启动逻辑。(　　)

答案：√

175. 当发生危及直流测量装置安全的故障，而直流测量装置的有关保护装置没有动作时，应立即手动将直流测量装置停运。(　　)

答案：√

176. 直流线路测量光 TA 故障时，极母线差动保护、极差动保护、直流线路纵差保护都有可能动作。(　　)

答案：√

三、简答题

1. 直流架空输电线路相对于交流架空输电线路的优点是什么?

答: 直流架空输电线路只需正负两极导线、杆塔结构简单、线路造价低、损耗小。

2. 简述晶闸管换流阀的特点。

答: 单向导电性；换流阀的导通条件是阳极对阴极为正电压，对控制极加能量足够的正向触发脉冲，两个条件必须同时具备，缺一不可；换流阀的控制极无关断能力，只有当经换流阀的电流为零时才能关断，它是靠外回路的能力来进行关断的。

3. 柔性直流输电具有什么特点?

答:（1）可减少换流站的设备，简化换流站的结构；

（2）由于采用了新型换流器，使输电工程具有良好的运行性能。

4. 换流变压器分接头的角度控制与电压控制相比，有什么优缺点?

答: 角度控制与电压控制相比，其优点是换流器在各种运行工况下都能够保持较高的功率因数，即输送同样的直流功率，换流器吸收的无功功率较少；其缺点是分接头动作次数较频繁，因而检修周期较短，分接头调压范围也要求宽些。

5. 简述整流站阀短路的特征。

答: 交流侧交替地发生两相短路和三相短路；通过故障阀的电流反向，并剧烈增大；交流侧电流激增，使换流阀和换流变压器承受比正常运行大得多的电流；换流桥直流母线电压电压下降；换流桥直流侧电流下降。

6. 简述换相失败的特征。

答: 关断角小于换流阀恢复阻断能力的时间；6 脉动逆变器的直流电压在一定时间下降到零；直流电流短时增大；交流侧短时开路，电流减小；基波分量进入直流系统。

7. 简述阀触发异常保护的目的。

答: 阀触发异常保护的目的是检测发出控制脉冲后换流阀是否导通，检测意外的阀触发，防止被选为投旁通对的阀不能导通，检测投旁通对阀的意外导通。

8. 换流站中的主要设备有哪些?

答：换流阀、换流变压器、平波电抗器、交流开关设备、交流滤波器及交流无功补偿装置、直流开关设备、直流滤波器、控制与保护装置、远程通信系统等。

9. 简述平波电抗器的作用。

答：防止由直流线路或直流开关站所产生的陡波冲击波进入阀厅，从而使换流阀免受过电压应力而损坏；平滑直流电流中的纹波，能避免在低直流功率传输时电流的断续；抑制电流变化率以降低换相失败。

10. 为什么直流保护要进行系统切换？切换系统是如何进行的？

答：一些保护动作可能是由于有效（运行中的）控制系统某些部分出现错误引起的，如测量失灵，即与控制系统失灵有关的过流和过压。为避免控制系统失灵造成不必要的跳闸，有些保护会将切换到冗余控制保护系统作为第一步。如果保护动作是因控制系统失灵引起的，当切换到另一套保护系统后，跳闸情况将消失，提高了保护动作的可靠性。

在工作系统的保护发出跳闸命令前，在允许的时间内首先进行系统切换，如果冗余系统也发出跳闸指令，则跳闸命令出口，否则跳闸命令不出口。

11. 直流系统保护分为哪几个保护区？

答：换流阀保护区、换流变压器保护区、极保护区、双极保护区、交流滤波器保护区。

12. 按直流系统保护所针对的情况，配置的保护分为哪几类？

答：第一类：针对故障的保护，如阀短路保护；

第二类：针对过应力的保护，如过电压保护；

第三类：针对器件损坏的保护，如电容器不平衡保护；

第四类：其他，如功率振荡等。

13. 有哪几种情况会引起换相失败？

答：逆变器换流阀短路、逆变器丢失触发脉冲、逆变侧交流系统故障等均会引起换相失败。

14. 晶闸管换流阀的运行触发角工作范围的优化选择应考虑哪些因素？

答：（1）满足额定负荷、最小负荷和直流降压等各种运行方式的要求；

（2）满足正常启停和事故启停的要求；

（3）满足交流母线电压控制和无功调节控制等要求。

15. 投旁通对的目的是什么？

答：由于旁通对投入后直流回路被旁通对短路，换流器的交流侧只有旁通对连接的交流相与直流回路相连，其他两相被闭锁阻断，从而可以减少因故障而使换流变压器发生直流偏磁，从而也可以迅速断开交流侧断路器。

16. 特高压线路保护设置直跳保护的目的是什么？

答：根据 1000kV 特高压输电系统过电压及电磁暂态分析的专题研究，在发生单相接地故障三相甩负荷、故障侧发生开关拒动时需要采取措施，使非故障相承受工频过电压的持续时间在 0.1s 内，以使过电压的幅值限制在 1.4p.u.内。显然发生上述情况时，如果通过失灵保护出口不能满足上述要求，因此需要在保护三跳时，向对侧传送信号，满足单相接地故障时一侧三相跳闸甩负荷、另一侧断路器发生拒动时，在非故障相的工频过电压持续时间应小于 0.1s。

17. 1000kV 晋东南—南阳—荆门特高压交流试验示范工程在启动调试期间开展了哪些试验项目？

答：启动调试期间先后完成了主变压器零起升压、线路零起升压，空载变压器投切、空载线路投切，1000kV 线路并、解列，联络线功率控制，低压电抗器/电容器投切，南阳开关站拉环流，系统动态扰动，大负荷和人工短路接地等 15 大项试验。

18. 简述特高压变压器保护与常规变压器保护的区别。

答：由于主体变压器保护对调压补偿变压器没有灵敏度，变压器保护由主体变压器保护和调压补偿变压器保护组成；调压补偿变压器保护根据档位设 9 组定值，根据不同的运行方式手动切换定值区。

19. 1000kV 特高压交流线路的特性对特高压线路保护主要有哪些影响？

答：（1）由于线路高抗高补偿度，特高压线路故障或线路跳闸后，电抗器电感与线路分布电容易发生谐振，谐振产生过电压和各种谐波；

（2）电容式电压互感器（CVT）的暂态过程对线路保护装置的动作行为产生影响；

（3）由于特高压线路电容电流很大，将对线路差动保护的灵敏度产生严重影响，同时必须对暂态的电容电流进行补偿；

（4）特高压输电线路的输电距离较长，呈现出明显的分布参数特性，距离继电器的测量阻抗可能不和故障距离成线性正比关系；

（5）特高压故障电流中高频分量更加接近工频，且其频率通常是非整次谐波，对数字滤波尤其是短数据窗的滤波算法设计提出了更高的要求；

（6）同塔双回线零序互感对线路距离保护和零序方向保护的影响较大。

20. 1000kV 线路设置远方跳闸及过电压保护的目的是什么？

答：配置 1000kV 线路设置远方跳闸及过电压保护是在线路一侧出现过电压或发生某些类型故障时，通过传输远方跳闸信号给对侧，从而达到切除对侧开关隔离故障的目的。

21. 简述低压限流特性的主要作用。

答：避免逆变器长时间换相失败，保护换流阀；在交流系统出现干扰或干扰消失后使系统保持稳定，有利于交流系统电压的恢复；在交流系统故障切除后，为直流系统的快速恢复创造条件，在交流电压恢复期间，平稳增大直流电流来恢复直流系统。

22. 说明直流系统再启动的过程。

答：在直流系统发生闪络故障时，直流线路保护动作，启动再启动程序，将整流器控制角迅速增大到 120°~150°，变为逆变运行，使直流系统储存的能量很快向交流系统释放，直流电流迅速下降到零。等待一段时间，待短路弧道去游离后，再将整流器的触发角按一定速率逐渐减小，使直流系统恢复正常运行。

23. 换流变压器的功能是什么？

答：为换流阀提供换相电压；实现交、直流间的能量传输；实现交直流系统隔离；抑制网侧过电压进入阀本体。

24. 阀短路保护的目的和原理是什么？

答：保护的目的是保护晶闸管换流阀免受故障造成的过应力。其工作原理是利用阀短路、换流器交流侧相间短路或阀厅直流端出线间短路时换流器交流侧电流大于直流侧电流的故障现象作为保护的判据。在正常运行时，这些电流是平衡的；当发生阀短路时，故障阀和正在换相的正常阀流过高幅值电流；如果同一个六脉动阀组内第三个阀被触发，这种大电流也将流过这个阀；为避免这种情况，在第三个阀触发前，快速地检测故障，并且不投旁通对，立即闭锁换流器。

25. 直流输电工程采用的降压方法主要有哪些？

答：（1）加大整流器或逆变器的触发角；

（2）利用换流变压器分接头调节来降低换流器的交流侧电压，从而达到降低直流电压的目的；

（3）当特高压直流输电工程每极有两组基本换流单元串联连接时，可以利用闭锁一组换流单元的方法，使直流电压降低 50%；

（4）当直流输电工程由孤立的发电厂供电或整流站采用发电机—变压器—换流器的单元接线方式时，可以考虑利用发电机的励磁调节系统来降低换流器交流侧的电压，从而达到降低直流电压的目的。

26. 换流变压器中性点偏移保护的原理及特点是什么？

答：原理：对于每个六脉冲换流桥，通过阀厅换流变压器套管上的容性电压互感器测量换流变压器阀侧的相对地电压的矢量和，只要换流变压器闭锁且没有发生接地故障，矢量和将为零，在发生单相接地故障时，只要换流变压器闭锁，就不会出现严重的故障电流，但在相对地电压中会出现明显的零序分量。此保护检测这种分量，并将它与预定值比较。

特点：在换流变压器充电未解锁时投入，当换流变压器解锁时保护必须退出。

27. 什么是交直流输电比较的经济等价距离?

答：输送相同功率时，直流输电线路所用线材仅为交流输电线路的 1/2 ~ 2/3，直流输电线路走廊占地面积也大幅减少；但是，直流输电系统中换流站的造价和运行费用要比交流输电系统中变电站的高，当输电距离增加到一定值后，直流输电线路所节省的费用刚好补偿了换流站所增加的费用，此时的输电距离被称为交流输电与直流输电的等价距离。

28. 简述高压直流输电的主要技术缺点。

答：（1）直流换流站比交流变电站的设备多、结构复杂、造价高、损耗大、运行费用高；

（2）谐波较大；

（3）直流输电工程在单极大地回路方式下运行时，入地电流会对附近的地下金属体造成一定腐蚀，窜入交流变压器的直流电流会使变压器噪声增加；

（4）若要实现多端输电，技术比较复杂。

29. 什么是直流输电的换相重叠?它是如何产生的?

答：直流电流换相过程中，释放电流的相和接收电流的相同时承载电流，这叫作换相重叠。它的产生是由于换流变压器的漏磁电感只允许有限的电流变化陡度 di/dt，但换相过程不可能瞬时完成，而是需要一定的时间，在这个时间之内释放电流的相和接收电流的相将会同时承载电流。

30. 直流输电阀塔的均压电容器的作用是什么?

答：在每个阀组件中，在晶闸管级和阳极电抗器之间都连接有均压电容器，其作用是可以线性地分配阀的电压，使陡波冲击电压线性分布。

31. 直流平波电抗器有哪几种?其特点各是什么?

答：（1）干式平波电抗器，一般直流负荷不是很大时采用，对地绝缘简单，潮流反转时无临界介质场强，负荷电流和磁链成线性关系，暂态过电压较低，可听噪声低，质量轻，易于运输和处理，运行维护费用低，但对污秽比较敏感。

（2）油浸式平波电抗器，与干式平波电抗器相比，油浸式电抗器的特点几乎和它相反。油浸式电抗器有铁芯，容易增加单台电感量，油绝缘系统成熟，运行可靠，抗振性能好，采用干式套管取代水平穿墙套管，避免了水平穿墙套管的不均匀湿闪问题。

32. 高压直流线路运行时遭受雷击所采取的对策是什么?

答：直流线路受雷击后，通常是使整流器的触发角移相，使之变为逆变器运行，直流电压和电流很快降到零，经一定的去游离时间使故障点灭弧，再重新启动，直流系统恢复送电，类似于交流线路的重合闸。

33. 直流输电系统的潮流反转是如何实现的?

答：由于换流阀的单向导通性，直流回路中的电流方向是不能改变的。因此直流输电的潮流反转不是通过改变电流方向，而是改变电压极性来实现。此时需要改变两端换流站的运行工况，将运行于整流状态的整流站变为逆变站运行，而运行于逆变状态的逆变站变为整流站运行。

34. 直流输电控制系统一般分为哪几个层次等级?

答：一般分为系统控制级、双极控制级、极控制级、换流器控制级、单独控制级和换流阀控制级。

35. 简述直流输电的低电压限流。

答：低电压限流就是在某些故障情况下，当发现直流电压低于某一定值时，自动降低直流电流调节器的整定值，待直流电压恢复后，又自动恢复整定值的控制功能。

36. 简述直流输电为什么要采用电流裕度控制。

答：整流侧特性由定直流电流和定最小触发角两段直线构成；逆变侧特性由定直流电流和定关断角或定直流电压两段特性构成。为了避免两端电流调节器同时工作，引起调节的不稳定，逆变侧电流调节器的定值比整流侧一般小 0.1p.u.。

37. 直流输电频率限制控制功能的主要作用是什么?

答：频率限制控制功能是当直流系统两侧交流电网受到干扰引起频率波动时，通过调节系统间传输的直流功率使频率趋于稳定。特别是与直流系统连接的交流电网为独立的弱小交流系统的情况，当交流系统的发电丢失或线路故障引起频率波动时，通过调节传输的直流功率来维持系统稳定。对于受端为岛屿的情况，直流系统的启停也会对岛屿的交流系统造成频率波动。

38. 为什么极控系统中设置有最小触发角控制?

答：一般直流工程中，一个阀由数十个或上百个晶闸管串联组成，如果晶闸管控制极上施加触发脉冲的时刻，晶闸管的正向电压太低，会导致阀内各晶闸管导通的同时性变差，对阀的均压不利，因此必须设置最小触发角，世界上绝大多数直流工程采用的最小触发角为 5°。

39. 换流站内影响母线电压和无功的因素有哪些?

答：换流站内影响母线电压和无功的因素有：①连接的交流滤波器（或可用的交流滤波

器）及电容器小组；②换流器消耗的无功。

40. 直流站控通过什么方法来进行无功控制，其控制模式有哪些？

答：直流站控通过投切交流滤波器和电容器小组来满足设定的无功范围。其无功控制主要有定无功功率控制和定交流母线电压控制两种控制模式。

41. 交流滤波器小组根据什么要求进行投切？

答：交流滤波器小组根据下列要求进行投切：①无功功率要求；②谐波性能要求；③交流电压限制。

42. 何为高压直流保护系统的“三取二”配置？

答：“三取二”配置方式是指高压直流保护系统的三套硬件和电源独立的、功能完全相同的保护通道，输出采用“三选二”方式，即三套冗余的直流保护系统同时采集各点数据量，经逻辑判断后出口，只有三套中的两套及以上同时出口，直流保护指令才发出到相应回路。在一套保护故障时，剩下的两个通道能自动变成“二取一”。保护输出逻辑电路在硬件上应与保护设备分开，也应采取冗余措施。

43. 高压直流输电保护系统的保护策略有哪些？

答：在高压直流输电系统中，由于换流阀具有灵活的可控性，直流保护动作后，对故障的处理和交流有很大的区别，因为直流电流没有过零点，断路器无法开断故障电流，只有闭锁触发脉冲、极控系统限制电流等手段才能消除故障。

高压直流输电保护系统保护策略主要有：①闭锁触发脉冲；②紧急停运；③直流线路故障再启动；④换相失败恢复；⑤降电流；⑥投旁通对或禁止投旁通对；⑦切换极控系统等；⑧直流开关动作等。

44. 直流线路的雷击特点？

答：由于直流输电线路的两个极线路电压极性是相反的，根据异性相吸、同性排斥的原理，带电云容易向不同的直流线路放电。因此两个极在同一地点同时受到雷击的概率几乎等于零。直流线路遭受雷击时，线路电压会瞬时升高，当绝缘不能承受该电压时，就发生直流线路对地闪络。

45. 直流输电的滤波器分为哪几类？

答：按类型可以大致分为无源滤波器、有源滤波器、混合滤波器。按使用场合可以分为交流滤波器和直流滤波器。

46. 换流技术的发展经历了哪几个时期？

答：换流技术的发展是随着换流元件的发展而发展的，总体来说换流技术的发展大致经历了以下三个时期：①汞弧阀换流时期；②晶闸管阀换流时期；③新型半导体换流设备的应用时期。

47. 什么是高压直流线路绝缘子的“静电吸尘效应”？

答：空气在直流电压建立的电磁场作用下，带电微粒会受到恒定方向电场力的作用被吸附到绝缘子表面，这就是高压直流线路绝缘子的“静电吸尘效应”。

48. 直流输电单极大地回线接线方式有什么特点？

答：单极大地回线接线方式利用一根导线和大地（或海水）构成直流侧的单极回路，两端换流站均需接地。这种方式的大地（或海水）相当于直流输电线路的一根导线。单极大地回线接线方式的线路结构简单，可利用大地这个良导体，省去一根导线，线路造价低，但其运行的可靠性和灵活性均较差，同时对接地极的要求较高，使得接地极的投资增加。

49. 整流器的出口侧短路有何特点？

答：整流器出口侧短路是指高压直流母线和低压直流母线间的短路。如果出口短路出现在换流阀的正常工作期间，相当于发生了交流两相短路，当下一个阀导通时，形成了三相短路。如果出现在换相期间，将直接发生三相短路，但该故障出现的概率较小，因为两个母线间的空间距离较大。

整流器出口侧短路故障的特点是：

（1）直流母线电压下降很快且残压较小，直流线路电流减小；

（2）从交流侧来看，是通过换流器形成交替两相短路和三相短路；

（3）流过导通阀和换流变压器的电流剧增，且要承受比正常值大得多的电流；

（4）最大的特点是换流器的阀能保持单向导通的特性且能正常地触发。

50. 简述正常情况下直流输电系统的停运步骤。

答：正常情况下直流输电系统的停运步骤为：

（1）整流侧逐步减小直流电流至允许运行的最小值，同时交流滤波器根据系统无功功率的变化逐步切除；

（2）闭锁整流器触发脉冲，并退出整流侧其余交流滤波器小组；

（3）当直流电流降到零以后，闭锁逆变器的触发脉冲并退出逆变侧的交流滤波器小组；

（4）系统两端换流站分别操作直流场设备，使得直流线路隔离；

（5）系统两端换流站分别对交流滤波器进行停电操作。

51. 直流系统的紧急停运功能是怎样实现的？

答：当直流系统发生故障时，为了尽快消除故障点的直流电弧，保护直流输电设备，需要为直流系统设计紧急停运功能，其实现原理是将整流器的触发角 α 迅速移相至 120° ~ 150°之间，使得换流器转变为逆变器运行，让直流系统内的能量能够快速送回交流系统。当直流电流降至零时，将两端换流器的触发脉冲分别闭锁，接着跳开两侧换流变压器网侧交流断路器，实现交直流系统的隔离。

52. 直流线路故障再启动功能的作用是什么？

答：直流系统设计自动再启动功能的作用在于直流输电架空线路发生瞬时故障后够快速地恢复送电。通常直流输电系统的自动再启动过程为：当直流保护系统检测到直流线路瞬时故障后，整流器的触发角立即移相至 120° ~ 150°，使整流器转变为逆变器运行；当直流电流降到零后，再按照一定的速度减小整流器触发角，使其恢复整流运行，并快速调整直流电压和电流至故障前状态。直流线路故障再启动功能相当于交流输电线路的重合闸功能。

53. 简述高压直流输电线路的特点及类型。

答：直流输电线路是直流输电系统的重要组成部分，直流输电相对于交流输电，其架空线路的杆塔载荷较小，线路所需走廊也窄。在相同的输送功率下，直流输电可以节省大量有色金属、钢材、绝缘子等材料，线路造价较低。

按基本结构划分，直流线路可分为架空线路、电缆线路和架空—电缆混合线路三种类型。与使用电缆的系统相比，直流架空输电线路多采用双极系统。

54. 高压直流输电线路配置哪些保护？

答：直流线路是连接两个换流站的重要设备。直流线路的故障受天气、所经的环境、线路绝缘水平的影响。针对直流线路可能发生的故障，不同的直流系统设计了不同的保护，目的是确保准确、快速、可靠地切除故障。高压直流线路保护一般配置有：①行波保护；②直流微分低电压保护；③直流线路差动保护；④交、直流线路碰线保护；⑤谐波保护（50、100Hz 保护）；⑥直流电压突变量保护。

55. 换流变压器的功能作用是什么？

答：为换流阀提供换相电压；实现交、直流间的能量传输；实现交直流系统隔离；抑制网侧过电压进入阀本体。

56. 低压限流的主要作用是什么？

答：避免逆变器长时间换相失败，保护换流阀；在交流系统出现干扰或干扰消失后使系统保持稳定，有利于交流系统电压的恢复；在交流系统故障切除后，为直流系统的快速恢复创造条件，在交流电压恢复期间，平稳增大直流电流来恢复直流系统。

57. 1000kV 特高压交流线路与 500kV 交流线路相比，在电气特征上主要有哪些区别?

答: ①1000kV 线路阻抗角更接近 90°；②线路分布电容电流更大；③线路高抗的补偿比达 80%以上；④故障非周期分量衰减时间常数更大；⑤故障电流的高频分量更接近工频。

58. 1000kV 特高压变压器调压变压器差动保护为何在不同档位采用不同定值区?

答:（1）由于特高压变压器通过调节一台小的变压器（调压变压器）达到调节大变压器（特高压变压器）电压的目的，所以在调压过程中，小变压器必须经过大幅度的调压，才能带来大变压器电压微小的变化。这样就必然要求调压变压器的调压范围非常大，远远超过了一般变压器 20%左右的调压范围，并且由于其调压开关正方向调压的特殊性，在调压过程中，电流的相对极性也会发生变化。如果按照中压最大分接的位置统一考虑平衡，再考虑分接头调节过程中电流极性倒相的影响，产生的误差很大。

（2）以某一档位为基准的平衡方法不能适应其他档位的运行情况，这样在调压变压器档位调节过程中，保护装置必须采用不同的平衡系数来实现差动保护的平衡，故采用 9 套（21 套）定值区，每套定值区对应一个档位，对应不同平衡系数，改变分接头档位时，定值区切换对应位置，这样对应关系明确，不容易出错。

59. 简述特高压变压器中性点变磁通调压的优缺点。

答:（1）优点：

1）调压开关承受的电压不会很高，通过的电流不是很大。

2）可以使主体变压器和调压补偿变压器分开，简化 1000kV 主体变压器的结构，并可以在需要将无励磁调压改造为有载调压时，可仅对调压补偿变压器进行改造，主体变压器可以继续运行。

（2）缺点：

1）会引起 110kV 低压侧电压波动，必须设置补偿变压器进行补偿。

2）要用到三个铁芯，体积大，材料取用得多。

60. 何为 VFTO（特快速暂态过电压）?

答: GIS 和 HGIS 隔离开关操作或发生接地故障时，可产生 VFTO。VFTO 的特点是波前时间很短（<0.1μs），波前之后的振荡频率很高（>1MHz），幅值很高（最大值可达 3.0p.u.）。VFTO 可能损害 GIS、HGIS、变压器和电磁式电压互感器绝缘，也可能损害二次设备或对二次电路产生电磁骚扰。变压器与 GIS 经过架空线路相连时，在变压器上的 VFTO 幅值不高，波前时间变缓至雷电过电压波前时间范围内。变压器与 GIS 之间通过油气套管相连时，在变压器上的 VFTO 较严重，可能损害变压器匝间绝缘。应对相关操作方式下的 VFTO 加以预测，必要时隔离开关宜加装投切电阻，或避免可能引起危险的操作方式。

61. 影响 VFTO 特性的因素主要有哪些?

答：（1）隔离开关本体触头分合速度、触头形状；电极不对称及与之相关的隔离开关触头分合时电源电压的相位、重燃时击穿电压的大小、电弧的动态特性；以及隔离开关上一次操作在负载侧留下的残余电荷电压的大小和极性，残余电荷电压越高，下一次操作产生的 VFTO 可能越高。

（2）GIS 的主接线、GIS 元件参数（主要为等值电容）、隔离开关的位置和操作方式（如负载为短管线或长母线或两者的结合等）及与之相关的 VFTO 行波在 GIS 中波阻抗不连续点，如断路器、隔离开关、母线端部、绝缘子和套管等发生多次折反射，行波在不同时间及位置相互叠加产生不同波形幅值的 VFTO。

（3）运行中 GIS 绝缘发生闪络，截波性质电压行波在 GIS 管道中传播，在开路端或波阻抗变化点的折反射可产生很高的 VFTO，可能导致这些地点的绝缘再次闪络，扩大故障。这种情况下，VFTO 的大小与电压截断的变化率（陡度）、截断时间、电弧的电阻电感和 GIS 的主接线等多种因素相关。

（4）GIS 变电站设备参数与布置。

（5）击穿时刻电源电压的相位。

（6）隔离开关的分合闸速度及触头间隙击穿特性。

62. 特高压系统采取什么措施限制工频过电压？

答：（1）使用高压并联电抗器补偿特高压线路的充电电容。

（2）考虑使用可调节或可控高压并联电抗器。

（3）使用良导体地线。

（4）使用线路两端联动跳闸或过电压继电保护。

（5）使用金属氧化物避雷器（MOA）限制短时高幅值工频过电压。

（6）选择合理的系统结构和运行方式，以降低工频过电压。

63. GB/T 24847—2021《1000kV 交流系统电压和无功电力技术导则》对 1000kV 变电站的 1000kV 母线和 500kV 母线的允许偏差有哪些规定？

答：（1）1000kV 母线最高运行电压不得超过系统标称电压的 1.1 倍，最低运行电压不应影响电力系统功角稳定、电压稳定、厂用电的正常使用及下一级的电压调节；向空载线路充电时，在暂态过程衰减后 1000kV 线路末端电压不应超过系统标称电压的 1.15 倍，持续时间根据设备技术规范和系统运行条件研究确定。

（2）直接接入 1000kV 系统的发电厂 1000kV 母线和 1000kV 变电站的 500kV 母线：正常方式时，电压允许偏差为系统标称电压的 0～+10%；事故运行方式时，为系统标称电压的−5%～+10%。

64. 根据 GB/T 14285—2006《继电保护和安全自动装置技术规程》，1000kV 线路主保护双重化的具体含义是什么？

答：（1）设置两套完整、独立的全线速动主保护；

（2）两套全线速动保护的交流电流、电压回路，直流电源互相独立；

（3）每一套全线速动保护对全线路内发生的各种类型故障均能快速动作切除故障；

（4）对要求实现单相重合闸的线路，两套全线速动保护应有选相功能，线路正常运行中发生单相接地故障时，保护应有尽可能强的选相能力，并能正确动作跳闸；

（5）每套全线速动保护应分别动作于断路器的一组跳闸线圈；

（6）每套全线速动保护应分别使用互相独立的远方信号传输设备。

65. 根据 Q/GDW 11397—2015《1000kV 继电保护配置及整定导则》的规定，调压补偿变压器保护配置的基本要求有哪些？

答：（1）调压变压器和补偿变压器应单独配置双重化保护，调压变压器和补偿变压器不配置差动速断和后备保护；

（2）调压变压器和补偿变压器第一套电气量保护和非电量保护组一面屏，第二套电气量保护单独组屏；

（3）调压变压器和补偿变压器应装设瓦斯、压力释放等非电量保护。

66. 1000kV 电网为什么采用 TPY 级电流互感器？

答：由于 1000kV 电网一次系统的时间常数较大，特别是后期系统容量提升会增大一次系统时间常数（一次时间常数最大可达 160ms），一次系统短路电流直流分量较大。当线路发生短路时，线路保护、母差保护等需要在极短的时间做出反应，一旦 TA 铁芯在事故状态下发生饱和，二次输出波形会严重变形，不能如实反映一次电流，将造成系统事故扩大。鉴于此，只有采用具有暂态特性的 TA 才能满足继电保护的要求，特别是有重合闸操作要求时更应该选择 TPY 级 TA。

67. 对于特高压线路上装有并联电抗器的情况，并联电抗器的中性点为什么要经小电抗器接地？

答：特高压并联电抗器的中性点要经小电抗器接地是为了提高重合闸成功率。当故障线路故障相自两侧切除后，非故障相与断开相之间存在的电容耦合和电感耦合，继续向故障相提供电流，即潜供电流。由于潜供电流的存在，对故障点灭弧产生影响，使短路时弧光通道去游离受到严重阻碍，而自动重合闸只有在故障点电弧熄灭且绝缘强度恢复后才有可能重合成功。潜供电流值较大时，故障点熄弧时间较长，将使重合闸重合失败。而小电抗器可以限制或消除单相接地电弧的潜供电流，使电弧熄灭，提高重合闸成功率。

四、分析题

1. 说明换相失败的过程。

答：当逆变器两个换流阀进行换相时，因换相过程未能完成，或者预计关断的阀关断后在反向电压期间未能恢复阻断能力，当加在该换流阀上的电压为正时，换流阀立即重新导通，则发生了倒换相，使预计导通的换流阀重新关闭，这种现象称之为换相失败。

2. 简述直流输电系统故障紧急停运的过程。

答：直流输电系统故障紧急停运的过程是将整流器触发角移相到 120°~150°，直流线路两端换流器都处于逆变状态，使直流系统储存的能量很快向交流系统释放，当直流电流下降到零时，分别闭锁两侧换流器的触发脉冲，继而跳开两侧换流变压器的交流侧断路器，达到紧急停运的目的。

3. 简述降压运行的原因及运行过程中的注意事项。

答：（1）原因：

1）由于绝缘问题需要降低直流电压，在恶劣的气候条件或严重污秽的情况下，直流架空线路如果仍在额定直流电压下运行，则会产生较高的故障率，当采用降压方式时，可提高输电线路的可靠性和可用率。

2）由于无功功率控制需要降低直流电压。当直流输电工程被用来进行无功功率控制时，需要加大触发角来增大换流器消耗的无功功率，此时直流电压则相应降低。

（2）注意事项：

1）换流器冷却系统系统的温度是否过高；

2）换流站消耗的无功功率是否太多，这将引起换流站交流母线电压降低；

3）换流站交流测和直流测的谐波分量是否超标；

4）换流变压器和平波电抗器是否发热。

4. 请说明直流线路行波保护的原理。

答：行波保护用于检测直流线路上的接地故障。根据行波理论，电压和电流可认为是前行波和后行波的叠加，行波以固有的幅值和略低于光速的速度传播。电压突然变化（接地故障）将造成线路突然放电，在输电系统中产生涌流。这些波的不断反射会在电力系统中产生高频的暂态电压和电流，通过对瞬时电压和电流采样和已知的波阻抗，行波可以计算出来，从而可以检测直流线路接地故障。

5. 画出 6 脉动换流单元原理图。

答：如图 12-1 所示。

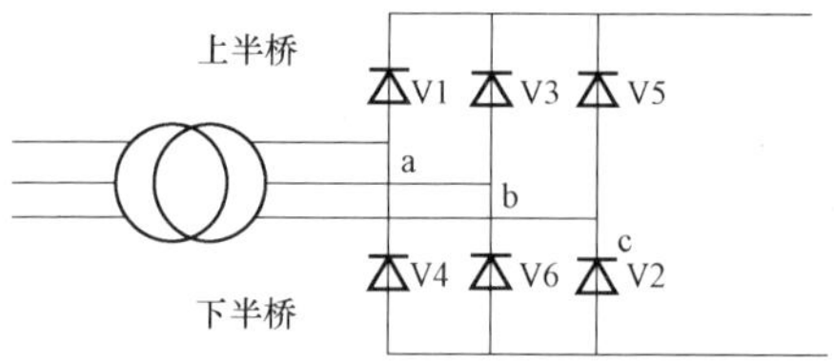

图 12-1

6. 计算 6 脉动整流器输出直流电压的平均值，已知交流侧线电压为 220kV，触发角 $\alpha=15°$，换相角 $\mu=20°$。

答：$U_{d0}=1.35E=1.35\times220=297(\text{kV})$

$$U_{d}=U_{d0}\frac{\cos\alpha+\cos(\alpha+\mu)}{2}=297\frac{\cos 15^{\circ}+\cos(15^{\circ}+20^{\circ})}{2}=297\frac{0.9659+0.8192}{2}=265(\mathrm{kV})$$

7. 请说明直流线路纵差保护的原理和特点。

答：纵差保护计算本站直流线路电流与对站直流线路电流的差值，然后与参考值比较，若超过了参考值，保护就动作。纵差保护必须依赖站间的正常通信，还必须补偿对站直流线路电流传输到本站的时差。

在下列情况下闭锁直流线路纵差保护：极启停过程中；逆变侧换相失败时；整流侧和逆变侧发生交流系统故障时。

8. 当运行控制系统故障时，应根据故障等级自动切换。简述控制系统故障后动作策略。

答：任何时候运行的有效控制系统应是双重化系统中较为完好的一套。

（1）当运行系统发生轻微故障时，若另一系统处于备用状态且无任何故障则系统切换。切换后，轻微故障系统将处于备用状态。当新的运行系统发生更为严重的故障时，还可以切换回处于备用状态的系统。

（2）当运行系统发生严重故障时，若另一系统无任何故障或轻微故障时则系统切换，若另一系统不可用则该系统继续运行。

（3）当运行系统发生紧急故障时，若另一系统处于备用状态则系统切换，切换后紧急故障系统不能进入备用状态，若另一系统不可用则闭锁直流。

（4）当备用系统发生轻微故障时，系统状态保持不变。当备用系统发生紧急故障时，应退出备用状态。

9. 简述换相失败预测功能的目的和实现方法。

答：（1）目的：为了尽量减少直流系统换相失败的危险，通常配置有换相失败预测控制功能，主要用于交流系统故障瞬间增大换相裕度。

（2）实现方法：①通过检测换相电压三相相量和，当其不为零时，认为发生了单相故障；②基于三相电压的 α/β 变换，当三相交流电压故障时，其 α/β 的矢量和与稳态相比将减小。当两种故障发生、其检测结果大于阈值时，则产生换相失败预测的触发角增量，增加关断角指令。

10. 论述特高压交流输电存在的关键技术问题。

答：（1）特高压交流输电系统的输送能力问题。为利用特高压交流实现远距离大容量输电，需要采取加装串补、中间落点加强无功/电压支撑等措施，提高输送能力。

（2）环境影响。由于电压等级大幅度提高，电晕损耗、可听噪声水平、电磁干扰、电场影响等问题增加。

（3）操作过电压。特高压系统的操作过电压水平比较高，是空气间隙的决定因素，而空气间隙的操作冲击耐受强度又有饱和趋势，需采取各种手段严格控制操作过电压水平。

（4）无功补偿。特高压输电线路长、充电功率大，当线路充电、退出或潮流变化时，系统电压可能出现很大波动，控制难度较大。

（5）系统的动态与暂态稳定性。系统的稳定问题比较突出，输送能力受到一定的限制，将与500kV主干架网络形成电磁环网模式运行。

（6）潜供电流和线路重合闸问题。特高压线路相间耦合电容较大，自熄弧时间长。

（7）短路电流非周期分量的影响。

11. 简述中性点无励磁调压特高压变压器调压及补偿原理。

答：（1）中性点无励磁调压，无励磁分接开关正反调压，在主体变压器的中性点侧串联调压变压器的调压绕组，通过改变调压绕组的极性及档位来调节主变压器中压侧电压。当主变压器中压侧电压较低时，将分接开关由额定5档向1~4档调节，此时调压绕组电压与主体变压器同相位，中压侧电压为原电压加上调压绕组电压，实现了电压的抬升。反之，当主变压器中压侧电压较高时，将分接开关由额定5档向6~9档调节，此时调压绕组电压与主体变压器反相位，中压侧电压为原电压减去调压绕组电压，实现了电压的降低。

（2）补偿原理：由于调压过程中主体变压器的磁通并非恒定不变，而是变化的，造成主体变压器低压侧电压在调压过程中波动较大。为使低压侧电压趋于恒定，在低压绕组中串联补偿变压器的补偿绕组，抑制了低压侧电压的波动。当分接开关由额定档向1~4档调节时，主体变压器磁通降低，低压侧电压降低，串联补偿绕组后的新电压为原电压加上补偿绕组电压，达到了稳定低压侧电压的目的。反之亦然。经补偿后的低压侧电压波动可由5%控制在1%以内。

12. 特高压交流输电线路无功功率的变化对线路电压有什么影响？怎么实现无功补偿？

答：在特高压交流输电线路输送功率较小时，并联电容产生的无功功率大于串联电抗消耗的无功功率，电网无功过剩较大，电压上升，危及设备和系统的安全；在线路末端三相开断或故障后非全相开断时，线路上将产生工频过电压，同样危及设备和系统的安全。

为了保持输电线路的无功平衡，特别是为了限制轻载负荷引起的电压升高和线路开断时引起的工频过电压，通常需要在线路送端和受端或其中一端装设固定高压并联电抗器来进行无功补偿。高压并联电抗器可以在线路带轻载负荷的情况下吸收线路并联电容发出的无功功率，减少过剩的无功功率，限制工频过电压。但是加装固定高压并联电抗器后，在输电线路带重载负荷的情况下，线路电抗需要吸收的无功功率将大于电容发出的无功功率，线路还需要从送端、受端吸收大量的无功功率。为保证正常的功率输送，通常还采用低压无功补偿设备。低压无功补偿设备一般安装在特高压变压器低压侧绕组，分为容性补偿设备和感性无功补偿设备，根据线路传输功率的变化分组投切。

13. 根据Q/GDW 11397—2015《1000kV继电保护配置及整定导则》规定，1000kV线路保护配置要求？

答：（1）1000kV线路保护应装设两套完全独立的主、后一体化保护，每套线路保护应单独配屏；

（2）1000kV 线路应配置快速反应近端严重故障的、不依赖于通道的快速距离保护；

（3）1000kV 线路应配置三段式接地、相间距离后备保护；

（4）1000kV 线路应配置一段反时限零序方向过流保护以保护高阻接地故障，零序功率方向元件采用自产零序电压并采取有效措施防止电压死区；

（5）1000kV 线路应采用分相电流差动保护作为线路主保护；

（6）1000kV 线路保护通道应采用 OPGW 型的光纤通道；

（7）每套线路保护需配置一套远跳就地判别装置，当需要配置线路过电压保护时，就地判别装置与过电压保护合用；

（8）远方跳闸保护采用经故障判据方式，就地故障判据可采用故障电流、故障电压和单相低有功、低功率因数角等；

（9）过电压保护应采用分相电压测量元件，过电压保护动作后经延时通过线路保护的远传回路跳线路对侧的断路器。

14. 1000kV 特高压变压器结构有何特殊，保护如何配置?

答：（1）1000kV 变压器在结构上分为主体变压器和调压补偿变压器两个器身。主体变压器为普通的自耦变压器，调压变压器的调压绕组串接于主体变压器的中性点侧实现中性点调压。调压变压器的励磁绕组并联于主体变压器的低压绕组。补偿变压器的补偿绕组串联于主体变压器的低压绕组侧，励磁绕组并联于调压变压器的调压绕组，实现调压过程中对低压侧电压的补偿。

（2）主体变压器保护配置主要有差动（纵差、差动速断、分侧差动）、1000kV 后备（1000kV 相间、接地距离、1000kV 零序过流、过励磁）、500kV 后备（500kV 相间、接地距离、500kV 零序过流）、110kV 后备（110kV 分支 1/2 过流、110kV 电压偏移、110kV 绕组过流）。

（3）为简化调压补偿变压器保护配置，只配置差动，不配置后备保护。主要有调压变压器差动（灵敏差动，有载调压时增加不灵敏差动）、补偿变压器差动。

15. 论述特高压系统对保护的主要影响。

答：（1）高抗高补偿度带来的影响，特高压线路故障或线路跳闸后，电抗器电感与线路分布电容易发生谐振，谐振产生的过电压和各种谐波，既影响电抗器保护匝间短路灵敏度；又使电抗器保护在线路单相故障后的非全相过程中易误动。

（2）特高压变压器的结构与以往的变压器相比有较大的变化，由主体变压器和调压补偿变压器两部分组成，主变压器保护配置明显复杂。

（3）特高压变压器的高、低压侧短路阻抗比明显增大，变压器的高压侧和低压侧短路时故障电流相对 500kV 系统明显减小，对变压器保护的灵敏度提出了更高的要求。

（4）特高压线路电容电流很大，对差动保护的灵敏度产生严重影响，安装高压并联电抗器后，补偿了部分稳态电容电流，有利于提高差动保护的灵敏度，但在空载合闸、区外故障及切除、重合闸等暂态过程中，暂态电容电流远远大于稳态电容电流，必须对暂态电容电流进行补偿。

（5）由于特高压变压器结构特殊，主变压器空充时励磁涌流中二次谐波分量偏小，励磁涌流中谐波特征与故障特征接近，造成保护误动，需要改进制动原理并进行消磁。

（6）特高压输电线路的输电距离较长，呈现出明显的分布参数特性，当故障发生在离保护安装处较远的位置时，距离继电器的测量阻抗就有可能不和故障距离成线性正比关系，并联高抗的接入使得测量阻抗更加线性化。

16. 画出特高压交流变压器接线示意图。

答：特高压交流变压器接线示意图如图 12−2 所示。1000kV 特高压变压器采用中性点调压方式，但调压变压器励磁电压的抽取有两种方式，从而使得变压器具有两种不同的内部结构：

（1）主变压器调压变压器励磁电源取自主体变压器低压绕组电压，通常称为非完全补偿方式；

（2）主变压器调压变压器励磁电源取自低压绕组和补偿绕组的串联，即低压侧电压，通常称为完全补偿方式。

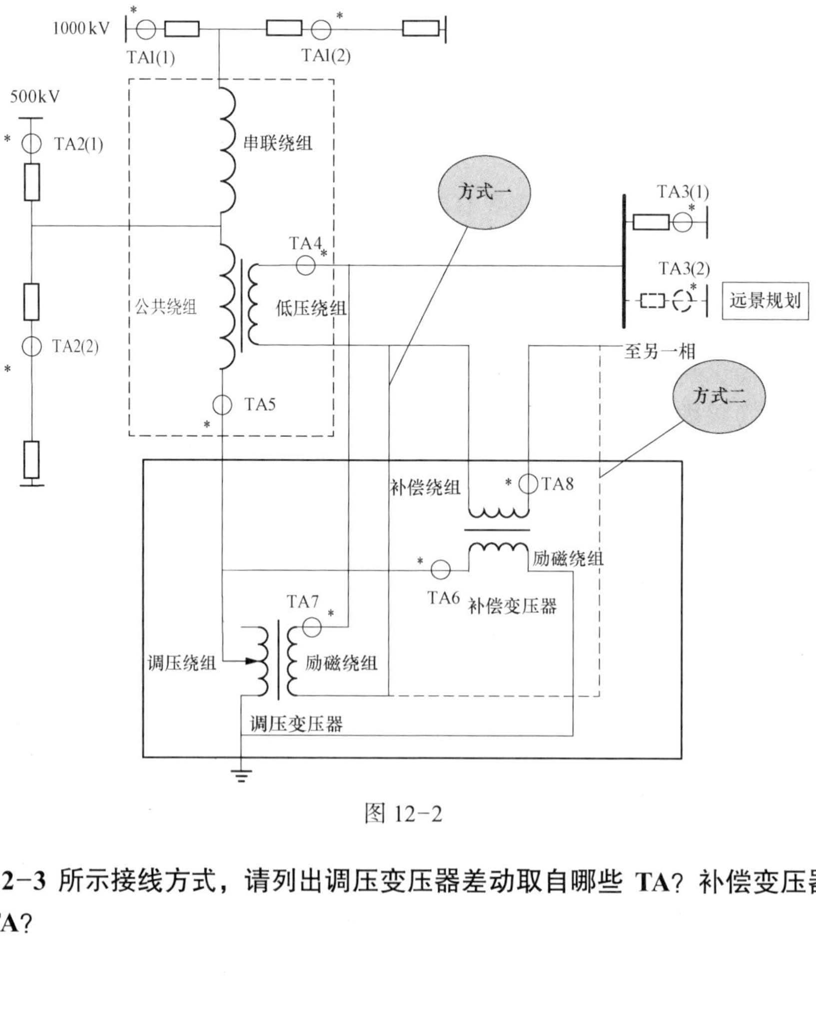

图 12−2

17. 如图 12−3 所示接线方式，请列出调压变压器差动取自哪些 TA？补偿变压器差动取自哪些 TA？

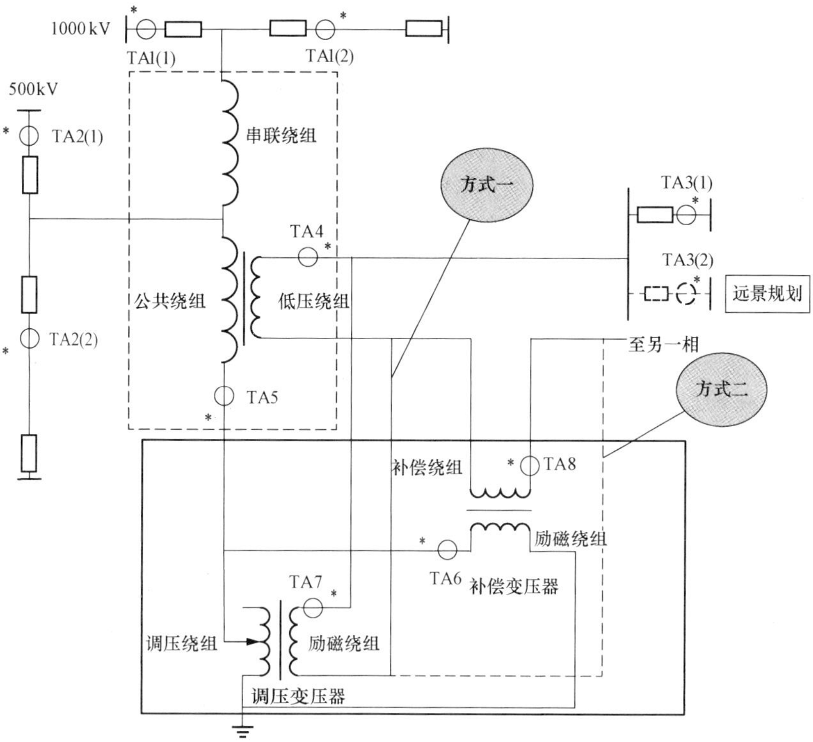

图 12-3

答：调压变压器差动取自 TA5、TA6、TA7；补偿变压器差动取自 TA6、TA8。

第十三章

柔性直流输电

一、选择题

1. 电压下垂控制是一种（　　）方法。 答案：A

A. 多点电压控制　B. 单点电压控制　C. 多点电流控制　D. 单点电流控制

2. 多端柔性直流输电系统中，必须至少有一个站处于（　　）控制方式。 答案：A

A. 定电压　B. 定频率　C. 定无功　D. 以上全是

3. 已有的柔直输电工程采用的 VSC 主要有三种，即两电平换流器、二极管钳位型三电平换流器和（　　）。 答案：A

A. 模块化多电平换流器（MMC）　B. 电流源型换流器

C. 电网换相换流器　D. 以上全是

4. 目前控制系统主要有（　　）和外环电流控制器构成。 答案：A

A. 内环电流控制器　B. 手动操动机构

C. 后台遥控　D. 以上全是

5. CAN 节点故障属于（　　）。 答案：B

A. 轻微故障　B. 严重故障　C. 紧急故障

6. 控制命令信号不能由（　　）发出。 答案：C

A. OWS　B. GWS　C. EWS

7. 控制优先级最高的是（　　）。 答案：D

A. 远方调度中心　B. 换流站主控制室

C. 就地控制位置　D. 设备就地

8. *N* 电平的 MMC 换流阀，每个桥臂的模块个数最少为（　　）个。 答案：A

A. $N-1$　B. N　C. $2N$　D. $2N-1$

9. 后台界面上，直流控制包含有功控制和（ ）。 答案：B

A. 手动控制 B. 直流电压控制 C. 无功控制

10. 下面不属于电压源型换流器的是（ ）。 答案：A

A. LCC HVDC B. HVDC PLUS C. VSC D. HVDC Light

11. 下面不属于柔性直流保护动作后果的是（ ）。 答案：D

A. 跳闸 B. 闭锁换流器 C. 投保护晶闸管 D. Y 闭锁

12. 下面不属于柔性直流换流器拓扑的是（ ）。 答案：B

A. 两电平 B. 12 脉动晶闸管整流桥

C. 模块化多电平 D. 三电平

13. 南汇柔直工程换流阀采用的技术为（ ）。 答案：C

A. 两电平 B. 三电平 C. 模块化多电平 D. 五电平

14. 下面不属于 VSC-HVDC 调制方式的是（ ）。 答案：B

A. SPWM B. 环流抑制 C. 最近电平逼近 D. 消除特定次谐波

15. 柔性直流输电系统 STATCOM 运行时，其有功类控制方式为（ ）。 答案：A

A. 直流电压控制 B. 有功功率控制 C. 无功功率控制 D. 交流电压控制

16. 不属于全控型器件的是（ ）。 答案：A

A. 晶闸管 B. IGBT C. GTO D. IEGT

17. HVDC 运行方式下，阀解锁时，可以进行的操作是（ ）。 答案：C

A. 合上阀厅接地开关 B. 关闭水冷系统

B. 输入有功功率目标值 D. 拉开极隔离开关

18. 柔性直流输电系统为 STATCOM 运行方式，当阀侧线电压有效值为 205kV 时，直流母线正负极电压差理论值为（ ）kV。 答案：B

A. 167.36 B. 289.87 C. 334.72 D. 118.36

19. 阀差动保护中，不需要检测的电量为（ ）。 答案：A

A. A 相阀侧电流 B. A 相桥臂电流

C. B 相桥臂电流 D. C 相桥臂电流

20. 下列（　　）故障会导致换流阀闭锁并跳交流进线开关。 答案：D

A. PCP 某机箱一路电源故障

B. 水冷系统流量低报警

C. 换流阀子模块旁路个数达到轻微故障设定定值

D. 直流过压保护

21. 属于换流器保护区的保护是（　　）。 答案：C

A. 交流连接线保护　　B. 交流过压保护

C. 桥臂电抗差动保护　　D. 直流母线欠压过流保护

22. EWS 的中文描述是（　　）。 答案：A

A. 工程师工作站　　B. 运行人员工作站

C. 远动工作站　　D. 站长工作站

23. 当柔性直流输电系统处于无源 HVDC 运行方式时，其控制模式组合为（　　）。 答案：D

A. 直流电压控制和交流电压控制　　B. 有功功率控制和无功功率控制

C. 直流电压控制和无功功率控制　　D. 频率控制和交流电压控制

24. 下面（　　）不属于阀保护。 答案：A

A. 阀差动保护　　B. 子模块过压保护

C. 子模块欠压保护　　D. 阀臂过流永久性闭锁保护

25. OWS 的中文描述是（　　）。 答案：B

A. 工程师工作站　　B. 运行人员工作站

C. 远动工作站　　D. 站长工作站

26. SCADA 系统通过冗余的站 LAN 网与控制保护系统进行通信，站 LAN 网采用（　　）网络结构。 答案：B

A. 总线形　　B. 星形　　C. 环形　　D. 蜂窝

27. 交流过压保护的动作后果不包括（　　）。 答案：A

A. 开通 MMC 模块的晶闸管　　B. 闭锁换流阀

C. 跳交流断路器　　D. 锁定交流断路器

28. 阀控制系统功能不包括（　　）。 答案：D

A. 电容电压平衡控制　　B. 脉冲触发与分配

C. 阀监视　　D. 锁相控制

29. 多端柔性直流输电的换流器级控制策略采用基于直接电流控制的矢量控制方法。矢量控制由外环控制策略和内环控制策略组成。外环输出的参考指令是（　　）。 答案：B

A. 电压指令　　B. 电流指令　　C. 有功指令　　D. 无功指令

30. 下列不属于多端柔性直流输电的换流器级控制的外环控制策略的是（　　）。 答案：C

A. 直流电压控制　　B. 交流电压控制

C. PLL 控制　　D. 有功控制

31. MMC 子模块正常运行时的工作状态不包括（　　）。 答案：D

A. 上、下两个 IGBT 都处于关断状态

B. 上 IGBT 处于导通状态，下 IGBT 处于关断状态

C. 上 IGBT 处于关断状态，下 IGBT 处于导通状态

D. 上、下两个 IGBT 都处于导通状态

32. 以下描述不正确的是（　　）。 答案：C

A. RFE 满足后可以进行充电操作

B. RFO 满足后可以进行解锁操作

C. 换流阀正常运行时，可以拉开充电电阻并联旁路隔离开关

D. STATCOM 正常运行时，可以由无功功率控制模式切换到交流电压控制模式

33. 以下描述不正确的是（　　）。 答案：C

A. 紧急停运主要应用于本站出现故障或者检修等原因时需要紧急快速停运的情况

B. 黑启动时，受端换流站采用交流电压控制和频率控制策略

C. 双端 HVDC 充电完成后，可以定功率站先解锁，定直流电压站后解锁

D. 对换流阀子模块的电容充电完毕后，充电电阻要及时退出

34. 以下保护不属于直流场保护的是（　　）。 答案：C

A. 直流过电压保护　　B. 直流电压不平衡保护

C. 桥臂过流保护　　D. 直流线路纵差保护

35. 柔性直流输电系统冗余的范围不包括（　　）。 答案：D

A. 主机冗余系统　　B. 系统间通信冗余

C. 冗余的后台通信　　D. 现场隔离开关冗余

36. 以下说法不正确的是（　　）。 答案：C

A. SCADA 系统功能必须能够适应直流控制保护功能的分布式结构及直流控制保护系统的冗余结构

B. SCADA 系统按照冗余结构进行配置，单一元件或硬件故障不会导致整个系统故障

C. 为了保证直流控制保护系统的高可靠性，在站 LAN 网发生故障时，控制、保护系统不能脱离 SCADA 系统而短期运行并进行控制操作

D. SCADA 系统的设计必须满足所有监视和控制的基本需求

37. A 系统轻微故障，B 系统（　　）可以切换为值班系统。 答案：A

A. 无故障　B. 轻微故障　C. 严重故障　D. 紧急故障

38. 有 A、B、C 三个换流站，不考虑损耗，A 换流站输出有功 100MW，B 换流站吸收有功 20MW，那么 C 换流站输出有功为（　　）。 答案：C

A. 120MW　B. 80MW　C. －80MW　D. －120MW

39. 柔性直流输电保护系统保护区域包括（　　）。 答案：ABCD

A. 换流变压器保护区　B. 站内交流连接母线区

C. 换流器区　D. 直流线路区

40. 以下保护属于柔性直流输电系统阀保护的是（　　）。 答案：ABD

A. 阀臂过流永久性闭锁保护　B. 子模块过压保护

C. 桥臂电抗差动保护　D. 子模块欠压保护

41. 以下属于柔性直流输电系统交流保护的是（　　）。 答案：ABCD

A. 交流过压保护　B. 交流欠压保护

C. 交流连接母线差动保护　D. 交流异常频率保护

42. 以下属于柔性直流输电系统换流器保护的是（　　）。 答案：ABCD

A. 桥臂过流保护　B. 桥臂电抗差动保护

C. 阀差动保护　D. 阀侧零序分量保护

43. 以下属于柔性直流输电系统直流场保护的是（　　）。 答案：ABC

A. 直流电压不平衡保护　B. 直流欠压过流保护

C. 直流线路纵差保护　D. 桥臂环流保护

44. 柔性直流输电系统阀差动保护的动作行为包括（　　）。 答案：ABCD

A. 永久性闭锁　B. 交流断路器跳闸
C. 交流断路器锁定　D. 启动失灵

45. 柔性直流输电系统直流欠压过流保护的动作行为包括（ ）。 答案：ABCD
A. 永久性闭锁　B. 交流断路器跳闸
C. 交流断路器锁定　D. 触发晶闸管

46. 属于柔性直流输电系统的有功类控制的是（ ）。 答案：BC
A. 无功控制　B. 直流电压控制　C. 有功控制　D. 交流电压控制

47. 属于柔性直流输电系统的无功类控制的是（ ）。 答案：AD
A. 无功控制　B. 直流电压控制　C. 有功控制　D. 交流电压控制

48. 柔性直流输电系统在无源 HVDC 运行模式时，其控制方式是（ ）。 答案：BD
A. 无功控制　B. 频率控制　C. 有功控制　D. 交流电压控制

49. 柔性直流输电系统外环控制策略包括（ ）。 答案：ABCD
A. 直流电压环　B. 有功功率环　C. 交流电压环　D. 无功功率环

50. 柔性直流输电系统内环控制策略包括（ ）。 答案：AC
A. 电流控制　B. 有功功率控制　C. pll 控制　D. 无功功率控制

51. 阀控制系统功能主要包括（ ）。 答案：ABC
A. 电容电压平衡控制　B. 脉冲触发与分配
C. 阀监视　D. 无功功率控制

52. 柔性直流输电系统的故障等级可以分为（ ）。 答案：ABC
A. 轻微故障　B. 严重故障　C. 紧急故障　D. CAN 故障

53. 柔性直流输电系统的装置状态可以分为（ ）。 答案：ABCD
A. 值班　B. 备用　C. 服务　D. 测试

54. 关于快速功率反转，下列说法正确的是（ ）。 答案：AB
A. 直流功率的上升和下降速率由系统研究决定，不能由运行人员调整
B. 运行人员不能终止已经被启动的快速反转顺序
C. 运行人员可以决定是否进行快速功率反转

D. 运行人员可以终止已经被启动的快速反转顺序

55. 柔性直流输电换流阀子模块的正常工作状态包括（　　）。 答案：ABC

A. 上、下两个 IGBT（T1、T2）都处于关断状态
B. 上 IGBT T1 开通，下 IGBT T2 关断
C. 上 IGBT T1 关断，下 IGBT T2 开通
D. 上、下两个 IGBT（T1、T2）都处于导通状态

56. 以下关于柔性直流输电系统 OLT 试验说法正确的是（　　）。 答案：AC

A. 包括站内 OLT 和带线路 OLT 试验
B. 进行 OLT 试验时，换流阀不需要解锁
C. OLT 试验在正式运行之前进行
D. 水冷停运的时候，也可以进行 OLT 试验

57. 柔性直流输电系统在 STATCOM 运行方式时，以下说法正确的是（　　）。 答案：ABC

A. 可以向交流系统提供容性无功
B. 可以向交流系统提供感性无功
C. 可以控制系统进线侧的交流电压
D. 可以向交流系统提供有功

58. 以下关于柔性直流输电说法正确的是（　　）。 答案：ABCD

A. 柔性直流输电技术相比于传统直流输电技术，没有换相失败的问题
B. 可以实现有功、无功功率的快速解耦控制
C. 西门子公司提出了基于模块化多电平换流器（Modular Multilevel Converter，MMC）的 VSC-HVDC 技术
D. MMC 电平阶跃很小，具有很好的输出特性，也很容易构建大容量换流器

59. 柔性直流输电系统换流阀所用的可关断器件 IGBT 的损耗主要由下列（　　）组成。 答案：ABCD

A. 通态损耗　　B. 截止损耗　　C. 开关损耗　　D. 驱动损耗

60. 桥臂电抗差动保护需要检测的电量包括（　　）。 答案：ABC

A. 上桥臂电流　　B. 下桥臂电流　　C. 阀侧电流　　D. 直流侧正负极电流

61. 柔性直流输电控制保护系统总体的分层结构是（　　）。 答案：ABCD

A. 远方调度中心通信层或集控中心层　　B. 运行人员控制系统

C. 控制保护层　　D. 现场 I/O 层

62. 对控制设备状态的定义包括（　　）四种状态。 答案：ABCD

A. Active　　B. Standby　　C. Service　　D. Test

63. 紧急故障会导致系统的切换或者备用系统复位到运行状态。如果另一系统不在值班状态，则系统会引起极闭锁，同时跳交流断路器。典型紧急故障主要包括（　　）。 答案：ABCD

A. PCI 板上的芯片停止运行　　B. 换流器触发控制单元故障
C. IGBT 控制单元故障　　D. 主 CPU 停止运行

64. 阀控制系统功能主要包括（　　）。 答案：ACD

A. 电容电压平衡控制　　B. 网侧交流电压控制
C. 阀监视等功能　　D. 脉冲触发与分配

65. 柔性直流多电平换流器桥臂电抗器的作用是（　　）。 答案：ABC

A. 抑制环流　　B. 隔离　　C. 故障电流抑制　　D. 支撑

66. 柔性直流多电平换流器模块包含（　　）。 答案：ABCD

A. 可关断器件　　B. 晶闸管　　C. 电容　　D. 放电电阻

67. 柔性直流系统的监视信号包括（　　）。 答案：ABCD

A. 运行方式　　B. 有功功率
C. 无功功率　　D. 直流极正极和负极对地电压

68. 柔性直流控制的 PCP 外环控制包括（　　）。 答案：ABC

A. 定直流电压控制　　B. 定交流电压控制
C. 定无功功率控制　　D. 子模块电压平衡控制

69. 柔性直流 PCP 控制分层结构包括（　　）。 答案：ABC

A. 远方调度中心及集控中心控制层　　B. 控制保护层
C. 就地控制和设备控制层　　D. 谐波抑制

70. 发生换流器双极短路保护后，下面描述正确为（　　）。 答案：ABD

A. 直流侧出现过流　　B. 晶闸管导通
C. 所有旁路开关旁路　　D. 直流电压降低

71. 下面（　　）属于柔性直流应用领域。 答案：BCD

A. 励磁调节　B. 异步电网互联　C. 风电接入　D. 小岛供电

72. 下面（　　）属于柔性直流分区保护区域。 答案：ABCD

A. 系统交流线路保护区以及变压器保护区

B. 换流阀母线保护区

C. 换流阀保护区

D. 直流母线保护区和直流线路保护区

73. 属于换流变压器及其他变压器监视信号的有（　　）。 答案：ABC

A. 油温、油位　B. 绕组温度

C. 换流变压器油色谱在线检测　D. 桥臂电流

74. 下面属于柔性直流换流站事件和中央报警记录的是（　　）。 答案：ABCD

A. 运行值和状态信号中，当达到或超过设计临界值或限制值时显示告警

B. 所有交/直流保护的动作信号

C. 所有设备或系统的主、备用设备或通道的切换报警

D. 设备的自检结果、故障报警

75. 下面属于柔性直流控制范围的包括（　　）。 答案：ABCD

A. 有功功率控制　B. 顺序控制

C. 交流电压控制　D. 直流电压控制

76. 通过运行人员控制系统（OWS）或远动系统（GWS）的控制命令信号，能够进行的控制和操作包括（　　）。 答案：ABC

A. 隔离开关和接地开关的分/合操作　B. 顺序控制操作

C. 柔性直流系统试验操作　D. 就地操作

77. 下面属于开关量的有（　　）。 答案：ABC

A. 断路器信号　B. 隔离开关位置信号

C. 接地开关的位置信号　D. 直流电压

78. 下面属于柔性直流模拟量的有（　　）。 答案：ABD

A. 桥臂电流　B. 阀侧电压　C. 接地开关的位置信号　D. 阀侧电流

79. 下面属于柔性直流运行模式的有（　　）。 答案：ABC

A. 两端直流运行　　B. STATCOM 运行
C. 多端直流运行　　D. OLT

80. 换流变压器抽头控制模式包括（　　）。 答案：AB
A. 自动模式　　B. 手动模式　　C. 直流电压控制　　D. 交流电压控制

81. 严重故障会导致值班系统的切换或者备用系统退到运行状态，典型的严重故障主要包括（　　）。 答案：AB
A. CAN 节点故障　　B. IO 双电源故障
C. IO 单电源故障　　D. IO 无电源故障

82. 柔性直流保护动作后果包括（　　）。 答案：ABCD
A. 报警　　B. 永久性闭锁
C. 交流断路器跳闸　　D. 交流断路器锁定

83. 保护配置包括（　　）。 答案：ABCD
A. 交流引线差动保护　　B. 交流过电压保护
C. 阀侧零序过压保护　　D. 桥臂电抗差动保护

84. 下面属于换流变压器保护的有（　　）。 答案：ABCD
A. 换流变压器引线差动保护　　B. 换流变压器过流保护
C. 热过负荷保护　　D. 绕组差动保护

85. 换流变压器本体保护包括（　　）。 答案：ABCD
A. 压力释放　　B. 绕组温度
C. SF_6 压力检测　　D. 分接头压力释放和油流检测

86. 下面（　　）属于柔性直流控制方面的特点。 答案：BCD
A. 增加短路容量　　B. 不需交流电网电压支撑
C. 具备黑启动　　D. 有功无功解耦控制

87. 已有的柔直输电工程采用的 VSC 主要有（　　）三种。 答案：ABC
A. 两电平换流器　　B. 二极管钳位型三电平换流器
C. 模块化多电平换流器　　D. 晶闸管换流器

88. 相对于两电平和三电平换流器拓扑结构，MMC 拓扑结构具有的优势包括（　　）。

答案 ABCD

A. 损耗成倍下降　　B. 阶跃电压降低
C. 波形质量高　　D. 故障处理能力强

89. 外环功率控制器控制的主要物理量有（　　）、交流侧无功功率、交流侧电压等。

答案：ABC

A. 交流侧或直流侧有功功率　　B. 直流侧电压
C. 交流系统频率　　D. 交流侧电流

90. 以下为无功功率类物理量的是（　　）。 答案：CD

A. 直流侧电压　　B. 交流系统频率
C. 交流侧无功功率　　D. 交流侧电压

91. 柔性直流输电相对于传统直流输电的技术优势包括（　　），谐波水平低，适合构成多端直流系统，占地面积小。 答案：ABCD

A. 没有无功补偿问题　　B. 没有换相失败问题
C. 可以为无源系统供电　　D. 可同时独立调节有功功率和无功功率

92. 换流器桥臂电抗器的作用是（　　）。 答案：AB

A. 抑制环流　　B. 抑制直流母线短路时的交流冲击电流　　C. 抑制过电压

93. IGBT 运行状态下的功率损耗主要包含（　　）部分。 答案：ABC

A. 静态损耗　　B. 开关损耗　　C. 驱动损耗　　D. 截止损耗

94. 控制保护装置采用双重化配置，PCP 主机有（　　）运行状态。 答案：AB

A. 值班　　B. 备用　　C. 退出　　D. 闭锁

95. 传统直流输电的两端系统，常用的主接线方式有（　　）。 答案：ABC

A. 双极接线　　B. 单极大地回路接线
C. 单极金属回路接线　　D. 伪双极接线

二、判断题

1. PCP 主机与 IO 通信的方式有 CAN 总线、光纤。（　　）

答案：√

2. 当直流电流发生间断时，会产生较高的过电压，对绝缘不利，所以希望平波电抗器的电感

量越大越好。(　　)

答案：×

3. 电压下垂控制是一种单点电压控制方法。(　　)

答案：×

4. MMC 的工作原理是采用 PWM 来逼近正弦波。(　　)

答案：×

5. 控制设备故障等级定义为轻微故障、严重故障和紧急故障。(　　)

答案：√

6. 当另一系统处于严重故障状态时，系统切换逻辑将禁止该切换指令的执行。(　　)

答案：√

7. 模块化多电平换流器（MMC）的桥臂是由多个开关器件直接串联构成的。(　　)

答案：×

8. MMC 的工作原理与两电平和三电平换流器不同，它不是采用 PWM 来逼近正弦波，而是采用阶梯波的方式来逼近正弦波。(　　)

答案：√

9. 相对于两电平和三电平换流器拓扑结构，MMC 拓扑结构具有以下几个明显优势：损耗成倍下降，阶跃电压降低，波形质量高，故障处理能力强。(　　)

答案：√

10. 柔性直流通常将交流变直流称为整流，将直流转换为交流称为逆变。(　　)

答案：√

11. 柔性直流输电的潮流反转是改变电压方向。(　　)

答案：×

12. 控制设备的故障等级定义为轻微故障、严重故障和紧急故障。(　　)

答案：√

13. 当另一系统处于严重故障状态时，系统切换逻辑将禁止该切换指令的执行。(　　)

答案：√

14. 控制系统的冗余设计应确保直流系统不会因为任一控制系统的单重故障而发生停运，也不会因为单重故障而失去对换流站的监视。(　　)

答案：√

15. 当 active 系统发生轻微故障，而另一系统处于 standby 状态且无轻微故障时，系统切换。切换后，先前 active 的系统将处于 standby 状态。当新的 active 系统发生更为严重的故障时，还可以再切换回此时处于 standby 状态的系统。(　　)

答案：√

16. 柔性直流换流器级 VSC 的控制作用是根据上层控制的指令实现直流电压、有功功率、无功功率和交流电压控制等。(　　)

答案：√

17. 柔性直流换流站按照控制方式解锁先后顺序为定功率站先解锁，直流电压控制站后解锁。(　　)

答案：×

18. 保护系统外的全站实时的运行工况由远动工作站通过远动LAN网/专用通道送至远方的调度中心。(　　)

答案：√

19. 从控制位置的层次上讲，站控系统的所有控制功能在换流站主控室、就地控制位置和设备就地这3个级别上完成；系统控制功能的优先级设计为分层结构越低的位置，其控制优先级越高。(　　)

答案：√

20. 站控系统能通过数据采集（I/O）单元采集有关信息，检测出事件、故障、状态、变位信号及模拟量正常、越限信息等，进行包括对数据合理性校验在内的各种预处理，实时更新数据库，其范围包括模拟量、开关量。(　　)

答案：√

21. 柔性直流系统的5种基本状态为检修、冷备用、热备用、解锁运行及空载加压试验，其中空载加压试验为试验状态。(　　)

答案：√

22. 检修状态是指所有阀厅的接地开关均在合状态，阀厅门可打开。(　　)

答案：√

23. 在顺序控制执行过程中，运行人员不能中止或暂停该顺序控制的执行。(　　)

答案：×

24. 闭锁换流站时，应首先将其功率降为零，再顺次闭锁换流阀、跳开换流变压器进线开关、跳开直流隔离开关。(　　)

答案：√

25. 模块化多电平换流器运行时在三相间会产生以三次谐波为主要分量的环流。(　　)

答案：×

26. 直流保护区域可分为换流变压器保护区、交流连接保护区、换流器保护区、直流极保护区、双极保护区和直流电缆保护区。(　　)

答案：√

27. 柔性直流输电不会增加系统的短路容量，具有良好的电网故障后快速恢复控制能力。(　　)

答案：√

28. VSC-HVDC并不需要特殊的换流变压器或移相变压器，其所用换流变压器与常规的单相或者三相变压器大体类似。(　　)

答案：√

29. 柔性直流电抗器是VSC与交流侧能量交换的纽带，决定有功功率与无功功率的控制性能。(　　)

答案：√

30. 模块化多电平换流器桥臂由电抗器和多个子模块并联构成。(　　)

答案：×

31. 模块化多电平换流器每个子模块工作在投入、切除、闭锁三种开关状态。（ ）

答案：√

32. 阶梯波调制策略是多电平换流器的调制方法之一。（ ）

答案：√

33. 柔性直流不增加系统的短路功率，可向无源网络供电，方便连接分布式电源等。（ ）

答案：√

34. 有功功率控制可以在界面手动输入正向或者反向传输有功数值指令，可以在一定范围内调节柔性直流有功，且不影响无功输出。（ ）

答案：√

35. 柔性直流电压控制，不能选择在任意一站控制直流电压。（ ）

答案：×

36. 直流系统的正常停运命令通常由位于主控室的运行人员发出。（ ）

答案：√

37. 通常将交流变直流称为整流，将直流转换为交流称为逆变。（ ）

答案：√

38. 柔性直流输电的潮流反转是改变直流电流方向。（ ）

答案：√

39. 对控制设备状态的定义包括 active、standby、test 三种。（ ）

答案：×

40. A 系统轻微故障，B 系统轻微故障，可以在 AB 系统之间任意切换。（ ）

答案：×

41. 阀差动保护属于换流器保护区域。（ ）

答案：√

42. 环流抑制的主要作用是抑制桥臂的二倍频环流。（ ）

答案：√

43. 无源 HVDC 运行方式时，控制系统的运行模式可以分为有功功率和无功功率控制模式。（ ）

答案：×

44. 当柔性直流输电系统处于充电但未解锁状态时，可以停止水冷系统并对其进行检修。（ ）

答案：×

45. 当 RFO 状态满足时，可以进行解锁操作。（ ）

答案：√

46. 交流过压保护动作时，会触发换流阀子模块的晶闸管导通。（ ）

答案：×

47. 电容电压平衡控制属于阀控制系统的功能。（ ）

答案：√

48. 频率控制属于内环控制策略。（ ）

答案：×

49. 无功功率控制作为稳态运行调节功能，设计比交流电压控制速度要慢。(　　)

答案：√

50. 为了保证直流电压稳定而使各换流站正常工作，在多端柔性直流输电系统中，选取一个换流站进行直流电压控制。(　　)

答案：√

51. 直流电压控制是通过控制功率计算指令实现的，通过控制流过换流器的有功功率的大小，保持各相导通子模块上电容器的电压和 U_d 为设定值。(　　)

答案：√

52. 锁相环用于实现换流器控制与交流系统电压的同步。(　　)

答案：√

53. 柔性直流输电系统的相间环流会额外占用换流阀的电流通流能力，并引起 IGBT 模块的发热。(　　)

答案：√

54. 柔性直流输电中，影响过负荷的因素有很多，常见的有环境温度、IGBT 结温、变压器油温、交流系统的强弱及调制比等。(　　)

答案：√

55. 双端 HVDC 运行时，定直流电压站和定功率站解锁顺序无先后，可以任意选取一站进行解锁。(　　)

答案：×

56. 阀差动保护是桥臂过流保护的后备保护。(　　)

答案：×

57. 柔性直流输电系统充电前，需将充电电阻的并联旁路隔离开关或断路器合上，之后才可以进行充电操作。(　　)

答案：×

三、简答题

1. 为什么 MMC 拓扑结构的损耗相对于两电平和三电平换流器拓扑结构会成倍下降？

答：因为 MMC 拓扑结构大大降低了 IBGT 的开关频率，采用阶梯波逼近正弦波的调制方式，理想情况下，一个工频周期内开关器件只要开关 2 次。考虑了电容电压平衡控制和其他控制因素后，开关器件的开关频率通常不超过 150Hz，这与两电平和三电平换流器拓扑结构开关器件的开关频率在 1kHz 以上形成了鲜明对比。

2. 为什么传统直流存在无功补偿问题？

答：传统直流输电存在换流器的触发延迟角（一般为 10°~15°）和关断角（一般为 15°或更大一些），以及波形的非正弦，需要吸收大量的无功功率，其数值约为换流站所通过的直流功率的 40%~60%，因而需要大量的无功功率补偿及滤波设备，而且在甩负荷时会出现无功功率过剩，容易导致过电压。

3. 为什么柔性直流输电相对于传统直流容量较小？

答： 由于目前可关断器件的电压、电流额定值都比晶闸管低，如不采用多个可关断器件并联，VSC 的电流额定值就比 LCC 的低，因此 VSC 基本单元的容量比 LCC 基本单元的容量低。

4. 论述目前运行的柔性直流输电系统大多采用双极系统接线的原因（至少两个）。

答：（1）系统容量较小，采用一个 VSC 和 MMC 基本单元已经足够；

（2）系统大多采用电缆作为直流线路，电缆故障率低，对整个系统可靠性的影响较小。

5. 简述柔性直流输电技术的特点。

答： 柔性直流输电采用全控型器件 IGBT，构成电压源换流器，实现有功、无功功率可独立控制。

6. 说明柔性直流输电有功和无功调节原理。

答： 通过控制输出电压相位 δ 可以控制有功功率的大小和方向，通过控制输出电压幅值 V 可以控制输出无功功率的大小和方向，且有功功率的调节和无功功率的调节是相互独立的。

7. 描述柔性直流换流站的 5 种基本状态。

答：（1）检修状态：所有阀厅的接地开关均在合状态，阀厅门可打开。

（2）冷备用状态：所有阀厅的接地开关均在分状态，阀厅门关上。此时，阀冷系统无异常且应在运行状态。

（3）OLT 试验状态：分位带线路及不带线路方式下开路试验。

（4）热备用状态：所有阀厅的接地开关均在分状态，阀厅门关上。此时，阀冷控制系统无异常，极按运行接线方式已连接到直流线路，换流变压器已充电，电容电压升至正常且充电电阻退出。

（5）运行：在热备用基础上满足联锁条件后，将阀解锁投运。

8. 请论述柔性直流输电系统的内外环控制策略。

答： 多端柔性直流输电的换流器级控制策略采用基于直接电流控制的矢量控制方法，具有快速的电流响应特性和良好的内在限流能力。矢量控制由外环控制策略和内环控制策略组成。外环产生参考电流指令，内环电流控制器产生期望的参考电压。换流器级控制策略与两端柔性直流输电基本类似。

外环控制策略有有功功率控制、无功功率控制、交流电压控制、直流电压控制、频率控制。

内环控制策略有内环电流控制策略、PLL 环控制策略。

9. 论述柔性直流输电相比于传统直流输电的优点。

答：（1）采用可关断器件，开通和关断电流时间可控，控制响应时间快；

（2）自换相，可以工作在无源逆变方式下，没有换相失败的问题，可以与无源系统互联；

（3）可以同时且相互独立地控制有功和无功；

（4）占地面积小，无需滤波器。

10. 请论述有功控制的原理。

答：有功功率控制是直流系统的主要控制模式，通常在这种运行模式下，控制系统根据有功功率参考值控制换流器与交流系统交换的有功功率。在有功功率控制下，为了保持直流输送功率恒定，控制系统通过对电流的相应调整来补偿电压的波动。有功功率指令 Pref 与无功功率指令 Qref 经过计算得到交流电流的参考值。

11. 请论述 MMC 换流器采用的最佳电平逼近的策略。

答：MMC 的最佳电平逼近调制如图 13-1 所示。用 $u_s(t)$ 表示调制波的瞬时值，U_c 表示子模块的直流电压平均值。n（通常是偶数）为上桥臂含有的子模块数，也等于下桥臂含有的子模块数，这样每个相单元总是只投入 n 个子模块。如果这 n 个子模块由上、下桥臂平均分担，则该相单元输出电压为 0。根据图 13-1，随着调制波瞬时值从 0 开始升高，该相单元下桥臂处于投入状态的子模块需要逐渐增加，而上桥臂处于投入状态的子模块需要相应地减少，使该相单元输出的电压跟随调制波升高。理论上，应将 MMC 输出的电压与调制波电压之差控制在（$\pm U_c/2$）以内。

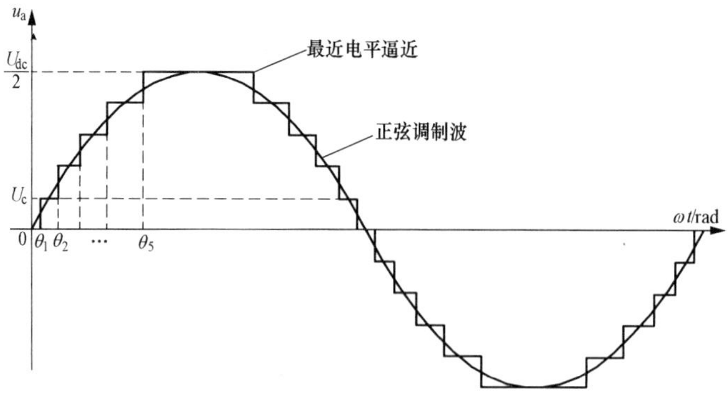

图 13-1　MMC 的最佳电平逼近调制

这样在每个时刻下桥臂需要投入的子模块数的实时表达式为

$$n_{down} = \frac{n}{2} + round\left(\frac{u_s}{u_c}\right)$$

其中，*round*（*x*）表示取与 *x* 最接近的整数。

得到上桥臂需要投入的子模块数的实时表达式为

$$n_{\mathrm{up}} = n - n_{\mathrm{down}} = \frac{n}{2} - round\left(\frac{u_{\mathrm{s}}}{u_{\mathrm{c}}}\right)$$

受子模块数的限制，有 $0 \leqslant n_{\mathrm{up}}, n_{\mathrm{down}} \leqslant n$ 。

12. 请论述直流欠压过流保护。

答： 直流欠压过流保护具体情况见表 13-1。

表 13-1

保护区域	直流场
保护的故障	直流线路双极短路故障
保护原理	$U_{\mathrm{d}}<\Delta$ & $I_{\mathrm{d}}>\Delta$
后备保护	直流电压不平衡保护，直流低电压保护，交流过流保护
保护动作后果	闭锁换流阀，触发晶闸管，跳交流断路器、锁定交流断路器、启动失灵

四、分析题

1. 画出换流阀子模块的三种工作状态。

答： 换流阀子模块的三种工作状态如图 13-2 所示。

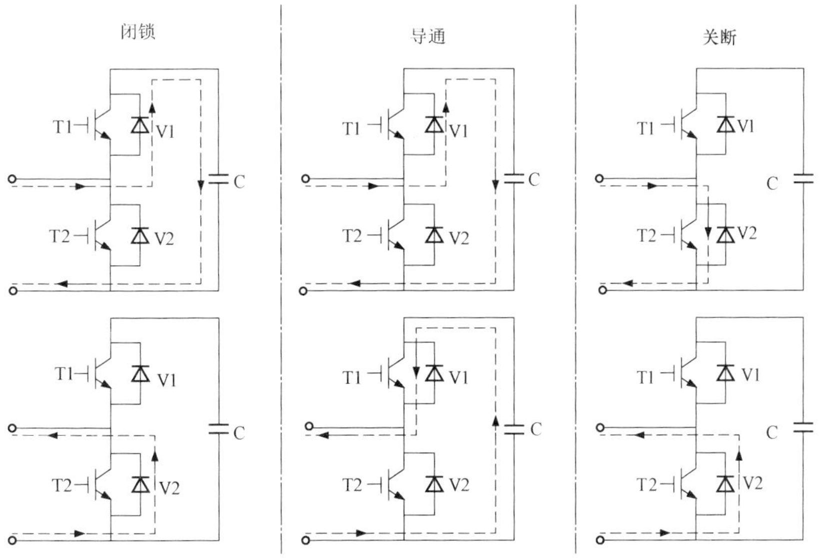

图 13-2

2. 画出柔性直流输电系统外环直流电压控制框图。

答：柔性直流输电系统外环直流电压控制框图如图 13-3 所示。

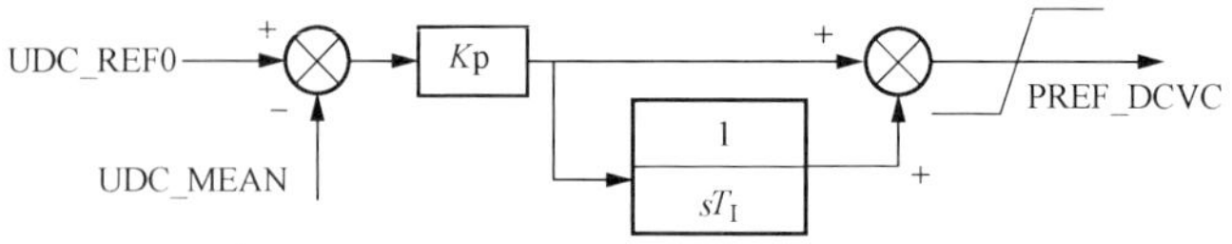

图 13-3

3. 画出柔性直流输电系统外环交流电压控制框图。

答：柔性直流输电系统外环交流电压控制框图如图 13-4 所示。

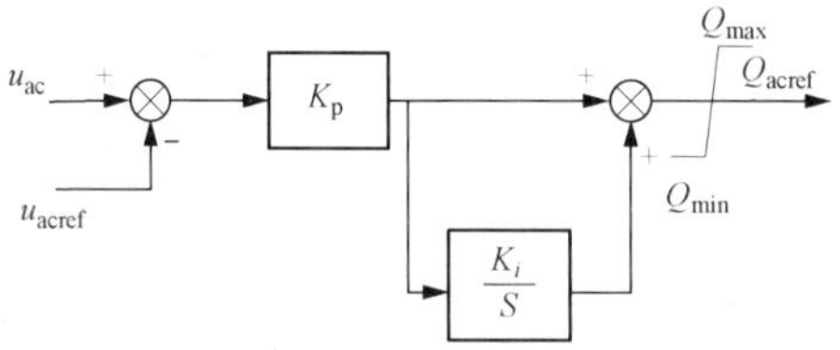

图 13-4

4. 绘制柔性直流换流器整流、逆变、吸收无功及发出无功四种状态下网侧电压 U_S、换流器输出电压 U_C 及电流 I_S 的矢量图。

答：如图 13-5 所示。

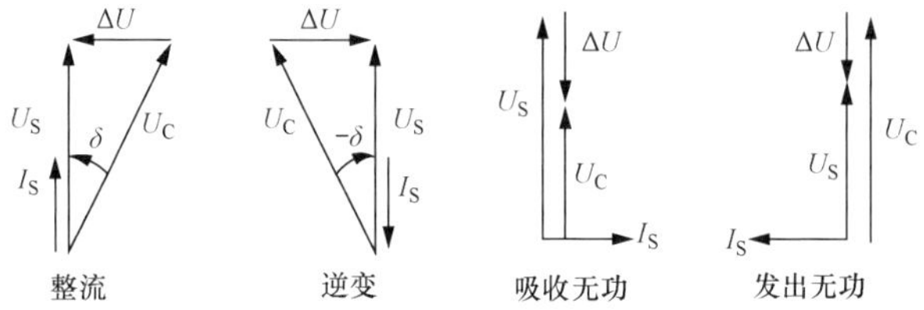

图 13-5

5. 图 13-6 为±200kV 五端柔直系统主接线，图 13-7 为 A 换流站的系统主接线，请依次写出 A 换流站图示 5 个区域内的典型一次设备名称及典型保护名称。

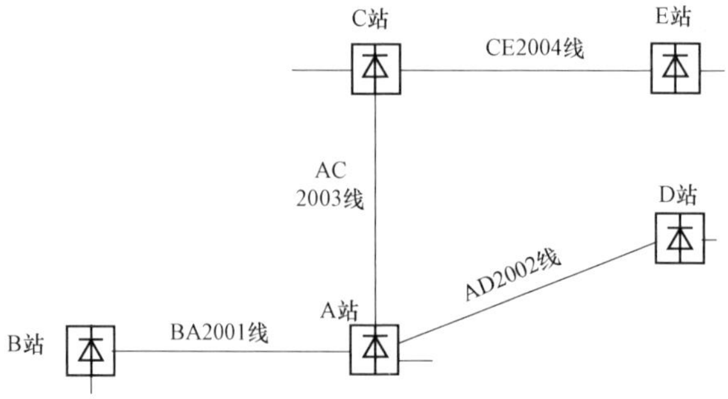

图 13-6

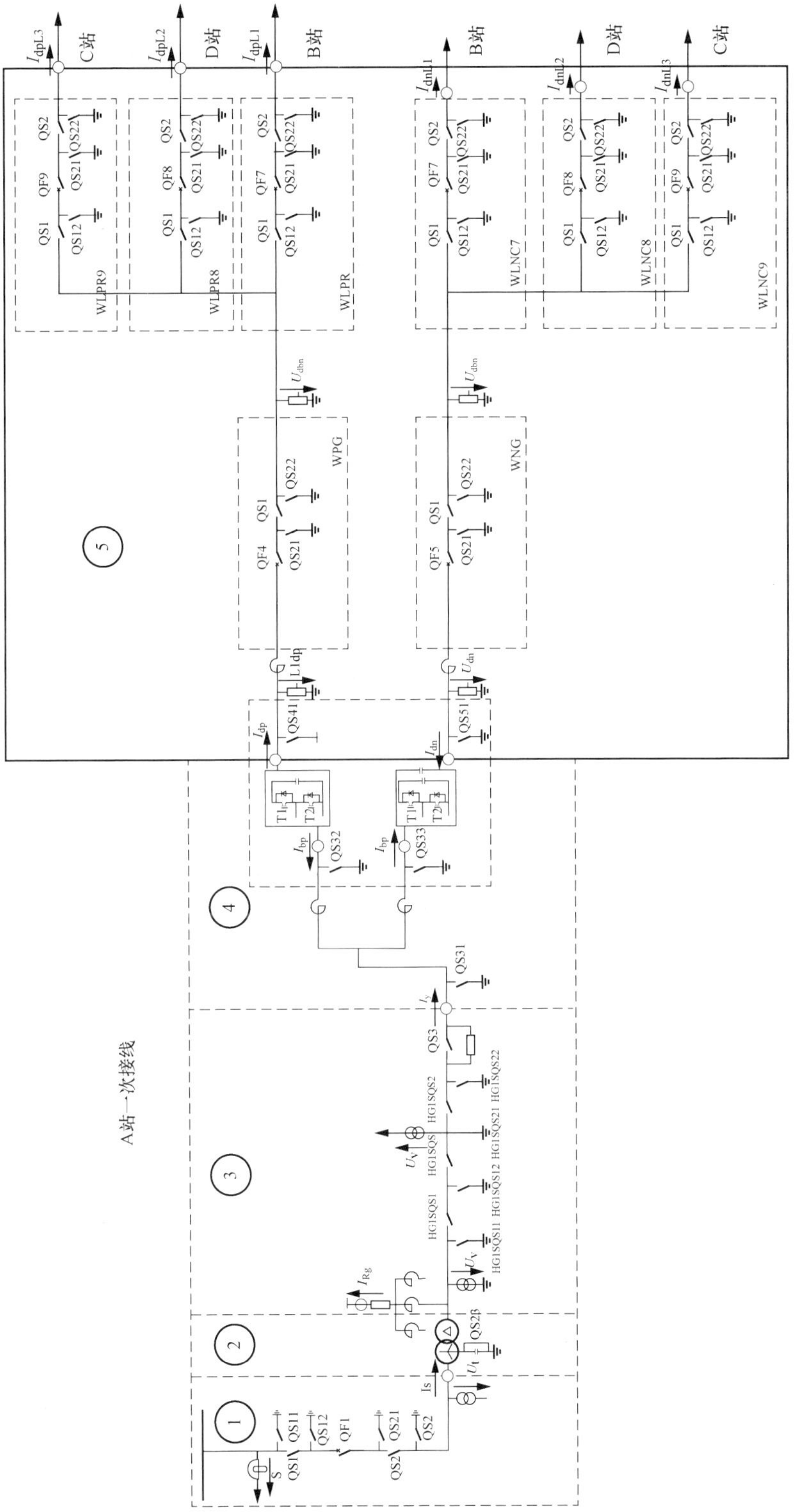
A站一次接线
C站
D站
B站
B站
D站
C站
WLPR9
WLPR8
WLPR
WLNC7
WLNC8
WLNC9
WPG
WNG

图 13-7

答：①为交流进线保护区，主要包含交流进线开关，配置交流线路保护，包括纵联差动、距离、零序保护。

②为联接变压器保护区，主要包含联接变压器，配置联接变压器保护，包括主变压器比率差动及后备保护。

③为联接变压器阀侧，主要包括联接变压器阀侧开关、启动电阻，主要保护为交流系统过/低电压保护、频率异常保护、阀侧连接线差动保护、阀侧连接线过流保护。

④为换流阀和子模块，主要包括换流阀、子模块，主要保护为桥臂电抗器差动保护、阀差动保护、换流器过流保护、桥臂过流保护。

⑤为直流线路区，主要包括桥臂电抗器、直流母线、谐振开关或直流断路器，主要保护为直流电压不平衡保护、直流线路纵差保护、直流母线差动保护、直流过/低电压保护。

6. 某五端柔直系统一次接线图如图 13-8 所示（交流部分及换流阀未画出），站间均通过海缆连接，阀侧所有设备均使用光 CVT。

已知故障前，A 换流站换流器有源 HVDC 运行（定直流电压控制），B 换流站换流器有源 HVDC 运行（定有功功率控制），C 换流站换流器有源 HVDC 运行（定有功功率控制），D 换流站换流器有源 HVDC 运行（定有功功率控制），E 换流站换流器无源 HVDC 运行（定频率控制）。

3 月 29 日 14：49：08.589，柔直系统五个换流站直流过流欠压保护均动作跳闸，四个换流站（除 B 换流站）桥臂过流保护Ⅰ段动作跳闸，C 换流站直流母线差动保护动作跳闸，五个换流站紧急停运命令出现，五个换流站换流阀均闭锁，均跳联接变压器开关，四个换流站交流进线开关跳开（除 A 换流站交流进线开关保持运行）。

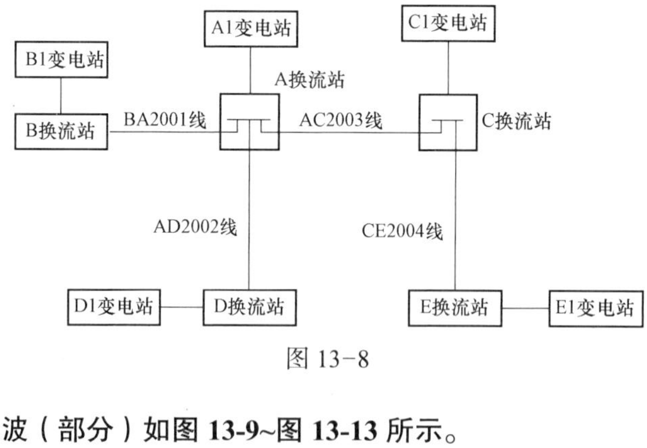

图 13-8

各换流站故障录波（部分）如图 13-9~图 13-13 所示。

请根据上述信息分析：

（1）一次故障点位置，系统故障过程，以及最有可能引发该故障的原因，并给出依据。

（2）C 换流站直流母差动作原因。

（3）为何 A 换流站直流母差未动作？

答：（1）设电流流出母线为正，流入母线为负，画出电流流向图。正极电流流向如图 13-14

所示，负极电流流向如图 13-15 所示。

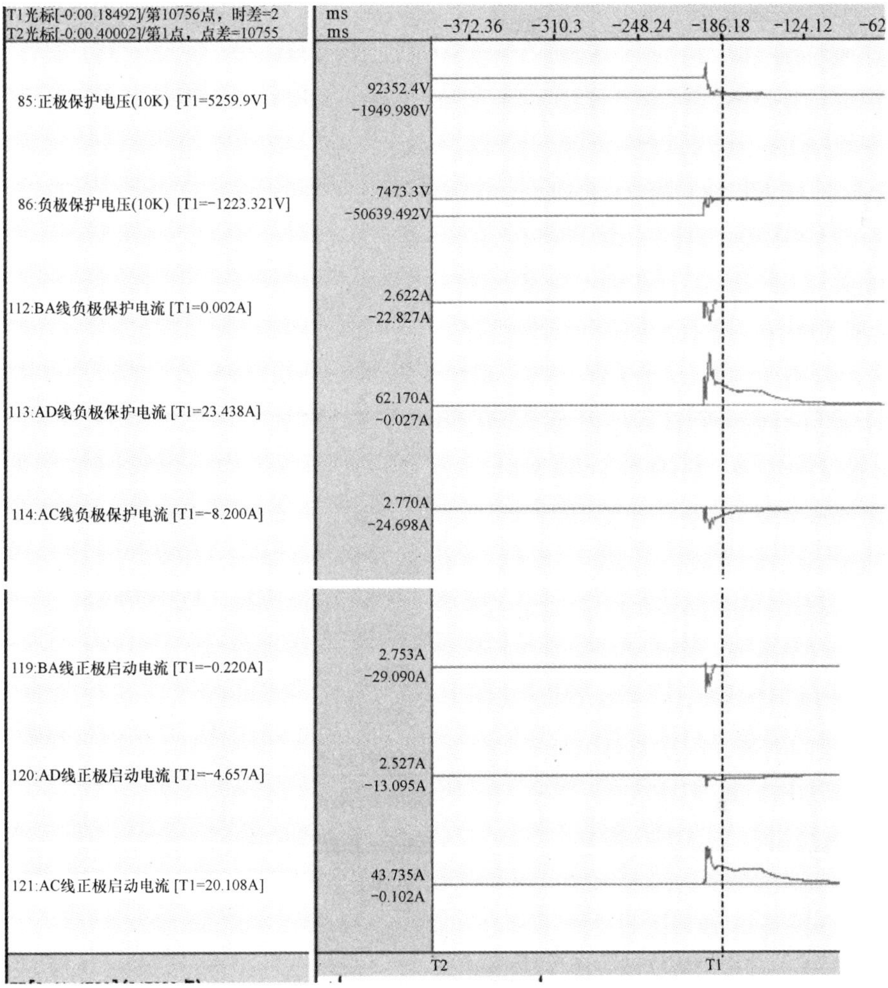

图 13-9　A 换流站

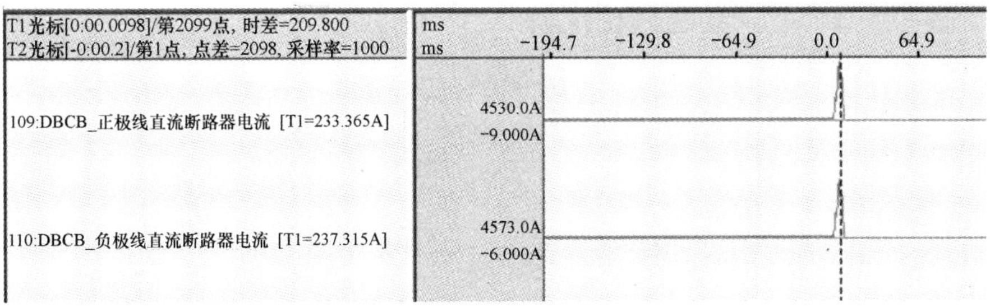

图 13-10　B 换流站

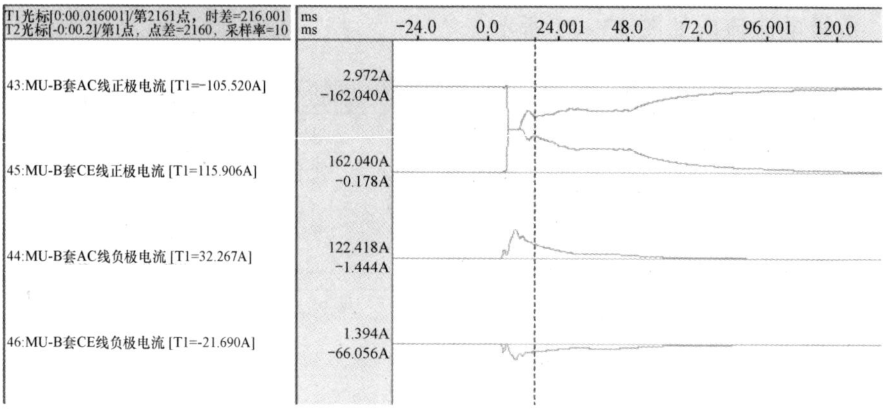

图 13-11　C 换流站

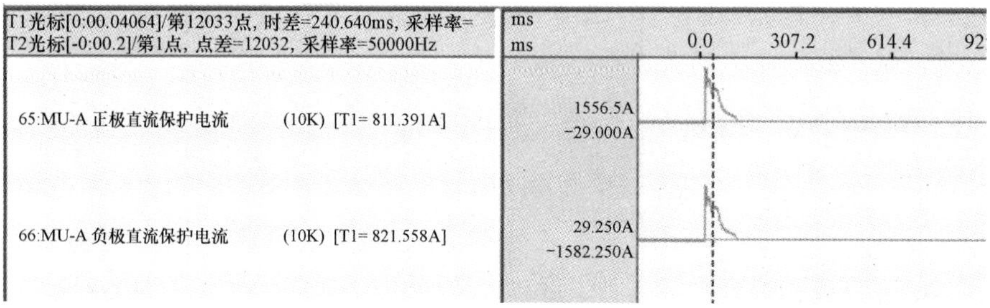

图 13-12　D 换流站

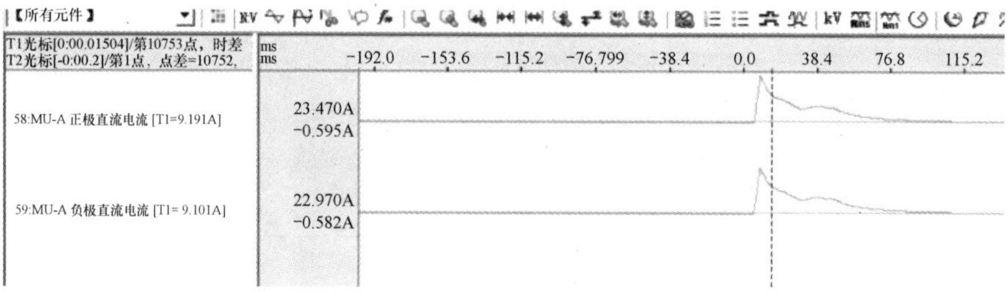

图 13-13　E 换流站

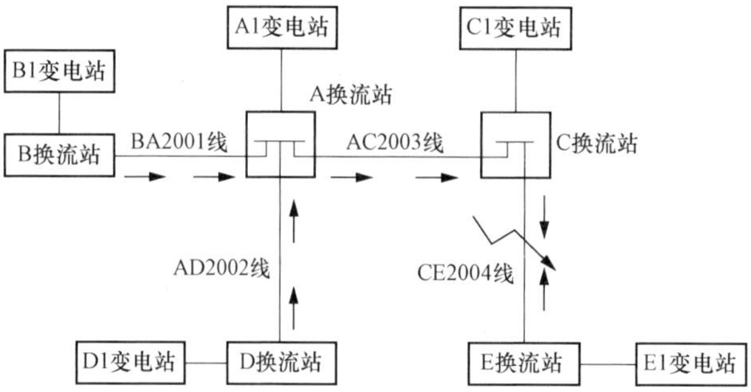

图 13-14

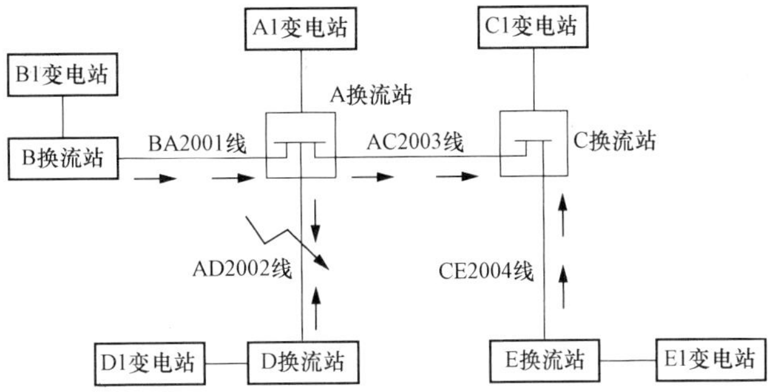

图 13-15

故障位于 AD2002 线负极与 CE2004 线正极。

分析 A 换流站直流电压，可发现负极电压首先发生下降，正极电压有明显的上升后下降，说明 AD 线负极接地首先发生，CE 线正极是由于海缆绝缘薄弱点受到过电压而击穿。最有可能是船只非法锚泊导致海缆外破事故。

（2）观察 C 换流站正极故障电流波形，发现存在电流“饱和”现象，由于采用光 TA，推测是由于故障电流过大，超过单帧报文最大可描述范围，发生“消顶”，且两个通道进入“饱和”的时间不一致，从而引起直流母差误动。

（3）A 换流站为有源 HVDC 运行，故障时其联接变压器网侧（A1 变电站）将提供故障电流，这部分故障电流在录波中未体现（见图 13-16）。

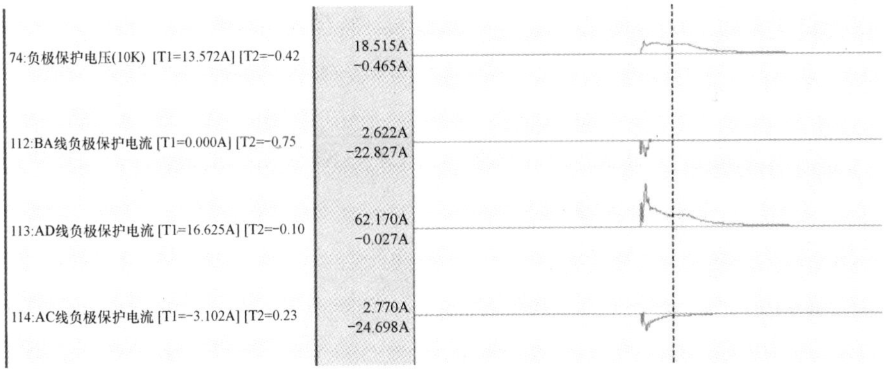

图 13-16

第十四章

分布式/统一潮流控制器

一、选择题

1. 下列（　　）是 DPFC 设备的短路电流耐受值。　　答案：D

A. 40kA/1s，120kAp　　B. 50kA/1s，120kAp
C. 40kA/1s，125kAp　　D. 50kA/1s，125kAp

2. 下列（　　）是 DPFC 设备的雷电电流耐受值。　　答案：A

A. 110kAp，2.6/50μs　　B. 110kAp，3.0/50μs
C. 120kAp，2.6/50μs　　D. 110kAp，3.0/50μs

3. 下列（　　）是 DPFC 的散热方式。　　答案：C

A. 相变散热为主，自冷为辅　　B. 自冷为主，相变散热为辅
C. 相变散热为主，强迫风冷为辅　　D. 强迫风冷为主，相变散热为辅

4. 下列（　　）是载波相移正弦脉宽调制技术（CPS-SPWM）的缺点。　　答案：A

A. 硬件电路复杂，需借助 FPGA
B. 各子模块开关频率不固定，损耗不均衡
C. 输出电平数较少时控制精度低，谐波不可忽略
D. 控制灵敏度低，并与参考信号有关

5. 下列（　　）不是最近电平逼近调制技术（NLM）的缺点。　　答案：B

A. 各子模块开关频率不固定，损耗不均衡
B. 开关损耗略大
C. 输出电平数较少时控制精度低，谐波不可忽略
D. 控制灵敏度低，并与参考信号有关

6. 下列（　　）不是晶闸管旁路开关（TBS）的电路参数。　　答案：D

A. 电压裕度系数　　B. 电流裕度系数　　C. 静态均压电阻　　D. 阻尼电抗器

7. 国内的 UPFC 工程采用了（　　）换流器方案。 答案：C

A. 两电平　B. 三电平　C. MMC 型　D. LCC

8. 晶闸管旁路开关（TBS）的特点不包括（　　）。 答案：D

A. 短时高耐受过电流　B. 高速旁路

C. 串联电抗器抑制 d*i*/d*t*　D. 水冷却

9. UPFC 保护采用的配置方案为（　　）。 答案：B

A. 双重化　B. "三取二"　C. "四取三"　D. 一主一备

10. 下列（　　）不是 UPFC 常见外部交流系统扰动或故障。 答案：B

A. 交流电压不平衡　B. 站内交流母线故障

C. 交流频率异常　D. 交流欠电压和过电压

11. 下列（　　）不是 UPFC 常见站内故障。 答案：D

A. 站内交流母线故障　B. 直流侧故障

C. 换流阀故障　D. 交流欠电压和过电压

12. 下列（　　）不是 UPFC 的直流区保护通常配置的保护功能。 答案：A

A. 桥臂环流保护　B. 直流电压异常保护

C. 直流过流欠压保护　D. 直流区差动保护

13. 整个 UPFC 的控制功能按照分层、分区控制的原则进行设计，分为三个层次。下列（　　）不属于这三个层次之一。 答案：C

A. 系统级控制及协调控制

B. 换流器控制（串联侧包括外环功率控制和内环电流控制）

C. 桥臂控制

D. 阀控制

14. DPFC 平台包含的一次设备主要有（　　）。 答案：BCD

A. 避雷器　B. 旁路隔离开关　C. 串联隔离开关　D. 旁路开关

15. DPFC 子单元按接入方式有（　　）。 答案：BC

A. 并联接入　B. 串联耦合变压器接入

C. 串联直接接入　D. 串联耦合电容接入

16. DPFC 的二次设备包括（ ）。 答案：ABC

A. DPFC 子单元控制模块　B. DPFC 控制保护系统
C. 调度端控制模块　D. 滤波子单元

17. 电压源换流器 VSC 直接接入的 DPFC 在大容量应用时的优势有（ ）。 答案：ABC

A. 功率密度高　B. 质量轻　C. 体积小　D. 可靠性高

18. 潮流计算所用的 UPFC 静态模型，主要有（ ）。 答案：ABCD

A. 电源模型　B. 功率注入模型　C. 阻抗型模型　D. 解耦型模型

19. UPFC 安装位置的优化算法，大致可分为（ ）。 答案：BCD

A. 差分进化算法　B. 启发式算法　C. 数学分析法　D. 专家经验法

20. UPFC 的二次设备包括 UPFC 控制保护设备、后台工作站、交流保护设备、（ ）。 答案：ACD

A. 阀控制设备　B. 电压测量装置　C. 辅助系统　D. 直流屏

21. UPFC 根据系统需要，可以实现以下（ ）功能。 答案：ABCD

A. 电压调节　B. 串联补偿　C. 相角调节　D. 有功潮流控制

22. 以下属于 UPFC 串联侧的控制策略有（ ）。 答案：ABC

A. 线路有功功率控制　B. 线路无功功率控制
C. 平滑启动和停运控制　D. 网侧交流电压控制

23. 线路故障时，UPFC 的处理策略有（ ）。 答案：ABCD

A. 闭锁串联换流器、合 TBS 和旁路开关
B. 并联侧保持运行
C. 串联侧暂时退出
D. 经过重合闸整定时间后，检测电网恢复正常则重新投入运行

24. 下列（ ）是载波相移正弦脉宽调制技术（CPS-SPWM）的优点。 答案：AC

A. 各子模块开关频率相同，开关损耗均衡
B. 开关频率低，开关损耗小
C. 实时性好，等效频带较宽，控制精度高
D. 硬件电路实现简单，算法简单

25. 选择串联变压器的短路阻抗要综合（　　）因素。 答案：ABCD

A. 串联变压器短路阻抗能够将系统短路电流限制到要求值

B. 正常工作时串联变压器上的电压损失不宜太大

C. 考虑校验短路时母线上的剩余电压

D. 需考虑串联变压器质量、尺寸和费用等

26. 串联变压器参数选择原则是（　　）。 答案：ABCD

A. 串联变压器电网侧绕组额定电压应在分析系统潮流分布、线路潮流调节范围及线路最大允许电流的基础上确定

B. 串联变压器阀侧绕组额定电压应与换流器交流侧输出电压相匹配

C. 串联变压器额定容量能够保证线路长期稳定运行

D. 能够抑制系统短路电流

27. 并联变压器参数选择的原则是（　　）。 答案：ABCD

A. 并联变压器额定容量按换流器容量选择，即在满足有功功率传输的要求下，能够提供50%的无功支持，考虑并联变压器损耗、桥臂电抗器损耗后，并联变压器额定容量应大于换流器额定容量

B. 并联变压器连接交流系统侧电压与母线电压相等，阀侧电压与换流器交流侧电压匹配

C. 能够阻止零序电流在交直流系统间传递

D. 能够适应电网电压的波动

28. 根据不同的研究目的，UPFC 的数学模型有（　　）两种。 答案：AB

A. 电磁暂态模型　　B. 机电暂态模型

C. 高频数学模型　　D. 基频动态模型

29. 根据频率的大小，UPFC 的数学模型有（　　）两种。 答案：CD

A. 电磁暂态模型　　B. 机电暂态模型

C. 高频数学模型　　D. 基频动态模型

30. UPFC 保护的变压器交流母线区保护通常配置交流母线差动保护、交流母线过流保护、交流零序电流保护和（　　）。 答案：BCD

A. 桥臂过流保护　　B. 断路器失灵保护

C. 变压器差动保护　　D. 保护继电器（变压器非电量保护）

31. UPFC 保护的换流器区保护通常配置（　　）保护功能。 答案：ABCD

A. 桥臂电抗器差动　　B. 阀差动

C. 桥臂过流　　D. 桥臂环流

32. 现有的 UPFC 稳态潮流模型主要有（　　）。 答案：ABCD

A. 综合模型　　B. 等效解耦模型
C. 功率注入模型　　D. 相应的派生模型

33. MMC 均压包括（　　）。 答案：ABD

A. 桥臂内子模块电容电压平衡　　B. 桥臂间电压平衡
C. 内环电流控制　　D. 换流器储能控制

二、判断题

1. DPFC 正常运行时向系统注入超前线路电流 90°的串联电压，等效向线路加入感性阻抗改变线路等效阻抗，实现线路潮流控制。（　　）

答案：×

2. 在 DPFC 子单元故障时，220kV 线路必须在停电状态下进行检修。（　　）

答案：×

3. DPFC 旁路开关采用动断型快速旁路开关。（　　）

答案：√

4. 在统一潮流控制器中，并联侧换流器调节的目的是有功调节。（　　）

答案：×

5. UPFC 定容是对 UPFC 串联侧和并联侧最大条件能力的优化计算，保证在充分发挥 UPFC 控制作用的情况下，保证电网安全稳定运行的同时，具有最佳的经济性。（　　）

答案：√

6. 直流电压互感器按其原理可分为采用直流电流互感器原理的直流电压互感器和采用电阻分压器加直流放大器构成的直流电压互感器。（　　）

答案：√

7. UPFC 能够满足潮流双向调节需求。（　　）

答案：√

8. 多回线路应用时仅需在一条线路上安装 UPFC，即可大幅调节交流电网的潮流分布。（　　）

答案：×

9. MMC 环流的存在使桥臂电流发生畸变，减小开关器件电流容量，而且还增大了不必要的损耗。（　　）

答案：×

10. MMC-UPFC 启动控制的目标是通过合适的控制方式和必要的辅助措施使换流器的直流电压快速上升到接近正常工作时的电压，但又不产生过大的充电电流和过充电压现象。（　　）

答案：√

11. UPFC 保护的交流区保护通常配置交流异常电压保护和交流异常电流保护。（ ）

答案：×

三、简答题

1. 什么是 DPFC？

答：分布式潮流控制器（distributed power flow controller，DPFC）是一种基于大功率电力电子技术的新型柔性潮流控制装置，由若干模块化电压源换流器子单元向输电线路串联注入一个无功电压等效改变输电线路的阻抗，从而改变输电线路的传输功率，进而达到控制线路潮流的目的。

2. DPFC 的应用有哪些？

答：（1）系统运行优化，如减少损耗或优化无功；

（2）保持稳态线路潮流低于运行极限；

（3）暂态及紧急运行状态下，实现断面电流重新分配；

（4）灵活控制潮流大小；

（5）降低次同步谐振风险；

（6）增强系统振荡的阻尼。

3. DPFC 子单元旁路系统的设计特点有哪些？

答：（1）子单元旁路系统用于 DPFC 子单元的启动、退出及 DPFC 子单元内部故障的旁路保护；

（2）子单元旁路系统由旁路晶闸管和旁路开关并联组成；

（3）实现 DPFC 子单元的快速旁路，防止 IGBT 器件闭锁后过压、过流损坏；

（4）机械开关与旁路晶闸管配合使用，实现 DPFC 子单元的旁路保护，防止晶闸管过热损坏。

（5）机械开关为动断开关，可在子单元控制电路失电情况下自动闭合，确保子单元故障不影响线路正常运行。

4. DPFC 的控制保护策略有哪些？

答：线路功率控制、三相电压不平衡控制、定注入电压控制、功率曲线自动控制、线路过载紧急控制、断面功率限制控制、DPFC 设备的启动和停运、多组子单元的载波移相和故障投退的协调控制等。

5. DPFC 控制保护装置的主要保护配置有哪些？

答：线路过流保护、差动保护、TA 断线保护、旁路断路器失灵保护。

6. DPFC 子单元模块的主要保护配置有哪些?

答: 系统过流保护、阀内过流保护、直流电容过压保护、直流电容欠压保护、交流输出过压保护、电流差动保护、IGBT 模块故障保护、控制板卡故障保护。

7. 什么是统一潮流控制器?

答: 统一潮流控制器(unified power flow controller, UPFC)是由两个(或多个)直流侧相连的电压源换流器分别以并联和串联的方式接入输电系统,能够同时控制线路阻抗、电压幅值和相角的补偿装置。

8. 什么是门极可关断晶闸管?

答: 门极可关断晶闸管(gate turn-off thyristor, GTO)是晶闸管的一个衍生器件,可以通过在门极施加负的脉冲电流使其关断,属于全控型器件。

9. 什么是绝缘栅双极晶体管?

答: 绝缘栅双极晶体管(insulate-gate bipolar transistor, IGBT)是由双极型三极管和绝缘栅型场效应管组成的复合全控型电压驱动式功率半导体器件,具有输入阻抗高、开关速度快、驱动电路简单、通态电压低、能承受高电压大电流等优点。

10. 什么是模块化多电平换流器?

答: 模块化多电平换流器(modular multilevel converter, MMC)是一种由多个子模块级联构成的换流器,可以叠加输出很高的电压,并且还具有输出谐波少、模块化程度高等特点。

11. 什么是电压源换流器?

答: 电压源换流器(voltage source converter, VSC)是由具有关断能力的器件(如 IGBT、GTO 等)组成的换流器,可以随意开通和关断。

12. UPFC 并联侧换流器的工作原理是什么?

答: 通过并联变压器与输电线路进行功率交换,从而实现有功传输及无功补偿。

13. UPFC 串联侧换流器的工作原理是什么?

答: 在线路中附加一个幅值和相位可调的串联电动势,作用在于产生一换流或者强制循环功率,使得强制循环功率与自然分布的功率叠加达到理想值。由于附加的串联电动势可以改变线路电压的大小和相位,相当于在线路中等值地串联电容或电感,从而通过改变线路的参数而实现潮流的控制。

14. UPFC 的主设备包括哪些?

答：UPFC 主设备包括位于阀厅的换流器设备和换流阀冷却系统，位于交流场的桥臂电抗器、启动电阻、串联变压器、并联变压器、晶闸管旁路开关等设备，以及直流场的电流/电压测量装置、直流支柱绝缘子、直流避雷器、直流隔离开关和接地开关等。

15. 串联变压器是换流器与交流系统交换功率的枢纽，其主要功能包括哪些?

答：连接 UPFC 成套装置和线路，并对 UPFC 装置和交流系统进行电气隔离；限制系统短路故障电流和换流阀桥臂电流，保护换流阀；缓冲抑制经交流系统侵入的雷电或操作冲击过电压。

16. 并联变压器是 UPFC 成套装置中的重要设备之一，其主要作用包括哪些?

答：传送电能；与换流器共同实现交流电与直流电之间的相互转换；将直流部分和交流系统相互绝缘隔离；限制桥臂短路和直流母线短路故障电流，保护换流阀免遭损坏；缓冲抑制沿交流线路侵入到站内的雷电冲击过电压。

17. 晶闸管旁路开关的作用是什么?

答：晶闸管旁路开关接在串联变压器阀侧绕组之间，在线路故障、变压器故障或者 UPFC 换流器区故障时，能够迅速导通，将串联侧换流器旁路，隔离换流阀和交流线路，避免交流系统和阀区故障的相互影响，提高系统的可靠性。

18. UPFC 控制保护系统的基本功能是什么?

答：UPFC 控制保护系统要完成以下基本功能：UPFC 系统的启停控制；UPFC 系统的功率控制；抑制换流器不正常运行对交流系统干扰；发生故障时，保护 UPFC 系统设备；对 UPFC 系统的各种运行参数，如电压及电流等，以及控制系统本身的信息进行监视等。

19. 简述 UPFC 可控整流充电阶段的具体流程。

答：可控整流充电阶段具体流程：电压控制采用斜率控制方式，在电容电压均衡策略的作用下，周期性地改变子模块的投切状态，对子模块进行充电，使各模块间电容能量能够保持相对均衡并稳步上升，直到所有子模块电容电压达到预定值为止。由于电容的充电功率表现为有功功率，故无功功率控制器参考值可设定为零或者直接将内环 q 轴电流设定为零，以减少充电电流的无功分量和能量损失。

20. 简述 UPFC 控制站控制系统的总体分层结构。

答：（1）远方调度中心控制层。远方调度中心经由国家电力数据网或专线通道，经过站内的远动工作站对本站的所有设备实施远方控制。

（2）站控制层。包括运行人员控制系统、交直流站控系统（包括辅助系统接口）、UPFC 控制保护系统。通过站内交流站控设备，实现对该交直流站控所负责设备的控制。

UPFC 控制保护负责完成 UPFC 系统的运行控制和保护。

（3）就地控制和设备控制（I/O 单元）层。执行其他控制层的指令，完成对应设备的操作控制。

21. UPFC 的控制系统从硬件结构上分为哪两部分？

答：（1）UPFC 控制柜。包括主机和 I/O 设备，完成 UPFC 控制系统的各项控制功能，完成与站 SCADALAN 网的接口，完成与运行人员工作站及远动工作站的通信，完成与站控、故障录波、UPFC 系统保护、主时钟、现场总线的接口。

（2）分布式 I/O 及现场总线。完成 UPFC 控制系统所需要的各种模拟量和状态量的采集，完成与 VBC、阀冷却控制保护子系统 CCP 以及连接/串联变压器就地控制设备的接口。

22. 为了避免在 UPFC 投入后，线路有功功率参考值改变比较小时调制比太小对输电线路及换流阀造成的影响，应采取什么策略增加串联换流器调制比？

答：（1）在控制目标主要是线路有功潮流时，适当改变线路的无功功率，增加换流器注入电压；

（2）控制双回线路的有功功率或者无功功率使不一样，改变换流器注入电压；

（3）降低直流电压，提高调制比。

23. 开展 UPFC 工程现场系统调试应具备哪些基本条件？

答：（1）分系统调试已经结束，调试报告真实齐全。

（2）交流接入部分线路及对侧变电站间隔已启动带电，具备送电条件。

（3）所有交、直流保护已正确整定，可以投入试验系统带电调试。

（4）系统调试期间的事故紧急处理措施和预案已拟定。

（5）检查事件顺序记录（SER），未出现相关报警信号，各系统工作正常。

（6）交流系统保护配置及其他具体保护配置按照调度要求执行。

（7）投入相应 UPFC 系统变压器保护、UPFC 换流器保护。

四、分析题

1. DPFC 子单元中取能回路是怎样的？请画出示意图。

答：采用线路电流+VSC 直流电容电压双取能方案，如图 14-1 所示。

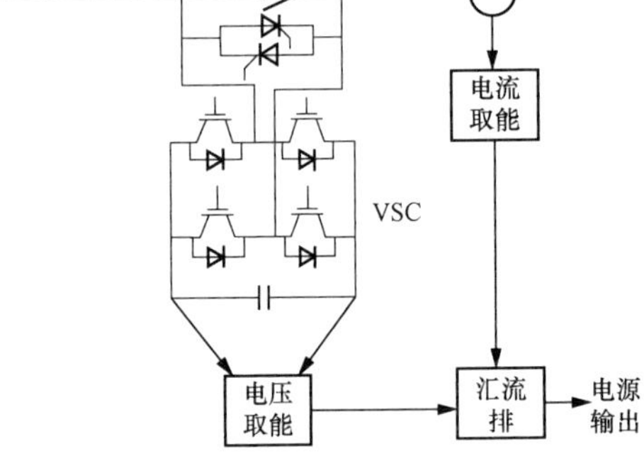

图 14-1

2. 请画出 DPFC 子单元的两种接入方式。

答：DPFC 子单元按接入方式有两种：

（1）电压源换流器 VSC 通过串联耦合变

压器接入 DPFC，如图 14-2 所示。

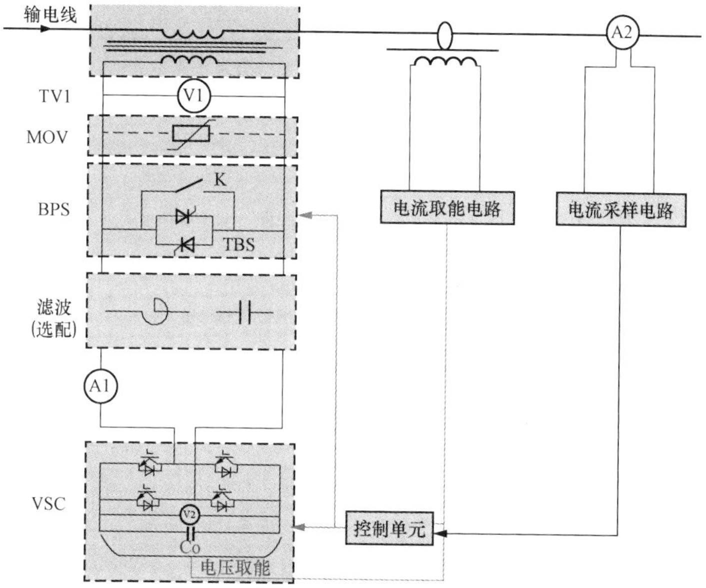

图 14-2

（2）电压源换流器 VSC 直接接入 DPFC，如图 14-3 所示。

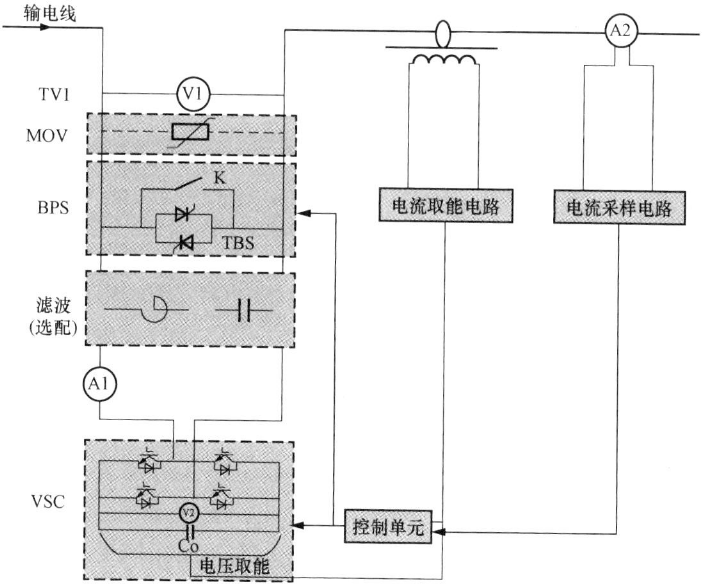

图 14-3

3. DPFC 的运行状态有哪几种？主要设备和装置在这几种状态下对应的状态量是怎样的？请图示。

答：DPFC 的运行状态主要有检修状态、冷备用状态、热备用状态、运行状态四种，主要设备和装置在这四种状态分别对应的状态量如表 14-1 所示。

表 14-1

状态	图示	主支路状态量	子单元状态量
检修状态	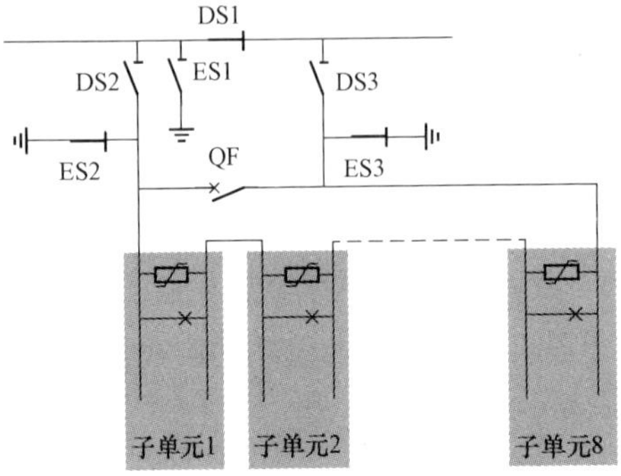	DS2、DS3 分位， ES2、ES3 合位， QF 合位， 主控制保护退出	旁路开关合位，子单元控制保护退出
冷备用状态	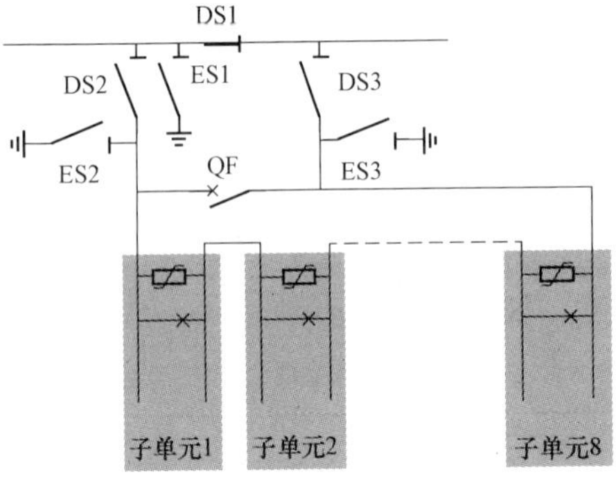	ES1 分位，DS1 合位， DS2、DS3 分位， ES2、ES3 分位，QF 合位， 主控制保护运行	旁路开关合位，子单元控制保护退出
热备用状态	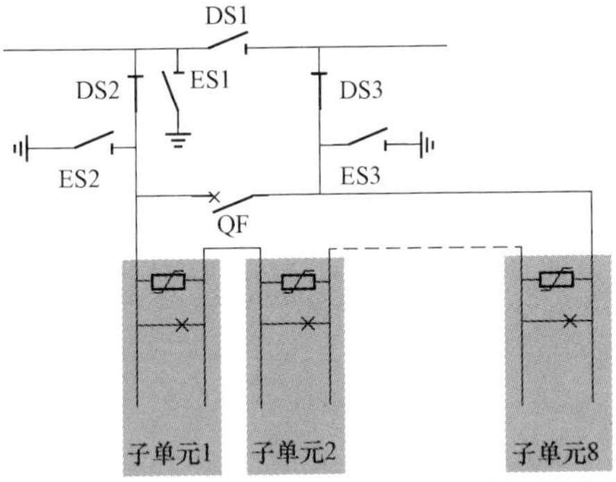	ES1 分位，DS1 分位， DS2、DS3 合位， ES2、ES3 分位， QF 合位， 主控制保护运行	旁路开关合位，子单元控制保护退出
运行状态	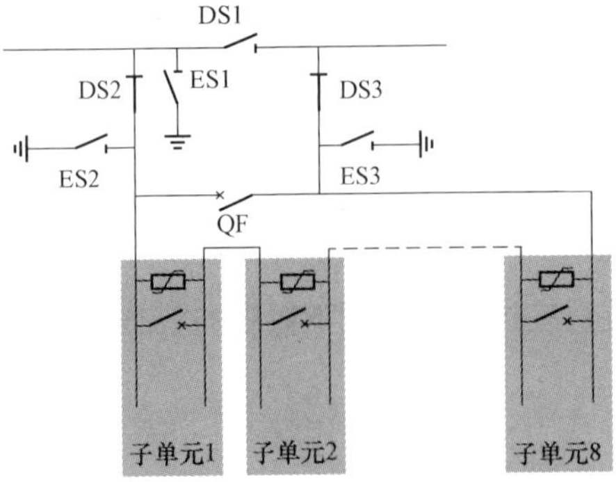	ES1 分位，DS1 分位， DS2、DS3 合位， ES2、ES3 分位，QF 分位， 主控制保护运行	子单元旁路状态：旁路开关合位、子单元控制保护运行 子单元调节状态：旁路开关分位，子单元控制保护运行

4. UPFC 的充电过程的起始阶段为不控整流充电阶段，画出等效电路图。

答：如图 14-4 所示。

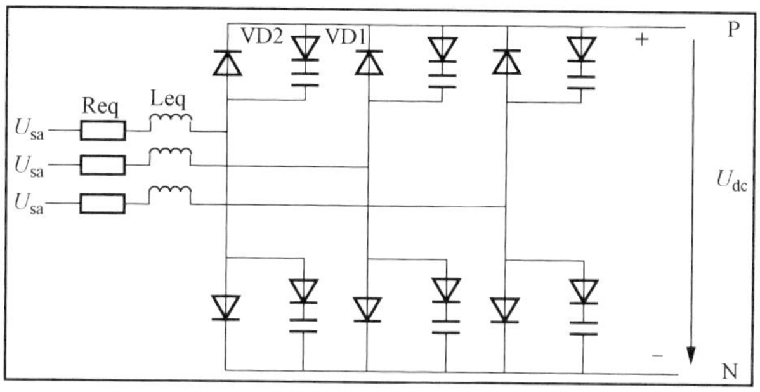

图 14-4

5. 请根据 UPFC 控制结构图（见图 14-5），简述图中 VBC 和 VBE 的不同作用。

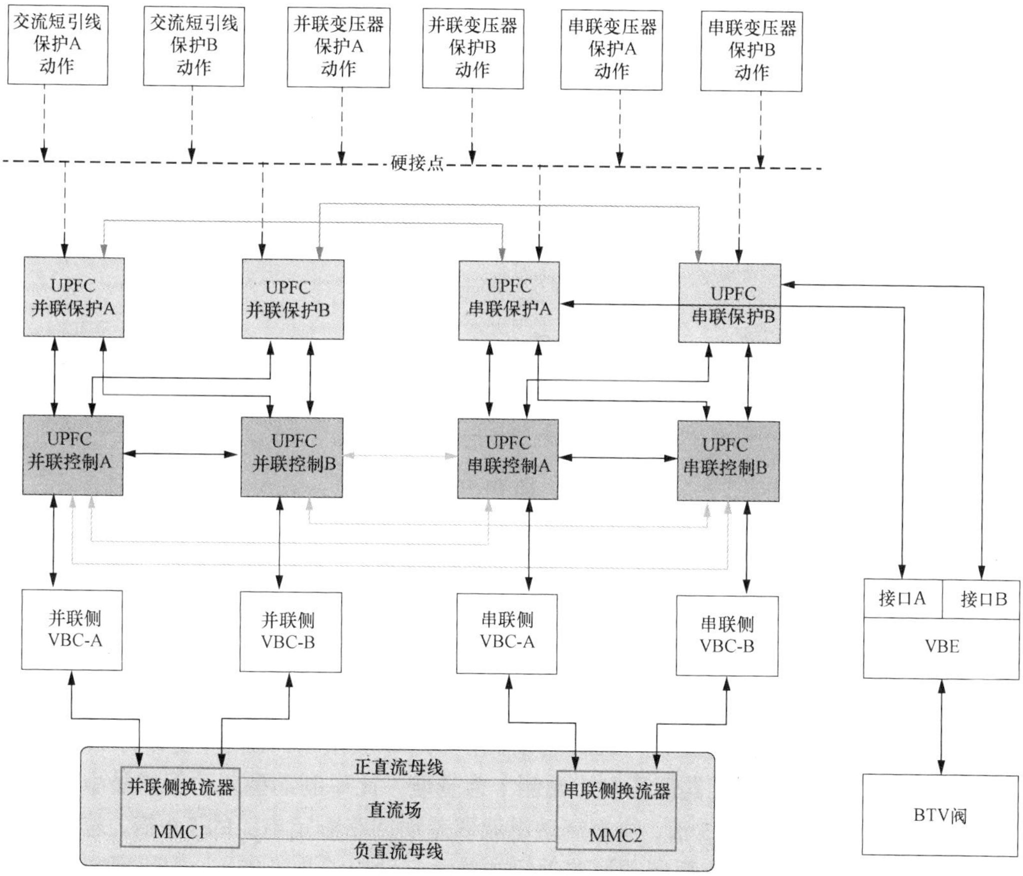

图 14-5

答：VBC 全称是阀基控制器（Valve Base Controller），其作用是接受阀控系统的控制命令，将其转换成对应各个子模块的导通/关断信号，并通过光纤发送给各个子模块去执行。

同时 VBC 也具有监测子模块工作状态的功能。在 UPFC 设备正常运行过程中，VBC 设备始终处于工作状态。

VBE 全称是阀基电子设备（Valve Base Electrics），其作用是接收串联保护动作后发出的快速旁路信号，触发 BTV 阀快速导通，从而起到旁路串联侧换流器、保护串联侧换流器不受过电压损坏的风险。在 UPFC 正常运行工作过程中，VBE 设备处于待命状态，只有在故障状态下，VBE 才短时进入工作状态。

6. 请在图上标出子模块在闭锁状态、投入状态和切除状态下电流流向。

答：电流由 A 流向 B 时的三种状态：①闭锁状态，如图 14-6 所示；②投入状态，如图 14-7 所示；③切除状态，如图 14-8 所示。电流由 B 流向 A 时的三种状态：①闭锁状态，如图 14-9 所示；②投入状态，如图 14-10 所示；③切除状态，如图 14-11 所示。

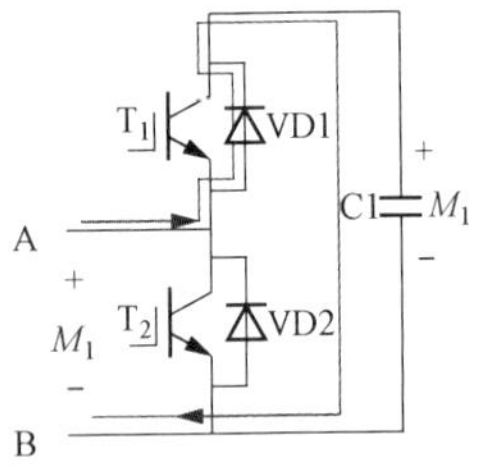

图 14-6

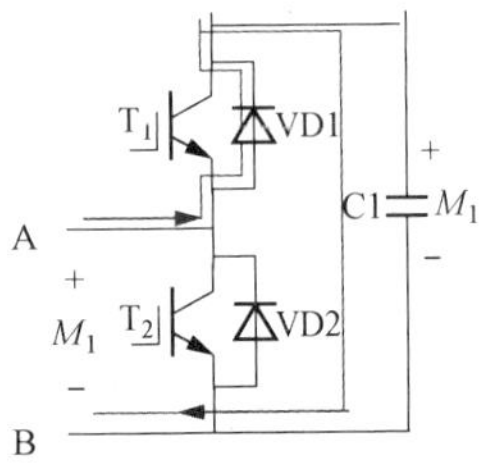

图 14-7

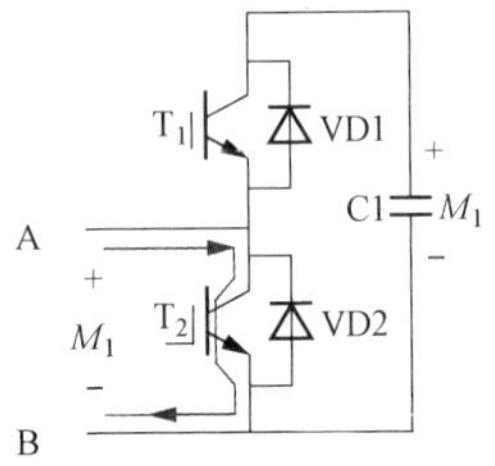

图 14-8

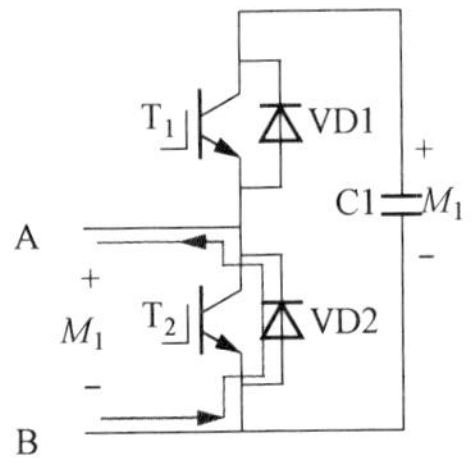

图 14-9

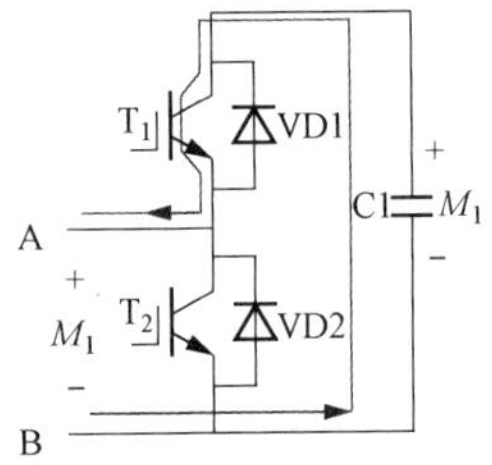

图 14-10

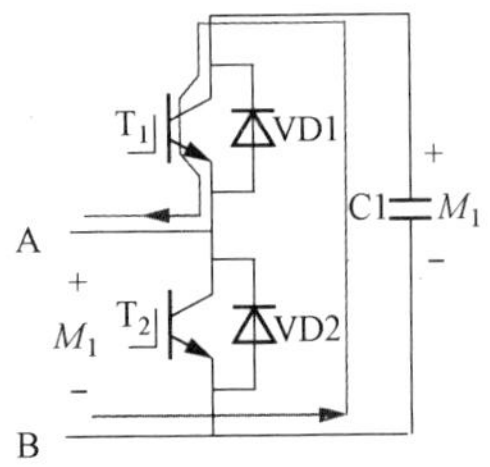

图 14-11

7. 某 UPFC 工程并联侧换流器通过并联连接变压器直接接入 500kV 系统。并联连接变压器三相总容量为 300MVA，变比为 550/$\sqrt{3}$ −2×2.5%/22kV，U_d=14%，YNd11 接线。并联连接变压器高压侧 TV 一次电压为 550/$\sqrt{3}$ kV，二次星形电压为 0.1/$\sqrt{3}$ kV，二次开口三角电压为 100V。并联连接变压器高压侧（网侧）差动保护用 TA 二次接线为三角形，变比为 2000/1A，TPY 级；低压侧（阀侧）差动保护 TA 二次接线为星形，变比为 16000/1A，TPY 级。以并联连接变压器低压侧（阀侧）为基准，比率制动型差动保护最小动作电流取差动回路额定电流的 0.3 倍，最小制动电流取差动回路额定电流的 1.0 倍，差动保护动作曲线折线斜率取 0.3。比率制动型差动保护最大制动电流为 0.93A，则比率制动型差动保护最大制动电流为多少？

答：并联连接变压器低压侧（阀侧）TA 二次额定电流为

$$i_1 = \frac{I_{N1}}{n_{s1}} = \frac{\frac{S_N}{\sqrt{3}U_{N1}}}{n_{s1}} = \frac{s_N}{\sqrt{3}U_{N1}n_{s1}} = \frac{300 \times 10^6}{\sqrt{3} \times 22 \times 10^3 \times 16000} = 0.492(\text{A})$$

式中，I_{N1}为并联联接变压器低压侧额定电流；n_{s1}为并联联接变压器低压侧 TA 变比。

最小动作电流

$$I_{op.min} = 0.3 \times 0.492 = 0.148(\text{A})$$

最小制动电流

$$I_{res.min} = 1.0 \times 0.492 = 0.492(\text{A})$$

折线斜率

$$S = \frac{I_{op.max} - I_{op.min}}{I_{res.max} - I_{res.min}},$$

最大制动电流

$$I_{res.max} = \frac{I_{op.max} - I_{op.min}}{S} + I_{res.min} = \frac{0.93 - 0.148}{0.3} + 0.492 = 3.1(\text{A})$$ 。

8. 某单端原由 220kV 电网供电，如图 14−12 所示，AB 线路阻抗 10Ω，BC 线路 20Ω，BD 线路 15Ω。AB 线路 A 侧、BC 线路 B 侧、BD 线路 B 侧分别配置有三段式相间距离保护。Ⅰ段保护可靠系数 $K_{rel}^{I} = 0.8$ ，Ⅱ段保护可靠系数 $K_{rel}^{I} = 0.8$ ，助增系数 $K_Z = 1$ 。Ⅱ段保护与相邻线路Ⅰ段保护配合。不考虑振荡闭锁和负荷电流的影响。后计划在 AB 线路加装 1 套 UPFC 装置，串联部分工作于 SSSC 模式（即在系统中串联一个可控的电抗），串联等效阻抗在−3~3Ω 范围内变化。如果阻抗继电器采样点位置不做调整，三段式相间距离保护整定值不做调整，那么 A 侧相间距离保护第Ⅱ段的灵敏系数变为多少？

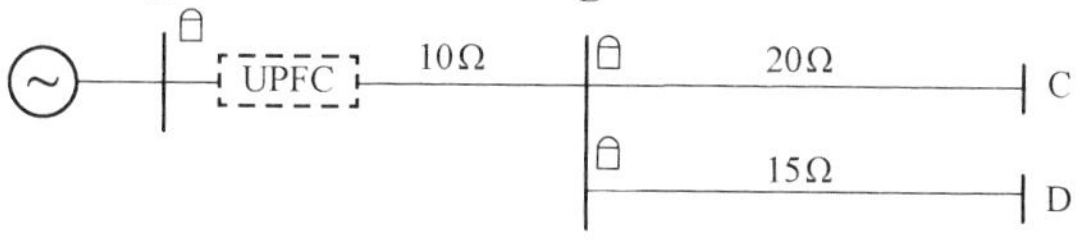

图 14−12

答：（1）在不加装 UPFC 条件下计算距离保护Ⅰ段定值。

BC 线路 B 侧距离保护

$$Z_{BC-I} = K_{rel}^{I} Z_{BC} = 0.8 \times 20 = 16(\Omega)$$

BD 线路 B 侧距离保护

$$Z_{BD-I} = K_{rel}^{I} Z_{BD} = 0.8 \times 15 = 12(\Omega)$$

（2）在不加装 UPFC 条件下计算距离保护Ⅱ段定值。

按与相邻 BC 线路Ⅰ段配合

$$Z_{AB-Ⅱ} = K_{rel}^{Ⅱ}(Z_{AB} + Z_{BC-Ⅰ}) = 0.8 \times (10 + 16) = 20.8(\Omega)$$

按与相邻 BD 线路 Ⅰ 段配合

$$Z_{AB-Ⅱ} = K_{rel}^{Ⅱ}(Z_{AB} + Z_{BD-Ⅰ}) = 0.8 \times (10 + 12) = 17.6(\Omega)$$

$Z_{AB-Ⅱ}$ 取最小值 17.6Ω。

（3）加装 UPFC、UPFC 工作于 SSSC 模式后，灵敏度校验。

AB 线路距离保护Ⅱ段应能保护线路全长。加装 UPFC、UPFC 工作于 SSSC 模式后，AB 线路全长阻抗在 7~13Ω 之间变化。

考虑最差工况，灵敏系数 $K_{sen} = \dfrac{Z_{AB-Ⅱ}}{Z_{AB\max}} = \dfrac{17.6}{13} = 1.35$。

第十五章

新能源保护

一、选择题

1. 当风电场有功功率在总额定出力的(　　)以上时，场内所有运行机组应能够实现有功功率的连续平滑调节，并能够参与系统有功功率控制。 答案：B

A. 15%　　B. 20%　　C. 50%　　D. 80%

2. 在电力系统事故或紧急情况下，风电场有功功率变化(　　)电力系统调度机构规定的有功功率变化最大限值。 答案：A

A. 可超出　　B. 应小于　　C. 应等于　　D. 以上选项都正确

3. 当公共电网电压处于正常范围内时，风电场应当能够控制风电场并网点电压在标称电压的(　　)范围内。 答案：A

A. 97%~107%　　B. 90%~110%　　C. 100%~110%　　D. 90%~100%

4. 风电场并网点电压跌至20%标称电压时，风电场内的风电机组应保证不脱网连续运行(　　)。 答案：A

A. 625ms　　B. 2s　　C. 500ms　　D. 30ms

5. 电力系统发生三相短路故障时，风电场低电压穿越考核(　　)。 答案：B

A. 风电场并网点相电压　　B. 风电场并网点线电压

C. 逆变器交流侧电压　　D. 逆变器直流侧电压

6. 当风电场并网点电压在标称电压的(　　)之间时，风电机组应能正常运行。当风电场并网点电压超过标称电压的110%时，风电场的运行状态由风电机组的性能确定。 答案：A

A. 90%~110%　　B. 97%~107%　　C. 95%~115%　　D. 97%~110%

7. 风电场变电站应配备故障录波设备，该设备应具有足够的记录通道并能够记录(　　)的情况，并配备至电力系统调度机构的数据传输通道。 答案：A

A. 故障前10s到故障后60s　　B. 故障前10s到故障后100s

C. 故障前10s到故障后10s　　D. 故障前60s到故障后60s

8. 当电力系统频率高于（　　）**Hz** 时，应按照电网调度机构指令降低光伏发电站有功功率，严重情况下切除整个光伏发电站。 答案：A

A. 50.2　　B. 49.5　　C. 50.5　　D. 48

9. 光伏发电站应满足低电压穿越要求，光伏发电站并网点电压跌至 **0** 时，光伏发电站应能不脱网连续运行（　　）。 答案：A

A. 150ms　　B. 0.625ms　　C. 0.1s　　D. 1s

10. 光伏发电站应配置独立的防孤岛保护装置，动作时间应不大于（　　）。 答案：A

A. 2s　　B. 4s　　C. 1s　　D. 8s

11. 通过（　　）电压等级接入电网的光伏发电站应配备故障录波设备。 答案：A

A. 110（66）kV 及以上　　B. 10kV 及以上

C. 110kV 及以上　　D. 35kV 及以上

12. 风电场有功控制系统接收到远方控制指令后的响应时间不超过（　　），有功功率控制稳态正偏差不超过装机（　　）。 答案：A

A. 60s，2%　　B. 60s，1%　　C. 30s，2%　　D. 30s，2%

13. 当电网接口处电压超出规定的电压范围时，光伏系统应停止向电网送电。此要求适用于多相系统中的任何一相。超出 **1.35** 倍标称电压时，最大分闸时间为（　　）。答案：D

A. 0.25s　　B. 0.2s　　C. 0.1s　　D. 0.05s

14. 当电网接口处频率超出规定的频率范围时，过/欠频率保护应在（　　）内动作，将光伏系统与电网断开。 答案：C

A. 0.5s　　B. 0.3s　　C. 0.2s　　D. 0.1s

15. 当电网失压时，防孤岛效应保护应在（　　）内动作，将光伏系统与电网断开。 答案：D

A. 0.2s　　B. 0.5s　　C. 1s　　D. 2s

16. 光伏系统对电网应设置短路保护，当电网短路时，逆变器的过电流应不大于额定电流的（　　），并在 **0.1s** 以内将光伏系统与电网断开。 答案：D

A. 120%　　B. 130%　　C. 140%　　D. 150%

17. 分布式电源接入 **10(6)～35kV** 配电网，并网点开断设备应采用易操作、可闭锁、具有明显开断点、带接地功能、可开断故障电流的（　　）；分布式电源接入 **380V** 配电网，并网点

开断设备应采用易操作、具有明显开断指示、可开断故障电流的（ ）。 答案：A

A. 断路器、并网专用开关　　B. 并网专用开关、断路器

C. 断路器、熔断器　　D. 并网专用开关、熔断器

18. 风力发电机组单元变压器保护测控装置固有动作时间应不大于**40ms**。对过量动作功能施加（ ）倍动作整定值，欠量动作功能施加（ ）倍动作整定值进行测试。 答案：A

A. 1.5，0.7　　B. 1.05，0.95　　C. 1.2，0.8　　D. 1.1，0.9

19. 风力发电机组单元变压器保护测控装置除已注明返回系数外，过量动作保护功能的返回系数应不小于（ ），欠量动作保护功能的返回系数应不大于（ ）。 答案：A

A. 0.9，1.1　　B. 0.85，1.15　　C. 0.95，1.20　　D. 0.85，1.20

20. 通过**110kV**及以上电压等级送出线路与电网连接的风电场，主升压变压器间隙保护零序电压取**TV**开口三角电压时，其$3U_0$定值（$3U_0$为**300V**）可整定为（ ）和**0.5s**；当取自产电压时，其$3U_0$定值（$3U_0$额定值为**173V**）可整定为（ ）和**0.5s**。 答案：B

A. 120V，180V　　B. 180V，120V

C. 180V，180V　　D. 120V，120V

21. 通过**110kV**及以上电压等级送出线路与电网连接的风电场，当风电场并网点电压不低于（ ）倍标称电压且不高于（ ）倍标称电压时，风电机组应能正常运行。更高电压时风电场的运行状态由风电机组的性能确定，风电机组应具有必要的高电压耐受能力。

答案：C

A. 0.85，1.1　　B. 0.85，1.15　　C. 0.9，1.1　　D. 0.9，1.15

22. 通过**110kV**及以上电压等级送出线路与电网连接的风电场，当频率不低于**49.5Hz**且不高于**50.2Hz**时，风电机组应能正常运行。当频率高于**50.2Hz**时，高频保护动作时间应不小于（ ），并执行调度机构下达的降低出力或高频切机策略。 答案：D

A. 30min　　B. 15min　　C. 10min　　D. 5min

23. 通过**110kV**及以上电压等级送出线路与电网连接的风电场，当频率不低于**49.5Hz**且不高于**50.2Hz**时，风电机组应能正常运行。当频率低于**49.5Hz**但不低于**48Hz**时，低频保护动作时间应不小于（ ）。

答案 A

A. 30min　　B. 15min　　C. 10min　　D. 5min

24. 通过**380V**电压等级并网的分布式电源，当并网点处电压超出**135%**U_n时，电压保护动作的最大分闸时间不超过（ ）s。 答案：A

A. 0.2　　B. 2　　C. 10　　D. 60

25. 在电网电压和频率恢复正常后，通过 380V 电压等级并网的分布式电源需要经过一定延时时间后才能重新并网，时延值应大于（　　），并网延时由电网调度机构给定。答案：A

A. 20s　　B. 10s　　C. 0.2s　　D. 30s

26. 风电场应符合 DL/T 1040—2007《电网运行准则》的规定，具备参与电力系统（　　）的能力。答案：ABCD

A. 调频　　B. 调峰　　C. 备用　　D. 调压

27. 正常运行情况下，关于风电场有功功率变化最大限值说法正确的是（　　）。答案：CD

A. 风电场装机容量小于 30MW 时，10min 有功功率变化最大限值为装机容量/3MW
B. 风电场装机容量大于 150MW 时，1min 有功功率变化最大限值为装机容量/10MW
C. 风电场装机容量小于 30MW 时，1min 有功功率变化最大限值为 3MW
D. 风电场装机容量大于 150MW 时，10min 有功功率变化最大限值为 50MW

28. 风电场应配置风电功率预测系统，系统具有（　　）短期风电功率预测及（　　）超短期风电功率预测功能。答案：AB

A. 0~72h　　B. 15min~4h　　C. 0~48h　　D. 15min~8h

29. 光伏发电站的无功电源包括（　　）。答案：AB

A. 光伏并网逆变器　　B. 无功补偿装置
C. 线路阻抗　　D. 主变压器

30. 对光伏发电站送出线路，应在系统侧配置分段式（　　）故障保护；有特殊要求时，可配置纵联电流差动保护。答案：AB

A. 相间　　B. 接地　　C. 三相　　D. 单相

31. 光伏发电站应具备参与电力系统（　　）的能力。答案：ABC

A. 调频　　B. 调峰　　C. 调压　　D. 故障保护

32. 风电场无功控制对象包括（　　）。答案：ABCD

A. 电容器和电抗器　　B. 动态无功补偿装置
C. 风电机组　　D. 主升压变压器

33. 光伏系统向当地交流负载提供电能和向电网发送电能的质量应受控，在（　　）方面应

满足实用要求并符合标准。 答案：ABCD

A. 电压偏差　B. 频率　C. 谐波　D. 功率因数

34. 分布式电源经专线、T 接、经开关站（配电室、箱式变电站）接入 10（6）~35kV 配电网，用户高压总进线断路器处应配置（　　）。 答案：AB

A. 阶段式（方向）过电流保护　B. 故障解列

C. 防孤岛保护　D. 光纤纵差保护

35. 分布式电源经专线或 T 接接入 380V 配电网，用户侧低压进线开关及分布式电源出口处开关应具备（　　）功能。 答案：ABC

A. 短路瞬时、长延时保护　B. 分励脱扣　C. 欠压脱扣

36. 失速型风力发电机组控制系统常采用相异技术，即采用具有不同操作原理或不同类型器件的控制电路，可以减少故障的可能性和故障引起的危险。下列属于采用相异技术的有（　　）。 答案：ABCD

A. 由联锁防护装置控制的动合和动断触点的组合

B. 电路中不同类型控制元件的运用

C. 在冗余结构中机电和电子电路的组合

D. 电和非电（如机械、液压、气压）系统的结合

二、判断题

1. 在电力系统事故或紧急情况下，风电场应根据电力系统调度机构的指令快速控制其输出的有功功率，必要时可通过安全自动装置快速自动降低风电场有功功率或切除风电场。（　　）

答案：√

2. 风电场要充分利用风电机组的无功容量及其调节能力，应在风电场集中加装适当容量的无功补偿装置，必要时加装动态无功补偿装置。（　　）

答案：×

3. 当光伏发电站逆变器的无功容量不能满足系统电压调节需要时，应在光伏发电站集中加装适当容量的无功补偿装置，必要时加装动态无功补偿装置。（　　）

答案：√

4. 光伏发电站应具备快速切除站内汇集系统单项故障的保护措施。（　　）

答案：√

5. 光伏发电站继电保护装置及故障录波器应支持 IRIG-B 码对时，时钟误差不超过 1ms，外部对时信号消失采用自身时钟时的误差每 24h 不超过 5s。逆变器保护及单元变压器保护采用网络对时，误差不超过 1s。（　　）

答案：√

6. 汇集系统单相接地故障应快速切除。对于中性点经低电阻接地的光伏电站，应配置动作于跳闸的接地保护；对于经消弧线圈接地的光伏发电站，宜配置小电流接地故障选线装置实现跳闸。(　　)

答案：√

7. 母线保护是汇集母线相间故障的主保护，也是低电阻接地系统汇集母线接地故障的主保护，其差动电流元件应保证最小方式下母线故障有足够灵敏度，灵敏系数不小于 1.5。(　　)

答案：×

8. 故障录波器技术性能应满足 DL/T 553—2013《电力系统动态记录装置通用技术条件》的规定，并能记录故障前 10s 至故障后 60s 的电气量数据，暂态数据记录采样频率不小于 4000Hz。(　　)

答案：√

9. 通过 110kV 及以上电压等级送出线路与电网连接的风电场汇集线路过电流保护可不经方向控制，不经电压闭锁。(　　)

答案：√

10. 风电机组应具备运行信息记录功能，记录机端电压、交流侧三相电流、功率、变频器直流母线电压、机组保护动作等信息，同时应记录转速、风速、变桨角等非电量及开关量。应能记录故障前 100ms 至故障后 5s 的电气量数据，采样频率不小于 4000Hz。记录信息在机组掉电后不能丢失。(　　)

答案：√

三、简答题

1. 分布式电源主要分为哪两类?

答：(1) 10kV 及以下电压等级接入，且单个并网点总装机容量不超过 6MW 的分布式电源。

(2) 35kV 电压等级接入，年自发自用电量大于 50%的分布式电源或 10kV 电压等级接入且单个并网点总装机容量超过 6MW，年自发自用电量大于 50%的分布式电源。

2. 风电场接入系统测试内容包括哪些?

答：(1) 风电场有功/无功控制能力测试。

(2) 风电场电能质量测试，包含闪变与谐波。

(3) 风电机组低电压穿越能力测试；风电场低电压穿越能力验证。

(4) 风电机组电压、频率适应性测试；风电场电压、频率适应能力验证。

3. 110kV 内桥接线变电站（如图 15-1 所示），低压侧 35kV 母线接入某光伏电站，进线 1、

进线 2 带两台主变压器分列运行，备自投充电，当 110kV 进线 1 故障时，简述光伏电站的接入对备自投的影响，并说明备自投动作逻辑。

答：（1）对备自投的影响：接入光伏电站后，进线 1 故障，对侧开关跳开，如果光伏电站容量较大，可能导致 I 母电压下降不大，备自投无法启动。需一直等到 PV 失稳后由变电站的稳控装置将其切除方可投入。故光伏电站的接入延长了备自投的启动时间。

（2）备自投动作逻辑：待满足动作条件后，跳开 QF1 和 QF3，合上 QF0。

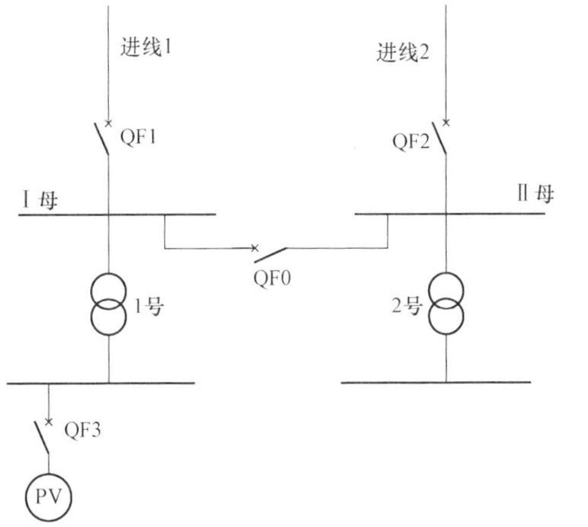

图 15-1

4. 光伏电站低电压穿越的基本要求是什么？请画出低电压穿越能力曲线。

答：（1）光伏电站低电压穿越的基本要求为：

1）光伏电站并网点电压跌至 0 时，光伏电站应能不脱网连续运行 0.15s；

2）光伏电站并网点电压跌至曲线 1 以下时，光伏电站可以从电网切出。

（2）低电压穿越能力曲线如图 15-2 所示。

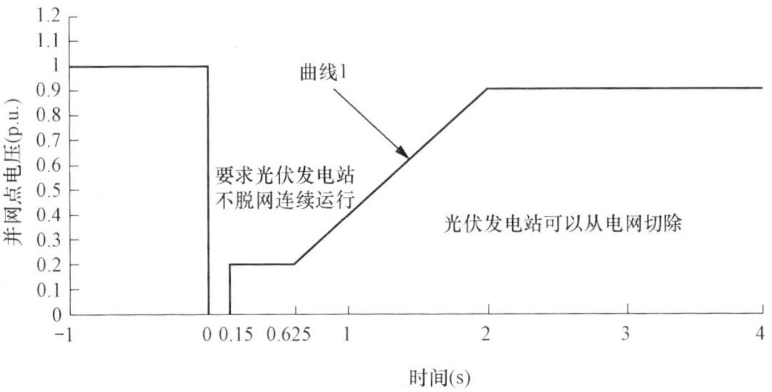

图 15-2

5. 风电场低电压穿越的基本要求是什么？请画出低电压穿越能力曲线。

答：（1）风电场低电压穿越的基本要求为：

1）风电场并网点电压跌至 20%标称电压时，风电场内的风电机组应保证不脱网连续运行 625ms；

2）风电场并网点电压在发生跌落后 2s 内能够恢复到标称电压的 90%时，风电场内的风电机组应保证不脱网连续运行。

（2）低电压穿越能力曲线如图 15-3 所示。

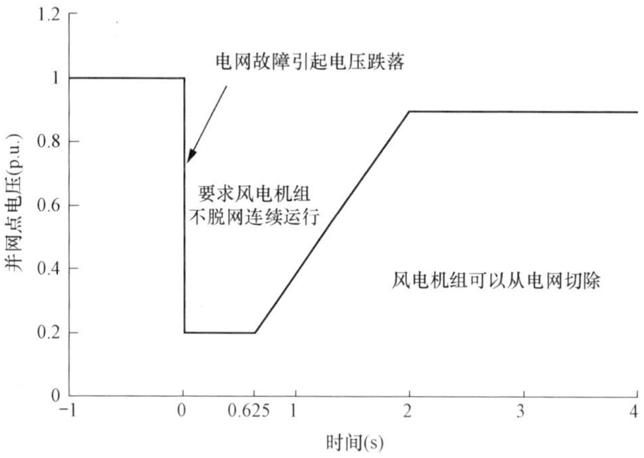

图 15-3

6. 某新能源厂站接线如图 15-4 所示，1 号光伏线路 311 断路器配置过电流Ⅰ、Ⅱ段保护，35kV 母线配置母差保护，1 号主变压器配置纵差保护、后备保护。简述 311 断路器 1 号光伏线路初始端 A、B 相间短路什么保护动作跳闸？如果 311 断路器拒动，其他哪种保护动作？

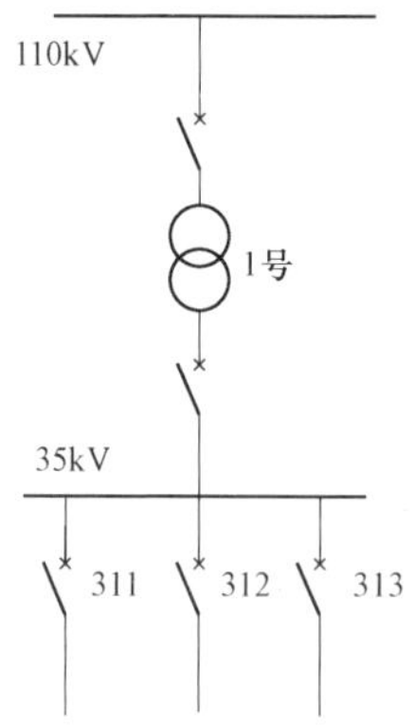

图 15-4

答：311 开关的过电流Ⅰ段动作，如果拒动，1 号主变压器的后备保护动作跳闸。

四、分析题

1. 某风电场集中接入系统，B1、B2、C1、C2 均为 220kV 并网风电场，B1、B2 接入 220kV 变电站 B，C1、C2 接入 220kV 变电站 C，B、C 接入 500kV 变电站 A。某日 *t* 时刻，B1

风电场某 35kV 馈线开关柜下侧电缆头发生三相短路，*t*+600ms 时刻该馈线开关跳闸故障隔离。由于故障期间并网点电压下跌至 0.25p.u.，*t*+400ms 时刻风电场 B1、B2 各有 100 台风机脱网，损失出力 257MW。故障隔离后，因 B1、B2 风电场 SVC 装置电容器支路未切除，*t*+800ms 时刻风电场 B1、B2 并网点系统电压上升至 1.12p.u.，引起 B1、B2 风电场中各有 40 台风机脱网，损失出力 104MW；此后在系统无功电压调节作用下，系统电压有所回调但仍然偏高。各风电场并网点电压基本维持在 1.08p.u.。*t*+2800ms 时刻风电场 C1 因长时间高电压导致 30 台风机脱网，损失负荷 52MW。在以上过程中，由于风电大面积脱网导致系统频率下跌至 49.65Hz，风电场 C2 有 20 台风机脱网，损失负荷 36MW。根据上述描述，请分析该系统中各风电场是否满足相关技术规范。

答：（1）*t*+400ms 时刻风电场 B1、B2 各有 100 台风机脱网，不满足风电场低电压穿越要求（风电场并网点电压跌至 20%标称电压时，风电场内的风电机组应保证不脱网连续运行 625ms）。

（2）*t*+2800ms 时刻风电场 C1 因长时间高电压导致 30 台风机脱网，不满足对风电场的电压适应性要求（风电场并网点电压在标称电压的 90%～110%时，风电机组应能正常运行）。

（3）由于风电大面积脱网导致系统频率下跌至 49.65Hz，风电场 C2 有 20 台风机脱网，不满足对风电场的频率适应性要求（系统频率在 49.5～50.2Hz 范围内，风电场机组应能保持长期运行）。

（4）故障隔离后，B1、B2 风电场 SVC 装置电容器支路未切除，不满足风电场动态无功补偿要求（风电场应配置足够的动态无功补偿容量，应在各种运行工况下都能按照分层分区、基本平衡的原则在线动态调整且动态调节的响应时间不大于 30ms）。

（5）*t*+800ms 时刻风电场 B1、B2 因并网点系统电压上升至 1.12p.u.，各有 40 台风机脱网，该行为未违反相关要求（当风电场并网点电压超过标称电压的 110%时，风电场的运行状态由风电机组的性能确定）。

2. 某时刻，某风电场内 35kV 2 号集电线路发生 B、C 相间短路故障，该风电场 220kV 母线电压降至 61%U_n，35kV 母线电压降至 42%U_n，持续时间 82ms 后故障切除。事故中机组低电压保护动作导致该风电场及附近多个风电场共 300 余台风机脱网，机组高电压保护动作导致附近 300 余台风机脱网。请从事故过程描述中分析存在的主要问题，并针对问题提出下一步整改措施。

答：存在问题：①从故障持续时间和电压跌落情况分析，风电机组不具备低电压穿越能力；②无功补偿装置事故发生后未及时自动调整，造成了系统高电压。

整改措施：①风电机组低电压穿越能力改造；②风电场配置满足动态调节响应时间的动态无功补偿装置。

第三篇　技能篇

第十六章

整 定 案 例

【案例一】如图 16-1 所示，变电站 A、变电站 B 分属不同大系统供电的 220kV 变电站。变电站 C 为老变电站，变电站 C 1、2 号主变压器有且只有一台主变压器 110kV 中性点保持接地运行（正常方式下，1 号主变压器 110kV 中性点接地运行），35kV 母线上仅有一条 35kV 出线，其他 35kV 出线均已退出运行。在变电站 E 投运前，变电站 C 1、2 号主变压器 35kV、10kV 并列运行。

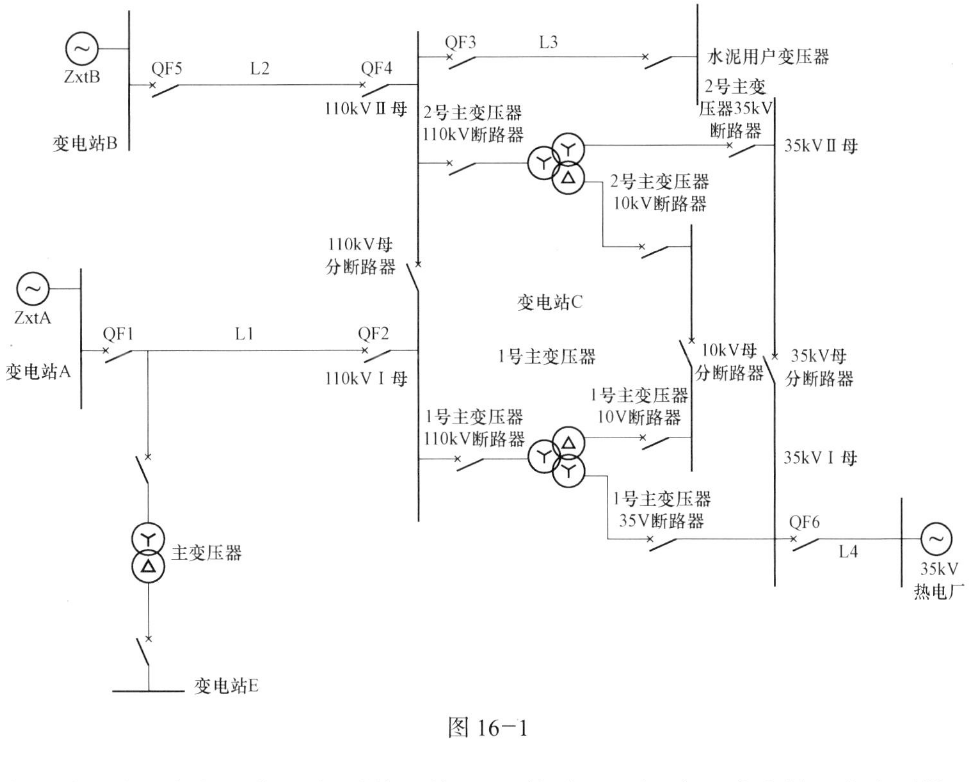

图 16-1

变电站 E 为准备投运变电站，进线 T 接至 L1 线路上运行，新上变电站 E 主变压器 110kV 中性点不接地运行。

试根据以上变电站 E 接入后的供电系统对 QF1 线路保护、变电站 C 1 号主变压器保护及 110kV 母差保护进行整定计算，并对系统进行分析。

已知条件如下：

1. 线路、主变压器、系统参数

（1）线路参数。

1）L1 线路参数：

变电站 A 到变电站 C 参数：Z_1=3Ω∠77.2°；Z_0=5.05Ω∠64.8°；线路 L1 长 8.5km。

变电站 A 到变电站 E 参数：Z_1=13.2Ω∠76°；Z_0=36.4Ω∠72°；线路长 32km。

T 点接在变电站 A 外线路 L1 上，紧邻变电站 A。

2）L4 线路参数（标幺值）：Z_1=0.1+j0.2。

（2）主变压器参数。

1）变电站 C 1、2 号主变压器参数：型号为 SSZ9−40000kVA/110，接线组别为 YNYn0d11，额定电压为 110±8×1.25%/37±2×2.5%/10.5kV；主变压器阻抗百分比：高—中为 10%，高—低为 18.0%，中—低为 6.5%；零序阻抗为 48Ω。

2）变电站 E 主变压器参数：型号为 SZ10−50000kVA/110，接线组别为 YNd11，额定电压为 110±8×1.25%/10.5kV；正序阻抗为 j37Ω；零序阻抗为 j31.74Ω。

（3）大系统阻抗。

变电站 A 系统阻抗 Z_{xtA}（标幺值）：大运行方式下正序阻抗为 j0.04，小运行方式下正序阻抗为 j0.09；大运行方式下零序阻抗为 j0.02，小运行方式下零序阻抗为 j0.035。

变电站 B 系统阻抗 Z_{xtB}（标幺值，已归算至变电站 C 110kV Ⅱ段母线）：大、小运行方式下正序阻抗均为 j0.12，大、小运行方式下零序阻抗均为 j0.14。

（4）35kV 热电厂（标幺值，已归算至变电站 C 35kV Ⅰ段母线）开机时：大运行方式下正序阻抗为 j0.95；小运行方式下正序阻抗为 j1.6。

2. 变电站 E 未接入前部分保护定值情况

（1）QF3 保护定值（一次定值）。

相间距离保护：Ⅰ段为 9Ω/0s；Ⅱ段为 18Ω/0.3s；Ⅲ段为 115Ω/2.0s。

接地距离保护：Ⅰ段为 8Ω/0s；Ⅱ段为 19Ω/0.3s；Ⅲ段为 95Ω/2.0s。

零序保护：Ⅰ段为 3077A/0s；Ⅱ段为 980A/0.3s；Ⅲ段为 220A/0.6s；Ⅳ段为 220A/0.6s。

（2）QF6 保护定值（一次定值）。

过电流保护：Ⅰ段为 3820A/0s，Ⅱ段为 900A/0.3s，Ⅲ段为 350A/1.4s；Ⅱ段带方向，Ⅲ段不带方向。

3. 整定说明

在编制整定计算书时，应写出应用功能保护定值取值过程，对控制字可直接写在定值清单上。TA 变比未提供的，按一次值填写。零序保护可靠系数取 1.3，配合系数取 1.2；接地距离可靠系数、配合系数均取 0.7；相间距离保护可靠系数取 0.8，配合系数取 0.8、K_T 取 0.7；负荷阻抗角取 32°。电流保护可靠系数取 1.3，配合系数取 1.2，三相短路不平衡系数取 0.15。

答：

一、计算阻抗参数并画出系统阻抗图

1. 标幺值计算

（1）线路 L1 参数。

变电站 A 到变电站 C 参数：Z_1^*=0.0227∠77.2°=0.005+j0.022；Z_0^*=0.038∠64.8°=0.016+j0.035。

变电站 A 到变电站 E 参数：Z_1^*=0.0998∠76°=0.024+j0.097；Z_0^*=0.275∠72°=0.08+j0.262。

（2）变电站 C 1、2 号主变压器。

$X_{高}^* = (1/2)\times(18+10-6.5)/40=0.269$

$X_{中}^* = (1/2)\times(10+6.5-18)/40=-0.0187\approx 0$（短路计算时忽略）

$X_{低}^* = (1/2)\times(18+6.5-10)/40=0.18$

$X_0^* = 0.36$

（3）变电站 E 主变压器。

$X_1^* = 0.28$，$X_0^* = 0.24$

2. 系统阻抗图

正序阻抗图和零序阻抗图分别如图 16-2 和图 16-3 所示。

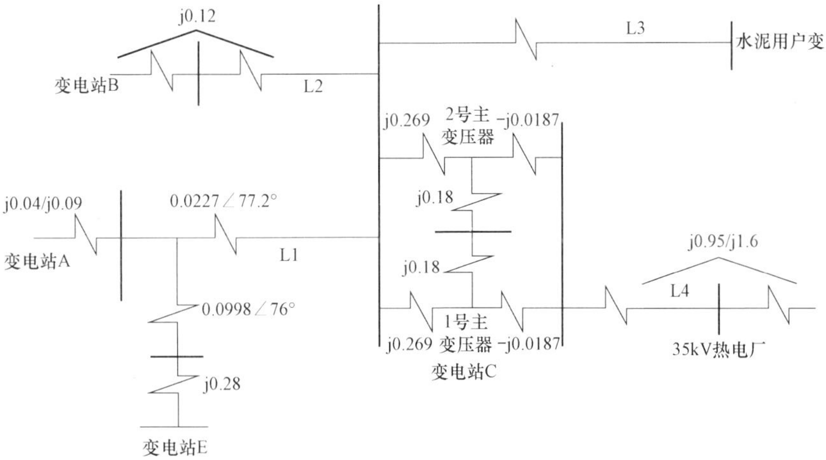

图 16-2

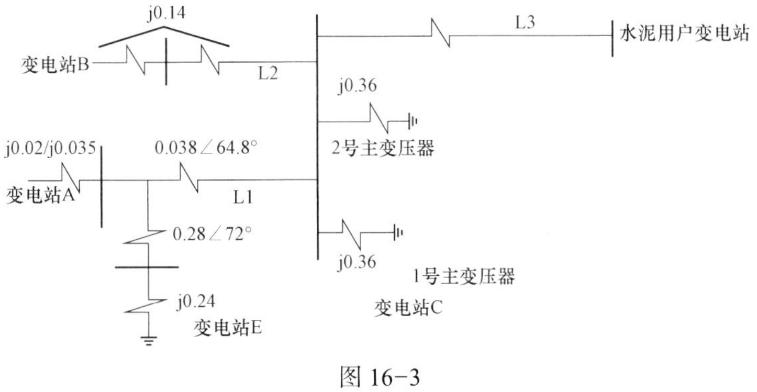

图 16-3

二、对 L1 线路 QF1 线路保护进行整定计算并编制定值清单

（1）助增系数计算：变电站 C 1、2 号主变压器有且只有一台中性点接地运行（变电站 E 主变压器中性点不接地）。

归算至变电站 A 母线

$$Z_{zz1max}=[(0.95-0.0187)+0.269+0.0227+0.09]/[(0.95-0.0187)+0.269+0.0227]=1.055$$

归算至变电站 C 母线

$$Z_{zz1max}=[(0.95-0.0187)+0.269+0.09+0.0227]/[(0.95-0.0187)+0.269]=1.09$$

Z_{zz1min}=1（热电厂停机），配合系数按 1；灵敏度校核按 Z_{zz1max}。

归算至变电站 A 母线

$$Z_{zz0max}=(0.36+0.038+0.035)/(0.36+0.038)=1.09$$

归算至变电站 C 母线

$$Z_{zz0max}=(0.36+0.038+0.035)/0.36=1.2$$

Z_{zz1min}=1（C 站 1、2 号主变压器全停时）。

（2）QF1 线路保护定值清单。

1）电流变化量启动值，按负荷电流波动最大值整定，一般取 $0.2I_n$。

2）零序启动电流，取 $0.2I_n$。

3）负序启动电流，按躲过最大负序不平衡电流整定，取 $0.2I_n$。

4）零序补偿系数，$K=(Z_{0L}-Z_{1L})/3Z_{1L}=(5.05-3)/(3\times3)=0.227$，考虑与下一级线路配合，按短线路零序补偿系数考虑。

5）振荡闭锁过电流，按躲过线路最大负荷电流计算，线路最大负荷限额取 800A，则振荡闭锁过电流为 1.3×800=1040（A）。

6）接地距离Ⅰ段定值，按躲短线路末端故障整定

$$Z_{DZI}\leqslant K_kZ_{1L}=0.7\times3=2.1(\Omega)$$

7）接地距离Ⅰ段时间，0s。

8）接地距离Ⅱ段定值。

a. 按与相邻线路 L3 接地距离Ⅰ段保护配合整定

$$Z_{DZII}\leqslant K_kZ_L+K_kZ'=0.7\times3+0.7\times8=7.7(\Omega)$$

b. 按本线路末端接地故障有足够灵敏度整定

$$Z_{DZII}=K_{1m}Z_1=1.5\times3=4.5(\Omega)$$

c. 校核与变压器 35kV 侧母线故障的配合

$$Z_{DZII}\leqslant K_kZ_L+K_kZ'_T=0.7\times3+0.7\times16.5=13.65(\Omega)$$

可取 Z_{DZII}=[4.5，7.7]。

9）接地距离Ⅱ段时间。根据以上配合情况，与主变压器差动保护配合，取 0.3s 或 0.6s。

10）接地距离Ⅲ段定值。

a. 按躲负荷阻抗整定

$$Z_{fhmin}=0.9\times110000/(1.732\times800)=71.4(\Omega)$$

$$Z_{DZIII}\leqslant Z_{fhmin}/[K_kK_FK_{zq}\cos(\varphi_{xl}-\varphi_{lm})]=71.4/[1.3\times1.15\times1.5\times\cos(76-32)]=44.4(\Omega)$$

b. 根据继电器特性，与相邻线 L3 接地距离Ⅲ段配合整定

$$Z_{\mathrm{DZIII}} \leqslant K_{\mathrm{k}} Z_{\mathrm{L}} + K_{\mathrm{k}} K_{\mathrm{z}} Z'_{\mathrm{Dz\,II}} = 0.7 \times 3 \times 0.7 \times 1.0 \times 95 = 68.6(\Omega)$$

取 46.7Ω。

11）接地Ⅲ段四边形。作为对侧变压器后备保护：变压器阻抗为 59Ω，1.2×3+1.2×1.1×59=81.5（Ω），下一级保护改定值。

12）接地距离Ⅲ段时间。时间大于对侧主变压器后备保护 2.3s 及与 L3 线路保护Ⅲ段时间配合。

13）相间距离Ⅰ段定值。按躲短线路末端故障整定

$$Z_{\mathrm{PPIzd}} \geqslant K_{\mathrm{k}} Z_{\mathrm{1L}} = 0.8 \times 3 = 2.4(\Omega)$$

14）相间距离Ⅱ段定值。

a. 长线路末端故障有灵敏度。

$$Z_{\mathrm{PPZ2}} \geqslant K_{\mathrm{1m}} Z_{\mathrm{1L}} = 1.5 \times 1.055 \times 13.2 = 20.9(\Omega)$$

b. 与下一级 L3 相邻保护配合，与Ⅱ段相间距离保护配合：18Ω/0.3s。

$Z_{\mathrm{DZ2}} \leqslant K_{\mathrm{k}} Z_{\mathrm{L}} + K_{\mathrm{k}} K_{\mathrm{z}} Z'_{\mathrm{PP2}} = 0.8\times3+0.8\times1\times18=16.8$（Ω），时间 0.6s

c. 按躲变电站 C 主变压器中压侧短路故障整定。变电站 C 35kV 并列运行时阻抗为 16.55Ω。

$$Z_{\mathrm{PPZ2}} \leqslant K_{\mathrm{k}} Z_{\mathrm{L}} + K_{\mathrm{kT}} K_{\mathrm{z}} Z'_{\mathrm{T}} = 0.8 \times 3 + 0.7 \times 1 \times 16.55 = 13.95(\Omega)$$

d. c 与 a 有冲突。根据整定原则，要求变电站 C 1、2 号主变压器 35kV 分列运行。L3 相间距离Ⅱ段需更改定值，与本保护配合。

e. 若变电站 C 主变压器 10kV 并列运行，按躲变电站 C 主变压器低压侧短路故障整定。变电站 C 10kV 并列运行时阻抗为 29.69Ω。

$$Z_{\mathrm{PPZ2}} \leqslant K_{\mathrm{k}} Z_{\mathrm{L}} + K_{\mathrm{kT}} K_{\mathrm{z}} Z'_{\mathrm{T}} = 0.8 \times 3 + 0.7 \times 1 \times 29.6 = 23.185(\Omega)$$

根据继电器特性，1、2 号主变压器 10kV 侧可并列运行，取 20.9Ω，时间 0.6s。

15）相间距离Ⅱ段时间，0.6s。

16）相间距离Ⅲ段定值。

a. 按躲负荷阻抗整定

$$Z_{\mathrm{fhmin}} = 0.95 \times 110000 / (1.732 \times 800) = 75.4(\Omega)$$

$$Z_{\mathrm{DZ3}} \leqslant Z_{\mathrm{fhmin}} / [K_{\mathrm{k}} K_{\mathrm{f}} K_{\mathrm{zq}} \cos(\varphi_{\mathrm{xl}} - \varphi_{\mathrm{lm}}) = 75.4 / [1.3 \times 1.15 \times 1.5 \times \cos(76 - 32)] = 46.7(\Omega)$$

b. 与下一级 L3 相邻保护配合，与Ⅲ段接地距离保护配合：115Ω/2.0s。

$$Z_{\mathrm{PPZ3}} \leqslant K_{\mathrm{k}} Z_{\mathrm{L}} + K_{\mathrm{k}} K_{\mathrm{z}} Z'_{\mathrm{PPZ3}} = 0.8 \times 3 + 0.8 \times 1 \times 115 = 82.6(\Omega)$$

取 46.7Ω。

17）相间Ⅲ段四边形。作为对侧变压器后备保护：变压器阻抗 59Ω，1.2×3+1.2×1.055×59=78.3（Ω），取 78.3Ω，时间 2.3s。

18）相间距离Ⅲ段时间，2.3s。

19）正序灵敏角，76°。

20）零序灵敏角，72°。

21）接地距离偏移角，大于 20km，取 0°。

22）相间距离偏移角，0°。

23）零序过电流Ⅰ段定值。按躲短线路末端接地故障整定

$$X_{1\Sigma大}=0.04+0.0227=0.0627;\ X_{0\Sigma大}=0.02+0.038=0.058$$

$$I_{01}\geqslant K_{k3}I_{omax};\ 1506/(2\times0.058+0.0627)=8427.5;\ 1.3\times8427.5=10955.8(A)$$

24）零序过电流Ⅰ段时间，0s。

25）零序过电流Ⅱ段定值。与下一级 L3 保护零序Ⅰ段或Ⅱ段配合，K_{0fmax}=1/1.1=0.909，或可取 1 配合。

$I_{02}\geqslant K_kK_FI'_{01}=1.2\times0.909\times3077=3356.4(A)$，时间 0.3s

或 $I_{02}\geqslant K_kK_FI'_{01}=1.2\times1\times3077=3692(A)$，时间 0.3s

或 $I_{02}\geqslant K_kK_FI'_{02}=1.2\times0.909\times980=1068(A)$，时间 0.6s

或 $I_{02}\geqslant K_kK_FI'_{02}=1.2\times1\times980=1176(A)$，时间 0.6s

26）零序过电流Ⅱ段时间，0.6s。

27）零序Ⅲ段电流定值。

a. 按本线路末端故障有足够灵敏度整定。

$$X_{1\Sigma}=0.09+0.0998=0.164$$

$$X_{0\Sigma小}=0.035+0.275=0.1666$$

$$3I_{0min}=1506/(2\times0.1666+0.164)=1859.7(A)$$

$$I_{03}\leqslant3I_0/K_{lm}=1859.7/2=814(A)$$

b. 与下一级 L3 保护零序Ⅲ段配合：220A，0.6s。

$I_{03}\geqslant K_kK_FI'_{01}=1.2\times1\times220=264(A)$，时间 0.9s。

28）零序过电流Ⅲ段时间，0.9s。

29）零序过电流Ⅳ段定值。

a. 一次电流一般不大于 300A（高阻抗接地故障有灵敏度，一般取值较小）。

b. 躲变压器低压侧三相故障最大不平衡电流为

$$X_{1\Sigma大}=0.04+0.0227+0.2245=0.287$$

$$I_{max}=502/0.287=1749(A),\ I_{bph}=0.15\times1749=262(A)\text{（能躲过）}$$

30）零序过电流Ⅳ段时间，1.2s。

31）零序过电流加速段。零序加速Ⅲ段，814A。

32）相电流过负荷定值。躲负荷电流为 1.2×800=960(A)。

33）相电流过负荷时间，6s，信号。

34）TV 断线过电流Ⅰ段定值。按线路末端故障有灵敏度整定

$$X_{1\Sigma小}=0.164$$

$$I_{1min}=0.866\times502/0.164=2650(A)$$

$$2650/1.5=1766(A)$$

35）TV 断线过电流Ⅰ段时间，0.6s。

36）TV 断线过电流Ⅱ段定值。躲负荷电流最大负荷电流为 1.3×800=1040（A）。

37）TV 断线过电流Ⅱ段时间，2.3s，取相间距离Ⅲ段时间。

38）固定角度差定值，0°线路电压互感器 A 相，0°。

39）重合闸时间，1.7s。重合闸整定时间，主要考虑消弧去游离时间及保证瞬时故障可

靠消除，提高重合闸成功率，一般不小于 1s；由于对侧有小电源，时间取 1.4+0.3=1.7（s）。

40）同期重合闸 30°。

41）线路正序电抗 12.8Ω。

42）线路正序电阻 3.19Ω。

43）线路零序电抗 34.62Ω。

44）线路零序电阻 11.248Ω。

三、对变电站 C 1 号主变压器保护进行整定计算（注：10kV 后备保护装置定值不用整定）

变电站 C 110kV 侧未配置独立故障解列装置，主变压器保护具备跳 QF6 小电源开关功能。保护配置：差动保护 PST1260A；各侧后备保护 PST1261A。110kV 侧 TA 变比为 600/5；35kV 侧 TA 变比为 1000/5；10kV 侧 TA 变比为 4000/5；110kV 主变压器中性点 TA 变比为 200/5。参数如表 16-1 所示。

保护配置：采用国电南自产品差动保护 PST1260A 型+110kV 后备保护 PST1261A 型+35kV 后备保护 PST1261A 型。

表 16-1

额定电压（kV）	110	37	10.5
一次侧电流（A）	$40000/(\sqrt{3}\times110)=209.9$	$40000/(\sqrt{3}\times37)=624$	$40000/(\sqrt{3}\times10.5)=2199.5$
TA 接线方式	Y	y	y
TA 变比	600/5	1000/5	4000/5
二次侧额定电流	1. 75	3.12	

（一）差动保护整定

（1）控制字 KG=0C20，如表 16-2 所示。

表 16-2

位号	置 0 时含义	置 1 时含义	整定	
15	备用	备用	0	0
14	备用	备用	0	
13	备用	备用	0	
12	备用	备用	0	
11	Yd11 接线	Yd11 接线	1	C
10	低压绕组星形接线	低压绕组角形接线	1	
09	中压绕组星形接线	中压绕组角形接线	0	
08	高压绕组星形接线	高压绕组角形接线	0	
07	备用		0	2
06	备用		0	
05	TA 断线开放差动	TA 断线闭锁差动	1	
04	备用	备用	0	
03	备用		0	0

续表

位号	置 0 时含义	置 1 时含义	整定	
02	低压 TA 星形接线	低压 TA 角形接线	0	0
01	中压 TA 星形接线	中压 TA 角形接线	0	
00	高压 TA 星形接线	高压 TA 角形接线	0	

（2）差动动作电流 I_{CD}。

按躲变压器额定负荷下最大不平衡电流整定

$$I_{CD}=K_k(K_{ct}+K_b)I_N=1.5\times(0.2+0.1)\times1.75=0.78(A)$$

灵敏度校核：主变压器低压侧两相故障有足够灵敏度（≥1.5），设 BC 相短路。

10kV 侧短路电流

$$i_b=-j(\sqrt{3}/2)I_d^{(3)};\ \ i_c=j(\sqrt{3}/2)I_d^{(3)};\ \ i_a=0$$

$$n=110/10.5=10.5$$

110kV 侧短路电流

$$X_{1\min}=0.09+0.0227+0.269+0.18=0.5617$$

$$\begin{aligned}i_A&=\left[(1/\sqrt{3})(i_a-i_c)/n\right]=\{(1/\sqrt{3})\left[0-j(\sqrt{3}/2)I_d^{(3)}\right]/n\}\\&=-(1/2)\times i_d^{(3)}/10.5=-0.5\times(5500/0.5617)/10.5=-466(A)\\i_B&=[(1/\sqrt{3})(i_b-i_a)/n]=-(1/2)\times I_d^{(3)}/10.5\\&=-0.5\times\left(5500/0.5617\right)/10.5=-466(A)\\i_C&=[(1/\sqrt{3})(i_c-i_b)/n]=\left[(1/\sqrt{3})j(\sqrt{3}/2)I_d^{(3)}+j(\sqrt{3}/2)I_d^{(3)}/n\right]\\&=I_d^{(3)}/n=\left(5500/0.5617\right)/10.5=932(A)\end{aligned}$$

经软件校正后高压侧各相电流：$i'_A=(i_A-i_B)/\sqrt{3}=0(A)$；$i'_B=(i_B-i_C)/\sqrt{3}=807(A)$；$i'_C=(i_C-i_A)/\sqrt{3}=807(A)$。以 C 相为例：区内故障，流过 $i_C=0(A)$：$i_{cd}=(i'_C-i_C)=807i_{zzd}=(|i'_C|,\ |i'_C|)=807(A)$。

全部归算至额定变压器额定电流：807/209.9=3.84。

差动启动值为 $0.78/1.75=0.45I_N$，拐点电流为 $1.0I_N$；第二拐点电流 $3.0I_N$；则 $I_{op}=0.45+0.5\times2+0.7\times(3.84-3)=2.04$（A）；$K_{lm}=3.84/2.04=1.88\geqslant1.5$。

（3）速断动作电流 I_{SD}。

躲励磁涌流：（8～1.0）倍 I_N，8×1.75=14（A）。

110kV 侧两相短路故障

$$X_{1\min}=0.09+0.0227=0.1127$$

$$502\times0.866/0.1127=5143\text{（A）}$$

$$K_{lm}=(5143/120)/13.1=3.27$$

（4）二次谐波制动系数，$X_{B2}=0.15$。

（5）高压侧额定电流，$I_N=1.75$（A）。

（6）高压侧额定电压，$H_{DY}=110$（kV）。

（7）高压侧 TA 变比，$H_{TA}=600$。

（8）中压侧额定电压，$M_{DY}=37$（kV）。

（9）中压侧 TA 变比，$M_{TA}=1000$。

（10）低压侧额定电压，$L_{DY}=10.5$（kV）。

（11）低压侧 TA 变比，$L_{TA}=4000$。

（12）高压侧过负荷定值，$H_{GF}=1.2I_h$。

（13）中压侧过负荷定值，$M_{GF}=1.2I_m$。

（14）低压侧过负荷，$L_{GF}=1.2I_l$。

（15）启动通风定值，$I_{TF}=2I$，不用，自冷。

（16）闭锁调压定值，$I_{TY}=1.2I_h$，规定值。

整定说明：差动保护动作跳本变压器两侧断路器。差动保护动作跳本变压器两侧断路器。

（二）110kV 后备保护整定（PST1261A 型保护）

TA 变比：110kV 侧为 600/5；TV 变比：110/0.1。

本保护仅用一段式复合序电压闭锁过电流保护，不需经方向闭锁，用本装置复压过电流功能及零序过电流功能。保护定值配置可根据实际情况整定。

（1）控制字 1：KG1=9010，如表 16-3 所示。

表 16-3

位号	置“0”含义	置“1”含义	整定	
15	TV 断线自检退出	TV 断线自检投入	1	9
14	备用	备用	0	
13	备用	备用	0	
12	复压过电流复合电压元件不投入	复压过电流复合电压元件投入	1	
11	备用	备用	0	0
10	复压方向过电流方向元件指向变压器	复压方向过电流方向元件指向系统	0	
09	复压方向过电流保护方向不投入	复压方向过电流保护方向投入	0	
08	复压方向过电流复合电压元件不投入	复压方向过电流复合电压元件投入	0	
07	备用	备用	0	1
06	备用	备用	0	
05	备用	备用	0	
04	零序过电流电流取自产 $3I_0$	零序过电流电流取外加 $3I_0$	1	
03	备用	备用	0	0
02	零序方向过电流方向元件指向变压器	零序方向过电流方向元件指向系统	0	
01	零序方向过电流电流取自产 $3I_0$	零序方向过电流电流取外加 $3I_0$	0	
00	零序方向过电流方向元件不投入	零序方向过电流方向元件投入	0	

（2）复压低电压定值，$U_L=70(V)$。

（3）复压负序电压定值，$U_E=4(V)$。

（4）复压过电流保护电流定值。

1）按躲额定负荷整定

$$I_{op}=(K_{rel}/K_r)I_e=(1.3/0.95)\times1.75=2.4(A)$$

2）按 10kV 侧 BC 相短路故障有不小于 1.5 的灵敏度整定，10kV 并列运行时最小。

灵敏度校核：主变压器低压侧两相故障有足够灵敏度（≥1.5），设 BC 相短路。

10kV 侧短路电流

$$i_b = -j(\sqrt{3}/2)I_d^{(3)}$$

$$i_c = -j(\sqrt{3}/2)I_d^{(3)}$$

$$i_a = 0$$

$$n = 110/10.5 = 10.5$$

110kV 侧短路电流

$$X_{1\min} = 0.09+0.0227+0.269+0.09=0.472$$

$$i_A = [(1/\sqrt{3})(i_a - i_c)/n] = (1/\sqrt{3})[0 - j(\sqrt{3}/2)I_d^{(3)}]/n$$

$$= -(1/2)\times I_d^{(3)}/10.5 = -0.5\times(5500/0.472)/10.5 = -555(A)$$

$$i_B = [(1/\sqrt{3})(i_b - i_a)/n] = (1/2)\ \times I_d^{(3)}/10.5$$

$$= -0.5\times(5500/0.472)/10.5 = -555(A)$$

$i_C = [(1/\sqrt{3})(i_c - i_b)/n] = (1/\sqrt{3})[j(\sqrt{3}/2)I_d^{(3)} + j(\sqrt{3}/2)]I_d^{(3)}/n = I_d^{(3)}/n = (5500/0.472)/10.5 = 1110(A)$

流过 1 号主变压器分流：1110/2=555（A）

$$K_{Lm} = (555/120)/2.4 = 1.92 \geqslant 1.5$$

低压侧故障时本侧复压灵敏度不足；本保护采用两侧复合序电压并联开放功能。

（5）复压过电流保护二时限延时，2s，与上一级 L1 线路保护配合。

（6）复压过电流保护二时限出口密码，011F。

跳闸矩阵如表 16-4 所示。

表 16-4

断路器名称	对应跳闸控制位	对应出口继电器名称	整定
启动	00	CK1	1
保护动作	01	CK2	1
高压侧断路器	02	CK3	1
中压侧断路器	03	CK4	1
低压侧断路器	04	CK5	1
跳小电源断路器 QF6	05	CK6	0
母联/分段断路器	06	CK7	0
闭锁备自投装置触点	07	CK8	0
TV 断线	08	CK9	1
备用	09～15	备用	0

（7）零序过电流保护电流定值。做小电源解列用中性点 TA 变比为 200/5。

大系统跳开后的灵敏度有

$$X_{1\min} = 1.6-0.0187+0.269+0.0227+0.0998=1.973$$

$$X_{0min} = 0.36+0.038+0.275=0.673$$

$$1506/(2\times1.973+0.673)=326(A)$$

$$(326/1.5)/40=5.4(A)$$

（8）零序过电流保护二时限延时，1.0s，做解列小电源用，不大于 1.0s。

（9）零序过电流保护二时限出口密码，0023，跳断路器 QF6。

跳闸矩阵如表 16-5 所示。可加入二时限跳主变压器。

表 16-5

断路器名称	对应跳闸控制位	对应出口继电器名称	整定
启动	00	CK1	1
保护动作	01	CK2	1
高压侧断路器	02	CK3	0
中压侧断路器	03	CK4	0
低压侧断路器	04	CK5	0
跳小电源断路器 QF6	05	CK6	1
母联/分段断路器	06	CK7	0
闭锁备自投装置触点	07	CK8	0
TV 断线	08	CK9	0
备用	09～15	备用	0

（10）本侧额定电流 I_N=1.75A。

（三）35kV 后备保护整定（PST1261A 型保护）

TA 变比为 1000/5，TV 变比为 35/0.1。

本保护用一段式复压闭锁过电流保护。

（1）控制字 1，KG1=9000，如表 16-6 所示。

表 16-6

位号	置“0”含义	置“1”含义	整定	
15	TV 断线自检退出	TV 断线自检投入	1	9
14	备用	备用	0	
13	备用	备用	0	
12	复压过电流复合电压元件不投入	复压过电流复合电压元件投入	1	
11	备用	备用	0	0
10	复压方向过电流方向元件指向变压器	复压方向过电流方向元件指向系统	0	
09	复压方向过电流保护方向不投入	复压方向过电流保护方向投入	0	
08	复压方向过电流复合电压元件不投入	复压方向过电流复合电压元件投入	0	
07	备用	备用	0	0
06	备用	备用	0	
05	备用	备用	0	
04	零序过电流取自产 $3I_0$	零序过电流取外加 $3I_0$	0	

续表

位号	置“0”含义	置“1”含义	整定	
03	备用	备用	0	0
02	零序方向过电流方向元件指向变压器	零序方向过电流方向元件指向系统	0	
01	零序方向过电流电流取自产 $3I_0$	零序方向过电流取外加 $3I_0$	0	
00	零序方向过电流方向元件不投入	零序方向过电流方向元件投入	0	

（2）复压低电压定值，U_L = 70V，躲正常运行最低电压，取 0.65～0.7U_N，线电压。

（3）复压负序电压定值，U_E = 4V。

（4）复压过电流保护电流定值。

1）躲负荷电流，时间与 110kV 后备保护时间配合。

按躲额定负荷电流整定

$$(K_{rel}/K_r)I_N = (1.3/0.95)\times3.12=4.26\text{（A）（时间 2.0s）}$$

2）与 QF6 保护配合

$$1.2\times350/200=2.1\text{（A）}$$

3）与 L4 线路末端故障有灵敏度≥1.2。

$$X_{1min} = 0.09+0.0227+0.269-0.0187+0.223=0.586$$

$$1560\times0.866/0.586=2305\text{（A）}$$

$$2305/(1.2\times200)=9.6\text{（A）}$$

取 4.2A 或 2.1A，时间 1.7s

（5）复压过电流保护一时限延时，1.4s。

（6）复压过电流保护一时限出口密码，0143。

（7）复压过电流保护二时限延时，1.7s 跳本变压器 35kV 断路器。

（8）复压过电流保护二时限出口密码，010A。

跳闸矩阵如表 16-7 所示。

表 16-7

断路器名称	对应跳闸控制位	对应出口继电器名称	整定
启动	00	CK1	1
保护动作	01	CK2	1
高压侧断路器	02	CK3	0
中压侧断路器	03	CK4	1
低压侧断路器	04	CK5	0
跳小电源断路器 QF6	05	CK6	0
母联/分段断路器	06	CK7	0
闭锁备自投装置触点	07	CK8	0
TV 断线	08	CK9	1
备用	09～15	备用	0

（9）本侧额定电流 I_N=3.12A。

四、对变电站 C 110kV 母差保护进行整定计算，编制定值清单，分析 110kV 母分断路器状态对比例差动动作元件灵敏度的影响

其中 1、2 号主变压器 110kV 断路器、QF3 TA 变比为 600/5，QF2、QF4、110kV 母分断路器 TA 变比为 800/5。

（一）答案一：以 600/5 为基准电流

（1）差动启动电流高值 I_{hch}。

1）低值的 1.1 倍，即 1.1×8.6=9.4(A)。

2）大系统小运行方式下有灵敏度，要求母线上故障启动电流有灵敏度不小于 2.0。

110kV 母线上两相短路电流最小，即 $X_{1min}=0.1127$

$$0.866\times502/0.1127=3857(\text{A})$$

$$3857/120=32(\text{A})$$

$$K_{lm}=32/2=16$$

（2）差动启动电流低值 I_{lcd}。按躲负荷电流整定：1.3×800/120=8.67(A)，实取 8.6A。

（3）比率制动系数高值 K_H 取 0.7，根据说明书经验值。

（4）比率制动系数低值 K_L 取 0.6，根据说明书经验值。

（5）TA 断线电流定值 I_{dx}，按负荷电流整定，轻负荷下断线能告警，取 10% I_N，0.5A。

（6）TA 异常报警电流定值 I_{dxbj}。按躲最大运行方式下不平衡电流整定，取 0.3A。

（7）母差低电压闭锁 U_{bs}，一般整定为额定相电压的 60%～70%，0.7×57.75 = 40(V)。

（8）母差零序电压闭锁 U_{0bs}=4～8V。

（9）母差负序电压闭锁 U_{2bs}=3～4V。

（10）母联断路器失灵保护电流定值 I_{MSL}，母线上故障有灵敏度及躲负荷电流，取 8.6A。

（11）母联断路器失灵保护时间定值，T_{MSL}= 0.2s。

（12）死区动作时间定值，取 0.15s。

系统参数：

（1）投中性点不接地系统控制字 0，零序起作用。

（2）投单母主接线控制字 1 就地操作，靠压板；与压板形成与门关系。

（3）投单母分段主接线控制字 1。

（4）投母联兼旁母主接线控制字 0。

（5）投外部启动母联断路器失灵保护控制字 0。

隔离开关位置控制字根据实际接线情况整定：Ⅰ母隔离开关控制字 1：0003；Ⅰ母控制字 2：0000。Ⅰ母控制字 1：003C；Ⅱ母控制字 2：0000。

（二）答案二：以 800/5 为基准电流

（1）差动启动电流高值 I_{hch}。

1）低值的 1.1 倍，即 1.1×6.5 = 7.15(A)。

2）大系统小运行方式下有灵敏度，要求母线上故障启动电流有灵敏度不小于 2.0。

110kV 母线上两相短路电流最小，即 $X_{1min}=0.1127$

$$0.866\times502/0.1127=3857(\text{A})$$

$$3857/160 = 24(A)$$

$$K_{lm}=24/2 = 12$$

（2）差动启动电流低值 I_{lcd}，按躲负荷电流整定：1.3×800/160 = 6.5(A)。

（3）比率制动系数高值 K_H 取 0.7，根据说明书经验值。

（4）比率制动系数低值 K_L 取 0.6，根据说明书经验值。

（5）TA 断线电流定值 I_{dx}，按负荷电流整定，轻负荷下断线能告警，取 10% I_N，0.5A。

（6）TA 异常报警电流定值 I_{dxbj}，按躲最大运行方式下不平衡电流整定，取 0.3A。

（7）母差低电压闭锁 U_{bs}，一般整定为额定相电压的 60%～70%，0.7×57.75V = 40(V)。

（8）母差零序电压闭锁 U_{obs} = 4～8V。

（9）母差负序电压闭锁 U_{2bs} = 3～4V。

（10）母联失灵电流定值 I_{MSL}。母线上故障有灵敏度及躲负荷电流，取 8.6A。

（11）母联失灵时间定值 T_{MSL} 取 0.2s。

（12）死区动作时间定值，取 0.15s。

系统参数：

（1）投中性点不接地系统控制字 0，零序起作用。

（2）投单母主接线控制字 1 就地操作，靠压板；与压板形成与门关系。

（3）投单母分段主接线控制字 1。

（4）投母联兼旁母主接线控制字 0。

（5）投外部启动母联失灵保护控制字 0。

隔离开关位置控制字根据实际接线情况整定。

（三）分析 110kV 母分状态对比率差动的影响

如图 16-4 所示。

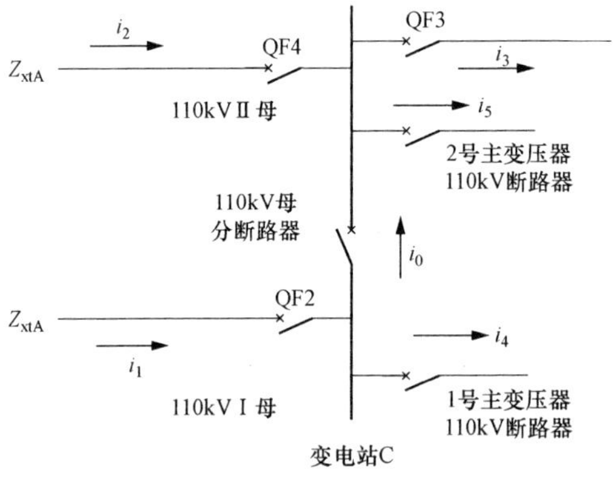

图 16-4

Z_{xt} 或 Z_{xb} 送变电站 C。若 110kV Ⅰ 段母线内部故障。

大差比率差动动作：差动电流为 i_1；制动电流为$|i_1|$。

小差比率制动动作：差动电流为 i_1；制动电流为$|i_1|$。

Z_{xt}、Z_{xb} 分送变电站 C，110kV 母分断路器断开。若 110kV Ⅰ 段母线内部故障。

大差比率差动动作：差动电流为 i_1；$i_3+i_4+i_5 = 0$；制动电流为$|i_1|+|i_4|+|i_3|+|i_5|$。

小差比率制动动作：差动电流为 i_1；制动电流为$|i_1|$。

从以上可知，110kV 母分断路器断开时，大差元件动作灵敏度降低，而小差动作灵敏度不受影响。

五、分析变电站 E 接入后对系统的影响及一次运行方式、二次保护整定可采取的措施

（1）运行方式调整：变电站 E 接入后，相间距离Ⅱ段定值在变电站 C 中压侧并列运行时，保护范围伸出主变压器。要求变电站 C 35kV 侧分列运行。

（2）保护定值配置调整。根据变电站 35kV 一次接线运行及实际情况，可在 1 号主变压器高压侧增加一套 110kV 过电流保护，定值与 QF6 过电流保护不做配合，时间 0.3s，与上一级 QF1 相间距离保护配合，动作跳 1 号主变压器 35kV 断路器。此时，QF6 与 1 号主变压器跳 35kV 断路器保护同时跳闸。由于变电站 C 35kV 仅一条出线，虽越级跳闸，但对供电可靠性来说并无影响。

［**案例二**］已知电网（局部电网接线如图 16-5 所示）基准容量为 100MVA，基准电压为 115kV。

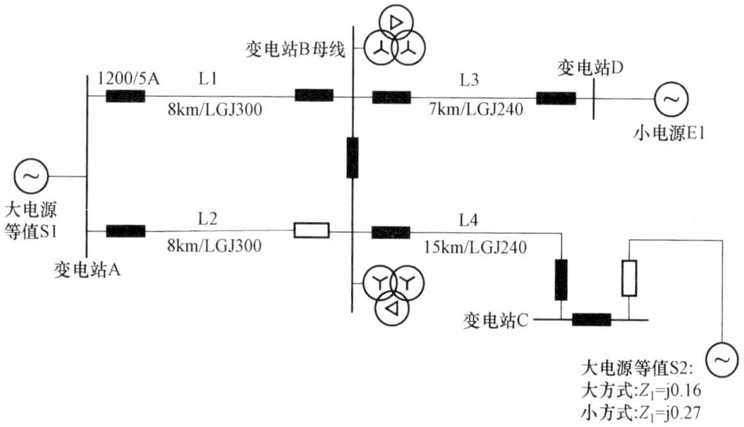

图 16-5

1. 相关参数

（1）大电源 S1 等值阻抗（标幺值，已归算）：大方式下，$Z_1=j0.04$，$Z_0=j0.02$；小方式下，$Z_1=j0.08$，$Z_0=j0.025$。

（2）变电站 D 为一小电源 E1，等值阻抗（标幺值，已归算）为：大方式下，$Z_1=j1.117$，$Z_0=j0.254$；小方式下，$Z_1=\infty$，$Z_0=j0.254$。

（3）LGJ300 导线单位长度阻抗：正序为 0.1+j0.4Ω/km，零序为 0.32+j1.2Ω/km；LGJ240 导线单位长度阻抗：正序为 0.13+j0.43Ω/km，零序为 0.5+j1.22Ω/km。

（4）L1、L2 线变电站 B 侧无保护，不允许双线并列运行（L1、L2 互为线路备自投）。L1、L2 线路最大允许输送负荷电流为 700A，变电站 A 母线最低电压 110kV。

（5）变电站 B 110kV 线路间隔 TA 变比均为 1000/5A，主变压器 110kV 侧 TA 变比为 600/5A。变电站 B 有两台三绕组全绝缘变压器，主变压器中性点均不接地，铭牌参数为 SFSZ8-40000/110，接线方式为 YNyn0d11，冷却方式为 ONAN/ONAF。各侧额定电压为

$110 \pm 3 \times 2.5\%/38.5 \pm 2 \times 2.5\%/10.5$kV。短路阻抗 $U_{K(I-II)}\% = 10.46\%$，$U_{K(I-III)}\% = 18.35\%$，$U_{K(II-III)}\% = 6.53\%$。

变压器各侧可以并可以分。

（6）变电站 C 110kV 为内桥接线，L4 与另一系统的线路互为备自投（不考虑并列）。变电站 C 有两台双绕组全绝缘变压器，中性点不接地，铭牌参数为 SZ9−50000/110，接线方式为 YNd11，各侧额定电压为 $110 \pm 8 \times 1.25\%/10.5$kV，$U_e\%=15\%$。高、低压侧 TA 变比分别为 600/5A、4000/5A。

（7）L3 线变电站 B 侧保护定值（一次值）为：I_{01} 为 5200A，0s；I_{02} 为 1700A，0.3s；I_{04} 为 240A，0.9s。Z_1、Z_{10} 为 2Ω，0s；Z_2、Z_{20} 为 11Ω，0.3s；Z_3 为 64Ω，2.7s；Z_{30} 为 22Ω，0.9s。

（8）L4 线变电站 B 侧距离保护定值（一次值）为：Z_1、Z_{01} 为 4.7Ω，0s；Z_2、Z_{20} 为 13.2Ω，0.3s；Z_3 为 55Ω，2.7s；Z_{30} 为 16.5Ω，0.6s。

2. 要求

（1）计算各线路、变压器的阻抗有名值、标幺值，并作出正序、零序等值阻抗电路图。

（2）计算 L4 线变电站 B 侧零序Ⅰ、Ⅱ、Ⅳ段定值。

（3）计算 L1 线变电站 A 侧零序Ⅰ、Ⅱ、Ⅳ段，距离Ⅰ、Ⅱ、Ⅲ段定值。

3. 约定

（1）110kV 线路零序电流保护间配合系数取 1.1，距离保护间配合系数、躲负荷可靠系数取 0.8，其余灵敏系数及可靠系数按照规程执行。

（2）110kV 线路接地距离Ⅱ段按相间距离相同原则整定，接地距离Ⅲ段不伸出相邻变压器（即不作远后备）。躲负荷阻抗按全阻抗圆特性计算。

（3）110kV 线路零序电流保护按三段式原则整定（即零序Ⅲ段退出不用）。

（4）故障计算可简化忽略电阻。

（5）主变压器阻抗标幺值仅进行容量换算（即以变压器额定电压为基准）。

（6）考虑 $N-1$ 检修方式，不考虑小电源孤网运行。

答：

（1）参数计算（基准阻抗为 132.25Ω，基准电流为 502A）。

L_1、L2 线路阻抗

有名值：$Z_{L11}=Z_{L21}=0.8+j3.2$，$Z_{L10}=Z_{L20}=2.56+j9.6$

标幺值：$Z^*_{L11}=Z^*_{L21}=0.006+j0.024$，$Z^*_{L10}=Z^*_{L20}=0.019+j0.073$

L3 线路阻抗：

有名值：$Z_{L31}=0.91+j3.01$，$Z_{L30}=3.5+j8.54$

标幺值：$Z_{L31}^*=0.007+j0.023$，$Z_{L30}^*=0.026+j0.065$

L4 线路阻抗：

有名值：$Z_{L41}=1.95+j6.45$，$Z_{L40}=7.5+j18.3$

标幺值：$Z_{L41}*=0.015+j0.049$，$Z_{L40}*=0.057+j0.138$

变电站 B 主变压器阻抗：

有名值：高压侧为 33.7，中压侧为−2.06，低压侧为 21.81。

标幺值：高压侧为 0.2785，中压侧为−0.017，低压侧为 0.1803。

变电站 C 主变压器阻抗：有名值为 Z_{tC}=36.3Ω，标幺值为 Z_{tC}^{*}=0.3。

正序阻抗图如图 16-6 所示。

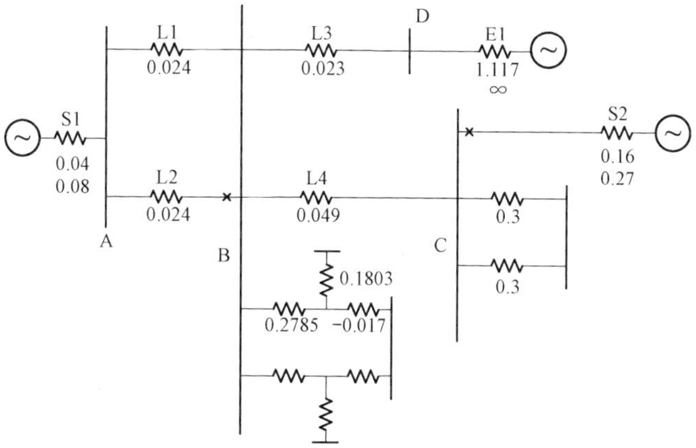

图 16-6

零序阻抗图如图 16-7 所示。

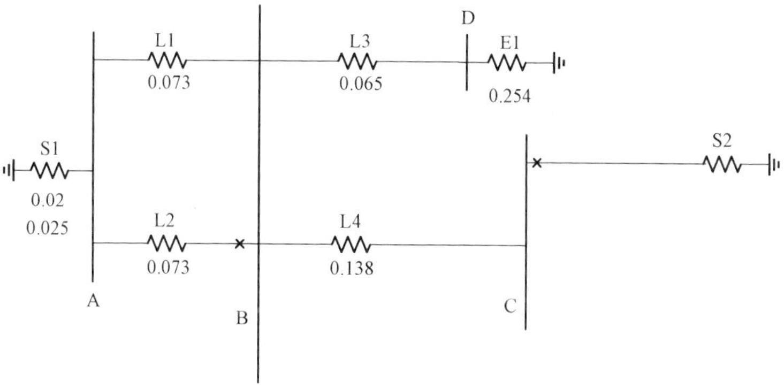

图 16-7

（2）L4 线变电站 B 侧零序电流保护。

最大方式：

$$Z_{1max} = 0.064//1.14+0.049=0.1096,\ Z_{0max} = 0.093//0.319+0.138=0.21$$

$$3I_{0\max} = \frac{3\times 502}{0.1096\times 2+0.21} = 3509(\mathrm{A})$$

最小方式：停 L3 线

$$Z_{1min} = 0.104+0.049=0.153,\ Z_{0min} = 0.098+0.138=0.236$$

$$3I_{0min} = 3\times 502/(0.153+2\times 0.236) = 2410(\mathrm{A})$$

1）零序Ⅰ段。躲线末整定 $I_{01} = (1.3\sim 1.5)\times 3509=4562\sim 5264(\mathrm{A})$。

二次侧 I_{01} 取 22.8～26.3A，0s。

2）零序Ⅱ段，按灵敏度整定，$I_{02} = 2410/1.5=1606(\mathrm{A})$。

二次侧 I_{02} 取 9A 左右，0.3s。

3）零序Ⅳ段。核算变电站 C 低压侧故障最大不平衡电流

$$I_{04}=0.1\times\frac{502}{0.064//1.14+0.049+0.15}=193\,(\text{A})$$

二次侧 I_{04} 取 1.2~1.5A，0.6s。

（3）L1 线变电站 A 侧。

1）零序电流保护（1200/5A）。

最大方式：

$$Z_{1\max}=0.064//1.14=0.0606，Z_{0\max}=0.093//0.319=0.072$$

$$3I_{0\max}=\frac{3\times502}{0.0606\times2+0.072}\times\frac{0.072}{0.093}=6035(\text{A})$$

L3 线检修时

$$3I_{0\max}=\frac{3\times502}{0.064\times2+0.093}=6814(\text{A})$$

最小方式：

$$Z_{1\min}=0.104，Z_{0\min}=0.098//0.319=0.075$$

$$3I_{0\min}=\frac{3\times502}{0.104\times2+0.075}\times\frac{0.319}{0.417}=4073(\text{A})$$

L3 线检修时

$$3I_{0\min}=\frac{3\times502}{0.104\times2+0.098}=4922(\text{A})$$

a. 零序Ⅰ段。躲线末整定

$$I_{01}=(1.3\sim1.5)\times6814=8858\sim10221\ (\text{A})$$

二次侧 I_{01} 取 36.9～42.6A，0s。

b. 零序Ⅱ段。

本线灵敏度：$I_{02}=4073/1.5=2715$（A）

与 L3 线零序Ⅱ段配合：$I_{02}=1.1\times1\times1700=1870(\text{A})$

与 L4 线零序Ⅱ段配合：$I_{02}=1.1\times1\times1800=1980(\text{A})$

I_{02} 取 1980～2715A(8.25～11A)，0.6s。

c. 零序Ⅳ段。按躲变电站 B 主变压器中压侧三相短路最大不平衡电流整定（两台主变压器并列运行）

$$0.1\times\frac{502}{0.064+(0.2785-0.017)/2}=258(\text{A})，I_{04}=1.1\times258=283(\text{A})$$

与 L3、L4 线零序Ⅳ段配合：$I_{04}=1.1\times1\times240=264(\text{A})$

I_{04} 取 300A(1.25A)，0.9s。

2）距离保护（1200/5A）。

L1 线正序阻抗为 3.3∠76°。

a. 距离Ⅰ段。

$Z_1=(0.7\sim0.8)\times3.3=2.31\sim2.64$，$Z_{10}=(0.6\sim0.7)\times3.3=1.98\sim2.31$

Z_1 取 2.31～2.64(0.5～0.58)，0s；Z_{10} 取 1.98～2.31(0.43～0.5)，0s

b. 距离Ⅱ段（计算 L4 及主变压器时，分支取 1）

本线灵敏度：$Z_2 = 1.5 \times 3.3 = 4.95$

与 L3 线距离Ⅱ段 11Ω，0.3s，配合：$Z_2 = 0.7 \sim 0.8(3.3+11) = 11.4$

与 L4 线距离Ⅱ段 13.2Ω，0.3s，配合：$Z_2 = 0.7 \sim 0.8(3.3+13.2) = 13.2$

躲主变压器中压侧故障：$Z_2 = 0.7 \sim 0.8[3.3+(33.7-2.06)/2] = 15.3$

Z_2/Z_{20} 取 8.2～11Ω(1.8～2.4Ω)，0.6s。

c. 相间距离Ⅲ段 $K_{ZZ} = (0.08+0.024)/[(1.117+0.023)//(0.08+0.024)] = 1.09$

主变压器远后备：$Z_3 = 1.2(3.3+1.09 \times 55.5) = 77(\Omega)$

L3、L4 线路远后备（可略，Z_{L3}、Z_{L4} 远小于主变压器阻抗）。

躲负荷阻抗：$Z_3 = 0.8 \times \dfrac{110}{\sqrt{3} \times 0.7} = 0.8 \times 90.7 = 72.6(\Omega)$ (小电源会停役，此处不助增)。

Z_3 取 77Ω(16.8Ω)左右，3s，限制负荷电流 660A。

d. 接地距离Ⅲ段。

L3 线远后备 $Z_{30} = 1.2(3.3+6.74) = 12(\Omega)$

L4 线远后备 $Z_{30} = 1.2(3.3+1.09 \times 6.74) = 12.8(\Omega)$

与 L3、L4 线接地距离Ⅲ段配合：$Z_{30} = 0.8(3.3 + 16.5) = 15.8(\Omega)$

主变压器远后备无法做到（舍弃）。

Z_{30} 取 12.8～15.8Ω(2.8～3.4Ω)，1.2s。

第十七章

保 护 调 试

一、PCS-931 系列光纤差动线路保护

1. 工频变化量阻抗继电器的试验要注意什么？

答：整定控制字“工频变化量阻抗”置 1。

分别模拟 A 相、B 相、C 相单相接地瞬时故障和 AB、BC、CA 相间瞬时故障。模拟故障电流固定（其数值应使模拟故障电压在 0～U_N 范围内），模拟故障前电压为额定电压，模拟故障时间为 100～150ms。模拟单相接地故障时，故障电压为 $U = (1 + k)IZ_{ZDset} + (1-1.05m)U_N$；模拟相间短路故障时，故障电压为 $U = 2IZ_{ZDset} + (1-1.05m)\times\sqrt{3}\,U_N$。式中：$m$ 为系数，其值分别为 0.9、1.1 及 1.2；Z_{ZDset} 为工频变化量距离保护定值。工频变化量距离保护在 $m = 1.1$ 时，应可靠动作；在 $m = 0.9$ 时，应可靠不动作；在 m=1.2 时，测量工频变化量距离保护动作时间。

2. 稳态的距离继电器的试验要注意什么？

答：试验所加故障量的计算方法

接地故障计算式为

$$\dot{U}_{\phi F} = m(1+k)\dot{I}_{\phi F}Z_{ZD}$$

相间故障计算式为

$$\dot{U}_{\phi\phi F} = m\dot{I}_{\phi\phi F}Z_{ZD} \text{ 或 } \dot{U}_{\phi\phi F} = m2\dot{I}_{\phi\phi F}Z_{ZD}$$

（1）除了第 1 题所述的注意事项以外，还要注意故障前和故障后的各相电压相位不要变，因为稳态的距离继电器的比相方程为

$$90^\circ < \arg\frac{\dot{U}_{OP\phi}}{\dot{U}_{1\phi}} < 270^\circ$$

所以要保证故障前后正序电压相位不变，这样校验定值动作和不动作才准确。

（2）距离保护所用灵敏角为定值单中的“正序灵敏角”（接地故障时是指故障相电流滞后故障相电压的角度，相间故障时是指相间电流滞后相间电压的角度）。

3. 如何模拟出 TA 断线异常报警？

答：PCS-931 系列装置对 TA 断线的判定方式有两种：

（1）自产零序电流小于 0.75 倍的外接零序电流，或外接零序电流小于 0.75 倍的自产零序电流，延时 200ms 发 TA 断线；

（2）有自产零序电流而无零序电压，且至少有一相无流，则延时 10s 发 TA 断线异常信号。

TA 断线判定与保护是否启动无关，故只需满足上述条件之一，即可模拟出 TA 断线异常报警。

4. 如何模拟当本装置有其他保护动作，其后若零序Ⅲ段再动作时动作延时缩短 500ms 的试验？

答：（1）投入零序Ⅲ段控制字（“零序Ⅲ段经方向”与“零序过流加速”控制字可不作要求）。

（2）首先模拟一个保证不延时的保护先动作的故障（比如距离Ⅰ段），然后故障返回。

（3）再模拟一个保证零序Ⅲ段可以动作的接地故障，这时零序Ⅲ段的动作时间是原额定时间减去 500ms。

二、PCS-915 系列母线保护

1. PCS-915 系列母线保护大差有比率制动系数高值和比率制动系数低值，请问比率制动系数低值如何校验？

答：PCS-915 系列母线保护针对母联开关断开情况下弱电源侧母线故障后大差比率差动元件灵敏度不够这一情况，设置了比率制动系数两个定值：大差高值固定取 0.5，小差高值固定取 0.6；大差低值固定取 0.3，小差低值固定取 0.5。当大差高值和小差低值同时动作或大差低值和小差高值同时动作时，比率差动元件动作（注：与母联分列逻辑无关）。

因此，校验大差比率制动系数低值 0.3 时，需先控制各试验支路电流使小差高值满足 0.6 这一条件，再逐步增大大差比率制动系数至 0.3，校验其临界值。

具体方法为：在Ⅰ母和Ⅱ母各取一试验支路，加等大反向电流，此时大差比率制动系数为 0，Ⅰ母、Ⅱ母小差比率制动系数均为 1，大于小差高值 0.6。逐步增大Ⅰ母试验支路电流，使大差比率制动系数逐渐增大至临界值 0.3，待Ⅰ母差动动作后其大差低值校验完毕。

2. 校验母线差动经复压闭锁试验时，经常电压闭锁不住，这是为什么？

答：（1）测试仪输出电压、电流不同步，或撤量时电压先于电流撤出，会导致电压闭锁验证失败。

（2）未投入 ZKK 电压空气开关，母线保护判 TV 断线后复压闭锁开放。

3. 模拟母联在分位死区故障时，为什么母差保护动作跳非故障母线？

答：这种情况应该是故障前两母线没有加正常电压，两母线均有电压是母联电流退出小差的必要条件，所以故障时再降低母线电压。母联电流已经退出小差计算，母线差动保护跳闸，只跳死区侧母线。具体实验如图 17-1 所示。

将元件 TA1、母联 TA 反极性串联通入大于差动启动高值 I_{Hcd} 的电流，母差保护只跳死区侧Ⅰ母线。

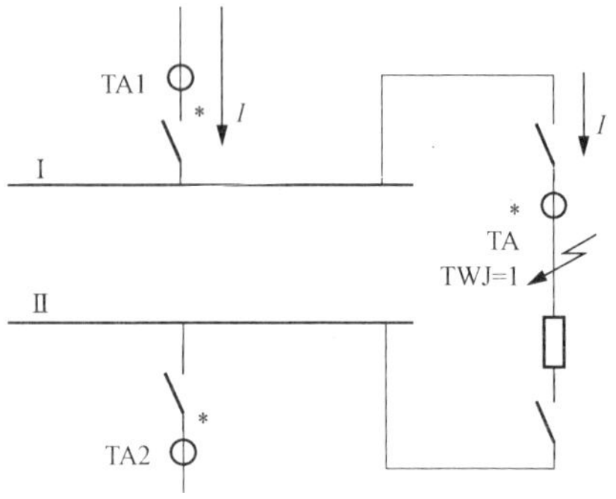

图 17-1

三、PCS-978 系列主变压器保护

1. 校验涌流闭锁比例差动的二次谐波系数时，为什么加满足制动方程的三相电流时，闭锁不住比例差动？

答： 这种情况一般是相与相之间的谐波电流产生叠加，结果造成某相实际的谐波电流幅值不满足而闭锁不住。程序中为了保证变压器空投于变压器内部故障时，由比例差动尽可能地快速跳闸，采用按相闭锁方式，并未采取传统的任一相涌流满足条件闭锁三相比例差动。所以试验时，加单相电流来校验制动系数。

2. 校验复压闭锁的方向过电流保护的方向动作区时，为什么方向已经不在动作区了，过电流保护还动作？

答： 这种情况可能是一相已不在动作区了，另一相还在动作区。主变压器相间后备的过电流保护经方向闭锁时，方向元件按相设置的（即传统的零度接线），各自的电流与各自的电压比较，当校验相间过电流方向动作区时，要注意各相电流相对于各自的相电压要同时在动作区或不在动作区。理想的试验方法是各相电流相位差为 120°，电压为对称的三相电压，保持电压的相位不变，同时改变各相电流的相位角来校验方向或是方向的动作边界。

四、PST-1200U 主变压器保护

1. 某变电站的参数定值如表 17-1 所示。

表 17-1

序号	参数名称	整定定值	备注
1	定值区号	1	
2	被保护设备	××站	
3	接线方式	1	0：Yy12y12 1：Yy12d11
4	主变压器高、中压侧额定容量	180.000MVA	

续表

序号	参数名称	整定定值	备注
5	主变压器低压侧额定容量	80.000MVA	
6	高压侧额定电压	220.000kV	
7	中压侧额定电压	110.000kV	
8	低压侧额定电压	35.000kV	
9	各侧 TA 二次值	1.000A	
10	高压侧 TA 一次值	200.000A	
11	高压侧间隙 TA 一次值	100.000A	
12	中压侧 TA 一次值	250.000A	
13	中压侧间隙 TA 一次值	150.000A	
14	低压侧 TA 一次值	400.000A	
15	公共绕组 TA 一次值	250.000A	

同时已知：差动定值固定为 0.4 倍的高压侧额定电流二次值；拐点 1 固定为 1 倍的高压侧额定电流二次值；拐点 2 固定为 3 倍的高压侧额定电流二次值；比率制动的制动系数 $K_1 = 0.5$、$K_2 = 0.7$。请根据上述已知条件计算：

（1）差动保护各侧二次额定电流。

（2）差动保护各侧平衡系数。

（3）装置加入下列数据：高压侧 A 相 6.818∠0°A，低压侧 A 相 6.80∠180°A，低压侧 C 相 12.372∠0°A，差动能否可靠动作？

答：（1）差动保护高压侧二次额定电流为 2.362A、中压侧二次额定电流为 3.779A、低压侧二次额定电流为 7.423A。

（2）差动保护高压侧平衡系数为 1、中压侧平衡系数为 0.625、低压侧平衡系数为 0.318。

（3）差动保护能够可靠动作。根据比率制动曲线图计算得到，低压侧 A 相电流为 6.928∠180°A 时比率制动刚好在动作边界，当减小到 6.80∠180°A 时，比率差动保护能够可靠动作。注意以高压侧 A 相电流为制动电流。

2. PST-1200U 的 220kV 浙江版本：高压侧母差失灵保护动作触点开入后，经灵敏的、不需整定的电流元件并带 50ms 延时后跳变压器各侧断路器。具体的失灵保护联跳保护逻辑图如图 17-2 所示。

在下述条件都满足的情况下：高压侧后备保护压板有效投入、母差失灵联跳控制字投入、母差失灵开入正确、高压侧 A、B 两相各加入 0.4A（相差 120°）电流，请问为什么失灵联跳不动作（注：高压侧二次额定电流是 2.362A）？

答：因为此时电流元件没有开放。开放电流元件的条件为：

（1）相电流突变量元件：取高压侧电流，门槛默认为 0.2 倍额定电流。

（2）零序电流元件：取高压侧电流，门槛默认为 0.2 倍额定电流。

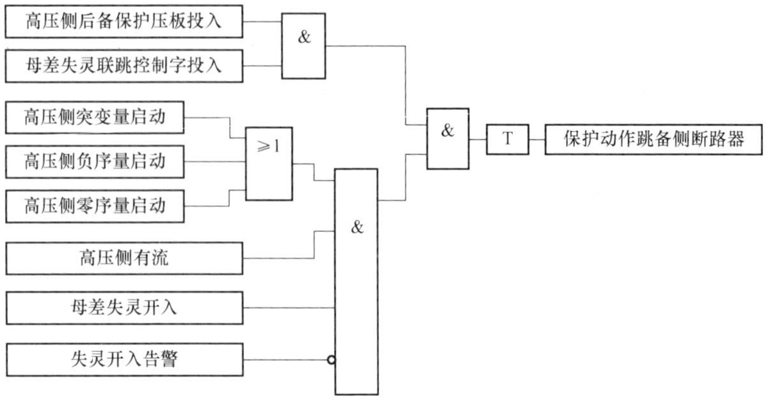

图 17-2

（3）负序电流元件：取高压侧电流，门槛默认为 0.2 倍额定电流。

三个电流元件为或门关系。

因为本侧的额定电流是 2.362A，则启动元件是 0.2×2.362 = 0.4724(A)，大于 0.4A，所以保护不能正常启动导致失灵联跳不动作。

五、CSC-103、PSL-603 等线路保护

1. 差动通道联调试验时，对侧无 TWJ，只在本侧加入电流后，差动保护不动作，为什么？

答：纵联电流差动保护中，若被保护线路的一侧为弱电源或无电源，弱电源侧保护正方向发生线路故障时，流过弱电源侧保护的电流可能很小，为解决这类情况下的保护启动问题，装置设有弱馈启动（差流+低电压启动）功能。

该功能的实现必须满足下列要求：

（1）收到对侧保护启动信号；

（2）至少有一相差流满足定值要求；

（3）任一相、线电压满足装置低电压判据；

（4）装置无 TV 断线告警，开放电压判据计算。

弱馈功能模拟方法为：N 侧开关在合闸位置，主保护压板投入，加入三相对称电压 35V（装置无“TV 断线”告警信号），M 侧开关在合闸位置，在 M 侧模拟各种故障，故障相电压 20V，故障电流大于差动保护定值，M、N 侧差动保护均动作跳闸。

2. 纵联电流保护调试时，如何对零序差动保护进行单独校验？

答：零序差动保护与稳态差动、工频变化量一起，共同由“纵联保护通道一”“纵联保护通道二”硬压板及“纵联保护”控制字控制，无法单独投退。

零序差动继电器的动作判据与稳态差流、零序差流均有关联，且稳态差流的动作门槛相较稳态差动保护更低。因此，在进行零序差动保护校验时，必须调节输入电流大小，使之躲过稳态差动保护动作值，并达到零序差流的动作门槛。由于零序差动保护本身不具备选相功能，必须依赖稳态选项元件辅助实现选相功能，一般动作时限在 100ms 左右。

故即使保护动作后无专门的零差保护报文显示，也可以从时限上判别动作的差动保护类别是否为零序差动保护。

3. 线路保护整组传动试验时，用状态序列法模拟永久性单相接地故障时，重合闸重合失败可能有哪些原因?

答：主要有两类原因：

（1）重合闸充电条件未满足，如投入方式不正确、外部闭锁开入等原因引起重合闸放电；

（2）在状态序列法模拟永久性单相接地故障时，第一个故障态的结束条件并没有取TWJ开入量，而是以固定时限作为结束条件。当该固定时限选取过长（如大于150ms）时，装置发单跳令而该相持续有流，判定为单跳失败，将直接跳开三相，导致重合失败。

六、BP-2C系列母差保护

1. 在校验BP-2C系列母差保护时，与PCS-915系列装置相比，有哪些注意要点?

答：主要需要对三方面内容进行关注：

（1）母联电流的极性，以双母线接线为例，在BP-2C系列保护中母联支路视作Ⅱ母支路，而在PCS-915系列保护中母联支路视作Ⅰ母支路，二者在逻辑运算中极性相反；

（2）比率差动判据不同，BP-2C系列采用复式比率差动判据，在制动量的计算中引入了差电流，使其在母线区外故障时有极强的制动特性，在母线区内故障时无制动，能更明确区分母线区内、区外故障；

（3）基准变比，在BP-2C系列保护中装置会自动选取实际设定的所有间隔TA变比中的最大值为基准变比，而在PCS-915系列保护中基准变比是作为定值项的一部分进行管理，由用户自行整定确定。

2. BP-2C系列母线保护装置如何判别母线是并列运行还是分列运行?分列压板的操作需要注意什么?

答：装置通过自动和手动两种方式判别母线是并列运行还是分列运行。自动方式是将母联（分段）开关的动合和动断辅助接点引入装置（若开关的动合和动断接点不对应，装置默认为开关合，同时发开入异常告警信号）；手动方式是运行人员在母联（分段）开关断开后，投“母线分列压板”，在合母联（分段）开关前，退出该压板。手动操作分列压板必须注意操作顺序。以上两种方式中，手动方式优先级最高。即若投“母线分列压板”，装置认为母线分列运行；若退“母线分列压板”，装置根据自动方式判别母线运行状态。

3. 如何模拟母线保护中的充电至死区功能?

答：以双母线接线为例，模拟Ⅰ母向Ⅱ母充电情况，当母联开关由分位变为合位后发生死区故障，则应立即跳开母联开关，隔离故障。采用状态序列法对这一过程进行模拟，正常态Ⅰ母三相有压，小差为0，Ⅱ母三相无压，母联开关分位且无流。故障态装置收到母联开关 SHJ 和开关合位开入，Ⅰ母、Ⅱ母出现故障电压，且Ⅰ母支路出现故障电流。但因为故障发生在死区，且Ⅱ母为被充电母线，因此母联和Ⅱ母支路均无故障电流。通过上述方法可实现充电至死区现象的功能校验。

七、智能变电站保护调试基础

1. 装置型号中“-DA-G”等标识分别代表哪些含义？

答：“-G”表示国网常规装置，常规采样、常规跳闸。

“-DA-G”表示国网智能化装置，SV 采样、GOOSE 跳闸。

“-DG-G”表示国网智能化装置，常规采样、GOOSE 跳闸。

“-FA-G”表示国网智能化前接线前显示装置，SV 采样、GOOSE 跳闸。

“-MA-G”表示 35kV 及以下多合一装置，常规装置的基础上增加 SV 输出、GOOSE 开入开出。

2. 合并单元发送 SV 报文应包含哪些检测内容？

答：（1）SV 报文丢帧率测试：检验 SV 报文的丢帧率，10min 内不丢帧。

（2）SV 报文完整性测试：检验 SV 报文中序号的连续性，SV 报文的序号应从 0 连续增加到 n（n 为采样频率-1，即采样频率为 4000Hz 时对应序号为 3999，采样频率为 12800Hz 时对应序号为 12799），再恢复到 0。

（3）SV 报文发送频率测试：采样频率为 4000Hz 时，SV 报文应每一个采样点一帧报文，即 1 个 APDU 包含 1 个 ASDU，SV 报文的发送频率应与采样频率一致。采样频率为 12800Hz 时，SV 报文应每 8 个采样点一帧报文，即 1 个 APDU 包含 8 个 ASDU，SV 报文的发送频率为采样频率的 1/8。

（4）SV 报文发送间隔离散度检查：对于点对点方式输出的 SV 报文，检查 SV 报文发送间隔是否等于理论值（采样频率为 4000Hz 时，理论间隔为 250μs；采样频率为 12800Hz 时，理论间隔为 625μs）。测出的间隔应不大于理论值±10μs。

3. 如何对合并单元的采样值报文响应时间进行测试？

答：合并单元采样值报文响应时间为合并单元输入口模拟量出现某一量值的时刻到合并单元将该模拟量对应的数字采样值送出时刻之间的时间间隔。一般要求无级联合并单元采样响应时间不大于 1ms，级联一级母线合并单元的间隔合并单元采样响应时间不大于 2ms。测试方法为：

（1）利用合并单元测试设备检查合并单元从模拟量输入到采样值输出的响应时间。测试系统如图 17-3 所示。

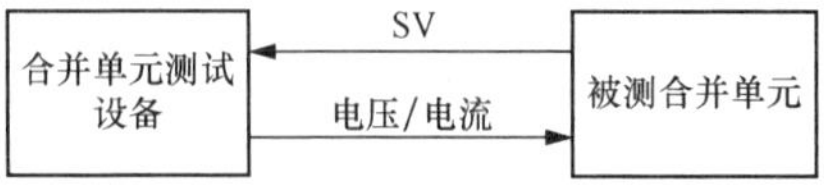

图 17-3

（2）利用合并单元测试设备向被测合并单元持续输出连续的工频模拟量，同时记录接收到的采样值报文，分析模拟量波形和接收的数字量波形之间的相位差，持续统计 2 分钟，得到测量时间内采样响应时间的最大值，应满足要求。

（3）利用合并单元测试设备向被测合并单元输出幅值突变的模拟量，同时记录接收到的采样值报文，分析模拟量波形和接收的数字量波形之间的时间差，应小于规程要求测试结果的 2 倍。

4. 如何对智能终端动作时间进行测试？

答：根据 Q/GDW 11486—2022《继电保护和安全自动装置验收规范》的要求，在收到 GOOSE 跳、合闸命令后，智能终端应在 5ms 内可靠动作。具体测试方法为：通过数字测试仪分别发送一组 GOOSE 跳、合闸命令，并接收跳、合闸的接点信息，记录报文发送与硬接点输出时间差。智能终端动作时间测试接线图如图 17-4 所示。

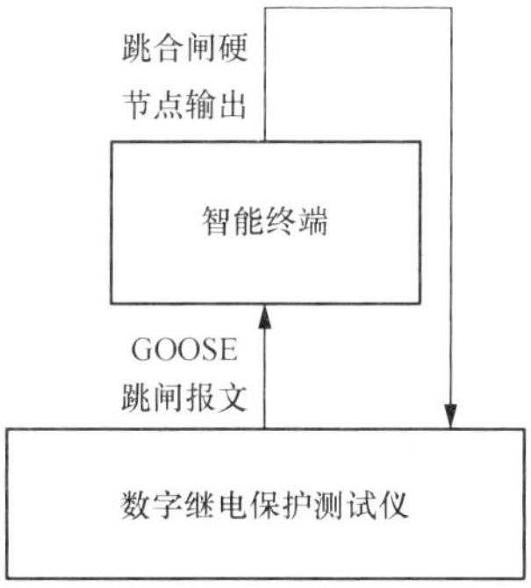

图 17-4

八、智能变电站改扩建工程相关调试内容

1. 智能变电站现场二次作业在安全措施方面有哪些进一步的要求？

答：在智能变电站二次作业的安全措施中，投退软压板最为常用。而软压板仅仅在逻辑上实现了二次设备间的隔离，实际中并未有明显的断开点；同时，考虑到软件可靠性问题，检修装置软件异常时可能造成部分安全措施失效，因此在实施虚拟二次回路安全措施时应在检修设备和运行设备两侧进行。另外，在某些工程实例中，出现过软压板退出后保护校验时一次设备误动的情况，最终查明的原因是保护装置至智能终端的跳闸命令除去点对点直连外，还存在网跳连线。因此，为提高安全措施的可靠性，虚回路安全隔离应至少采取双重安全措施，如退出相关运行装置中对应的接收软压板、退出检修装置对应的发送软压板，且放上检修装置检修压板。

智能终端出口硬压板、装置间的光纤可实现具备明显断点的二次回路安全措施。退出出口压板、拔出装置间的光纤，都在实际的物理回路上形成了可靠的断开点。

2. 某 220kV 智能变电站需进行 220kV 线路保护改造，除所更换的保护装置外，哪些 IED 设备需重新下装配置文件并进行功能校验？

答：考虑过程层报文传输的发布—订阅机制，由保护装置更换引起的报文接收端设备均需重新下装配置文件并进行功能校验，具体为该线路的第一套智能终端、第二套智能终端、220kV 第一套母线保护和 220kV 第二套母线保护。一般情况下，原合并单元发送的 SV 数据集能够满足所更换线路保护的使用需求，故该线路的第一套合并单元、第二套合并单元不需要更改配置。

3. 某 220kV 智能变电站 110kV 部分为单母分段接线，现计划在Ⅱ段扩建一条出线间隔，在进行 110kV 母差保护新间隔接入时需要注意哪些事项？

答：目前大部分智能变电站的 110kV 母线保护仍不具备最大支路配置功能，因此在进行新间隔接入母差保护工作时，仍需要修改、下装母差保护配置并对涉及回路进行验证。主要应注意以下几方面事项：①提前做好 SCD 文件修改与检测工作，避免不必要的重复性工作；②做好原配置文件备份与新老配置文件比对工作，确保本次下装只新增扩建间隔相关内容；③回路功能校验应结合一次设备停役情况进行，具备实际出口条件的支路间隔从源头验证采样、出口功能，不具备实际出口条件的间隔通过数字试验仪模拟方式进行功能验收。

4. 某 220kV 智能变电站原 110kV 部分为单母分段接线（Ⅱ、Ⅲ段母线为硬连接），现扩建为单母三分段接线，则母线合并单元将涉及哪些改造内容？

答：主要涉及以下几方面工作：①Ⅲ段母线电压接入，完善Ⅲ段母线设备（母线 TV）到第一、二套母线合并单元的电气回路；②Ⅱ、Ⅲ段电压并列功能完善，包括Ⅱ、Ⅲ段母分位置、Ⅱ/Ⅲ母电压并列把手到第一、二套母线合并单元的 GOOSE 开入和电气节点开入，并进行相关电压并列试验；③电压级联关系调整，原Ⅱ、Ⅲ段母线一次为硬连接，故Ⅲ段出线间隔的级联电压均为第二套母线合并单元的Ⅱ母电压，本次改造后应调整电压级联关系，结合专业部门意见改为从第一或第二套母线合并单元级联Ⅲ母电压。

由于母线合并单元改造工作需结合 110kV 母线轮停进行，而 2 号主变压器 110kV 测量电压级联自第一套母线合并单元，在进行第一套母线合并单元改造工作时（Ⅰ母陪停），应额外关注其对 2 号主变压器 110kV 测量电压的影响。

第十八章

事故案例分析

1. 根据波形分析故障类型（见图 18-1）并画出故障相量图，说明故障类型的波形特点。

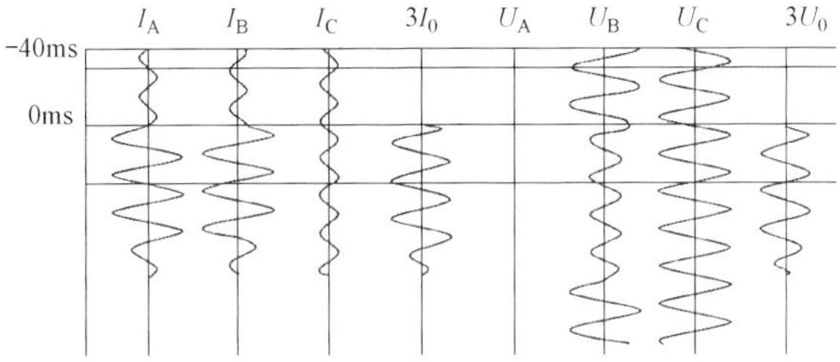

图 18-1

答：两相接地短路故障录波图要点：

（1）两相电流增大，两相电压降低：出现零序电流，零序电压。

（2）电流增大、电压降低为相同两个相别。

（3）零序电流相量为位于故障两相电流间。

（4）故障相间电压超前故障相间电流约 80°：零序电流超前零序电压约 110°。

A、B 两相接地短路 K（1,1）典型相量图如图 18-2 所示。

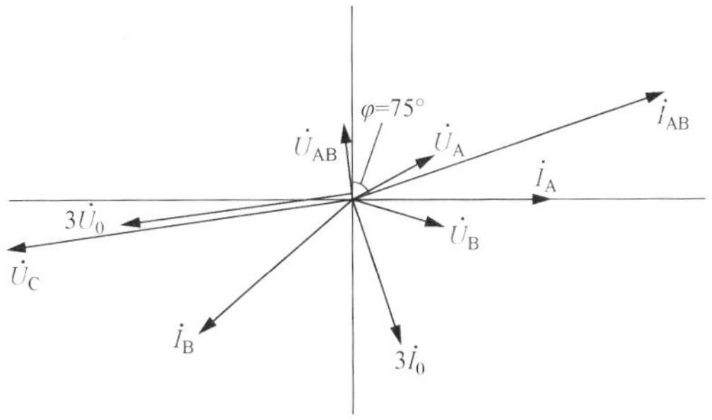

图 18-2

2. 220kV 主变压器高压侧 A 相电流互感器的 S1-S2 变比为 600/5，S1-S3 变比为 1200/5，按整定电流互感器变比为 1200/5，由于工作失误将 S2 与 S3 短接，其等效阻抗为 Z_1，S1-S2 接入差动保护装置，其等效阻抗为 Z_2，主变压器差动保护的其余接线均正确（见图 18-3），请说明在不同的 Z_1、Z_2 下主变压器差动保护在区外故障时的动作行为。

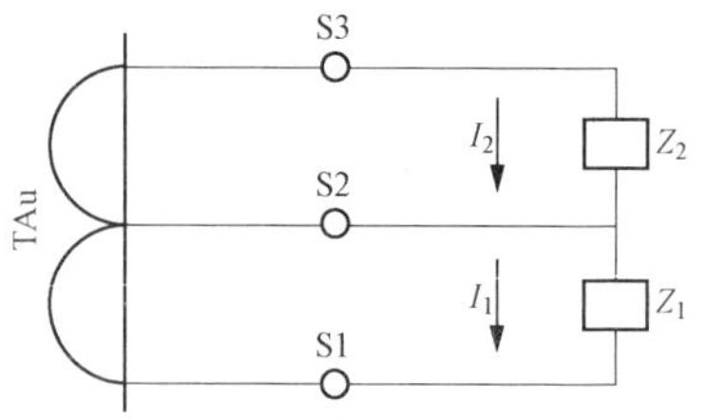

图 18-3

答： 根据电流互感器原理，当 $Z_1=Z_2$ 时，流入主变压器差动的变比按照 1200/5 不会误动作。

角度有差异时由于暂态不一致会误动作，Z_1 不等于 Z_2 时保护会误动作，电流分布按 $I_1Z_1=I_2Z_2$ 进行分配，流入差动保护的电流变比不再是 1200/5，保护在区外故障时会误动作。

3. 某 220kV 变电站 220kV 主接线为双母线结构，为配合 220kV 新扩间隔，停用 220kV 正母线进行 GIS 拼接。当拉开 220kV 母联断路器将 220kV 正母线由运行改热备用时，发生 220kV 副母线电压互感器二次小空气开关跳开。试问：

（1）试判断发生 220kV 副母线电压互感器二次小空气开关断开的可能原因？发生异常后如何进行检查？

（2）图 18-4 为 200kV 间隔电压回路切换及信号回路图，分析按图 18-4 设计的信号回路是否存在缺陷？目前 220kV 典型设计是否存在上述问题？

（3）当发生电压回路误并列时，若发生 220kV 正母线故障，试分析会造成什么后果？

答：（1）根据异常现象初步判断当拉开 220kV 母联时，220kV 正母线无电，220kV 副母线电压互感器小空气开关跳闸的可能原因为副母电压向 220kV 正母线反充电。

检查站内 220kV 各间隔，电压二次回路并列（切换继电器同时动作）光字牌是否点亮，判断电压反充电是否由间隔隔离开关互跨造成。

测量 220kV 正母电压互感器二次小空气开关下桩头电压，检查是否由正、副母线电压互感器并列回路造成。

（2）根据图纸判断，间隔电压切换重动采用的是双线圈磁保持 K1～K4，而信号回路告警采用的 K5～K8 是单线圈继电器，造成 K1～K4 的状态无法由 K5～K8 完全实时监视，当常闭触点（1YQJ2）切换不良或接线松动时，会造成 K1～K4 在动作状态，而 K5～K8 已返回，造成电压回路误并列而无法发现。建议相应告警及信号触点应采用与 K5～K8 状态相同的触点。

（3）当发生上述情况时，220kV 正母线动作后，第一时限跳开 220kV 母联，第二时限跳开正母线上所有间隔。220kV 正母线失电，220kV 电压误并列，造成 220kV 副母线上电压互感器二次小空气开关跳开，220kV 线路保护在区外故障启动情况下，特性过原点的距离三段动作跳开接在 220kV 副母线上的所有线路，造成 220kV 全停。

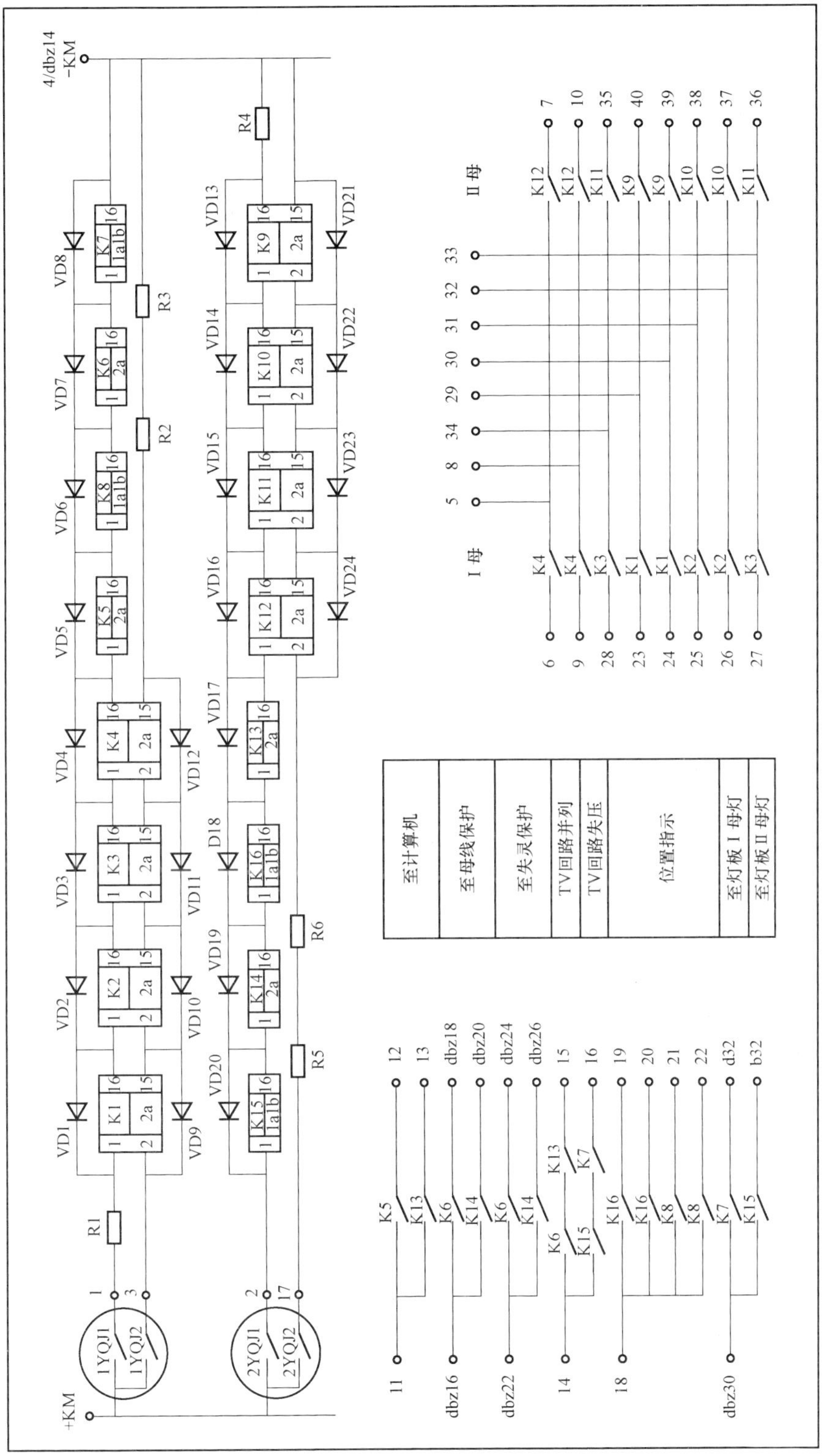

图 18-4

4. 如图 18-5 所示，线路均为双端电源线路，所有保护配置均为常规配置，且没有异常，QF3 母联的充电保护与解列保护为单独配置，不包含在母线保护内，Ⅰ母、Ⅱ母的母差保护也正常投入。L1 为待投入的新线路，在成功投入之前要进行极性检查。现假设对侧 QF2 已充好电，且充电成功，并已通过其他手段将 TA 的极性校验正确。然后调度这样操作：

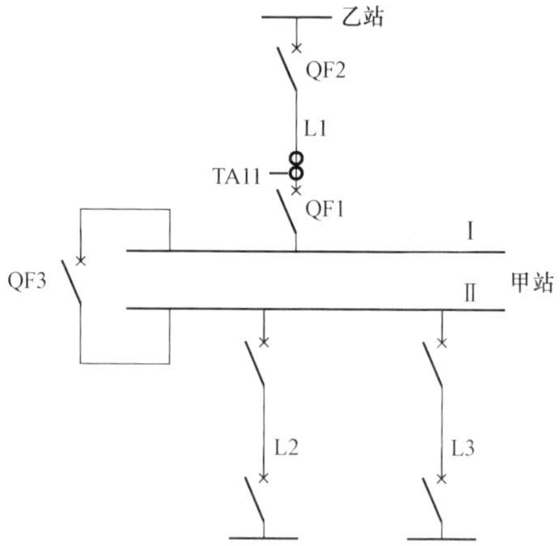

图 18-5

（1）先将 L1 线路两侧的纵联保护退出，L1 甲站的后备保护也退出，重合闸退出，仅投入合于故障保护，因为其对 TA 极性没有要求，然后让Ⅰ母空出，通过母联向Ⅰ母充电，再合 QF1 向 L1 线路充电。

（2）如前项合闸成功，线路即带上负载，可校验本侧的 TA11 极性，极性校验正确后，投 L1 线路本侧的后备保护。

（3）在前项基础上，加上通道与对侧保护进行联调，联调完成后再投入两侧的纵联保护。

（4）将重合闸投入，完成 L1 线路及其保护的投运。

试问：

（1）如在合 QF1 的过程中，线路上发生故障，甲站的保护如何切除故障？

（2）QF1 合闸成功后，后备保护投入之前，线路上发生故障，甲站的保护如何切除故障？

（3）后备保护投入之后，纵联保护投入之前，在 L1 线路甲站出口附近发生 U 相故障，甲站保护如何清除故障？

（4）纵联保护投入且重合闸投入之后，线路上发生 U 相瞬时故障，甲站线路保护与断路器如何反应？

答：（1）由 L1 线路保护中的合于故障保护出口三跳 QF1，切除故障。

（2）由母联解列保护三跳 QF3，隔离故障。

（3）距离Ⅰ段跳 QF1 的 U 相，由于重合闸停用，通过沟通三跳 QF1 跳三相；如沟通三跳回路没有接，经三相不一致保护三跳 QF1。

（4）纵联保护动作跳 QF1 的 U 相，并启动 QF1 重合闸，重合闸成功重合。

5. 如图 18-6 所示，对 L1 线路两侧配有一套分相电流差动保护，根据厂家说明书及差动保护的逻辑图，假定简化考虑其他相关的闭锁，差动保护的出口跳闸必须同时满足下列条件：①保护从正常处理程序转到故障处理程序（任一相电流有突变或者零序电流有突变或者收到对侧保护传送过来的差动发信信号，仅须三者之一满足）；②差动判别式满足，即 $|I_1 + I_1'| > 0.75|I_1 + I_1'|$（$I_1$、$I_1'$ 分别为同一相的本侧电流、对侧电流）；③收到对侧差动保护传送过来的差动发信信号；④任一相电流或者零序电流有突变。

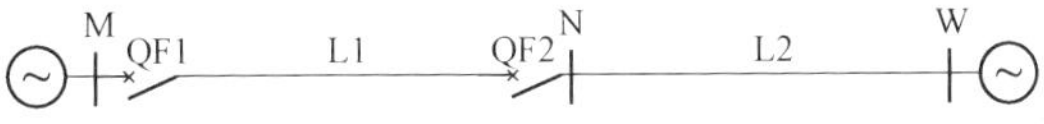

图 18-6

满足下列条件之一时，一侧的差动保护向另一侧传送差动发信信号：i.收到对侧传送过来的发信信号且本侧断路器三相为断开状态；ii.任一相电流有突变或零序电流有突变，且本侧差动判别式满足，试阐述：

（1）在断路器 QF2 打开时，先合 QF1，恰逢此时线路 L1 一相在某处对地形成短路，M 侧保护是否动作，简述理由。

（2）在 L1、L2 线路正常运行时，M 侧发生 A 相 TA 二次回路断线，两侧保护是否会动作，简述理由。

（3）在 M 侧发生 A 相 TA 断线时，运行人员没有及时申请处理，不久，在 L2 线路上发生 B 相故障，L1 线路两侧差动保护是否会动作，简述理由。

答：（1）M 侧保护动作。因为合 QF1，相电流有突变，保护启动，①④满足，因为断路器 QF2 没合闸，I_1' 为零，$1 > 0.75$，②满足；同时 M 侧保护 ii 满足，向对侧传送差动发信信号，N 侧的保护收到 M 侧传过来的差动发信信号，转入故障处理程序，N 侧断路器 QF2 为打开状态，i 满足，向 M 侧传送差动发信信号，使 M 侧保护③满足。

（2）两侧保护不会动作。因为 M 侧 TA 断线有电流突变，转入故障程序①④满足，因 I_1 为零，$1 > 0.75$，②满足，同时 M 侧保护ii满足，向 N 侧传送差动发信信号，将 N 侧保护带入故障处理程序，因 N 侧保护没有电流突变，既不满足ii，也不满足 i，故不向 M 侧传送差动发信信号，③不满足，所以差动不动作。

（3）L1 线路两侧保护均会动作。在 M 侧发生 A 相 TA 断线，当 L2 线路上发生 B 相故障时，M 侧、N 侧的 B 相电流均有突变，由（2）可知，N 侧保护满足ii，也就是 M 侧保护也满足③，故 M 侧 A 相差动动作跳 A 相；因为 N 侧 B 相电流有突变，N 侧保护①④满足，又因为 A 相发生 TA 断线，②满足，且 M 侧保护ii满足，N 侧保护会收到 M 侧传过来的差动发信信号，使 N 侧保护满足③，故 N 侧 A 相差动动作跳 A 相。

6. 某超高压输电线路发生短路故障时，录取的 i_A、i_B、i_C、$3i_0$、u_A、u_B、u_C、$3u_0$、波形示意如图 18-7 所示（不计各波形的相位关系，只计大小），试说明（t_1 前、t_1～t_2、t_2～t_3、t_3～t_4）各时间段波形变化规律，进而说明故障相别和性质。

答：t_1 前：$3u_0 = 0$，$3i_0 = 0$，三相电压电流正常，属正常运行。

t_1～t_2：$3u_0$、$3i_0$ 出现，判为接地故障。B 相电压降低、电流增大，判 B 相接地。A、

C 相电流有所增大，是因为非故障相中有故障分量电流。

t_2～t_3：B 相电流为 0，B 相跳闸，三相电压恢复。线路处非全相运行，$3u_0$，$3i_0$ 不为 0。A、C 相基本上保持负荷电流水平。

t_3～t_4：本侧 B 相重合于故障上，$3u_0$，$3i_0$ 不为 0 并增大。i_B 增大，u_B 降低。i_A、i_C 在 t_4 前消失，表示对侧重合故障上三跳，当然 A、C 相电流消失。

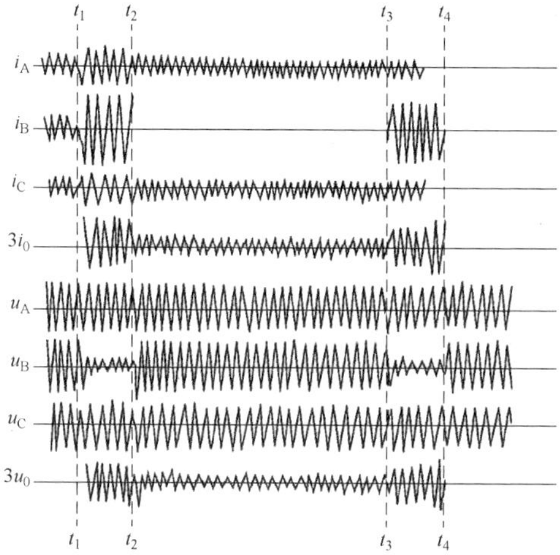

图 18-7

7. 某输电线路光纤分相电流差动保护，一侧 TA 变比为 1200/5，另一侧 TA 变比为 600/1，因不慎误将 1200/5 的二次额定电流错设为 1A，试分析正常运行、发生故障时有何问题发生？

答：（1）正常运行时，因有差流存在，所以当线路负荷电流达到一定值时，差流会告警。

（2）外部短路故障时，此时线路两侧测量到的差动回路电流均增大，制动电流减小，故两侧保护均有可能发生误动作。

（3）内部短路故障时，两侧测量到的差动回路电流均减小，制动电流增大，故灵敏感度降低，严重时可能发生拒动。

8. 变压器故障录波图如图 18-8 所示，试分析故障类型。

答：变压器低压侧两相短路故障。录波图要点：

（1）低压侧两相电流增大，两相电压降低；没有零序电流、零序电压。

（2）低压侧电流增大，电压降低为相同两个相别。

（3）低压侧两个故障相电流基本反向。

（4）高压侧短路滞后相电流与其他两相电流方向相反，且大小为其他两相电流的 2 倍左右。

（5）高压侧短路滞后相母线故障残压非常小，接近为零。

（6）高压侧非故障相电压与短路超前相电压大小相等、方向相反。

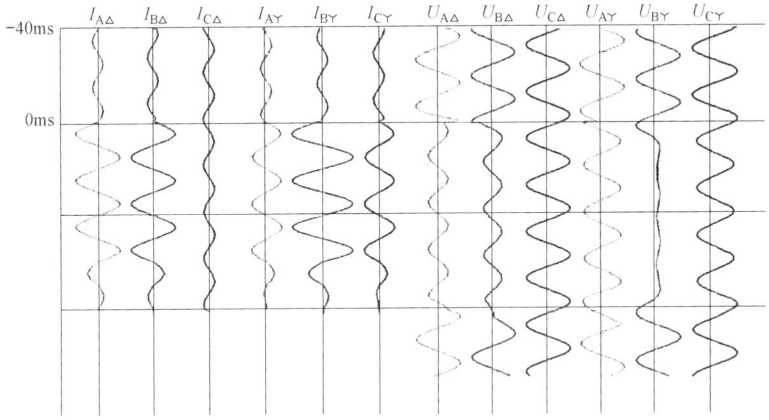

图 18-8

9. 分析比率制动型微机母线保护动作行为。如图 **18-9** 所示为某 **110kV** 变电站主接线图。正常运行方式为：Ⅰ母、Ⅱ母通过母联开关 **110** 并联运行。各间隔 **TA** 变比为 **600/5**，**101** 和 **102** 为电源联络线开关，**103** 和 **104** 为负荷馈线开关。该站母线装设了微机母线保护装置。其中，比例制动系数整定 $K_r=2$，差动电流门槛 $I_{dset}=5A$。$K_r=\dfrac{I_d}{I_r-I_d}$，I_d 为差流，I_r 为和（绝对值和）电流。差动保护的动作条件为：$I_d>I_{dset}$ 且 $I_d>K_r(I_r-I_d)$。

运行过程中，母线保护装置发“母线分列运行”信号，运行值班人员到保护屏上确认并复归了该信号（事后查明，该信号是由于 **110kV** 开关位置开入光耦故障所引起，且当时Ⅰ、Ⅱ母负荷正好各自平衡，母联开关 **110** 电流几乎为零）。

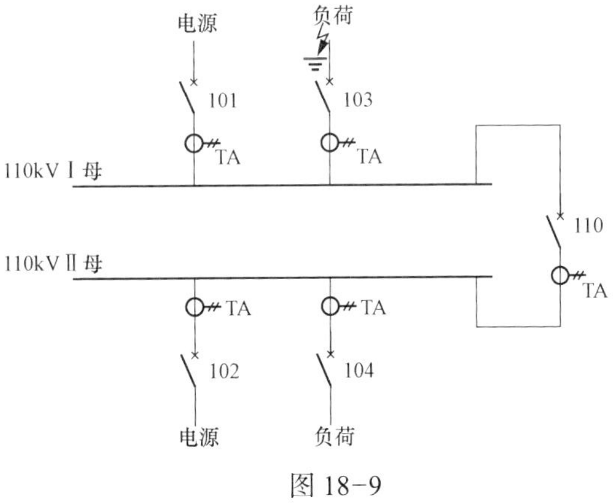

图 18-9

上述运行方式下，在 103 开关出口处发生 A 相接地短路故障（事故后录波显示 103、102 和 101 的故障电流分别为 1400、700A 和 700A），在 103 开关线路保护跳闸的同时，微机母线保护动作跳Ⅱ母上所有开关，造成 110kVⅡ母线失压。

注：母差保护的动作逻辑为，母线并列运行时，大差作为总启动元件，闭锁整套保护，大、小差同时动作，才能出口；母线分列运行时，母联电流不参与差流计算，大差退出，小差自行判别故障并出口。

试对该微机母线保护动作行为进行分析。

答:（1）由于微机母线保护装置光耦发生故障，且运行人员未认真核对现场运行方式，使微机母差保护装置工作于与一次设备不对应的方式下，故在母线区外故障时，造成其中一段母线保护误动作，切除无故障母线，造成不了必要的损失。“母线分列运行”为装置误发信号，且由于运行人员的确认和实际运行方式的巧合，使母线保护将双母线并列运行方式误判断为分列运行方式。

（2）Ⅱ母小差动作行为：差流为流过 110 的短路电流（110TA 已退出比较），故符合小差动作条件，误将区外故障判为区内故障，出口跳Ⅱ母上所有开关（102，104，110），因 110 位置误判，故不跳。

简化计算法: 设 101 和 103 向短路点均衡提供故障电流，则 $I_d = I_{101} = 700/5=140(A)$，远大于整定值（5A），且 $I_d = 140/(140-140)=140/0=\infty$，远大于 K_r 整定值 2。满足整定动作条件。

（3）Ⅰ母小差由于是在 103 出口处短路，尽管 110 TA 电流未参与比较引起差流，但由于比例制动和 103 TA 饱和，故Ⅰ母小差仍能正确判断为区外故障，故不动作。

简化计算法：$I_d = I_{110} = I_{101} = 700/5=140(A)$，远大于整定值（5A），但 $K_r(I_r-I_d) = 2\times(140+280)-140 = 540(A)$，即 I_d 小于 $K_r(I_r-I_d)$，不满足差动动作的条件。故Ⅰ母差动不动作。

10. 某 220kV 变电站主接线如图 18-10 所示。

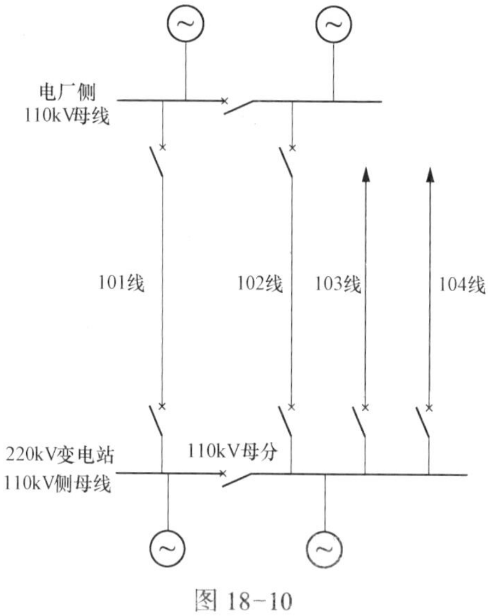

图 18-10

相关保护配置情况如下：

101、102 线为同杆双回线，均配置双套超范围纵联距离保护、纵联零序保护、距离保护、零序保护，重合闸投入，三重方式，A 套保护采用 RCS-941B 型，B 套保护采用 CSC-163A 型。

103 线配置单套距离保护，重合闸投入，三重方式。

104 线配置单套纵联差动保护、距离保护，重合闸投入，三重方式，检线无压母有压。

110kV 母分开关配置过流保护、零序保护（保护投跳）。

某日，变电站附近出现大范围雷暴天气。12:53:02:663ms，103 线对侧末端发生 B 相瞬时性接地故障，104 线区内发生 AB 相瞬时性接地故障。

变电站侧相关录波与时序如图 18-11、图 18-12 所示（其他保护均未动作）。

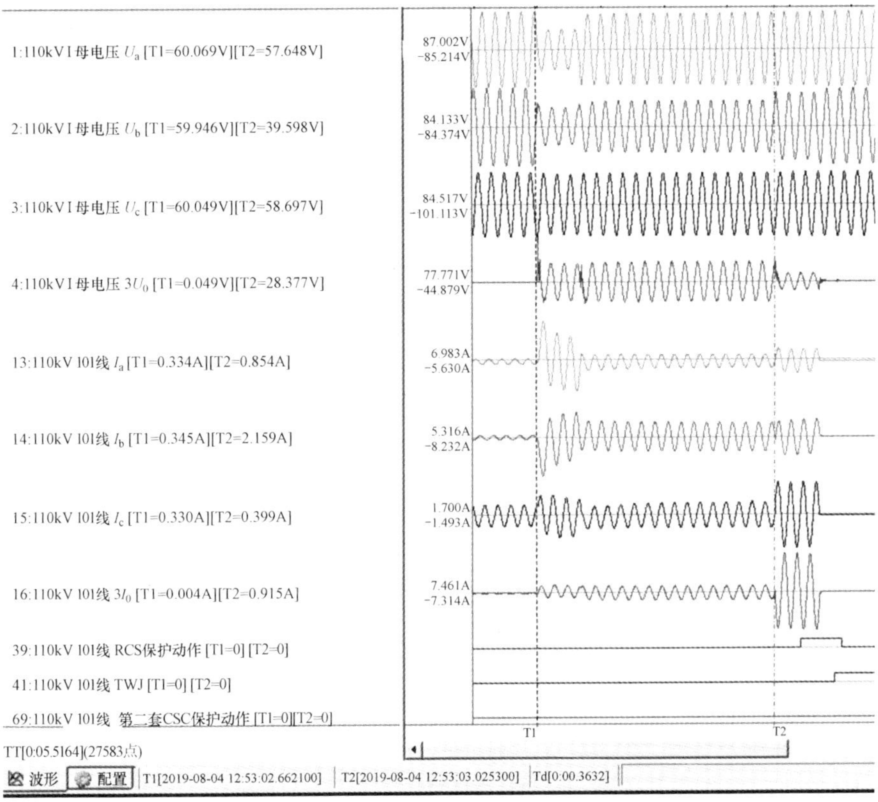

图 18-11

	第1次变位	第2次变位
39:110kV 101线 RCS保护动作	↑ 402.000ms	↓ 464.000ms
40:110kV 101线 RCS重合闸动作	↑ 1462.000ms	↓ 1614.800ms
41:110kV 101线 TWJ	↑ 453.000ms	↓ 1513.600ms
51:110kV 104线 CSC保护动作	↑ 24.800ms	↓ 108.200ms
52:110kV 104线 CSC重合闸动作	↑ 2170.600ms	↓ 2296.400ms
53:110kV 104线 TWJ	↑ 76.000ms	↓ 2179.800ms
54:110母分保护动作	↑ 320.000ms	↓ 386.200ms
55:110母分TWJ	↑ 376.600ms	
70:110kV 101线 第二套CSC重合闸动作	↑ 1480.000ms	↓ 1578.000ms

	第1次变位	第2次变位
68:110kV 103线 RCS保护动作	↑ 618.600ms	↓ 684.200ms
69:110kV 103线 RCS重合闸	↑ 1690.800ms	↓ 1844.600ms
70:110kV 103线 TWJ	↑ 673.600ms	↓ 1699.000ms

图 18-12

变电站侧 101 线第一套保护装置报告如图 18-13 所示，电厂侧 102 线第一套保护装置报告如图 18-14 所示，其余保护均未动作。

动作序号	322	起动绝对时间	
序号	动作相	动作相对时间	动作元件
01 02		00388ms 01449ms	纵联零序方向 重合闸动作
故障测距结果 故障相别 故障相电流值 故障零序电流		0048.0km B 002.60A 005.09A	

图 18-13

动作序号	966	起动绝对时间	
序号	动作相	动作相对时间	动作元件
01 02 03		00393ms 00393ms 01451ms	纵联距离动作 纵联零序方向 重合闸动作
故障测距结果 故障相别 故障相电流值 故障零序电流		0023.9km B 020.67A 027.45A	

图 18-14

问：（1）分析 101 线电流波形每次变化的原因，推测系统中存在何种缺陷？

（2）考虑 110kV Ⅰ、Ⅱ段母分开关分闸，并在该缺陷下，13:06:13:460 时刻，101 线距变电站 2km 处（线路全长 15km）发生瞬时性三相短路故障，请写出 101 线与 102 线保护动作情况。

（3）若故障发生在 101 线电厂出口处，请写出 101 线与 102 线保护动作情况。

答：（1）76ms，104 线开关跳开，AB 相接地故障切除；376ms，Ⅰ段和Ⅱ段母分开关跳开，101 线上潮流方向变化；453ms，101 线变电站侧开关跳开，102 线电厂侧开关跳开，101 线上电流消失。

系统缺陷：101、102 线 A 套保护通道交叉。

（2）101 线 A 套保护拒动，B 套保护正确动作，102 线 A、B 套保护均未动作，重合闸成功。

（3）101 线 B 套保护两侧开关正确动作，101 线 A 套保护电厂侧动作，变电站侧拒动。

102 线 B 套保护两侧未动作，102 线 A 套保护电厂侧未动作，变电站侧误动（考虑超范围纵联距离保护），均重合闸成功。

11. 某 220kV 变电站的主接线如图 18-15 所示，某日主变压器高、中压侧并列运行，低压侧因故分列运行。已知 1、2 号主变压器参数相同，S_N=180MVA，U_N=230/115/37kV，$U_{k高-中}$%=14%，$U_{k高-低}$%=24%，$U_{k中-低}$%=8%。

1 号主变压器中性点直接接地，2 号主变压器中性点经间隙接地。

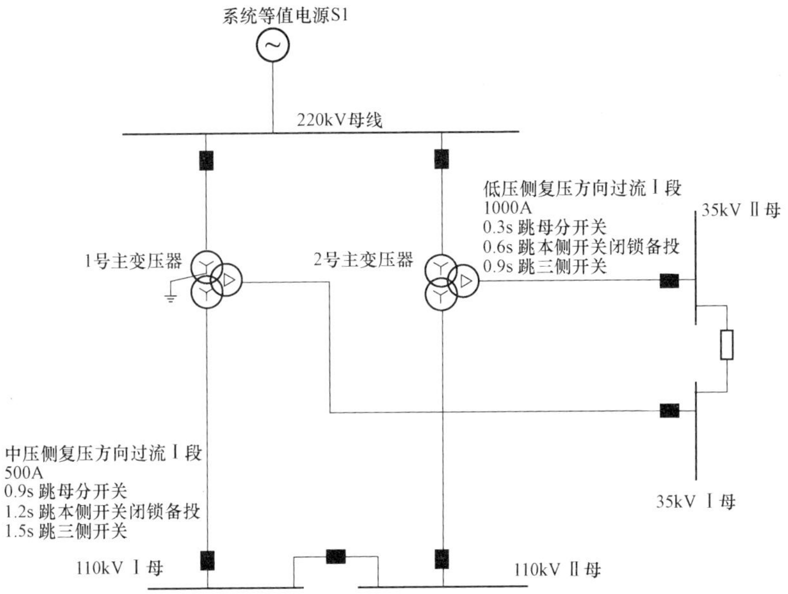

图 18-15

假设：

（1）两台主变压器均配置双重化“六统一”标准化主变压器保护，定值相同，其中，低压侧复压方向过流保护定值如下，35kV 母线未配置母差保护，不考虑未提及的保护。

主变压器低压侧复压方向过流Ⅰ段：定值为 3000A；1 时限经 0.3s 跳母分开关；2 时限经 0.6s 跳本侧闭锁备投；3 时限经 0.9s 跳三侧。

主变压器中压侧复压方向过流Ⅰ段：定值为 500A；1 时限经 0.9s 跳母分开关；2 时限经 1.2s 跳本侧闭锁备投；3 时限经 1.5s 跳三侧。

（2）等值电源 S1 考虑 $X_0=X_1=0.2$，不计所有元件电阻，变压器 $X_0=X_1=X_2$。

问题：

（1）取基准容量 S_B=100MVA，基准电压 U_B=230、115、37kV，当 35kVⅡ段母线发生 AB 两相短路时，计算故障点故障相电流大小（换算至有名值），并写出保护动作情况，判断保护动作是否合理，若不合理应如何改进？

（2）上述情况下，若 2 号主变压器低压侧开关拒动，请写出保护动作情况，判断保护动作是否合理，若不合理应如何改进？

答：（1）主变压器高压侧阻抗 $X_{th}=0.08$；主变压器中压侧阻抗 $X_{tm}=-0.005$；主变压器低压侧阻抗 $X_{tl}=0.05$；总阻抗 $X_1=0.2+0.08//0.07=0.287$。

故障点电流 $I_{f2}=1560\times0.866\times(1/0.287)=1560\times3.01=4696(A)$，大于 3000A

主变压器 T2 中压侧故障电流 $I_{fT2}=502\times3.01=1513(A)$（折算至中压侧故障电流）

主变压器 T1 中压侧故障电流 $I_{fT1}=1513\times0.08/(0.08+0.07)\times\dfrac{2}{\sqrt{3}}=932(A)$，大于 500A(考虑低压侧角接线，转换至中压侧)

经 0.3s，2 号主变压器低压侧复流Ⅰ段 1 时限动作跳母分开关，母分开关之前已分开。经 0.6s，2 号主变压器低压侧复流 I 段 2 时限动作跳本侧开关，跳开 2 号主变压器低压侧开关，故障切除，保护正确动作。

（2）经 0.6s，2 号主变压器低压侧复流 I 段 2 时限动作跳本侧开关，但本侧开关拒动，经 0.9s，2 号主变压器低压侧复流 I 段 3 时限动作跳 2 号主变压器三侧开关，跳开 2 号主变压器高、低压侧开关，1 号主变压器中压侧复流 I 段 1 时限动作，跳开 110kV 母分开关。故障隔离造成 110kV Ⅱ段母线失电，保护动作不合理，中压侧复流 I 段 1 时限应与低压侧复流 I 段 3 时限在时间上配合。

12. 某 110kV 变电站采取内桥接线方式，如图 18-16 所示。某日 14:00 二次运维人员发现 110kV 102 线 B 套合并单元电流模拟量通道中存在较大的零序电流，通过调取故障录波图形，102 线 A、B 套合并单元各相电流幅值及相位如图 18-17、图 18-18 所示。

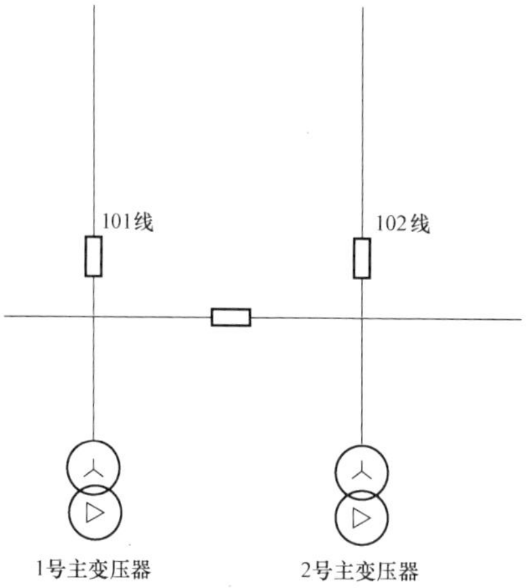

图 18-16

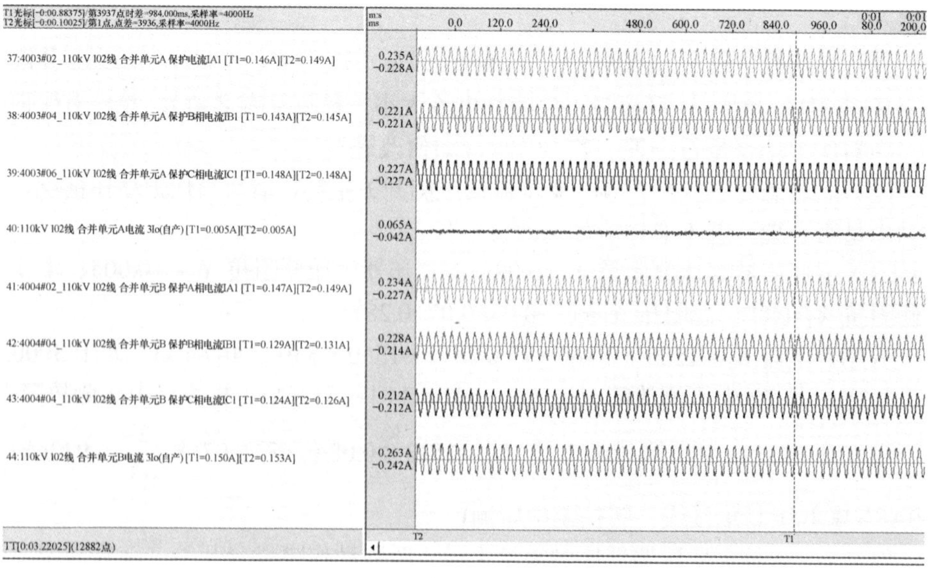

图 18-17

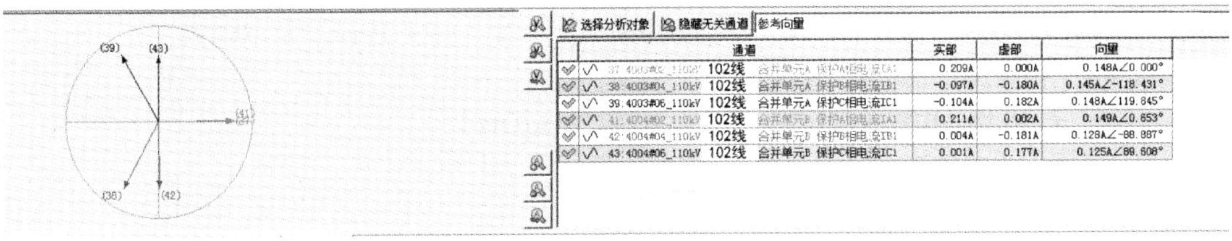

图 18-18

已知装置部分定值如表 18-1 所示。

表 18-1

序号	参数	定值
1	主变压器高、中压侧额定容量	50MVA
2	主变压器低压侧额定容量	50MVA
3	中压侧接线方式钟点数	12
4	低压侧接线方式钟点数	11
5	高压侧额定电压	110kV
6	中压侧额定电压	1kV
7	低压侧额定电压	10kV
8	高压侧 TV 一次值	110kV
9	中压侧 TV 一次值	1kV
10	低压侧 TV 一次值	10kV
11	高压 1 侧 TA 一次值	600A
12	高压 1 侧 TA 二次值	5A
13	高压 2 侧 TA 一次值	600A
14	高压 2 侧 TA 二次值	5A

（1）请计算 2 号主变压器 B 套保护装置（CSC-326）上应显示的差流，并绘制相量图说明。

（2）已知 102 线智能组件柜至汇控柜的电流回路二次接线如图 18-19 所示。请分析计算可能引起异常现象的原因，并在图 18-19 中标注。

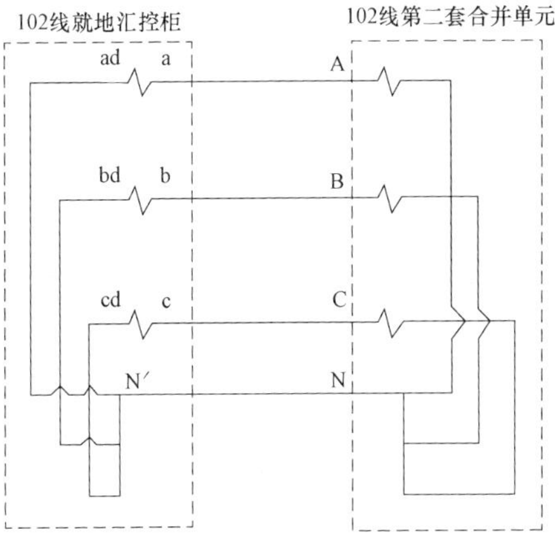

图 18-19

（3）推测引起该异常现象的可能诱因，并结合实际工作提出整改措施。

答：（1）相量图如图 18-20 所示。

A、C 相差动电流 $I_{DA} = I_{DC} = 0.148/2/1.73 = 0.043$

B 相差动电流 $I_{DB} = 0$

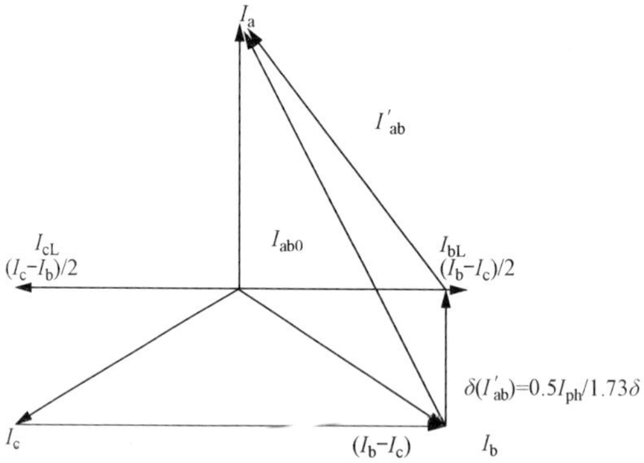

图 18-20

（2）如图 18-21 所示，电流回路 F1 或 F2 点断开。

（3）可能诱因：部分厂家汇控柜处电流回路 N 相使用电缆短接线短接，造成一个端子上接两根线，存在接触不良的安全隐患。

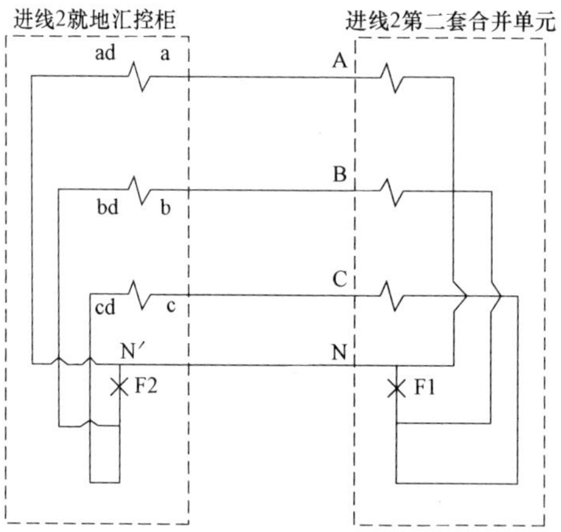

图 18-21

措施：

（1）依据最新的设计规范，一个端子的每一个接线端只能接一根导线，需对所辖范围内变电站的二次回路接线进行检查，对于一个端子排上压接两根导线的情况进行整改，尤其是 TA 二次回路、跳合闸回路。

（2）定期开展差流巡视及端子排测温工作。

13. 某 220kV 变电站（图中 A 站）的 110kV 送出系统局部电网如图 18–22 所示，系统参数及保护配置如下：1 号主变压器和 3 号主变压器中性点直接接地，2 号主变压器中性点经间隙接地，4 号主变压器中性点不接地。线路阻抗和相关线路、主变压器零序电流保护（均带方向）定值如图 18–22 所示。取基准容量 S_B=100MVA，基准电压 U_B=230、115、37kV。

假设：等值电源 S1 为无穷大系统（X_0=X_1=0），不计所有元件电阻，变压器、线路 $X_0 = X_1 = X_2$，不考虑距离保护动作。

主变压器保护跳闸矩阵如下：

1、2 号主变压器中压侧零序电流Ⅰ段：1 时限经 1.2s 跳母分开关，2 时限经 1.8s 跳本侧开关，3 时限经 2.1s 跳三侧开关。

1、2 号主变压器中压侧零序电流Ⅱ段：1 时限经 2.4s 跳母分开关，2 时限经 3.0s 跳本侧开关，3 时限经 3.3s 跳三侧开关。

1、2 号主变压器中压侧零序过压保护经 3.3s 跳主变压器三侧开关。

问题：

（1）某日 L1 线中点处发生 A 相接地故障，若保护 1 零序保护功能硬压板未投入，请描述该系统的最终运行方式。

（2）若主变压器中零序电流Ⅰ、Ⅱ段定值改为：

1）1、2 号主变压器中压侧零序电流Ⅰ段：1 时限经 1.2s 跳母分开关，2 时限经 1.5s 跳本侧开关，3 时限经 1.8s 跳三侧开关。

2）1、2 号主变压器中压侧零序电流Ⅱ段：1 时限经 2.4s 跳母分开关，2 时限经 2.7s 跳本侧开关，3 时限经 3.0s 跳三侧开关。系统最终运行方式将如何？

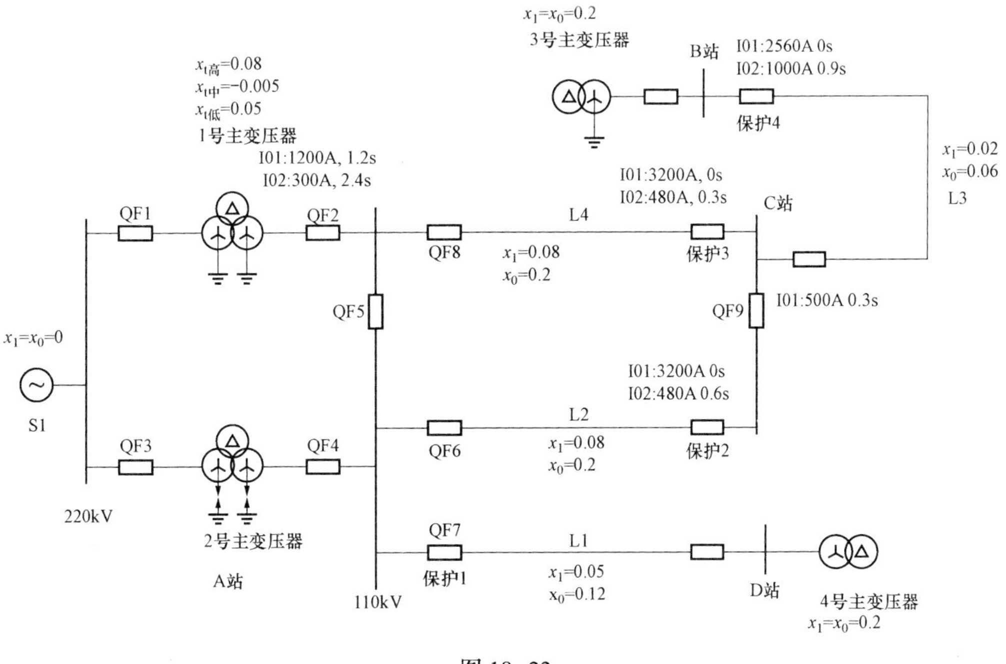

图 18–22

答：（1）L1 线中点 A 相短路时。

1）初始状态

$$Z_1=(0.08-0.005)/2+0.025=0.06$$
$$Z_{01} = 0.05//0.08-0.005 = 0.026$$
$$Z_{02} = 0.2//0.2 + 0.06 + 0.2 = 0.36$$
$$Z_0 = 0.026//0.36 + 0.06 = 0.08$$
$$I_{fk0} = 1/(2 \times 0.06 + 0.08) = 5$$

2）QF2 上流过的零序电流为：$I_{K02} = 5 \times [0.36/(0.36 + 0.026)] = 4.66$。

$3I_0 = 4.66 \times 3 \times 502 = 7022(A)$，大于 1200A，1 号主变压器中压侧零序电流Ⅰ段启动。

3）保护 4 上流过的零序电流为：$I_{K04} = 5-4.66 = 0.34$。

$3I_0=0.34 \times 3 \times 502=512(A)$，小于 1000A，保护 4 不启动。

4）保护 2、3，QF9 上流过的零序电流为：$I_{K02} = 0.34/2=0.17$。

$3I_0 = 0.17 \times 3 \times 502 = 256(A)$，小于 480A，保护 2、3 不启动。

5）经 1.2s，1 号主变压器中压侧零序电流Ⅰ段 1 时限动作跳 A 站 110kV 母分开关。母分开关跳开后，A 站通过 C 站母分开关构成第二母联开关。

$$Z_1 = (0.075 + 0.08 + 0.08)//0.075 + 0.025 = 0.08$$
$$Z_{01} = 0.08//0.05-0.005 + 0.02 = 0.23$$
$$Z_{02} = 0.2 + 0.06 = 0.26$$
$$Z_0 = 0.23//0.26 + 0.2 + 0.06 = 0.38$$
$$I_{fk0} = 1/(2 \times 0.08 + 0.38) = 1.85$$

6）保护 2、QF9 上流过的零序电流为：$I_{K09}=1.85$。

$3I_0 =1.85 \times 3 \times 502 = 2786(A)$，大于 500A，保护 2、C 站母分开关过流保护启动。

7）保护 4 上流过的零序电流为：$I_{K04}=1.85 \times 0.23/(0.23 + 0.26) = 0.87$。

$3I_0 = 0.87 \times 3 \times 502 = 1307(A)$，大于 1000A，保护 4 启动。

8）QF2 上流过的零序电流为：$I_{K02} = 1.85-0.87 = 0.98$。

$3I_0 = 3 \times 0.98 \times 502 = 1475(A)$，大于 1200A，1 号主变压器中压侧零序电流保护启动。

9）再经 0.3s，C 站母分开关过流保护动作跳闸，1 号主变压器带Ⅰ段母线继续运行，C 站一半负荷及 B 站继续运行，2 号主变压器带接地故障，变成不接地系统运行。

10）再经 3.3s，2 号主变压器中压侧零序过压/间隙过流保护动作，跳 2 号主变压器三侧开关，故障被隔离。

（2）1 号主变压器中压侧零序电流Ⅰ段 2 时限与 C 站母分开关零序过流保护会同时动作，跳开 1 号主变压器中压侧开关，跳开 C 站 110kV 母分开关，再经 3.3s，2 号主变压器中压侧零序过压/间隙过流保护动作，跳 2 号主变压器三侧开关，故障隔离，A 站 110kV 负荷全部失去，35kVⅡ段负荷失去，B、C 站全站失电。

14. 某 220kV 变电站（图 18-23 中 A 站）的 110kV 送出系统局部电网如图 18-23 所示，主变压器 T1、T3、T5 中性点直接接地，主变压器 T2 中性点经间隙接地，主变压器 T4

中性点不接地。线路 L1、L2 长度相等，自 A 站出站口后有 50%总长的线路存在同塔并架（图 18-23 中两虚线之间），两线路间零序互感抗为 X_{om}，之后分别接至 110kV 的 B 站、C 站，图 18-23 中所有开关均在合位。

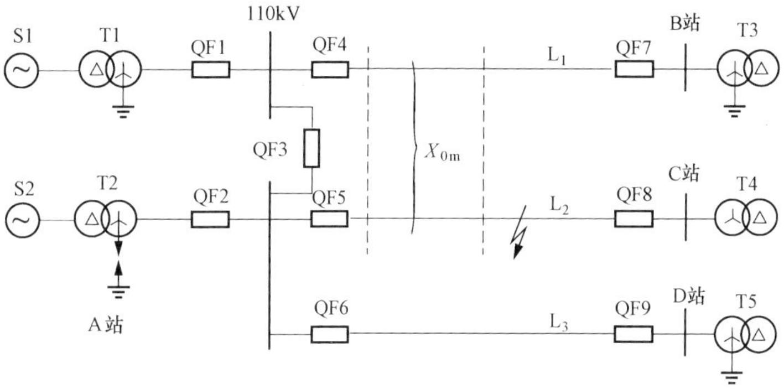

图 18-23

各设备参数标幺值如表 18-2 所示（S_B=100MVA，U_B=115kV），已知 $X_{om}=0.6X_0$。各设备零序保护定值如表 18-3 所示，不计所有元件电阻，不考虑距离保护动作，短路前各线路空载。

某日在 L2 线路距 A 站 60%处发生 A 相金属性接地故障，由于 L2 电源侧出口压板未投，导致 QF5 拒动，请计算分析故障切除的整个过程。

表 18-2

设备名称	正序阻抗	负序阻抗	零序阻抗
线路 L1、L2	j0.10	j0.10	j0.30
线路 L3	j0.06	j0.06	j0.18
主变压器 T1、T2	j0.06	j0.06	j0.06
主变压器 T3	j0.18	j0.18	j0.18
主变压器 T4、T5	j0.12	j0.12	j0.12
电源 S1、S2	0	0	0

表 18-3

设备名称	零序Ⅰ段	零序Ⅱ段	零序Ⅲ段
主变压器 T1	I_{01}=1200A 0.8s，跳分段开关 1.1s，跳本侧开关 1.4s，跳各侧开关	I_{02}=300A 2s，跳各侧开关	
线路 L1、L2、L3 电源侧（QF4、QF5、QF6 处）	I_{01}=1920A Ⅰ段带方向，指向线路 0s，跳本侧开关	I_{02}=960A Ⅱ段带方向，指向线路 0.5s，跳本侧开关	I_{03}=300A 1.2s，跳本侧开关
线路 L1、L2、L3 负荷侧（QF7、QF8、QF9 处）	I_{01}=800A Ⅰ段带方向，指向线路 0.3s，仅投信号	I_{02}=400A Ⅱ段带方向，指向线路 0.5s，仅投信号	I_{03}=300A 1.5s，仅投信号

答：

$$I_B = 100000/(\sqrt{3}\times 115) = 502.06(\text{A})$$

$$X_1 = X_2 = 0.06//0.06 + 0.6\times 0.10 = 0.09$$

$$X_{0m} = 0.6\times(0.5\times 0.3) = 0.09$$

$$X_0 = 0.6\times 0.3 - 0.09 + (0.3+0.18-0.09)//\left[0.09 + 0.06//(0.18+0.12)\right] = 0.193$$

零序等值电路如图 18-24 所示。

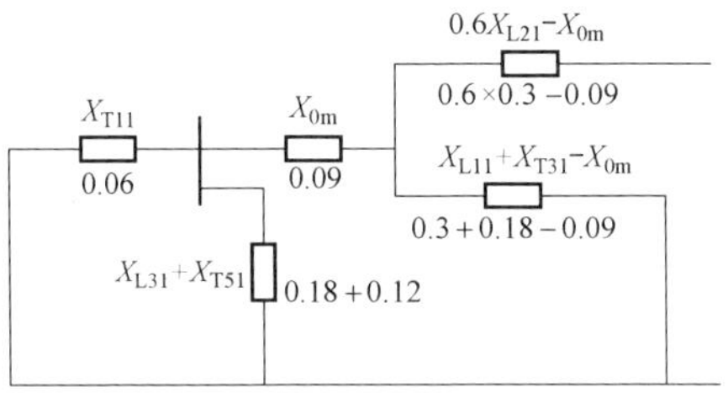

图 18-24

主变压器 T1 流过的零序电流

$$I_{T10} = \frac{0.39}{0.39+0.14}\times\frac{0.3}{0.3+0.06}\times 2.681 = 1.644$$

$$3I_0 = 3\times 1.644\times 502.06 = 2476.16(\text{A})，\text{大于}1200\text{A}$$

线路 L1 流过的零序电流

$$I_{L10} = \frac{0.14}{0.39+0.14}\times 2.681 = 0.708$$

$$3I_0 = 3\times 0.708\times 502.06 = 1066.38(\text{A})，\text{大于}960\text{A及}300\text{A}$$

线路 L3 流过的零序电流

$$I_{L30} = \frac{0.39}{0.39+0.14}\times\frac{0.06}{0.3+0.06}\times 2.681 = 0.329$$

$$3I_0 = 3\times 0.329\times 502.06 = 495.53(\text{A})，\text{大于}300\text{A}$$

T1 主变压器保护动作，经 0.8s 跳分段断路器 QF3。

分段断路器 QF3 跳开后

$$X_1 = 0.06 + 0.6\times 0.1 = 0.12$$

$$X_0 = 0.6\times 0.3 - 0.09 + 0.18 + 0.12 + 0.09//(0.06+0.3-0.09+0.18) = 0.465$$

零序等值电路如图 18-25 所示。

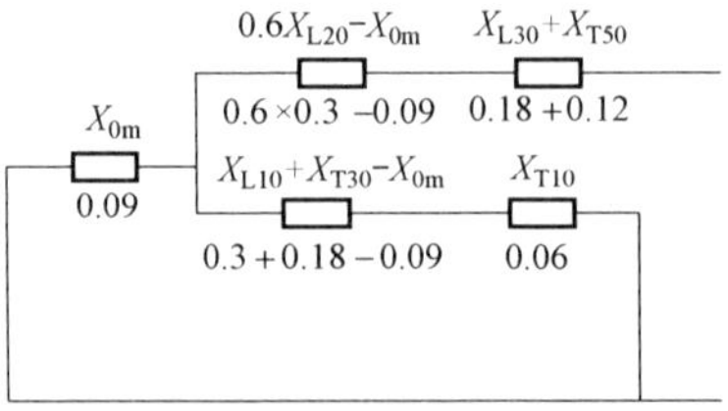

图 18-25

$$I_0 = 1/(0.12+0.12+0.465) = 1.418$$

主变压器 T1 流过的零序电流

$$I_{T10}=\frac{0.09}{0.09+0.45}\times 1.418=0.236$$

$$3I_0=3\times 0.236\times 502.06=355.46(\text{A})，大于300\text{A}$$

线路 L1 流过的零序电流

$$I_{L10}=\frac{0.09}{0.09+0.45}\times 1.418=0.236$$

$$3I_0=3\times 0.236\times 502.06=355.46(\text{A})，大于300\text{A}$$

线路 L3 流过的零序电流

$$3I_0=3\times 1.418\times 502.06=2135.76(\text{A})，大于300\text{A}$$

因线路 L3 零序Ⅰ、Ⅱ段带方向，因此在 1.2s 时线路 L1、L3 的零序Ⅲ段动作跳开 QF4、QF6。

QF3、QF6 跳开后，失去接地中性点，故障电流消失，变成不接地系统，母线上零序电压很高，可能造成主变压器 T2 间隙击穿，最终由间隙保护（间隙过压或过流）动作切除 T2 主变压器各侧开关。

15. 500kV MN1 线和 MN2 线均配置两套分相电流差动保护、三段式后备距离保护和反时限方向零序电流保护（差动保护投入电容电流补偿功能）。系统和线路阻抗如图 18-26 所示（均为二次值，单位为 Ω），$\dot{E}_M=\dot{E}_N=60\angle 0°\text{V}$（二次值）。MN 两侧变电站均采用 GIS 设备，开关两侧均有电流互感器（M 侧线路保护采用开关靠近母线侧电流互感器，母差保护采用开关靠近线路侧电流互感器），MN 为长线路，线路开关装设合闸电阻，合闸电阻一次值为 280Ω（二次值为 168Ω），线路边开关重合闸投用（开关重合闸时间为 1s），线路中开关重合闸停用。

MN1 线和 MN2 线的第一套线路差动保护低定值为 0.28A（分相差动保护和零序差动保护），分相差动保护延时 25ms 动作，零序差动保护延时 40ms 动作；差动高定值为 0.42A，延时 0ms 动作。第二套线路保护差动低定值为 0.28A（零序差动保护），延时 100ms 动作；差动高定值为 0.40A，延时 0ms 动作。

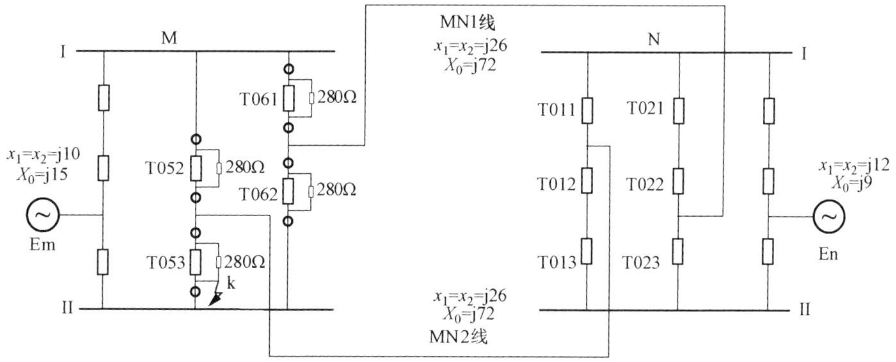

图 18-26

如故障点 k（A 相）发生绝缘击穿对地故障，说明保护的动作情况和一次设备的状态变化。

答：故障点 k 发生故障，500kV Ⅱ母线母差保护动作，跳开 500kV Ⅱ母线的开关，闭锁 T053 开关重合闸；同时线路 MN 2 线线路差动保护动作，M 侧接地距离Ⅰ段动作，跳开 T052 三相开关（重合闸停用状态），同时跳开 N 侧 T011 和 T012 开关 A 相，此时线路处于两相充电状态；1s 后 N 侧 T011 开关重合闸动作，重合 A 相故障，发生 A 相经 280Ω 电阻接地故障，此时是 N 单侧电源系统故障。

$$X_{\Sigma1} = \mathrm{j}26 + \mathrm{j}(10+26)//\mathrm{j}12 = \mathrm{j}26 + \mathrm{j}9 = \mathrm{j}35$$

$$X_{\Sigma2} = \mathrm{j}26 + \mathrm{j}(10+26)//\mathrm{j}12 = \mathrm{j}26 + \mathrm{j}9 = \mathrm{j}35$$

$$X_{\Sigma0} = \mathrm{j}72 + \mathrm{j}(15+72)//\mathrm{j}9 = \mathrm{j}72 + \mathrm{j}\frac{87\times9}{96} = \mathrm{j}80.15625$$

$$\frac{I_{\mathrm{kA}}}{3} = I_{\mathrm{kA1}} = I_{\mathrm{kA2}} = I_{\mathrm{kA0}} = \frac{\dot{E}}{\mathrm{j}X_{\Sigma1} + \mathrm{j}X_{\Sigma2} + \mathrm{j}X_{\Sigma0} + 3R_{\mathrm{g}}}$$

$$|I_{\mathrm{kA}}| = \left|\frac{60}{3\times\dfrac{280}{5/3} + \mathrm{j}(35+35+80.15625)}\right|\times3 = \left|\frac{60}{504+\mathrm{j}150.15625}\right|\times3 = 0.342$$

MN2 线第一套差动保护延时 25ms 动作，跳开 MN2 线 N 侧的 T011 三相开关。

MN2 线第二套差动保护能启动，但因第一套差动保护已经将故障切除，所以未动作出口。

第十九章

应急处理

1. 某变电站双母线接线正母运行的保护装置报电压断线，测控装置显示正母 A 相电压不正常，当地监控后台显示正母 A 相电压不正常，可能原因有哪些（至少五点）？

答：（1）A 相电压互感器故障。

（2）二次回路故障。

（3）电压回路接线松动或接触不良。

（4）空气开关、熔丝故障。

（5）电压小母线短路或二次配线绝缘破损。

（6）正母隔离开关辅助接点接触不良（电压切换回路）。

（7）电压切换继电器故障。

2. 某 220kV 线路保护在反向较远处故障时第一套纵联零序方向保护两侧动作出口，第二套保护两侧均未动作，经检查电压回路故障现象为：

（1）开口三角采样值为零。

（2）某相电压比额定电压高。

（3）自产零序电压不为零且三次谐波含量非常大。

试判断二次回路故障原因并简要分析，并提出防范和改进措施。

答：二次回路故障原因为第一套纵联零序方向保护电压中性线回路 N600 断线。

分析：对于保护装置来说电压互感器是一个电压源。电压中性线回路 N600 断线时，若保护装置的小 TV 未饱和，由克希霍夫电流定律可得当三相小 TV 的阻抗相等时，保护装置的自产零序电压将正确反映系统实际电压，保护能正确动作，实际三相小 TV 的阻抗有差异，保护装置的自产零序电压为不平衡零序电压，保护装置采用自产零序电压突变量或浮动门槛技术后保护仍不会误动。

而实际上保护装置的小 TV 设计在正常情况下工作于接近饱和状态，故障情况下由于电压下降 TV 不会饱和，能满足保护正确测量的要求。小 TV 饱和时，电压中性线回路断线后，由于三次谐波电流无法流通，小 TV 的励磁电流为正弦波励磁电流，产生平顶波磁通，产生尖顶波电势，于是产生三次谐波电势，而三次谐波电势相当于自产零序电压，由于其相位不确定性完全可能导致反向故障时零序方向元件误动。

防范和改进措施：

（1）保护装置增设零序方向元件三次谐波滤波措施。

（2）投产带负荷试验时应注意检查保护装置的电压电流波形以便及时发现异常情况。

（3）某些保护装置在中性线断线时能报 PTDX 信号，对于不能报 PTDX 信号的保护装置增设三次谐波过量报警元件。

（4）安装调试过程中应特别注意检查电压电流中性线回路的正确性。

3. 某运行 110kV 线路间隔报“控制回路断线”告警，监控后台“控制回路断线”光字牌常亮，开关红绿指示灯不亮。应如何处理（合闸断线、分闸断线）？

答：（1）首先检查是否为自动化系统误发信，保护装置若未发“控制回路断线”告警信号，为自动化系统误发信引起，则检查自动化相关回路、设备和相关设置。若保护装置发“控制回路断线”告警信号，进行如下检查。

（2）停用断路器，改为开关冷备用状态，不能改变设备状态则改为非自动状态；若能确认控制回路正常（仅为信号回路异常），则可以不改一次设备状态进行处理。

（3）断路器机构箱内元器件损坏［断路器分、合闸线圈烧坏、断线；断路器辅助接点接触不良；弹簧未储能（合闸回路）或其辅助接点接触不良］。

（4）可能为操作箱操作插件坏，二次回路故障（螺丝松动或接触不良等）。

（5）断路器本体异常闭锁分、合闸；远方/就地切换开关故障。

（6）采用分段排除法，将故障范围逐渐缩小，最终排除故障。

4. 简述直流接地的原因及处理原则。

答：（1）直流接地一般由以下情况引起：

1）潮湿、锈蚀等物理化学原因引起的绝缘老化、破损，如电缆、绝缘座、端子排接地。

2）户外隔离开关机构箱内辅助触点引起的直流接地。

3）二次回路直流接地。

4）屏顶小母线积灰引起的绝缘下降。

5）滤波电容引起接地。

6）直流系统本身引起的直流接地。

7）直流串电引起的直流接地。

8）电源插件瞬时性接地。

（2）处理原则：

1）一般先根据直流接地选线装置的选线情况进行有针对性的检查。但当接地回路存在环路时，接地选线装置会报两条以上支路接地，这时必须查清环路再检查。

2）拉路查找时应根据先信号后保护、控制回路的原则进行，同时结合天气情况判断可能的位置，雨天时先室外、后室内。直流接地一般采用便携式直流接地检测仪查找为主，辅之以拉路的方法。

5. 备自投装置无法充电时如何处理？

答：（1）停用备自投装置。

（2）重启备自投装置检查是否能恢复，若能恢复则是装置运行不稳定引起，可通过咨询厂家并结合现场实际判断更换相应插件（纽扣电池）进行处理。若不能恢复，则可能是保护装置或外部回路故障引起，进行如下处理：

1）检查模拟量。

2）备自投装置有闭锁。

3）合后开入不满足条件（仅适用于整定单内自定义控制字“合后位置接入”整定为 1 的装置）。

4）备自投保护装置外部输入开关量量不满足要求。

5）备自投装置定值逻辑不正确。

6）综合上述检查，经过判断更换相应插件或对二次回路进行处理。

6. 重合闸无法充电或告警灯亮，如何处理？

答：（1）停用重合闸装置。

（2）重启重合闸装置检查是否能恢复，若能恢复则是装置运行不稳定引起，可通过咨询厂家并结合现场实际判断更换相应插件（纽扣电池）进行处理。若不能恢复，则可能是保护装置或外部回路故障引起，进行如下处理。

1）装置电源故障。

2）检查告警灯亮相关原因。

a. 重合闸检无压及同期方式：未启动情况下，检查开关处于合位且有电流，若同期条件不满足，则报电压出错告警，告警灯亮，闭锁重合闸。

b. 手合开放未满 10s，有手合信号开入 15s，报手合开入出错，告警灯亮，闭锁重合闸。

c. 当 TWJ 动作，而线路有流，则告警灯亮，闭锁重合闸。

如上述情况均正常，装置告警且不能复归，则更换重合闸插件。

3）外部回路条件不满足。

a. 开关位置不正确或合后继电器动作不正确。

b. 电压断线。

c. 外部回路闭锁。

d. 外部回路接线错误。

4）监控软压板或保护压板不正确。

a. 检查当地监控重合闸投入压板。

b. 检查保护装置压板投退及整定单控制字。

c. 检查保护屏上重合闸切换开关是否投入。

7. 微机型母差保护发出“开入异常”告警，如何处理？

答：（1）停用母差保护装置。

（2）查看装置告警报文，重启母差保护装置检查是否能恢复，若能恢复则是装置运行不稳定引起，可通过咨询厂家并结合现场实际判断更换相应插件进行处理。若不能恢复，则可能是保护装置或外部回路故障引起，进行如下处理：

1）对母差保护画面与实际运行方式进行比对，压板状态是否正确。

2）检查模拟量。

3）对于 PCS 915，检查外部启动母联失灵开入异常，外部闭锁母差接点，隔离开关位置报警，母联 TWJ=1 但任意相有电流，发“其他报警”信号。

4）对于 BP-2B，母联常开常闭接点不对应，隔离开关位置不对应，失灵误开入、主变压器解复压误开入、分列压板误开入。

5）开入光隔异常。

综合上述检查，经过判断更换相应插件或对二次回路进行处理。

8. 变压器差动保护差流越限，如何处理？

答：（1）停用主变压器差动保护装置。

（2）查看装置告警报文，重启主变压器差动保护装置检查是否能恢复，若能恢复则是装置运行不稳定引起，可通过咨询厂家并结合现场实际判断更换相应插件进行处理。若不能恢复，则可能是保护装置或外部回路故障引起，进行如下处理：

1）检查各侧模拟量采样值的大小和相位并进行计算。

2）装置电流插件故障。

3）定值设置错误。

4）运行状态引起（如主变压器分接头调整）。

5）电流二次回路有短路或接地。

6）电流互感器本身问题。

综合上述检查，经过判断更换相应插件或对二次回路进行处理。

9. 微机型线路保护，零序方向采用自产 $3\dot{U}_0$，电流回路接线正确，电压回路接线如图 19-1 所示，存在如下问题：

（1）TV 二、三次没有分开，在开关场引入一根 N 线。

（2）在端子排上，$\dot{U}_N$ 错接在 L 线上。试分析该线路高频保护在反方向区外 A 相接地时的动作行为。

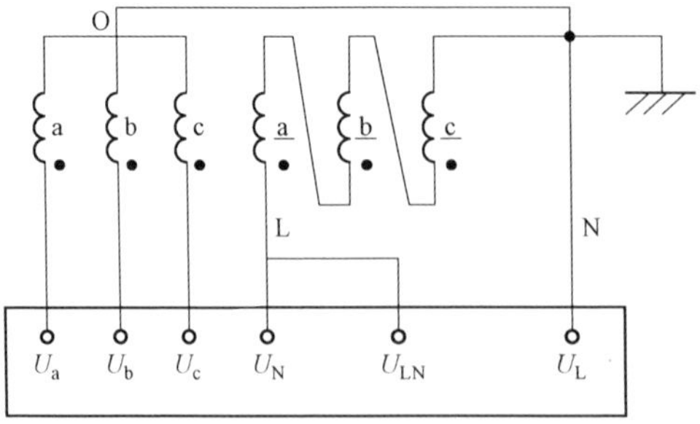

图 19-1

答：接线正确时，区外 A 相故障零序电压为

$$\dot{U}_a = \dot{U}_{a0}$$

$$\dot{U}_b = \dot{U}_{b0}$$

$$\dot{U}_c = \dot{U}_{c0}$$

$$\dot{U}_a + \dot{U}_b + \dot{U}_c = \dot{U}_{a0} + \dot{U}_{b0} + \dot{U}_{c0} = 3\dot{U}_0$$

接线错误时，区外 A 相故障零序电压为

$$\dot{U}_a = \dot{U}_{a0} - \dot{U}_{LN}$$

$$\dot{U}_b = \dot{U}_{b0} - \dot{U}_{LN}$$

$$\dot{U}_c = \dot{U}_{c0} - \dot{U}_{LN}$$

$$3\dot{U}_0' = \dot{U}_a + \dot{U}_b + \dot{U}_c = \dot{U}_{a0} + \dot{U}_{b0} + \dot{U}_{c0} - 3\dot{U}_{LN} = 3\dot{U}_0 - 3\times1.732\times3\dot{U}_0 = -4.2(3\dot{U}_0)$$

（考虑 TV 三次相电压为二次相电压的 1.732 倍）

该自产 $3\dot{U}_0$ 与接线正确时相反，因此在区外故障时保护将误判为区内故障，进而误动。

10. 在 YNdll 组别变压器 d 侧发生 AB 两相短路时，设变压器变比为 1。

（1）作出变压器正常运行时的电流相量图。

（2）求 d 侧故障电压及故障电流相量。

（3）用对称分量图解法分析对 Y 侧过电流、低电压保护的影响。

（4）反映 d 侧两相短路的 Y 侧过电流元件、低电压元件、阻抗元件应如何接法。

答：本题中会用到各序分量在变压器星角两侧变换时角度旋转的知识，这里作一些简要介绍。正序和负序分量经各种连接组别的变压器时，相位移动的角度 δ 与变压器的接线组别和各序分量从变压器哪侧向另一侧转换有关。正序和负序分量的相位移动角度 δ_1 和 δ_2 的一般计算公式为

$$\delta_1 = +(12-N)\times300$$

$$\delta_2 = -\delta_1$$

式中：N 为变压器接线组别中的钟点数。当序分量由接线组别中的 12 点侧绕组向 N 点侧绕组进行转换时，取“+”号；当由 N 点侧绕组向 12 点侧绕组进行转换时，取“−”号。至于零序分量的转换，要看变压器的接线组别和外回路的接线是否有零序通路存在。

（1）Ynd11 组别变压器正常运行时的电流相量图如图 19-2 所示。

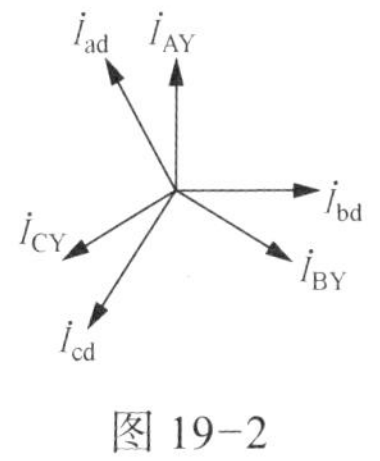

图 19-2

（2）d 侧 AB 故障，故障电流相量分析：

设短路电流为 I_k。

d 侧：

$$I_{c1} = -I_{c2} = I_k / 1.732I_v$$

$$I_a = -I_b = I_k$$

Y 侧：

$$I_A = I_C = I_k / 1.732 \quad I_B = -2I_k / 1.732$$

从图 19-3 和图 19-4 可以看出，Y 侧有两相电流为 $I_k/1.732$，有一相为 $2I_k/1.732$，如果只有两相电流继电器，则有 1/3 的两相短路机会短路电流减少一半。

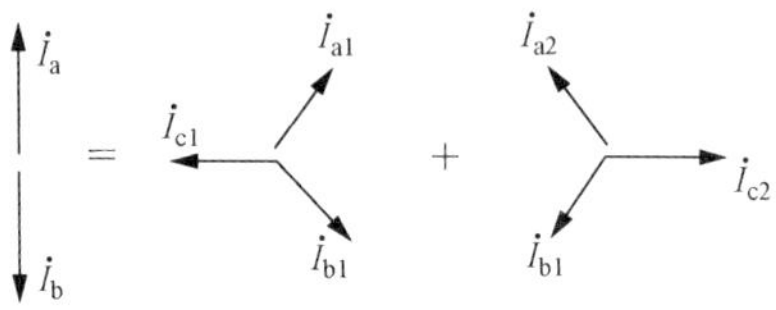

图 19-3

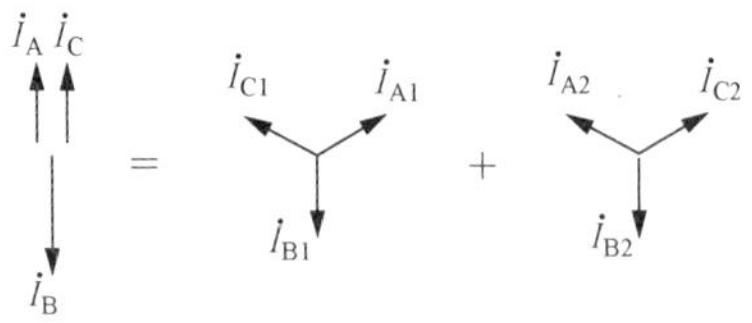

图 19-4

（3）故障电压相量分析（d 侧电压相量图和 Y 侧电压相量图分别见图 19-5 和图 19-6）。

d 侧

$$U_a = U_b = U_c / 2$$

Y 侧

$$U_A = U_c = 1.732U_C / 2U_B = 0$$

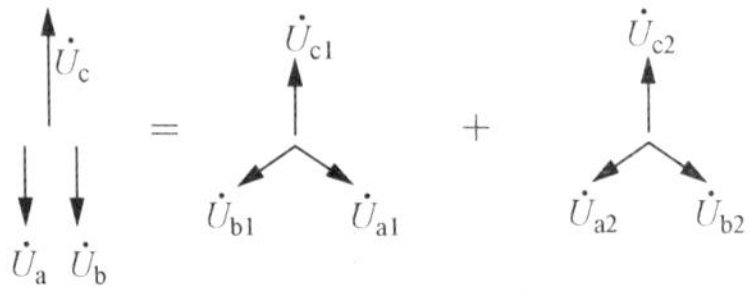

图 19-5

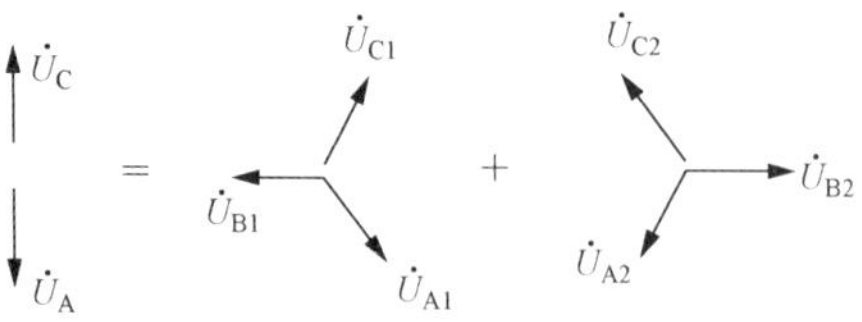

图 19-6

在 Y 侧的相电压，有一相为 0，另两相为大小相等、方向相反的电压。此时对于 d 侧相间故障 Y 侧的电压继电器无论接在相电压还是相间电压均不能正确反映故障侧电压情况。

（4）反映 d 侧两相短路的 Y 侧过电流元件、低电压元件、阻抗元件，通过分析应采取如下接法：

1）电流元件：如果 Y 侧的 TA 为 Y 接线，则每侧均设电流元件；如果为两相式 TA，则 V 相电流元件接中性线电流（-B）相。

2）电压元件：三个电压元件接每相相电压。

3）阻抗元件：按相电压和相电流接法。

11. 如图 19-7 所示，开关处于运行状态。现发生 A 点直流正极接地，问：

（1）在哪些回路再次发生直流接地，可能导致开关跳闸？

（2）在哪些回路再次发生直流接地，可能导致开关拒动？

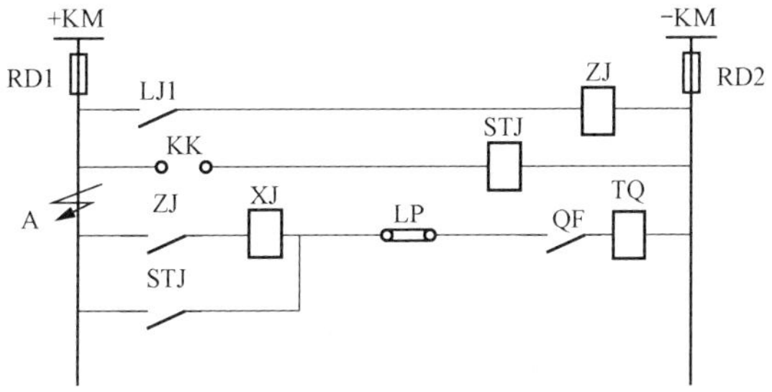

图 19-7

LJ1—电流继电器接点；LP—跳闸压板；ZJ—跳闸中间继电器；QF—开关辅助接点；XJ—信号继电器；TQ—开关跳闸线圈；STJ—手动跳闸继电器；RD1、RD2—直流保险

答：LJ1-ZJ 间；ZJ 接点-TQ 间；STJ 接点-TQ 间；KK-STJ 间，可能造成开关跳闸。STJ、ZJ、TQ 后面发生负电源接地，会造成 RD1 或 RD2 熔断，或是继电器线圈或跳闸线圈被短接，从而造成开关拒动。

12. 现场进行 220kV 及以上线路保护带断路器传动试验中，通常采用如下方法：将试验仪交流量接入保护装置，保护装置备用跳闸接点、合闸接点反馈至试验仪。在单重方式下，模拟单相瞬时性故障，断路器跳、合闸正常；模拟单相永久性故障时，最终结果故障相断路器在合闸状态、其余两相断路器在跳闸状态。请对此进行分析，并提出改进方案。

答：（1）模拟单相瞬时性故障，断路器跳、合闸正常，说明保护装置有关逻辑正常，试验接线正确，至断路器的跳合闸回路正确。

（2）模拟单相永久性故障时，非故障两相断路器在跳闸状态，说明保护装置在重合后已发三跳令。而故障相断路器在合闸状态，可以推断保护在后加速动作发三跳令期间，故障相断路器尚未合上，跳闸回路不通。

（3）保护单跳令控制试验仪切除故障；而后重合闸动作，重合闸备用接点控制其再次输出故障量，此时故障相断路器尚未合上，但故障量已使保护加速跳闸，三相跳闸令又控制试验仪切除故障，于是当故障相断路器合好后，可能跳闸令已经收回了。因此出现了题目中所说的情况。根本原因是备用接点的动作快于断路器的实际跳合时间。

（4）改进如下：

1）在试验仪内模拟断路器合闸时间，保护重合令反馈后，经此延时再输出故障量。

2）用断路器的跳闸位置接点来切除故障量。

3）采用三相合闸位置继电器常开接点串联后，再与重合闸接点串接控制试验仪器再次输出故障量。

第四篇　实战篇

卷一

一、单项选择题【本大题共 40 小题，每小题 0.5 分，共 20 分；请将答案写在答题卡内。】

1. 接线为 YNd11 的变压器，变比为 110kV/11kV，当 d 侧两相短路通过 d 侧的短路电流为 15kA 时，则 YN 侧最大相电流为（　　）。 答案：B

A. 1.1kA　B. 1.732kA　C. 0.866kA　D. 1.5kA

2. 当系统发生区外故障后又经 200ms 转为区内三相短路时，振荡闭锁由（　　）开放。 答案：B

A. 不对称故障元件　B. $UI\cos\varphi$元件

C. 启动元件动作　D. $|\dot{I}_2|+|\dot{I}_0|>m|\dot{I}_1|$

3. 宜设置不经任何闭锁的、（　　）的线路后备保护。 答案：A

A. 长延时　B. 短延时　C. 固定延时　D. 不经延时

4. 一台 Yd11 型变压器，低压侧无电源，当其高压侧差动范围内引线发生三相短路故障和两相短路故障时，对相位补偿为星三角转换方式的 PST1200 变压器差动保护，其差动电流（　　）。 答案：A

A. 相同　B. 三相短路大于两相短路

C. 不定　D. 两相短路大于三相短路

5. 某 110kV 平行双回线路Ⅰ、Ⅱ，两侧母线 M、N 分别接有 YNd 接线的变压器（110kV 侧中性点接地），当 M 侧Ⅰ线出口处 A 相接地时，Ⅱ线 M、N 侧的零序方向元件的行为正确的是（　　）。 答案：B

A. M 侧零序方向元件动作，N 侧零序方向元件不动作

B. M 侧零序方向元件不动作，N 侧零序方向元件动作

C. M、N 两侧的零序方向元件均不动作

D. M、N 两侧的零序方向元件不动作

6. 双母双分段母线差动保护分段支路 TA 断线后（　　）。 答案：A

A. 延时闭锁母差保护　　B. 瞬时闭锁母差保护

C. 告警但不闭锁母差保护　　D. 启动保护跳闸

7. 输电线路 BC 相短路经过渡电阻 R_g 接地，A 相正序电流 $\dot{I}_{A1}$、负序电流 $\dot{I}_{A2}$、零序电流 $\dot{I}_0$ 的相位关系，正确的是（　　）。 答案：B

A. $\arg\left(\frac{\dot{I}_{A1}}{\dot{I}_{A2}}\right)=180°$、$\arg\left(\frac{\dot{I}_{A1}}{\dot{I}_0}\right)=180°$

B. $0°<\arg\left(\frac{\dot{I}_{A1}}{\dot{I}_0}\right)<180°$、$0°<\arg\left(\frac{\dot{I}_0}{\dot{I}_{A2}}\right)<180°$、$0°<\arg\left(\frac{\dot{I}_{A2}}{\dot{I}_{A1}}\right)<180°$

C. $0°<\arg\left(\frac{\dot{I}_{A1}}{\dot{I}_{A2}}\right)<180°$、$0°<\arg\left(\frac{\dot{I}_{A2}}{\dot{I}_0}\right)<180°$、$0°<\arg\left(\frac{\dot{I}_0}{\dot{I}_{A1}}\right)<180°$

D. 以上说法均不正确

8. 大电流接地系统发生单相接地故障时，当（　　）时，两非故障相电压的夹角小于 120°。 答案：A

A. $Z_0>Z_1$　　B. $Z_0<Z_1$　　C. $Z_0=Z_1$　　D. $Z_0>Z_1/2$

9. 对系统低频率事故处理的方法中，不正确的是（　　）。 答案：D

A. 调出旋转备用　　B. 迅速启动备用机组

C. 联网系统的事故支援　　D. 投入部分电容器或电抗器

10. 停用低频减载装置时应先停（　　）。 答案：B

A. 电压回路　　B. 直流回路　　C. 信号回路　　D. 保护回路

11. 中性点经消弧线圈接地系统，正常运行和单相接地时，消弧线圈的 L 与全网一相对地总电容 C_Σ 的连接关系分别是（　　）。 答案：C

A. 正常运行时和单相接地时均为串联

B. 正常运行时和单相接地时均为并联

C. 正常运行时为串联，单相接地时为并联

D. 正常运行时为并联，单相接地时为串联

12. 110kV 完整内桥变电站高、低压侧均装设备用电源自投装置，装设 10kV 母分备自投装置的目的是为了（　　）下恢复供电。 答案：B

A. 110kV 进线电源侧保护后加速动作

B. 主变压器内部故障时差动保护或非电量保护动作

C. 110kV 进线电源侧保护距离Ⅱ段保护动作

D. 主变压器低压侧后备保护动作

13. 表达式 $1/3\left[(e^{j60^\circ}-1)U_{BA}+(e^{j60^\circ}-1)U_{CA}\right]$代表的是（ ）。 答案：A

A. A 相正序 B. A 相负序 C. A 相零序 D. 以上均不正确

14. 变压器后备保护整定时间不应超过变压器短路承受能力试验承载短路电流的持续时间（ ）。 答案：C

A. 1.0s B. 1.5s C. 2.0s D. 2.5s

15. 在大电流接地系统中的两个变电站之间架有同杆并架双回线，电网中发生了接地故障（非本双回线），则在（ ）情况下运行线路上的零序电流将最大。 答案：C

A. 两回线正常运行 B. 一回路处于热备用状态

C. 一回线检修两端接地 D. 一回线检修一端接地

16. 220kV 输电线路中间段发生单相接地故障时（线路正、负、零序阻抗相等），电源侧母线上的负序电压 U_2、正序电压 U_1 及零序电压 U_0 的量值关系是（ ）。 答案：C

A. $U_1=U_2=U_0$ B. $U_1>U_2=U_0$ C. $U_1>U_2>U_0$ D. $U_1>U_0>U_2$

17. 线路保护动作启动重合闸后，在重合闸计时但尚未合闸出口期间，若收到“闭锁重合闸”开入信号，保护重合闸（ ）；若收到“压力低闭锁重合闸”开入信号，则重合闸（ ）。 答案：C

A. 不再重合，不再重合 B. 仍会继续重合，仍会继续重合

C. 不再重合，仍会继续重合 D. 仍会继续重合，不再重合

18. 保护装置应能记录相关保护动作信息，保留（ ）次以上最新动作报告。每个动作报告至少应包含故障前（ ）个周波、故障后（ ）个周波的数据。 答案：A

A. 8，2，6 B. 8，6，2 C. 6，8，2 D. 6，2，8

19. 一般规定在电容式电压互感器安装处发生短路故障一次电压降为零时，二次电压要求（ ）ms 内下降到 10%以下。 答案：B

A. 10 B. 20 C. 30 D. 50

20. 系统接线如下图所示，当 L 发生两相断线时，不考虑母线电压互感器饱和，母线电压互感器开口三角电压为（ ）。 答案：D

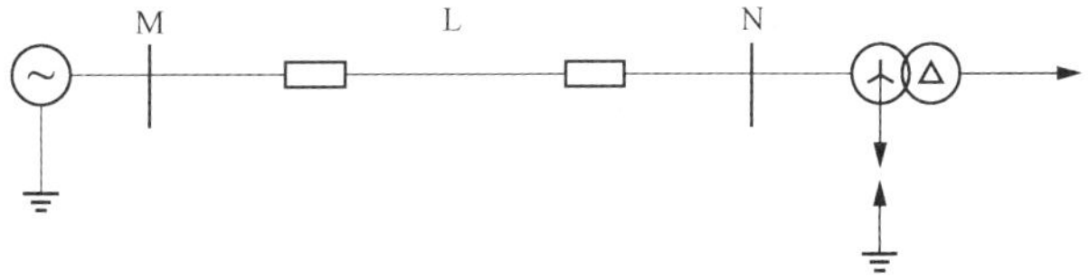

A. 0V B. 150V C. 200V D. 300V

21. 距离保护“瞬时测量”装置是指防止（　　）影响的一个有效措施。 答案：C

A. 振荡　　B. 助增电流　　C. 过渡电阻　　D. 暂态超越

22. 接地距离继电器在线路故障时感受到的是（　　）。 答案：A

A. 从保护安装处至故障点的线路正序阻抗
B. 从保护安装处至故障点的线路零序阻抗
C. 从保护安装处至故障点的由零序阻抗按系数 K 补偿过的线路正序阻抗
D. 系统的等值阻抗

23. 当与接收断路器保护 GOOSE 断链时，主变压器保护采集失灵联跳开入应（　　）。 答案：B

A. 置 1　　B. 清零　　C. 取反　　D. 保持前值

24. 自耦变压器主变压器低压侧开关电流数据无效时，以下（　　）保护可以保留。 答案：B

A. 纵差（独立 TA）　　B. 分侧差动
C. 小区差　　D. 低压侧过流

25. SV 分配的以太网类型值是 0x88BA，APPID 类型为（　　）。 答案：B

A. 00　　B. 01　　C. 02　　D. 03

26. 大电流接地系统单相接地短路时，关于保护安装处电气量关系的说法正确的是（　　）。 答案：D

A. 正序电流=负序电流=零序电流　　B. 正序电流＞负序电流＞零序电流
C. 正序电流＜负序电流＜零序电流　　D. 不能确定

27. 当系统的频率低于额定频率时，方向阻抗继电器最大灵敏角（　　）。 答案：B

A. 变大　　B. 变小　　C. 不变　　D. 不确定

28. 对于 220kV 电网，以 1000MVA 折算的电流标幺值比 100MVA 折算的阻抗标幺值（　　）。 答案：B

A. 大　　B. 小　　C. 相等　　D. 不确定

29. 以下（　　）故障类型不可能出现 A 相零序电流超前负序电流 80°。 答案：D

A. B 相断线　　B. AC 相经过渡电阻接地
C. BC 相经过渡电阻接地　　D. BC 相断线

30. 线路光纤差动保护，在某一侧 TA 二次中性点虚接时，当发生区外单相接地故障时，故

障相与非故障相的差动保护元件（ ）。 答案：B

A. 故障相不动作，非故障相动作 B. 故障相动作，非故障相动作

C. 故障相动作，非故障相不动作 D. 故障相不动作，非故障相不动作

31. 某距离保护的动作方程为 $90°<Arg[(Z_J-Z_{DZ})/Z_J]<270°$，它在阻抗复数平面上的动作特性是以 $+Z_{ZD}$ 与坐标原点两点的连线为直径的圆。特性为以 $+Z_{ZD}$ 与坐标原点连线为长轴的透镜的动作方程（$\delta>0°$）是（ ）。 答案：B

A. $90°+\delta<Arg[(Z_J-Z_{DZ})/Z_J]<270°+\delta$

B. $90°+\delta<Arg[(Z_J-Z_{DZ})/Z_J]<270°-\delta$

C. $90°-\delta<Arg[(Z_J-Z_{DZ})/Z_J]<270°+\delta$

D. $90°-\delta<Arg[(Z_J-Z_{DZ})/Z_J]<270°-\delta$

32. 方向阻抗继电器中，记忆回路的作用是（ ）。 答案：B

A. 提高灵敏度

B. 消除正方向出口三相短路故障的死区

C. 防止反向出口短路动作

D. 提高选择性

33. 张工程师对一母差保护进行相量检查，所需接入母差的三组电流已全部接入。以该母线 TA 的 U_A 为基准，测得 U_A 超前所接 3 组电流 I_{A1}、I_{A2}、I_{A3}（均为极性端接入）的角度依次为 10°、170°和 220°。请帮助张工程师进行正确判断，（ ）。 答案：A

A. 该母差保护 A 相电流回路相量正确

B. 该母差保护 A 相电流回路相量错误

C. 不能判定

34. 3/2 接线断路器保护用的 TA 要求的准确级是（ ）。 答案：B

A. 0.5 级 B. P 级 C. 0.1 级 D. TPY 级

35. VLAN ID 为 0 的帧进入交换机（ ）。 答案：B

A. 丢弃

B. 加上默认 VLAN ID 进行转发

C. 向每个端口转发

D. 向 VLAN 内除本端口外的所有端口转发

36. 小电流接地系统发生单相短路，考虑电容电流时，短路点距母线远近与母线上零序电压值的关系是（ ）。 答案：B

A. 与故障点的位置无关 B. 故障点越远零序电压越高

C. 故障点越近零序电压越高 D. 不确定

37. 输送相同的负荷，提高输送系统的电压等级会（　　）。 答案：B

A. 提高负荷功率因数　　B. 减少线损

C. 改善电能波形　　D. 以上都是

38. 继电保护所使用的电流互感器，规程规定其稳态变比误差及角误差的范围是（　　）。 答案：B

A. 稳态变比误差不大于 10%，角误差不大于 3°

B. 稳态变比误差不大于 10%，角误差不大于 7°

C. 稳态变比误差不大于 5%，角误差不大于 3°

D. 稳态变比误差不大于 5%，角误差不大于 7°

39. 光纤保护接口装置用的通信电源为 48V，下列说法正确的是（　　）。 答案：B

A. 48V 直流电源与保护用直流电源一样，要求正负极对地绝缘

B. 48V 直流系统正极接地，负极对地绝缘

C. 48V 直流系统负极接地，正极对地绝缘

D. 上述说法均可以

40. 对相阻抗继电器，当正方向发生两相短路经电阻接地时，超前相阻抗继电器（　　）。 答案：B

A. 保护范围缩短　　B. 保护范围增加

C. 拒绝动作　　D. 动作状态不确定

二、多项选择题【本大题共 20 小题，每小题 0.5 分，共 10 分；请将答案写在答题卡内。】

1. 变压器差动保护需要特殊考虑相位平衡，相位平衡主要有两种方式，即以△侧为基准和以 YN 侧为基准，以下对于选择不同的相位平衡基准，说法正确的是（　　）。 答案：ABC

A. 不同的相位平衡基准，对三相短路故障的灵敏度相同

B. 在相间短路时，YN→△转换方式比△→YN 转换方式的灵敏度高

C. 在单相接地时，△→YN 转换方式比 YN→△转换方式的灵敏度高

D. 在相间短路时，△→YN 转换方式比 YN→△转换方式的灵敏度高

2. 励磁涌流一般可达额定电流 4 倍左右，其倍数与电压下降程序有关。因此与变压器阻抗 X_B，供电线路阻抗 X_L 以及系统阻抗 X_C 相关。下列说法正确的是（　　）。 答案：AB

A. 供电线路越长，励磁涌流越小

B. 系统等值阻抗越小，励磁涌流大

C. 变压器等值阻抗越大，涌流越小

3. 对于采用振荡闭锁开放判据的距离保护在振荡中的动作行为，下列说法正确的是(　　)。

答案：ABCD

A. 如果振荡中心 C 在区内，在区内 F 点发生不对称故障，距离保护能动作，但切除故障可能略带延时

B. 如果振荡中心 C 在区外，在区内 F 点发生不对称故障，距离保护能动作，但切除故障可能略带延时

C. 如果振荡中心 C 在区内，而在区外 F 点发生不对称故障，距离保护可能误动

D. 如果振荡中心 C 在区外，而在区外 F 点发生不对称故障，距离保护不会误动

4. 改进电流互感器饱和的措施有（　　）。 答案：BC

A. 选用二次额定电流较大的电流互感器

B. 铁芯设置间隙

C. 减小二次负载阻抗

D. 缩小铁芯面积

5. 正序电压用作极化电压的好处有（　　）。 答案：ABCD

A. 故障后各相正序电压的相位始终保持故障前的相位不变，与故障类型无关

B. 除了三相短路以外，幅值一律不会降到零，意味着无死区

C. 构成的元件性能好

D. 健全相的方向元件不会误动

6. 假设主接线为双母线，L2 挂接于 1 母，L3 挂接于 2 母。正常运行时，L1（母联）、L2、L3 流过正常的负荷电流（大于 $0.04I_n$）。此时，若母线保护报母线互联，可能的原因是（　　）。

答案：ACD

A. 母联 TA 极性接反

B. L2 或 L3 间隔的隔离开关辅助触点异常断开

C. 母联 TA 变比设置错误

D. L2 或 L3 间隔的 1、2 母隔离开关辅助触点接反

7. 下面说法中不正确的是（　　）。 答案：ABD

A. 振荡时阻抗继电器的测量阻抗随功角 θ 变化，幅值变化，但相位基本不变，而短路稳态时阻抗继电器测量阻抗幅值和相位基本不变

B. 振荡时只会出现正序分量电流、电压，不会出现负序分量电流、电压，而发生接地短路时不会出现正序分量电压、电流

C. 有一电流保护其动作时限为 4.5s，在系统发生振荡时它不会误动

D. 零序电流保护在电网发生振荡时容易误动

8. 在中性点经消弧线圈接地的电网中，过补偿运行时消弧线圈的作用有（　　）。

答案：BCD

A. 改变接地电流相位　　B. 减小接地电流
C. 消除铁磁谐振过电压　　D. 减小单相故障接地时故障点恢复电压

9. 下列关于不同类型故障的叙述，错误的是（　　）。 答案：BCD
A. 单相接地短路的幅值特征是两非故障相电流差等于零
B. 两相短路的幅值特征是两相故障电流差值等于零
C. 三相短路的幅值特征是三相故障电流差值等于零
D. 两相接地短路的幅值特征是两相故障电流差值等于零

10. 以下（　　）阻抗继电器保护过渡电阻能力具有一定的自适应性。 答案：AB
A. 以正序电压为极化量的　　B. 工频变化量
C. 过原点的方向　　D. 偏移圆特性的

11. "远方修改定值"软压板只能在装置本地修改。"远方修改定值"软压板投入时，（　　）可远方修改。 答案：BC
A. 软压板　　B. 装置参数　　C. 装置定值　　D. 定值区

12. 智能变电站中，GOOSE技术的应用解决了传统变电站中（　　）的问题。 答案：AD
A. 电缆二次接线复杂、抗干扰能力差　　B. 采样值精度不高
C. 保护拒动、误动　　D. 二次回路无法在线监测

13. 从交换机导出的配置描述文件，包括（　　），用于更换设备时快速恢复到原始设置。
答案：BCD
A. 交换机型号、参数　　B. VLAN划分
C. 镜像设置等端口配置信息　　D. 其他私有设置数据

14. 故障点过渡电阻对送电端的阻抗继电器的正确动作的影响有（　　）。 答案：AC
A. 造成区外故障时超越　　B. 造成背后母线故障失去方向性
C. 造成区内故障拒动　　D. 无影响

15. 应根据系统短路容量合理选择电流互感器的（　　），满足保护装置整定配合和可靠性的要求。 答案：ABC
A. 容量　　B. 变比　　C. 特性　　D. 直流电阻

16. 下列关于三绕组自耦变压器分侧差动保护描述正确的有（　　）。 答案：BD
A. 将变压器的各侧绕组分别作为被保护对象
B. 多用于超高压大型变压器的高压侧和中压侧

C. 保护范围与常规差动保护范围相当
D. 不受变压器励磁电流、励磁涌流、带负荷调压及过励磁的影响

17. 微机保护装置屏柜内（ ）的接地端应与屏柜下方的接地铜排相连。 答案：ACD

A. 装置 B. 直流电源 C. 电缆屏蔽层 D. 屏柜门体

18. 根据反措要求，（ ）设备需要为扩建设备预留相关接口及通道，避免扩建时改造增加运行设备风险。 答案：ABDEF

A. 交换机 B. 网络报文分析仪、故障录波器
C. 线路保护 D. 母线保护
E. 公用测控装置 F. 电压合并单元

19. 对于按照双重化原则配置保护的变电站，直流电源的分配也必须与双重化得原则相适应，下列说法正确的有（ ）。 答案：ACDE

A. 断路器的控制回路电源与保护的工作电源必须取自不同的直流熔断器（或空气开关）
B. 双重化配置的保护装置，其工作电源应取自不同的直流母线段，相应的电压切换装置取自断路器控制电源
C. 如断路器具备两组跳闸线圈，每一组跳闸线圈的操作电源也应取自不同的直流母线段
D. 当一套保护装置需作用于多个断路器时，每个断路器的跳闸线圈必须由各自的直流熔断器（或空气开关）提供操作电源
E. 须保证保护装置的工作电源与其所作用的断路器跳闸线圈工作电源均取自同一组直流电源，绝不允许交叉，以防止失去一组直流电源时保护或断路器拒动

20. 对于 330kV 及以上电压等级变压器，阻抗保护的配置和整定应符合（ ）。

答案：ABCD

A. 变压器高、中压侧各配置一段带偏移特性的阻抗保护
B. 高压侧延时跳变压器本侧和三侧断路器
C. 中压侧可延时跳分段、母联、本侧、三侧断路器
D. 中压侧为 110kV，并需要对出线做远后备时，应配置两段带偏移特性的阻抗保护，可延时跳分段、母联、本侧、三侧断路器

三、判断题【本大题共 30 小题，每小题 0.5 分，共 15 分；请将答案写在答题卡内】

1. 110kV 以上变电站接地电阻应小于 1.5Ω。（ ）

答案：×

2. 线路发生断线，只有断线处两侧都有中性点接地，才会出现零序电流。（ ）

答案：×

3. 非全相运行期间如果发生系统振荡，装置通过判断健全相之间电流的工频变化量，来判

断是否需要开放保护。(　　)

答案：√

4. 如果变压器中性点不接地，并忽略分布电容，在线路上发生接地短路，连于该侧的三相电流中不会出现零序电流。(　　)

答案：√

5. 相间距离保护的Ⅲ段定值，按可靠躲过本线路的最大事故过负荷电流对应的最大阻抗整定。(　　)

答案：×

6. 双侧电源供电的线路上受电侧的距离一段在背后母线上发生三相短路会因故障处有小过渡电阻而失去方向性，送电侧不会。(　　)

答案：√

7. 用序分量选相元件选相时，如碰到单相故障可通过一次选出故障相。(　　)

答案：×

8. 当不使用用于重合闸检线路侧电压和检同期的电压元件时，线路 TV 断线不报警。(　　)

答案：√

9. 备自投动作时间应大于供电线路后备保护最长动作时间、重合闸时间之和，并适当考虑裕度。(　　)

答案：×

10. 由于互感的作用，平行双回线外部发生接地故障时，该双回线中流过的零序电流要比无互感时小。(　　)

答案：√

11. 交流电源正弦波畸变为不大于 3%。(　　)

答案：×

12. 变压器低压侧引线配置接地变压器时，采用角转星方式的差动保护装置，低压侧不必消零。(　　)

答案：√

13. 保护装置的跳闸出口应能自保持，直至断路器断开。自保持宜由保护装置自身来实现。(　　)

答案：×

14. 新安装的变压器充电时，应将差动保护停用，瓦斯保护投入运行，在测试差动保护极性正确后再将差动保护投入运行。(　　)

答案：×

15. 在有助增电流的情况下，距离保护选择性应以最大可能的助增工况考虑。(　　)

答案：×

16. 接地故障时零序电流的分布，与一次系统零序阻抗的分布及发电机的开、停有关。(　　)

答案：×

17. 相对于变压器容量而言，大容量变压器的励磁涌流的标幺值大于小容量变压器的励磁涌流的标幺值。(　　)

答案：×

18. 超高压输电线单相接地两侧保护动作单相跳闸后，故障点有潜供电流，潜供电流大小与故障点的过渡电阻大小无关。(　　)

答案：√

19. 变电站增加一台中性点直接接地的变压器，在变电站母线上发生单相接地故障时，变电站出线的零序电流变大。(　　)

答案：×

20. 平行双回线，当一回线路停电检修时，如果此时健全线路末端发生接地故障，则其接地距离保护中 K 值将增大。(　　)

答案：×

21. 在 3/2 接线系统中，断路器失灵保护、高抗保护、短引线保护动作均应启动远方跳闸。(　　)

答案：×

22. 为保证母差保护正常运行，某运行间隔改检修时，应先退出母差保护内该间隔的“间隔投入软压板”，再投入该间隔合并单元“检修状态压板”。(　　)

答案：√

23. 根据保护装置软件版本的描述方法，“-G”表示国网常规装置，常规采样、常规跳闸。(　　)

答案：√

24. 线路保护发送端的远方跳闸和远传信号经 20ms（含消抖时间）延时确认后，发送信号给接收端。(　　)

答案：×

25. 某超高压线路一侧（甲侧）设置了串补电容且补偿度较大，当在该串联补偿电容背后线路侧发生单相金属性接地时，该线路甲侧的正向零序方向元件不会有拒动现象（零序电压取自母线 TV 二次）。(　　)

答案：√

26. 输电线路光纤分相电流差动保护，线路中的负荷电流再大，一侧 TA 二次断线时保护不会误动。(　　)

答案：√

27. 某 35kV 线路发生两相接地短路，其零序电流保护和距离保护都应动作。(　　)

答案：×

28. 变压器的励磁涌流的幅值与变压器空载投入时的电压初相角有关，但在任何情况下空载投入变压器，至少在两相中要出现程度不同的励磁涌流。(　　)

答案：√

29. 在手动合闸、自动重合闸后，工频变化量方向继电器都会误动，需退出。(　　)

答案：√

30. 继电保护定值检验所使用的仪器、仪表的准确级应不低于 0.5 级。微机型试验装置的检验周期宜为 2～3 年。(　　)

答案：×

四、简答题【本大题共 5 小题，每小题 4 分，共 20 分；请将答案写在答题卡内。】

1. 简述平行线路线间互感对纵联零序方向保护的影响及相关措施。(4 分)

答：(1) 影响：

1) 两条没有任何电气联系的平行线路，只要存在零序互感，当一条线路有零序电流时，另一套线路的纵联零序方向保护将误动。(1 分)

2) 在同杆并架双回线路上，只要两回线路有一端是直接相连的，一回线路接地故障时，另一回线路的纵联零序方向保护不会误动。(1 分)

3) 在弱电强磁联系的两条线路上，当一条线路上流有零序电流时，可能造成另一条线路的纵联零序方向保护误动。(1 分)

(2) 相关措施：

1) 通过定值躲过相邻线故障时可能出现的最大零序电流。(0.5 分)

2) 增加负序方向元件辅助判别。(0.5 分)

2. 简述 GOOSE 报文检修处理机制。(4 分)

答：(1) 当装置检修压板投入时，装置发送的 GOOSE 报文中的 test 应置为 TRUE；(1 分)

(2) GOOSE 接收端装置应将接收的 GOOSE 报文中的 test 位与装置自身的检修压板状态进行比较，只有两者一致时才将信号作为有效信号进行处理或动作，不一致时宜保持一致前状态；(1.5 分)

(3) 当发送方 GOOSE 报文中 test 置位时发生 GOOSE 中断，接收装置应报具体的 GOOSE 中断告警，但不应报"装置告警(异常)"信号，不应点"装置告警(异常)"灯。(1.5 分)

3. 为什么不考虑相间距离保护与对侧断路器失灵保护在时间上进行配合？(4 分)

答：(1) 在 220kV 及以上电压等级电网中，用的是分相操作的断路器，只考虑断路器一相拒动(0.5 分)。任何相间故障在断路器一相拒动时都将转化为保留的单相故障(0.5 分)。此时，需依靠零序电流保护启动断路器失灵保护，而用相间距离保护与对侧失灵保护配合并无实际意义(1 分)。

(2) 在 110kV 及以下电网中，线路都采用三相操动机构(0.5 分)，但 110kV 电网继电保护的配置原则是"远后备"(1 分)，即依靠上一级保护装置的动作来断开下一级未能断开的故障，因而没有设置断路器失灵保护的必要(0.5 分)。

4. 试分析比较负序、零序分量和工频变化量这两类故障分量的不同点和相同点，以及在构成保护时的特点？（4 分）

答：（1）零序和负序分量及工频变化量都是故障分量，正常时为零，仅在故障时出现；（1 分）

（2）它们是两种类型的故障分量，零序、负序分量是稳态的故障分量，只在不对称故障时存在；（1 分）

（3）工频变化量是暂态的故障分量，在对称和不对称故障时均存在；（1 分）

（4）根据它们的特点，由零序、负序分量构成的保护既可以作为快速保护，也可以作为延时的后备保护。由工频变化量构成的保护只能作为快速保护。（1 分）

5. 已知 $\dot{U}_j$、$\dot{I}_j$ 为测量电压、电流，Z_{ZD}、R_{ZD} 为整定阻抗和整定电阻，R 为电阻，当测量阻抗 $Z_j=\dfrac{\dot{U}_j}{\dot{I}_j}$ 时，请分别根据下述电压动作特性方程画出阻抗特性图。（4 分）

（1）$180^\circ < \arg\dfrac{\dot{U}_j-\dfrac{\sqrt{3}}{2}\dot{I}_jZ_{ZD}e^{j30^\circ}}{\dot{U}_j} < 300^\circ$

（2）$0^\circ < \arg\dfrac{\dot{U}_j-\dot{I}_jR_{ZD}}{\dot{I}_jRe^{j60^\circ}} < 240^\circ$

答：（1）方程可以改写为 $180^\circ < \arg\dfrac{\dot{U}_j-\dot{I}_j\left(\dfrac{\sqrt{3}}{2}Z_{ZD}e^{j30^\circ}\right)}{\dot{U}_j} < 270^\circ+30^\circ$

动作特性为以 $\dfrac{\sqrt{3}}{2}Z_{ZD}e^{j30^\circ}$ 为弦、向右偏移30°的偏移圆的右半部分，阻抗特性如图1所示。（2 分）

（2）动作方程可以改写为 $60^\circ < \arg\dfrac{\dot{U}_j-\dot{I}_jR_{ZD}}{\dot{I}_jR} < 300^\circ$，阻抗特性如图 2 所示。（2 分）

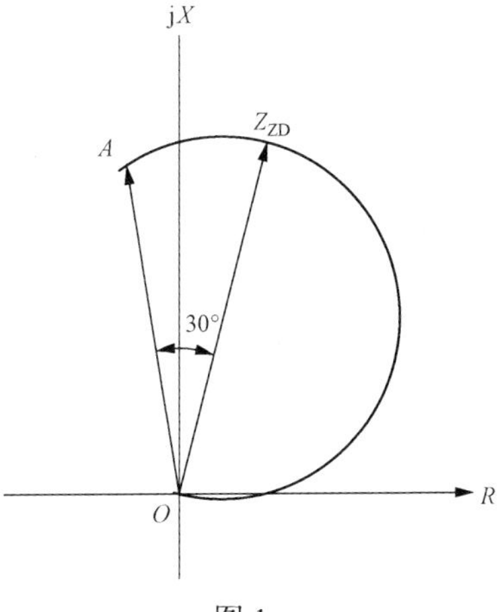

图 1

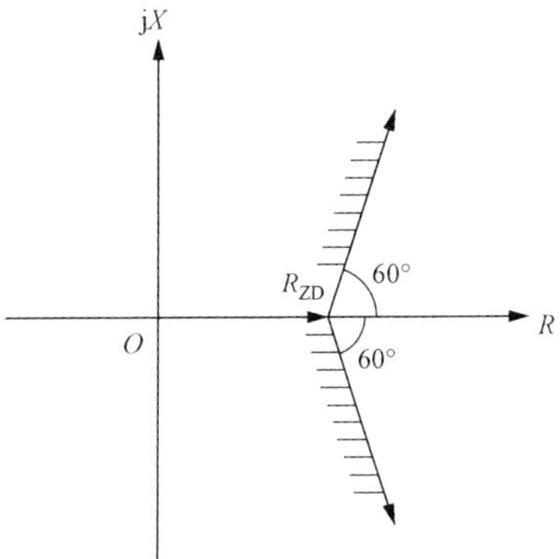

图 2

五、计算题【本大题共 5 小题，共 35 分；请将答案写在答题卡内。】

1. YNd11 主变压器保护 PST1200，满载带负荷试验时，三相差流大小 $I_{dA}=I_{dC}=\frac{1}{2}I_e$，$I_{dB}=I_e$（TA 二次回路有缺陷），分析可能原因，并画出电流及差流相量图。（6 分）

答：原因为 YN 侧 TA 的 B、C 相在端子箱或 TA 接线盒处短接。（1 分）

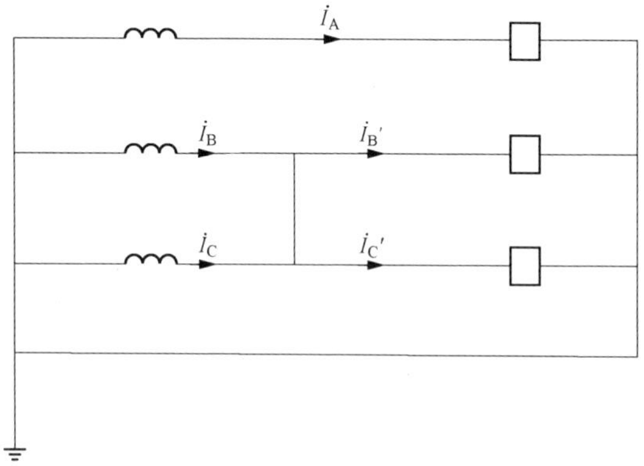

电流回路阻抗主要由电缆决定

$$\dot{I}_B'=\dot{I}_C'=-\frac{\dot{I}_A}{2} \quad （1 分）$$

$$\begin{cases}\dfrac{\dot{I}_{AB}}{\sqrt{3}}=\dfrac{\dot{I}_A-\dot{I}_B}{\sqrt{3}}=\dfrac{\sqrt{3}}{2}\dot{I}_A \\ \dfrac{\dot{I}_{BC}}{\sqrt{3}}=0 \\ \dfrac{\dot{I}_{CA}}{\sqrt{3}}=-\dfrac{\sqrt{3}}{2}\dot{I}_A\end{cases} \quad （1 分）$$

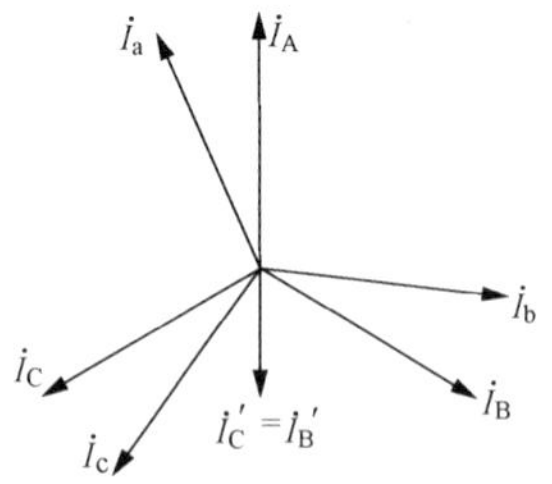

（1 分）

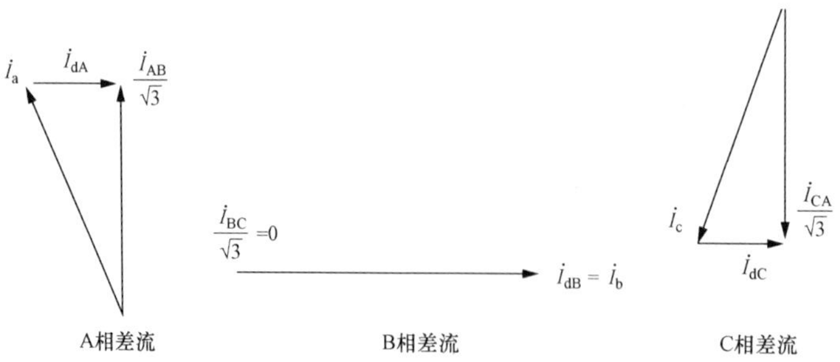

（1 分）

由相量图得

$$\begin{cases} I_{dA}=I_{dC}=\dfrac{I_e}{2} \\ I_{dB}=I_e \end{cases} \quad （1分）$$

2. 防跳继电器的作用是什么？并结合回路图分析：

（1）如图 1 所示，以 CZX-12 操作箱的 A 相为例，QF1 为断路器辅助接点，现场使用断路器本体机构防跳继电器 K1 后，通过将保护操作箱防跳回路电阻 R 的两侧拆开来取消操作箱防跳，若发生 A 相永久性接地故障，重合闸脉冲展宽 300ms，且断路器的储能支持短时两次分合，请分析保护的动作行为及异常动作原因。

（2）如图 2 所示，N 为端子号，防跳功能由断路器本体机构防跳继电器 K1 实现，QF1 为断路器辅助接点，该保护重合闸脉冲展宽 300ms，请分析并改正该防跳功能回路存在的问题。（8 分）

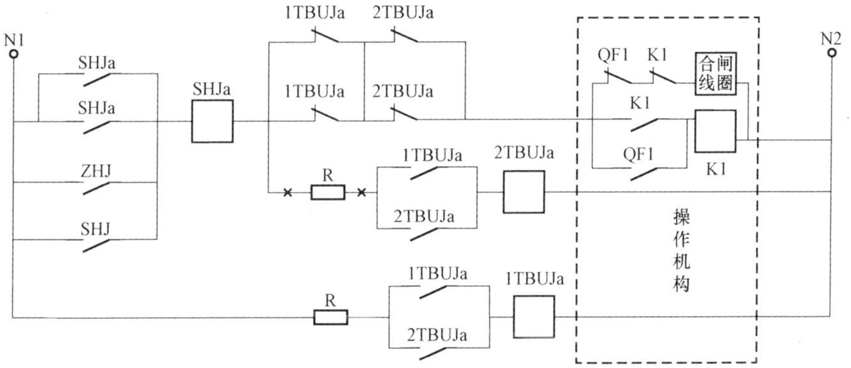

图 1

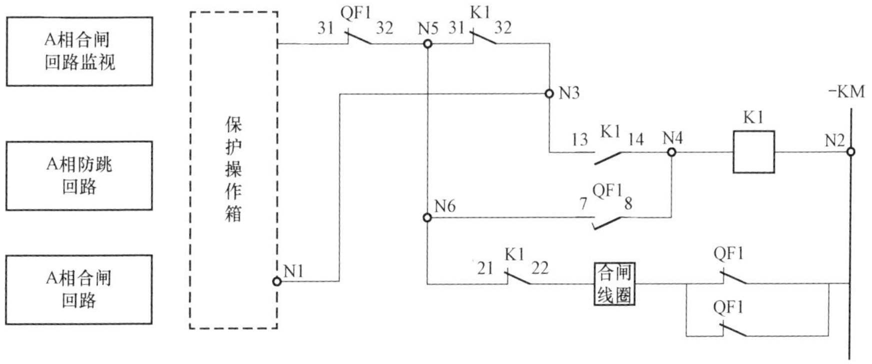

图 2

答：（1）防跳继电器的作用是：防止在接点粘连的情况下，跳、合闸命令同时施加到断路器的跳、合闸线圈上，造成断路器跳跃（反复跳闸、合闸），损坏断路器，需将断路器闭锁在分闸位置。（1 分）

A 相瞬时跳开，重合闸动作合上 A 相，三相跳开（0.5 分），A 相再次合闸。（1 分）

2TBUJa 继电器回路开断后，2TBUJa 接点一直处于闭合状态（0.5 分）。合于故障跳开时，1TBUJa 励磁，合闸回路正电消失，K1 防跳功能失去（0.5 分）。跳闸脉冲消失后 1TBUJa 继电器不励磁，1TBUJa 接点也将闭合（0.5 分）。由于合闸脉冲持续 300ms，且断路器储能支持两次分合，因此 A 相再次重合（0.5 分）。

（2）重合闸脉冲发生时，K1 的 31-32 接点和 13-14 接点存在时间竞争（1 分），QF17-8 接点闭合后，K1 继电器励磁，K1 的 31-32 接点先断开，13-14 接点后闭合，防跳无法自保持，失去防跳功能（1 分），重合闸脉冲持续 300ms，A 相会重合（0.5 分）。

改正措施：N6 端子从 N5 改到 N1（N3）相连。（1 分）

3. 某 110kV 终端系统接线如下，其中甲侧配置线路保护，乙侧不配置线路保护，主变压器配置微机保护。某次线路故障时乙侧的故障录波图如下图所示，图中电压为乙侧 110kV 母线电压，电流为主变压器 110kV 侧电流。请根据录波图分析回答下列问题。（7 分）

（1）线路发生何种故障？（1 分）

（2）T1 时刻发生何种事件，导致主变压器高压侧电流消失？（1.5 分）

（3）T1 至 T2 时段，母线电压为何发生变化？（1.5 分）

（4）T2 时刻发生何种事件，使得主变压器高压侧又出现电流；T2 至 T3 时段电流电压为何同时逐渐衰减？（1 分）

（5）T4 时刻系统发生何种事件，此时主变压器高压侧电流呈现何种特性？（2 分）

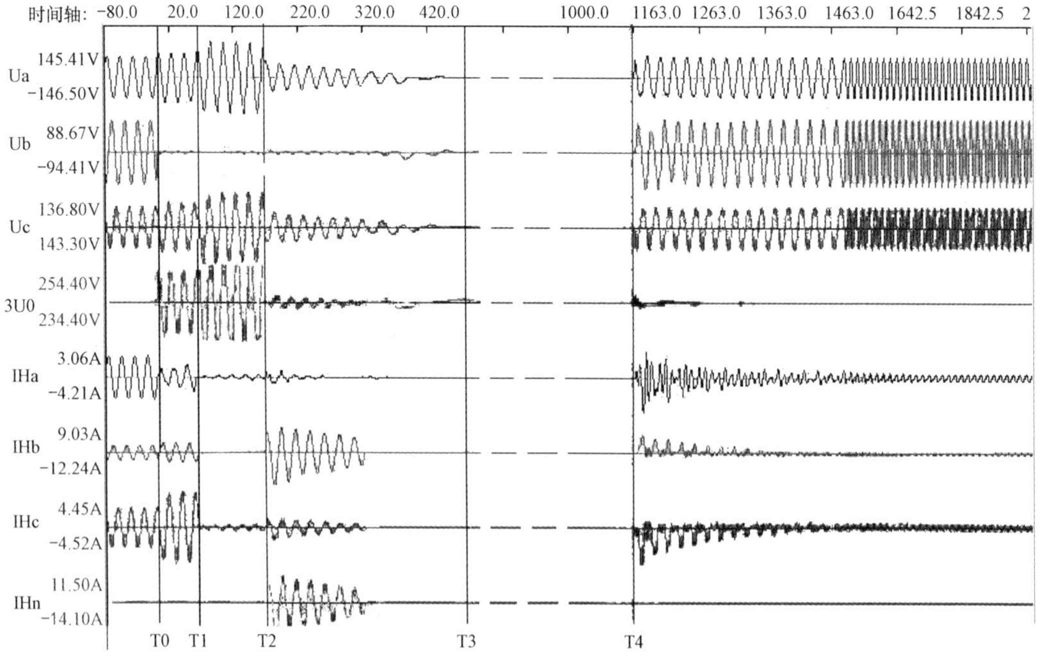

乙侧故障录波图

答：（1）线路发生 B 相瞬时性接地故障。（1 分，未回答瞬时性故障得 0.5 分）

（2）T1 时刻甲侧线路保护动作跳开甲侧断路器（0.5 分）。虽然 B 相故障仍然存在，但因乙侧与主网解列成为不接地系统，故主变压器高压侧电流消失（1 分）。

（3）甲侧线路保护动作跳开甲侧断路器后，乙侧与主网解列成为不接地系统（0.5 分）。因 B 相接地故障仍然存在，在小电源的作用下，110kV 母线 C、A 相电压上升，母线零序电压上升，主变压器中性点电压偏移。（1 分）

（4）T2 时刻，主变压器中性点间隙击穿，系统恢复成接地系统，在小电源作用下，主变压器 110kV 侧又出现故障电流。小系统无法长期单独运行，电流、电压逐步衰减直至小电源解列。（1 分）

（5）T4 时刻甲侧线路保护重合成功（1 分）。此时主变压器高压侧电流呈现励磁涌流特性（1 分）。

4. 容量为 100MVA、变比为 $230\pm2\times2.5\%/38.5$kV、YNd11 接线变压器，220kV 侧 TA 变比为 1000/1A，35kV 侧 TA 变比为 4000/1A，两侧 TA 接成星形。该变压器差动保护比率制动特性如下图所示。

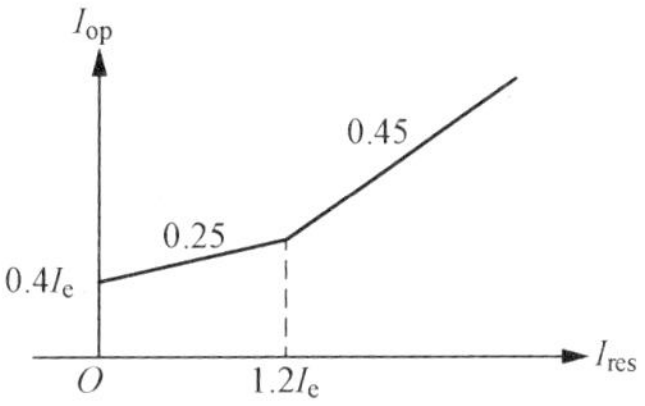

其中：

$$\begin{cases} I_{OP}=\left|\dot{I}_1+\dot{I}_2\right| \\ I_{res}=\dfrac{1}{2}\left\{\left|\dot{I}_1\right|+\left|\dot{I}_2\right|\right\} \end{cases}$$

$\dot{I}_1$、$\dot{I}_2$ 为两侧流入差动回路的电流；差动保护为 YN 侧移相。在设定参数时误将 YNd11 设定为 YNd7，在带负荷试验时差动保护动作，试计算差动保护动作时 220kV 最小一次电流。（7 分）

答：（1）设定 YNd7 时两侧的进入差动回路电流：d 侧为 $\dot{I}_a$、$\dot{I}_b$、$\dot{I}_c$；YN 侧为 $\dfrac{\dot{I}_C-\dot{I}_A}{\sqrt{3}}$、$\dfrac{\dot{I}_A-\dot{I}_B}{\sqrt{3}}$、$\dfrac{\dot{I}_B-\dot{I}_C}{\sqrt{3}}$。(1 分)

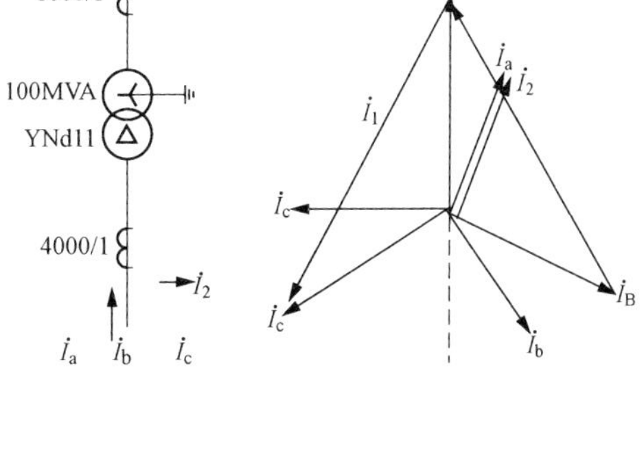

（2）实际变压器为 YNd11 接线，但按上述电流形式进入差动回路，从而形成差动回路电流。

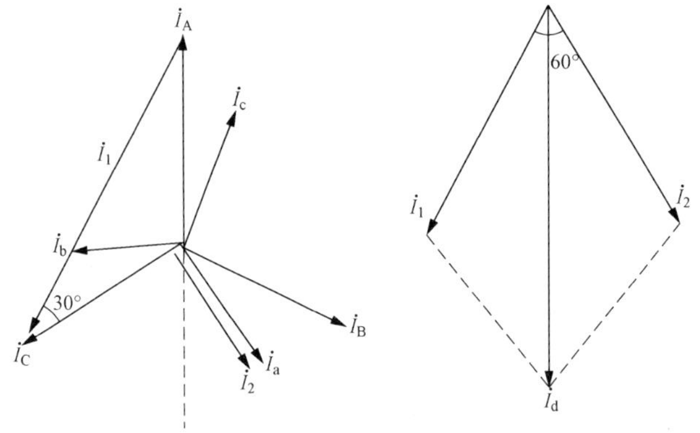

所以 $\dot{I}_1$、$\dot{I}_2$ 的相角差为 60° ，形成的差流为

$$I_d = \sqrt{3} I_1 = \sqrt{3} I_\varphi \ (I_1 = I_\varphi)$$ （1 分）

（3）确定 220kV 最小动作电流

因为

$$I_d = \sqrt{3} I_\varphi, \quad I_{res} = I_\varphi$$

所以

$$I_d = \sqrt{3} I_{res}$$ （1 分）

画出动作特性为一条斜线，图中 A 点动作。

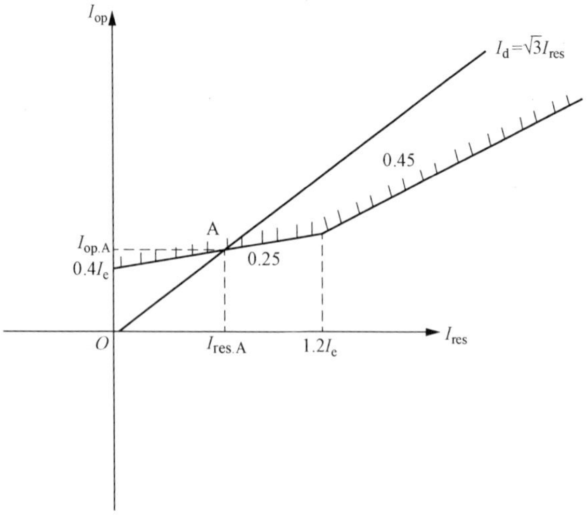

$$I_{op.A} = 0.4 I_e + 0.25 I_{res.A} = 0.4 I_e + 0.25 \frac{I_{op.A}}{\sqrt{3}}$$ （1 分）

$$I_{op.A} = \frac{0.4 I_e}{1 - \dfrac{0.25}{\sqrt{3}}} = 0.47$$

$$I_e = 0.47 \times \frac{100 \times 10^3}{\sqrt{3} \times 230} = 118(\text{A})$$ （2 分）

最小动作电流

$$I_{min} = \frac{118}{\sqrt{3}} = 68.13(\text{A})$$ （1 分）

5. 线路光纤电流差动保护使用复用光纤通道，两侧保护装置采用基于通道收发延时相等的“等腰梯形”算法进行数据同步。但实际中某线路光纤通道路由于采用自愈环网，导致收发路由不一致，即发送路由延时 t_{d1} 和接收路由延时 t_{d2} 不相等，其中 t_{d1} 固定为 3ms，t_{d2} 数值不定。

线路差动保护的动作方程如下：

$$\begin{cases} \left|\dot{I}_M + \dot{I}_N\right| > K \times (\left|\dot{I}_M - \dot{I}_N\right|) \\ \left|\dot{I}_M + \dot{I}_N\right| > 600\text{A} \end{cases}$$

其中，K=0.51，I_M 和 I_N 分别为线路两侧电流。

在负荷电流情况下（一次系统线路两侧电流一致），因收发延时不一致导致差动保护动作方程满足时，试求 t_{d2} 的最小值及 t_{d2} 为最小值情况下的负荷电流幅值。（7 分）

答：保护装置确定的通道延时为

$$(t_{d1}+t_{d2})/2$$ （1 分）

由于收发延时不等造成的同步调整时间误差

$$\Delta T = \left|t_{d1} - \frac{t_{d1}+t_{d2}}{2}\right| = \left|t_{d2} - \frac{t_{d1}+t_{d2}}{2}\right| = \left|t_{d1} - t_{d2}\right|/2$$ （1 分）

50Hz 的交流量 1ms 对应角度为 18°，同步调整误差对应的角度为

$$\theta = 18^\circ \times \Delta T = 9 \times \left|t_{d1} - t_{d2}\right|$$ （1 分）

差动电流为 $\left|\dot{I}_M + \dot{I}_N\right| = 2I\sin\frac{\theta}{2}$（0.5 分），制动电流为 $\left|\dot{I}_M - \dot{I}_N\right| = 2I\cos\frac{\theta}{2}$（0.5 分），当差动电流大于制动电流时，$2I\sin\frac{\theta}{2} > K \times 2I\cos\frac{\theta}{2}$，即 $\theta > 2\arctan K$（1 分）。可得 $\theta > 54^\circ$，t_{d2} 的最小值为 9ms（1 分）。

$\theta = 54^\circ$ 时，根据差动电流 $\left|\dot{I}_M + \dot{I}_N\right| = 2I\sin\frac{\theta}{2} > 600\text{A}$，推出负荷电流约为 661A。（1 分）

卷二

一、单项选择题【本大题共 40 小题，每小题 0.5 分，共 20 分；请将答案写在答题卡内。】

1. 过渡电阻对阻抗继电器工作的影响是（　　）。 答案：A

A. 视条件可能失去方向性，可能使保护区缩短，也可能发生超越或拒动

B. 只会使保护区缩短

C. 只会使继电器超越

D. 没有影响

2. 若本侧系统阻抗为 Z_{SM}，对侧系统阻抗为 Z_{SN}，本线路阻抗为 Z_L。突变量方向元件的原理是利用（　　）。 答案：D

A. 正向故障时 $\Delta U/\Delta I = Z_L + Z_{SN}$，反向故障时 $\Delta U/\Delta I = -Z_{SM}$

B. 正向故障时 $\Delta U/\Delta I = Z_L + Z_{SN}$，反向故障时 $\Delta U/\Delta I = -Z_{SN}$

C. 正向故障时 $\Delta U/\Delta I = -Z_{SN}$，反向故障时 $\Delta U/\Delta I = Z_L + Z_{SM}$

D. 正向故障时 $\Delta U/\Delta I = -Z_{SM}$，反向故障时 $\Delta U/\Delta I = Z_L + Z_{SN}$

3. 相邻 M、N 两线路，正序阻抗分别为 50/75°Ω 和 30/75°Ω，在 N 线中点发生三相短路，流过 M、N 同相的短路电流如下图所示，M 线 E 侧相间阻抗继电器的测量阻抗一次值为（　　）。 答案：D

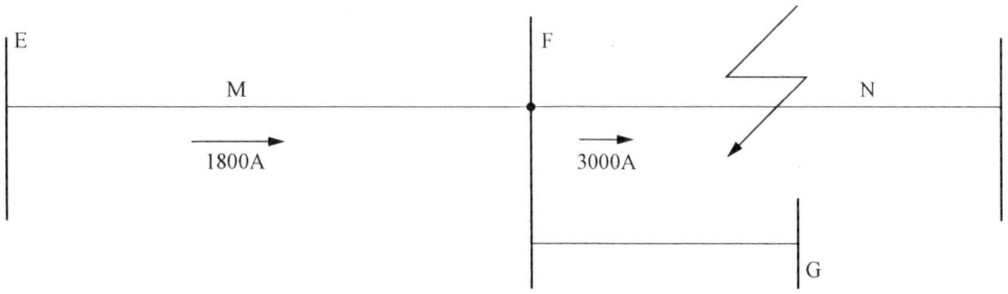

A. 65Ω　　B. 100Ω　　C. 80Ω　　D. 75Ω

4. 接地距离Ⅰ段可靠系数取 0.6，下图所示系统中，保护 1 的距离Ⅰ段定值可取（　　）。 答案：A

A. 0.3　　B. 0.4　　C. 0.5　　D. 0.6

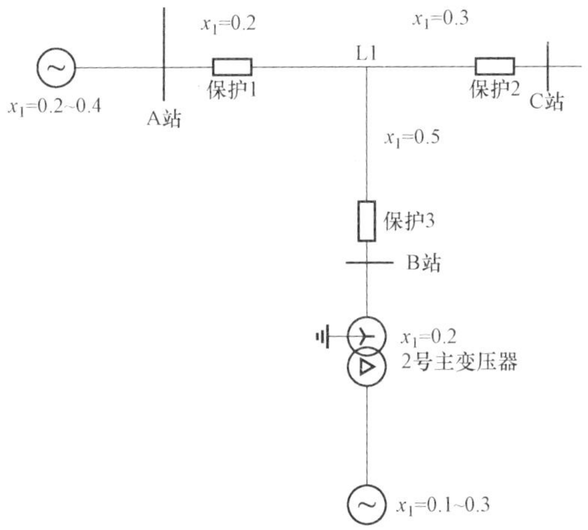

5. 三绕组自耦变压器高、中压侧绕组额定容量相等，公共绕组及低压绕组容量仅为高中压侧绕组额定容量的（　　）倍，其中 K_{12} 为高、中压侧变比。　答案：C

A. $1/K_{12}$　B. $1/K_{12}-1$　C. $1-1/K_{12}$　D. K_{12}

6. 3/2 接线系统中，（　　）保护动作后，不需要发远跳信号跳对端线路开关。　答案：A

A. 母差　B. 断路器失灵　C. 高压并联电抗器　D. 过电压

7. 合并单元使用的逻辑设备名为（　　），智能终端使用的逻辑设备名为（　　）。答案：C

A. SVLD，RPIT　B. PISV，PIGO　C. MU，RPIT　D. MUSV，MUGO

8. 同杆平行双回线两回线参数完全一致，且都经过充分换位，各相自阻抗为 Z_L，同一回线内的相间互阻抗 Z_{M1}，两回线间的相间互阻抗 Z_{M2}，则每回线的正序阻抗、零序阻抗及两回线间的零序互阻抗为（　　）。　答案：B

A. Z_L-Z_{M1}；Z_L+2Z_{M1}；$3Z_{M1}$　B. Z_L-Z_{M1}；Z_L+2Z_{M1}；$3Z_{M2}$

C. Z_L-Z_{M1}；Z_L+2Z_{M1}；Z_{M1}　D. Z_L-Z_{M1}；Z_L+2Z_{M1}；Z_{M2}

9. Yyn12 负荷变压器 yn 侧空载，yn 侧引线 A 相单相接地电流标幺值为 $\dot{I}_F$ 时，Y 侧三相电流标幺值的关系是（　　）。　答案：C

A. A 相电流为 $\dot{I}_F$，B、C 相电流为 0

B. A、B、C 相电流均为 0

C. A 相电流为 $\frac{2}{3}\dot{I}_F$，B、C 相电流为 $-\frac{1}{3}\dot{I}_F$

D. A 相电流为 $\frac{2}{\sqrt{3}}\dot{I}_F$，B、C 相电流为 $-\frac{1}{\sqrt{3}}\dot{I}_F$

10. 失灵保护的判别元件的动作时间和返回时间要求为（　　）。　答案：A

A. 动作时间不应大于 20ms，返回时间不应大于 20ms

B. 动作时间不应大于 20ms，返回时间不应大于 30ms
C. 动作时间不应大于 30ms，返回时间不应大于 20ms
D. 动作时间不应大于 30ms，返回时间不应大于 30ms

11. 用于装置间启动跳闸开入的抗干扰继电器的要求为（　　）。 答案：B

A. 启动功率应大于 5W，启动电压应不低于额定直流电压的 50%～70%，动作时间范围为 10～25ms，宜具备抗 220V 工频电压的能力
B. 启动功率应大于 5W，启动电压应不低于额定直流电压的 55%～70%，动作时间范围为 10～35ms，宜具备抗 220V 工频电压的能力
C. 启动功率应大于 5W，启动电压应不低于额定直流电压的 50%～70%，动作时间范围为 10～25ms，宜具备抗 220V 工频电压的能力
D. 启动功率应大于 5W，启动电压应不低于额定直流电压的 55%～70%，动作时间范围为 10～25ms，宜具备抗 220V 工频电压的能力

12. YNd11 发电厂升压变压器，配置 PST-1200U 主变压器保护，在高压侧（Y 侧）A 相差动保护区内和 B 相差动保护区外同时发生接地故障时，主变压器差动保护的动作情况是（　　）。 答案：C

A. 仅 A 相差动继电器动作　　B. A 相和 B 相差动继电器动作
C. A 相和 C 相差动继电器动作　　D. A、B、C 三相差动继电器均动作

13. 确保 220kV 及 500kV 线路单相接地时线路保护能可靠动作，允许的最大过渡电阻值分别是（　　）。 答案：C

A. 100Ω，100Ω　　B. 100Ω，200Ω　　C. 100Ω，300Ω　　D. 100Ω，150Ω

14. 零序反时限电流保护启动时间超过（　　）应发告警信号，并重新启动计时。零序反时限电流保护启动元件返回时告警复归。 答案：C

A. 60s　　B. 80s　　C. 90s　　D. 120s

15. 接地距离继电器在线路正方向发生两相短路故障时，（　　）。 答案：D

A. 保护范围增加，等值电源阻抗与整定阻抗之比越大，增加的情况越严重
B. 保护范围缩短，等值电源阻抗与整定阻抗之比越小，缩短的情况越严重
C. 保护范围增加，等值电源阻抗与整定阻抗之比越小，增加的情况越严重
D. 保护范围缩短，等值电源阻抗与整定阻抗之比越大，缩短的情况越严重

16. 已知零序电抗补偿系数 K_X 和零序电阻补偿系数 K_R，线路正序灵敏角为 φ，则以下零序补偿系数 K 的表达式正确的是（　　）。 答案：D

A. K 的实部 $=(K_R+K_X)\sin^2\varphi$
B. K 的实部 $=K_R\sin^2\varphi+K_X\cos^2\varphi$
C. K 的虚部 $=(K_X-K_R)\cos(2\varphi)/2$

D. K 的虚部 $=(K_X - K_R)\sin(2\varphi)/2$

17. 阻抗继电器中接入第三相电压是为了（ ）。 答案：B

A. 防止保护安装处正向两相金属性短路时方向阻抗继电器不动作
B. 防止保护安装处反向两相金属性短路时方向阻抗继电器误动作
C. 防止保护安装处正向三相短路时方向阻抗继电器不动作
D. 提高灵敏度

18. 按照双重化原则配置的两套线路保护均有重合闸，当其中一套重合闸停用时( )。 答案：A

A. 对应保护装置的沟通三跳功能不应投入
B. 对应保护装置的沟通三跳功能需投入
C. A、B 均可
D. A、B 均不对

19. 差动保护的二次不平衡电流与一次三相对称穿越性电流的关系曲线（ ）。 答案：A

A. 呈明显的非线性特性
B. 大致是直线
C. 不定

20. 电压互感器二次 A 相断线后，对于送电侧的相间阻抗继电器，以下( )容易发生误动。 答案：B

A. AB 相间阻抗继电器 B. BC 相间阻抗继电器
C. CA 相间阻抗继电器 D. 以上都是

21. 中性点不接地电网发生单相接地故障时，故障点处故障相零序电压为（ ）。 答案：A

A. $-E_A$ B. E_A C. $-0.5E_A$ D. $0.5E_A$

22. 分析纵向故障时，采用的电压是（ ）。 答案：C

A. 断口处相电压的突变量 B. 断口处线电压的突变量
C. 断口两侧的电压降 D. 断口处相电压对地电压的突变量

23. 纵联电流差动保护装置的功能代码是（ ）。 答案：C

A. T B. D C. A D. M

24. 本身动作时间超过（ ）的继电器可以防止电磁干扰造成的误动作。 答案：B

A. 5ms B. 10ms C. 50ms D. 100ms

25. 电压互感器的二次侧接有星形和三角形三相对称负载，且星形和三角形每相负载阻抗的大小及阻抗角均相等，电压互感器端子箱内空气开关两端未并接电容，电压互感器端子箱内两相空气开关跳开后，保护装置的自产 $3U_0$ 为（　　）。 答案：C

A. 57.7V　B. 100V　C. 115V　D. 200V

26. 下列关于自耦变压器短路电压的归算，正确的是（　　）。 答案：C

其中，U'_k 表示未归算值，S_{N3} 为自耦变压器第三绕组的额定容量。

A. $U_{k(1-2)}\% = U'_{k(1-2)}\% \dfrac{S_{N3}}{S_N}$　B. $U_{k(1-3)}\% = U'_{k(1-3)}\% \dfrac{S_{N3}}{S_N}$

C. $U_{k(2-3)}\% = U'_{k(2-3)}\% \dfrac{S_N}{S_{N3}}$　D. 以上均不正确

27. 平行双回线一回线停电检修时（保护相关参数保持不变），接地距离保护的保护范围将会（　　）。 答案：A

A. 变大　B. 变小　C. 和电网参数有关

28. 下列关于电抗互感器的描述正确的有（　　）。 答案：D

A. 二次电压相位滞后一次电流约 90°　B. 铁芯没有气隙

C. 励磁阻抗很大　D. 受电流中非周期分量影响较小

29. 直流接地点检查应注意以下事项（　　）。 答案：C

A. 只需要一个人

B. 紧急情况下可使用通灯进行检查

C. 应使用高内阻电压表或数字万用表，表计的内阻应不低于 2000Ω/V

D. 应需要拉停装置，需开一种工作票，做好安全措施

30. 下列不是变压器过励磁保护技术原则的是（　　）。 答案：A

A. 采用相电压“或门”关系

B. 定时限告警功能

C. 反时限特性应能整定，与变压器过励磁特性相匹配

D. 可通过控制字选择是否跳闸

31. 在一次系统规划建设中，应充分考虑继电保护的（　　），避免出现特殊接线方式造成继电保护配置及整定难度的增加，为继电保护安全可靠运行创造良好条件。 答案：B

A. 可靠性　B. 适应性　C. 灵敏性　D. 选择性

32. 额定电压为 500/220/35kV 的自耦变压器，$X_{T1}=0.2$，$X_{T2}=0.05$，$X_{T3}=0.1$，当高压侧发生接地故障时，中性点电流为 0，请问中压侧系统零序阻抗 X_{20} 为（　　）。 答案：C

A. 0.204　　B. 0.154　　C. 0.077　　D. 0.057

33. 国产距离保护采用的防止电压回路断线导致误动的方法是（　　）。 答案：C

A. 断线闭锁装置动作后切断操作正电源

B. TV 二次回路装设快速开关切断操作电源

C. 保护经电流启动，发生电压回路断线时闭锁出口回路

D. 以上所有方法

34. 某 220kV 线路采用单相重合闸方式，在线路单相瞬时故障时，一侧单跳单重，另一侧直接三相跳闸。若排除断路器本身的问题，下面不可能造成直接三跳的原因是（　　）。 答案：A

A. 控制回路断线　　B. 重合闸方式设置错误

C. 选相元件问题　　D. 沟通三跳回路问题

35. 变压器非电量保护采用就地直接电缆跳闸，信息通过（　　）上送过程层 GOOSE 网。 答案：D

A. 高压侧智能终端　　B. 中压侧智能终端

C. 低压侧智能终端　　D. 本体智能终端

36. 高压并联电抗器配置独立的电流互感器，主电抗器首端、末端电流互感器（　　）。 答案：B

A. 分别配置独立的合并单元　　B. 共用 1 个独立的合并单元

C. 首端与线路电压共用合并单元　　D. 首、末端与线路电压共用合并单元

37. 同杆双回线均运行时，第二回线中的零序电流对第一回线的互感产生（　　）作用，架空地线流经电流对第一回线的互感产生（　　）作用。 答案：D

A. 去磁，去磁　　B. 去磁，助磁　　C. 助磁，助磁　　D. 助磁，去磁

38. 若取相电压基准值为额定相电压，则功率标幺值等于（　　）。 答案：B

A. 线电压标幺值　　B. 电流标幺值

C. 线电压标幺值的 $\sqrt{3}$ 倍　　D. 电流标幺值的 $\sqrt{3}$ 倍

39. 自耦变压器中性点必须接地，这是为了避免当高压侧电网内发生单相接地故障时（　　）。 答案：A

A. 中压侧出现过电压　　B. 高压侧出现过电压

C. 高、中压侧都出现过电压　　D. 高、中压侧都出现过电流

40. 大电流接地系统中发生接地短路时，在零序序网图中没有发电机的零序阻抗，这是由于

(　　)。　答案：A

A. 发电机零序阻抗中没有流过零序电流　B. 发电机零序阻抗很小，可忽略

C. 发电机零序阻抗近似于无穷大　D. 发变组中已考虑变压器零序阻抗

二、多项选择题【本大题共 20 小题，每小题 0.5 分，共 10 分；请将答案写在答题卡内。】

1. 电力变压器差动保护在暂态情况下的不平衡电流的产生原因（　　）。　答案：AD

A. 由于短路电流的非周期分量主要为电流互感器的励磁电流，使其铁芯饱和，误差增大而引起不平衡电流

B. 正常变压器的励磁电流

C. 改变变压器调压分接头

D. 变压器空载合闸的励磁涌流

2. 下列关于不对称故障的叙述，正确的是（　　）。　答案：ACD

A. 纵向不对称故障的综合电动势是断相两侧电动势之差

B. 横向不对称故障中的综合电动势是无源网络的并联等效电压

C. 纵向不对称故障的综合阻抗是从断相处向系统看进去的等值阻抗

D. 横向不对称故障的综合阻抗是从故障点与地之间向系统看进去的等值阻抗

3. 电力系统振荡时，两侧等值电动势夹角 δ 作 0 ~ 360° 变化，其电气量变化特点为（　　）。

答案：AC

A. 离振荡中心越近，电压变化越大

B. 测量阻抗中的电抗变化率大于电阻变化率

C. 测量阻抗中的电阻变化率大于电抗变化率

D. δ 偏离 180° 越大，测量阻抗变化率越小

4. 对于三绕组自耦变压器来说，以下（　　）运行方式均有可能出现公共绕组过载。

答案：AC

A. 当高、低压侧同时向中压侧送有功功率和滞后无功功率时

B. 当高压侧同时向中压侧送有功功率和滞后无功功率时

C. 当中压侧同时向高压侧和低压侧送有功功率和滞后无功功率时

D. 当中、低压侧同时向高压侧送有功功率和滞后无功功率时

5. 在智能变电站中，下列数据（　　）可以通过 GOOSE 报文传输。　答案：ABCD

A. 保护装置的跳、合闸命令，保护装置间信息（启动失灵、闭锁重合闸、远跳等）

B. 测控装置的遥控命令

C. 一次设备的遥信信号（断路器和隔离开关位置、压力等）

D. 间隔层的联锁信息

6. 在 YNd11 变压器差动保护中，变压器带额定负荷运行，在 TA 断线闭锁退出的情况下，下列说法正确的是（　　）。 答案：ACD

A. YN 侧绕组断线，差动保护不会动作

B. d 侧绕组一相断线，差动保护会动作

C. YN 侧 TA 二次一相断线，差动保护会动作

D. d 侧 TA 二次一相断线，差动保护会动作

7. 电力系统短路暂态过程中产生的非周期分量电流与短路时的电压初相角有关，当系统阻抗角为 80°时，若故障前空载，当初相角为（　　）时非周期分量电流最大。 答案：AC

A. −10°　　B. 10°　　C. 170°　　D. 190°

8. 设 $\arg Z_Y = \phi_Y$，过 Z_Y 点下倾 θ 角的电抗线阻抗形式动作方程为（　　）。 答案：AC

A. $180^\circ - \theta \leqslant \arg\dfrac{Z_J - Z_Y}{R} \leqslant 360^\circ - \theta$

B. $180^\circ + \theta \leqslant \arg\dfrac{Z_J - Z_Y}{R} \leqslant 360^\circ + \theta$

C. $\left|Z_J - 2Z_Y\cos(90^\circ - \theta - \phi_Y)\cdot e^{j(90^\circ - \theta - \phi_Y)}\right| \geqslant |Z_J|$

D. $\left|Z_J - 2Z_Y\cos(90^\circ - \theta - \phi_Y)\cdot e^{-j(90^\circ - \theta - \phi_Y)}\right| \geqslant |Z_J|$

9. 以下关于智能变电站智能终端的说法，正确的有（　　）。 答案：ABC

A. 智能终端不设置防跳功能，防跳功能由断路器本体实现

B. 220kV 及以上电压等级变压器各侧的智能终端均按双重化配置；110kV 变压器各侧智能终端宜按双套配置

C. 每台变压器、高压并联电抗器配置一套本体智能终端，本体智能终端包含完整的变压器、高压并联电抗器本体信息交互功能（非电量动作报文、调档及测温等），并可提供用于闭锁调压、启动风冷、启动充氮灭火等出口接点

D. 智能终端跳合闸出口回路应设置软压板

10. 当 220kV 及以上线路保护发生电流互感器二次回路断线时，以下（　　）保护应闭锁。 答案：AB

A. 零序Ⅱ段　　B. 零序Ⅲ段　　C. 距离Ⅱ段　　D. 距离Ⅲ段

11. 电力系统短路故障时，电流互感器饱和是需要时间的，（　　）。 答案：ABCD

A. 电流互感器剩磁越小，饱和时间越长

B. 二次负载阻抗减小，可增长饱和时间

C. 饱和时间受短路故障时电压初相角影响

D. 饱和时间受一次回路时间常数影响

12. 以下（　　）保护不受励磁涌流的影响。 答案：ACD

A. 变压器分侧差动　　B. 变压器比率差动

C. 变压器零序差动　　D. 变压器过励磁

13. 继电保护单纯采用序分量比相原理进行选相所得的结果不是唯一的，如果故障时满足 $60° < \mathrm{Arg}\dfrac{I_0}{I_{2A}} < 180°$，则可能发生以下（　　）故障。 答案：BCD

A. AB 相　　B. BC 相　　C. CA 相　　D. B 相

14. 某 220kV 线路保护装置，若区外发生接地故障同时保护装置 TV 二次空气开关跳开，下列（　　）保护可能误动。 答案：AD

A. 距离　　B. TV 断线过流　　C. 零序方向过流　　D. 工频变化量阻抗

15. 超高压输电线路上安装了串补电容，一般补偿电容小于系统等值阻抗，对阻抗继电器的影响，下列说法正确的是（　　）。 答案：ACD

A. 串补电容安装在保护的正方向，正方向电容器后故障时，方向阻抗继电器可能拒动

B. 串补电容安装在保护的正方向，正方向电容器后故障时，工频变化量阻抗继电器可能拒动

C. 串补电容安装在保护的反方向，反方向电容器后故障时，方向阻抗继电器可能误动

D. 串补电容安装在保护的反方向，反方向电容器后故障时，工频变化量阻抗继电器可能误动

16. 在不计负荷电流的情况下，关于带有浮动门槛的相电流差突变量启动元件，下列说法正确的是（　　）。 答案：ABD

A. 双侧电源线路上发生各种短路故障，线路两侧的元件均能启动

B. 单侧电源线路上发生相间短路故障，当负荷侧没有接地中性点时，负荷侧元件不能启动

C. 单侧电源线路上发生接地故障，当负荷侧有接地中性点时，负荷侧元件能启动

D. 系统振荡时，元件不动作

17. 在超高压系统中，提高系统稳定水平的措施为（　　）。 答案：BCD

A. 电网结构已定，提高线路有功传输

B. 尽可能快速切除故障

C. 采用快速重合闸或采用单重

D. 串补电容适当配置稳控装置

18. 以下对 SV 数据的 Q 属性说法正确的是（ ）。 答案：BC

A. Q 属性值为 0x0400 时表示数据置检修

B. Q 属性值为 0x0800 时表示数据置检修

C. Q 属性值为 0x0001 时表示数据无效

D. Q 属性值为 0x0003 时表示数据无效

19. 发生直流两点接地时，可能的后果是（ ）。 答案：ABCD

A. 可能造成断路器误跳闸

B. 可能造成熔丝熔断

C. 可能造成断路器拒动

D. 可能造成保护装置拒动

20. 由于过渡电阻的存在，对距离继电器的影响有（ ）。 答案：BD

A. 使送电端距离继电器的测量阻抗增大，保护范围减小

B. 使送电端距离继电器的测量阻抗减小，保护范围增大

C. 使受电端距离继电器的测量阻抗减小，保护范围减小

D. 可能造成受电端距离继电器反方向误动

三、判断题【本大题共 30 小题，每小题 0.5 分，共 15 分；请将答案写在答题卡内】

1. 进行新安装装置验收试验时，从保护屏柜的端子排处将所有外部引入的回路及电缆全部断开，分别将电流、电压、直流控制、信号回路的所有端子各自连接在一起，用 1000V 绝缘电阻表测量对地绝缘电阻，其阻值应大于 10MΩ。（ ）

答案：√

2. 电流互感器的饱和从故障开始就立即出现。（ ）

答案：×

3. 变压器如果是带负载合闸，由于二次电流的去磁作用，铁芯不会饱和，因而不会产生很大的励磁涌流。（ ）

答案：√

4. 开关液压机构在压力下降过程中，依次发压力降低闭锁合闸、压力降低闭锁重合闸、压力降低闭锁跳闸信号。（ ）

答案：×

5. 自耦变压器高压侧发生接地故障时，接地中性点有零序电流流过。（ ）

答案：×

6. 失灵保护是一种后备保护，当设备发生故障时，如保护拒动时可依靠失灵保护隔离故障。（ ）

答案：×

7. 母线保护装置母联（分段）支路电流，变压器保护 3/2 断路器接线中断路器电流、内桥接线桥断路器电流，应能通过不同输入虚端子对电流极性进行调整。（ ）

答案：√

8. 保护装置内部 MMS 接口、GOOSE 接口、SV 接口应采用相互独立的数据接口控制器接入网络。(　　)

答案：√

9. 专用通道方式，至少有一侧保护装置应采用自己的时钟（主时钟）作为发送时钟。(　　)

答案：×

10. 涉及交流采样插件变更的，应按要求进行模数变换系统零点漂移检验，可仅分别输入不同幅值的电流、电压量检验模数变换系统幅值和相位精度。(　　)

答案：√

11. 两个同型号、同变比的 TA 并联使用时，会使 TA 的励磁电流减小。(　　)

答案：×

12. 高压并联电抗器中性点配置的小电抗，可对故障后健全相耦合电容电流进行补偿，从而提高单相重合闸成功率。(　　)

答案：√

13. 智能变电站当线路支路有高抗等需要三相启动失灵时，应由高抗保护直接启动失灵保护。(　　)

答案：×

14. 串补电容通常加装在线路一端，主要是考虑运行维护方便和对保护的影响较小。(　　)

答案：×

15. 线路远方跳闸保护的就地判据可采用零、负序电流，零、负序电压，低电流，低电压，分相低有功等实现。(　　)

答案：×

16. 线路保护发送端的远方跳闸和远传信号经 10ms（不含消抖时间）延时确认后，发送信号给接收端。(　　)

答案：×

17. 对于备用电源自投装置，当工作电源电压小于无压定值，而备用电源电压不小于有压定值，备自投装置应能启动。(　　)

答案：×

18. 子站系统与所有保护装置和故障录波器应采用直接连接方式，不宜经过保护管理机转接。(　　)

答案：√

19. 当断路器跳开在一次电流过零时断开电流，此时二次感应电压为零，铁芯中剩磁最小，对重合于故障线路时 TA 饱和的影响也最小。(　　)

答案：×

20. 超高压变压器过励磁时，差动保护的差回路中出现 5 次谐波电流，过励磁越严重，5 次谐波电流与基波电流之比也越大。(　　)

答案：×

21. 为了正确反应变压器绕组少数线匝的匝间短路故障，应降低差动保护动作启动值，提高

动作灵敏度。( )

答案：×

22. 作用于跳闸的主电抗非电量保护的 A、B、C 相非电量按分相开入，三相开入共用一个功能压板。( )

答案：√

23. 对于微机距离保护装置，当 TV 失去电压时，装置将启动，不满足故障判据时，装置不会误动。( )

答案：×

24. 用于串补线路及其相邻线路的距离保护应有防止距离保护Ⅱ段拒动和误动的措施。( )

答案：×

25. 智能变电站双母线接线母线保护在某间隔 MU 检修压板误投入时应闭锁母差保护。( )

答案：×

26. 当整套保护装置中采用自产 $3U_0$ 方式，发生电压断线时，应将整套零序电流保护退出运行。( )

答案：×

27. 断路器失灵保护的相电流判别元件的整定值，在为了满足线路末端单相接地故障时有足够灵敏度，可以不躲过正常运行负荷电流。( )

答案：√

28. 大接地电流系统中，两相接地故障时，非故障相电压大小、相位不变。( )

答案：×

29. 根据反措要求，防跳继电器动作时间应大于辅助开关切换时间，并保证在模拟手合于故障时不发生跳跃现象。( )

答案：×

30. 系统振荡时，系统中各元件阻抗角相同，两侧电源 S、R 电动势幅值 $|E_S|=\frac{1}{\sqrt{3}}|E_R|$，两侧电动势之间夹角摆开至 90°，则振荡中心位置距离电源 S、R 之比为 1:3。( )

答案：√

四、简答题【本大题共 5 小题，每小题 4 分，共 20 分；请将答案写在答题卡内。】

1. 为什么单重方式不需要两套重合闸相互启动和相互闭锁？（4 分）

答：采用单相重合闸方式，两套保护均开入分相跳位触点（1 分）。如断路器单相偷跳启动重合闸，可以保证两套保护启动重合闸的一致性（1 分）。同时，一套保护不重合而三相跳闸，三相跳位也会通知另一套保护的重合闸不能重合（1 分）。断路器压力闭锁触点同时引入两套保护，也保证了闭锁重合闸可以由本保护自行决定（1 分）。所以，单重方式不需要两套重合闸相互启动和相互闭锁。

2. 重负荷下发生母线内经高电阻短路时，对比率制动特性的母差保护有什么影响?怎样解决?（4分）

答:（1）对保护的灵敏度有影响。（1分）

（2）对所有稳态量的差动保护来说，负荷电流不会产生动作电流而只能产生制动电流（1分）。因此在重负荷下发生母线内经高电阻短路时，由于动作电流（短路电流）不大而制动电流较大将影响差动保护动作的灵敏度（1分）。

（3）可以采用工频变化量母线差动保护，以提高在重负荷下母线内部发生轻微故障（经高电阻短路）的灵敏度。（1分）

3. 造成距离保护暂态超越的因素有哪些?（4分）

答：当距离继电器的动作过快时，容易因下述一些原因引起暂态超越：

（1）短路初始时，一次短路电流中存在的直流分量与高频分量。（1分）

（2）外部短路转换时的过渡过程。（1分）

（3）电流互感器和电压互感器的二次过渡过程。（1分）

（4）继电器内部回路因输出量突然改变引起的过渡过程等。（1分）

4. 电流稳态量选相是以三相负序电流将全平面（360°）等分为三个区（各120°）。问:

（1）当零序电流位于A区时，只可能存在哪几种接地短路类型?（2分）

（2）当发生AB两相接地短路时，故障点零序电流与C相负序电流的相位关系，接地电阻越大，零序电流越超前还是越滞后C相负序电流?最大不会超过多少度?（2分）

答:（1）当零序电流位于A区时，只可能存在以下3种接地短路类型：A相接地、BC两相接地和AB两相经大电阻接地。（答对两个给1分，全答对给2分）

（2）当发生AB两相接地短路时，故障点零序电流与C相负序电流的相位随接地电阻不同而不同。接地电阻越大，零序电流越超前C相负序电流（1分），但最大不会超过90°（1分）。

5. 对双侧电源线路，如下图所示，故障点经过渡电阻接地时，试分析这四种情况下对零序补偿的接地阻抗继电器（方向圆特性）的影响。用相量图示意说明，并说明结论。（4分）

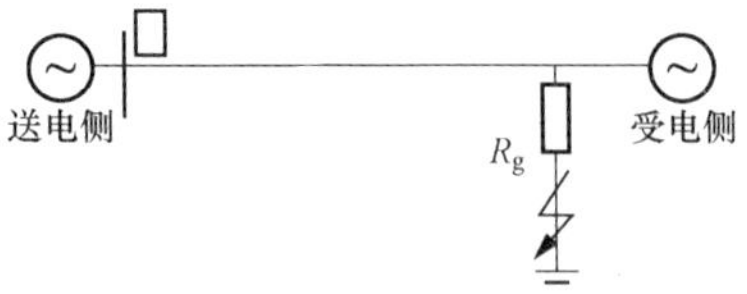

图1

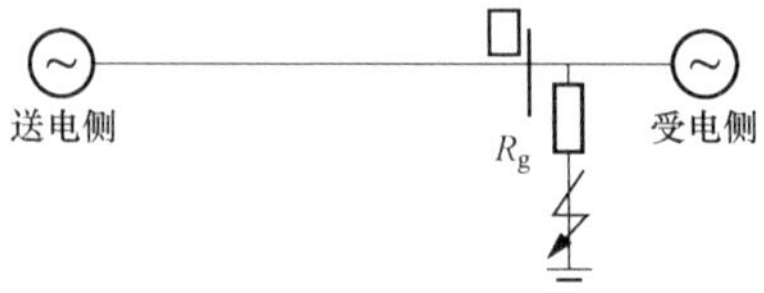

图2

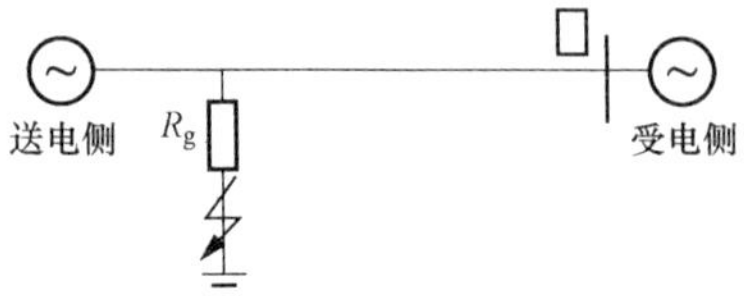

图3

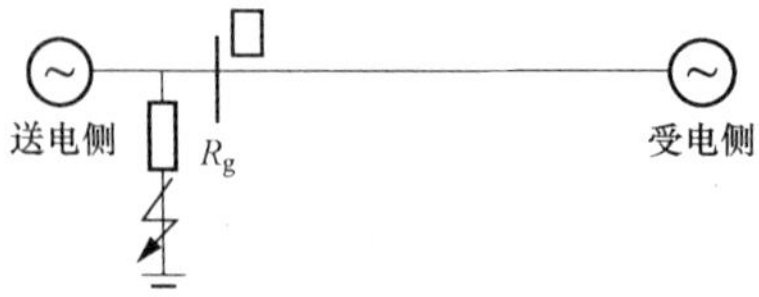

图4

答：图 1 测量阻抗为线路阻抗基础上增加过渡电阻的附加阻抗阻容性——过渡电阻使得送端测量阻抗存在稳态超越（结论和图正确得 1 分）。

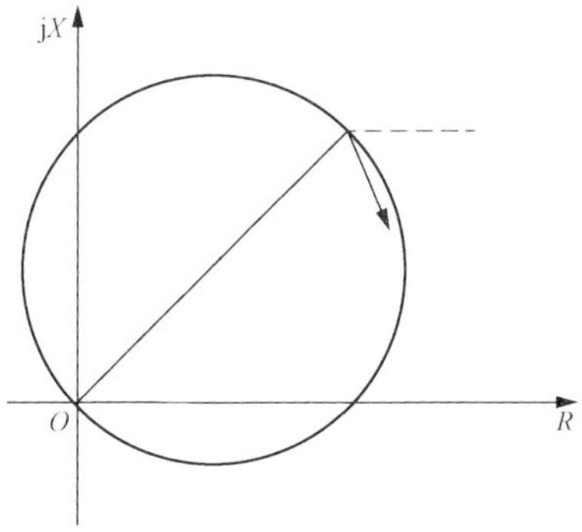

图 2 测量阻抗为电阻的附加阻抗阻容性——在受端反向出口故障时过渡电阻会误动（结论和图正确得 1 分）。

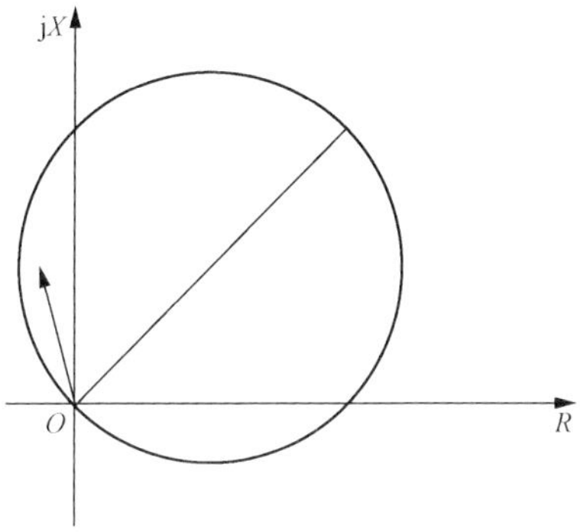

图 3 测量阻抗为线路阻抗基础上增加过渡电阻的附加阻抗阻感性——过渡电阻使得送端测量阻抗存在稳态缩范围（结论和图正确得 1 分）。

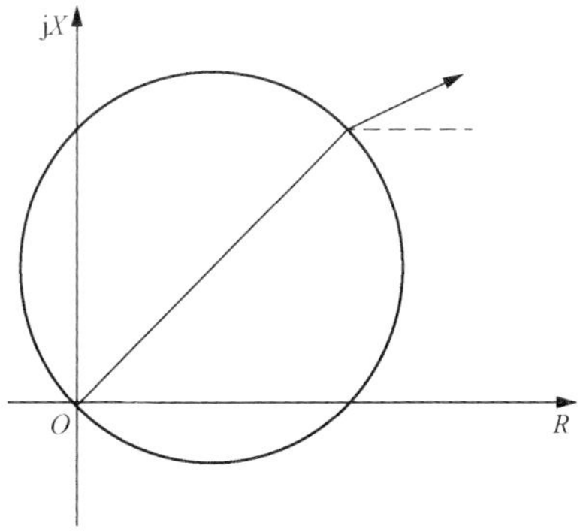

图 4 测量阻抗为电阻的附加阻抗阻感性——在送端反向出口故障时过渡电阻不会误动（结论和图正确得 1 分）。

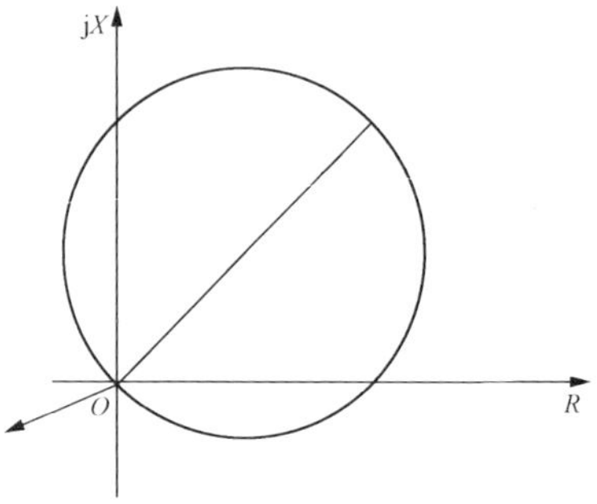

五、计算题【本大题共 5 小题，共 35 分；请将答案写在答题卡内。】

1. 写出下图所示线路分别发生两相短路接地和单相断线时，短路点和断线端口的零序电流的表达式。设短路点位于线路的正中间（$0.5Z_L$），断线处位于 M 侧断路器。（5 分）

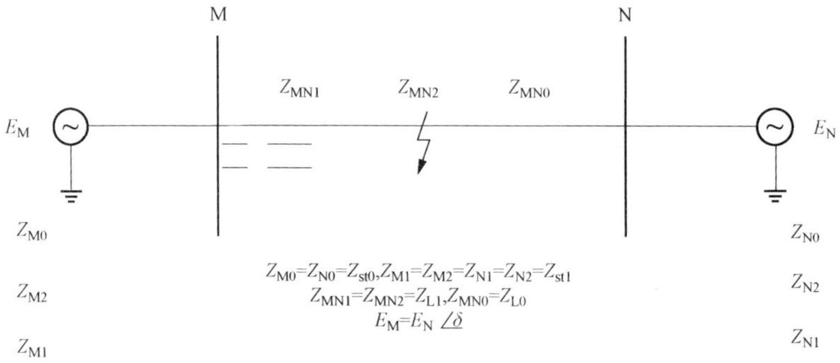

答： 设 $Z_0=2Z_{st0}+Z_{L0}$，$Z_1=2Z_{st1}+Z_{L1}$，则两相短路接地故障点故障前电压

$$U_{F[0]}=E_M\cos\frac{\delta}{2}$$

故障点综合阻抗

$$\Sigma Z_0=\frac{Z_0}{4},\ \Sigma Z_1=\frac{Z_1}{4} \qquad (1\text{分})$$

两相接地短路故障点零序电流

$$I_{F0}=\frac{U_{F[0]}}{Z_{\Sigma 1}+2Z_{\Sigma 0}}=\frac{E_M\cos\frac{\delta}{2}}{\frac{1}{2}Z_{st1}+\frac{1}{4}Z_{L1}+Z_{st0}+\frac{1}{2}Z_{L0}} \qquad (1\text{分})$$

单相断线时断线端口三相全断开电压

$$U_{F[0]}=2E_M\sin\frac{\delta}{2} \qquad (1\text{分})$$

断线端口综合阻抗

$$\Sigma Z_0=Z_0,\ \Sigma Z_1=Z_1 \qquad (1\text{分})$$

单相断线时断线端口零序电流

$$I_{F0}=\frac{U_{F[0]}}{Z_{\Sigma1}+2Z_{\Sigma0}}=\frac{2E_M\sin\frac{\delta}{2}}{2Z_{st1}+Z_{L1}+4Z_{st0}+2Z_{L0}}$$ （1分）

2. 下图中标出的阻抗为正序（负序）电抗，设各元件阻抗角为 **90°**，变压器的励磁阻抗为无穷大，输电线路零序电抗为正序电抗的 3 倍，所有参数均已归算到 **MN** 线路所在的系统侧。求 **N** 母线发生 **A** 相金属性单相接地短路时，

（**1**）故障复合序网图；

（**2**）流过 **MN** 线路的各相电流；

（**3**）**M** 母线的 **A** 相电压值（答案可以用分数表达）。（**7** 分）

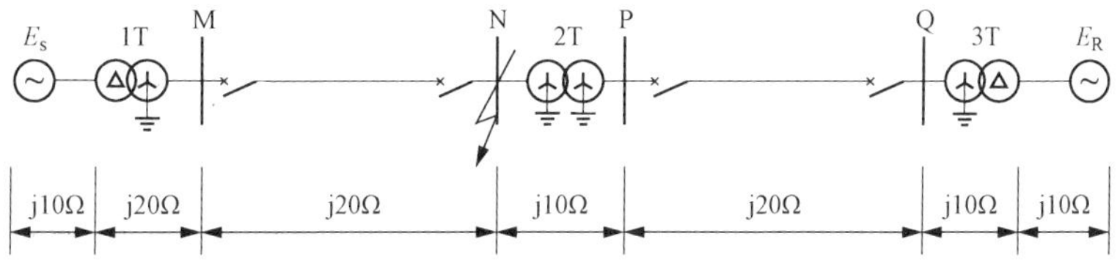

答：（1）求出各元件零序电抗

$$X_{1T0}=j20;\ X_{MN0}=j60;\ X_{2T0}=j10;\ X_{PQ0}=j60;\ X_{3T0}=j10$$ （1分）

画出复合序网图如下图所示。

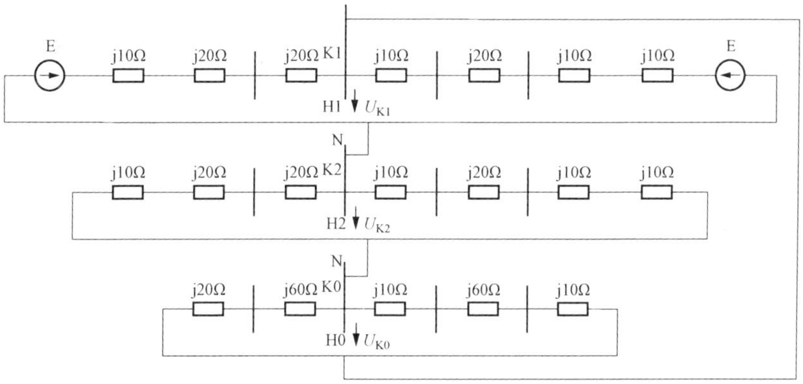

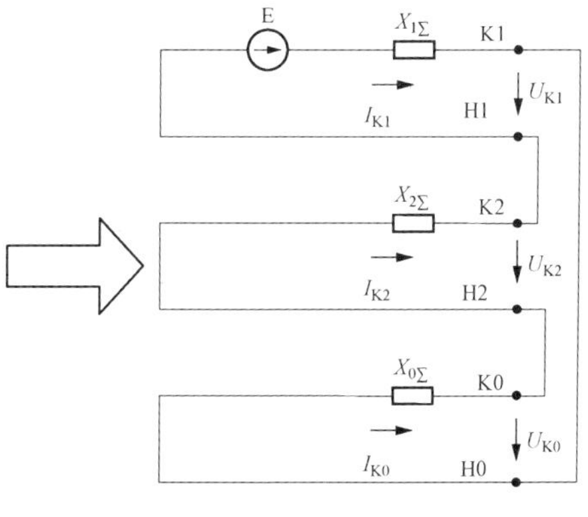

（1分）

求得

$$X_{1\Sigma}=\mathrm{j}(10+20+20)//\mathrm{j}(10+20+10+10)=\mathrm{j}50//\mathrm{j}50=\mathrm{j}25$$

$$X_{0\Sigma}=\mathrm{j}(20+60)//\mathrm{j}(10+60+10)=\mathrm{j}80//\mathrm{j}80=\mathrm{j}40 \quad （1 分）$$

（2）求短路点各序电流

$$I_{\mathrm{K1}}=I_{\mathrm{K2}}=I_{\mathrm{K0}}=E/\left(2X_{1\Sigma}+X_{0\Sigma}\right)=1/\left(2\times\mathrm{j}25+\mathrm{j}40\right)=-\mathrm{j}/90 \quad （0.5 分）$$

各序电流分配系数 C_1、C_2、C_0 为

$$C_1=C_2=C_0=0.5 \quad （0.5 分）$$

流过 MN 线路的各序电流 I_1、I_2、I_0 为

$$I_1=I_2=I_0=-\mathrm{j}/180 \quad （0.5 分）$$

$$I_{\mathrm{A}}=I_1+I_2+I_0=-\mathrm{j}\times 3/180=-\mathrm{j}/60 \quad （0.5 分）$$

由于各序电流分配系数相等，故 $I_{\mathrm{B}}=I_{\mathrm{C}}=0$。（0.5 分）

（3）求 M 母线的 A 相电压

根据线路参数

$$K=(X_0-X_1)/\left(3X_1\right)=2/3 \quad （0.5 分）$$

故 M 母线的 A 相电压 U_{MA} 为

$$U_{\mathrm{MA}}=U_{\mathrm{KA}}+\left(I_{\mathrm{A}}+K3I_0\right)X_{\mathrm{MN1}}=0+[-\mathrm{j}/60+\left(2/3\right)\times(-\mathrm{j}/60)]\times\mathrm{j}20=5/9 \quad （1 分）$$

3. 对于如下图所示 A、B 两个 500kV 智能变电站。线路出线不带隔离开关，A 站侧Ⅰ回、Ⅱ回线路均带并联电抗器；线路保护选用集成过压远跳功能的光纤差动保护，重合闸方式均为单重方式，试回答以下问题（动作情况分析时，需注明发跳合闸令的保护装置，并指出保护跳闸、合闸对应的断路器）。（9 分）

（1）请列出下图中 A 站Ⅰ母、Ⅱ母、第二串设备，B 站第一串设备所需配置的保护类型。（2 分）

（2）说明当Ⅰ回线路的并联电抗器发生匝间短路故障时，两侧变电站各保护装置的动作情况。（2 分）

（3）说明当 A 站Ⅱ回线路出口处发生 A 相瞬时接地故障，断路器 QF5 失灵，两侧变电站各保护装置的动作情况。（3 分）

（4）说明当 A 站Ⅰ母上发生 AB 相故障时，断路器 QF4 失灵，两侧变电站各保护装置的动作情况。（2 分）

答：（1）A 站Ⅰ母、Ⅱ母配置母线保护，第二串设备配置断路器保护、线路保护、高抗电量保护、高抗非电量保护。B 站第一串设备配置断路器保护、线路保护。

评分：断路器保护、线路保护、高抗电量保护、高抗非电量保护（或写本体智能终端）各得 0.5 分。如写短引线保护装置，减 0.5 分；写过压远跳保护装置，减 0.5 分。

（2）当Ⅰ回线路的并联电抗器发生匝间短路故障时，高抗保护动作，三跳 QF4 和 QF5，闭锁重合闸。并通过线路保护的远跳功能，给对侧发远跳命令，对侧线路保护接收到远跳令，三跳 QF7 和 QF8，并闭锁重合闸。

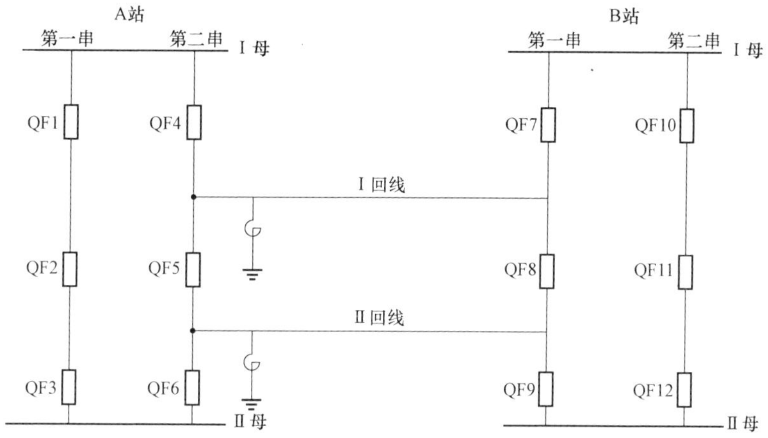

评分：高抗保护动作得 0.5 分，三跳 QF4 和 QF5，得 0.5 分；对侧线路保护远方跳闸得 0.5 分，三跳 QF7 和 QF8，得 0.5 分。

（3）当Ⅱ回线路上发生 A 相瞬时接地故障，Ⅱ回线两侧线路保护单跳，单跳断路器 QF5、QF6、QF8、QF9。由于 QF5 失灵，无法跳开，失灵保护三跳 QF4、QF6，并闭锁 QF4、QF6 断路器保护的重合闸；通过远跳三跳 QF7、QF8，并闭锁 QF7、QF8 断路器保护的重合闸。QF9 断路器保护的重合闸能够重合。

评分：两侧线路保护单跳，单跳断路器 QF5、QF6、QF8、QF9，得 0.5 分；失灵保护动作，得 0.5 分，三跳 QF4、QF6，得 0.5 分；对侧线路保护远跳保护跳闸，三跳 QF7 和 QF8，得 0.5 分。

QF9 断路器保护的重合闸能够重合，得 1 分（如也写其他断路器重合的，不得此分）。

（4）当 A 站Ⅰ母上发生 AB 相故障时，Ⅰ母母线保护动作，三跳断路器 QF1、QF4。此时若断路器 QF4 失灵，断路器失灵保护三跳 QF5，闭锁重合闸；并通过线路保护远跳对侧 QF7、QF8，并闭锁重合闸。

评分：Ⅰ母母线保护动作，三跳断路器 QF1、QF4，得 0.5 分；断路器失灵保护动作，得 0.5 分，三跳 QF5，得 0.5 分；远跳对侧 QF7、QF8，得 0.5 分。

4. 某 220kV 平行双回线路正常运行时，系统接线如下图所示，MN 两侧系统阻抗 $Z_M=5\Omega$，$Z_N=3\Omega$，系统正负零序阻抗相等；线路正负序阻抗相等且 $Z_{I2}=Z_{II2}=2\Omega$，$Z_{I0}=Z_{II0}=6\Omega$，$Z_{(I\text{-}II)0}=2\Omega$，均为一次值。忽略负荷电流，Ⅰ线中点处发生单相金属接地，画出复合序网图，并求得Ⅱ线 M 侧的零序电流。（8 分）

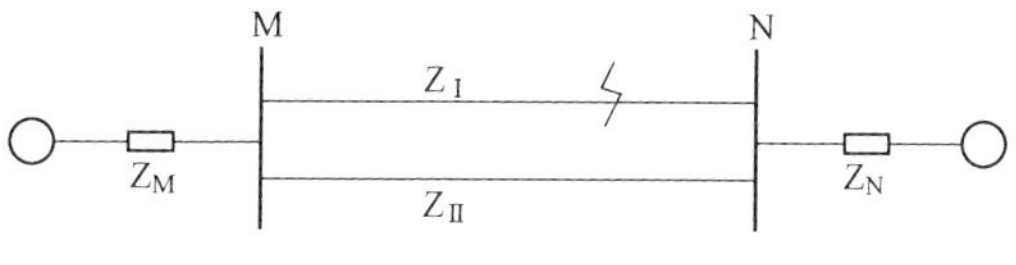

答： 复合序网络图如下图所示。

其中 $Z'_{Im0}=Z_{Im0}-Z_{(I-II)m0}$，其余同理。（2 分）

$$Z_{Im1}=Z_{Im2}=1\Omega,\ Z_{In1}=Z_{In2}=1\Omega,\ Z_{II1}=Z_{II2}=2\Omega \quad (0.5\text{ 分})$$

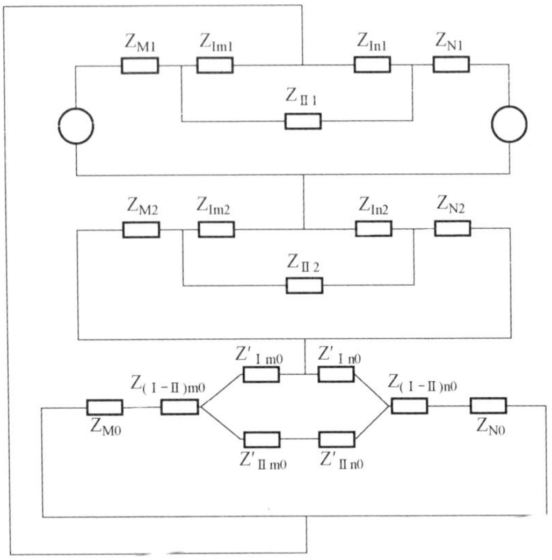

星三角变换

$$Z_{1\Sigma}=Z_{2\Sigma}=2.4\Omega \qquad (1分)$$

$$Z_{(\text{I}-\text{II})m0}=1\Omega,\ Z_{(\text{I}-\text{II})n0}=1\Omega$$

$$Z'_{\text{I}m0}=Z'_{\text{II}m0}=3-1=2(\Omega)$$

$$Z'_{\text{I}n0}=Z'_{\text{II}n0}=2\Omega \qquad (0.5分)$$

星三角变换

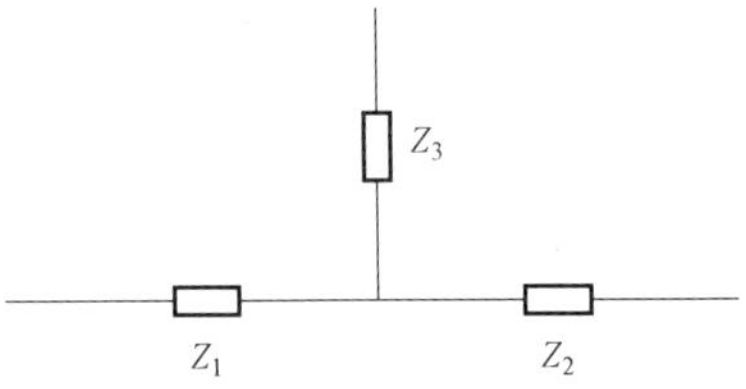

$$Z_1=1,\ Z_2=1,\ Z_3=1/2$$

$$Z_{0\Sigma}=7//5+1/2=3.42(\Omega) \qquad (1分)$$

$$I_0=220/\left[\sqrt{3}\times(Z_{1\Sigma}+Z_{2\Sigma}+Z_{0\Sigma})\right]=15.5(\text{kA}) \qquad (1分)$$

M 侧分流

$$I_{M0}=15.5\times 5/12=6.44(\text{kA}) \qquad (0.5分)$$

又

$$I_{M0}Z_1+I_0Z_3=I_{\text{I}m0}Z'_{\text{I}m0}$$

$$6.44\times 1+15.5\times 1/2=I_{\text{I}m0}\times 2$$

$$I_{\text{I}m0}=7.1(\text{kA}) \qquad (1分)$$

$$I_{\text{II}m0}=I_{M0}-I_{\text{I}m0}=-0.66(\text{kA}) \qquad (0.5分)$$

5. 系统接线如图 **1** 所示。某日线路发生故障，故障持续时间 **50ms**，现场检查发现 **M** 站高压并联电抗器第一套差动保护误动作出口，第二套保护未动作，两套保护装置无异常。电抗器首尾端电流波形如图 **2** 所示，故障期间电抗器首尾端电流瞬时采样值见表 **1**。试分析：

（**1**）线路发生何种故障，并分析原因。

（**2**）高抗第一套差动保护误动作的可能原因，并说明理由。（**6** 分）

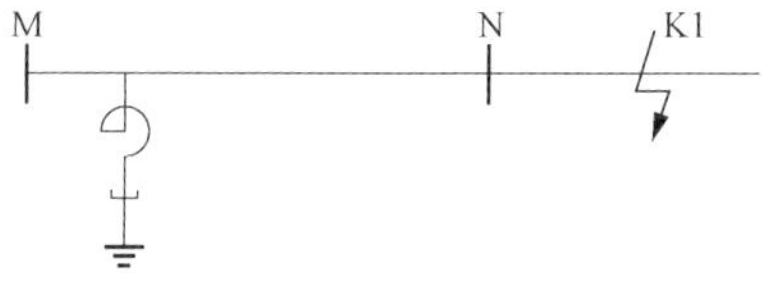

图 1

表 1　　故障期间电抗器首、尾端电流数据（二次值，单位：A）

T(ms)		0	5	10	15	20	25	30
首端	IaH	0.00	0.12	0.02	−0.09	0.02	0.12	0.02
	IbH	−0.25	−0.05	0.24	0.04	−0.26	−0.05	0.24
	IcH	0.25	−0.07	−0.26	0.05	0.24	−0.07	−0.26
尾端	IaL	0.00	−0.07	−0.02	0.03	−0.02	−0.06	−0.02
	IbL	0.25	0.10	−0.25	−0.09	0.25	0.10	−0.25
	IcL	−0.25	0.12	0.25	−0.11	−0.24	0.11	0.25

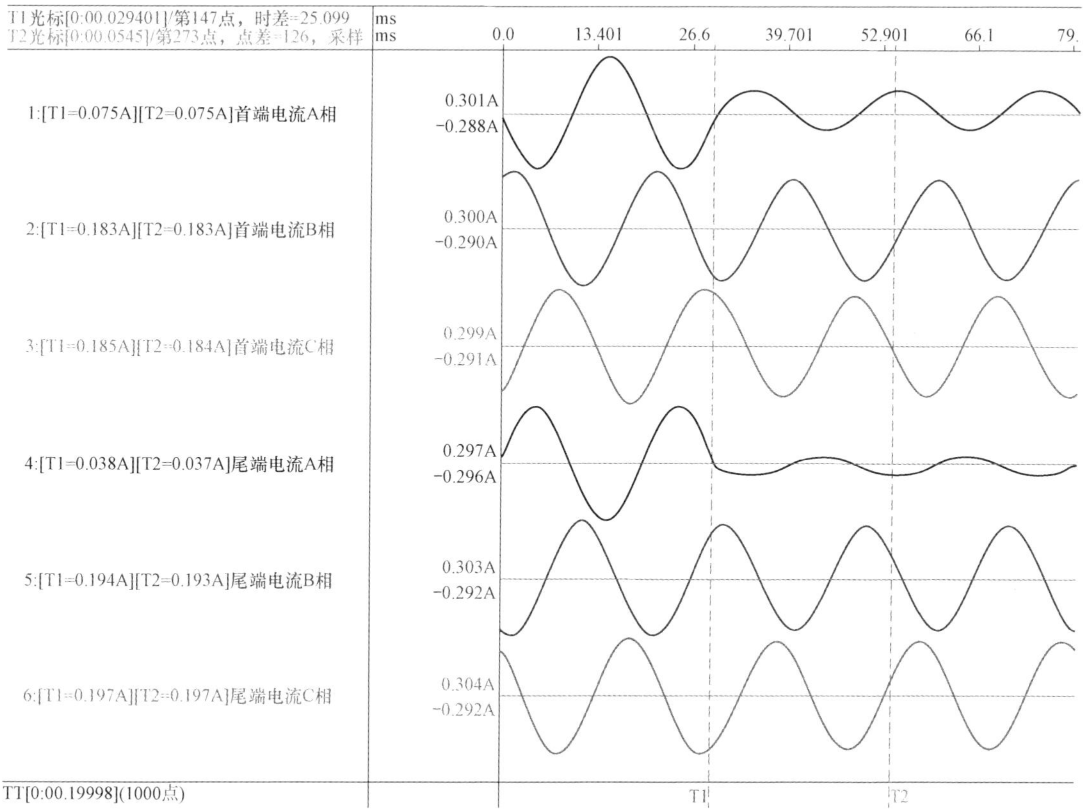

图 2

答：（1）由故障特征可以看出，线路 K1 处发生 A 相接地故障（1 分）。高抗相当于接在母线上的一个电抗器，线路发生 A 相接地，母线电压下降，A 相电流变小，B、C 相电流基本不变（1 分）。

（2）结合录波波形，并将高抗首、尾端故障期间电流数据进行对比，发现其电流并不满足幅值相等、相位相反的特征，继而造成差流产生（1 分）。进一步计算可知，故障期间高抗首端三相电流非三相对称，但自始至终 $3I_0=0$（无零序电流）（0.5 分），而尾端三相电流非三相对称，存在 $3I_0$（0.5 分）。推测可能原因为高抗第一套保护高压侧电流 N 线断线造成（1 分），该情况下首端 TA 零序电流无法传递到二次侧，二次相电流为正、负序电流合成，与尾端 TA 二次电流不等大且反向，可能造成高抗保护相电流差动或零序电流差动动作（1 分）。

卷三

一、**单项选择题**【本大题共 40 小题，每小题 0.5 分，共 20 分；请将答案写在答题卡内。】

1. 超高压线路采取串补电容，在线路发生短路故障时，短路电流中含有暂态分量的性质是（　　）。 答案：B

A. 高频分量　　B. 低频分量　　C. 工频分量　　D. 无法确定

2. 微机继电保护装置使用的直流系统电压纹波系数应不大于（　　），最低电压不应低于额定电压的（　　），最高电压不应高于额定电压的（　　）。 答案：C

A. 5%，90%，115%　　B. 3%，80%，115%

C. 2%，85%，110%　　D. 2%，90%，110%

3. 主变压器各侧 TA 极性均指向主变压器，Y 侧进行转角，YNd7 变压器 A 相差动回路电流为（　　）。 答案：A

A. $\frac{\dot{I}_C - \dot{I}_A}{\sqrt{3}} + \dot{I}_a$　　B. $\frac{\dot{I}_A - \dot{I}_B}{\sqrt{3}} + \dot{I}_a$　　C. $\frac{\dot{I}_A - \dot{I}_C}{\sqrt{3}} + \dot{I}_a$　　D. $\frac{\dot{I}_B - \dot{I}_A}{\sqrt{3}} + \dot{I}_a$

4. 变电站的母线上装设避雷器是为了防止(　　)。 答案：C

A. 直击雷　　B. 反击过电压　　C. 雷电进行波　　D. 雷电外部过电压

5. 断路器最低跳闸电压及最低合闸电压不应低于 30%的额定电压，且不应大于（　　）的额定电压。 答案：B

A. 50%　　B. 65%　　C. 60%　　D. 40%

6. IEC 61850 标准中 MMS 报文属于（　　）。 答案：B

A. UDP　　B. TCP　　C. ARP　　D. SCTP

7. 单个合并单元的数据流量为（　　）。 答案：C

A. 1M～2Mbit　　B. 3M～4Mbit　　C. 5M～8Mbit　　D. 10M～12Mbit

8. 220 ~ 500kV 线路分相操作断路器使用单相重合闸，要求断路器三相合闸不同期时间不大于（　　）。 答案：B

A. 1ms　　B. 5ms　　C. 10ms　　D. 15ms

9. 某单回超高压输电线路 A 相发生瞬时故障，两侧保护动作跳 A 相开关，线路转入非全相运行，当两侧保护取用线路侧 TV 时，两侧的零序方向元件（　　）。 答案：C

A. 肯定不动作

B. 动作情况视传输功率方向、传输功率大小而定，可能一侧处于动作状态，另一侧处于不动作状态

C. 可能一侧处于动作状态、另一侧处于不动作状态，或两侧均处于不动作状态，这与非全相运行时的系统综合零序阻抗、综合正序阻抗相对大小有关

10. Yd5 接线的变压器 d 侧发生 ac 短路时，Y 侧有一相电流是另外两相电流的 2 倍，该相是（　　）。 答案：A

A. A 相　　B. B 相　　C. C 相　　D. 不确定

11. BC 两相经过渡电阻短路故障时，B 相电压与 C 相电压幅值关系为（　　）。 答案：A

A. B 相大于 C 相　　B. C 相大于 B 相

C. C 相等于 B 相　　D. 取决于故障前功率输送方向

12. 电阻连接如下图所示，AB 间的电阻为（　　）。 答案：B

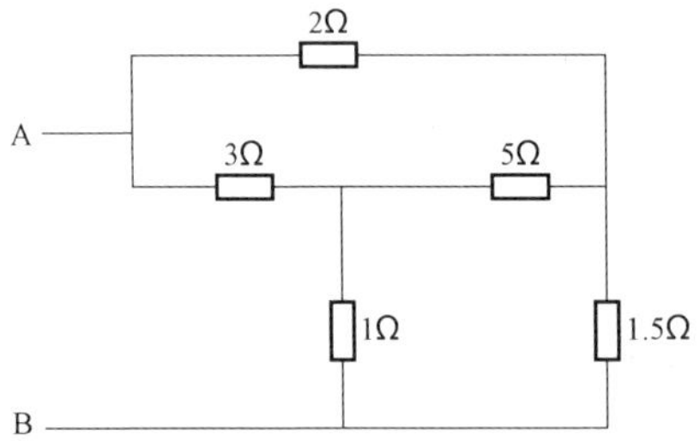

A. 2.75Ω　　B. 1.85Ω　　C. 1.7Ω　　D. 1.5Ω

13. 已知系统最低运行电压为 200kV、相间方向阻抗继电器一次整定值为 80∠75°Ω，线路在功率因数为 0.866，继电器会误动的线路最小单相送出功率为（　　）。 答案：B

A. 117MVA　　B. 204MVA　　C. 353MVA　　D. 611MVA

14. 就 P 型、TPY 型 TA 来说，下列说法正确的是（　　）。 答案：B

A. TPY 型 TA 因铁芯有小气隙，故铁芯不会发生饱和

B. P 型 TA 铁芯剩磁大，TPY 型 TA 铁芯剩磁小

C. 当一次电流因开关跳闸强迫为零后，P 型 TA 二次电流衰减要比 TPY 型 TA 二次电

流衰减慢得多，因为P型TA二次回路时间常数比TPY型二次回路时间常数大得多

15. 下列数据类型中，属于双点遥信类型的是（　　）。 答案：C

A. CN_SPS　　B. SN_SPC　　C. CN_DPS　　D. CN_DPC

16. IEC 61850模型中，GOOSE虚端子连线关系在（　　）逻辑节点中描述。 答案：A

A. LLN0　　B. LPHD　　C. PTRC　　D. RREC

17. 10kV不接地系统，某10kV出线末端发生BC两相金属性接地，若10kV母线的系统等值阻抗远小于故障线路的阻抗，则保护装置测量到的三相电压大小和相位为（　　）。 答案：D

A. 57.7V/0°、57.7V/−120°、57.7V/120°

B. 57.7V/0°、29V/180°、29V/180°

C. 86.6V/0°、50V/−12°、50V/120°

D. 86.6V/0°、50V/−90°、50V/90°

18. 下面（　　）时间最短。 答案：A

A. 从保护装置收到故障起始数据的时刻到保护发出跳闸命令的时刻

B. 从保护装置收到故障起始数据的时刻到智能终端出口动作的时刻

C. 从一次模拟数据产生的时刻到保护发出跳闸命令的时刻

D. 从一次模拟量数据产生的时刻到智能终端出口动作的时刻

19. 不论用何种方法构成的方向阻抗继电器，均要正确测量故障点到保护安装点的距离（阻抗）和故障点的方向，为此方向阻抗继电器中对极化的正序电压（或故障前电压）采取了“记忆”措施，其作用是（　　）。 答案：C

A. 正确测量三相短路故障时故障点到保护安装处的阻抗

B. 可保证正向出口两相短路故障可靠动作、反向出口两相短路可靠不动作

C. 可保证正向出口三相短路故障可靠动作、反向出口三相短路可靠不动作

D. 可保证正向出口相间短路故障可靠动作、反向出口相间短路可靠不动作

20. 继电保护是以常见运行方式为主来进行整定计算和灵敏度校核的。所谓常见运行方式是指（　　）。 答案：B

A. 正常运行方式下，任意一回线路检修

B. 正常运行方式下，与被保护设备相邻近的一回线路或一个元件检修

C. 正常运行方式下，与被保护设备相邻近的一回线路检修并有另一回线路故障被切除

21. 超高压线路为减少线路电抗采用分裂导线，线路的分布电容（　　）。 答案：B

A. 减小　　B. 增大　　C. 不变　　D. 是否变化不确定

22. 变压器差动保护在外部短路故障切除后误动，原因可能是（　　）。 答案：C

A. 整定错误　　B. TA 二次接线错误

C. 两侧 TA 二次回路时间常数相差太大　　D. 以上说法均不正确

23. 变压器后备保护整定时间不应超过变压器短路承受能力试验承载短路电流的持续时间（　　）。 答案：C

A. 1.0s　　B. 1.5s　　C. 2.0s　　D. 2.5s

24. 多相补偿阻抗继电器不能反映（　　）故障。 答案：D

A. 单相接地　　B. 两相短路　　C. 两相短路接地　　D. 三相短路

25. 当 GOOSE 发生且仅发生一次变位时，（　　）。 答案：A

A. 装置连发 5 帧，sqNum 序号由 0 变 4

B. 装置连发 5 帧，stNum 序号由 0 变 4

C. 装置连发 5 帧，sqNum 序号由 1 变 5

D. 装置连发 5 帧，stNum 序号由 1 变 5

26. 任何情况下差流大于（　　）A 时纵差保护应动作。 答案：D

A. 300　　B. 500　　C. 600　　D. 800

27. IEC 61850 模型中，GOOSE 虚端子连线关系在（　　）参数字段中描述。 答案：C

A. GSEConTrol　　B. ReportControl　　C. Inputs　　D. DOI

28. 中性点接地变压器发生高压侧单相接地故障，故障点越靠近中性点，相间纵差保护灵敏度（　　）。 答案：B

A. 越高　　B. 越低　　C. 没有变化　　D. 以上都有可能

29. 输电线路发生 BC 两相金属性短路时，B 相短路电流（　　）。 答案：A

A. 滞后于 BC 相间电压一个线路阻抗角

B. 滞后于 B 相电压一个线路阻抗角

C. 滞后于 C 相电压一个线路阻抗角

D. 超前 BC 相间电压一个线路阻抗角

30. 变电站增加一台中性点直接接地的负荷变压器，在该变电站母线出线上发生单相接地故障时，该变电站出线的零序电流（　　）。 答案：A

A. 变大　　B. 变小　　C. 不变　　D. 不定

31. IEC 61850-9-2 的 SV 报文中电流量数值为 0xFFF38ECB，那么该电流的实际瞬时值为

（　　）。 答案：C

A. –8.15413kV　B. 8.15413kV　C. –0.815413kV　D. 0.815413kV

32. 变压器过励磁保护的启动，反时限和定时限元件应根据变压器的过励磁特性曲线进行整定计算并能分别整定，其返回系数不应低于（　　）。 答案：D

A. 0.88　B. 0.9　C. 0.95　D. 0.96

33. 如果将 TV 的 $3U_0$ 回路短接，则在系统发生单相接地故障时，（　　）。 答案：A

A. 会对 TV 二次的三个相电压都产生影响，其中故障相电压将高于实际的故障相电压，非故障相电压低于实际的非故障相电压

B. 会对 TV 二次的三个相电压都产生影响，其中故障相电压将高于实际的故障相电压，非故障相电压也高于实际的非故障相电压

C. 只会对 TV 二次的故障相电压产生影响，使其高于实际的故障相电压

D. 会对 TV 二次的三个相电压都产生影响，其中故障相电压将高于实际的故障相电压，非故障相电压低于实际的非故障相电压

E. 不会对 TV 二次的相电压产生影响

34. 某线路两侧均为强电源，重负荷下该线路 C 相母线和 A、B 相出口同时接地故障时，$\mathrm{Arg}\frac{\dot{I}_0}{\dot{I}_2}$ 选相区为（　　）。 答案：C

A. A 区　B. B 区　C. C 区　D. 不确定

35. 中性点直接接地电网中，某线路 A 相断线出现非全相运行，某保护安装处的负序电压（　　）。 答案：C

A. 离断口越远，负序电压越小

B. 离断口越近，负序电压越小

C. 与断口位置无关，仅与电网结构、运行方式有关

D. 与断口位置无关，与电网结构、运行方式无关

36. 某智能变电站Ⅰ母二次电压为 54V、Ⅱ母二次电压为 61V，某线路间隔合并单元装置Ⅱ母隔离开关灯亮，Ⅰ母隔离开关灯灭，此时该合并单元输出二次电压（　　）V；若此时间隔合并单元报接收智能终端 GOOSE 断链，则该合并单元输出二次电压（　　）V；断链恢复后再合上Ⅰ母隔离开关，Ⅰ、Ⅱ隔离开关灯都亮，该合并单元输出二次电压（　　）V。 答案：B

A. 54，61，54　B. 61，61，54　C. 61，0，54　D. 61，无效，54

37. 电流互感器饱和后，保护装置感受到的二次谐波含量比实际的二次谐波含量要（　　）。 答案：A

A. 大　　B. 小　　C. 一样　　D. 不同

38. 在小电流接地系统中，某处发生单相接地时，考虑到电容电流的影响，母线电压互感器开口三角形的电压（　　）。 答案：B

A. 故障点距母线越近，电压越高
B. 故障点距母线越近，电压越低
C. 与故障点的距离远近无关

39. 电路连接如下图所示，若等效为单一电压源，其等效电势和内阻分别为（　　）。 答案：C

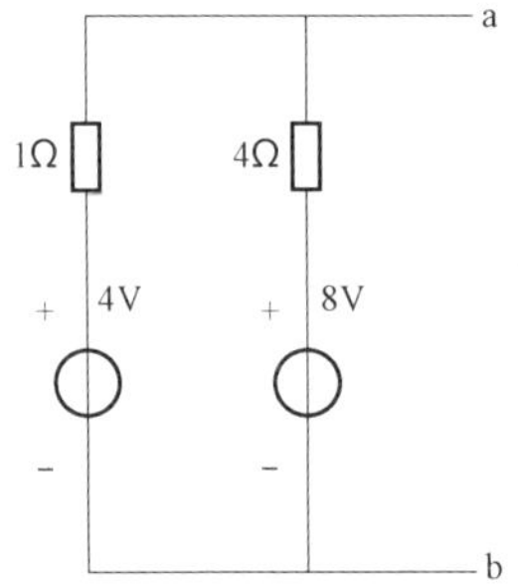

A. 4.8V，0.5Ω　　B. 6V，0.5Ω　　C. 4.8V，0.8Ω　　D. 6V，0.8Ω

40. 关于阻抗继电器的补偿电压，以下说法正确的是（　　）。 答案：B

A. 补偿电压反映的是故障点的电压
B. 补偿电压反映的是该阻抗继电器保护范围末端的电压
C. 补偿电压反映的是保护安装处的电压
D. 补偿电压反映的是线路末端的电压

二、多项选择题【本大题共20小题，每小题0.5分，共10分；请将答案写在答题卡内。】

1. 大电流接地系统中发生单相金属性接地时，有如下特点（　　）。 答案：ABD

A. 当 $X_{0\Sigma}>X_{1\Sigma}$ 时，非故障相电压要升高
B. 当 $X_{0\Sigma}<X_{1\Sigma}$ 时，单相短路电流要大于该点的三相短路电流
C. 非故障相中只有负荷电流，没有故障分量电流
D. 故障点故障相正、负、零序电流相等

2. 设Yyn0变压器（yn侧为大电流接地系统），变比为1，不计负荷电流的情况下，当yn侧单相接地时，Y侧的三相电流是（　　）。 答案：ABC

A. Y侧故障相电流等于yn侧故障相电流

B. Y 侧故障相电流等于 yn 侧故障点电流的 2/3
C. Y 侧非故障相电流等于 yn 侧故障点电流的 1/3
D. Y 侧故障相电流等于 yn 侧故障相电流的 3/2

3. 提高静态稳定的措施有（　　）。 答案：ABD

A. 减小发电机到系统的联系总阻抗　B. 提高送电侧和受电侧的运行电压
C. 提高发电机的有功功率　D. 发电机自动调节励磁

4. 对于远距离超高压输电线路，一般在输电线路的两端或一端变电站内装设三相对地的并联电抗器，其作用是（　　）。 答案：BC

A. 限制线路故障时的短路电流
B. 对于使用单相重合闸的线路，限制潜供电容电流，提高重合闸的成功率
C. 吸收线路容性无功功率，限制系统的操作过电压
D. 消除长线路低频振荡，提高系统稳定性

5. 对于（　　）等情况，宜采用设置负荷电阻线或其他方法避免相间、接地距离保护的后备段保护误动作。 答案：ABC

A. 远距离　B. 重负荷线路　C. 事故过负荷线路　D. 空载线路

6. 关于自动重合闸技术原则，以下正确的是（　　）。 答案：AC

A. 当重合闸不使用同期电压时，同期电压 TV 断线不应报警
B. 检同期重合闸采用的线路电压应是自适应的，用户可选择任意相电压，一般不采用相间电压
C. 不设置“重合闸方式转换开关”，自动重合闸仅设置“停用重合闸”功能压板，重合闸方式通过控制字实现
D. 单相重合闸、三相重合闸、禁止重合闸和停用重合闸有且只能有一项置“1”，如不满足此要求，保护装置应报警并按禁止重合闸处理

7. 关于关于变压器和应涌流的说法正确的是（　　）。 答案：ABCD

A. 和应涌流是逐渐增大后衰减的，而合闸涌流第一周波就达到最大
B. 出现和应涌流时，两台变压器的相互作用使得涌流的衰减过程较单个变压器合闸时要慢得多
C. 和应涌流是当电网中空投一台变压器时，在相邻的并联或级联运行变压器中产生的
D. 可以通过减小二次谐波制动比的方法来防止差动保护误动

8. 如下图所示，L1、L2 为同杆并架平行线，L3、L4 为非平行线。Z_{0M} 为 L1、L2 间的零序互阻抗，S 系统、P 系统、L1 线路、L3 线路的零序阻抗分别为 Z_{0S}、Z_{0P}、Z_{02}、Z_{03}，下列说法正确的是（　　）。 答案：ABCD

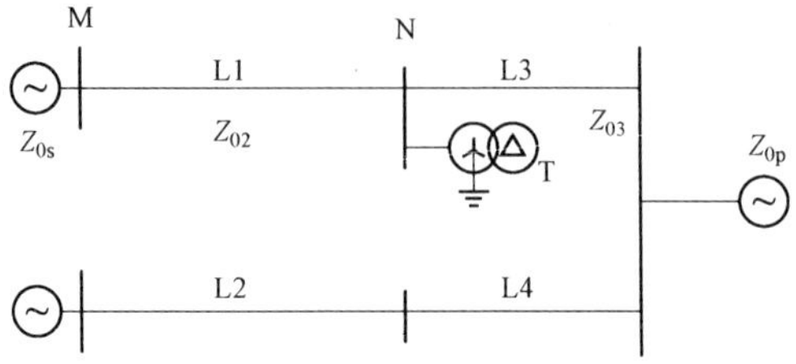

A. 当 L2 线接地故障时，Z_{0S} 越小，L1 线纵联零序保护越容易误动

B. 当 L2 线接地故障时，Z_{02} 越小，L1 线纵联零序保护越容易误动

C. 当 L2 线接地故障时，Z_{03} 越大，L1 线纵联零序保护越容易误动

D. 当 L2 线接地故障时，Z_{0P} 越小，L1 线纵联零序保护越容易误动

9. 不需要考虑振荡闭锁的继电器有（　　）。 答案：BC

A. 极化量带记忆的阻抗继电器　　B. 工频变化量距离继电器

C. 多相补偿距离继电器　　D. 序分量距离继电器

10. 某保护单体调试时收不到继电保护测试仪发出的 GOOSE 信号，可能是因为（　　）。 答案：ABCD

A. 继电保护测试仪与保护装置的检修状态不一致

B. 保护装置的相关 GOOSE 输入压板没有投入

C. 继电保护测试仪的开关量输出关联错误

D. 保护装置 GOOSE 光口接线错误

11. 对于高压并联电抗器保护，下列说法正确的是（　　）。 答案：BC

A. 当高压并联电抗器突然加电压时，差动保护中的差动回路同样有励磁涌流流过

B. 高压电抗器的零序方向保护，不仅可反应高压电抗器的接地故障，而且可反应高压电抗器的匝间短路故障

C. 高压电抗器保护动作后，应远跳线路对侧开关

12. 下列（　　）是变压器过励磁保护技术原则。 答案：BC

A. 采用相电压“或门”关系

B. 定时限告警功能

C. 反时限特性应能整定，与变压器过励磁特性相匹配

D. 可通过软压板选择是否跳闸

13. 超高压输电线单相接地两侧保护动作单相跳闸后，影响由相间电容耦合引起的潜供电流大小的因素不包括（　　）。 答案：CD

A. 电网电压等级　B. 线路长度　C. 故障点位置　D. 负荷电流

14. 超高压输电线单相接地两侧开关单相跳开后，故障点有潜供电流存在，潜供电流由互感耦合、电容耦合两部分组成，下列说法正确的是（ ）。 答案：ABC

A. 互感耦合形成的潜供电流与故障点位置有关，电容耦合形成的潜供电流与故障点位置无关

B. 电容耦合的潜供电流比互感耦合的潜供电流要大得多

C. 就电容耦合的潜供电流，熄弧时恢复电压与该潜供电流有90°的相角差

15. 提高站控层网络可靠性的措施有（ ）。 答案：ABCD

A. 站控层采用独立双网，增加冗余链路，提高可靠性

B. 定期检查ARP表，发现MAC和IP发生变化时发告警信息

C. 加强网络记录仪的分析和告警功能，网络流量出现异常时及时告警

D. 间隔层装置的网络接口增加流量控制功能

16. 同步法相位误差与（ ）有关。 答案：AD

A. 时钟脉冲与测量值的时间间隔（采样反应时间）

B. 额定延时

C. 测量值到数据传输起始时间（相位差）

D. 同步误差

17. 下列关于MMS报文检修处理机制的描述，正确的是（ ）。 答案：ABC

A. 装置应将检修压板状态上送客户端

B. 当装置检修压板投入时，本装置上送的所有报文中信号的品质q的Test位应置1

C. 当装置检修压板退出时，经本装置转发的信号应能反映GOOSE信号的原始检修状态

D. 客户端根据上送报文中的品质t的Test位判断报文是否为检修报文并做出相应处理

18. 西北电网宁东电厂曾发生两回及以上并联线路两侧系统短路容量相差较大，线路重合于永久故障的情况，当系统短路容量较小侧断路器先合、短路容量较大侧断路器后合时，先合侧故障直流分量较大导致断路器无法灭弧。针对上述问题，可以采用解决方案（ ）。 答案：BC

A. 线路一侧重合闸采用检无压方式

B. 线路一侧重合闸采用检三相有压方式

C. 调整两侧重合闸时间使其存在级差，利用先合侧线路保护差动联跳闭锁后合侧重合闸

D. 两侧重合闸时间可相同，线路保护差动联跳闭锁对侧重合闸

19. 继电保护专业和通信专业应密切配合。注意校核继电保护通信设备（光纤、微波、载波）传输信号的可靠性和（ ），防止因通信问题引起保护不正确动作。 答案：BC

A. 误码率　　B. 冗余度　　C. 通道传输时间　　D. 通道延时时间

20. 三绕组自耦变压器中性点经电抗接地，在变压器 T 型零序等值阻抗参数中，相较于直接接地方式，(　　)。 答案：AB

A. 高压侧零序阻抗减小　　B. 中、低压侧阻抗增大

C. 低压侧零序阻抗减小　　D. 高、中、低压侧零序阻抗均增大

三、判断题【本大题共 30 小题，每小题 0.5 分，共 15 分；请将答案写在答题卡内】

1. YNyn12 接线的三相三柱式变压器，两侧差动 TA 星形接线，区外接地故障时不需要滤除差流中的零序电流。(　　)

答案：×

2. 微机保护中采用的差分算法有一定放大高次谐波电流的作用。(　　)

答案：√

3. 启动元件开放瞬间，若按躲过最大负荷整定的正序过流元件不动作或动作时间尚不到 10ms，则将振荡闭锁开放 160ms。(　　)

答案：√

4. 阻抗继电器受过渡电阻的影响，使得阻抗继电器的灵敏度下降。(　　)

答案：√

5. 双母线接线的母差保护采用电压闭锁元件是因为有二次回路切换问题；3/2 断路器接线的母差保护不采用电压闭锁元件是因为没有二次回路切换问题。(　　)

答案：×

6. 采用检无压、检同期重合闸的线路，投检无压的一侧没有必要投检同期。(　　)

答案：×

7. YNd11 接线变压器，在三角形侧发生 AB 两相短路时，星形侧 B 相接地阻抗继电器能正确反映保护安装处至故障点的测量阻抗。(　　)

答案：√

8. 智能化装置过程层 GOOSE 信号可以直接链接，也可由其他装置转发。(　　)

答案：×

9. 采用直接采样方式的所有 SV 网口或 SV、GOOSE 公用网口同一组报文应同时发送，报文内容应完全一致。(　　)

答案：×

10. 断路器智能终端 GOOSE 发出组合逻辑中闭锁另一套重合闸的逻辑为遥合（手合）、遥跳（手跳）、TJR、TJF、闭重开入、本智能终端上电的“或”逻辑。(　　)

答案：×

11. P 级电流互感器的暂态特性欠佳，在外部短路时会产生较大的差流。为此，特性呈分段式的比率制动式差动继电器抬高了制动系数的取值。同理，继电器的最小动作电流定值也该相应抬高。(　　)

答案：×

12. 线路出现断相，当断相点纵向零序阻抗大于纵向正序阻抗时，单相断相零序电流小于负

序电流。（　　）

答案：√

13. 本线路背侧的相邻线路装有串补电容，在串补电容线路侧故障，本线路距离保护Ⅰ段为防止误动，利用常规距离保护Ⅰ段的暂态动作特性和电抗线“与门”逻辑，常规距离保护Ⅰ段的暂态动作特性和电抗继电器都动作时即可判为区内故障。（　　）

答案：×

14. 完全纵差保护不能反应发电机定子绕组和变压器绕组匝间短路。（　　）

答案：×

15. 保护装置过程层光纤接口发送统一报文的最大时间差不应大于 100μs。（　　）

答案：√

16. 变压器外部短路故障切除，电压突然升高，差动保护的差动回路中有谐波电流出现，其主要的谐波次数为 2 次。（　　）

答案：√

17. 对于纵联保护，应保证被保护范围末端发生金属性故障或电阻性故障时有足够的灵敏度。对接地电阻的要求为：220kV 线路，100Ω；330kV 线路，150Ω；500kV 线路，300Ω；750kV 线路，400Ω。（　　）

答案：×

18. 当变压器空载合闸或外部故障切除电源恢复时，磁通突变后会产生暂态磁通，再加上剩磁和稳态磁通，经过一个较短时间后会达到峰值，导致铁芯饱和，励磁阻抗急剧增加。（　　）

答案：×

19. 电力系统发生振荡时，振荡中心位于两个电源联系阻抗的中点。（　　）

答案：×

20. 大电流接地系统为单侧电源时，变电站出线上发生相间故障，该线路保护上感受到的正序电压必定大于负序电压。（　　）

答案：√

21. 线路零差保护允许一侧电流元件启动时勾对侧启动。（　　）

答案：×

22. 在电抗器处于非全相运行状态时，零序功率方向保护将会误动。（　　）

答案：√

23. 将母线保护原有的 SV 接收软压板更改为间隔接收软压板，间隔接收软压板退出后整个间隔的 SV 和 GOOSE 接收信号均退出。（　　）

答案：×

24. 母线上构成辐射形网络的两回线路，切除一回线后另一回线的零序阻抗一定变小。（　　）

答案：×

25. 继电器和保护装置的直流工作电压，应保证在外部电源为 85%～110%额定电压条件下可靠工作。（　　）

答案：×

26. 中性点经消弧线圈接地系统，采用欠补偿时，因故切除部分线路时可能出现并联谐振，从而引起很高的中性点位移电压和过电压。(　　)

答案：×

27. 自耦变压器零序差动保护能有效反应变压器高、中压侧绕组匝间短路故障。(　　)

答案：×

28. 在同一套保护装置中，闭锁、启动、方向判别和选相等辅助元件的动作灵敏度，应小于所控制的测量、判别等主要元件的动作灵敏度。(　　)

答案：×

29. 电磁环网是指同一电压等级运行的线路通过变压器电磁回路的连接而构成环路。(　　)

答案：×

30. 220(330)kV 双通道线路保护所对应的 4 条通信通道应至少配置 2 条独立的通信路由，通道条件具备时，宜配置 3 条独立的通信路由。(　　)

答案：√

四、简答题【本大题共 5 小题，每小题 4 分，共 20 分；请将答案写在答题卡内。】

1. 系统接线如下图所示，系统串补电容背后三相短路未接地，且 A 相串补电容击穿，画出复合序网图，并标出各元件各序阻抗。(系统各元件正、负序阻抗相等)(4 分)

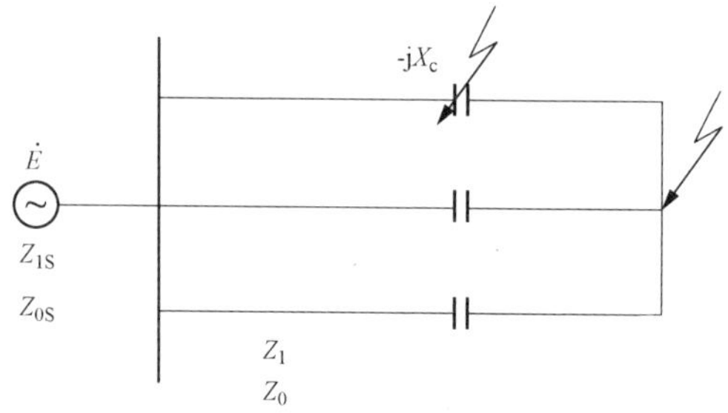

答：系统图可等效为

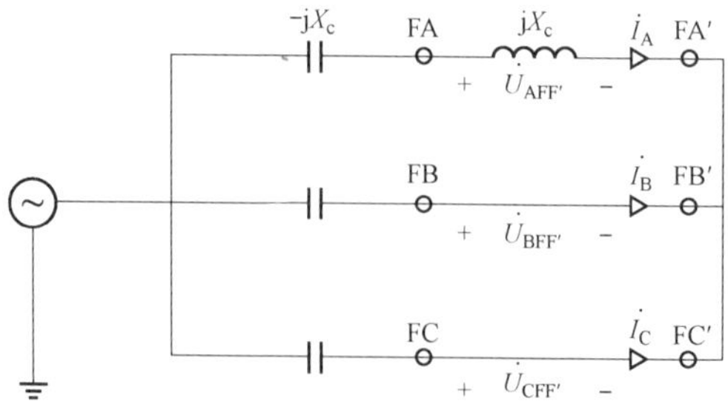

系统不对称处仅在 FF′间，系统其余部分仍对称。

如图边界条件为

$$\dot{U}_{\mathrm{BFF'}} = \dot{U}_{\mathrm{CFF'}} = 0 \qquad (1分)$$

A 相为特殊相，序分量边界条件为

$$\begin{cases} \dot{U}_{1\mathrm{F}} = \dot{U}_{2\mathrm{F}} = \dot{U}_{0\mathrm{F}} = \dfrac{\dot{I}_{\mathrm{A}}\mathrm{j}X_{\mathrm{C}}}{3} \\ \dot{I}_1 + \dot{I}_2 = \dot{I}_{\mathrm{A}} \\ \dot{I}_0 = 0 \end{cases} \qquad (1分)$$

序网图如下图所示（2 分，图 1 分，元件阻抗 1 分）。

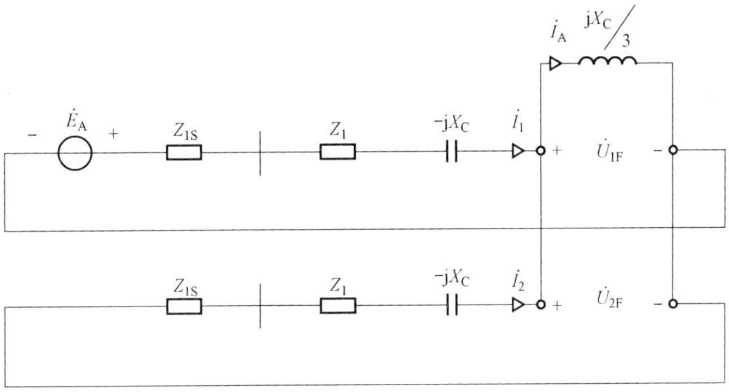

2. 变压器零差保护相对于反映相间短路的纵差保护来说有什么优缺点？（4 分）

答：（1）零差保护的不平衡电流与空载合闸的励磁涌流.调压分接头的调整无关；因此，其最小动作电流小于纵差保护的最小动作电流，灵敏度较高。（1 分）

（2）零差保护所用电流互感器变比完全一致，与变压器变比无关。（1 分）

（3）零差保护与变压器任一侧断线的非全相运行方式无关。（1 分）

（4）由于零差保护反映的是零序电流有名值，因而当其用于自耦变压器时，在高压侧接地故障时，灵敏度较低。（1 分）

（5）由于组成零差保护的互感器多，其汲出电流（互感器励磁电流）较大，使灵敏度降低。（1 分）

（每点 1 分，至少答出 4 点）

3. 新“六统一”线路差动保护、母差保护、主变压器差动保护检测出 TA 断线后分别如何处理（闭锁保护）？（4 分）

答：（1）线路保护有“TA 断线是否闭锁差动”控制字，控制字投入时闭锁断线相差动（0.5 分），控制字退出时不闭锁差动，差动动作值改用“TA 断线差动定值”（0.5 分）；

（2）母差保护 TA 断线时，若为母联支路 TA 断线，母差改为动作瞬时跳母联，延时跳其他支路（0.5 分），若为其他支路 TA 断线则直接闭锁断线相差动（0.5 分）；

（3）主变压器差动保护有“TA 断线闭锁差动”控制字，控制字投入时闭锁差动（0.5 分）（差动电流小于 1.2 倍的变压器额定电流时），差动电流大于 1.2 倍额定时仍然开放差动（1分），控制字退出时不闭锁差动保护（0.5分）。

4. 如图1所示，故障前某220kV母线M共有甲乙两回线路及一台主变压器运行。故障后调取甲线M侧故障录波如图2所示。请根据录波图分析系统发生什么故障，并分析说明故障点位置（已知甲乙线重合闸均停用，保护使用母线TV电压）。（4分）

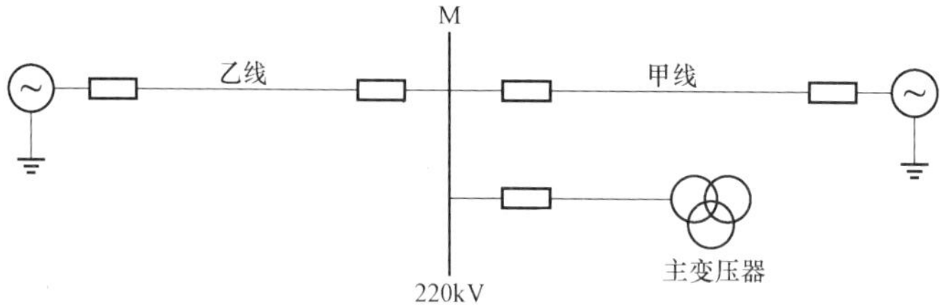

图1

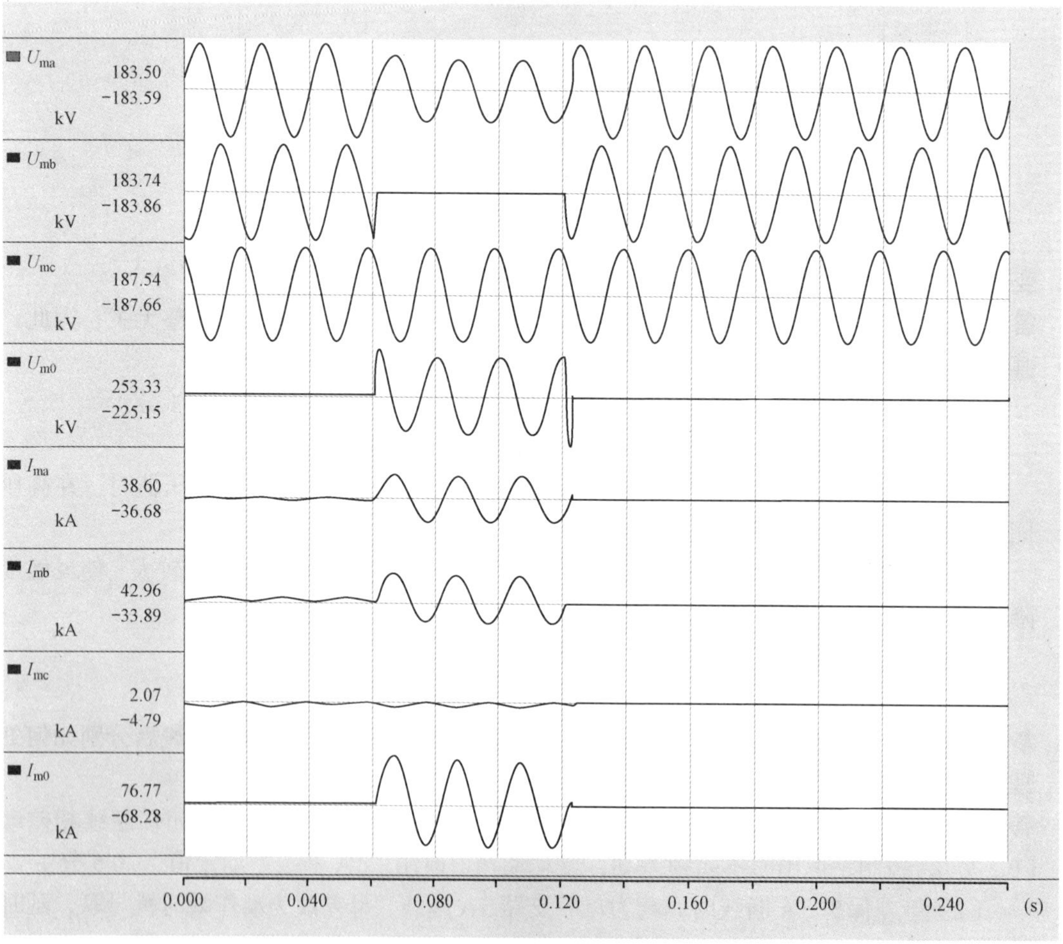

图2

答：（1）甲线正方向出口处发生经A相过渡电阻接地故障，同时在主变压器220kV高压

侧出口处发生 B 相金属性接地故障。（1 分）

（2）从录波图可以看出 A 相电压与 A 相电流基本同相，可以知道故障点在甲线出口处且经过渡电阻接地。（1 分）

（3）将 B 相电压等周期向故障时间段延伸，可以看出 B 相电流超前 B 相故障前电压约 85°左右，同时母线电压在故障期间为零，可以知道 B 相故障点在甲线 M 侧反方向出口处（1 分）。又由于故障切除后母线电压恢复，因此母差保护未动作，乙线线路保护未动作，所以故障点只可能在主变 220kV 高压侧出口处，主变保护动作切除 B 相故障（1 分）。

5. 图 1 为某线路边断路器保护装置的一帧 GOOSE 报文，其 GOOSE 数据集发送的数据内容如图 2 所示。在下一帧心跳报文到来之前，将装置的检修压板投入后做 C 相永久性故障试验，请写出保护动作后的第一帧、第十一帧报文的内容。（4 分）

```
StateNumber*:    47
SequenceNumber*:    Sequence Number:   60
Test*:    FALSE
Config Revision*:    1
Needs Commissioning*:    FALSE
Number Dataset Entries:   12
Data
{
    BOOLEAN:   FALSE
    BOOLEAN:   FALSE
    BOOLEAN:   FALSE
    BOOLEAN:   FALSE
    BOOLEAN:   FALSE
    BOOLEAN:   FALSE
    BOOLEAN:   FALSE
    BOOLEAN:   FALSE
    BOOLEAN:   FALSE
    BOOLEAN:   FALSE
    BOOLEAN:   FALSE
    BOOLEAN:   FALSE
}
```

图 1

NO	Data Reference	Data Name	FC	DOI Description	dU Attribute
1	PIGO/PTRC1.Tr	phsA	ST	跳断路器	跳断路器
2	PIGO/PTRC1.Tr	phsB	ST	跳断路器	跳断路器
3	PIGO/PTRC1.Tr	phsC	ST	跳断路器	跳断路器
4	PIGO/PTRC1.BlkRecST	stVal	ST	闭锁重合闸	闭锁重合闸
5	PIGO/RREC1.Op	general	ST	重合闸	重合闸
6	PIGO/PTRC2.Tr	general	ST	失灵跳闸 1	失灵跳闸 1
7	PIGO/PTRC3.Tr	general	ST	失灵跳闸 2	失灵跳闸 2
8	PIGO/PTRC4.Tr	general	ST	失灵跳闸 3	失灵跳闸 3
9	PIGO/PTRC5.Tr	general	ST	失灵跳闸 4	失灵跳闸 4
10	PIGO/PTRC6.Tr	general	ST	失灵跳闸 5	失灵跳闸 5
11	PIGO/PTRC7.Tr	general	ST	失灵跳闸 6	失灵跳闸 6
12	PIGO/GOOUTGGIO1.Ind1	stVal	ST	保护动作	保护动作

图 2

答：第一帧：

StateNumber*:　48　（0.5 分）

SequenceNumber*:　Sequence Number:　0　（0.5 分）

Test*:　TRUE　（0.5 分）

Config Revision*:　1

Needs Commissioning*:　FALSE

Number Dataset Entries:　8

Data

{

BOOLEAN:　TRUE　（0.5 分）

BOOLEAN:　FALSE

BOOLEAN:　FALSE

BOOLEAN:　FALSE

```
        BOOLEAN:   FALSE
        BOOLEAN:   FALSE
        BOOLEAN:   FALSE
        BOOLEAN:   FALSE
        BOOLEAN:   FALSE
        BOOLEAN:   FALSE
        BOOLEAN:   FALSE
        BOOLEAN:   TRUE                                        （0.5 分）
    }
第十一帧：
    SequenceNumber*:   Sequence Number:   0                    （0.5 分）
    Test*:   TRUE
    Config Revision*:   1
    Needs Commissioning*:   FALSE
    Number Dataset Entries:   12
    Data
    {
        BOOLEAN:   FALSE
        BOOLEAN:   FALSE
        BOOLEAN:   FALSE
        BOOLEAN:   FALSE

        BOOLEAN:   TRUE                                        （1 分）
        BOOLEAN:   FALSE
        BOOLEAN:   FALSE
        BOOLEAN:   FALSE
        BOOLEAN:   FALSE
        BOOLEAN:   FALSE
        BOOLEAN:   FALSE
        BOOLEAN:   TRUE
    }
```

五、计算题【本大题共 5 小题，共 35 分；请将答案写在答题卡内。】

1. 如下图所示，Z_a、Z_b、Z_c 为 TV 二次相负载阻抗，Z_{ab}、Z_{bc}、Z_{ca} 为 TV 二次相间负载阻抗，假定 $Z_a=Z_b=Z_c$，$Z_{ab}=Z_{bc}=Z_{ca}$。试分析电压互感器引出回路一相断线（以 A 相断线为例）时，保护装置自产零序电压 U_0 和负序电压 U_2 的变化范围。（5 分）

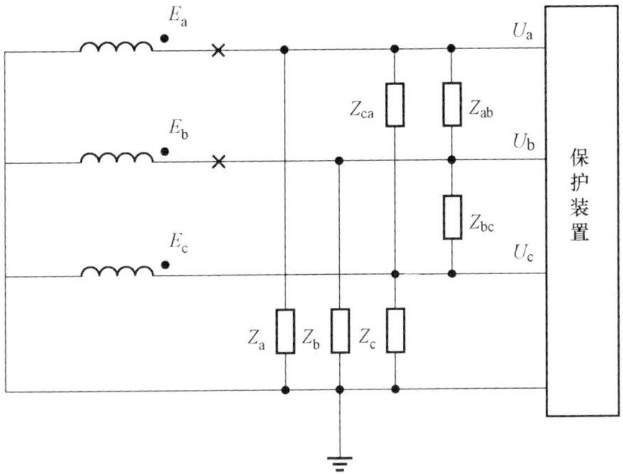

答：当 A 相断线时，由电路原理知识可得

$$U_a=\frac{\frac{E_b}{Z_{ab}}+\frac{E_c}{Z_{ca}}}{\frac{1}{Z_a}+\frac{1}{Z_{ab}}+\frac{1}{Z_{ca}}}=\frac{Z_a(E_b+E_c)}{2Z_a+Z_{ab}}=\frac{-Z_aE_a}{2Z_a+Z_{ab}}\qquad（1 分）$$

令 $n=\frac{Z_a}{2Z_a+Z_{ab}}$，则 $U_a=-nE_a$，$U_b=E_b$，$U_c=E_c$。（1 分）

所以

$$U_0=\frac{1}{3}(U_a+U_b+U_c)=-\frac{n+1}{3}E_a，\ U_2=\frac{1}{3}(U_a+a^2U_b+aU_c)=-\frac{n+1}{3}E_a\qquad（1 分）$$

当电压互感器仅有相间负载而没有相负载时，即 $Z_a\to\infty$ 时，$n_{max}=0.5$，则

$$U_{0max}=U_{2max}=\frac{\frac{1}{2}+1}{3}\times\frac{100}{\sqrt{3}}=28.87(V)\qquad（1 分）$$

当电压互感器仅有相负载而没有相间负载时，即 $Z_{ab}\to\infty$ 时，$n_{min}=0$，则

$$U_{0min}=U_{2min}=\frac{1}{3}\times\frac{100}{\sqrt{3}}=19.25(V)\qquad（1 分）$$

因此，电压互感器引出回路一相断线时，保护装置自产零序电压和负序电压在 19.25 ~ 28.87V 之间变化。

2. 线路零序阻抗测试方法如下：对侧三相短路接地，本侧三相短接，通入电压测电流，考虑到干扰电压（ΔU）较大，需消除其影响，则倒换试验电源的极性各测一次，并调整试验电压值，使两次所得电流 I 相等，并记录每次所测的电流滞后电压的夹角，第一次测试的电压电流大小为 U_1、I，相角为 θ_1；第二次测试的电压电流大小为 U_2、I，相角为 θ_2，回答以下问题：（6 分）

（1）画出题中提到相关量的相量图；（2 分）

（2）根据试验所得 U_1、U_2、I 及相角 θ_1、θ_2 计算线路零序阻抗大小和相角。（4 分）

答：（1）相量图如下：

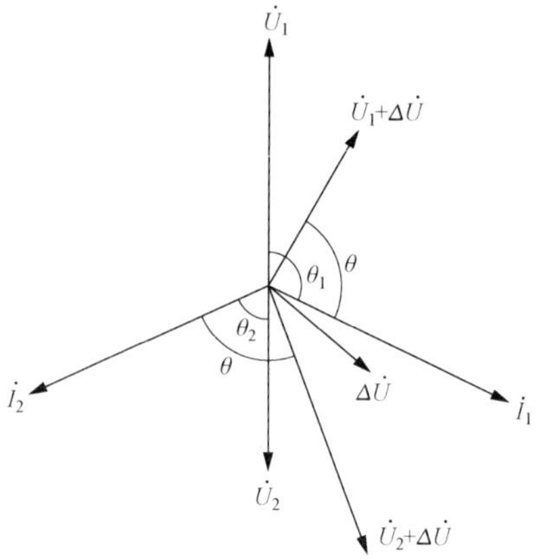

（2 分）

（2）设 $\dot{U}_1$ 为相位基准 0°，则有

$$\dot{U}_1 = U_1,\quad \dot{U}_2 = -U_2$$ （0.5 分）

$$\dot{I}_1 = I_e^{-j\theta_1},\quad \dot{I}_2 = I_e^{-j(\theta_2+180^\circ)} = -I_e^{-j\theta_2}$$ （0.5 分）

$$\begin{cases}\dot{U}_1 + \Delta\dot{U} = \dot{I}_1 Z_0/3 & ①\\ \dot{U}_2 + \Delta\dot{U} = \dot{I}_2 Z_0/3 & ②\end{cases}$$ （0.5 分）

①与②式相减消去 $\Delta\dot{U}$，并将上述关系式代入，得

$$\frac{1}{3}\dot{I}Z_0(e^{-j\theta_1} + e^{-j\theta_2}) = U_1 + U_2$$

$$Z_0 = \frac{3(U_1+U_2)}{I}\cdot\frac{1}{e^{-j\theta_1} + e^{-j\theta_2}}$$ （2 分）

$$Z_0 = \frac{3(U_1+U_2)}{2I\cos\left(\dfrac{\theta_1+\theta_2}{2}\right)}\cdot e^{j\frac{\theta_1+\theta_2}{2}}$$

$\dot{I}_1$ 滞后 $\dot{U}_1 + \Delta\dot{U}$ 角度为零序阻抗角 θ，$\dot{I}_2$ 滞后 $\dot{U}_2 + \Delta\dot{U}$ 角度为零序阻抗角 θ。

Z_0 的大小与相角 θ 为

$$\begin{cases}|Z_0| = \dfrac{3(U_1+U_2)}{2I\cos\left(\dfrac{\theta_1-\theta_2}{2}\right)}\\ \theta = \dfrac{\theta_1+\theta_2}{2}\end{cases}$$ （0.5 分）

3. 系统图如下图所示。线路 MN 发生 C 相高阻接地故障，线路差动保护跳闸，M 侧保护 PCS-931A-G 测距为 35km。现已经获取故障后 20ms 的两侧电压电流值（同一时刻）如下：

M 侧：U_a=62.1V∠0°，U_b=61.4V∠−120.4°，U_c=60.7V∠−241.7°，I_a=0.491A∠0°，$I_b = 0.505A\angle-121.6°$，$I_c = 0.545A\angle-244.3°$，$3I_0 = 0.057A\angle112.4°$。

N 侧：$I_a = 0.493A\angle-179.6°$，$I_b = 0.504A\angle58.7°$，$I_c = 0.36A\angle-62.7°$，$3I_0 = 0.123A\angle114.1°$。

通过 M 侧电压和两侧电流分析计算，本次保护故障测距是多少，保护测距误差是

多少？已知线路正序阻抗 $Z_0 = 1.032\Omega/\text{km}\angle 80°$，$Z_1 = 0.341\Omega\angle 80°$，线路全长 52km。（6 分）

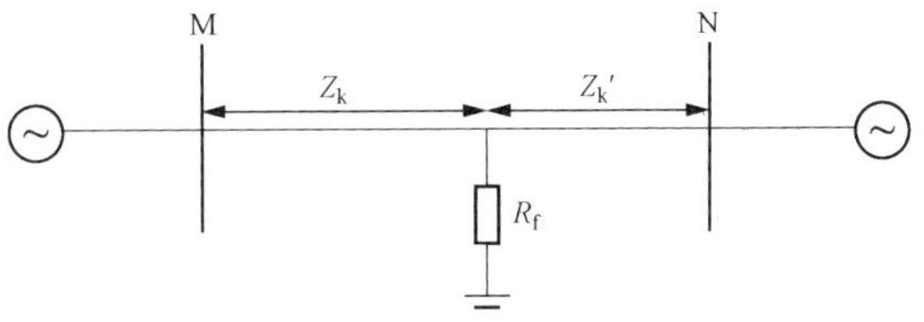

答：零序补偿系数

$$K = (Z_0 - Z_1)/(3Z_0) = 0.6755 \qquad （1 分）$$

故障电压与故障电流关系为

$$U_{\text{MC}} = Z_{\text{k}}(I_{\text{C}} + K3I_0) + R_{\text{f}}(I_{\text{MC}} + I_{\text{NC}})$$

即

$$60.7\text{V}\angle -241.7° = Z_{\text{k}} \times (0.545\text{A}\angle -244.3° + 0.6755 \times 0.057\text{A}\angle 112.4°) + R_{\text{f}} \times (0.545\text{A}\angle -244.3° + 0.36\text{A}\angle -62.7°) \qquad （1 分）$$

$$60.7\text{V}\angle -241.7° = Z_{\text{k}} \times (0.545\text{A}\angle -244.3° + 0.0385\text{A}\angle 112.4°) + R_{\text{f}} \times 0.1855\text{A}\angle -247.7° \qquad （1 分）$$

$$327.224\angle 6° = L_{\text{k}} \times 0.341\angle 80° \times (2.938\angle 3.4° + 0.208\angle 0.1°) + R_{\text{f}}$$

$$327.224\angle 6° = L_{\text{k}} \times (1\angle 83.4° + 0.071\angle 80.1°) + R_{\text{f}} \qquad （1 分）$$

取两侧虚部相同得

$$34.2 = L_{\text{k}} \times 1.068 \qquad （1 分）$$

$$L_{\text{k}} = 32(\text{km})$$

计算的测距结果为 32km，保护测距误差为 3km（1 分）。

4. 系统图如下图所示，故障前两站所有开关合位运行，系统各元件阻抗角均相等，不考虑负荷电流。乙站乙丙线差动保护动作定值 $I_{\text{H}} = 1\text{A}$，TA 变比为 2000/1。丙站为终端变电站。回答以下问题。（7 分）

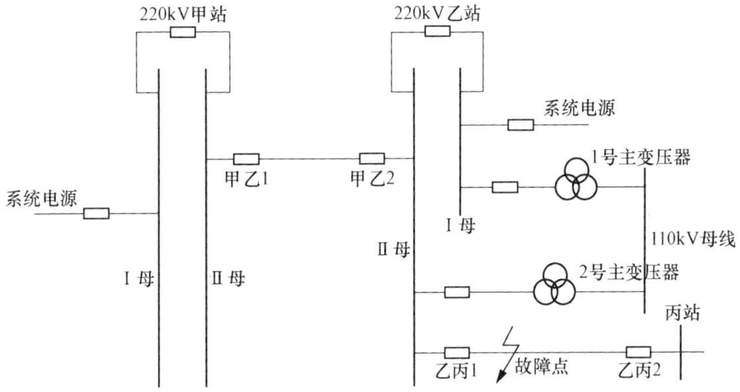

（1）如乙站的乙丙线差动保护动作方程为

$$\begin{cases} I_{CD\phi} > 0.6 I_{R\phi} \\ I_{CD\phi} > I_H \end{cases}$$

$$\phi = A, B, C$$

乙站乙丙线保护收到 MU 的一帧报文（IEC 61850-9-2 报文）如下，采样通道顺序为 I_{A1}、I_{A2}、I_{B1}、I_{B2}、I_{C1}、I_{C2}、I_{01}、I_{02}、I_0、U_A、U_B、U_C、I_A、I_B、I_C，已知此时 C 相电流相位为 90°。请问在发生所示故障时，乙丙线差动保护是否能动作，为什么？（3 分）

01 0c cd 04 00 08 44 4d 35 30 30 30 81 00 80 36 88 ba 40 08 00 f9 00 00 00 00 60 81 ee 80 01 01 a2 81 e8 30 81 e5 80 1b 4d 4c 32 32 30 31 41 4d 55 53 56 2f 4c 4c 4e 4f 24 53 56 24 4d 53 56 43 42 30 31 82 02 0e 94 83 04 00 00 00 01 85 01 01 87 81 b8 00 00 02 ee 00 00 00 00 ff f0 bd c0 00 00 00 00 ff f0 bd c0 00 00 00 00 ff f0 bd c0 00 00 00 00 ff f0 bd c0 00 00 00 00 00 00 2d c6 c0 00 00 00 00 00 2d c6 c0 00 00 00 00 00 0f 42 40 00 00 00 00 00 0f 42 40 00 00 00 00 00 0f 42 40 00 00 00 00 00 06 b6 c0 00 00 00 00 00 06 b6 c0 00 00 00 00 ff c1 d4 50 00 00 00 00 ff c1 d4 50 00 00 00 00 ff c1 d4 50 00 00 00 00 ff c1 d4 50 00 00 00 00 00 06 b6 c0 00 00 00 00 ff c1 d4 50 00 00 00 00 ff c1 d4 50 00 00 00 00 00 00 00 00 00 00 00 00 00 00 00 00 00 00 00 00 00 00 00 00 00 00 00 00 00 00 00 00 00 00 00 00

（2）故障发生时，甲站甲乙线距离I段动作跳闸，电压波形如下图所示。

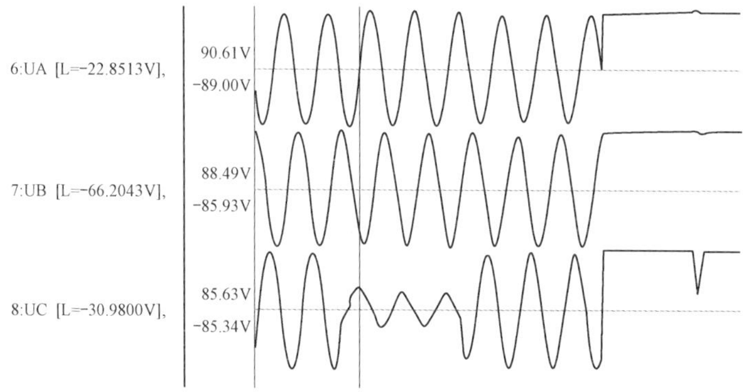

甲站 220kV Ⅰ母电压

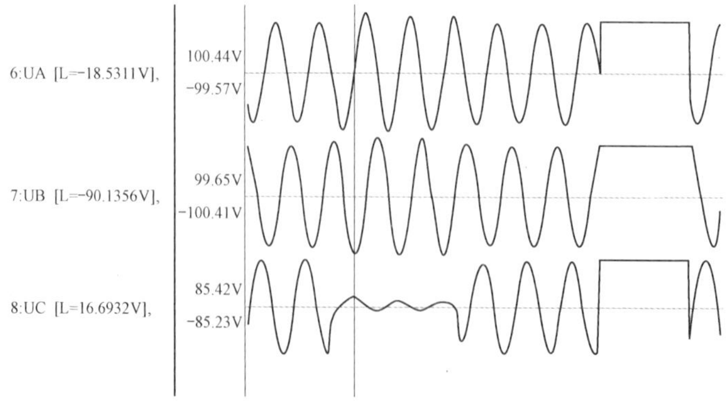

甲站 220kV Ⅱ母电压

经过现场勘查发现 TV 回路分别引至控制室一点接地，保护装置正常，请画电压相量图并配文字解释甲站甲乙线距离Ⅰ段动作的可能原因。（4 分）

答：（1）SV 报文显示为此时刻的瞬时值，因系统各元件阻抗角相等且不考虑负荷电流，由题意知此时 C 相是 90°，所以 A、B、C 相均为峰值

$$I_{A1}=I_{A2}=(\text{fff0bdc0})\times 0.001/2000=-0.5(\text{A})$$ （0.5 分）

$$I_{B1}=I_{B2}=(\text{fff0bdc0})\times 0.001/2000=-0.5(\text{A})$$ （0.5 分）

$$I_{C1}=I_{C2}=(\text{002dc6c0})\times 0.001/2000=1.5(\text{A})$$ （0.5 分）

由 $I_A=I_B=-0.5\text{A}$ 且丙站为终端变电站无电源可知，丙站中性点接地，有零序电流分流，故丙站

$$I'_A=I'_B=I'_C=0.5\text{A}$$ （0.5 分）

故

$$I_{CDC}=|I_C+I'_C|/\sqrt{2}=(1.5+0.5)/\sqrt{2}=1.414(\text{A}),\ I_{RC}=|I_C-I'_C|/\sqrt{2}=(1.5-0.5)/\sqrt{2}=0.707(\text{A})$$

$$I_{CDC}=2I_{RC}，大于 1\text{A}$$ （0.5 分）

满足动作方程，差动保护动作。（0.5 分）

（2）故障时刻甲站 220kVⅡ母线电压异常，A、B 相故障时刻电压高于正常运行电压，且故障 C 相电压比Ⅰ母母线 C 相电压低 10V 左右（0.5 分）；母联开关合位运行，故二次回路存在问题（0.5 分）。怀疑 220kVⅡ母母线 TV 二次绕组二次回路两点接地（1 分，描述为中性点放电间隙击穿或绝缘不良导致两点接地均可得分）。

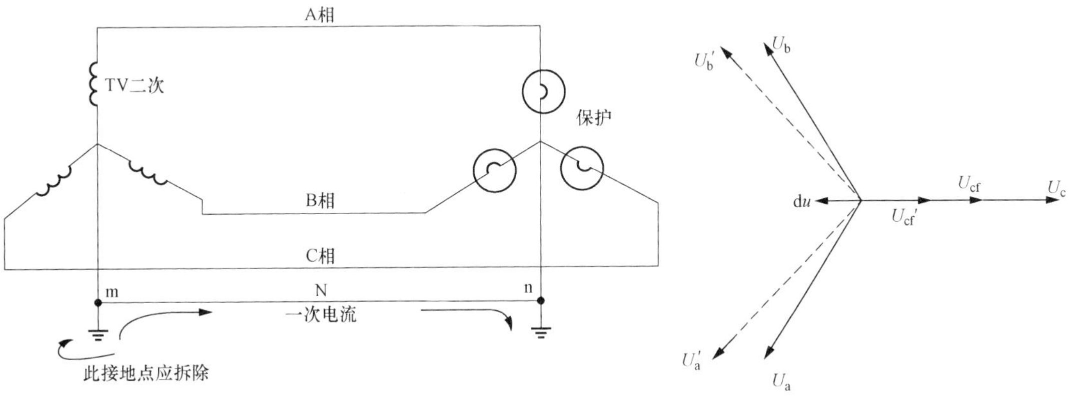

（相量图 1 分）

TV 二次回路两点接地，在两个接地点间出现电位差，造成 m 点电位偏移影响（0.5 分），导致母线二次电压偏移，C 相电压降低，AB 相电压升高，保护测量阻抗偏小，距离保护超越（0.5 分）。

5. 某 220kV 变电站（A 站）的 110kV 送出系统局部电网如下图所示，主变压器 T1、T3、T5 中性点直接接地，主变压器 T2 中性点经间隙接地，主变压器 T4 中性点不接地。线路 L1、L2 长度相等，自 A 站出站口后有 50%线路长度存在同塔并架（图中两虚线之间），两线路间零序互感为 X_{om}，之后分别接至 110kV 的 B 站、C 站，图中所有开关均在合位。

各设备参数标幺值如表 1 所示，已知 $X_{om}=0.6X_0$。各厂站设备零序保护定值如表 2 所示，不计所有元件电阻，不考虑距离保护动作，短路前各线路空载。

某日在 L2 线路距 A 站 60%处发生 A 相金属性接地故障，由于 L2 电源侧出口压板未投，导致 QF5 开关拒动，请计算分析故障切除的整个过程。（11 分）

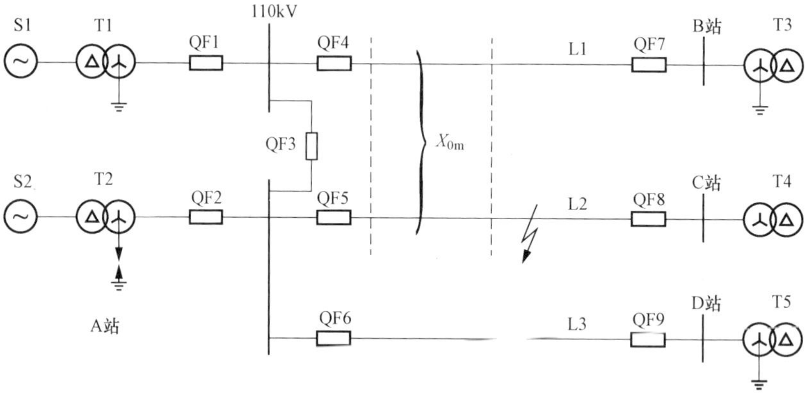

网络结构图

表 1　各设备参数标幺值（S_B=100MVA，U_B=115kV）

设备名称	正序阻抗	负序阻抗	零序阻抗
线路 L1、L2	j0.10	j0.10	j0.30
线路 L3	j0.06	j0.06	j0.18
主变压器 T1、T2	j0.06	j0.06	j0.06
主变压器 T3	j0.18	j0.18	j0.18
主变压器 T4、T5	j0.12	j0.12	j0.12
电源 S1、S2	0	0	0

表 2　各设备零序保护定值

设备名称	零序Ⅰ段	零序Ⅱ段	零序Ⅲ段
主变压器 T1	I_{01}=1200A 0.8s 跳分段 1.1s 跳本侧 1.4s 跳各侧	I_{02}=300A 2s 跳各侧	—
线路 L1、L2、L3 电源侧（QF4、QF5、QF6 处）	I_{01}=1920A Ⅰ段带方向，指向线路 0s 跳本侧	I_{02}=960A Ⅱ段带方向，指向线路 0.5s 跳本侧	I_{03}=300A 1.2s 跳本侧
线路 L1、L2、L3 负荷侧（QF7、QF8、QF9 处）	I_{01}=800A Ⅰ段带方向，指向线路 0.3s 仅投信号	I_{02}=400A Ⅱ段带方向，指向线路 0.5s 仅投信号	I_{03}=300A 1.5s 仅投信号

答:

$$I_B = 100000/(\sqrt{3}\times 115) = 502.06(A)$$ （0.5 分）

$$X_1 = X_2 = 0.06//0.06 + 0.6\times 0.10 = 0.09$$ （1 分）

$$X_{0m} = 0.6\times(0.5\times 0.3) = 0.09$$ （0.5 分）

$$X_0 = (0.6\times 0.3 - 0.09) + (0.3 + 0.18 - 0.09)//[0.09 + 0.06//(0.18 + 0.12)] = 0.193$$ （1 分）

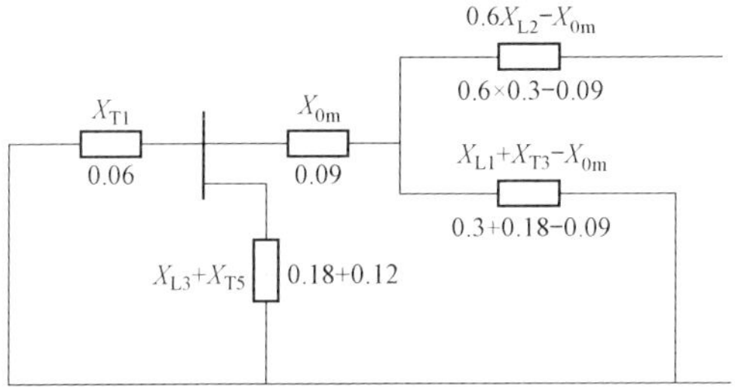

零序等值电路

主变压器 T1 流过的零序电流（标幺值）

$$I_{T10} = \frac{0.39}{0.39+0.14}\times\frac{0.3}{0.3+0.06}\times 2.681 = 1.644$$

对应实际值

$$3\times 1.644\times 502.06 = 2476.16(A)，大于1200A$$ （0.5 分）

线路 L1 流过的零序电流（标幺值）

$$I_{L10} = \frac{0.14}{0.39+0.14}\times 2.681 = 0.708$$

对应实际值

$$3\times 0.708\times 502.06 = 1066.38(A)，大于960A$$ （0.5 分）

线路 L3 流过的零序电流（标幺值）

$$I_{L30} = \frac{0.39}{0.39+0.14}\times\frac{0.06}{0.3+0.06}\times 2.681 = 0.329$$

对应实际值

$$3\times 0.329\times 502.06 = 495.53(A)，大于300A$$ （0.5 分）

主变压器 T1 保护动作，0.8s 跳分段 QF3； （1 分）

分段 QF3 跳开后 $X_1 = X_2 = 0.06 + 0.6\times 0.1 = 0.12$ （1 分）

$$X_0 = 0.6\times 0.3 - 0.09 + 0.18 + 0.12 + 0.09//(0.06 + 0.3 - 0.09 + 0.18) = 0.465$$ （1 分）

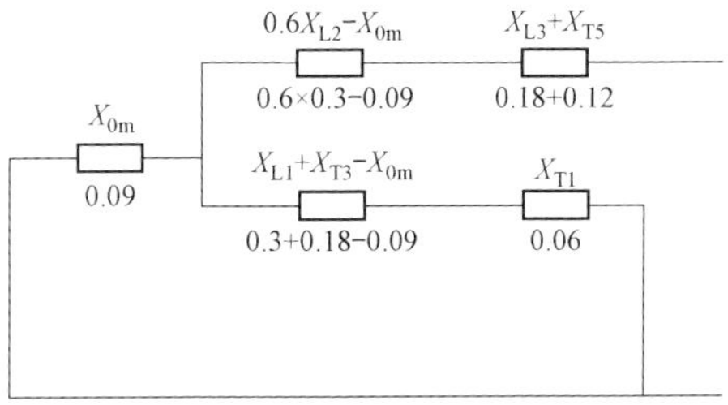

零序等值电路

$$I_0 = 1/(0.12 + 0.12 + 0.465) = 1.418$$

主变压器 T1 流过的零序电流（标幺值）

$$I_{T10} = \frac{0.09}{0.09 + 0.45} \times 1.418 = 0.236$$

对应实际值

$3 \times 0.236 \times 502.06 = 355.46(A)$，大于300A （0.5分）

线路 L1 流过的零序电流（标幺值）

$$I_{L10} = \frac{0.09}{0.09 + 0.45} \times 1.418 = 0.236$$

对应实际值

$3 \times 0.236 \times 502.06 = 355.46(A)$，大于300A （0.5分）

线路 L3 流过的零序电流对应实际值

$3 \times 1.418 \times 502.06 = 2135.76(A)$，大于 300A （0.5分）

因线路 L3 零序Ⅰ、Ⅱ段带方向，因此在 1.2s 时线路 L1、L3 的零序Ⅲ段动作跳开 QF4、QF6；（1分）

QF3、QF6 跳开后，失去接地中性点，故障电流消失，变成不接地系统，母线上零序电压很高，可能造成主变压器 T2 间隙击穿，最终由间隙保护（间隙过压或过流）动作切除 T2 主变压器各侧开关。（1分）